现代声学科学与技术丛书

声 学 原 理

（第二版·下卷）

程建春　著

科学出版社

北　京

内 容 简 介

本书系统介绍了流体介质中声波的激发、传播、接收和调控的基本原理和分析方法. 主要内容包括：理想流体中声波的基本性质；声波的辐射、散射和衍射；管道和腔体中的声场；非理想介质中的声波；层状和运动介质中的声传播以及有限振幅声波的传播及其物理效应.

本书分上下两卷，上卷第 1~4 章，下卷第 5~10 章.

本书可作为理工科高年级学生和研究生的教材，也可作为声学研究工作者和技术人员的参考书，希望本书能够对读者的科研工作提供帮助.

图书在版编目(CIP)数据

声学原理. 下卷/程建春著. —2 版. —北京：科学出版社，2019.5
(现代声学科学与技术丛书)
ISBN 978-7-03-061212-0

I. ①声… II. ①程… III. ①声学 IV. ①O42

中国版本图书馆 CIP 数据核字(2019) 第 090017 号

责任编辑: 刘凤娟 / 责任校对: 彭珍珍
责任印制: 吴兆东 / 封面设计: 陈 敬

科 学 出 版 社 出版
北京东黄城根北街 16 号
邮政编码：100717
http://www.sciencep.com
北京建宏印刷有限公司印刷
科学出版社发行 各地新华书店经销
*
2019 年 5 月第 一 版 开本: 720 × 1000 1/16
2025 年 1 月第五次印刷 印张: 39
字数: 747 000
定价: 199.00 元
(如有印装质量问题，我社负责调换)

第二版前言

与第一版相比, 第二版主要有三个方面的变化: 错误修改, 小节的名称变化, 增加内容. 增加的内容大致分两部分: 融入近年来新的科研工作, 相关章节的延伸和扩展. 详细说明如下 (括号内的数字为出现的小节数).

新增加的科研工作包括: 人工结构表面及广义 Snell 定律 (1.4.5), 周期分层结构与能带特性 (1.5.6), 声束的聚焦和声棱镜聚焦 (2.2.3), 任意弯曲声束的形成 (2.2.4), Airy 声束和能量有限的 Airy 束 (2.2.5), 螺旋波模式及其相控阵生成方法 (2.3.6), 表面散射和声景的设计 (3.2.6), 刚性地面上的有限屏及数值计算 (3.4.5), 低频有效声速和各向异性 (3.5.2), 二维固体周期结构中的弹性波 (3.5.3), 一维均质化近似的多尺度展开理论 (3.5.4), 高维均质化近似和各向异性 (3.5.5), 周期旁支结构的管道和能带结构 (4.4.5), 扩散体和 Schroeder 扩散体 (5.3.5), 长房间的声场分布问题 (5.3.6), 阻抗型边界的层状波导 (7.1.5), 径向连续分布介质中的声线方程 (7.5.1), 幂次分布结构中的声线和声黑洞 (7.5.2), 基于波动方程的严格解 (7.5.3), Gauss 声束入射时空间声场的分布 (7.5.4), 球坐标中径向分布的折射率 (7.5.5) 等.

延伸和扩展的内容包括: 曲线坐标系中的声波方程 (1.1.6), N 层结构的传递矩阵法 (1.5.4), N 层结构的阻抗率传递法 (1.5.5), 声学中的随机信号和相关函数 (1.6.5), 圆锥区域内波动方程的解 (2.4.5), 平面上非相干源的辐射 (2.5.7), 散射的积分方程方法 (3.2.2), 有限长管道中的驻波和非均匀阻抗的反射 (4.2.6), 简正模式的微扰近似方法 (5.2.5), 障板上的 Helmholtz 共振腔阵列 (5.4.4), 微穿孔板的共振吸声及共振频率 (6.3.3), 能量守恒、流反转定理和修正的互易原理 (8.1.6), 径向分布的轴向流介质中的波动方程 (8.3.3), 非稳定流动介质中的近似波动方程 (8.3.4), 运动界面的声散射和 FW-H 方程 (8.4.3), 广义 Lighthill 理论及其积分解 (8.4.4), 微扰的重整化解和多尺度微扰展开 (9.2.6), 非生物介质中的温度场方程 (10.4.1), 温度场的 Green 函数解 (10.4.2), 生物介质中的温度场方程 (10.4.3), 生物传热的 Pennes 方程及其解析解 (10.4.4) 等.

总之, 第二版继续保持第一版的基本结构, 新增加的内容自然嵌入各个章节. 本书分上下两卷: 上卷为第 1~4 章, 下卷为第 5~10 章. 下卷的页码与章节顺接上卷.

　　本书第二版的出版得到南京大学物理学院和中国科学院噪声与振动重点实验室的资助.

作　者

2018 年 10 月

第一版前言

声学是研究声波的产生、传播、接收及其效应的科学, 属于物理学的一个分支. 声学具有极强的交叉性与延伸性, 它与现代科学技术的大部分学科发生交叉, 形成了若干丰富多彩的分支. 近年来, 声学的研究与新材料、新能源、医学、通信、电子、环境以及海洋等学科紧密结合, 取得了巨大的进展. 可以说声学在现代科学技术中起着举足轻重的作用, 对当代科学技术的发展、社会经济的进步、国防事业的现代化, 以及人民物质精神生活的改善与提高, 发挥着极其重要, 甚至不可替代的作用. 因此, 声学学科已经大大超越了物理学的经典范畴, 而成为包括信息、电子、机械、海洋、生命、能源等学科在内的充满活力的多学科交叉科学.

声音是人类最早研究的物理现象之一, 声学是经典物理学中历史最悠久, 并且当前仍处于前沿地位的物理学分支学科. 现代声学可以追溯到 1877 年瑞利出版的《声学原理》, 该书总结了 19 世纪及以前三百年的大量声学研究成果, 集经典声学的大成, 开创了现代声学的先河. 20 世纪, 由于电子学的发展, 使用电声换能器和电子仪器设备可以产生、接收和利用各种频率、波形、强度的声波, 大大拓展了声学研究的范围.

现代声学中最初发展的分支是建筑声学和电声学以及相应的电声测量; 随着频率范围的扩展, 又发展了超声学和次声学; 由于手段的改善, 进一步研究了听觉, 发展了生理声学和心理声学; 由于对语言和通信广播的研究, 发展了语言声学; 在第二次世界大战中, 开始把超声广泛用于水下探测, 促使水声学得到很大的发展; 20 世纪初以来, 特别是 20 世纪 50 年代以来, 由于工业、交通等事业的巨大发展, 出现了噪声环境污染问题, 从而促进了噪声、噪声控制、机械振动和冲击研究的发展. 随着高速大功率机械的广泛应用, 非线性声学受到普遍重视. 此外还有音乐声学、生物声学. 这样, 逐渐形成了完整的现代声学体系. 现代声学是科学、技术, 也是艺术的基础.

今天, 人们研究的声波频率范围已从 10^{-4}Hz 到 10^{13}Hz, 覆盖 17 个数量级. 根据人耳对声波的响应不同, 把声波划分为次声 (频率低于可听声频率范围, 大致为 $10^{-4} \sim 20$Hz)、可听声 (频率在 20Hz~20kHz, 即人耳能感觉到的声) 和超声 (频率在 20 kHz 以上的声). 根据声学与不同学科的交叉, 声学又可分为若干个不同的分支, 如水声学和海洋声学 (与海洋科学的交叉)、生物医学超声学 (与医学的交叉)、超声电子学 (与电子科学的交叉)、超声检测和成像技术 (与多学科的交叉)、通信声学和心理声学 (与生命科学、通信学科的交叉)、生物声学 (与生物学的交叉)、环

境声学 (与环境科学的交叉)、地球声学与能源勘探 (与地球科学的交叉)、语言声学 (与语言学、生命科学的交叉),等等.

总之,声学的内容十分广博,各个学科分支也有其独特的研究方法和手段,以及研究对象. 因而本书写作的关键是内容的选择,通过分析现有 "声学基础" 和 "理论声学" 教材,作者仍然循着 "传播 — 辐射 — 散射 — 接收" 这个基本思路来选择内容. 但与传统的声学教材不同,本书忽略了振动部分的内容 (这部分的内容往往占到 "理论声学" 的三分之一),而把所有的篇幅都用在讲述声学理论和方法上. 另外值得一提的是,本书完全没有涉及固体介质中的声场与波.

本书是为南京大学物理学院声学专业研究生开设 "理论声学" 课程而编写的,为了达到提高的目的,选择内容有一定深度. 此外,为了方便阅读,数学推导尽量详细. 主要内容叙述如下.

第 1 章讲述理想流体中声波的基本性质,介绍声波方程、声场的基本性质、行波解和平面波展开、平面界面上声波的反射和透射,以及声波的度量和分析方法;第 2 章讲述无限空间中声波的辐射,介绍多极子展开方法、柱和球状声源的辐射、界面附近的声源辐射、有限束超声场和非衍射波,以及声波与声源的相互作用;第 3 章讲述声波的散射和衍射,介绍柱体和球的散射、非均匀区域的散射、屏和楔的声衍射,以及逆散射和衍射 CT 理论;第 4 和第 5 章讲述管道和腔体中的声场,介绍等截面波导中声波的传播和激发、突变截面波导及平面波近似、缓变截面管道中平面波的传播、腔体中的模式展开理论、扩散声场、Helmholtz 共振腔,以及二个腔的耦合;第 6 章讲述非理想介质中的声波,介绍非理想流体中的声波方程、耗散介质中的声波、管道和狭缝中的平面波、黏滞对声辐射的影响,以及流体和生物介质中声吸收;第 7 章讲述层状介质中的声波,介绍平面层状波导、连续变化层状波导、WKB 近似方法,以及几何声学;第 8 章讲述运动介质中的声波,介绍匀速流动介质中的声波、运动声源激发的声波、缓变非均匀流动介质中的声波,以及不稳定流产生的声;第 9 和第 10 章讲述有限振幅声波的传播及其产生的物理效应,介绍理想介质中的有限振幅平面波、黏滞和热传导介质中的有限振幅波、色散介质中的有限振幅声波,有限振幅声束的传播. 物理效应主要介绍声辐射压力和声悬浮、声流理论以及声空化效应.

本书的出版得到南京大学 985(III) 工程、国家自然科学基金委员会和江苏高校优势学科建设工程资助项目的资助.

作　者

2011 年 12 月

目 录

(下 卷)

(上　　卷)

第5章　腔体中的声场

由于壁面的反射, 有限空间 (腔体) 中的声场将是驻波的形式. 如果空间的几何形状不规则, 声场将非常复杂, 必须采用近似的方法来研究声场的特性. 采用何种近似方法与腔体的大小和声波的波长有关. 三种常用的方法是: 甚低频 $\sqrt[3]{V} \ll \lambda$ (其中 V 是腔的体积, λ 是所考虑的波长), 腔体中的声场与空间坐标无关, 为均匀声场, 见 5.4 节讨论; 高频 $\sqrt[3]{V} \gg \lambda$, 几何声学适用, 可用统计能量法研究声场的特性, 见 5.3 节讨论; 低中频 $\sqrt[3]{V} \sim (1/3 \sim 3)\lambda$, 必须用简正模式理论来严格讨论.

5.1　简正模式理论

简正模式理论是求解有限空间中声场的基本方法. 简正模式的物理意义也非常明显, 每个简正模式代表一个驻波模式, 而每个简正模式的简正频率就是腔的共振频率, 这是实验中可测量的物理量. 声源在腔中激发各种简正模式, 而腔内的总声场就是被激发的各个简正模式的叠加.

5.1.1　刚性壁面腔体的简正模式和展开

如图 5.1.1, 设闭区域 V 的边界为刚性边界 S, 边界的法向为 $\boldsymbol{n}$ (与内壁的法向 $\boldsymbol{n}_S$ 相反). 在频率域, 声波方程和边界条件满足

$$\nabla^2 p(\boldsymbol{r}, \omega) + k_0^2 p(\boldsymbol{r}, \omega) = -\Im(\boldsymbol{r}, \omega) \quad (k_0 = \omega/c_0)$$
$$\boldsymbol{n} \cdot \nabla p(\boldsymbol{r}, \omega) \equiv \frac{\partial p(\boldsymbol{r}, \omega)}{\partial n}\bigg|_S = 0 \tag{5.1.1a}$$

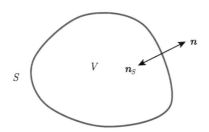

图 5.1.1　腔体 V: 区域边界的法向 $\boldsymbol{n}$ 与内壁的法向 $\boldsymbol{n}_S$ 相反

其中，$\Im(\boldsymbol{r},\omega)$ 是体源分布. 为了求声场分布，我们首先求 V 内的简正模式 $\psi_\lambda(\boldsymbol{r},\omega_\lambda)$ 和简正频率 ω_λ，它们是下列齐次问题的非零解

$$\nabla^2\psi_\lambda(\boldsymbol{r},\omega_\lambda) + k_\lambda^2\psi_\lambda(\boldsymbol{r},\omega_\lambda) = 0 \ (k_\lambda = \omega_\lambda/c_0)$$

$$\left.\frac{\partial\psi_\lambda(\boldsymbol{r},\omega_\lambda)}{\partial n}\right|_S = 0 \tag{5.1.1b}$$

与第 4 章的二维波导情况类似，三维 Laplace 算子 $-\nabla^2$ 在刚性边界条件下是 Hermite 对称算子，即简正模式 $\psi_\lambda(\boldsymbol{r},\omega_\lambda)$ 和简正频率 ω_λ 同样具有三个基本性质：① 简正频率 ω_λ 是实数；② 简正模式 $\psi_\lambda(\boldsymbol{r},\omega_\lambda)$ 相互正交；③ 简正系

$$\{\psi_\lambda(\boldsymbol{r},\omega_\lambda), \lambda = 0, 1, 2, \cdots\} \tag{5.1.1c}$$

构成完备系，即定义在 V 上的平方可积函数 $p(\boldsymbol{r},\omega)$ 可作广义 Fourier 级数展开

$$p(\boldsymbol{r},\omega) \cong \sum_{\lambda=0}^\infty a_\lambda\psi_\lambda(\boldsymbol{r},\omega_\lambda) \tag{5.1.2a}$$

其中，展开系数为

$$a_\lambda = \int_V p(\boldsymbol{r},\omega)\psi_\lambda^*(\boldsymbol{r},\omega_\lambda)\mathrm{d}^3\boldsymbol{r} \tag{5.1.2b}$$

方程 (4.1.4d) 修改为

$$\int_V \nabla\psi_\lambda^* \cdot \nabla\psi_\mu\mathrm{d}^3\boldsymbol{r} = k_\lambda k_\mu \int_V \psi_\lambda^*\psi_\mu\mathrm{d}^3\boldsymbol{r} = k_\mu^2\delta_{\lambda\mu} \tag{5.1.2c}$$

频域 Green 函数 对声场激发问题，把方程 (5.1.2a) 代入 (5.1.1a) 得到

$$\sum_{\lambda=0}^\infty a_\lambda[\nabla^2\psi_\lambda(\boldsymbol{r},\omega_\lambda) + k_0^2\psi_\lambda(\boldsymbol{r},\omega_\lambda)] = -\Im(\boldsymbol{r},\omega) \tag{5.1.3a}$$

由方程 (5.1.1b)

$$\sum_{\lambda=0}^\infty a_\lambda(k_0^2 - k_\lambda^2)\psi_\lambda(\boldsymbol{r},\omega_\lambda) = -\Im(\boldsymbol{r},\omega) \tag{5.1.3b}$$

利用 $\psi_\lambda(\boldsymbol{r},\omega_\lambda)$ 的正交归一性

$$a_\lambda = \frac{1}{k_\lambda^2 - k_0^2}\int_V \Im(\boldsymbol{r},\omega)\psi_\lambda^*(\boldsymbol{r},\omega_\lambda)\mathrm{d}^3\boldsymbol{r} \tag{5.1.3c}$$

上式代入方程 (5.1.2a)

$$\begin{aligned}
p(\boldsymbol{r},\omega) &= \int_V \Im(\boldsymbol{r}',\omega)\left[\sum_{\lambda=0}^\infty \frac{1}{k_\lambda^2 - k_0^2}\psi_\lambda^*(\boldsymbol{r}',\omega_\lambda)\psi_\lambda(\boldsymbol{r},\omega_\lambda)\right]\mathrm{d}^3\boldsymbol{r}' \\
&\equiv \int_V G_0(\boldsymbol{r},\boldsymbol{r}',\omega)\Im(\boldsymbol{r}',\omega)\mathrm{d}^3\boldsymbol{r}'
\end{aligned} \tag{5.1.4a}$$

其中, $G_0(\boldsymbol{r}, \boldsymbol{r}', \omega)$ 定义为

$$G_0(\boldsymbol{r}, \boldsymbol{r}', \omega) \equiv \sum_{\lambda=0}^{\infty} \frac{1}{k_\lambda^2 - k_0^2} \psi_\lambda^*(\boldsymbol{r}', \omega_\lambda) \psi_\lambda(\boldsymbol{r}, \omega_\lambda) \tag{5.1.4b}$$

显然, 当 $\Im(\boldsymbol{r}, \omega) = \delta(\boldsymbol{r}, \boldsymbol{r}')$ 时, 方程

$$\nabla^2 G_0(\boldsymbol{r}, \boldsymbol{r}', \omega) + k_0^2 G_0(\boldsymbol{r}, \boldsymbol{r}', \omega) = -\delta(\boldsymbol{r}, \boldsymbol{r}')$$
$$\left. \frac{\partial G_0(\boldsymbol{r}, \boldsymbol{r}', \omega)}{\partial n} \right|_S = 0 \tag{5.1.5}$$

的解就是 $G_0(\boldsymbol{r}, \boldsymbol{r}', \omega)$. 因此, 方程 (5.1.4b) 就是 Green 函数 $G_0(\boldsymbol{r}, \boldsymbol{r}', \omega)$ 用简正模式展开的表达式.

时域 Green 函数 对瞬态问题

$$\frac{1}{c_0^2} \frac{\partial^2 p(\boldsymbol{r}, t)}{\partial t^2} - \nabla^2 p(\boldsymbol{r}, t) = \Im(\boldsymbol{r}, t) \quad (t > 0)$$
$$\left. \frac{\partial p(\boldsymbol{r}, t)}{\partial n} \right|_S = 0, \quad p(\boldsymbol{r}, t) = \left. \frac{\partial p(\boldsymbol{r}, t)}{\partial t} \right|_{t=0} = 0 \tag{5.1.6a}$$

方程 (5.1.2a) 的展开系数与时间有关

$$p(\boldsymbol{r}, t) = \sum_{\lambda=0}^{\infty} a_\lambda(t) \psi_\lambda(\boldsymbol{r}, \omega_\lambda) \tag{5.1.6b}$$

代入方程 (5.1.6a) 得

$$\sum_{\lambda=0}^{\infty} \left[k_\lambda^2 a_\lambda(t) + \frac{1}{c_0^2} \frac{\mathrm{d}^2 a_\lambda(t)}{\mathrm{d}t^2} \right] \psi_\lambda(\boldsymbol{r}, \omega_\lambda) = \Im(\boldsymbol{r}, t)$$
$$a_\lambda(t)|_{t=0} = \left. \frac{\mathrm{d}a_\lambda(t)}{\mathrm{d}t} \right|_{t=0} = 0 \tag{5.1.6c}$$

因此, 展开系数满足

$$\frac{\mathrm{d}^2 a_\lambda(t)}{\mathrm{d}t^2} + \omega_\lambda^2 a_\lambda(t) = f_\lambda(t)$$
$$a_\lambda(t)|_{t=0} = \left. \frac{\mathrm{d}a_\lambda(t)}{\mathrm{d}t} \right|_{t=0} = 0 \tag{5.1.6d}$$

其中, 为了方便定义

$$f_\lambda(t) \equiv c_0^2 \int_V \Im(\boldsymbol{r}, t) \psi_\lambda^*(\boldsymbol{r}, \omega_\lambda) \mathrm{d}^3 \boldsymbol{r} \tag{5.1.6e}$$

容易求得

$$a_\lambda(t) = \frac{1}{\omega_\lambda} \int_0^t \sin[\omega_\lambda(t - \tau)] f_\lambda(\tau) \mathrm{d}\tau \tag{5.1.6f}$$

代入方程 (5.1.6b) 得到

$$p(\boldsymbol{r},t) = c_0^2 \sum_{\lambda=1}^{\infty} \frac{\psi_\lambda(\boldsymbol{r},\omega_\lambda)}{\omega_\lambda} \int_0^t \sin[\omega_\lambda(t-\tau)] \int_V \Im(\boldsymbol{r}',\tau)\psi_\lambda^*(\boldsymbol{r}',\omega_\lambda)\mathrm{d}^3\boldsymbol{r}'\mathrm{d}\tau$$

$$= \int_0^\infty \int_V \Im(\boldsymbol{r}',\tau)g(\boldsymbol{r},\boldsymbol{r}',t,\tau)\mathrm{d}^3\boldsymbol{r}'\mathrm{d}\tau \tag{5.1.7a}$$

其中, 定义函数

$$g(\boldsymbol{r},\boldsymbol{r}',t,\tau) \equiv c_0^2 \mathrm{H}(t-\tau) \sum_{\lambda=1}^{\infty} \frac{1}{\omega_\lambda}\sin[\omega_\lambda(t-\tau)]\psi_\lambda(\boldsymbol{r},\omega_\lambda)\psi_\lambda^*(\boldsymbol{r}',\omega_\lambda) \tag{5.1.7b}$$

显然, 当 $\Im(\boldsymbol{r},t) = \delta(\boldsymbol{r},\boldsymbol{r}')\delta(t,t')$ 时, $g(\boldsymbol{r},\boldsymbol{r}',t,t')$ 满足方程

$$\frac{1}{c_0^2}\frac{\partial^2 g(\boldsymbol{r},\boldsymbol{r}',t,t')}{\partial t^2} - \nabla^2 g(\boldsymbol{r},\boldsymbol{r}',t,t') = \delta(\boldsymbol{r},\boldsymbol{r}')\delta(t,t') \quad (t>0)$$

$$\left.\frac{\partial g(\boldsymbol{r},\boldsymbol{r}',t,t')}{\partial n}\right|_S = 0, \quad g(\boldsymbol{r},\boldsymbol{r}',t,t') = \left.\frac{\partial g(\boldsymbol{r},\boldsymbol{r}',t,t')}{\partial t}\right|_{t=0} = 0 \tag{5.1.7c}$$

故 $g(\boldsymbol{r},\boldsymbol{r}',t,t')$ 为**时域 Green 函数**.

声场的总能量   为了简单取 $\Im(\boldsymbol{r},t) = \Im(\boldsymbol{r})\mathrm{d}\delta(t-0)/\mathrm{d}t$, 即 $t=0$ 时刻, 声源发出一个脉冲信号 (注意体质量源为 $\Im(\boldsymbol{r},t) = \rho_0\mathrm{d}q(\boldsymbol{r},t)/\mathrm{d}t$), 于是由方程 (5.1.7a)

$$p(\boldsymbol{r},t) = c_0^2 \sum_{\lambda=0}^{\infty} \Im_\lambda(\omega_\lambda)\cos(\omega_\lambda t)\psi_\lambda(\boldsymbol{r},\omega_\lambda) \quad (t>0)$$

$$\Im_\lambda(\omega_\lambda) \equiv \int_V \Im(\boldsymbol{r}')\psi_\lambda^*(\boldsymbol{r}',\omega_\lambda)\mathrm{d}^3\boldsymbol{r}' \tag{5.1.8a}$$

相应的速度场为

$$\boldsymbol{v}(\boldsymbol{r},t) = -\frac{1}{\rho_0}\int \nabla p(\boldsymbol{r},t)\mathrm{d}t = -\frac{c_0^2}{\rho_0}\sum_{\lambda=0}^{\infty}\Im_\lambda(\omega_\lambda)\frac{\sin(\omega_\lambda t)}{\omega_\lambda}\nabla\psi_\lambda(\boldsymbol{r},\omega_\lambda) \tag{5.1.8b}$$

为了讨论简单 (但不失一般性), 设简正模式是实函数, 于是, 声场总能量的时间平均为

$$\bar{E} = \frac{1}{2T}\int_0^T \int_V \left(\frac{p^2}{\rho_0 c_0^2} + \rho_0 \boldsymbol{v}^2\right)\mathrm{d}^3\boldsymbol{r}\mathrm{d}t = \frac{c_0^2}{2\rho_0}\sum_{\lambda=0}^{\infty}\Im_\lambda^2 \tag{5.1.8c}$$

其中, 利用了 $\psi_\lambda(\boldsymbol{r},\omega_\lambda)$ 的正交性和方程 (5.1.2c). 从上式可见, 声场的总能量是每个简正模式的能量之和.

注意: 方程 (5.1.1b) 中, 由于 $\psi_\lambda(\boldsymbol{r},\omega_\lambda)$ 满足 Neumann 边界条件, $\omega_0 = 0$ 和 $\psi_0(\boldsymbol{r},\omega_0) = 1/\sqrt{V}$ 总是方程 (5.1.1b) 的一个解, 对应于这个零简正频率的解, 流体

在腔体内作整体振动；而在波导中，零简正频率对应平面波. 但当 $\lambda = 0$ 时，方程 (5.1.6f) 变成

$$a_0(t) = \int_0^t (t - \tau) \lim_{\omega_0 \to 0} \frac{\sin[\omega_0(t - \tau)]}{\omega_0(t - \tau)} f_0(\tau)\mathrm{d}\tau = \int_0^t (t - \tau) f_0(\tau)\mathrm{d}\tau \qquad (5.1.8d)$$

当 $t \to \infty$ 时，$a_0(t) \to \infty$，只有当 $f_0(\tau) \equiv 0$，这一发散项才消失. 由方程 (5.1.6e)，根据 $f_0(\tau)$ 的定义

$$f_0(t) = \frac{1}{\sqrt{V}} \int_V \Im(\boldsymbol{r}, t)\mathrm{d}^3\boldsymbol{r} = 0 \qquad (5.1.8e)$$

即要求声源的空间平均为零，这样才自洽.

5.1.2 阻抗壁面腔体的简正模式

声波方程和阻抗边界条件为

$$\nabla^2 p(\boldsymbol{r}, \omega) + k_0^2 p(\boldsymbol{r}, \omega) = -\Im(\boldsymbol{r}, \omega) \quad (k_0 = \omega/c_0)$$

$$\left[\frac{\partial p(\boldsymbol{r}, \omega)}{\partial n} - \mathrm{i}k_0\beta(\boldsymbol{r}, \omega)p(\boldsymbol{r}, \omega) \right]_S = 0 \qquad (5.1.9a)$$

同样，可以定义简正模式 $\Psi_\lambda(\boldsymbol{r}, \Omega_\lambda)$ 和简正频率 Ω_λ 为下列齐次问题的非零解

$$\nabla^2 \Psi_\lambda + \left(\frac{\Omega_\lambda}{c_0} \right)^2 \Psi_\lambda = 0$$

$$\left[\frac{\partial \Psi_\lambda}{\partial n} - \mathrm{i}k_0\beta(\boldsymbol{r}, \omega)\Psi_\lambda \right]_S = 0 \qquad (5.1.9b)$$

显然，当 $\beta(\boldsymbol{r}, \omega) \to 0$ 时，$\Psi_\lambda = \psi_\lambda$；$\Omega_\lambda = \omega_\lambda(\lambda = 0, 1, 2, \cdots)$. 必须注意的是：在阻抗边界条件下，$\Omega_0 = 0$ 和 $\Psi_0(\boldsymbol{r}, \omega_0) = 1/\sqrt{V}$ 不可能是方程 (5.1.9b) 的解. 与二维情况一样，三维 Laplace 算子 $-\nabla^2$ 在阻抗边界条件下是非 Hermite 对称算子. 简正频率 Ω_λ 一般是复数，而且简正系也不构成正交系. 但我们仍然可以把声场写成各个简正模式 $\Psi_\lambda(\boldsymbol{r}, \Omega_\lambda)$ 的叠加

$$p(\boldsymbol{r}, \omega) = \sum_{\lambda=0}^{\infty} a_\lambda \Psi_\lambda(\boldsymbol{r}, \Omega_\lambda) \qquad (5.1.10a)$$

同样可以证明，方程 (4.1.16a) 也成立，即

$$\int_V \Psi_\lambda(\boldsymbol{r}, \Omega_\lambda)\Psi_\mu(\boldsymbol{r}, \Omega_\mu)\mathrm{d}^3\boldsymbol{r} = 0 \quad (\mu \neq \lambda) \qquad (5.1.10b)$$

把方程 (5.1.10a) 代入方程 (5.1.9a) 得到

$$\sum_{\lambda=0}^{\infty} a_\lambda \left[k_0^2 - \left(\frac{\Omega_\lambda}{c_0} \right)^2 \right] \Psi_\lambda(\boldsymbol{r}, \Omega_\lambda) = -\Im(\boldsymbol{r}, \omega) \qquad (5.1.10c)$$

上式两边乘 Ψ_μ(注意: 不是 Ψ_μ^*) 并且积分

$$a_\lambda = -\frac{1}{N_\lambda^2[k_0^2 - (\Omega_\lambda/c_0)^2]} \int_V \Im(\boldsymbol{r},\omega)\Psi_\lambda(\boldsymbol{r},\Omega_\lambda)\mathrm{d}^3\boldsymbol{r} \tag{5.1.10d}$$

其中, N_λ^2 定义为积分

$$N_\lambda^2 \equiv \int_V \Psi_\lambda^2 \mathrm{d}^3\boldsymbol{r} \tag{5.1.10e}$$

注意: N_λ^2 不是 Ψ_μ 的模, 而且有可能是复数.

共振频率   设 $\Omega_\lambda = \Omega_\lambda^{\mathrm{r}} + \mathrm{i}\Omega_\lambda^{\mathrm{i}}$, 则共振频率满足方程

$$\mathrm{Re}\left[k_0^2 - \left(\frac{\Omega_\lambda}{c_0}\right)^2\right] = \frac{1}{c_0^2}\mathrm{Re}[\omega^2 - (\Omega_\lambda^{\mathrm{r}} + \mathrm{i}\Omega_\lambda^{\mathrm{i}})^2] = 0 \tag{5.1.11a}$$

即

$$\omega_{\mathrm{R}} = \sqrt{(\Omega_\lambda^{\mathrm{r}})^2 - (\Omega_\lambda^{\mathrm{i}})^2} = \Omega_\lambda^{\mathrm{r}}\sqrt{1 - \left(\frac{\Omega_\lambda^{\mathrm{i}}}{\Omega_\lambda^{\mathrm{r}}}\right)^2} \approx \Omega_\lambda^{\mathrm{r}} - \frac{1}{2}\frac{(\Omega_\lambda^{\mathrm{i}})^2}{\Omega_\lambda^{\mathrm{r}}} \tag{5.1.11b}$$

对于一般的房间, 墙体的密度远大于空气密度, 故墙体可近似为刚性, $\mathrm{i}k_0\beta(\boldsymbol{r},\omega)$ 可看作微扰, 简正系可近似看作正交的完备系而作展开, 从而求得阻抗边界情况下空间的声场. 但必须指出, 这个微扰在实际问题中却是十分重要的, 如房间的混响. 下面, 我们来分析边界阻抗对简正模式和简正频率的影响.

用纯模式展开求阻抗边界条件下的简正系   为了求解方程 (5.1.9b), 我们用刚性边界条件下的简正系 $\{\psi_\mu(\boldsymbol{r},\omega_\mu), \mu = 0,1,2,\cdots\}$ 作展开

$$\Psi_\lambda(\boldsymbol{r},\Omega_\lambda) = \sum_{\mu=0}^\infty b_\mu \psi_\mu(\boldsymbol{r},\omega_\mu) \tag{5.1.12a}$$

其中, 展开系数为

$$b_\mu = \int_V \Psi_\lambda(\boldsymbol{r},\Omega_\lambda)\psi_\mu^*(\boldsymbol{r},\omega_\mu)\mathrm{d}^3\boldsymbol{r} \tag{5.1.12b}$$

在三维情况下, Green 公式 (4.1.3a) 修正为

$$\int_V (u\nabla^2 v - v\nabla^2 u)\mathrm{d}^3\boldsymbol{r} = \int_S \left(u\frac{\partial v}{\partial n} - v\frac{\partial u}{\partial n}\right)\mathrm{d}S \tag{5.1.13a}$$

取 $u = \Psi_\lambda(\boldsymbol{r},\Omega_\lambda)$ 和 $v = \psi_\nu^*(\boldsymbol{r},\omega_\nu)(\nu = 0,1,2,\cdots)$, 由上式得到

$$\int_V \left(\Psi_\lambda\nabla^2\psi_\nu^* - \psi_\nu^*\nabla^2\Psi_\lambda\right)\mathrm{d}^3\boldsymbol{r} = \int_S \left(\Psi_\lambda\frac{\partial\psi_\nu^*}{\partial n} - \psi_\nu^*\frac{\partial\Psi_\lambda}{\partial n}\right)\mathrm{d}S \tag{5.1.13b}$$

由方程 (5.1.1b) 和 (5.1.9b), 利用方程 (5.1.12b), 上式给出

$$\left[\left(\frac{\Omega_\lambda}{c_0}\right)^2 - \left(\frac{\omega_\nu}{c_0}\right)^2\right]b_\nu = -\mathrm{i}k_0\sum_{\mu=0}^\infty b_\mu\int_S \beta(\boldsymbol{r},\omega)\psi_\mu\psi_\nu^*\mathrm{d}S \tag{5.1.13c}$$

令

$$\chi_{\mu\nu} \equiv ik_0 \int_S \beta(\boldsymbol{r}, \omega) \psi_\mu \psi_\nu^* dS \tag{5.1.13d}$$

方程 (5.1.13c) 简化成

$$\left[\left(\frac{\Omega_\lambda}{c_0} \right)^2 - \left(\frac{\omega_\nu}{c_0} \right)^2 \right] b_\nu + \sum_{\mu=0}^{\infty} b_\mu \chi_{\mu\nu} = 0 \quad (\nu = 0, 1, 2, \cdots) \tag{5.1.14a}$$

或者写成

$$\sum_{\mu=0}^{\infty} \left\{ \left[\left(\frac{\Omega_\lambda}{c_0} \right)^2 - \left(\frac{\omega_\mu}{c_0} \right)^2 \right] \delta_{\mu\nu} + \chi_{\mu\nu} \right\} b_\mu = 0 \quad (\nu = 0, 1, 2, \cdots) \tag{5.1.14b}$$

上式是关于 $\{b_\mu\}$ 的无穷联立的齐次线性代数方程, 存在非零解的条件是系数行列式为零, 于是可得到关于 Ω_λ 的代数方程

$$\Delta(\Omega_\lambda) \equiv \det \left\{ \left[\left(\frac{\Omega_\lambda}{c_0} \right)^2 - \left(\frac{\omega_\mu}{c_0} \right)^2 \right] \delta_{\mu\nu} + \chi_{\mu\nu} \right\} = 0 \tag{5.1.14c}$$

设该方程第 λ 个根为 $\Omega_\lambda (\lambda = 0, 1, 2, \cdots)$, 对每一个 Ω_λ, 可由方程 (5.1.14b) 得到一组 $\{b_\mu\}_\lambda$, 一旦求得 $\{b_\mu\}_\lambda$ 的近似解, 代入方程 (5.1.12a) 就可得到阻抗边界下的简正系 $\{\Psi_\lambda(\boldsymbol{r}, \Omega_\lambda), \lambda = 0, 1, 2, \cdots\}$.

方程 (5.1.14c) 表明: 阻抗边界条件下的简正模式可表示成纯模式的叠加, 但纯模式是相互耦合的. 在边界刚性较大的情况下, 纯模式的相互耦合较弱, 可以取 $\chi_{\mu\nu} \approx 0 \ (\mu \neq \nu)$, 而

$$\chi_{\mu\mu} \equiv ik_0 \int_S \beta(\boldsymbol{r}, \omega) \psi_\mu \psi_\mu^* dS \tag{5.1.15a}$$

代入方程 (5.1.14b) 得到

$$\left[\left(\frac{\Omega_\lambda}{c_0} \right)^2 - \left(\frac{\omega_\mu}{c_0} \right)^2 + \chi_{\mu\mu} \right] b_\mu \approx 0 \quad (\mu = 0, 1, 2, \cdots) \tag{5.1.15b}$$

因此

$$\left(\frac{\Omega_\mu}{c_0} \right)^2 \approx \left(\frac{\omega_\mu}{c_0} \right)^2 - \chi_{\mu\mu} \quad (\mu = 0, 1, 2, \cdots) \tag{5.1.15c}$$

用 Green 函数法解阻抗边界条件下的简正系　从以上可看出, 用纯模式展开方法求解阻抗边界条件下的简正模式 Ψ_λ 和简正频率 Ω_λ 时, 我们容易得到简正频率的一阶近似, 但得到简正模式的一阶近似就比较困难. 为此, 我们介绍用 Green

函数方法来求解阻抗边界条件下的简正系, 该方法可以得到简洁的 Ψ_λ 和 Ω_λ 的迭代方程. 定义 Green 函数 $G_\Omega(\boldsymbol{r}, \boldsymbol{r}')$ 满足

$$\nabla^2 G_\Omega(\boldsymbol{r}, \boldsymbol{r}') + \left(\frac{\Omega_\lambda}{c_0}\right)^2 G_\Omega(\boldsymbol{r}, \boldsymbol{r}') = -\delta(\boldsymbol{r}, \boldsymbol{r}')$$

$$\left.\frac{\partial G_\Omega(\boldsymbol{r}, \boldsymbol{r}')}{\partial n}\right|_S = 0$$

(5.1.16a)

由方程 (5.1.4b) 得到用纯模式展开的 $G_\Omega(\boldsymbol{r}, \boldsymbol{r}')$

$$G_\Omega(\boldsymbol{r}, \boldsymbol{r}') \equiv \sum_{\mu=0}^{\infty} \frac{1}{k_\mu^2 - (\Omega_\lambda/c_0)^2} \psi_\mu^*(\boldsymbol{r}', \omega_\mu) \psi_\mu(\boldsymbol{r}, \omega_\mu)$$

(5.1.16b)

注意: 由于 Ω_λ 是复数, Green 函数的对称性 (复共轭对称性) 不成立, 即 $G_\Omega(\boldsymbol{r}, \boldsymbol{r}') \neq G_\Omega^*(\boldsymbol{r}', \boldsymbol{r})$. 取方程 (5.1.13a) 中 $u = \Psi_\lambda$ 和 $v = G_\Omega(\boldsymbol{r}, \boldsymbol{r}')$

$$\int_V \left(\Psi_\lambda \nabla'^2 G_\Omega - G_\Omega \nabla'^2 \Psi_\lambda\right) \mathrm{d}^3 \boldsymbol{r}' = \int_S \left(\Psi_\lambda \frac{\partial G_\Omega}{\partial n'} - G_\Omega \frac{\partial \Psi_\lambda}{\partial n'}\right) \mathrm{d}S'$$

(5.1.17a)

式中 "$\prime$" 表示对 $\boldsymbol{r}'$ 作用. 利用方程 (5.1.16a) 和 (5.1.9b), 上式给出

$$\Psi_\lambda(\boldsymbol{r}) = \mathrm{i}k_0 \int_S G_\Omega(\boldsymbol{r}, \boldsymbol{r}') \beta(\boldsymbol{r}', \omega) \Psi_\lambda(\boldsymbol{r}') \mathrm{d}S'$$

(5.1.17b)

上式是关于简正模式 Ψ_λ 的第一类积分方程, 只有当 Ω_λ 取 $\Omega_N(N = 1, 2, 3, \cdots)$ 特定值时才有非零解, 这个特定值 Ω_N 就是我们要求的简正频率; 相应的非零解为简正模式 Ψ_N. 把 Green 函数求和中的 $\mu = N$ 项分开

$$\Psi_N(\boldsymbol{r}) = \left[\frac{\mathrm{i}k_0}{k_N^2 - (\Omega_N/c_0)^2} \int_S \psi_N^*(\boldsymbol{r}', \omega_N) \beta(\boldsymbol{r}', \omega) \Psi_N(\boldsymbol{r}') \mathrm{d}S'\right] \psi_N(\boldsymbol{r}, \omega_N)$$
$$+ \mathrm{i}k_0 \int_S G_N(\boldsymbol{r}, \boldsymbol{r}') \beta(\boldsymbol{r}', \omega) \Psi_N(\boldsymbol{r}') \mathrm{d}S'$$

(5.1.18a)

其中, 定义

$$G_N(\boldsymbol{r}, \boldsymbol{r}') \equiv \sum_{\mu \neq N}^{\infty} \frac{1}{k_\mu^2 - (\Omega_N/c_0)^2} \psi_\mu^*(\boldsymbol{r}', \omega_\mu) \psi_\mu(\boldsymbol{r}, \omega_\mu)$$

(5.1.18b)

注意到: ① 方程 (5.1.18a) 是关于 Ψ_N 的齐次方程, 可以乘任意常数; ② 当 $\beta \to 0$ 时, $\Psi_N(\boldsymbol{r}) \to \psi_N(\boldsymbol{r}, \omega_N)$ 和 $k_N^2 \to (\Omega_N/c_0)^2$. 因此, 可以取

$$\mathrm{i}k_0 \int_S \psi_N^*(\boldsymbol{r}', \omega_N) \beta(\boldsymbol{r}', \omega) \Psi_N(\boldsymbol{r}') \mathrm{d}S' = k_N^2 - \left(\frac{\Omega_N}{c_0}\right)^2$$

(5.1.19a)

于是，我们得到简正模式 Ψ_N 和简正频率 Ω_N 的迭代方程

$$\Psi_N(\boldsymbol{r}) = \psi_N(\boldsymbol{r}, \omega_N) + \mathrm{i}k_0 \int_S G_N(\boldsymbol{r}, \boldsymbol{r}')\beta(\boldsymbol{r}', \omega)\Psi_N(\boldsymbol{r}')\mathrm{d}S' \tag{5.1.19b}$$

$$\left(\frac{\Omega_N}{c_0}\right)^2 = k_N^2 - \mathrm{i}k_0 \int_S \psi_N^*(\boldsymbol{r}', \omega_N)\beta(\boldsymbol{r}', \omega)\Psi_N(\boldsymbol{r}')\mathrm{d}S' \tag{5.1.19c}$$

显然，上二式具有性质：当 $\beta \to 0$ 时，$\Psi_N(\boldsymbol{r}) \to \psi_N(\boldsymbol{r}, \omega_N)$ 和 $k_N^2 \to (\Omega_N/c_0)^2$. 一阶近似可表示为

$$\Psi_N^{(1)}(\boldsymbol{r}) \approx \psi_N(\boldsymbol{r}, \omega_N) + \mathrm{i}k_0 \int_S G_N(\boldsymbol{r}, \boldsymbol{r}')\beta(\boldsymbol{r}', \omega)\psi_N(\boldsymbol{r}', \omega_N)\mathrm{d}S' \tag{5.1.20a}$$

$$\left[\frac{\Omega_N^{(1)}}{c_0}\right]^2 \approx k_N^2 - \mathrm{i}k_0 \int_S \psi_N^*(\boldsymbol{r}', \omega_N)\beta(\boldsymbol{r}', \omega)\psi_N(\boldsymbol{r}', \omega_N)\mathrm{d}S' \tag{5.1.20b}$$

方程 (5.1.20b) 与 (5.1.15c) 的结果是一致的，而这里我们容易得到本征模式 Ψ_N 的一阶近似.

5.1.3 阻抗壁面腔体中声波方程的频域解

事实上，阻抗边界情况下一般不用简正系 $\{\Psi_\lambda(\boldsymbol{r}, \Omega_\lambda), \lambda = 1, 2, 3, \cdots\}$ 作展开求声场分布，因求解 $\Psi_\lambda(\boldsymbol{r}, \Omega_\lambda)$ 本身就非常困难. 我们直接对方程 (5.1.9a) 作纯模式展开

$$p(\boldsymbol{r}, \omega) \approx \sum_{\lambda=0}^{\infty} c_\lambda \psi_\lambda(\boldsymbol{r}, \omega_\lambda) \tag{5.1.21a}$$

其中，展开系数为

$$c_\lambda = \int_V p(\boldsymbol{r}, \omega)\psi_\lambda^*(\boldsymbol{r}, \omega_\lambda)\mathrm{d}^3\boldsymbol{r} \tag{5.1.21b}$$

取方程 (5.1.13a) 中 $u = p(\boldsymbol{r}, \omega)$ 和 $v = \psi_\lambda^*(\boldsymbol{r}, \omega_\lambda)$ 得到

$$\int_V (p\nabla^2\psi_\lambda^* - \psi_\lambda^*\nabla^2 p)\mathrm{d}^3\boldsymbol{r} = \int_S \left(p\frac{\partial\psi_\lambda^*}{\partial n} - \psi_\lambda^*\frac{\partial p}{\partial n}\right)\mathrm{d}S \tag{5.1.22a}$$

利用方程 (5.1.1b) 和 (5.1.9b) 以及 (5.1.21b)，上式给出

$$(k_0^2 - k_\lambda^2)c_\lambda + \sum_{\mu=0}^{\infty} c_\mu\chi_{\mu\lambda} = -\int_V \psi_\lambda^*(\boldsymbol{r}, \omega_\lambda)\Im(\boldsymbol{r}, \omega)\mathrm{d}^3\boldsymbol{r} \tag{5.1.22b}$$

上式同样表明：在阻抗边界条件下，区域 V 中的声场 $p(\boldsymbol{r}, \omega)$ 可表示成纯模式的叠加，但每个纯模式是相互耦合的. 值得指出的是，在刚性边界情况，$\psi_\lambda(\boldsymbol{r}, \omega_\lambda)$ 和声压 $p(\boldsymbol{r}, \omega)$ 同时满足刚性边界条件，方程 (5.1.2a) 可直接代入方程 (5.1.1a)，求导与

无限求和可交换次序, 得到方程 (5.1.3a). 然而, 在阻抗边界情况, 声压 $p(\boldsymbol{r}, \omega)$ 与 $\psi_\lambda(\boldsymbol{r}, \omega_\lambda)$ 满足不同的边界条件, 如果 $p(\boldsymbol{r}, \omega)$ 用 $\psi_\lambda(\boldsymbol{r}, \omega_\lambda)$ 展开, 边界上不收敛到 "真" 值, 故不能直接把展开方程 (5.1.21a) 代入方程 (5.1.9a), 求导与无限求和不可随便交换次序, 必须计及边界的影响. 利用 Green 公式, 即方程 (5.1.22a), 就避免了求导与求和交换次序问题.

在边界刚性较大的条件下, 纯模式的相互耦合较弱, 可以取 $\chi_{\mu\lambda} \approx 0\ (\mu \neq \lambda)$, 故

$$(k_0^2 - k_\lambda^2 + \chi_{\lambda\lambda})c_\lambda \approx -\int_V \psi_\lambda^*(\boldsymbol{r}, \omega_\lambda)\Im(\boldsymbol{r}, \omega)\mathrm{d}^3\boldsymbol{r} \tag{5.1.23a}$$

即

$$c_\lambda \approx -\frac{1}{k_0^2 - k_\lambda^2 + \chi_{\lambda\lambda}}\int_V \psi_\lambda^*(\boldsymbol{r}, \omega_\lambda)\Im(\boldsymbol{r}, \omega)\mathrm{d}^3\boldsymbol{r} \tag{5.1.23b}$$

上式代入方程 (5.1.21a) 得到方程 (5.1.9a) 的解为

$$p(\boldsymbol{r}, \omega) \approx -\int_V \Im(\boldsymbol{r}', \omega)\left[\sum_{\lambda=0}^{\infty}\frac{1}{k_0^2 - k_\lambda^2 + \chi_{\lambda\lambda}}\psi_\lambda(\boldsymbol{r}, \omega_\lambda)\psi_\lambda^*(\boldsymbol{r}', \omega_\lambda)\right]\mathrm{d}^3\boldsymbol{r}'$$
$$= \int_V G(\boldsymbol{r}, \boldsymbol{r}', \omega)\Im(\boldsymbol{r}', \omega)\mathrm{d}^3\boldsymbol{r}' \tag{5.1.24a}$$

其中, Green 函数定义为

$$G(\boldsymbol{r}, \boldsymbol{r}', \omega) \equiv \sum_{\lambda=0}^{\infty}\frac{1}{k_\lambda^2 - k_0^2 - \chi_{\lambda\lambda}}\psi_\lambda(\boldsymbol{r}, \omega_\lambda)\psi_\lambda^*(\boldsymbol{r}', \omega_\lambda) \tag{5.1.24b}$$

显然, 上式是 Green 函数满足的方程

$$\nabla^2 G(\boldsymbol{r}, \boldsymbol{r}', \omega) + k_0^2 G(\boldsymbol{r}, \boldsymbol{r}', \omega) = -\delta(\boldsymbol{r}, \boldsymbol{r}'), \quad \boldsymbol{r}, \boldsymbol{r}' \in V$$
$$\frac{\partial G(\boldsymbol{r}, \boldsymbol{r}', \omega)}{\partial n} - \mathrm{i}k_0\beta(\boldsymbol{r}, \omega)G(\boldsymbol{r}, \boldsymbol{r}', \omega) = 0, \quad \boldsymbol{r} \in S; \boldsymbol{r}' \in V \tag{5.1.24c}$$

的一阶近似解.

在纯模式耦合不能忽略的情况下, 方程 (5.1.22b) 改写成

$$\sum_{\mu=1}^{\infty}[(k_0^2 - k_\mu^2)\delta_{\mu\lambda} + \chi_{\mu\lambda}]c_\mu = -\int_V \psi_\lambda^*(\boldsymbol{r}, \omega_\lambda)\Im(\boldsymbol{r}, \omega)\mathrm{d}^3\boldsymbol{r} \tag{5.1.25a}$$

此时我们必须求解无限联立的代数方程. 方程 (5.1.25a) 也可以改写成

$$c_\lambda = \frac{1}{k_\lambda^2 - k_0^2 - \chi_{\lambda\lambda}}\left[\int_V \psi_\lambda^*(\boldsymbol{r}, \omega_\lambda)\Im(\boldsymbol{r}, \omega)\mathrm{d}^3\boldsymbol{r} - \sum_{\mu\neq\lambda}^{\infty}c_\mu\chi_{\mu\lambda}\right] \tag{5.1.25b}$$

显然, 上式便于用迭代法求更高阶近似.

设 $\beta(\boldsymbol{r},\omega) = \sigma(\boldsymbol{r},\omega) + \mathrm{i}\delta(\boldsymbol{r},\omega)$, 由方程 (5.1.15a)

$$\chi_{\lambda\lambda} \equiv \mathrm{i}k_0[\sigma_\lambda(\omega) + \mathrm{i}\delta_\lambda(\omega)] \tag{5.1.26a}$$

其中, 定义

$$\sigma_\lambda(\omega) \equiv \int_S \sigma(\boldsymbol{r},\omega)|\psi_\lambda|^2 \mathrm{d}S$$
$$\delta_\lambda(\omega) \equiv \int_S \delta(\boldsymbol{r},\omega)|\psi_\lambda|^2 \mathrm{d}S \tag{5.1.26b}$$

进一步设 β 与位置无关, 且用墙壁的法向声阻抗率 $z_n(\omega) = R(\omega) - \mathrm{i}X(\omega)$ 来表示, 则

$$\beta(\omega) = \frac{\rho_0 c_0}{z_n(\omega)} = \rho_0 c_0 \frac{R(\omega) + \mathrm{i}X(\omega)}{R^2(\omega) + X^2(\omega)} \tag{5.1.26c}$$

因此

$$\sigma_\lambda(\omega) = \frac{\rho_0 c_0 R(\omega)}{R^2(\omega) + X^2(\omega)} \int_S |\psi_\lambda|^2 \mathrm{d}S$$
$$\delta_\lambda(\omega) = \frac{\rho_0 c_0 X(\omega)}{R^2(\omega) + X^2(\omega)} \int_S |\psi_\lambda|^2 \mathrm{d}S \tag{5.1.26d}$$

共振频率 由方程 (5.1.24b), 共振频率满足方程

$$\mathrm{Re}(k_\lambda^2 - k_0^2 - \chi_{\lambda\lambda}) = 0 \tag{5.1.27a}$$

由方程 (5.1.26a), 上式即为

$$\omega^2 = \omega_\lambda^2 + \omega c_0 \delta_\lambda(\omega) \tag{5.1.27b}$$

故共振频率是上式的解. 如果设 $\delta_\lambda(\omega)$ 与频率无关 $\delta_\lambda(\omega) = \delta_\lambda$(事实上, 一般是不可能的), 那么共振频率为

$$\omega_{\mathrm{R}} \approx \sqrt{\omega_\lambda^2 + \omega_\lambda c_0 \delta_\lambda} \approx \omega_\lambda \sqrt{1 + \frac{c_0 \delta_\lambda}{\omega_\lambda}} \approx \omega_\lambda + \frac{c_0}{2} \cdot \frac{\rho_0 c_0 X}{R^2 + X^2} \int_S |\psi_\lambda|^2 \mathrm{d}S \tag{5.1.27c}$$

可见, 声阻抗率的虚部改变了共振频率. 对准刚性的墙, $R \gg X$, 故 $\omega_{\mathrm{R}} \approx \omega_\lambda$, 即共振频率基本不变化.

5.1.4 阻抗壁面腔体中声波方程的时域解

为了进一步看清楚 $\chi_{\lambda\lambda}$ 的意义, 我们通过 Fourier 变换把方程 (5.1.24a) 转换

到时域来讨论

$$p(\boldsymbol{r}, t) = -\int_{-\infty}^{\infty} e^{-i\omega t} \int_V \Im(\boldsymbol{r}', \omega) \left[\sum_{\lambda=0}^{\infty} \frac{1}{k_0^2 - k_\lambda^2 + \chi_{\lambda\lambda}} \psi_\lambda(\boldsymbol{r}, \omega_\lambda) \psi_\lambda^*(\boldsymbol{r}', \omega_\lambda) \right] d^3\boldsymbol{r}' d\omega$$

$$= -\sum_{\lambda=0}^{\infty} \int_V \psi_\lambda(\boldsymbol{r}, \omega_\lambda) \psi_\lambda^*(\boldsymbol{r}', \omega_\lambda) \left[\int_{-\infty}^{\infty} \frac{e^{-i\omega t}}{k_0^2 - k_\lambda^2 + \chi_{\lambda\lambda}} \Im(\boldsymbol{r}', \omega) d\omega \right] d^3\boldsymbol{r}'$$

$$\text{(5.1.28a)}$$

为了简单, 令源的形式为 $\Im(\boldsymbol{r}, t) = \Im(\boldsymbol{r}) d\delta(t, t')/dt$, 即 $t = t'$ 时刻, 声源发出一个脉冲信号, 于是 $\Im(\boldsymbol{r}, \omega) = -i\omega\Im(\boldsymbol{r})\exp(i\omega t')/2\pi$, 方程 (5.1.28a) 简化成

$$p(\boldsymbol{r}, t) = -\frac{c_0^2}{2\pi} \sum_{\lambda=0}^{\infty} \psi_\lambda(\boldsymbol{r}, \omega_\lambda) \int_V \Im(\boldsymbol{r}') \psi_\lambda^*(\boldsymbol{r}', \omega_\lambda) d^3\boldsymbol{r}'$$

$$\times \frac{d}{dt} \left[\int_{-\infty}^{\infty} \frac{\exp[-i\omega(t - t')]}{\omega^2 - \omega_\lambda^2 + i\omega c_0(\sigma_\lambda + i\delta_\lambda)} d\omega \right] \quad \text{(5.1.28b)}$$

上式中对频率的积分可由复变函数积分方法完成: 极点满足的方程为

$$\omega^2 - \omega_\lambda^2 + i\omega c_0[\sigma_\lambda(\omega) + i\delta_\lambda(\omega)] = 0 \quad \text{(5.1.28c)}$$

上式是关于 ω 的函数方程, 设 $\sigma_\lambda(\omega)$ 和 $\delta_\lambda(\omega)$ 与频率无关 (一般来说, 这是不可能的), 二个极点近似为

$$\omega_\pm = \pm\sqrt{\omega_\lambda^2 - i\omega c_0(\sigma_\lambda + i\delta_\lambda)} \approx \pm\sqrt{\omega_\lambda^2 \mp i\omega_\lambda c_0\sigma_\lambda}$$

$$= \pm\omega_\lambda\sqrt{1 \mp \frac{i c_0\sigma_\lambda}{\omega_\lambda}} \approx \pm\omega_\lambda\left(1 \mp \frac{i c_0\sigma_\lambda}{2\omega_\lambda}\right) \approx \pm\omega_\lambda - i\gamma_\lambda$$

$$\text{(5.1.28d)}$$

其中, $\gamma_\lambda \equiv c_0\sigma_\lambda/2$. 二个极点位于复平面的下部, 当 $t - t' > 0$, 取积分围道在下半平面, 如图 5.1.2. 于是

$$\int_{-\infty}^{\infty} \frac{\exp[-i\omega(t - t')]}{\omega^2 - \omega_\lambda^2 + i\omega c_0(\sigma_\lambda + i\delta_\lambda)} d\omega \approx -2\pi i[\text{Res}(\omega_+) + \text{Res}(\omega_-)]$$

$$= -2\pi i\left\{ \frac{\exp[-i\omega_+(t - t')]}{(\omega_+ - \omega_-)} - \frac{\exp[-i\omega_-(t - t')]}{(\omega_- - \omega_+)} \right\} \quad \text{(5.1.29a)}$$

$$\approx -\frac{\pi i}{\omega_\lambda} \left\{ \exp[-i\omega_\lambda(t - t')] - \exp[i\omega_\lambda(t - t')] \right\} e^{-\gamma_\lambda(t - t')}$$

上式中第一个等号后的 "−" 是因为积分围道在下半平面. 于是

$$\int_{-\infty}^{\infty} \frac{\exp[-i\omega(t - t')]}{\omega^2 - \omega_\lambda^2 + i\omega c_0(\sigma_\lambda + i\delta_\lambda)} d\omega \approx -2\pi \frac{\sin[\omega_\lambda(t - t')]}{\omega_\lambda} e^{-\gamma_\lambda(t - t')} \quad \text{(5.1.29b)}$$

如果 $t-t' < 0$, 积分围道应该取上半平面, 而上半平面没有极点, 故积分为零. 上式代入方程 (5.1.28b) 得到 (注意: 微分仅对快速变化的部分进行)

$$p(\boldsymbol{r}, t) = \begin{cases} c_0^2 \displaystyle\sum_{\lambda=0}^{\infty} \Im_\lambda(\omega_\lambda) \psi_\lambda(\boldsymbol{r}, \omega_\lambda) \cos[\omega_\lambda(t-t')] \mathrm{e}^{-\gamma_\lambda(t-t')}, & t > t' \\ 0, & t < t' \end{cases} \qquad (5.1.29c)$$

其中, 为了方便定义

$$\Im_\lambda(\omega_\lambda) \equiv \int_V \Im(\boldsymbol{r}') \psi_\lambda^*(\boldsymbol{r}', \omega_\lambda) \mathrm{d}^3 \boldsymbol{r}' \qquad (5.1.29d)$$

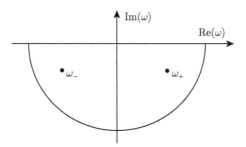

图 5.1.2　极点位于复平面的下部

　　方程 (5.1.29c) 的意义十分明确: 声阻抗率的实部引起模式随时间的衰减 (注意与方程 (5.1.27c) 的结果比较: 声阻抗率的虚部改变了共振频率), 而 γ_λ 出现在指数上, 即使 σ_λ 很小, 足够长时间后, 声能量也衰减到零.

　　声场的总能量　由方程 (5.1.29c), 声场的速度场为 (取 $t'=0$)

$$\boldsymbol{v}(\boldsymbol{r}, t) = -\frac{1}{\rho_0} \int \nabla p(\boldsymbol{r}, t) \mathrm{d}t \approx -\frac{c_0^2}{\rho_0} \sum_{\lambda=0}^{\infty} \Im_\lambda(\omega_\lambda) \frac{\sin(\omega_\lambda t)}{\omega_\lambda} \nabla \psi_\lambda(\boldsymbol{r}, \omega_\lambda) \mathrm{e}^{-\gamma_\lambda t} \quad (5.1.30a)$$

注意: 方程 (5.1.30a) 对时间的积分仅对快速变化的部分进行. 与 5.1.1 小节中同样理由, 设简正模式是实的, 于是声场的总能量的时间平均为

$$\overline{E} = \frac{1}{2T} \int_0^T \int_V \left(\frac{p^2}{\rho_0 c_0^2} + \rho_0 \boldsymbol{v}^2 \right) \mathrm{d}^3 \boldsymbol{r} \mathrm{d}t = \frac{c_0^2}{2\rho_0} \sum_{\lambda=0}^{\infty} \Im_\lambda^2(\omega_\lambda) \mathrm{e}^{-2\gamma_\lambda t} \qquad (5.1.30b)$$

上式表明, 声场总能量随时间衰减, 而且衰减速度与模式有关, 不同的模式, 衰减速度不同, 由于 γ_λ 出现在指数上, 即使 σ_λ 很小, 足够长时间后, $\overline{E} \to 0$. 故我们有结论: ① 准刚性墙对共振频率的改变可忽略; ② 主要作用是引起模式的衰减.

　　如果源的形式为

$$\Im(\boldsymbol{r}, t) = \begin{cases} \Im(\boldsymbol{r}) \sin(\omega_g t), & t < 0 \\ 0, & t > 0 \end{cases} \qquad (5.1.31a)$$

即在 $t < 0$ 时, 声源发出一个频率为 ω_g 的单频信号, 而在 $t = 0$ 时突然停止. 为了求 $\Im(\boldsymbol{r}, t)$ 的 Fourier 变换, 引进小参数 $\varepsilon > 0$, 最后令 $\varepsilon = 0$

$$
\begin{aligned}
\Im(\boldsymbol{r}, \omega) &= \frac{\Im(\boldsymbol{r})}{2\pi} \lim_{\varepsilon \to 0} \int_{-\infty}^{0} \sin(\omega_g t) \mathrm{e}^{\varepsilon t} \exp(\mathrm{i}\omega t) \mathrm{d}t \\
&= -\frac{\Im(\boldsymbol{r})}{4\pi} \lim_{\varepsilon \to 0} \left[\frac{\mathrm{e}^{\mathrm{i}(\omega_g + \omega - \mathrm{i}\varepsilon)t}}{(\omega_g + \omega - \mathrm{i}\varepsilon)} + \frac{\mathrm{e}^{-\mathrm{i}(\omega_g - \omega + \mathrm{i}\varepsilon)t}}{(\omega_g - \omega + \mathrm{i}\varepsilon)} \right]_{-\infty}^{0} = \frac{\Im(\boldsymbol{r})}{2\pi} \frac{\omega_g}{\omega^2 - \omega_g^2}
\end{aligned}
$$
(5.1.31b)

代入方程 (5.1.28a)

$$
\begin{aligned}
p(\boldsymbol{r}, t) &= \frac{c_0^2 \omega_g}{2\pi} \sum_{\lambda=0}^{\infty} \Im_\lambda(\omega_\lambda) \psi_\lambda(\boldsymbol{r}, \omega_\lambda) \\
&\times \left[\int_{-\infty}^{\infty} \frac{\exp(-\mathrm{i}\omega t)}{(\omega^2 - \omega_g^2)[\omega^2 - \omega_\lambda^2 + \mathrm{i}\omega c_0(\sigma_\lambda + \mathrm{i}\delta_\lambda)]} \mathrm{d}\omega \right] \mathrm{d}^3 \boldsymbol{r}'
\end{aligned}
$$
(5.1.31c)

显然, 上式增加了二个位于实轴上的一阶极点 (如图 5.1.3): $\omega_{1,2} = \pm\omega_g$. 当 $t < 0$ 时, 积分围道取上半平面, 引进小参数 $\varepsilon > 0$, 使二个极点位于上半平面: $\omega_{1,2} = \pm\omega_g + \mathrm{i}\varepsilon$ (而极点 $\omega_\pm$ 不在围道内), 于是

$$
\begin{aligned}
&\int_{-\infty}^{\infty} \frac{\exp(-\mathrm{i}\omega t)}{(\omega^2 - \omega_g^2)[\omega^2 - \omega_\lambda^2 + \mathrm{i}\omega c_0(\sigma_\lambda + \mathrm{i}\delta_\lambda)]} \mathrm{d}\omega \\
&= 2\pi\mathrm{i}[\mathrm{Res}(+\omega_g) + \mathrm{Res}(-\omega_g)] \\
&= \frac{\pi\mathrm{i}}{\omega_g} \left[\frac{\exp(-\mathrm{i}\omega_g t)}{(\omega_g - \omega_+)(\omega_g - \omega_-)} - \frac{\exp(\mathrm{i}\omega_g t)}{(\omega_g + \omega_+)(\omega_g + \omega_-)} \right]
\end{aligned}
$$
(5.1.32a)

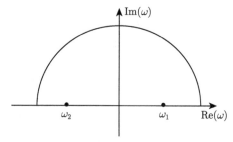

图 5.1.3　二个新的极点位于实轴

当 $t > 0$ 时, 积分围道取下半平面 (如图 5.1.2, 极点 $\omega_{1,2}$ 不在围道内), 因此

$$
\int_{-\infty}^{\infty} \frac{\exp(-\mathrm{i}\omega t)}{(\omega^2 - \omega_g^2)[\omega^2 - \omega_\lambda^2 + \mathrm{i}\omega c_0(\sigma_\lambda + \mathrm{i}\delta_\lambda)]} \mathrm{d}\omega = -2\pi\mathrm{i}[\mathrm{Res}(\omega_+) + \mathrm{Res}(\omega_-)]
$$
(5.1.32b)

即

$$\int_{-\infty}^{\infty} \frac{\exp(-i\omega t)}{(\omega^2 - \omega_g^2)[\omega^2 - \omega_\lambda^2 + i\omega c_0(\sigma_\lambda + i\delta_\lambda)]} d\omega$$

$$= -2\pi i \left[\frac{\exp(-i\omega_+ t)}{(\omega_+^2 - \omega_g^2)(\omega_+ - \omega_-)} + \frac{\exp(-i\omega_- t)}{(\omega_-^2 - \omega_g^2)(\omega_- - \omega_+)} \right]$$

$$= -\frac{\pi i}{\omega_\lambda} \left[\frac{\exp(-i\omega_+ t)}{\omega_+^2 - \omega_g^2} - \frac{\exp(-i\omega_- t)}{\omega_-^2 - \omega_g^2} \right] \approx -\frac{2\pi}{\omega_\lambda^2 - \omega_g^2} \frac{\sin(\omega_\lambda t)}{\omega_\lambda} \exp(-\gamma_\lambda t)$$

$$\tag{5.1.32c}$$

把方程 (5.1.32a) 和 (5.1.32c) 代入方程 (5.1.31c) 得到

$$p(\boldsymbol{r}, t) \approx c_0^2 \sum_{\lambda=0}^{\infty} \Im_\lambda(\omega_\lambda) \psi_\lambda(\boldsymbol{r}, \omega_\lambda)$$

$$\times \begin{cases} \dfrac{\pi i}{\omega_g} \left[\dfrac{\exp(i\omega_g t)}{(\omega_g + \omega_+)(\omega_g + \omega_-)} - \dfrac{\exp(-i\omega_g t)}{(\omega_g - \omega_+)(\omega_g - \omega_-)} \right], & t < 0 \\[3mm] \dfrac{\pi i}{\omega_\lambda} \left[\dfrac{\exp(-i\omega_\lambda t)}{\omega_+^2 - \omega_g^2} - \dfrac{\exp(i\omega_\lambda t)}{\omega_-^2 - \omega_g^2} \right] \exp(-\gamma_\lambda t), & t > 0 \end{cases}$$

$$\tag{5.1.32d}$$

从上式可看出: 当声源停止发声后, 空间声场中的各个纯模式以指数形式衰减. 这种现象称为声场的**混响**(reverberation). 可以验证, 在 $t = 0$ 点, 二式相等: $p(\boldsymbol{r}, 0_-) = p(\boldsymbol{r}, 0_+)$ (作为习题).

5.1.5 不规则腔体中声场的模式展开方法

如图 5.1.4, 对不规则形腔体 V(边界为 ∂V), 简正模式和简正频率一般无法求得. 取规则形腔体 V_0(边界为 ∂V_0) 包含腔体 V 及边界 ∂V, 在腔体 V_0 内, 满足刚性边界条件的简正模式 $\psi_\lambda(\boldsymbol{r}, \omega_\lambda)$ 和简正频率 ω_λ 可以求得 (见 5.2 节)

$$\nabla^2 \psi_\lambda(\boldsymbol{r}, \omega_\lambda) + k_0^2 \psi_\lambda(\boldsymbol{r}, \omega_\lambda) = 0 \ (\boldsymbol{r} \in V_0)$$

$$\frac{\partial \psi_\lambda(\boldsymbol{r}, \omega_\lambda)}{\partial n} = 0 \ (\boldsymbol{r} \in \partial V_0)$$

$$\tag{5.1.33a}$$

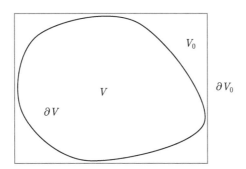

图 5.1.4 规则形腔体 V_0 (边界为 ∂V_0) 包含不规则腔体 V 及边界 ∂V

　　问题是：能否用 $\psi_\lambda(\boldsymbol{r},\omega_\lambda)$ 来展开求不规则形腔体 V 内的声场分布？设腔体 V 内声场满足阻抗边界条件，即

$$\nabla^2 p(\boldsymbol{r},\omega) + k_0^2 p(\boldsymbol{r},\omega) = -\Im(\boldsymbol{r},\omega) \quad (\boldsymbol{r} \in V)$$

$$\frac{\partial p}{\partial n} - \mathrm{i}k_0\beta(\boldsymbol{r},\omega)p = 0 \quad (\boldsymbol{r} \in \partial V)$$

(5.1.33b)

由方程 (2.5.2a)，即

$$\int_V [G(\nabla^2 + k_0^2)p - p(\nabla^2 + k_0^2)G]\mathrm{d}^3\boldsymbol{r} = \iint_{\partial V}\left(G\frac{\partial p}{\partial n} - p\frac{\partial G}{\partial n}\right)\mathrm{d}S \qquad (5.1.33c)$$

取腔 V_0 内一点 $\boldsymbol{r}$：① 如果点 $\boldsymbol{r}$ 在腔 V 内，Green 函数满足方程

$$\nabla^2 G(\boldsymbol{r},\boldsymbol{r}') + k_0^2 G(\boldsymbol{r},\boldsymbol{r}') = -\delta(\boldsymbol{r},\boldsymbol{r}')$$

(5.1.33d)

故上式给出 (注意：对方程 (5.2.33b) 的第三类边界条件，Green 函数的对称性由方程 (2.5.4d) 表示，即 $G(\boldsymbol{r},\boldsymbol{r}') = G(\boldsymbol{r}',\boldsymbol{r})$)

$$\begin{aligned}p(\boldsymbol{r},\omega) &= \int_V G(\boldsymbol{r},\boldsymbol{r}')\Im(\boldsymbol{r}',\omega)\mathrm{d}^3\boldsymbol{r}' \\ &+ \iint_{\partial V}\left[G(\boldsymbol{r},\boldsymbol{r}')\frac{\partial p(\boldsymbol{r}',\omega)}{\partial n'} - p(\boldsymbol{r}',\omega)\frac{\partial G(\boldsymbol{r},\boldsymbol{r}')}{\partial n'}\right]\mathrm{d}S'\end{aligned}$$

(5.1.34a)

② 如果点 $\boldsymbol{r}$ 在腔 V_0 与 V 之间，则在 V 内的点 $\boldsymbol{r}' \neq \boldsymbol{r}$，Green 函数满足方程

$$\nabla^2 G(\boldsymbol{r},\boldsymbol{r}') + k_0^2 G(\boldsymbol{r},\boldsymbol{r}') = 0$$

(5.1.34b)

故方程 (5.1.33c) 给出

$$0 = \int_V G(\boldsymbol{r},\boldsymbol{r}')\Im(\boldsymbol{r}',\omega)\mathrm{d}^3\boldsymbol{r}' + \iint_{\partial V}\left[G(\boldsymbol{r},\boldsymbol{r}')\frac{\partial p(\boldsymbol{r}',\omega)}{\partial n} - p(\boldsymbol{r}',\omega)\frac{\partial G(\boldsymbol{r},\boldsymbol{r}')}{\partial n'}\right]\mathrm{d}S'$$

(5.1.35a)

因此，方程 (5.1.34a) 和 (5.1.35c) 可以统一写成

$$\begin{aligned}&\int_V G(\boldsymbol{r},\boldsymbol{r}')\Im(\boldsymbol{r}',\omega)\mathrm{d}^3\boldsymbol{r}' + \iint_{\partial V}\left[G(\boldsymbol{r},\boldsymbol{r}')\frac{\partial p(\boldsymbol{r}',\omega)}{\partial n} - p(\boldsymbol{r}',\omega)\frac{\partial G(\boldsymbol{r},\boldsymbol{r}')}{\partial n'}\right]\mathrm{d}S' \\ &= \begin{cases} p(\boldsymbol{r},\omega), & \boldsymbol{r} \in V \\ 0, & \boldsymbol{r} \in V_0 - V \end{cases}\end{aligned}$$

(5.1.35b)

注意：① 面积分在 ∂V 上进行；② 上式中仅要求 Green 函数满足方程，对边界条件和区域都没有要求，因此我们取 $G(\boldsymbol{r},\boldsymbol{r}')$ 满足

$$\nabla^2 G(\boldsymbol{r},\boldsymbol{r}') + k_0^2 G(\boldsymbol{r},\boldsymbol{r}') = -\delta(\boldsymbol{r},\boldsymbol{r}'), \quad (\boldsymbol{r},\boldsymbol{r}') \in V_0$$

$$\frac{\partial G(\boldsymbol{r},\boldsymbol{r}')}{\partial n} = 0, \quad \boldsymbol{r} \in \partial V_0$$

(5.1.36a)

由方程 (5.1.4b) 得到用简正模式展开的 Green 函数

$$G(\boldsymbol{r}, \boldsymbol{r}') \equiv \sum_{\lambda=0}^{\infty} \frac{1}{k_\lambda^2 - k_0^2} \psi_\lambda^*(\boldsymbol{r}', \omega_\lambda) \psi_\lambda(\boldsymbol{r}, \omega_\lambda) \tag{5.1.36b}$$

另一方面, 由于 V_0 包含 V, 区域 V_0 中的完备系 $\{\psi_\lambda(\boldsymbol{r}, \omega_\lambda)\}$ 也是区域 V 中的完备系 (但没有正交性), 故可以把 $p(\boldsymbol{r}, \omega)$ 用区域 V_0 中的完备系 $\{\psi_\lambda(\boldsymbol{r}, \omega_\lambda)\}$ 展开

$$p(\boldsymbol{r}, \omega) \equiv \sum_{\lambda=0}^{\infty} a_\lambda(\omega) \psi_\lambda(\boldsymbol{r}, \omega_\lambda) \tag{5.1.37a}$$

上式代入方程 (5.1.35b) 得到

$$\sum_{\lambda=0}^{\infty} \left[\frac{\Im_\lambda(\omega)}{k_\lambda^2 - k_0^2} - \sum_{\mu=0}^{\infty} \frac{\Re_{\lambda\mu}(\omega) + \aleph_{\lambda\mu}}{k_\lambda^2 - k_0^2} a_\mu(\omega) \right] \psi_\lambda(\boldsymbol{r}, \omega_\lambda)$$

$$= \begin{cases} \displaystyle\sum_{\lambda=0}^{\infty} a_\lambda(\omega) \psi_\lambda(\boldsymbol{r}, \omega_\lambda), & \boldsymbol{r} \in V \\ 0, & \boldsymbol{r} \in V_0 - V \end{cases} \tag{5.1.37b}$$

其中, 诸系数定义为

$$\Im_\lambda(\omega) \equiv \int_V \psi_\lambda^*(\boldsymbol{r}', \omega_\lambda) \Im(\boldsymbol{r}', \omega) \mathrm{d}^3\boldsymbol{r}'$$

$$\Re_{\lambda\mu}(\omega) \equiv \iint_{\partial V} \psi_\lambda^*(\boldsymbol{r}', \omega_\lambda) \mathrm{i}k_0\beta(\boldsymbol{r}', \omega) \psi_\mu(\boldsymbol{r}', \omega_\mu) \mathrm{d}S' \tag{5.1.37c}$$

$$\aleph_{\lambda\mu} \equiv \iint_{\partial V} \frac{\partial \psi_\lambda^*(\boldsymbol{r}', \omega_\lambda)}{\partial n'} \psi_\mu(\boldsymbol{r}', \omega_\mu) \mathrm{d}S'$$

方程 (5.1.37b) 两边乘 $\psi_\tau(\boldsymbol{r}, \omega_\tau)$ 并在区域 V_0 上积分 (注意: $\psi_\tau(\boldsymbol{r}, \omega_\tau)$ 在 V_0 上正交归一) 给出

$$\sum_{\lambda=0}^{\infty} \Phi_{\lambda\tau} a_\lambda(\omega) = \frac{\Im_\tau(\omega)}{k_\tau^2 - k_0^2} - \frac{1}{k_\tau^2 - k_0^2} \sum_{\mu=0}^{\infty} [\Re_{\tau\mu}(\omega) + \aleph_{\tau\mu}] a_\mu(\omega) \tag{5.1.38a}$$

其中, V 上的体积分定义为

$$\Phi_{\lambda\tau} \equiv \int_V \psi_\lambda(\boldsymbol{r}, \omega_\lambda) \psi_\tau(\boldsymbol{r}, \omega_\tau) \mathrm{d}^3\boldsymbol{r} \tag{5.1.38b}$$

方程 (5.1.38a) 重写成

$$\sum_{\mu=0}^{\infty} [(k_\tau^2 - k_0^2)\Phi_{\mu\tau} + \Re_{\tau\mu}(\omega) + \aleph_{\tau\mu}] a_\mu(\omega) = \Im_\tau(\omega) \tag{5.1.38c}$$

显然, 上式为决定展开系数 $a_\mu(\omega)$ 的无限联立的代数方程, 一旦求得系数 $a_\mu(\omega)$, 代入方程 (5.1.37a) 即可得到腔体 V 内的声压分布.

5.1.6 腔内声场与壁面振动的耦合

在 2.7 节中, 我们考虑了膜或薄板振动向无限空间辐射声波的耦合问题. 本小节讨论薄板振动向有限腔体辐射声波的耦合, 仅介绍模式耦合方法. 设腔体内的声场由体源 $\Im(\boldsymbol{r},\omega)$ 和部分腔壁 S_1 的振动速度 (法向速度为 $v_{0n}(\boldsymbol{r}_s,\omega)$, $\boldsymbol{r}_s$ 为振动面上的点) 产生 (如图 2.5.1), 由方程 (2.5.6b), 腔内声场为

$$p(\boldsymbol{r},\omega)=\int_V G(\boldsymbol{r}',\boldsymbol{r})\Im(\boldsymbol{r}',\omega)\mathrm{d}^3\boldsymbol{r}'+\mathrm{i}\rho_0\omega\iint_{S_1}G(\boldsymbol{r},\boldsymbol{r}_s)v_{0n}(\boldsymbol{r}_s,\omega)\mathrm{d}^2\boldsymbol{r}_s \qquad (5.1.39\mathrm{a})$$

其中, 面积分对 $\boldsymbol{r}_s$ 进行. 为了简单, 假定墙壁的不振动部分为刚性壁面, 则 Green 函数满足方程 (5.1.5), 且由方程 (5.1.4b) 决定.

假定振动部分腔壁 S_1 由面积为 Γ、边界为 $\partial\Gamma$ 的薄板构成 (边界固定), 在外力 $f(\boldsymbol{r}_s,\omega)$ 作用下作振动. 注意到薄板振动不仅向腔内辐射声波, 而且另一个振动面向腔外也辐射声波, 薄板受到的声场反作用力应该是腔内、外声场反作用力之和 (方向相反), 但腔外的声场与腔外的环境有关, 例如, 假定薄板嵌在无限大障板上, 由 Rayleigh 积分, 即方程 (2.5.39), 可以求出腔外的声场. 为了方便讨论, 我们假定腔外是真空, 这样就不存在声场. 于是, 薄板位移 $u(\boldsymbol{r}_s,\omega)$ 与声场的耦合方程为

$$(\nabla^4-K_P^4)u(\boldsymbol{r}_s,\omega)=\frac{1}{D}[f(\boldsymbol{r}_s,\omega)-p(\boldsymbol{r},\omega)|_{\boldsymbol{r}=\boldsymbol{r}_s}]$$
$$u(\boldsymbol{r}_s,\omega)|_{\partial\Gamma}=0; \quad \left.\frac{\partial u(\boldsymbol{r}_s,\omega)}{\partial n}\right|_{\partial\Gamma}=0 \qquad (5.1.39\mathrm{b})$$

其中, $K_P^4=\omega^2\sigma_P/D$, $f(\boldsymbol{r}_s,\omega)$ 是薄板受到的外力面密度 (单位面积的受力). 设不考虑薄板与辐射声场耦合时, 薄板振动的简正模式为 $U_\lambda(\boldsymbol{r}_s,K_\lambda)$, 满足方程

$$(\nabla^4-K_\lambda^4)U_\lambda(\boldsymbol{r}_s,K_\lambda)=0$$
$$U_\lambda(\boldsymbol{r}_s,K_\lambda)|_{\partial\Gamma}=0; \quad \left.\frac{\partial U_\lambda(\boldsymbol{r}_s,K_\lambda)}{\partial n}\right|_{\partial\Gamma}=0 \qquad (5.1.39\mathrm{c})$$

其中, $K_\lambda^4=\Omega_\lambda^2\sigma_P/D$(为了与腔内声场的简正频率 ω_λ 的区别, 我们用 Ω_λ 表示薄板振动的简正频率), 对半径为 a、圆周固定的薄板, 简正模式由方程 (2.7.56a) 和 (2.7.56b) 决定. 我们把薄板的振动用 $U_\lambda(\boldsymbol{r}_s,K_\lambda)$ 展开

$$u(\boldsymbol{r}_s,\omega)=\sum_\lambda A_\lambda(\omega)U_\lambda(\boldsymbol{r}_s,K_\lambda) \qquad (5.1.40\mathrm{a})$$

上式代入方程 (5.1.39b) 并且利用方程 (5.1.39c) 得到

$$\sum_\lambda A_\lambda(\omega)(K_\lambda^4-K_P^4)U_\lambda(\boldsymbol{r}_s,K_\lambda)=\frac{1}{D}[f(\boldsymbol{r}_s,\omega)-p(\boldsymbol{r},\omega)|_{\boldsymbol{r}=\boldsymbol{r}_s}] \qquad (5.1.40\mathrm{b})$$

上式两边乘 $U_\mu^*(\boldsymbol{r}_s, K_\mu)$ 并积分得到

$$N_\lambda^2 A_\lambda(\omega)(K_\lambda^4 - K_P^4) = \frac{1}{D} \iint_{S_1} [f(\boldsymbol{r}_s, \omega) - p(\boldsymbol{r}_s, \omega)] U_\lambda^*(\boldsymbol{r}_s, K_\lambda) \mathrm{d}^2 \boldsymbol{r}_s \qquad (5.1.40c)$$

其中, 简正模式的模平方为

$$N_\lambda^2 \equiv \iint_{S_1} |U_\lambda(\boldsymbol{r}_s, K_\lambda)|^2 \mathrm{d}^2 \boldsymbol{r}_s. \qquad (5.1.40d)$$

注意到速度场与位移场的关系

$$v_{0n}(\boldsymbol{r}_s, \omega) = -\mathrm{i}\omega u(\boldsymbol{r}_s, \omega) = -\mathrm{i}\omega \sum_\mu A_\mu(\omega) U_\mu(\boldsymbol{r}_s, K_\mu) \qquad (5.1.41a)$$

故在 $\Im(\boldsymbol{r}', \omega) = 0$ 情况下, 方程 (5.1.39a) 给出

$$p(\boldsymbol{r}_s, \omega) = \rho_0 \omega^2 \sum_{\mu, \lambda=0}^{\infty} A_\mu(\omega) \frac{\psi_\lambda(\boldsymbol{r}_s, \omega_\lambda)}{k_\lambda^2 - k_0^2} \iint_{S_1} \psi_\lambda^*(\boldsymbol{r}_s', \omega_\lambda) U_\mu(\boldsymbol{r}_s', K_\mu) \mathrm{d}^2 \boldsymbol{r}_s' \qquad (5.1.41b)$$

其中, $k_0 = \omega/c_0$. 上式代入方程 (5.1.40c) 得到

$$A_\lambda(\omega) \left[N_\lambda^2 (K_\lambda^4 - K_P^4) + \frac{\omega^2 \rho_0}{D} \sum_{\varepsilon=0}^{\infty} \alpha_{\lambda\lambda\varepsilon} \right] = f_\lambda(\omega) - \frac{\rho_0 \omega^2}{D} \sum_{\mu \neq \lambda, \varepsilon=0}^{\infty} \alpha_{\lambda\mu\varepsilon} A_\mu(\omega)$$

$$(5.1.41c)$$

其中, 为了方便定义

$$\alpha_{\lambda\mu\varepsilon}(\omega) \equiv \frac{1}{k_\varepsilon^2 - k_0^2} \left[\iint_{S_1} \psi_\varepsilon^*(\boldsymbol{r}_s', \omega_\varepsilon) U_\mu(\boldsymbol{r}_s', K_\mu) \mathrm{d}^2 \boldsymbol{r}_s' \right]$$
$$\times \left[\iint_{S_1} \psi_\varepsilon(\boldsymbol{r}_s, \omega_\varepsilon) U_\lambda^*(\boldsymbol{r}_s, K_\lambda) \mathrm{d}^2 \boldsymbol{r}_s \right] \qquad (5.1.41d)$$

$$f_\lambda(\omega) \equiv \iint_{S_1} f(\boldsymbol{r}_s, \omega) U_\lambda^*(\boldsymbol{r}_s, K_\lambda) \mathrm{d}^2 \boldsymbol{r}_s \qquad (5.1.41e)$$

讨论: ① 显然, 当耦合可以忽略时, 方程 (5.1.41c) 简化成

$$A_\lambda(\omega) N_\lambda^2 (K_\lambda^4 - K_P^4) = f_\lambda(\omega) \qquad (5.1.42a)$$

因此

$$A_\lambda(\omega) = \frac{f_\lambda(\omega)}{N_\lambda^2 (K_\lambda^4 - K_P^4)} \qquad (5.1.42b)$$

② 当耦合较小时, 因为

$$\alpha_{\lambda\lambda\varepsilon}(\omega) \equiv \frac{1}{k_\varepsilon^2 - k_0^2} \left\| \iint_{S_1} \psi_\varepsilon(\boldsymbol{r}_s, \omega_\varepsilon) U_\lambda^*(\boldsymbol{r}_s, K_\lambda) \mathrm{d}^2 \boldsymbol{r}_s \right\|^2 \qquad (5.1.43a)$$

恒大于零 (或恒小于零), 而 $\alpha_{\lambda\mu\varepsilon}$ 有正有负, 方程 (5.1.41c) 右边的求和可以忽略, 于是

$$A_\lambda(\omega)\left[N_\lambda^2(K_\lambda^4 - K_P^4) + \frac{\rho_0\omega^2}{D}\sum_{\varepsilon=0}^\infty \alpha_{\lambda\lambda\varepsilon}(\omega)\right] \approx f_\lambda(\omega) \qquad (5.1.43b)$$

因此

$$A_\lambda(\omega) \approx \frac{f_\lambda(\omega)}{N_\lambda^2(K_\lambda^4 - K_P^4) + (\rho_0\omega^2/D)\sum\limits_{\varepsilon=0}^\infty \alpha_{\lambda\lambda\varepsilon}(\omega)} \qquad (5.1.43c)$$

上式代入方程 (5.1.40a), 就得到薄板的振动位移 $u(\boldsymbol{r}_s,\omega)$, 然后由 $v_{0n}(\boldsymbol{r}_s,\omega) = -\mathrm{i}\omega u(\boldsymbol{r}_s,\omega)$ 代入方程 (5.1.39a) 得到腔体内的声场分布.

耦合简正模态　与 2.7 节相同, 当考虑腔内声场与薄板振动的耦合后, 薄板振动的简正频率 $\tilde{\Omega}_\lambda$ 和简正模式 $\tilde{U}(\boldsymbol{r}_s,\tilde{K}_\lambda)$ 应该满足耦合方程 (注意: $\tilde{K}_\lambda^4 = \tilde{\Omega}_\lambda^2\sigma_P/D$)

$$(\nabla^4 - \tilde{K}_\lambda^4)\tilde{U}(\boldsymbol{r}_s,\tilde{K}_\lambda) = -\frac{1}{D}p(\boldsymbol{r}_s,\tilde{\Omega}_\lambda)$$

$$\tilde{U}(\boldsymbol{r}_s,\tilde{K}_\lambda)|_{\partial\Gamma} = 0; \quad \left.\frac{\partial\tilde{U}(\boldsymbol{r}_s,\tilde{K}_\lambda)}{\partial n}\right|_{\partial\Gamma} = 0 \qquad (5.1.44a)$$

其中, $p(\boldsymbol{r}_s,\tilde{\Omega}_\lambda)$(注意: $\boldsymbol{r}_s$ 表示在薄板面上取值) 为简正模式 $\tilde{U}(\boldsymbol{r}_s,\tilde{K}_\lambda)$(位移场, 乘时间因子后为 $\tilde{U}(\boldsymbol{r}_s,\tilde{K}_\lambda)\mathrm{e}^{-\mathrm{i}\tilde{\Omega}_\lambda t}$) 产生的声场, 由方程 (5.1.39a) (注意: 速度场 $v_{0n}(\boldsymbol{r}_s,\tilde{\Omega}_\lambda)$ 与位移场 $\tilde{U}(\boldsymbol{r}_s,\tilde{K}_\lambda)$ 的关系, 即 $v_{0n}(\boldsymbol{r}_s,\tilde{\Omega}_\lambda) = -\mathrm{i}\tilde{\Omega}_\lambda\tilde{U}(\boldsymbol{r}_s,\tilde{K}_\lambda)$)

$$p(\boldsymbol{r}_s,\tilde{\Omega}_\lambda) = \rho_0\tilde{\Omega}_\lambda^2\iint_{S_1} G(\boldsymbol{r}_s,\boldsymbol{r}_s')\tilde{U}(\boldsymbol{r}_s',\tilde{K}_\lambda)\mathrm{d}^2\boldsymbol{r}_s' \qquad (5.1.44b)$$

如果用不耦合时薄板振动的简正模式 $U_\lambda(\boldsymbol{r}_s,K_\lambda)$ 作展开

$$\tilde{U}_\lambda(\boldsymbol{r}_s,\tilde{K}_\lambda) = \sum_\lambda A_\lambda(\tilde{\Omega}_\lambda)U_\lambda(\boldsymbol{r}_s,K_\lambda) \qquad (5.1.45a)$$

由方程 (5.1.41c) 直接可以得到

$$A_\lambda(\tilde{\Omega}_\lambda)\left[N_\lambda^2(K_\lambda^4 - \tilde{K}_\lambda^4) + \frac{\rho_0\tilde{\Omega}_\lambda^2}{D}\sum_{\varepsilon=0}^\infty \alpha_{\lambda\lambda\varepsilon}\right] + \frac{\rho_0\tilde{\Omega}_\lambda^2}{D}\sum_{\mu\neq\lambda,\varepsilon=0}^\infty \tilde{\alpha}_{\lambda\mu\varepsilon}A_\mu(\tilde{\Omega}_\lambda) = 0$$

$$(5.1.45b)$$

其中, 定义

$$\tilde{\alpha}_{\lambda\mu\varepsilon} \equiv \frac{1}{k_\varepsilon^2 - \tilde{\Omega}_\lambda^2/c_0^2}\left[\iint_{S_1}\psi_\varepsilon^*(\boldsymbol{r}_s',\omega_\varepsilon)U_\mu(\boldsymbol{r}_s',K_\mu)\mathrm{d}^2\boldsymbol{r}_s'\right]$$
$$\times\left[\iint_{S_1}\psi_\varepsilon(\boldsymbol{r}_s,\omega_\varepsilon)U_\lambda^*(\boldsymbol{r}_s,K_\lambda)\mathrm{d}^2\boldsymbol{r}_s\right] \qquad (5.1.45c)$$

式中, $k_\varepsilon = \omega_\varepsilon/c_0$, ω_ε 是第 ε 个声模态 $\psi_\varepsilon(\boldsymbol{r}_s, \omega_\varepsilon)$ 的简正频率; $K_\lambda^4 = \Omega_\lambda^2 \sigma_P/D$, Ω_λ 是第 λ 个薄板振动模态 $U_\lambda(\boldsymbol{r}_s, K_\lambda)$ 的简正频率 (不耦合时). 方程 (5.1.45b) 是关于 $A_\lambda(\tilde{\Omega}_\lambda)$ 的无限联立代数方程, 存在解的条件为系数行列式等于零, 于是给出决定简正频率 $\tilde{\Omega}_\lambda$ 或者 $\tilde{K}_\lambda$ 的方程. 在忽略耦合情况下, $\tilde{K}_\lambda^4 \approx K_\lambda^4$; 在弱耦合情况, 方程 (5.1.45b) 简化为

$$N_\lambda^2(K_\lambda^4 - \tilde{K}_\lambda^4) + \frac{\rho_0 \tilde{\Omega}_\lambda^2}{D} \sum_{\varepsilon=0}^\infty \tilde{\alpha}_{\lambda\lambda\varepsilon} \approx 0 \qquad (5.1.46a)$$

因此

$$\tilde{K}_\lambda^4 \approx K_\lambda^4 + \frac{\rho_0 \tilde{\Omega}_\lambda^2}{N_\lambda^2 D} \sum_{\varepsilon=0}^\infty \tilde{\alpha}_{\lambda\lambda\varepsilon} \qquad (5.1.46b)$$

其中, 系数

$$\tilde{\alpha}_{\lambda\lambda\varepsilon} \equiv \frac{1}{k_\varepsilon^2 - \tilde{\Omega}_\lambda^2/c_0^2} \left\| \iint_{S_1} \psi_\varepsilon(\boldsymbol{r}_s, \omega_\varepsilon) U_\lambda^*(\boldsymbol{r}_s, K_\lambda) \mathrm{d}^2 \boldsymbol{r}_s \right\|^2 \qquad (5.1.46c)$$

也是 $\tilde{\Omega}_\lambda^2$ 的函数, 即 $\tilde{\alpha}_{\lambda\lambda\varepsilon}(\tilde{\Omega}_\lambda^2)$. 故方程 (5.1.46b) 是一个关于 $\tilde{\Omega}_\lambda^2$ 的隐函数方程

$$\tilde{\Omega}_\lambda^2 \approx \Omega_\lambda^2 + \frac{\rho_0 \tilde{\Omega}_\lambda^2}{N_\lambda^2 \sigma_P} \tilde{\alpha}_{\lambda\lambda\varepsilon}(\tilde{\Omega}_\lambda^2) \qquad (5.1.47a)$$

或者写成便于迭代求解的形式

$$\tilde{\Omega}_\lambda^2 \approx \frac{\Omega_\lambda^2}{1 - \rho_0 \tilde{\alpha}_{\lambda\lambda\varepsilon}(\tilde{\Omega}_\lambda^2)/(N_\lambda^2 \sigma_P)} \qquad (5.1.47b)$$

由 2.7.5 小节讨论, 当 $\varepsilon = \rho_0/\sigma_P k_0 \ll 1 (k_0 = \omega/c_0)$ 时, 耦合可以忽略不计, 于是 $\tilde{\Omega}_\lambda \approx \Omega_\lambda$, 例如, 振动壁面向空气腔辐射声场就视为这种情况, 但如果是充水腔体, 在低频时, 必须考虑辐射声场与腔体振动的耦合.

以上介绍的所谓**模态耦合方法**(指声模态 $\psi_\lambda(\boldsymbol{r}, \omega_\lambda)$ 和薄板振动模态 $U_\lambda(\boldsymbol{r}_s, K_\lambda)$ 的耦合) 仅适用于频率较低的情况, 这时模式展开方程 (5.1.40a) 和 (5.1.41b) 中仅需保留前几个模态就能得到足够精确的解; 反之, 当频率较高时, 级数求和必须保留足够多的项才能得到足够精确的解, 巧的是, 当频率较高时, 耦合强度变弱, 可忽略.

5.2 规则形腔中的简正模式

由 5.1 节讨论可知, 一旦求得腔体的简正模式 $\psi_\lambda(x, y, z, \omega_\lambda)$ 和简正频率 ω_λ, 那么不难求得由声源 $\Im(\boldsymbol{r}, t)$ 激发的空间声场. 然而, 对于任意形状的腔体, 求解简正模式和简正频率本身就非常困难, 只有几种规则形腔体可以给出 $\psi_\lambda(x, y, z, \omega_\lambda)$

和 ω_λ 的解析形式. 本节介绍三种常见的规则形腔体, 即矩形腔、球形腔以及柱形腔. 在 5.2.5 小节中简单介绍求解不规则形腔体简正模式和简正频率的近似方法, 即微扰近似和变分近似.

5.2.1   刚性壁面的矩形腔和模式的简并

设矩形腔 V: $[0 < x < l_x; 0 < y < l_y; 0 < z < l_z]$, 边界面 $x = 0, l_x$; $y = 0, l_y$; $z = 0, l_z$ 刚性, 简正模式 $\psi_\lambda(x, y, z, \omega_\lambda)$ 和简正频率 ω_λ 满足方程

$$\frac{\partial^2 \psi_\lambda}{\partial x^2} + \frac{\partial^2 \psi_\lambda}{\partial y^2} + \frac{\partial^2 \psi_\lambda}{\partial z^2} + k_\lambda^2 \psi_\lambda = 0$$

$$\left.\frac{\partial \psi_\lambda}{\partial x}\right|_{x=0,l_x} = \left.\frac{\partial \psi_\lambda}{\partial y}\right|_{y=0,l_y} = \left.\frac{\partial \psi_\lambda}{\partial z}\right|_{z=0,l_z} = 0 \tag{5.2.1a}$$

其中, $k_\lambda \equiv \omega_\lambda / c_0$. 由分离变量法, 令 $\psi_\lambda(x, y, z, \omega_\lambda) = X(x) Y(y) Z(z)$, 代入上式得

$$\frac{\mathrm{d}^2 X(x)}{\mathrm{d}x^2} + k_x^2 X(x) = 0; \ \frac{\mathrm{d}^2 Y(y)}{\mathrm{d}y^2} + k_y^2 Y(y) = 0; \ \frac{\mathrm{d}^2 Z(z)}{\mathrm{d}z^2} + k_z^2 Z(z) = 0$$

$$\left.\frac{\mathrm{d}X(x)}{\mathrm{d}x}\right|_{x=0,l_x} = \left.\frac{\mathrm{d}Y(y)}{\mathrm{d}y}\right|_{y=0,l_y} = \left.\frac{\mathrm{d}Z(z)}{\mathrm{d}z}\right|_{z=0,l_z} = 0 \tag{5.2.1b}$$

其中, k_x^2, k_y^2 和 k_z^2 为分离变量常数, 满足 $k_\lambda^2 = k_x^2 + k_y^2 + k_z^2$. 方程 (5.2.1b) 的解为

$$X(x) = A\cos\left(\frac{p\pi}{l_x}x\right); \ Y(y) = B\cos\left(\frac{q\pi}{l_y}y\right); \ Z(x) = C\cos\left(\frac{r\pi}{l_z}z\right)$$

$$k_x = \frac{p\pi}{l_x}; \ k_y = \frac{q\pi}{l_y}; k_z = \frac{r\pi}{l_z} \quad (p, q, r = 0, 1, 2, \cdots) \tag{5.2.2a}$$

因此, 归一化简正模式 $\psi_\lambda(x, y, z, \omega_\lambda)$ 为 (这里 λ 表示指标集 pqr)

$$\psi_{pqr}(x, y, z, \omega_{pqr}) = \sqrt{\frac{\varepsilon_p \varepsilon_q \varepsilon_r}{V}} \cos\left(\frac{p\pi}{l_x}x\right) \cos\left(\frac{q\pi}{l_y}y\right) \cos\left(\frac{r\pi}{l_z}z\right) \tag{5.2.2b}$$

以及简正频率 ω_λ 为

$$\left(\frac{\omega_{pqr}}{c_0}\right)^2 = k_{pqr}^2 = \left(\frac{p\pi}{l_x}\right)^2 + \left(\frac{q\pi}{l_y}\right)^2 + \left(\frac{r\pi}{l_z}\right)^2$$

$$f_{pqr} = \frac{\omega_{pqr}}{2\pi} = \frac{c_0}{2}\sqrt{\left(\frac{p}{l_x}\right)^2 + \left(\frac{q}{l_y}\right)^2 + \left(\frac{r}{l_z}\right)^2} \tag{5.2.2c}$$

其中, $\varepsilon_p = \varepsilon_q = \varepsilon_r = 1(p = q = r = 0)$ 和 $\varepsilon_p = \varepsilon_q = \varepsilon_r = 2(p \neq 0; q \neq 0; r \neq 0)$, $V = l_x l_y l_z$ 为矩形腔的体积.

单频声场　　利用方程 (5.2.2b)，我们来求刚性壁面矩形腔中的声场

$$\frac{\partial^2 p}{\partial x^2} + \frac{\partial^2 p}{\partial y^2} + \frac{\partial^2 p}{\partial z^2} + k_0^2 p = -\Im(x,y,z,\omega)$$

$$\left.\frac{\partial p}{\partial x}\right|_{x=0,l_x} = \left.\frac{\partial p}{\partial y}\right|_{y=0,l_y} = \left.\frac{\partial p}{\partial z}\right|_{z=0,l_z} = 0 \tag{5.2.3a}$$

由方程 (5.1.4a) 得到

$$\begin{aligned}
p(x,y,z,\omega) = c_0^2 \sum_{p,q,r=0}^{\infty} &\frac{1}{\omega_{pqr}^2 - \omega^2}\psi_{pqr}(x,y,z,\omega_{pqr}) \\
&\times \left[\int_V \psi_{pqr}(x',y',z',\omega_{pqr})\Im(x',y',z',\omega)\mathrm{d}V' \right]
\end{aligned} \tag{5.2.3b}$$

可见：① 腔内声场是由无数简正模式叠加所组成，每一模式的振幅与声源的分布以及声源的频率有关；② 当声源频率等于腔内固有圆频率时，对应的简正模式振幅趋于无限. 由于存在阻尼 (见第 6 章)，振幅不会无限，而只是达到有限的极大值，无限大表示腔出现共振现象；③ 如果声源发出的不是单频而是一个频带的声波，而这一频带包含了房间的许多固有频率，那么这一频带的声源将激起室内许多的简正模式. 房间中被激起的简正模式越多，室内就越接近 "扩散声场"(见 5.3 节讨论).

　　声源位置的影响　　考虑三种典型情况：① 首先假定点声源位于房间的顶角上

$$\Im(x,y,z,\omega) = \Im(\omega)\delta(x-0)\delta(y-0)\delta(z-0) \tag{5.2.4a}$$

因为

$$\int_V \psi_{pqr}(x',y',z',\omega_{pqr})\Im(x',y',z',\omega)\mathrm{d}V' = \sqrt{\frac{\varepsilon_p\varepsilon_q\varepsilon_r}{V}}\Im(\omega) \tag{5.2.4b}$$

代入方程 (5.2.3b)

$$p(x,y,z,\omega) = c_0^2\Im(\omega)\sum_{p,q,r=0}^{\infty}\frac{1}{\omega_{pqr}^2 - \omega^2}\sqrt{\frac{\varepsilon_p\varepsilon_q\varepsilon_r}{V}}\psi_{pqr}(x,y,z,\omega_{pqr}) \tag{5.2.4c}$$

可见，声场中包含每一个简正模式，因此位于房间顶角上的点声源能激发每一个简正模式；② 假定点声源位于房间的中心

$$\Im(x,y,z,\omega) = \Im(\omega)\delta\left(x-\frac{l_x}{2}\right)\delta\left(y-\frac{l_y}{2}\right)\delta\left(z-\frac{l_z}{2}\right) \tag{5.2.5a}$$

因为

$$\begin{aligned}
\int_V &\psi_{pqr}(x',y',z',\omega_{pqr})\Im(x',y',z',\omega)\mathrm{d}x'\mathrm{d}y'\mathrm{d}z' \\
&= \Im(\omega)\sqrt{\frac{\varepsilon_p\varepsilon_q\varepsilon_r}{V}}\cos\left(\frac{p\pi}{2}\right)\cos\left(\frac{q\pi}{2}\right)\cos\left(\frac{r\pi}{2}\right)
\end{aligned} \tag{5.2.5b}$$

只有当 p, q, r 三者都为偶数时, 积分才不为零, 故只有 $(1/2) \cdot (1/2) \cdot (1/2) = 1/8$ 的模式被激发; ③ 假定点声源位于房间一个面的中心, 如位于 xOy 平面

$$\Im(x, y, z, \omega) = \Im(\omega)\delta\left(x - \frac{l_x}{2}\right)\delta\left(y - \frac{l_y}{2}\right)\delta(z - 0) \tag{5.2.6a}$$

那么

$$\int_V \psi_{pqr}(x', y', z', \omega_{pqr})\Im(x', y', z', \omega)\mathrm{d}x'\mathrm{d}y'\mathrm{d}z' = \Im(\omega)\sqrt{\frac{\varepsilon_p\varepsilon_q\varepsilon_r}{V}}\cos\left(\frac{p\pi}{2}\right)\cos\left(\frac{q\pi}{2}\right) \tag{5.2.6b}$$

可见, 只有 $(1/2) \cdot (1/2) = 1/4$ 的模式被激发. 同样, 如果点声源位于房间的一条边的中心, 只有 $1/2$ 的模式被激发. 这些结果在实际声学测量中有重要的指导意义, 如在混响室测量中, 为了得到均匀的声场, 激发的模式越多越好, 故扬声器必须放置在混响室的顶角上.

　　简正模式的分布　在波数 (k_x, k_y, k_z) 空间, 如果以 π/l_x, π/l_y 和 π/l_y 分别为坐标 k_x, k_y 和 k_z 的单位, 那么简正频率对应于格点 (p, q, r). 图 5.2.1 给出了第一个方格的 8 个格点对应的 (p, q, r) 值. 因为每个格点对应一个简正模式, 在给定的频率 f 内 (或者波数 $k = 2\pi f/c_0$ 内), 存在多少个格点是非常重要的. 当然, 严格求出格点数是困难的, 但当 l_x, l_y 和 l_z 足够大 (远大于波长), 格点 (p, q, r) 足够密, 那么可用下列近似的方法.

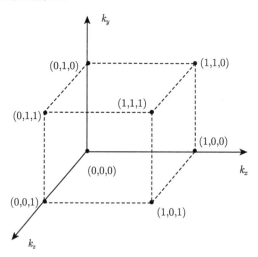

图 5.2.1　简正频率对应于格点

格点 (p, q, r) 可分成 3 类, 讨论如下.

(1) 轴上, 这时 (p, q, r) 只有 1 个不为零, 它们表示沿轴向传播的波, 称为**轴向**

模式. 首先分析 k_x 轴: 在波数小于 k 内, 节点数 N_{ax} 为长度 k 除以间距

$$N_{\mathrm{ax}} \approx \frac{k}{(\pi/l_x)} = 2l_x \frac{f}{c_0} \tag{5.2.7a}$$

对 k_y 和 k_z 轴, 可得到类似的表达式. 于是, 在频率 f 内, 轴向简正模式数为

$$N_{\mathrm{a}} = N_{\mathrm{ax}} + N_{\mathrm{ay}} + N_{\mathrm{az}} \approx 4(l_x + l_y + l_z)\frac{f}{2c_0} = \frac{f}{2c_0}L \tag{5.2.7b}$$

其中, $L = 4(l_x + l_y + l_z)$ 为房间周长.

(2) 面上, 这时 (p, q, r) 只有 1 个为零, 它们表示沿坐标平面传播的波, 称为**切向模式**. 首先分析 k_x-k_y 平面 (即 $r = 0$), 在波数小于 k 内, 格点数 $N_{\mathrm{t}xy}$ 等于半径为 k 的 1/4 圆面积除以小方格的面积

$$N_{\mathrm{t}xy} \approx \frac{\pi k^2/4}{(\pi/l_x)(\pi/l_y)} = \frac{\pi f^2}{c_0^2}l_x l_y \tag{5.2.8a}$$

但是, 上式中把 k_x 和 k_z 轴的轴向模式重复计算了一半, 应当减去, 于是

$$N_{\mathrm{t}xy} \approx \frac{\pi f^2}{c_0^2}l_x l_y - \frac{1}{2}\left(2l_x\frac{f}{c_0} + 2l_y\frac{f}{c_0}\right) \tag{5.2.8b}$$

对 k_x-k_z 和 k_y-k_z 平面, 可得到类似的表达式. 故在频率 f 内, 切向简正模式的个数为

$$N_{\mathrm{t}} = N_{\mathrm{t}xy} + N_{\mathrm{t}xz} + N_{\mathrm{t}yz} \approx \frac{\pi f^2}{2c_0^2}S - \frac{f}{2c_0}L \tag{5.2.8c}$$

其中, $S = 2(l_x l_y + l_x l_z + l_y l_z)$ 为总面积.

(3) 体内, 这时 (p, q, r) 全不为零, 称为**斜向模式**. 在波数小于 k 内, 格点数 N_{b} 等于半径为 k 的 1/8 球体积除以小方格的体积

$$N_{\mathrm{b}} \approx \frac{1}{8}\frac{4\pi k^3/3}{(\pi/l_x)(\pi/l_y)(\pi/l_z)} = \frac{4\pi f^3}{3c_0^3}V \tag{5.2.9a}$$

其中, $V = l_x l_y l_z$ 为房间的体积. 但必须注意的是: 在计算斜向波时, 把轴向波和切向波的一部分也计算进去了, 应该减去. 每个轴边的小立方体贡献了 1/4 个模式数, 而每个面边的小立方体贡献了 1/2 个模式数. 于是

$$\begin{aligned}
N_{\mathrm{b}} &\approx \frac{4\pi f^3}{3c_0^3}V - \frac{1}{2}N_{\mathrm{t}} - \frac{1}{4}N_{\mathrm{a}} \\
&= \frac{4\pi f^3}{3c_0^3}V - \frac{1}{2}\left(\frac{\pi f^2}{2c_0^2}S - \frac{f}{2c_0}L\right) - \frac{1}{4}\left(\frac{f}{2c_0}L\right) \\
&= \frac{4\pi f^3}{3c_0^3}V - \frac{\pi f^2}{4c_0^2}S + \frac{f}{8c_0}L
\end{aligned} \tag{5.2.9b}$$

故在频率 f 内, 简正模式数为

$$N = N_b + N_t + N_a = \frac{4\pi f^3}{3c_0^3}V + \frac{\pi f^2}{4c_0^2}S + \frac{f}{8c_0}L \tag{5.2.9c}$$

在 $f \sim f + \Delta f$ 间隔内, 简正模式数近似为

$$\Delta N \approx \left(\frac{4\pi f^2 V}{c_0^3} + \frac{\pi f S}{2c_0^2} + \frac{L}{8c_0}\right)\Delta f \equiv g(f)\Delta f \tag{5.2.10a}$$

其中, $g(f)$ 称为**态密度**

$$g(f) = \frac{4\pi f^2 V}{c_0^3} + \frac{\pi f S}{2c_0^2} + \frac{L}{8c_0} \tag{5.2.10b}$$

当频率足够高 (条件见 5.3.1 小节讨论), 上式仅保留平方项, 态密度可近似为

$$g(f) \approx \frac{4\pi f^2 V}{c_0^3} \tag{5.2.10c}$$

模式的简并　一般, 简正模式数与简正频率数相等, 即一个简正模式对应一个简正频率, 或者说不同的简正模式具有不同的简正频率数, 但当房间具有一定对称性时, 简正频率数小于简正模式数. 首先看一个具体的例子, 取 $l_x = 3\text{m}$, $l_y = 4.5\text{m}$, $l_z = 2l_x$, 在 $f = 100\text{Hz}$ 以下, 由公式 (5.2.9c), 简正模式数为 $N \approx 18$; 而用方程 (5.2.2b) 逐个计算可知, 简正频率数只有 15 个.

事实上, 当 $pqr = (1,0,0)$ 和 $pqr = (0,0,2)$ 时, 简正频率都为 $f_{100} = f_{002} = c_0/(2l_x) \approx 57.3\text{Hz}$(取 $c_0 = 344\text{m/s}$), 而对应的简正模式分别为

$$\psi_{100}(x,y,z,\omega_{100}) = \sqrt{\frac{2}{V}}\cos\left(\frac{\pi}{l_x}x\right)$$
$$\psi_{002}(x,y,z,\omega_{002}) = \sqrt{\frac{2}{V}}\cos\left(\frac{\pi}{l_x}z\right) \tag{5.2.11a}$$

即同一个简正频率有二个不同的简正模式. 当 $pqr = (0,1,2)$ 和 $pqr = (1,1,0)$ 时, 简正频率都为 $f_{012} = f_{110} = c_0\sqrt{(1/l_x)^2 + (1/l_y)^2}/2 \approx 68.9\text{Hz}$, 而对应的简正模式分别为

$$\psi_{012}(x,y,z,\omega_{012}) = \sqrt{\frac{4}{V}}\cos\left(\frac{\pi}{l_y}y\right)\cos\left(\frac{\pi}{l_x}z\right)$$
$$\psi_{110}(x,y,z,\omega_{110}) = \sqrt{\frac{4}{V}}\cos\left(\frac{\pi}{l_x}x\right)\cos\left(\frac{\pi}{l_y}y\right) \tag{5.2.11b}$$

当 $pqr = (0,2,2)$ 和 $pqr = (1,2,0)$ 时, 简正频率都为 $f_{022} = f_{120} \approx 95.6\text{Hz}$, 而对应

的简正模式分别为

$$\psi_{022}(x, y, z, \omega_{022}) = \sqrt{\frac{4}{V}} \cos\left(\frac{2\pi}{l_y} y\right) \cos\left(\frac{\pi}{l_x} z\right)$$
$$\psi_{120}(x, y, z, \omega_{120}) = \sqrt{\frac{4}{V}} \cos\left(\frac{\pi}{l_x} x\right) \cos\left(\frac{2\pi}{l_y} y\right)$$

(5.2.11c)

这种 2 个简正模式对应于 1 个简正频率的现象称为 2 度简并. 一般, 如果有 s 个简正模式对应于同一个简正频率的现象 —— 称为 s 度简并(degeneracy). 由于简正模式的简并, 可能造成某个频率区域内没有简正模式, 而有的频率区域内简正模式过于丰富, 导致房间的声学传输特性变差, 这是建筑设计不希望的. 因此, 我们应该尽量减少模式的简并.

从以上讨论可知, 简并来源于假定: $l_z = 2l_x$, 事实上, 房间越对称, 简并情况越严重. 一般当 l_x, l_y, l_z 之比都是整数时, 简并十分严重; 当 l_x, l_y, l_z 之比都是无理数时, 简并消失. 我们以 l_x 与 l_y 之比为例来讨论: ① 当 $l_x/l_y =$ 整数 m 时

$$f_{pqr} = \frac{c_0}{2} \sqrt{\left(\frac{p}{l_x}\right)^2 + \left(\frac{mq}{l_x}\right)^2 + \left(\frac{r}{l_z}\right)^2}$$

(5.2.12a)

只要 $p = mq$, 就有同样的简正频率, 但简正模式显然不同; ② 当 $l_x/l_y = a/b$ 为有理数时

$$f_{pqr} = \frac{c_0}{2} \sqrt{\left(\frac{p}{l_x}\right)^2 + \left(\frac{aq}{bl_x}\right)^2 + \left(\frac{r}{l_z}\right)^2}$$

(5.2.12b)

只要 $p = aq/b$ 或者 $bp = aq$, 就有同样的简正频率, 相应的模式就简并; ③ 当 $l_x/l_y = e$ 为无理数时

$$f_{pqr} = \frac{c_0}{2} \sqrt{\left(\frac{p}{l_x}\right)^2 + \left(\frac{eq}{l_x}\right)^2 + \left(\frac{r}{l_z}\right)^2}$$

(5.2.12c)

显然, 不可能使整数 p 等于 eq, 即 $p \neq eq$, 故不存在模式的简并. 因此, 为了尽量减少模式的简并, 房间比例尽量要不规则.

5.2.2 阻抗壁面的矩形腔和模式的衰减

对简正模式与频率的影响 简正模式 $\Psi_\lambda(x, y, z, \Omega_\lambda)$ 和简正频率 Ω_λ 满足方程

$$\frac{\partial^2 \Psi_\lambda}{\partial x^2} + \frac{\partial^2 \Psi_\lambda}{\partial y^2} + \frac{\partial^2 \Psi_\lambda}{\partial z^2} + \left(\frac{\Omega_\lambda}{c_0}\right)^2 \Psi_\lambda = 0$$

(5.2.13a)

以及边界条件

$$\left.\frac{\partial \Psi_\lambda}{\partial x}\right|_{x=0} + \mathrm{i}k_0\beta_{x0}\Psi_\lambda(0,y,z) = 0; \quad \left.\frac{\partial \Psi_\lambda}{\partial x}\right|_{x=l_x} - \mathrm{i}k_0\beta_{xl}\Psi_\lambda(l_x,y,z) = 0$$

$$\left.\frac{\partial \Psi_\lambda}{\partial y}\right|_{y=0} + \mathrm{i}k_0\beta_{y0}\Psi_\lambda(x,0,z) = 0; \quad \left.\frac{\partial \Psi_\lambda}{\partial y}\right|_{y=l_y} - \mathrm{i}k_0\beta_{yl}\Psi_\lambda(x,l_y,z) = 0 \qquad (5.2.13\mathrm{b})$$

$$\left.\frac{\partial \Psi_\lambda}{\partial z}\right|_{z=0} + \mathrm{i}k_0\beta_{z0}\Psi_\lambda(x,y,0) = 0; \quad \left.\frac{\partial \Psi_\lambda}{\partial z}\right|_{z=l_z} - \mathrm{i}k_0\beta_{zl}\Psi_\lambda(x,y,l_z) = 0$$

由方程 (4.1.40a), 容易得到三维简正模式为

$$\Psi_{pqr} \approx C_p(x)C_q(y)C_r(z) \qquad (5.2.14\mathrm{a})$$

其中, 函数 $C_p(x)$ 为

$$C_p(x) = \sqrt{\frac{\varepsilon_p}{l_x}}\cos\left(\frac{\Omega_p}{c_0}x + \mathrm{i}\frac{k_0c_0\beta_{x0}}{\Omega_p}\right) \qquad (5.2.14\mathrm{b})$$

$$\left(\frac{\Omega_p}{c_0}\right)^2 \approx \left(\frac{p\pi}{l_x}\right)^2 - \mathrm{i}\varepsilon_p\frac{k_0}{l_x}(\beta_{x0} + \beta_{xl}) \qquad (5.2.14\mathrm{c})$$

$C_q(y)$ 和 $C_r(z)$ 的形式类似. 故复简正频率为

$$\left(\frac{\Omega_{pqr}}{c_0}\right)^2 = \left(\frac{\Omega_p}{c_0}\right)^2 + \left(\frac{\Omega_q}{c_0}\right)^2 + \left(\frac{\Omega_r}{c_0}\right)^2$$

$$\approx k_{pqr}^2 - \mathrm{i}k_0\left[\frac{\varepsilon_p}{l_x}(\beta_{x0} + \beta_{xl}) + \frac{\varepsilon_q}{l_y}(\beta_{y0} + \beta_{yl}) + \frac{\varepsilon_r}{l_z}(\beta_{z0} + \beta_{zl})\right] \qquad (5.2.15)$$

简正模式的衰减　在弱耦合近似下, 由方程 (5.1.30b), 声场总能量的时间平均为

$$\bar{E} = \frac{c_0^2}{2\rho_0}\sum_{\lambda=1}^{\infty}\Im_\lambda^2(\omega_\lambda)\exp(-2\gamma_\lambda t) \qquad (5.2.16\mathrm{a})$$

为了简单, 设墙的 6 个面中, 二个相对面的比阻抗率一样, 如位于 $x=0$ 和 $x=l_x$ 上, $\beta_0(x,y,z)|_{x=0,l_x}=\beta_x$, 由 $\gamma_{pqr} = c_0\sigma_{pqr}/2$ 和方程 (5.1.26b)(取 $\lambda = pqr$), 衰减系数为

$$\gamma_{pqr} = \frac{c_0}{2}\frac{\varepsilon_p\varepsilon_q\varepsilon_r}{V}\int_S \sigma(x,y,z)\cos^2\left(\frac{p\pi}{l_x}x\right)\cos^2\left(\frac{q\pi}{l_y}y\right)\cos^2\left(\frac{r\pi}{l_z}z\right)\mathrm{d}S \qquad (5.2.16\mathrm{b})$$

完成积分后得到

$$\gamma_{pqr} = \frac{c_0}{2V}(\sigma_x S_x\varepsilon_p + \sigma_y S_y\varepsilon_q + \sigma_z S_z\varepsilon_r) \equiv \frac{c_0}{2V}\sum_{i=x,y,z}\sigma_i S_i\varepsilon_i \qquad (5.2.16\mathrm{c})$$

其中, $\varepsilon_x = \varepsilon_p$, $\varepsilon_y = \varepsilon_q$ 和 $\varepsilon_z = \varepsilon_r$; $S_x = 2l_yl_z$, $S_y = 2l_xl_z$ 和 $S_z = 2l_xl_y$ 为三组相对墙面的面积. 对近似刚性的墙面, $\sigma_i \approx \alpha_i/8(i = x,y,z)$(其中 α_i 为墙面的吸收系

数, 见方程 (5.3.30e), 于是

$$\gamma_{pqr} \approx \frac{c_0}{8V} \sum_{i=x,y,z} \alpha_i S_i \frac{\varepsilon_i}{2} \tag{5.2.17a}$$

因此, 三类简正模式的衰减系数不同, 讨论如下.

(1) 斜向模式, (p,q,r) 都不为零

$$\gamma_{pqr} \approx \frac{c_0}{8V} \sum_{i=x,y,z} \alpha_i S_i \quad (p \neq 0, q \neq 0, r \neq 0) \tag{5.2.17b}$$

如果假定每个面上的 $\sigma_x = \sigma_y = \sigma_z \equiv \sigma_0$, 则

$$\gamma_{pqr} \approx c_0 \sigma_0 \frac{S}{V} \tag{5.2.17c}$$

其中, S 是墙面的总面积.

(2) 切向模式, (p,q,r) 中 1 个为零, 例如, $p = 0$

$$\gamma_{0qr} \approx \frac{c_0}{8V} \left(\frac{1}{2} \alpha_x S_x + \sum_{i=y,z} \alpha_i S_i \right) \quad (q \neq 0, r \neq 0) \tag{5.2.17d}$$

(3) 轴向模式: (p,q,r) 中 2 个为零, 例如, $p = q = 0$

$$\gamma_{00r} \approx \frac{c_0}{8V} \left(\frac{1}{2} \alpha_x S_x + \frac{1}{2} \alpha_y S_y + \alpha_z S_z \right) \quad (r \neq 0) \tag{5.2.17e}$$

可见, 斜向模式衰减最快, 切向模式次之, 而轴向模式衰减最慢. 但是, 根据方程 (5.2.10b), 当频率足够高 (条件见 5.3.1 小节讨论), 斜向模式数远远多于切向模式和轴向模式.

5.2.3 刚性和阻抗壁面的球形腔

刚性球形腔 设球的半径为 a, 球面刚性, 以球心为坐标原点, 在球坐标下, 简正模式和简正频率满足的方程为

$$\nabla^2 \psi_\lambda + \left(\frac{\omega_\lambda}{c_0} \right)^2 \psi_\lambda = 0; \quad \left. \frac{\partial \psi_\lambda}{\partial r} \right|_{r=a} = 0 \tag{5.2.18a}$$

其中, 球坐标下的 Laplace 算子为

$$\nabla^2 = \frac{1}{r^2} \frac{\partial}{\partial r} \left(r^2 \frac{\partial}{\partial r} \right) + \frac{1}{r^2 \sin\vartheta} \frac{\partial}{\partial \vartheta} \left(\sin\vartheta \frac{\partial}{\partial \vartheta} \right) + \frac{1}{r^2 \sin^2 \vartheta} \frac{\partial^2}{\partial \varphi^2} \tag{5.2.18b}$$

方程 (5.2.18a) 的解可表示为

$$\psi(r,\vartheta,\varphi,\omega_\lambda) = \left[A_l \mathrm{j}_l \left(\frac{\omega_\lambda}{c_0} r \right) + B_l \mathrm{n}_l \left(\frac{\omega_\lambda}{c_0} r \right) \right] \mathrm{Y}_{lm}(\vartheta,\varphi) \tag{5.2.18c}$$

因为当 $r = 0$ 时, $n_l(0) \to \infty$, 故 $B_l \equiv 0$. 由方程 (5.2.18a) 的第二式得到简正频率满足的方程

$$\mathrm{j}_l'\left(\frac{\omega_\lambda}{c_0}a\right) = 0 \tag{5.2.18d}$$

因此, 简正频率由球 Bessel 函数方程的根决定, 而且与指标 m 无关 (表明三维 Laplace 算子的各向同性性质). 设 x_{nl} 是方程 $\mathrm{j}_l'(x) = 0$ 的第 n 个根, 则简正频率 $\omega_\lambda = \omega_{nl}$ 由下式决定

$$\frac{\omega_{nl}}{c_0} = \frac{x_{nl}}{a} \equiv k_{nl} \quad (n = 0, 1, 2, \cdots; \ l = 0, 1, 2, \cdots) \tag{5.2.19a}$$

相应的简正模式为

$$\psi_{nlm}(r, \vartheta, \varphi, \omega_{nl}) = \frac{1}{N_{nlm}}\mathrm{j}_l\left(\frac{\omega_{nl}}{c_0}r\right) Y_{lm}(\vartheta, \varphi) \tag{5.2.19b}$$

其中, 归一化因子为 $(n, l \neq 0)$

$$N_{nlm}^2 = \int_0^\pi \int_0^{2\pi} \int_0^a [\mathrm{j}_l(k_{nl}r)]^2 |Y_{lm}(\vartheta, \varphi)|^2 r^2 \mathrm{d}r \sin\vartheta \mathrm{d}\vartheta \mathrm{d}\varphi$$
$$= \int_0^a \left[\sqrt{\frac{\pi}{2k_{nl}r}}J_{l+1/2}(k_{nl}r)\right]^2 r^2 \mathrm{d}r = \frac{a^3}{2}\left[1 - \frac{(l+1/2)^2}{x_{nl}^2}\right][\mathrm{j}_l(x_{nl})]^2 \tag{5.2.19c}$$

注意: N_{nlm}^2 与 m 无关. 对 $(n, l = 0)$ 的零简正频率

$$N_{000}^2 = 4\pi \int_0^a r^2 \mathrm{d}r = \frac{4\pi a^3}{3} = V \tag{5.2.19d}$$

其中, V 为球的体积. 因为对每一个固定的 l, m 的取值有 $2l$ 个, 故简正模式 $\psi_{nlm}(r, \vartheta, \varphi, \omega_{nl})$ 的简并度是 $2l$, 这是因为球形是高度对称的腔体.

径向振动　当取 $l = 0$ 和 $m = 0$ 时, 球内只有径向振动, 由方程 (5.2.18d) 和 (2.4.12c)

$$\mathrm{j}_0'\left(\frac{\omega_{n0}}{c_0}r\right)\bigg|_{r=a} = \frac{c_0}{\omega_{n0}}\left[-\frac{\sin(\omega_{n0}a/c_0)}{a^2} + \frac{\omega_{n0}}{c_0}\frac{\cos(\omega_{n0}a/c_0)}{a}\right] = 0 \tag{5.2.20a}$$

即

$$\tan\left(\frac{\omega_{n0}a}{c_0}\right) = \frac{\omega_{n0}a}{c_0} \tag{5.2.20b}$$

因此, 径向振动的简正频率是方程 (5.2.20b) 的解, 第一个根: $\omega_{00} = 0$, 相应的简正模式为 $\psi_{000} = 1/\sqrt{V}$, 即为零阶振动模式. 方程 (5.2.20b) 可用图解法求根, 令 $x = \omega_{n0}a/c_0$, 则函数 $y_1 = \tan(x)$ 与 $y_2 = x$ 的交点就是方程 (5.2.20b) 的根, 如图 5.2.2, 图中 4 个箭头所指处就是交点.

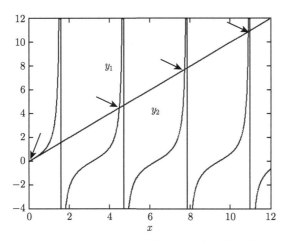

图 5.2.2 方程 (5.2.20b) 的根是二个函数的交点

阻抗球形腔 方程 (5.2.18a) 中的边界条件修改为

$$\left[\frac{\partial \Psi}{\partial r} - \mathrm{i}k_0\beta(\omega)\Psi\right]\Bigg|_{r=a} = 0 \tag{5.2.21a}$$

注意: 一般只有当 $\beta(\omega)$ 与角度 ϑ 和 φ 无关时, 才能得到解析解, 否则, 无法用分离变量方法. 简正频率满足的方程为

$$\frac{\Omega_{nl}}{c_0}\mathrm{j}_l'\left(\frac{\Omega_{nl}}{c_0}a\right) - \mathrm{i}k_0\beta(\omega)\mathrm{j}_l\left(\frac{\Omega_{nl}}{c_0}a\right) = 0 \tag{5.2.21b}$$

设上式的微扰解: $\Omega_{nl}a/c_0 = x_{nl} + \varepsilon$, 其中 $x_{nl} \gg \varepsilon$. 把微扰解代入上式得到

$$\frac{(x_{nl}+\varepsilon)}{a}\mathrm{j}_l'(x_{nl}+\varepsilon) - \mathrm{i}k_0\beta(\omega)\mathrm{j}_l(x_{nl}+\varepsilon) = 0 \tag{5.2.21c}$$

分二种情况讨论.

(1) 当 $x_{nl} \neq 0$ 时: 注意到

$$\begin{aligned}
\mathrm{j}_l'(x_{nl}+\varepsilon) &\approx \mathrm{j}_l'(x_{nl}) + \mathrm{j}_l''(x_{nl})\varepsilon = \mathrm{j}_l''(x_{nl})\varepsilon \\
\mathrm{j}_l(x_{nl}+\varepsilon) &\approx \mathrm{j}_l(x_{nl}) + \mathrm{j}_l'(x_{nl})\varepsilon = \mathrm{j}_l(x_{nl})
\end{aligned} \tag{5.2.22a}$$

简正频率的一阶微扰为

$$\varepsilon \approx \mathrm{i}k_0 a\beta(\omega)\frac{\mathrm{j}_l(x_{nl})}{x_{nl}\mathrm{j}_l''(x_{nl})} \tag{5.2.22b}$$

考虑到球 Bessel 函数满足方程, 因此 (注意: $\mathrm{j}_l'(x_{nl}) = 0$)

$$x_{nl}^2\mathrm{j}_l''(x_{nl}) + [x_{nl}^2 - l(l+1)]\mathrm{j}_l(x_{nl}) = 0 \tag{5.2.22c}$$

上式代入方程 (5.2.22b) 得到

$$\varepsilon \approx -\frac{\mathrm{i}k_0 a\beta(\omega)}{x_{nl}[1 - l(l+1)/x_{nl}^2]} \tag{5.2.22d}$$

故简正频率的一价微扰解为

$$\frac{\Omega_{nl}}{c_0} = \frac{x_{nl}}{a} - \frac{\mathrm{i}k_0\beta(\omega)}{x_{nl}[1 - l(l+1)/x_{nl}^2]} \tag{5.2.23}$$

(2) 当 $x_{00} = 0(n = l = 0)$ 时: 由方程 (5.2.21c)

$$\frac{\varepsilon}{a}\mathrm{j}_0'(\varepsilon) - \mathrm{i}k_0\beta(\omega)\mathrm{j}_0(\varepsilon) = 0 \tag{5.2.24a}$$

利用近似

$$\varepsilon\mathrm{j}_0'(\varepsilon) = -\varepsilon\mathrm{j}_1(\varepsilon) = \cos\varepsilon - \frac{\sin\varepsilon}{\varepsilon} \approx -\frac{\varepsilon^2}{3}; \ \mathrm{j}_0(\varepsilon) = \frac{\sin\varepsilon}{\varepsilon} \approx 1 \tag{5.2.24b}$$

得到 $\varepsilon^2 \approx -3\mathrm{i}k_0 a\beta(\omega)$, 故 $(\Omega_{00}/c_0)^2 \approx -3\mathrm{i}k_0\beta(\omega)/a$.

衰减速度 由 $\gamma_{nlm} = c_0\sigma_{nlm}/2$ 和方程 (5.1.26b) (取 $\lambda=nlm$), 模式 $\psi_{nlm}(\boldsymbol{r},\omega_{nl})$ 的衰减速度为

$$\gamma_{000} = \frac{c_0}{2V}\int_S \sigma(\boldsymbol{r},\omega)\mathrm{d}S = \frac{c_0\sigma_0 S}{2V} \tag{5.2.25a}$$

以及 (注意: 衰减速度与指标 m 无关)

$$\begin{aligned}
\gamma_{nlm} &= \frac{c_0}{2}\int_S \sigma(\boldsymbol{r},\omega)\psi_{nlm}(\boldsymbol{r},\omega_{nl})\psi_{nlm}^*(\boldsymbol{r},\omega_{nl})\mathrm{d}S \\
&= \frac{c_0}{2}\frac{a^2\sigma_0}{(N_{nl})^2}\left[\mathrm{j}_l\left(\frac{\omega_{nl}}{c_0}a\right)\right]^2\int_0^\pi\int_0^{2\pi}|\mathrm{Y}_{lm}(\vartheta,\varphi)|^2\sin\vartheta\mathrm{d}\vartheta\mathrm{d}\varphi \\
&= \frac{c_0\sigma_0 S}{3V}\cdot\frac{1}{[1-(l+1/2)^2/x_{nl}^2]}
\end{aligned} \tag{5.2.25b}$$

得到方程 (5.2.25a) 和 (5.2.25b), 已假定 $\sigma(\vartheta,\varphi) = \sigma_0$. 需要注意的是: 当 $x_{nl} \to \infty$ 时, γ_{nlm} 与简正频率无关, 而仅与 S/V 正比, 即

$$\gamma_{nlm} \approx \frac{c_0\sigma_0}{3}\cdot\frac{S}{V} \tag{5.2.25c}$$

5.2.4 刚性和阻抗壁面的圆柱形腔

刚性柱形腔 设柱的半径为 a, 高为 h, 柱面及下底面 ($z = 0$)、上底面 ($z = h$) 刚性. 在柱坐标下, 简正模式和简正频率满足的方程为

$$\begin{aligned}
&\left[\frac{1}{\rho}\frac{\partial}{\partial\rho}\left(\rho\frac{\partial}{\partial\rho}\right) + \frac{1}{\rho^2}\frac{\partial^2}{\partial\varphi^2} + \frac{\partial^2}{\partial z^2}\right]\psi_\lambda + \left(\frac{\omega_\lambda}{c_0}\right)^2\psi_\lambda = 0 \\
&\left.\frac{\partial\psi_\lambda}{\partial\rho}\right|_{\rho=a} = 0; \left.\frac{\partial\psi_\lambda}{\partial z}\right|_{z=0} = \left.\frac{\partial\psi_\lambda}{\partial z}\right|_{z=h} = 0
\end{aligned} \tag{5.2.26a}$$

在有限的腔体内, 取驻波形式的解

$$\psi_\lambda(\rho,\varphi,z) = [A_m \mathrm{J}_m(k_\rho\rho) + B_m \mathrm{N}_m(k_\rho\rho)]$$
$$\times [Z_c \cos(k_z z) + Z_s \sin(k_z z)] \exp(\mathrm{i}m\varphi) \quad (5.2.26\mathrm{b})$$

其中, $k_\rho = \sqrt{\omega_\lambda^2/c_0^2 - k_z^2}$. 讨论: ① 由 $|\psi_\lambda|_{\rho\to 0} < \infty$, 故 $B_m \equiv 0$; ② 由圆柱下底面刚性边界条件, 得到 $Z_s \equiv 0$; ③ 圆柱上底面刚性边界条件, 得到 z 方向的本征值

$$k_z = \frac{l\pi}{h} \quad (l = 0, 1, 2, \cdots) \quad (5.2.26\mathrm{c})$$

④ 由圆柱侧面刚性边界条件, 得到径向本征值满足的方程

$$\mathrm{J}_m'(k_\rho a) = 0 \quad (5.2.26\mathrm{d})$$

设 $\mathrm{J}_m'(x)$ 的第 n 个零点为 x_{mn}, 那么 $k_\rho = x_{mn}/a$. 因此刚性圆柱腔体内的简正模式和简正频率分别为

$$\psi_{mnl}(\rho,\varphi,z) = \frac{1}{N_{mnl}}\mathrm{J}_m\left(\frac{x_{mn}}{a}\rho\right)\cos\left(\frac{l\pi}{h}z\right)\exp(\mathrm{i}m\varphi)$$
$$\frac{\omega_{mnl}^2}{c_0^2} = \left(\frac{x_{mn}}{a}\right)^2 + \left(\frac{l\pi}{h}\right)^2 \quad (5.2.27\mathrm{a})$$
$$(n, l = 0, 1, 2, \cdots; \ m = 0, \pm 1, \pm 2, \cdots)$$

其中, N_{mnl} 由归一化条件决定

$$N_{mnl}^2 = 2\pi \int_0^a \int_0^h \mathrm{J}_m^2\left(\frac{x_{mn}}{a}\rho\right)\cos^2\left(\frac{l\pi}{h}z\right)\rho\mathrm{d}\rho\mathrm{d}z = \frac{\pi a^2 h}{\varepsilon_l}\left(1 - \frac{m^2}{x_{mn}^2}\right)[\mathrm{J}_m(x_{mn})]^2$$
$$(5.2.27\mathrm{b})$$

式中, $\varepsilon_0 = 1$ 和 $\varepsilon_l = 2 \ (l > 0)$. 对零价模式 $x_{00} = 0$, N_{000} 须单独计算, 即

$$N_{000}^2 = 2\pi \int_0^a \int_0^h \rho\mathrm{d}\rho\mathrm{d}z = \pi a^2 h = V \quad (5.2.27\mathrm{c})$$

其中, V 为柱体体积.

径向振动 当取 $m = 0$ 时, 柱内只有径向振动 (指没有 φ 方向的切向分量, 但仍然可以有 z 方向的振动分量, 即在 z 方向形成驻波), 由方程 (5.2.26d), 径向简正频率满足 $\mathrm{J}_0'(x) = 0$, 即 $\mathrm{J}_1(x) = 0$(注意: 有零根). 必须注意: 最小的非零根来自非对称模式 ($m = 1$), 即 $\mathrm{J}_1'(x) = 0$ 的第一个根 $x_{11} \approx 1.841$, 而不是 $\mathrm{J}_1(x) = 0$ 的第一个非零根 $x_{01} \approx 3.832$, 这一点可以从图 5.2.3 看出, 图中画出了 $\mathrm{J}_0'(x)$ 和 $\mathrm{J}_1'(x)$ 的曲线, 它们与 x 轴的交点 (图 5.2.3 中箭头位置) 就是 $\mathrm{J}_0'(x) = 0$ 和 $\mathrm{J}_1'(x) = 0$ 的最小非零根.

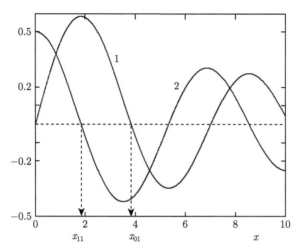

图 5.2.3 $J_0'(x)$ (曲线 1) 和 $J_1'(x)$ (曲线 2) 的零点

阻抗柱形腔体　方程 (5.2.26a) 中的边界条件修改为

$$\left[\frac{\partial \Psi}{\partial \rho} - \mathrm{i}k_0\beta_a(\omega)\Psi\right]\Bigg|_{\rho=a} = 0$$

$$\left[\frac{\partial \Psi}{\partial z} + \mathrm{i}k_0\beta_d(\omega)\Psi\right]\Bigg|_{z=0} = \left[\frac{\partial \Psi}{\partial z} - \mathrm{i}k_0\beta_u(\omega)\Psi\right]\Bigg|_{z=h} = 0 \tag{5.2.28a}$$

我们把解写成形式 (注意: 如果 $\beta_a = \beta_a(\varphi, z, \omega)$, 或者 $\beta_d = \beta_d(\rho, \varphi, \omega)$ 和 $\beta_u = \beta_u(\rho, \varphi, \omega)$, 则无法分离变量)

$$\Psi_\lambda(\rho, \varphi, z) = A_m \mathrm{J}_m(k_\rho\rho)\cos(k_z z + \delta)\exp(\mathrm{i}m\varphi) \tag{5.2.28b}$$

讨论: ① 把方程 (5.2.28b) 代入圆柱上、下底面边界条件, 即方程 (5.2.28a) 的第二式得到

$$k_z\sin(\delta) = \mathrm{i}k_0\beta_d(\omega)\cos(\delta)$$

$$-k_z\sin(k_z h + \delta) = \mathrm{i}k_0\beta_u(\omega)\cos(k_z h + \delta) \tag{5.2.29a}$$

上式与方程 (4.1.34a) 类似, 故 z 方向本征值的一阶近似为

$$(k_z)_l^2 \approx \left(\frac{l\pi}{h}\right)^2 - 2\mathrm{i}\frac{k_0}{h}(\beta_d + \beta_u) \quad (l > 0) \tag{5.2.29b}$$

② 把方程 (5.2.28b) 代入圆柱侧面边界条件, 即方程 (5.2.28a) 的第一式, 得到

$$k_\rho \mathrm{J}_m'(k_\rho a) - \mathrm{i}k_0\beta_a(\omega)\mathrm{J}_m(k_\rho a) = 0 \tag{5.2.30a}$$

设上式的微扰解 $k_\rho a = x_{mn} + \varepsilon$, 代入上式得到

$$(x_{mn} + \varepsilon)\mathrm{J}_m'(x_{mn} + \varepsilon) - \mathrm{i}k_0 a\beta_a(\omega)\mathrm{J}_m(x_{mn} + \varepsilon) = 0 \tag{5.2.30b}$$

分二种情况讨论上式.

(1) 当 $x_{mn} \neq 0$ 时, 注意到

$$
\begin{aligned}
\mathrm{J}'_m(x_{mn} + \varepsilon) &\approx \mathrm{J}'_m(x_{mn}) + \mathrm{J}''_m(x_{mn})\varepsilon = \mathrm{J}''_m(x_{mn})\varepsilon \\
\mathrm{J}_m(x_{mn} + \varepsilon) &= \mathrm{J}_m(x_{mn}) + \mathrm{J}'_m(x_{mn})\varepsilon = \mathrm{J}_m(x_{mn})
\end{aligned}
\tag{5.2.30c}
$$

简正频率的一阶微扰为

$$
\varepsilon \approx \mathrm{i}k_0 a \beta_a(\omega) \frac{\mathrm{J}_m(x_{mn})}{x_{mn}\mathrm{J}''_m(x_{mn})}
\tag{5.2.31a}
$$

与方程 (5.2.22c) 类似 (注意 $\mathrm{J}'_m(x_{mn}) = 0$), 故 $x_{mn}^2 \mathrm{J}''_m(x_{mn}) + (x_{mn}^2 - m^2)\mathrm{J}_m(x_{mn}) = 0$, 于是

$$
\varepsilon \approx -\mathrm{i}k_0 a \beta_a(\omega) \frac{1}{x_{mn}(1 - m^2/x_{mn}^2)}
\tag{5.2.31b}
$$

因此, 径向简正波数的一阶微扰为

$$
k_\rho \approx \frac{x_{mn}}{a} - \mathrm{i} \frac{k_0 \beta_a(\omega)}{x_{mn}(1 - m^2/x_{mn}^2)}
\tag{5.2.32a}
$$

最后, 我们得到简正频率的一阶微扰为

$$
\begin{aligned}
\left(\frac{\Omega_{mnl}}{c_0}\right)^2 = k_\rho^2 + k_z^2 &\approx \left(\frac{x_{mn}}{a}\right)^2 + \left(\frac{l\pi}{h}\right)^2 \\
&\quad - 2\mathrm{i}k_0 \left[\frac{\beta_a}{a(1 - m^2/x_{mn}^2)} + \frac{(\beta_d + \beta_u)}{h}\right]
\end{aligned}
\tag{5.2.32b}
$$

(2) 当 $x_{00} = 0$ 时, 由方程 (5.2.30b)

$$
\varepsilon \mathrm{J}'_0(\varepsilon) - \mathrm{i}k_0 a \beta_a(\omega) \mathrm{J}_0(\varepsilon) = 0
\tag{5.2.33a}
$$

利用 Bessel 函数的近似式 $\mathrm{J}'_0(\varepsilon) = -\mathrm{J}_1(\varepsilon) \approx -\varepsilon/2$ 和 $\mathrm{J}_0(\varepsilon) \approx 1, \varepsilon^2 = -2\mathrm{i}k_0 a \beta_a(\omega)$, 故

$$
\left(\frac{\Omega_{00l}}{c_0}\right)^2 \approx \left(\frac{\varepsilon}{a}\right)^2 + \left(\frac{l\pi}{h}\right)^2 \approx \left(\frac{l\pi}{h}\right)^2 - 2\mathrm{i}\frac{k_0}{a}\beta_a(\omega)
\tag{5.2.33b}
$$

衰减速度 由 $\gamma_{mnl} = c_0 \sigma_{mnl}/2$ 和方程 (5.1.26b)(取 $\lambda = mnl$), 模式 $\psi_{mnl}(\boldsymbol{r}, \omega_{mnl})$ 的衰减速度为

$$
\begin{aligned}
\gamma_{mnl} &= \frac{c_0}{2} \int_S \sigma(\boldsymbol{r}, \omega) \psi_{mnl}(\boldsymbol{r}, \omega_{mnl}) \psi^*_{mnl}(\boldsymbol{r}, \omega_{mnl}) \mathrm{d}S \\
&= \frac{c_0}{2} \frac{2\pi}{(N_{mnl})^2} \left[a\sigma_a \mathrm{J}_m^2(x_{mn}) I_z + (\sigma_d + \sigma_u) I_\rho\right]
\end{aligned}
\tag{5.2.34a}
$$

其中, 积分定义为

$$I_z \equiv \int_0^h \cos^2\left(\frac{l\pi}{h}z\right)\mathrm{d}z;\ I_\rho \equiv \int_0^a \left[\mathrm{J}_m\left(\frac{x_{mn}}{a}\rho\right)\right]^2 \rho\mathrm{d}\rho \tag{5.2.34b}$$

完成积分后不难得到

(1) 如果 $n = m = l = 0$, 即零模式

$$\gamma_{000} = \frac{c_0}{2V}[S_a\sigma_a + S_d(\sigma_d + \sigma_u)] \tag{5.2.34c}$$

(2) 如果 $n = m = 0$, 但 $l \neq 0$, 即 z 轴方向模式, 则

$$\gamma_{00l} = \frac{c_0}{2}\frac{1}{V}\left\{\frac{S_a\sigma_a}{2} + (\sigma_d + \sigma_u)S_d\right\} \tag{5.2.34d}$$

(3) 如果 $l = 0$, 但 $m \neq 0$ 和 $n \neq 0$, 即圆周方向模式, 则

$$\gamma_{mn0} = \frac{c_0}{2}\frac{1}{V(1 - m^2/x_{mn}^2)}\left\{S_a\sigma_a + (\sigma_d + \sigma_u)S_d\left(1 - \frac{m^2}{x_{mn}^2}\right)\right\} \tag{5.2.34e}$$

(4) 如果 $m \neq 0$, $n \neq 0$ 以及 $l \neq 0$, 为一般情况, 则

$$\gamma_{mnl} = \frac{c_0}{2}\frac{1}{V(1 - m^2/x_{mn}^2)}\left\{S_a\sigma_a + 2(\sigma_d + \sigma_u)S_d\left(1 - \frac{m^2}{x_{mn}^2}\right)\right\} \tag{5.2.34f}$$

其中, $S_a \equiv 2\pi a h$ 和 $S_d \equiv \pi a^2$ 分别是圆柱侧面和底面面积. 因此, 不同的模式具有不同的衰减速度. 当 $x_{mn}^2 \to \infty$ 且 m 有限, 上式近似为 (取 $\sigma_a = \sigma_d = \sigma_u \equiv \sigma_0$)

$$\gamma_{mnl} \approx \frac{c_0\sigma_0}{2}\cdot\frac{S}{V} \tag{5.2.34g}$$

其中, $S \equiv S_a + 2S_d$ 为总面积.

比较方程 (5.2.17c), (5.2.25c) 和 (5.2.34g) 可知, 对三种特殊的腔体的高阶模式, 衰减速度都正比于 S/V, 这对讨论扩散声场是非常有意义的, 见 5.3.2 小节讨论.

简正模式数　由 5.2.1 小节, 矩形房间越对称, 简并越严重. 球和柱形是高度对称的腔体, 要计算出在频率 f 以下有多少个简正频率是困难的. 在低频, 球和柱形腔体的简正频率数远小于矩形房间 (球形腔体更少), 但在高频情况, 方程 (5.2.10c) 近似成立. 事实上, 方程 (5.2.10c) 对体积为 V 的任意形状腔体都近似成立.

5.2.5 简正模式的微扰近似方法

严格求解任意形状腔体的简正频率和简正模式是困难的，即使腔体的形状规则，如果边界上的阻抗分布与空间有关，严格求解也是困难的. 本小节介绍常用的近似方法，即微扰法. 微扰法又分为边界条件的微扰 (区域不变化，而刚性边界变成阻抗边界) 和区域的微扰 (即规则区域变成不规则形区域).

边界条件的微扰 事实上，我们已经利用微扰法讨论了阻抗壁面的规则形腔体 (见 5.1.2～5.2.4 小节讨论)，但都是在已有解析解的情况下讨论准刚性近似 (假定壁面阻抗是均匀的)，本小节作一个较为系统的介绍.

设体积为 V、面积为 S 的壁面刚性腔体，简正模式 $\psi_\lambda(\boldsymbol{r})$ 和简正频率 ω_λ 可解，且满足

$$\nabla^2\psi_\lambda(\boldsymbol{r}) + \left(\frac{\omega_\lambda}{c_0}\right)^2\psi_\lambda(\boldsymbol{r}) = 0, \quad \boldsymbol{r} \in V; \; \frac{\partial\psi_\lambda(\boldsymbol{r})}{\partial n} = 0, \quad \boldsymbol{r} \in S \qquad (5.2.35a)$$

假定壁面边界修改为第三类边界条件 (可以设想为壁面的某一区域加了吸声材料)，简正模式 $\Psi_\lambda(\boldsymbol{r})$ 和简正频率 Ω_λ 满足

$$\nabla^2\Psi_\lambda(\boldsymbol{r}) + \left(\frac{\Omega_\lambda}{c_0}\right)^2\Psi_\lambda(\boldsymbol{r}) = 0, \quad \boldsymbol{r} \in V$$

$$\frac{\partial\Psi_\lambda(\boldsymbol{r})}{\partial n} - \mathrm{i}k_0\varepsilon\beta(\boldsymbol{r},\omega)\Psi_\lambda(\boldsymbol{r}) = 0, \quad \boldsymbol{r} \in S \qquad (5.2.35b)$$

其中，$0 < \varepsilon \ll 1$ 是为了方便引进的微扰小参数. 设第 N 个简正模式 $\psi_N(\boldsymbol{r})$ 是非简并的 (简并情况见下面讨论)，且当 $\varepsilon \to 0$ 时，$\Psi_N(\boldsymbol{r}) \to \psi_N(\boldsymbol{r})$ 和 $\Omega_N \to \omega_N$，即微扰是稳定的，微扰的作用仅仅改变了简正频率 ω_N 的大小. 作微扰展开

$$\Psi_N(\boldsymbol{r}) = \sum_{j=0} \varepsilon^j\Psi_N^{(j)}(\boldsymbol{r}); \; \left(\frac{\Omega_N}{c_0}\right)^2 = \sum_{j=0} \varepsilon^j\left[\frac{\Omega_N^{(j)}}{c_0}\right]^2 \qquad (5.2.35c)$$

其中，$\Psi_N^{(j)}(\boldsymbol{r})$ 称为第 j 级微扰. 上式代入方程 (5.2.35b)(取 $\lambda = N$，注意：λ 或 N 代表一个指标集)，并且令 ε 的同次幂相等，得到零级和一级微扰满足的方程

$$\nabla^2\Psi_N^{(0)}(\boldsymbol{r}) + \left[\frac{\Omega_N^{(0)}}{c_0}\right]^2\Psi_N^{(0)}(\boldsymbol{r}) = 0, \quad \boldsymbol{r} \in V; \; \frac{\partial\Psi_N^{(0)}(\boldsymbol{r})}{\partial n} = 0, \quad \boldsymbol{r} \in S \qquad (5.2.35d)$$

以及

$$\nabla^2\Psi_N^{(1)}(\boldsymbol{r}) + \left[\frac{\Omega_N^{(0)}}{c_0}\right]^2\Psi_N^{(1)}(\boldsymbol{r}) = -\left[\frac{\Omega_N^{(1)}}{c_0}\right]^2\Psi_N^{(0)}(\boldsymbol{r}), \quad \boldsymbol{r} \in V$$

$$\frac{\partial\Psi_N^{(1)}(\boldsymbol{r})}{\partial n} = \mathrm{i}k_0\beta(\boldsymbol{r},\omega)\Psi_N^{(0)}(\boldsymbol{r}), \quad \boldsymbol{r} \in S \qquad (5.2.35e)$$

比较方程 (5.2.35a) 与方程 (5.2.35d) 可知: 零级近似就是未微扰简正模式和简正频率, 即 $\Psi_N^{(0)}(\boldsymbol{r}) = \psi_N(\boldsymbol{r})$ 和 $\Omega_N^{(0)} = \omega_N$. 由 Green 公式

$$\int_V \left[\Psi_N^{(1)} \nabla^2 \psi_N^* - \psi_N^* \nabla^2 \Psi_N^{(1)} \right] \mathrm{d}\tau = \iint_S \left[\Psi_N^{(1)} \frac{\partial \psi_N^*}{\partial n} - \psi_N^* \frac{\partial \Psi_N^{(1)}}{\partial n} \right] \mathrm{d}S \qquad (5.2.36a)$$

结合方程 (5.2.35a) 和 (5.2.35e) 得到简正频率的一级修正

$$\left[\frac{\Omega_N^{(1)}}{c_0} \right]^2 = -\mathrm{i}k_0 \iint_S |\psi_N(\boldsymbol{r})|^2 \beta(\boldsymbol{r}, \omega) \mathrm{d}S \qquad (5.2.36b)$$

得到上式, 利用了 $\psi_N(\boldsymbol{r})$ 的归一化性质, 以及 $\Psi_N^{(0)}(\boldsymbol{r}) = \psi_N(\boldsymbol{r})$ 和 $(\omega_N)^* = \omega_N$. 为了得到简正模式的一级修正, 定义 Green 函数 $G(\boldsymbol{r}, \boldsymbol{r}')$ 满足

$$\nabla^2 G(\boldsymbol{r}, \boldsymbol{r}') + \left[\frac{\Omega_N^{(0)}}{c_0} \right]^2 G(\boldsymbol{r}, \boldsymbol{r}') = -\delta(\boldsymbol{r}, \boldsymbol{r}'), \quad \boldsymbol{r} \in V; \quad \frac{\partial G(\boldsymbol{r}, \boldsymbol{r}')}{\partial n} = 0, \quad \boldsymbol{r} \in S$$

$$(5.2.37a)$$

由简正模式系 $\{\psi_\lambda(\boldsymbol{r})\}$ 的完备性, 我们把 $G(\boldsymbol{r}, \boldsymbol{r}')$ 表示成

$$G(\boldsymbol{r}, \boldsymbol{r}') = \sum_{\lambda=0}^{\infty} g_\lambda \psi_\lambda(\boldsymbol{r}) \qquad (5.2.37b)$$

由于 $\psi_\lambda(\boldsymbol{r})$ 和 $G(\boldsymbol{r}, \boldsymbol{r}')$ 满足同样的齐次边界条件, 故把上式直接代入方程 (5.2.37a) 得到

$$G(\boldsymbol{r}, \boldsymbol{r}') = c_0^2 \sum_{\lambda=0}^{\infty} \frac{\psi_\lambda(\boldsymbol{r})\psi_\lambda^*(\boldsymbol{r}')}{\omega_\lambda^2 - [\Omega_N^{(0)}]^2} \qquad (5.2.37c)$$

注意: 由于 $\omega_N^2 = [\Omega_N^{(0)}]^2$, 当 $\lambda = N$ 时, Green 函数 $G(\boldsymbol{r}, \boldsymbol{r}')$ 中出现发散项, 但这一发散项在推导过程中自动抵消, 最后结果与发散项无关 (见方程 (5.2.38b)). 严格的推导必须引进广义 Green 函数, 见下面讨论.

另一方面, 把 Green 公式写成

$$\int_V \left[\Psi_N^{(1)} \nabla^2 G^* - G^* \nabla^2 \Psi_N^{(1)} \right] \mathrm{d}\tau = \iint_S \left[\Psi_N^{(1)} \frac{\partial G^*}{\partial n} - G^* \frac{\partial \Psi_N^{(1)}}{\partial n} \right] \mathrm{d}S \qquad (5.2.37d)$$

方程 (5.2.35e) 和 (5.2.37a) 代入上式, 并且利用 Green 函数的共轭对称性 $G^*(\boldsymbol{r}, \boldsymbol{r}') = G(\boldsymbol{r}', \boldsymbol{r})$, 得到一级微扰的表达式

$$\Psi_N^{(1)}(\boldsymbol{r}) = \mathrm{i}k_0 \iint_S G_N(\boldsymbol{r}, \boldsymbol{r}') \beta(\boldsymbol{r}', \omega) \psi_N(\boldsymbol{r}') \mathrm{d}S' \qquad (5.2.38a)$$

其中, $G_N(\boldsymbol{r}, \boldsymbol{r}')$ 为 Green 函数中去掉第 N 项后的函数

$$G_N(\boldsymbol{r}, \boldsymbol{r}') \equiv c_0^2 \sum_{\lambda \neq N}^{\infty} \frac{\psi_\lambda(\boldsymbol{r}) \psi_\lambda^*(\boldsymbol{r}')}{\omega_\lambda^2 - [\Omega_N^{(0)}]^2} \tag{5.2.38b}$$

显然, 方程 (5.2.36b) 和 (5.2.38a) 与方程 (5.1.20a) 和 (5.1.20b) 是一致的.

广义 Green 函数 事实上, 由方程 (5.2.37a) 定义的 Green 函数不存在解. 可以利用反证法证明: 设方程 (5.2.37a) 解存在且为 $G(\boldsymbol{r}, \boldsymbol{r}')$, 则由 Green 公式

$$\int_V \left[\Psi_N^{(0)} \nabla^2 G^* - G^* \nabla^2 \Psi_N^{(0)} \right] \mathrm{d}\tau = \iint_S \left[\Psi_N^{(0)} \frac{\partial G^*}{\partial n} - G^* \frac{\partial \Psi_N^{(0)}}{\partial n} \right] \mathrm{d}S \tag{5.2.39a}$$

注意到 $\Psi_N^{(0)}$ 和 G 满足齐次边界条件, 上式右边为零, 故得到 $\Psi_N^{(0)}(\boldsymbol{r}) = 0$, 而这是矛盾的, 故不存在 $G(\boldsymbol{r}, \boldsymbol{r}')$ 满足方程 (5.2.37a). 此时必须定义广义 Green 函数 $\tilde{G}(\boldsymbol{r}, \boldsymbol{r}')$ 满足

$$\nabla^2 \tilde{G}(\boldsymbol{r}, \boldsymbol{r}') + \left[\frac{\Omega_N^{(0)}}{c_0} \right]^2 \tilde{G}(\boldsymbol{r}, \boldsymbol{r}') = -\delta(\boldsymbol{r}, \boldsymbol{r}') + \psi_N(\boldsymbol{r}) \psi_N^*(\boldsymbol{r}'), \quad \boldsymbol{r} \in V$$

$$\frac{\partial \tilde{G}(\boldsymbol{r}, \boldsymbol{r}')}{\partial n} = 0, \quad \boldsymbol{r} \in S \tag{5.2.39b}$$

不难得到共轭对称的广义 Green 函数为

$$\tilde{G}(\boldsymbol{r}, \boldsymbol{r}') = \psi_N(\boldsymbol{r}) \psi_N^*(\boldsymbol{r}') + G_N(\boldsymbol{r}, \boldsymbol{r}') \tag{5.2.39c}$$

由 Green 公式

$$\int_V \left[\Psi_N^{(1)} \nabla^2 \tilde{G}^* - \tilde{G}^* \nabla^2 \Psi_N^{(1)} \right] \mathrm{d}\tau = \iint_S \left[\Psi_N^{(1)} \frac{\partial \tilde{G}^*}{\partial n} - \tilde{G}^* \frac{\partial \Psi_N^{(1)}}{\partial n} \right] \mathrm{d}S \tag{5.2.39d}$$

得到

$$\Psi_N^{(1)}(\boldsymbol{r}) = C \psi_N(\boldsymbol{r}) + \mathrm{i}k_0 \iint_S G_N(\boldsymbol{r}, \boldsymbol{r}') \beta(\boldsymbol{r}', \omega) \psi_N(\boldsymbol{r}') \mathrm{d}S \tag{5.2.40a}$$

其中, 常数 C 定义为

$$C \equiv \int_V \Psi_N^{(1)}(\boldsymbol{r}') \psi_N^*(\boldsymbol{r}') \mathrm{d}\tau \tag{5.2.40b}$$

由于 $\omega_N^2 = [\Omega_N^{(0)}]^2$, 数学上, 方程 (5.2.35e) 的解总可以加上相应齐次方程的非零解 $\psi_N(\boldsymbol{r})$, 而在微扰展开中, $\psi_N(\boldsymbol{r})$ 已经作为零级考虑, 故方程 (5.2.40a) 中可以令常数 $C \equiv 0$, 即 $\Psi_N^{(1)}(\boldsymbol{r})$ 与 $\psi_N(\boldsymbol{r})$ 正交, 于是就得到方程 (5.2.38a), 或者写成

$$\Psi_N^{(1)}(\boldsymbol{r}) = \mathrm{i}k_0 c_0^2 \sum_{\lambda \neq N}^{\infty} \frac{\psi_\lambda(\boldsymbol{r})}{\omega_\lambda^2 - [\Omega_N^{(0)}]^2} \iint_S \psi_\lambda^*(\boldsymbol{r}') \beta(\boldsymbol{r}', \omega) \psi_N(\boldsymbol{r}') \mathrm{d}S' \tag{5.2.40c}$$

上式与 $\psi_N(\boldsymbol{r})$ 的正交性是显然的.

简并态的微扰　　如果未微扰简正频率 ω_N 是 f 度简并的 (即存在 f 个简正模式 $\psi_N^j(\boldsymbol{r})(j=1,\cdots,f)$ 具有相同的简正频率 ω_N), 则由于微扰的作用, 微扰后的简正频率 Ω_N 的简并情况如何? 作微扰展开, 方程 (5.2.35c), (5.2.35d) 和 (5.2.35e) 仍然成立. 微扰后的零级简正模式写成 (注意: $\psi_N^j(\boldsymbol{r})(j=1,\cdots,f)$ 是方程 (5.2.35d) 的解, 故其线性组合也是方程 (5.2.35d) 的解)

$$\Psi_N^{(0)}(\boldsymbol{r}) = \sum_{j=1}^{f} C_j \psi_N^j(\boldsymbol{r}) \tag{5.2.41a}$$

上式代入方程 (5.2.35e)

$$\nabla^2 \Psi_N^{(1)}(\boldsymbol{r}) + \left[\frac{\Omega_N^{(0)}}{c_0}\right]^2 \Psi_N^{(1)}(\boldsymbol{r}) = -\left[\frac{\Omega_N^{(1)}}{c_0}\right]^2 \sum_{j=1}^{f} C_j \psi_N^j(\boldsymbol{r}), \quad \boldsymbol{r} \in V$$

$$\frac{\partial \Psi_N^{(1)}(\boldsymbol{r})}{\partial n} = \mathrm{i}k_0 \beta(\boldsymbol{r},\omega) \sum_{j=1}^{f} C_j \psi_N^j(\boldsymbol{r}), \quad \boldsymbol{r} \in S \tag{5.2.41b}$$

Green 公式修改成 (其中取 $l=1,\cdots,f$)

$$\int_V \left[\Psi_N^{(1)}\nabla^2(\psi_N^l)^* - (\psi_N^l)^*\nabla^2\Psi_N^{(1)}\right]\mathrm{d}\tau = \iint_S \left[\Psi_N^{(1)}\frac{\partial(\psi_N^l)^*}{\partial n} - (\psi_N^l)^*\frac{\partial\Psi_N^{(1)}}{\partial n}\right]\mathrm{d}S \tag{5.2.41c}$$

把方程 (5.2.41b) 代入上式得到 (注意: $\nabla^2\psi_N^l(\boldsymbol{r})+(\omega_N/c_0)^2\psi_N^l(\boldsymbol{r})=0$ 和 $\omega_N=\Omega_N^{(0)}$)

$$\sum_{j=1}^{f} C_j \left\{\beta_{lj} - \left[\frac{\Omega_N^{(1)}}{c_0}\right]^2 \delta_{lj}\right\} = 0 \quad (l=1,2,\cdots,f) \tag{5.2.42a}$$

其中, 为了方便定义

$$\beta_{lj} \equiv -\mathrm{i}k_0 \iint_S [\psi_N^l(\boldsymbol{r})]^* \beta(\boldsymbol{r},\omega)\psi_N^j(\boldsymbol{r})\mathrm{d}S \tag{5.2.42b}$$

当取 $l=1,2,\cdots,f$ 时, 方程 (5.2.42a) 是 $f\times f$ 的线性代数方程. 方程 (5.2.42a) 存在非零解的条件是

$$\det\left\{\beta_{lj} - \left[\frac{\Omega_N^{(1)}}{c_0}\right]^2 \delta_{jl}\right\} = 0 \tag{5.2.42c}$$

由上式和 (5.2.42a) 可求得 f 个 $[\Omega_N^{(1)}/c_0]^2$ 及 f 套系数 $C_j(j=1,2,\cdots,f)$. 如果 f 个 $[\Omega_N^{(1)}/c_0]^2$ 各不相同, 则由方程 (5.2.41a) 可以得到 f 个零级近似本征函数, 由于

微扰的作用, 第 N 个本征值 ω_N 的简并完全消除; 如果 $[\Omega_N^{(1)}/c_0]^2$ 有重根, 则 ω_N 的简并度降低. 方程 (5.2.42c) 称为**久期方程**.

区域的微扰 体积 V、面积 S 的阻抗壁面腔体内的简正模式 $\Psi_\lambda(\boldsymbol{r})$ 和简正频率 Ω_λ 满足

$$\nabla^2\Psi_\lambda(\boldsymbol{r}) + \left(\frac{\Omega_\lambda}{c_0}\right)^2 \Psi_\lambda(\boldsymbol{r}) = 0, \quad \boldsymbol{r} \in V$$

$$\left[\frac{\partial\Psi_\lambda(\boldsymbol{r})}{\partial n} - \mathrm{i}k_0\beta(\boldsymbol{r})\Psi_\lambda(\boldsymbol{r})\right] = 0, \quad \boldsymbol{r} \in S \tag{5.2.43a}$$

假定腔体表面 S 的曲面方程可以表示为 $F(\boldsymbol{r},\varepsilon) = 0$(其中 $\varepsilon \ll 1$), 当 $\varepsilon = 0$ 时, $F(\boldsymbol{r},0) = 0$ 是规则形区域 S_0, 而当 $\varepsilon \ll 1$ 时, 区域的变化可看作微扰, 曲面方程可以写成 $F(\boldsymbol{r},\varepsilon) = F_0(\boldsymbol{r}) + \varepsilon f(\boldsymbol{r}) = 0$. 注意: 由于边界条件中须计算表面的法向导数 $\partial/\partial n$, 微扰前后曲面的法向导数 $\partial/\partial n$ 变化也必须很小, 否则就不满足微扰条件, 因此要求微扰函数 $f(\boldsymbol{r})$ 是光滑可导的.

区域的微扰比边界条件的微扰要复杂, 因为微扰改变了问题的定义域. 由于定义域的微小变化, 边界上的函数和法向导数都必须作微扰展开, 用微扰前边界 S_0 上的函数值和法向导数表示微扰后边界 S 上的函数值和法向导数. 下面首先讨论这个问题.

(1) 边界函数的微扰展开: 我们把第 N 个简正模式在边界 S 上的值 $\beta(\boldsymbol{r})\Psi_N(\boldsymbol{r})|_S$ 写成泛函的形式, 即 $\beta(\boldsymbol{r})\Psi_N(\boldsymbol{r})|_S \equiv \beta(F)\Psi_N(F)$, 则

$$\beta(\boldsymbol{r})\Psi_N(\boldsymbol{r})|_S \equiv \beta(F_0 + \varepsilon f)\Psi_N(F_0 + \varepsilon f)$$
$$\approx \beta(F_0)\Psi_N(F_0) + \varepsilon f \left.\frac{\partial[\beta(F)\Psi_N(F)]}{\partial F}\right|_{F_0} \tag{5.2.43b}$$

其中, 偏导数 $\partial/\partial F$ 是泛函 $\beta(F)\Psi_N(F)$ 的 Frechet 导数. 对规则形区域 S_0, Frechet 导数可以简单求出, 以二维情况为例: ①图 5.2.4 中 S_0 为矩形 $[a\times b]$, 一条边在 x 轴, 即 $F_0(x,y,0) = y = 0$, 微扰后为斜直线 $y = \varepsilon x$, 即 $F(x,y,\varepsilon) = y - \varepsilon x = 0(f = -x)$, 则

$$\beta(x,y)\Psi_N(x,y)|_S = \beta(x,\varepsilon x)\Psi_N(x,\varepsilon x)$$
$$\approx \beta(x,0)\Psi_N(x,0) - \varepsilon x \left.\frac{\partial[\beta(x,y)\Psi_N(x,y)]}{\partial y}\right|_{y=0} \tag{5.2.43c}$$

故 Frechet 导数为边界 $y = 0$ 的负法向导数; ②图 5.2.5 的边界 S_0 为极坐标 $\rho = a$ 的圆环, 即 $F_0(\rho,\varphi,0) = \rho - a$, 微扰后为 $F(\rho,\varphi) = \rho - a + \varepsilon f(\varphi) = 0$(其中 $f(\varphi)$ 为方位角的光滑函数), 则

$$\beta(\rho,\varphi)\Psi_N(\rho,\varphi)|_S = \beta(\rho,\varphi)\Psi_N(\rho,\varphi)|_{\rho=a-\varepsilon f(\varphi)}$$

$$\approx \beta(a,\varphi)\Psi_N(a,\varphi) - \varepsilon f(\varphi)\left.\frac{\partial[\beta(\rho,\varphi)\Psi_N(\rho,\varphi)]}{\partial\rho}\right|_{\rho=a} \qquad (5.2.43\text{d})$$

故 Frechet 导数为圆环 $\rho = a$ 上的负法向导数. 如果边界面 S_0 较为复杂, 则求 Frechet 导数本身就非常困难, 但此时就失去了微扰的意义.

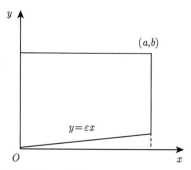

图 5.2.4　矩形区域的一条边 $y = 0$ 经微扰后成为斜线 $y = \varepsilon x$

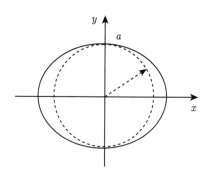

图 5.2.5　半径为 a 的圆形区域, 经微扰后成为椭圆

(2) 边界法向导数的微扰展开: 函数 $\Psi_N(\boldsymbol{r})$ 在边界 S 的法向导数 $(\partial\Psi_N/\partial n)|_F$ 的微扰展开应该包括二部分, 即法向导数算子 $\partial/\partial n$ 和函数 $(\partial\Psi_N/\partial n)|_F$ 本身. 因为微扰后不仅曲面 S 与微扰前曲面 S_0 不同, 而且它们的法向单位矢量 $\boldsymbol{n}$ 和 $\boldsymbol{n}_0$ 也不同.

首先考虑法向导数算子 $\partial/\partial n$ 的微扰展开. 在直角坐标内, 曲面 $F(\boldsymbol{r},\varepsilon) = 0$ 的法向单位矢量为

$$\boldsymbol{n} = (n_x, n_y, n_z) = \frac{1}{|\nabla F|}\left(\frac{\partial F}{\partial x}, \frac{\partial F}{\partial y}, \frac{\partial F}{\partial z}\right) \qquad (5.2.44\text{a})$$

故曲面的法向导数为

$$\frac{\partial}{\partial n} = \boldsymbol{n}\cdot\nabla = \frac{1}{|\nabla F|}\left(\frac{\partial F}{\partial x}\frac{\partial}{\partial x} + \frac{\partial F}{\partial y}\frac{\partial}{\partial y} + \frac{\partial F}{\partial z}\frac{\partial}{\partial z}\right) = \frac{1}{|\nabla F|}\nabla F\cdot\nabla \qquad (5.2.44\text{b})$$

把 $F(\boldsymbol{r}, \varepsilon) = F_0(\boldsymbol{r}) + \varepsilon f(\boldsymbol{r}) = 0$ 代入上式, 且保留 ε 的一次项得到法向导数微分算子的微扰展开为

$$\frac{\partial}{\partial n} \approx \frac{\nabla F_0 \cdot \nabla}{|\nabla F_0|} + \frac{\varepsilon}{|\nabla F_0|} \boldsymbol{Q} = \frac{\partial}{\partial n_0} + \frac{\varepsilon}{|\nabla F_0|} \boldsymbol{Q} \tag{5.2.44c}$$

其中, 微扰前曲面 S_0 的法向导数算子 $\partial/\partial n_0$ 和微分算子 $\boldsymbol{Q}$ 分别为

$$\frac{\partial}{\partial n_0} \equiv \frac{\nabla F_0 \cdot \nabla}{|\nabla F_0|}; \quad \boldsymbol{Q} \equiv \nabla f \cdot \nabla - \frac{(\nabla F_0 \cdot \nabla f)}{|\nabla F_0|^2}(\nabla F_0 \cdot \nabla) \tag{5.2.44d}$$

其次, 考虑函数 $(\partial \Psi_N/\partial n)|_F$ 本身的微扰展开. 令 $\Phi_N(F) \equiv (\partial \Psi_N/\partial n)|_F$, 则

$$\Phi_N(F) \equiv \Phi_N(F_0 + \varepsilon f) \approx \Phi_N(F_0) + \varepsilon f \left. \frac{\partial \Phi_N(F)}{\partial F} \right|_{F_0} \tag{5.2.45a}$$

即

$$\left. \frac{\partial \Psi_N}{\partial n} \right|_F \approx \left. \frac{\partial \Psi_N}{\partial n} \right|_{F_0} + \varepsilon f \left. \frac{\partial}{\partial F} \left(\left. \frac{\partial \Psi_N}{\partial n} \right|_F \right) \right|_{F_0} \tag{5.2.45b}$$

结合方程 (5.2.45b) 和 (5.2.44c), 忽略 ε^2 项, 我们就得到法向导数 $(\partial \Psi_N/\partial n)|_F$ 的微扰展开

$$\left. \frac{\partial \Psi_N}{\partial n} \right|_F \approx \left[\frac{\partial \Psi_N}{\partial n_0} + \frac{\varepsilon}{|\nabla F_0|} \boldsymbol{Q}(\Psi_N) + \varepsilon f \frac{\partial}{\partial F} \left(\frac{\partial \Psi_N}{\partial n_0} \right) \right] \Bigg|_{F_0} \tag{5.2.45c}$$

我们以图 5.2.5 的例子来说明: 半径为 a 的圆环方程为 $F_0 = r - a = 0$, 经微扰后变化成 $F = \rho - a + \varepsilon f(\varphi) = 0$, 容易得到

$$\nabla f = \frac{1}{\rho} \frac{\partial f}{\partial \varphi} \boldsymbol{e}_\varphi; \quad \nabla F_0 = \frac{\partial F_0}{\partial \rho} \boldsymbol{e}_\rho = \boldsymbol{e}_\rho \tag{5.2.46a}$$

故 $|\nabla F_0| = 1$ 和 $\nabla F_0 \cdot \nabla f = 0$, 于是, 方程 (5.2.44c) 和 (5.2.45b) 简化为

$$\frac{\partial}{\partial n} \approx \frac{\partial}{\partial \rho} + \varepsilon \frac{f'(\varphi)}{\rho^2} \frac{\partial}{\partial \varphi}$$

$$\left. \frac{\partial \Psi_N}{\partial n} \right|_{\rho = a - \varepsilon f} \approx \left. \frac{\partial \Psi_N}{\partial n} \right|_{\rho = a} - \varepsilon f \left[\frac{\partial}{\partial \rho} \left(\frac{\partial \Psi_N}{\partial n} \right) \right]_{\rho = a} \tag{5.2.46b}$$

上二式结合得到法向导数的微扰为

$$\left. \frac{\partial \Psi_N}{\partial n} \right|_{\rho = a - \varepsilon f} \approx \left. \frac{\partial \Psi_N}{\partial \rho} \right|_{\rho = a} + \varepsilon \left[\frac{f'(\varphi)}{a^2} \frac{\partial \Psi_N}{\partial \varphi} - f \frac{\partial^2 \Psi_N}{\partial \rho^2} \right]_{\rho = a} \tag{5.2.46c}$$

把第 N 个简正模式的微扰展开, 即方程 (5.2.35c), 代入方程 (5.2.43a) 的第一式得到 (取 $\lambda = N$) 零级和一级近似方程为

$$\nabla^2 \Psi_N^{(0)} + \left[\frac{\Omega_N^{(0)}}{c_0}\right]^2 \Psi_N^{(0)} = 0$$

$$\nabla^2 \Psi_N^{(1)} + \left[\frac{\Omega_N^{(0)}}{c_0}\right]^2 \Psi_N^{(1)} = -\left[\frac{\Omega_N^{(1)}}{c_0}\right]^2 \Psi_N^{(0)} \tag{5.2.47a}$$

其中, $\Psi_N^{(0)} = \Psi_N^{(0)}(\rho, \varphi)$ 和 $\Psi_N^{(1)} = \Psi_N^{(1)}(\rho, \varphi)$. 为了简单, 仅考虑刚性边界的情况 (即取 $\beta(\boldsymbol{r})|_S = 0$), 由方程 (5.2.46c) 得到零级和一级近似方程满足的边界条件为

$$\left.\frac{\partial \Psi_N^{(0)}}{\partial \rho}\right|_{\rho=a} = 0; \quad \left.\frac{\partial \Psi_N^{(1)}}{\partial \rho}\right|_{\rho=a} = -\left[\frac{f'(\varphi)}{a^2}\frac{\partial \Psi_N^{(0)}}{\partial \varphi} - f\frac{\partial^2 \Psi_N^{(0)}}{\partial \rho^2}\right]_{\rho=a} \tag{5.2.47b}$$

零级近似解为 $(N = mn)$

$$\Psi_{\pm mn}^{(0)}(\rho, \varphi) = \mathrm{J}_m\left(\frac{x_{mn}}{a}\rho\right)\exp(\pm \mathrm{i} m\varphi); \quad \frac{\Omega_N^{(0)}}{c_0} = \frac{x_{mn}}{a} \tag{5.2.47c}$$

其中, $m = 0, 1, 2, \cdots$, x_{mn} 是方程 $\mathrm{J}_m'(x_{mn}) = 0$ 的第 n 个根 $(n = 0, 1, \cdots)$, $\Psi_{\pm mn}^{(0)}(\rho, \varphi)$ 的模为

$$\int_0^a \int_0^{2\pi} |\Psi_{\pm mn}^{(0)}(\rho, \varphi)|^2 \rho \mathrm{d}\rho \mathrm{d}\varphi = \pi a^2 \left(1 - \frac{m^2}{x_{mn}^2}\right) \mathrm{J}_m^2(x_{mn}) \tag{5.2.47d}$$

显然, 当 $m \neq 0$ 时, 零级近似是二度简并的; 而当 $m = 0$(径向振动模式) 时, 零级近似是非简并的, 我们首先考虑非简并态 $\Psi_{\pm 0n}^{(0)}(\rho, \varphi) \equiv \Psi_{0n}^{(0)}(\rho)(m = 0)$ 的微扰. 在圆 $\rho < a$ 上应用二维 Green 公式

$$\iint_{\rho<a} \left[\Psi_{0n}^{(1)}\nabla^2\Psi_{0n}^{(0)*} - \Psi_{0n}^{(0)*}\nabla^2\Psi_{0n}^{(1)}\right]\rho \mathrm{d}\rho \mathrm{d}\varphi$$

$$= \oint_{\rho=a}\left[\Psi_{0n}^{(1)}\frac{\partial\Psi_{0n}^{(0)*}}{\partial\rho} - \Psi_{0n}^{(0)*}\frac{\partial\Psi_{0n}^{(1)}}{\partial\rho}\right]a\mathrm{d}\varphi \tag{5.2.48a}$$

于是, 由方程 (5.2.47a) 和 (5.2.47b), 从上式得到 (注意到 $\Psi_{0n}^{(0)}$ 与方位角 φ 无关 $\partial\Psi_{0n}^{(0)}/\partial\varphi = 0$)

$$\left[\frac{\Omega_{0n}^{(1)}}{c_0}\right]^2 \int_0^a \int_0^{2\pi} \Psi_{0n}^{(0)}\Psi_{0n}^{(0)}\rho \mathrm{d}\rho \mathrm{d}\varphi = -a\left[\Psi_{0n}^{(0)}\frac{\partial^2\Psi_{0n}^{(0)}}{\partial\rho^2}\right]_{\rho=a}\int_0^{2\pi} f(\varphi)\mathrm{d}\varphi \tag{5.2.48b}$$

利用方程 (5.2.47d)，我们得到径向模式的一级微扰为

$$\left[\frac{\Omega_{0n}^{(1)}}{c_0}\right]^2 = \frac{x_{0n}^2}{\pi a^3}\int_0^{2\pi} f(\varphi)\mathrm{d}\varphi \tag{5.2.48c}$$

注意: 得到上式, 利用了 $[\mathrm{d}^2\mathrm{J}_0(x_{0n}\rho/a)/\mathrm{d}\rho^2]|_{\rho=a} = -x_{0n}^2\mathrm{J}_0(x_{0n})/a^2$. 为了验证上式, 取 $f(\varphi) = a$ (即半径为 a 的圆变成半径为 $a(1-\varepsilon)$ 的圆), 代入上式得到

$$\left[\frac{\Omega_{0n}^{(1)}}{c_0}\right]^2 = \frac{2x_{0n}^2}{a^2} \tag{5.2.49a}$$

故本征频率的一级近似为

$$\left(\frac{\Omega_{0n}}{c_0}\right)^2 \approx \left[\frac{\Omega_{0n}^{(0)}}{c_0}\right]^2 + \varepsilon\left[\frac{\Omega_{0n}^{(1)}}{c_0}\right]^2 = \left(\frac{x_{mn}}{a}\right)^2 + 2\varepsilon\frac{x_{0n}^2}{a^2} \tag{5.2.49b}$$

即

$$\frac{\Omega_{0n}}{c_0} \approx \frac{x_{mn}}{a}\sqrt{1+2\varepsilon} \approx \frac{x_{mn}}{a}(1+\varepsilon) \tag{5.2.49c}$$

而严格解为

$$\frac{\Omega_{0n}}{c_0} = \frac{x_{0n}}{a(1-\varepsilon)} \approx \frac{x_{0n}}{a}(1+\varepsilon) \tag{5.2.49d}$$

显然, 当 $\varepsilon \ll 1$ 时, 上式与方程 (5.2.49c) 一致.

对 $m \neq 0$ 的简并情况, 把微扰后的零级简正模式写成

$$\Psi_{mn}^{(0)}(\rho,\varphi) = C_1\psi_{+mn}(\rho,\varphi) + C_2\psi_{-mn}(\rho,\varphi) \tag{5.2.50a}$$

其中, 二个本征函数为

$$\psi_{+mn}(\rho,\varphi) \equiv \mathrm{J}_m\left(\frac{x_{mn}}{a}\rho\right)\exp(\mathrm{i}m\varphi)$$
$$\psi_{-mn}(\rho,\varphi) \equiv \mathrm{J}_m\left(\frac{x_{mn}}{a}\rho\right)\exp(-\mathrm{i}m\varphi) \tag{5.2.50b}$$

由 Green 公式 (其中分别取 $\nu = +, -$)

$$\iint_{\rho<a}\left[\Psi_{mn}^{(1)}\nabla^2\psi_{\nu mn}^* - \psi_{\nu mn}^*\nabla^2\Psi_{mn}^{(1)}\right]\rho\mathrm{d}\rho\mathrm{d}\varphi$$
$$= \oint_{\rho=a}\left[\Psi_{mn}^{(1)}\frac{\partial\psi_{\nu mn}^*}{\partial\rho} - \psi_{\nu mn}^*\frac{\partial\Psi_{mn}^{(1)}}{\partial\rho}\right]a\mathrm{d}\varphi \tag{5.2.50c}$$

当分别取 $\nu = +$ 和 $\nu = -$ 时, 把方程 (5.2.47a) 和 (5.2.47b) 代入上式可以得到

$$\sum_{j=1}^2 C_j\left\{\beta_{lj}(m,x_{mn}) - \left[\frac{\Omega_N^{(1)}}{c_0}\right]^2\delta_{lj}\right\} = 0 \ (l=1,2) \tag{5.2.50d}$$

其中, $\beta_{lj}(m, x_{mn})$ 是与 $f'(\varphi)$ 和 $f(\varphi)$ 积分有关的系数 (作为习题). 进一步的讨论与边界条件的微扰类似, 不再重复.

5.2.6　不规则腔体的变分近似方法

对体积为 V、面积为 S 的不规则腔体, 简正频率 ω(为了讨论方便去除下标) 及相应的简正模式 $\psi(\boldsymbol{r}, \omega)$ 满足的偏微分方程和边界条件为

$$
\nabla^2 \psi(\boldsymbol{r}, \omega) + \left(\frac{\omega}{c_0}\right)^2 \psi(\boldsymbol{r}, \omega) = 0, \quad \boldsymbol{r} \in V
$$
$$
\left.\frac{\partial \psi(\boldsymbol{r}, \omega)}{\partial n}\right|_S = 0 \text{ 或者} \psi(\boldsymbol{r}, \omega)|_S = 0
\tag{5.2.51a}
$$

为了构成某个泛函使其变分问题与方程 (5.2.51a) 等价, 我们用 $\psi^*(\boldsymbol{r}, \omega)$ 乘方程 (5.2.51a) 二边并在体积 V 内积分得到

$$
\left(\frac{\omega}{c_0}\right)^2 = -\frac{\displaystyle\int_V \psi^*(\boldsymbol{r}, \omega)\nabla^2\psi(\boldsymbol{r}, \omega)\mathrm{d}^3\boldsymbol{r}}{\displaystyle\int_V \psi^*(\boldsymbol{r}, \omega)\psi(\boldsymbol{r}, \omega)\mathrm{d}^3\boldsymbol{r}}
\tag{5.2.51b}
$$

利用第一 Green 公式

$$
\int_V \left(u\nabla^2 v + \nabla u \cdot \nabla v\right)\mathrm{d}^3\boldsymbol{r} = \int_S u\frac{\partial v}{\partial n}\mathrm{d}S
\tag{5.2.51c}
$$

并取 $u = \psi^*(\boldsymbol{r}, \omega)$ 和 $v = \psi(\boldsymbol{r}, \omega)$, 方程 (5.2.51b) 可改写成

$$
\left(\frac{\omega}{c_0}\right)^2 = \frac{A}{B} \equiv \lambda(\psi)
\tag{5.2.52a}
$$

其中, 积分定义为

$$
A \equiv \int_V \nabla\psi^*(\boldsymbol{r}, \omega) \cdot \nabla\psi(\boldsymbol{r}, \omega)\mathrm{d}^3\boldsymbol{r}
$$
$$
B \equiv \int_V \psi^*(\boldsymbol{r}, \omega)\psi(\boldsymbol{r}, \omega)\mathrm{d}^3\boldsymbol{r}
\tag{5.2.52b}
$$

得到方程 (5.2.52a), 利用了方程 (5.2.51a) 中的边界条件 (第一、二类边界条件都成立). 不难证明: 泛函 $\lambda(\psi)$ 的变分问题与方程 (5.2.51a) 等价, 即如果函数 ψ 满足方程 (5.2.51a), 则对任意的变分

$$
\delta\lambda(\psi) = 0
\tag{5.2.52c}
$$

反之, 如果函数 ψ 满足方程 (5.2.52c), 它必须是方程 (5.2.51a) 的解. 事实上, 由

$$
\delta\lambda(\psi) = \frac{B\delta A - A\delta B}{B^2} = \frac{1}{B}\left(\delta A - \lambda\delta B\right)
\tag{5.2.53a}
$$

其中, 变分 δA 和 δB 分别为

$$\delta A \equiv \int_V \nabla \delta \psi^*(\boldsymbol{r}, \omega) \cdot \nabla \psi(\boldsymbol{r}, \omega) \mathrm{d}^3 \boldsymbol{r} + \int_V \nabla \psi^*(\boldsymbol{r}, \omega) \cdot \nabla \delta \psi(\boldsymbol{r}, \omega) \mathrm{d}^3 \boldsymbol{r}$$

$$\delta B \equiv \int_V \psi^*(\boldsymbol{r}, \omega) \delta \psi(\boldsymbol{r}, \omega) \mathrm{d}^3 \boldsymbol{r} + \int_V \delta \psi^*(\boldsymbol{r}, \omega) \psi(\boldsymbol{r}, \omega) \mathrm{d}^3 \boldsymbol{r}$$

$$(5.2.53\mathrm{b})$$

因此, 利用第一 Green 公式, 即方程 (5.2.51c) 得到

$$\delta \lambda(\psi) = \frac{1}{B} \left[\int_V \delta \psi^*(\nabla^2 + \lambda) \psi \mathrm{d}^3 \boldsymbol{r} + \int_V \psi^*(\nabla^2 + \lambda) \delta \psi \mathrm{d}^3 \boldsymbol{r} \right] \qquad (5.2.53\mathrm{c})$$

利用 Lapace 算子的 Hermite 对称性 (注意: Lapace 算子在阻抗型边界情况没有 Hermite 对称性), 上式第二项可以改变为 (注意: λ 是实的)

$$\int_V \psi^*(\nabla^2 + \lambda) \delta \psi \mathrm{d}^3 \boldsymbol{r} = \left[\int_V \psi (\nabla^2 + \lambda) \delta \psi^* \mathrm{d}^3 \boldsymbol{r} \right]^*$$

$$= \left[\int_V \delta \psi^*(\nabla^2 + \lambda) \psi \mathrm{d}^3 \boldsymbol{r} \right]^* \qquad (5.2.54\mathrm{a})$$

代入方程 (5.2.53c) 得到

$$\delta \lambda(\psi) = \frac{2}{B} \mathrm{Re} \left[\int_V \delta \psi^*(\nabla^2 + \lambda) \psi \mathrm{d}^3 \boldsymbol{r} \right] \qquad (5.2.54\mathrm{b})$$

显然, 如果函数 ψ 满足方程 (5.2.51a), 必定有 $\delta \lambda(\psi) = 0$; 反之, 如果设函数 ψ 满足方程 (5.2.52c), 但不满足方程 (5.2.51a), 即

$$\nabla^2 \psi(\boldsymbol{r}, \omega) + \lambda \psi(\boldsymbol{r}, \omega) = \phi \neq 0 \qquad (5.2.54\mathrm{c})$$

这时可取 $\delta \psi = \varepsilon \phi$, 而 ε 足够小, 使 $\varepsilon \phi$ 是 ψ 的邻域且 $\varepsilon > 0$, 代入方程 (5.2.54b)

$$\delta \lambda(\psi) = \frac{\varepsilon}{B} \int_V |\phi|^2 \mathrm{d}^3 \boldsymbol{r} \geqslant 0 \qquad (5.2.54\mathrm{d})$$

因此, 只有当 $\phi \equiv 0$(几乎处处) 时才有 $\delta \lambda(\psi) = 0$, 故当 $\delta \lambda(\psi) = 0$ 时必有 $\nabla^2 \psi(\boldsymbol{r}, \omega) + \lambda \psi(\boldsymbol{r}, \omega) = 0$. 这样我们就把本征值问题 (即方程 (5.2.51a)) 与求 $\lambda(\psi)$ 的极值问题等价起来了. 如果我们用其他方法求得 $\lambda(\psi)$ 的极值问题的解, 也就求得了本征值问题的解, 即求出了简正频率及相应的简正模式.

设简正频率依大小排列成 (注意: 假定最小简正频率 $\lambda_1 > 0$)

$$0 < \lambda_1 \leqslant \lambda_2 \leqslant \cdots \leqslant \lambda_n \cdots \qquad (5.2.55\mathrm{a})$$

相应的简正模式为

$$\psi_1, \psi_2, \cdots, \psi_n \cdots \qquad (5.2.55\mathrm{b})$$

可以证明定理: ① $\lambda(\psi)$ 的最小值 (注意与极小值之区别) 等于 λ_1, 这里函数 ψ 为属于允许函数类中的任意函数; ② 当 $\lambda(\psi)$ 在 $\psi = \psi_1$ 处达到它的最小值 λ_1 时, ψ_1 为对应于 λ_1 的简正模式. 所谓允许函数类中的函数是指 ψ 在 V 内二价可导且满足边界条件. 此定理的证明可直接用上面得到的结论: 事实上, 由于 ψ_i 是使泛函 $\lambda(\psi)$ 达到极值 (极小值) 的函数

$$\delta\lambda(\psi)|_{\psi=\psi_i} = 0 \tag{5.2.55c}$$

又 λ_1 是 λ_i 中最小者, 因此 λ_1 是最小值 $\lambda_1 = \min[\lambda(\psi)]$ 并且当 $\psi = \psi_1$ 时 $\lambda(\psi)$ 取得最小值 λ_1.

进一步, 可以得到结论: ① 在正交于 ψ_1 的所有 ψ 中 (ψ 属于允许函数类中函数), $\lambda(\psi)$ 的最小值为 λ_2, 且使 $\lambda(\psi)$ 取得最小值 λ_2 的函数 ψ 即为本征函数 ψ_2; ② 一般定义在正交于 $(\psi_1, \psi_2, \cdots, \psi_{n-1})$ 所构成的子空间的函数 ψ 上, 泛函 $\lambda(\psi)$ 取最小值为 λ_n, 而达到最小值的 ψ 即为本征函数 ψ_n.

事实上, 对任意允许类函数 ψ(即满足上式中的齐次边界条件的函数), 可展成简正模式 $\{\psi_j, \lambda_j\}$ 的广义 Fourier 级数

$$\psi(\boldsymbol{r}) = \sum_{j=1}^{\infty} a_j \psi_j(\boldsymbol{r}); \quad a_j = \int_G \psi_j^*(\boldsymbol{r})\psi(\boldsymbol{r})\mathrm{d}\tau \tag{5.2.56a}$$

把上式代入式 (5.2.51b), 并假定 $\{\psi_j\}$ 已归一化, 且满足 $\nabla^2\psi_j + \lambda_j\psi_j = 0$, 得到

$$\left(\frac{\omega}{c_0}\right)^2 = \frac{\displaystyle\sum_{l,j=1}^{\infty} \lambda_l a_l a_j^* \int_V \psi_j^* \psi_l \mathrm{d}^3\boldsymbol{r}}{\displaystyle\sum_{l,j=1}^{\infty} a_l a_j^* \int_V \psi_j^* \psi_l \mathrm{d}^3\boldsymbol{r}} = \frac{\displaystyle\sum_{j=1}^{\infty} \lambda_j |a_j|^2}{\displaystyle\sum_{j=1}^{\infty} |a_j|^2} \tag{5.2.56b}$$

由于方程 (5.2.55a), 上式右边可以缩小, 即

$$\left(\frac{\omega}{c_0}\right)^2 \geqslant \lambda_1 \frac{\displaystyle\sum_{j=1}^{\infty} |a_j|^2}{\displaystyle\sum_{j=1}^{\infty} |a_j|^2} = \lambda_1 \tag{5.2.56c}$$

因此, $\lambda(\psi) \geqslant \lambda_1$. 显然, 当 $a_2 = a_3 = \cdots = 0$ 时, 等号成立, 此时 $\psi(\boldsymbol{r}) = a_1\psi_1(\boldsymbol{r})$. 如果任意函数 ψ 正交于第一个本征函数 ψ_1, 则 $a_1 = 0$, 于是

$$\left(\frac{\omega}{c_0}\right)^2 = \frac{\displaystyle\sum_{j=2}^{\infty} |a_j|^2 \lambda_j}{\displaystyle\sum_{j=2}^{\infty} |a_j|^2} \geqslant \frac{\lambda_2 \displaystyle\sum_{j=2}^{\infty} |a_j|^2}{\displaystyle\sum_{j=2}^{\infty} |a_j|^2} = \lambda_2 \tag{5.2.56d}$$

如果函数 ψ 正交于前 $(n-1)$ 个本征函数 $(\psi_1, \psi_2, \cdots, \psi_{n-1})$，则 $a_1 = a_2 = \cdots = a_{n-1} = 0$，于是

$$\left(\frac{\omega}{c_0}\right)^2 = \frac{\displaystyle\sum_{j=n}^{\infty} |a_j|^2 \lambda_j}{\displaystyle\sum_{j=n}^{\infty} |a_j|^2} \geqslant \frac{\lambda_n \displaystyle\sum_{j=n}^{\infty} |a_j|^2}{\displaystyle\sum_{j=n}^{\infty} |a_j|^2} \geqslant \lambda_n \tag{5.2.56e}$$

但是，对刚性边界的腔体，满足的是第二类边界条件，当 $\lambda_0 = 0$ 是零本征值时，方程 (5.2.56b) 变成

$$\left(\frac{\omega}{c_0}\right)^2 = \frac{\displaystyle\sum_{j=0}^{\infty} |a_j|^2 \lambda_j}{\displaystyle\sum_{j=0}^{\infty} |a_j|^2} = \frac{\displaystyle\sum_{j=1}^{\infty} |a_j|^2 \lambda_j}{\displaystyle\sum_{j=0}^{\infty} |a_j|^2} \geqslant \lambda_1 \frac{\displaystyle\sum_{j=1}^{\infty} |a_j|^2}{\displaystyle\sum_{j=0}^{\infty} |a_j|^2} \tag{5.2.57a}$$

其中，λ_1 是最小的非零本征值. 由于上式右边分子不等于分母，故得不到简单的不等式 $\lambda(\psi) \geqslant \lambda_1$. 然而，如果对任意允许类函数 ψ 的选择时，增加条件

$$a_0 = \int_G \psi_0^*(\boldsymbol{r}) \psi(\boldsymbol{r}) \mathrm{d}\tau = \frac{1}{\sqrt{V}} \int_G \psi(\boldsymbol{r}) \mathrm{d}\tau = 0 \tag{5.2.57b}$$

其中，$\psi_0(\boldsymbol{r}) = 1/\sqrt{V}$. 则方程 (5.2.57a) 变成

$$\left(\frac{\omega}{c_0}\right)^2 \geqslant \lambda_1 \frac{\displaystyle\sum_{j=1}^{\infty} |a_j|^2}{\displaystyle\sum_{j=0}^{\infty} |a_j|^2} = \lambda_1 \frac{\displaystyle\sum_{j=1}^{\infty} |a_j|^2}{\displaystyle\sum_{j=1}^{\infty} |a_j|^2} = \lambda_1 \tag{5.2.57c}$$

因此，如果选择任意允许类函数 ψ 满足空间平均为零，定理仍然成立.

利用上述定理，可以估计任意形状腔体的第一个非零简正频率 (即基频)，对满足一定条件的试探函数 ψ(注意：对刚性腔体，函数 ψ 的空间平均为零)，由上述定理，我们可以得出

$$\left(\frac{\omega_1}{c_0}\right)^2 \leqslant \frac{\displaystyle\int_V \nabla\psi^* \cdot \nabla\psi \mathrm{d}^3\boldsymbol{r}}{\displaystyle\int_V \psi^*\psi \mathrm{d}^3\boldsymbol{r}} = \frac{\displaystyle\int_V \psi^*(-\nabla^2)\psi \mathrm{d}^3\boldsymbol{r}}{\displaystyle\int_V \psi^*\psi \mathrm{d}^3\boldsymbol{r}} \tag{5.2.57d}$$

只要试探函数 ψ 选得恰当，上式可用来估计第一个非零简正频率. 当然，对复杂形状的腔体，具体只能通过数值计算来完成.

简正频率与区域的关系　设区域 V(相应的非零简正频率为 ω_λ) 包含区域 V'(相应的非零简正频率为 ω_λ')，即 $V' \in V$. 设 ω_λ 和 ω_λ' 均可数并排列成

$$\omega_1 \leqslant \omega_2 \leqslant \omega_3 \leqslant \cdots; \ \omega_1' \leqslant \omega_2' \leqslant \omega_3' \leqslant \cdots \tag{5.2.57e}$$

则对所有的 n，不等式成立

$$\omega_\lambda < \omega_\lambda' \quad (\lambda = 1,2,\cdots) \tag{5.2.57f}$$

下面仅仅说明 $n = 1$ 情况，对普遍的 n，证明较复杂，故略去. 事实上，因

$$\omega_1' = \min[\lambda(\psi')]; \ \omega_1 = \min[\lambda(\psi)] \tag{5.2.57g}$$

首先取 ψ 如下

$$\psi = \begin{cases} \psi', & \boldsymbol{r} \in G' \\ 0, & \boldsymbol{r} \notin G' \end{cases} \tag{5.2.57h}$$

则对满足上式的所有可能的 ψ: $\min[\lambda(\psi)] = \min[\lambda(\psi')] = \lambda_1'$，但因 ψ 仍有选择余地，通过进一步的选择，可能找到 ψ 使 $\lambda(\psi)$ 比 λ_1' 更小，于是 $\lambda_1 = \min[\lambda(\psi)] \leqslant \lambda_1'$. 利用上述结果，可对本征值进行估计. 例如，考虑二维平面上的椭圆区域 V，如图 5.2.6，椭圆的长、短轴分别为 $2a$ 和 $2b$，则外接圆 V_W 和内接圆 V_N 半径分别为 a 和 b. 对刚性边界，外接圆 V_W 和内接圆 V_N 的简正频率分别满足

$$\frac{\omega_{mn}^W}{c_0} = \frac{x_{mn}}{a}; \ \frac{\omega_{mn}^N}{c_0} = \frac{x_{mn}}{b} \tag{5.2.58a}$$

其中，x_{mn} 是方程 $J_m'(x_{mn}) = 0$ 的第 $n = 1,2,\cdots$ 个根. 由于 $V_N < V < V_W$，故

$$\frac{x_{mn}}{a} \leqslant \frac{\omega_\lambda}{c_0} \leqslant \frac{x_{mn}}{b} \tag{5.2.58b}$$

而根据 4.1.5 小节，严格求椭圆区域的简正频率是非常困难的.

注意：对阻抗边界条件，问题要复杂得多，此时得不到简单的泛函 $\lambda(\psi)$.

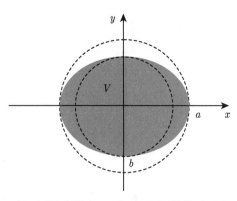

图 5.2.6　长、短轴分别为 $2a$ 和 $2b$ 椭圆柱体以及内、外接圆

5.3 高频近似和扩散声场

当腔体线度远大于声波波长时, 腔体内将激发出很多简正模式, 用简正模式展开的方法求空间声场必须求许多项之和, 这是很不方便的. 而且当腔体形状较复杂 (实际情况往往如此) 时, 简正模式本身就难以得到解析解. 事实上, 当声源频率足够高 (或者腔体足够大), 激发出的空间声场十分均匀 (远离声源和壁面), 称为**扩散声场**(diffused field), 我们可以用统计的方法来研究其基本性质.

5.3.1 腔内的稳态和瞬态声场

稳态声场   假定位于腔体内 r_0 点的质量点源发出频率为 $\omega = 2\pi f$ 的简谐波: $\Im(r, \omega) = -\mathrm{i}\rho_0 \omega q_0(\omega)\delta(r, r_0)$, 由方程 (5.1.24a), 腔体中一点 r 处的声压为

$$p(r, \omega) \approx \mathrm{i}\rho_0 \omega c_0^2 q_0(\omega) \sum_{\lambda=0}^{\infty} \frac{\psi_\lambda(r, \omega_\lambda)\psi_\lambda^*(r_0, \omega_\lambda)}{\omega^2 - \omega_\lambda^2 + \mathrm{i}\omega c_0(\sigma_\lambda + \mathrm{i}\delta_\lambda)} \tag{5.3.1a}$$

其中, σ_λ 和 δ_λ 由方程 (5.1.26d) 决定. 显然, 空间一点的声压是各个简正模式的叠加. 声压幅值平方为

$$
\begin{aligned}
|p(r, \omega)|^2 \approx (\rho_0 \omega c_0^2)^2 |q_0(\omega)|^2 \bigg[&\sum_{\lambda=0}^{\infty} \frac{|\psi_\lambda(r, \omega_\lambda)|^2 |\psi_\lambda^*(r_0, \omega_\lambda)|^2}{(\omega^2 - \omega_\lambda^2 - \omega c_0 \delta_\lambda)^2 + (2\omega\gamma_\lambda)^2} \\
&+ \sum_{\lambda \neq \mu}^{\infty} \frac{\psi_\lambda(r, \omega_\lambda)\psi_\mu^*(r, \omega_\mu)\psi_\lambda^*(r_0, \omega_\lambda)\psi_\mu(r_0, \omega_\mu)}{(\omega^2 - \omega_\lambda^2 - \omega c_0 \delta_\lambda + \mathrm{i}\omega c_0 \sigma_\lambda)(\omega^2 - \omega_\mu^2 - \omega c_0 \delta_\mu - \mathrm{i}\omega c_0 \sigma_\mu)} \bigg]
\end{aligned}
\tag{5.3.1b}
$$

其中, $\gamma_\lambda = c_0 \sigma_\lambda / 2$, 注意上式中的交叉项. 当 $\omega_\lambda \approx \omega - c_0 \delta_\lambda / 2$(激发频率附近的简正频率) 时, 简正模式 ω_λ 的贡献极大, 发生共振. 共振峰的宽度由 γ_λ(具有频率的量纲) 决定, γ_λ 越大, 宽度越大.

当频率较低时, 方程 (5.3.1b) 中的求和很快收敛, 声源仅能激发几个低频的简正模式, 故空间声场极不均匀, 存在明显的峰点和谷点; 反之, 当激发频率较高时, 方程 (5.5.1b) 中的求和收敛较慢, 多个简正模式对声场有贡献, 故空间声场比较均匀. 由方程 (5.2.10a), 简正频率的间隔为 $\Delta\omega/\Delta N \approx 2\pi^2 c_0^3/(\omega^2 V)$(频率越高, 间隔越小), 当该间隔小于共振峰的宽度时, 更多简正模式能被激发, 空间声场就更均匀, 故高频条件是 $\Delta\omega/\Delta N \ll \gamma_{\mathrm{avg}}$(注意: 由于不同的简正模式具有不同的共振峰宽度 γ_λ, 故用 γ_λ 的平均值 γ_{avg} 代替), 或者

$$\omega^2 \gg \frac{2\pi^2 c_0^3}{V\gamma_{\mathrm{avg}}} \equiv \omega_{\mathrm{H}}^2 \tag{5.3.1c}$$

有趣的是, 如果假定壁面刚性, 则 $\gamma_{\mathrm{avg}} \to 0$, $\omega_{\mathrm{H}} \to \infty$, 也就是说不可能满足高频条件. 可见, 吸收效应在扩散场 (见 5.3.3 小节讨论) 的建立中非常重要. 在频率满足上式条件下, 可以对方程 (5.3.1b) 作空间平均, 且由 $\psi_\lambda(\boldsymbol{r}, \omega_\lambda)$ 的归一化条件得到

$$\langle |p(\boldsymbol{r}, \omega)|^2 \rangle \approx (\rho_0 \omega c_0^2)^2 \frac{|q_0(\omega)|^2}{V} \sum_{\lambda=0}^{\infty} \frac{|\psi_\lambda^*(\boldsymbol{r}_0, \omega_\lambda)|^2}{(\omega^2 - \omega_\lambda^2 - \omega c_0 \delta_\lambda)^2 + (2\omega\gamma_\lambda)^2} \tag{5.3.2a}$$

注意: 由于模式的正交性, 交叉项经过空间平均后为零. 需要指出的是上式成立的条件: 测量点必须远离声源 (至少一个波长), 在声源附近, 声场主要由声源直接辐射而来 (特别是瞬态激发情况), 尚未参与简正模式的激发, 故不能用空间平均来近似, 而应该用严格的表达式 (5.3.1b). 另外, 我们用平均值 $E(\boldsymbol{r}_0) \equiv \langle |\psi_\lambda^*(\boldsymbol{r}_0, \omega_\lambda)|^2 \rangle_\lambda$ (对指标 λ 平均) 来代替 $|\psi_\lambda^*(\boldsymbol{r}_0, \omega_\lambda)|^2$. 对矩形房间, 由方程 (5.2.2b)(主要是斜向模式的贡献)

$$|\psi_{pqr}(x_0, y_0, z_0, \omega_{pqr})|^2 \sim \frac{8}{V} \cos^2 \frac{p\pi x_0}{l_x} \cos^2 \frac{q\pi y_0}{l_y} \cos^2 \frac{r\pi z_0}{l_z} \tag{5.3.2b}$$

由 5.2.1 小节讨论, ① 如果声源位于墙角: $(x_0, y_0, z_0) = (0, 0, 0)$

$$\langle |\psi_{pqr}(x_0, y_0, z_0, \omega_{pqr})|^2 \rangle_{pqr} = \frac{8}{V} \tag{5.3.3a}$$

因为 $|\psi_{pqr}(x_0, y_0, z_0, \omega_{pqr})|^2$ 为常数, 无需对指标 $\lambda = (p, q, r)$ 平均; ② 如果声源位于一个面的中心, 如位于 xOy 平面: $(x_0, y_0, z_0) = (l_x/2, l_y/2, 0)$

$$\langle |\psi_{pqr}(x_0, y_0, z_0, \omega_{pqr})|^2 \rangle_{pq} = \frac{8}{V} \left\langle \cos^2 \frac{p\pi}{2} \right\rangle_p \left\langle \cos^2 \frac{q\pi}{2} \right\rangle_q = \frac{2}{V} \tag{5.3.3b}$$

③ 如果声源位于矩形一条边的中心, 如位于 x 轴上的边: $(x_0, y_0, z_0) = (l_x/2, 0, 0)$

$$\langle |\psi_{pqr}(x_0, y_0, z_0, \omega_{pqr})|^2 \rangle_p = \frac{8}{V} \left\langle \cos^2 \frac{p\pi}{2} \right\rangle_p = \frac{4}{V} \tag{5.3.3c}$$

④ 如果声源位于矩形的中心: $(x_0, y_0, z_0) = (l_x/2, l_y/2, l_z/2)$

$$\langle |\psi_{pqr}(x_0, y_0, z_0, \omega_{pqr})|^2 \rangle_{pqr} = \frac{8}{V} \left\langle \cos^2 \frac{p\pi}{2} \right\rangle_p \left\langle \cos^2 \frac{q\pi}{2} \right\rangle_q \left\langle \cos^2 \frac{r\pi}{2} \right\rangle_r = \frac{1}{V} \tag{5.3.3d}$$

因此, $E(\boldsymbol{r}_0)$ 近似等于 $1/V$, $2/V$, $4/V$, $8/V$, 分别对应于声源远离 6 个面、声源接近墙面、声源接近一条边 (edge), 以及声源接近墙角. 把以上 $E(\boldsymbol{r}_0)$ 代入方程 (5.3.2a)

$$\langle |p(\boldsymbol{r}, \omega)|^2 \rangle \approx (\rho_0 \omega c_0^2)^2 \left(\frac{|q_0(\omega)|}{V} \right)^2 E(\boldsymbol{r}_0) \sum_{\lambda=0}^{\infty} \frac{1}{(\omega^2 - \omega_\lambda^2 - \omega c_0 \delta_\lambda)^2 + (2\omega\gamma_\lambda)^2}$$

$$\tag{5.3.4a}$$

其中，用积分代替上式中的求和得到

$$\langle |p(\boldsymbol{r},\omega)|^2 \rangle \approx (\rho_0 \omega c_0^2)^2 \left(\frac{|q_0(\omega)|}{V} \right)^2 E(\boldsymbol{r}_0) \int_0^\infty \frac{g(\omega_\lambda)\mathrm{d}\omega_\lambda}{(\omega^2 - \omega_\lambda^2 - \omega c_0 \delta_\lambda)^2 + (2\omega\gamma_\lambda)^2}$$
$$(5.3.4\mathrm{b})$$

注意: 为了得到一般结果，上式中用 γ_{avg} 代替 γ_λ，即

$$\langle |p(\boldsymbol{r},\omega)|^2 \rangle \approx \frac{\rho_0^2 \omega^2 c_0}{2\pi^2 V} |q_0(\omega)|^2 E(\boldsymbol{r}_0) \int_0^\infty \frac{\omega_\lambda^2 \mathrm{d}\omega_\lambda}{(\omega^2 - \omega_\lambda^2)^2 + (2\omega\gamma_{\mathrm{avg}})^2} \qquad (5.3.4\mathrm{c})$$

积分可用复变函数方法求得: 极点满足

$$(\omega^2 - \omega_\lambda^2)^2 + (2\omega\gamma_{\mathrm{avg}})^2 = 0 \qquad (5.3.5\mathrm{a})$$

故 4 个一阶极点为

$$\omega_1 \approx \omega + \mathrm{i}\gamma_{\mathrm{avg}}; \omega_2 \approx -\omega + \mathrm{i}\gamma_{\mathrm{avg}}; \omega_3 \approx \omega - \mathrm{i}\gamma_{\mathrm{avg}}; \omega_4 \approx -\omega - \mathrm{i}\gamma_{\mathrm{avg}} \qquad (5.3.5\mathrm{b})$$

其中，只有 ω_1 和 ω_2 在上半平面，于是

$$\int_{-\infty}^\infty \frac{\omega_\lambda^2 \mathrm{d}\omega_\lambda}{(\omega^2 - \omega_\lambda^2)^2 + (2\omega\gamma_{\mathrm{avg}})^2} = 2\pi\mathrm{i}[\mathrm{Res}(\omega_1) + \mathrm{Res}(\omega_2)] \approx 2\pi\mathrm{i} \cdot \frac{1}{4\mathrm{i}\gamma_{\mathrm{avg}}} = \frac{\pi}{2\gamma_{\mathrm{avg}}}$$
$$(5.3.5\mathrm{c})$$

代入方程 (5.3.4c) 得到

$$\langle |p(\boldsymbol{r},\omega)|^2 \rangle \approx \frac{\rho_0^2 \omega^2 c_0}{8\pi\gamma_{\mathrm{avg}} V} |q_0(\omega)|^2 E(\boldsymbol{r}_0) \qquad (5.3.5\mathrm{d})$$

上式可用来估计激发的稳态声场的大小.

瞬态声场 设 $\Im(\boldsymbol{r},t) = \rho_0 q_0 \delta(\boldsymbol{r},\boldsymbol{r}_0)\mathrm{d}\delta(t)/\mathrm{d}t$，由方程 (5.1.29c)(取 $t' = 0$)

$$p(\boldsymbol{r},t) \approx \rho_0 c_0^2 q_0 \begin{cases} \displaystyle\sum_{\lambda=0}^\infty \psi_\lambda(\boldsymbol{r},\omega_\lambda)\psi_\lambda^*(\boldsymbol{r}_0,\omega_\lambda)\cos(\omega_\lambda t)\exp(-\gamma_\lambda t), & t > 0 \\ 0, & t < 0 \end{cases} \qquad (5.3.6\mathrm{a})$$

注意: 得到上式，已假定 γ_λ 与频率无关. 对时间均方平均 (仅对快变化部分 $\cos(\omega_\lambda t)$ 平均) 得到 (交叉项的时间平均为零)

$$\begin{aligned} \overline{p^2(\boldsymbol{r},t)} &= \frac{1}{T}\int_0^T p(\boldsymbol{r},t)p^*(\boldsymbol{r},t)\mathrm{d}t \\ &= \frac{1}{2}(\rho_0 c_0^2 q_0)^2 \sum_{\lambda=0}^\infty |\psi_\lambda(\boldsymbol{r},\omega_\lambda)|^2 |\psi_\lambda(\boldsymbol{r}_0,\omega_\lambda)|^2 \exp(-2\gamma_\lambda t) \end{aligned} \qquad (5.3.6\mathrm{b})$$

然后对空间和指标 λ 平均，且利用方程 (5.3.2b) 得到

$$\left\langle \overline{p^2(\boldsymbol{r},t)} \right\rangle \approx \frac{1}{2}\left(\frac{\rho_0 c_0^2 q_0}{V}\right)^2 E(\boldsymbol{r}_0)\sum_{\lambda=0}^{\infty}\exp(-2\gamma_\lambda t) \tag{5.3.6c}$$

由 5.2 节, 对矩形腔体的斜向模式 $\gamma_{pqr}\equiv\gamma$(常数), 设声源激发出 N_0 个斜向模式, 则

$$\left\langle \overline{p^2(\boldsymbol{r},t)} \right\rangle \approx \frac{1}{2}\left(\frac{\rho_0 c_0^2 q_0}{V}\right)^2 E(\boldsymbol{r}_0)N_0\exp(-2\gamma t) \tag{5.3.7a}$$

其中, 衰减系数

$$\gamma \approx \frac{c_0}{8V}\sum \alpha_i S_i \tag{5.3.7b}$$

由方程 (5.2.17b) 给出. 定义混响时间 T_{60} 为声压级降低 60dB 所需要时间, 则

$$20\log\frac{\sqrt{\left\langle \overline{p^2(\boldsymbol{r},T_{60})} \right\rangle}}{\sqrt{\left\langle \overline{p^2(\boldsymbol{r},0)} \right\rangle}} = 20\log[\exp(-\gamma T_{60})] = -60\mathrm{dB} \tag{5.3.7c}$$

即

$$T_{60} = \frac{3}{\gamma\log(\mathrm{e})} \approx \frac{24V}{c_0\log(\mathrm{e})\sum \alpha_i S_i} \approx 0.161\frac{V}{\sum \alpha_i S_i} \tag{5.3.7d}$$

计算中取 $c_0 = 344\mathrm{m/s}$.

如果点声源发出的是一个中心频率为 ω_c 的窄带信号

$$\Im(\boldsymbol{r},\omega) = -\mathrm{i}\omega\frac{\rho_0 q_0}{2\pi}\delta(\boldsymbol{r},\boldsymbol{r}_0)\frac{\sqrt{\pi}}{a}\exp\left[-\frac{(\omega-\omega_\mathrm{c})^2}{a^2}\right] \quad (a>0) \tag{5.3.8a}$$

由方程 (5.1.28a)

$$\begin{aligned}
p(\boldsymbol{r},t) \approx &-\frac{\rho_0 q_0}{2\pi}\frac{\sqrt{\pi}}{a}\sum_{\lambda=0}^{\infty}\psi_\lambda(\boldsymbol{r},\omega_\lambda)\psi_\lambda^*(\boldsymbol{r}_0,\omega_\lambda) \\
&\times\frac{\mathrm{d}}{\mathrm{d}t}\left\{\int_{-\infty}^{\infty}\frac{\exp(-\mathrm{i}\omega t)}{k_0^2-k_\lambda^2-\chi_{\lambda\lambda}}\exp\left[-\frac{(\omega-\omega_\mathrm{c})^2}{a^2}\right]\mathrm{d}\omega\right\}
\end{aligned} \tag{5.3.8b}$$

上式积分为 (仍然设设 $\sigma_\lambda(\omega)$ 和 $\delta_\lambda(\omega)$ 与频率无关)

$$\begin{aligned}
&\int_{-\infty}^{\infty}\frac{\exp(-\mathrm{i}\omega t)\exp[-(\omega-\omega_\mathrm{c})^2/a^2]}{\omega^2-\omega_\lambda^2+\mathrm{i}\omega c_0(\sigma_\lambda+\mathrm{i}\delta_\lambda)}\mathrm{d}\omega \\
&\approx -2\pi\mathrm{i}[\mathrm{Res}(\omega_+)+\mathrm{Res}(\omega_-)] \\
&= -2\pi\mathrm{i}\left[\frac{\exp(-\mathrm{i}\omega_+ t)]}{\omega_+-\omega_-}\mathrm{e}^{-(\omega_\lambda-\omega_\mathrm{c})^2/a^2}-\frac{\exp(-\mathrm{i}\omega_- t)]}{\omega_--\omega_+}\mathrm{e}^{-(\omega_\lambda+\omega_\mathrm{c})^2/a^2}\right] \\
&\approx -\frac{\pi\mathrm{i}}{\omega_\lambda}\left[\exp(-\mathrm{i}\omega_\lambda t)\mathrm{e}^{-(\omega_\lambda-\omega_\mathrm{c})^2/a^2}-\exp(\mathrm{i}\omega_\lambda t)\mathrm{e}^{-(\omega_\lambda+\omega_\mathrm{c})^2/a^2}\right]\mathrm{e}^{-\gamma_\lambda t}
\end{aligned} \tag{5.3.8c}$$

代入方程 (5.3.8b) 得到 (对时间快变化部分 $\exp(i\omega_\lambda t)$ 和 $\exp(-i\omega_\lambda t)$ 求导)

$$
\begin{aligned}
p(\boldsymbol{r},t) &\approx \frac{1}{2}\rho_0 c_0^2 q_0 \frac{\sqrt{\pi}}{a}\sum_{\lambda=0}^{\infty}\psi_\lambda(\boldsymbol{r},\omega_\lambda)\psi_\lambda^*(\boldsymbol{r}_0,\omega_\lambda)e^{-\gamma_\lambda t}\\
&\times\left[\exp(-i\omega_\lambda t)e^{-(\omega_\lambda-\omega_{\mathrm c})^2/a^2}+\exp(i\omega_\lambda t)e^{-(\omega_\lambda+\omega_{\mathrm c})^2/a^2}\right]
\end{aligned}
\tag{5.3.9a}
$$

对时间快变化部分 $\exp(i\omega_\lambda t)$ 和 $\exp(-i\omega_\lambda t)$ 平均得到

$$
\begin{aligned}
\overline{|p(\boldsymbol{r},t)|^2} &\approx \frac{1}{4}(\rho_0 c_0^2 q_0)^2\frac{\pi}{a^2}\sum_{\lambda=0}^{\infty}|\psi_\lambda(\boldsymbol{r},\omega_\lambda)|^2\cdot|\psi_\lambda^*(\boldsymbol{r}_0,\omega_\lambda)|^2\\
&\times\left[e^{-2(\omega_\lambda-\omega_{\mathrm c})^2/a^2}+e^{-2(\omega_\lambda+\omega_{\mathrm c})^2/a^2}\right]\exp(-2\gamma_\lambda t)
\end{aligned}
\tag{5.3.9b}
$$

然后对空间平均和和指标 λ 平均, 且利用方程 (5.3.2b) 得到

$$
\left\langle\overline{|p(\boldsymbol{r},t)|^2}\right\rangle\approx\frac{1}{4}\left(\frac{\rho_0 c_0^2 q_0}{V}\right)^2\frac{\pi}{a^2}E(\boldsymbol{r}_0)\sum_{\lambda=0}^{\infty}\left[e^{-2(\omega_\lambda-\omega_{\mathrm c})^2/a^2}+e^{-2(\omega_\lambda+\omega_{\mathrm c})^2/a^2}\right]\exp(-2\gamma_\lambda t)
\tag{5.3.9c}
$$

当中心频率足够高, 上式中括号中的第二项可忽略不计, 于是

$$
\left\langle\overline{|p(\boldsymbol{r},t)|^2}\right\rangle\approx\frac{1}{4}\left(\frac{\rho_0 c_0^2 q_0}{V}\right)^2\frac{\pi}{a^2}E(\boldsymbol{r}_0)\sum_{\lambda=0}^{\infty}e^{-2(\omega_\lambda-\omega_{\mathrm c})^2/a^2}\exp(-2\gamma_\lambda t)
\tag{5.3.9d}
$$

上式求和主要由中心频率附近的斜向模式贡献, 求和用积分近似得到

$$
\left\langle\overline{|p(\boldsymbol{r},t)|^2}\right\rangle\approx\frac{(\rho_0 q_0)^2 c_0}{8V\pi a^2}E(\boldsymbol{r}_0)\left[\int_{-\infty}^{\infty}\omega_\lambda^2 e^{-2(\omega_\lambda-\omega_{\mathrm c})^2/a^2}\mathrm d\omega_\lambda\right]\exp(-2\gamma t)
\tag{5.3.9e}
$$

故仍然可以用单一的混响时间, 即方程 (5.3.7d).

最后必须指出: 测量点不仅要远离声源一个波长, 而且要远离墙面 (半个波长以上), 因为在墙面附近, 声场变化较大, 方程 (5.3.5d) 或 (5.3.7a) 已不适用. 数学上, 我们用纯模式展开来表示阻抗边界条件下的声场, 即方程 (5.1.21a). 在界面附近, 这样的展开是否收敛到真正的解是个问题. 由方程 (5.3.1b) 的右边第一项 (第二项的空间平均为零, 故不考虑), 空间一点的声压幅值平方可看作是每个简正模式幅值 $|\psi_\lambda(\boldsymbol{r},\omega_\lambda)|^2$ 的加权平均. 对不同的测量点 $\boldsymbol{r}$, $|\psi_\lambda(\boldsymbol{r},\omega_\lambda)|^2$ 不同, 如果我们也用平均值 $E(\boldsymbol{r})\equiv\langle|\psi_\lambda(\boldsymbol{r},\omega_\lambda)|^2\rangle_\lambda$ 来代替 $|\psi_\lambda(\boldsymbol{r},\omega_\lambda)|^2$, 则当测量点严格位于墙面时 (以矩形房间的 xOy 墙面为例, $z=0$), 对指标 r 的平均为 1, 但是, 如果测量点稍许偏离 xOy 墙面 (即 $z\neq0$), 对指标 r 的平均为 1/2. 因此, 在墙面附近声场变化较大, 墙面上的声压一般是内部的 $\sqrt{2}$ 倍左右.

5.3.2 扩散声场的基本特性和统计方法

从波动的观点来看, 当声源的频率足够高, 可以激发很多个简正模式, 某个简正模式的节点位置可由另外一个简正模式的振动来 "补充", 这样, 多个简正模式

相互叠加, 就形成了空间声场的均匀分布 (远离声源和壁面). 我们也可以用几何声学的方法来形象地描述这样的声场: 如图 5.3.1, 声源向各个方向发出的声波可看成无限多条声线 (用波动的描述方法就是不同平面波的叠加), 每条声线在遇到墙壁反射前直线传播. 由于声源发出无限多条声线, 每条声线传播速度为声速 c_0, 因此在极短的时间内, 无数条声线经墙壁多次反射后, 使腔内的声传播完全处于无规状态. 从统计的角度讲, 如果: ① 每条声线通过空间任何一点的概率相等; ② 每条声线通过空间一点时的入射方向的概率相等; ③ 在空间任意一点, 通过的每条声线的相位是无规的, 因此而形成空间的声能量密度处处相等. 这样的声场称为**扩散声场**, 产生扩散声场的房间称为 **Sabine 房**间. 必须指出的是, 对纯粹的单频, 是不可能形成扩散声场的, 因为对纯粹单频波而言, 壁面多次反射的声波仍然是相关的, 要满足扩散场的要求, 声源必须有一定的带宽.

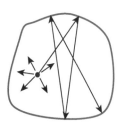

图 5.3.1　声源发出无数条声线

显然, 在闭合空间 V 内要形成扩散声场, 不仅频率要足够高, 而且对空间的尺寸、形状和墙的吸声性质也有要求: ① 空间必须足够大; ② 对称性尽量低; ③ 墙面吸声系数不是很大, 具有较大的反射声的能力 (但也不能为零, 否则, 由方程 (5.3.1c), 不可能满足高频条件). 注意: 所谓空间必须足够大, 是指每个方向的线度相近且都远远大于波长, 如果一个方向的线度远比其他两个方向长 (如长房间), 或者两个方向的线度比另一个长得多 (如扁平房间), 就必须用波导的理论来讨论, 此时, 房间内很难形成能量均匀地扩散声场, 扩散场近似已不成立, 见 5.3.6 小节讨论.

平均声强和声能量密度　　如图 5.3.2, 设空间 P 点的某条声线 M 的传播方向为 (ϑ, φ), 声压幅度为 $A(P|\vartheta, \varphi)$, 声强为 $|A(P|\vartheta, \varphi)|^2/2\rho_0 c_0$, P 点的声压和能量密度分别为

$$p(P) = \int_0^{2\pi} \int_0^{\pi} A(P|\vartheta, \varphi) \exp[\mathrm{i}(\boldsymbol{k} \cdot \boldsymbol{r} - \omega t)] \mathrm{d}\Omega$$

$$\varepsilon(P) = \frac{1}{2\rho_0 c_0^2} \int_0^{2\pi} \int_0^{\pi} |A(P|\vartheta, \varphi)|^2 \mathrm{d}\Omega \tag{5.3.10a}$$

其中, $\mathrm{d}\Omega = \sin\vartheta \mathrm{d}\vartheta \mathrm{d}\varphi$. 显然, 向 (ϑ, φ) 方向传播的平面波的声强矢量方向也为

(ϑ, φ), 而 z 方向的投影为 $|A(P|\vartheta, \varphi)|^2 \cos \vartheta / 2\rho_0 c_0$. 因此, P 点 z 方向的总声强应该是 $\vartheta \in (0, \pi/2)$, $\varphi \in (0, 2\pi)$ 立体角内所有平面波声强矢量在 z 方向投影的叠加, 即

$$I(P) = \frac{1}{2\rho_0 c_0} \int_0^{2\pi} \int_0^{\pi/2} |A(P|\vartheta, \varphi)|^2 \cos \vartheta \mathrm{d}\Omega \qquad (5.3.10\mathrm{b})$$

注意: 上式中对极角的积分区间为 $\vartheta \in (0, \pi/2)$(即上半空间), 如果包括 $\vartheta \in (\pi/2, \pi)$(即下半空间), 则 $I(P) = 0$, 意义见下面讨论.

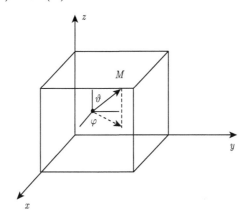

图 5.3.2 声源发出一条声线 M

由扩散声场假定 $|A(P|\vartheta, \varphi)|^2 =$ 常数 A, 而 P 点和 z 方向都是任意的. 因此, 扩散声场中任意一点的平均能量密度及任意方向的平均声强为

$$\begin{aligned}
\bar{I} &= \frac{|A|^2}{2\rho_0 c_0} \int_0^{2\pi} \int_0^{\pi/2} \cos \vartheta \sin \vartheta \mathrm{d}\vartheta \mathrm{d}\varphi = \frac{\pi |A|^2}{2\rho_0 c_0} \\
\bar{\varepsilon} &= \frac{|A|^2}{2\rho_0 c_0^2} \int_0^{2\pi} \int_0^{\pi} \sin \vartheta \mathrm{d}\vartheta \mathrm{d}\varphi = \frac{4\pi |A|^2}{2\rho_0 c_0^2}
\end{aligned} \qquad (5.3.11\mathrm{a})$$

显然, 它们满足关系

$$4\bar{I} = c_0 \bar{\varepsilon} \qquad (5.3.11\mathrm{b})$$

注意: 由方程 (1.3.9e), 自由场中平面波能量密度与声强关系为 $\bar{I} = c_0 \bar{\varepsilon}$. 定义扩散场中均方平均声压满足

$$\bar{\varepsilon} = \frac{4\pi |A|^2}{2\rho_0 c_0^2} \equiv \frac{p_{\mathrm{rms}}^2}{\rho_0 c_0^2} \qquad (5.3.11\mathrm{c})$$

即 $p_{\mathrm{rms}}^2 = 2\pi |A|^2$, 代入方程 (5.3.11a) 得到扩散场中均方平均声压与声强的关系

$$\bar{I} = \frac{p_{\mathrm{rms}}^2}{4\rho_0 c_0} \qquad (5.3.11\mathrm{d})$$

注意：上式表明，扩散场中的声强是平面波的 $1/4$(见方程 (1.3.9b)).

关于声强的说明：在驻波场中，平均声强 $\bar{\boldsymbol{I}}$(即能流矢量 $\boldsymbol{I} = \mathrm{Re}(p)\mathrm{Re}(\boldsymbol{v})$ 的时间平均) 的意义并不明显，特别是对刚性壁面的腔体，各点的声强 $\bar{\boldsymbol{I}} \equiv 0$(对阻抗壁面的腔体，壁面的声强一定不为零，否则就没有声能量进入壁内吸收了)，但声场还是存在的，因此声强这个物理量并不能给出声场的任何信息. 但对扩散场，仍然可以定义空间某点 P 的平均声强，来表征 P 点向任意方向传播的声能流的大小.

能量守恒关系　　扩散声场的总声能量的变化应该等于声源辐射的声功率 $W(t)$ 与墙面吸收的声能量 $D(t)$ 之差，即

$$\frac{\mathrm{d}}{\mathrm{d}t}(V\bar{\varepsilon}) = W(t) - D(t) \tag{5.3.12a}$$

设墙面的声强吸收系数为 $\alpha(\boldsymbol{r}_s)$($\boldsymbol{r}_s$ 是墙面上的点)，那么对扩散声场，墙面吸收的能量为

$$D(t) = \int_S \alpha(\boldsymbol{r}_s)\bar{I}(\boldsymbol{r}_s,t)\mathrm{d}S = \bar{I}(t)\int_S \alpha(\boldsymbol{r}_s)\mathrm{d}S \equiv a\bar{I}(t) \tag{5.3.12b}$$

其中，a 的量纲为面积，故称为**吸收面积**

$$a \equiv \int_S \alpha(\boldsymbol{r}_s)\mathrm{d}S \tag{5.3.12c}$$

上式代入方程 (5.3.12a) 并且结合方程 (5.3.11b) 得到

$$\frac{\mathrm{d}}{\mathrm{d}t}\left[\frac{4V\bar{I}(t)}{c_0}\right] = W(t) - a\bar{I}(t) \tag{5.3.13a}$$

上式的解为

$$\bar{I}(t) = \frac{c_0}{4V}\exp\left(-\frac{ac_0}{4V}t\right) \cdot \int_{-\infty}^{t}\exp\left(\frac{ac_0}{4V}\tau\right)W(\tau)\mathrm{d}\tau \tag{5.3.13b}$$

设声功率的时间变化为

$$W(t) = \begin{cases} W_0, & -\infty < t < 0 \\ 0, & t \geqslant 0 \end{cases} \tag{5.3.14a}$$

即在 $t < 0$ 时，声功率近似为常数，而在 $t = 0$ 时刻突然停止. 上式代入方程 (5.3.13b) 得

$$\bar{I}(t) = \frac{c_0 W_0}{4V}\exp\left(-\frac{ac_0}{4V}t\right) \cdot \int_{-\infty}^{t}\exp\left(\frac{ac_0}{4V}\tau\right)\mathrm{d}\tau = \frac{W_0}{a} \quad (t < 0) \tag{5.3.14b}$$

以及

$$\begin{aligned} \bar{I}(t) &= \frac{c_0}{4V}\exp\left(-\frac{ac_0}{4V}t\right) \cdot \int_{-\infty}^{0}\exp\left(\frac{ac_0}{4V}\tau\right)W(\tau)\mathrm{d}\tau \\ &= \frac{W_0}{a}\exp\left(-\frac{ac_0}{4V}t\right) \quad (t > 0) \end{aligned} \tag{5.3.14c}$$

或者写成

$$\bar{I}(t) = \bar{I}(0)\exp\left(-\frac{ac_0}{4V}t\right) \quad (t > 0) \tag{5.3.14d}$$

与方程 (5.3.7a) 比较可知, a 与 γ 的关系为

$$\gamma = \frac{c_0}{8V}a \tag{5.3.14e}$$

再与方程 (5.3.7b) 比较, 显然 $a \approx \sum \alpha_i S_i$. 这与 a 的定义方程 (5.3.12c) 类似, 不过用求和代替积分而已.

对扩散声场, 我们无需用复杂的波动理论来描述房间内的声场, 而用统计方法得到关于室内声场的一些统计的平均规律, 这在解决一般室内声学问题中是行之有效的, 特别是对体积大而形状不规则的房间更有效.

平均自由程 考虑矩形房间, 设位于空间某点的声源 (远离壁面, 处于房间中心附近) 向 (ϑ, φ) 方向发出一条声线 M(参考图 5.3.2), 声线传播的速度为 c_0, 而在三个坐标方向的投影为: $c_0 \sin\vartheta\cos\varphi$; $c_0 \sin\vartheta\sin\varphi$; $c_0\cos\vartheta$. 因此, 与垂直壁面碰撞一次需时间分别为

$$\frac{l_x}{c_0 \sin\vartheta\cos\varphi}; \frac{l_y}{c_0 \sin\vartheta\sin\varphi}; \frac{l_z}{c_0\cos\vartheta} \tag{5.3.15a}$$

在 Δt 时间间隔内的碰撞次数

$$N(\vartheta, \varphi) \equiv \frac{\Delta tc_0 \sin\vartheta\cos\varphi}{l_x} + \frac{\Delta tc_0 \sin\vartheta\sin\varphi}{l_y} + \frac{\Delta tc_0\cos\vartheta}{l_z} \tag{5.3.15b}$$

设在 Δt 时间间隔内声源发出 $4\pi n\Delta t$ 根声线, 其中 n 是单位时间、单位立体角内发出的声线数, 在 Δt 时间间隔、立体角 $\mathrm{d}\Omega = \sin\vartheta\mathrm{d}\vartheta\mathrm{d}\varphi$ 内的声线数为 $n\Delta t\mathrm{d}\Omega = n\Delta t\sin\vartheta\mathrm{d}\vartheta\mathrm{d}\varphi$, 因此, Δt 时间间隔内的碰撞总次数

$$N = 8\int_0^{\frac{\pi}{2}}\int_0^{\frac{\pi}{2}} N(\vartheta, \varphi)n\Delta t \sin\vartheta\mathrm{d}\vartheta\mathrm{d}\varphi = n\pi c_0(\Delta t)^2\frac{S}{V} \tag{5.3.15c}$$

其中, $S = 2(l_xl_y + l_xl_z + l_zl_y)$ 和 $V = l_xl_yl_z$. 注意: 上式中积分仅包含第一象限, 故乘 8. 而 Δt 时间间隔内所有声线通过的总路程为 $L = (4\pi n\Delta t)(c_0\Delta t)$, 故碰撞一次通过的路程 (称为**平均自由程**) 为

$$\bar{l} = \frac{L}{N} = \frac{(4\pi n\Delta t)(c_0\Delta t)}{n\pi c_0(\Delta t)^2 S/V} = \frac{4V}{S} \tag{5.3.15d}$$

注意: ① 上式仅与房间的面积、体积比有关, 而与房间的具体形状无关 —— 实验也证明了这点; ② 与声源的具体位置无关 (只要求远离墙面)—— 反映了平均自由程的统计特性.

平均吸声系数   在扩散声场中，由各个方向入射到单位面积吸声材料的声能量 E，一部分能量 (即 ΔE) 被吸收，而另外一部分 (即 $E - \Delta E$) 则被反射，材料的吸声系数 α 定义为：$\alpha \equiv \Delta E/E$. 由方程 (1.4.14b)，吸声系数与声波的入射方向有关. 因此，在扩散声场中，吸声系数是各个方向 (等概率) 的平均. 见下节讨论.

如果房间内存在多个吸收面积 S_i，每个面的吸声系数为 α_i，那么平均吸声系数定义为

$$\overline{\alpha} = \frac{\sum \alpha_i S_i}{S} \tag{5.3.16}$$

其中，$S = \sum S_i$ 为吸声材料的总面积，如果房间存在 S_0 的窗口，相当于存在面积为 S_0、吸声系数为 $\alpha = 1$ 的吸声材料.

室内混响   房间中，从声源发出的声波能量，在传播过程中由于不断被壁面吸收而逐渐衰减. 声波在各方向来回反射，而又逐渐衰减的现象称为**混响** (reverberation). 到达某一测量点的声场又可分为直达声和混响声. 声源辐射后直接到达接收点的声，叫**直达声**；而经过壁面一次或多次反射后到达接收点的声，听起来好像是直达声的延续，叫做**混响声**，如图 5.3.3. 另一个重要概念是所谓**回声**：如果到达听者的直达声与第一次反射声之间，或者相继到达的两个反射声之间在时间上相差 50ms 以上，而反射声的强度又足够大，使听者能明显分辨出两个声音的存在，那么这种延迟的反射声叫做回声 —— 回声严重破坏室内的听音效果，一般应力求排除，而一定的混响声却是有益的.

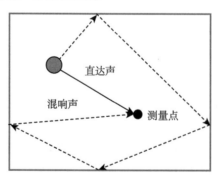

图 5.3.3   测量点的声场包括直达声和混响声

混响时间   假设声源在发声一段时间之后突然停止，声在室内将逐渐衰减. 设声源停止时刻为 $t = 0$，此时室内的平均能量密度为 $\bar{\varepsilon}_0$，那么

经过第 1 次壁面反射后室内的平均能量密度：

$$\bar{\varepsilon}_1 = \bar{\varepsilon}_0(1 - \bar{\alpha}) \tag{5.3.17a}$$

经过第 2 次壁面反射后室内的平均能量密度:

$$\bar{\varepsilon}_2 = [\bar{\varepsilon}_0(1-\bar{\alpha})](1-\bar{\alpha}) = \bar{\varepsilon}_0(1-\bar{\alpha})^2 \tag{5.3.17b}$$

经过第 N 次壁面反射后室内的平均能量密度:

$$\bar{\varepsilon}_N = \bar{\varepsilon}_0(1-\bar{\alpha})^N \tag{5.3.17c}$$

另一方面, 从 0 到 t 的时间间隔内, 声线与壁面碰撞次数

$$N = \frac{c_0 t}{\bar{l}} = \frac{c_0 S}{4V}t \tag{5.3.18a}$$

代入方程 (5.3.17c) 得到 t 时刻, 室内的平均能量密度为

$$\bar{\varepsilon}_t = \bar{\varepsilon}_0(1-\bar{\alpha})^{\frac{c_0 S}{4V}t} \tag{5.3.18b}$$

由于扩散声场中各条声线互不相干, 声线叠加是无规的, 故室内某时刻 t 的有效声压 p_{e} 与 $t=0$ 时的有效声压 $p_{\mathrm{e}0}$ 存在关系

$$p_{\mathrm{e}}^2 = p_{\mathrm{e}0}^2(1-\bar{\alpha})^{\frac{c_0 S}{4V}t} \tag{5.3.18c}$$

当声源停止后从初始的声压级降低 60dB(相当于平均声能密度降为 $1/10^6$) 所需的时间, 即**混响时间** T_{60} 为

$$20\log\frac{p_{\mathrm{e}}}{p_{\mathrm{e}0}} = 10\log(1-\bar{\alpha})^{\frac{c_0 S}{4V}T_{60}} = -60\mathrm{dB} \tag{5.3.19a}$$

由此得到

$$T_{60} = 55.2\frac{V/S}{-c_0\ln(1-\bar{\alpha})} \tag{5.3.19b}$$

取 $c_0 = 344\mathrm{m/s}$, 上式简化为 (称为 **Eyring-Norris 公式**)

$$T_{60} \approx 0.161\frac{V/S}{-\ln(1-\bar{\alpha})} \tag{5.3.19c}$$

当 $\bar{\alpha} < 0.2$ 时, 利用近似 $\ln(1-\bar{\alpha}) \approx -\bar{\alpha}$, 上式近似为 (称为 **Sabine公式**)

$$T_{60} \approx 0.161\frac{V}{S\bar{\alpha}} \approx 0.161\frac{V}{\sum \alpha_i S_i} \tag{5.3.19d}$$

显然, 上式与方程 (5.3.7d) 完全一样. 必须指出的是: 方程 (5.3.7d) 是在作一阶近似 ($\gamma \ll 1$) 而得到的, 而方程 (5.3.19c) 对 $\bar{\alpha}$ 没有这个要求. 同时也说明 Sabine 公式对吸声系数很大的房间不适用.

高频条件   由方程 (5.3.1c), (5.3.7b) 和 (5.3.19d) 得到高频条件与混响时间 T_{60} 的关系

$$f_{\mathrm{H}} \approx \frac{2c_0}{\sqrt{0.161}} \sqrt{\frac{T_{60}}{V}} \approx 1714 \sqrt{\frac{T_{60}}{V}} \tag{5.3.19e}$$

注意: ① 往往用 2000 代替上式中的系数, 实际使用中也能得到较好的结果; ② 公式 (5.3.19d) 和 (5.3.19e) 对吸收系数很大的房间不适用.

混响时间是房间声学质量的最重要参数: 混响时间过长, 使人感到声音 "混浊" 不清, 使语言听音清晰度降低, 甚至根本听不清; 混响时间太短, 使人有 "沉寂" 的感觉, 声音听起来很不自然. 对音乐, 混响时间长一些, 使人们听起来有丰满感觉; 而对语言, 混响时间短一些, 有足够的清晰度. 对播音室、录音室, 最佳混响时间要求在 0.5s 或更短一些; 供演讲用的礼堂或电影院, 最佳混响时间要求在 1s 左右; 而主要供演奏音乐用的剧院和音乐厅, 一般要求在 1.5s 左右为佳. 二种特殊情况是: 平均吸声系数接近于 $\bar{\alpha} \approx 1$, $T_{60} \to 0$(实际上是一个比较小的有限值), 这样的房间称为**消声室**(anechoic chamber); 平均吸声系数接近于 $\bar{\alpha} \approx 0$, $T_{60} \to \infty$(实际上是一个比较大的有限值), 这样的房间称为**混响室**(reverberation chamber).

稳态混响声能密度: 当声源提供给混响声场的能量等于壁面吸收的声能量时, 就可以建立稳态的混响声场. 设: ①声源平均辐射功率为 $\overline{W}$; ② 稳态混响平均声能密度为 $\bar{\varepsilon}_{\mathrm{R}}$. 在 Δt 时间内, 声源辐射的能量为 $\overline{W}\Delta t$, 经第一次壁面碰撞后吸收的能量为 $(\overline{W}\Delta t)\bar{\alpha}$, 而供建立稳态混响声场部分的能量为 $(\overline{W}\Delta t)(1-\bar{\alpha})$(注意: 第一次反射前的声能属于直达声能). 在 Δt 时间内, 声线与壁面碰撞次数为 $N = c_0\Delta t/\bar{l} = c_0 S\Delta t/4V$, 故在 Δt 时间内, 被壁面吸收的混响声能为 $\bar{\varepsilon}_{\mathrm{R}} V \bar{\alpha} c_0 S \Delta t/4V$. 平衡条件为

$$(\overline{W}\Delta t)(1-\bar{\alpha}) = \bar{\varepsilon}_{\mathrm{R}} V \bar{\alpha} \frac{c_0 S \Delta t}{4V} \tag{5.3.20a}$$

因此, 稳态混响声能密度为

$$\bar{\varepsilon}_{\mathrm{R}} = \frac{4\overline{W}(1-\bar{\alpha})}{c_0 S \bar{\alpha}} = \frac{4\overline{W}}{c_0 R} \tag{5.3.20b}$$

其中, R 称为**房间常数**

$$R = \frac{S\bar{\alpha}}{1-\bar{\alpha}} \tag{5.3.21a}$$

另外, 空间一点的声场可以看作是直达声与混响声之和. 由于直达声与混响声不相干, 故总能量密度为直达声与混响声的能量密度的简单相加

$$\bar{\varepsilon} = \bar{\varepsilon}_{\mathrm{R}} + \bar{\varepsilon}_{\mathrm{D}} \tag{5.3.21b}$$

其中, $\bar{\varepsilon}_{\mathrm{D}}$ 是直达声的能量密度. 对平均辐射功率为 $\overline{W}$、无指向性的声源, 距离声

源 r 处的直达声能量密度为 (球面发散)

$$\bar{\varepsilon}_{\mathrm{D}} = \frac{\overline{W}}{4\pi r^2 c_0} \qquad (5.3.21\mathrm{c})$$

把方程 (5.3.20b) 和 (5.3.21c) 代入方程 (5.3.21b) 得到空间一点的声压有效值满足

$$\bar{\varepsilon} = \frac{p_{\mathrm{rms}}^2}{\rho_0 c_0^2} = \bar{\varepsilon}_{\mathrm{D}} + \bar{\varepsilon}_{\mathrm{R}} = \frac{\overline{W}}{c_0}\left(\frac{1}{4\pi r^2} + \frac{4}{R}\right) \qquad (5.3.22\mathrm{a})$$

因此，空间一点的声压有效值平方为

$$p_{\mathrm{rms}}^2 = \overline{W}\rho_0 c_0\left(\frac{1}{4\pi r^2} + \frac{4}{R}\right) \qquad (5.3.22\mathrm{b})$$

式中，房间常数可用混响时间 T_{60} 表示，由方程 (5.3.19d) 和 (5.3.21a) 得到

$$\frac{4}{R} = \frac{4T_{60}}{0.161V}\left(1 - \frac{0.161V}{ST_{60}}\right) \approx \frac{4T_{60}}{0.161V} \qquad (5.3.22\mathrm{c})$$

由方程 (5.3.22b) 可知，当测量点与声源的距离 r 满足 $1/(4\pi r^2) \gg 4/R$，测量点以直达声为主；反之，以混响声为主. 直达声与混响声相等处 r_{c} 称为**临界距离**，满足 $1/(4\pi r_{\mathrm{c}}^2) = 4/R$，即 $r_{\mathrm{c}} = 0.25\sqrt{R/\pi}$. 如果必须考虑声源的指向性，则方程 (5.3.22b) 修改为

$$p_{\mathrm{rms}}^2 = \overline{W}\rho_0 c_0\left(\frac{Q}{4\pi r^2} + \frac{4}{R}\right) \qquad (5.3.22\mathrm{d})$$

而临界距离修改为 $r_{\mathrm{c}} = 0.25\sqrt{QR/\pi}$. 上式中指向性因子 $Q(\vartheta,\varphi)$ 定义为指向性声源在一点 (一般是远离声源的点) 产生的有效声压平方与平均功率相同、无指向性声源在同一点产生的有效声压平方的比值. 注意：声源的指向性影响直达声，而不影响混响声.

值得注意的是，即使声源辐射无指向性，但放置在不同的位置，也可用不同的 Q 值表示，4 个典型的位置是：① 声源位于壁面中心，近似向半空间辐射，$Q = 2$；② 声源位于两壁面边线中心，近似向 1/4 空间辐射，$Q = 4$；③ 声源位于壁角上，近似向 1/8 空间辐射，$Q = 8$；④ 声源位于房间中心，$Q = 1$. 这是因为声源的位置不同，声场的反作用也不同，以至于声源的辐射阻也不同，辐射功率当然也不同.

噪声源的功率测量　由方程 (5.3.22b) 和 (5.3.22c)，可以利用混响室测量噪声源的声功率，测量过程如下.

(1) 将发出噪声的机器放置在体积为 V 的混响室中，测量 T_{60}，由方程 (5.3.22c) 计算房间常数 $4/R$；

(2) 在离机器的较远处 (即 $r \gg r_c$) 测量混响声压级 L_p, 由方程 (5.3.22b) 计算出声源功率

$$\overline{W} \approx \frac{0.161V}{4\rho_0 c_0 T_{60}} p_{\text{rms}}^2 \approx 10^{-4} \frac{V}{T_{60}} p_{\text{rms}}^2 = 4 \times 10^{-14} \frac{V}{T_{60}} 10^{L_p/10} \tag{5.2.23}$$

得到上式, 已注意 $L_p = 10\log(p_{\text{rms}}^2/p_{\text{ref}}^2)$ 以及取 $\rho_0 c_0 = 400\text{N} \cdot \text{s/m}^3$ 和 $p_{\text{ref}} = 2 \times 10^{-5}\text{Pa}$.

注意: 一般测量中总是把机器放置在混响室的刚性地面上, 相当于机器向半空间辐射声波, 故方程 (5.3.22b) 中球面积 $4\pi r^2$ 修改成半球面积 $2\pi r^2$. 如果测量点 $r \gg r_c$, 则不影响方程 (5.3.23) 的结果.

5.3.3　扩散场中声压的空间相关特性

在扩散声场模型中, 我们假定空间每一点 (远离墙壁和声源) 的声压是相同的, 而且与声源的具体位置也无关. 既然我们用统计方法来研究扩散场, 那么测量的声压或者声压级必定是一个统计平均, 每一次测量值必定在这个平均值附近涨落. 因此, 有必要分析扩散声场中声压的空间相关特性. 假定扩散声场由无数个在随机方向传播的单频平面波组成

$$p(\boldsymbol{r}, \omega) = \sum_q p_q(\omega)\exp(\mathrm{i}k_0\boldsymbol{n}_q \cdot \boldsymbol{r}) \tag{5.3.24a}$$

以及

$$\boldsymbol{v}(\boldsymbol{r}, \omega) = \frac{1}{\rho_0 c_0}\sum_q \boldsymbol{n}_q p_q(\omega)\exp(\mathrm{i}k_0\boldsymbol{n}_q \cdot \boldsymbol{r}) \tag{5.3.24b}$$

其中, $\boldsymbol{n}_q$ 是随机传播方向矢量. 显然, 由上式给出的声场能量密度为

$$\begin{aligned} \varepsilon(\boldsymbol{r}, \omega) &= \frac{1}{4}\left(\rho_0|\boldsymbol{v}|^2 + \frac{|p|^2}{\rho_0 c_0^2}\right) \\ &= \frac{1}{4\rho_0 c_0^2}\sum_{q,q'} \boldsymbol{n}_q \cdot \boldsymbol{n}_{q'} p_q(\omega)p_{q'}^*(\omega)\exp[\mathrm{i}k_0(\boldsymbol{n}_q - \boldsymbol{n}_{q'}) \cdot \boldsymbol{r}] \\ &\quad + \frac{1}{4\rho_0 c_0^2}\sum_{q,q'} p_q(\omega)p_{q'}^*(\omega)\exp[\mathrm{i}k_0(\boldsymbol{n}_q - \boldsymbol{n}_{q'}) \cdot \boldsymbol{r}] \end{aligned} \tag{5.3.24c}$$

空间平均为

$$\begin{aligned} \langle \varepsilon(\boldsymbol{r}, \omega)\rangle &= \frac{1}{V}\int_V \varepsilon(\boldsymbol{r}, \omega)\mathrm{d}^3\boldsymbol{r} \\ &= \frac{1}{4\rho_0 c_0^2}\sum_{q,q'}(1 + \boldsymbol{n}_q \cdot \boldsymbol{n}_{q'})p_q(\omega)p_{q'}^*(\omega)\Im(\boldsymbol{n}_q, \boldsymbol{n}_{q'}) \end{aligned} \tag{5.3.25a}$$

其中, 为了方便定义

$$\Im(\boldsymbol{n}_q, \boldsymbol{n}_{q'}) \equiv \frac{1}{V} \int_V \exp[\mathrm{i}k_0(\boldsymbol{n}_q - \boldsymbol{n}_{q'}) \cdot \boldsymbol{r}]\mathrm{d}^3\boldsymbol{r} \tag{5.3.25b}$$

当腔体足够大, $\boldsymbol{n}_q \neq \boldsymbol{n}_{q'}$ 的交叉项贡献可忽略, 于是

$$\Im(\boldsymbol{n}_q, \boldsymbol{n}_{q'}) \equiv \frac{1}{V} \int_V \exp[\mathrm{i}k_0(\boldsymbol{n}_q - \boldsymbol{n}_{q'}) \cdot \boldsymbol{r}]\mathrm{d}^3\boldsymbol{r} \approx \delta_{\boldsymbol{n}_q, \boldsymbol{n}_{q'}} \tag{5.3.25c}$$

代入方程 (5.3.24c) 得到

$$\langle \varepsilon(\boldsymbol{r}, \omega) \rangle = \frac{1}{2\rho_0 c_0^2} \sum_q |p_q(\omega)|^2 \equiv \frac{1}{\rho_0 c_0^2} \left\langle \overline{p^2} \right\rangle \tag{5.3.26a}$$

其中, 定义

$$\left\langle \overline{p^2} \right\rangle \equiv \frac{1}{2} \sum_q |p_q(\omega)|^2 \tag{5.3.26b}$$

式中 $\left\langle \overline{p^2} \right\rangle$ 表示时间和空间平均. 由此可见: ① 扩散场能量密度是每个随机平面波能量密度之和; ② 在取方程 (5.3.25c) 的近似下, 扩散场能量密度与空间无关.

声压场的空间自相关 定义为 $p(\boldsymbol{r}, t)$(考虑单频情况: $\mathrm{e}^{-\mathrm{i}\omega t}$) 与 $p(\boldsymbol{r}+\Delta\boldsymbol{r}, t+\Delta t)$ 乘积的空间平均, 即

$$
\begin{aligned}
A_p(\Delta\boldsymbol{r}, \Delta t) &\equiv \langle p(\boldsymbol{r}, t)p^*(\boldsymbol{r} + \Delta\boldsymbol{r}, t + \Delta t) \rangle \\
&= \frac{1}{2}\mathrm{Re}\frac{1}{V} \int_V p(\boldsymbol{r}, t)p^*(\boldsymbol{r} + \Delta\boldsymbol{r}, t + \Delta t)\mathrm{d}^3\boldsymbol{r} \\
&= \frac{1}{2}\mathrm{Re} \sum_{q,q'} p_q(\omega)p_{q'}^*(\omega)\Im(\boldsymbol{n}_q, \boldsymbol{n}_{q'})\mathrm{e}^{-\mathrm{i}(k_0\boldsymbol{n}_{q'}\cdot\Delta\boldsymbol{r} - \omega\Delta t)} \\
&\approx \frac{1}{2} \sum_q |p_q(\omega)|^2 \cos\omega\left(\boldsymbol{n}_q \cdot \frac{\Delta\boldsymbol{r}}{c_0} - \Delta t\right)
\end{aligned}
\tag{5.3.27a}
$$

上式表明: 声压场的空间自相关函数 $A_p(\Delta\boldsymbol{r}, \Delta t)$ 与空间方向有关, 不符合扩散场的定义. 在理想的扩散场中, 上式的 $\cos\omega(\boldsymbol{n}_q \cdot \Delta\boldsymbol{r}/c_0 - \Delta t)$ 可以用立体角的平均代替, 设 $\Delta\boldsymbol{r}$ 的方向为波矢空间 $\boldsymbol{n}_q$ 的极角方向, 则 $\boldsymbol{n}_q \cdot \Delta\boldsymbol{r} = |\Delta\boldsymbol{r}|\cos\vartheta_q$, 于是立体角平均为

$$
\begin{aligned}
\left\langle \cos\omega\left(\boldsymbol{n}_q \cdot \frac{\Delta\boldsymbol{r}}{c_0} - \Delta t\right) \right\rangle_\Omega &= \frac{1}{4\pi} \int_0^{2\pi} \mathrm{d}\varphi_q \int_0^\pi \cos\omega\left(\frac{|\Delta\boldsymbol{r}|}{c_0}\cos\vartheta_q - \Delta t\right)\sin\vartheta_q \mathrm{d}\vartheta_q \\
&= \frac{1}{2} \int_0^\pi \cos\omega\left(\frac{|\Delta\boldsymbol{r}|}{c_0}\cos\vartheta_q - \Delta t\right)\sin\vartheta_q \mathrm{d}\vartheta_q \\
&= \cos(\omega\Delta t)\frac{\sin(k_0|\Delta\boldsymbol{r}|)}{k_0|\Delta\boldsymbol{r}|}
\end{aligned}
\tag{5.3.27b}
$$

代入方程 (5.3.27a) 并且注意到利用方程 (5.3.26b)，得到

$$A_p(\Delta \boldsymbol{r}, \Delta t) \approx \langle \overline{p^2} \rangle \cos(\omega \Delta t) \frac{\sin(k_0 |\Delta \boldsymbol{r}|)}{k_0 |\Delta \boldsymbol{r}|} \tag{5.3.27c}$$

可见：① 对单频平面波，自相关函数 $A_p(\Delta \boldsymbol{r}, \Delta t)$ 随时间振荡，振荡周期与声压场振荡周期相同；② 随空间变化由 sinc 函数表征，当 $k_0 |\Delta \boldsymbol{r}| \to \infty$ 时，$A_p(\Delta \boldsymbol{r}, \Delta t) \to 0$，因此在扩散场中，相隔一定距离 (几个声波波长) 的声压是统计独立的.

    时间均方平均声压的空间自相关　　实验中，我们测量的是声压的时间均方平均值，故讨论时间均方平均的空间自相关是必要的，其定义为 $\overline{p^2}(\boldsymbol{r}, \omega)$ 与 $\overline{p^2}(\boldsymbol{r} + \Delta \boldsymbol{r}, \omega)$ 乘积的空间平均

$$\left\langle \overline{p^2}(\boldsymbol{r}, \omega) \overline{p^2}(\boldsymbol{r} + \Delta \boldsymbol{r}, \omega) \right\rangle = \frac{1}{V} \int_V \overline{p^2}(\boldsymbol{r}, \omega) \overline{p^2}(\boldsymbol{r} + \Delta \boldsymbol{r}, \omega) \mathrm{d}^3 \boldsymbol{r} \tag{5.3.28a}$$

由方程 (5.3.24a)

$$\overline{p^2}(\boldsymbol{r}, \omega) = \frac{1}{2} \sum_{q,q'} p_q(\omega) p_{q'}^*(\omega) \exp[\mathrm{i} k_0 (\boldsymbol{n}_q - \boldsymbol{n}_{q'}) \cdot \boldsymbol{r}] \tag{5.3.28b}$$

以及

$$\overline{p^2}(\boldsymbol{r} + \Delta \boldsymbol{r}, \omega) = \frac{1}{2} \sum_{r,r'} p_r(\omega) p_{r'}^*(\omega) \exp[\mathrm{i} k_0 (\boldsymbol{n}_r - \boldsymbol{n}_{r'}) \cdot (\boldsymbol{r} + \Delta \boldsymbol{r})] \tag{5.3.28c}$$

上式代入方程 (5.3.28a) 得到

$$\left\langle \overline{p^2}(\boldsymbol{r}, \omega) \overline{p^2}(\boldsymbol{r} + \Delta \boldsymbol{r}, \omega) \right\rangle = \frac{1}{4} \sum_{q,q',r,r'} p_q(\omega) p_{q'}^*(\omega) p_r(\omega) p_{r'}^*(\omega)$$
$$\times \frac{1}{V} \int_V \mathrm{e}^{\mathrm{i} k_0 [(\boldsymbol{n}_q - \boldsymbol{n}_{q'}) + (\boldsymbol{n}_r - \boldsymbol{n}_{r'})] \cdot \boldsymbol{r}} \mathrm{d}^3 \boldsymbol{r} \exp[\mathrm{i} k_0 (\boldsymbol{n}_r - \boldsymbol{n}_{r'}) \cdot \Delta \boldsymbol{r}] \tag{5.3.28d}$$

式中空间积分只有当 ($q = q'$ 和 $r = r'$) 或者 ($q = r'$ 和 $q' = r$) 二种情况下不为零；否则积分为零或者很小，因此

$$\left\langle \overline{p^2}(\boldsymbol{r}, \omega) \overline{p^2}(\boldsymbol{r} + \Delta \boldsymbol{r}, \omega) \right\rangle = \frac{1}{4} \sum_{q,r} |p_q(\omega)|^2 |p_r(\omega)|^2$$
$$+ \frac{1}{4} \sum_{q,r} |p_q(\omega)|^2 |p_r(\omega)|^2 \exp[\mathrm{i} k_0 (\boldsymbol{n}_r - \boldsymbol{n}_q) \cdot \Delta \boldsymbol{r}] \tag{5.3.28e}$$

注意到

$$
\begin{aligned}
&\sum_{q,r} |p_q(\omega)|^2 |p_r(\omega)|^2 \exp[\mathrm{i}k_0(\boldsymbol{n}_r - \boldsymbol{n}_q) \cdot \Delta \boldsymbol{r}] \\
&= \sum_q |p_q(\omega)|^2 [\exp(\mathrm{i}k_0 \boldsymbol{n}_q \cdot \Delta \boldsymbol{r})]^* \cdot \sum_r |p_r(\omega)|^2 \exp(\mathrm{i}k_0 \boldsymbol{n}_r \cdot \Delta \boldsymbol{r}) \\
&\approx \sum_q |p_q(\omega)|^2 \langle \exp(\mathrm{i}k_0 \boldsymbol{n}_q \cdot \Delta \boldsymbol{r}) \rangle_\Omega^* \cdot \sum_r |p_r(\omega)|^2 \langle \exp(\mathrm{i}k_0 \boldsymbol{n}_r \cdot \Delta \boldsymbol{r}) \rangle_\Omega
\end{aligned}
\tag{5.3.29a}
$$

上式与得到方程 (5.3.27c) 类似, 我们用立体角平均代替

$$
\begin{aligned}
\langle \exp(\mathrm{i}k_0 \boldsymbol{n}_q \cdot \Delta \boldsymbol{r}) \rangle_\Omega &= \frac{1}{2} \int_0^\pi \exp(\mathrm{i}k_0 |\Delta \boldsymbol{r}| \cos \vartheta_q) \sin \vartheta_q \mathrm{d}\vartheta_q \\
&= \frac{\sin(k_0 |\Delta \boldsymbol{r}|)}{k_0 |\Delta \boldsymbol{r}|} = \langle \exp(\mathrm{i}k_0 \boldsymbol{n}_r \cdot \Delta \boldsymbol{r}) \rangle_\Omega
\end{aligned}
\tag{5.3.29b}
$$

因此, 把上式和方程 (5.3.29a) 代入方程 (5.3.28e) 给出

$$
\left\langle \overline{p^2}(\boldsymbol{r}, \omega) \overline{p^2}(\boldsymbol{r} + \Delta \boldsymbol{r}, \omega) \right\rangle \approx \left\langle \overline{p^2}(\boldsymbol{r}, \omega) \right\rangle^2 \left[1 + \frac{\sin^2(k_0 |\Delta \boldsymbol{r}|)}{(k_0 |\Delta \boldsymbol{r}|)^2} \right]
\tag{5.3.29c}
$$

其中利用了方程 (5.3.26b). 当 $|\Delta \boldsymbol{r}| \to 0$ 时

$$
\left\langle \overline{p^2}(\boldsymbol{r}, \omega) \overline{p^2}(\boldsymbol{r} + \Delta \boldsymbol{r}, \omega) \right\rangle \approx 2 \left\langle \overline{p^2}(\boldsymbol{r}, \omega) \right\rangle^2
\tag{5.3.29d}
$$

而当 $|\Delta \boldsymbol{r}| \to \infty$ 时

$$
\left\langle \overline{p^2}(\boldsymbol{r}, \omega) \overline{p^2}(\boldsymbol{r} + \Delta \boldsymbol{r}, \omega) \right\rangle \approx \left\langle \overline{p^2}(\boldsymbol{r}, \omega) \right\rangle^2
\tag{5.3.29e}
$$

可见, 在扩散场中, 尽管相隔足够远距离的声压测量是统计独立的, 但时间均方平均 $\overline{p^2}(\boldsymbol{r}, \omega)$ 是空间统计相关的. 事实上, 根据扩散场的定义, 扩散场中声压的时间均方平均处处相等, 因而必定是相关的.

5.3.4 扩散声场中界面的声吸收和透射

扩散场中界面的声吸收 由方程 (1.4.14b), 阻抗界面 S(如图 5.3.4) 对声的吸收与声波的入射方向有关, 即 (忽略界面比阻抗率的虚部)

$$
\alpha(\vartheta) = 1 - \left| \frac{\cos \vartheta - \beta}{\cos \beta + \beta} \right|^2 \approx \frac{4\sigma \cos \vartheta}{(\cos \vartheta + \sigma)^2}
\tag{5.3.30a}
$$

对扩散声场, 入射到界面的方向是随机的, 因此必须对方程 (5.3.30a) 进行空间角度平均, 得到随机入射时的声吸收系数.

考虑一束传播方向与 z 轴夹角为 ϑ 的入射声波 (图 5.3.4 的虚线表示), 声强为 $\boldsymbol{I} = I_0 \boldsymbol{e}$(其中 $\boldsymbol{e}$ 为入射方向的单位矢量), 注意到声强是通过垂直于声传播方向的

单位面积的能流, 因此, 投射到 ΔS 面上的能流为 $\boldsymbol{I} \cdot \Delta \boldsymbol{S} = I_0 \Delta S e \cdot \boldsymbol{n} = I_0 \Delta S \cos \vartheta$, 其中, $\boldsymbol{n} = \boldsymbol{e}_z$ 为 ΔS 面的法向矢量. 单位时间投射到 ΔS 面上的总能量为

$$E_{\text{total}} = \iint \boldsymbol{I} \cdot \Delta \boldsymbol{S} \mathrm{d}\Omega = I_0 \Delta S \int_0^{2\pi} \mathrm{d}\varphi \int_0^{\pi/2} \cos \vartheta \sin \vartheta \mathrm{d}\vartheta = \pi I_0 \Delta S \qquad (5.3.30b)$$

注意: 对上半空间, $\vartheta \in [0, \pi/2]$ 以及 $\varphi \in [0, 2\pi]$. 单位时间内 ΔS 面吸收的能量为

$$\Delta E_a = \iint \alpha(\vartheta) \boldsymbol{I} \cdot \Delta \boldsymbol{S} \mathrm{d}\Omega = I_0 \Delta S \int_0^{2\pi} \mathrm{d}\varphi \int_0^{\pi/2} \alpha(\vartheta) \cos \vartheta \sin \vartheta \mathrm{d}\vartheta \qquad (5.3.30c)$$

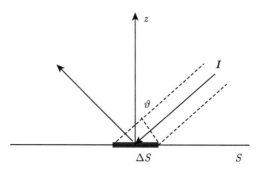

图 5.3.4 入射到界面的声波

故平均吸收系数为

$$\begin{aligned} \bar{\alpha} &\equiv \frac{\Delta E_a}{E_{\text{total}}} = \frac{1}{\pi I_0 \Delta S} \iint \alpha(\vartheta) \boldsymbol{I} \cdot \Delta \boldsymbol{S} \mathrm{d}\Omega = \frac{1}{\pi} \int_0^{2\pi} \mathrm{d}\varphi \int_0^{\pi/2} \alpha(\vartheta) \cos \vartheta \sin \vartheta \mathrm{d}\vartheta \\ &= 2 \int_0^{\pi/2} \alpha(\vartheta) \cos \vartheta \sin \vartheta \mathrm{d}\vartheta \end{aligned}$$

$$(5.3.30d)$$

把方程 (5.3.30a) 代入上式得到

$$\begin{aligned} \bar{\alpha} &= 2 \int_0^{\pi/2} \frac{4\sigma \cos^2 \vartheta}{(\cos \vartheta + \sigma)^2} \sin \vartheta \mathrm{d}\vartheta \\ &= 8\sigma \left(1 + \frac{\sigma}{1+\sigma} - 2\sigma \ln \frac{1+\sigma}{\sigma} \right) \approx 8\sigma \end{aligned}$$

$$(5.3.30e)$$

对准刚性界面 ($\sigma \ll 1$): $\bar{\alpha} \approx 8\sigma$, 而由方程 (5.5.30a), 当 $\sigma \ll 1$ 时, 法向吸声系数为 $\alpha_n \equiv \alpha(\vartheta)|_{\vartheta=0} \approx 4\sigma$. 可见, 此时的法向吸声系数是平均吸声系数的 $1/2$. 但是, 不是平均吸声系数就一定大于法向吸声系数, 图 5.3.5 给出了 $\bar{\alpha}$ 和 α_n 随 σ 的变化曲线, 从图可见, 当 $\sigma > 0.64$(图 5.3.5 中平行于纵轴的虚线) 后, 平均吸声系数反而小于法向吸声系数. 实验中, 如果由 4.3.4 小节的驻波管法测得法向吸声系数,

则由图 5.3.5 可以查出相应的平均吸声系数, 例如, 测得法向吸声系数 $\alpha_n \approx 0.6$, 由图 5.3.5(如图中箭头所示), 查得 $\sigma \approx 0.22$, 相应的平均吸声系数为 $\bar{\alpha} \approx 0.77$.

图 5.3.6 是法向和平均吸声系数比较的另一种表示方法, 对角线 (虚线) 是二者相等的情况, 当 σ 从 0 增加到大约 0.64 时, $\bar{\alpha} \sim \alpha_n$ 曲线的走向由箭头 1 表示, $\bar{\alpha} > \alpha_n$, 直到 $\bar{\alpha} = \alpha_n \approx 0.95$(图 5.3.6 中平行于纵轴的虚线); 当 σ 从大约 0.64 再进一步增加时, 曲线的走向由箭头 2 表示, 此时 $\bar{\alpha} < \alpha_n$.

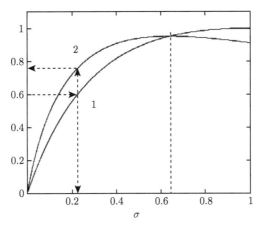

图 5.3.5 法向吸声系数 α_n(曲线 1) 与平均吸声系数 $\bar{\alpha}$(曲线 2) 随 σ 的变化

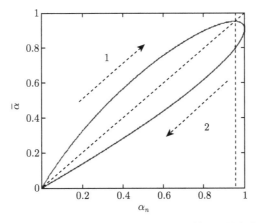

图 5.3.6 法向吸声系数 α_n 与平均吸声系数 $\bar{\alpha}$ 的变化关系

平均吸声系数的测量 由 4.3.4 小节的介绍, 小面积样品吸声材料的法向吸收系数一般在驻波管中测量 (为了了解样品的吸声性能, 实验中经常这样做), 但在实际工程应用中, 更关心的是大面积样品的平均吸声系数, 其测量一般在混响室中进行. 测量方法过程如下.

(1) 首先测量没有放置吸声材料时的混响时间 T_{60}, 由方程 (5.3.19d) 得到

$$\sum \alpha_i S_i \approx 0.161 \frac{V}{T_{60}} \tag{5.3.31a}$$

(2) 然后在混响室的某一墙面上铺上面积为 S' 的吸声材料 (一般其体积远远小于 V), 再测量混响时间 T'_{60}, 由方程 (5.3.19d) 得到

$$\sum \alpha_i S_i - \alpha_0 S' + \bar{\alpha} S' \approx 0.161 \frac{V}{T'_{60}} \tag{5.3.31b}$$

其中, α_0 为被吸声材料覆盖前这一墙面的平均吸声系数. 从上二式不难得到

$$\bar{\alpha} \approx \frac{0.161 V}{S'} \left(\frac{1}{T'_{60}} - \frac{1}{T_{60}} \right) + \alpha_0 \tag{5.3.31c}$$

为了保证测量精度, 吸声材料的面积不宜太小.

扩散场中薄板的透射　我们仅考虑 1.5.2 小节中薄板的隔声问题. 设入射波一侧的声场为扩散声场, 取薄板上面积 ΔS, 单位时间投射到 ΔS 面上的总能量由方程 (5.3.30b) 给出, 该能量在单位时间内透射部分为

$$E_t = \iint \boldsymbol{I}_t \cdot \Delta \boldsymbol{S} \mathrm{d}\Omega = I_0 \Delta S \int_0^{2\pi} \mathrm{d}\varphi \int_0^{\pi/2} \frac{\cos\vartheta \sin\vartheta}{A(\vartheta)} \mathrm{d}\vartheta \tag{5.3.32a}$$

其中, $\boldsymbol{I}_t$ 为透射声强, $A(\vartheta)$ 由方程 (1.5.8b) 决定

$$A(\vartheta) = 1 + \left[\frac{\omega\sigma_P \cos\vartheta}{2\rho_0 c_0} \left(1 - \frac{c_{\mathrm{f}}^4}{c_0^4} \sin^4\vartheta \right) \right]^2 \tag{5.3.32b}$$

故扩散声场的能量透射系数为

$$\tilde{t}_W \equiv \frac{E_t}{E_{\mathrm{total}}} = 2 \int_0^{\pi/2} \frac{\cos\vartheta \sin\vartheta}{A(\vartheta)} \mathrm{d}\vartheta \tag{5.3.32c}$$

式中, 用 $\tilde{t}_W$ 区别于平面波透射系数 t_W. 在低频条件下, 上式近似为

$$\tilde{t}_W \approx 2 \int_0^{\pi/2} \frac{\cos\vartheta \sin\vartheta}{1 + [\omega\sigma_P/(2\rho_0 c_0)]^2 \cos^2\vartheta} \mathrm{d}\vartheta \tag{5.3.33a}$$

完成积分后得到

$$\tilde{t}_W = \left(\frac{2\rho_0 c_0}{\omega\sigma_P} \right)^2 \ln \left[1 + \left(\frac{\omega\sigma_P}{2\rho_0 c_0} \right)^2 \right] = 2.3 \left(\frac{2\rho_0 c_0}{\omega\sigma_P} \right)^2 \log \left[1 + \left(\frac{\omega\sigma_P}{2\rho_0 c_0} \right)^2 \right] \tag{5.3.33b}$$

故扩散声场的隔声量为

$$\mathrm{TLD} = 10\log\frac{1}{\tilde{t}_W}\,(\mathrm{dB}) = -10\log\left\{\left(\frac{2\rho_0 c_0}{\omega\sigma_P}\right)^2 2.3\log\left[1+\left(\frac{\omega\sigma_P}{2\rho_0 c_0}\right)^2\right]\right\}$$

$$= 10\log\left(\frac{\omega\sigma_P}{2\rho_0 c_0}\right)^2 - 10\log\left\{2.3\log\left[1+\left(\frac{\omega\sigma_P}{2\rho_0 c_0}\right)^2\right]\right\}$$

$$(5.3.34\mathrm{a})$$

在低频、重墙条件下，由方程 (1.5.5c)

$$\mathrm{TLD} = \mathrm{TL} - 10\log(0.23\mathrm{TL}) = \mathrm{TL} - 10\log\mathrm{TL} + 6.4\,(\mathrm{dB}) \qquad (5.3.34\mathrm{b})$$

其中，TL 由方程 (1.5.5c) 或者 (1.5.5d) 决定. 当频率较高时，薄板对扩散声场的隔声量为

$$\mathrm{TLD} = -10\log\tilde{t}_W\,(\mathrm{dB}) = -10\log\left[2\int_0^{\pi/2}\frac{\cos\vartheta\sin\vartheta}{A(\vartheta)}\mathrm{d}\vartheta\right] \qquad (5.3.34\mathrm{c})$$

其中，积分可用数值方法进行.

5.3.5 扩散体和 Schroeder 扩散体

为了改善房间的声传输性能，使房间内的声场尽量均匀，形成扩散场，简单的方法就是在墙上布置不同形状的突起 (称为**扩散体**，diffuser). 从声简正模式理论来讲，扩散体就是使室内 (一般是矩形) 的空间形状变得更为复杂，从而简正模式也更为复杂，达到声场均匀化的目的. 从几何声学的角度讲，当墙面平整时，入射波相当于受到镜面反射，反射波仍然是方向性的，实现空间声场的均匀化比较困难，而如果破坏镜面反射条件，使入射波受到漫反射，则可以实现空间声场的均匀化，特别是可以消除回声反射.

当然，也可以在室内放置散射体达到扩散声场的目的，但该法一般只有在用于声学测量的混响室才可行，因为扩散体 (线度与波长相当) 必须有一定的数量，这在一般的厅堂中是不现实的，可行的方法是修饰墙面. 为了有效地散射声波 (而不是镜面反射)，散射体的线度必须达到半波长量级，比如，对频率为 344Hz 的声波，要求散射体的线度为 0.5m，这在建筑声学设计中是不现实的. 此外，对同一个线度的散射体，要对宽带声波的每个频率分量都实现有效的散射也是困难的. 目前，最为有效且已商业化的扩散体是所谓 **Schroeder 扩散体**，它是一种**相栅型扩散体**(phase grating diffuser)，其基本原理叙述如下.

基本原理　考虑简单的一维情况，设墙表面的反射系数与位置有关，即 $R(x)$，平面声波垂直入射到墙表面，如图 5.3.7(a)，在 Kirchhoff 近似下 (证明见方程

(5.3.40b)，远场散射振幅近似为

$$\Phi(k_x) = \int_{-\infty}^{\infty} R(x)\exp(-\mathrm{i}k_x x)\mathrm{d}x \tag{5.3.35a}$$

其中，$k_x = k_0\sin\alpha$，α 为远场观测点矢径与墙面法线方向 ($+z$ 轴) 的夹角. 上式表明，远场散射振幅 $\Phi(k_x)$ 是反射系数 $R(x)$ 的 Fourier 变换，$\Phi(k_x)$ 是 α 的函数，表征不同方向散射波的强度, 理想扩散体的要求是, 在上半平面内, $|\Phi(k_x)|^2 = \Phi_0$(常数), 即散射波均匀分布在每个不同的方向.

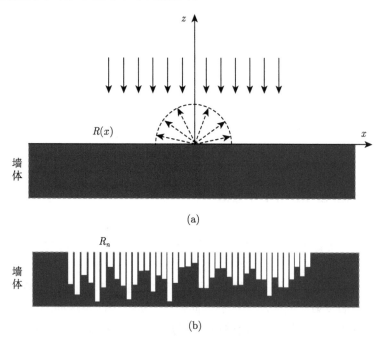

(a)

(b)

图 5.3.7　(a) 平面波入射到反射系数为 $R(x)$ 的墙面; (b) 在表面按 QRD 系列刻不同深度的凹槽实现伪随机反射系数 R_n

考虑方程 (5.3.35a) 的二个极端情况：① 如果墙表面反射系数与位置无关，即 $R(x) = R_0$(常数)，则 $\Phi(k_x) = 2\pi R_0\delta(k_x)$(其中 $\delta(k_x)$ 为 Dirac Delta 函数)，因此只有 $\alpha = 0$ 方向存在散射波，墙表面完全没有声场的扩散作用；② 如果墙表面反射系数 $R(x)$ 随 x 完全随机变化，或者说 $R(x)$ 是白噪声，则其 Fourier 变换为常数，即 $|\Phi(k_x)|^2 = \Phi_0$，就能达到散射波均匀分布在每个方向的目的. 在实际问题中，总是离散化方程 (5.3.35a) 中的 Fourier 积分为如下形式

$$\Phi(k_0\sin\alpha) = \sum_{n=0}^{N-1} w_n|R_n|\exp[-\mathrm{i}(k_0 x_n\sin\alpha - \phi_n)] \tag{5.3.35b}$$

其中, x_n 是第 n 个子区域的中心坐标, w_n 是第 n 个子区域的宽度 (即离散化步长). 第 n 个子区域的反射系数用反射振幅 $|R_n|$ 和反射相角 ϕ_n 表示为 $R_n = |R_n|\exp(\mathrm{i}\phi_n)$.

Schroeder 扩散体 Schroeder 扩散体把墙面分割成比波长小得多的空气窄井 (二维为条状井), 如图 5.3.7(b), 每个窄井的宽度相等且为 w(因此每个窄条的 $|R_n|$ 都相等且为 $|R_0|$), 但每个窄井的深度 d_n 不同, 当平面波入射到空气窄井且经底面的刚性反射后, 在窄井表面 ($z=0$) 引起的相差就是反射相角 $\phi_n = 2k_0 d_n$, 于是, 方程 (5.3.35b) 简化成

$$\Phi(k_0\sin\alpha) = w|R_0|\sum_{n=0}^{N-1}\exp[-\mathrm{i}(k_0 x_n\sin\alpha - \phi_n)] \tag{5.3.35c}$$

反射系数 R_n 的随机性可以由反射相角 ϕ_n, 或者说窄井深度 d_n 的随机性来体现和实现. 但使反射相角 ϕ_n 完全随机变化需要无穷条窄井, 这是不可能的. Schroeder 提出用数论中的二次余量法产生伪随机数以决定每个窄井的深度. 第 n 个空气窄井的二次余量序列数 (即取 n^2/N 的余数为序列的元素) 为

$$s_n = n^2 \pmod N \quad (n=0,1,2,\cdots,N-1) \tag{5.3.36a}$$

其中, N 是某个素数, 例如, 当 $N=7$ 时, 二次余量序列为 $s_n = \{0,1,4,2,2,4,1\}$; 当 $N=17$ 时, 二次余量序列为 (一个周期内)

$$s_n = \{0,1,4,9,16,8,2,15,13,13,15,2,8,16,9,4,1\} \tag{5.3.36b}$$

注意: 序列 s_n 是周期性的, 当 $n = N, N+1, \cdots, 2N-1$ 时, 重复下一个周期, Schroeder 扩散体可以由多个周期组成 (从离散 Fourier 角度说, 应该有无限多个周期). 于是, 窄井深度序列为

$$d_n = \frac{\lambda_s}{2}\cdot\frac{s_n}{N} = \frac{c_0}{2f_s}\cdot\frac{s_n}{N} \quad (n=0,1,2,\cdots,N-1) \tag{5.3.37a}$$

其中, f_s 为设计频率, λ_s 为相应的波长. 由于 s_n 可能的最大数为 $N-1$(对 $N=7$, s_n 的最大数为 4; 而对 $N=17$, s_n 的最大数为 16), 因此, 窄井的深度变化近似为 $0\sim\lambda_s/2$. 对频率为 f(注意: 与设计频率不一定一致) 的声波, 相应的反射相角为

$$\phi_n = 2k_0 d_n = 2\pi\frac{f}{f_s}\cdot\frac{s_n}{N} \quad (n=0,1,2,\cdots,N-1) \tag{5.3.37b}$$

对设计频率, 相位变化范围大致是 $0\sim 2\pi$. 对深度和宽度一定的井, Schroeder 扩散体有一定的带宽, 最小波长 (决定了高频) 由井宽度决定, $\lambda_{\min}\sim 2w$, 即一个波长

内至少有二个井; 最大波长 (决定了低频) 由井深度决定, $\lambda_{\max} \sim 2N d_{\max}/s_{\max} \sim 2d_{\max}$, 其中 $d_{\max}$ 是最大的井深度, $s_{\max}$ 是序列 s_n 中最大的元素.

注意: ① Schroeder 扩散体用二次余量法产生伪随机数以决定每个窄井的深度, 也可以用其他方法产生伪随机数, 不过用二次余量法设计的 Schroeder 扩散体简单且实用, 易于商业化; ② Schroeder 扩散体也可以推广到二维平面, 这时第 $n \times m(n, m = 0, 1, \cdots, N - 1)$ 个空气窄井的二次余量序列为二维序列

$$s_{nm} = n^2 + m^2(\text{modulo } N) \quad (n, m = 0, 1, 2, \cdots, N - 1) \tag{5.3.37c}$$

Kirchhoff 近似   设扩散体放置在无限大刚性障板上, 由方程 (3.2.1b), 散射声场可以表示为

$$p_{\mathrm{s}}(\boldsymbol{r}, \omega) = \iint_S \left[p_{\mathrm{s}}(\boldsymbol{r}', \omega) \frac{\partial G(|\boldsymbol{r} - \boldsymbol{r}'|)}{\partial n_S'} - G(|\boldsymbol{r} - \boldsymbol{r}'|) \frac{\partial p_{\mathrm{s}}(\boldsymbol{r}', \omega)}{\partial n_S'} \right] \mathrm{d}S' \tag{5.3.38a}$$

但 $G(|\boldsymbol{r} - \boldsymbol{r}'|)$ 取为满足刚性障板边界条件的 Green 函数 (即满足方程 (2.5.7d)), 二维情况为 (由方程 (2.3.52a))

$$G(|\boldsymbol{r} - \boldsymbol{r}'|) = \frac{\mathrm{i}}{4} \mathrm{H}_0^{(1)}(k_0 |\boldsymbol{r} - \boldsymbol{r}'|) + \frac{\mathrm{i}}{4} \mathrm{H}_0^{(1)}(k_0 |\boldsymbol{r} - \boldsymbol{r}''|) \tag{5.3.38b}$$

其中, $\boldsymbol{r}'' = (x', -z')$ 是 $\boldsymbol{r}' = (x', z')$ 的镜像点. 取积分面 S 为无限大半圆, 半圆的底部在墙面上, 在圆周上的积分为零 (注意: 散射场不包括无限大障板的镜面反射, 否则无限大半圆上的积分不为零), 并且注意到 $G(|\boldsymbol{r} - \boldsymbol{r}'|)$ 满足方程 (2.5.7d), 方程 (5.3.38a) 简化为

$$p_{\mathrm{s}}(\boldsymbol{r}, \omega) = -\int_{-\infty}^{\infty} \left[G(|\boldsymbol{r} - \boldsymbol{r}'|) \frac{\partial p_{\mathrm{s}}(\boldsymbol{r}', \omega)}{\partial z'} \right]_{z'=0} \mathrm{d}x' \tag{5.3.38c}$$

其中, $\boldsymbol{r} = (x, z)$ 是观察点的位置矢量, $\boldsymbol{r}' = (x', z')$ 是扩散体表面 $(z' = 0)$ 上任意一点的坐标.

设散射体表面的反射系数为 $R(x)$, 入射场为 $-z$ 方向传播的平面波

$$p_{\mathrm{i}}(\boldsymbol{r}, \omega) = p_{0\mathrm{i}}(\omega) \exp(-\mathrm{i}k_0 z) \tag{5.3.39a}$$

在 Kirchhoff 近似下, 我们取方程 (5.3.38c) 右边积分号下的散射声场 (在散射体表面附近) (注意: 反射波传播方向为 $+z$ 方向)

$$p_{\mathrm{s}}(\boldsymbol{r}, \omega)|_{z \approx 0} \approx R(x) p_{0\mathrm{i}}(\omega) \exp(\mathrm{i}k_0 z) \tag{5.3.39b}$$

于是, 由方程 (5.3.38c) 得到空间一点 $\boldsymbol{r}$ 的散射声场为

$$p_{\mathrm{s}}(x, z, \omega) \approx \frac{1}{2} k_0 p_{0\mathrm{i}}(\omega) \int_{-\infty}^{\infty} R(x') \mathrm{H}_0^{(1)} \left[k_0 \sqrt{(x - x')^2 + z^2} \right] \mathrm{d}x' \tag{5.3.40a}$$

在远场条件下, 利用 Hankel 函数展开方程 (2.3.12b) 得到

$$p_s(\rho, \alpha, \omega) \approx \frac{1}{2} k_0 p_{0i}(\omega) \sqrt{\frac{2}{\pi k_0 \rho}} e^{i(k_0\rho - \pi/4)} \int_{-\infty}^{\infty} R(x') \exp(-ik_0 x' \sin\alpha) dx' \quad (5.3.40b)$$

其中, $\rho = \sqrt{x^2 + z^2}$ 是观察点 $\boldsymbol{r} = (x, z)$ 到坐标原点的距离, α 是观察点矢径与表面法向的夹角. 故远场散射振幅近似为方程 (5.3.35a).

点源再辐射模型 当平面波入射到 Schroeder 扩散体表面时, 激发窄井表面 ($z = 0$) 的空气振动, 根据 Huygens 原理, 可以认为散射波就是窄井表面振动的再辐射. 假定第 n 个窄井口的法向速度为 $v_n(x')$, 声场的表面边界条件应该为

$$\frac{\partial p(\boldsymbol{r}', \omega)}{\partial z'}\bigg|_{z'=0} = i\rho_0 c_0 k_0 v(x') = \begin{cases} i\rho_0 c_0 k_0 v_n(x') & (x' \in \text{第 } n \text{ 个井口}) \\ 0 & (x' \in \text{刚性处}) \end{cases} \quad (5.3.41a)$$

注意: 上式中 $p(\boldsymbol{r}', \omega)$ 是总声场, 故方程 (5.3.38a) 不适合了, 与得到方程 (3.2.32a) 类似, 我们得到上半空间的总声场满足

$$\begin{aligned} p(\boldsymbol{r}, \omega) = {}& p_i(\boldsymbol{r}, \omega) + p_r(\boldsymbol{r}, \omega) \\ & - \int_{-\infty}^{\infty} \left[G(\boldsymbol{r}, \boldsymbol{r}') \frac{\partial p(\boldsymbol{r}', \omega)}{\partial z'} - p(\boldsymbol{r}', \omega) \frac{\partial G(\boldsymbol{r}, \boldsymbol{r}')}{\partial z'} \right]_{z'=0} dx' \end{aligned} \quad (5.3.41b)$$

把方程 (5.3.41a) 代入上式 (且注意到 $G(|\boldsymbol{r} - \boldsymbol{r}'|)$ 满足方程 (2.5.7d))

$$p(\boldsymbol{r}, \omega) = p_i(\boldsymbol{r}, \omega) + p_r(\boldsymbol{r}, \omega) - i\rho_0 c_0 k_0 \int_{-\infty}^{\infty} [G(\boldsymbol{r}, \boldsymbol{r}') v(x')]_{z'=0} dx' \quad (5.3.41c)$$

利用方程 (5.3.38b) 得到散射场

$$p_s(x, z, \omega) = \frac{1}{2} \rho_0 c_0 k_0 \int_{-\infty}^{\infty} v(x') H_0^{(1)} \left[k_0 \sqrt{(x - x')^2 + z^2} \right] dx' \quad (5.3.41d)$$

当井口宽度远小于波长, 可以用井口中心点坐标 x_n 代替 Hankel 函数中的积分变量 x', 而用平均速度代替井口速度且单独写出相位因子, 即 $v_n(x') \approx |\bar{v}_{0n}| \exp(i\phi_n)$, 注意: 在平面波垂直入射情况下, 每个源的相位就是 ϕ_n (如果不是垂直入射, 平面波达到每个窄井表面本身就会产生相位差, 见 1.4.5 小节讨论). 于是, 上式可以近似为

$$p_s(x, z, \omega) = \frac{1}{2} \rho_0 c_0 k_0 \sum_{n=0}^{N-1} w_n |\bar{v}_{0n}| \exp(i\phi_n) H_0^{(1)}(k_0 \rho_n) \quad (5.3.42a)$$

其中, $|\bar{v}_{0n}|$ 是第 n 个窄井表面的平均速度, 相位 ϕ_n 由方程 (5.3.37b) 决定, ρ_n 是第 n 个井表面到观察点的距离. 对 Schroeder 扩散体, 窄井宽度相等 $w_1 = w_2 = \cdots = w$,

故 $|\bar{v}_{01}| = |\bar{v}_{02}| = \cdots = |\bar{v}_0|$, 于是方程 (5.3.42a) 简化成

$$p_s(x, z, \omega) = \frac{1}{2}\rho_0 c_0 k_0 w |\bar{v}_0| \sum_{n=0}^{N-1} \exp(\mathrm{i}\phi_n) \mathrm{H}_0^{(1)}(k_0\rho_n) \qquad (5.3.42b)$$

在远场条件下, $\rho_n \approx \rho - x_n \sin\alpha$(其中, x_n 是第 n 个窄井的中心坐标, α 为远场观测点矢径与墙面法线方向 ($+z$ 轴) 的夹角), 利用 Hankel 函数的展开方程 (2.3.12b) 得到

$$p_s(x, z, \omega) = \frac{1}{2}\rho_0 c_0 k_0 w |\bar{v}_0| \sqrt{\frac{2}{\pi k_0 \rho}} \mathrm{e}^{\mathrm{i}(k_0\rho - \pi/4)} \sum_{n=0}^{N-1} \exp[-\mathrm{i}(k_0 x_n \sin\alpha - \phi_n)] \quad (5.3.42c)$$

显然, 上式中的方向部分与方程 (5.3.35c) 是完全一致的.

注意: ① 在实际问题中, 入射平面波波束总是有限宽度的 (例如小于扩散体宽度), 故镜面反射项 $p_r(\boldsymbol{r}, \omega)$ 实际上不存在, 为了简单, 我们假定扩散体放置在无限大刚性障板上, 且入射平面波波束宽度无限大, 故存在镜面反射; ② 方程 (5.3.42b) 与方程 (2.2.13b) 类似, 提示我们: 可以通过分割表面、形成不同深度的空气窄井的分布, 来实现相位的空间分布, 从而实现对反射声波的特殊控制, 故 2.2 节中的特殊声束的形成都可以通过上述方法实现, 不同点是本小节针对的是散射声波.

数值计算　　计算中取参数为: $N = 17$, 设计频率 $f_s = 1150\mathrm{Hz}$, 空气声速 $c_0 = 344\mathrm{m/s}$, 窄井宽度 $w = 0.2135\lambda_s$. 计算公式为方程 (5.3.35c). 图 5.3.8 和图 5.3.9 分别给出了 $f = f_s$ 和 $f = 2f_s$ 的扩散作用, 图 5.3.8(a) 和图 5.3.9(a) 为窄井深度等于常数时的散射方向曲线, 图 5.3.8(b) 和图 5.3.9(b) 为二次余量序列数的 Schroeder 扩散体 (计算中取二个周期, 共 34 个窄条), 图 5.3.8(c) 和图 5.3.9(c) 为窄井深度无规变化, 取为

$$s_n = [0,1,4,7,10,7,2,13,13,11,15,2,8,14,9,4,1,0,1,4,9,16,8,2,15,3,3,15,2,8,14,9,4,1]$$
$$(5.3.42d)$$

可见: ① 当窄井深度等于常数时, 散射能量主要集中在 $\alpha \approx 0$ 方向; ② 当窄井深度无规变化时, 散射能量在各个方向极不均匀; ③ Schroeder 扩散体的散射能量在各个方向比较均匀.

吸收效应　　当窄井宽度很窄变成狭缝时 (见 6.3.4 小节讨论), 我们不得不考虑狭缝中声波的吸收, 因此, 为了尽可能避免 Schroeder 扩散体的声吸收, 窄井宽度要足够大. 注意: 当考虑狭缝中声波的吸收时, 由于井的深度不同, 声波进入窄井后传播距离不同, 因此窄井口的平均振动振幅 $\bar{v}_{0n}$ 也不同, 方程 (5.3.42a) 不能简化到方程 (5.3.42b).

仍然考虑由于黏滞和热传导引起的边界层厚度远小于井宽度情况, 即 $d_\mu, d_\kappa \ll w_n$, (其中, $d_\mu \equiv \sqrt{2\mu/(\omega\rho_0)}$ 和 $d_\kappa \equiv \sqrt{2\kappa/(\omega\rho_0 c_{P0})}$ 为边界层厚度, μ, κ 和 c_{P0} 分

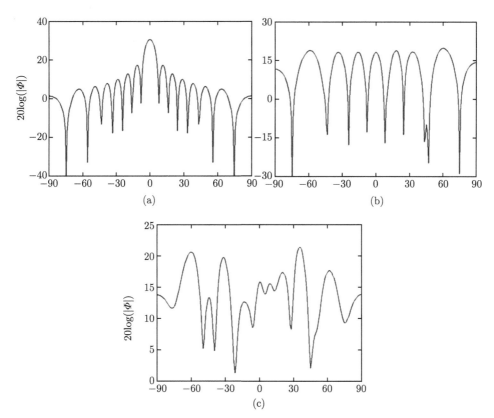

图 5.3.8 频率 $f = f_s$ 点的散射效果: (a) 窄井深度为常数; (b) 窄井深度为二次余量序列; (c) 窄井深度无规变化. 图中横轴为 $\alpha/(°)$, 规定表面法向的顺时针为正, 逆时针为负

别是空气的黏滞系数、热传导系数和比容, 见第 6 章讨论), 此时, 窄井中只能传播平面波模式, 对第 n 个窄井 (如图 5.3.10), 传播波数满足方程 (6.3.43a), 即

$$\frac{(k_z^n)^2}{k_0^2} \approx 1 + \frac{(1+\mathrm{i})}{2w_n}[d_\mu + (\gamma - 1)d_\kappa] \tag{5.3.43a}$$

由方程 (6.3.39b), 狭缝中等效的运动方程为

$$v_z(z,\omega) \approx \frac{1}{\mathrm{i}\tilde{\rho}_n\omega}\frac{\partial p(z,\omega)}{\partial z} \tag{5.3.43b}$$

其中, $\tilde{\rho}$ 为等效密度, 由方程 (6.3.42a) 得到

$$\tilde{\rho}_n \approx \rho_0\left[1 + \frac{(1+\mathrm{i})d_\mu}{w_n}\right] \tag{5.3.43c}$$

设第 n 个窄井中存在平面波

$$p_n(z,\omega) = A_n\exp(\mathrm{i}k_z^n z) + B_n\exp(-\mathrm{i}k_z^n z) \tag{5.3.44a}$$

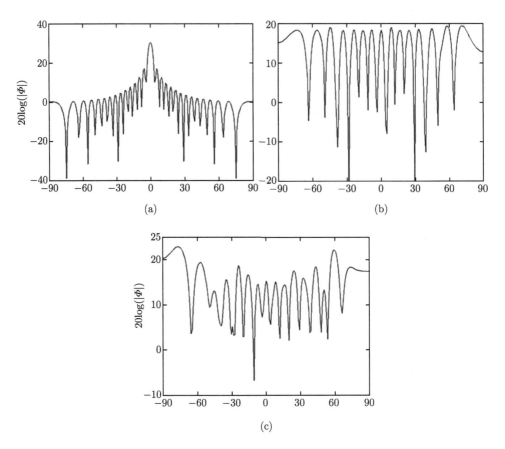

图 5.3.9　频率 $f = 2f_s$ 点的散射效果：(a) 窄井深度为常数；(b) 窄井深度为二次余量序列；(c) 窄井深度无规变化. 图中横轴为 $\alpha/(°)$，规定表面法向的顺时针为正，逆时针为负

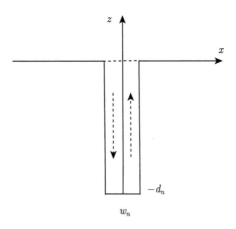

图 5.3.10　第 n 个狭缝窄井的平面波

则相应的速度场为

$$v_{zn}(z,\omega) \approx \frac{k_z^n}{\tilde{\rho}_n \omega}[A_n \exp(\mathrm{i}k_z^n z) - B_n \exp(-\mathrm{i}k_z^n z)] \tag{5.3.44b}$$

由井底 $z = -d_n$ 的刚性边界条件得到

$$A_n \exp(-\mathrm{i}k_z^n d_n) - B_n \exp(\mathrm{i}k_z^n d_n) = 0 \tag{5.3.44c}$$

井口 $z = 0$ 处的声阻抗率为

$$z_n(0) = \frac{p_n(0,\omega)}{v_{zn}(0,\omega)} = \frac{\tilde{\rho}_n \omega}{k_z^n} \cdot \frac{A_n + B_n}{A_n - B_n} \tag{5.3.45a}$$

把方程 (5.3.44c) 代入上式得到

$$z_n(0) = \frac{\mathrm{i}\tilde{\rho}_n \omega}{k_z^n} \cdot \frac{\cos(k_z^n d_n)}{\sin(k_z^n d_n)} \tag{5.3.45b}$$

于是，我们可以把有限大小的 Schroeder 扩散体表面看作非均匀的表面，当在驻波管中 (见 4.3.4 小节) 测量其吸收系数时，由方程 (4.2.41b) 得到 Schroeder 扩散体表面的平均声比阻抗率为

$$\bar{\beta} = \frac{1}{S} \iint_S \beta(x,\omega)\mathrm{d}S = \frac{\rho_0 c_0}{W} \sum_{n=0}^{N-1} \frac{w_n k_z^n}{\mathrm{i}\tilde{\rho}_n \omega} \frac{\sin(k_z^n d_n)}{\cos(k_z^n d_n)} \tag{5.3.46a}$$

其中，S 是扩散体的总面积，W 是扩散体的总宽度. 得到上式，我们已假定没有狭缝处为刚性 (因此声比阻抗率为零). 于是，由方程 (4.2.46c) 得到驻波管中平面波声压反射系数为

$$r_p \equiv \frac{1 - \bar{\beta}}{1 + \bar{\beta}} \tag{5.3.46b}$$

故声吸收系数的表达式为

$$\alpha = 1 - |r_p|^2 = \frac{4\mathrm{Re}(\bar{\beta})}{[1 + \mathrm{Re}(\bar{\beta})]^2 + [\mathrm{Im}(\bar{\beta})]^2} \tag{5.3.46c}$$

特别要指出的是，即使构成 Schroeder 扩散体的材料是刚性材料，且窄井足够宽 (可以忽略窄井中的热传导和黏滞)，Schroeder 扩散体也存在一定的声吸收，可能的解释是：① 当声波入射到 Schroeder 扩散体表面时，激发起窄井中的高阶模式，这些高阶模式并不向外再辐射声波，而只能局域在井口附近，因而形成入射波的吸收；② 再辐射的井口振动有一定的辐射抗部分，入射波的能量转换成井口振动的附加振动，但不向外辐射能量.

5.3.6   长房间的声场分布问题

在实际问题中, 经常遇到长型房间 (例如走廊) 或者扁平型房间 (例如工厂的大型车间), 前者在长度方向的线度远大于波长, 而后者在偏平方向的线度远大于波长. 这类房间不满足扩散场产生的条件, 必须用波导的理论来讨论声场的空间分布. 我们仅以长方体房间来说明空间声场随长度方向的变化规律 (对扁平房间, 当测量点远离扁平方向的边界面时, 可以用平面波导理论来讨论, 见 7.1.5 小节讨论).

为了简单, 考虑三边分别为 l_x, l_y 和 L 的长方体房间 (其中, $L \gg l_x, l_y$), 如图 5.3.11, 设长度方向二个端面的比阻抗率分别为 β_0 和 β_L, 其余四个面 (侧面用 Γ 统一表示) 为 β, 活塞点声源位于 $z = 0$ 端面上. 于是, 长方体房间内的声场分布满足

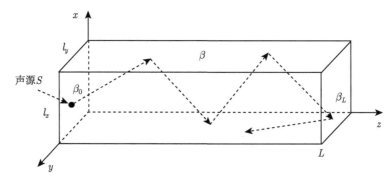

图 5.3.11   长方体房间, 长度方向 (z 方向) 两个相对的面上比阻抗率分别为 β_0 和 β_L, 其余四个侧面为 β, 点声源位于 $z = 0$ 面上

$$\left(\frac{\partial^2}{\partial x^2} + \frac{\partial^2}{\partial y^2} + \frac{\partial^2}{\partial z^2} \right) p + k_0^2 p = 0$$

$$\left(\frac{\partial p}{\partial n} - \mathrm{i} k_0 \beta p \right) \bigg|_\Gamma = 0$$
(5.3.47a)

其中, $k_0 = \omega / c_0$, 在端面上满足的边界条件为 (注意: 利用方程 (2.5.59b))

$$\left(\frac{\partial p}{\partial z} + \mathrm{i} k_0 \beta_0 p \right) \bigg|_{z=0} = \mathrm{i} k_0 \rho_0 c_0 Q_0 \delta(x - x_0) \delta(y - y_0)$$

$$\left(\frac{\partial p}{\partial z} - \mathrm{i} k_0 \beta_L p \right) \bigg|_{z=L} = 0$$
(5.3.47b)

其中, (x_0, y_0) 为活塞点源的位置, Q_0 表示点源的强度, 与活塞振动速度 $v_{0z}(x, y, \omega)$ 的关系为

$$Q_0 = \iint_{z=0} v_{0z}(x, y, \omega) \mathrm{d}x \mathrm{d}y$$
(5.3.47c)

根据 4.1.2 小节讨论, 方程 (5.3.47a) 和 (5.3.47b) 的解可用本征函数系 $\{\Psi_\lambda(x, y, \kappa_{t\lambda})\}$ 作展开

$$p(x, y, z, \omega) = \sum_{\lambda=0}^{\infty} Z_\lambda(z) \Psi_\lambda(x, y, \kappa_{t\lambda}) \tag{5.3.48a}$$

其中, 本征函数系 $\{\Psi_\lambda(x, y, \kappa_{t\lambda})\}$ 满足

$$\left(\frac{\partial^2}{\partial x^2} + \frac{\partial^2}{\partial y^2} \right) \Psi_\lambda(x, y) + \kappa_{t\lambda}^2 \Psi_\lambda(x, y) = 0$$

$$\left[\frac{\partial \Psi_\lambda(x, y)}{\partial n} - \mathrm{i} k_0 \beta \Psi_\lambda(x, y) \right] \Big|_\Gamma = 0 \tag{5.3.48b}$$

因 $\{\Psi_\lambda(x, y, \kappa_{t\lambda})\}$ 满足阻抗边界条件, 故由方程 (5.3.48a) 表达的 $p(x, y, z, \omega)$ 也满足, 把方程 (5.3.48a) 直接代入方程 (5.3.47a) 的第一式得到 $Z_\lambda(z)$ 满足的方程

$$\frac{\mathrm{d}^2 Z_\lambda(z)}{\mathrm{d}z^2} + (k_0^2 - \kappa_{t\lambda}^2) Z_\lambda(z) = 0 \tag{5.3.49a}$$

把方程 (5.3.48a) 代入方程 (5.3.47b) 可得 $Z_\lambda(z)$ 满足的边界条件

$$\left[\frac{\mathrm{d}Z_\lambda(z)}{\mathrm{d}z} + \mathrm{i} k_0 \beta_0 Z_\lambda(z) \right] \Big|_{z=0} = \frac{\mathrm{i} k_0 \rho_0 c_0 Q_0}{\Theta_{\lambda\lambda}} \Psi_\lambda(x_0, y_0, \kappa_{t\lambda})$$

$$\left[\frac{\mathrm{d}Z_\lambda(z)}{\mathrm{d}z} - \mathrm{i} k_0 \beta_L Z_\lambda(z) \right] \Big|_{z=L} = 0 \tag{5.3.49b}$$

其中, 取 $\lambda = 0, 1, 2, \cdots$, $\Theta_{\lambda\lambda}(\omega)$ 定义为

$$\Theta_{\lambda\lambda}(\omega) \equiv \iint \Psi_\lambda^2(x, y, \kappa_{t\lambda}) \mathrm{d}x \mathrm{d}y \tag{5.3.49c}$$

注意: 与 4.2.6 小节类似, 当 β_0 和 β_L 与 (x, y) 有关, 得不到简单的边界条件方程 (5.3.49c). 事实上, 把方程 (5.3.48a) 代入边界条件方程 (5.3.47b) 得到

$$\frac{\mathrm{d}Z_\lambda(z)}{\mathrm{d}z} \Big|_{z=0} + \mathrm{i} k_0 \sum_{\mu=0}^{\infty} \beta_0^{\lambda\mu} Z_\mu(0) = \frac{\mathrm{i} k_0 \rho_0 c_0 Q_0}{\Theta_{\lambda\lambda}} \Psi_\lambda(x_0, y_0, \kappa_{t\lambda})$$

$$\frac{\mathrm{d}Z_\lambda(z)}{\mathrm{d}z} \Big|_{z=L} - \mathrm{i} k_0 \sum_{\mu=0}^{\infty} \beta_L^{\lambda\mu} Z_\mu(L) = 0 \tag{5.3.49d}$$

其中, 为了方便定义

$$\beta_0^{\lambda\mu} \equiv \frac{1}{\Theta_{\lambda\lambda}} \iint_{z=0} \beta_0(x, y) \Psi_\mu(x, y, \kappa_{t\mu}) \Psi_\lambda(x, y, \kappa_{t\lambda}) \mathrm{d}x \mathrm{d}y$$

$$\beta_L^{\lambda\mu} \equiv \frac{1}{\Theta_{\lambda\lambda}} \iint_{z=0} \beta_L(x, y) \Psi_\mu(x, y, \kappa_{t\mu}) \Psi_\lambda(x, y, \kappa_{t\lambda}) \mathrm{d}x \mathrm{d}y \tag{5.3.49e}$$

故 $Z_\lambda(z)(\lambda = 0, 1, 2, \cdots)$ 在边界上都是相互耦合的.

方程 (5.3.49a) 和 (5.3.49b) 的解为

$$Z_\lambda(z) = A_\lambda \cos[\kappa_{z\lambda}(L - z)] + B_\lambda \sin[\kappa_{z\lambda}(L - z)] \tag{5.3.50a}$$

其中, $\kappa_{z\lambda}$ 为长度方向的复波数, 满足 $\kappa_{z\lambda}^2 \equiv k_0^2 - \kappa_{t\lambda}^2$, 系数

$$\begin{aligned}
A_\lambda &= \frac{\mathrm{i}k_0\rho_0 c_0 Q_0}{\Theta_{\lambda\lambda}} \cdot \frac{\Psi_\mu(x_0, y_0, \kappa_{t\mu})}{\Delta_\lambda(\omega)} \\
B_\lambda &= \frac{-\mathrm{i}k_0\beta_L}{\kappa_{z\lambda}} \cdot \frac{\mathrm{i}k_0\rho_0 c_0 Q_0}{\Theta_{\lambda\lambda}} \cdot \frac{\Psi_\mu(x_0, y_0, \kappa_{t\mu})}{\Delta_\lambda(\omega)}
\end{aligned} \tag{5.3.50b}$$

其中, 为了方便定义

$$\Delta_\lambda(\omega) \equiv \left(\kappa_{z\lambda} + \frac{k_0^2\beta_0\beta_L}{\kappa_{z\lambda}}\right)\sin(\kappa_{z\lambda}L) + \mathrm{i}k_0(\beta_L + \beta_0)\cos(\kappa_{z\lambda}L) \tag{5.3.50c}$$

方程 (5.3.50a) 代入方程 (5.3.48a) 得到长方体房间的声场分布

$$p(x, y, z, \omega) = \mathrm{i}k_0\rho_0 c_0 Q_0 \sum_{\lambda=0}^{\infty} \frac{\Psi_\lambda(x_0, y_0, \kappa_{t\lambda})\Psi_\lambda(x, y, \kappa_{t\lambda})}{\Theta_{\lambda\lambda}} \cdot \frac{\Lambda_\lambda(z)}{\Delta_\lambda(\omega)} \tag{5.3.51a}$$

其中, $\Lambda_\lambda(z) \equiv \cos[\kappa_{z\lambda}(L - z)] - (\mathrm{i}k_0\beta_L/\kappa_{z\lambda})\sin[\kappa_{z\lambda}(L - z)]$.

为了数值计算方便, 假定侧面 Γ 是准刚性的 $(\beta \to 0)$, 则长方体房间的复简正模式和复简正模式由方程 (4.1.40a) 和 (4.1.40b) 给出, 即 (指标 λ 由 p 和 q 代替)

$$\Psi_{pq}(x, y, \kappa_{pq}) \approx \begin{cases} A_{pq}C_p(x)C_q(y) & (p, q \neq 0) \\ A_{00} & (p = q = 0) \end{cases}$$

$$\kappa_{tpq}^2 \approx \left(\frac{p\pi}{l_x}\right)^2 + \left(\frac{q\pi}{l_y}\right)^2 - 2\mathrm{i}k_0\beta\left(\frac{\varepsilon_p}{l_x} + \frac{\varepsilon_q}{l_y}\right) \tag{5.3.51b}$$

其中, $p, q = 0, 1, 2, \cdots$, 以及

$$\begin{aligned}
C_p(x) &\equiv \cos\left(\frac{p\pi}{l_x}x + \mathrm{i}\frac{k_0 l_x \beta}{p\pi}\right) & (p \neq 0) \\
C_q(y) &\equiv \cos\left(\frac{q\pi}{l_y}y + \mathrm{i}\frac{k_0 l_y \beta}{q\pi}\right) & (q \neq 0)
\end{aligned} \tag{5.3.51c}$$

我们的主要目的是分析长方体房间中声场随长度方向的变化, 故对 $|p(x, y, z, \omega)|^2$ 作截面上的平均

$$\langle |p(x, y, z, \omega)|^2 \rangle_{xy} = \frac{1}{S} \iint_S |p(x, y, z, \omega)|^2 \mathrm{d}x\mathrm{d}y \tag{5.3.52a}$$

其中, $S \equiv l_x l_y$ 是截面面积. 在平均过程中进一步取刚性近似

$$\Psi_{pq}(x, y, \kappa_{tpq}) \approx \psi_{pq}(x, y, k_{pq}) = \sqrt{\frac{\varepsilon_p \varepsilon_q}{S}} \cos\left(\frac{p\pi}{l_x}x\right) \cos\left(\frac{q\pi}{l_y}y\right)$$

$$k_{tpq}^2 = \left(\frac{p\pi}{l_x}\right)^2 + \left(\frac{q\pi}{l_y}\right)^2 \quad (p, q = 0, 1, 2, \cdots) \tag{5.3.52b}$$

于是, 由方程 (5.3.51a) 得到

$$\langle |p(x, y, z, \omega)|^2 \rangle_{xy} = \frac{(k_0 \rho_0 c_0 Q_0)^2}{S} \sum_{p,q=0}^{\infty} \left|\frac{\Lambda_{pq}(z)}{\Delta_{pq}(\omega)}\right|^2 |\psi_{pq}(x_0, y_0, k_{tpq})|^2 \tag{5.3.52c}$$

注意: 由 4.1 节讨论, 复本征函数 $\Psi_{pq}(x, y, \kappa_{tpq})$ 不存在正交性, 而本征函数 $\psi_{pq}(x, y, k_{pq})$ 是正交、归一化的, 故只有在方程 (5.3.52b) 的近似下, 才能得到方程 (5.3.52c), 否则存在交叉项. 设声源的位置在房间顶点, 即 $x_0 = y_0 = 0$, 则上式简化为

$$\langle |p(x, y, z, \omega)|^2 \rangle_{xy} = \frac{(k_0 \rho_0 c_0 Q_0)^2}{S^2} \sum_{p,q=0}^{\infty} \varepsilon_p \varepsilon_q \left|\frac{\Lambda_{pq}(z)}{\Delta_{pq}(\omega)}\right|^2 \tag{5.3.53a}$$

其中, 为了方便定义

$$\frac{\Lambda_{pq}(z)}{\Delta_{pq}(\omega)} \equiv \frac{\cos[\kappa_{zpq}(L-z)] - (ik_0\beta_L \kappa_{zpq}^{-1})\sin[\kappa_{zpq}(L-z)]}{(\kappa_{zpq} + k_0^2\beta_0\beta_L\kappa_{zpq}^{-1})\sin(\kappa_{zpq}L) + ik_0(\beta_L + \beta_0)\cos(\kappa_{zpq}L)} \tag{5.3.53b}$$

在侧面 Γ 准刚性近似下

$$\kappa_{zpq}^2 = k_0^2 - \kappa_{tpq}^2 = k_0^2 - \left[\left(\frac{p\pi}{l_x}\right)^2 + \left(\frac{q\pi}{l_y}\right)^2\right] + 2ik_0\beta\left(\frac{\varepsilon_p}{l_x} + \frac{\varepsilon_q}{l_y}\right) \tag{5.3.53c}$$

注意: ①上式中不能取近似关系 $\kappa_{tpq}^2 \approx k_{tpq}^2$, 而必须保留侧面 Γ 上的声吸收; ②在具体计算中, 用指数函数代替方程 (5.3.53b) 中的三角函数, 可以消去分子和分母中出现的大项, 方便计算机数值计算.

定性分析 对长方体房间, 侧面的吸声性能对房间声场的分布影响非常大, 这一点可以从图 5.3.11 看出, 如果位于左端面的声源发出一条声线, 通过侧面的多次反射到达右端面, 经过多次侧面吸收而变弱, 因此, 房间声场内的声强应该随 z 衰减 (指数衰减, 如图 5.3.12 和图 5.3.13), 而不可能在空间形成均匀的扩散场. 反过来, 如果侧面刚性, 仅仅在端面存在声吸收, 则空间的声场比较均匀. 注意: ① 由方程 (5.3.1c) 的讨论, 声吸收对扩散声场的建立的必需的; ② 由 5.3.2 小节讨论, 声源必须有一定的带宽, 对单频声而言, 声场随空间的变化一定存在起伏, 但为了简单, 下面仅仅计算单频声波.

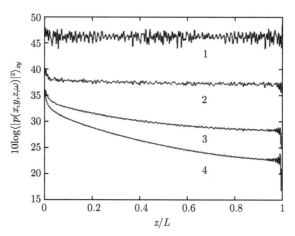

图 5.3.12　空间声压随 z 变化

法向声阻抗率分别为: $z_B = z_0 = z_L = 10^6 \mathrm{N \cdot s/m^3}$(曲线 1); $z_B = z_0 = z_L = 10^5 \mathrm{N \cdot s/m^3}$(曲线 2);

$z_B = z_0 = z_L = 2 \times 10^4 \mathrm{N \cdot s/m^3}$(曲线 3); 和 $z_B = z_0 = z_L = 10^4 \mathrm{N \cdot s/m^3}$(曲线 1). 纵轴为任意单位

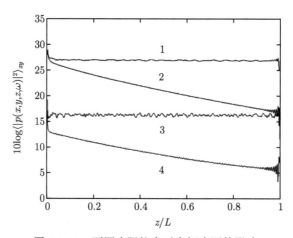

图 5.3.13　不同声阻抗率对空间声压的影响

曲线 1 和 3: 侧面相同 ($z_B = 10^6 \mathrm{N \cdot s/m^3}$), 端面分别为 $z_0 = z_L = 10^3 \mathrm{N \cdot s/m^3}$ 和

$z_0 = z_L = 10^2 \mathrm{N \cdot s/m^3}$; 曲线 2 和 4: 侧面相同 ($z_B = 10^4 \mathrm{N \cdot s/m^3}$), 端面分别为

$z_0 = z_L = 10^3 \mathrm{N \cdot s/m^3}$ 和 $z_0 = z_L = 10^2 \mathrm{N \cdot s/m^3}$. 纵轴为任意单位

数值计算　计算中取空气密度和声速分别为 $\rho_0 = 1.21 \mathrm{kg/m^3}$ 和 $c_0 = 344 \mathrm{m/s}$, 长方体截面高度和宽度分别为 $l_x = 1.61 \mathrm{m}$ 和 $l_y = 1.93 \mathrm{m}$, 长度 $L = 7.17 \mathrm{m}$ (为了避免模式的简并, 尺寸尽量取非整数), 声源频率 $f = 3000 \mathrm{Hz}$ (波长为 $\lambda = c_0/f \approx 0.114 \mathrm{m}$, 远小于房间的长、宽和高度). 由于比阻抗率 β 与法向声阻抗率 z_n 的关系为 $\beta = \rho_0 c_0 / z_n$, 当 $z_n \to \infty$ 时 (吸收主要由 z_n 的实部决定, 可以假定虚部为

零), $\beta \to 0$, 即为刚性面情况, 故通过改变 z_n 的大小, 控制侧面 Γ 的吸声. 注意: 由于得到方程 (5.3.53a), 已经假定侧面 Γ 是准刚性的, 故侧面的 β 必须足够小, 而端面的 β_0 和 β_L 无此限制. 计算结果和讨论如下.

(1) 设左、右端面及侧面的法向声阻抗率分别为 z_0, z_L 和 z_B, 如图 5.3.12 的曲线 1 和曲线 2, 当 $z_B = z_0 = z_L = 10^6 \mathrm{N \cdot s/m^3}$ 和 $z_B = z_0 = z_L = 10^5 \mathrm{N \cdot s/m^3}$ 时, 比阻抗率分别为 $\beta = \beta_0 = \beta_L = 3.44 \times 10^{-4} \mathrm{N \cdot s/m^3}$ 和 $\beta = \beta_0 = \beta_L = 3.44 \times 10^{-3} \mathrm{N \cdot s/m^3}$, 相当于刚性壁面, 在长房间内形成声强起伏的驻波场; 当 $z_B = z_0 = z_L = 2 \times 10^4 \mathrm{N \cdot s/m^3}$ ($\beta = \beta_0 = \beta_L = 0.0172 \mathrm{N \cdot s/m^3}$) 时, 壁面的吸收使长房间内的声强随 z 指数衰减 (注意: 纵轴是对数, 故图中的线性变化意味声强随 z 指数衰减), 当比阻抗率进一步增加, 声强起伏减小且衰减速度增加, 如图 5.3.12 的曲线 3 和曲线 4;

(2) 图 5.3.13 给出了侧面声阻抗率相同、但端面声阻抗率不同时, 长房间内声强随 z 的变化, 由曲线 1 和 3 可见, 由于端面的吸收, 房间内声强起伏减小, 但仍然是比较均匀的驻波场; 由曲线 2 和 4 可见, 尽管端面的声阻抗率相差一个数量级, 但衰减速度 (曲线的斜率) 变化不大, 也就是说, 衰减速度主要由侧面的吸收决定, 但端面的声吸收对空间声强的大小影响较大.

以上定量计算与定性分析的结果是一致的. 因此, 对长方体房间, 不存在严格意义的均匀扩散场, 只要侧面存在声吸收, 空间声强随长度方向指数衰减. 注意: ① 由图 5.3.12, 在端面 $z = L$ 附近, 声场变化剧烈, 这是由于高阶模式在边界附近不可忽略; ② 在端面 $z = 0$ 上, 声强远远大于房间内的声强, 这是由于计算中把声源置于端面 $z = 0$ 上引起的直达声的贡献; ③ 数值计算表明, $(0,0)$ 模式、$(0,q)(q > 0)$ 模式和 $(p,0)(p > 0)$ 模式对声场的贡献较小, 声场主要由 $(p,q)(p > 0, q > 0)$ 模式贡献.

5.4 低频近似和 Helmholtz 共振腔

当声源的激发频率甚低, 以至于声波波长远大于腔的线度 (如小的腔体), 腔体内难以形成驻波, 也就是说, 高阶简正模式 ($\lambda \geqslant 1$) 的贡献很小, 腔内的气体近似作压缩和膨胀的同相振动. 简单而实用的小腔体是 Helmholtz 共振腔, 我们以此为例说明, 在低频近似下, 简正模式展开中级数的零阶简正模式 ($\lambda = 0$) 起主要作用, 而高阶简正模式 ($\lambda \geqslant 1$) 的作用可以用管端修正来表示.

5.4.1 封闭腔的低频近似和 Helmholtz 共振腔

设声波波长远大于腔的线度 $l = \sqrt[3]{V}$, 腔的部分壁面 S_1 以法向速度 $v_n(\boldsymbol{r}, \omega)|_{S_1}$ 作振动, 壁面的另一部分 S_2 为阻抗边界条件 (如图 5.4.1), 那么腔内声场满足方程

$$\nabla^2 p(\boldsymbol{r}, \omega) + k_0^2 p(\boldsymbol{r}, \omega) = 0, \quad \boldsymbol{r} \in V$$

$$\frac{\partial p}{\partial n} - \mathrm{i}k_0 \beta(\boldsymbol{r}, \omega) p = 0, \quad \boldsymbol{r} \in S_2 \tag{5.4.1a}$$

$$\frac{\partial p}{\partial n} = \mathrm{i}\rho_0 c_0 k_0 v_n(\boldsymbol{r}, \omega), \quad \boldsymbol{r} \in S_1$$

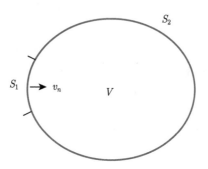

图 5.4.1   小腔内的声场

注意: 式中 $\boldsymbol{n}$ 表示区域的法向, 与腔壁的法向 (由腔壁指向腔体中) 相反. 取 Green 函数为腔壁刚性时的 Green 函数, 即方程 (5.1.4b), 满足刚性边界条件方程 (5.1.5). 由方程 (2.5.6a) 得到腔内的声场

$$\begin{aligned}
p(\boldsymbol{r}, \omega) &= \iint_S \left[G_0(\boldsymbol{r}, \boldsymbol{r}') \frac{\partial p(\boldsymbol{r}', \omega)}{\partial n'} - p(\boldsymbol{r}', \omega) \frac{\partial G_0(\boldsymbol{r}, \boldsymbol{r}')}{\partial n'} \right] \mathrm{d}S' \\
&= \iint_{S_2} G_0(\boldsymbol{r}, \boldsymbol{r}') \mathrm{i}k_0 \beta(\boldsymbol{r}', \omega) p(\boldsymbol{r}', \omega) \mathrm{d}S' \\
&\quad + \mathrm{i}\rho_0 c_0 k_0 \iint_{S_1} G_0(\boldsymbol{r}, \boldsymbol{r}') v_n(\boldsymbol{r}', \omega) \mathrm{d}S'
\end{aligned} \tag{5.4.1b}$$

注意: $G_0(\boldsymbol{r}, \boldsymbol{r}')$ 满足刚性边界条件, 故上式右边仍然含有 $p(\boldsymbol{r}, \omega)$. 把方程 (5.1.4b) 代入上式得到

$$\begin{aligned}
p(\boldsymbol{r}, \omega) = \sum_{\lambda=0}^{\infty} \frac{1}{k_\lambda^2 - k_0^2} &\left[\iint_{S_2} \psi_\lambda^*(\boldsymbol{r}', \omega_\lambda) \psi_\lambda(\boldsymbol{r}, \omega_\lambda) \mathrm{i}k_0 \beta(\boldsymbol{r}', \omega) p(\boldsymbol{r}', \omega) \mathrm{d}S' \right. \\
&\left. + \mathrm{i}\rho_0 c_0 k_0 \iint_{S_1} \psi_\lambda^*(\boldsymbol{r}', \omega_\lambda) \psi_\lambda(\boldsymbol{r}, \omega_\lambda) v_n(\boldsymbol{r}', \omega) \mathrm{d}S' \right]
\end{aligned} \tag{5.4.2a}$$

注意到, 因为 $k_\lambda \sim 1/\sqrt[3]{V}(\lambda \geqslant 1)$, 故当声波波长远大于腔的线度 $l = \sqrt[3]{V}$ 时, $k_0 \ll k_\lambda$, 上式求和只要保留第一项 $(\lambda = 0)$ 就可以了, 而 $\psi_0(\boldsymbol{r}, \omega_0) = 1/\sqrt{V}$ 和 $\omega_0 = 0$, 故

$$p(\boldsymbol{r}, \omega) \approx -\frac{1}{V k_0^2} \left[\iint_{S_2} \mathrm{i}k_0 \beta(\boldsymbol{r}', \omega) p(\boldsymbol{r}', \omega) \mathrm{d}S' + \mathrm{i}\rho_0 c_0 k_0 \iint_{S_1} v_n(\boldsymbol{r}', \omega) \mathrm{d}S' \right] \tag{5.4.2b}$$

上式右边与 r 无关, 即 $p(r, \omega) \equiv p(\omega)$, 于是

$$p(\omega) \approx -\frac{\mathrm{i}c_0 p(\omega)}{\omega V} \iint_{S_2} \beta(r', \omega)\mathrm{d}S' - \mathrm{i}\frac{\rho_0 c_0^2}{\omega V} \iint_{S_1} v_n(r', \omega)\mathrm{d}S' \tag{5.4.3a}$$

因此, 腔内的声压为

$$p(\omega) \approx -\mathrm{i}\frac{\rho_0 c_0^2}{\omega V} \frac{1}{\left[1 + \dfrac{\mathrm{i}c_0}{\omega V} \iint_{S_2} \beta(r', \omega)\mathrm{d}S'\right]} \iint_{S_1} v_n(r', \omega)\mathrm{d}S' \tag{5.4.3b}$$

上式讨论如下.

(1) 刚性壁面的腔体 $\beta(r', \omega) = 0$, 上式简化为

$$p(\omega) \approx -\mathrm{i}\frac{\rho_0 c_0^2 S_d}{\omega V} \frac{1}{S_d} \iint_{S_1} v_n(r', \omega)\mathrm{d}S' \equiv -\mathrm{i}\frac{\rho_0 c_0^2}{\omega V} S_d \bar{v}_n \tag{5.4.4a}$$

其中, S_d 为区域 S_1 的面积, $\bar{v}_n$ 为 S_1 面上的平均速度 (腔壁的法向平均速度), 即

$$\bar{v}_n \equiv \frac{1}{S_d} \iint_{S_1} v_n(r', \omega)\mathrm{d}S' \tag{5.4.4b}$$

把方程 (5.4.4.a) 和 (5.4.4b) 运用到 Helmholtz 共振腔, 如图 5.4.2, 短管与腔体的连接处 $(z = l)$ 相当于存在平均速度 $\bar{v}_n$, 注意到平均速度与位移 ξ 的关系: $S_d\bar{v}_n = -\mathrm{i}\omega S_d \bar{\xi} = -\mathrm{i}\omega\delta V$, 方程 (5.4.4a) 即为

$$p(\omega) \approx -\rho_0 c_0^2 \frac{\delta V}{V} \tag{5.4.5a}$$

故连接处 $(z = l)$ 的声阻抗为

$$Z_l \equiv \frac{p(\omega)}{n \cdot \bar{v}_n S_d} = -\frac{p(\omega)}{\bar{v}_n S_d} = -\frac{\rho_0 c_0^2}{\mathrm{i}\omega V} \tag{5.4.5b}$$

注意: 在振动面上, 区域的法向为 $n = -e_z$. 方程 (5.4.5a) 和 (5.4.5b) 与方程 (4.4.1c) 的第二式结果是完全一致的.

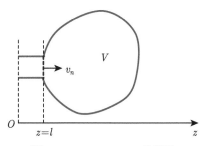

图 5.4.2 Helmholtz 共振腔

(2) 阻抗壁面, 假定 $\beta(\boldsymbol{r},\omega)=\beta_0(\boldsymbol{r})=\sigma(\boldsymbol{r})+\mathrm{i}\delta(\boldsymbol{r})\neq 0$, 即阻抗与频率无关, 方程 (5.4.5b) 中的 V 应该用 V' 代替

$$
\begin{aligned}
V' &\equiv V\left[1+\frac{\mathrm{i}c_0}{\omega V}\iint_{S_2}\beta(\boldsymbol{r}',\omega)\mathrm{d}S'\right]=V\left[1+\frac{\mathrm{i}c_0}{\omega V}\iint_{S_2}\beta(\boldsymbol{r}')\mathrm{d}S'\right]\\
&=V\left[1+\frac{\mathrm{i}c_0 S_2}{\omega V}(\bar{\sigma}+\mathrm{i}\bar{\delta})\right]=V\left(1-\frac{c_0 S_2\bar{\delta}}{\omega V}+\mathrm{i}\frac{c_0 S_2\bar{\sigma}}{\omega V}\right)
\end{aligned}
\tag{5.4.6a}
$$

其中, S_2 为阻抗壁面面积, $\bar{\sigma}$ 和 $\bar{\delta}$ 为阻抗壁面的平均

$$
\bar{\sigma}\equiv\frac{1}{S_2}\iint_{S_2}\sigma(\boldsymbol{r})\mathrm{d}S';\quad \bar{\delta}\equiv\frac{1}{S_2}\iint_{S_2}\delta(\boldsymbol{r})\mathrm{d}S'
\tag{5.4.6b}
$$

由声阻抗转移公式, 即方程 (4.3.18b), 腔口 $(z=0)$ 的声阻抗为

$$
Z_0\approx\mathrm{i}\rho_0 c_0^2\frac{1-\omega^2 V'l/S_\mathrm{d}c_0^2}{\omega V'}
\tag{5.4.7a}
$$

得到上式, 假定 $k_0 l\ll 1$, $\tan(k_0 l)\approx k_0 l$. 把方程 (5.4.6a) 代入上式得到

$$
Z_0\approx\mathrm{i}\rho_0 c_0^2\cdot\frac{1-\omega^2 V'l/S_\mathrm{d}c_0^2}{\omega V'}=\mathrm{i}\rho_0 c_0\left(\frac{c_0}{\omega V'}-\frac{\omega l}{c_0 S_\mathrm{d}}\right)\equiv\rho_0 c_0(R+\mathrm{i}I)
\tag{5.4.7b}
$$

其中, R 和 I 取 $\bar{\sigma}$ 和 $\bar{\delta}$ 的一阶近似为

$$
R\approx\frac{c_0^2 S_2\bar{\sigma}}{(\omega V)^2};I\approx\frac{c_0(1+c_0 S_2\bar{\delta}/\omega V)-\omega^2 Vl/c_0 S_\mathrm{d}}{\omega V}
\tag{5.4.7c}
$$

令声阻抗的虚部为零得到 Helmholtz 共振腔的共振频率

$$
\omega_\mathrm{R}^2\approx\frac{S_\mathrm{d}c_0^2}{Vl}\left(1+\sqrt{\frac{l}{VS_\mathrm{d}}}S_2\bar{\delta}\right)
\tag{5.4.7d}
$$

注意: 用 4.4.1 小节的方法讨论 Helmholtz 共振腔时, 我们只能得到腔壁刚性时的共振频率, 而无法讨论腔内壁铺有吸声材料的情况.

当 $\bar{\delta}=0$ 时, 上式与 4.4.1 小节的结果完全一致. 但是, 把上式直接应用于求 Helmholtz 共振腔的共振频率时, 我们忽略了腔内高阶模式的影响, 当考虑腔内的高阶模式时, 短管长度 l 必须作一定的修正, 见下小节讨论.

5.4.2   高阶模式引起的共振频率管端修正

为了简单, 设 $\beta(\boldsymbol{r},\omega)=0$, 保留方程 (5.4.2a) 中 $\lambda\geqslant 1$ 的项, 并且注意到 $k_0\ll k_\lambda$

$$
p(\boldsymbol{r},\omega)\approx-\mathrm{i}\frac{\rho_0 c_0}{k_0 V}S_\mathrm{d}\bar{v}_n+\mathrm{i}\rho_0 c_0 k_0\bar{v}_n\sum_{\lambda=1}^{\infty}\frac{\psi_\lambda(\boldsymbol{r},\omega_\lambda)}{k_\lambda^2}\iint_{S_\mathrm{d}}\psi_\lambda^*(\boldsymbol{r}',\omega_\lambda)\mathrm{d}S'
\tag{5.4.8a}
$$

式中, 我们已经用平均值 $\bar{v}_n$ 来代替连接处的速度. 连接处 $(z=l)$ 的声压为

$$p(x,y,l,\omega) \approx -\mathrm{i}\frac{\rho_0 c_0}{k_0 V}S_\mathrm{d}\bar{v}_n + \mathrm{i}\rho_0 c_0 k_0 S_\mathrm{d}\bar{v}_n \sum_{\lambda=1}^{\infty}\frac{\psi_\lambda(x,y,l,\omega_\lambda)}{k_\lambda^2}\bar{\psi}_\lambda(\omega_\lambda) \qquad (5.4.8\mathrm{b})$$

其中, (x,y) 为连接处 $(z=l)$ 的位置坐标, $\bar{\psi}_\lambda(\omega_\lambda)$ 为简正模式在连接处面 $(z=l)$ 上的平均值

$$\bar{\psi}_\lambda(\omega_\lambda) \equiv \frac{1}{S_\mathrm{d}}\iint_{S_\mathrm{d}}\psi_\lambda^*(x,y,l,\omega_\lambda)\mathrm{d}x\mathrm{d}y \qquad (5.4.9\mathrm{a})$$

由方程 (5.4.8b) 得到连接处 $(z=l)$ 的平均声压为

$$\bar{p}(l,\omega) \equiv \frac{1}{S_\mathrm{d}}\int_{S_\mathrm{d}}p(x,y,l,\omega)\mathrm{d}S = -\mathrm{i}\frac{\rho_0 c_0}{k_0 V}S_\mathrm{d}\bar{v}_n + \mathrm{i}\rho_0 c_0 k_0 \bar{v}_n\varepsilon \qquad (5.4.9\mathrm{b})$$

其中, 参数 ε 定义为

$$\varepsilon \equiv S_\mathrm{d}\sum_{\lambda=1}^{\infty}\frac{1}{k_\lambda^2}\left|\bar{\psi}_\lambda(\omega_\lambda)\right|^2 \qquad (5.4.9\mathrm{c})$$

因此, 连接处 $(z=l)$ 的声阻抗为

$$Z_l \equiv -\frac{\bar{p}(l,\omega)}{S_\mathrm{d}\bar{v}_n} = \mathrm{i}\left(\frac{\rho_0 c_0}{k_0 V} - \frac{\rho_0 c_0 k_0}{S_\mathrm{d}}\varepsilon\right) \qquad (5.4.10)$$

上式与方程 (5.4.5b) 比较, 显然增加了表示高阶模式贡献的一项, 即括号内的第二项. 为了说明 ε 的意义, 考虑图 5.4.2 的 Helmholtz 共振腔, 由声阻抗转移公式, 即方程 (4.3.18b), 得到 Helmholtz 共振腔开口处 $(z=0)$ 的声阻抗为

$$Z_0 \approx \mathrm{i}\rho_0 c_0^2\frac{1-(l+\varepsilon)\omega^2 V/S_\mathrm{d}c_0^2}{\omega[V+(1+V\omega^2\varepsilon/S_\mathrm{d}c_0^2)lS_\mathrm{d}]} \approx \mathrm{i}\rho_0 c_0^2\frac{1-(l+\varepsilon)\omega^2 V/S_\mathrm{d}c_0^2}{\omega V} \qquad (5.4.11\mathrm{a})$$

得到上式, 假定 $k_0 l \ll 1$, $\tan(k_0 l)\approx k_0 l$. 故 Helmholtz 共振腔的共振频率为

$$\omega_\mathrm{R}^2 = \frac{S_\mathrm{d}c_0^2}{V(l+\varepsilon)} \qquad (5.4.11\mathrm{b})$$

可见, ε 相当于短管作长度修正, 修正量为 ε.

修正量的估计 由方程 (5.4.9c), ε 与腔的形状有关, 考虑一个简单的例子: 如图 5.4.3, 腔体为边长等于 L 的立方体, 而连接处为边长等于 b 的正方形, 并且位于立方体的一个面中间 $(z=l)$. 由方程 (5.2.2b), 简正模式

$$\psi_{pqr}(x,y,z,\omega_{pqr}) = \sqrt{\frac{\varepsilon_p\varepsilon_q\varepsilon_r}{V}}\cos\left(\frac{p\pi}{L}x\right)\cos\left(\frac{q\pi}{L}y\right)\cos\left[\frac{r\pi}{L}(l-z)\right] \qquad (5.4.12\mathrm{a})$$

把上式代入方程 (5.4.9a)

$$\bar{\psi}_{pqr} = \frac{1}{b^2} \iint_{b\times b} \psi_{pqr}(x,y,l,\omega_{pqr}) \mathrm{d}x\mathrm{d}y$$

$$= \frac{1}{b^2}\sqrt{\frac{\varepsilon_p\varepsilon_q\varepsilon_r}{V}} \int_{(L-b)/2}^{(L+b)/2} \cos\left(\frac{p\pi}{L}x\right)\mathrm{d}x \int_{(L-b)/2}^{(L+b)/2}\cos\left(\frac{q\pi}{L}y\right)\mathrm{d}y$$

$$= \sqrt{\frac{\varepsilon_p\varepsilon_q\varepsilon_r}{V}}\left(\frac{1}{p\pi b/2L}\right)\left(\frac{1}{q\pi b/2L}\right)$$
$$\times\cos\left(\frac{p\pi}{2}\right)\cos\left(\frac{q\pi}{2}\right)\sin\left(p\pi\frac{b}{2L}\right)\sin\left(q\pi\frac{b}{2L}\right)$$

(5.4.12b)

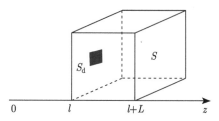

图 5.4.3   立方体腔和连接处开口为正方形

注意到 pqr 可以有五种组合 (不能全为零, 否则就是 $\lambda = 0$, 而我们已单独考虑了这一项): $p = q = 0, r > 0$; $p = 0, q > 0, r = 0$; $p > 0, q = 0, r = 0$(由于考虑正方形情况, 故此类模式与前一类模式对 ε 有相同的贡献); $p > 0, q > 0, r = 0$ 以及 $p > 0, q > 0, r > 0$. 故把方程 (5.4.9c) 的求和分成对 4 类模式的求和

$$\varepsilon = S_\mathrm{d}\sum_{p,q,r}^{\infty}\frac{1}{k_{pqr}^2}(\bar{\psi}_{pqr})^2 = S_\mathrm{d}\sum_{r=1}^{\infty}\frac{1}{k_{00r}^2}(\bar{\psi}_{00r})^2 + 2S_\mathrm{d}\sum_{q=1}^{\infty}\frac{1}{k_{0q0}^2}(\bar{\psi}_{0q0})^2$$
$$+S_\mathrm{d}\sum_{p,q=1}^{\infty}\frac{1}{k_{pq0}^2}(\bar{\psi}_{pq0})^2 + S_\mathrm{d}\sum_{p,q,r=1}^{\infty}\frac{1}{k_{pqr}^2}(\bar{\psi}_{pqr})^2$$

(5.4.13a)

注意到

$$k_{pqr}^2 = \left(\frac{p\pi}{L}\right)^2 + \left(\frac{q\pi}{L}\right)^2 + \left(\frac{r\pi}{L}\right)^2$$

(5.4.13b)

因此, 把方程 (5.4.12b) 和上式代入方程 (5.4.13a), 并且注意到只有当 p 或 q 为偶数 ($p = 2m$, $q = 2n$) 时, $\bar{\psi}_{pqr}$ 才不为零, 于是

$$\varepsilon = \left(\frac{b}{L}\right)\frac{2b}{\pi^2}\sum_{r=1}^{\infty}\frac{1}{r^2} + \frac{S_\mathrm{d}b^2}{V}\sum_{m=1}^{\infty}f(m,m)\sin^2\left(\frac{m\pi b}{L}\right)$$
$$+S_\mathrm{d}\frac{b^2L^2}{V}\sum_{m,n=1}^{\infty}g(m,n,0)f(m,n)\sin^2\left(\frac{m\pi b}{L}\right)\sin^2\left(\frac{n\pi b}{L}\right)$$
$$+S_\mathrm{d}\frac{2b^2}{V^2}\sum_{m,n,r=1}^{\infty}g(m,n,r)f(m,n)\sin^2\left(\frac{m\pi b}{L}\right)\sin^2\left(\frac{n\pi b}{L}\right)$$

(5.4.13c)

其中, 为了方便令

$$f(m,n) \equiv \frac{1}{(m\pi b/L)^2} \cdot \frac{1}{(n\pi b/L)^2} \tag{5.4.13d}$$

$$g(m,n,r) \equiv \frac{1}{(m\pi b/L)^2 + (n\pi b/L)^2 + (rb\pi/2L)^2} \tag{5.4.13e}$$

显然, 方程 (5.4.13c) 的无限级数求和都是收敛的. 令 $x \equiv m\pi b/L$; $y \equiv n\pi b/L$

$$\begin{aligned}
\varepsilon = &\left(\frac{b}{L}\right)\frac{2b}{\pi^2}\sum_{r=1}^{\infty}\frac{1}{r^2} + \frac{S_{\mathrm{d}}b^2}{V}\sum_{m=1}^{\infty}\frac{1}{x^2}\cdot\frac{\sin^2 x}{x^2}\\
&+\frac{S_{\mathrm{d}}b^2}{V}\sum_{m,n=1}^{\infty}\frac{1}{x^2+y^2}\cdot\frac{\sin^2 x}{x^2}\cdot\frac{\sin^2 y}{y^2}\\
&+\frac{8S_{\mathrm{d}}}{\pi^2 L}\sum_{m,n,r=1}^{\infty}\frac{1}{(2L/\pi b)^2(x^2+y^2)+r^2}\cdot\frac{\sin^2 x}{x^2}\cdot\frac{\sin^2 y}{y^2}
\end{aligned} \tag{5.4.14a}$$

注意到求和关系

$$\sum_{r=1}^{\infty}\frac{1}{\eta^2+r^2} = \frac{1}{2\eta}\left[\pi\coth(\pi\eta) - \frac{1}{\eta}\right] \tag{5.4.14b}$$

方程 (5.4.14a) 中对 r 的求和可以得出

$$\begin{aligned}
&\sum_{r=1}^{\infty}\frac{1}{(2L/\pi b)^2(x^2+y^2)+r^2}\\
&=\frac{\pi b}{4L\sqrt{x^2+y^2}}\left[\pi\coth\left(\frac{2L}{b}\sqrt{x^2+y^2}\right) - \left(\frac{b}{L}\right)\frac{\pi}{2\sqrt{x^2+y^2}}\right]
\end{aligned} \tag{5.4.14c}$$

注意到 $L/b \gg 1$: $\coth(\pi\eta) \approx 1(\eta \gg 1)$, 而第二项正比于 $b/L \ll 1$, 可忽略, 于是

$$\sum_{r=1}^{\infty}\frac{1}{(2L/\pi b)^2(x^2+y^2)+r^2} \approx \frac{\pi^2 b}{4L\sqrt{x^2+y^2}} \tag{5.4.14d}$$

把上式代入方程 (5.4.14a)

$$\begin{aligned}
\varepsilon = &\left(\frac{b}{L}\right)\frac{b}{3} + \left(\frac{b}{L}\right)\frac{b}{\pi^2}\sum_{m=1}^{\infty}\left(\frac{\pi b}{L}\right)^2\frac{1}{x^2}\frac{\sin^2 x}{x^2}\\
&+\left(\frac{b}{L}\right)\frac{b}{\pi^2}\sum_{m,n=1}^{\infty}\left(\frac{\pi b}{L}\right)^2\frac{1}{x^2+y^2}\frac{\sin^2 x}{x^2}\cdot\frac{\sin^2 y}{y^2}\\
&+\frac{2b}{\pi^2}\sum_{m,n=1}^{\infty}\frac{1}{\sqrt{x^2+y^2}}\left(\frac{\pi b}{L}\right)^2\cdot\frac{\sin^2 x}{x^2}\cdot\frac{\sin^2 y}{y^2}
\end{aligned} \tag{5.4.15a}$$

下面分析上式中的前二个无限级数.

(1) 第一个无限级数

$$\sum_{m=1}^{\infty}\left(\frac{\pi b}{L}\right)^2\frac{1}{x^2}\frac{\sin^2 x}{x^2}=\sum_{m=1}^{\infty}\frac{1}{m^2}\frac{\sin^2 x}{x^2}<\sum_{m=1}^{\infty}\frac{1}{m^2}=\frac{\pi^2}{6} \tag{5.4.15b}$$

(2) 第二个无限级数

$$\sum_{m,n=1}^{\infty}\left(\frac{\pi b}{L}\right)^2\frac{1}{x^2+y^2}\frac{\sin^2 x}{x^2}\cdot\frac{\sin^2 y}{y^2}$$
$$=\sum_{m,n=1}^{\infty}\frac{1}{m^2+n^2}\frac{\sin^2 x}{x^2}\cdot\frac{\sin^2 y}{y^2}<\sum_{m,n=1}^{\infty}\frac{1}{m^2+n^2}=\text{有限} \tag{5.4.15c}$$

因此方程 (5.4.15a) 中前三项正比于 b/L, 故当 $b/L\ll 1$ 时只需保留第四项, 于是

$$\varepsilon\approx\frac{2b}{\pi^2}\sum_{m,n=1}^{\infty}\frac{1}{\sqrt{x^2+y^2}}\left(\frac{\pi b}{L}\right)^2\cdot\frac{\sin^2 x}{x^2}\cdot\frac{\sin^2 y}{y^2} \tag{5.4.16a}$$

当 $b/L\ll 1$ 时, 上式中求和可用积分代替: $\mathrm{d}x=\pi b/L$ 和 $\mathrm{d}y=\pi b/L$, 于是, 方程 (5.4.16a) 形式上可写成

$$\varepsilon\approx\frac{2\sqrt{S_d}}{\pi^2}\int_0^{\infty}\int_0^{\infty}\frac{1}{\sqrt{x^2+y^2}}\frac{\sin^2 x}{x^2}\cdot\frac{\sin^2 y}{y^2}\mathrm{d}x\mathrm{d}y \tag{5.4.16b}$$

为了推广到非正方体腔体和非正方形开口情况, 上式中把正方形边长 b 写成 $\sqrt{S_d}$. 在极坐标中不难证明方程 (5.4.16b) 中积分存在, 数值计算表明, $\varepsilon\approx 0.4802\sqrt{S_d}$. 因此, 在计算 Helmholtz 共振腔的共振频率时, 必须考虑管端的这个修正. 另一个修正是 Helmholtz 共振腔开口处 ($z=0$) 向外辐射声波引起的修正, 我们将在下小节讨论.

5.4.3   无限大障板上的 Helmholtz 共振腔及管端修正

如图 5.4.4, 为了得到解析解, 假定 Helmholtz 共振腔位于无限大障板上. 设空间 $\boldsymbol{r}_s=(x_s,y_s,z_s)$ 处存在点声源 $\Im(\boldsymbol{r},\omega)=-\mathrm{i}\rho_0\omega q_0(\omega)\delta(\boldsymbol{r},\boldsymbol{r}_s)$, Helmholtz 共振腔的开口中心位于原点, 我们的问题是: Helmholtz 共振腔如何影响腔外空间任意一点 $\boldsymbol{r}=(x,y,z)$ 的声压? 取 Green 函数满足方程 (2.5.7d), 由方程 (2.5.7e) 表示, 即

$$G(\boldsymbol{r},\boldsymbol{r}')=\frac{\exp(\mathrm{i}k_0|\boldsymbol{r}-\boldsymbol{r}'|)}{4\pi|\boldsymbol{r}-\boldsymbol{r}'|}+\frac{\exp(\mathrm{i}k_0|\boldsymbol{r}-\boldsymbol{r}''|)}{4\pi|\boldsymbol{r}-\boldsymbol{r}''|} \tag{5.4.17a}$$

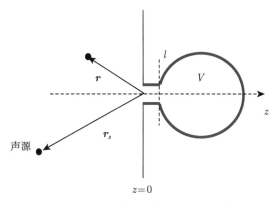

图 5.4.4　无限大障板上的 Helmholtz 共振腔

由方程 (2.5.7a)，腔外空间一点的声压为

$$p(\boldsymbol{r},\omega) = -\mathrm{i}\omega\rho_0 q_0(\omega)\int_V G(\boldsymbol{r},\boldsymbol{r}')\delta(\boldsymbol{r}',\boldsymbol{r}_s)\mathrm{d}^3\boldsymbol{r}'$$
$$+\mathrm{i}\rho_0 c_0 k_0 \iint_{S_\mathrm{d}} G(\boldsymbol{r},\boldsymbol{r}')v_z(\boldsymbol{r}',\omega)\mathrm{d}S_1' \qquad (5.4.17\mathrm{b})$$

其中，S_d 是 Helmholtz 共振腔短管的面积，$v_z = v_n(\boldsymbol{r}',\omega)$ 为共振腔开口处 $(z = 0)$ 的振动速度.

在低频条件下，$v_z(\boldsymbol{r}',\omega)$ 在开口处 $(z = 0)$ 可看作常数，于是方程 (5.4.17b) 右边第二项可看作无限大障板上刚性活塞辐射的声场，由方程 (2.5.39) 决定 (注意：图 2.5.8 中，我们求 $z > 0$ 的声场，$v_n = -v_z(\boldsymbol{r}',\omega)$，法向为 $-z$ 方向；而在图 5.4.3 中，求的是 $z < 0$ 区域的场，$v_n = v_z(\boldsymbol{r}',\omega)$，故相差一个负号). 因此，方程 (5.4.17b) 变成

$$p(\boldsymbol{r},\omega) = -\mathrm{i}\omega\rho_0 q_0(\omega)G(\boldsymbol{r},\boldsymbol{r}_s) + 2\mathrm{i}\frac{\rho_0\omega}{4\pi}\iint_{S_\mathrm{d}} v_z(x',y',\omega)\frac{\exp(\mathrm{i}k_0 R)}{R}\mathrm{d}x'\mathrm{d}y' \quad (5.4.17\mathrm{c})$$

其中，$R = \sqrt{(x-x')^2 + (y-y')^2 + z^2}$ 是腔外空间任意一点 $\boldsymbol{r} = (x,y,z < 0)$ 到开口面上一点 $\boldsymbol{r}' = (x',y',0)$ 的距离，函数 $G(\boldsymbol{r},\boldsymbol{r}_s)$ 为

$$G(\boldsymbol{r},\boldsymbol{r}_s) = \frac{\exp(\mathrm{i}k_0|\boldsymbol{r}-\boldsymbol{r}_s|)}{4\pi|\boldsymbol{r}-\boldsymbol{r}_s|} + \frac{\exp(\mathrm{i}k_0|\boldsymbol{r}-\boldsymbol{r}_s'|)}{4\pi|\boldsymbol{r}-\boldsymbol{r}_s'|} \qquad (5.4.17\mathrm{d})$$

以及 $\boldsymbol{r}_s' = (x_s,y_s,-z_s)$. 由方程 (5.4.17c) 得到共振腔开口处 $(z = 0)$ 的声压为

$$p(x,y,0,\omega) = -\mathrm{i}\rho_0\omega q_0(\omega)G(x,y,0,\boldsymbol{r}_s) + p_{\mathrm{hs}}(x,y,0,\omega) \qquad (5.4.18\mathrm{a})$$

其中，为了方便定义

$$p_{\mathrm{hs}}(x,y,0,\omega) \equiv \mathrm{i}\frac{\rho_0\omega}{2\pi}\iint_{S_\mathrm{d}} v_z(x',y',\omega)\frac{\exp(\mathrm{i}k_0 h)}{h}\mathrm{d}x'\mathrm{d}y' \qquad (5.4.18\mathrm{b})$$

其中, $h \equiv \sqrt{(x-x')^2 + (y-y')^2}$ 是开口面上点 $(x, y, 0)$ 到点 $(x', y', 0)$ 的距离. 在低频条件下, 开口处 $(z = 0)$ 的声压相位相同, 可用平均值来代替, 对方程 (5.4.18a) 在共振器开口面上平均得到

$$\bar{p}(0, \omega) = -\mathrm{i}\rho_0\omega q_0(\omega)\bar{G}(\boldsymbol{r}_s) + \bar{p}_{\mathrm{hs}}(\omega) \tag{5.4.19a}$$

其中, 诸平均值为

$$\bar{p}(0, \omega) \equiv \frac{1}{S_{\mathrm{d}}} \iint_{S_{\mathrm{d}}} p(x, y, 0, \omega)\mathrm{d}x\mathrm{d}y$$

$$\bar{G}(\boldsymbol{r}_s) \equiv \frac{1}{S_{\mathrm{d}}} \iint_{S_{\mathrm{d}}} G(x, y, 0, \boldsymbol{r}_s)\mathrm{d}x\mathrm{d}y \tag{5.4.19b}$$

$$\bar{p}_{\mathrm{hs}}(\omega) \equiv \frac{1}{S_{\mathrm{d}}} \iint_{S_{\mathrm{d}}} p_{\mathrm{hs}}(x, y, 0, \omega)\mathrm{d}x\mathrm{d}y$$

同样, 开口处 $(z = 0)$ 的速度相位相同, 可以用平均值代替, $v_z(x', y', \omega) = \bar{v}_z(0, \omega)$, 于是由方程 (5.4.19b) 的第三式和方程 (5.4.18b)

$$\bar{p}_{\mathrm{hs}}(\omega) = \mathrm{i}\frac{\rho_0\omega\bar{v}_z(0, \omega)}{2\pi} \frac{1}{S_{\mathrm{d}}} \iint_{S_{\mathrm{d}}} \iint_{S_{\mathrm{d}}} \frac{\exp(\mathrm{i}k_0 h)}{h} \mathrm{d}x'\mathrm{d}y'\mathrm{d}x\mathrm{d}y \tag{5.4.19c}$$

比较方程 (2.5.47a), 上式可以写成

$$\bar{p}_{\mathrm{hs}}(\omega) = -z_{\mathrm{hs}}\bar{v}_z(0, \omega) \tag{5.4.20a}$$

其中, z_{hs} 是无限大障板上刚性活塞的辐射阻抗率. 设开口处 $(z = 0)$ 为半径 a 的圆, 则

$$z_{\mathrm{hs}} = \rho_0 c_0 \left[1 - \frac{2\mathrm{J}_1(2k_0 a)}{2k_0 a} - \mathrm{i}\frac{2\mathrm{S}_1(2k_0 a)}{2k_0 a} \right] \tag{5.4.20b}$$

Helmholtz 共振腔的开口半径一般满足低频近似, 故

$$z_{\mathrm{hs}} \approx \frac{\rho_0\omega^2(\pi a^2)}{2\pi c_0} - \mathrm{i}\rho_0\omega\frac{8a}{3\pi} \tag{5.4.20c}$$

因此, 方程 (5.4.19a) 可用声阻抗率表示成

$$\bar{p}(0, \omega) = -\mathrm{i}\rho_0\omega q_0(\omega)\bar{G}(\boldsymbol{r}_s) - z_{\mathrm{hs}}\bar{v}_z(0, \omega) \tag{5.4.20d}$$

为了求出 $\bar{v}_z(0, \omega)$, 另一个方程由 Helmholtz 共振腔本身的声学性质决定, 由方程 (5.4.11a)(假定 $V \gg lS_{\mathrm{d}}$)

$$Z_0 = \frac{\bar{p}(0, \omega)}{S_{\mathrm{d}}\bar{v}_z(0, \omega)} \approx \mathrm{i}\rho_0 c_0^2 \frac{1 - (l + \varepsilon)\omega^2 V/S_{\mathrm{d}}c_0^2}{\omega V} \tag{5.4.21a}$$

上式与方程 (5.4.20d) 联立, 得到开口处 ($z = 0$) 的平均速度为

$$\bar{v}_z(0,\omega) = -\mathrm{i}\rho_0\omega q_0(\omega)\frac{\bar{G}(\boldsymbol{r}_s)}{Z} \tag{5.4.21b}$$

其中, 为了方便定义

$$Z \equiv \mathrm{i}\rho_0 c_0^2 S_{\mathrm{d}}\frac{1 - (l+\varepsilon)\omega^2 V/S_{\mathrm{d}}c_0^2}{\omega V} + z_{\mathrm{hs}} \tag{5.4.21c}$$

因此, 共振腔开口处 ($z = 0$) 作为刚性活塞辐射向空间辐射的声功率为

$$P_{\mathrm{a}} = \frac{1}{2}R_{\mathrm{r}}|\bar{v}_z(0,\omega)|^2 = \frac{\pi a^2}{2}|\rho_0\omega q_0(\omega)\bar{G}(\boldsymbol{r}_s)|^2\frac{\mathrm{Re}(z_{\mathrm{hs}})}{|Z|^2} \tag{5.4.21d}$$

其中, R_{r} 是刚性活塞辐射的力辐射阻 (见方程 (2.5.52a)), 与辐射阻抗率 z_{hs} 的关系为 $R_{\mathrm{r}} = \pi a^2\mathrm{Re}(z_{\mathrm{hs}})$. 当达到共振时声辐射功率最大, 共振频率满足 $\mathrm{Im}(Z) = 0$, 即

$$\mathrm{Im}(Z) \equiv \rho_0 c_0^2 S_{\mathrm{d}}\frac{1 - (l+\varepsilon)\omega^2 V/S_{\mathrm{d}}c_0^2}{\omega V} - \rho_0\omega\frac{8a}{3\pi} = 0 \tag{5.4.22a}$$

故共振频率为

$$\omega_{\mathrm{R}}^2 = \frac{c_0^2 S_{\mathrm{d}}}{V(l+\Delta)} \tag{5.4.22b}$$

其中, $\Delta \equiv \varepsilon + 8a/3\pi$. 上式与方程 (5.4.11b) 相比, 相当于管端修正又增加了 $8a/3\pi$ 一项. 注意到修正量 $8a/3\pi$ 来自于活塞辐射阻抗的实部, 故这部分管端修正是由于管口 ($z = 0$) 振动向外空间辐射声波而附加的振动质量. 用短管面积 S_{d} 表示管端修正

$$\Delta \approx 0.4802\sqrt{S_{\mathrm{d}}} + \frac{8}{3\pi^{3/2}}\sqrt{S_{\mathrm{d}}} \approx 0.4802\sqrt{S_{\mathrm{d}}} + 0.4789\sqrt{S_{\mathrm{d}}} \tag{5.4.22c}$$

由上式可见, 由共振腔连接处 ($z = l$) 的振动向腔内辐射引起的管端修正 $\varepsilon \approx 0.4802\sqrt{S_{\mathrm{d}}}$ 与由共振腔开口处 ($z = 0$) 的振动向半空间辐射引起的管端修正 $0.4789\sqrt{S_{\mathrm{d}}}$ 相近. 因此, 在计算 Helmholtz 共振腔的共振频率时, 管端修正简单写为 $l' \approx l + 2\delta$, 其中, $\delta \approx \varepsilon \approx 8\sqrt{S_{\mathrm{d}}}/3\pi^{3/2} = 8a/3\pi \approx 0.85a$(对圆形短管). 当共振腔的开口不在无限大障板上时, 由共振腔开口处 ($z = 0$) 的振动向空间辐射引起的管端修正 δ 见 5.4.5 小节讨论, 而 ε 不变, 故管端修正应该为 $\Delta \approx \varepsilon + \delta$.

注意: 用声强求共振腔开口处 ($z = 0$) 的声功率 $\tilde{P}_{\mathrm{a}}$ 时, 我们得到

$$\tilde{P}_{\mathrm{a}} = \frac{\pi a^2}{2}\mathrm{Re}[\bar{p}^*(0,\omega)\bar{v}_z(0,\omega)] = \frac{\pi a^2}{2}|\rho_0\omega q_0(\omega)\bar{G}(\boldsymbol{r}_s)|^2\frac{\mathrm{Re}(Z - z_{\mathrm{hs}})}{|Z|^2} \tag{5.4.23a}$$

其中, 共振腔开口处 ($z = 0$) 的声压 $\bar{p}(0,\omega)$ 由方程 (5.4.21b) 和 (5.4.20d) 得到

$$\bar{p}(0,\omega) = -\mathrm{i}\rho_0\omega q_0(\omega)\bar{G}(\boldsymbol{r}_s)\left(1 - \frac{z_{\mathrm{hs}}}{Z}\right) \tag{5.4.23b}$$

由方程 (5.4.21c), 显然, $\mathrm{Re}(Z - z_{\mathrm{hs}}) = 0$, 故 $\tilde{P}_{\mathrm{a}} = 0$. 这是因为在共振腔开口处入射波声强与辐射波声强大小相等、方向向反, 相互抵消了. 事实上, 由于我们没有考虑 Helmholtz 共振腔的声吸收, 共振腔从空间声场中 "吸收" 能量, 又全部以振动的形式 (振动速度 $\bar{v}_z(0,\omega)$) 辐射到空间中去了, 仅仅是改变了空间声场的分布. 但方程 (5.4.23a) 的第二项 (关于 z_{hs} 的一项) 为

$$\tilde{P}_{\mathrm{a}2} = -\frac{\pi a^2}{2}|\rho_0\omega q_0(\omega)\bar{G}(\boldsymbol{r}_s)|^2\frac{\mathrm{Re}(z_{\mathrm{hs}})}{|Z|^2} \tag{5.4.23c}$$

与方程 (5.4.21d) 的结果一致 (负号表示共振腔从空间声场中 "吸收" 能量), 事实上, 方程 (5.4.23b) 的第二项才表示共振腔开口处振动 $\bar{v}_z(0,\omega)$ 向外辐射的声压.

把方程 (5.4.21b) 得到的 $\bar{v}_z(0,\omega)$ 代替方程 (5.4.17c) 中的 $v_z(x',y',\omega)$ 就得到半空间 $(z < 0)$ 声场

$$p(\boldsymbol{r},\omega) = -\mathrm{i}\omega\rho_0 q_0(\omega)G(\boldsymbol{r},\boldsymbol{r}_s) + 2\frac{(\rho_0\omega)^2 q_0(\omega)}{4\pi}\frac{\bar{G}(\boldsymbol{r}_s)}{Z}\iint_{S_{\mathrm{d}}}\frac{\exp(\mathrm{i}k_0 R)}{R}\mathrm{d}x'\mathrm{d}y'$$

$$\tag{5.4.23d}$$

空间声场是三部分的叠加: 点源的直达波、障板的反射波和 Helmholtz 共振腔开口作为活塞辐射产生的辐射场, 共振腔的存在改变了空间声场的结构.

5.4.4 障板上的 Helmholtz 共振腔阵列

设 N 个 Helmholtz 共振腔开口位于 xOy 平面的 $(X_j, Y_j, 0)(j = 1, 2, \cdots, N)$(如图 5.4.5), 方程 (5.4.17c) 修改成

$$p(\boldsymbol{r},\omega) = -\mathrm{i}\omega\rho_0 q_0(\omega)G(\boldsymbol{r},\boldsymbol{r}_s) + 2\mathrm{i}\frac{\rho_0\omega}{4\pi}\sum_{j=1}^{N}\bar{v}_z^{(j)}(0,\omega)\iint_{S_{\mathrm{d}}^{(j)}}\frac{\exp(\mathrm{i}k_0 R_j)}{R_j}\mathrm{d}x_j'\mathrm{d}y_j'$$

$$\tag{5.4.24a}$$

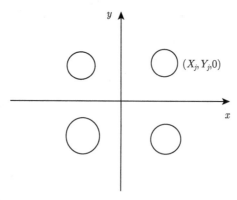

图 5.4.5　无限大障板上的 Helmholtz 共振腔阵

其中, $G(\boldsymbol{r}, \boldsymbol{r}_s)$ 仍然由方程 (5.4.17d) 给出, $S_{\mathrm{d}}^{(j)}$ 和 $\bar{v}_z^{(j)}(0, \omega)$ 分别是第 j 个开口面的面积和平均振动速度, R_j 是腔外空间任意一点 $\boldsymbol{r} = (x, y, z < 0)$ 到第 j 个开口面上一点 $\boldsymbol{r'}_j = (x'_j, y'_j, 0)$ 的距离

$$R_j = \sqrt{(x - x'_j)^2 + (y - y'_j)^2 + z^2} \tag{5.4.24b}$$

于是, 第 k 个开口面上的声压为

$$p(x_k, y_k, 0, \omega) = -\mathrm{i}\omega\rho_0 q_0(\omega) G_k(x_k, y_k, 0, \boldsymbol{r}_s)$$
$$+ 2\mathrm{i}\frac{\rho_0\omega}{4\pi}\bar{v}_z^{(k)}(0, \omega)\iint_{S_{\mathrm{d}}^{(k)}}\frac{\exp(\mathrm{i}k_0 h_{kk})}{h_{kk}}\mathrm{d}x'_k\mathrm{d}y'_k \tag{5.4.24c}$$
$$+ 2\mathrm{i}\frac{\rho_0\omega}{4\pi}\sum_{j \neq k}^{N}\bar{v}_z^{(j)}(0, \omega)\iint_{S_{\mathrm{d}}^{(j)}}\frac{\exp(\mathrm{i}k_0 h_{kj})}{h_{kj}}\mathrm{d}x'_j\mathrm{d}y'_j$$

其中, $G_k(x_k, y_k, 0, \boldsymbol{r}_s) \equiv G(x_k, y_k, z, \boldsymbol{r}_s)|_{z=0}$, $(x_k, y_k, 0)$ 为第 k 个开口面上的点, $h_{kj} = \sqrt{(x_k - x'_j)^2 + (y_k - y'_j)^2}$ 为第 k 个开口面上的点 $(x_k, y_k, 0)$ 到第 j 个开口面上的点 $(x'_j, y'_j, 0)$ 的距离. 在第 k 个开口面上取平均得到

$$\bar{p}_k(0, \omega) = -\mathrm{i}\rho_0\omega q_0(\omega)\bar{G}_k(\boldsymbol{r}_s) - z_{\mathrm{hs}}^{kk}\bar{v}_z^{(k)}(0, \omega) - \sum_{j \neq k}^{N}z_{\mathrm{hs}}^{kj}\bar{v}_z^{(j)}(0, \omega) \tag{5.4.24d}$$

其中, 诸平均值为

$$\bar{p}_k(0, \omega) \equiv \frac{1}{S_{\mathrm{d}}^{(k)}}\iint_{S_{\mathrm{d}}^{(k)}}p(x_k, y_k, 0, \omega)\mathrm{d}x_k\mathrm{d}y_k$$
$$\bar{G}_k(\boldsymbol{r}_s) \equiv \frac{1}{S_{\mathrm{d}}^{(k)}}\iint_{S_{\mathrm{d}}^{(k)}}G_k(x_k, y_k, 0, \boldsymbol{r}_s)\mathrm{d}x_k\mathrm{d}y_k \tag{5.4.24e}$$
$$z_{\mathrm{hs}}^{kj} \equiv -2\mathrm{i}\frac{\rho_0\omega}{4\pi S_{\mathrm{d}}^{(k)}}\iint_{S_{\mathrm{d}}^{(k)}}\iint_{S_{\mathrm{d}}^{(j)}}\frac{\exp(\mathrm{i}k_0 h_{kj})}{h_{kj}}\mathrm{d}x'_j\mathrm{d}y'_j\mathrm{d}x_k\mathrm{d}y_k$$

其中, z_{hs}^{kk} 是第 k 个开口的**自辐射声阻抗率**, 而 $z_{\mathrm{hs}}^{kj}(k \neq j)$ 是 j 个开口在第 k 个开口上引起的**互辐射声阻抗率**. 显然, 互辐射声阻抗率满足 $z_{\mathrm{hs}}^{kj}/S_{\mathrm{d}}^{(j)} = z_{\mathrm{hs}}^{jk}/S_{\mathrm{d}}^{(k)}$, 这也是互易原理的一种体现. 由方程 (5.4.20c), 可求得低频时的自辐射声阻抗率

$$z_{\mathrm{hs}}^{kk} \approx \frac{\rho_0\omega^2(\pi a_k^2)}{2\pi c_0} - \mathrm{i}\rho_0\omega\frac{8a_k}{3\pi} \tag{5.4.25a}$$

其中, 假定第 k 个开口为半径 a_k 的圆. 由于 $k_0 a_k \ll 1$, 可以用共振腔中心点的值代替互辐射声阻抗率中的积分函数, 即

$$z_{\mathrm{hs}}^{kj} \approx -2\mathrm{i}\frac{\rho_0\omega}{4\pi S_{\mathrm{d}}^{(k)}}\frac{\exp(\mathrm{i}k_0 H_{kj})}{H_{kj}}\iint_{S_{\mathrm{d}}^{k}}\iint_{S_{\mathrm{d}}^{j}}\mathrm{d}x'_j\mathrm{d}y'_j\mathrm{d}x_k\mathrm{d}y_k$$
$$= -2\mathrm{i}\frac{\rho_0\omega S_{\mathrm{d}}^{(j)}}{4\pi}\cdot\frac{\exp(\mathrm{i}k_0 H_{kj})}{H_{kj}} \tag{5.4.25b}$$

其中, $H_{kj} = \sqrt{(X_k - X_j)^2 + (Y_k - Y_j)^2}$ 为第 k 个开口面上中心点 $(X_k, Y_k, 0)$ 到第 j 个开口面上中心点 $(X_j, Y_j, 0)$ 的距离.

对第 k 个 Helmholtz 共振腔, 由方程 (5.4.21a)

$$\frac{\bar{p}_k(0,\omega)}{S_{\mathrm{d}}^{(k)}\bar{v}_z^{(k)}(0,\omega)} \approx \mathrm{i}\rho_0 c_0^2 \frac{1 - (l_k + \varepsilon_k)\omega^2 V_k / S_{\mathrm{d}}^{(k)} c_0^2}{\omega V_k} \tag{5.4.25c}$$

其中, V_k, l_k 和 ε_k 分别是第 k 个 Helmholtz 共振腔的短管长度、腔体体积和管端修正. 由上式和方程 (5.4.24d) 联立, 得到决定 $\bar{v}_z^j(0,\omega)$ 的线性代数方程

$$\sum_{j=1}^{N} Z_{kj}\bar{v}_z^{(j)}(0,\omega) = -\mathrm{i}\rho_0 \omega q_0(\omega)\bar{G}_k(\boldsymbol{r}_s) \tag{5.4.26a}$$

其中, 分别取 $k = 1, 2, \cdots, N$, 以及

$$Z_{kj} \equiv \left[\mathrm{i}\rho_0 c_0^2 \frac{1 - (l_k + \varepsilon_k)\omega^2 V_k / S_{\mathrm{d}}^{(k)} c_0^2}{\omega V_k} S_{\mathrm{d}}^{(k)}\right]\delta_{kj} + z_{\mathrm{hs}}^{kj} \tag{5.4.26b}$$

一旦从方程 (5.4.26a) 求得 $\bar{v}_z^{(j)}(0,\omega)$, 代入方程 (5.4.24a) 就可以得到空间的声场分布. 可见, 当存在多个 Helmholtz 共振腔, 由于共振腔之间的耦合, 共振频率的计算变得相当复杂.

共振频率　　特别要指出的是, 共振腔阵的共振频率不是完全由单个共振腔的共振频率决定, 除非共振腔之间相距较远, 相互耦合可忽略. 为了得到决定共振频率的方程, 考虑二个 Helmholtz 共振腔情况 ($N = 2$), 由方程 (5.4.26a)

$$\begin{aligned} Z_{11}\bar{v}_z^{(1)}(0,\omega) + Z_{12}\bar{v}_z^{(2)}(0,\omega) &= -\mathrm{i}\rho_0 \omega q_0(\omega)\bar{G}_1(\boldsymbol{r}_s) \\ Z_{21}\bar{v}_z^{(1)}(0,\omega) + Z_{22}\bar{v}_z^{(2)}(0,\omega) &= -\mathrm{i}\rho_0 \omega q_0(\omega)\bar{G}_2(\boldsymbol{r}_s) \end{aligned} \tag{5.4.26c}$$

其中, $Z_{kj}(k, j = 1, 2)$ 分别为

$$Z_{11} \approx \mathrm{i}\rho_0 \left[\frac{c_0^2 S_{\mathrm{d}}^{(1)}}{\omega V_1} - l_1'\omega\right] + \frac{\rho_0 \omega^2 (\pi a_1^2)}{2\pi c_0}$$

$$Z_{22} \approx \mathrm{i}\rho_0 \left[\frac{c_0^2 S_{\mathrm{d}}^{(2)}}{\omega V_2} - l_2'\omega\right] + \frac{\rho_0 \omega^2 (\pi a_2^2)}{2\pi c_0} \tag{5.4.26d}$$

$$Z_{12} \approx -2\mathrm{i}\rho_0 c_0 k_0^2 S_{\mathrm{d}}^{(2)} \cdot \frac{\exp(\mathrm{i}k_0 L)}{4\pi k_0 L}; \; Z_{21} \approx -2\mathrm{i}\rho_0 c_0 k_0^2 S_{\mathrm{d}}^{(1)} \cdot \frac{\exp(\mathrm{i}k_0 L)}{4\pi k_0 L}$$

以及 $L = H_{12} = H_{21}$, $l_1' = l_1 + \varepsilon_1 + 8a_1/3\pi$ 和 $l_2' = l_2 + \varepsilon_2 + 8a_2/3\pi$. 由方程 (5.4.26c) 得到二个共振腔开口面上的振动速度为

$$\begin{aligned} \bar{v}_z^{(1)}(0,\omega) &= -\mathrm{i}\rho_0 \omega q_0(\omega) \cdot \frac{Z_{22}\bar{G}_1(\boldsymbol{r}_s) - Z_{12}\bar{G}_2(\boldsymbol{r}_s)}{Z_{11}Z_{22} - Z_{12}Z_{21}} \\ \bar{v}_z^{(2)}(0,\omega) &= -\mathrm{i}\rho_0 \omega q_0(\omega) \cdot \frac{Z_{11}\bar{G}_2(\boldsymbol{r}_s) - Z_{21}\bar{G}_1(\boldsymbol{r}_s)}{Z_{11}Z_{22} - Z_{12}Z_{21}} \end{aligned} \tag{5.2.26e}$$

分二种情况讨论.

(1) 当二个共振腔相距较远时, $k_0L \gg 1$, 故 $Z_{12} \approx Z_{21} \approx 0$, 于是

$$\bar{v}_z^{(1)}(0,\omega) \approx -\mathrm{i}\rho_0\omega q_0(\omega)\frac{\bar{G}_1(\boldsymbol{r}_s)}{Z_{11}}$$

$$\bar{v}_z^{(2)}(0,\omega) \approx -\mathrm{i}\rho_0\omega q_0(\omega)\frac{\bar{G}_2(\boldsymbol{r}_s)}{Z_{22}} \tag{5.4.27a}$$

因此, 由 $\mathrm{Im}(Z_{11}) = 0$ 和 $\mathrm{Im}(Z_{22}) = 0$ 得到二个独立的共振频率

$$\omega_{\mathrm{R}}^{(1)} = \sqrt{\frac{c_0^2 S_{\mathrm{d}}^{(1)}}{V_1 l_1'}}; \quad \omega_{\mathrm{R}}^{(2)} = \sqrt{\frac{c_0^2 S_{\mathrm{d}}^{(2)}}{V_2 l_2'}} \tag{5.4.27b}$$

(2) 当二个共振腔相距较近时, $k_0L \ll 1$, Z_{12} 和 Z_{21} 不能忽略. 此时, 由于 Z_{11} 与 Z_{22} 相乘, 产生共振的项变换到 $(Z_{11}Z_{22} - Z_{12}Z_{21})$ 的实部, 即共振条件变成

$$\mathrm{Re}(Z_{11}Z_{22} - Z_{12}Z_{21}) = 0 \tag{5.4.27c}$$

由方程 (5.4.26d)(结合方程 (5.4.27b)) 得到共振频率的方程

$$l_1'l_2'\left[\frac{[\omega_{\mathrm{R}}^{(1)}]^2}{\omega} - \omega\right]\left[\frac{[\omega_{\mathrm{R}}^{(2)}]^2}{\omega} - \omega\right] = \frac{\omega^4 a_1^2 a_2^2}{4c_0^2} + (2\omega S_{\mathrm{d}}^1 S_{\mathrm{d}}^2)^2\frac{\cos(2k_0L)}{(4\pi L)^2} \tag{5.4.28a}$$

显然, 上式右边第一项正比于 $(k_0a_1)^2(k_0a_2)^2 \ll 1$, 远小于右边第二项 (正比于 $(k_0a_1)(k_0a_2)$), 故可以忽略, 注意到 $2k_0L \ll 1$ 时, $\cos(2k_0L) \approx 1$, 方程 (5.4.28a) 简化成

$$\left\{[\omega_{\mathrm{R}}^{(1)}]^2 - \omega^2\right\}\left\{[\omega_{\mathrm{R}}^{(2)}]^2 - \omega^2\right\} - \frac{(2S_{\mathrm{d}}^1 S_{\mathrm{d}}^2)^2\omega^4}{l_1'l_2'(4\pi L)^2} = 0 \tag{5.4.28b}$$

展开后得到二次方程

$$(1-\beta)\omega^4 - \left([\omega_{\mathrm{R}}^{(1)}]^2 + [\omega_{\mathrm{R}}^{(2)}]^2\right)\omega^2 + [\omega_{\mathrm{R}}^{(1)}]^2[\omega_{\mathrm{R}}^{(2)}]^2 = 0 \tag{5.4.28c}$$

其中, 耦合强度系数为

$$\beta \equiv \frac{(2S_{\mathrm{d}}^1 S_{\mathrm{d}}^2)^2}{l_1'l_2'(4\pi L)^2} \tag{5.4.28d}$$

注意: 耦合强度与 $l_1'l_2'$ 有关. 方程 (5.4.28c) 解为

$$[\omega_{\mathrm{R}}^{(\pm)}]^2 = \frac{1}{2(1-\beta)}\left[[\omega_{\mathrm{R}}^{(1)}]^2 + [\omega_{\mathrm{R}}^{(2)}]^2 \pm \sqrt{\left([\omega_{\mathrm{R}}^{(1)}]^2 - [\omega_{\mathrm{R}}^{(2)}]^2\right)^2 + 4[\omega_{\mathrm{R}}^{(1)}]^2[\omega_{\mathrm{R}}^{(2)}]^2\beta}\right]$$

$$\tag{5.4.29a}$$

分二种情况讨论: ① 如果 $\left([\omega_{\mathrm{R}}^{(1)}]^2 - [\omega_{\mathrm{R}}^{(2)}]^2\right)^2 \gg 4[\omega_{\mathrm{R}}^{(1)}]^2[\omega_{\mathrm{R}}^{(2)}]^2\beta$(注意: 与单独共振频率的平方差有关, 如果 $\omega_{\mathrm{R}}^{(1)}$ 接近 $\omega_{\mathrm{R}}^{(2)}$, 该条件就不成立了), 方程 (5.4.29a) 近似为 (假定 $\omega_{\mathrm{R}}^{(1)} > \omega_{\mathrm{R}}^{(2)}$)

$$[\omega_{\mathrm{R}}^{(+)}]^2 \approx \frac{1}{(1-\beta)}\left\{[\omega_{\mathrm{R}}^{(1)}]^2 + \frac{[\omega_{\mathrm{R}}^{(1)}]^2[\omega_{\mathrm{R}}^{(2)}]^2}{[\omega_{\mathrm{R}}^{(1)}]^2 - [\omega_{\mathrm{R}}^{(2)}]^2}\beta\right\}$$
$$[\omega_{\mathrm{R}}^{(-)}]^2 \approx \frac{1}{(1-\beta)}\left\{[\omega_{\mathrm{R}}^{(2)}]^2 - \frac{[\omega_{\mathrm{R}}^{(1)}]^2[\omega_{\mathrm{R}}^{(2)}]^2}{[\omega_{\mathrm{R}}^{(1)}]^2 - [\omega_{\mathrm{R}}^{(2)}]^2}\beta\right\} \tag{5.4.29b}$$

由于耦合, 仅仅改变了共振频率, 因此这种耦合称为**弱耦合** (弱耦合条件有二个: 耦合系数 β 较小; 单独共振频率相差足够大); ② 如果 $\left([\omega_{\mathrm{R}}^{(1)}]^2 - [\omega_{\mathrm{R}}^{(2)}]^2\right)^2 \ll 4[\omega_{\mathrm{R}}^{(1)}]^2[\omega_{\mathrm{R}}^{(2)}]^2\beta$(即 $\omega_{\mathrm{R}}^{(1)}$ 足够接近 $\omega_{\mathrm{R}}^{(2)}$), 方程 (5.4.29a) 近似为

$$[\omega_{\mathrm{R}}^{(\pm)}]^2 \approx \frac{1}{2(1-\beta)}\left[[\omega_{\mathrm{R}}^{(1)}]^2 + [\omega_{\mathrm{R}}^{(2)}]^2 \pm \omega_{\mathrm{R}}^{(1)}\omega_{\mathrm{R}}^{(2)}\sqrt{\beta}\right] \tag{5.4.29c}$$

故由于耦合, 系统的共振频率与单独的共振频率有较大的差别, 因此这种耦合称为**强耦合**.

推广到 N 个 Helmholtz 共振腔情况, 共振频率满足方程为 $\mathrm{Re}(\Delta) = 0$(当 N 是偶数), 或者 $\mathrm{Im}(\Delta) = 0$(当 N 是奇数), 其中 Δ 为方程 (5.4.26a) 的系数行列式, 即 $\Delta = \det(Z_{kj})$. N 的奇偶性带来的不同可这样理解: 考虑 $\Delta = \det(Z_{kj})$ 中对角元素相乘的项 (它也是忽略耦合时决定共振频率的方程), 产生共振的项是 $\mathrm{iIm}(Z_{jj})$, 当 N 是偶数时, $(\mathrm{i})^N\mathrm{Im}(Z_{11})\cdot\mathrm{Im}(Z_{22})\cdots\mathrm{Im}(Z_{NN})$ 反而变成了实部; 而当 N 是奇数时, $(\mathrm{i})^N\mathrm{Im}(Z_{11})\cdot\mathrm{Im}(Z_{22})\cdots\mathrm{Im}(Z_{NN})$ 仍然在虚部分.

数值计算　为了方便, 设入射波是垂直于 xOy 的平面波, 于是方程 (5.4.26e) 简化为

$$\bar{v}_z^{(1)}(0,\omega) = v_0 \cdot \frac{Z_{22} - Z_{12}}{Z_{11}Z_{22} - Z_{12}Z_{21}}; \quad \bar{v}_z^{(2)}(0,\omega) = v_0 \cdot \frac{Z_{11} - Z_{21}}{Z_{11}Z_{22} - Z_{12}Z_{21}} \tag{5.4.29d}$$

其中, v_0 为入射平面波的振幅. 计算中取诸物理参数: 空气密度和声速分别为 $\rho_0 = 1.21\mathrm{kg/m}^3$ 和 $c_0 = 334\mathrm{m/s}$; 二个共振腔的开口半径和短管长度分别为 $a_1 = a_2 = 0.4\mathrm{m}$ 和 $l_1 = l_2 = 0.8\mathrm{m}$; 二个共振腔的中心距离 $L = 1.2(a_1 + a_2)$(注意 L 最小为 $L_{\min} = (a_1 + a_2)$). 相应的耦合强度系数为 $\beta \approx 8.01 \times 10^{-4}$. 计算结果如下.

(1) 图 5.4.6 为二个单独共振频率分别为 $\omega_{\mathrm{R}}^{(1)} = 50\mathrm{rad/s}$ 和 $\omega_{\mathrm{R}}^{(2)} = 45\mathrm{rad/s}$ 情况, 此时, $\left([\omega_{\mathrm{R}}^{(1)}]^2 - [\omega_{\mathrm{R}}^{(2)}]^2\right)^2 \approx 2.25 \times 10^5$ 和 $4[\omega_{\mathrm{R}}^{(1)}]^2[\omega_{\mathrm{R}}^{(2)}]^2\beta \approx 1.62 \times 10^4$, 近似于弱耦合情况, 图中二个箭头处分别为二个共振频率 $\omega_{\mathrm{R}}^{(+)} > \omega_{\mathrm{R}}^{(1)}$(右边) 和 $\omega_{\mathrm{R}}^{(-)} < \omega_{\mathrm{R}}^{(2)}$(左边), 由于弱耦合, 单独共振频率 $\omega_{\mathrm{R}}^{(1,2)}$ 大者更大, 小者更小, 与方程 (5.4.29b) 的

结果是一致的; 由方程 (5.4.29b), 共振频率平方的修正与 $[\omega_R^{(1)}]^2 - [\omega_R^{(2)}]^2$ 成反比, 故当 $\omega_R^{(1,2)}$ 相差较大时, 修正可忽略;

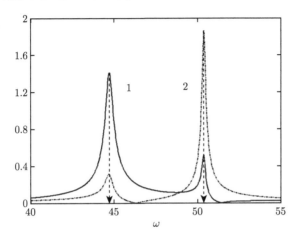

图 5.4.6 弱耦合情况下, 开口处振动速度的频率响应: 曲线 1(实线) 纵坐标为 $|\bar{v}_z^{(1)}(0,\omega)/v_0|$; 曲线 2(点线) 纵坐标为 $|\bar{v}_z^{(2)}(0,\omega)/v_0|$. 二个箭头处为共振频率

(2) 图 5.4.7 为二个单独共振频率分别为 $\omega_R^{(1)} = 50\mathrm{rad/s}$ 和 $\omega_R^{(2)} = 49\mathrm{rad/s}$ 情况, 此时, $\left([\omega_R^{(1)}]^2 - [\omega_R^{(2)}]^2\right)^2 \approx 9.80 \times 10^3$ 和 $4[\omega_R^{(1)}]^2[\omega_R^{(2)}]^2\beta \approx 1.92 \times 10^4$, 近似于强耦合情况, 图中二个箭头处分别为共振频率 $\omega_R^{(+)}$(右边) 和 $\omega_R^{(-)}$(左边), 由于强耦合, 共振频率 $\omega_R^{(\pm)}$ 就不是单独共振频率 $\omega_R^{(1,2)}$ 的简单修正了, 与方程 (5.4.29c) 的结果一致;

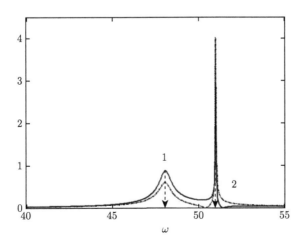

图 5.4.7 强耦合情况下, 开口处振动速度的频率响应: 曲线 1(实线) 纵坐标为 $|\bar{v}_z^{(1)}(0,\omega)/v_0|$; 曲线 2(点线) 纵坐标为 $|\bar{v}_z^{(2)}(0,\omega)/v_0|$. 二个箭头处为共振频率

(3) 有趣的是，当 $\omega_{\mathrm{R}}^{(2)} \to \omega_{\mathrm{R}}^{(1)}$ 时，$\omega_{\mathrm{R}}^{(+)}$ 处的共振峰越来越窄，能量向较低频率的峰 $\omega_{\mathrm{R}}^{(-)}$ 集中，如图 5.4.8 所示 (实际上，图 5.4.7 已经初步表明了这种性质)，图 5.4.8 中取二个单独共振频率分别为 $\omega_{\mathrm{R}}^{(1)} = 50\mathrm{rad/s}$ 和 $\omega_{\mathrm{R}}^{(2)} = 49.99\mathrm{rad/s}$，它们近似相等. 实际上，这种情况可看作只有一个共振频率 $\omega_{\mathrm{R}}^{(-)}$(共振峰 $\omega_{\mathrm{R}}^{(+)}$ 的能量可忽略). 因此，当二个相同的共振腔无限接近时，共振频率将由于强烈的耦合而下降.

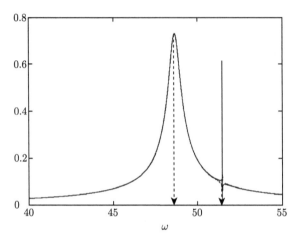

图 5.4.8   二个单独共振频率无限接近时，开口处振动速度的频率响应：曲线 1 和与曲线 2 合二为一 (纵坐标为 $|\bar{v}_z^{(1)}(0,\omega)/v_0|$ 或者 $|\bar{v}_z^{(2)}(0,\omega)/v_0|$)

5.4.5   自由场中的 Helmholtz 共振腔及管端修正

如图 5.4.9，假定无限大障板不存在. 为了方便，设半径为 a_0(注意与Helmholtz 共振腔开口半径 a 的区别) 的球形源 (脉动源) 位于原点处，共振腔开口面的中心位置为 $\boldsymbol{r}_0 = (x_0, y_0, z_0)$. 对这样的情况，严格求解是不可能的. 但在低频条件下，我们可以忽略共振腔腔体的散射. 于是，取 Green 函数为自由空间的 Green 函数

$$g(\boldsymbol{r}, \boldsymbol{r}') = \frac{1}{4\pi|\boldsymbol{r} - \boldsymbol{r}'|} \exp(\mathrm{i}k_0|\boldsymbol{r} - \boldsymbol{r}'|) \tag{5.4.30a}$$

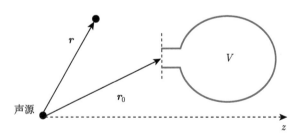

图 5.4.9   自由场中的 Helmholtz 共振腔

方程 (5.4.17c) 修改为

$$p(\boldsymbol{r},\omega) = -\mathrm{i}\omega\rho_0 q_0(\omega)g(\boldsymbol{r},0) + \mathrm{i}\frac{\rho_0\omega}{4\pi}\iint_{S_d} v_z(x',y',\omega)\frac{\exp(\mathrm{i}k_0 R)}{R}\mathrm{d}x'\mathrm{d}y' \quad (5.4.30\mathrm{b})$$

其中, $R = \sqrt{(x-x')^2+(y-y')^2+(z-z_0)^2}$ 是腔外空间任意一点 $\boldsymbol{r} = (x,y,z)$ 到开口面上一点 $\boldsymbol{r}' = (x',y',z_0)$ 的距离. 注意: 上式第二项的系数与方程 (5.4.17c) 的第二项差 2 倍, 因为当没有无限大障板时, 声波向全空间辐射. 在共振腔开口面上取值

$$\begin{aligned} p(x,y,z_0,\omega) &= -\mathrm{i}\omega\rho_0 q_0(\omega)g(x,y,z_0,0) \\ &\quad +\mathrm{i}\frac{\rho_0\omega}{4\pi}\iint_{S_d} v_z(x',y',\omega)\frac{\exp(\mathrm{i}k_0 h)}{h}\mathrm{d}x'\mathrm{d}y' \end{aligned} \quad (5.4.30\mathrm{c})$$

其中, $h \equiv \sqrt{(x-x')^2+(y-y')^2}$ 是共振腔开口面上点 (x,y,z_0) 到点 (x',y',z_0) 的距离. 上式在开口面上取平均得到

$$\begin{aligned} \bar{p}(z_0,\omega) &= -\mathrm{i}\omega\rho_0 q_0(\omega)\bar{g}(z_0) \\ &\quad +\mathrm{i}\frac{\rho_0\omega\bar{v}_z(z_0,\omega)}{4\pi S_d}\iint_{S_d}\iint_{S_d}\frac{\exp(\mathrm{i}k_0 h)}{h}\mathrm{d}x'\mathrm{d}y'\mathrm{d}x\mathrm{d}y \end{aligned} \quad (5.4.30\mathrm{d})$$

其中, 平均值为

$$\begin{aligned} \bar{p}(z_0,\omega) &\equiv \frac{1}{S_d}\iint_{S_d} p(x,y,z_0,\omega)\mathrm{d}x\mathrm{d}y \\ \bar{v}_z(z_0,\omega) &\equiv \frac{1}{S_d}\iint_{S_d} v_z(x,y,\omega)\mathrm{d}x\mathrm{d}y \\ \bar{g}(z_0) &\equiv \frac{1}{S_d}\iint_{S_d} g(x,y,z_0,0)\mathrm{d}x\mathrm{d}y \end{aligned} \quad (5.4.30\mathrm{e})$$

因此, 方程 (5.4.20d) 修改为

$$\bar{p}(z_0,\omega) = -\mathrm{i}\rho_0\omega q_0(\omega)\bar{g}(z_0) - \frac{z_{\mathrm{hs}}}{2}\bar{v}_z(z_0,\omega) \quad (5.4.31\mathrm{a})$$

上式结合方程 (5.4.21a)(该式仍然成立) 得到

$$\bar{v}_z(z_0,\omega) = -\mathrm{i}\rho_0\omega q_0(\omega)\frac{\bar{g}(z_0)}{Z'} \quad (5.4.31\mathrm{b})$$

其中, 为了方便定义

$$Z' \equiv \mathrm{i}\rho_0 c_0^2\frac{1-(l+\varepsilon)\omega^2 V/S_d c_0^2}{\omega V}S_d + \frac{z_{\mathrm{hs}}}{2} \quad (5.4.31\mathrm{c})$$

进一步, 把 Helmholz 共振腔开口面的辐射看作点源辐射, 方程 (5.4.30b) 修改为

$$p(\boldsymbol{r}, \omega) \approx -\mathrm{i}\omega\rho_0 q_0(\omega) g(\boldsymbol{r}, 0) + \mathrm{i}\frac{\rho_0\omega S_\mathrm{d}\bar{v}_z(z_0, \omega)}{4\pi|\boldsymbol{r} - \boldsymbol{r}_0|}\exp(\mathrm{i}k_0|\boldsymbol{r} - \boldsymbol{r}_0|)$$

$$\approx -\mathrm{i}\omega\rho_0 q_0(\omega)\left[g(\boldsymbol{r}, 0) + \mathrm{i}\frac{\bar{g}(z_0)}{Z'}\frac{\rho_0\omega S_\mathrm{d}}{4\pi|\boldsymbol{r} - \boldsymbol{r}_0|}\exp(\mathrm{i}k_0|\boldsymbol{r} - \boldsymbol{r}_0|)\right] \tag{5.4.32a}$$

其中, $|\boldsymbol{r} - \boldsymbol{r}_0|$ 为开口面中心到空间一点 $\boldsymbol{r}$ 的距离. 注意到近似 $\bar{g}(z_0) \approx g(\boldsymbol{r}_0, 0)$(即共振腔开口面上 Green 函数的平均值用中心位置 $\boldsymbol{r}_0 = (x_0, y_0, z_0)$ 的值代替), 上式修改为

$$p(\boldsymbol{r}, \omega) \approx -\mathrm{i}\omega\rho_0 q_0(\omega)\left[g(\boldsymbol{r}, 0) + \mathrm{i}\frac{g(\boldsymbol{r}_0, 0)}{Z'}\frac{\rho_0\omega S_\mathrm{d}}{4\pi|\boldsymbol{r} - \boldsymbol{r}_0|}\exp(\mathrm{i}k_0|\boldsymbol{r} - \boldsymbol{r}_0|)\right] \tag{5.4.32b}$$

因此, 球源表面的声压为

$$p(a_0, \omega) \approx -\mathrm{i}\frac{\omega\rho_0 q_0(\omega)}{4\pi a_0}\left[\exp(\mathrm{i}k_0 a_0) + \mathrm{i}\frac{g(\boldsymbol{r}_0, 0)}{Z'}\frac{\rho_0\omega a_0 S_\mathrm{d}}{|\boldsymbol{r}_t - \boldsymbol{r}_0|}\exp(\mathrm{i}k_0|\boldsymbol{r}_t - \boldsymbol{r}_0|)\right] \tag{5.4.32c}$$

其中, $|\boldsymbol{r}_t - \boldsymbol{r}_0|$ 为开口面中心到球源面的距离, 当球源半径较小时, 可以取近似 $|\boldsymbol{r}_t - \boldsymbol{r}_0| \approx |\boldsymbol{r}_0|$. 如果小球源离 Helmholtz 共振腔开口较近 (接近原点), 那么 $\exp(\mathrm{i}k_0|\boldsymbol{r}_t - \boldsymbol{r}_0|) \approx \exp(\mathrm{i}k_0|\boldsymbol{r}_0|) \approx 1 + \mathrm{i}k_0|\boldsymbol{r}_0|$, 于是, 方程 (5.4.32c) 近似为

$$p(a_0, \omega) \approx -\mathrm{i}\frac{\omega\rho_0 q_0(\omega)}{4\pi a_0}\left[1 + \mathrm{i}k_0 a_0 + \mathrm{i}\frac{4\pi\rho_0\omega a_0 S_\mathrm{d}}{Z'}\left(\frac{1 + \mathrm{i}k_0|\boldsymbol{r}_0|}{4\pi|\boldsymbol{r}_0|}\right)^2\right] \tag{5.4.32d}$$

在共振频率 ω_R 点, 由方程 (5.4.31c) 且取虚部为零 (即 $\mathrm{Im}(Z') = 0$, 见下面讨论)

$$Z' \approx \frac{1}{2}\mathrm{Re}(z_\mathrm{hs}) = \frac{1}{2}\rho_0 c_0\frac{\omega_\mathrm{R}^2 S_\mathrm{d}}{2\pi c_0^2} \equiv \rho_0 c_0 R_0; \quad R_0 \equiv \frac{\omega_\mathrm{R}^2 S_\mathrm{d}}{4\pi c_0^2} \tag{5.4.33a}$$

代入方程 (5.4.32d)

$$p(a_0, \omega_\mathrm{R}) \approx -\mathrm{i}\frac{\omega_\mathrm{R}\rho_0 q_0(\omega_\mathrm{R})}{4\pi a_0}\left[1 + \mathrm{i}k_\mathrm{R} a_0 + \mathrm{i}\frac{4\pi k_\mathrm{R} a_0 S_\mathrm{d}}{R_0}\left(\frac{1 + \mathrm{i}k_\mathrm{R}|\boldsymbol{r}_0|}{4\pi|\boldsymbol{r}_0|}\right)^2\right] \tag{5.4.33b}$$

其中, $k_\mathrm{R} = \omega_\mathrm{R}/c_0$. 设球面振动速度的振幅为 $v_0(\omega)$(假定为实的), 声源辐射的声功率为

$$P_\mathrm{s} = 4\pi a_0^2\frac{1}{2}\mathrm{Re}(p_s v_s^*) = 2\pi a_0^2 v_0(\omega)\mathrm{Re}(p_s) \tag{5.4.34a}$$

把方程 (5.4.33b) 代入上式得到 (并且注意到 $q_0(\omega_\mathrm{R}) \equiv 4\pi a^2 v_0(\omega_\mathrm{R})$) 在共振频率 ω_R 点的声功率为

$$P_\mathrm{s}(\omega_\mathrm{R}) = 2\pi a_0^2\rho_0 c_0(k_\mathrm{R} a_0)^2 v_0^2(\omega_\mathrm{R})\left[1 + \frac{S_\mathrm{d}}{4\pi|\boldsymbol{r}_0|^2 R_0}\right] \tag{5.4.34b}$$

另一方面, 由方程 (2.1.6b), 当共振腔不存在时, 声源辐射的声功率 (在 Helmholtz 共振腔的共振频率 ω_R 点) 为 $P_0 \equiv 2\pi a_0^2 \rho_0 c_0 (k_R a_0)^2 v_0^2(\omega_R)$. 可见, 由于 Helmholtz 共振腔的存在, 在保持相同声源振动速度 $v_0(\omega_R)$ 条件下, 声源辐射功率得到放大, 二种情况的功率比 (在共振频率点) 为

$$\frac{P_s}{P_0} \approx 1 + \frac{S_d}{4\pi |\boldsymbol{r}_0|^2 R_0} \equiv g \tag{5.4.34c}$$

这是因为, Helmholtz 共振腔的存在改变了声场结构, 增加了声源的辐射阻. 为了保持同样的振动速度 $v_0(\omega_R)$, 外界馈给声源的能量必须增加, 从而导致了辐射功率的提高. 声功率放大的一个日常生活例子是: 相距啤酒瓶口 1.5cm 处发声, 则 $g \approx 40$, 相当于声场的声压级提高 15dB.

共振频率 由方程 (5.4.31a) 和 (5.4.31b), 共振腔开口处的声压为

$$\bar{p}(z_0, \omega) = -\mathrm{i}\rho_0 \omega q_0(\omega) \bar{g}(z_0) + \mathrm{i}\bar{g}(z_0)\rho_0 \omega q_0(\omega) \frac{z_{hs}}{2Z'} \tag{5.4.35a}$$

由对方程 (5.4.23a) 的讨论, 共振腔从声场中 "吸收" 的声功率为

$$P_a = \frac{\pi a^2}{2} \mathrm{Re}[\bar{p}_2^*(z_0, \omega)\bar{v}_z(z_0, \omega)] = -\frac{1}{2}|\rho_0 \omega q_0(\omega)\bar{g}(z_0)|^2 \frac{\mathrm{Re}(z_{hs})}{|Z'|^2} \tag{5.4.35b}$$

其中, $\bar{p}_2(z_0, \omega)$ 是 $\bar{p}(z_0, \omega)$ 的第二部分, 即 $\bar{p}_2(z_0, \omega) \equiv \mathrm{i}\rho_0 \omega q_0(\omega)\bar{g}(z_0)z_{hs}/2Z'$. 当共振发生时, "吸收" 的声能量极大, 共振频率满足 $\mathrm{Im}(Z') = 0$. 由方程 (5.4.31c) 得到

$$\omega_R^2 = \frac{c_0^2 S_d}{V(l + \varepsilon + \delta')} \tag{5.4.35c}$$

其中, $\delta' = 8a/6\pi \approx 0.43a$ 为腔开口向外辐射引起的管端修正. 当然, 这一结果假定共振腔足够小, 不仅忽略了腔对入射波的散射, 而且把腔开口辐射当作点源辐射处理. 在实际问题中, 这些条件不可能满足, 数值计算表明, 腔开口向外辐射引起的管端修正大致为 $\delta \approx 0.60a$ 左右.

注意: 本小节中求共振腔从声场中 "吸收" 的声功率 (即方程 (5.4.35b)) 只能用声强计算, 而 5.4.3 小节可以用力辐射阻 (即方程 (5.4.21d)), 因为无限大障板上刚性活塞辐射的力辐射阻抗是知道的.

5.4.6 黏滞和热传导的影响

建议在阅读本小节前, 先阅读 6.1 和 6.2 两节内容. 本小节讨论考虑介质黏滞和热传导效应情况下小腔体中 (如图 5.4.1) 的声场. 在低频近似下, 尽管声波波长远大于腔体线度 ($\lambda \gg l$), 但假定腔体线度仍远大于边界层厚度, 即 $d_\mu, d_\kappa \ll l$.

质量守恒方程　由线性化质量守恒的积分形式, 即方程 (1.1.12b)

$$\int_V \left[\frac{\partial \rho'}{\partial t} + \nabla \cdot (\rho_0 \boldsymbol{v}) \right] \mathrm{d}^3 \boldsymbol{r} = 0 \tag{5.4.36a}$$

其中, 假定 $q = 0$. 在频率域, 上式简化成

$$-\mathrm{i}\omega \int_V \rho' \mathrm{d}^3 \boldsymbol{r} + \rho_0 \iint_{S_1} \boldsymbol{v} \cdot \boldsymbol{n} \mathrm{d}S + \rho_0 \iint_{S_2} \boldsymbol{v} \cdot \boldsymbol{n} \mathrm{d}S = 0 \tag{5.4.36b}$$

注意到在面 S_1 部分和 S_2 部分, 存在关系

$$\iint_{S_1} \boldsymbol{v} \cdot \boldsymbol{n} \mathrm{d}S = -\mathrm{i}\omega \iint_{S_1} \boldsymbol{\xi} \cdot \boldsymbol{n} \mathrm{d}S = -\mathrm{i}\omega \delta V$$

$$\iint_{S_2} \boldsymbol{v} \cdot \boldsymbol{n} \mathrm{d}S = \iint_{S_2} \frac{p(\boldsymbol{r}, \omega)}{z_n} \mathrm{d}S = \frac{p(\omega)}{\rho_0 c_0} \iint_{S_2} \beta(\boldsymbol{r}, \omega) \mathrm{d}S \tag{5.4.36c}$$

式中, $\boldsymbol{\xi} \cdot \boldsymbol{n}$ 为面 S_1 部分振动的法向位移, z_n 为面 S_2 部分的法向声阻抗率. 上式代入方程 (5.4.36b)

$$\frac{1}{\rho_0} \int_V \rho' \mathrm{d}^3 \boldsymbol{r} + \delta V - \frac{p(\omega)}{\mathrm{i}\omega} \iint_{S_2} \frac{\beta(\boldsymbol{r}, \omega)}{\rho_0 c_0} \mathrm{d}S = 0 \tag{5.4.37a}$$

另一方面, 由方程 (6.1.16a) 的第一式: $\rho' = \rho_0(\kappa_{T0} p' - \beta_{P0} T')$, 并注意到 $p' = p(\omega)$, 代入方程 (5.4.37a) 得到

$$p(\omega) \left[1 - \frac{1}{\mathrm{i}\omega \kappa_{T0} V} \iint_{S_2} \frac{\beta(\boldsymbol{r}, \omega)}{\rho_0 c_0} \mathrm{d}S \right] - \frac{\beta_{P0}}{\kappa_{T0} V} \int_V T' \mathrm{d}^3 \boldsymbol{r} = -\frac{\delta V}{\kappa_{T0} V} \tag{5.4.37b}$$

热传导方程　由方程 (6.1.17b) (注意: $p' = p(\omega)$; 取 $q = 0$, 但保留 h)

$$\frac{\partial}{\partial t} (-T_0 \beta_{P0} p + \rho_0 c_{P0} T') \approx \kappa \nabla^2 T' + \rho_0 h \tag{5.4.38a}$$

在频率域, 上式简化为

$$T' \approx \frac{T_0 \beta_{P0}}{\rho_0 c_{P0}} p - \frac{\kappa}{\mathrm{i}\omega \rho_0 c_{P0}} \nabla^2 T' - \frac{h}{\mathrm{i}\omega c_{P0}} \tag{5.4.38b}$$

因此

$$\int_V T' \mathrm{d}^3 \boldsymbol{r} = \frac{V T_0 \beta_{P0}}{\rho_0 c_{P0}} p(\omega) - \frac{\kappa}{\mathrm{i}\omega \rho_0 c_{P0}} \iint_S (\nabla T') \cdot \boldsymbol{n} \mathrm{d}S - \frac{V h(\omega)}{\mathrm{i}\omega c_{P0}} \tag{5.4.38c}$$

得到上式, 已注意到 $\nabla^2 T' = \nabla \cdot (\nabla T')$, 体积分化成面积分, 注意 $S = S_1 + S_2$; 假定热源 $h(\boldsymbol{r}, \omega) = h(\omega)$ 也是空间均匀分布的.

方程 (5.4.38c) 中面积分的处理: 当声压和热源与空间无关时, 方程 (5.4.38b) 简化为

$$\nabla^2 T' + \frac{\mathrm{i}\omega}{c_0 l_\kappa} T' \approx \frac{\mathrm{i}\omega}{c_0 l_\kappa} \frac{T_0 \beta_{P0}}{\rho_0 c_{P0}} p(\omega) - \frac{1}{c_0 l_\kappa} \frac{h(\omega)}{c_{P0}} \qquad (5.4.39a)$$

其中, $l_\kappa = \kappa/(\rho_0 c_0 c_{P0})$. 因为方程 (5.4.38c) 中面积分在 S 面上进行, 仅涉及温度场梯度的法向分量, 故只需求出 S 面附近的温度场 (且以 r 点距 S 面的垂直距离 u 为变量) 就可以了. 而且, 由于假定腔体线度远大于边界层厚度, 无需考虑温度波从对面边界面上的反射. 于是方程 (5.4.39a) 简化成一维形式

$$\frac{\mathrm{d}^2 T'}{\mathrm{d} u^2} + \frac{\mathrm{i}\omega}{c_0 l_\kappa} T' \approx \frac{\mathrm{i}\omega}{c_0 l_\kappa} \frac{T_0 \beta_{P0}}{\rho_0 c_{P0}} p(\omega) - \frac{1}{c_0 l_\kappa} \frac{h(\omega)}{c_{P0}} \qquad (5.4.39b)$$

其解为

$$T'(u) = \left[\frac{T_0 \beta_{P0}}{\rho_0 c_{P0}} p(\omega) - \frac{h(\omega)}{\mathrm{i}\omega c_{P0}} \right] \left[1 - \exp\left(-\frac{1-\mathrm{i}}{d_\kappa} u \right) \right] \qquad (5.4.39c)$$

其中, $d_\kappa \equiv \sqrt{2 c_0 l_\kappa/\omega}$ 为温度边界层的厚度. 得到上式, 假定腔壁由高热传导系数的材料 (如金属, 见 6.2.2 小节讨论) 构成, 故 $T'(u)|_{u=0} = 0$(即腔壁面的温度变化为零). 于是

$$(\nabla T') \cdot \boldsymbol{n}|_S = \frac{\mathrm{d} T'(u)}{\mathrm{d} u}\bigg|_{u=0} = \frac{1-\mathrm{i}}{d_\kappa} \left[\frac{T_0 \beta_{P0}}{\rho_0 c_{P0}} p(\omega) - \frac{h(\omega)}{\mathrm{i}\omega c_{P0}} \right] \qquad (5.4.39d)$$

面积分为

$$\iint_S (\nabla T') \cdot \boldsymbol{n} \mathrm{d}S = \frac{1-\mathrm{i}}{d_\kappa} \left[\frac{T_0 \beta_{P0}}{\rho_0 c_{P0}} p(\omega) - \frac{h(\omega)}{\mathrm{i}\omega c_{P0}} \right] S \qquad (5.4.40a)$$

其中, S 为腔壁面面积. 上式代入方程 (5.4.38c) 得到

$$\int_V T' \mathrm{d}^3 \boldsymbol{r} = \left(V - \frac{1+\mathrm{i}}{\sqrt{2}} S \sqrt{\frac{c_0 l_\kappa}{\omega}} \right) \left[\frac{T_0 \beta_{P0}}{\rho_0 c_{P0}} p(\omega) - \frac{h(\omega)}{\mathrm{i}\omega c_{P0}} \right] \qquad (5.4.40b)$$

上式代入方程 (5.4.37b) 得到小腔内声压

$$p(\omega) = \frac{-\rho_0 c_0^2 \dfrac{\delta V}{V} + \left(1 - \dfrac{1+\mathrm{i}}{\sqrt{2}} \cdot \dfrac{S}{V} \sqrt{\dfrac{c_0 l_\kappa}{\omega}} \right) \dfrac{\rho_0 c_0^2 \beta_{P0}}{\mathrm{i}\omega c_{P0}} h(\omega)}{1 + \dfrac{\mathrm{i} c_0}{\omega V} \iint_{S_2} \beta(\boldsymbol{r}, \omega) \mathrm{d}S + (\gamma - 1) \cdot \dfrac{1+\mathrm{i}}{\sqrt{2}} \cdot \dfrac{S}{V} \sqrt{\dfrac{c_0 l_\kappa}{\omega}}} \qquad (5.4.41a)$$

得到上式利用了方程 (6.2.5a), 即 $(T\beta_P^2/c_P)_0 = (\gamma-1)/c_0^2$ 以及关系 $\kappa_{T0} = \gamma/(\rho_0 c_0^2)$. 显然, 上式中分子上的第二项是由于热源 $h(\omega)$ 而产生的, 如果不存在热源, 则

$$p(\omega) = -\frac{\rho_0 c_0^2 \delta V/V}{1 + \dfrac{\mathrm{i} c_0}{\omega V} \iint_{S_2} \beta(\boldsymbol{r}, \omega) \mathrm{d}S + (\gamma - 1) \cdot \dfrac{1+\mathrm{i}}{\sqrt{2}} \cdot \dfrac{S}{V} \sqrt{\dfrac{c_0 l_\kappa}{\omega}}} \qquad (5.4.41b)$$

比较上式与方程 (5.4.3b) 可知: ① 黏滞对小腔中的声压场没有影响; ② 分母中的第三项是热传导效应的贡献; ③ 如果 $\beta(\boldsymbol{r},\omega)=\beta(\omega)$, 则

$$p(\omega) = -\frac{\rho_0 c_0^2 \delta V/V}{1+\dfrac{\mathrm{i}c_0\beta(\omega)S_2}{\omega V}+(\gamma-1)\cdot\dfrac{1+\mathrm{i}}{\sqrt{2}}\cdot\dfrac{S}{V}\sqrt{\dfrac{c_0 l_\kappa}{\omega}}} \tag{5.4.41c}$$

当 $S_1 \ll S_2$ 时, $S_2 \approx S$, 故所有的耗散效应贡献正比于 S/V, 在面积给定的情况下, 球体体积最大, 因此球形腔的耗散较小.

事实上, 对球形腔, 我们无需假定腔体线度远大于边界层厚度, 方程 (5.4.39a) 能够严格求解. 球坐标下, 方程 (5.4.39a) 的对称形式为

$$\frac{1}{r^2}\frac{\mathrm{d}}{\mathrm{d}r}\left(r^2\frac{\mathrm{d}T'}{\mathrm{d}r}\right)+\frac{\mathrm{i}\omega}{c_0 l_\kappa}T' \approx \frac{\mathrm{i}\omega}{c_0 l_\kappa}\frac{T_0\beta_{P0}}{\rho_0 c_{P0}}p(\omega)-\frac{1}{c_0 l_\kappa}\frac{h(\omega)}{c_{P0}} \tag{5.4.42a}$$

其特解为 (作为习题)

$$T'(r,\omega)=\left[\frac{T_0\beta_{P0}}{\rho_0 c_{P0}}p(\omega)-\frac{h(\omega)}{\mathrm{i}\omega c_{P0}}\right]\left[1-\frac{R}{r}\cdot\frac{\sin(k_h r)}{\sin(k_h R)}\right] \tag{5.4.42b}$$

其中, $k_h=\sqrt{\mathrm{i}\omega/(c_0 l_\kappa)}$. 该解满足的边界条件为: $T'(r,\omega)|_{r\to 0}<\infty$(球心有限) 和 $T'(r,\omega)|_{r\to R}=0$(腔壁面的温度变化为零). 于是可以得到

$$\frac{1}{V}\int_V T'\mathrm{d}^3\boldsymbol{r}=\left[\frac{T_0\beta_{P0}}{\rho_0 c_{P0}}p(\omega)-\frac{h(\omega)}{\mathrm{i}\omega c_{P0}}\right](1-\Theta) \tag{5.4.43a}$$

其中, 为了方便定义

$$\Theta\equiv\frac{3}{k_h^2 R^2}-\frac{3\cot(k_h R)}{k_h R} \tag{5.4.43b}$$

把方程 (5.4.43a) 代入方程 (5.4.37b) 得到

$$p(\omega)=\frac{-\rho_0 c_0^2 \delta V/V+(1-\Theta)\rho_0 c_0^2\beta_{P0}/(\mathrm{i}\omega c_{P0})\cdot h(\omega)}{1+\mathrm{i}\dfrac{\rho_0 c_0^2}{\omega V}\iint_{S_2}\dfrac{\beta(\boldsymbol{r},\omega)}{\rho_0 c_0}\mathrm{d}S+(\gamma-1)\Theta} \tag{5.4.43c}$$

当球半径 R 远大于边界层厚度 d_κ, 即 $|k_h R|\gg 1$, 对 Θ 作渐近展开就得到方程 (5.4.41a).

把方程 (5.4.41b) 写成类似于方程 (5.4.3b) 的形式

$$p(\omega)=-\mathrm{i}\frac{\rho_0 c_0^2 S_\mathrm{d}}{\omega V'}\bar{v}_n;\quad \bar{v}_n=\frac{1}{S_\mathrm{d}}\iint_{S_1}\boldsymbol{v}\cdot\boldsymbol{n}\mathrm{d}S \tag{5.4.44a}$$

其中, 有效体积为

$$V'\equiv V\left[1+\frac{\mathrm{i}c_0}{\omega V}\iint_{S_2}\beta(\boldsymbol{r},\omega)\mathrm{d}S+(\gamma-1)\cdot\frac{1+\mathrm{i}}{\sqrt{2}}\cdot\frac{S}{V}\sqrt{\frac{c_0 l_\kappa}{\omega}}\right] \tag{5.4.44b}$$

由此可以求得图 5.4.2 中 Helmholtz 共振腔的共振频率 (作为习题).

5.5 二个腔的耦合

二个腔体的耦合在声学系统中是常见的形式, 例如, 腔 a 和腔 b 通过窗口耦合, 我们可以通过改变腔 b 的结构来实现对腔 a 的声学性质的控制. 分三种情况讨论: ① 二个耦合腔体的线度与声波波长在同一数量级, 二者都必须用模式展开理论; ② 二个耦合腔体的线度远大于声波波长, 这时二个腔中的场都是扩散声场, 可以用高频近似; ③ 二个耦合腔体的线度远小于声波波长; ④ 腔 a 的线度与声波波长在同一数量级, 必须用模式展开理论, 而腔 b 为一个 Helmholtz 共振腔.

5.5.1 腔耦合的声场激发和活塞辐射近似

如图 5.5.1, 二个体积分别为 V_a 和 V_b 的腔 a 和腔 b 通过窗口耦合, 窗口面积为 S_0(并且假定耦合窗口的墙无限薄, 如果墙为有限厚, 必须考虑耦合腔内的声场, 问题较复杂). 当声源频率既不满足低频条件 (声波波长 $\lambda \gg \sqrt[3]{V_{a,b}}$), 也不满足方程 (5.3.1c) 的高频条件, 我们必须用简正模式来讨论腔 a 和腔 b 的耦合问题.

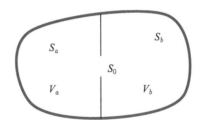

图 5.5.1　腔 a 和腔 b 通过窗口 S_0 耦合

考虑单频声源位于腔 a 中, 我们的问题是求腔 a 和腔 b 中的声场分布

$$\nabla^2 p_a(\boldsymbol{r},\omega) + k_0^2 p_a(\boldsymbol{r},\omega) = -\Im_a(\boldsymbol{r},\omega), \quad \boldsymbol{r} \in V_a$$

$$\left[\frac{\partial p_a(\boldsymbol{r},\omega)}{\partial n} - \mathrm{i}k_0\beta_a(\boldsymbol{r},\omega)p_a(\boldsymbol{r},\omega)\right]\Bigg|_{S_a} = 0 \tag{5.5.1a}$$

以及

$$\nabla^2 p_b(\boldsymbol{r},\omega) + k_0^2 p_b(\boldsymbol{r},\omega) = 0, \quad \boldsymbol{r} \in V_b$$

$$\left[\frac{\partial p_b(\boldsymbol{r},\omega)}{\partial n} - \mathrm{i}k_0\beta_b(\boldsymbol{r},\omega)p_b(\boldsymbol{r},\omega)\right]\Bigg|_{S_b} = 0 \tag{5.5.1b}$$

其中, S_a 和 S_b 分别表示腔 a, b 扣除耦合窗口 S_0 的表面. 腔 b 中的声波是由于窗口 S_0 的耦合, 由腔 a 透射过去的, 设窗口 S_0 上的法向振动速度为 $v_n(\boldsymbol{r}_s)$($\boldsymbol{r}_s$ 为窗口 S_0 上的点, 振动速度方向假定由 a 到 b 为正. 注意: 在窗口 S_0 上, 对腔 a 而言, 方程 (5.5.1a) 中区域的法向 $\boldsymbol{n}$ 向右; 而对腔 b 而言, 方程 (5.5.1a) 中区域的法

向 n 向左), 那么方程 (5.5.1a) 和 (5.5.1b) 存在连接条件, 即窗口声压和法向速度连续

$$p_a(\boldsymbol{r}_s, \omega) = p_b(\boldsymbol{r}_s, \omega), \quad \boldsymbol{r}_s \in S_0$$

$$\left. \frac{\partial p_a(\boldsymbol{r}, \omega)}{\partial n} \right|_{S_0} = -\left. \frac{\partial p_b(\boldsymbol{r}, \omega)}{\partial n} \right|_{S_0} = \mathrm{i}\rho_0 \omega v_n(\boldsymbol{r}_s, \omega), \quad \boldsymbol{r}_s \in S_0$$

(5.5.1c)

上式中负号是因为窗口 S_0 对腔 a 和腔 b 而言, 法向相反. 令腔 a 中 Green 函数 $G_a(\boldsymbol{r}, \boldsymbol{r}', \omega)$ 满足

$$\nabla^2 G_a(\boldsymbol{r}, \boldsymbol{r}', \omega) + k_0^2 G_a(\boldsymbol{r}, \boldsymbol{r}', \omega) = -\delta(\boldsymbol{r}, \boldsymbol{r}')$$

$$\left[\frac{\partial G_a(\boldsymbol{r}, \boldsymbol{r}', \omega)}{\partial n} - \mathrm{i}k_0 \beta_a(\boldsymbol{r}, \omega) G_a(\boldsymbol{r}, \boldsymbol{r}', \omega) \right]\Bigg|_{S_a} = 0$$

$$\left. \frac{\partial G_a(\boldsymbol{r}, \boldsymbol{r}', \omega)}{\partial n} \right|_{S_0} = 0$$

(5.5.2a)

腔 b 中 Green 函数 $G_b(\boldsymbol{r}, \boldsymbol{r}')$ 满足类似的方程和边界条件. $G_a(\boldsymbol{r}, \boldsymbol{r}', \omega)$ 和 $G_b(\boldsymbol{r}, \boldsymbol{r}', \omega)$ 可用简正模式展开表示, 设窗口 S_0 为刚性时 (即腔 a 和腔 b 没有耦合), 腔 a 和腔 b 的简正模式分别为 $\{\Psi_\lambda^a, \Omega_\lambda^a\}$ 和 $\{\Psi_\lambda^b, \Omega_\lambda^b\}$ (注意: 根据方程 (5.1.9b), 它们也是频率 ω 的函数), 用简正模式展开的 $G_a(\boldsymbol{r}, \boldsymbol{r}', \omega)$ 和 $G_b(\boldsymbol{r}, \boldsymbol{r}', \omega)$ 分别为

$$G_a(\boldsymbol{r}, \boldsymbol{r}', \omega) = \sum_{\mu=0}^{\infty} \frac{1}{(\Omega_\mu^a/c_0)^2 - (\omega/c_0)^2} \Psi_\mu^a(\boldsymbol{r}) \Psi_\mu^a(\boldsymbol{r}')$$

$$G_b(\boldsymbol{r}, \boldsymbol{r}', \omega) = \sum_{\mu=0}^{\infty} \frac{1}{(\Omega_\mu^b/c_0)^2 - (\omega/c_0)^2} \Psi_\mu^b(\boldsymbol{r}) \Psi_\mu^b(\boldsymbol{r}')$$

(5.5.2b)

另一方面, 由方程 (2.5.6a) 得到腔 a 内的声场为

$$p_a(\boldsymbol{r}, \omega) = \int_{V_a} G_a(\boldsymbol{r}, \boldsymbol{r}', \omega) \Im(\boldsymbol{r}', \omega) \mathrm{d}^3\boldsymbol{r}' + \int_{S_0} G_a(\boldsymbol{r}, \boldsymbol{r}', \omega) \frac{\partial p_a(\boldsymbol{r}', \omega)}{\partial n'} \mathrm{d}S'$$

$$= \int_{V_a} G_a(\boldsymbol{r}, \boldsymbol{r}', \omega) \Im(\boldsymbol{r}', \omega) \mathrm{d}^3\boldsymbol{r}' + \mathrm{i}\rho_0 \omega \int_{S_0} G_a(\boldsymbol{r}, \boldsymbol{r}', \omega) v_n(\boldsymbol{r}', \omega) \mathrm{d}S'$$

(5.5.3a)

得到上式, 已利用了方程 (5.5.1c) 的第二式. 上式表明, 腔 a 内的声场由二部分组成: ① 体源激发 (上式的第一项); ② 面源激发 (上式的第二项), 即耦合窗口 S_0 的振动向腔 a 内辐射声波. 同样, 腔 b 内的声场为

$$p_b(\boldsymbol{r}, \omega) = -\mathrm{i}\rho_0 \omega \int_{S_0} G_b(\boldsymbol{r}, \boldsymbol{r}', \omega) v_n(\boldsymbol{r}', \omega) \mathrm{d}S'$$

(5.5.3b)

注意: 方程 (5.5.3a) 和 (5.5.3b) 中窗口 S_0 的速度 $v_n(\boldsymbol{r}', \omega)$ 仍然是未知的, 由连接方程 (5.5.1c) 的第一式得到关系

$$\int_{V_a} G_a(\boldsymbol{r}_s, \boldsymbol{r}', \omega)\Im(\boldsymbol{r}', \omega)\mathrm{d}^3\boldsymbol{r}' + \mathrm{i}\rho_0\omega \int_{S_0} [G_a(\boldsymbol{r}_s, \boldsymbol{r}', \omega) + G_b(\boldsymbol{r}_s, \boldsymbol{r}', \omega)]v_n(\boldsymbol{r}', \omega)\mathrm{d}S' = 0$$
$$(5.5.3c)$$

上式就是决定窗口速度 $v_n(\boldsymbol{r}', \omega)$ 的第一类积分方程. 需要注意的是, 第一类积分方程一般是不适定的, 必须用正则化方法求近似解 (见 3.6.5 小节讨论). 当声波波长 $\lambda \gg \sqrt{S_0}$ 时, 窗口 S_0 的速度分布各点相位相同, 可用平均值代替

$$\bar{v}_n(\omega) \equiv \frac{1}{S_0} \int_{S_0} v_n(\boldsymbol{r}'_s, \omega)\mathrm{d}S' \qquad (5.5.4a)$$

故对方程 (5.5.3c) 在 S_0 上平均得到

$$\int_{S_0} p(\boldsymbol{r}_s, \omega)\mathrm{d}S + \mathrm{i}\rho_0\omega\bar{v}_n(\omega) \int_{S_0} G_{a+b}(\boldsymbol{r}_s, \omega)\mathrm{d}S = 0 \qquad (5.5.4b)$$

其中, 为了方便定义

$$p(\boldsymbol{r}_s, \omega) \equiv \int_{V_a} G_a(\boldsymbol{r}_s, \boldsymbol{r}', \omega)\Im(\boldsymbol{r}', \omega)\mathrm{d}^3\boldsymbol{r}'$$
$$G_{a+b}(\boldsymbol{r}_s, \omega) \equiv \int_{S_0} [G_a(\boldsymbol{r}_s, \boldsymbol{r}', \omega) + G_b(\boldsymbol{r}_s, \boldsymbol{r}', \omega)]\mathrm{d}S'$$
$$(5.5.4c)$$

故由方程 (5.5.4b) 得到

$$\bar{v}_n(\omega) = -\frac{1}{\mathrm{i}\rho_0\omega\bar{G}_{a+b}(\omega)} \cdot \int_{S_0} p(\boldsymbol{r}_s, \omega)\mathrm{d}S$$
$$= -\frac{1}{\mathrm{i}\rho_0\omega\bar{G}_{a+b}(\omega)} \cdot \int_{S_0}\int_{V_a} G_a(\boldsymbol{r}_s, \boldsymbol{r}', \omega)\Im(\boldsymbol{r}', \omega)\mathrm{d}^3\boldsymbol{r}'\mathrm{d}S$$
$$(5.5.5a)$$

其中, $\bar{G}_{a+b}(\omega)$ 定义为双重面积分

$$\bar{G}_{a+b}(\omega) \equiv \int_{S_0} G_{a+b}(\boldsymbol{r}_s, \omega)\mathrm{d}S = \int_{S_0}\int_{S_0} [G_a(\boldsymbol{r}_s, \boldsymbol{r}', \omega) + G_b(\boldsymbol{r}_s, \boldsymbol{r}', \omega)]\mathrm{d}S'\mathrm{d}S$$
$$(5.5.5b)$$

把方程 (5.5.5a) 代入方程 (5.5.3a) 和 (5.5.3b), 就可以得到腔 a 和腔 b 中的声场分布. 由方程 (5.5.2b), 方程 (5.5.4c) 的第一式变成

$$\int_{S_0} p(\boldsymbol{r}_s, \omega)\mathrm{d}S = \sum_{\mu=0}^{\infty} \frac{\bar{\Psi}_\mu^a}{(\Omega_\mu^a/c_0)^2 - (\omega/c_0)^2} \int_{V_a} \Psi_\mu^a(\boldsymbol{r}')\Im(\boldsymbol{r}', \omega)\mathrm{d}^3\boldsymbol{r}' \qquad (5.5.6a)$$

其中, $\bar{\Psi}_\mu^a$ 为本征函数 $\Psi_\mu^a(\boldsymbol{r})$ 在窗口 S_0 上的积分

$$\bar{\Psi}_\mu^a \equiv \int_{S_0} \Psi_\mu^a(\boldsymbol{r})\mathrm{d}S \qquad (5.5.6b)$$

把方程 (5.5.6a) 代入方程 (5.5.5a) 得到 $\bar{v}_n(\omega)$，然后代入方程 (5.5.3a) 和 (5.5.3b) 得到

$$
\begin{aligned}
p_a(\boldsymbol{r}, \omega) = \sum_{\mu=0}^{\infty} &\left[\Psi_\mu^a(\boldsymbol{r}) - \frac{\bar{\Psi}_\mu^a}{\bar{G}_{a+b}(\omega)} \sum_{\mu'=0}^{\infty} \frac{\bar{\Psi}_{\mu'}^a \Psi_{\mu'}^a(\boldsymbol{r})}{(\Omega_{\mu'}^a/c_0)^2 - (\omega/c_0)^2} \right] \\
&\times \frac{1}{(\Omega_\mu^a/c_0)^2 - (\omega/c_0)^2} \int_{V_a} \Psi_\mu^a(\boldsymbol{r}') \Im(\boldsymbol{r}', \omega) \mathrm{d}^3 \boldsymbol{r}'
\end{aligned}
\tag{5.5.7a}
$$

和

$$
\begin{aligned}
p_b(\boldsymbol{r}, \omega) = \frac{1}{\bar{G}_{a+b}(\omega)} \sum_{\mu'=0}^{\infty} &\frac{\bar{\Psi}_{\mu'}^b \Psi_{\mu'}^b(\boldsymbol{r})}{(\Omega_{\mu'}^b/c_0)^2 - (\omega/c_0)^2} \\
&\times \sum_{\mu=0}^{\infty} \frac{\bar{\Psi}_\mu^a}{(\Omega_\mu^a/c_0)^2 - (\omega/c_0)^2} \int_{V_a} \Psi_\mu^a(\boldsymbol{r}') \Im(\boldsymbol{r}', \omega) \mathrm{d}^3 \boldsymbol{r}'
\end{aligned}
\tag{5.5.7b}
$$

以上二式就是腔 a 和腔 b 中的声场分布表达式.

共振激发   为了分析方程 (5.5.7a) 和 (5.5.7b) 的意义, 作进一步讨论. 当激发频率 ω 接近腔 a 的第 N 个共振频率时 (不存在耦合时的共振频率), 模式 $\Psi_N^a(\boldsymbol{r})$ 对腔 a 中声场贡献最大, 故把方程 (5.5.5b) 写成下列形式

$$
\begin{aligned}
\bar{G}_{a+b}(\omega) = \int_{S_0} G_{a+b}(\boldsymbol{r}_s) \mathrm{d}S &= \frac{(\bar{\Psi}_N^a)^2}{(\Omega_N^a/c_0)^2 - (\omega/c_0)^2} + \int_{S_0} G_{aN+b}(\boldsymbol{r}_s) \mathrm{d}S \\
&\equiv \frac{(\bar{\Psi}_N^a)^2}{(\Omega_N^a/c_0)^2 - (\omega/c_0)^2} + \bar{G}_{aN+b}(\omega)
\end{aligned}
\tag{5.5.8a}
$$

其中, 为了方便定义

$$
\bar{G}_{aN+b}(\omega) \equiv \int_{S_0} \int_{S_0} [G_{aN}(\boldsymbol{r}_s, \boldsymbol{r}', \omega) + G_b(\boldsymbol{r}_s, \boldsymbol{r}', \omega)] \mathrm{d}S' \mathrm{d}S
\tag{5.5.8b}
$$

而 $G_{aN}(\boldsymbol{r}_s, \boldsymbol{r}', \omega)$ 表示 Green 函数 $G_a(\boldsymbol{r}, \boldsymbol{r}', \omega)$ 求和中除去第 N 项外的部分

$$
G_{aN}(\boldsymbol{r}_s, \boldsymbol{r}', \omega) \equiv \sum_{\mu \neq N}^{\infty} \frac{1}{(\Omega_\mu^a/c_0)^2 - (\omega/c_0)^2} \Psi_\mu^a(\boldsymbol{r}_s) \Psi_\mu^a(\boldsymbol{r}')
\tag{5.5.8c}
$$

分三种情况讨论如下.

(1) 如果激发频率 $\omega \approx \mathrm{Re}(\Omega_N^a)$, 即激发频率刚好是腔 a 的第 N 个共振频率, 那么腔 a 中第 N 个模式对声场贡献最大, 方程 (5.5.7a) 和 (5.5.7b) 中关于腔 a 的简正模式求和只要保留第 N 项, 其他模式都可忽略, 于是方程 (5.5.7a) 和 (5.5.7b)

简化成

$$
p_a(\boldsymbol{r}, \omega) \approx \frac{\Psi_N^a(\boldsymbol{r})}{(\Omega_N^a/c_0)^2 - (\omega/c_0)^2} \int_{V_a} \Psi_N^a(\boldsymbol{r}') \Im(\boldsymbol{r}', \omega) \mathrm{d}V'
$$

$$
\times \left\{ 1 - \frac{(\bar{\Psi}_N^a)^2}{(\bar{\Psi}_N^a)^2 + \bar{G}_{aN+b}(\omega)[(\Omega_N^a/c_0)^2 - (\omega/c_0)^2]} \right\} \tag{5.5.9a}
$$

$$
p_b(\boldsymbol{r}, \omega) \approx \frac{\bar{\Psi}_N^a}{(\bar{\Psi}_N^a)^2 + \bar{G}_{aN+b}(\omega)[(\Omega_N^a/c_0)^2 - (\omega/c_0)^2]}
$$

$$
\times \int_{V_a} \Psi_N^a(\boldsymbol{r}') \Im(\boldsymbol{r}', \omega) \mathrm{d}^3\boldsymbol{r}' \cdot \sum_{\mu'=0}^{\infty} \frac{\bar{\Psi}_{\mu'}^b \Psi_{\mu'}^b(\boldsymbol{r})}{(\Omega_{\mu'}^b/c_0)^2 - (\omega/c_0)^2} \tag{5.5.9b}
$$

(2) 如果激发频率 $\omega \approx \mathrm{Re}(\Omega_M^b)$, 即激发频率刚好是腔 b 的第 M 个共振频率, 必须把 $G_b(\boldsymbol{r}, \boldsymbol{r}', \omega)$ 中的第 M 项分离开来, 得到与方程 (5.5.8a) 类似的方程 (作为习题).

(3) 如果激发频率 $\omega \approx \mathrm{Re}(\Omega_N^a) \approx \mathrm{Re}(\Omega_M^b)$, 即激发频率刚好是腔 a 的第 N 个共振频率, 同时又是腔 b 的第 M 个共振频率, 必须把 $G_a(\boldsymbol{r}, \boldsymbol{r}', \omega)$ 中的第 N 项分、$G_b(\boldsymbol{r}, \boldsymbol{r}', \omega)$ 中的第 M 项分离开来, 得到腔 a 和腔 b 的声场分布.

必须指出的是, 只有当频率比较低, 共振峰不出现交叠时 (否则必须保留其他模式项), 方程 (5.5.9a) 和 (5.5.9b) 才成立.

活塞辐射近似 仅考虑激发频率刚好是腔 a 的第 N 个共振频率情况 (其他二种情况类似). 由方程 (5.5.9a) 和 (5.5.9b) 可知, 关键是计算 $\bar{G}_{aN+b}(\omega)$, 尽管它可由定义直接计算, 但物理意义不明显, 并且较复杂. 为此, 我们作进一步的近似, 由方程 (5.5.3a) 和 (5.5.3b), 窗口 S_0 的振动速度辐射的声场为

$$
[p_a(\boldsymbol{r}, \omega)]_0 \approx \mathrm{i}\rho_0 \omega \bar{v}_n(\omega) \int_{S_0} G_a(\boldsymbol{r}, \boldsymbol{r}', \omega) \mathrm{d}S', \quad \boldsymbol{r} \in S_0 \tag{5.5.10a}
$$

和

$$
[p_b(\boldsymbol{r}, \omega)]_0 \approx -\mathrm{i}\rho_0 \omega \bar{v}_n(\omega) \int_{S_0} G_b(\boldsymbol{r}, \boldsymbol{r}', \omega) \mathrm{d}S', \quad \boldsymbol{r} \in S_0 \tag{5.5.10b}
$$

因此, 窗口的力辐射阻抗为

$$
Z_{\mathrm{r}} = -\frac{F_a + F_b}{\bar{v}_n(\omega)} = -\frac{1}{\bar{v}_n(\omega)} \int_{S_0} \{[p_a(\boldsymbol{r}, \omega)]_0 - [p_b(\boldsymbol{r}, \omega)]_0\} \mathrm{d}S
$$

$$
= -\mathrm{i}\rho_0 \omega \iint_{S_0} [G_a(\boldsymbol{r}, \boldsymbol{r}', \omega) + G_b(\boldsymbol{r}, \boldsymbol{r}', \omega)] \mathrm{d}S \mathrm{d}S' = -\mathrm{i}\rho_0 \omega \bar{G}_{a+b}(\omega) \tag{5.5.10c}
$$

即 $\bar{G}_{a+b}(\omega)$ 与 Z_{r} 存在以上简单的关系. 注意: 上式中 $[p_b(\boldsymbol{r}, \omega)]_0$ 前的负号是因为 $[p_b(\boldsymbol{r}, \omega)]_0$ 产生的力是由 b 向 a 的.

如果我们把窗口 S_0 等效成向左、右半空间辐射的无限大刚性障板上的活塞 (窗口不能位于角或边上，否则就不能利用无限大障板上活塞辐射的阻抗公式了)，那么近似地

$$\bar{G}_{a+b}(\omega) = \frac{\mathrm{i}Z_{\mathrm{r}}(\omega)}{\rho_0 c_0 k_0} \approx \frac{2S_0}{k_0}[\chi(\omega) + \mathrm{i}\vartheta(\omega)] \tag{5.5.11a}$$

其中，ϑ 和 χ 分别对应于活塞辐射的阻部分和抗部分. 对半径为 a 的圆形开口，由方程 (2.5.51a)：$\vartheta = R_1(2k_0 a)$ 和 $\chi = X_1(2k_0 a)$. 方程 (5.5.11a) 中乘 2 是因为活塞向两面辐射. 注意到 $\bar{G}_{aN+b}(\omega)$ 仅比 $\bar{G}_{a+b}(\omega)$ 缺少第 N 项，故取近似

$$\bar{G}_{aN+b}(\omega) \approx \frac{2S_0}{k_0}[\chi(\omega) + \mathrm{i}\vartheta(\omega)] \tag{5.5.11b}$$

于是，代入方程 (5.5.9a) 和 (5.5.9b)，就可以得到了腔 a 和腔 b 中的声场分布.

矩形腔情况　由方程 (5.2.15)，腔 a 的简正频率为 (设比阻抗率为常数)

$$\left(\frac{\Omega_{pqr}^a}{c_0}\right)^2 = (k_{pqr}^a)^2 - \mathrm{i}\beta_a k_0 \left(\frac{\varepsilon_p 2l_y l_z + \varepsilon_q 2l_x l_z + \varepsilon_r 2l_x l_y}{V_a}\right) \tag{5.5.12a}$$

其中，$2l_y l_z \equiv S_x$，$2l_x l_z \equiv S_y$ 和 $2l_x l_y \equiv S_z$ 分别是垂直于 x, y 和 z 方向的腔面面积. 但是上式必须扣除窗口 S_0 的贡献，设耦合窗口 S_0 位于垂直于 z 方向的腔面 (xOy 平面) 上，方程 (5.5.12a) 修改成

$$\left(\frac{\Omega_{pqr}^a}{c_0}\right)^2 = (k_{pqr}^a)^2 - \mathrm{i}\beta_a k_0 \frac{2S_N^a}{V_a} \tag{5.5.12b}$$

其中，$2S_N^a \equiv \varepsilon_p S_x + \varepsilon_q S_y + \varepsilon_r (S_z - S_0)$(对高阶模式 $p,q,r > 0$，$S_N^a \equiv S_x + S_y + (S_z - S_0)$，即为面积)，$N$ 表示指标集：$N = pqr$. 注意到共振时 $\omega \approx \mathrm{Re}(\Omega_N^a)$

$$\left(\frac{\Omega_N^a}{c_0}\right)^2 - \left(\frac{\omega}{c_0}\right)^2 \approx \left(\frac{\Omega_N^a}{c_0}\right)^2 - (k_N^a)^2 \approx -2\mathrm{i}\beta_a k_0 \frac{S_N^a}{V_a} \tag{5.5.12c}$$

把方程 (5.5.11b) 和上式代入方程 (5.5.9a) 得到

$$p_a(\boldsymbol{r},\omega) \approx -\frac{V_a \Psi_N^a(\boldsymbol{r})}{2\mathrm{i}\beta_a k_0 S_N^a} \int_{V_a} \Psi_N^a(\boldsymbol{r}') \Im(\boldsymbol{r}',\omega) \mathrm{d}V'$$
$$\times \left[1 - \frac{(\bar{\Psi}_N^a)^2}{(\bar{\Psi}_N^a)^2 + 4S_0(\vartheta - \mathrm{i}\chi)(\beta_a S_N^a / V_a)}\right] \tag{5.5.13a}$$

取近似：① 腔 a 是准刚性的，$\beta_a \approx \sigma_a$(虚部可以忽略)，而且 $\Psi_N^a(\boldsymbol{r}) \approx \psi_N^a(\boldsymbol{r})$ 和 $\bar{\Psi}_N^a \approx \bar{\psi}_N^a$；② 质量源表示为 $\Im(\boldsymbol{r},\omega) = -\mathrm{i}\rho_0 \omega q(\boldsymbol{r},\omega)$. 则方程 (5.5.13a) 简化成

$$p_a(\boldsymbol{r},\omega) \approx B_{aN} \psi_N^a(\boldsymbol{r}) \frac{L_a}{L_a + L_c/2} \tag{5.5.13b}$$

其中, 为了方便定义

$$
\begin{aligned}
L_a &\equiv \frac{2\sigma_a S_N^a}{\rho_0 c_0 V_a}; \quad L_c \equiv \frac{\left(\bar{\psi}_N^a\right)^2 \vartheta}{\rho_0 c_0 S_0(\vartheta^2 + \chi^2)} \\
B_{aN} &\equiv \frac{\rho_0 c_0 V_a}{2\sigma_a S_N^a} \int_{V_a} \psi_N^a(\boldsymbol{r}') q(\boldsymbol{r}', \omega) \mathrm{d}^3 \boldsymbol{r}'
\end{aligned}
\tag{5.5.13c}
$$

注意: 得到 (5.5.13b), 已使用近似

$$
\frac{\left(\bar{\psi}_N^a\right)^2 \vartheta}{2S_0(\vartheta^2 + \chi^2)} + \frac{2\beta_a S_N^a}{V_a} + \mathrm{i}\frac{\left(\bar{\psi}_N^a\right)^2 \chi}{2S_0(\vartheta^2 + \chi^2)} \approx \frac{\left(\bar{\psi}_N^a\right)^2 \vartheta}{2S_0(\vartheta^2 + \chi^2)} + \frac{2\sigma_a S_N^a}{V_a}
\tag{5.5.13d}
$$

即忽略上式的虚部. 当忽略耦合时, $L_c \approx 0$, 由方程 (5.5.13b) 得到

$$
p_a(\boldsymbol{r}, \omega) \approx B_{aN} \psi_N^a(\boldsymbol{r})
\tag{5.5.14a}
$$

故腔 a 内的均方平均声压为

$$
p_{\mathrm{rms}}^0 \equiv \sqrt{\langle |p_a(\boldsymbol{r}, \omega)|^2 \rangle} \approx |B_{aN}| \frac{1}{\sqrt{V_a}} \int_{V_a} |\psi_N^a(\boldsymbol{r})|^2 \mathrm{d}^3 \boldsymbol{r} = \frac{|B_{aN}|}{\sqrt{V_a}}
\tag{5.5.14b}
$$

当考虑耦合时, 腔 a 内的均方平均声压为

$$
p_{\mathrm{rms}}^a \equiv \sqrt{\langle |p_a(\boldsymbol{r}, \omega)|^2 \rangle} \approx p_{\mathrm{rms}}^0 \frac{L_a}{L_a + L_c/2}
\tag{5.5.14c}
$$

这里假定 L_c 为实数, 即取 $\psi_N^a(\boldsymbol{r})$ 为实数形式.

5.5.2　腔耦合的简正频率和模式

简正频率 Ω_λ (注意: 是整个耦合系统的简正频率, 即腔 a、腔 b 以及耦合窗 S_0 组成一个系统) 和相应的简正模式 $\{p_a(\boldsymbol{r}, \Omega_\lambda); p_b(\boldsymbol{r}, \Omega_\lambda)\}$ 是下列齐次问题的非零解和相应非零解存在的条件 (注意: 频率 ω 是声源的激发频率, 对阻抗型腔体, 简正频率和相应的简正模式与激发频率 ω 有关, 与 5.1.2 小节讨论类似)

$$
\begin{aligned}
&\nabla^2 p_a(\boldsymbol{r}, \Omega_\lambda) + \left(\frac{\Omega_\lambda}{c_0}\right)^2 p_a(\boldsymbol{r}, \Omega_\lambda) = 0, \quad \boldsymbol{r} \in V_a \\
&\left[\frac{\partial p_a(\boldsymbol{r}, \Omega_\lambda)}{\partial n} - \mathrm{i}k_0 \beta_a(\boldsymbol{r}, \omega) p_a(\boldsymbol{r}, \Omega_\lambda) \right]\bigg|_{S_a} = 0
\end{aligned}
\tag{5.5.15a}
$$

而 $p_b(\boldsymbol{r}, \Omega_\lambda)$ 也满足类似的方程和边界条件; 窗口连接条件仍然为方程 (5.5.1c). 注意: 方程 (5.5.15a) 中的 $(\Omega_\lambda/c_0)^2$ 与方程 (5.5.1a) 中的 $k_0^2 = (\omega/c_0)^2$ 的区别, 前者是待求的简正频率, 后者是声源的激发频率.

简正频率 由方程 (5.5.3a) 和 (5.5.3b) 得到

$$p_a(\boldsymbol{r}, \Omega_\lambda) = \mathrm{i}\rho_0 \Omega_\lambda \int_{S_0} G_a(\boldsymbol{r}, \boldsymbol{r}', \Omega_\lambda) v_n(\boldsymbol{r}', \Omega_\lambda) \mathrm{d}S'$$

$$p_b(\boldsymbol{r}, \Omega_\lambda) = -\mathrm{i}\rho_0 \Omega_\lambda \int_{S_0} G_b(\boldsymbol{r}, \boldsymbol{r}', \Omega_\lambda) v_n(\boldsymbol{r}', \Omega_\lambda) \mathrm{d}S' \tag{5.5.15b}$$

其中, Green 函数由方程 (5.5.2b) 决定, 但注意把 ω 改成 Ω_λ, 即

$$G_a(\boldsymbol{r}, \boldsymbol{r}', \Omega_\lambda) = \sum_{\mu=0}^{\infty} \frac{1}{(\Omega_\mu^a/c_0)^2 - (\Omega_\lambda/c_0)^2} \Psi_\mu^a(\boldsymbol{r}) \Psi_\mu^a(\boldsymbol{r}') \tag{5.5.15c}$$

$$G_b(\boldsymbol{r}, \boldsymbol{r}', \Omega_\lambda) = \sum_{\mu=0}^{\infty} \frac{1}{(\Omega_\mu^b/c_0)^2 - (\Omega_\lambda/c_0)^2} \Psi_\mu^b(\boldsymbol{r}) \Psi_\mu^b(\boldsymbol{r}') \tag{5.5.15d}$$

由方程 (5.5.1c) 的第一式得到

$$\begin{aligned} p_a(\boldsymbol{r}_s, \Omega_\lambda) &= \mathrm{i}\rho_0 \Omega_\lambda \int_{S_0} G_a(\boldsymbol{r}_s, \boldsymbol{r}', \Omega_\lambda) v_n(\boldsymbol{r}', \Omega_\lambda) \mathrm{d}S' \\ &= -\mathrm{i}\rho_0 \Omega_\lambda \int_{S_0} G_b(\boldsymbol{r}_s, \boldsymbol{r}', \Omega_\lambda) v_n(\boldsymbol{r}', \Omega_\lambda) \mathrm{d}S' = p_b(\boldsymbol{r}_s, \Omega_\lambda) \end{aligned} \tag{5.5.16a}$$

分下列二种情况讨论.

(1) 腔 a 与腔 b 的简正频率相差很大, 耦合面 S_0 的存在仅仅改变了腔 a(或者腔 b) 的简正频率. 首先考虑腔 a 简正频率的修正, 把方程 (5.5.15c) 代入方程 (5.5.16a), 并把第 N 个模式分开, 且用 Ω_N 标记要求的第 N 个简正频率

$$\begin{aligned} &\frac{1}{(\Omega_N^a/c_0)^2 - (\Omega_N/c_0)^2} \Psi_N^a(\boldsymbol{r}_s) \int_{S_0} \Psi_N^a(\boldsymbol{r}') v_n(\boldsymbol{r}', \Omega_N) \mathrm{d}S' \\ &+ \int_{S_0} [G_{aN}(\boldsymbol{r}_s, \boldsymbol{r}', \Omega_N) + G_b(\boldsymbol{r}_s, \boldsymbol{r}', \Omega_N)] v_n(\boldsymbol{r}', \Omega_N) \mathrm{d}S' = 0 \end{aligned} \tag{5.5.16b}$$

注意到当 $S_0 \to 0$ 时, $(\Omega_N^a/c_0)^2 \to (\Omega_N/c_0)^2$, 故必须令

$$\left(\frac{\Omega_N^a}{c_0} \right)^2 - \left(\frac{\Omega_N}{c_0} \right)^2 = A \int_{S_0} \Psi_N^a(\boldsymbol{r}') v_n(\boldsymbol{r}', \Omega_N) \mathrm{d}S' \tag{5.5.16c}$$

其中, A 是为了量纲一致而引进的常数, 在最后结果中不出现. 方程 (5.5.16b) 简化为

$$A^{-1} \Psi_N^a(\boldsymbol{r}_s) + \int_{S_0} [G_{aN}(\boldsymbol{r}_s, \boldsymbol{r}', \Omega_N) + G_b(\boldsymbol{r}_s, \boldsymbol{r}', \Omega_N)] v_n(\boldsymbol{r}', \Omega_N) \mathrm{d}S' = 0 \tag{5.5.17a}$$

用平均速度代替窗口的速度分布 $v_n(r, \Omega_N) = \bar{v}_n(\Omega_N)$ 代入方程 (5.5.17a) 并且在窗口面上求平均

$$A^{-1} \int_{S_0} \Psi_N^a(r_s) \mathrm{d}S + \bar{v}_n(\Omega_N) \int_{S_0} \int_{S_0} [G_{aN}(r_s, r', \Omega_N) + G_b(r_s, r', \Omega_N)] \mathrm{d}S' = 0 \tag{5.5.17b}$$

从上式得到平均速度 $\bar{v}_n(\omega_N)$，然后代入方程 (5.5.16c) 得到

$$\left(\frac{\Omega_N}{c_0}\right)^2 \approx \left(\frac{\Omega_N^a}{c_0}\right)^2 + \frac{(\bar{\Psi}_N^a)^2}{\bar{G}_{aN+b}(\Omega_N)} \tag{5.5.17c}$$

上式就是决定腔 a 的简正频率 Ω_N 的方程, 第二项为修正项. 需要注意的是: 上式右边仍然是 Ω_N 的函数, 故方程 (5.5.17c) 是关于 Ω_N 的隐函数方程. 作为一阶近似, 可取

$$\left(\frac{\Omega_N}{c_0}\right)^2 \approx \left(\frac{\Omega_N^a}{c_0}\right)^2 + \frac{(\bar{\Psi}_N^a)^2}{\bar{G}_{aN+b}(\Omega_N^a)} \tag{5.5.17d}$$

对腔 b, 同样得到第 M 个简正频率修正为

$$\left(\frac{\Omega_M}{c_0}\right)^2 \approx \left(\frac{\Omega_M^b}{c_0}\right)^2 + \frac{(\bar{\Psi}_M^b)^2}{\bar{G}_{a+bM}(\Omega_M)} \tag{5.5.17e}$$

$$\left(\frac{\Omega_M}{c_0}\right)^2 \approx \left(\frac{\Omega_M^b}{c_0}\right)^2 + \frac{(\bar{\Psi}_M^b)^2}{\bar{G}_{a+bM}(\Omega_M^b)} \tag{5.5.17f}$$

(2) 如果腔 a 的第 N 个简正频率恰好接近腔 b 的第 M 个简正频率 (即 $\Omega_N^a \approx \Omega_M^b$), 这时两个简正模式发生耦合, 简正频率是腔 a 和腔 b 作为一个系统的简正频率. 注意: 这种情况更有实际意义. 设简正频率为 Ω_N, 那么方程 (5.5.16b) 中 $G_b(r_s, r', \Omega_N)$ 的第 M 项也必须分开

$$\int_{S_0} [G_{aN}(r_s, r', \Omega_N) + G_{bM}(r_s, r', \Omega_N)] v_n(r', \Omega_N) \mathrm{d}S'$$
$$+ \frac{\Psi_N^a(r_s)}{(\Omega_N^a/c_0)^2 - (\Omega_N/c_0)^2} \int_{S_0} \Psi_N^a(r') v_n(r', \Omega_N) \mathrm{d}S' \tag{5.5.18a}$$
$$+ \frac{\Psi_M^b(r_s)}{(\Omega_M^b/c_0)^2 - (\Omega_N/c_0)^2} \int_{S_0} \Psi_M^b(r') v_n(r', \Omega_N) \mathrm{d}S' = 0$$

其中, $G_{bM}(r_s, r', \Omega_N)$ 的定义与方程 (5.5.8c) 类似. 当取 $v_n(r, \Omega_N) \approx \bar{v}_n(\Omega_N)$ 且在窗口平均, 上式简化为

$$\frac{(\bar{\Psi}_N^a)^2}{(\Omega_N/c_0)^2 - (\Omega_N^a/c_0)^2} + \frac{(\bar{\Psi}_M^b)^2}{(\Omega_N/c_0)^2 - (\Omega_M^b/c_0)^2} = \bar{G}_{aN+bM}(\Omega_N) \tag{5.5.18b}$$

其中, 为了方便定义

$$\bar{\Psi}_M^b \equiv \int_{S_0} \Psi_M^b(\boldsymbol{r})\mathrm{d}S$$

$$\bar{G}_{aN+bM}(\Omega_N) \equiv \int_{S_0}\int_{S_0}[G_{aN}(\boldsymbol{r}_s,\boldsymbol{r}',\Omega_N) + G_{bM}(\boldsymbol{r}_s,\boldsymbol{r}',\Omega_N)]\mathrm{d}S'\mathrm{d}S \tag{5.5.18c}$$

方程 (5.5.18b) 就是决定简正频率 Ω_N(在 Ω_N^a 和 Ω_M^b 附近) 的方程. 令

$$A_N^2 \equiv \frac{(\bar{\Psi}_N^a)^2}{\bar{G}_{aN+bM}(\Omega_N)}; A_M^2 \equiv \frac{(\bar{\Psi}_M^b)^2}{\bar{G}_{aN+bM}(\Omega_N)} \tag{5.5.19a}$$

方程 (5.5.18b) 变化成

$$\frac{A_N^2}{(\Omega_N/c_0)^2 - (\Omega_N^a/c_0)^2} + \frac{A_M^2}{(\Omega_N/c_0)^2 - (\Omega_M^b/c_0)^2} = 1 \tag{5.5.19b}$$

因为当不存在耦合时, $\Omega_N \approx \Omega_N^a$ 和 Ω_M^b, 即 $(\Omega_N/c_0)^2 - (\Omega_N^a/c_0)^2 \to 0$ 和 $(\Omega_N/c_0)^2 - (\Omega_M^b/c_0)^2 \to 0$, 为了保证上式成立, 故必须 $A_N^2, A_M^2 \to 0$. 注意: A_N^2 和 A_M^2 仍然是 Ω_N 的函数. 因此, 形式上, 方程 (5.5.19b) 解可以近似为

$$\left(\frac{\Omega_N}{c_0}\right)^2 \approx \frac{1}{2}\left[\left(\frac{\Omega_N^a}{c_0}\right)^2 + \left(\frac{\Omega_M^b}{c_0}\right)^2\right] \pm \frac{1}{2}\sqrt{\left[\left(\frac{\Omega_N^a}{c_0}\right)^2 - \left(\frac{\Omega_M^b}{c_0}\right)^2\right]^2 + 4A_N^2A_M^2} \tag{5.5.20a}$$

一般来说, $|A_N A_M| \ll |(\Omega_N^a/c_0)^2 - (\Omega_M^b/c_0)^2|$(称为**弱耦合**, $A_N A_M$ 称为**耦合系数**), 故由方程 (5.5.20a) 近似得到

$$\left(\frac{\Omega_N^+}{c_0}\right)^2 \approx \left(\frac{\Omega_N^a}{c_0}\right)^2 + \frac{A_N^2A_M^2}{(\Omega_N^a/c_0)^2 - (\Omega_M^b/c_0)^2} \tag{5.5.20b}$$

$$\left(\frac{\Omega_N^-}{c_0}\right)^2 \approx \left(\frac{\Omega_M^b}{c_0}\right)^2 - \frac{A_N^2A_M^2}{(\Omega_N^a/c_0)^2 - (\Omega_M^b/c_0)^2} \tag{5.5.20c}$$

如果 $|A_N A_M| \gg |(\Omega_N^a/c_0)^2 - (\Omega_M^b/c_0)^2|$(称为**强耦合**), 方程 (5.5.20a) 进一步近似为

$$\left(\frac{\Omega_N^\pm}{c_0}\right)^2 \approx \frac{1}{2}\left[\left(\frac{\Omega_N^a}{c_0}\right)^2 + \left(\frac{\Omega_M^b}{c_0}\right)^2\right] \pm A_N A_M \tag{5.5.20d}$$

以上结果与 5.4.4 小节中二个 Helmholtz 共振腔的耦合类似.

　　简正模式　　首先考虑弱耦合情况, 对简正频率 Ω_N^+, 由方程 (5.5.15b), 可推得简正模式分布为

$$p_a(\boldsymbol{r}, \Omega_N^+) = \frac{\mathrm{i}\rho_0\Omega_N^+\bar{v}_n(\Omega_N^+)\bar{\Psi}_N^a}{(\Omega_N^a/c_0)^2 - (\Omega_N^+/c_0)^2}$$

$$\times \left[\Psi_N^a(\boldsymbol{r}) + \sum_{\mu \neq N}^{\infty}\frac{\bar{\Psi}_\mu^a}{\bar{\Psi}_N^a} \cdot \frac{(\Omega_N^a/c_0)^2 - (\Omega_N^+/c_0)^2}{(\Omega_\mu^a/c_0)^2 - (\Omega_N^+/c_0)^2}\Psi_\mu^a(\boldsymbol{r})\right] \tag{5.5.21a}$$

$$p_b(\boldsymbol{r}, \Omega_N^+) = -\frac{\mathrm{i}\rho_0 \Omega_N^+ \bar{v}_n(\Omega_N^+)\bar{\Psi}_M^b}{(\Omega_M^b/c_0)^2 - (\Omega_N^+/c_0)^2}$$

$$\times \left[\Psi_M^b(\boldsymbol{r}) + \sum_{\mu \neq M}^{\infty} \frac{\bar{\Psi}_\mu^b}{\bar{\Psi}_M^b} \cdot \frac{(\Omega_M^b/c_0)^2 - (\Omega_N^+/c_0)^2}{(\Omega_\mu^b/c_0)^2 - (\Omega_N^+/c_0)^2}\Psi_\mu^b(\boldsymbol{r})\right] \tag{5.5.21b}$$

腔 a 与腔 b 中声压的比值近似为 (利用方程 (5.5.20b))

$$\frac{p_b(\boldsymbol{r}, \Omega_N^+)}{p_a(\boldsymbol{r}, \Omega_N^+)} \approx \frac{\bar{\Psi}_M^b}{\bar{\Psi}_N^a} \cdot \frac{(\Omega_N^a/c_0)^2 - (\Omega_N^+/c_0)^2}{(\Omega_M^b/c_0)^2 - (\Omega_N^+/c_0)^2}$$

$$\approx \sqrt{\frac{V_a}{V_b}} \cdot \left[\frac{A_N A_M}{(\Omega_N^a/c_0)^2 - (\Omega_M^b/c_0)^2}\right]^2 \ll 1 \tag{5.5.21c}$$

故在简正频率 Ω_N^+, 腔 a 中声压远大于腔 b. 对简正频率 Ω_N^-, 简正模式分布与方程 (5.5.21a) 类似, 只要把方程 (5.5.21a) 中的 Ω_N^+ 改成 Ω_N^- 即可, 但这时腔 a 与腔 b 中声压比值近似为 (利用方程 (5.5.20c))

$$\frac{p_a(\boldsymbol{r}, \Omega_N^-)}{p_b(\boldsymbol{r}, \Omega_N^-)} \approx \frac{\bar{\Psi}_N^a}{\bar{\Psi}_M^b} \cdot \frac{(\Omega_M^b/c_0)^2 - (\Omega_N^-/c_0)^2}{(\Omega_N^a/c_0)^2 - (\Omega_N^-/c_0)^2}$$

$$\approx \sqrt{\frac{V_b}{V_a}} \cdot \left[\frac{A_N A_M}{(\Omega_N^a/c_0)^2 - (\Omega_M^b/c_0)^2}\right]^2 \ll 1 \tag{5.5.21d}$$

可见, 对简正频率 Ω_N^-, 腔 b 中声压远大于腔 a.

对强耦合情况, 方程 (5.5.21a) 和 (5.5.21b) 仍然成立, 但方程 (5.5.21c) 和 (5.5.21d) 的第二个等号不成立. 对 Ω_N^+ 和 Ω_N^-, 声压比近似为 (利用方程 (5.5.20d))

$$\frac{p_b(\boldsymbol{r}, \Omega_N^+)}{p_a(\boldsymbol{r}, \Omega_N^+)} \approx \frac{\bar{\Psi}_M^b}{\bar{\Psi}_N^a} \cdot \frac{(\Omega_N^a/c_0)^2 - (\Omega_N^+/c_0)^2}{(\Omega_M^b/c_0)^2 - (\Omega_N^+/c_0)^2} \approx \sqrt{\frac{V_a}{V_b}}$$

$$\frac{p_a(\boldsymbol{r}, \Omega_N^-)}{p_b(\boldsymbol{r}, \Omega_N^-)} \approx \frac{\bar{\Psi}_N^a}{\bar{\Psi}_M^b} \cdot \frac{(\Omega_M^b/c_0)^2 - (\Omega_N^-/c_0)^2}{(\Omega_N^a/c_0)^2 - (\Omega_N^-/c_0)^2} \approx \sqrt{\frac{V_b}{V_a}} \tag{5.5.21e}$$

如果 V_a 与 V_b 在同一数量级, 则腔 a 与腔 b 中的声压也在同一数量级.

5.5.3　扩散场近似腔的耦合和隔声测量

假定声源位于腔 a, 当声源频率足够高, 即满足方程 (5.3.1c) 时, 由于共振峰相互交叠, 方程 (5.5.9a) 和 (5.5.13b) 已不能使用, 模式展开方程 (5.5.7a) 和 (5.5.7b) 的求和必须保留许多项, 以至模式展开形式已不实用. 此时, 我们可以用扩散场方法来讨论二个腔的耦合问题. 仍然用活塞辐射来近似窗口 S_0, 腔 a 通过窗口振动 $\bar{v}_n(\omega)$(所谓高频是指波长 $\lambda \ll \sqrt[3]{V_{a,b}}$, 但仍远大于窗口线度, 可以用平均值代替窗

口 S_0 的振动速度和声压) 向腔 b 辐射的声功率为

$$
\begin{aligned}
T_{a \to b}(\omega) &= \frac{1}{2} \mathrm{Re} \left[\int_{S_0} v_n(\boldsymbol{r}, \omega) p_a^*(\boldsymbol{r}, \omega) \mathrm{d}S \right] \\
&\approx \frac{1}{2} \mathrm{Re} \left[\bar{v}_n(\omega) \int_{S_0} p_a^*(\boldsymbol{r}, \omega) \mathrm{d}S \right] \approx \frac{1}{2} S_0 \mathrm{Re}[\bar{v}_n(\omega) \bar{p}_a^*(\omega)]
\end{aligned}
\tag{5.5.22a}
$$

其中, $\bar{p}_a(\omega)$ 为窗口的平均声压

$$
\bar{p}_a^*(\omega) = \frac{1}{S_0} \int_{S_0} p_a^*(\boldsymbol{r}, \omega) \mathrm{d}S
\tag{5.5.22b}
$$

注意到活塞辐射的力辐射阻抗关系, 即方程 (2.5.51a), 近似有

$$
\frac{\bar{p}_a(\omega)}{\bar{v}_n(\omega)} \approx \rho_0 c_0 (\vartheta - \mathrm{i}\chi) \quad \text{或者} \quad \bar{v}_n(\omega) = \frac{\bar{p}_a(\omega)}{\rho_0 c_0 (\vartheta - \mathrm{i}\chi)}
\tag{5.5.22c}
$$

上式代入方程 (5.5.22a) 得到

$$
T_{a \to b}(\omega) \approx \frac{1}{2} S_0 \mathrm{Re} \left[\frac{|\bar{p}_a(\omega)|_0^2}{\rho_0 c_0 (\vartheta - \mathrm{i}\chi)} \right] \approx \frac{S_0 |\bar{p}_a(\omega)|_0^2 \vartheta}{2\rho_0 c_0 (\vartheta^2 + \chi^2)}
\tag{5.5.22d}
$$

注意到: $\bar{p}_a(\omega)|_0$ 是窗口处的平均声压, 为了建立腔内声场能量的变化关系, 我们必须用腔内的均方平均声压 $p_{\mathrm{rms}}^a(\omega)$ 来代替 $\bar{p}_a(\omega)|_0$. 对刚性壁面的腔体, 壁面声压极大, 以矩形腔为例, 不难证明 (作为习题), 壁面均方平均声压的平方是整个腔体均方平均声压的平方的 2 倍左右, 即 $|\bar{p}_a(\omega)|_0^2 \approx 2|p_{\mathrm{rms}}^a(\omega)|^2$. 于是方程 (5.5.22d) 修正成

$$
T_{a \to b}(\omega) \approx \frac{2 S_0 |p_{\mathrm{rms}}^a(\omega)|^2 \vartheta}{2\rho_0 c_0 (\vartheta^2 + \chi^2)} = \frac{4 S_0 I_a(\omega) \vartheta}{\vartheta^2 + \chi^2}
\tag{5.5.22e}
$$

得到上式第二步, 已经利用了方程 (5.3.11d). 记及壁面的吸收, 由方程 (5.3.12b), 腔 a 损失的声能量为

$$
-a I_a(\omega) - \frac{4 S_0 I_a(\omega) \vartheta}{\vartheta^2 + \chi^2} \equiv -a_a I_a(\omega) - 4 S_0 C_0 I_a(\omega)
\tag{5.5.23a}
$$

其中, $C_0 \equiv \vartheta/(\vartheta^2 + \chi^2)$, 负号表示能量损失, a_a 为腔 a 的吸收面积 (见方程 (5.3.12b)). 另一方面, 窗口 S_0 在腔 b 的声场作用下对振动也有贡献, 相当于向腔 a 辐射声能量. 这部分能量使腔 a 能量增加的项应该为 $+4 S_0 C_0 I_b(\omega)$. 因此, 腔 a 的能量平衡方程应该为

$$
\frac{4 V_a}{c_0} \frac{\mathrm{d} I_a}{\mathrm{d} t} = -a_a I_a - 4 S_0 C_0 I_a + 4 S_0 C_0 I_b + W
\tag{5.5.23b}
$$

其中, W 是声源的功率 (注意: 这里的时间导数是对声强随时间变化而言, 而不是对声场以频率 ω 的快变化). 得到上式, 已利用了方程 (5.3.11b). 通过类似的分析, 腔 b 的能量平衡方程为

$$\frac{4V_b}{c_0}\frac{\mathrm{d}I_b}{\mathrm{d}t} = -a_b I_b - 4S_0 C_0 I_b + 4S_0 C_0 I_a \tag{5.5.23c}$$

其中, a_b 为腔 b 的吸收面积. 方程 (5.5.23b) 和 (5.5.23c) 的稳态解为

$$I_a = W\frac{a_b + 4S_0 C_0}{(a_a + 4S_0 C_0)(a_b + 4S_0 C_0) - (4S_0 C_0)^2} \approx \frac{W}{a_a + 4S_0 C_0} \tag{5.5.23d}$$

$$I_b = W\frac{4S_0 C_0}{(a_a + 4S_0 C_0)(a_b + 4S_0 C_0) - (4S_0 C_0)^2} \approx \frac{4W S_0 C_0}{(a_a + 4S_0 C_0)(a_b + 4S_0 C_0)} \tag{5.5.23e}$$

显然, 当 $S_0 = 0$ 时

$$I_a \approx \frac{W}{a_a} \equiv \frac{(p_{\mathrm{rms}}^0)^2}{4\rho_0 c_0} \tag{5.5.24a}$$

故不存在耦合时, 腔 a 内的均方平均声压与声源功率存在关系 $a_a(p_{\mathrm{rms}}^0)^2 \approx 4\rho_0 c_0 W$, 代入方程 (5.5.23d) 得到存在耦合时, 腔 a 和腔 a 内的均方平均声压 $p_{\mathrm{rms}}^a = \sqrt{4\rho_0 c_0 I_a}$ 和 $p_{\mathrm{rms}}^b = \sqrt{4\rho_0 c_0 I_a}$ 分别为

$$p_{\mathrm{rms}}^a \approx p_{\mathrm{rms}}^0 \sqrt{\frac{a_a}{a_a + 4S_0 C_0}}$$
$$p_{\mathrm{rms}}^b \approx p_{\mathrm{rms}}^0 \sqrt{\frac{4S_0 C_0}{(1 + 4S_0 C_0/a_a)(a_b + 4S_0 C_0)}} \tag{5.5.24b}$$

注意到方程 (5.3.30e), 我们得到 $a_a \approx \sum \alpha_i S_i \approx 8\sigma_a \sum S_i \approx 8\sigma_a S_N^a$, 代入方程 (5.5.24b) 的第一式得到

$$p_{\mathrm{rms}}^a \approx p_{\mathrm{rms}}^0 \sqrt{\frac{2\sigma_a S_N^a}{2\sigma_a S_N^a + S_0 C_0}} = p_{\mathrm{rms}}^0 \sqrt{\frac{L_a}{L_a + L_c'}} \approx p_{\mathrm{rms}}^0 \left(1 - \frac{L_c'}{2L_a}\right) \tag{5.5.24c}$$

其中, L_a 和 L_c' 定义为

$$L_a \equiv \frac{2\sigma_a S_N^a}{\rho_0 c_0 V_a}; \ L_c' \equiv \frac{(S_0/V_a)\vartheta}{\rho_0 c_0 (\vartheta^2 + \chi^2)} \tag{5.5.24d}$$

注意: L_a 的定义与方程 (5.5.13c) 中相同. 方程 (5.5.24c) 与 (5.5.14c) 相比较: 当 $L_c/L_a \ll 1$ 时, 方程 (5.5.14c) 近似为

$$p_{\mathrm{rms}}^a \approx p_{\mathrm{rms}}^0 \frac{L_a}{L_a + L_c/2} \approx p_{\mathrm{rms}}^0 \left(1 - \frac{L_c}{2L_a}\right) \tag{5.5.24e}$$

上式与方程 (5.5.24c) 类似. 注意到方程 (5.5.13c) 中 L_c 的定义, 比较方程 (5.5.24d), 扩散场近似相当于取关系

$$\bar{\psi}_N^a \equiv \int_{S_0} \psi_N^a(\boldsymbol{r}) \mathrm{d}S \approx \frac{S_0}{\sqrt{V_a}}; \ \frac{\left(\bar{\psi}_N^a\right)^2}{S_0} \approx \frac{S_0}{V_a} \tag{5.5.24f}$$

可见, 扩散场近似给出了较好的结果.

耦合混响   假定在 $t=0$ 前, 声源的功率为 W, 在 $t=0$ 时刻关掉声源, 我们来分析声场能量随时间的衰减. 由方程 (5.5.23b) 和 (5.5.23c), 当 $t>0$ 时

$$\frac{4V_a}{c_0}\frac{\mathrm{d}I_a}{\mathrm{d}t} = -a_a I_a - 4S_0 C_0 I_a + 4S_0 C_0 I_b \tag{5.5.25a}$$

$$\frac{4V_b}{c_0}\frac{\mathrm{d}I_b}{\mathrm{d}t} = -a_b I_b - 4S_0 C_0 I_b + 4S_0 C_0 I_a \tag{5.5.25b}$$

初始条件由方程 (5.5.23d) 和 (5.5.23e) 得到, 即

$$I_a(t)|_{t=0} \approx \frac{W}{a_a + 4S_0 C_0} \equiv I_{a0} \tag{5.5.25c}$$

$$I_b(t)|_{t=0} \approx \frac{4W S_0 C_0}{(a_a + 4S_0 C_0)(a_b + 4S_0 C_0)} \equiv I_{b0} \tag{5.5.25d}$$

设耦合方程 (5.5.25a) 和 (5.5.25b) 的本征解为

$$I_a(t) = A\exp(-\alpha t); \ I_b(t) = B\exp(-\alpha t) \tag{5.5.25e}$$

代入方程 (5.5.25a) 和 (5.5.25b) 得到

$$\left[\frac{4V_a}{c_0}\alpha - (a_a + 4S_0 C_0)\right]A + 4S_0 C_0 B = 0$$
$$4S_0 C_0 A + \left[\frac{4V_b}{c_0}\alpha - (a_b + 4S_0 C_0)\right]B = 0 \tag{5.5.25f}$$

上式存在非零解的条件为系数行列式等于零, 于是可以得到关于 α 的二次方程

$$\left[\frac{4V_a}{c_0}\alpha - (a_a + 4S_0 C_0)\right]\left[\frac{4V_b}{c_0}\alpha - (a_b + 4S_0 C_0)\right] - (4S_0 C_0)^2 = 0 \tag{5.5.26a}$$

当 $S_0 = 0$ 时, 上式的二个根为 $\alpha_a^0 = a_a c_0 / 4V_a$ 和 $\alpha_b^0 = a_b c_0 / 4V_b$, 显然, 前者代表腔 a 衰减, 而后者代表腔 b 衰减, 它们是相互独立的. 当 $S_0 \neq 0$ 时, 可以求得二个根 $\alpha \equiv \alpha_+$ 和 α_-. 当分别取 $\alpha = \alpha_+$ 和 α_- 时, 由方程 (5.5.25f) 得到

$$B_+ = -\frac{4V_a \alpha_+ / c_0 - (a_a + 4S_0 C_0)}{4S_0 C_0}A_+ \equiv \beta_{ab}A_+$$
$$A_- = -\frac{4V_b \alpha_- / c_0 - (a_b + 4S_0 C_0)}{4S_0 C_0}B_- \equiv \beta_{ba}B_- \tag{5.5.26b}$$

故设二个腔的声场分别为

$$
\begin{aligned}
I_a(t) &= A_+ \exp(-\alpha_+ t) + A_- \exp(-\alpha_- t) \\
&= A_+ \exp(-\alpha_+ t) + \beta_{ba} B_- \exp(-\alpha_- t) \\
I_b(t) &= B_+ \exp(-\alpha_+ t) + B_- \exp(-\alpha_- t) \\
&= \beta_{ab} A_+ \exp(-\alpha_+ t) + B_- \exp(-\alpha_- t)
\end{aligned}
\tag{5.5.26c}
$$

由初始条件, 即方程 (5.5.25c) 和 (5.5.25d), 可以得到系数 A_+ 和 B_-. 由上式可见, 如果二个房间的耦合为零 $(S_0 = 0)$, 那么每个房间的混响时间由各自的衰减系数 $\alpha_a^0 = a_a c_0/(4V_a)$ 和 $\alpha_b^0 \equiv a_b c_0/(4V_b)$ 决定, 但当存在耦合时 $(S_0 \neq 0)$, 每个房间存在二个衰减系数 α_+ 和 α_-.

进一步分析方程 (5.5.26a) 是有意义的. 如果 $S_0 C_0$ 很小 (即 $S_0 C_0 \ll 1$), 则可以忽略方程 (5.5.26a) 中的平方项 $(4S_0 C_0)^2$, 于是我们得到腔 a 和腔 b 的 2 个独立的衰减系数

$$
\begin{aligned}
\alpha_a &\equiv \frac{c_0}{4V_a}(a_a + 4S_0 C_0) = \alpha_a^0 + \frac{c_0 S_0 C_0}{V_a} \\
\alpha_b &\equiv \frac{c_0}{4V_b}(a_b + 4S_0 C_0) = \alpha_b^0 + \frac{c_0 S_0 C_0}{V_b}
\end{aligned}
\tag{5.5.26d}
$$

因此, 耦合窗的存在仅仅改变了各自的衰减系数. 在一般情况, 方程 (5.5.26a) 可以改写为

$$
(\alpha - \alpha_a)(\alpha - \alpha_b) - \frac{c_0^2 (S_0 C_0)^2}{V_a V_b} = 0
\tag{5.5.26e}
$$

其中, α_a 和 α_b 由方程 (5.5.26d) 表示. 方程 (5.5.26e) 的解为

$$
\alpha_\pm = \frac{1}{2}\left[(\alpha_a + \alpha_b) \pm \sqrt{(\alpha_a - \alpha_b)^2 + \frac{4c_0^2(S_0 C_0)^2}{V_a V_b}}\right]
\tag{5.5.27a}
$$

与 5.4.4 小节和 5.5.2 小节类似, 腔 a 和腔 b 的耦合强度依赖于差 $(\alpha_a - \alpha_b)$(不失一般性, 我们假定 $\alpha_a > \alpha_b$), 分二种情况讨论.

(1) **弱耦合** 即 $(\alpha_a - \alpha_b) \gg 2c_0(S_0 C_0)/\sqrt{V_a V_b}$, 方程 (5.5.27a) 近似为

$$
\alpha_+ \approx \alpha_a + \frac{c_0^2(S_0 C_0)^2}{(\alpha_a - \alpha_b)V_a V_b}; \quad \alpha_- \approx \alpha_b - \frac{c_0^2(S_0 C_0)^2}{(\alpha_a - \alpha_b)V_a V_b}
\tag{5.5.27b}
$$

上式代入方程 (5.5.26b), 得到 (假定 $V_a/V_b \sim 1$)

$$
\begin{aligned}
\beta_{ab} &= \frac{B_+}{A_+} \approx -\frac{1}{2}\sqrt{\frac{V_a}{V_b}} \cdot \frac{2c_0(S_0 C_0)}{(\alpha_a - \alpha_b)\sqrt{V_a V_b}} \ll 1 \\
\beta_{ba} &= \frac{B_-}{A_-} \approx +\frac{1}{2}\sqrt{\frac{V_b}{V_a}} \cdot \frac{2c_0(S_0 C_0)}{(\alpha_a - \alpha_b)\sqrt{V_a V_b}} \ll 1
\end{aligned}
\tag{5.5.27c}
$$

故腔 a 和腔 b 的声强衰减为 $I_a(t) \approx A_+ \exp(-\alpha_+ t)$ 和 $I_b(t) \approx B_- \exp(-\alpha_- t)$, 只有一个混响时间.

(2) **强耦合**　即 $(\alpha_a - \alpha_b) \ll 2c_0(S_0C_0)/\sqrt{V_aV_b}$, 方程 (5.5.27a) 近似为

$$\alpha_\pm \approx \frac{1}{2}\left[(\alpha_a + \alpha_b) \pm \sqrt{\frac{4c_0^2(S_0C_0)^2}{V_aV_b}}\right] \tag{5.5.27d}$$

上式代入方程 (5.5.26b), 得到

$$\beta_{ab} = \frac{B_+}{A_+} = -\frac{4V_a}{c_0}\frac{\alpha_+ - \alpha_a}{4S_0C_0} \approx -\sqrt{\frac{V_a}{V_b}}$$
$$\beta_{ba} = \frac{B_-}{A_-} = -\frac{4V_b}{c_0}\frac{\alpha_- - \alpha_b}{4S_0C_0} \approx +\sqrt{\frac{V_b}{V_a}} \tag{5.5.27e}$$

故腔 a 和腔 b 的声强衰减为

$$I_a(t) \approx A_+ \exp(-\alpha_+ t) + \sqrt{\frac{V_b}{V_a}} B_- \exp(-\alpha_- t)$$
$$I_b(t) \approx -\sqrt{\frac{V_a}{V_b}} A_+ \exp(-\alpha_+ t) + B_- \exp(-\alpha_- t) \tag{5.5.27f}$$

可见, 二个腔体作为一个系统, 衰减系数完全改变, 而且由二个衰减系数.

隔声的测量　实验室中, 隔声材料的性能测量就是利用二个扩散场近似的房间的耦合来完成的. 如图 5.5.2, 腔 a 和腔 b 为二个相邻的混响室, 待测量的隔声材料 (面积 S_0) 安装在二个混响室的耦合墙上. 实验表明, 当隔声材料的面积较小时, 由于边界条件的变化, 对材料隔声性能的测量影响较大. 另一方面, 假定测量材料是局部反应的, 故要求入射声在隔声材料中不能激发弯曲波. 因此国家标准规定, 测量材料的面积为 $10\mathrm{m}^2$, 而且短边的长度不小于 $2.3\mathrm{m}^2$.

图 5.5.2　隔声室测量材料的隔声性能

当发声室 (腔 a) 有一声源以声功率 W_a 辐射时, 腔 a 的声能量变化由 4 项组成: ① 由于声源辐射的能量增加 $(+W_a)$; ② 墙面吸收的损失 $(-a_aI_a)$; ③ 透过隔声材料进入接收室 (腔 b) 的损失, 设隔声材料的能量透射系数为 t, 入射到面积 S_0

的声能量为 $S_0 I_a$, 故透射损失为 $-t S_0 I_a$; ④ 声能量透入接收室 (腔 b) 也形成声强为 I_b 的混响场, 同样可以通过隔声材料 S_0 透入腔 a, 由互易原理, 其透射系数也为 t, 这部分能量使腔 a 的声能量增加 $(+t S_0 I_b)$. 腔 b 的声能量变化由 3 项组成: ① 墙面吸收损失 $(-a_b I_b)$, 其中 a_b 为腔 b 的吸收面积; ② 由腔 a 透入的能量增加 $(+t S_0 I_a)$; ③ 由腔 b 透过隔声材料的能量损失 $(-t S_0 I_b)$. 因此, I_a 和 I_b 变化满足的耦合方程为

$$\frac{4 V_a}{c_0} \frac{\mathrm{d} I_a}{\mathrm{d} t} = W - a_a I_a - t S_0 I_a + t S_0 I_b$$

$$\frac{4 V_b}{c_0} \frac{\mathrm{d} I_b}{\mathrm{d} t} = -a_b I_b + t S_0 I_a - t S_0 I_b \tag{5.5.28a}$$

上式的稳态解满足

$$-a_a I_a - t S_0 I_a + t S_0 I_b + W = 0$$

$$-a_b I_b - t S_0 I_b + t S_0 I_a = 0 \tag{5.5.28b}$$

不难得到

$$I_a = \frac{a_b + t S_0}{a_a a_b + (a_a + a_b) t S_0} W; \ I_b = \frac{t S_0}{a_a a_b + (a_a + a_b) t S_0} W \tag{5.5.28c}$$

于是, 得到透射系数

$$t = \frac{a_b I_b}{S_0 (I_a - I_b)} \tag{5.5.28d}$$

因此, 隔声量为

$$\mathrm{TL} \equiv 10 \log \frac{1}{t} = 10 \log \frac{I_a}{I_b} + 10 \log \left[\frac{(1 - I_b / I_a) S_0}{a_b} \right] \tag{5.5.29a}$$

注意到声强与有效声压 p_{rms} 的关系

$$I_a = \frac{(p_{\mathrm{rms}}^2)_a}{4 \rho_0 c_0}; \ I_b = \frac{(p_{\mathrm{rms}}^2)_b}{4 \rho_0 c_0} \tag{5.5.29b}$$

方程 (5.5.29a) 可以表示为

$$\mathrm{TL} = L_a - L_b + 10 \log \left[\frac{(1 - I_b / I_a) S_0}{a_b} \right] \tag{5.5.29c}$$

其中, $L_a = 20 \log[(p_{\mathrm{rms}})_a / p_{\mathrm{ref}}]$ 和 $L_b = 20 \log[(p_{\mathrm{rms}})_b / p_{\mathrm{ref}}]$ 分别是发声室 (腔 a) 和接收室 (腔 b) 的声压级, 可通过测量得到. 一般对性能较好的隔声材料, $I_b \ll I_a$, 故上式近似为

$$\mathrm{TL} \approx L_a - L_b + 10 \log \frac{S_0}{a_b} \tag{5.5.29d}$$

注意: 隔声量与被测材料的面积 S_0 和接收室 (腔 b) 的吸收面积有关. a_b 可以通过测量接收室 (腔 b) 的混响时间 $(T_{60})_b$ 得到, 当接收室 (腔 b) 的吸收系数远小于 1

时: $a_b \approx R_b \approx 0.161V_b/(T_{60})_b$(注意: $(T_{60})_b$ 是接收室单独作为一个房间时的混响时间, 即撤去隔声材料换成重墙, 这里忽略了隔声材料本身的吸收).

　　注意: 一般隔声材料在高频 (指中心频率, 有一定带宽, 否则不可能建立扩散场) 都有较好的隔声性能, 隔声量在 20dB 以上, 近似 $I_b \ll I_a$ 成立, 但在低频 (指中心频率), 近似 $I_b \ll I_a$ 不成立, 方程 (5.5.29d) 也就不成立, 事实上, 在低频段, 扩散场近似本身就不成立. 此外, 在低频段, 不能假定测量材料表面是局部反应的, 必须考虑入射声在隔声材料中激发的弯曲波 (见 1.5.2 小节). 因此低频段隔声的测量仍然是一个研究课题.

5.5.4　两个低频近似腔的耦合

　　当声波波长远大于二个腔体的几何线度, 我们可以用 5.4.1 小节中的低频近似处理方法. 仍然假定声源位于腔 a 中, 腔体中的声场分布由方程 (5.5.3a) 和 (5.5.3b) 表示. 为了简单, 假定腔 a 和腔 b 内壁都是刚性的, 则在低频条件下, 方程 (5.5.2b) 的 Green 函数对简正模式的求和只要取第一项 ($\mu = 0$): $\Psi_0^a(\boldsymbol{r}) = \psi_0^a(\boldsymbol{r}) = 1/\sqrt{V_a}$ 和 $\Psi_0^b(\boldsymbol{r}) = \psi_0^b(\boldsymbol{r}) = 1/\sqrt{V_b}$, 相应的简正频率 $\omega_0^a = \omega_0^b = 0$, 于是

$$G_a(\boldsymbol{r}, \boldsymbol{r}', \omega) \approx -\frac{1}{V_a(\omega/c_0)^2}; G_b(\boldsymbol{r}, \boldsymbol{r}', \omega) \approx -\frac{1}{V_b(\omega/c_0)^2} \tag{5.5.30a}$$

代入方程 (5.5.4b) 得到

$$\frac{\bar{\Im}(\omega)}{V_a} + \mathrm{i}S_0\rho_0\omega\left(\frac{1}{V_a} + \frac{1}{V_b}\right)\bar{v}_n(\omega) = 0 \tag{5.5.30b}$$

其中, $\bar{\Im}(\omega)$ 为声源的空间平均, $\bar{v}_n(\omega)$ 为短管的平均振动速度

$$\bar{\Im}(\omega) \equiv \int_{V_a} \Im(\boldsymbol{r}', \omega)\mathrm{d}^3\boldsymbol{r}'; \bar{v}_n(\omega) \equiv \frac{1}{S_0}\int_{S_0} v_n(\boldsymbol{r}', \omega)\mathrm{d}S' \tag{5.5.30c}$$

故窗口 S_0 上的平均速度为

$$\bar{v}_n(\omega) = \frac{\mathrm{i}}{\rho_0 S_0\omega V_a}\left(\frac{1}{V_a} + \frac{1}{V_b}\right)^{-1}\bar{\Im}(\omega) \tag{5.5.30d}$$

于是, 由方程 (5.5.3a) 和 (5.5.3b) 不难得到腔体中相应的声压分布 (保留 $\mu = 0$ 项即可)

$$p_a(\boldsymbol{r}, \omega) \approx -\frac{\bar{\Im}(\omega)}{(\omega/c_0)^2(V_a + V_b)} \approx p_b(\boldsymbol{r}, \omega) \tag{5.5.30e}$$

可见, 在低频下, 窗口 S_0 就像不存在一样, 腔体总体积是腔 a 和腔 b 体积之和.

　　需要注意的是, 由于我们假定窗口 S_0 无限薄, 故方程 (5.5.28c) 中不存在共振. 事实上, 如果我们用一个长度为 l 的短管把二个腔连接起来就成了二个 Helmholtz

共振腔的耦合, 这是声学系统中经常使用的结构, 如图 5.5.3. 此时连接条件方程 (5.5.1c) 中的第一式 (声压连续) 已不成立. 在低频条件下, 短管在二边声压的作用下作同相振动, 故方程 (5.5.1c) 中的第二式 (速度连续) 仍然成立. 在低频条件下, 腔 a 和 b 中声压分别为 (为了一般性, 假定腔中流体的密度分别为 ρ_a 和 ρ_b, 短管中流体的密度为 ρ_s)

$$p_a(\boldsymbol{r}', \omega) \approx -\frac{1}{V_a(\omega/c_0)^2} \left[\bar{\Im}(\omega) + \mathrm{i}S_0\rho_a\omega\bar{v}_n(\omega)\right] \equiv p_a(\omega) \tag{5.5.31a}$$

$$p_b(\boldsymbol{r}', \omega) \approx \frac{\mathrm{i}S_0\rho_b\omega}{V_b(\omega/c_0)^2}\bar{v}_n(\omega) \equiv p_b(\omega) \tag{5.5.31b}$$

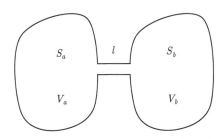

图 5.5.3 腔 a 和腔 b 通过长度为 l 的短管耦合

因此, 频域中短管的运动方程为

$$-\mathrm{i}\omega\rho_s S_0 l \cdot \bar{v}_n(\omega) = S_0[p_a(\omega) - p_b(\omega)] \tag{5.5.31c}$$

把方程 (5.5.31a) 和 (5.5.31b) 代入上式得到

$$\mathrm{i}\omega\rho_s S_0 l \cdot \bar{v}_n(\omega) = \frac{S_0}{(\omega/c_0)^2}\left[\frac{\bar{\Im}(\omega)}{V_a} + \left(\frac{\rho_a}{V_a} + \frac{\rho_b}{V_b}\right)\mathrm{i}S_0\omega\bar{v}_n(\omega)\right] \tag{5.5.32a}$$

因此

$$\bar{v}_n(\omega) = \frac{1}{\mathrm{i}\omega}\left[\rho_s l - \frac{S_0}{(\omega/c_0)^2}\left(\frac{\rho_a}{V_a} + \frac{\rho_b}{V_b}\right)\right]^{-1} \cdot \frac{\bar{\Im}(\omega)}{V_a(\omega/c_0)^2} \tag{5.5.32b}$$

把上式代入方程 (5.5.31a) 不难得到腔 a 和腔 b 中的声场.

$$p_a(\omega) \approx -\frac{\bar{\Im}(\omega)}{V_a(\omega/c_0)^2}\left\{1 + \frac{S_0\rho_a}{V_a(\omega/c_0)^2}\left[\rho_s l - \frac{S_0}{(\omega/c_0)^2}\left(\frac{\rho_a}{V_a} + \frac{\rho_b}{V_b}\right)\right]^{-1}\right\} \tag{5.5.32c}$$

$$p_b(\omega) \approx \frac{S_0\rho_b}{V_b(\omega/c_0)^2}\left[\rho_s l - \frac{S_0}{(\omega/c_0)^2}\left(\frac{\rho_a}{V_a} + \frac{\rho_b}{V_b}\right)\right]^{-1} \cdot \frac{\bar{\Im}(\omega)}{V_a(\omega/c_0)^2} \tag{5.5.32d}$$

由方程 (5.5.32b), 当声源频率满足

$$\rho_s l - \frac{S_0}{(\omega/c_0)^2}\left(\frac{\rho_a}{V_a} + \frac{\rho_b}{V_b}\right) = 0 \tag{5.5.33a}$$

时发生共振，共振频率为

$$\omega_{\mathrm{R}} = c_0 \sqrt{\frac{S_0}{\rho_s l}\left(\frac{\rho_a}{V_a} + \frac{\rho_b}{V_b}\right)} = c_0 \sqrt{\frac{S_0}{l}\left(\frac{1}{V_a} + \frac{1}{V_b}\right)} \qquad (5.5.33\mathrm{b})$$

当流体密度相同时，第二个等式成立. 如果考虑高阶简正模式的影响，上式必须作管端修正，共振频率为

$$\omega_{\mathrm{R}} \approx c_0 \sqrt{\frac{S_0}{\rho_s(l+2\varepsilon)}\left(\frac{\rho_a}{V_a} + \frac{\rho_b}{V_b}\right)} = c_0 \sqrt{\frac{S_0}{l+2\varepsilon}\cdot\left(\frac{1}{V_a} + \frac{1}{V_b}\right)} \qquad (5.5.33\mathrm{c})$$

上式也可以写成

$$\omega_{\mathrm{R}}^2 \approx \omega_a^2 + \omega_b^2$$
$$\omega_a^2 = \frac{S_0 c_0^2}{(l+2\varepsilon)V_a}; \ \omega_b^2 = \frac{S_0 c_0^2}{(l+2\varepsilon)V_b} \qquad (5.5.33\mathrm{d})$$

其中，ω_a 和 ω_b 分别是腔 a 和腔 b 与短管组成的 Helmholtz 共振器的共振频率. 注意: 管端修正中只有高价模式要求的修正.

5.5.5　封闭腔中的 Helmholtz 共振腔

如图 5.5.4，封闭腔 a 与体积为 V 的 Helmholtz 共振腔耦合，耦合窗口 S_0 与 Helmholtz 共振腔短管面积 S_{d} 相同，封闭腔 a 的线度与声波波长在同一数量级，必须用模式展开理论. 考虑单频声源位于腔 a 中，我们的问题是求腔 a 中的声场分布，即方程 (5.5.1a). 由方程 (5.5.3a)，腔 a 中某一点的声场为

$$p_a(\boldsymbol{r},\omega) = \int_{V_a} G_a(\boldsymbol{r},\boldsymbol{r}',\omega)\Im(\boldsymbol{r}',\omega)\mathrm{d}^3\boldsymbol{r}' + \mathrm{i}\rho_0\omega \int_{S_{\mathrm{d}}} G_a(\boldsymbol{r},\boldsymbol{r}',\omega)v_n(\boldsymbol{r}',\omega)\mathrm{d}S' \quad (5.5.34\mathrm{a})$$

其中，$v_n(\boldsymbol{r}',\omega)$ 是窗口 S_0，也就是 Helmholtz 共振腔短管口 $S_{\mathrm{d}}(z=0)$ 振动的法向振动速度. 方程 (5.5.34a) 在窗口 S_0 上取值

$$p_a(\boldsymbol{r}_s,\omega) = p_0(\boldsymbol{r}_s,\omega) + \mathrm{i}\rho_0\omega \int_{S_{\mathrm{d}}} G_a(\boldsymbol{r}_s,\boldsymbol{r}',\omega)v_n(\boldsymbol{r}',\omega)\mathrm{d}S' \qquad (5.5.34\mathrm{b})$$

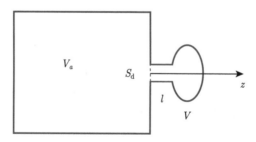

图 5.5.4　封闭腔 a 与 Helmholtz 共振腔的耦合

其中, r_s 在窗口 S_0 上取值, $p_0(r_s, \omega)$ 为体源对声场的贡献

$$p_0(r_s, \omega) \equiv \int_{V_a} G_a(r_s, r', \omega) \Im(r', \omega) \mathrm{d}^3 r' \tag{5.5.34c}$$

对方程 (5.5.34b) 在窗口 $S_0 = S_\mathrm{d}$ 上求平均, 且用平均速度 $\bar{v}_n(\omega)$ 代替 $v_n(r', \omega)$, 得到

$$\bar{p}_a(\omega) = \bar{p}_0(\omega) + \mathrm{i}\rho_0 \omega \bar{v}_n(\omega) \bar{G}_a(\omega) \tag{5.5.35a}$$

其中, 诸平均值为

$$\begin{aligned}
\bar{G}_a(\omega) &\equiv \frac{1}{S_\mathrm{d}} \int_{S_\mathrm{d}} \int_{S_\mathrm{d}} G_a(r_s, r', \omega) \mathrm{d}^2 r' \mathrm{d}^2 r_s \\
\bar{p}_a(\omega) &= \frac{1}{S_\mathrm{d}} \int_{S_\mathrm{d}} p_a(r_s, \omega) \mathrm{d}^2 r_s \\
\bar{p}_0(\omega) &= \frac{1}{S_\mathrm{d}} \int_{S_\mathrm{d}} p_0(r_s, \omega) \mathrm{d}^2 r_s
\end{aligned} \tag{5.5.35b}$$

另一方面, 腔 b 为 Helmholtz 共振腔, 故腔口 ($z = 0$, 如图 5.5.4) 的声阻抗由方程 (5.4.21a) 给出, 即

$$Z_0 = \frac{\bar{p}(0, \omega)}{S_\mathrm{d} \bar{v}_n(\omega)} \approx \mathrm{i}\rho_0 c_0^2 \frac{1 - \omega^2 V l'/S_\mathrm{d} c_0^2}{\omega V} \tag{5.5.36a}$$

其中, $l' = l + \varepsilon$ 仅须考虑高阶模式的修正. 上式中 $\bar{p}(0, \omega)$ 为 Helmholtz 共振腔短管口 ($z = 0^+$) 的声压, 由声压连续, 应该有 $\bar{p}(0, \omega) = \bar{p}_a(\omega)$, 于是方程 (5.5.36a) 可以改写成

$$\bar{p}_a(\omega) \approx Z_0 S_0 \bar{v}_n(\omega) \tag{5.5.36b}$$

上式与方程 (5.5.35a) 联立得到

$$\begin{aligned}
\bar{v}_n(\omega) &= \frac{\bar{p}_0(\omega)/S_0}{Z_0 - \mathrm{i}\rho_0 \omega \bar{G}_a(\omega)/S_0} \\
\bar{p}_a(\omega) &= \bar{p}_0(\omega) \left[1 + \frac{\mathrm{i}\rho_0 \omega \bar{G}_a(\omega)/S_0}{Z_0 - \mathrm{i}\rho_0 \omega \bar{G}_a(\omega)/S_0} \right]
\end{aligned} \tag{5.5.36c}$$

由方程 (5.5.36c) 的第一式和方程 (5.5.34a) 得到腔 a 内的声场为

$$\begin{aligned}
p_a(r, \omega) = &\int_{V_a} G_a(r, r', \omega) \Im(r', \omega) \mathrm{d}^3 r' \\
&+ \frac{\mathrm{i}\rho_0 \omega \bar{p}_0(\omega)/S_0}{Z_0 - \mathrm{i}\rho_0 \omega \bar{G}_a(\omega)/S_0} \int_{S_\mathrm{d}} G_a(r, r', \omega) \mathrm{d}S'
\end{aligned} \tag{5.5.37a}$$

共振频率 ω_R 满足方程

$$\mathrm{Im}[Z_0(\omega_\mathrm{R}) - \mathrm{i}\rho_0 \omega_\mathrm{R} \bar{G}_a(\omega_\mathrm{R})/S_0] = 0 \tag{5.5.37b}$$

为了方便, 设腔 a 壁面刚性, 则简正频率 $\{\Omega^a_\lambda\} = \{\omega^a_\lambda\}$ 为实数, 简正模式 $\{\Psi^a_\lambda\} = \{\psi^a_\lambda\}$ 可取为实函数, 于是由方程 (5.5.2b) 的第一式, $\bar{G}_a(\omega)$ 为实数, 故上式简化为

$$\frac{c_0^2(1 + c_0 S_2\bar{\delta}/\omega_R V) - \omega_R^2 V l'/(S_d c_0^2)}{\omega_R V} - \frac{\omega_R \bar{G}_a(\omega_R)}{S_d} = 0 \tag{5.5.37c}$$

注意: $S_0 = S_d$. 上式改变形式成

$$\omega_R^2 = \frac{S_d c_0^2}{V[l' + \bar{G}_a(\omega_R)]}\left(1 + \frac{c_0 S_2\bar{\delta}}{\omega_R V}\right) \tag{5.5.38a}$$

该方程可用迭代法求解: 第一次近似解为 $\omega_R^2 \approx (\omega_R^0)^2 \equiv S_d c_0^2/(Vl)$ (即 "自由" Helmholtz 共振腔的共振频率), 代入方程 (5.5.38a) 的右边得到第二次近似解

$$\omega_R^2 \approx \frac{S_d c_0^2}{V[l' + \bar{G}_a(\omega_R^0)]}\left(1 + \frac{c_0 S_2\bar{\delta}}{\omega_R^0 V}\right) \tag{5.5.38b}$$

可见, 此时 Helmholtz 共振腔的管端修正近似为 $\Delta \approx \varepsilon + \bar{G}_a(\omega_R^0)$ (注意: $\bar{G}_a(\omega_R^0)$ 为长度量纲). 由方程 (5.5.2b) 的第一式和方程 (5.5.35b) 的第一式, 不难得到 (注意: 假定腔 a 壁面为刚性)

$$\bar{G}_a(\omega_R^0) \equiv S_d \sum_{\mu=0}^{\infty} \frac{1}{(\omega_\mu^a/c_0)^2 - (\omega_R^0/c_0)^2}(\bar{\psi}_\mu^a)^2 \tag{5.5.39a}$$

其中, 为了方便, 定义

$$\bar{\psi}_\mu^a \equiv \frac{1}{S_d}\int_{S_d}\psi_\mu^a(\boldsymbol{r}')\mathrm{d}^2\boldsymbol{r}' \tag{5.5.39b}$$

上式与方程 (5.4.9a) 类似 (对刚性壁的腔, 可以假定 $\psi_\mu^a(\boldsymbol{r}')$ 为实函数). 注意到方程 (5.5.39a) 中 $\bar{G}_a(\omega)$ 在 $\omega = \omega_R^0$ 取值, 且 $\omega_0^a = 0$, $\psi_0^a(\boldsymbol{r}') = 1/\sqrt{V_a}$ 以及 $\bar{\psi}_0^a = 1/\sqrt{V_a}$, 方程 (5.5.39a) 改变形式成

$$\begin{aligned}\bar{G}_a(\omega_R^0) &= -\frac{V}{V_a}l + S_d\sum_{\mu=1}^{\infty}\frac{1}{(\omega_\mu^a/c_0)^2 - (\omega_R^0/c_0)^2}(\bar{\psi}_\mu^a)^2 \\ &= -\frac{V}{V_a}l + S_d\sum_{\mu=1}^{\infty}\frac{1}{(\omega_\mu^a/c_0)^2 - S_d/(Vl)}(\bar{\psi}_\mu^a)^2\end{aligned} \tag{5.5.39c}$$

因 $V/V_a \ll 1$, 零阶模式的贡献可忽略, 于是得到

$$\bar{G}_a(\omega_R^0) \approx S_d\sum_{\mu=1}^{\infty}\frac{1}{(\omega_\mu^a/c_0)^2 - S_d/(Vl)}(\bar{\psi}_\mu^a)^2 \tag{5.5.39d}$$

注意: 上式与方程 (5.4.9c) 的区别.

第6章　非理想流体中声波的传播和激发

在前面各章中，我们主要考虑理想流体中声的激发和传播，理想介质中完全不存在任何能量的耗散过程. 但是实际的介质总是非理想的，必须考虑介质的黏滞、热传导和弛豫等不可逆过程. 声波在这样的介质中传播时，会出现声波随着传播距离而逐渐衰减的现象，产生将有规的声能量转换成无规的热能的耗散过程，从而引起声波的吸收. 必须注意的是，声波的衰减由二部分组成：①由于声波波阵面在传播过程中的不断扩散而引起的声波振幅下降，或者由于存在散射体 (如悬浮物、水中气泡、空气中雾滴等) 引起的声传播方向变化；②由于存在不可逆过程而引起的声波吸收.

6.1　黏滞和热传导流体中的声波方程

与理想流体不同，当必须考虑流体的黏滞特性时，流体内任意一个曲面上的作用力 (邻近流体的压力和黏滞力——由于速度不同而产生的动量交换) 不平行于这个曲面的法向，而且与流体的相对运动速度有关. 这里必须考虑二个矢量：曲面的法向矢量以及曲面上受到的作用力方向，因此必须用张量来描述一个任意曲面上的作用应力.

6.1.1　黏滞流体的本构方程

应力张量　流体的黏滞是动量输运的宏观表现. 如图 6.1.1，考虑简单的情况：流体沿 x 方向流动，但在 y 方向存在速度梯度. 考察 y 和 $y+\mathrm{d}y$ 层的流体：$y+\mathrm{d}y$ 层流体分子比 y 层流体分子有较大的速度，因此 $y+\mathrm{d}y$ 层的快分子必将扩散到 y 层；同样，y 层的慢分子也必将扩散到 $y+\mathrm{d}y$ 层. 这样，$y+\mathrm{d}y$ 层的分子运动速度变慢，而 y 层的分子运动速度变快，实现了动量的交换.

根据牛顿第二定律，动量的变化是由力产生的，宏观上，动量的交换相当于 $y+\mathrm{d}y$ 层的快分子受到一个 x 方向的阻力，称为**黏滞力**. 实验表明，当速度梯度不很大时，在干燥的空气和水等流体中，黏滞力正比于速度梯度

$$\sigma_{xy} = -\mu \frac{\partial v_1}{\partial y} \tag{6.1.1}$$

上式中，下标 xy 表示 y 方向的速度梯度引起 x 方向的黏滞力，比例系数 μ 称为**黏滞系数**. 方程 (6.1.1) 称为**牛顿黏滞定律**. 因此，与理想流体不同，流体中流体元

受到的力包括二部分: 压力, 由通常的压强表征; 黏滞力, 与流体元的运动速度有关. 如果我们在流体中任意取一个面元 $\mathrm{d}S$, 对理想流体而言, 面元受到相邻流体的作用力 $\boldsymbol{f}_n = -P\boldsymbol{n}$(压力) 在面元的法向 $\boldsymbol{n}$, 如图 6.1.2(a); 而对黏滞流体, 面元受到相邻流体的作用力是压力 $\boldsymbol{f}_n$ 与黏滞力 $\boldsymbol{f}_\mu$ 的叠加 $\boldsymbol{f} = \boldsymbol{f}_n + \boldsymbol{f}_\mu$, 一定不在法向, 如图 6.1.2(b), 除非流体处于静止状态 (黏滞力为零).

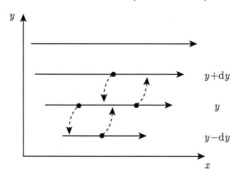

图 6.1.1　流体的黏滞是动量输运的宏观表现

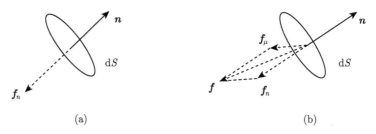

图 6.1.2　(a) 理想流体中面元受力; (b) 黏滞流体中面元受力

设三个面元分别平行于 yOz, xOz 和 xOy 平面, 即面元法向为坐标轴方向: $\boldsymbol{n}_1 = \boldsymbol{e}_1 = (1,0,0)$, $\boldsymbol{n}_2 = \boldsymbol{e}_2 = (0,1,0)$ 和 $\boldsymbol{n}_3 = \boldsymbol{e}_3 = (0,0,1)$, 则三个面元上受到的应力 (单位面积受到的力) 都有三个分量, 共 9 个分量

$$
\begin{aligned}
\boldsymbol{f}_1 &= p_{11}\boldsymbol{e}_1 + p_{21}\boldsymbol{e}_2 + p_{31}\boldsymbol{e}_3 \\
\boldsymbol{f}_2 &= p_{12}\boldsymbol{e}_1 + p_{22}\boldsymbol{e}_2 + p_{32}\boldsymbol{e}_3 \\
\boldsymbol{f}_3 &= p_{13}\boldsymbol{e}_1 + p_{23}\boldsymbol{e}_2 + p_{33}\boldsymbol{e}_3
\end{aligned}
\tag{6.1.2a}
$$

上式中, p_{ij} $(i,j = 1,2,3)$ 表示 j 方向的面元受到 i 方向的应力作用. 因此, 黏滞流体中的应力必须用 9 个分量来表示, 写成矩阵的形式为

$$
\boldsymbol{P} = \begin{bmatrix} p_{11} & p_{12} & p_{13} \\ p_{21} & p_{22} & p_{23} \\ p_{31} & p_{32} & p_{33} \end{bmatrix}
\tag{6.1.2b}
$$

法向为 $\boldsymbol{n}$ 的面元上的应力为

$$\boldsymbol{f}_n = \boldsymbol{P} \cdot \boldsymbol{n}^t \tag{6.1.2c}$$

式中, 上标 "t" 表示转置. 矩阵 $\boldsymbol{P}$ 称为**应力张量**, 而且它是一个对称的二阶张量, 即 $p_{ij} = p_{ji}$.

静止流体 因静止流体不能承受切向应力, 故流体中任何一个面元上的力都在法向且相同, 否则流体不可能静止. 分别取 $\boldsymbol{n}_1 = \boldsymbol{e}_1 = (1,0,0)$, $\boldsymbol{n}_2 = \boldsymbol{e}_2 = (0,1,0)$ 和 $\boldsymbol{n}_3 = \boldsymbol{e}_3 = (0,0,1)$, 那么这三个面元上应力由方程 (6.1.2a) 表示. 由于只有法向应力, 而要求切向应力为零, 故非对角元素全为零

$$p_{12} = p_{21} = 0, \quad p_{13} = p_{31} = 0, \quad p_{23} = p_{32} = 0 \tag{6.1.2d}$$

又要求所有面元上的法向应力相等: $p_{11} = p_{22} = p_{33} = -P$(负号表示流体受到压力), 故 P 为压强. 于是静止流体的应力张量为

$$\boldsymbol{P} = -P\boldsymbol{I} \tag{6.1.3}$$

或者写成分量形式 $P_{ij} = -P\delta_{ij}$ $(i,j = 1,2,3)$. 无黏性流体不能承受切向应力, 因此它的应力张量与静止流体相同.

本构方程 考虑黏性流体的运动后, 应力张量应该包括黏滞力, 而黏滞力与速度梯度有关. 应力张量与速度梯度的对应关系反映了流体的基本性质, 称为**本构方程**. 原则上, 只要知道了流体分子之间的相互作用力, 在统计物理的层面上, 本构方程可以从理论上得到, 或者在热力学层面上, 从实验中得到 (如牛顿黏滞定律), 然而这是非常困难的. 下面我们通过演绎的方法来导出本构方程.

(1) 当流体趋向静止时, 应力张量也应该趋向静止时的应力张量, 即方程 (6.1.3). 因此, 可以把流体的应力张量表示为

$$P_{ij} = -P\delta_{ij} + \sigma_{ij} \quad (i,j = 1,2,3) \tag{6.1.4}$$

注意: 上式中的 P 是根据纯力学考虑定义出来的运动流体的压力函数, 只有当流体趋向静止时, 与方程 (6.1.3) 中压强 P 一致.

(2) 当流体中不存在速度梯度时, σ_{ij} $(i,j = 1,2,3)$ 为零, 因此, 假定应力张量是速度梯度各个分量的线性齐次函数

$$\sigma_{ij} = \sum_{k,l=1}^{3} c_{ijkl}\frac{\partial v_k}{\partial x_l} = c_{ijkl}\frac{\partial v_k}{\partial x_l} \quad (i,j = 1,2,3) \tag{6.1.5a}$$

其中, c_{ijkl} 是表征流体黏性的常数, 共有 $3^4 = 81$ 个. 注意: 为了方便, 我们以后使用 Einstein 求和规则, 即 2 个下标同时出现表示求和. 如果不是线性齐次函数, 则把方程 (6.1.5a) 看成作 Taylor 展开取线性项.

(3) 流体是各向同性的, 流体的性质与方向无关, 例如, 所有的气体是各向同性的, 大部分简单液体 (例如水) 也是各向同性的. 可以证明, 在流体是各向同性的前提下, 81 个表征流体黏性的常数只有二个是独立的, 应力张量可表示为

$$\sigma_{ij} = \lambda \left(\frac{\partial v_1}{\partial x_1} + \frac{\partial v_2}{\partial x_2} + \frac{\partial v_3}{\partial x_3} \right) \delta_{ij} + \mu \left(\frac{\partial v_i}{\partial x_j} + \frac{\partial v_j}{\partial x_i} \right) \quad (i, j = 1, 2, 3) \qquad (6.1.5b)$$

令 $\lambda \equiv \eta - 2\mu/3$, 上式可写成

$$\sigma_{ij} = \mu \left(\frac{\partial v_i}{\partial x_j} + \frac{\partial v_j}{\partial x_i} - \frac{2}{3} \delta_{ij} \nabla \cdot \boldsymbol{v} \right) + \eta \nabla \cdot \boldsymbol{v} \delta_{ij} \quad (i, j = 1, 2, 3) \qquad (6.1.5c)$$

其中, μ 称为**切变黏滞系数**, η 称为**体膨胀黏滞系数**(因为 $\nabla \cdot \boldsymbol{v}$ 是流体的相对体积膨胀率, 见下讨论). 切变黏滞系数 μ 表征流体质点由于相邻层具有不同速度而引起的平动迁移 (动量迁移), 如本节开始所述; 而体膨胀黏滞系数 η 表征流体质点平动与其他自由度 (转动和振动) 的能量交换, 即由于流体压缩和膨胀, 声能量 (质点平动能量) 转化成流体质点的振动及转动能量. 对单原子分子组成的流体, 没有内部自由度, 故 $\eta = 0$. 对多原子分子组成的流体, 一般 $\eta \neq 0$. 但对大多数流体, 体膨胀 $\nabla \cdot \boldsymbol{v}$ 不是很大, 一般取 $\eta \approx 0$, 这样本构方程 (6.1.5c) 中仅出现单一的切变黏滞系数. 然而, 声吸收实验表明, 在许多情况下, η 不能取为零.

方程 (6.1.5b) 代入方程 (6.1.4)

$$P_{ij} = -P\delta_{ij} + \sigma_{ij} = (-P + \lambda \nabla \cdot \boldsymbol{v})\delta_{ij} + 2\mu S_{ij}(\boldsymbol{v}) \quad (i, j = 1, 2, 3) \qquad (6.1.5d)$$

其中, $S_{ij}(\boldsymbol{v})$ 称为**应变率张量S**(因为速度是矢量, 容易证明 S 是一个张量) 的元

$$S_{ij}(\boldsymbol{v}) = \frac{1}{2} \left(\frac{\partial v_i}{\partial x_j} + \frac{\partial v_j}{\partial x_i} \right) \quad (i, j = 1, 2, 3) \qquad (6.1.5e)$$

方程 (6.1.15d) 写成张量形式得到

$$\boldsymbol{P} = 2\mu \boldsymbol{S} + (-P + \lambda \nabla \cdot \boldsymbol{v}) \boldsymbol{I} \qquad (6.1.6)$$

上式或方程 (6.1.5d) 就是应力张量与应变率张量的关系, 称为**本构方程**. 该公式对多数的流体适用, 满足以上本构关系的流体称为**牛顿流体**. 否则, 称为**非牛顿流体**.

相对体积膨胀率　设流体元为边长分别等于 $\delta x_1, \delta x_2, \delta x_3$ 的长方体, 经 Δt 时间后, 边长 δx_1, δx_2 和 δx_3 分别变成

$$\delta x_1 + \frac{\partial v_1}{\partial x_1} \delta x_1 \Delta t; \quad \delta x_2 + \frac{\partial v_2}{\partial x_2} \delta x_2 \Delta t; \quad \delta x_3 + \frac{\partial v_3}{\partial x_3} \delta x_3 \Delta t \qquad (6.1.7a)$$

于是相对体积膨胀率 (单位时间内的体积变化) 为

$$\Delta \equiv \frac{\left(\delta x_1 + \dfrac{\partial v_1}{\partial x_1}\delta x_1 \Delta t\right)\left(\delta x_2 + \dfrac{\partial v_2}{\partial x_2}\delta x_2 \Delta t\right)\left(\delta x_3 + \dfrac{\partial v_3}{\partial x_3}\delta x_3 \Delta t\right) - \delta x_1 \delta x_2 \delta x_3}{\delta x_1 \delta x_2 \delta x_3 \Delta t}$$

$$\approx \frac{\partial v_1}{\partial x_1} + \frac{\partial v_2}{\partial x_2} + \frac{\partial v_3}{\partial x_3} = \nabla \cdot \boldsymbol{v}$$

$$\text{(6.1.7b)}$$

因此, 质点速度的散度 $\nabla \cdot \boldsymbol{v}$ 就是流体的相对体积膨胀率.

6.1.2　黏滞和热传导流体中的守恒定律和声波方程

考虑黏滞和热传导效应后, 流体的运动仍然必须满足质量守恒、动量守恒和能量守恒定律.

质量守恒方程　流体的黏滞并不改变质量守恒方程, 因此方程 (1.1.13b) 仍然成立, 即

$$\frac{\mathrm{d}\rho}{\mathrm{d}t} + \rho \nabla \cdot \boldsymbol{v} = \rho q \tag{6.1.8}$$

动量守恒方程　当考虑到流体的黏滞后, 动量守恒方程 (1.1.14a) 应该修改为

$$\frac{\partial}{\partial t}\int_V \rho \boldsymbol{v}\mathrm{d}^3\boldsymbol{r} = -\iint_S \boldsymbol{J}\cdot\mathrm{d}\boldsymbol{S} + \int_V \rho\boldsymbol{f}\mathrm{d}^3\boldsymbol{r} + \iint_S \boldsymbol{P}\cdot\boldsymbol{n}^t\mathrm{d}S + \int_V \rho q\boldsymbol{v}\mathrm{d}^3\boldsymbol{r} \tag{6.1.9a}$$

式中, $\boldsymbol{J} = (\rho\boldsymbol{v})\boldsymbol{v}$ 为动量流张量, 右边第三项面积分为体积 V 的流体表面 S 上的应力, 最后一项为质量注入体积 V 引起的动量变化. 上式的面积分化成体积分

$$\int_V\left[\frac{\partial(\rho\boldsymbol{v})}{\partial t} + \nabla\cdot\boldsymbol{J}\right]\mathrm{d}^3\boldsymbol{r} = \int_V (\rho\boldsymbol{f} + \nabla\cdot\boldsymbol{P} + \rho q\boldsymbol{v})\mathrm{d}^3\boldsymbol{r} \tag{6.1.9b}$$

式中, $\nabla\cdot\boldsymbol{P}$ 的分量形式为

$$(\nabla\cdot\boldsymbol{P})_i = -\frac{\partial P}{\partial x_i} + \sum_{j=1}^{3}\frac{\partial\sigma_{ij}}{\partial x_j} \ (i=1,2,3) \tag{6.1.9c}$$

由体积 V 的任意性, 得到动量守恒方程

$$\frac{\partial(\rho\boldsymbol{v})}{\partial t} + \nabla\cdot\boldsymbol{J} = \rho\boldsymbol{f} + \nabla\cdot\boldsymbol{P} + \rho q\boldsymbol{v} \tag{6.1.10a}$$

与方程 (1.1.16a) 对应, 利用质量守恒方程 (6.1.8), 得到运动方程

$$\rho\frac{\mathrm{d}\boldsymbol{v}}{\mathrm{d}t} = \rho\boldsymbol{f} + \nabla\cdot\boldsymbol{P} \tag{6.1.10b}$$

由方程 (6.1.6) 和 (6.1.9c)

$$\nabla\cdot\boldsymbol{P} = \nabla\cdot(2\mu\boldsymbol{S}) + [-\nabla P + \nabla(\lambda\nabla\cdot\boldsymbol{v})] \tag{6.1.10c}$$

于是方程 (6.1.10b) 变化成

$$\rho\frac{\mathrm{d}\boldsymbol{v}}{\mathrm{d}t} = \rho\boldsymbol{f} + \nabla\cdot(2\mu\boldsymbol{S}) + [-\nabla p + \nabla(\lambda\nabla\cdot\boldsymbol{v})] \tag{6.1.11a}$$

上式称为 **Navier-Stokes 方程**. 如果 μ 和 λ 为常数, 利用

$$\nabla\cdot\boldsymbol{S} = \frac{1}{2}[\nabla^2\boldsymbol{v} + \nabla(\nabla\cdot\boldsymbol{v})] \tag{6.1.11b}$$

方程 (6.1.11a) 简化成

$$\rho\left[\frac{\partial\boldsymbol{v}}{\partial t} + (\boldsymbol{v}\cdot\nabla)\boldsymbol{v}\right] = \rho\boldsymbol{f} - \nabla P + \mu\nabla^2\boldsymbol{v} + (\lambda+\mu)\nabla(\nabla\cdot\boldsymbol{v}) \tag{6.1.11c}$$

该方程的非线性项 $\rho(\boldsymbol{v}\cdot\nabla)\boldsymbol{v}$ 与耗散项 $\mu\nabla^2\boldsymbol{v}$(一般取 $\eta\approx0$, 可用 μ 单独表征介质的耗散) 对流体的运动起着十分重要的作用, 二项的数量级估计为

$$\left|\frac{\rho\boldsymbol{v}\cdot\nabla\boldsymbol{v}}{\mu\nabla^2\boldsymbol{v}}\right| \approx \left|\frac{\rho v\partial v/\partial x}{\mu\partial^2 v/\partial x^2}\right| \approx \frac{\rho_0 c_0 v_0}{\mu\omega} \equiv \mathrm{Re} \tag{6.1.11d}$$

其中, Re 称为 **Reynolds 数**(注意: 与 9.2.1 小节中声 Reynolds 数的区别), 当 Re $\gg$ 1(特别是低频情况), 非线性项远大于耗散项; 反之, 如果 Re $\ll$ 1(特别是高频情况), 耗散项远大于非线性项.

能量守恒方程   当考虑到流体的黏滞和热传导效应后, 能量守恒方程 (1.1.17a) 应该修改为

$$\frac{\partial}{\partial t}\int_V \rho\varepsilon\mathrm{d}^3\boldsymbol{r} = -\iint_S \boldsymbol{j}_\varepsilon\cdot\mathrm{d}\boldsymbol{S} + \iint_S (\boldsymbol{P}\cdot\boldsymbol{n}^t)\cdot\boldsymbol{v}\mathrm{d}S - \iint_S \boldsymbol{q}_t\cdot\mathrm{d}\boldsymbol{S} \\ + \int_V \rho\boldsymbol{f}\cdot\boldsymbol{v}\mathrm{d}^3\boldsymbol{r} + \int_V (\rho\varepsilon+P)q\mathrm{d}^3\boldsymbol{r} + \int_V \rho h\mathrm{d}^3\boldsymbol{r} \tag{6.1.12a}$$

注意: 上式中包含了流出体积 V 的热流 (即右边第三项) 引起的能量减少, $\boldsymbol{q}_t$ 为热流矢量, 根据热传导的 Fourier 定律, 热流矢量与温度 $T(\boldsymbol{r},t)$ 梯度的关系为

$$\boldsymbol{q}_t = -\kappa\nabla T(\boldsymbol{r},t) \tag{6.1.12b}$$

其中, κ 为热传导系数. 方程 (6.1.12a) 右边面积分化成体积分

$$-\iint_S \boldsymbol{j}_\varepsilon\cdot\mathrm{d}\boldsymbol{S} + \iint_S (\boldsymbol{P}\cdot\boldsymbol{n}^t)\cdot\boldsymbol{v}\mathrm{d}S - \iint_S \boldsymbol{q}_t\cdot\mathrm{d}\boldsymbol{S} \\ = \int_V [-\nabla\cdot\boldsymbol{j}_\varepsilon - \nabla\cdot\boldsymbol{q}_t + \nabla\cdot(\boldsymbol{P}\cdot\boldsymbol{v})]\mathrm{d}^3\boldsymbol{r} \tag{6.1.12c}$$

由体积 V 的任意性, 得到能量守恒方程

$$\frac{\partial(\rho\varepsilon)}{\partial t} + \nabla\cdot\boldsymbol{j}_\varepsilon = \nabla\cdot(\boldsymbol{P}\cdot\boldsymbol{v}) + \rho\boldsymbol{f}\cdot\boldsymbol{v} - \nabla\cdot\boldsymbol{q}_t + \rho(h+\varepsilon q) + Pq \tag{6.1.12d}$$

与方程 (1.1.18c) 对应,利用质量守恒方程 (6.1.8),能量守恒方程为

$$\rho \frac{\mathrm{d}\varepsilon}{\mathrm{d}t} = \nabla \cdot (\boldsymbol{P} \cdot \boldsymbol{v}) + \nabla \cdot (\kappa \nabla T) + \rho \boldsymbol{f} \cdot \boldsymbol{v} + \rho h + Pq \tag{6.1.13a}$$

把 $\varepsilon = u + v^2/2$ 代入上式并利用方程 (6.1.10b) 和 (6.1.8) 得到

$$\rho T \frac{\mathrm{d}s}{\mathrm{d}t} = \nabla \cdot (\boldsymbol{P} \cdot \boldsymbol{v}) - \boldsymbol{v} \cdot (\nabla \cdot \boldsymbol{P}) + P\nabla \cdot \boldsymbol{v} + \nabla \cdot (\kappa \nabla T) + \rho h \tag{6.1.13b}$$

作运算

$$\begin{aligned}
\nabla \cdot (\boldsymbol{P} \cdot \boldsymbol{v}) &= \sum_{i=1}^{3} \frac{\partial}{\partial x_i} \left(\sum_{j=1}^{3} P_{ij} v_j \right) = \sum_{i,j=1}^{3} \frac{\partial}{\partial x_i} (P_{ij} v_j) \\
&= \sum_{i,j=1}^{3} \left(v_j \frac{\partial P_{ij}}{\partial x_i} + P_{ij} \frac{\partial v_j}{\partial x_i} \right) = \boldsymbol{v} \cdot (\nabla \cdot \boldsymbol{P}) + \sum_{i,j=1}^{3} \left(P_{ij} \frac{\partial v_j}{\partial x_i} \right)
\end{aligned} \tag{6.1.13c}$$

注意到方程 (6.1.5c) 和 (6.1.5d),得到

$$\begin{aligned}
&\nabla \cdot (\boldsymbol{P} \cdot \boldsymbol{v}) - \boldsymbol{v} \cdot (\nabla \cdot \boldsymbol{P}) + P\nabla \cdot \boldsymbol{v} \\
&= \mu \sum_{i,j=1}^{3} \left(\frac{\partial v_i}{\partial x_j} + \frac{\partial v_j}{\partial x_i} \right) \frac{\partial v_j}{\partial x_i} + \lambda (\nabla \cdot \boldsymbol{v})^2 = 2\mu \sum_{i,j=1}^{3} S_{ij}^2 + \lambda (\nabla \cdot \boldsymbol{v})^2
\end{aligned} \tag{6.1.13d}$$

得到上式的最后一步,利用了应变率张量的对称性: $S_{ij} = S_{ji}$. 上式代入方程 (6.1.13b) 得到熵守恒方程

$$\rho T \frac{\mathrm{d}s}{\mathrm{d}t} = \nabla \cdot (\kappa \nabla T) + 2\mu \sum_{i,j=1}^{3} S_{ij}^2 + \lambda (\nabla \cdot \boldsymbol{v})^2 + \rho h \tag{6.1.14a}$$

显然,黏滞介质的熵变化有三个部分组成:①上式右边第一项,由于热传导引起的熵增加,根据熵的热力学定义,熵变化 $\rho \mathrm{d}s = \mathrm{d}Q/T$ 总与热量变化 $\mathrm{d}Q$ 相联系,说明流体元之间由于热传导而交换热量;②上式右边第二、三项,由于流体的黏滞引起的熵增加,但这二项与流体速度梯度的平方成正比,在线性化过程中可以忽略不计;③最后一项,由于热的注入使熵增加.

Kirchhoff-Fourier 方程 当取 $\lambda = \eta - 2\mu/3 \approx -2\mu/3$ 时,注意到

$$\begin{aligned}
2\mu \sum_{i,j=1}^{3} S_{ij}^2 + \lambda (\nabla \cdot \boldsymbol{v})^2 &= \frac{\mu}{2} \sum_{i,j=1}^{3} \left(\frac{\partial v_i}{\partial x_j} + \frac{\partial v_j}{\partial x_i} \right)^2 - \frac{2\mu}{3} (\nabla \cdot \boldsymbol{v})^2 \\
&= \frac{\mu}{2} \sum_{i,j=1}^{3} \left[\left(\frac{\partial v_i}{\partial x_j} + \frac{\partial v_j}{\partial x_i} \right)^2 - \frac{4}{9} (\nabla \cdot \boldsymbol{v})^2 \delta_{ij} \right] \\
&= \frac{\mu}{2} \sum_{i,j=1}^{3} \left(\frac{\partial v_i}{\partial x_j} + \frac{\partial v_j}{\partial x_i} - \frac{2}{3} \nabla \cdot \boldsymbol{v} \delta_{ij} \right)^2
\end{aligned} \tag{6.1.14b}$$

故方程 (6.1.14a) 可以写成

$$\rho T \frac{\mathrm{d}s}{\mathrm{d}t} = \nabla \cdot (\kappa \nabla T) + \frac{\mu}{2} \sum_{i,j=1}^{3} \phi_{ij}^2 + \rho h \qquad (6.1.14c)$$

其中, 为了方便定义

$$\phi_{ij} \equiv \frac{\partial v_i}{\partial x_j} + \frac{\partial v_j}{\partial x_i} - \frac{2}{3} \nabla \cdot \boldsymbol{v} \delta_{ij} \qquad (6.1.14d)$$

方程 (6.1.14c) 称为 **Kirchhoff-Fourier 方程**.

线性化声波方程　令 $P = P_0 + p'; \rho = \rho_0 + \rho'; \boldsymbol{v} = \boldsymbol{v}'; s = s_0 + s'; T = T_0 + T'$, 由三个基本方程, 即方程 (6.1.8), (6.1.11c) 和 (6.1.14a) 得到线性化的方程

$$\rho_0 \frac{\partial \boldsymbol{v}'}{\partial t} \approx -\nabla p' + \mu \nabla^2 \boldsymbol{v}' + (\lambda + \mu) \nabla (\nabla \cdot \boldsymbol{v}') + \rho_0 \boldsymbol{f} \qquad (6.1.15a)$$

$$\frac{\partial \rho'}{\partial t} + \rho_0 \nabla \cdot \boldsymbol{v}' \approx \rho_0 q \qquad (6.1.15b)$$

$$\rho_0 T_0 \frac{\partial s'}{\partial t} \approx \nabla \cdot (\kappa \nabla T') + \rho_0 h \qquad (6.1.15c)$$

以上 5 个方程还不足以决定 7 个场量 ($\boldsymbol{v}'$, p', ρ', s' 和 T'), 另外 2 个方程来自热力学本构方程, 即在平衡点附近作展开的热力学状态方程. 在局部平衡条件下, 四个热力学量: ρ, T, s 和 p 只有二个是独立的. 我们总是取压力 p 为一个独立变量, 至于另一个独立变量取哪一个, 根据具体情况决定: 在理想介质中, 我们取 p 和 s 为独立变量, 因为温度不出现在理想流体的声波方程中, 我们只需要一个状态方程 $\rho = \rho(P, s)$, 而在绝热声过程中, 温度变化而熵不变化 (远离源的区域), 故在平衡点附近作展开得到 $\rho' = p'/c_0^2$; 如果 $\kappa \to \infty$, 下面的讨论表明, 这时声波过程是一个等温过程, 温度不变而熵变化, 于是我们取 P 和 T 为独立变量, $\rho = \rho(P, T)$, 在平衡点附近作展开得到 $\rho' = p'/c_{T0}^2$, 这里 $c_{T0}^2 = [\partial P(\rho, T)/\partial \rho]_{T,0}$, c_{T0} 为**等温声速**. 这是二个极端的情况, 在一般情况下, 非理想介质中的熵与温度都变化, 而且它们都出现在方程 (6.1.15c) 中. 原则上, 取 (P, s) 或者 (P, T), 还是 (P, ρ) 为独立变量都是一样的, 但对讨论问题的方便性不同, 我们可以从下面的讨论体会到这点.

以压力和温度为独立变量　设状态方程为 $\rho = \rho(P, T)$ 和 $s = s(P, T)$, 在平衡点附近作展开

$$\begin{aligned} \rho' &= \left(\frac{\partial \rho}{\partial P}\right)_{T,0} p' + \left(\frac{\partial \rho}{\partial T}\right)_{p,0} T' = \rho_0 (\kappa_{T0} p' - \beta_{P0} T') \\ s' &= \left(\frac{\partial s}{\partial P}\right)_{T,0} p' + \left(\frac{\partial s}{\partial T}\right)_{p,0} T' = -\frac{\beta_{P0}}{\rho_0} p' + \frac{c_{P0}}{T_0} T' \end{aligned} \qquad (6.1.16a)$$

其中，κ_{T0}，β_{P0} 和 c_{P0} 分别是**等温压缩系数**、**等压热膨胀系数**和**等压比热**

$$\kappa_T = \frac{1}{\rho}\left(\frac{\partial\rho}{\partial P}\right)_T ; \; \beta_P = -\frac{1}{\rho}\left(\frac{\partial\rho}{\partial T}\right)_P ; \; c_P = T\left(\frac{\partial s}{\partial T}\right)_P \tag{6.1.16b}$$

在平衡点取值. 得到方程 (6.1.16a)，已利用了热力学的 Maxwell 关系

$$\left(\frac{\partial s}{\partial P}\right)_T = \frac{1}{\rho^2}\left(\frac{\partial\rho}{\partial T}\right)_P = -\frac{\beta_P}{\rho} \tag{6.1.16c}$$

把方程 (6.1.16a) 代入方程 (6.1.15b) 和 (6.1.15c) 得到质量守恒和能量守恒方程

$$\rho_0\frac{\partial}{\partial t}(\kappa_{T0}p' - \beta_{P0}T') + \rho_0\nabla\cdot\boldsymbol{v}' \approx \rho_0 q \tag{6.1.17a}$$

$$\frac{\partial}{\partial t}(-T_0\beta_{P0}p' + \rho_0 c_{P0}T') \approx \kappa\nabla^2 T' + \rho_0 h \tag{6.1.17b}$$

方程 (6.1.15a)，(6.1.17a) 和 (6.1.17b) 就是我们要求的波动方程，它们是 5 个耦合的方程，决定 5 个场量 ($\boldsymbol{v}'$, p' 和 T') 的空间和时间分布. 显然，这时推出一个单变量 (如 p' 满足的方程) 是困难的，因为速度场 $\boldsymbol{v}'$、声压场 p' 和温度场 T' 是相互耦合的.

取温度变化 T' 为二个独立变量之一的优点是温度的概念比较容易理解，但方程 (6.1.15a)，(6.1.17a) 和 (6.1.17b) 退化到理想流体情况就不直观了. 由方程 (6.1.17b)(令 $\kappa = 0$)

$$-T_0\beta_{P0}\frac{\partial p'}{\partial t} + \rho_0 c_{P0}\frac{\partial T'}{\partial t} \approx +\rho_0 h \tag{6.1.17c}$$

上式与方程 (6.1.17a) 联立消去 $\partial T'/\partial t$ 得到

$$\left(\frac{1}{c_{T0}^2} - \frac{T_0\beta_{P0}\beta_{P0}}{c_{P0}}\right)\frac{\partial p'}{\partial t} + \rho_0\nabla\cdot\boldsymbol{v}' \approx \rho_0 q + \frac{\beta_{P0}}{c_{P0}}(\rho_0 h) \tag{6.1.17d}$$

由 1.1.3 小节讨论，上式中第一项前的系数就是等熵声速平方的倒数，于是

$$\frac{1}{c_0^2}\frac{\partial p'}{\partial t} + \rho_0\nabla\cdot\boldsymbol{v}' \approx \rho_0 q + \frac{\beta_{P0}}{c_{P0}}(\rho_0 h) \tag{6.1.18a}$$

不难验证，对理想流体 (μ 和 λ 为零)

$$\frac{1}{c_0^2}\frac{\partial^2 p'}{\partial t^2} - \nabla^2 p' \approx \rho_0\frac{\partial q}{\partial t} - \rho_0\nabla\cdot\boldsymbol{f} + \frac{\rho_0\beta_{P0}}{c_{P0}}\frac{\partial h}{\partial t} \tag{6.1.18b}$$

上式与方程 (1.1.28a) 完全一致. 上述过程之所以麻烦，是因为我们取温度变化 T' 为二个独立变量之一而引起的.

　　顺便指出，用物理过程中的一个守恒量作为独立变量之一是非常方便的，但是守恒量的寻找本身就不容易.

　　矢量场的分解　因矢量场可分解为无旋、有散场与有旋、无散场之和，故令 $\boldsymbol{v}' = \boldsymbol{v}'_l + \boldsymbol{v}'_\mu$，其中 $\boldsymbol{v}'_l$ 为无旋场：$\nabla \times \boldsymbol{v}'_l \equiv 0$；$\boldsymbol{v}'_\mu$ 为有旋但无散场：$\nabla \cdot \boldsymbol{v}'_\mu \equiv 0$. 显然，$\nabla \cdot \boldsymbol{v}' = \nabla \cdot \boldsymbol{v}'_l + \nabla \cdot \boldsymbol{v}'_\mu = \nabla \cdot \boldsymbol{v}'_l$ 以及 $\nabla \times \boldsymbol{v}' = \nabla \times \boldsymbol{v}'_l + \nabla \times \boldsymbol{v}'_\mu = \nabla \times \boldsymbol{v}'_\mu$，并且

$$
\begin{aligned}
\nabla^2 \boldsymbol{v}' &= \nabla(\nabla \cdot \boldsymbol{v}') - \nabla \times \nabla \times \boldsymbol{v}' = \nabla(\nabla \cdot \boldsymbol{v}'_l) - \nabla \times \nabla \times \boldsymbol{v}'_\mu \\
\nabla^2 \boldsymbol{v}'_\mu &= \nabla(\nabla \cdot \boldsymbol{v}'_\mu) - \nabla \times \nabla \times \boldsymbol{v}'_\mu = -\nabla \times \nabla \times \boldsymbol{v}'_\mu \\
\nabla^2 \boldsymbol{v}'_l &= \nabla(\nabla \cdot \boldsymbol{v}'_l) - \nabla \times \nabla \times \boldsymbol{v}'_l = \nabla(\nabla \cdot \boldsymbol{v}'_l)
\end{aligned}
\tag{6.1.19a}
$$

利用这些关系，分别对方程 (6.1.15a) 二边求散度和旋度得到

$$
\nabla \cdot \left(\rho_0 \frac{\partial \boldsymbol{v}'_l}{\partial t} \right) \approx \nabla \cdot [-\nabla p' + (\lambda + 2\mu)\nabla^2 \boldsymbol{v}'_l + \rho_0 \boldsymbol{f}_l]
\tag{6.1.19b}
$$

$$
\nabla \times \left(\rho_0 \frac{\partial \boldsymbol{v}'_\mu}{\partial t} \right) \approx \nabla \times (\mu \nabla^2 \boldsymbol{v}'_\mu + \rho_0 \boldsymbol{f}_\mu)
\tag{6.1.19c}
$$

上式中把外力 $\boldsymbol{f}$ 也作有旋和无旋分解：$\boldsymbol{f} = \boldsymbol{f}_l + \boldsymbol{f}_\mu$；$\nabla \times \boldsymbol{f}_l = 0$，$\nabla \cdot \boldsymbol{f}_\mu = 0$. 故速度场方程等价于二个方程，即

$$
\begin{aligned}
\rho_0 \frac{\partial \boldsymbol{v}'_l}{\partial t} &\approx -\nabla p' + (\lambda + 2\mu)\nabla(\nabla \cdot \boldsymbol{v}'_l) + \rho_0 \boldsymbol{f}_l \\
\rho_0 \frac{\partial \boldsymbol{v}'_\mu}{\partial t} &= \mu \nabla^2 \boldsymbol{v}'_\mu + \rho_0 \boldsymbol{f}_\mu
\end{aligned}
\tag{6.1.20a}
$$

方程 (6.1.17a) 也简化成

$$
\frac{\partial}{\partial t} \left(\frac{\gamma}{\rho_0 c_0^2} p' - \beta_{P0} T' \right) + \nabla \cdot \boldsymbol{v}'_l \approx q
\tag{6.1.20b}
$$

其中，$\gamma = c_P / c_V$ 为比热比. 得到上式，利用了热力学关系

$$
\left(\frac{\partial P}{\partial \rho} \right)_s = \frac{c_P}{c_V} \left(\frac{\partial P}{\partial \rho} \right)_T
\tag{6.1.20c}
$$

即 $\kappa_{T0} = \gamma/\rho_0 c_0^2$. 因此，声压场、温度场和速度场由方程 (6.1.17b)，(6.1.20a) 和 (6.1.20b)，共 8 个方程决定，为了方便，把方程 (6.1.17b) 重新写出如下

$$
\frac{\partial}{\partial t}(-T_0 \beta_{P0} p' + \rho_0 c_{P0} T') \approx \kappa \nabla^2 T' + \rho_0 h
\tag{6.1.20d}
$$

显然，有旋场与声场和温度场是解耦的. 注意：方程 (6.1.20b) 和 (6.1.20d) 分别来自于质量守恒和能量守恒定律，而方程 (6.1.20a) 来自于动量守恒.

说明 我们把速度场表示为 $\boldsymbol{v}' = \boldsymbol{v}'_l + \boldsymbol{v}'_\mu$，得到了它们分别满足的方程，即方程 (6.1.20a). 问题是这样的分解是否唯一？事实上，数学上可以证明：当速度场 $\boldsymbol{v}'$ 与时间有关时，即 $\boldsymbol{v}' = \boldsymbol{v}'(\boldsymbol{r}, t)$，那么方程 (6.1.15a) 与 (6.1.20a) 等价，也就是说，如果 $\boldsymbol{v}' = \boldsymbol{v}'(\boldsymbol{r}, t)$ 是方程 (6.1.15a) 的解，必定满足方程 (6.1.20a)，反之亦然，而且方程 (6.1.20a) 包含了方程 (6.1.15a) 所有的解；如果速度场 $\boldsymbol{v}'$ 与时间无关，即仅是空间的函数 $\boldsymbol{v}' = \boldsymbol{v}'(\boldsymbol{r})$，则结论不成立. 在声学中，无论是瞬态问题，还是稳态问题，速度场 $\boldsymbol{v}'$ 总是时间的函数.

以压力和熵为独立变量 设状态方程为 $\rho = \rho(P, s)$ 和 $T = T(P, s)$，在平衡点附近展开得到

$$
\begin{aligned}
\rho' &\approx \left(\frac{\partial \rho}{\partial P}\right)_{s,0} p' + \left(\frac{\partial \rho}{\partial s}\right)_{P,0} s' = \frac{1}{c_0^2} p' - \left(\frac{\rho T \beta_P}{c_P}\right)_0 s' \\
T' &= \left(\frac{\partial T}{\partial P}\right)_{s,0} p' + \left(\frac{\partial T}{\partial s}\right)_{P,0} s' = \left(\frac{T \beta_P}{\rho c_P}\right)_0 p' + \left(\frac{T}{c_P}\right)_0 s'
\end{aligned}
\tag{6.1.21a}
$$

得到方程 (6.1.21a)，已利用了热力学的 Maxwell 关系 (并在平衡点取值)

$$
\left(\frac{\partial T}{\partial P}\right)_s = -\frac{1}{\rho^2}\left(\frac{\partial \rho}{\partial s}\right)_P = -\frac{1}{\rho^2}\left(\frac{\partial \rho}{\partial T}\right)_P \left(\frac{\partial T}{\partial s}\right)_P = \frac{T \beta_P}{\rho c_P}
\tag{6.1.21b}
$$

和

$$
\left(\frac{\partial \rho}{\partial s}\right)_P = \left(\frac{\partial \rho}{\partial T}\right)_P \left(\frac{\partial T}{\partial s}\right)_P = -\frac{\rho \beta_P T}{c_P}
\tag{6.1.21c}
$$

把方程 (6.1.21a) 代入方程 (6.1.15b) 和 (6.1.15c) 得到

$$
\frac{1}{c_0^2}\frac{\partial p'}{\partial t} - \left(\frac{\rho T \beta_P}{c_P}\right)_0 \frac{\partial s'}{\partial t} + \rho_0 \nabla \cdot \boldsymbol{v}' \approx \rho_0 q
\tag{6.1.22a}
$$

$$
\rho_0 T_0 \frac{\partial s'}{\partial t} \approx \kappa \left[\left(\frac{T \beta_P}{\rho c_P}\right)_0 \nabla^2 p' + \left(\frac{T}{c_P}\right)_0 \nabla^2 s'\right] + \rho_0 h
\tag{6.1.22b}
$$

方程 (6.1.15a)，(6.1.22a) 和 (6.1.22b) 退化到理想流体就很直观了，令 $\kappa = 0$，方程 (6.1.22b) 就是方程 (1.1.24c).

6.1.3 等温声速和等熵声速

仅考虑热传导效应，而忽略黏滞效应 (否则得不到单一变量的方程 (6.1.24a)，方程 (6.1.15a) 中取 $\mu = \lambda = 0$，并联立方程 (6.1.17a) 消去速度场 $\boldsymbol{v}'$ 得到 (仅考虑传播问题，设源项 $\boldsymbol{f} = 0$，$q = 0$ 和 $h = 0$)

$$
\rho_0 \kappa_T \frac{\partial^2 p'}{\partial t^2} - \nabla^2 p' \approx \rho_0 \beta_P \frac{\partial^2 T'}{\partial t^2}
\tag{6.1.23a}
$$

用 ∇^2 作用于上式二边得到

$$\nabla^2\left(\rho_0\kappa_T\frac{\partial^2 p'}{\partial t^2}-\nabla^2 p'\right)\approx\rho_0\beta_P\frac{\partial^2\nabla^2 T'}{\partial t^2}\qquad(6.1.23\text{b})$$

又对 (6.1.17b) 两边求时间的二阶偏导数 (注意取 $q=0$ 和 $h=0$)

$$\frac{\partial^2}{\partial t^2}\left(-T_0\beta_P\frac{\partial p'}{\partial t}\right)+\rho_0 c_P\frac{\partial^3 T'}{\partial t^3}\approx\kappa\frac{\partial^2\nabla^2 T'}{\partial t^2}\qquad(6.1.23\text{c})$$

方程 (6.1.23b) 和 (6.1.23c) 消去右边的相同项得到

$$\frac{\rho_0 c_P}{\kappa}\frac{\partial}{\partial t}\left[\frac{\beta_P}{c_P}\left(-T_0\beta_P\frac{\partial^2 p'}{\partial t^2}\right)+\rho_0\beta_P\frac{\partial^2 T'}{\partial t^2}\right]\approx\nabla^2\left(\rho_0\kappa_T\frac{\partial^2 p'}{\partial t^2}-\nabla^2 p'\right)\quad(6.1.23\text{d})$$

再用方程 (6.1.23a) 消去 T' 对时间的二阶偏导数, 最后得到单变量的波动方程

$$\frac{\kappa}{\rho_0 c_P}\nabla^2\left(\frac{1}{c_{T0}^2}\frac{\partial^2 p'}{\partial t^2}-\nabla^2 p'\right)\approx\frac{\partial}{\partial t}\left(\frac{1}{c_{s0}^2}\frac{\partial^2 p'}{\partial t^2}-\nabla^2 p'\right)\qquad(6.1.24\text{a})$$

其中

$$\frac{1}{c_{T0}^2}\equiv(\rho\kappa_T)_0=\left(\frac{\partial\rho}{\partial P}\right)_{T,0}\,;\quad\frac{1}{c_{s0}^2}\equiv\frac{1}{c_{T0}^2}-\frac{T_0\beta_{P0}^2}{c_{P0}}\qquad(6.1.24\text{b})$$

方程 (6.1.24a) 就是包括热传导效应后的声波方程. 考虑如下二个极端的情况.

(1) 介质的热传导系数很大, 即 $\kappa\to\infty$, 由方程 (6.1.15c)(注意取 $q=0$ 和 $h=0$), $\nabla^2 T'\approx 0$, 因此, 当 $\kappa\to\infty$ 时, 介质中的温度场是一个满足 Laplace 方程的稳态场, 与时间无关. 而且与声压场是解耦的, 可以取 $T'\approx 0$. 故此时的声波动过程是一个等温过程, 方程 (6.1.24a) 退化波动方程成

$$\frac{1}{c_{T0}^2}\frac{\partial^2 p'}{\partial t^2}-\nabla^2 p'=0\qquad(6.1.24\text{c})$$

描述等温过程的声波过程, c_{T0} 应该是等温声速;

(2) 介质的热传导系数很小, 即 $\kappa\to 0$, 由方程 (6.1.15c), $\partial s'/\partial t\approx 0$, 故方程 (6.1.24a) 应该退化为绝热声波方程, 声波传播速度应该为绝热声速, 即 $c_{s0}=c_0$.

为了表明 c_{s0} 就是等熵声速 $c_0=\sqrt{(\partial P/\partial\rho)_{s,0}}$, 我们从另一个角度来推导方程 (6.1.24a). 为此, 取 p' 和 ρ' 作为独立变量进行展开

$$\begin{aligned}T'&=\left(\frac{\partial T}{\partial\rho}\right)_{P,0}\rho'+\left(\frac{\partial T}{\partial P}\right)_{\rho,0}p'=\left(\frac{\partial T}{\partial\rho}\right)_{P,0}\left(\rho'-\frac{p'}{c_{T0}^2}\right)\\ s'&=\left(\frac{\partial s}{\partial\rho}\right)_{P,0}\rho'+\left(\frac{\partial s}{\partial P}\right)_{\rho,0}p'=\left(\frac{\partial s}{\partial\rho}\right)_{P,0}\left(\rho'-\frac{p'}{c_0^2}\right)\end{aligned}\qquad(6.1.25\text{a})$$

其中, $c_{T0} \equiv \sqrt{(\partial P/\partial \rho)_{T,0}}$ 和 $c_0 \equiv \sqrt{(\partial P/\partial \rho)_{s,0}}$ 分别为等温声速和等熵声速. 得到上式, 已利用了热力学关系

$$\left(\frac{\partial \rho}{\partial P}\right)_s \left(\frac{\partial P}{\partial s}\right)_\rho \left(\frac{\partial s}{\partial \rho}\right)_P = -1 \tag{6.1.25b}$$

$$\left(\frac{\partial P}{\partial \rho}\right)_T \left(\frac{\partial \rho}{\partial T}\right)_P \left(\frac{\partial T}{\partial P}\right)_\rho = -1 \tag{6.1.25c}$$

把方程 (6.1.25a) 代入方程 (6.1.15b) 和 (6.1.15c)(注意: 假定 κ 为常数, 仍然取 $q = 0$ 和 $h = 0$) 得到

$$\rho T \left(\frac{\partial s}{\partial \rho}\right)_{P,0} \frac{\partial}{\partial t}\left(\rho' - \frac{p'}{c_0^2}\right) = \kappa \left(\frac{\partial T}{\partial \rho}\right)_{P,0} \nabla^2 \left(\rho' - \frac{p'}{c_{T0}^2}\right) \tag{6.1.26a}$$

进一步利用热力学关系

$$\left(\frac{\partial s}{\partial \rho}\right)_P = \left(\frac{\partial s}{\partial T}\right)_P \left(\frac{\partial T}{\partial \rho}\right)_P; \quad c_P = T\left(\frac{\partial s}{\partial T}\right)_P \tag{6.1.26b}$$

得到

$$\frac{\partial}{\partial t}\left(\rho' - \frac{p'}{c_0^2}\right) = \frac{\kappa}{\rho_0 c_{P0}} \nabla^2 \left(\rho' - \frac{p'}{c_{T0}^2}\right) \tag{6.1.27a}$$

对上式二边求时间的二次偏导得到

$$\frac{\partial}{\partial t}\left(\frac{\partial^2 \rho'}{\partial t^2} - \frac{1}{c_0^2}\frac{\partial^2 p'}{\partial t^2}\right) = \frac{\kappa}{\rho_0 c_{P0}} \nabla^2 \left(\frac{\partial^2 \rho'}{\partial t^2} - \frac{1}{c_{T0}^2}\frac{\partial^2 p'}{\partial t^2}\right) \tag{6.1.27b}$$

另一方面, 由方程 (6.1.15a) 和 (6.1.15b)(注意 $\mu = \lambda = 0$, $\boldsymbol{f} = 0$, $q = 0$) 消去 $\boldsymbol{v}'$ 得

$$\frac{\partial^2 \rho'}{\partial t^2} - \nabla^2 p' \approx 0 \tag{6.1.27c}$$

代入方程 (6.1.27b) 容易得到

$$\frac{\kappa}{\rho_0 c_{P0}} \nabla^2 \left(\frac{1}{c_{T0}^2}\frac{\partial^2 p'}{\partial t^2} - \nabla^2 p'\right) = \frac{\partial}{\partial t}\left(\frac{1}{c_0^2}\frac{\partial^2 p'}{\partial t^2} - \nabla^2 p'\right) \tag{6.1.27d}$$

上式与方程 (6.1.24a) 比较, 得到关系

$$\frac{1}{c_0^2} = \frac{1}{c_{s0}^2} = \frac{1}{c_{T0}^2} - \frac{T_0 \beta_{P0}^2}{c_{P0}} \tag{6.1.27e}$$

这样, 我们就证明了方程 (6.1.24a) 中的 c_{s0} 确实是等熵声速 c_0.

对理想气体, 存在关系 $c_P - c_V = nk_B$ 和 $\beta_{P0} = 1/T_0$, 代入方程 (6.1.24b) 的第二式

$$\frac{1}{c_{0T}^2} - \frac{1}{c_{s0}^2} = \left(\frac{T\beta_P^2}{c_P}\right)_0 = \frac{\rho_0}{P_0}\left(1 - \frac{1}{\gamma}\right) \tag{6.1.28}$$

其中, $\gamma = c_P/c_V$ 为比热比. 另一方面, 由 $c_{T0} = \sqrt{P_0/\rho_0}$ 和 $c_0 = \sqrt{\gamma P_0/\rho_0}$ 可以直接验证式 (6.1.28) 是成立的.

6.1.4　能量守恒关系和能量密度

考虑无源情况，即假定 $\boldsymbol{f} = q = h = 0$，对方程 (6.1.15a) 二边用 $\boldsymbol{v}'$ 求点积，而方程 (6.1.15b) 和 (6.1.15c) 二边分别乘 p'/ρ_0 和 T'/T_0 得到

$$\frac{\partial}{\partial t}\left(\frac{1}{2}\rho_0 v'^2\right) \approx -\boldsymbol{v}' \cdot \nabla p' + \mu \sum_{i,j=1}^{3} v_j' \frac{\partial^2 v_j'}{\partial x_i \partial x_i} + (\lambda + \mu) \sum_{i,j=1}^{3} v_j' \frac{\partial^2 v_i'}{\partial x_i \partial x_j} \qquad (6.1.29a)$$

$$\frac{p'}{\rho_0}\left(\frac{\partial \rho'}{\partial t} + \rho_0 \nabla \cdot \boldsymbol{v}'\right) \approx 0; \quad \rho_0 T' \frac{\partial s'}{\partial t} \approx \frac{T'}{T_0} \nabla \cdot (\kappa \nabla T') \qquad (6.1.29b)$$

以上三个方程相加得到

$$\frac{\partial}{\partial t}\left(\frac{1}{2}\rho_0 v'^2\right) + \left(\frac{p'}{\rho_0}\frac{\partial \rho'}{\partial t} + \rho_0 T' \frac{\partial s'}{\partial t}\right) + \nabla \cdot (p' \boldsymbol{v}')$$

$$\approx \mu \sum_{i,j=1}^{3} v_j' \frac{\partial^2 v_j'}{\partial x_i \partial x_i} + (\lambda + \mu) \sum_{i,j=1}^{3} v_j' \frac{\partial^2 v_i'}{\partial x_i \partial x_j} + \frac{T'}{T_0} \nabla \cdot (\kappa \nabla T') \qquad (6.1.30a)$$

利用方程 (6.1.16a)

$$\left(\frac{p'}{\rho_0}\frac{\partial \rho'}{\partial t} + \rho_0 T' \frac{\partial s'}{\partial t}\right) = \frac{\partial}{\partial t}\left[\frac{1}{2}\kappa_{T0} p'^2 + \frac{\rho_0 c_{p0}}{2T_0}T'^2 - \beta_{p0} p' T'\right] \qquad (6.1.30b)$$

并且注意到微分关系

$$\mu \sum_{i,j=1}^{3} v_j' \frac{\partial^2 v_j'}{\partial x_i \partial x_i} + (\lambda + \mu) \sum_{i,j=1}^{3} v_j' \frac{\partial^2 v_i'}{\partial x_i \partial x_j}$$

$$= \mu \left(\sum_{i,j=1}^{3} v_j' \frac{\partial^2 v_j'}{\partial x_i \partial x_i} + \sum_{i,j=1}^{3} v_j' \frac{\partial^2 v_i'}{\partial x_i \partial x_j}\right) + \lambda \sum_{i,j=1}^{3} v_j' \frac{\partial^2 v_i'}{\partial x_i \partial x_j}$$

$$= \mu \sum_{i,j=1}^{3} \left[\frac{\partial}{\partial x_i} v_j' \left(\frac{\partial v_j'}{\partial x_i} + \frac{\partial v_i'}{\partial x_j}\right) - \frac{\partial v_j'}{\partial x_i}\left(\frac{\partial v_j'}{\partial x_i} + \frac{\partial v_i'}{\partial x_j}\right)\right] \qquad (6.1.30c)$$

$$+ \lambda \sum_{i,j=1}^{3} \left[\frac{\partial}{\partial x_j}\left(v_j' \frac{\partial v_i'}{\partial x_i}\right) - \frac{\partial v_j'}{\partial x_j}\frac{\partial v_i'}{\partial x_i}\right]$$

$$= \nabla \cdot \left[\sum_{i,j=1}^{3} \boldsymbol{e}_i v_j' \left(2\mu S_{ij}(\boldsymbol{v}') + \lambda \nabla \cdot \boldsymbol{v}' \delta_{ij}\right)\right] - 2\mu \sum_{i,j=1}^{3} S_{ij}^2 - \lambda (\nabla \cdot \boldsymbol{v}')^2$$

上二式代入方程 (6.1.30a) 得到能量守恒关系

$$\frac{\partial w}{\partial t} + \nabla \cdot \boldsymbol{I} = -D \qquad (6.1.31a)$$

其中，能量密度 w、能量流矢量 $\boldsymbol{I}$ 和能量耗散的速率 D 分别为

$$w \equiv \frac{1}{2}\rho_0 v'^2 + \frac{1}{2\rho_0 c_{T0}^2}p'^2 + \frac{\rho_0 c_{P0}}{2T_0}T'^2 - \beta_{P0}p'T'$$

$$\boldsymbol{I} \equiv p'\boldsymbol{v}' - \frac{\kappa}{T_0}T'\nabla T' - \sum_{i,j=1}^{3}\boldsymbol{e}_i v'_j[2\mu S_{ij}(\boldsymbol{v}') + \lambda\nabla\cdot\boldsymbol{v}'\delta_{ij}] \qquad (6.1.31\mathrm{b})$$

$$D \equiv 2\mu\sum_{i,j=1}^{3}S_{ij}^2 + \lambda(\nabla\cdot\boldsymbol{v}')^2 + \frac{\kappa}{T_0}(\nabla T')^2$$

注意到，能量密度 w 表达式存在交叉项，物理意义不明显. 由方程 (6.1.16a) 的第二式

$$T' = \frac{T_0}{c_{P0}}s' + \frac{T_0}{c_{P0}}\frac{\beta_{P0}}{\rho_0}p' \qquad (6.1.32\mathrm{a})$$

以熵 s' 和声压 p' 为变量作运算

$$\frac{1}{\rho_0 c_{T0}^2}p'^2 + \frac{\rho_0 c_{P0}}{T_0}T'^2 - 2\beta_{P0}p'T'$$

$$= \frac{1}{\rho_0}\left(\frac{1}{c_{T0}^2} - \frac{T_0\beta_{P0}^2}{c_{P0}}\right)p'^2 + \frac{\rho_0 T_0}{c_{P0}}s'^2 = \frac{1}{\rho_0 c_{s0}^2}p'^2 + \frac{\rho_0 T_0}{c_{P0}}s'^2 \qquad (6.1.32\mathrm{b})$$

上式代入方程 (6.1.31b) 的第一式得到没有交叉项的能量密度表达式

$$w \equiv \frac{1}{2}\rho_0 v'^2 + \frac{1}{\rho_0 c_{s0}^2}p'^2 + \frac{\rho_0 T_0}{c_{P0}}s'^2 \qquad (6.1.32\mathrm{c})$$

为了便于讨论，把方程 (6.1.31a) 写成积分形式

$$\frac{\partial}{\partial t}\int_V w\mathrm{d}^3\boldsymbol{r} + \iint_S \boldsymbol{I}\cdot\mathrm{d}\boldsymbol{S} = -\int_V D\mathrm{d}^3\boldsymbol{r} \qquad (6.1.33)$$

讨论：①与理想流体情况的方程 (1.2.6b) 相比，能量密度 w 增加了一项与 s'^2 成正比的项，对一般的声传播过程，这一项很小，但如果热传导系数 κ 很大，则这一项的贡献不能忽略；②能量流矢量 $\boldsymbol{I}$ 包含三项，显然，第一项与理想流体情况的方程 (1.2.6c) 相同，第二、三项则是热传导和黏滞效应的贡献，但是，由于存在因子 T'/T_0，第二项不能简单认为是流过表面 S 的热量，第三项实际是体积表面 S 上黏滞应力作的功；③D 表示体积 V 内能量耗散的速率，显然，它是大于零的.

值得指出的是：当以声压 p' 和温度变化 T' 为独立变量时，能量密度 w 表达式中出现交叉项，说明声压场 p' 与温度场 T' 是相关的，声压的变化必将导致温度的变化，除非是等温过程 (当 $\kappa\to\infty$ 时)；而当以声压 p' 和熵变化 s' 为独立变量时，能量密度 w 表达式中不出现交叉项，说明声压场 p' 可以独立于熵变化 s' 存在，等熵过程中可以取 $s'=0$，但温度变化由方程 (6.1.32a) 为 $T'\approx T_0\beta_{P0}p'/(c_{P0}\rho_0)$.

6.1.5　边界条件和运动体积的守恒定律

如图 6.1.3, 取流体中固定的体积 $V = V_1 + V_2$: ①V 中包含不连续的界面 $\Sigma = \Sigma_1 = \Sigma_2$, 界面 Σ 的运动速度为 U; ②V_1 和 V_2 分别由 $S_1 + \Sigma_1$ 和 $S_2 + \Sigma_2$ 边界包围而成. 注意: 由于 S_1 和 S_2 固定不动, 不连续界面 Σ 在移动, 故必须假定在所考虑的时间内, Σ 不越过体积 V (注意: 可以取 V 随 Σ 一起运动, 见下面讨论); ③在体积 V 内以及 S_1 和 S_2 面上: 质量流矢量、动量流张量和能量流矢量分别为 $j = \rho v$, $J = \rho vv$ 和 $j_\varepsilon = \rho\varepsilon v$, 而在不连续界面 Σ 上, 质量流矢量、动量流张量和能量流矢量分别为 $j_\Sigma = \rho(v - U)$, $J_\Sigma = \rho v(v - U)$ 和 $j_{\varepsilon\Sigma} = \rho\varepsilon(v - U)$.

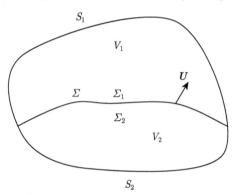

图 6.1.3　流体中的体积 V 由二部分组成

由于 j, J 和 j_ε 在界面 Σ 的不连续性, Gauss 公式在整个 V 内不满足成立条件, 但分别在 V_1 和 V_2 仍然成立

$$\iint_{S_1+\Sigma_1} \boldsymbol{A} \cdot \boldsymbol{n} \mathrm{d}S = \int_{V_1} \nabla \cdot \boldsymbol{A} \mathrm{d}^3 r$$
$$\iint_{S_2+\Sigma_2} \boldsymbol{A} \cdot \boldsymbol{n} \mathrm{d}S = \int_{V_2} \nabla \cdot \boldsymbol{A} \mathrm{d}^3 r$$

$$(6.1.34a)$$

式中, $\boldsymbol{A}$ 可以是 j, J 或者 j_ε 之一. 上二式相加

$$\iint_{S_1+\Sigma_1} \boldsymbol{A} \cdot \boldsymbol{n} \mathrm{d}S + \iint_{S_2+\Sigma_2} \boldsymbol{A} \cdot \boldsymbol{n} \mathrm{d}S$$
$$= \int_{V_1} \nabla \cdot \boldsymbol{A} \mathrm{d}^3 r + \int_{V_2} \nabla \cdot \boldsymbol{A} \mathrm{d}^3 r = \int_V \nabla \cdot \boldsymbol{A} \mathrm{d}^3 r$$

$$(6.1.34b)$$

上式中

$$\text{左边} = \iint_{S_1} \boldsymbol{A} \cdot \boldsymbol{n} \mathrm{d}S + \iint_{S_2} \boldsymbol{A} \cdot \boldsymbol{n} \mathrm{d}S + \iint_{\Sigma_1} \boldsymbol{A}_{\Sigma_1} \cdot \boldsymbol{n}_1 \mathrm{d}S + \iint_{\Sigma_2} \boldsymbol{A}_{\Sigma_2} \cdot \boldsymbol{n}_2 \mathrm{d}S$$
$$= \iint_S \boldsymbol{A} \cdot \boldsymbol{n} \mathrm{d}S + \iint_\Sigma (\boldsymbol{A}_{\Sigma_1} - \boldsymbol{A}_{\Sigma_2}) \cdot \boldsymbol{n} \mathrm{d}S$$

$$(6.1.34c)$$

注意: 在界面 Σ 上: $\boldsymbol{n}_2 = -\boldsymbol{n}_1 = -\boldsymbol{n}$, 即 Σ_1 的法向与 Σ_2 的法向相反. 因此, Gauss 公式修正为

$$\iint_S \boldsymbol{A} \cdot \boldsymbol{n} \mathrm{d}S = \int_V \nabla \cdot \boldsymbol{A} \mathrm{d}^3\boldsymbol{r} + \iint_{\Sigma} (\boldsymbol{A}_{\Sigma_2} - \boldsymbol{A}_{\Sigma_1}) \cdot \boldsymbol{n} \mathrm{d}S \qquad (6.1.34\text{d})$$

于是, 质量守恒方程 (1.1.12b)、动量守恒方程 (6.1.9b) 以及能量守恒方程 (6.1.12a) 应该修正成

$$\int_V \left(\frac{\partial \rho}{\partial t} + \nabla \cdot \boldsymbol{j} - \rho q \right) \mathrm{d}^3\boldsymbol{r} + \iint_{\Sigma} (\boldsymbol{j}_{\Sigma_2} - \boldsymbol{j}_{\Sigma_1}) \cdot \boldsymbol{n} \mathrm{d}S = 0 \qquad (6.1.35\text{a})$$

$$\begin{aligned} &\int_V \left[\frac{\partial(\rho\boldsymbol{v})}{\partial t} + \nabla \cdot \boldsymbol{J} - (\rho\boldsymbol{f} + \nabla \cdot \boldsymbol{P} + \rho q\boldsymbol{v}) \right] \mathrm{d}^3\boldsymbol{r} \\ &+ \iint_{\Sigma} (\boldsymbol{J}_{\Sigma_2} - \boldsymbol{J}_{\Sigma_1}) \cdot \boldsymbol{n} \mathrm{d}S - \iint_{\Sigma} (\boldsymbol{P}_{\Sigma_2} - \boldsymbol{P}_{\Sigma_1}) \cdot \boldsymbol{n} \mathrm{d}S = 0 \end{aligned} \qquad (6.1.35\text{b})$$

$$\begin{aligned} &\int_V \left\{ \frac{\partial(\rho\varepsilon)}{\partial t} + [\nabla \cdot \boldsymbol{j}_\varepsilon + \nabla \cdot \boldsymbol{q}_t - \nabla \cdot (\boldsymbol{P} \cdot \boldsymbol{v}) - \rho\boldsymbol{f} \cdot \boldsymbol{v} - (\rho\varepsilon + P)q - \rho h] \right\} \mathrm{d}^3\boldsymbol{r} \\ &= \iint_{\Sigma} (\boldsymbol{j}_{\varepsilon\Sigma_2} - \boldsymbol{j}_{\varepsilon\Sigma_1}) \cdot \boldsymbol{n} \mathrm{d}S - \iint_{\Sigma} (\boldsymbol{P} \cdot \boldsymbol{v}_{\Sigma_2} - \boldsymbol{P} \cdot \boldsymbol{v}_{\Sigma_1}) \cdot \boldsymbol{n} \mathrm{d}S \\ &\quad + \iint_{\Sigma} (\boldsymbol{q}_{t\Sigma_2} - \boldsymbol{q}_{t\Sigma_1}) \cdot \boldsymbol{n} \mathrm{d}S \end{aligned}$$
$$(6.1.35\text{c})$$

由体积元 V 的任意性 (包含不连续界面 Σ), 我们不仅得到微分形式的质量守恒方程 (6.1.8)、动量守恒方程 (6.1.10a) 和能量守恒方程 (6.1.12d), 而且要求在不连续界面 Σ 上满足

$$\boldsymbol{j}_{\Sigma_2} \cdot \boldsymbol{n} = \boldsymbol{j}_{\Sigma_1} \cdot \boldsymbol{n} \qquad (6.1.36\text{a})$$

$$(\boldsymbol{J}_{\Sigma_2} - \boldsymbol{P}_{\Sigma_2}) \cdot \boldsymbol{n} = (\boldsymbol{J}_{\Sigma_1} - \boldsymbol{P}_{\Sigma_1}) \cdot \boldsymbol{n} \qquad (6.1.36\text{b})$$

$$(\boldsymbol{j}_{\varepsilon\Sigma_2} - \boldsymbol{q}_{t\Sigma_2} - \boldsymbol{P} \cdot \boldsymbol{v}_{\Sigma_2}) \cdot \boldsymbol{n} = (\boldsymbol{j}_{\varepsilon\Sigma_1} - \boldsymbol{q}_{t\Sigma_1} - \boldsymbol{P} \cdot \boldsymbol{v}_{\Sigma_1}) \cdot \boldsymbol{n} \qquad (6.1.36\text{c})$$

以上三式就是不连续界面必须满足的条件. 以下分析几种常见的不连续界面.

(1) 流体–流体界面

流体质点不可穿越情况 由于区域 V_1 的流体质点不能穿过界面到区域 V_2 中, 质量流矢量的法向分量为零, 故由方程 (6.1.36a)

$$\rho_{\Sigma_1}(\boldsymbol{v}_{\Sigma_1} - \boldsymbol{U}) \cdot \boldsymbol{n} = \rho_{\Sigma_2}(\boldsymbol{v}_{\Sigma_2} - \boldsymbol{U}) \cdot \boldsymbol{n} = 0 \qquad (6.1.37\text{a})$$

即质量守恒要求法向速度连续

$$\boldsymbol{v}_{\Sigma_1} \cdot \boldsymbol{n} = \boldsymbol{v}_{\Sigma_2} \cdot \boldsymbol{n} = \boldsymbol{U} \cdot \boldsymbol{n} \qquad (6.1.37\text{b})$$

注意: 此时 $\boldsymbol{U}$ 仅仅起到辅助作用. 由方程 (6.1.36b) 并结合上式得到

$$\boldsymbol{P}_{\Sigma_1} \cdot \boldsymbol{n} = \boldsymbol{P}_{\Sigma_2} \cdot \boldsymbol{n} \tag{6.1.38a}$$

即动量守恒要求法向应力连续.

如果区域 V_1 和区域 V_2 的流体都是理想流体, 那么 $\boldsymbol{P} = -P\boldsymbol{I}$, $\boldsymbol{P} \cdot \boldsymbol{n} = -P\boldsymbol{n}$, 即界面法向只存在压力, 故方程 (6.1.38a) 简化成

$$(P_0 + p)_{\Sigma_1} = (P_0 + p)_{\Sigma_2} \text{或者} \quad p_{\Sigma_1} = p_{\Sigma_2} \tag{6.1.38b}$$

即如果界面二边静压相等, 则声压连续. 由方程 (6.1.36c), 结合方程 (6.1.37b) 和 (6.1.38a) 得到

$$\boldsymbol{q}_{t\Sigma_2} \cdot \boldsymbol{n} = \boldsymbol{q}_{t\Sigma_1} \cdot \boldsymbol{n} \tag{6.1.39}$$

即能量守恒要求热流矢量的法向连续.

流体质点可穿越情况 如冲击波的间断面, 区域 V_1 和区域 V_2 的流体质点可相互流动, 故界面质点的速度不连续, 在区域 V_1 一侧面为 $(\boldsymbol{v}_{\Sigma_1} - \boldsymbol{U})$, 而在区域 V_2 一侧为 $(\boldsymbol{v}_{\Sigma_2} - \boldsymbol{U})$, $(\boldsymbol{v}_{\Sigma_1} - \boldsymbol{U}) \neq 0$ 或者 $(\boldsymbol{v}_{\Sigma_2} - \boldsymbol{U}) \neq 0$ 意味两侧的流体质点有一个相对速度, 于是流体质点可相互穿越界面. 由方程 (6.1.36a)

$$\rho_{\Sigma_2} \boldsymbol{W}_{\Sigma_2} \cdot \boldsymbol{n} = \rho_{\Sigma_1} \boldsymbol{W}_{\Sigma_1} \cdot \boldsymbol{n} \tag{6.1.40}$$

其中, $\boldsymbol{W}_{\Sigma_1} \equiv \boldsymbol{v}_{\Sigma_1} - \boldsymbol{U}$ 和 $\boldsymbol{W}_{\Sigma_2} \equiv \boldsymbol{v}_{\Sigma_2} - \boldsymbol{U}$ 分别是是界面两侧质点的相对速度. 上式实际上意味着法向动量守恒. 由方程 (6.1.36b) 并且结合方程 (6.1.40) 得到

$$\rho_{\Sigma_2} \boldsymbol{v}_{\Sigma_2} (\boldsymbol{W}_{\Sigma_2} \cdot \boldsymbol{n}) - \boldsymbol{P}_{\Sigma_2} \cdot \boldsymbol{n} = \rho_{\Sigma_1} \boldsymbol{v}_{\Sigma_1} (\boldsymbol{W}_{\Sigma_1} \cdot \boldsymbol{n}) - \boldsymbol{P}_{\Sigma_1} \cdot \boldsymbol{n} \tag{6.1.41a}$$

在两侧都是理想流体情况下, $\boldsymbol{P} = -(P_0 + p)\boldsymbol{I}$, 于是

$$\rho_{\Sigma_2} \boldsymbol{v}_{\Sigma_2} (\boldsymbol{W}_{\Sigma_2} \cdot \boldsymbol{n}) + p_{\Sigma_2} \boldsymbol{n} = \rho_{\Sigma_1} \boldsymbol{v}_{\Sigma_1} (\boldsymbol{W}_{\Sigma_1} \cdot \boldsymbol{n}) + p_{\Sigma_1} \boldsymbol{n} \tag{6.1.41b}$$

方程 (6.1.40) 二边乘 $\boldsymbol{U}$ 并与上式相减

$$\rho_{\Sigma_2} \boldsymbol{W}_{\Sigma_2} (\boldsymbol{W}_{\Sigma_2} \cdot \boldsymbol{n}) + p_{\Sigma_2} \boldsymbol{n} = \rho_{\Sigma_1} \boldsymbol{W}_{\Sigma_1} (\boldsymbol{W}_{\Sigma_1} \cdot \boldsymbol{n}) + p_{\Sigma_1} \boldsymbol{n} \tag{6.1.41c}$$

(2) **流体–固体界面**

由于流体质点 (区域 V_1) 不能穿越界面到固体中 (区域 V_2), 故方程 (6.1.37b) 仍然成立, 即法向速度连续

$$\boldsymbol{v}_{\Sigma_1} \cdot \boldsymbol{n} = \boldsymbol{v}_{\Sigma_2} \cdot \boldsymbol{n} \tag{6.1.42a}$$

同样，方程 (6.1.38a) 也成立

$$\boldsymbol{P}_{\Sigma_1} \cdot \boldsymbol{n} = \boldsymbol{P}_{\Sigma_2} \cdot \boldsymbol{n} \tag{6.1.42b}$$

其中，$\boldsymbol{P}_{\Sigma_1}$ 和 $\boldsymbol{P}_{\Sigma_2}$ 分别是流体和固体的应力张量，由方程 (6.1.6) 和 (3.5.21c) 给出 (注意:$\boldsymbol{P}_{\Sigma_2} \equiv \boldsymbol{\sigma}$).

理想流体–弹性固体情况　因 $\boldsymbol{P} = -P\boldsymbol{I}$, $\boldsymbol{P} \cdot \boldsymbol{n} = -P\boldsymbol{n}$, 故方程 (6.1.42b) 简化成

$$-P_{\Sigma_1} = (\boldsymbol{P}_{\Sigma_2} \cdot \boldsymbol{n}) \cdot \boldsymbol{n}; \quad (\boldsymbol{P}_{\Sigma_2} \cdot \boldsymbol{n}) \cdot \boldsymbol{t} = 0 \tag{6.1.43a}$$

其中，$\boldsymbol{t}$ 表示固体曲面的切向，$(\boldsymbol{P}_{\Sigma_2} \cdot \boldsymbol{n}) \cdot \boldsymbol{n}$ 和 $(\boldsymbol{P}_{\Sigma_2} \cdot \boldsymbol{n}) \cdot \boldsymbol{t}$ 分别表示固体曲面的法向应力和切向应力分量.

理想流体–刚性固体情况　在固体是刚性情况下，方程 (6.1.42b) 不能给出有用的边界条件，而方程 (6.1.42a) 要求

$$\boldsymbol{v}_{\Sigma_1} \cdot \boldsymbol{n} = \boldsymbol{U} \cdot \boldsymbol{n} \tag{6.1.43b}$$

其中，$\boldsymbol{U}$ 是固体的整体运动速度，如果固体静止，则 $\boldsymbol{v}_{\Sigma_1} \cdot \boldsymbol{n} = 0$，即法向速度为零.

黏滞流体–刚性固体情况　要求方程 (6.1.43b) 成立，即法向速度连续. 同样，在固体是刚性情况下，方程 (6.1.42b) 不能给出有用的边界条件. 但由于黏滞作用，流体黏着在固体上，故在界面上，黏滞流体的速度应该等于固体界面的速度 (实验观察也证明了这一点): 因此要求流体的切向速度也连续，即 $\boldsymbol{v}_{\Sigma_1} \cdot \boldsymbol{t} = \boldsymbol{U} \cdot \boldsymbol{t}$. 故在界面上，要求黏滞流体的速度等于固体的运动速度 (包括法向和切向): $\boldsymbol{v}_{\Sigma_1} = \boldsymbol{U}$. 当固体静止时 $(\boldsymbol{U} = 0)$: $\boldsymbol{v}_{\Sigma_1} = 0$，而对理想流体，在固体界面上的切向速度可不为零，仅要求法向速度为零即可. 数学上，理想流体的动力学方程 (1.1.16a) 关于空间变量的导数是一阶的，仅要求法向速度连续就可以决定整个速度场，如果再要求切向速度也连续反而超定了；而对黏滞流体，Navier-Stokes 方程 (6.1.11c) 关于空间变量的导数是二阶的，为了决定速度场，需要更多的边界条件，故要求切向速度也连续.

黏滞流体–弹性固体情况　方程 (6.1.42b) 成立. 与黏滞流体 – 刚性固体情况相同，要求界面上流体质点的速度等于固体质点的速度 (包括法向和切向): $\boldsymbol{v}_{\Sigma_1} = \boldsymbol{v}_{\Sigma_2}$.

注意：如果流体是液体且界面是曲面，当曲率半径较小时，还必须考虑液体的表面张力，但这在声学问题中不常见.

运动体积的守恒定律　在导出质量守恒、动量守恒和能量守恒过程中 (见 1.1.2 小节和 6.1.2 小节)，我们取空间固定的体积 V，从而 V 内的质量、动量和能量仅仅是时间的函数，时间变化率仅仅须对时间求偏导数. 如果取空间 V 跟随流体质

点一起运动, 由于流体的膨胀和压缩, 空间 V 随时间变化, 即 $V = V(t)$, 在 $V(t)$ 内质量守恒定律应该为 (忽略质量源)

$$\frac{\mathrm{d}}{\mathrm{d}t} \int_{V(t)} \rho(\boldsymbol{r}, t) \mathrm{d}^3 \boldsymbol{r} = 0 \tag{6.1.44a}$$

为了求出质量守恒的微分形式, 我们从全导数的定义出发求导

$$
\begin{aligned}
&\frac{\mathrm{d}}{\mathrm{d}t} \int_{V(t)} \rho(\boldsymbol{r}, t) \mathrm{d}^3 \boldsymbol{r} \\
&= \lim_{\Delta t \to 0} \frac{1}{\Delta t} \left[\int_{V(t+\Delta t)} \rho(\boldsymbol{r}, t+\Delta t) \mathrm{d}^3 \boldsymbol{r} - \int_{V(t)} \rho(\boldsymbol{r}, t) \mathrm{d}^3 \boldsymbol{r} \right] \\
&= \lim_{\Delta t \to 0} \frac{1}{\Delta t} \left[\int_{V(t)} \rho(\boldsymbol{r}, t+\Delta t) \mathrm{d}^3 \boldsymbol{r} + \int_{\Delta V} \rho(\boldsymbol{r}, t+\Delta t) \mathrm{d}^3 \boldsymbol{r} \right. \\
&\quad \left. - \int_{V(t)} \rho(\boldsymbol{r}, t) \mathrm{d}^3 \boldsymbol{r} \right] \\
&= \lim_{\Delta t \to 0} \frac{1}{\Delta t} \left[\int_{V(t)} \frac{\partial \rho(\boldsymbol{r}, t)}{\partial t} \Delta t \mathrm{d}^3 \boldsymbol{r} + \int_{\Delta V} \rho(\boldsymbol{r}, t+\Delta t) \mathrm{d}^3 \boldsymbol{r} \right]
\end{aligned}
\tag{6.1.44b}
$$

其中, ΔV 上的积分表示流体在 Δt 时间内体积的变化, 显然, $V(t)$ 的任意面元 $\mathrm{d}S$(法向为 $\boldsymbol{n}$) 在 Δt 时间内扫过的体积为 $\boldsymbol{v} \cdot \boldsymbol{n} \mathrm{d}S \Delta t$(如图 6.1.4), 因此

$$
\begin{aligned}
\int_{\Delta V} \rho(\boldsymbol{r}, t+\Delta t) \mathrm{d}^3 \boldsymbol{r} &= \iint_{S(t)} \left[\rho(\boldsymbol{r}, t) + \frac{\partial \rho(\boldsymbol{r}, t)}{\partial t} \Delta t \right] \boldsymbol{v} \cdot \boldsymbol{n} \Delta t \mathrm{d}S \\
&\approx \iint_{S(t)} \rho(\boldsymbol{r}, t) \boldsymbol{v} \cdot \boldsymbol{n} \Delta t \mathrm{d}S
\end{aligned}
\tag{6.1.44c}
$$

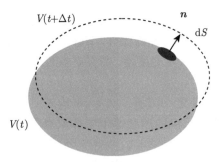

图 6.1.4　取流体中的体积 V 随流体一起流动

上式代入方程 (6.1.44b) 得到

$$\frac{\mathrm{d}}{\mathrm{d}t} \int_{V(t)} \rho(\boldsymbol{r}, t) \mathrm{d}^3 \boldsymbol{r} = \int_{V(t)} \frac{\partial \rho(\boldsymbol{r}, t)}{\partial t} \mathrm{d}^3 \boldsymbol{r} + \iint_{S(t)} \rho(\boldsymbol{r}, t) \boldsymbol{v} \cdot \boldsymbol{n} \mathrm{d}S \tag{6.1.44d}$$

进一步, 利用 Gauss 定理, 把面积分化成体积分, 由方程 (6.1.44a) 得到质量守恒方程

$$\int_{V(t)} \left[\frac{\partial \rho}{\partial t} + \nabla \cdot (\rho \boldsymbol{v}) \right] \mathrm{d}^3 \boldsymbol{r} = 0 \tag{6.1.44e}$$

上式与方程 (1.1.12b) 形式上是类似的, 所不同的是, 体积 V 跟随流体质点一起运动, 是时间的函数 $V(t)$. 在 $V(t)$ 内动量守恒定律应该为 (忽略外力源和质量注入)

$$\frac{\mathrm{d}}{\mathrm{d}t} \int_{V(t)} \rho \boldsymbol{v} \mathrm{d}^3 \boldsymbol{r} = \iint_{S(t)} \boldsymbol{P} \cdot \boldsymbol{n}^t \mathrm{d}S \tag{6.1.45a}$$

与得到方程 (6.1.44d) 类似, 上式变成

$$\int_{V(t)} \left[\frac{\partial (\rho \boldsymbol{v})}{\partial t} + \nabla \cdot (\rho \boldsymbol{v} \boldsymbol{v}) \right] \mathrm{d}^3 \boldsymbol{r} = \iint_{S(t)} \boldsymbol{P} \cdot \boldsymbol{n}^t \mathrm{d}S \tag{6.1.45b}$$

在 $V(t)$ 内能量守恒定律应该为 (忽略外力源、质量注入和热源)

$$\frac{\mathrm{d}}{\mathrm{d}t} \int_{V(t)} \rho \varepsilon \mathrm{d}^3 \boldsymbol{r} = \iint_{S(t)} (\boldsymbol{P} \cdot \boldsymbol{n}^t) \cdot \boldsymbol{v} \mathrm{d}S - \iint_{S(t)} \boldsymbol{q}_t \cdot \mathrm{d}S \tag{6.1.45c}$$

即

$$\int_{V(t)} \left[\frac{\partial (\rho \varepsilon)}{\partial t} + \nabla \cdot (\rho \varepsilon \boldsymbol{v}) \right] \mathrm{d}^3 \boldsymbol{r} = \iint_{S(t)} (\boldsymbol{P} \cdot \boldsymbol{n}^t) \cdot \boldsymbol{v} \mathrm{d}S - \iint_{S(t)} \boldsymbol{q}_t \cdot \mathrm{d}S \tag{6.1.45d}$$

考虑图 6.1.3 情况, 但体积 $V = V_1 + V_2$ 随流体一起流动, 是时间的函数, 即流体中的体积 $V(t) = V_1(t) + V_2(t)$. 注意到对体积 $V_i(t)$ ($i = 1,2$) 而言, 边界 Σ_i ($i = 1,2$) 上的面积元扫过的体积为 $(\boldsymbol{v}_{\Sigma_i} - \boldsymbol{U}) \Delta t \mathrm{d}S$ ($i = 1,2$), 因此在 $V_1(t)$ 和 $V_2(t)$ 中, 由方程 (6.1.44c)

$$\begin{aligned}
\int_{\Delta V_1} \rho(\boldsymbol{r}, t + \Delta t) \mathrm{d}^3 \boldsymbol{r} &\approx \iint_{S_1} \rho(\boldsymbol{r}, t) \boldsymbol{v} \cdot \boldsymbol{n} \Delta t \mathrm{d}S + \iint_{\Sigma_1} \boldsymbol{j}_{\Sigma_1} \cdot \boldsymbol{n}_1 \Delta t \mathrm{d}S \\
\int_{\Delta V_2} \rho(\boldsymbol{r}, t + \Delta t) \mathrm{d}^3 \boldsymbol{r} &\approx \iint_{S_2} \rho(\boldsymbol{r}, t) \boldsymbol{v} \cdot \boldsymbol{n} \Delta t \mathrm{d}S + \iint_{\Sigma_2} \boldsymbol{j}_{\Sigma_2} \cdot \boldsymbol{n}_2 \Delta t \mathrm{d}S
\end{aligned} \tag{6.1.46a}$$

因此, 如果 $V(t)$ 内存在不连续的运动界面 Σ, 方程 (6.1.44c) 应修改成

$$\int_{\Delta V} \rho(\boldsymbol{r}, t + \Delta t) \mathrm{d}^3 \boldsymbol{r} \approx \iint_{S} \rho(\boldsymbol{r}, t) \boldsymbol{v} \cdot \boldsymbol{n} \Delta t \mathrm{d}S + \iint_{\Sigma} (\boldsymbol{j}_{\Sigma_1} - \boldsymbol{j}_{\Sigma_2}) \cdot \boldsymbol{n} \Delta t \mathrm{d}S \tag{6.1.46b}$$

相应地, 方程 (6.1.44e) 修改为

$$\int_{V(t)} \left[\frac{\partial \rho}{\partial t} + \nabla \cdot (\rho \boldsymbol{v}) \right] \mathrm{d}^3 \boldsymbol{r} + \iint_{\Sigma} (\boldsymbol{j}_{\Sigma_1} - \boldsymbol{j}_{\Sigma_2}) \cdot \boldsymbol{n} \mathrm{d}S = 0 \tag{6.1.46c}$$

上式与方程 (6.1.35a) 一致. 至于方程 (6.1.45b) 和 (6.1.45d)，考虑到方程 (6.1.34d) 后，也必须修改为与方程 (6.1.35b) 和 (6.1.35c) 类似的形式. 关于边界条件的进一步讨论与上述内容类似，不再重复.

注意: ①由于不连续界面 Σ 在运动，取与流体一起运动的体积 $V(t)$ 更合理; ②方程 (6.1.44a), (6.1.45a) 和 (6.1.45c) 直接从数学上给出了质量流矢量 $\boldsymbol{j} = \rho\boldsymbol{v}$、动量流张量 $\boldsymbol{J} = \rho\boldsymbol{v}\boldsymbol{v}$ 和能量流矢量 $\boldsymbol{j}_\varepsilon = \rho\varepsilon\boldsymbol{v}$，而方程 (1.1.12a), (6.1.9a) 和 (6.1.12a) 中必须根据物理上的直观分析给定质量流矢量、动量流张量和能量流矢量.

6.2　耗散介质中声波的传播和散射

根据 6.1 节的讨论，我们知道，在耗散介质中，声压场、速度场和温度场满足的方程相互耦合，严格求解是困难的，特别是存在边界的情况. 因此，我们首先介绍无限大 (远离边界) 耗散介质中声传播的模式理论，分析三种基本模式，即**声模式**(acoustic mode)、**温度模式**(thermal mode) 和**旋波模式** (vorticity mode) 的基本特征，分析表明，只有在边界附近 (即边界层内)，后二种模式才是重要的，而且为了满足边界条件，我们不得不考虑这二种模式. 最后, 在 6.2.5 小节中, 介绍介质耗散对声波散射的影响.

6.2.1　无限大耗散介质中的平面波模式

令平面波形式的解 (注意: 现在波数没有 $k = \omega/c_0$ 这样简单的色散关系了)

$$
\begin{aligned}
p' &= p_0 \exp[\mathrm{i}(\boldsymbol{k} \cdot \boldsymbol{r} - \omega t)] \\
T' &= \tau_0 \exp[\mathrm{i}(\boldsymbol{k} \cdot \boldsymbol{r} - \omega t)] \\
\boldsymbol{v}' &= \boldsymbol{v}_0 \exp[\mathrm{i}(\boldsymbol{k} \cdot \boldsymbol{r} - \omega t)]
\end{aligned}
\tag{6.2.1a}
$$

代入方程 (6.1.15a), (6.1.17a) 和 (6.1.17b)(仅考虑传播问题，设源项 $\boldsymbol{f} = 0$, $q = 0$ 和 $h = 0$)

$$
\mathrm{i}\omega\rho_0\boldsymbol{v}_0 \approx \mathrm{i}k p_0 + \mu k^2 \boldsymbol{v}_0 + (\lambda + \mu)\boldsymbol{k}(\boldsymbol{k} \cdot \boldsymbol{v}_0)
\tag{6.2.1b}
$$

$$
-\omega\kappa_{T0}p_0 + \beta_{P0}\omega\tau_0 + (\boldsymbol{k} \cdot \boldsymbol{v}_0) \approx 0
\tag{6.2.1c}
$$

$$
\mathrm{i}\omega T_0\beta_{P0}p_0 - \mathrm{i}\omega\rho_0 c_{P0}\tau_0 \approx -\kappa k^2\tau_0
\tag{6.2.1d}
$$

以上 5 个齐次方程的系数行列式为零给出色散关系 $k = k(\omega)$(与传播方向无关，当与传播方向有关时，必须写成矢量 $\boldsymbol{k} = \boldsymbol{k}(\omega)$). 为了简化讨论，进行操作: 分别对方程 (6.2.1b) 二边用 $\boldsymbol{k}$ 求 "×" 乘和 "·" 乘得到 (注意: $\boldsymbol{k} \times \boldsymbol{k} = 0$)

$$
(\mathrm{i}\omega\rho_0 - \mu k^2)(\boldsymbol{k} \times \boldsymbol{v}_0) = 0
\tag{6.2.2a}
$$

$$[\mathrm{i}\omega\rho_0 - (\lambda + 2\mu)k^2](\boldsymbol{k}\cdot\boldsymbol{v}_0) = \mathrm{i}k^2 p_0 \qquad (6.2.2\mathrm{b})$$

然后分二种情况讨论方程 (6.2.2a).

(1) $\mathrm{i}\omega\rho_0 - \mu k^2 = 0$, 但 $\boldsymbol{k}\times\boldsymbol{v}_0 \neq 0$. 把 $\mathrm{i}\omega\rho_0 - \mu k^2 = 0$ 代入方程 (6.2.2b) 得到: $\boldsymbol{k}\cdot\boldsymbol{v}_0 \approx -\mathrm{i}p_0/(\lambda + \mu)$, 再把此结果代入方程 (6.2.1c) 和 (6.2.1d) 得出: $p_0 = 0$, $\tau_0 = 0$ 以及 $\boldsymbol{k}\cdot\boldsymbol{v}_0 = 0$(如果 $\boldsymbol{k}\times\boldsymbol{v}_0 = 0$ 也成立, 那么 $\boldsymbol{v}_0 \equiv 0$). 注意: 色散关系 $\mathrm{i}\omega\rho_0 = \mu k^2$ 也可以直接从方程 (6.1.20a) 的第二式得到. 事实上, 对平面波, $\nabla\cdot\boldsymbol{v}' = \mathrm{i}\boldsymbol{k}\cdot\boldsymbol{v}'$ 和 $\nabla\times\boldsymbol{v}' = \mathrm{i}\boldsymbol{k}\times\boldsymbol{v}'$, 条件 $\boldsymbol{k}\times\boldsymbol{v}_0 \neq 0$ 和 $\boldsymbol{k}\cdot\boldsymbol{v}_0 = 0$ 实际上就是有旋、无散条件.

旋波模式　　因此, 存在有旋的波模式 (简称为**旋波**): 波的传播方向 $\boldsymbol{k}$ 与速度方向 $\boldsymbol{v}_0$ 垂直 ($\boldsymbol{k}\cdot\boldsymbol{v}_0 = 0$, 故也称为**黏滞横波模式**), 而声压和温度的变化都为零, 其色散关系为

$$k^2 = \mathrm{i}\frac{\omega\rho_0}{\mu}, \text{ 或者 } \quad k = \sqrt{\mathrm{i}\frac{\omega\rho_0}{\mu}} = (1+\mathrm{i})\sqrt{\frac{\omega\rho_0}{2\mu}} \equiv \frac{1+\mathrm{i}}{d_\mu} \qquad (6.2.3\mathrm{a})$$

显然, 旋波模式是衰减波, 衰减长度为

$$d_\mu \equiv \sqrt{\frac{2\mu}{\omega\rho_0}} \qquad (6.2.3\mathrm{b})$$

对水, $\mu \approx 1.002\times10^{-3}\mathrm{kg/(m\cdot s)}$, $\rho_0 \approx 10^3\mathrm{kg/m^3}$, 故 $d_\mu \sim 5.6\times10^{-4}/\sqrt{f} \sim 1.7\times10^{-5}\mathrm{m}$ (取 $f = 1000\mathrm{Hz}$); 对常温和常压的空气, $\mu \approx 1.85\times10^{-5}\mathrm{kg/(m\cdot s)}$, $\rho_0 \approx 1.2\mathrm{kg/m^3}$, 故 $d_\mu \sim 2.2\times10^{-3}/\sqrt{f} \sim 2.2\times10^{-4}\mathrm{m}$ (取 $f = 100\mathrm{Hz}$). 因此, 旋波模式传播距离很短, 一般只有在声源附近或者边界附近才存在. 但当频率很低, 即 $\omega \to 0$ 时, $d_\mu \to \infty$, 因此, 如果空间线度小到亚毫米量级, 对空气中的低频声 (例如 50Hz), 就必须考虑旋波模式, 例如狭缝和毛细管, 见 6.3 节讨论.

根据变化关系 $\mathrm{i}k \to \nabla$ 和 $-k^2 \to \nabla^2$, 从色散关系, 即方程 (6.2.3a) 的第一式, 我们得到旋波模式满足的波动方程

$$\nabla^2\boldsymbol{v}'_\mu(\boldsymbol{r},\omega) = -\mathrm{i}\frac{\omega\rho_0}{\mu}\boldsymbol{v}'_\mu(\boldsymbol{r},\omega); \ \nabla\cdot\boldsymbol{v}'_\mu = 0 \qquad (6.2.3\mathrm{c})$$

上式也可直接从方程 (6.1.20a) 的第二式得到. 在旋波模式中, 产生的声压和温度近似为零, 即

$$p'_\mu(\boldsymbol{r},\omega) = 0; T'_\mu(\boldsymbol{r},\omega) = 0 \qquad (6.2.3\mathrm{d})$$

即旋波模式不产生声压和温度. 上式中, 下标 "μ" 表示旋波模式产生的压力场和温度场.

(2) $\boldsymbol{k}\times\boldsymbol{v}_0 = 0$, 但是 $\mathrm{i}\omega\rho_0 - \mu k^2 \neq 0$, 即速度场是无旋的. 由方程 (6.2.1c) 和 (6.2.2b) 消去 $(\boldsymbol{k}\cdot\boldsymbol{v}_0)$ 得到的关于 p_0 和 τ_0 的方程, 该方程与方程 (6.2.1d) 联立得

到关于 p_0 和 τ_0 的齐次方程组

$$\begin{aligned}
&\mathrm{i}\omega T_0 \beta_{P0} p_0 + (\kappa k^2 - \mathrm{i}\omega\rho_0 c_{P0})\tau_0 \approx 0 \\
&[\mathrm{i}\omega^2 \rho_0 \kappa_{T0} - (\lambda + 2\mu)k^2\omega\kappa_{T0} - \mathrm{i}k^2]p_0 - [\mathrm{i}\omega\rho_0 - (\lambda + 2\mu)k^2]\beta_{P0}\omega\tau_0 \approx 0
\end{aligned} \tag{6.2.4a}$$

整理后得到

$$\begin{aligned}
&(\gamma + \gamma\xi\varepsilon_\mu - \xi)p_0 - (1 + \varepsilon_\mu\xi)[c_0^2\rho_0\beta_{P0}\tau_0] \approx 0 \\
&(\gamma - 1)p_0 - (1 + \varepsilon_\kappa\xi)[c_0^2\rho_0\beta_{P0}\tau_0] \approx 0
\end{aligned} \tag{6.2.4b}$$

其中, 无量纲参数为

$$\begin{aligned}
&\xi \equiv k^2\frac{c_0^2}{\omega^2}; \quad \varepsilon_\kappa \equiv \mathrm{i}l_\kappa\frac{\omega}{c_0}; \quad \varepsilon_\mu \equiv \mathrm{i}l_\mu\frac{\omega}{c_0} \\
&l_\mu \equiv \frac{\lambda + 2\mu}{\rho_0 c_0}; \quad l_\kappa \equiv \frac{\kappa}{\rho_0 c_0 c_{P0}}
\end{aligned} \tag{6.2.4c}$$

注意: l_μ 和 l_κ 具有长度量纲, 对常温 (20℃) 常压 (一个大气压) 的空气介质: $l_\mu \sim 4 \times 10^{-8}$m, $l_\kappa \sim 6 \times 10^{-8}$m, 故对一般的频率, $|\varepsilon_\mu| \ll 1$ 和 $|\varepsilon_\kappa| \ll 1$. 得到方程 (6.2.4b) 利用了热力学关系

$$\left(\frac{T\beta_P^2}{c_P}\right)_0 = \frac{\gamma - 1}{c_0^2} \tag{6.2.5a}$$

以及关系 $c_0^2 = \gamma c_{0T}^2$ 和 $c_{T0}^2 = 1/(\rho_0\kappa_{T0})$. 方程 (6.2.4b) 以 p_0 和 $[c_0^2\rho_0\beta_{P0}\tau_0]$ 为未知数, 存在非零解的条件是系数行列式为零, 即

$$\varepsilon_\kappa(\gamma\varepsilon_\mu - 1)\xi^2 + (\gamma\varepsilon_\kappa + \varepsilon_\mu - 1)\xi + 1 = 0 \tag{6.2.5b}$$

声模式　显然, 当黏滞系数和热传导系数为零时, 方程 (6.2.5a) 的解为 $\xi = 1$, 当黏滞系数和热传导系数较小时, 微扰形式的解为 (忽略 ε_κ 和 ε_μ 的平方项, 注意: 我们用 ξ_1 表示方程 (6.2.5a) 的一个根, 另外一个根为 ξ_2, 见方程 (6.2.8d))

$$\begin{aligned}
\xi_1 &\approx \frac{1}{1 - (\gamma\varepsilon_\kappa + \varepsilon_\mu)} - \frac{\varepsilon_\kappa(\gamma\varepsilon_\mu - 1)}{\gamma\varepsilon_\kappa + \varepsilon_\mu - 1}\xi^2 \\
&\approx 1 + (\gamma\varepsilon_\kappa + \varepsilon_\mu) + \varepsilon_\kappa(\gamma\varepsilon_\mu - 1)[1 + (\gamma\varepsilon_\kappa + \varepsilon_\mu)] \\
&\approx 1 + (\gamma - 1)\varepsilon_\kappa + \varepsilon_\mu
\end{aligned} \tag{6.2.6a}$$

即

$$k^2 \approx \frac{\omega^2}{c_0^2}\left[1 + \mathrm{i}(\gamma - 1)\frac{\omega}{c_0}l_\kappa + \mathrm{i}\frac{\omega}{c_0}l_\mu\right] \tag{6.2.6b}$$

当频率不太高且黏滞和热传导系数不太大时, 即满足 $\omega(l_\kappa + l_\mu)/c_0 \ll 1$

$$k \approx \frac{\omega}{c_0} + \mathrm{i}[(\gamma - 1)l_\kappa + l_\mu]\frac{\omega^2}{2c_0^2} \equiv k_0 + \mathrm{i}\alpha \tag{6.2.6c}$$

其中，衰减系数 α 与频率平方成正比

$$\alpha \equiv [(\gamma - 1)l_\kappa + l_\mu]\frac{\omega^2}{2c_0^2} \tag{6.2.6d}$$

因此，波数 k 有大的实部和小的虚部：$k = k_0 + \mathrm{i}\alpha$，$k_0 \gg \alpha$，故是传播模式，注意到，当 $l_\kappa = l_\mu = 0$ 时，$k = k_0 = \omega/c_0$，回到理想介质的声传播色散关系，故这个模式是黏滞介质中传播的**声模式**. 从方程 (6.2.4b) 和 (6.2.2b)，温度场和速度场近似为

$$\tau_0 \approx \frac{\gamma - 1}{c_0^2\rho_0\beta_{P0}(1 + \varepsilon_\kappa\xi_1)}p_0 \approx \frac{\gamma - 1}{c_0^2\rho_0\beta_{P0}}\left(1 - \mathrm{i}l_\kappa\frac{\omega}{c_0}\right)p_0 \approx \frac{\gamma - 1}{c_0^2\rho_0\beta_{P0}}p_0 \tag{6.2.7a}$$

以及

$$v_0 \approx \frac{1}{\mathrm{i}\omega\rho_0 - (\lambda + 2\mu)k^2}\mathrm{i}kp_0 \approx \left(\frac{1}{\mathrm{i}\omega\rho_0} - \frac{l_\mu}{\rho_0c_0}\right)\mathrm{i}kp_0 \approx \frac{p_0}{\rho_0c_0} \tag{6.2.7b}$$

注意，由于速度场无旋，故假定速度场方向与声波传播方向一致. 从色散关系，即方程 (6.2.6b)，我们可以近似得到声压的方程

$$\nabla^2 p_a'(\boldsymbol{r}, \omega) + \frac{\omega^2}{c_0^2}\left\{1 + \mathrm{i}\frac{\omega}{c_0}[(\gamma - 1)l_\kappa + l_\mu]\right\}p_a'(\boldsymbol{r}, \omega) \approx 0 \tag{6.2.8a}$$

其中，下标 "a" 表示声传播模式 (下同). 从方程 (6.2.7a) 和 (6.2.7b)，在声波模式中，温度场和速度场近似为

$$T_a'(\boldsymbol{r}, \omega) \approx \frac{\gamma - 1}{c_0^2\rho_0\beta_{P0}}\left(1 - \mathrm{i}l_\kappa\frac{\omega}{c_0}\right)p_a'(\boldsymbol{r}, \omega) \approx \frac{\gamma - 1}{c_0^2\rho_0\beta_{P0}}p_a'(\boldsymbol{r}, \omega) \tag{6.2.8b}$$

$$\boldsymbol{v}_a'(\boldsymbol{r}, \omega) \approx \left(\frac{1}{\mathrm{i}\omega\rho_0} - \frac{l_\mu}{\rho_0c_0}\right)\nabla p_a'(\boldsymbol{r}, \omega) \approx \frac{1}{\mathrm{i}\omega\rho_0}\nabla p_a'(\boldsymbol{r}, \omega) \tag{6.2.8c}$$

注意，由于 $\nabla \times (\nabla p_a') \equiv 0$，故由上式表达的速度场是无旋的.

　　温度模式　方程 (6.2.5b) 的另一个解可由二次方程根与系数的关系求得

$$\xi_2 = \frac{1}{\varepsilon_\kappa(\gamma\varepsilon_\mu - 1)} \cdot \frac{1}{\xi_1} \tag{6.2.8d}$$

由方程 (6.2.6a)

$$\begin{aligned}\xi_2 &\approx -\frac{1}{\varepsilon_\kappa} \cdot \frac{1}{(1 - \gamma\varepsilon_\mu)} \cdot \frac{1}{1 + (\gamma - 1)\varepsilon_\kappa + \varepsilon_\mu} \\ &= -\frac{1}{\varepsilon_\kappa} \cdot (1 + \gamma\varepsilon_\mu)[1 - (\gamma - 1)\varepsilon_\kappa - \varepsilon_\mu] \\ &= -\frac{1}{\varepsilon_\kappa} + (\gamma - 1)\left(1 - \frac{\varepsilon_\mu}{\varepsilon_\kappa}\right) \approx -\frac{1}{\varepsilon_\kappa}\end{aligned} \tag{6.2.9a}$$

可以验算, 对一般感兴趣的声波频率, 上式中取最后一个近似是合理的. 故

$$k^2 \approx \mathrm{i}\frac{\omega}{l_\kappa c_0}; \; k \approx (1+\mathrm{i})\sqrt{\frac{\omega\rho_0 c_{P0}}{2\kappa}} = \frac{1+\mathrm{i}}{d_\kappa} \tag{6.2.9b}$$

波数 k 的实部和虚部一样大, 因此, 温度模式也是衰减的, 衰减长度为

$$d_\kappa \equiv \sqrt{\frac{2\kappa}{\rho_0 c_{P0}\omega}} \tag{6.2.9c}$$

对水介质, 热传导系数和比热分别为 $\kappa \approx 0.597\mathrm{W}\,/\,(\mathrm{m\cdot K})$ 和 $c_{P0} \sim 4.17 \times 10^3\mathrm{J}\,/\,(\mathrm{kg\cdot K})$, 密度 $\rho_0 \approx 10^3\mathrm{kg/m^3}$, 故 $d_\kappa \sim 2.0 \times 10^{-4}/\sqrt{f} \sim 6.4 \times 10^{-6}\mathrm{m}$(取 $f = 1000\mathrm{Hz}$). 因此, 温度模式传播距离也很短, 一般只有在源附近或者边界附近它才存在.

从方程 (6.2.1c) 和 (6.2.1d), 声压场和速度场近似为

$$p_0 \approx \frac{1}{\gamma-1}[c_0^2\rho_0\beta_{P0}(1+\varepsilon_\kappa\xi_2)]\tau_0 \approx \mathrm{i}\omega\rho_0 c_0\beta_{P0}(l_\kappa - l_\mu)\tau_0 \tag{6.2.10a}$$
$$v_0 \approx l_\kappa c_0\beta_{P0}\mathrm{i}k\tau_0$$

注意, 如果取 $\xi_2 \approx -1/\varepsilon_\kappa$, 那么 $p_0 \sim 0$, 故声压是小量. 从色散关系 (6.2.9b) 的第一式, 我们可以近似得到温度场的方程

$$\nabla^2 T_h' \approx -\mathrm{i}\frac{\omega}{l_\kappa c_0}T_h' \tag{6.2.10b}$$

其中, 下标 "h" 表示温度波模式产生的场 (下同). 实际上, 这就是热扩散方程. 在温度模式中, 声压和速度近似为

$$p_h'(\boldsymbol{r},\omega) \approx -\mathrm{i}\omega\rho_0 c_0\beta_{P0}(l_\mu - l_\kappa)T_h'(\boldsymbol{r},\omega) \tag{6.2.11a}$$

$$\boldsymbol{v}_h'(\boldsymbol{r},\omega) \approx l_\kappa c_0\beta_{P0}\nabla T_h'(\boldsymbol{r},\omega); \; \nabla \times \boldsymbol{v}'_h = 0 \tag{6.2.11b}$$

显然, 因为声压 p_h' 与速度 $\boldsymbol{v}'_h$ 中的系数正比于黏滞系数或者热导率, 故相对于 T_h', p_h' 和 $\boldsymbol{v}'_h$ 是小量. 故在这个模式中, 温度变化是主要的, 但它是衰减波.

值得指出的是: ①我们通过简单的色散关系 (6.2.3a), (6.2.6b) 和 (6.2.9b), 导出了有旋速度场、声场和温度场满足的方程, 即方程 (6.2.3c), (6.2.8a) 和 (6.2.10b), 以及相应的其他场量计算关系. 但这些方程和关系成立的条件是声波频率较低, 黏滞或者热传导效应较小, 即满足 $\omega(l_\kappa+l_\mu)/c_0 \ll 1$, 如空气和水. 对空气, $l_\kappa \sim 6\times10^{-8}\mathrm{m}$ 和 $l_\mu \sim 4 \times 10^{-8}\mathrm{m}$, 那么, $\omega \ll c_0/(l_\kappa + l_\mu) \approx 3.4 \times 10^9\mathrm{rad}\,/\,\mathrm{s}$, 一般的声波频率都能满足这一条件; ②但是, 当频率很低时, d_μ 和 d_κ 很大, 如果所考虑的区域线度与 d_μ 和 d_κ 在同一量级, 那么这些方程和关系也不成立, 必须用耦合的方程 (6.1.20a), (6.1.20b) 和 (6.1.20d); ③当黏滞系数和热传导系数为零时, 二阶方程 (6.2.5b) 退化为一阶方程 $\xi = 1$, 二个根退化成一个根. 可见, 微扰 $|\varepsilon_\mu| \ll 1$ 和 $|\varepsilon_\kappa| \ll 1$ 是奇异微扰. 这点也可以从 $\xi_2 \approx -1/\varepsilon_\kappa$ 的形式看出来.

6.2.2 声学边界层理论及声边界条件

由 6.2.1 小节讨论, 根据叠加原理, 空间任意一点的场可表示成旋波模式、声模式和温度模式的线性叠加

$$
\begin{aligned}
\boldsymbol{v}'(\boldsymbol{r},\omega) &= \boldsymbol{v}_\mu(\boldsymbol{r},\omega) + \boldsymbol{v}_a(\boldsymbol{r},\omega) + \boldsymbol{v}_h(\boldsymbol{r},\omega) \\
T'(\boldsymbol{r},\omega) &= T_\mu(\boldsymbol{r},\omega) + T_a(\boldsymbol{r},\omega) + T_h(\boldsymbol{r},\omega) \\
p'(\boldsymbol{r},\omega) &= p_\mu(\boldsymbol{r},\omega) + p_a(\boldsymbol{r},\omega) + p_h(\boldsymbol{r},\omega)
\end{aligned}
\tag{6.2.12a}
$$

上式中为了方便, 在不引起混乱的情况下, 略去场量上的 "$'$", 其中 $\boldsymbol{v}_\mu(\boldsymbol{r},\omega)$, $p_a(\boldsymbol{r},\omega)$ 和 $T_h(\boldsymbol{r},\omega)$ 分别满足方程 (6.2.3c), (6.2.8a) 和 (6.2.10b). 其他场量分别由方程 (6.2.3d), (6.2.8b), (6.2.8c), (6.2.11a) 和 (6.2.11b) 决定. 对无限空间的传播问题, 旋波 $\boldsymbol{v}_\mu(\boldsymbol{r},\omega)$ 和温度波 $T_h(\boldsymbol{r},\omega)$ 仅存在于声源附近, 传播距离 d_μ 和 d_κ 与声波波长相比要短得多, 故它们很快就衰减. 在远离声源处, 只要考虑声传播模式 $p_a(\boldsymbol{r},\omega)$, $T_a(\boldsymbol{r},\omega)$ 和 $\boldsymbol{v}_a(\boldsymbol{r},\omega)$ 的存在, 问题就相当简单.

相应的时域诸方程分别如下.

(1) 旋波场

$$
\begin{aligned}
\frac{\partial \boldsymbol{v}_\mu(\boldsymbol{r},t)}{\partial t} &= \frac{\mu}{\rho_0}\nabla^2 \boldsymbol{v}_\mu(\boldsymbol{r},t); \ \nabla \cdot \boldsymbol{v}_\mu = 0 \\
p_\mu(\boldsymbol{r},t) &= 0; \ T_\mu(\boldsymbol{r},t) = 0
\end{aligned}
\tag{6.2.12b}
$$

(2) 声波场

$$
\begin{aligned}
\frac{1}{c_0^2}\frac{\partial^2}{\partial t^2}\left\{1 - \frac{1}{c_0}[(\gamma-1)l_\kappa + l_\mu]\frac{\partial}{\partial t}\right\}p_a(\boldsymbol{r},t) - \nabla^2 p_a(\boldsymbol{r},t) &\approx 0 \\
T_a(\boldsymbol{r},t) \approx \frac{\gamma-1}{c_0^2\rho_0\beta_{P0}}\left(1 + \frac{l_\kappa}{c_0}\frac{\partial}{\partial t}\right)p_a(\boldsymbol{r},t) &\approx \frac{\gamma-1}{c_0^2\rho_0\beta_{P0}}p_a(\boldsymbol{r},t) \\
\frac{\partial \boldsymbol{v}_a(\boldsymbol{r},t)}{\partial t} \approx -\left(\frac{1}{\rho_0} + \frac{l_\mu}{\rho_0 c_0}\frac{\partial}{\partial t}\right)\nabla p_a(\boldsymbol{r},t) &\approx -\frac{1}{\rho_0}\nabla p_a(\boldsymbol{r},t)
\end{aligned}
\tag{6.2.12c}
$$

(3) 温度场

$$
\begin{aligned}
\frac{\partial T_h(\boldsymbol{r},t)}{\partial t} &= \frac{\kappa}{\rho_0 c_{P0}}\nabla^2 T_h(\boldsymbol{r},t) \\
p_h(\boldsymbol{r},t) &\approx \rho_0 c_0 \beta_{P0}(l_\mu - l_\kappa)\frac{\partial T_h(\boldsymbol{r},t)}{\partial t} \\
\boldsymbol{v}_h(\boldsymbol{r},t) &\approx l_\kappa c_0 \beta_{P0}\nabla T_h(\boldsymbol{r},t); \ \nabla \times \boldsymbol{v}_h = 0
\end{aligned}
\tag{6.2.12d}
$$

但当空间存在边界, 如图 6.2.1 所示, 下半空间 ($z < 0$) 是固体介质 (假定为刚性), 声波只能在 $z > 0$ 的流体中传播, 在边界附近, 波的行为又如何呢? 事实上, 在界面附近, 为了满足边界条件, 我们不得不考虑旋波 $\boldsymbol{v}_\mu(\boldsymbol{r},\omega)$ 和温度波 $T_h(\boldsymbol{r},\omega)$ 的存在. 为此, 我们首先讨论边界层内的旋波和温度波.

边界附近的旋波　　在边界层，旋波 $\boldsymbol{v}_\mu(\boldsymbol{r},\omega)$ 的法向导数远大于切向导数，如果边界是如图 6.2.1 所示的 $z=0$ 的平面，因为 $\boldsymbol{v}_\mu(\boldsymbol{r},\omega)$ 随 z 指数衰减，故

$$\frac{\partial^2 \boldsymbol{v}_\mu(\boldsymbol{r},\omega)}{\partial z^2} \gg \nabla_t^2 \boldsymbol{v}_\mu(\boldsymbol{r},\omega),\ \nabla_t^2 = \frac{\partial^2}{\partial x^2} + \frac{\partial^2}{\partial y^2} \tag{6.2.13a}$$

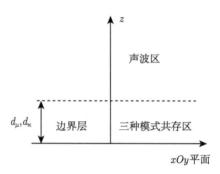

图 6.2.1　在流体–固体界面附近存在三种模式共存的区，即边界层

于是，旋波方程 (6.2.3c) 可简化为

$$\frac{\mathrm{d}^2 \boldsymbol{v}_\mu(x,y,z,\omega)}{\mathrm{d}z^2} \approx -\frac{\mathrm{i}\rho_0\omega}{\mu}\boldsymbol{v}_\mu(x,y,z,\omega);\ \nabla\cdot\boldsymbol{v}_\mu = 0 \tag{6.2.13b}$$

上式的解为 (取当 $z\to\infty$ 时，指数衰减的解)

$$\boldsymbol{v}_\mu(x,y,z,\omega) \approx \boldsymbol{v}_\mu(x,y,0,\omega)\exp\left(\mathrm{i}\sqrt{\frac{\mathrm{i}\rho_0\omega}{\mu}}z\right) = \boldsymbol{v}_\mu(x,y,0,\omega)\mathrm{e}^{-(1-\mathrm{i})z/d_\mu}$$
$$\nabla_t\cdot\boldsymbol{v}_\mu(x,y,0,\omega) - \frac{(1-\mathrm{i})}{d_\mu}v_{\mu z}(x,y,0,\omega) \approx 0 \tag{6.2.13c}$$

其中，$\nabla_t = \partial/\partial x\boldsymbol{e}_x + \partial/\partial y\boldsymbol{e}_y$ 为梯度算子的切向分量. 由方程 (6.2.3d)，旋波产生的声波场和温度场为零

$$p_\mu(x,y,z,\omega) = 0;\ T_\mu(x,y,z,\omega) = 0 \tag{6.2.13d}$$

边界附近的温度波　　对边界层内的温度波，同样可以得到

$$T_h(x,y,z,\omega) \approx T_h(x,y,0,\omega)\exp\left[-(1-\mathrm{i})\frac{z}{d_\kappa}\right] \tag{6.2.14a}$$

由方程 (6.2.11a) 和 (6.2.11b)

$$p_h(x, y, z, \omega) \approx -\mathrm{i}\omega\rho_0 c_0 \beta_{P0}(l_\mu - l_\kappa)T_h(x, y, z, \omega) \approx 0$$

$$\boldsymbol{v}_h(x, y, z, \omega) \approx l_\kappa c_0 \beta_{P0}\left[\nabla_t T_h(x, y, z, \omega) + \frac{\partial T_h(x, y, z, \omega)}{\partial z}\boldsymbol{e}_z\right]$$

$$\approx l_\kappa c_0 \beta_{P0}\frac{\partial T_h(x, y, z, \omega)}{\partial z}\boldsymbol{e}_z \approx -\frac{(1-\mathrm{i})}{d_\kappa}l_\kappa c_0 \beta_{P0}T_h(x, y, z, \omega)\boldsymbol{e}_z$$

$$(6.2.14b)$$

温度边界条件 设固体的热传导系数和比热分别为 κ_s 和 c_{Ps}，那么固体中的热扩散方程为

$$\kappa_s \nabla^2 T_s = -\mathrm{i}\omega\rho_s c_{Ps}T_s \tag{6.2.15a}$$

仍考虑图 6.2.1 中的平面边界，在边界附近 $\partial^2 T_s/\partial z^2 \gg \nabla_t^2 T_s$，故在边界附近，上式近似为

$$\kappa_s \frac{\mathrm{d}^2 T_s}{\mathrm{d}z^2} \approx -\mathrm{i}\omega\rho_s c_{Ps}T_s \tag{6.2.15b}$$

于是

$$T_s(x, y, z, \omega) \approx T_s(x, y, 0, \omega)\exp\left[(1-\mathrm{i})\frac{z}{d_s}\right] \qquad (z < 0) \tag{6.2.15c}$$

其中，$d_s = \sqrt{\kappa_s/(\omega\rho_s c_{Ps})}$ 为固体的热扩散长度. 由界面上热流连续得到

$$-\kappa_s \frac{\partial T_s(x, y, z, \omega)}{\partial z}\bigg|_{z=0} = -\kappa_s \frac{(1-\mathrm{i})}{d_s}T_s(x, y, 0, \omega) = \kappa \frac{\partial T(x, y, z, \omega)}{\partial z}\bigg|_{z=0} \tag{6.2.15d}$$

注意：①相对固体区域而言，界面法向矢量为 $\boldsymbol{n}_s = \boldsymbol{e}_z$，而流体区域的界面法向矢量为 $\boldsymbol{n}_l = -\boldsymbol{e}_z$；②方程 (6.2.15d) 中，温度变化 $T(x, y, z, \omega)$ 包括温度波模式和由声波模式引起的温度变化，$T(x, y, z, \omega) = T_a(x, y, z, \omega) + T_h(x, y, z, \omega)$.

另一方面，要求界面上温度也连续，否则，热流在界面上出现 Dirac Delta，而这是不可能的，于是

$$T_s(x, y, z, \omega)|_{z=0} = T(x, y, z, \omega)|_{z=0} \tag{6.2.15e}$$

结合方程 (6.2.15d) 和 (6.2.15e) 得到

$$\left[T(x, y, z, \omega) + \frac{\kappa}{\kappa_s}\frac{(1+\mathrm{i})}{2}d_s \frac{\partial T(x, y, z, \omega)}{\partial z}\right]_{z=0} = 0 \tag{6.2.15f}$$

因此，温度变化的边界条件满足第三类边界条件. 当 $\kappa_s \gg \kappa$ 时，$T(x, y, 0, \omega) \approx 0$. 严格地要求 $(\kappa/d_\kappa)(d_s/\kappa_s) \ll 1$，或者 $\rho_s c_{Ps}\kappa_s \gg \rho_0 c_{P0}\kappa$.

以上推导还必须满足：①边界面积足够大，即 $d_s \ll \sqrt{S}$(其中 S 是边界的面积，对无限大平面界面，该式显然成立)，这样 $\partial^2 T_s/\partial z^2 \gg \nabla_t^2 T_s$ 才能满足，否则，如果

存在横向边界, 该条件可能不成立; ②固体的厚度足够大, 即 $d_s \ll L_z$(其中 L_z 是固体的厚度), 这样方程 (6.2.15c) 才成立, 否则必须考虑固体背面边界的反射影响.

声模式边界条件　　设固体边界以速度 $\boldsymbol{v}_{\text{wall}}$ 运动, 速度连续性条件要求

$$\boldsymbol{v}(\boldsymbol{r},\omega)|_{z=0} = \boldsymbol{v}_\mu(x,y,0,\omega) + \boldsymbol{v}_a(x,y,0,\omega) + \boldsymbol{v}_h(x,y,0,\omega) = \boldsymbol{v}_{\text{wall}} \qquad (6.2.16a)$$

上式二边用算子 $\nabla_t\cdot$ 作用, 并且利用方程 (6.2.13c) 和 (6.2.14b) 得到 (注意: 由方程 (6.2.14b) 的第二式, $\boldsymbol{v}_h(x,y,z,\omega)$ 的近似仅有 $\boldsymbol{e}_z$ 方向分量, 故 $\nabla_t \cdot \boldsymbol{v}_h(x,y,z,\omega) \approx 0$)

$$\frac{(1-\mathrm{i})}{d_\mu} v_{\mu z}(x,y,\omega) + \nabla_t \cdot \boldsymbol{v}_a(x,y,0,\omega) = 0 \qquad (6.2.16b)$$

利用方程 (6.2.14b), 方程 (6.2.16a) 的 z 方向分量为

$$v_{\mu z}(x,y,\omega) + v_{az}(x,y,0,\omega) - \frac{(1-\mathrm{i})}{d_\kappa} l_\kappa c_0 \beta_{P0} T_h(x,y,0,\omega) = \boldsymbol{v}_{\text{wall}} \cdot \boldsymbol{n} \qquad (6.2.16c)$$

注意到: $v_{\mu z}(x,y,\omega) = \boldsymbol{v}_\mu \cdot \boldsymbol{n}$; $v_{az}(x,y,0,\omega) = \boldsymbol{v}_a \cdot \boldsymbol{n}$(注意: $\boldsymbol{n} = \boldsymbol{e}_z$ 是固体表面的法向), 方程 (6.2.16b) 和 (6.2.16c) 可写成

$$\left[\frac{(1-\mathrm{i})}{d_\mu} \boldsymbol{v}_\mu \cdot \boldsymbol{n} + \nabla_t \cdot \boldsymbol{v}_a \right]_{z=0} = 0$$
$$\left[(\boldsymbol{v}_\mu + \boldsymbol{v}_a) \cdot \boldsymbol{n} - \frac{(1-\mathrm{i})}{d_\kappa} l_\kappa c_0 \beta_{P0} T_h \right]_{z=0} = \boldsymbol{v}_{\text{wall}} \cdot \boldsymbol{n} \qquad (6.2.17a)$$

上二式消去 $\boldsymbol{v}_\mu \cdot \boldsymbol{n}$ 得到

$$\left[-\frac{d_\mu}{(1-\mathrm{i})} \nabla_t \cdot \boldsymbol{v}_a + \boldsymbol{v}_a \cdot \boldsymbol{n} - \frac{(1-\mathrm{i})}{d_\kappa} l_\kappa c_0 \beta_{P0} T_h \right]_{z=0} = \boldsymbol{v}_{\text{wall}} \cdot \boldsymbol{n} \qquad (6.2.17b)$$

假定固体的热传导系数远大于流体, 温度的边界条件近似为

$$T'(x,y,0,\omega) = T_\mu(x,y,0,\omega) + T_a(x,y,0,\omega) + T_h(x,y,0,\omega) = 0 \qquad (6.2.17c)$$

注意到: $T_\mu(x,y,0,\omega) = 0$ 和方程 (6.2.12c), 由上式得到

$$T_h(x,y,0,\omega) = -T_a(x,y,0,\omega) \approx -\frac{\gamma-1}{c_0^2 \rho_0 \beta_{P0}} p_a(x,y,0,\omega) \qquad (6.2.17d)$$

固体热传导系数的影响　　当固体的热传导系数不是很大, 那么由方程 (6.2.14a)

$$\left.\frac{\partial T(x,y,z,\omega)}{\partial z}\right|_{z=0} = -\frac{(1-\mathrm{i})}{d_\kappa} T_h(x,y,0,\omega) + \frac{\gamma-1}{c_0^2 \rho_0 \beta_{P0}} \left.\frac{\partial p_a}{\partial z}\right|_{z=0} \qquad (6.2.18a)$$

上式代入方程 (6.2.15f)

$$T_h(x,y,0,\omega) \approx \frac{\gamma-1}{c_0^2\rho_0\beta_{P0}} \left(1 - \frac{\kappa}{\kappa_s}\frac{d_s}{d_\kappa}\right)^{-1} \left[\frac{\kappa}{\kappa_s}\frac{(1+\mathrm{i})d_s}{2}\frac{\partial p_a}{\partial z} - p_a\right]_{z=0} \qquad (6.2.18\mathrm{b})$$

即方程 (6.2.17d) 应该修改为方程 (6.2.18b).

为了简单, 我们仍考虑固体热传导系数很大的情况, 把方程 (6.2.17d) 代入方程 (6.2.17b) 得到边界条件

$$\left[\boldsymbol{v}_a\cdot\boldsymbol{n} - \frac{(1+\mathrm{i})d_\mu}{2}\nabla_t\cdot\boldsymbol{v}_a + \frac{(1-\mathrm{i})(\gamma-1)d_\kappa}{2}\frac{\omega}{c_0}\frac{p_a}{c_0\rho_0}\right]_{z=0} \approx \boldsymbol{v}_{\mathrm{wall}}\cdot\boldsymbol{n} \qquad (6.2.19)$$

上式就是我们要求的声波场满足的边界条件. 当固体刚性并且静止时: $\boldsymbol{v}_{\mathrm{wall}} = 0$. 注意: 上式成立的条件与 6.2.1 小节末的讨论一样.

刚性球面边界 事实上, 方程 (6.2.19) 可推广到一般的曲面边界, 只要求出相应的切向算子就可以了. 首先考虑球面边界, 设流体中存在半径为 a 的刚性球体, 球心位于原点, 球面方程为 $r = a$. 旋波方程在球坐标 (r,ϑ,φ) 中为

$$\nabla^2\boldsymbol{v}_\mu(r,\vartheta,\varphi,\omega) \approx -\frac{\mathrm{i}\rho_0\omega}{\mu}\boldsymbol{v}_\mu(r,\vartheta,\varphi,\omega); \ \nabla\cdot\boldsymbol{v}_\mu = 0 \ (r > a) \qquad (6.2.20\mathrm{a})$$

在球面边界 $r = a$ 附近的边界层内, 如果球半径满足: $a \gg d_\mu$, 即球半径远大于边界层厚度 (注意这个条件), 可以作近似

$$(\nabla^2\boldsymbol{v}_\mu)_r \approx \nabla^2 v_{\mu r} \approx \frac{1}{r^2}\frac{\partial}{\partial r}\left(r^2\frac{\partial v_{\mu r}}{\partial r}\right) \approx \frac{\partial^2 v_{\mu r}}{\partial r^2}$$

$$(\nabla^2\boldsymbol{v}_\mu)_\vartheta \approx \nabla^2 v_{\mu\vartheta} \approx \frac{1}{r^2}\frac{\partial}{\partial r}\left(r^2\frac{\partial v_{\mu\vartheta}}{\partial r}\right) \approx \frac{\partial^2 v_{\mu\vartheta}}{\partial r^2} \qquad (6.2.20\mathrm{b})$$

$$(\nabla^2\boldsymbol{v}_\mu)_\varphi \approx \nabla^2 v_{\mu\varphi} \approx \frac{1}{r^2}\frac{\partial}{\partial r}\left(r^2\frac{\partial v_{\mu\varphi}}{\partial r}\right) \approx \frac{\partial^2 v_{\mu\varphi}}{\partial r^2}$$

故方程 (6.2.20a) 可以简化为

$$\nabla^2\boldsymbol{v}_\mu \approx \frac{\partial^2\boldsymbol{v}_\mu}{\partial r^2} \approx -\frac{\mathrm{i}\rho_0\omega}{\mu}\boldsymbol{v}_\mu \qquad (6.2.20\mathrm{c})$$

上式的近似解为

$$\boldsymbol{v}_\mu \approx \boldsymbol{v}_\mu(\vartheta,\varphi,\omega) \exp\left[-(1-\mathrm{i})\frac{(r-a)}{d_\mu}\right] \qquad (6.2.20\mathrm{d})$$

注意到在球坐标中

$$\nabla\cdot\boldsymbol{v}_\mu = \frac{1}{r^2}\frac{\partial}{\partial r}(r^2 v_{\mu r}) + \frac{1}{r\sin\vartheta}\frac{\partial}{\partial\vartheta}(\sin\vartheta v_{\mu\vartheta}) + \frac{1}{r\sin\vartheta}\frac{\partial v_{\mu\varphi}}{\partial\varphi} \qquad (6.2.21\mathrm{a})$$

当 $a \gg d_\mu$ 时,上式近似为

$$\nabla \cdot \boldsymbol{v}_\mu \approx \frac{\partial v_{\mu r}}{\partial r} + \frac{1}{r \sin \vartheta} \frac{\partial}{\partial \vartheta} (\sin \vartheta v_{\mu \vartheta}) + \frac{1}{r \sin \vartheta} \frac{\partial v_{\mu \varphi}}{\partial \varphi}$$

$$= \nabla_t \cdot \boldsymbol{v}_\mu - v_{\mu r}(\vartheta, \varphi, \omega) \frac{(1-\mathrm{i})}{d_\mu} = 0 \tag{6.2.21b}$$

其中,切向散度算子在球坐标中为

$$\nabla_t \cdot \boldsymbol{v}_\mu \equiv \frac{1}{a \sin \vartheta} \frac{\partial}{\partial \vartheta} (\sin \vartheta v_{\mu \vartheta}) + \frac{1}{a \sin \vartheta} \frac{\partial v_{\mu \varphi}}{\partial \varphi} \tag{6.2.21c}$$

显然,方程 (6.2.21b) 与方程 (6.2.13c) 第二式有类似的形式. 区别在于: ①切向散度算子的形式; ②法向不同, 前者是 $\boldsymbol{e}_z$, 后者是 $\boldsymbol{e}_r$.

与得到方程 (6.2.19) 类似的过程, 我们同样可以得到声边界条件 (作为习题)

$$\left[\boldsymbol{v}_a \cdot \boldsymbol{n} - \frac{(1+\mathrm{i})d_\mu}{2} \nabla_t \cdot \boldsymbol{v}_a + \frac{(1-\mathrm{i})(\gamma-1)d_\kappa}{2} \frac{\omega}{c_0} \frac{p_a}{c_0 \rho_0} \right]_{r=a} = \boldsymbol{v}_{\mathrm{wall}} \cdot \boldsymbol{n} \tag{6.2.22}$$

注意: ①上式中的法向 $\boldsymbol{n} = \boldsymbol{e}_r$ 是刚性球面的法向; ②切向散度算子由方程 (6.2.21c) 决定 (只要把 $\boldsymbol{v}_\mu$ 换成 $\boldsymbol{v}_a$ 即可).

刚性柱体边界　　设半径为 a 的刚性柱体位于 z 轴, 柱横截面的圆心位于 xOy 平面的原点, 柱面方程为 $\rho = a$. 在柱坐标 (ρ, φ, z) 内, 声边界条件为 (作为习题)

$$\left[\boldsymbol{v}_a \cdot \boldsymbol{n} - \frac{(1+\mathrm{i})d_\mu}{2} \nabla_t \cdot \boldsymbol{v}_a + \frac{(1-\mathrm{i})(\gamma-1)d_\kappa}{2} \frac{\omega}{c_0} \frac{p_a}{c_0 \rho_0} \right]_{\rho=a} = \boldsymbol{v}_{\mathrm{wall}} \cdot \boldsymbol{n} \tag{6.2.23a}$$

式中, 法向 $\boldsymbol{n} = \boldsymbol{e}_\rho$ 是刚性柱面的法向, 而切向散度算子为

$$\nabla_t \cdot \boldsymbol{v}_a \equiv \frac{1}{a} \frac{\partial v_{a\varphi}}{\partial \varphi} + \frac{\partial v_{az}}{\partial z} \tag{6.2.23b}$$

方程 (6.2.23a) 同样要求 $a \gg d_\mu$. 可以看出, 方程 (6.2.19), (6.2.22) 和 (6.2.23a) 有相同的形式, 只是切向导数的表达式不同. 事实上, 对任意的曲面, 只要曲面的曲率半径远大于边界层厚度, 声学边界条件都具有这样的形式.

6.2.3　边界层的声能量损失

对静止的刚性边界, 因为 $\boldsymbol{v}(\boldsymbol{r}, \omega)|_{z=0} = 0$, 故 $\boldsymbol{I} = p\boldsymbol{v}(\boldsymbol{r}, \omega)|_{z=0} = 0$, 即边界上总能流为零. 但声能流 $\boldsymbol{I}_a = p_a \boldsymbol{v}_a|_{z=0}$ 显然不为零, 其意义是明显的: 可逆的声能量不断地转化为不可逆的旋波模式和温度波模式. 因此, $-\boldsymbol{I}_a \cdot \boldsymbol{n} = -p_a \boldsymbol{v}_a \cdot \boldsymbol{n}$(负号表示能量的减少) 可看成是进入边界的声能流, 也就是边界层吸收的声能流. 时间平均声能流为 (见方程 (1.2.6g))

$$-(\boldsymbol{I}_a \cdot \boldsymbol{n})_{\mathrm{av}} = -\frac{1}{2} \mathrm{Re}(p_a^* \boldsymbol{v}_a \cdot \boldsymbol{n}) \tag{6.2.24a}$$

由方程 (6.2.19)

$$\boldsymbol{v}_a \cdot \boldsymbol{n}|_{z=0} \approx \frac{(1+\mathrm{i})d_\mu}{2}\nabla_t \cdot \boldsymbol{v}_a - \frac{(1-\mathrm{i})(\gamma-1)d_\kappa}{2}\frac{\omega}{c_0}\frac{p_a}{c_0\rho_0} \tag{6.2.24b}$$

代入方程 (6.2.24a) 得到

$$
\begin{aligned}
-(\boldsymbol{I}_a \cdot \boldsymbol{n})_{\mathrm{av}} &= -\frac{1}{2}\mathrm{Re}\left[\frac{(1+\mathrm{i})d_\mu}{2}p_a^*\nabla_t \cdot \boldsymbol{v}_a - \frac{(1-\mathrm{i})(\gamma-1)d_\kappa}{2}\frac{\omega}{c_0}\frac{|p_a|^2}{c_0\rho_0}\right] \\
&= -\frac{1}{2}\mathrm{Re}\left[\frac{(1+\mathrm{i})d_\mu}{2}p_a^*\nabla_t \cdot \boldsymbol{v}_a\right] + \frac{1}{2}\frac{(\gamma-1)d_\kappa}{2}\frac{\omega}{c_0}\frac{|p_a|^2}{c_0\rho_0}
\end{aligned} \tag{6.2.24c}
$$

利用关系 $p_a^*\nabla_t \cdot \boldsymbol{v}_a = \nabla_t \cdot (p_a^*\boldsymbol{v}_a) - \boldsymbol{v}_a \cdot \nabla_t p_a^*$，上式在整个边界面上积分

$$
\begin{aligned}
&-\iint_S (\boldsymbol{I}_a \cdot \boldsymbol{n})_{\mathrm{av}}\mathrm{d}S \\
&= -\frac{1}{2}\mathrm{Re}\left[\frac{(1+\mathrm{i})d_\mu}{2}\iint_S \nabla_t \cdot (p_a^*\boldsymbol{v}_a)\mathrm{d}S - \frac{(1+\mathrm{i})d_\mu}{2}\iint_S \boldsymbol{v}_a \cdot \nabla_t p_a^*\mathrm{d}S\right] \\
&\quad + \frac{1}{2}\frac{(\gamma-1)d_\kappa}{2}\frac{\omega}{c_0}\iint_S \frac{|p_a|^2}{c_0\rho_0}\mathrm{d}S
\end{aligned} \tag{6.2.24d}
$$

上式右边第一个积分利用 Gauss 公式可化为线积分，当面积足够大时，积分为零. 利用 $\nabla p_a \approx \mathrm{i}\omega\rho_0\boldsymbol{v}_a$ 且取切向分量，由方程 (6.2.24d) 得到

$$
\begin{aligned}
-(\boldsymbol{I}_a \cdot \boldsymbol{n})_{\mathrm{av}} &= \frac{1}{2}\mathrm{Re}\left[\frac{(1+\mathrm{i})d_\mu}{2}\boldsymbol{v}_a \cdot \nabla_t p_a^*\right] + \frac{1}{2}\frac{(\gamma-1)d_\kappa}{2}\frac{\omega}{c_0}\frac{|p_a|^2}{c_0\rho_0} \\
&= \frac{1}{2}\mathrm{Re}\left[-\frac{(1+\mathrm{i})\mathrm{i}\omega\rho_0 d_\mu}{2}|v_{at}|^2\right] + \frac{1}{2}\frac{(\gamma-1)d_\kappa}{2}\frac{\omega}{c_0}\frac{|p_a|^2}{c_0\rho_0} \\
&= \frac{1}{2}\frac{\omega\rho_0 d_\mu}{2}|v_{a,t}|^2 + \frac{1}{2}\frac{(\gamma-1)d_\kappa}{2}\frac{\omega}{c_0}\frac{|p_a|^2}{c_0\rho_0}
\end{aligned} \tag{6.2.24e}
$$

式中，$\boldsymbol{v}_{a,t}$ 表示取矢量 $\boldsymbol{v}_a$ 的切向分量. 因此，边界面上单位时间、单位面积损耗的声能量为

$$-(\boldsymbol{I}_a \cdot \boldsymbol{n})_{\mathrm{av}} = \frac{1}{2}\frac{\rho_0 c_0 k_0 d_\mu}{2}|v_{a,t}|^2 + \frac{1}{2}\frac{(\gamma-1)k_0 d_\kappa}{2}\frac{|p_a|^2}{c_0\rho_0} \tag{6.2.25}$$

6.2.4 刚性边界上平面波的反射

考虑图 6.2.2，平面声波入射到刚性界面的情况. 显然，考虑到热传导和黏滞效

应后, 入射场可表示为

$$p_a^i(\boldsymbol{r}, \omega) = p_{a0}^i \exp(\mathrm{i}k_a \boldsymbol{e}_i \cdot \boldsymbol{r})$$

$$\boldsymbol{v}_a^i(\boldsymbol{r}, \omega) \approx \left(\frac{1}{\mathrm{i}\omega\rho_0} - \frac{l_\mu}{\rho_0 c_0}\right) \mathrm{i}k_a \boldsymbol{e}_i p_a^i(\boldsymbol{r}, \omega) \qquad (6.2.26\text{a})$$

$$T_a^i(\boldsymbol{r}, t) \approx \frac{\gamma - 1}{c_0^2 \rho_0 \beta_{P0}} \left(1 - \mathrm{i}l_\kappa \frac{\omega}{c_0}\right) p_a^i(\boldsymbol{r}, \omega)$$

其中, $k_a \approx k_0 + \mathrm{i}\alpha$; $\alpha \equiv \omega^2[(\gamma-1)l_\kappa + l_\mu]/2c_0^2$; $k_0 = \omega/c_0$, $\boldsymbol{e}_i$ 是入射方向的单位矢量, 为了简单, 设整个问题与 y 无关, $\boldsymbol{e}_i$ 在 xOz 平面内 $\boldsymbol{e}_i = (\sin\vartheta_i, -\cos\vartheta_i)$, ϑ_i 为入射方向与 z 轴的夹角. 设反射波为

$$p_a^r(\boldsymbol{r}, \omega) = p_{a0}^r \exp(\mathrm{i}k_a \boldsymbol{e}_r \cdot \boldsymbol{r})$$

$$T_a^r(\boldsymbol{r}, t) \approx \frac{\gamma - 1}{c_0^2 \rho_0 \beta_{P0}} \left(1 - \mathrm{i}l_\kappa \frac{\omega}{c_0}\right) p_a^r(\boldsymbol{r}, \omega) \qquad (6.2.26\text{b})$$

$$\boldsymbol{v}_a^r(\boldsymbol{r}, \omega) \approx \left(\frac{1}{\mathrm{i}\omega\rho_0} - \frac{l_\mu}{\rho_0 c_0}\right) \mathrm{i}k_a \boldsymbol{e}_r p_a^r(\boldsymbol{r}, \omega)$$

其中, $\boldsymbol{e}_r$ 为反射波传播方向的单位矢量: $\boldsymbol{e}_r = (\sin\vartheta_r, \cos\vartheta_r)$, ϑ_r 为反射方向与 z 轴的夹角.

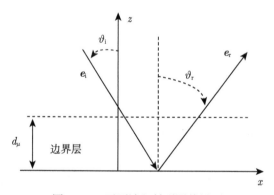

图 6.2.2　平面波入射到固体界面

界面边界条件为速度连续, 即法向速度 $v_n|_{z=0} = 0$、切向 $v_t|_{z=0} = 0$ 和温度变化 $T|_{z=0} = 0$. 显然, 仅仅由方程 (6.2.26a) 和 (6.2.26b) 表示的速度场和温度场是不可能同时满足界面上速度连续和温度变化为零的边界条件的, 因为只有一个需要决定的量 p_{a0}^r. 因此, 必须考虑边界附近的旋模式和温度模式, 用边界条件方程 (6.2.19). 考虑到

$$\begin{aligned}
\boldsymbol{v}_a \cdot \boldsymbol{n} &= [\boldsymbol{v}_a^{\mathrm{i}}(\boldsymbol{r},\omega) + \boldsymbol{v}_a^{\mathrm{r}}(\boldsymbol{r},\omega)]_{z=0} \\
&= \mathrm{i}k_a \left(\frac{1}{\mathrm{i}\omega\rho_0} - \frac{l_\mu}{\rho_0 c_0} \right) [\boldsymbol{e}_{\mathrm{i}} \cdot \boldsymbol{n} p_a^{\mathrm{i}}(\boldsymbol{r},\omega) + \boldsymbol{e}_{\mathrm{r}} \cdot \boldsymbol{n} p_a^{\mathrm{r}}(\boldsymbol{r},\omega)]_{z=0} \qquad (6.2.27\mathrm{a}) \\
&= \mathrm{i}k_a \left(\frac{1}{\mathrm{i}\omega\rho_0} - \frac{l_\mu}{\rho_0 c_0} \right) [-\cos\vartheta_{\mathrm{i}} p_{a0}^{\mathrm{i}} \mathrm{e}^{\mathrm{i}k_a x \sin\vartheta_{\mathrm{i}}} + \cos\vartheta_{\mathrm{r}} p_{a0}^{\mathrm{r}} \mathrm{e}^{\mathrm{i}k_a x \sin\vartheta_{\mathrm{r}}}]
\end{aligned}$$

$$\begin{aligned}
\nabla_t \cdot \boldsymbol{v}_a &= \mathrm{i}k_a \left(\frac{1}{\mathrm{i}\omega\rho_0} - \frac{l_\mu}{\rho_0 c_0} \right) \nabla_t \cdot [\boldsymbol{e}_{\mathrm{i}} p_a^{\mathrm{i}}(\boldsymbol{r},\omega) + \boldsymbol{e}_{\mathrm{r}} p_a^{\mathrm{r}}(\boldsymbol{r},\omega)]_{z=0} \\
&\qquad\qquad\qquad\qquad\qquad\qquad\qquad\qquad\qquad\qquad\qquad (6.2.27\mathrm{b}) \\
&= -k_a^2 \left(\frac{1}{\mathrm{i}\omega\rho_0} - \frac{l_\mu}{\rho_0 c_0} \right) [\sin^2\vartheta_{\mathrm{i}} p_{a0}^{\mathrm{i}} \mathrm{e}^{\mathrm{i}k_a x \sin\vartheta_{\mathrm{r}}} + \sin^2\vartheta_{\mathrm{r}} p_{a0}^{\mathrm{r}} \mathrm{e}^{\mathrm{i}k_a x \sin\vartheta_{\mathrm{r}}}]
\end{aligned}$$

由方程 (6.2.19), 我们可以得到决定反射波 p_{a0}^{r} 的方程. 由 x 的任意性得到 $\vartheta_{\mathrm{r}} = \vartheta_{\mathrm{i}}$, 故在非理想情况下, 反射定律仍然成立: 入射角等于反射角. 由上式和方程 (6.2.19), 容易得到 (作为习题)

$$k_a \cos\vartheta_{\mathrm{i}} \cdot \frac{1-R}{1+R} \approx \frac{(1+\mathrm{i})d_\mu k_a^2}{2\mathrm{i}}\sin^2\vartheta_{\mathrm{i}} + \frac{(1-\mathrm{i})(\gamma-1)d_\kappa}{2}\frac{\omega^2}{c_0^2} \qquad (6.2.28\mathrm{a})$$

其中, $R \equiv p_{a0}^{\mathrm{r}}/p_{a0}^{\mathrm{i}}$. 由于黏滞和热传导效应, 可以定义刚性边界的声阻抗率 z_b

$$\frac{1}{z_b} \equiv -\left.\frac{\boldsymbol{v}_a \cdot \boldsymbol{n}}{p_a}\right|_{z=0} \approx \mathrm{i}\left(\frac{1}{\mathrm{i}\omega\rho_0} - \frac{l_\mu}{\rho_0 c_0} \right) k_a \cos\vartheta_{\mathrm{i}} \cdot \frac{1-R}{1+R} \approx \frac{1}{\omega\rho_0} k_a \cos\vartheta_{\mathrm{i}} \cdot \frac{1-R}{1+R}$$
$$(6.2.28\mathrm{b})$$

方程 (6.2.28a) 代入上式得到

$$\frac{1}{z_b} \equiv -\left.\frac{\boldsymbol{v}_a \cdot \boldsymbol{n}}{p_a}\right|_{z=0} = \frac{(1-\mathrm{i})}{2\rho_0 c_0}[d_\mu \sin^2\vartheta_{\mathrm{i}} + (\gamma-1)d_\kappa]\frac{\omega}{c_0} \qquad (6.2.28\mathrm{c})$$

或者写成

$$\frac{1}{z_b} \approx \frac{(1-\mathrm{i})}{\sqrt{2}\rho_0 c_0} \left[\sqrt{l_\mu'}\sin^2\vartheta_{\mathrm{i}} + (\gamma-1)\sqrt{l_\kappa} \right] \sqrt{\frac{\omega}{c_0}} \qquad (6.2.28\mathrm{d})$$

其中, $l_\mu' \equiv \mu/\rho_0 c_0$. 显然, z_b 与入射波方向 ϑ_{i} 有关, 故由于黏滞和热传导效应, 等效的表面不能看成是局部反应的. 得到方程 (6.2.28d), 我们假定平面波在 xOz 平面内传播. 事实上, 方程 (6.2.28d) 可推广到更一般的情况. 为此, 把 $\sin^2\vartheta_{\mathrm{i}}$ 用波矢量来表示: $\sin^2\vartheta_{\mathrm{i}} = 1 - \cos^2\vartheta_{\mathrm{i}} \approx 1 - (k_n/k_0)^2$, 于是

$$\frac{\rho_0 c_0}{z_b} \approx (1-\mathrm{i})\sqrt{\frac{k_0}{2}} \left[\sqrt{l_\mu'} \left(1 - \frac{k_n^2}{k_0^2} \right) + (\gamma-1)\sqrt{l_\kappa} \right] \qquad (6.2.29)$$

其中, k_n 为波矢量的边界法向分量, 如对柱面边界, $k_n = k_\rho$; 而对球面边界, $k_n = k_r$. 令 $\rho_0 c_0/z_b \equiv \sigma_b + \mathrm{i}\delta_b$, 其中

$$\begin{aligned}
\sigma_b = -\delta_b &= \frac{1}{2}[k_0 d_\mu \sin^2\vartheta_{\mathrm{i}} + (\gamma-1)k_0 d_\kappa] \\
&= \frac{1}{\sqrt{2}} \left[\sqrt{k_0 l_\mu'}\sin^2\vartheta_{\mathrm{i}} + (\gamma-1)\sqrt{k_0 l_\kappa} \right]
\end{aligned} \qquad (6.2.30\mathrm{a})$$

那么, 由方程 (6.2.28b) 得到反射系数

$$R \approx \frac{\cos\vartheta_i - (\sigma_b + i\delta_b)}{\cos\vartheta_i + (\sigma_b + i\delta_b)} \tag{6.2.30b}$$

定义吸收系数 $\alpha \equiv (1 - |R|^2)\cos\vartheta_i$, 则

$$\alpha = (1 - |R|^2)\cos\vartheta_i = \frac{2[k_0 d_\mu \sin^2\vartheta_i + (\gamma - 1)k_0 d_\kappa]\cos^2\vartheta_i}{(\cos\vartheta_i + \sigma_b)^2 + \delta_b^2} \tag{6.2.30c}$$

注意: 吸收系数中乘 $\cos\vartheta_i$ 是因为当声波斜入射到界面时, 单位面积的声束 (垂直与传播方向的截面) 入射到面积为 $1/\cos\vartheta_i$ 的界面上, 而吸收系数是单位面积损耗的声能量 (见图 1.4.3). 另一方面, 由方程 (6.2.25), 边界层的声能量损耗为

$$\begin{aligned}
-(\boldsymbol{I}_a \cdot \boldsymbol{n})_{av} &= \frac{|p_{a0}^i|^2}{4\rho_0 c_0}[k_0 d_\mu \sin^2\vartheta_i + (\gamma - 1)k_0 d_\kappa]|R + 1|^2 \\
&= \frac{|p_{a0}^i|^2}{2\rho_0 c_0}[k_0 d_\mu \sin^2\vartheta_i + (\gamma - 1)k_0 d_\kappa]\frac{2\cos^2\vartheta_i}{(\cos\vartheta_i + \sigma_b)^2 + \delta_b^2} \\
&= I_i \frac{2[k_0 d_\mu \sin^2\vartheta_i + (\gamma - 1)k_0 d_\kappa]\cos^2\vartheta_i}{(\cos\vartheta_i + \sigma_b)^2 + \delta_b^2}
\end{aligned} \tag{6.2.31}$$

其中, I_i 为入射声场的能流密度 $I_i \equiv |p_{a0}^i|^2/(2\rho_0 c_0)$. 显然, $\alpha = -(\boldsymbol{I}_a \cdot \boldsymbol{n})_{av}/I_i$, 故吸收系数就是边界层的声能流损耗率.

6.2.5　耗散介质中微球的散射

在 3.1.2 小节中, 我们分析了理想流体介质中球体对平面波的散射. 本小节考虑介质耗散对散射的影响. 仍然设半径为 a 的球球心位于原点, 平面波沿正 z 方向入射, 首先考虑简单的情况, 即刚性球半径远大于边界层厚度 ($a \gg d_\mu$ 和 $a \gg d_h$). 此时, 方程 (6.5.22) 适用. 在边界层区域外, 黏滞和热传导可忽略, 于是入射波和散射波仍然由方程 (3.1.11a) 和 (3.1.11b) 表示, 即 (考虑黏滞和热传导后, 必须计算 ϑ 方向的速度分量, 另外 k_0 修改成 k_a)

$$\begin{aligned}
p_i(r, \vartheta, \omega) &= p_{0i}(\omega) \sum_{l=0}^{\infty} (2l + 1)i^l P_l(\cos\vartheta) j_l(k_a r) \\
v_{ir}(r, \vartheta, \omega) &= \frac{k_a p_{0i}(\omega)}{i\rho_0 \omega} \sum_{l=0}^{\infty} (2l + 1)i^l P_l(\cos\vartheta)\frac{d j_l(k_a r)}{d(k_a r)} \\
v_{i\vartheta}(r, \vartheta, \omega) &= \frac{p_{0i}(\omega)}{i\rho_0 c_0 k_0 r} \sum_{l=0}^{\infty} (2l + 1)i^l \frac{d P_l(\cos\vartheta)}{d\vartheta} j_l(k_a r)
\end{aligned} \tag{6.2.32a}$$

以及

$$p_s(r,\vartheta,\omega) = \sum_{l=0}^{\infty} A_l(\omega) P_l(\cos\vartheta) h_l^{(1)}(k_a r)$$

$$v_{sr}(r,\vartheta,\omega) = \frac{k_a}{i\rho_0\omega} \sum_{l=0}^{\infty} A_l(\omega) P_l(\cos\vartheta) \frac{dh_l^{(1)}(k_a r)}{d(k_a r)} \qquad (6.2.32b)$$

$$v_{s\vartheta}(r,\vartheta,\omega) = \frac{1}{i\rho_0 k_0 r} \sum_{l=0}^{\infty} A_l(\omega) \frac{dP_l(\cos\vartheta)}{d\vartheta} h_l^{(1)}(k_a r)$$

注意: ①$k_a \approx k_0 + i\alpha \approx k_0 = \omega/c_0$, $\alpha \equiv \omega^2[(\gamma-1)l_\kappa + l_\mu]/2c_0^2$, 下面的运算假定 $k_a \approx k_0$; ②上述方程中略去表示声模式的下标 "a". 切向散度为

$$\nabla_t \cdot \boldsymbol{v}(\vartheta,\omega) = -\frac{1}{i\rho_0 c_0 a k_0 r} \sum_{l=0}^{\infty} l(l+1) P_l(\cos\vartheta)$$
$$\times [p_{0i}(\omega)(2l+1)i^l j_l(k_0 a) + A_l(\omega) h_l^{(1)}(k_0 a)] \qquad (6.2.32c)$$

把方程 (6.2.32a), (6.2.32b) 和 (6.2.32c) 代入方程 (6.2.22) 得到

$$A_l(\omega) = -p_{0i}(\omega)(2l+1)i^l \frac{j_l'(k_0 a) + i\beta_l' j_l(k_0 a)}{h_l^{'(1)}(k_0 a) + i\beta_l h_l^{(1)}(k_0 a)} \qquad (6.2.33a)$$

其中, 定义参数为

$$\beta_l' \equiv (1-i)\left[\frac{d_\mu}{2a}\frac{l(l+1)}{k_0 a} + \frac{(\gamma-1)d_\kappa k_0 a}{2a}\right] \qquad (6.2.33b)$$

方程 (6.2.33a) 与方程 (3.1.20e) 的第一式具有完全相同的形式. 事实上, 方程 (6.2.33a) 可推广到非刚性球情况, 只要把 β_l' 换成 $\beta_l + \beta_l'$ 即可 (其中 β_l 由方程 (3.1.20f) 决定). 由于假定 $a \gg d_\mu$ 和 $a \gg d_\kappa$, 故一般可取 $\beta_l' \approx 0$, 即黏滞和热传导效应可忽略. 对比较 "软" 的散射体, $\beta_l \sim \rho_0/\rho_e \gg 1$, 故 $\beta_l + \beta_l' \approx \beta_l$, 也可忽略黏滞和热传导效应.

微球的散射 当条件 $a \gg d_\mu$ 或者 $a \gg d_\kappa$ 不满足时, 边界条件方程 (6.2.22) 已不成立 (方程 (6.2.20b) 的近似不成立了), 必须严格求解边界层中的热波模式和旋波模式, 以满足球面上的边界条件. 但仍然假定三种模式可分开处理, 否则必须用耦合的方程 (6.1.20a), (6.1.20b) 和 (6.1.20d), 严格求解非常困难 (当仅考虑黏滞而忽略热传导时, 其分析方法见 6.4.4 小节和 10.2.4 小节). 对常温下的空气以及频率为 1kHz 的声波, $d_\mu \sim 10^{-4}$cm 和 $d_\kappa \sim 10^{-4}$cm, 而当 $a \sim (5 \sim 10) \times 10^{-4}$cm 时, 尽管 a 仍是 d_μ 或 d_κ 的数倍, 但必须严格求解边界层中的热波模式和旋波模式. 一个具体的例子是空气中雾滴的散射, 此时, 黏滞和热传导效应是不能忽略的. 幸运的是, 当 $k_0 a \ll 1$ 时, 我们只要考虑 $l=0$ 和 $l=1$ 两项就可以了. 为了简单,

假定球内介质的黏滞和热传导远大于球外介质 (如悬浮于空气中的水滴)，于是球内的热波和旋波 (切变波) 可忽略，我们只要考虑球外的边界层就可以了.

球内的驻波　设球内介质的等效密度、等效压缩系数和等效声速分别为 ρ_e、κ_e 和 $c_e = 1/\sqrt{\rho_e \kappa_e}$，球内的驻波 (只存在声波模式) 仍由方程 (3.1.20b) 表示，取前 2 项为

$$p_e(r,\vartheta,\omega) \approx B_0(\omega)\mathrm{j}_0(k_e r) + B_1(\omega)\mathrm{j}_1(k_e r)\cos\vartheta$$

$$v_{er}(r,\vartheta,\omega) \approx \frac{1}{\mathrm{i}\rho_e c_e}\left[\frac{\mathrm{d}\mathrm{j}_0(k_e r)}{\mathrm{d}(k_e r)}B_0(\omega) + B_1(\omega)\frac{\mathrm{d}\mathrm{j}_1(k_e r)}{\mathrm{d}(k_e r)}\cos\vartheta\right] \tag{6.2.34a}$$

$$v_{e\vartheta}(r,\vartheta,\omega) \approx -\frac{1}{\mathrm{i}\rho_e c_e k_e r}B_1(\omega)\mathrm{j}_1(k_e r)\sin\vartheta$$

球外声波模式　由方程 (6.2.32a) 和 (6.2.32b)，球外的入射波和散射波 (声波模式) 分别为

$$p_i(r,\vartheta,\omega) \approx p_{0i}(\omega)\left[\mathrm{j}_0(k_0 r) + 3\mathrm{i}\mathrm{j}_1(k_0 r)\cos\vartheta\right]$$

$$v_{ir}(r,\vartheta,\omega) \approx \frac{p_{0i}(\omega)}{\mathrm{i}\rho_0 c_0}\left[\frac{\mathrm{d}\mathrm{j}_0(k_0 r)}{\mathrm{d}(k_0 r)} + 3\mathrm{i}\frac{\mathrm{d}\mathrm{j}_1(k_0 r)}{\mathrm{d}(k_0 r)}\cos\vartheta\right] \tag{6.2.34b}$$

$$v_{i\vartheta}(r,\vartheta,\omega) \approx -\frac{3p_{0i}(\omega)}{\rho_0 c_0 k_0 r}\mathrm{j}_1(k_0 r)\sin\vartheta$$

以及

$$p_s(r,\vartheta,\omega) \approx A_0(\omega)\mathrm{h}_0^{(1)}(k_0 r) + A_1(\omega)\mathrm{h}_1^{(1)}(k_0 r)\cos\vartheta$$

$$v_{sr}(r,\vartheta,\omega) \approx \frac{1}{\mathrm{i}\rho_0 c_0}\left[A_0(\omega)\frac{\mathrm{d}\mathrm{h}_0^{(1)}(k_0 r)}{\mathrm{d}(k_0 r)} + A_1(\omega)\frac{\mathrm{d}\mathrm{h}_1^{(1)}(k_0 r)}{\mathrm{d}(k_0 r)}\cos\vartheta\right] \tag{6.2.34c}$$

$$v_{s\vartheta}(r,\vartheta,\omega) \approx -\frac{1}{\mathrm{i}\rho_0 c_0 k_0 r}A_1(\omega)\mathrm{h}_l^{(1)}(k_0 r)\sin\vartheta$$

入射声波模式和散射声波模式产生的温度波由方程 (6.2.8b) 决定，即

$$T_a(r,\vartheta,\omega) \approx \frac{\gamma-1}{c_0^2\rho_0\beta_{P0}}[p_i(r,\vartheta,\omega) + p_s(r,\vartheta,\omega)] \quad (r>a) \tag{6.2.34d}$$

球外温度模式　球外温度波满足方程 (6.2.10b)，即

$$\nabla^2 T_h + k_h^2 T_h = 0; \ k_h = (1+\mathrm{i})/d_\kappa \tag{6.2.35a}$$

在球坐标中，温度波为

$$T_h(r,\vartheta,\omega) = \sum_{l=0}^{\infty} C_l P_l(\cos\vartheta)\mathrm{h}_l^{(1)}(k_h r)$$
$$\approx C_0\mathrm{h}_0^{(1)}(k_h r) + C_1\mathrm{h}_1^{(1)}(k_h r)\cos\vartheta \quad (r>a) \tag{6.2.35b}$$

由方程 (6.2.11a) 和 (6.2.11b)，得到温度波模式产生的声场和速度场

$$p_h(r,\vartheta,\omega) \approx -\mathrm{i}\frac{1}{2}\omega^2\rho_0\beta_{P0}(d_\mu^2 - d_\kappa^2)T_h(r,\vartheta,\omega) \approx 0$$

$$v_{hr}(r,\vartheta,\omega) \approx \frac{1}{2}\omega k_h d_\kappa^2\beta_{P0}\left[C_0\frac{\mathrm{d}\mathrm{h}_0^{(1)}(k_h r)}{\mathrm{d}(k_h r)} + C_1\frac{\mathrm{d}\mathrm{h}_1^{(1)}(k_h r)}{\mathrm{d}(k_h r)}\cos\vartheta\right] \qquad (6.2.35c)$$

$$v_{h\vartheta}(r,\vartheta,\omega) \approx -\frac{1}{2}\omega d_\kappa^2 k_h\beta_{P0}C_1\frac{\mathrm{h}_1^{(1)}(k_h r)}{k_h r}\sin\vartheta$$

球外旋波模式 满足方程 (6.2.3c)，即

$$\nabla^2\boldsymbol{v}_\mu(r,\vartheta,\omega) + k_\mu^2\boldsymbol{v}_\mu(r,\vartheta,\omega) = 0$$

$$\nabla\cdot\boldsymbol{v}_\mu(r,\vartheta,\omega) = 0, \ k_\mu = (1+\mathrm{i})/d_\mu \qquad (6.2.36a)$$

写成分量形式 (注意，不能取近似方程 (6.2.20b) 了，必须严格求解)

$$\nabla^2 v_{\mu r}(r,\vartheta,\omega) - \frac{2}{r^2}\left[v_{\mu r} + \frac{1}{\sin\vartheta}\frac{\partial}{\partial\vartheta}(\sin\vartheta v_{\mu\vartheta})\right] + k_\mu^2 v_{\mu r}(r,\vartheta,\omega) = 0$$

$$\nabla^2 v_{\mu\vartheta}(r,\vartheta,\omega) + \frac{2}{r^2}\left[\frac{\partial v_{\mu r}}{\partial\vartheta} - \frac{v_{\mu\vartheta}}{2\sin^2\vartheta}\right] + k_\mu^2 v_{\mu\vartheta}(r,\vartheta,\omega) = 0 \qquad (6.2.36b)$$

由方程 (6.2.34b)，(6.2.34c) 和 (6.2.35c) 可知，速度的切向和法向分别与 $\sin\vartheta$ 和 $\cos\vartheta$ 成正比，为了满足球面上速度连续的边界条件，取

$$v_{\mu r}(r,\vartheta,\omega) = U_r(r)\cos\vartheta$$

$$v_{\mu\vartheta}(r,\vartheta,\omega) = U_\vartheta(r)\sin\vartheta \qquad (6.2.36c)$$

得到

$$\frac{\mathrm{d}}{\mathrm{d}r}\left[r^2\frac{\mathrm{d}U_r(r)}{\mathrm{d}r}\right] + (k_\mu^2 r^2 - 2)U_r(r) = 4U_\vartheta(r) + 2U_r(r)$$

$$\frac{\mathrm{d}}{\mathrm{d}r}\left[r^2\frac{\mathrm{d}U_\vartheta(r)}{\mathrm{d}r}\right] + (k_\mu^2 r^2 - 2)U_\vartheta(r) = 2U_r(r) \qquad (6.2.36d)$$

不难验证上式的解可取为

$$U_r(r) = \frac{A(\omega)}{k_\mu r}\mathrm{h}_1^{(1)}(k_\mu r)$$

$$U_\vartheta(r) = -\frac{A(\omega)}{2k_\mu r}\frac{\mathrm{d}[(k_\mu r)\mathrm{h}_1^{(1)}(k_\mu r)]}{\mathrm{d}(k_\mu r)} \qquad (6.2.37a)$$

因此，旋波的速度分布为

$$v_{\mu r}(r,\vartheta,\omega) = \frac{A(\omega)}{k_\mu r}\mathrm{h}_1^{(1)}(k_\mu r)\cos\vartheta$$

$$v_{\mu\vartheta}(r,\vartheta,\omega) = -\frac{A(\omega)}{2k_\mu r}\frac{\mathrm{d}[(k_\mu r)\mathrm{h}_1^{(1)}(k_\mu r)]}{\mathrm{d}(k_\mu r)}\sin\vartheta \qquad (6.2.37b)$$

注意: 方程 (6.2.36b) 的解, 即方程 (6.2.37b), 可以通过引入了矢量势求解而得到, 见 6.4.4 小节讨论.

边界条件   以上诸系数由球面 ($r = a$) 边界条件决定, 即声压连续、温度变化为零, 以及切向和法向速度连续. 详细讨论如下.

(1) 球面上声压连续, 即

$$p_{\mathrm{i}}(a,\vartheta,\omega) + p_{\mathrm{s}}(a,\vartheta,\omega) + p_h(a,\vartheta,\omega) \approx p_{\mathrm{e}}(a,\vartheta,\omega) \qquad (6.2.38\mathrm{a})$$

得到

$$p_{0\mathrm{i}}(\omega)\mathrm{j}_0(k_0 a) + A_0(\omega)\mathrm{h}_0^{(1)}(k_0 a) \approx B_0(\omega)\mathrm{j}_0(k_{\mathrm{e}}a)$$

$$3\mathrm{i}p_{0\mathrm{i}}(\omega)\mathrm{j}_1(k_0 a) + A_1(\omega)\mathrm{h}_1^{(1)}(k_0 a) \approx B_1(\omega)\mathrm{j}_1(k_{\mathrm{e}}a)$$

$$(6.2.38\mathrm{b})$$

因为 $k_0 a \ll 1$ 以及 $k_{\mathrm{e}}a \ll 1$, 故上式简化为

$$B_0(\omega) \approx p_{0\mathrm{i}}(\omega) - \frac{\mathrm{i}A_0(\omega)}{k_0 a}$$

$$\frac{1}{3}k_{\mathrm{e}}aB_1(\omega) + A_1(\omega)\frac{\mathrm{i}}{(k_0 a)^2} \approx \mathrm{i}p_{0\mathrm{i}}(\omega)k_0 a$$

$$(6.2.38\mathrm{c})$$

(2) 球面上温度变化为零, 即

$$T_a(a,\vartheta,\omega) + T_h(a,\vartheta,\omega) \approx 0 \qquad (6.2.39\mathrm{a})$$

得到

$$\frac{\gamma-1}{c_0^2 \rho_0 \beta_{P0}}[p_{0\mathrm{i}}(\omega)\mathrm{j}_0(k_0 a) + A_0(\omega)\mathrm{h}_0^{(1)}(k_0 a)] + C_0(\omega)\mathrm{h}_0^{(1)}(k_h a) \approx 0$$

$$\frac{\gamma-1}{c_0^2 \rho_0 \beta_{P0}}[3\mathrm{i}p_{0\mathrm{i}}(\omega)\mathrm{j}_1(k_0 a) + A_1(\omega)\mathrm{h}_1^{(1)}(k_0 a)] + C_1(\omega)\mathrm{h}_1^{(1)}(k_h a) \approx 0$$

$$(6.2.39\mathrm{b})$$

注意到, $d_\kappa \sim 10^{-4}\mathrm{cm}$, $a \sim 1.0 \times 10^{-3}\mathrm{cm}$, $|k_h a| \gg 1$, 故对 $\mathrm{h}_0^{(1)}(k_h a)$ 和 $\mathrm{h}_1^{(1)}(k_h a)$ 作大参数展开. 于是

$$\frac{\gamma-1}{c_0^2 \rho_0 \beta_{P0}}\left[p_{0\mathrm{i}}(\omega) - \frac{\mathrm{i}A_0(\omega)}{k_0 a}\right] - E_0(\omega)\frac{(1+\mathrm{i})d_\kappa}{2a} \approx 0$$

$$\mathrm{i}k_0 a \frac{\gamma-1}{c_0^2 \rho_0 \beta_{P0}}\left[p_{0\mathrm{i}}(\omega) - \frac{A_1(\omega)}{(k_0 a)^3}\right] - E_1(\omega)\frac{(1-\mathrm{i})d_\kappa}{2a} \approx 0$$

$$(6.2.39\mathrm{c})$$

其中, $E_{0,1}(\omega) \equiv C_{0,1}(\omega)\exp[(\mathrm{i}-1)a/d_\kappa]$.

(3) 球面上法向速度连续, 即

$$v_{\mathrm{i}r}(a,\vartheta,\omega) + v_{\mathrm{s}r}(a,\vartheta,\omega) + v_{hr}(a,\vartheta,\omega) + v_{\mu r}(a,\vartheta,\omega) = v_{\mathrm{e}r}(a,\vartheta,\omega) \qquad (6.2.40\mathrm{a})$$

得到

$$p_{0i}(\omega)j_0'(k_0 a) + h_0^{'(1)}(k_0 a)A_0(\omega) + \frac{i\rho_0 c_0}{2}k_h \omega d_\kappa^2 \beta_{P0} h_0^{'(1)}(k_h a)C_0(\omega) = \gamma_e j_0'(k_e r)B_0(\omega) \tag{6.2.40b}$$

以及

$$3ip_{0i}(\omega)j_1'(k_0 a) + h_1^{'(1)}(k_0 a)A_1(\omega) + C_1(\omega)\frac{i\rho_0 c_0}{2}k_h \omega d_\kappa^2 \beta_{p0} h_1^{'(1)}(k_h a)$$
$$+ \frac{i\rho_0 c_0}{k_\mu a}h_1^{(1)}(k_\mu a)A = \gamma_e j_1'(k_e a)B_1(\omega) \tag{6.2.40c}$$

近似表达式为

$$-\frac{1}{3}k_0 a p_{0i}(\omega) + \frac{i}{(k_0 a)^2}A_0(\omega) + \frac{i\rho_0 c_0}{2a}\omega d_\kappa^2 \beta_{P0}E_0 \approx -\frac{1}{3}\gamma_e k_e a B_0(\omega) \tag{6.2.40d}$$

$$ip_{0i}(\omega) + \frac{2i}{(k_0 a)^3}A_1(\omega) + \frac{\rho_0 c_0}{2a}\omega d_\kappa^2 \beta_{P0}E_1(\omega) - \frac{d_\mu^2}{2a^2}D_1(\omega) \approx \frac{\gamma_e}{3}B_1(\omega) \tag{6.2.40e}$$

其中, $D_1(\omega) \equiv \rho_0 c_0 \exp[(i-1)a/d_\mu]A(\omega)$.

(4) 球面切向速度连续, 即

$$v_{i\vartheta}(a, \vartheta, \omega) + v_{s\vartheta}(a, \vartheta, \omega) + v_{h\vartheta}(a, \vartheta, \omega) + v_{\mu\vartheta}(a, \vartheta, \omega) = v_{e\vartheta}(a, \vartheta, \omega) \tag{6.2.41a}$$

得到

$$\frac{3ip_{0i}(\omega)}{i\rho_0 c_0 k_0 a}j_1(k_0 a) + \frac{h_1^{(1)}(k_0 a)}{i\rho_0 c_0 k_0 a}A_1(\omega) + \frac{1}{2}\omega d_\kappa^2 k_h \beta_{P0}\frac{h_1^{(1)}(k_h a)}{k_h a}C_1(\omega)$$
$$+ \frac{A(\omega)}{2k_\mu a}\chi(k_\mu a) = \frac{j_1(k_e a)}{i\rho_e c_e k_e a}B_1(\omega) \tag{6.2.41b}$$

一般上式左边第三项可忽略不计, 即温度波模式引起的切向速度可忽略. 式中

$$\chi(k_\mu a) \equiv \frac{d[(k_\mu a)h_1^{(1)}(k_\mu a)]}{d(k_\mu a)} \tag{6.2.41c}$$

对 $j_1(k_0 a)$, $h_1^{(1)}(k_0 a)$ 和 $j_1(k_e a)$ 作小参数展开, 而对 $h_1^{(1)}(k_\mu a)$ 作大参数展开, 进一步得到近似表达式

$$ip_{0i}(\omega) - \frac{i}{(k_0 a)^3}A_1(\omega) + \frac{(1-i)d_\mu}{4a}D_1(\omega) \approx \frac{\gamma_e}{3}B_1(\omega) \tag{6.2.41d}$$

第 $l = 0$ 项表示球的压缩和膨胀, 故与黏滞无关. 由方程 (6.2.38c) 的第一式、(6.2.39c) 的第一式和 (6.2.40d) 得到第 $l = 0$ 项的诸系数近似为

$$A_0(\omega) \approx -i\frac{(k_0 a)^3}{3}\left[\frac{\kappa_0 - \kappa_e}{\kappa_0} - \frac{3d_\kappa}{2a}(\gamma - 1)(1+i)\right]p_{0i}(\omega) \tag{6.2.42a}$$

$$B_0(\omega) \approx \left\{ 1 - \frac{1}{3}(k_0 a)^2 \left[\frac{\kappa_0 - \kappa_e}{\kappa_0} - \frac{3d_\kappa}{2a}(\gamma - 1)(1 + \mathrm{i}) \right] \right\} p_{0\mathrm{i}}(\omega) \tag{6.2.42b}$$

$$E_0(\omega) \approx \frac{(\gamma - 1)(1 - \mathrm{i})a}{c_0^2 \rho_0 \beta_{P0} d_\kappa} p_{0\mathrm{i}}(\omega) \tag{6.2.42c}$$

第 $l = 1$ 项表示散射球前后运动 (沿 z 轴). 由方程 (6.2.38c) 的第二式、(6.2.39c) 的第二式、(6.2.40e) 和 (6.2.41d) 得到第 $l = 1$ 项的诸系数近似为

$$A_1(\omega) \approx -(k_0 a)^3 \delta_1 \left[1 - \frac{(1 + \mathrm{i})d_\mu}{a} \delta_2 \right] p_{0\mathrm{i}}(\omega) \tag{6.2.43a}$$

$$B_1(\omega) \approx 3\mathrm{i}\frac{c_e}{c_0} \delta_2 \left[1 - \frac{(1 + \mathrm{i})d_\mu}{a} \delta_1 \right] p_{0\mathrm{i}}(\omega) \tag{6.2.43b}$$

$$D_1(\omega) \approx -\frac{6a(1 - \mathrm{i})}{d_\mu} \delta_1 \left[1 - \frac{(1 + \mathrm{i})d_\mu}{a} \delta_1 \right] p_{0\mathrm{i}}(\omega) \tag{6.2.43c}$$

$$E_1(\omega) \approx -\frac{\gamma - 1}{c_0^2 \rho_0 \beta_{P0}} \frac{(1 - \mathrm{i})a}{d_\kappa}(k_0 a)\delta_2 \left[1 - \frac{(1 + \mathrm{i})d_\mu}{a} \delta_1 \right] p_{0\mathrm{i}}(\omega) \tag{6.2.43d}$$

其中, 比例系数定义为

$$\delta_1 \equiv \frac{\rho_e - \rho_0}{2\rho_e + \rho_0}; \delta_2 \equiv \frac{3\rho_e}{2\rho_e + \rho_0} \tag{6.2.43e}$$

吸收声功率　球面边界层吸收声功率可由方程 (6.1.31b) 的第二式计算, 即

$$P_{\mathrm{ab}} = \frac{1}{2}\mathrm{Re} \iint_{r=a} \boldsymbol{I}_{\mathrm{ab}} \cdot \mathrm{d}\boldsymbol{S} \tag{6.2.44a}$$

式中, $\boldsymbol{I}_{\mathrm{ab}}$ 为吸收声功率流 (由方程 (6.1.31b) 的第二式得到)

$$\boldsymbol{I}_{\mathrm{ab}} \equiv -\frac{\kappa}{T_0} T_h^* \nabla T_h - 2\mu \sum_{i,j=1}^{3} \boldsymbol{e}_i v_{\mu j}^* S_{ij}(\boldsymbol{v}_\mu) \tag{6.2.44b}$$

对热传导项, 只要考虑 $l = 0$ 项就足够了, 把方程 (6.2.35b) 和 (6.2.42c) 代入上式, 并取 $l = 0$ 项不难求得热传导的贡献为

$$P_{\mathrm{ab}}^h \equiv -\pi a^2 \frac{\kappa}{T_0}\mathrm{Re} \int_0^\pi \left(T_h^* \frac{\mathrm{d}T_h}{\mathrm{d}r} \right)_{r=a} \sin\vartheta \mathrm{d}\vartheta \approx 2\pi a^2(\gamma - 1)k_0 d_\kappa I_{0\mathrm{i}} \tag{6.2.45}$$

式中, 上标 "h" 表示热传导的贡献. 对黏滞的贡献, 计算稍许复杂些. 注意到: 在球坐标下, 球法向 $\boldsymbol{e}_r$ 方向的吸收声功率流为

$$-2\mu \left[\sum_{i,j=1}^{3} \boldsymbol{e}_i v_{\mu j}^* S_{ij}(\boldsymbol{v}_\mu) \right] \cdot \boldsymbol{e}_r = -2\mu[v_{\mu r}^* S_{rr}(\boldsymbol{v}_\mu) + v_{\mu \vartheta}^* S_{r\vartheta}(\boldsymbol{v}_\mu)] \tag{6.2.46a}$$

式中, 应变张量在球坐标中为 (参见附录 C)

$$S_{rr}(\boldsymbol{v}_\mu) = \frac{\partial v_{\mu r}}{\partial r}; \; S_{r\vartheta}(\boldsymbol{v}_\mu) = \frac{1}{2}\left(\frac{1}{r}\frac{\partial v_{\mu r}}{\partial \vartheta} + \frac{\partial v_{\mu\vartheta}}{\partial r} - \frac{v_{\mu\vartheta}}{r}\right) \tag{6.2.46b}$$

把方程 (6.2.37b) 和 (6.2.43c) 代入方程 (6.2.46b) 和 (6.2.46a) 可以得到

$$\begin{aligned} P_{ab}^\mu &\equiv -2\pi a^2 \mu \mathrm{Re}\int_0^\pi [v_{\mu r}^* S_{rr}(\boldsymbol{v}_\mu) + v_{\mu\vartheta}^* S_{r\vartheta}(\boldsymbol{v}_\mu)]_{r=a}\cdot\sin\vartheta\mathrm{d}\vartheta \\ &\approx 12\pi a^2 k_0 d_\mu \delta_1^2 I_{0i} \end{aligned} \tag{6.2.46c}$$

式中, 上标 "μ" 表示黏滞的贡献. 故球面边界层吸收声功率为

$$P_{ab} = P_{ab}^h + P_{ab}^\mu \approx 2\pi a^2(\gamma-1)k_0 d_\kappa I_{0i} + 12\pi a^2 k_0 d_\mu \delta_1^2 I_{0i} \tag{6.2.47}$$

显然, P_{ab} 与频率的关系为 $P_{ab} \sim \sqrt{\omega}$, 而通常的黏滞和热传导声吸收正比于 ω^2. 上式在解释大气中雾的声吸收是十分重要的.

6.3 管道和狭缝中声波的传播和耗散

当考虑管道中充满非理想流体 (即必须考虑流体的黏滞和热传导) 时, 由于流体质点分子黏着在管道的壁面, 质点速度为零 (对静止的刚性管壁), 流体质点速度一定是横截面坐标的函数, 而不可能像理想流体情况那样存在横截面均匀的平面波. 本节首先介绍 "粗"、"细" 圆形管道中平面波的传播特征, 以及微穿孔吸声材料和共振结构; 然后分析 "狭缝" 中平面波的传播, 其直接应用是所谓的**热声效应**(thermoacoustic effect).

6.3.1 粗圆管中平面波的传播和衰减

考虑截面为圆形 (半径为 R) 的无限长波导, 壁面刚性. 假定: ①声波频率在截止频率以下, 故在远离声源处仅需考虑平面波, 频率 f 满足方程 (4.1.47a), 或者

$$R < 1.84\frac{c_0}{\omega} \tag{6.3.1a}$$

②但声波频率又足够高, 以至半径 R 远大于边界层的厚度, 即

$$R \gg \mathrm{Max}(d_\mu, d_\kappa) \tag{6.3.1b}$$

其中, $d_\mu \equiv \sqrt{2\mu/(\omega\rho_0)}$ 和 $d_\kappa \equiv \sqrt{2\kappa/(\omega\rho_0 c_{P0})}$. 因此, 频率满足

$$\mathrm{Max}\left(\sqrt{2k_0 l'_\mu}, \sqrt{2k_0 l_\kappa}\right) \ll k_0 R < 1.84 \tag{6.3.1c}$$

其中, $l'_\mu \equiv \mu/\rho_0 c_0$ 和 $l_\kappa = \kappa/\rho_0 c_0 c_{P0}$. 在理想流体情况下, 平面波在横向是均匀的, 即与 (ρ, φ) 无关; 但在非理想流体中, 由于流体质点速度在管壁上必须满足连续性方程 (对静止的刚性管壁, 流体质点速度为零), 速度一定随 ρ 变化.

在满足方程 (6.3.1b) 的条件下，旋波方程 (6.2.3c)、声波方程 (6.2.8a) 和温度波方程 (6.2.10b) 成立，即旋波、声波和温度波仅仅在边界上耦合. 为了简单, 假定问题是轴对称的 (注意: 此时的平面波条件由方程 (4.1.47b) 给出), 且声波沿 z 方向传播

$$p_a(\rho,z,\omega) = p_a(\rho,\omega)\exp(\mathrm{i}k_z z) \tag{6.3.2a}$$

由方程 (6.2.8a), 在柱坐标下

$$\frac{1}{\rho}\frac{\partial}{\partial\rho}\left[\rho\frac{\partial p_a(\rho,\omega)}{\partial\rho}\right] + (k_a^2 - k_z^2)p_a(\rho,\omega) = 0$$
$$k_a^2 \equiv \frac{\omega^2}{c_0^2}\left\{1 + \mathrm{i}\frac{\omega}{c_0}[(\gamma-1)l_\kappa + l_\mu]\right\} \tag{6.3.2b}$$

显然, 声压的表达式为

$$p_a(\rho,z,\omega) = p_{a0}\frac{\mathrm{J}_0(k_{a\rho}\rho)}{\mathrm{J}_0(k_{a\rho}R)}\exp(\mathrm{i}k_z z) \tag{6.3.2c}$$

其中,$k_{a\rho}^2 \equiv k_a^2 - k_z^2$, $k_{a\rho}$ 为径向波数. 相应地, 由方程 (6.2.8b) 和 (6.2.8c), 声波引起的温度场和速度场分别为

$$T_a(\rho,z,\omega) \approx \frac{\gamma-1}{\rho_0 c_0^2 \beta_{P0}}p_a(\rho,z,\omega) = \frac{(\gamma-1)p_0(\omega)}{\rho_0 c_0^2 \beta_{P0}}\cdot\frac{\mathrm{J}_0(k_{a\rho}\rho)}{\mathrm{J}_0(k_{a\rho}R)}\mathrm{e}^{\mathrm{i}k_z z} \tag{6.3.2d}$$

$$\boldsymbol{v}_a(\rho,z,\omega) \approx \frac{p_{a0}}{\mathrm{i}\omega\rho_0}\left[-k_{a\rho}\frac{\mathrm{J}_1(k_{a\rho}\rho)}{\mathrm{J}_0(k_{a\rho}R)}\boldsymbol{e}_\rho + \mathrm{i}k_z\frac{\mathrm{J}_0(k_{a\rho}\rho)}{\mathrm{J}_0(k_{a\rho}R)}\boldsymbol{e}_z\right]\mathrm{e}^{\mathrm{i}k_z z} \tag{6.3.2e}$$

边界层附近的温度波模式　设 $T_h(\rho,z,\omega) = T_h(\rho,\omega)\exp(\mathrm{i}k_z z)$, 由方程 (6.2.10b), 在柱坐标下

$$\frac{1}{\rho}\frac{\partial}{\partial\rho}\left[\rho\frac{\partial T_h(\rho,\omega)}{\partial\rho}\right] + (k_h^2 - k_z^2)T_h(\rho,\omega) \approx 0 \tag{6.3.3a}$$

其中, $k_h^2 \approx \mathrm{i}\omega / l_\kappa c_0$, 上式在边界层 $\rho \sim R$ 附近展开, 令 $\rho' = R - \rho$

$$\frac{\partial^2 T_h(\rho',\omega)}{\partial\rho'^2} - \frac{1}{R}\frac{\partial T_h(\rho',\omega)}{\partial\rho'} + k_{h\rho}^2 T_h(\rho',\omega) \approx 0 \tag{6.3.3b}$$

其中,$k_{h\rho}^2 \equiv k_h^2 - k_z^2$, $k_{h\rho}$ 为温度模式的径向波数. 由方程 (6.3.1b), 上式第二项可忽略, 于是得到在边界层 $\rho \sim R$ 附近温度模式的解

$$T_h(\rho,\omega) \approx T_{h0}\exp[\mathrm{i}k_{h\rho}(R-\rho)] \tag{6.3.3c}$$

相应的声压场和速度场由方程 (6.2.11a) 和 (6.2.11b) 给出

$$p_h(\rho,z,\omega) \approx -\mathrm{i}\omega\rho_0 c_0\beta_{P0}(l_\mu - l_\kappa)T_h(\rho,z,\omega) \approx 0$$
$$\boldsymbol{v}_h(\rho,z,\omega) \approx l_\kappa c_0\beta_{P0}(-\mathrm{i}k_{h\rho}\boldsymbol{e}_\rho + \mathrm{i}k_z\boldsymbol{e}_z)T_{h0}\exp[\mathrm{i}k_{h\rho}(R-\rho)]\mathrm{e}^{\mathrm{i}k_z z} \tag{6.3.3d}$$

边界层附近的旋波模式 注意到柱坐标下

$$
\begin{aligned}
(\nabla^2 \boldsymbol{v}_\mu)_\rho &= \nabla^2 v_{\mu\rho} - \frac{1}{\rho^2} v_{\mu\rho} \approx \nabla^2 v_{\mu\rho} \approx \frac{\partial^2 v_{\mu\rho}(\rho,z,\omega)}{\partial \rho^2} \\
(\nabla^2 \boldsymbol{v}_\mu)_z &= \nabla^2 v_{\mu z} \approx \frac{\partial^2 v_{\mu z}(\rho,z,\omega)}{\partial \rho^2}
\end{aligned}
\tag{6.3.4a}
$$

由方程 (6.2.3c), 并令 $\boldsymbol{v}_\mu(\rho,z,\omega) = \boldsymbol{v}_\mu(\rho,\omega)\exp(\mathrm{i}k_z z)$, 与得到方程 (6.3.3c) 同样的过程 (作为习题)

$$
\begin{aligned}
v_{\mu\rho}(\rho,\omega) &\approx v_{\mu\rho0}\exp[\mathrm{i}k_{\mu\rho}(R-\rho)] \\
v_{\mu z}(\rho,\omega) &\approx v_{\mu z0}\exp[\mathrm{i}k_{\mu\rho}(R-\rho)]
\end{aligned}
\tag{6.3.4b}
$$

其中,$k_{\mu\rho}^2 = k_\mu^2 - k_z^2$ 和 $k_\mu^2 = \mathrm{i}\omega/l_\mu' c_0$. 由 $\nabla\cdot\boldsymbol{v}_\mu = 0$ 得到

$$
\nabla\cdot\boldsymbol{v}_\mu \approx \frac{\partial v_{\mu\rho}}{\partial \rho} + \frac{\partial v_{\mu z}}{\partial z} = (-\mathrm{i}k_{\mu\rho}v_{\mu\rho0} + \mathrm{i}k_z v_{\mu z0})\mathrm{e}^{\mathrm{i}k_{\mu\rho}(R-\rho)+\mathrm{i}k_z z} = 0
\tag{6.3.4c}
$$

于是系数存在关系 $v_{\mu z0} = v_{\mu\rho0}k_{\mu\rho}/k_z$. 因此, 忽略传播因子 $\exp(\mathrm{i}k_z z)$, 在边界层 $\rho \sim R$ 附近, 总的温度场和速度场分别为

$$
T'(\rho,\omega) = T_a(\rho,\omega) + T_h(\rho,\omega) \approx \frac{(\gamma-1)p_{a0}}{\rho_0 c_0^2 \beta_{P0}} \cdot \frac{\mathrm{J}_0(k_{a\rho}\rho)}{\mathrm{J}_0(k_{a\rho}R)} + T_{h0}\mathrm{e}^{\mathrm{i}k_{h\rho}(R-\rho)}
\tag{6.3.5a}
$$

以及

$$
\begin{aligned}
v_\rho'(\rho,\omega) &\approx v_{a\rho}(\rho,\omega) + v_{h\rho}(\rho,\omega) + v_{\mu\rho}(\rho,\omega) \\
&= \mathrm{i}k_{a\rho}\frac{p_{a0}}{\omega\rho_0}\cdot\frac{\mathrm{J}_1(k_{a\rho}\rho)}{\mathrm{J}_0(k_{a\rho}R)} - \mathrm{i}k_{h\rho}l_\kappa c_0\beta_{P0}T_{h0}\mathrm{e}^{\mathrm{i}k_{h\rho}(R-\rho)} + v_{\mu\rho0}\mathrm{e}^{\mathrm{i}k_{\mu\rho}(R-\rho)} \\
v_z'(\rho,\omega) &\approx v_{az}(\rho,\omega) + v_{hz}(\rho,\omega) + v_{\mu z}(\rho,\omega) \\
&= k_z\frac{p_{a0}}{\omega\rho_0}\cdot\frac{\mathrm{J}_0(k_{a\rho}\rho)}{\mathrm{J}_0(k_{a\rho}R)} + \mathrm{i}k_z l_\kappa c_0\beta_{P0}T_{h0}\mathrm{e}^{\mathrm{i}k_{h\rho}(R-\rho)} + \frac{k_{\mu\rho}}{k_z}v_{\mu\rho0}\mathrm{e}^{\mathrm{i}k_{\mu\rho}(R-\rho)}
\end{aligned}
\tag{6.3.5b}
$$

边界条件 边界条件为 $T'(R,\omega) = 0$(温度边界条件)、$v_\rho'(R,\omega) = 0$ (法向速度连续) 和 $v_z'(R,\omega) = 0$(切向速度连续), 即

$$
\frac{\gamma-1}{\rho_0 c_0^2 \beta_{P0}}p_{a0} + T_{h0} \approx 0
\tag{6.3.6a}
$$

$$
\mathrm{i}\frac{k_{a\rho}}{\omega\rho_0}\cdot\frac{\mathrm{J}_1(k_{a\rho}R)}{\mathrm{J}_0(k_{a\rho}R)}p_{a0} - \mathrm{i}k_{h\rho}l_\kappa c_0\beta_{P0}T_{h0} + v_{\mu\rho0} \approx 0
\tag{6.3.6b}
$$

$$
\frac{k_z}{\omega\rho_0}p_{a0} + \mathrm{i}k_z l_\kappa c_0\beta_{P0}T_{h0} + \frac{k_{\mu\rho}}{k_z}v_{\mu\rho0} \approx 0
\tag{6.3.6c}
$$

由方程 (6.3.6a), 得到 $T_{h0} \approx -(\gamma-1)p_{a0}/c_0^2\rho_0\beta_{P0}$, 代入方程 (6.3.6b) 和 (6.3.6c) 得到

$$\mathrm{i}\left[\frac{k_{a\rho}}{\omega\rho_0}\cdot\frac{\mathrm{J}_1(k_{a\rho}R)}{\mathrm{J}_0(k_{a\rho}R)}+\frac{k_{h\rho}l_\kappa c_0(\gamma-1)}{\rho_0 c_0^2}\right]p_{a0}+v_{\mu\rho 0}\approx 0 \tag{6.3.7a}$$

$$k_z\left[\frac{1}{\omega\rho_0}-\mathrm{i}\frac{(\gamma-1)l_\kappa}{\rho_0 c_0}\right]p_{a0}+\frac{k_{\mu\rho}}{k_z}v_{\mu\rho 0}\approx 0 \tag{6.3.7b}$$

显然, 存在非零解的条件为

$$\mathrm{i}\left[\frac{k_{a\rho}}{\omega\rho_0}\cdot\frac{\mathrm{J}_1(k_{a\rho}R)}{\mathrm{J}_0(k_{a\rho}R)}+\frac{k_{h\rho}l_\kappa(\gamma-1)}{\rho_0 c_0}\right]k_{\mu\rho}-k_z^2\left[\frac{1}{\omega\rho_0}-\mathrm{i}\frac{(\gamma-1)l_\kappa}{\rho_0 c_0}\right]=0 \tag{6.3.8a}$$

当忽略耗散时 ($\mu\to 0$ 和 $\kappa\to 0$): ①$k_a - \omega/c_0$, $k_z\sim\omega/c_0$(在无耗散时, 管道中的平面波波数与无限大空间相同), 即 $k_a\sim k_z$, 故 $k_{a\rho}=\sqrt{k_a^2-k_z^2}\to 0$, $k_{a\rho}R\ll 1$(注意: $k_0R<1.84$), 于是可取近似

$$\frac{k_{a\rho}}{k_0\rho_0 c_0}\cdot\frac{\mathrm{J}_1(k_{a\rho}R)}{\mathrm{J}_0(k_{a\rho}R)}\approx\frac{k_{a\rho}^2 R}{2k_0\rho_0 c_0} \tag{6.3.8b}$$

顺便指出, 由方程 (6.3.2c), 上式结果也表明平面波的声压在横向是近似均匀的, 而为了满足边界条件, 速度场则不能取这种近似; ②因 $k_z^2\sim\omega^2/c_0^2$, 故 $|k_z^2/k_h^2|\sim k_0l_\kappa\ll 1$, 即 $|k_z^2|\ll|k_h^2|$; 同理 $|k_z^2|\ll|k_\mu^2|$. 因此

$$k_{\mu\rho}^2=k_\mu^2-k_z^2\approx k_\mu^2\approx\mathrm{i}\frac{k_0}{l'_\mu};\ k_{h\rho}^2=k_h^2-k_z^2\approx k_h^2\approx\mathrm{i}\frac{k_0}{l_\kappa} \tag{6.3.8c}$$

由方程 (6.3.8b) 和 (6.3.8c), 方程 (6.3.8a) 近似为

$$\mathrm{i}\left[\frac{(k_a^2-k_z^2)R}{2k_0\rho_0 c_0}+\frac{\sqrt{\mathrm{i}k_0l_\kappa}(\gamma-1)}{\rho_0 c_0}\right]\sqrt{\frac{\mathrm{i}k_0}{l'_\mu}}-k_z^2\left[\frac{1}{k_0\rho_0 c_0}-\mathrm{i}\frac{(\gamma-1)l_\kappa}{\rho_0 c_0}\right]=0 \tag{6.3.8d}$$

最后得到粗管中平面波的传播波数 k_z 满足的方程

$$\frac{k_z^2}{k_0^2}\approx 1+(1+\mathrm{i})\sqrt{\frac{2}{k_0}}\frac{1}{R}\left[\sqrt{l'_\mu}+\sqrt{l_\kappa}(\gamma-1)\right] \tag{6.3.9a}$$

得到上式利用了: ①忽略了方程 (6.3.8d) 的第二个中括号中的项 $(\gamma-1)l_\kappa$, 因为声波波长远大于边界层厚度; ②取近似 $k_a^2/k_0^2\sim 1$; ③近似展开中注意到

$$\frac{1}{\sqrt{l'_\mu}+\mathrm{i}R\sqrt{\mathrm{i}k_0}/2}\approx\frac{2}{\mathrm{i}R\sqrt{\mathrm{i}k_0}\left[1+2\sqrt{l'_\mu}/\mathrm{i}R\sqrt{\mathrm{i}k_0}\right]}$$

$$\approx\frac{2}{\mathrm{i}R\sqrt{\mathrm{i}k_0}}\left(1-\frac{2\sqrt{l'_\mu}}{\mathrm{i}R\sqrt{\mathrm{i}k_0}}\right) \tag{6.3.9b}$$

衰减系数　由方程 (6.3.9a), 管道中平面波的复波数为

$$k_z \approx \frac{\omega}{c_0} \left\{ 1 + \sqrt{\frac{1}{2k_0}} \frac{1}{R} \left[\sqrt{l'_\mu} + \sqrt{l_\kappa}(\gamma - 1) \right] \right\} + \mathrm{i}\alpha_z \qquad (6.3.9c)$$

式中, α_z 为**衰减系数**

$$\alpha_z \equiv \sqrt{\frac{\omega}{2c_0}} \frac{1}{R} \left[\sqrt{l'_\mu} + \sqrt{l_\kappa}(\gamma - 1) \right] \qquad (6.3.9d)$$

由方程 (6.2.6d) , α_z 与无限大介质中的衰减系数 α 相比, 只要 R 足够小, 即满足

$$R \ll \frac{\sqrt{2}}{k_0^{3/2}} \frac{\sqrt{l'_\mu} + \sqrt{l_\kappa}(\gamma - 1)}{l_\mu + (\gamma - 1)l_\kappa} \qquad (6.3.9e)$$

那么 $\alpha_z \gg \alpha$. 条件 (6.3.1a), (6.3.1b) 和 (6.3.9e) 是不矛盾的, 实际问题一般满足

$$\mathrm{Max}(d_\mu, d_\kappa) \ll R < \frac{1.84}{k_0} \ll \frac{\sqrt{2}}{k_0^{3/2}} \frac{\sqrt{l'_\mu} + \sqrt{l_\kappa}(\gamma - 1)}{l_\mu + (\gamma - 1)l_\kappa} \qquad (6.3.10)$$

等效声阻抗率　由于黏滞和热传导效应, 与方程 (6.2.28b) 类似, 定义刚性边界的等效声阻抗率 z_b

$$\frac{1}{z_b} \equiv \left. \frac{\boldsymbol{v}_a \cdot \boldsymbol{e}_\rho}{p_a} \right|_{\rho=R} = \frac{v_{a\rho}(R, z, \omega)}{p_a(R, z, \omega)} = \frac{\mathrm{i}}{\omega\rho_0} \left[k_{a\rho} \frac{\mathrm{J}_1(k_{a\rho}R)}{\mathrm{J}_0(k_{a\rho}R)} \right] \qquad (6.3.11a)$$

由方程 (6.3.8a)

$$\frac{\rho_0 c_0}{z_b} \approx (1 - \mathrm{i}) \sqrt{\frac{k_0}{2}} \left[\left(1 - \frac{k_{a\rho}^2}{k_0^2} \right) \sqrt{l'_\mu} + \sqrt{l_\kappa}(\gamma - 1) \right] \qquad (6.3.11b)$$

得到上式, 已注意到关系 $k_a^2 = k_{a\rho}^2 - k_z^2 \approx k_0^2$. 显然, 上式与方程 (6.2.29) 有类似的形式, 不过这里的法向是 ρ 方向.

事实上, 也可以直接用边界条件方程 (6.2.23a) 得到方程 (6.3.9a). 注意到对圆柱, 切向为 (φ, z) 方向, 在轴对称条件下, 与 φ 无关, 于是由方程 (6.3.2e) 得到

$$\boldsymbol{v}_a \cdot \boldsymbol{n}|_{\rho=R} \approx \frac{p_{a0}}{\mathrm{i}\omega\rho_0} k_{a\rho} \frac{\mathrm{J}_1(k_{a\rho}R)}{\mathrm{J}_0(k_{a\rho}R)} \exp(\mathrm{i}k_z z)$$

$$\nabla_t \cdot \boldsymbol{v}_a|_{\rho=R} \approx \frac{\partial v_{az}}{\partial z} = \frac{p_{a0}}{\mathrm{i}\omega\rho_0} (\mathrm{i}k_z)^2 \exp(\mathrm{i}k_z z) \qquad (6.3.12a)$$

注意: $\boldsymbol{n} = -\boldsymbol{e}_\rho$. 上式代入方程 (6.2.23a) 并利用方程 (6.3.2c) 得到

$$\frac{p_{a0}}{\mathrm{i}\omega\rho_0} k_{a\rho} \frac{\mathrm{J}_1(k_{a\rho}R)}{\mathrm{J}_0(k_{a\rho}R)} - \frac{(1+\mathrm{i})d_\mu}{2} \frac{p_{a0}}{\mathrm{i}\omega\rho_0} (\mathrm{i}k_z)^2 + \frac{(1-\mathrm{i})(\gamma-1)d_\kappa}{2} \frac{\omega}{c_0} \frac{p_{a0}}{\rho_0 c_0} \approx 0 \quad (6.3.12b)$$

整理后得到

$$\frac{k_z^2}{k_0^2} \approx 1 + \frac{(1+\mathrm{i})}{R}[d_\mu + (\gamma - 1)d_\kappa] \qquad (6.3.12c)$$

注意到 $d_\mu = \sqrt{2l'_\mu/k_0}$ 和 $d_\kappa = \sqrt{2l_\kappa/k_0}$, 上式与方程到 (6.3.9a) 完全一致.

6.3.2　毛细管中平面波的传播和微穿孔材料

　　所谓 "细" 管, 即 $R \ll d_\mu$ 或者 $R \ll d_\kappa$, 边界层充满管道, 这样的管道称为**毛细管**(capillary). 显然, 分离的旋波方程 (6.2.3c)、声波方程 (6.2.8a) 和温度波方程 (6.2.10b), 以及声波边界条件方程 (6.2.23a) 已不适合了, 必须用耦合方程 (6.1.15a)、(6.1.17a) 和 (6.1.17b). 但是由于管道直径 R 远小于声波波长, 可以作近似: ①声压仅与 z 有关, 而与横向坐标无关, 由上小节也可看出这点; ②速度矢量只有 z 方向分量 v_z, 横向分量近似为零; ③由于 v_z 从 $\rho = 0$(中心处) 的极大变到 $\rho = R$ 的零, ρ 方向的变化远大于 z 的变化 (因为频率很低), 即: $|\partial v_z/\partial \rho| \gg |\partial v_z/\partial z|$. 于是由方程 (6.1.15a)(取力源 $\boldsymbol{f} = 0$)

$$-\mathrm{i}\omega\rho_0 v_z \approx -\frac{\partial p}{\partial z} + \mu\frac{1}{\rho}\frac{\partial}{\partial \rho}\left(\rho\frac{\partial v_z}{\partial \rho}\right) \tag{6.3.13a}$$

整理得

$$\frac{1}{\rho}\frac{\partial}{\partial \rho}\left(\rho\frac{\partial v_z}{\partial \rho}\right) + k_\mu^2 v_z = \frac{1}{l'_\mu \rho_0 c_0}\frac{\partial p}{\partial z} \tag{6.3.13b}$$

其中,$k_\mu^2 = \mathrm{i}k_0/l'_\mu$. 另外, v_z 满足的边界条件为

$$v_z(\rho, z, \omega)|_{\rho=R} = 0 \tag{6.3.13c}$$

显然, 方程 (6.3.13b) 且满足方程 (6.3.13c) 的解为

$$v_z(\rho, z, \omega) = -\frac{\mathrm{i}}{k_0\rho_0 c_0}\left[1 - \frac{\mathrm{J}_0(k_\mu\rho)}{\mathrm{J}_0(k_\mu R)}\right] \cdot \frac{\partial p(z, \omega)}{\partial z} \tag{6.3.13d}$$

由方程 (6.1.17b)(取质量源 $q = 0$ 和热源 $h = 0$)

$$\frac{1}{\rho}\frac{\partial}{\partial \rho}\left[\rho\frac{\partial T'(\rho, z, \omega)}{\partial \rho}\right] + k_h^2 T'(\rho, z, \omega) \approx \mathrm{i}\frac{\omega T_0 \beta_{P0}}{\kappa}p(z, \omega) \tag{6.3.14a}$$

其中,$k_h^2 = \mathrm{i}k_0/l_\kappa$. 温度变化满足的边界条件是

$$T'(\rho, z, \omega)|_{\rho=R} \approx 0 \tag{6.3.14b}$$

于是, 温度变化为

$$T'(\rho, z, \omega) = \frac{(\gamma-1)}{c_0^2\rho_0\beta_{P0}}\left[1 - \frac{\mathrm{J}_0(k_h\rho)}{\mathrm{J}_0(k_h R)}\right] \cdot p(z, \omega) \tag{6.3.14c}$$

得到上式, 利用了方程 (6.2.5a). 由质量守恒方程 (6.1.17a)(取质量源 $q = 0$)

$$-\mathrm{i}\gamma\frac{\omega}{c_0^2}p(z, \omega) + \mathrm{i}\omega\rho_0\beta_{P0}T'(z, \omega) + \rho_0\frac{\partial v_z(z, \omega)}{\partial z} \approx 0 \tag{6.3.15a}$$

其中, 利用了 $c_0^2 = \gamma c_{0T}^2$ 和 $c_{T0}^2 = 1/(\rho_0 \kappa_{T0})$. 上式中 $p(z, \omega)$ 与 ρ 无关, 故需对 ρ 求平均, 于是

$$-\mathrm{i}\gamma \frac{\omega}{c_0^2} p(z, \omega) + \mathrm{i}\omega \rho_0 \beta_{P0} \langle T'(z, \omega) \rangle_\rho + \rho_0 \frac{\partial \langle v_z(z, \omega) \rangle_\rho}{\partial z} \approx 0 \qquad (6.3.15\mathrm{b})$$

其中, 平均温度和速度为

$$\begin{aligned}
\langle T'(z, \omega) \rangle_\rho &= \frac{1}{2\pi R^2} \int_0^R 2\pi T'(\rho, z, \omega) \rho \mathrm{d}\rho = \frac{(\gamma - 1)}{\rho_0 c_0^2 \beta_{P0}}(1 - K_\kappa) p(z, \omega) \\
\langle v_z(z, \omega) \rangle_\rho &= \frac{1}{2\pi R^2} \int_0^R 2\pi v_z(\rho, z, \omega) \rho \mathrm{d}\rho = -\frac{\mathrm{i}}{k_0 \rho_0 c_0}(1 - K_\mu) \frac{\partial p(z, \omega)}{\partial z}
\end{aligned} \qquad (6.3.15\mathrm{c})$$

其中, 为了方便定义

$$K_\kappa \equiv \frac{2}{k_h R} \frac{\mathrm{J}_1(k_h R)}{\mathrm{J}_0(k_h R)}; \quad K_\mu \equiv \frac{2}{k_\mu R} \frac{\mathrm{J}_1(k_\mu R)}{\mathrm{J}_0(k_\mu R)} \qquad (6.3.15\mathrm{d})$$

复等效密度 方程 (6.3.15c) 的第二式改写成形式

$$-\mathrm{i}\omega \frac{\rho_0}{1 - K_\mu} \langle v_z(z, \omega) \rangle_\rho = -\frac{\partial p(z, \omega)}{\partial z} \qquad (6.3.16\mathrm{a})$$

与流体的牛顿运动方程比较, 可定义**复等效密度**

$$\tilde{\rho} \equiv \frac{\rho_0}{1 - K_\mu} \qquad (6.3.16\mathrm{b})$$

复波数 把方程 (6.3.15c) 的二式代入方程 (6.3.15b) 得到

$$\frac{\omega^2}{c_0^2} \cdot \frac{1 + (\gamma - 1)K_\kappa}{1 - K_\mu} p(z, \omega) + \frac{\partial^2 p(z, \omega)}{\partial z^2} \approx 0 \qquad (6.3.17\mathrm{a})$$

故 z 方向的**复波数**平方为

$$k_z^2 \equiv \frac{\omega^2}{c_0^2} \frac{1 + (\gamma - 1)K_\kappa}{1 - K_\mu} \qquad (6.3.17\mathrm{b})$$

等效绝热压缩系数 引进复声速 $k_z^2 \equiv \omega^2/\tilde{c}^2$, 那么

$$\frac{1}{\tilde{c}^2} = \frac{1}{c_0^2} \frac{1 + (\gamma - 1)K_\kappa}{1 - K_\mu} \qquad (6.3.18\mathrm{a})$$

另一方面, 复声速 $\tilde{c}$ 可以用复等效密度 $\tilde{\rho}$ 和复等效绝热压缩系数 $\tilde{\kappa}_s$ 表示, 即 $1/\tilde{c}^2 = \tilde{\rho}\tilde{\kappa}_s$, 故由方程 (6.3.18a) 和 (6.3.16b) 得到**复等效绝热压缩系数**

$$\tilde{\kappa}_s = \frac{1}{c_0^2} \frac{1 + (\gamma - 1)K_\kappa}{1 - K_\mu} \cdot \frac{1}{\tilde{\rho}} = \frac{1}{\rho_0 c_0^2}[1 + (\gamma - 1)K_\kappa] \qquad (6.3.18\mathrm{b})$$

显然, 复等效绝热压缩系数仅与热传导系数有关, 而与黏滞系数无关, 而复等效密度仅与黏滞系数有关.

注意: 在方程 (6.3.17b) 的推导过程中, 仅要求管道直径 R 远小于声波波长, 并没有用到条件 $R \sim d_\mu$ 或者 $R \sim d_\kappa$, 故方程 (6.3.17b) 对 $R \gg \mathrm{Max}(d_\mu, d_\kappa)$ (但远小于声波波长) 情况也成立. 事实上, 当 $R \gg \mathrm{Max}(d_\mu, d_\kappa)$, 即 $|k_h R| \gg 1$ 或者 $|k_\mu R| \gg 1$, 方程 (6.3.15d) 中的 Bessel 函数可作渐近展开

$$\frac{\mathrm{J}_1(k_\mu R)}{\mathrm{J}_0(k_\mu R)} \approx \frac{\sin\left(\dfrac{1+\mathrm{i}}{\sqrt{2}}\sqrt{k_0/l_\mu'}R - \dfrac{\pi}{4}\right)}{\cos\left(\dfrac{1+\mathrm{i}}{\sqrt{2}}\sqrt{k_0/l_\mu'}R - \dfrac{\pi}{4}\right)} \approx \mathrm{i} \tag{6.3.19a}$$

上式代入方程 (6.3.15d) 和 (6.3.17b) 得到

$$\begin{aligned}
\frac{k_z^2}{k_0^2} &\approx \left[1 + (\gamma - 1)\frac{2\mathrm{i}}{k_h R}\right]\left(1 + \frac{2\mathrm{i}}{k_\mu R}\right) \approx 1 + \frac{2\mathrm{i}}{k_\mu R} + (\gamma - 1)\frac{2\mathrm{i}}{k_h R} \\
&\approx 1 + (1+\mathrm{i})\sqrt{\frac{2}{k_0}}\frac{1}{R}\left[\sqrt{l_\mu'} + (\gamma - 1)\sqrt{l_\kappa}\right]
\end{aligned} \tag{6.3.19b}$$

上式与方程 (6.3.9a) 完全一致. 相应的复等效密度为

$$\tilde{\rho} \equiv \frac{\rho_0}{1 - K_\mu} \approx \rho_0\left[1 + \frac{(1+\mathrm{i})d_\mu}{R}\right] \tag{6.3.19c}$$

其中, $d_\mu \equiv \sqrt{2\mu/(\omega\rho_0)}$. 由于 $d_\mu/R \ll 1$, 故复等效密度是 ρ_0 的微小修正.

毛细管　当 $R \ll d_\mu$ 或者 $R \ll d_\kappa$ 时, $|k_\mu R| \ll 1$ 或者 $|k_h R| \ll 1$, 方程 (6.3.15d) 中的 Bessel 可在零点附近展开: 对 K_κ 得到简单的近似关系 $K_\kappa \approx 1$, 而对 K_μ, 展开关系为

$$K_\mu \approx \frac{1 - (k_\mu R)^2/8 + (k_\mu R)^4/192}{1 - (k_\mu R)^2/4 + (k_\mu R)^4/64}; \quad \frac{1}{1 - K_\mu} \approx -\frac{8}{(k_\mu R)^2}\left[1 - \frac{(k_\mu R)^2}{6}\right] \tag{6.3.20a}$$

上式代入方程 (6.3.17b) 得到

$$k_z^2 = -k_0^2\frac{8\gamma}{(k_\mu R)^2} = \mathrm{i}\frac{8\gamma\omega l_\mu'}{c_0 R^2} \tag{6.3.20b}$$

即 z 方向的波数为

$$k_z \approx (1+\mathrm{i})\frac{2}{R}\sqrt{\frac{\gamma\omega}{c_0}l_\mu'} \tag{6.3.20c}$$

相应的复等效密度为

$$\tilde{\rho} \approx \rho_0\left[-\frac{8}{(k_\mu R)^2} + \frac{4}{3}\right] = 4\rho_0\left(\frac{1}{3} + \mathrm{i}\frac{d_\mu^2}{R^2}\right) \tag{6.3.20d}$$

由于 $d_\mu/R \gg 1$, 故毛细管中复等效密度有很大的虚部, 而且实部是 ρ_0 的 $4/3$. 令 $k_z \equiv \omega/c_t + \mathrm{i}\Gamma$, 其中 c_t 和 Γ 分别为毛细管中的**有效声速**和**衰减系数**, 由上式得到

$$
\Gamma = \frac{2}{R}\sqrt{\frac{\gamma\omega}{c_0}l'_\mu} = \sqrt{2}\gamma\frac{\omega}{c_0}\left(\frac{d_\mu}{R}\right) \gg k_0
$$

$$
c_t = \frac{R}{2}\sqrt{\frac{\omega c_0}{\gamma l'_\mu}} = \frac{R}{\sqrt{2}d_\mu}\sqrt{\frac{c_0^2}{\gamma}} = \frac{1}{\sqrt{2\gamma}}\left(\frac{R}{d_\mu}\right)c_0 \ll c_0 \tag{6.3.20e}
$$

可见: 毛细管中声波传播速度很小 (远小于无限空间中的绝热声速 c_0), 但衰减系数却很大, 可以利用毛细管这一特性做成吸声材料. 注意: 对均匀的材料, 黏滞和热传导吸声系数由方程 (6.2.6d) 给出, $\alpha \sim \omega^2$, 在低频时很小, 故微孔 (孔径在 1mm 以下) 材料在低频时吸声性能远优于均匀材料 (见下面讨论). 注意到 $c_{T0} = c_0/\sqrt{\gamma}$ 为等温速度, 等温速度的出现说明, 在毛细管中传播的声过程是一个等温过程.

管口声阻抗 由方程 (6.3.17a), 声压 $p(z,\omega)$ 可表示为 $p(z,\omega) = p_0(\omega)\exp(\mathrm{i}k_z z)$, 其中 k_z 由方程 (6.3.17b) 决定. 由方程 (6.3.15c) 的第二式, 管口声阻抗为

$$
Z_0 = \left.\frac{p(z,\omega)}{\pi R^2\langle v_z(z,\omega)\rangle_\rho}\right|_{z=0} = \frac{k_0\rho_0 c_0}{\pi R^2(1-K_\mu)k_z} \tag{6.3.21a}
$$

对毛细管孔, 由方程 (6.3.20a) 和 (6.3.20c) 得到

$$
Z_0 \approx \frac{2k_0 R\rho_0 c_0(1-\mathrm{i})}{\pi R^2(k_\mu R)^2\sqrt{\gamma\omega l'_\mu/c_0}} = \sqrt{\frac{8\rho_0 c_0^2\mu}{\pi^2\gamma R^6\omega}}\mathrm{e}^{\mathrm{i}\pi/4} \tag{6.3.21b}
$$

微穿孔材料 以上结果可以运用到求微穿孔材料的声吸收. 设微穿孔材料由刚性骨架和一系列微孔组成, 微孔垂直于平面界面 (界面后无限大, 或者远大于 $1/\Gamma$, 如图 6.3.1). 注意: 如果不是刚性骨架, 必须考虑毛细管中声波与弹性波的耦合, 在骨架介质中也传播弹性波, 在空气介质中, 固体骨架一般可看作刚性骨架, 但对水介质, 即使固体骨架是金属, 也必须考虑骨架中弹性波. 当声波垂直入射到微穿孔材料表面, 部分声波由微孔透入, 整个微穿孔板的表面声阻抗为

$$
Z_a = \frac{p(0,\omega)}{\sum\limits_{i=1}^{M} U_i} = \frac{p(0,\omega)}{\sum\limits_{i=1}^{M} \pi R_i^2\langle v_z(z,\omega)\rangle_{\rho i}} \tag{6.3.22a}
$$

其中, U_i 为第 i 个孔的体速度, R_i 为每个微孔的半径, M 是总的微孔数. 设 N 为单位面积的微孔数, S 是穿孔材料的总面积 (也就是声波入射面的总面积), 故总微孔数 $M = NS$. 上式可写成并联的形式

$$
\frac{1}{Z_a} = \frac{\sum\limits_{i=1}^{M} U_i}{p(0,\omega)} = \sum\limits_{i=1}^{M}\frac{1}{Z_{0i}} \tag{6.3.22b}
$$

其中, $Z_{0i} \equiv p(0,\omega)/U_i$ 是第 i 个微孔的声阻抗. 因此, 每个微孔相当于并联. 当每个微孔相同时, 方程 (6.3.22b) 简化成

$$\frac{1}{Z_a} = \frac{NS}{Z_0} \quad \text{或者} \quad Z_a = \frac{Z_0}{NS} \tag{6.3.22c}$$

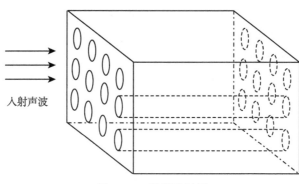

入射声波

图 6.3.1 微穿孔材料

由方程 (6.3.21b), 表面声阻抗为

$$Z_a \approx \frac{1}{S\pi R^2 N}\sqrt{\frac{8\rho_0 c_0^2 \mu}{\gamma R^2 \omega}}\mathrm{e}^{\mathrm{i}\pi/4} = \frac{1}{S\sigma}\sqrt{\frac{8\rho_0 c_0^2 \mu}{\gamma R^2 \omega}}\mathrm{e}^{\mathrm{i}\pi/4} \tag{6.3.23a}$$

其中, $\sigma \equiv \pi R^2 N$ 称为**穿孔率**(因 $\sigma = \pi R^2 N = M\pi R^2/S = S_0/S$, 故穿孔率为穿孔总面积 $S_0 = M\pi R^2$ 与板总面积 S 之比). 微穿孔材料表面的比阻抗率为

$$\beta(\omega) = \frac{\rho_0 c_0}{S Z_a} \approx \frac{\sigma}{4}\sqrt{\frac{\gamma \rho_0 R^2 \omega}{\mu}}(1-\mathrm{i}) \equiv \sigma(\omega) + \mathrm{i}\delta(\omega) \tag{6.3.23b}$$

其中, 实部和虚部分别为

$$\sigma(\omega) = -\delta(\omega) = \frac{\sigma}{4}\sqrt{\frac{\gamma \rho_0 R^2 \omega}{\mu}} \tag{6.3.23c}$$

注意: $\sigma(\omega)$ 与 σ 的区别. 上式代入方程 (1.4.14c), 我们可以得到微穿孔板的法向吸声系数. 在低频近似下

$$\alpha(\omega, \vartheta_\mathrm{i} = 0) \approx 4\sigma(\omega) = \sigma\sqrt{\frac{\gamma \rho_0 R^2 \omega}{\mu}} \tag{6.3.23d}$$

可见, 微穿孔材料的法向吸声系数随 $\sqrt{\omega}$ 变化. 值得指出的是, 以上只是微穿孔板吸声的近似理论, 严格的求解是非常困难的.

注意: ①以上讨论忽略了微穿孔之间的相互耦合条件下, 故要求孔的距离远大于半径; ②以上讨论假定微穿孔材料表面是局部反应的, 故可用表面的比阻抗率 $\beta(\omega)$ 描述.

关于吸声系数的说明 由方程 (1.4.14a) 或者 (6.3.23d) 定义的吸声系数 $\alpha(\omega, \vartheta_i)$ 完全不同于由方程 (6.2.6d) 定义的衰减系数 α(或者方程 (6.3.9d) 中的 α_z 和 (6.3.20e) 中的 Γ). $\alpha(\omega, \vartheta_i)$ 是一个无量纲的量, 表明声波入射到吸声材料界面上后有多少声能量被吸收), 而后者的单位为 $1/m$ 或者 Nepers/m, 表明声波在耗散介质传播过程中声压振幅的下降速度 (声强衰减系数是声压衰减系数的 2 倍). 特别要注意的是, 衰减系数 α(Nepers/m) 是介质的基本耗散特性, 而吸声系数 $\alpha(\omega, \vartheta_i)$ 与结构密切有关, 在方程 (6.3.23d) 中, 我们假定平面界面后的微穿孔吸声介质无限大, 故得到方程 (6.3.23d). 为了理解吸声系数 $\alpha(\omega, \vartheta_i)$ 与衰减系数 α(Nepers/m) 的关系, 考虑下列问题: 设厚度为 L 的微穿孔吸声介质放置在刚性背衬上 (如图 6.3.2), 平面声波垂直入射到界面, 那么法向吸声系数是什么?

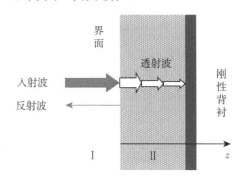

图 6.3.2 厚度为 L 的吸声介质放置在刚性背衬上

假定入射波所在介质 (介质 I) 的吸收可以忽略, 则介质 I 中声波为入射波与反射之和

$$p_I(z, \omega) = p_{0i}(\omega) \exp(ik_1 z) + r_p p_{0i}(\omega) \exp(-ik_1 z) \tag{6.3.24a}$$

其中, $k_1 = \omega/c_1$(c_1 为声波入射介质中的声速, 如果是空气, 则 $c_1 = c_0$). 介质 II 为微穿孔吸声材料, 设复波数为 $\tilde{k}_2 = \omega/c_2 + i\alpha_2$($c_2$ 和 α_2 分别为材料的声速和衰减系数 Nepers/m), 介质 II 中的声波为入射界面 ($z = 0$) 的透射波与刚性背衬上的反射波之和, 写成驻波形式

$$p_{II}(z, \omega) = A(\omega) \sin[\tilde{k}_2(L - z)] + B(\omega) \cos[\tilde{k}_2(L - z)] \tag{6.3.24b}$$

由 $z = L$ 处的刚性边界条件得到 $A(\omega) = 0$; 由 $z = 0$ 处的法向速度和声压连续得到

$$p_{0i}(\omega)(1 + r_p) = B(\omega)\cos(\tilde{k}_2 L)$$

$$\frac{1}{\rho_1 c_1}(1 - r_p)p_{0i}(\omega) = \frac{1}{\mathrm{i}\omega\rho_2}B(\omega)(\tilde{k}_2)\sin(\tilde{k}_2 L) \tag{6.3.24c}$$

其中, ρ_1 和 ρ_2 分别是介质 I 和介质 II 的密度. 容易得到

$$\rho_1 c_1 \frac{1 + r_p}{1 - r_p} = \mathrm{i}\frac{\omega\rho_2}{\tilde{k}_2}\cot(\tilde{k}_2 L) \tag{6.3.24d}$$

因此, 声压反射系数为

$$r_p = \frac{\mathrm{i}\omega\rho_2 - \rho_1 c_1 \tilde{k}_2 \tan(\tilde{k}_2 L)}{\mathrm{i}\omega\rho_2 + \rho_1 c_1 \tilde{k}_2 \tan(\tilde{k}_2 L)} \tag{6.3.24e}$$

由方程 (1.4.14a) 得到法向吸声系数为

$$\alpha(\omega, \vartheta_\mathrm{i} = 0) = 1 - |r_p|^2 = 1 - \left|\frac{\mathrm{i}\omega\rho_2 - \rho_1 c_1 \tilde{k}_2 \tan(\tilde{k}_2 L)}{\mathrm{i}\omega\rho_2 + \rho_1 c_1 \tilde{k}_2 \tan(\tilde{k}_2 L)}\right|^2 \tag{6.3.25a}$$

可见: 法向吸声系数不仅与频率有关, 而且与厚度 L 有关. 下面分三种情况讨论.

(1) 如果介质 II 是理想介质, 衰减系数为零, $\alpha_2 = 0$, 且 ρ_2 和 c_2 都是实数, 则 $\tilde{k}_2$ 是实数. 由方程 (6.3.25a), 显然 $\alpha(\omega, \vartheta_\mathrm{i} = 0) = 0$.

(2) 如果介质 II 满足 $|\tilde{k}_2 L| \ll 1$, 即 $(\omega/c_2)L \ll 1$(低频) 和 $\alpha_2 L \ll 1$(小的衰减系数, 例如, 衰减系数由方程 (6.1.6d) 表示的非微穿孔材料), 则 $\tan(\tilde{k}_2 L) \approx \tilde{k}_2 L$. 由方程 (6.3.25a) 得到

$$\alpha(\omega, \vartheta_\mathrm{i} = 0) \approx \frac{8z_{12}(\alpha_2 L)}{(1 + 2z_{12}\alpha_2 L)^2 + (z_{12}L\omega/c_2)^2} \tag{6.3.25b}$$

其中, $z_{12} \equiv \rho_1 c_1/\rho_2 c_2$. 得到上式, 利用了关系 $\tilde{k}_2^2 = (\omega/c_2 + \mathrm{i}\alpha_2)^2 \approx \omega^2/c_2^2 + 2\mathrm{i}\omega\alpha_2/c_2$. 在空气中, 一般 $z_{12} \ll 1$, 故上式可进一步近似为

$$\alpha(\omega, \vartheta_\mathrm{i} = 0) \approx 8z_{12}(\alpha_2 L) \tag{6.3.25c}$$

如果 $\alpha_2 \sim \omega^2$, 则 $\alpha(\omega, \vartheta_\mathrm{i} = 0) \sim \omega^2$, 因此, 低频吸声系数很小.

(3) 如果介质 II 为微穿孔材料, 声衰减系数很大, 以至于 $\alpha_2 L \gg 1$(厚度足够大), 则 $\tan(\tilde{k}_2 L) \approx \mathrm{i}$. 由方程 (6.3.25a) 得到

$$\alpha(\omega, \vartheta_\mathrm{i} = 0) \approx \frac{4z_{21}}{(1 + z_{21})^2 + (\alpha_2 c_2/\omega)^2} \tag{6.3.25d}$$

其中, $z_{21} \equiv \rho_2 c_2/\rho_1 c_1$. 注意: α_2 反而出现在上式的分母上, 说明界面阻抗匹配对吸声的影响, 衰减系数 α_2 越大, 失配越严重, 因而进入吸声材料的声能量越少, 吸声系数当然变小. 近似取 $\alpha_2 \approx \Gamma \sim \sqrt{\omega}$, $c_2 \approx c_t \sim \sqrt{\omega}$, 在空气中 $z_{21} = (\rho_2/\rho_0)(c_t/c_0) \ll 1$(见方程 (6.3.20e). 另外须注意: 由方程 (6.3.19c), 微穿孔材料的等效密度修正可忽略), 因此, 方程 (6.3.25d) 给出近似关系: $\alpha(\omega, \vartheta_\mathrm{i} = 0) \sim \sqrt{\omega}$, 即 $\alpha(\omega, \vartheta_\mathrm{i} = 0)$ 随

频率变化的趋势与方程 (6.3.23d) 是一致的. 注意: 原则上, 方程 (6.3.25d) 应该退化到方程 (6.3.23d), 但对微穿孔吸声材料, 方程 (6.3.2fd) 中的 ρ_2, c_2 和 α_2 都是等效值, 严格的理论计算非常困难, 因此只能对方程 (6.3.25d) 随频率变化的趋势作一个简单的估计.

6.3.3 微穿孔板的共振吸声及共振频率

为了改善微穿孔板的低频吸收性能, 往往在微穿孔吸声板与刚性背衬壁之间留有一定距离 D(如图 6.3.3), 声波在间隙 D 中产生共振. 首先考虑单独一个孔的情况. 设孔为半径 R 的圆孔, 在低频条件下, 孔中声场由方程 (6.3.17a) 决定, 对有限长 l 的孔, 方程 (6.3.17a) 的解可表示

$$p(z,\omega) = A \exp\left(\mathrm{i}\frac{\omega}{\tilde{c}}z\right) + B \exp\left(-\mathrm{i}\frac{\omega}{\tilde{c}}z\right) \tag{6.3.26a}$$

其中, 复声速由方程 (6.3.18a) 决定, 即

$$\frac{1}{\tilde{c}^2} = \frac{1}{c_0^2}\frac{1+(\gamma-1)K_\kappa}{1-K_\mu} \tag{6.3.26b}$$

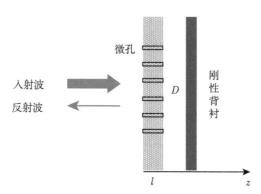

图 6.3.3 厚度为 l 的微穿孔板与刚性背衬相距 D

由方程 (6.3.16a), 孔中平均速度场为

$$\langle v_z(z,\omega)\rangle_\rho = \frac{1}{\mathrm{i}\omega\tilde{\rho}}\frac{\partial p(z,\omega)}{\partial z} = \frac{1}{\tilde{\rho}\tilde{c}}\left[A\exp\left(\mathrm{i}\frac{\omega}{\tilde{c}}z\right) - B\exp\left(-\mathrm{i}\frac{\omega}{\tilde{c}}z\right)\right] \tag{6.3.27a}$$

其中, 复等效密度 $\tilde{\rho}$ 由方程 (6.3.16b) 给出. 于是, 微穿孔板前表面 $(z=0)$ 的总声阻抗为 (总体积流为 $U = \pi R^2 M\langle v_z(0,\omega)\rangle_\rho$)

$$Z_a = \left.\frac{p(z,\omega)}{\pi R^2 M\langle v_z(z,\omega)\rangle_\rho}\right|_{z=0} = \frac{\tilde{\rho}\tilde{c}}{\pi R^2 M}\cdot\frac{A+B}{A-B} \tag{6.3.27b}$$

　　另一方面, 假定声波在刚性背衬与微穿孔板之间仍然是一维平面波传播 (在较低频率下, 这是较方便且有效的近似, 该近似证明见后), 则微穿孔板后表面 ($z = l$) 的声阻抗可以由阻抗传递公式 (即方程 (4.3.18b)) 得到, 注意到刚性背衬的声阻抗 $Z_e \to \infty$, 故由方程 (4.3.18b) 得到微穿孔板后表面 ($z = l$) 的总声阻抗为 (由声阻抗连续得到)

$$Z_l = \frac{p(z,\omega)}{\pi R^2 M \langle v_z(z,\omega) \rangle_\rho}\bigg|_{z=l} = \mathrm{i}\frac{\rho_0 c_0}{S} \cot\left(\frac{\omega}{c_0} D\right) \tag{6.3.28a}$$

注意到 $\pi R^2 M = \pi R^2 N S = \sigma S$(总穿孔面积), 于是由方程 (6.3.26a), (6.3.27a) 和 (6.3.28a) 得到

$$\frac{\tilde\rho \tilde c}{\sigma S} \frac{A \exp(\mathrm{i}\omega l/\tilde c) + B \exp(-\mathrm{i}\omega l/\tilde c)}{A \exp(\mathrm{i}\omega l/\tilde c) - B(-\mathrm{i}\omega l/\tilde c)} = Z_l \tag{6.3.28b}$$

联立方程 (6.3.27b) 和 (6.3.28b), 得到微穿孔板前表面 ($z = 0$) 的总声阻抗为

$$Z_a = \frac{\tilde\rho \tilde c}{\sigma S} \cdot \frac{\sigma S Z_l / \tilde\rho \tilde c - \mathrm{i}\tan(\omega l/\tilde c)}{1 - \mathrm{i}(\sigma S Z_l / \tilde\rho \tilde c)\tan(\omega l/\tilde c)} \tag{6.3.28c}$$

当 $|\omega l/\tilde c| \ll 1$ 时, $\tan(\omega l/\tilde c) \approx \omega l/\tilde c$, 于是, 由方程 (6.3.28c) 得到

$$Z_a \approx \frac{1}{\sigma S} \cdot \frac{\sigma S Z_l - \mathrm{i}\omega l \tilde\rho}{1 - \mathrm{i}(\sigma S Z_l / \tilde\rho \tilde c^2)\omega l} \tag{6.3.29a}$$

因此, 微穿孔板前表面 ($z = 0$) 的比阻抗率为

$$\beta(\omega) \approx \frac{\rho_0 c_0}{S Z_a} = \sigma \rho_0 c_0 \frac{1 - \mathrm{i}(\sigma S Z_l / \tilde\rho \tilde c^2)\omega l}{\sigma S Z_l - \mathrm{i}\omega l \tilde\rho} \tag{6.3.29b}$$

令 $\beta(\omega) \equiv \sigma(\omega) + \mathrm{i}\delta(\omega)$, 则由方程 (1.4.14b), 微穿孔板共振结构的法向吸声系数为

$$\alpha(\omega, 0) = \frac{4\sigma(\omega)}{[1 + \sigma(\omega)]^2 + \delta^2(\omega)} \tag{6.3.29c}$$

把方程 (6.3.28a) 代入方程 (6.3.29b) 得到 (其中 $k_0 = \omega/c_0$)

$$\beta(\omega) \approx -\mathrm{i}\sigma \frac{1 + \sigma k_0 l \cot(k_0 D)(\rho_0 c_0^2/\tilde\rho \tilde c^2)}{\sigma \cot(k_0 D) - k_0 l(\tilde\rho/\rho_0)} \tag{6.3.29d}$$

　　注意到方程 (6.3.16b) 和 (6.3.18a), $1/\tilde\rho \tilde c^2 = [1 + (\gamma-1)K_\kappa]/\rho_0 c_0^2$, 对非金属材料制成的微穿孔板, 可以仅考虑黏滞而忽略热传导, 即 $1/\tilde\rho \tilde c^2 \approx 1/\rho_0 c_0^2$, 故其虚部可忽略, 于是由方程 (6.3.29d) 得到

$$\sigma(\omega) = \sigma \frac{k_0 l[1 + k_0 l\sigma \cot(k_0 D)]\mathrm{Im}(\tilde\rho/\rho_0)\}}{|\sigma \cot(k_0 D) - k_0 l(\tilde\rho/\rho_0)|^2}$$

$$\delta(\omega) = -\sigma \frac{[1 + k_0 l\sigma \cot(k_0 D)][\sigma \cot(k_0 D) - k_0 l\mathrm{Re}(\tilde\rho/\rho_0)]}{|\sigma \cot(k_0 D) - k_0 l(\tilde\rho/\rho_0)|^2} \tag{6.3.30a}$$

显然，当 $\delta(\omega) = 0$ 时，吸声系数达到极大，即微穿孔板结构的共振频率 ω_R 满足方程

$$\sigma \cot(k_0 D) - k_0 l \mathrm{Re}\left(\frac{\tilde{\rho}}{\rho_0}\right) = 0 \tag{6.3.30b}$$

注意：上式中 $\mathrm{Re}(\tilde{\rho}/\rho_0)$ 是频率的函数. 当 $1 + k_0 l \sigma \cot(k_0 D) = 0$ 时，尽管 $\delta(\omega) = 0$，但 $\sigma(\omega) = 0$，故此时法向吸声系数 $\alpha(\omega, 0) = 0$，属于**反共振**.

由方程 (6.3.30b) 可见，对非金属材料制成的微穿孔板，共振频率决定于复等效密度的实部 $\mathrm{Re}(\tilde{\rho}/\rho_0)$，图 6.3.4 给出了 $\mathrm{Re}(\tilde{\rho}/\rho_0)$ 随频率 $f(\mathrm{Hz})$ 的变化关系（曲线 1）. 图中曲线 2、3 分别是根据方程 (6.3.19c) 和 (6.3.20d) 计算的高频和低频极限. 计算中取空气的密度 $\rho_0 = 1.2 \mathrm{kg/m}^3$，声速 $c_0 = 334 \mathrm{m/s}$，黏滞系数 $\mu \approx 1.85 \times 10^{-5} \mathrm{kg/(m \cdot s)}$，以及穿孔半径 $R = 10^{-3}\mathrm{m}$. 从图 6.3.4 可见，$\mathrm{Re}(\tilde{\rho}/\rho_0)$ 大致在 $1 \sim 4/3$，因此，方程 (6.3.30b) 可以近似为

$$\sigma \cot(k_0 D) \approx g k_0 l \tag{6.3.30c}$$

其中，$g \approx 1 \sim 4/3$ 为常数.

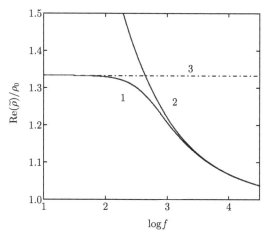

图 6.3.4 复等效密度的实部 $\mathrm{Re}(\tilde{\rho}/\rho_0)$ 随频率 f 的变化

方程 (6.3.30b) 和 (6.3.30c) 可以用图解法求解，图 6.3.5 给出了曲线 $y(f) \equiv \sigma \cot(k_0 D)$ 与三条曲线 $y_1(f) \equiv k_0 l \mathrm{Re}(\tilde{\rho}/\rho_0)$，$y_2(f) \equiv k_0 l$ 和 $y_3(f) \equiv 4k_0 l/3$ 的交点分布，交点对应的横坐标就是共振频率，数值计算中空气密度 ρ_0、声速 c_0、黏滞系数 μ，以及穿孔半径 R 与图 6.3.4 相同，微穿孔板厚度 $l = 10^{-3}\mathrm{m}$，间距 $D = 8 \times 10^{-2}\mathrm{m}$，以及穿孔率 $\sigma = 0.01$. 从图可以看出，$\mathrm{Re}(\tilde{\rho}/\rho_0) \approx 1.33$(极大值) 或者 $\mathrm{Re}(\tilde{\rho}/\rho_0) \approx 1$(极小值) 对第 2、3 等高阶共振频率影响不大，但是对第 1 个共振频率有一定的影响.

当 $k_0 D < \pi$ 时, $\cot(k_0 D) \approx (k_0 D)^{-1} - k_0 D/3$, 于是第 1 个共振频率为

$$f_{\mathrm{R}} \approx \frac{c_0}{2\pi} \sqrt{\frac{\sigma}{D(gl + D\sigma/3)}} \tag{6.3.30d}$$

如果忽略因子 $D\sigma/3$, 当取 $g = 1$ 或者 $g = 4/3$ 时, 后者的共振频率是前者的 0.867 倍.

图 6.3.6 给出了吸声系数 $\alpha(f)$ 的计算例子, 计算中取空气密度 ρ_0、声速 c_0、黏滞系数 μ 与图 6.3.4 相同, 微穿孔板厚度 $l = 10^{-3}$m, 间距 $D = 0.8$m, 以及穿孔率 $\sigma = 0.01$. 曲线 1~3 对应不同的穿孔半径分别为 $R = 10^{-4}$m, 5×10^{-4}m 和 10^{-3}m, 可见, 微穿孔的径孔对吸声系数的影响很大 (吸声系数的大小, 共振曲线的半宽度等).

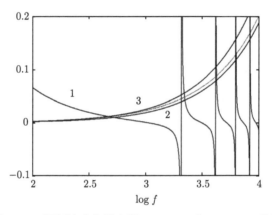

图 6.3.5　图解法求方程方程 (6.3.30b) 和 (6.3.30c) 的根

虚线是 $y_1(f)$; 曲线 1:$y(f)$; 曲线 2:$y_2(f)$; 曲线 3:$y_3(f)$

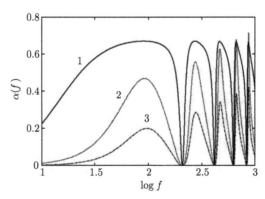

图 6.3.6　法向吸声系数随频率的变化

曲线 1: $R = 10^{-4}$m; 曲线 2: $R = 5 \times 10^{-4}$m; 曲线 3: $R = 10^{-3}$m

由于 $\mathrm{Re}(\tilde{\rho}/\rho_0)$ 与频率的复杂关系, 严格求共振频率是非常困难的, 特别是在实际工程设计中, 需要的是反向设计, 即给定共振频率和吸声系数大小 (包括共振峰的宽度), 要求微穿孔板共振结构的参数 (包括孔半径 R、板厚度 l、间距 D 以及穿孔率 σ). 马大猷提出了一个 $\mathrm{Re}(\tilde{\rho}/\rho_0)$ 随频率变化的近似函数, 大大简化了共振频率的计算, 使得工程中设计微穿孔板简单方便. 具体参考主要参考书 2.

Helmholtz 共振腔模型 对低频声波, 如果背衬与穿孔板围成封闭的腔体 V 且腔体的线度远小于波长, 则由方程 (4.4.3b), 腔内声压为 $p = -\rho_0 c_0^2 \delta V/V$, 注意到对 M 个微孔

$$\delta V = -M\pi R^2 \xi = -M\pi R^2 \frac{\langle v_z(l,\omega)\rangle_\rho}{-\mathrm{i}\omega} \tag{6.3.31a}$$

其中, ξ 为微穿孔在 $z = l$ 的位移, 当 $\xi > 0$ 时, $\delta V < 0$; 反之, 当 $\xi < 0$ 时, $\delta V < 0$. 于是 $p = -\rho_0 c_0^2 M\pi R^2 \langle v_z(l,\omega)\rangle_\rho/(\mathrm{i}\omega V)$. 因此, 微穿孔板后表面 ($z = l$) 的声阻抗为

$$Z_l = \frac{p}{M\pi R^2 \langle v_z(l,\omega)\rangle_\rho} = -\frac{\rho_0 c_0^2}{\mathrm{i}\omega V} \tag{6.3.31b}$$

由方程 (6.3.29b), 微穿孔板前表面 ($z = 0$) 的比阻抗率为

$$\beta(\omega) \approx -\mathrm{i}\sigma\rho_0 c_0 \frac{1 - \sigma S l V^{-1}(\rho_0 c_0^2/\tilde{\rho}\tilde{c}^2)}{\sigma S \rho_0 c_0^2/(\omega V) - \omega l \tilde{\rho}} \tag{6.3.31c}$$

注意到 $V = DS$, 从上式可以得到共振频率满足

$$\frac{\sigma}{k_0 D} - k_0 l \mathrm{Re}\left(\frac{\tilde{\rho}}{\rho_0}\right) = 0 \tag{6.3.31d}$$

上式就是方程 (6.3.30b) 取低频近似 $\cot(k_0 D) \approx 1/k_0 D$ 时的方程.

注意: ①以上诸式中 l 还必须考虑管端修正 (微孔前开口向外辐射, 后开口向腔内辐射), 即以 $l' \approx l + 2 \times 8R/3\pi$ 代替诸式中的穿孔板厚度 l; ②为了满足毛细管条件, 提高微穿孔的吸收, 孔径必须足够小 (一般在 0.1~1mm), 而声波又必须穿过微孔在空腔内发生共振, 故微穿孔板的厚度必须足够薄 (一般在 0.1~1mm); ③穿孔率对声吸收也非常重要, 过大或者过小都影响吸声效果, 一般控制在 0.5%~4%; ④间距 D 增加, 第一个共振频率降低, 可以实现低频吸收, 但 D 也不能太大, 一般控制在 0.1m 左右 (图 6.3.6 中取 $D = 0.8$m 是为了突出低频效果).

对金属材料制成的微穿孔板, 还必须考虑热传导的作用. 由于 $1/\tilde{\rho}\tilde{c}^2 = [1 + (\gamma - 1)K_\kappa]/\rho_0 c_0^2$ 为复数, 令 $\rho_0 c_0^2/\tilde{\rho}\tilde{c}^2 = [1 + (\gamma - 1)K_\kappa] = P + \mathrm{i}Q$, 从方程 (6.3.29d) 得到 $\delta(\omega)$, 共振频率满足 $\delta(\omega) = 0$, 从而得到相应的方程 (作为习题).

方程 (6.3.28a) 的证明 在得到共振频率方程 (6.3.30b) 过程中, 必须假定腔体 V 中透射声波仍然是一维平面波, 方程 (6.3.28a) 才成立. 下面证明这个近似的合理性. 设微穿孔板与墙体围成偏平体积 $V = L_x \times L_y \times D$, 腔体 V 中的声场由

M 个微孔后表面 $S_j(z=l)$ 的 z 方向振动速度 $v_{zj}(x,y,l,\omega)$ $(j=1,2,\cdots,M)$ 产生, 满足

$$\nabla^2 p(\boldsymbol{r},\omega) + k_0^2 p(\boldsymbol{r},\omega) = 0, \ \boldsymbol{r} \in V$$

$$\frac{1}{\mathrm{i}\rho_0\omega}\frac{\partial p(\boldsymbol{r},\omega)}{\partial n}\bigg|_{\varSigma} = 0; \ \frac{1}{\mathrm{i}\rho_0\omega}\frac{\partial p(\boldsymbol{r},\omega)}{\partial n}\bigg|_{S_j} = -v_{zj}(x,y,l,\omega) \tag{6.3.32a}$$

其中, $\varSigma$ 表示除 S_j 外, 体积 V 的其他表面. 注意: 对腔体 V 而言, 微孔面上的法向 $\boldsymbol{n} = (0,0,-1)$, 故 $\boldsymbol{v}_j \cdot \boldsymbol{n} = -v_{zj}(x,y,l,\omega)$.

由方程 (2.5.6b), 腔体 V 内一点 $\boldsymbol{r}$ 的声压为

$$p(\boldsymbol{r},\omega) = -\mathrm{i}\rho_0\omega\sum_{j=1}^{M}\int_{S_j}G(\boldsymbol{r}|x',y',l,\omega)v_{zj}(x',y',l,\omega)\mathrm{d}x'\mathrm{d}y' \tag{6.3.32b}$$

其中, Green 函数为

$$G(\boldsymbol{r}|x',y',l,\omega) = \sum_{p,q,r=0}^{\infty}\frac{1}{k_{pqr}^2 - k_0^2}\psi_{pqr}(\boldsymbol{r})\psi_{pqr}(x',y',l)$$

$$\psi_{pqr}(x,y,z,\omega_{pqr}) = \sqrt{\frac{\varepsilon_p\varepsilon_q\varepsilon_r}{V}}\cos\left(\frac{p\pi}{L_x}x\right)\cos\left(\frac{q\pi}{L_y}y\right)\cos\left[\frac{r\pi}{D}(z-l)\right] \tag{6.3.32c}$$

$$k_{pqr}^2 = \left(\frac{\omega_{pqr}}{c_0}\right)^2 = \left(\frac{p\pi}{L_x}\right)^2 + \left(\frac{q\pi}{L_y}\right)^2 + \left(\frac{r\pi}{D}\right)^2$$

对第 j 个微孔, 可以用平均值 $\langle v_{zj}(l,\omega)\rangle_\rho$ 代替方程 (6.3.32b) 中的速度 $v_{zj}(x',y',l,\omega)$

$$\langle v_{zj}(l,\omega)\rangle_\rho \equiv \frac{1}{S_{\mathrm{d}}}\int_{S_j}v_{zj}(x',y',l,\omega)\mathrm{d}x'\mathrm{d}y' \tag{6.3.33a}$$

其中, $S_d = \pi R^2$ 为微孔面积. 由方程 (6.3.32b), 第 k 个微孔后表面的声压为

$$p_k(x,y,l,\omega) = -\mathrm{i}\rho_0\omega\sum_{j=1}^{M}\langle v_{zj}(l,\omega)\rangle_\rho\int_{S_j}G(x,y,l|x',y',l,\omega)\mathrm{d}x'\mathrm{d}y' \tag{6.3.33b}$$

其中, $k = 1,2,\cdots,M$, $(x,y) \in S_k$ 为第 k 个微孔后表面上的坐标. 进一步对声压平均

$$\bar{p}_k(l,\omega) \equiv \frac{1}{S_{\mathrm{d}}}\int_{S_k}p(x,y,l,\omega)\mathrm{d}x\mathrm{d}y \tag{6.3.33c}$$

从方程 (6.3.33b) 得到

$$\bar{p}_k(l,\omega) = -\mathrm{i}\rho_0\omega S_{\mathrm{d}}\sum_{j=1}^{M}G_{kj}(l,\omega)\langle v_{zj}(l,\omega)\rangle_\rho \tag{6.3.34a}$$

其中, 交叉积分为

$$G_{kj}(l,\omega) \equiv \frac{1}{S_{\rm d}^2} \int_{S_k} \int_{S_j} G(x_k, y_k, l | x_j, y_j, l, \omega) \mathrm{d}x_j \mathrm{d}y_j \mathrm{d}x_k \mathrm{d}y_k \tag{6.3.34b}$$

其中, (x_k, y_k, l) 和 (x_j, y_j, l) 分别是第 k 和 j 个微孔后表面的坐标. 显然, 交叉积分 $G_{jk}(l,\omega)$ $(j \neq k)$ 表示微孔间的相互作用, 即第 j 个微孔后表面的平均振动速度 $\langle v_{zj}(l,\omega) \rangle_\rho$ 在第 k 个微孔后表面产生的平均声压. 由方程 (6.3.32c), 把交叉积分表示为

$$G_{kj}(l,\omega) = \sum_{p,q,r=0}^{\infty} \frac{\varepsilon_p \varepsilon_q \varepsilon_r}{V} \cdot \frac{\delta_{jpq}\delta_{kpq}}{k_{pqr}^2 - k_0^2} \tag{6.3.34c}$$

其中, 为了方便定义

$$\begin{aligned} \delta_{kpq} &\equiv \frac{1}{S_{\rm d}} \int_{S_k} \cos\left(\frac{p\pi}{L_x}x_k\right) \cos\left(\frac{q\pi}{L_y}y_k\right) \mathrm{d}x_k \mathrm{d}y_k \\ \delta_{jpq} &\equiv \frac{1}{S_{\rm d}} \int_{S_j} \cos\left(\frac{p\pi}{L_x}x_j\right) \cos\left(\frac{q\pi}{L_y}y_j\right) \mathrm{d}x_j \mathrm{d}y_j \end{aligned} \tag{6.3.34d}$$

方程 (6.3.34c) 中的模式求和可以分成 5 类:

(1) 零阶模式 $(p = 0, q = 0, r = 0)$ 的贡献

$$[G_{kj}(l,\omega)]^{000} = -\frac{1}{Vk_0^2} \tag{6.3.34e}$$

(2) z 方向的轴向模式 $(p = 0, q = 0, r \geqslant 1)$ 的贡献

$$[G_{kj}(l,\omega)]^{00\mathrm{r}} \equiv \frac{2}{V} \sum_{r=1}^{\infty} \frac{1}{k_{00r}^2 - k_0^2} \tag{6.3.34f}$$

(3) x 和 y 方向的轴向模式 $(p \geqslant 1, q = 0, r = 0$ 和 $p = 0, q \geqslant 1, r = 0)$ 的贡献; 注意到 (当微孔足够小时, 微孔面上的面积分近似用中心坐标代替)

$$\begin{aligned} \delta_{kp0} &\approx \cos\left(\frac{p\pi}{L_x}x_k\right) \cos\left(\frac{q\pi}{L_y}y_k\right) \approx \cos\left(\frac{p\pi}{L_x}x_k\right) \\ \delta_{j0q} &\approx \cos\left(\frac{p\pi}{L_x}x_j\right) \cos\left(\frac{q\pi}{L_y}y_j\right) \approx \cos\left(\frac{q\pi}{L_y}x_j\right) \end{aligned} \tag{6.3.34g}$$

当微孔随机分布时, 用空间平均值代替 (即对 x_k 和 y_j 求平均)

$$\overline{\delta}_{kp0} \approx \overline{\cos\left(\frac{p\pi}{L_x}x_k\right)} \approx 0, \overline{\delta}_{j0p} \approx \overline{\cos\left(\frac{q\pi}{L_y}y_j\right)} \approx 0 \tag{6.3.35a}$$

(4) 切向模式 ($p \geqslant 1, q \geqslant 1, r = 0$、$p = 0, q \geqslant 1, r \geqslant 1$ 和 $p \geqslant 1, q = 0, r \geqslant 1$) 的贡献

$$\delta_{kpq} \approx \cos\left(\frac{p\pi}{L_x}x_k\right)\cos\left(\frac{q\pi}{L_y}y_k\right)$$
$$\delta_{jpq} \approx \cos\left(\frac{p\pi}{L_x}x_j\right)\cos\left(\frac{q\pi}{L_y}y_j\right)$$

(6.3.35b)

对 x_k 和 y_j 求空间平均得到 $\overline{\delta}_{kpq} \approx 0$ 和 $\overline{\delta}_{jpq} \approx 0$.

(5) 斜向模式 ($p \geqslant 1, q \geqslant 1, r \geqslant 1$) 的贡献. 方程 (6.3.35b) 仍然成立.

可见, 只有零阶模式和 z 方向的轴向模式的贡献与微孔的坐标无关. 其他模式的空间平均为零. 事实上, 由于偏平空间的对称性, 激发的模式主要是零阶模式和 z 方向的轴向模式. 于是可以把交叉积分近似成

$$G_{kj}(l,\omega) \approx [G_{kj}(l,\omega)]^{000} + [G_{kj}(l,\omega)]^{00r} \equiv G(\omega)$$ (6.3.35c)

其中, $G(\omega)$ 定义为

$$G(\omega) \equiv -\frac{1}{Vk_0^2} + \frac{2}{V}\sum_{r=1}^{\infty}\frac{1}{k_{00r}^2 - k_0^2}$$ (6.3.35d)

把方程 (6.3.35c) 代入方程 (6.3.34a) 得到与微孔坐标无关的声压表达式

$$\bar{p}_k(l,\omega) \approx -\mathrm{i}\rho_0\omega S_d G(\omega)\sum_{j=1}^{M}\langle v_{zj}(l,\omega)\rangle_\rho$$ (6.3.36a)

因此, 微穿孔板后表面 ($z = l$) 的总声阻抗为

$$Z_l = \frac{\bar{p}_k(l,\omega)}{S_d\sum_{j=1}^{M}\langle v_{zj}(l,\omega)\rangle_\rho} \approx -\mathrm{i}\rho_0\omega G(\omega)$$ (6.3.36b)

另一方面, 利用求和关系式 (5.4.14b), 不难得到

$$\frac{2}{V}\sum_{r=1}^{\infty}\frac{1}{k_{00r}^2 - k_0^2} = \frac{2D}{S\pi^2}\sum_{r=1}^{\infty}\frac{1}{r^2 + (\mathrm{i}D\omega/\pi c_0)^2} = -\frac{1}{Sk_0}\cot\left(\frac{\omega}{c_0}D\right) + \frac{1}{k_0^2 V}$$ (6.3.37a)

于是, 由方程 (6.3.35d) 得到

$$G(\omega) \equiv -\frac{1}{Vk_0^2} + \left[-\frac{1}{Sk_0}\cot\left(\frac{\omega}{c_0}D\right) + \frac{1}{Vk_0^2}\right] = -\frac{1}{Sk_0}\cot\left(\frac{\omega}{c_0}D\right)$$ (6.3.37b)

上式代入方程 (6.3.36b) 得到

$$Z_l = \frac{\bar{p}_k(l,\omega)}{S_d\sum_{j=1}^{M}\langle v_{zj}(l,\omega)\rangle_\rho} \approx \mathrm{i}\frac{\rho_0 c_0}{S}\cot\left(\frac{\omega}{c_0}D\right)$$ (6.3.37c)

故方程 (6.3.28a) 得证.

6.3.4 狭缝中平面波的传播和衰减

二块无限大、平行的刚性板构成狭缝, 如图 6.3.7. 当板间距离远小于声波波长时, 可以假定: ①速度场的 x 和 y 方向分量近似为零, 只需考虑 z 方向的分量 v_z; ②为了保证边界条件 $v_z|_{x=0,L} = 0$, v_z 在 x 方向的变化速度远大于 z 方向的变化速度, 即 $|\partial v_z/\partial z| \ll |\partial v_z/\partial x|$.

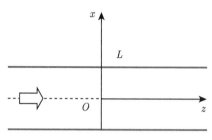

图 6.3.7 刚性平面相距 L

速度场 由方程 (6.1.15a)(无源情况, $\boldsymbol{f} = 0$), 保留 v_z 的 x 方向偏导数项

$$\frac{\partial^2 v_z(x,z,\omega)}{\partial x^2} + \mathrm{i}\frac{\rho_0\omega}{\mu}v_z(x,z,\omega) \approx \frac{1}{\mu}\frac{\partial p(z,\omega)}{\partial z} \tag{6.3.38a}$$

上式的解为

$$v_z(x,z,\omega) = v_{z0}\cos\left[k_\mu\left(x - \frac{L}{2}\right)\right] + v_{z0}'\sin\left[k_\mu\left(x - \frac{L}{2}\right)\right] + \frac{1}{\mathrm{i}\rho_0\omega}\frac{\partial p(z,\omega)}{\partial z} \tag{6.3.38b}$$

其中, $k_\mu = \sqrt{\mathrm{i}\rho_0\omega/\mu}$. 注意: 上式写成关于 $x = L/2$ 对称的形式比较方便. 由边界条件 $v_z|_{x=0,L} = 0$ 得到

$$v_z(0,z,\omega) = v_{z0}\cos\left(\frac{k_\mu L}{2}\right) - v_{z0}'\sin\left(\frac{k_\mu L}{2}\right) + \frac{1}{\mathrm{i}\rho_0\omega}\frac{\partial p(z,\omega)}{\partial z} = 0$$
$$v_z(L,z,\omega) = v_{z0}\cos\left(\frac{k_\mu L}{2}\right) + v_{z0}'\sin\left(\frac{k_\mu L}{2}\right) + \frac{1}{\mathrm{i}\rho_0\omega}\frac{\partial p(z,\omega)}{\partial z} = 0 \tag{6.3.38c}$$

故

$$v_{z0} = -\frac{1}{\mathrm{i}\rho_0\omega\cos(k_\mu L/2)}\frac{\partial p(z,\omega)}{\partial z}; \quad v_{z0}' = 0 \tag{6.3.38d}$$

上二式代入方程 (6.3.38b) 得到

$$v_z(x,z,\omega) = \left[1 - \frac{\cos[k_\mu(x - L/2)]}{\cos(k_\mu L/2)}\right]\frac{1}{\mathrm{i}\rho_0\omega}\frac{\partial p(z,\omega)}{\partial z} \tag{6.3.39a}$$

截面的平均速度为

$$\langle v_z(z,\omega)\rangle_x = \frac{1}{L}\int_0^L\left[1-\frac{\cos[k_\mu(x-L/2)]}{\cos(k_\mu L/2)}\right]\mathrm{d}x\cdot\frac{1}{\mathrm{i}\rho_0\omega}\frac{\partial p(z,\omega)}{\partial z}$$
$$= \left[1-\frac{2}{k_\mu L}\tan\left(\frac{k_\mu L}{2}\right)\right]\frac{1}{\mathrm{i}\rho_0\omega}\frac{\partial p(z,\omega)}{\partial z} \tag{6.3.39b}$$

温度场   由方程 (6.1.17b)(无源情况 $q=0$ 和 $h=0$) 得到

$$\frac{\partial^2 T'(x,z,\omega)}{\partial x^2}+\mathrm{i}\frac{\omega\rho_0 c_{P0}}{\kappa}T'(x,z,\omega)\approx\mathrm{i}\frac{\omega T_0\beta_{P0}}{\kappa}p(z,\omega) \tag{6.3.40a}$$

假定边界上温度变化为零, 即 $T'(x,z,\omega)|_{x=0,L}=0$, 那么可以得到与方程 (6.3.39a) 类似的温度场表达式

$$T'(x,z,\omega)=\left[1-\frac{\cos k_h(x-L/2)}{\cos(k_h L/2)}\right]\frac{T_0\beta_{P0}}{\rho_0 c_{P0}}p(z,\omega) \tag{6.3.40b}$$

其中, $k_h=\sqrt{\mathrm{i}\omega\rho_0 c_{P0}/\kappa}$. 截面的平均温度为

$$\langle T'(z,\omega)\rangle_x=\left[1-\frac{2}{k_h L}\tan\left(\frac{k_h L}{2}\right)\right]\frac{T_0\beta_{P0}}{\rho_0 c_{P0}}p(z,\omega) \tag{6.3.40c}$$

声传播模式   由方程 (6.1.17a) (无源情况 $q=0$)

$$-\mathrm{i}\omega\rho_0\kappa_{T0}p(z,\omega)+\mathrm{i}\omega\rho_0\beta_{P0}T'(x,z,\omega)+\rho_0\frac{\partial v_z(x,z,\omega)}{\partial z}\approx 0 \tag{6.3.41a}$$

上式对截面平均并且利用方程 (6.3.39b) 和 (6.3.40c) 得到

$$\omega^2\frac{\rho_0\kappa_{T0}-(1-\tilde K_\kappa)T_0\beta_{P0}^2/c_{P0}}{1-\tilde K_\mu}p(z,\omega)+\frac{\partial^2 p(z,\omega)}{\partial z^2}\approx 0 \tag{6.3.41b}$$

其中, 为了方便定义

$$\tilde K_\kappa\equiv\frac{2}{k_h L}\tan\left(\frac{k_h L}{2}\right);\ \tilde K_\mu\equiv\frac{2}{k_\mu L}\tan\left(\frac{k_\mu L}{2}\right) \tag{6.3.41c}$$

因此, 狭缝中 z 方向传播的平面波波数 k_z^2 满足

$$\frac{k_z^2}{k_0^2}\equiv\frac{1+(\gamma-1)\tilde K_\kappa}{1-\tilde K_\mu} \tag{6.3.41d}$$

得到上式利用了方程 (6.2.5a).

复等效密度   与方程 (6.3.16b) 类似, 也可以从方程 (6.3.39b) 定义复等效密度

$$\tilde\rho=\frac{\rho_0}{1-\tilde K_\mu} \tag{6.3.42a}$$

等效绝热压缩系数　利用方程 (6.3.41d), 也可以得到与方程 (6.3.18b) 类似的等效绝热压缩系数

$$\tilde{\kappa}_s = \frac{1}{c_0^2} \frac{1 + (\gamma - 1)\tilde{K}_\kappa}{1 - \tilde{K}_\mu} \cdot \frac{1}{\tilde{\rho}} = \frac{1}{\rho_0 c_0^2}[1 + (\gamma - 1)\tilde{K}_\kappa] \tag{6.3.42b}$$

对边界层厚度 $(d_\mu, d_\kappa) \ll L$ 情况, 作渐近展开 $\tan(k_\kappa L) \approx \mathrm{i}$, 于是

$$\frac{k_z^2}{k_0^2} \approx \frac{1 + (\gamma - 1)2\mathrm{i} \,/\, k_h L}{1 - 2\mathrm{i} \,/\, k_\mu L} \approx 1 + \frac{(1 + \mathrm{i})}{\sqrt{2k_0}L}\left[\sqrt{l'_\mu} + (\gamma - 1)\sqrt{l_\kappa}\right] \tag{6.3.43a}$$

对 $(d_\mu, d_\kappa) \gg L$ 的 "毛细" 狭缝, 方程 (6.3.41c) 作零点展开, 然后代入方程 (6.3.41d) 得到 z 方向的波数

$$\frac{k_z^2}{k_0^2} \approx -\frac{12\gamma}{(k_\mu L)^2} \tag{6.3.43b}$$

令 $k_z \equiv \omega/c_L + \mathrm{i}\Gamma$($c_L$ 和 Γ 分别为毛细狭缝的**有效声速和衰减系数**), 由上式得到

$$k_z = \frac{\omega}{c_L} + \mathrm{i}\Gamma \approx \mathrm{i}k_0 \frac{\sqrt{12\gamma}}{k_\mu L} = (1 + \mathrm{i})\frac{\sqrt{6\gamma k_0 l'_\mu}}{L} \tag{6.3.43c}$$

因此

$$c_L \approx \frac{\omega L}{\sqrt{6\gamma k_0 l'_\mu}} = \frac{1}{\sqrt{3\gamma}}\left(\frac{L}{d_\mu}\right)c_0 \ll c_0$$

$$\Gamma \approx \frac{\sqrt{6\gamma k_0 l'_\mu}}{L} = \sqrt{3\gamma}\frac{\omega}{c_0}\left(\frac{d_\mu}{L}\right) \gg k_0 \tag{6.3.43d}$$

可见, 狭缝与细管有类似的特性.

微缝吸声体　与微穿孔板类似, 用微缝板做成吸声体也具有良好的低频吸声性能, 其吸声系数的推导过程与 6.3.3 小节完全类似 (作为习题).

6.3.5　热声效应和热声致冷

考虑如图 6.3.8(a) 的圆形热声管, 扬声器工作在截止频率以下, 声波波长恰好是 1/2 管长 (称为**半波管**), 在管中形成驻波声场, 二端为声波的波腹位置. 在半波管的一侧, 放置由若干层平行的金属板构成的所谓 "**热声堆**(stack)". 热声堆的左侧为高温热交换器, 使金属板的左侧处于高温; 而热声堆的右侧为低温热交换器, 使金属板的右侧处于低温.

如图 6.3.8(b), 我们分析一对平行金属板之间的热输运情况. 假定: ①热声堆的存在对驻波声场的影响较小, 狭缝可看成位于低频驻波声场中, 在狭缝所处位置 $\mathrm{d}p/\mathrm{d}z < 0$ 并且近似为常数; ②在狭缝的二端分别保持温度 T_+ 和 T_-, 温度梯度与 z 无关, 且在一个声周期内, 由于温度梯度而产生的热流 (从高温到低温) 可忽略不计; ③狭缝的间距 $L \approx 4d_\mu$ 或者 $L \approx 4d_\kappa$. 下面我们将证明: ①当温度梯度大于某

一临界值时, 存在稳定的正能量流 (+z 方向), 声波将携带热能从高温 T_+ 处转移到低温 T_- 处, 声波就像是热机一样 (称为**热声机**(thermoacoustic engine)); ②当温度梯度小于某一临界值时, 存在稳定的负能量流 ($-z$ 方向), 声波将热能从低温 T_- 处转移到高温 T_+ 处, 起致冷机的作用 (称为**声致冷机**(acoustic refrigerator)).

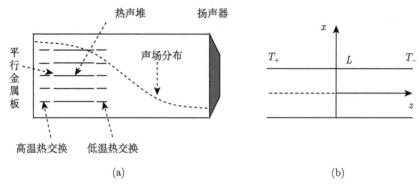

图 6.3.8　(a) 圆形热声管: 扬声器在管中形成驻波声场; (b) 一对平行金属板: 板的二端分别
保持高温 T_+ 和低温 T_-

存在温度梯度后, 方程 (6.1.14a) 的对流项应保留 (不保留非线性项), 即

$$\rho T \left(\frac{\partial s}{\partial t} + \boldsymbol{v} \cdot \nabla s \right) = \nabla \cdot (\kappa \nabla T) \tag{6.3.44a}$$

令 (假定与板的平行方向 y 无关)

$$\begin{aligned} s(x, z, \omega) &= s_m(z) + s'(x, z, \omega) \\ T(x, z, \omega) &= T_m(z) + T'(x, z, \omega) \end{aligned} \tag{6.3.44b}$$

其中, ρ_m, s_m 和 T_m 分别是平衡时的密度、熵和温度. 上二式代入方程 (6.3.44a) 并线性化得到

$$\rho_m T_m \left(\frac{\partial s'}{\partial t} + v_z \frac{\partial s_m}{\partial z} \right) = \kappa \nabla^2 T' \tag{6.3.44c}$$

得到上式, 注意到: ①温度梯度与 z 无关, 即 $\mathrm{d}T_m/\mathrm{d}z = $ 常数, 故 $\nabla^2 T_m(z) = 0$; ②声波沿 $\pm z$ 方向传播, 故仅有 z 方向的速度分量. 因为 $\mathrm{d}s_m = c_{P0}\mathrm{d}T_m/T_m$, 且上式中 $v_z(x, z, \omega)$ 用平均值 $\langle v_z(z, \omega) \rangle_x$ (对 x 平均) 代替, 方程 (6.3.44c) 简化为

$$\rho_m T_m \frac{\partial s'}{\partial t} + \langle v_z(z, \omega) \rangle_x \rho_m c_{P0} \frac{\mathrm{d}T_m}{\mathrm{d}z} = \kappa \nabla^2 T' \tag{6.3.44d}$$

由方程 (6.1.16a) 的第二式, 即

$$s' = -\frac{\beta_{P0}}{\rho_0} p' + \frac{c_{P0}}{T_0} T' \tag{6.3.44e}$$

在单频情况下, 方程 (6.3.44d) 变化成

$$\frac{\partial^2 T'}{\partial x^2} + \mathrm{i}\frac{\omega\rho_m c_{P0}}{\kappa}T' \approx \mathrm{i}\frac{\omega\beta_{P0}T_m p(z,\omega)}{\kappa} + \frac{\rho_m c_{P0}\langle v_z(z,\omega)\rangle_x}{\kappa}\frac{\mathrm{d}T_m}{\mathrm{d}z} \qquad (6.3.45a)$$

得到上式, 同样已假定 $|\partial T'/\partial x| \gg |\partial T'/\partial z|$(为了保证金属板上温度变化为零, 必须有较大的温度梯度). 方程 (6.3.45a) 满足边界条件 $T'|_{x=0,L} = 0$ 的解为

$$T'(x,z,\omega) \approx \left[1 - \frac{\cos[k_h(x-L/2)]}{\cos(k_h L/2)}\right]\left[\frac{\beta_{P0}T_m p(z,\omega)}{\rho_m c_{P0}} + \frac{\langle v_z(z,\omega)\rangle_x}{\mathrm{i}\omega}\frac{\mathrm{d}T_m}{\mathrm{d}z}\right] \quad (6.3.45b)$$

其中, $k_h = \sqrt{\mathrm{i}\omega\rho_m c_{P0}/\kappa}$. 截面的平均温度 (对 x 平均) 为

$$\langle T'(z,\omega)\rangle_x = F_\kappa\left[\frac{\beta_{P0}T_m p(z,\omega)}{\rho_m c_{P0}} + \frac{\langle v_z(z,\omega)\rangle_x}{\mathrm{i}\omega}\frac{\mathrm{d}T_m}{\mathrm{d}z}\right] \qquad (6.3.45c)$$

其中, 为了方便定义

$$F_\kappa \equiv 1 - \frac{2}{k_h L}\tan\left(\frac{k_h L}{2}\right) = \mathrm{Re}(F_\kappa) + \mathrm{i}\mathrm{Im}(F_\kappa) \qquad (6.3.45d)$$

以及

$$\begin{aligned}
\mathrm{Re}(F_\kappa) &= 1 - \frac{d_\kappa}{L}\frac{\sin(L/d_\kappa) + \sinh(L/d_\kappa)}{\cos(L/d_\kappa) + \cosh(L/d_\kappa)} \\
\mathrm{Im}(F_\kappa) &= -\frac{d_\kappa}{L}\frac{\sinh(L/d_\kappa) - \sin(L/d_\kappa)}{\cos(L/d_\kappa) + \cosh(L/d_\kappa)}
\end{aligned} \qquad (6.3.45e)$$

其中, $d_\kappa = \sqrt{2\kappa/\omega\rho_m c_{P0}}$. 方程 (6.3.45c) 中的 $\langle v_z(z,\omega)\rangle_x$ 可由方程 (6.3.39b) 得到

$$\langle v_z(z,\omega)\rangle_x = F_\mu \cdot \frac{1}{\mathrm{i}\rho_0\omega}\frac{\mathrm{d}p(z,\omega)}{\mathrm{d}z} \qquad (6.3.46a)$$

其中, 为了方便定义

$$F_\mu \equiv 1 - \frac{2}{k_\mu L}\tan\left(\frac{k_\mu L}{2}\right) = \mathrm{Re}(F_\mu) + \mathrm{i}\mathrm{Im}(F_\mu) \qquad (6.3.46b)$$

式中, $\mathrm{Re}(F_\mu)$ 和 $\mathrm{Im}(F_\mu)$ 与 $\mathrm{Re}(F_\kappa)$ 和 $\mathrm{Im}(F_\kappa)$ 类似, 只要把方程 (6.3.45d) 和 (6.3.45e) 中的 d_κ 改成 d_μ 即可. 注意: 存在温度梯度后, 截面的平均温度由方程 (6.3.45c) 决定, 而不是方程 (6.3.40c), 比较二个方程, 方程 (6.3.45c) 的最后一项显然是温度梯度的贡献; 然而, 由于方程 (6.3.38a) 与温度场无关, 故 $\langle v_z(z,\omega)\rangle_x$ 仍然可以用方程 (6.3.39b).

因假定距离 $L \approx 4d_\mu$ 或者 $L \approx 4d_\kappa$, $|k_h L/2| = L/\sqrt{2}d_\kappa \approx 2.8$ 和 $|k_\mu L/2| = L/\sqrt{2}d_\mu \approx 2.8$, 故可取近似 $\tan(k_\mu L/2) \approx \mathrm{i}$ 和 $\tan(k_h L/2) \approx \mathrm{i}$, 方程 (6.3.46a) 和 (6.3.45c) 近似为

$$\langle v_z(z,\omega)\rangle_x \approx \left(1 - \frac{2\mathrm{i}}{k_\mu L}\right)\frac{1}{\mathrm{i}\rho_0\omega}\frac{\mathrm{d}p}{\mathrm{d}z} \approx \left[1 - \frac{(1+\mathrm{i})d_\mu}{L}\right]\frac{1}{\mathrm{i}\rho_0\omega}\frac{\mathrm{d}p}{\mathrm{d}z} \approx \frac{1}{\mathrm{i}\rho_0\omega}\frac{\mathrm{d}p}{\mathrm{d}z} \quad (6.3.47a)$$

$$\langle T'(z,\omega)\rangle_x \approx \left[1 - \frac{(1+\mathrm{i})d_\kappa}{L}\right]\left[\frac{\beta_{P0}T_m p}{\rho_m c_{P0}} + \frac{\langle v_z(z,\omega)\rangle_x}{\mathrm{i}\omega}\frac{\mathrm{d}T_m}{\mathrm{d}z}\right] \tag{6.3.47b}$$

热通量　由熵流 s' 携带的沿 z 方向的能量流 (即热流) 为

$$q = \rho_m T_m s' v_z \tag{6.3.48a}$$

注意到方程 (6.3.44e), 热流的时间平均为

$$
\begin{aligned}
\bar{q} &= \frac{1}{2}\rho_m T_m \mathrm{Re}(s'v_z^*) = \frac{1}{2}\rho_m T_m \mathrm{Re}\left[\left(-\frac{\beta_{P0}}{\rho_m}p + \frac{c_{P0}}{T_m}T'\right)v_z^*\right] \\
&= \frac{1}{2}\rho_m T_m\left[-\frac{\beta_{P0}}{\rho_m}\mathrm{Re}(pv_z^*) + \frac{c_{P0}}{T_m}\mathrm{Re}(T'v_z^*)\right]
\end{aligned}
\tag{6.3.48b}
$$

通过截面的总能流为

$$
\begin{aligned}
\overline{Q} &= \int_0^L \bar{q}\,\mathrm{d}x = -\frac{1}{2}T_m\beta_{P0}\mathrm{Re}[p\langle v_z^*\rangle_x] + \frac{1}{2}\rho_m c_{P0}\int_0^L \mathrm{Re}(T'v_z^*)\mathrm{d}x \\
&= \frac{1}{2}\rho_m c_{P0}\int_0^L \mathrm{Im}(T')\cdot\mathrm{Im}(v_z)\mathrm{d}x
\end{aligned}
\tag{6.3.48c}
$$

得到上式, 已经注意到在驻波声场中声压 p 为实函数, 在方程 (6.3.47a) 的近似下, $\mathrm{Re}(p\langle v_z^*\rangle_x) = 0$. 因此通过截面的总能流近似为

$$\overline{Q} \approx \frac{L}{2}\rho_m c_{P0}\mathrm{Im}\langle T'\rangle_x \cdot \mathrm{Im}\langle v_z\rangle_x \tag{6.3.49a}$$

把方程 (6.3.47a) 和 (6.3.47b) 代入上式得到

$$
\begin{aligned}
\overline{Q} &\approx \frac{1}{2}d_\kappa\rho_m c_{P0}\left[\frac{\beta_{P0}T_m p}{\rho_m c_{P0}} + \frac{\langle v_z(z,\omega)\rangle_x}{\mathrm{i}\omega}\frac{\mathrm{d}T_m}{\mathrm{d}z}\right]\left(1 - \frac{d_\mu}{L}\right)\frac{1}{\rho_m\omega}\frac{\mathrm{d}p}{\mathrm{d}z} \\
&= -\frac{1}{2}d_\kappa\beta_{P0}\frac{T_m p}{\rho_m\omega}(\Gamma - 1)\left(1 - \frac{d_\mu}{L}\right)\frac{\mathrm{d}p}{\mathrm{d}z}
\end{aligned}
\tag{6.3.49b}
$$

其中, 为了方便定义 (注意: 已经假定 $\mathrm{d}p/\mathrm{d}z < 0$ 和 $\mathrm{d}T_m/\mathrm{d}z < 0$)

$$
\begin{aligned}
\Gamma &\equiv -\frac{\rho_m c_{P0}\langle v_z(z,\omega)\rangle_x}{\mathrm{i}\omega\beta_{P0}T_m p}\frac{\mathrm{d}T_m}{\mathrm{d}z} \\
&= \frac{c_{P0}}{\omega^2\beta_{P0}T_m p}\left|\frac{\mathrm{d}p}{\mathrm{d}z}\right|\cdot\left|\frac{\mathrm{d}T_m}{\mathrm{d}z}\right| = \left|\frac{\mathrm{d}T_m}{\mathrm{d}z}\right|\cdot\left(\frac{\mathrm{d}T_m}{\mathrm{d}z}\right)_{\mathrm{crit}}^{-1}
\end{aligned}
\tag{6.3.49c}
$$

其中, 临界温度梯度定义为

$$\left(\frac{\mathrm{d}T_m}{\mathrm{d}z}\right)_{\mathrm{crit}} \equiv \frac{\omega^2\beta_{P0}T_m p}{c_{P0}}\left|\frac{\mathrm{d}p}{\mathrm{d}z}\right|^{-1} \tag{6.3.49d}$$

因假定狭缝所处位置 $\mathrm{d}p/\mathrm{d}z < 0$ 且 $(1 - d_\mu/L) > 0$, 故能量流的方向由 $\Gamma - 1$ 的符号决定. 讨论如下.

(1) $\varGamma > 1$: 即当温度梯度大于临界值时

$$\left|\frac{\mathrm{d}T_m}{\mathrm{d}z}\right| > \left(\frac{\mathrm{d}T_m}{\mathrm{d}z}\right)_{\text{crit}} \tag{6.3.50a}$$

总能流 $\overline{Q} > 0$, 能量向 $+z$ 方向流动, 也就是热流从高温处向低温处流动, 声波像热机 (称为**热声机**) 一样, 从高温热源处得到能量, 在低温热源处放出部分能量, 而部分热能转化成声能, 即热转化成声; 注意温度梯度与声压梯度都是负的.

(2) $\varGamma < 1$: 即当温度梯度小于临界值时

$$\left|\frac{\mathrm{d}T_m}{\mathrm{d}z}\right| < \left(\frac{\mathrm{d}T_m}{\mathrm{d}z}\right)_{\text{crit}} \tag{6.3.50b}$$

总能流 $\overline{Q} < 0$, 能量向 $-z$ 方向流动, 也就是热流从低温处向高温处流动, 声波像致冷机 (称为**热声致冷**(thermoacoustic refrigeration)) 一样, 从低温热源处得到能量, 在高温热源处放出部分能量.

注意: ①由于方程 (6.3.49b) 中出现 d_μ/L, 故黏滞效应降低了热声机或者热声致冷的效率; ②方程 (6.3.49b) 中出现的项 $p(\mathrm{d}p/\mathrm{d}z)/\rho_m\omega$ 实际上是声驻波场的声能量流; ③由方程 (6.3.49a) 可知, $\mathrm{Im}\langle T'\rangle_x$ 在热声机或者热声致冷中起决定作用, 即方程 (6.3.47b) 的因子 d_κ/L 十分重要, 当狭缝很大时: $|k_h L| \gg 1$, $L \gg d_\kappa$, 热声机或者热声致冷的效率就很低; 反过来, 如果狭缝很小, $|k_h L| \ll 1$, $\tan(k_h L/2) \sim k_h L/2$, 毛细 "狭缝" 中的声过程是等温过程, 就不存在热声机或者热声致冷效应. 因此狭缝厚度要取得适当, 例如, 取 $L \approx 4d_\kappa$.

声功率 由于压强和体积的变化, 对单位体积流体质点作的功, 即声功率为

$$\mathrm{d}w = \rho\left[-P\mathrm{d}\left(\frac{1}{\rho}\right)\right] = \frac{P}{\rho}\mathrm{d}\rho \tag{6.3.51a}$$

瞬态声功率为

$$\frac{\mathrm{d}w}{\mathrm{d}t} = \frac{P}{\rho}\frac{\mathrm{d}\rho}{\mathrm{d}t} = \frac{P}{\rho}\left(\frac{\partial\rho}{\partial t} + v_z\frac{\partial\rho}{\partial x}\right) \approx \frac{P}{\rho}\left[\frac{\partial\rho}{\partial t} + \langle v_z\rangle_x\frac{\partial\rho}{\partial z}\right] \tag{6.3.51b}$$

对上式作线性近似 $P = P_m + p$, $\rho = \rho_m + \rho'$, 于是

$$\frac{\mathrm{d}w}{\mathrm{d}t} \approx \frac{P_m + p}{\rho_m + \rho'}\left[\frac{\partial\rho'}{\partial t} + \langle v_z\rangle_x\frac{\partial\rho_m}{\partial z}\right] \approx \frac{1}{\rho_m}(P_m + p)\left[\frac{\partial\rho'}{\partial t} + \langle v_z\rangle_x\frac{\partial\rho_m}{\partial z}\right] \tag{6.3.51c}$$

利用方程 (6.1.16a) 的第一式, 即 $\rho' = \rho_m(\kappa_{T0}p - \beta_{P0}T')$, 代入上式

$$\frac{\mathrm{d}w}{\mathrm{d}t} \approx (P_m + p)\left[\kappa_{T0}\frac{\partial p}{\partial t} - \beta_{P0}\frac{\partial T'}{\partial t} + \langle v_z\rangle_x\frac{1}{\rho_m}\frac{\partial\rho_m}{\partial z}\right] \tag{6.3.51d}$$

对上式时间平均, 且注意到, 在一个周期内时间平均

$$\overline{\frac{\partial p}{\partial t}} = 0; \ \overline{\frac{\partial T'}{\partial t}} = 0; \ \overline{\langle v_z \rangle_x} = 0$$

$$\overline{p\frac{\partial p}{\partial t}} = 0; \ \overline{p \langle v_z \rangle_x} = 0; \ \overline{T' \frac{\partial T'}{\partial t}} = 0$$

(6.3.52a)

故方程 (6.3.51d) 简化为

$$\overline{\frac{\mathrm{d}w}{\mathrm{d}t}} \approx -\beta_{P0} \overline{p \frac{\partial T'}{\partial t}} = \frac{1}{2}\omega \beta_{P0} p \mathrm{Re}(\mathrm{i}pT'^*) = \frac{1}{2}\omega \beta_{P0} p \mathrm{Im}(T') \quad (6.3.52b)$$

总的平均声功率为

$$\overline{W} = \Delta z \cdot \int_0^L \overline{\frac{\mathrm{d}w}{\mathrm{d}t}} \mathrm{d}x = \frac{1}{2}\Delta z \cdot L\omega \beta_{P0} p \mathrm{Im}[\langle T' \rangle_x] \quad (6.3.52c)$$

其中, Δz 为金属板的长度. 把方程 (6.3.47b) 代入上式得到

$$\overline{W} \approx \frac{1}{2}\Delta z d_\kappa \cdot \frac{\omega p^2}{\rho_m}\frac{(\gamma - 1)}{c_m^2}(\Gamma - 1) \quad (6.3.52d)$$

上式的意义很明显: ①如果 $\Gamma > 1$, 平均声功率 $\overline{W} > 0$, 热能转化成声能, 为热声机; ②如果 $\Gamma < 1$, 平均声功率 $\overline{W} < 0$, 声能转化成热能, 在高温处释放而起到致冷效果.

热声机的效率　　我们可以用图 6.3.9(a) 表示热声机的能量关系, 由高温热源 T_+ 流出的热量 Q_{H}, 一部分转化成声能量 $\overline{W}$(机械能), 而另一部分 Q_{L} 流入低温热源 T_-, 而热声致冷过程相反, 如图 6.3.9(b). 热声机的效率为

$$\eta \equiv \frac{\overline{W}}{Q_{\mathrm{H}}} \approx \frac{\overline{W}}{\overline{Q}} \quad (6.3.53a)$$

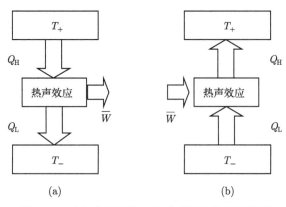

图 6.3.9　(a) 热声机和 (b) 热声致冷的能量关系

把方程 (6.3.49b) 和 (6.3.52d) 代入上式得到

$$
\begin{aligned}
\eta &\approx \frac{\Delta z \omega^2 p(\gamma-1)}{\beta_{P0} c_m^2 T_m}\left|\frac{\mathrm{d}p}{\mathrm{d}z}\right|^{-1} \approx \frac{\Delta z}{T_m}\left(\frac{\mathrm{d}T_m}{\mathrm{d}z}\right)_{\mathrm{crit}} \\
&= \frac{\Delta z}{T_m}\left|\frac{\mathrm{d}T_m}{\mathrm{d}z}\right|\frac{1}{\Gamma} \approx \frac{\Delta T_m}{T_m}\frac{1}{\Gamma} \approx \frac{\eta_{\mathrm{c}}}{\Gamma}
\end{aligned}
\tag{6.3.53b}
$$

其中, $\eta_{\mathrm{c}} \equiv \Delta T_m/T_m$ 是 Carnot 效率 (理论上的最大效率). 对热声机, $\Gamma > 1$, 故 $\eta < \eta_{\mathrm{c}}$. 只有当 $\Gamma = 1$ 时, $\eta = \eta_{\mathrm{c}}$, 但此时输出声功率 $\overline{W} = 0$, 即功率越大, 效率越低.

值得指出的是: 以上推导假定声场不变, 且温度梯度与 z 无关, 都是一级近似. 严格的计算应该考虑声场与温度场的耦合以及相应的边界条件, 只有数值计算才能完成. 事实上, 由质量守恒方程 (6.3.41a) 且在狭缝截面平均

$$
-\mathrm{i}\omega\rho_m\kappa_{T0}p(z,\omega) + \mathrm{i}\omega\rho_m\beta_{P0}\langle T'(z,\omega)\rangle_x + \rho_m\frac{\partial\langle v_z(z,\omega)\rangle_x}{\partial z} \approx 0
\tag{6.3.54a}
$$

把方程 (6.3.45c) 和 (6.3.46a) 代入上式得到

$$
F_\mu\frac{\mathrm{d}^2 p(z,\omega)}{\mathrm{d}z^2} + \left(\beta_{P0}F_\kappa F_\mu\frac{\mathrm{d}T_m}{\mathrm{d}z}\right)\frac{\mathrm{d}p(z,\omega)}{\mathrm{d}z} + \frac{\omega^2}{c_0^2}[\gamma-(\gamma-1)F_\kappa]p(z,\omega) \approx 0
\tag{6.3.54b}
$$

以上就是关于声场分布的方程, 当温度梯度与 z 有关, 上式为变系数方程, 必须用数值方法求解.

6.4 黏滞和热传导对声辐射的影响

由于黏滞和热传导效应, 辐射体表面附近形成边界层, 为了满足边界条件, 在边界层内, 不得不考虑黏滞和热传导效应. 而且, 许多物理现象是由流体的黏滞效应产生的, 一个日常生活的例子是风绕过电线产生的声音, 正是由于空气的黏滞, 使电线不仅作横向振动 (作为振动源) 辐射声波, 而且由于压力梯度产生的升力作为力源也辐射声波.

6.4.1 黏滞介质中的多极展开

为了简单, 忽略热传导的影响. 如图 6.4.1 情况, 表面为 S 的振动体向充满黏滞流体的无限空间辐射声波. 由于忽略热传导, 在单频和无源条件下, 从方程 (6.1.20d) 得到 $T' \approx T_0\beta_{P0}p'/\rho_0 c_{P0}$, 代入方程 (6.1.20b) 得到 (注意用到方程 (6.2.5a))

$$
-\mathrm{i}\omega p + \rho_0 c_0^2\nabla\cdot\boldsymbol{v}_l \approx 0
\tag{6.4.1a}
$$

上式再代入方程 (6.1.20a) 的第一式 (单频和无源, 且注意到在频率不是很高时, 黏滞对声传播模式影响可忽略, 仅仅在边界层起作用) 得到

$$i\omega\rho_0\boldsymbol{v}_l \approx \left(1 - i\frac{\omega}{c_0}l_\mu\right)\nabla p \approx \nabla p \tag{6.4.1b}$$

上二式实际上就是纵声波模式满足的质量守恒和动量守恒的线性化方程.

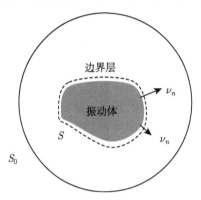

图 6.4.1　振动体表面附近形成边界层

方程 (6.4.1b) 乘自由空间的 Green 函数 g 并求散度得到

$$\nabla \cdot (i\omega\rho_0 g\boldsymbol{v}_l) = \nabla \cdot (g\nabla p) = \nabla g \cdot \nabla p + g\nabla^2 p \tag{6.4.2a}$$

上式与方程 $\nabla \cdot (p\nabla g) = \nabla g \cdot \nabla p - p\nabla^2 g$ 相减, 并且注意到 $\nabla^2 p + k_0^2 p \approx 0$, 得到

$$\nabla \cdot (i\omega\rho_0 g\boldsymbol{v}_l - p\nabla g) = g\nabla^2 p - p\nabla^2 g = -p(\nabla^2 + k_0^2)g \tag{6.4.2b}$$

另一方面, 由方程 (6.1.20a) 的第二式, 有旋场部分满足 (单频和无源)

$$i\omega\rho_0\boldsymbol{v}_\mu = -\mu\nabla^2\boldsymbol{v}_\mu; \ \nabla \cdot \boldsymbol{v}_\mu = 0 \tag{6.4.3a}$$

上式乘自由空间的 Green 函数 g 并且求散度得到 (注意: $\nabla \cdot \boldsymbol{v}_\mu = 0$)

$$\begin{aligned}
\nabla \cdot (i\omega\rho_0 g\boldsymbol{v}_\mu) &= -\mu\nabla \cdot (g\nabla^2\boldsymbol{v}_\mu) = -\mu(\nabla g) \cdot (\nabla^2\boldsymbol{v}_\mu) - \mu g\nabla \cdot (\nabla^2\boldsymbol{v}_\mu) \\
&= -\mu(\nabla g) \cdot (\nabla^2\boldsymbol{v}_\mu) - \mu g\nabla^2(\nabla \cdot \boldsymbol{v}_\mu) = -\mu(\nabla g) \cdot (\nabla^2\boldsymbol{v}_\mu)
\end{aligned} \tag{6.4.3b}$$

注意到矢量恒等式

$$\begin{aligned}
\nabla \cdot [(\nabla \times \boldsymbol{A}) \times \boldsymbol{B}] &= \boldsymbol{B} \cdot [\nabla \times (\nabla \times \boldsymbol{A})] - (\nabla \times \boldsymbol{A}) \cdot (\nabla \times \boldsymbol{B}) \\
&= \boldsymbol{B} \cdot [\nabla(\nabla \cdot \boldsymbol{A}) - \nabla^2\boldsymbol{A}] - (\nabla \times \boldsymbol{A}) \cdot (\nabla \times \boldsymbol{B})
\end{aligned} \tag{6.4.4a}$$

取 $\boldsymbol{A} = \boldsymbol{v}_\mu$ 和 $\boldsymbol{B} = \nabla g$, 并且注意到 $\nabla \times (\nabla g) \equiv 0$ 和 $\nabla \cdot \boldsymbol{v}_\mu = 0$, 上式简化成

$$\mu\nabla \cdot [(\nabla \times \boldsymbol{v}_\mu) \times \nabla g] = -\mu(\nabla g) \cdot (\nabla^2\boldsymbol{v}_\mu) \tag{6.4.4b}$$

方程 (6.4.3b) 与 (6.4.4b) 相减得到

$$\nabla \cdot [\mathrm{i}\omega\rho_0 g\boldsymbol{v}_\mu - \mu(\nabla \times \boldsymbol{v}_\mu) \times \nabla g] = 0 \tag{6.4.4c}$$

然后, 把方程 (6.4.2b) 与上式相加 (并注意到 $\boldsymbol{v} = \boldsymbol{v}_l + \boldsymbol{v}_\mu$ 和 $\nabla \times \boldsymbol{v}_l = 0$) 得到

$$\nabla \cdot [\mathrm{i}\omega\rho_0 g\boldsymbol{v} - p\nabla g - \mu(\nabla \times \boldsymbol{v}) \times \nabla g] = -p(\nabla^2 + k_0^2)g \tag{6.4.5a}$$

在图 6.4.1 的 S_0+S 面围成的体积内对上式积分得到 (注意: $(\nabla^2+k_0^2)g = -\delta(\boldsymbol{r},\boldsymbol{r}')$)

$$p(\boldsymbol{r},\omega) = \iint_{S_0+S} [\mathrm{i}\omega\rho_0 g\boldsymbol{v} - p\nabla' g - \mu(\nabla' \times \boldsymbol{v}) \times \nabla' g] \cdot \boldsymbol{n}\mathrm{d}S' \tag{6.4.5b}$$

取 $S_0 \to \infty$, 利用 Sommerfeld 辐射条件及旋波模式仅存在于边界层附近的事实, 通过得到方程 (2.1.49d) 相同的过程, 最后得到

$$
\begin{aligned}
p(\boldsymbol{r},\omega) = &\frac{\rho_0}{4\pi} \iint_S (-\mathrm{i}\omega)\frac{\boldsymbol{v}_n(\boldsymbol{r}',\omega)}{R}\exp(\mathrm{i}k_0 R)\mathrm{d}S' \\
&+ \frac{1}{4\pi c_0} \iint_S \left[(\boldsymbol{e}_R \cdot \boldsymbol{n}_S)p(\boldsymbol{r}',\omega)\left(-\mathrm{i}\omega + \frac{c_0}{R}\right)\frac{\exp(\mathrm{i}k_0 R)}{R} \right]\mathrm{d}S' \\
&+ \frac{\mu}{4\pi c_0} \iint_S \left[\boldsymbol{n}_S \cdot (\boldsymbol{\Omega} \times \boldsymbol{e}_R)\left(-\mathrm{i}\omega + \frac{c_0}{R}\right)\frac{\exp(\mathrm{i}k_0 R)}{R} \right]\mathrm{d}S'
\end{aligned}
\tag{6.4.6a}
$$

其中, $R = |\boldsymbol{r} - \boldsymbol{r}'|$ 和 $\boldsymbol{e}_R = \boldsymbol{r}'/R$, $\boldsymbol{\Omega} \equiv \nabla \times \boldsymbol{v}$ 为旋量. 注意: 振动体表面法向 $\boldsymbol{n}_S$ 与区域的法向 $\boldsymbol{n}$ 相反: $\boldsymbol{n} = -\boldsymbol{n}_S$. 显然, 上式结果与方程 (2.1.49d) 相比, 增加了旋波模式的贡献. 注意到变换关系: $-\mathrm{i}\omega \leftrightarrow \partial/\partial t$, 得到时域方程

$$
\begin{aligned}
p(\boldsymbol{r},t) = &\frac{\rho_0}{4\pi} \iint_S \frac{\dot{v}_n(\boldsymbol{r}',t-R/c_0)}{R}\exp(\mathrm{i}k_0 R)\mathrm{d}S' \\
&+ \frac{1}{4\pi c_0} \iint_S \left[\boldsymbol{e}_R \cdot \boldsymbol{n}_S\left(\frac{\partial}{\partial t} + \frac{c_0}{R}\right)\frac{p(\boldsymbol{r}',t-R/c_0)}{R} \right]\mathrm{d}S' \\
&- \frac{\mu}{4\pi c_0} \iint_S \left[\boldsymbol{n}_S \cdot \left(\frac{\partial}{\partial t} + \frac{c_0}{R}\right)\frac{\boldsymbol{e}_R \times \boldsymbol{\Omega}(\boldsymbol{r}',t-R/c_0)}{R} \right]\mathrm{d}S'
\end{aligned}
\tag{6.4.6b}
$$

与方程 (2.1.49e) 一样, 上式作多极矩展开得到

$$p(\boldsymbol{r},t) = \frac{1}{4\pi|\boldsymbol{r}|}S\left(t - \frac{|\boldsymbol{r}|}{c_0}\right) - \nabla \cdot \frac{1}{4\pi|\boldsymbol{r}|}\boldsymbol{D}\left(t - \frac{|\boldsymbol{r}|}{c_0}\right) + \cdots \tag{6.4.7a}$$

其中, 对应的单极矩和偶极矩分别为

$$
\begin{aligned}
S(t) &= \rho_0 \iint_S \dot{v}_n(\boldsymbol{r}',t)\mathrm{d}S' \\
\boldsymbol{D}(t) &= \iint_S [\rho_0 \boldsymbol{r}'\dot{v}_n(\boldsymbol{r}',t) + \boldsymbol{n}_S p(\boldsymbol{r}',t) + \mu\boldsymbol{n}_S \times \boldsymbol{\Omega}(\boldsymbol{r}',t)]\mathrm{d}S'
\end{aligned}
\tag{6.4.7b}
$$

注意上式中 $\boldsymbol{\Omega} = \nabla \times \boldsymbol{v}$, 其中 $\boldsymbol{v}$ 是振动体表面的总速度, 包含切向速度, 即黏滞的贡献. 流体绕过物体表面时, 由于黏滞的作用, 表面附近的流体运动总是有旋的, 即 $\boldsymbol{\Omega} = \nabla \times \boldsymbol{v} \neq 0$. 方程 (6.4.7b) 的最后一项积分意味着: 旋量 $\boldsymbol{\Omega} = \nabla \times \boldsymbol{v}$ 相当于偶极声源产生声波. 一个日常生活的例子是风绕过电线产生声音 (称为 aeolian tones).

如图 6.4.2, 当风绕过电线 (看成半径为 a 的无限长圆柱体, 并位于 z 轴) 时, 由于压力梯度, 圆柱体受到一个向上的升力; 由于黏滞, 圆柱体受到一个风速方向的拖曳力. 由牛顿第三定律, 圆柱体对周围的空气介质施加反作用升力和反作用拖曳力, 合反作用力为 $\boldsymbol{f}$. 又设圆柱体在升力和拖曳力作用下产生的横向振动速度为 $\boldsymbol{v_c}$. $\boldsymbol{v_c}$ 和 $\boldsymbol{f}$ 作为偶极声源, 产生的声场为

$$p(\boldsymbol{r}, t) = -\nabla \cdot \left\{ \int_{-\infty}^{\infty} \frac{1}{4\pi R} \left[\rho_0 \pi a^2 \frac{\mathrm{d}}{\mathrm{d}t} \boldsymbol{v_c} \left(z, t - \frac{R}{c_0} \right) + \boldsymbol{f} \left(z, t - \frac{R}{c_0} \right) \right] \mathrm{d}z \right\} \quad (6.4.8)$$

其中, $R = |\boldsymbol{r} - \boldsymbol{r_c}|$ 为测量点 $\boldsymbol{r}$ 到圆柱面上一点 $\boldsymbol{r_c}$ 的距离. 当圆柱体固定不动时, 只有合反作用力一项. 注意: 上式仅仅是定性说明, 具体计算过于复杂, 见参考书目 39.

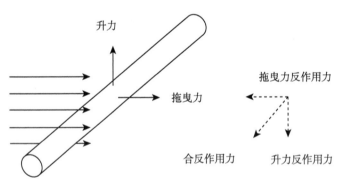

图 6.4.2　风绕过电线产生的作用力和反作用力

6.4.2　平面声源以及活塞辐射的柱函数表示

设固体表面 xOy 平面以法向 (z 方向) 速度 $v_z(x, y, \omega)$ 振动, 求上半空间 $z > 0$ 的声场分布. 设声波波长远大于固体表面附近的边界层厚度, 故考虑黏滞和热扩散效应后的边界条件为 (6.2.19), 而无须具体求解边界层内部的旋波和温度波. 声传播模式满足方程 (6.2.8a), 即

$$\nabla^2 p_a(x, y, z, \omega) + k_a^2 p_a(x, y, z, \omega) = 0 \quad (6.4.9a)$$

其中, 复波数 k 满足

$$k_a^2 \equiv \frac{\omega^2}{c_0^2} \left\{ 1 + \mathrm{i} \frac{\omega}{c_0} [(\gamma - 1) l_\kappa + l_\mu] \right\} \approx k_0^2 \quad (6.4.9b)$$

因 xOy 平面方向无限, 作 Fourier 变换

$$p_a(x,y,z,\omega) = \frac{1}{(2\pi)^2}\iint p_a(k_x,k_y,z,\omega)\exp[\mathrm{i}(k_x x + k_y y)]\mathrm{d}k_x\mathrm{d}k_y \tag{6.4.9c}$$

代入方程 (6.4.9a) 得到

$$\frac{\mathrm{d}^2 p_a(k_x,k_y,z,\omega)}{\mathrm{d}z^2} + k_z^2 p_a(k_x,k_y,z,\omega) = 0 \tag{6.4.10a}$$

其中, z 方向的波数为 $k_z \equiv \sqrt{k_0^2 - k_x^2 - k_y^2}$. 取上式向 $+z$ 方向传播的波, 即

$$p_a(k_x,k_y,z,\omega) = p_a(k_x,k_y,\omega)\exp(\mathrm{i}k_z z) \tag{6.4.10b}$$

速度场分布为

$$\boldsymbol{v}_a(x,y,z,\omega) \approx \frac{1}{\mathrm{i}\omega\rho_0}\nabla p_a(x,y,z,\omega) \tag{6.4.10c}$$

速度场的切向散度为

$$\begin{aligned}
\nabla_t \cdot \boldsymbol{v}_a &= \frac{\partial v_{ax}}{\partial x} + \frac{\partial v_{ay}}{\partial y} = \frac{1}{\mathrm{i}\omega\rho_0}\left[\frac{\partial^2 p_a}{\partial x^2} + \frac{\partial^2 p_a}{\partial y^2}\right]\\
&= -\frac{1}{(2\pi)^2}\frac{1}{\mathrm{i}\omega\rho_0}\int_{-\infty}^{\infty}\int_{-\infty}^{\infty}(k_x^2+k_y^2)p_a(k_x,k_y,z,\omega)\mathrm{e}^{\mathrm{i}(k_x x + k_y y)}\mathrm{d}k_x\mathrm{d}k_y
\end{aligned} \tag{6.4.11a}$$

把方程 (6.4.9c), (6.4.11c) 和 (6.4.11a) 代入方程 (6.2.19) 得到

$$\begin{aligned}
\frac{1}{(2\pi)^2\omega\rho_0}\iint&\left[k_z + \frac{(1-\mathrm{i})d_\mu(k_x^2+k_y^2)}{2} + \frac{(1-\mathrm{i})(\gamma-1)d_\kappa k_0^2}{2}\right]\\
&\times p_a(k_x,k_y,\omega)\mathrm{e}^{\mathrm{i}(k_x x + k_y y)}\mathrm{d}k_x\mathrm{d}k_y \approx v_z(x,y,\omega)
\end{aligned} \tag{6.4.11b}$$

故

$$\begin{aligned}
p_a(k_x,k_y,\omega) = &\frac{\omega\rho_0}{k_z + (1-\mathrm{i})[d_\mu(k_x^2+k_y^2) + (\gamma-1)d_\kappa k_0^2]/2}\\
&\times\int_{-\infty}^{\infty}\int_{-\infty}^{\infty}v_z(x,y,\omega)\exp[-\mathrm{i}(k_x x + k_y y)]\mathrm{d}x\mathrm{d}y
\end{aligned} \tag{6.4.11c}$$

讨论二个简单情况.

(1) 无限大板均匀振动: $v_z(x,y,\omega) = v_z(\omega)$

$$p_a(k_x,k_y,\omega) \approx \frac{(2\pi)^2\rho_0 c_0 v_z(\omega)\delta(k_x)\delta(k_y)}{1 + (1-\mathrm{i})(\gamma-1)k_0 d_\kappa/2} \tag{6.4.12a}$$

故

$$p_a(x,y,z,\omega) \approx \frac{\rho_0 c_0 v_z(\omega)}{1 + (1-\mathrm{i})(\gamma-1)k_0 d_\kappa/2}\exp(\mathrm{i}k_z z) \tag{6.4.12b}$$

从上式可见, 黏滞对声波的产生没有影响, 而热传导有影响, 忽略热传导与考虑热传导时的声压振幅比例为

$$\left|\frac{(p_{a0})_0}{(p_{a0})_\kappa}\right| \approx \left|1 + (1-\mathrm{i})(\gamma-1)\frac{k_0 d_\kappa}{2}\right| \approx 1 + (\gamma-1)\frac{k_0 d_\kappa}{2} > 1 \qquad (6.4.12c)$$

故在声源速度恒定的条件下, 热传导效应使辐射声功率降低. 对一般的频率, $k_0 d_\mu \ll 1$, 热传导效应可以忽略不计;

(2) 对称振动: $v_z(x, y, \omega) = v_z(\rho, \omega)$, 在柱坐标中: $x = \rho\cos\varphi$; $y = \rho\sin\varphi$ 以及 $k_x = k_\rho\cos\psi$; $k_y = k_\rho\sin\psi$. 在忽略热传导效应条件下, 由方程 (6.4.11c)

$$p_a(k_x, k_y, \omega) = \frac{\omega\rho_0}{\sqrt{k_0^2 - k_\rho^2} + (1-\mathrm{i})d_\mu k_\rho^2 / 2} \int_0^\infty v_z(\rho, \omega) \int_0^{2\pi} \mathrm{e}^{-\mathrm{i}k_\rho\rho\cos(\varphi-\psi)}\rho\mathrm{d}\rho\mathrm{d}\varphi$$

$$(6.4.13a)$$

利用 Bessel 函数的积分关系, 即方程 (2.5.31b), 方程 (6.4.13a) 变成

$$\begin{aligned} p_a(k_x, k_y, \omega) &= \frac{2\pi\omega\rho_0}{\sqrt{k_0^2 - k_\rho^2} + (1-\mathrm{i})d_\mu k_\rho^2 / 2} \int_0^\infty v_z(\rho, \omega) J_0(k_\rho\rho)\rho\mathrm{d}\rho \\ &\equiv p_a(k_\rho, \omega) \end{aligned} \qquad (6.4.13b)$$

方程 (6.4.9c) 也可写成

$$p_a(\rho, z, \omega) = \frac{1}{2\pi}\int_0^\infty p_a(k_\rho, \omega) J_0(k_\rho\rho)\exp\left(\mathrm{i}\sqrt{k_0^2 - k_\rho^2}\,z\right) k_\rho\mathrm{d}k_\rho \qquad (6.4.14)$$

无限大刚性障板　　从上式可以得到无限大刚性障板上活塞辐射声场的 Bessel 函数积分形式. 对无限大刚性障板上活塞

$$v_z(\rho, \omega) = v_z(\omega)\begin{cases} 1, & \rho \leqslant a \\ 0, & \rho > a \end{cases} \qquad (6.4.15a)$$

代入方程 (6.4.13b) 得到

$$\begin{aligned} p_a(k_\rho, \omega) &= \frac{2\pi\omega\rho_0 v_z(\omega)}{\sqrt{k_0^2 - k_\rho^2} + (1-\mathrm{i})d_\mu k_\rho^2 / 2} \int_0^a J_0(k_\rho\rho)\rho\mathrm{d}\rho \\ &= \frac{2\pi\omega\rho_0 v_z(\omega)}{\sqrt{k_0^2 - k_\rho^2} + (1-\mathrm{i})d_\mu k_\rho^2 / 2} \cdot \frac{k_\rho a J_1(k_\rho a)}{k_\rho^2} \end{aligned} \qquad (6.4.15b)$$

在忽略黏滞情况下, 上式代入方程 (6.4.14) 得到柱坐标下声场的积分形式

$$p_a(\rho, z, \omega) = \omega\rho_0 a v_z(\omega)\int_0^\infty \frac{J_0(k_\rho\rho)J_1(k_\rho a)}{\sqrt{k_0^2 - k_\rho^2}}\exp\left(\mathrm{i}\sqrt{k_0^2 - k_\rho^2}\,z\right)\mathrm{d}k_\rho \qquad (6.4.16a)$$

上式与方程 (2.5.39) 是一致的. 事实上, 把方程 (2.3.47d)(取 $z' = 0$) 代入方程 (2.5.39) 不难得到 (假定刚性活塞振动)

$$
\begin{aligned}
p(\rho, z, \omega) &= \rho_0 c_0 k_0 v_z(\omega) \int_0^a \left[\int_0^\infty \frac{1}{\sigma} \mathrm{J}_0(\lambda\rho') \mathrm{J}_0(\lambda\rho) \exp\left(\mathrm{i}\sigma|z|\right) \lambda \mathrm{d}\lambda \right] \rho' \mathrm{d}\rho' \\
&= \rho_0 \omega a v_z(\omega) \int_0^\infty \frac{\mathrm{J}_1(k_\rho a) \mathrm{J}_0(k_\rho \rho)}{\sqrt{k_0^2 - k_\rho^2}} \exp\left(\mathrm{i}\sqrt{k_0^2 - k_\rho^2} z\right) \mathrm{d}k_\rho
\end{aligned} \tag{6.4.16b}
$$

注意: 在柱坐标中, 方程 (2.5.39) 的角度部分积分为 2π. 上式与方程 (6.4.16a) 完全一致. 考虑 z 轴上一点 ($\rho = 0$) 的声压为

$$
p_a(0, z, \omega) = \omega \rho_0 a v_z(\omega) \int_0^\infty \frac{\mathrm{J}_1(k_\rho a)}{\sqrt{k_0^2 - k_\rho^2}} \exp\left(\mathrm{i}\sqrt{k_0^2 - k_\rho^2} z\right) \mathrm{d}k_\rho \tag{6.4.16c}
$$

另一方面, 由参考书目 31 中的积分公式

$$
\begin{aligned}
&\int_0^\infty \frac{\mathrm{J}_\nu(xc)}{\sqrt{x^2 + b^2}} \cos\left(a\sqrt{x^2 + b^2}\right) \mathrm{d}x \\
&= -\frac{\pi}{2} \mathrm{J}_{\nu/2}\left[\frac{b}{2}\left(a - \sqrt{a^2 - c^2}\right)\right] \mathrm{N}_{-\nu/2}\left[\frac{b}{2}\left(a + \sqrt{a^2 - c^2}\right)\right] \\
&\int_0^\infty \frac{\mathrm{J}_\nu(xc)}{\sqrt{x^2 + b^2}} \sin\left(a\sqrt{x^2 + b^2}\right) \mathrm{d}x \\
&= \frac{\pi}{2} \mathrm{J}_{\nu/2}\left[\frac{b}{2}\left(a - \sqrt{a^2 - c^2}\right)\right] \mathrm{J}_{-\nu/2}\left[\frac{b}{2}\left(a + \sqrt{a^2 - c^2}\right)\right]
\end{aligned} \tag{6.4.16d}
$$

令 $b = \mathrm{i}b'$ 和 $a = \mathrm{i}a'$, 上式变成

$$
\begin{aligned}
&\int_0^\infty \frac{\mathrm{J}_\nu(cx)}{\sqrt{b'^2 - x^2}} \cos\left(a'\sqrt{b'^2 - x^2}\right) \mathrm{d}x \\
&= -\mathrm{i}\frac{\pi}{2} \mathrm{J}_{\nu/2}\left[-\frac{b'}{2}\left(a' - \sqrt{a'^2 + c^2}\right)\right] \mathrm{N}_{-\nu/2}\left[-\frac{b'}{2}\left(a' + \sqrt{a'^2 + c^2}\right)\right] \\
&\int_0^\infty \frac{\mathrm{J}_\nu(cx)}{\sqrt{b'^2 - x^2}} \mathrm{i}\sin\left(a'\sqrt{b'^2 - x^2}\right) \mathrm{d}x \\
&= \frac{\pi}{2} \mathrm{J}_{\nu/2}\left[-\frac{b'}{2}\left(a' - \sqrt{a'^2 + c^2}\right)\right] \mathrm{J}_{-\nu/2}\left[-\frac{b'}{2}\left(a' + \sqrt{a^2 + c^2}\right)\right]
\end{aligned} \tag{6.4.16e}
$$

把上二式相加得到

$$
\begin{aligned}
\int_0^\infty \frac{\mathrm{J}_\nu(cx)}{\sqrt{b'^2 - x^2}} \exp\left(a'\sqrt{b'^2 - x^2}\right) \mathrm{d}x &= \frac{\pi}{2} \mathrm{J}_{\nu/2}\left[-\frac{b'}{2}\left(a' - \sqrt{a'^2 + c^2}\right)\right] \\
\times \left\{ \mathrm{J}_{-\nu/2}\left[-\frac{b'}{2}\left(a' + \sqrt{a^2 + c^2}\right)\right] \right. &\left. - \mathrm{i}\mathrm{N}_{-\nu/2}\left[-\frac{b'}{2}\left(a' + \sqrt{a'^2 + c^2}\right)\right] \right\}
\end{aligned} \tag{6.4.17a}
$$

取 $\nu = 1$, 注意到 $J_{1/2}(x) = N_{-1/2}(x) = \sqrt{2/\pi x}\sin x$ 和 $J_{-1/2}(x) = \sqrt{2/\pi x}\cos x$

$$\int_0^\infty \frac{J_1(cx)}{\sqrt{b'^2 - x^2}}\exp\left(a'\sqrt{b'^2 - x^2}\right)\mathrm{d}x$$

$$= \frac{\pi}{2}J_{1/2}\left[-\frac{b'}{2}\left(a' - \sqrt{a'^2 + c^2}\right)\right]$$

$$\times\left\{J_{-1/2}\left[-\frac{b'}{2}\left(a' + \sqrt{a^2 + c^2}\right)\right] - iJ_{1/2}\left[-\frac{b'}{2}\left(a' + \sqrt{a'^2 + c^2}\right)\right]\right\} \tag{6.4.17b}$$

$$= -i\frac{2}{b'c}\sin\left[\frac{b'}{2}\left(\sqrt{a'^2 + c^2} - a'\right)\right]\exp\left[i\frac{b'}{2}\left(\sqrt{a^2 + c^2} + a'\right)\right]$$

令 $x = k_\rho$, $c = a$, $b' = k_0$ 和 $a' = z$ 就得到方程 (6.4.16c) 中的积分

$$p_a(0, z, \omega) = -2i\rho_0 c_0 v_z(\omega)\sin\left[\frac{k_0}{2}\left(\sqrt{z^2 + a^2} - z\right)\right]$$

$$\times\exp\left[i\frac{k_0}{2}\left(\sqrt{z^2 + a^2} + z\right)\right] \tag{6.4.17c}$$

上式与方程 (2.5.45b) 是一致的.

　　阻抗障板　考虑 2.5.4 小节中无限大阻抗障板上的活塞辐射问题, 声场 (不考虑黏滞和热传递)

$$\nabla^2 p(x, y, z, \omega) + k_0^2 p(x, y, z, \omega) = 0 \quad (z > 0)$$

$$\left[\frac{1}{ik_0\rho_0 c_0}\frac{\partial p}{\partial z} + \frac{\beta(\omega)}{\rho_0 c_0}p\right]_{z=0} = v_z(x, y, \omega) \tag{6.4.18a}$$

由方程 (6.4.9c) 和 (6.4.10b)

$$p(x, y, z, \omega) = \frac{1}{(2\pi)^2}\iint p(k_x, k_y, \omega)\exp[i(k_x x + k_y y + k_z z)]\mathrm{d}k_x\mathrm{d}k_y \tag{6.4.18b}$$

其中, z 方向的波数为 $k_z \equiv \sqrt{k_0^2 - k_x^2 - k_y^2}$. 上式代入方程 (6.4.18a) 的第二式

$$\frac{1}{(2\pi)^2}\iint\left[\frac{k_z}{k_0} + \beta(\omega)\right]p(k_x, k_y, \omega)\exp[i(k_x x + k_y y)]\mathrm{d}k_x\mathrm{d}k_y = \rho_0 c_0 v_z(x, y, \omega) \tag{6.4.18c}$$

因此

$$p(k_x, k_y, \omega) = \frac{\rho_0 c_0}{k_z/k_0 + \beta(\omega)}\iint v_z(x, y, \omega)\exp[-i(k_x x + k_y y)]\mathrm{d}x\mathrm{d}y \tag{6.4.18d}$$

在方程 (6.4.15a) 的条件下, 上式简化为

$$p(k_\rho, \omega) = \frac{2\pi k_0\rho_0 c_0 v_z(\omega)}{\sqrt{k_0^2 - k_\rho^2} + k_0\beta(\omega)}\cdot\frac{k_\rho a J_1(k_\rho a)}{k_\rho^2} \tag{6.4.18e}$$

故在柱坐标中, 阻抗障板上活塞辐射的声场为

$$p_a(\rho, z, \omega) = \omega \rho_0 a v_z(\omega) \int_0^\infty \frac{\mathrm{J}_0(k_\rho \rho)\mathrm{J}_1(k_\rho a)}{\sqrt{k_0^2 - k_\rho^2} + k_0 \beta(\omega)} \exp\left(\mathrm{i}\sqrt{k_0^2 - k_\rho^2}z\right) \mathrm{d}k_\rho \quad (6.4.18\mathrm{f})$$

6.4.3 球面声源和 "小" 球面声源

首先考虑半径为 a 的球面声源. 假定 $a \gg d_\mu$, 即频率足够高, 在球面声源附近形成一层薄边界层. 为了简单, 设球面振动是轴对称的, 即

$$\boldsymbol{v}_{\text{wall}} \cdot \boldsymbol{n} = v_0(a, \vartheta, \omega) \quad (6.4.19\mathrm{a})$$

在轴对称情况下, 球坐标中声传播模式的解为 (取 $k_a \approx k_0$)

$$p_a(r, \vartheta, \omega) = \sum_{l=0}^\infty A_l \mathrm{h}_l^{(1)}(k_0 r) \mathrm{P}_l(\cos\vartheta) \quad (6.4.19\mathrm{b})$$

速度分布

$$
\begin{aligned}
v_{ar} &= \frac{1}{\mathrm{i}\omega\rho_0} \frac{\partial p(r, \vartheta, \omega)}{\partial r} = \frac{1}{\mathrm{i}\rho_0 c_0} \sum_{l=0}^\infty A_l \frac{\mathrm{d}\mathrm{h}_l^{(1)}(k_0 r)}{\mathrm{d}(k_0 r)} \mathrm{P}_l(\cos\vartheta) \\
v_{a\vartheta} &= \frac{1}{\mathrm{i}\omega\rho_0} \frac{1}{r} \frac{\partial p(r, \vartheta, \omega)}{\partial \vartheta} = \frac{1}{\mathrm{i}\rho_0 c_0} \sum_{l=0}^\infty A_l \mathrm{h}_l^{(1)}(k_0 r) \frac{1}{k_0 r} \cdot \frac{\mathrm{d}\mathrm{P}_l(\cos\vartheta)}{\mathrm{d}\vartheta}
\end{aligned}
\quad (6.4.19\mathrm{c})
$$

切向散度

$$
\begin{aligned}
\nabla_t \cdot \boldsymbol{v}_a &= \frac{1}{\mathrm{i}\omega\rho_0} \sum_{l=0}^\infty A_l \mathrm{h}_l^{(1)}(k_0 r) \frac{1}{r^2 \sin\vartheta} \frac{\mathrm{d}}{\mathrm{d}\vartheta}\left[\sin\vartheta \frac{\mathrm{d}\mathrm{P}_l(\cos\vartheta)}{\mathrm{d}\vartheta}\right] \\
&= -\frac{1}{\mathrm{i}\omega\rho_0} \sum_{l=0}^\infty l(l+1) \frac{A_l}{r^2} \mathrm{h}_l^{(1)}(k_0 r) \mathrm{P}_l(\cos\vartheta)
\end{aligned}
\quad (6.4.19\mathrm{d})
$$

把以上四个方程代入方程 (6.2.22) 得到 (忽略热传导效应)

$$\frac{1}{\mathrm{i}\rho_0 c_0} \sum_{l=0}^\infty A_l \left[\left.\frac{\mathrm{d}\mathrm{h}_l^{(1)}(k_0 r)}{\mathrm{d}(k_0 r)}\right|_{r=a} + \frac{(1+\mathrm{i})l(l+1)d_\mu}{2} \cdot \frac{\mathrm{h}_l^{(1)}(k_0 a)}{a^2}\right] \mathrm{P}_l(\cos\vartheta) = v_0(a, \vartheta, \omega) \quad (6.4.20\mathrm{a})$$

利用 Legendre 函数的正交性, 可以得到

$$
\begin{aligned}
A_l &= \frac{\mathrm{i}\omega\rho_0}{N_l^2[k_0 \mathrm{h}_l'^{(1)}(k_0 a) + (1+\mathrm{i})l(l+1)d_\mu \mathrm{h}_l^{(1)}(k_0 a) \,/\, (2a^2)]} \\
&\quad \times \int_0^\pi v_0(a, \vartheta, \omega) \mathrm{P}_l(\cos\vartheta)\sin\vartheta\mathrm{d}\vartheta
\end{aligned}
\quad (6.4.20\mathrm{b})
$$

其中, N_l^2 是 Legendre 函数的模: $N_l^2 = 2/(2l+1)$.

讨论二个简单情况.

(1) 径向脉动: $\boldsymbol{v}_{\text{wall}} \cdot \boldsymbol{n} = v_0(a, \omega)$, 那么

$$A_0 = \frac{\text{i}\rho_0 c_0 v_0(a, \omega)}{\text{h}_0^{'(1)}(k_0 a)}; \quad A_1 = A_2 = \cdots = 0 \tag{6.4.21a}$$

可见, 黏滞效应对径向振动的辐射不影响, 事实上, 黏滞效应由切向运动引起, 而径向的脉动不产生黏滞效应. 相应的空间声场为

$$p_a(r, \vartheta, \omega) = \frac{\rho_0 c_0 k_0 a^2 (-\text{i} + k_0 a) v_0(a, \omega)}{1 + (k_0 a)^2} \frac{1}{r} \exp[\text{i}k_0(r - a)] \tag{6.4.21b}$$

(2) 横向振动: $\boldsymbol{v}_{\text{wall}} \cdot \boldsymbol{n} = v_0(a, \omega)\cos\vartheta$, 那么

$$A_1 = \frac{\text{i}\omega\rho_0 v_0(a, \omega)}{k_0 \text{h}_1^{'(1)}(k_0 a) + (1 + \text{i})d_\mu \text{h}_1^{(1)}(k_0 a) \big/ a^2}; \quad A_0 = A_2 = A_3 \cdots = 0 \tag{6.4.22a}$$

由方程 (2.4.14c), 上式可写成

$$\begin{aligned}
A_1 &= \frac{\omega\rho_0 a^3 k_0^2 v_0(a, \omega)\exp(-\text{i}k_0 a)}{[2 - 2\text{i}k_0 a + \text{i}k_0^2 a^2] - (1 + \text{i})(1 - \text{i}k_0 a)d_\mu/a} \\
&\approx \frac{\omega\rho_0 a^3 k_0^2 v_0(a, \omega)\exp(-\text{i}k_0 a)}{2[1 - (1 + \text{i})d_\mu/2a]}
\end{aligned} \tag{6.4.22b}$$

第二个等式利用了低频近似: $|k_0 a| \ll 1$ (但仍然 $a \gg d_\mu$). 显然, 忽略黏滞与考虑黏滞的声压振幅比例为

$$\left| \frac{(p_{a0})_0}{(p_{a0})_\mu} \right| \approx \left| 1 - (1 + \text{i})\frac{d_\mu}{2a} \right| \approx \sqrt{1 - \frac{d_\mu}{a}} \approx 1 - \frac{d_\mu}{2a} < 1 \tag{6.4.22c}$$

故在声源速度恒定的条件下, 黏滞效应反而使辐射声功率增加. 这一点是不奇怪的, 要保持声源速度恒定, 势必增加使声源振动的外力, 从而增加声辐射.

"小" 球声源　　与 6.2.5 小节类似, 当球的半径与边界层厚度在同一数量级 $(a \sim d_\mu, d_\kappa)$ 时, 边界条件方程 (6.2.22) 也不成立. 但假定三种模式仍然可以分开讨论 (声波波长 $\lambda \gg d_\mu, d_\kappa$). 故辐射的声波模式 (取 $k_a \approx k_0$) 和温度波模式分别为

$$\begin{aligned}
p_a(r, \vartheta, \omega) &= \sum_{l=0}^{\infty} A_l \text{P}_l(\cos\vartheta)\text{h}_l^{(1)}(k_0 r) \\
v_{ar}(r, \vartheta, \omega) &= \frac{1}{\text{i}\rho_0 c_0} \sum_{l=0}^{\infty} A_l \text{P}_l(\cos\vartheta)\frac{\text{dh}_l^{(1)}(k_0 r)}{\text{d}(k_0 r)} \\
v_{a\vartheta}(r, \vartheta, \omega) &= \frac{1}{\text{i}\rho_0 c_0 k_0 r} \sum_{l=0}^{\infty} A_l \frac{\text{dP}_l(\cos\vartheta)}{\text{d}\vartheta}\text{h}_l^{(1)}(k_0 r) \\
T_a(r, \vartheta, \omega) &\approx \frac{\gamma - 1}{c_0^2 \rho_0 \beta_{P0}} \sum_{l=0}^{\infty} A_l \text{P}_l(\cos\vartheta)\text{h}_l^{(1)}(k_0 r)
\end{aligned} \tag{6.4.23a}$$

以及

$$T_h(r,\vartheta,\omega) = \sum_{l=0}^{\infty} C_l \mathrm{P}_l(\cos\vartheta)\mathrm{h}_l^{(1)}(k_h r)$$

$$p_h(r,\vartheta,\omega) \approx 0; \quad v_{h\vartheta}(r,\vartheta,\omega) \approx l_\kappa c_0 \beta_{P0}\frac{1}{r}\sum_{l=0}^{\infty}C_l\frac{\mathrm{d}\mathrm{P}_l(\cos\vartheta)}{\mathrm{d}\vartheta}\mathrm{h}_l^{(1)}(k_h r) \qquad (6.4.23\mathrm{b})$$

$$v_{hr}(r,\vartheta,\omega) \approx \frac{1}{2}\omega k_h d_\kappa^2 \beta_{P0}\sum_{l=0}^{\infty}C_l\mathrm{P}_l(\cos\vartheta)\frac{\mathrm{d}\mathrm{h}_l^{(1)}(k_h r)}{\mathrm{d}(k_h r)}$$

这里为了方便, 我们假定: ①声源是 z 轴对称的, 辐射场与 φ 无关; ②温度波模式引起的切向速度分量可以忽略. 而旋波模式的一般解由方程 (6.4.35b) 给出 (见 6.4.4 小节讨论), 其分量形式为

$$v_{\mu r}(r,\vartheta,\omega) = -\frac{1}{r}\sum_{l=0}^{\infty}l(l+1)B_l\mathrm{h}_l^{(1)}(k_\mu r)\mathrm{P}_l(\cos\vartheta)$$

$$v_{\mu\vartheta}(r,\vartheta,\omega) = -\frac{1}{r}\sum_{l=0}^{\infty}B_l\frac{\mathrm{d}[(k_\mu r)\mathrm{h}_l^{(1)}(k_\mu r)]}{\mathrm{d}(k_\mu r)}\frac{\mathrm{d}\mathrm{P}_l(\cos\vartheta)}{\mathrm{d}\vartheta} \qquad (6.4.23\mathrm{c})$$

$$p_\mu(r,\vartheta,\omega) \approx T_\mu(r,\vartheta,\omega) \approx 0$$

决定系数 A_l, B_l 和 C_l 的边界条件如下.

(1) 球面上法向和切向速度连续

$$v_{ar}(a,\vartheta,\omega) + v_{hr}(a,\vartheta,\omega) + v_{\mu r}(a,\vartheta,\omega) = v_0(a,\vartheta,\omega)$$
$$v_{a\vartheta}(a,\vartheta,\omega) + v_{h\vartheta}(a,\vartheta,\omega) + v_{\mu\vartheta}(a,\vartheta,\omega) = 0 \qquad (6.4.24\mathrm{a})$$

(2) 球面上温度变化为零 (假定球的热传导系数远大于周围介质)

$$T_a(a,\vartheta,\omega) + T_h(a,\vartheta,\omega) + T_\mu(a,\vartheta,\omega) = 0 \qquad (6.4.24\mathrm{b})$$

把方程 (6.4.23a), (6.4.23b) 和 (6.4.23c) 代入方程 (6.4.24a) 和 (6.4.24b) 得到决定系数的方程

$$\sum_{l=0}^{\infty}\left[\frac{\alpha_l}{\mathrm{i}\rho_0 c_0}A_l + \frac{1}{2}\omega k_h d_\kappa^2\beta_{P0}\beta_l C_l \; -\frac{1}{a}l(l+1)\mathrm{h}_l^{(1)}(k_\mu a)B_l\right]\mathrm{P}_l(\cos\vartheta) = v_0(a,\vartheta,\omega)$$

$$-\sum_{l=0}^{\infty}\left[\frac{\mathrm{h}_l^{(1)}(k_0 a)}{\mathrm{i}\rho_0 c_0 k_0 a}A_l + \frac{\omega d_\kappa^2\beta_{P0}}{2a}\mathrm{h}_l^{(1)}(k_h a)C_l - \frac{\gamma_l}{a}B_l\right]\mathrm{P}_l^1(\cos\vartheta) = 0$$

$$\sum_{l=0}^{\infty}\left[\frac{\gamma-1}{c_0^2\rho_0\beta_{P0}}\mathrm{h}_l^{(1)}(k_0 a)A_l + \mathrm{h}_l^{(1)}(k_h a)C_l\right]\mathrm{P}_l(\cos\vartheta) = 0$$

$$(6.4.25\mathrm{a})$$

其中, 为了方便定义

$$\alpha_l \equiv \frac{\mathrm{dh}_l^{(1)}(k_0 a)}{\mathrm{d}(k_0 a)}; \quad \beta_l \equiv \frac{\mathrm{dh}_l^{(1)}(k_h a)}{\mathrm{d}(k_h a)}; \quad \gamma_l \equiv \frac{\mathrm{d}[(k_\mu a)\mathrm{h}_l^{(1)}(k_\mu a)]}{\mathrm{d}(k_\mu a)} \tag{6.4.25b}$$

从方程 (6.4.25a) 不难得到辐射声场的展开系数 A_l. 注意: 得到方程 (6.4.25a) 的第二个方程, 利用了关系 (见方程 (2.4.10a))

$$\frac{\mathrm{dP}_l(\cos\vartheta)}{\mathrm{d}\vartheta} = \frac{\mathrm{dP}_l(\cos\vartheta)}{\mathrm{d}\cos\vartheta}\frac{\mathrm{d}\cos\vartheta}{\mathrm{d}\vartheta} = -\mathrm{P}_l^1(\cos\vartheta) \tag{6.4.25c}$$

函数 $\mathrm{P}_l^1(\cos\vartheta)$ 的正交关系由方程 (2.4.10c) 表示.

讨论二个简单情况.

(1) 径向脉动 "小" 球: $\boldsymbol{v}_{\mathrm{wall}} \cdot \boldsymbol{n} = v_0(a,\omega)$, 非零系数只有 A_0 和 C_0, 满足

$$\frac{1}{\mathrm{i}\rho_0 c_0}\frac{\mathrm{dh}_0^{(1)}(k_0 a)}{\mathrm{d}(k_0 a)}A_0 + \frac{1}{2}\omega k_h d_\kappa^2 \beta_{P0}\frac{\mathrm{dh}_0^{(1)}(k_h a)}{\mathrm{d}(k_h a)}C_0 = v_0(a,\omega)$$
$$\frac{\gamma-1}{c_0^2\rho_0\beta_{P0}}\mathrm{h}_0^{(1)}(k_0 a)A_0 + \mathrm{h}_0^{(1)}(k_h a)C_0 = 0 \tag{6.4.26a}$$

可见, 黏滞对脉动 "小" 球的辐射也没有影响. 对 $\mathrm{h}_0^{(1)}(k_0 a)$ 作小参数近似, 而对 $\mathrm{h}_0^{(1)}(k_h a)$ 作大参数展开

$$\mathrm{h}_0^{(1)}(k_0 a) = -\frac{\mathrm{i}}{k_0 a}\mathrm{e}^{\mathrm{i}k_0 a} \approx -\frac{\mathrm{i}}{k_0 a}; \quad \mathrm{h}_0^{(1)}(k_h a) = -\frac{\mathrm{i}}{k_h a}\mathrm{e}^{\mathrm{i}k_h a}$$
$$\frac{\mathrm{dh}_0^{(1)}(k_0 a)}{\mathrm{d}(k_0 a)} \approx \frac{\mathrm{i}}{(k_0 a)^2}; \quad \frac{\mathrm{dh}_0^{(1)}(k_h a)}{\mathrm{d}(k_h a)} \approx \frac{1}{k_h a}\mathrm{e}^{\mathrm{i}k_h a} \tag{6.4.26b}$$

方程 (6.4.26a) 近似为

$$\frac{1}{\mathrm{i}\rho_0 c_0}\frac{\mathrm{i}}{(k_0 a)^2}A_0 + \frac{1}{2}\omega k_h d_\kappa^2 \beta_{P0}\frac{1}{k_h a}\mathrm{e}^{\mathrm{i}k_h a}C_0 \approx v_0(a,\omega)$$
$$\frac{\gamma-1}{c_0^2\rho_0\beta_{P0}}\frac{\mathrm{i}}{k_0 a}A_0 + \frac{\mathrm{i}}{k_h a}\mathrm{e}^{\mathrm{i}k_h a}C_0 \approx 0 \tag{6.4.27a}$$

不难得到声场展开的非零系数

$$A_0 \approx \frac{\rho_0 c_0 (k_0 a)^2 v_0(a,\omega)}{1 - (\gamma-1)(k_h a)(k_0 d_\kappa)^2/2} \tag{6.4.27b}$$

注意: 尽管 $k_0 a \ll 1$ 和 $k_0 d \ll 1$, 但 $|k_h a|$ 较大, 故对脉动 "小" 球声源, 热传导的影响必须考虑.

(2) 横向振动 "小" 球: $\boldsymbol{v}_{\text{wall}} \cdot \boldsymbol{n} = v_0(a,\omega)\cos\vartheta$, 非零系数 A_1, B_1 和 C_1, 满足

$$\frac{1}{i\rho_0 c_0}\frac{\mathrm{dh}_1^{(1)}(k_0 a)}{\mathrm{d}(k_0 a)}A_l + \frac{1}{2}\omega k_h d_\kappa^2 \beta_{P0}\frac{\mathrm{dh}_1^{(1)}(k_h a)}{\mathrm{d}(k_h a)}C_1 - \frac{2}{a}\mathrm{h}_1^{(1)}(k_\mu a)B_1 = v_0(a,\omega)$$

$$\frac{\mathrm{h}_1^{(1)}(k_0 a)}{i\rho_0 c_0 k_0 a}A_1 + \frac{\omega d_\kappa^2 \beta_{P0}}{2a}\mathrm{h}_1^{(1)}(k_h a)C_l - \frac{1}{a}\frac{\mathrm{d}[(k_\mu a)\mathrm{h}_1^{(1)}(k_\mu a)]}{\mathrm{d}(k_\mu a)}B_1 = 0$$

$$\frac{\gamma - 1}{c_0^2 \rho_0 \beta_{P0}}\mathrm{h}_1^{(1)}(k_0 a)A_1 + \mathrm{h}_1^{(1)}(k_h a)C_1 = 0 \tag{6.4.28a}$$

对 $\mathrm{h}_1^{(1)}(k_0 a)$ 作小参数近似, 而对 $\mathrm{h}_1^{(1)}(k_h a)$ 和 $\mathrm{h}_1^{(1)}(k_\mu a)$ 作大参数展开得到

$$\frac{1}{\rho_0 c_0}\frac{2}{(k_0 a)^3}A_l - \frac{i}{2a}\omega d_\kappa^2 \beta_{P0}e^{ik_h a}C_1 + \frac{2}{k_\mu a^2}e^{ik_\mu a}B_1 \approx v_0(a,\omega)$$

$$-\frac{1}{\rho_0 c_0 (k_0 a)^3}A_1 - \frac{\omega d_\kappa^2 \beta_{P0}}{2k_h a^2}e^{ik_h a}C_1 + \frac{i}{a}e^{ik_\mu a}B_1 \approx 0 \tag{6.4.28b}$$

$$-\frac{i(\gamma - 1)}{c_0^2 \rho_0 \beta_{P0}(k_0 a)^2}A_1 + \frac{1}{k_h a}e^{ik_h a}C_1 \approx 0$$

利用上式的第三个方程消取系数 C_1 得到

$$\left[1 - (k_0 d_\kappa)^2 k_h a(\gamma - 1)/4 - \frac{i}{k_\mu a}\right]A_1 \approx \frac{1}{2}\rho_0 c_0 (k_0 a)^3 v_0(a,\omega)$$

$$\frac{1}{\rho_0 c_0 (k_0 a)^3}\left[\frac{i(\gamma - 1)(k_0 d_\kappa)^2}{2} - 1\right]A_1 + \frac{i}{a}e^{ik_\mu a}B_1 \approx 0 \tag{6.4.29a}$$

不难从上式得到声场展开的非零系数 (利用条件 $(k_0 d_\kappa)^2 \ll 1$)

$$A_1 \approx \frac{\rho_0 c_0 (k_0 a)^3 v_0(a,\omega)}{2[1 - (k_0 d_\kappa)^2 k_h a(\gamma - 1)/4 - i\,/\,k_\mu a]} \tag{6.4.29b}$$

从上式不难看出: 当 $|k_\mu a|$ 较大时, 对横向振动 "小" 球, 热传导的影响也是主要的, 而黏滞对横向振动 "小" 球的辐射反而可以忽略.

6.4.4 一般尺度声源以及标量势和矢量势

以上我们假定声源的线度或者边界的曲率半径 a(球的半径) 远大于边界层的厚度 (d_μ, d_κ), 利用了声波模式的等效边界条件, 即方程 (6.2.22). 对 "小" 球源情况, 尽管条件 $a \gg (d_\mu, d_\kappa)$ 不满足, 但假定三种模式仍可以分开讨论 $(\lambda \gg d_\mu, d_\kappa)$, 问题还是比较简单. 然而当 $a \gg (d_\mu, d_\kappa)$ 和 $\lambda \gg (d_\mu, d_\kappa)$ 不满足时, 必须严格求解方程 (6.1.15a), (6.1.17a) 和 (6.1.17c) 的边值问题, 而求解是十分困难的, 我们也难以得到单量的波动方程 (即声压或者速度场满足单一的方程). 但是在忽略热传导效应, 仅仅考虑黏滞情况下, 我们可以得到严格的声压场或者速度场满足的单参量方程.

基本方程   在忽略热传导效应情况下, 由方程 (6.1.15c) 得到 $\partial s'/\partial t = 0$(忽略源项), 因此在线性化近似下, 仍然可以把流体元的运动看作是等熵的, 本构方程仍然是 $p' = c_0^2 \rho'$(黏滞对熵变化的贡献是二级小量), 由方程 (6.1.15a) 和 (6.1.15b)(忽略源项) 得到线性化的运动方程和质量守恒方程

$$\rho_0 \frac{\partial \boldsymbol{v}'}{\partial t} = -\nabla p' + \mu\nabla^2\boldsymbol{v}' + \left(\eta + \frac{1}{3}\mu\right)\nabla(\nabla\cdot\boldsymbol{v}') \qquad (6.4.30\text{a})$$

$$\frac{1}{c_0^2}\frac{\partial p'}{\partial t} + \rho_0\nabla\cdot\boldsymbol{v}' = 0 \qquad (6.4.30\text{b})$$

两式消去速度场矢量 $\boldsymbol{v}'$, 得到包含黏滞效应的声压场满足的单参量波动方程

$$\frac{1}{c_0^2}\frac{\partial^2 p'}{\partial t^2} = \nabla^2 p' + \frac{1}{\rho_0 c_0^2}\left(\eta + \frac{4}{3}\mu\right)\frac{\partial}{\partial t}\nabla^2 p' \qquad (6.4.30\text{c})$$

如果两式消去声压场 p', 则

$$\rho_0 \frac{\partial^2 \boldsymbol{v}'}{\partial t^2} = \left[c_0^2\rho_0 + \left(\eta + \frac{4}{3}\mu\right)\frac{\partial}{\partial t}\right]\nabla(\nabla\cdot\boldsymbol{v}') - \mu\frac{\partial}{\partial t}\nabla\times\nabla\times\boldsymbol{v}' \qquad (6.4.30\text{d})$$

对频率为 ω 的波, 作变换 $\partial/\partial t \to -\mathrm{i}\omega$, 方程 (6.4.30c) 和 (6.4.30d) 变成

$$\nabla^2 p' + k_a^2 p' = 0; \quad k_a^2 \equiv \frac{\omega^2}{c_0^2 - \mathrm{i}\omega\left(\eta + 4\mu/3\right)/\rho_0} \qquad (6.4.31\text{a})$$

以及

$$\nabla^2\boldsymbol{v}' + k_\mu^2\boldsymbol{v}' = \left(1 - \frac{k_\mu^2}{k_a^2}\right)\nabla(\nabla\cdot\boldsymbol{v}') \qquad (6.4.31\text{b})$$

其中, $k_\mu^2 \equiv \mathrm{i}\rho_0\omega/\mu$.

标量势和矢量势   把速度矢量分解成无旋、有散场 $\boldsymbol{v}'_a = \nabla\Phi$(标量势) 与有旋、无散场 $\boldsymbol{v}'_\mu = \nabla\times\boldsymbol{\Psi}$(矢量势) 之和 $\boldsymbol{v}' = \nabla\Phi + \nabla\times\boldsymbol{\Psi}$, 由方程 (6.1.19a), 方程 (6.4.31b) 简化成

$$\nabla\times(\nabla^2\boldsymbol{\Psi} + k_\mu^2\boldsymbol{\Psi}) = -\frac{k_\mu^2}{k_a^2}\nabla(\nabla^2\Phi + k_a^2\Phi) \qquad (6.4.32\text{a})$$

故标量势和矢量势分别满足

$$\nabla^2\Phi + k_a^2\Phi = 0; \quad \nabla^2\boldsymbol{\Psi} + k_\mu^2\boldsymbol{\Psi} = 0 \qquad (6.4.32\text{b})$$

注意: 如果不用标量势和矢量势, 也可以直接用 $\boldsymbol{v}'_a$ 和 $\boldsymbol{v}'_\mu$ 表示方程 (6.4.32b), 即

$$\begin{aligned} \nabla^2\boldsymbol{v}'_a + k_a^2\boldsymbol{v}'_a = 0; \quad \nabla\times\boldsymbol{v}'_a = 0 \\ \nabla^2\boldsymbol{v}'_\mu + k_\mu^2\boldsymbol{v}'_\mu = 0; \quad \nabla\cdot\boldsymbol{v}'_\mu = 0 \end{aligned} \qquad (6.4.32\text{c})$$

但是在柱或球坐标中, v'_a 和 v'_μ 的正交分量相互耦合 (见附录 B3), 而标量势 Φ 满足单一的方程; 对矢量势, 当问题与 φ 无关时, $\boldsymbol{\Psi}$ 只有一个 $\boldsymbol{e}_\varphi$ 方向的分量 (见方程 (6.4.34c)) 并且也满足单一的方程, 求解十分方便.

在球坐标下标量势的一般形式为

$$\Phi(r,\vartheta,\varphi) = \sum_{l=0}^{\infty}\sum_{m=-l}^{l} A_{lm}\mathrm{h}_l^{(1)}(k_a r)\mathrm{Y}_{lm}(\vartheta,\varphi) = \sum_{l=0}^{\infty} A_l \mathrm{h}_l^{(1)}(k_a r)\mathrm{P}_l(\cos\vartheta) \quad (6.4.33\mathrm{a})$$

上式的第二个等号在关于 z 轴对称条件下成立. 因此无旋速度场为

$$
\begin{aligned}
v'_{ar}(r,\vartheta) &= \frac{\partial\Phi(r,\vartheta)}{\partial r} = \sum_{l=0}^{\infty} k_a A_l \frac{\mathrm{d}\mathrm{h}_l^{(1)}(k_a r)}{\mathrm{d}(k_a r)}\mathrm{P}_l(\cos\vartheta) \\
v'_{a\vartheta}(r,\vartheta) &= \frac{1}{r}\frac{\partial\Phi(r,\vartheta)}{\partial\vartheta} = -\frac{1}{r}\sum_{l=0}^{\infty} A_l \mathrm{h}_l^{(1)}(k_a r)\mathrm{P}_l^1(\cos\vartheta)
\end{aligned}
\quad (6.4.33\mathrm{b})
$$

对矢量势 $\boldsymbol{\Psi}$, 因为在球坐标中旋度为

$$\boldsymbol{v}'_\mu = \nabla\times\boldsymbol{\Psi}(r,\vartheta) = \frac{1}{r^2\sin\vartheta}\begin{vmatrix} \boldsymbol{e}_r & r\boldsymbol{e}_\vartheta & r\sin\vartheta\,\boldsymbol{e}_\varphi \\ \dfrac{\partial}{\partial r} & \dfrac{\partial}{\partial\vartheta} & \dfrac{\partial}{\partial\varphi} \\ \Psi_r & r\Psi_\vartheta & r\sin\vartheta\,\Psi_\varphi \end{vmatrix} \quad (6.4.34\mathrm{a})$$

为了保证 $\boldsymbol{v}'_\mu$ 存在 r 和 ϑ 方向的速度分量 (与 φ 无关情况), 取 $\boldsymbol{\Psi}(r,\vartheta) = \Psi_\varphi(r,\vartheta)\boldsymbol{e}_\varphi$, 上式简化为

$$\boldsymbol{v}'_\mu = \nabla\times\boldsymbol{\Psi}(r,\vartheta) = \frac{1}{r\sin\vartheta}\frac{\partial}{\partial\vartheta}(\sin\vartheta\,\Psi_\varphi)\boldsymbol{e}_r - \frac{1}{r}\frac{\partial(r\Psi_\varphi)}{\partial r}\boldsymbol{e}_\vartheta \quad (6.4.34\mathrm{b})$$

方程 (6.4.32b) 的第二式简化为

$$\nabla^2\Psi_\varphi - \frac{1}{r^2\sin^2\vartheta}\Psi_\varphi + k_\mu^2\Psi_\varphi = 0 \quad (6.4.34\mathrm{c})$$

通过分离变量法, 不难得到 (作为习题)

$$\Psi_\varphi(r,\vartheta) = -\sum_{l=0}^{\infty} B_l \mathrm{h}_l^{(1)}(k_\mu r)\mathrm{P}_l^1(\cos\vartheta) \quad (6.4.34\mathrm{d})$$

其中, 负号是为了方便. 因此, 把上式代入方程 (6.4.34b) 得到

$$\boldsymbol{v}'_\mu = \sum_{l=0}^{\infty}\frac{B_l}{r}\left[\frac{1}{\sin\vartheta}\frac{\mathrm{d}}{\mathrm{d}\vartheta}\left[\sin\vartheta\frac{\mathrm{d}\mathrm{P}_l(\cos\vartheta)}{\mathrm{d}\vartheta}\right]\mathrm{h}_l^{(1)}(k_\mu r)\boldsymbol{e}_r + \mathrm{P}_l^1(\cos\vartheta)\frac{\mathrm{d}[(k_\mu r)\mathrm{h}_l^{(1)}(k_\mu r)]}{\mathrm{d}(k_\mu r)}\boldsymbol{e}_\vartheta\right]$$

$$(6.4.35\mathrm{a})$$

利用方程 (2.4.4c)(取 $\lambda = l(l+1)$ 和 $\nu = 0$), 上式变成

$$\boldsymbol{v}'_\mu = \sum_{l=0}^\infty \frac{B_l}{r}\left[-l(l+1)\mathrm{h}_l^{(1)}(k_\mu r)\mathrm{P}_l(\cos\vartheta)\boldsymbol{e}_r + \frac{\mathrm{d}[(k_\mu r)\mathrm{h}_l^{(1)}(k_\mu r)]}{\mathrm{d}(k_\mu r)}\mathrm{P}_l^1(\cos\vartheta)\boldsymbol{e}_\vartheta\right] \tag{6.4.35b}$$

法向振动产生的声场　假定球仅作法向振动: $\boldsymbol{v}_{\mathrm{wall}}\cdot\boldsymbol{n} = v_0(\omega,\vartheta)$, 由球面上法向速度连续、切向速度为零得到

$$\sum_{l=0}^\infty\left[k_a A_l\frac{\mathrm{dh}_l^{(1)}(k_a r)}{\mathrm{d}(k_a r)} - \frac{l(l+1)}{a}B_l\mathrm{h}_l^{(1)}(k_\mu a)\right]_{r=a}\mathrm{P}_l(\cos\vartheta) = v_0(\omega,\vartheta)$$
$$\sum_{l=0}^\infty\left\{-A_l\mathrm{h}_l^{(1)}(k_a r) + B_l\frac{\mathrm{d}[(k_\mu r)\mathrm{h}_l^{(1)}(k_\mu r)]}{\mathrm{d}(k_\mu r)}\right\}_{r=a}\mathrm{P}_l^1(\cos\vartheta) = 0 \tag{6.4.36}$$

如果 $v_0(\omega,\vartheta) = v_0(\omega)$(即球面脉动), 上式中第二个方程为恒等式, 第一个方程给出非零系数

$$k_a A_0\frac{\mathrm{dh}_0^{(1)}(k_a a)}{\mathrm{d}(k_a a)} = v_0(a) \tag{6.4.37a}$$

可见, 黏滞效应对径向振动的辐射的影响仅反映在 k_a 的变化, 而边界层不产生影响, 这与方程 (6.4.21a) 的结论是一致的. 如果 $v_0(a,\vartheta) = v_0(\omega)\cos\vartheta$, 即球面作不均匀法向振动 (但保持无切向速度), 非零系数满足方程

$$k_a A_1\left.\frac{\mathrm{dh}_1^{(1)}(k_a r)}{\mathrm{d}(k_a r)}\right|_{r=a} - \frac{2}{a}B_1\mathrm{h}_1^{(1)}(k_\mu a) = v_0(\omega)$$
$$A_1\mathrm{h}_1^{(1)}(k_a a) - B_1\left.\frac{\mathrm{d}[(k_\mu r)\mathrm{h}_1^{(1)}(k_\mu r)]}{\mathrm{d}(k_\mu r)}\right|_{r=a} = 0 \tag{6.4.37b}$$

而其他系数为零. 从上式不难得到 A_1 和 B_1, 代入方程 (6.4.33a) 和 (6.4.34d) 得到标量势 $\varPhi$ 和矢量势 $\boldsymbol{\varPsi}$, 以及速度场 $\boldsymbol{v}' = \nabla\varPhi + \nabla\times\boldsymbol{\varPsi}$ 和声压场 $p' = -\mathrm{i}(\rho_0 c_0^2/\omega)\nabla^2\varPhi$.

注意: 在理想介质中, 速度场可以通过运动方程求得, 即 $\boldsymbol{v}' = \nabla p'/(\mathrm{i}\rho_0\omega)$, p' 本身就是标量, 引进标量势意义不是很明显; 考虑了介质的黏滞后, 即使给出 p', 也不能从运动方程 (6.4.30a) 求 $\boldsymbol{v}'$; 反之, 一旦给出 $\boldsymbol{v}'$, 就可由方程 (6.4.30b) 得到 p'. 为了满足速度连续的边界条件, 知道 $\boldsymbol{v}'$ 的表达式是必要的.

一般振动产生的声场　如果球面的速度既有法向速度 $\boldsymbol{v}_{\mathrm{wall}}\cdot\boldsymbol{n} = v_n(a,\omega,\vartheta)$, 又存在切向分量 $\boldsymbol{v}_{\mathrm{wall}}\cdot\boldsymbol{t} = v_t(a,\omega,\vartheta)$, 则由球面上法向、切向速度连续得到

$$\sum_{l=0}^\infty\left[k_a A_l\frac{\mathrm{dh}_l^{(1)}(k_a r)}{\mathrm{d}(k_a r)} - \frac{l(l+1)}{a}B_l\mathrm{h}_l^{(1)}(k_\mu a)\right]_{r=a}\mathrm{P}_l(\cos\vartheta) = v_n(a,\omega,\vartheta)$$
$$\sum_{l=0}^\infty\left\{-A_l\mathrm{h}_l^{(1)}(k_a r) + B_l\frac{\mathrm{d}[(k_\mu r)\mathrm{h}_l^{(1)}(k_\mu r)]}{\mathrm{d}(k_\mu r)}\right\}_{r=a}\mathrm{P}_l^1(\cos\vartheta) = v_t(a,\omega,\vartheta) \tag{6.4.38a}$$

由 $\mathrm{P}_l(\cos\vartheta)$ 和 $\mathrm{P}_l^1(\cos\vartheta)$ 函数的正交性, 即方程 (2.4.7d) 和 (2.4.10c) 得到

$$
\begin{aligned}
k_a A_l \frac{\mathrm{dh}_l^{(1)}(k_a a)}{\mathrm{d}(k_a r)} - \frac{l(l+1)}{a} B_l \mathrm{h}_l^{(1)}(k_\mu a) &= V_l(\omega) \\
-A_l \mathrm{h}_l^{(1)}(k_a a) + B_l \frac{\mathrm{d}[(k_\mu a)\mathrm{h}_l^{(1)}(k_\mu a)]}{\mathrm{d}(k_\mu a)} &= W_l(\omega)
\end{aligned}
\tag{6.4.38b}
$$

其中, 为了方便定义

$$
\begin{aligned}
V_l(\omega) &\equiv \frac{2l+1}{2} \int_0^\pi v_n(a,\omega,\vartheta)\mathrm{P}_l(\cos\vartheta)\sin\vartheta\mathrm{d}\vartheta \\
W_l(\omega) &\equiv \frac{(l-1)!}{(l+1)!} \cdot \frac{2l+1}{2} \int_0^\pi v_t(a,\omega,\vartheta)\mathrm{P}_l^1(\cos\vartheta)\sin\vartheta\mathrm{d}\vartheta
\end{aligned}
\tag{6.4.38c}
$$

如果球作 z 方向的横向振动: $\boldsymbol{v}_{\mathrm{wall}} = v_0(a,\omega)\boldsymbol{e}_z$, 则法向速度和切向速度分别为 $\boldsymbol{v}_{\mathrm{wall}} \cdot \boldsymbol{n} = v_0(a,\omega)\cos\vartheta$ 和 $\boldsymbol{v}_{\mathrm{wall}} \cdot \boldsymbol{t} = v_0(a,\omega)\sin\vartheta$, 由球面法向和切向速度连续

$$
\begin{aligned}
\sum_{l=0}^\infty \left[k_a A_l \frac{\mathrm{dh}_l^{(1)}(k_a a)}{\mathrm{d}(k_a a)} - B_l \mathrm{h}_l^{(1)}(k_\mu a)\frac{l(l+1)}{a} \right] \mathrm{P}_l(\cos\vartheta) &= v_0(a,\omega)\cos\vartheta \\
-\sum_{l=0}^\infty \left\{ A_l \mathrm{h}_l^{(1)}(k_a a) - B_l \frac{\mathrm{d}[(k_\mu a)\mathrm{h}_l^{(1)}(k_\mu a)]}{\mathrm{d}(k_\mu a)} \right\} \mathrm{P}_l^1(\cos\vartheta) &= v_0(a,\omega)\sin\vartheta
\end{aligned}
\tag{6.4.39a}
$$

非零系数满足方程

$$
\begin{aligned}
k_a A_1 \frac{\mathrm{dh}_1^{(1)}(k_a a)}{\mathrm{d}(k_a a)} - \frac{2}{a} B_1 \mathrm{h}_1^{(1)}(k_\mu a) &= v_0(a,\omega) \\
A_1 \mathrm{h}_1^{(1)}(k_a a) - B_1 \frac{\mathrm{d}[(k_\mu a)\mathrm{h}_1^{(1)}(k_\mu a)]}{\mathrm{d}(k_\mu a)} &= -v_0(a,\omega)
\end{aligned}
\tag{6.4.39b}
$$

求出系数后不难得到声场分布.

6.5 流体和生物介质中声波的衰减

引起声波强度的衰减主要有三个因素: ①声波传播过程中波阵面的发散, 例如, 球面波的声压正比于 $1/r$, 而柱面波正比于 $1/\sqrt{\rho}$; ②声波遇到散射体的散射引起的传播方向改变, 导致在原传播路径上声能量的减少; ③介质的吸收, 声波在介质中传播必将引起介质分子之间的碰撞, 部分有序的声能量将转化成无序的分子热能, 引起声波的衰减. 在前二个因素中, 总声能量守恒, 称为 "几何" 衰减. 由于生物介质不能用简单的牛顿流体来描述, 其声衰减较为复杂, 本节中我们简单介绍生物介质中声波的传播规律.

6.5.1　经典衰减和经典衰减公式

由方程 (6.2.8a), 当考虑介质的黏滞和热传导效应时, 在远离边界处, 声波方程近似为

$$\nabla^2 p(\boldsymbol{r},\omega) + \frac{\omega^2}{c_0^2}\left\{1 + \mathrm{i}\frac{\omega}{c_0}[(\gamma-1)l_\kappa + l_\mu]\right\}p(\boldsymbol{r},\omega) = 0 \tag{6.5.1a}$$

上式忽略了上、下标. 时域中波动方程为

$$\nabla^2 p - \frac{1}{c_0^2}\frac{\partial^2}{\partial t^2}\left\{1 - \frac{1}{c_0}\frac{\partial}{\partial t}[(\gamma-1)l_\kappa + l_\mu]\right\}p = 0 \tag{6.5.1b}$$

由方程 (6.2.6c) 和 (6.2.6d), 平面波传播波数为

$$k \approx \frac{\omega}{c_0} + \mathrm{i}[(\gamma-1)l_\kappa + l_\mu]\frac{\omega^2}{2c_0^2} \equiv k_0 + \mathrm{i}\alpha \tag{6.5.1c}$$

其中, 衰减系数 α 与频率平方成正比

$$\alpha \equiv [(\gamma-1)l_\kappa + l_\mu]\frac{\omega^2}{2c_0^2} = \left[(\gamma-1)\frac{\kappa}{c_{P0}} + \left(\eta + \frac{4}{3}\mu\right)\right]\frac{\omega^2}{2\rho_0 c_0^3} \tag{6.5.1d}$$

注意, 如果用切变黏滞系数 μ 和体膨胀黏滞系数 η 表示, 那么 $\lambda + 2\eta = \eta + 4\mu/3$. 方程 (6.5.1c) 表明声波传播的相速度近似等于 c_0. 对多数流体, 可取 $\eta \approx 0$, 方程 (6.5.1d) 简化为

$$\alpha \approx \left[(\gamma-1)\frac{\kappa}{c_{P0}} + \frac{4}{3}\mu\right]\frac{\omega^2}{2\rho_0 c_0^3} \tag{6.5.2a}$$

上式称为**经典衰减公式**, 该公式给出了自由空间中传播的声波, 由于黏滞和热传导效应引起的衰减.

理论计算表明, 对气体, 热传导效应对声衰减的贡献小于黏滞效应, 但在同一数量级, 对非金属流体, 前者的贡献远小于后者, 故热传导效应可忽略不计. 另一方面, 如果 μ 是与频率无关的常数, 则

$$\frac{\alpha}{f^2} = \left[(\gamma-1)\frac{\kappa}{c_{P0}} + \frac{4}{3}\mu\right]\frac{2\pi^2}{\rho_0 c_0^3} = 常数 \tag{6.5.2b}$$

声衰减的实验表明, 对单原子分子组成的气体, 上式的理论预言与实验结果符合得很好, 即 α/f^2 基本为常数. 然而, 对多原子分子组成的气体以及许多流体, 不仅 α/f^2 与频率有复杂的关系, 而且声传播速度也与频率有关. 这是因为单原子分子仅有三个平动自由度, 故 $\eta = 0$, 但对多原子分子组成的气体以及流体, 已不能取体膨胀黏滞系数 η 为零, 而且 η 与频率有关.

在 6.1.1 小节中, 我们已指出, 体膨胀黏滞系数 η 表征流体质点平动与其他自由度 (转动和振动) 的能量交换, 即由于流体压缩和膨胀, 声能量 (质点平动能量)

转化成流体质点的振动及转动能量. 在常温下, 气体分子的平动和转动能量 (由能量均分定理, 每个自由度的平均能量为 $k_B T/2$) 远小于振动量子, 故平动与转动能量之间的交换极易发生, 可以看作是瞬时发生的, 交换过程中系统一直处于准平衡状态, 因而仍然可以用平衡态方程 $P = P(\rho, s)$. 而平动与振动能量的交换要困难得多, 能量交换过程需要一定的时间, 在交换过程中, 系统经历一系列非平衡态, 从一个平衡态过渡到新的平衡态, 所需时间 τ 称为**弛豫时间**(relaxation time). 由此引起的声衰减称为**分子弛豫衰减**, 或者称为**反常衰减**.

6.5.2 分子弛豫衰减理论和声波方程

首先考虑气体介质. 我们把气体的总内能分为二部分: U_e 为平动自由度和转动自由度 (称为**外自由度**) 的能量, 振动自由度 (称为**内自由度**) 能量为 U_i(下标小写 i 表示内自由度), 总内能为 $u = U_e + U_i$. 下面我们求内自由度能量 U_i 随时间的变化. 设内自由度能量的平衡值为 U_{i0}, 那么 U_i 随时间变化满足方程

$$\frac{\mathrm{d}U_i}{\mathrm{d}t} = -\frac{1}{\tau}(U_i - U_{i0}) \tag{6.5.3a}$$

当声波通过时, 气体经受周期性的压缩和膨胀, 气体中的密度和温度将周期性地变化, 而随着温度的变化, 内自由度能量的平衡值 U_{i0} 也将周期性变化

$$U_{i0}(t) = U_{i00} + U'_{i0} \exp(-\mathrm{i}\omega t) \tag{6.5.3b}$$

其中, $\bar{U}_{i00}$ 是不存在声波时内自由度的能量 (静平衡能量值). 方程 (6.5.3b) 代入方程 (6.5.3a)

$$\frac{\mathrm{d}U_i}{\mathrm{d}t} + \frac{U_i}{\tau} = \frac{1}{\tau}[U_{i00} + U'_{i0} \exp(-\mathrm{i}\omega t)] \tag{6.5.4a}$$

显然, 上式的周期解为

$$U_i(t) = U_{i00} + U'_i \exp(-\mathrm{i}\omega t) \tag{6.5.4b}$$

其中, U'_i 为内自由度能量变化的幅值

$$U'_i \equiv \frac{U'_{i0}}{1 - \mathrm{i}\omega\tau} \tag{6.5.4c}$$

故内自由度能量对复比热的贡献为

$$\tilde{c}_{Vi} = \frac{\partial U'_i}{\partial T} = \frac{c_{Vi}}{1 - \mathrm{i}\omega\tau} \tag{6.5.5a}$$

其中, $c_{Vi} \equiv \partial U'_{i0}/\partial T$. 系统总的复比热为

$$\tilde{c}_V = \tilde{c}_{Vi} + c_{Ve} = \frac{c_{Vi}}{1 - \mathrm{i}\omega\tau} + c_{Ve} \tag{6.5.5b}$$

其中, $c_{Ve} = \partial U_e / \partial T$ 为外自由度能量对比热的贡献. 另一方面, 理想气体声速平方可写为

$$\tilde{c}^2 = \frac{\gamma P_0}{\rho_0} = \frac{c_P}{c_V} \frac{P_0}{\rho_0} = \frac{P_0}{\rho_0} \left(1 + \frac{R}{c_V} \right) \tag{6.5.6a}$$

其中, $R = c_P - c_V$. 如果把方程 (6.5.5b) 的 $\tilde{c}_V$ 代替上式中右边的 c_V, 那么我们得到复声速平方为

$$\tilde{c}^2 = \frac{P_0}{\rho_0} \left[1 + \frac{R(1 - \mathrm{i}\omega\tau)}{c_{Vi} + c_{Ve}(1 - \mathrm{i}\omega\tau)} \right] \tag{6.5.6b}$$

利用复波数 $\tilde{k} = k + \mathrm{i}\alpha$(其中, $k = \omega/c$ 为实波数, c 为实声速, α 为衰减系数), 从方程 (6.5.6b) 可得

$$\begin{aligned}
\tilde{c}^2 &= \frac{\omega^2}{\tilde{k}^2} = \frac{\omega^2}{(k + \mathrm{i}\alpha)^2} \approx \frac{\omega^2}{k^2 + 2\mathrm{i}\alpha k} \approx \frac{\omega^2}{k^2} \left(1 - \frac{2\mathrm{i}\alpha}{k} \right) \\
&\approx \frac{P_0}{\rho_0} \left[1 + \frac{R(1 - \mathrm{i}\omega\tau)}{c_{Vi} + c_{Ve}(1 - \mathrm{i}\omega\tau)} \right]
\end{aligned} \tag{6.5.6c}$$

上式实部和虚部分别相等得到衰减系数和实声速满足的方程

$$\alpha \approx \frac{P_0 R}{2\rho_0 c_0^3} \cdot \frac{\omega^2 \tau c_{Vi}}{c_V^2 + \omega^2 \tau^2 c_{Ve}^2}; \quad c^2 \approx \frac{P_0}{\rho_0} \left(1 + R \frac{c_V + \omega^2 \tau^2 c_{Ve}}{c_V^2 + \omega^2 \tau^2 c_{Ve}^2} \right) \tag{6.5.6d}$$

其中, $c_V \equiv c_{Vi} + c_{Ve}$. 可见, 声速和衰减系数与声波频率有复杂的关系. 方程 (6.5.6d) 的讨论如下.

(1) 当 $\omega\tau \ll 1$ 时, 即频率较低时

$$c^2 \approx \frac{P_0}{\rho_0} \left(1 + \frac{R}{c_V} \right) = \frac{\gamma P_0}{\rho_0} = c_0^2; \quad \alpha \approx \frac{\omega^2}{2\rho_0 c^3} \eta_0 \tag{6.5.7a}$$

其中, $\eta_0 \equiv P_0 R \tau c_{Vi} / c_V^2$, 可见衰减系数与经典衰减公式, 即方程 (6.5.2a) 有类似的形式. η_0 实际上是低频体膨胀黏滞系数.

(2) 当 $\omega\tau \gg 1$ 时, 即频率较高时

$$c^2 \approx \frac{P_0}{\rho_0} \left(1 + \frac{R}{c_{Ve}} \right) \equiv c_\infty^2 > c_0^2; \quad \alpha \approx \frac{1}{2\rho_0 c_0^3} \cdot \frac{c_{Vi} P_0 R}{\tau c_{Ve}^2} \tag{6.5.7b}$$

故高频时, 声速趋向于大于 c_0 的值.

(3) 对 $\omega\tau \sim 1$ 情况, 方程 (6.5.6d) 中第二式改写成

$$\alpha \approx \frac{\omega^2}{2\rho_0 c_0^3} \eta(\omega); \quad \eta(\omega) \equiv \frac{\eta_0}{1 + \omega^2 \tau^2 c_{Ve}^2 / c_V^2} \tag{6.5.7c}$$

其中, $\eta(\omega)$ 就是体膨胀黏滞系数与频率的关系.

我们也可以写出单位波长上的衰减

$$\alpha\lambda \approx \frac{\pi}{\rho_0 c_0^2} \cdot \frac{\omega\eta_0}{1 + \omega^2\tau^2 c_{Ve}^2/c_V^2} \tag{6.5.7d}$$

当 $\omega\tau \ll 1$ 时, 衰减很小, 这是因为声振动周期远大于弛豫时间, 每一时刻都能建立平衡, 弛豫过程对声衰减的贡献很小; 随频率增加时, $\alpha\lambda$ 增加, 当 $\omega = c_V/(\tau c_{Ve})$ 时, 弛豫衰减达到极大.

声波方程　由方程 (6.5.6b), 复波数的平方可以写成

$$\tilde{k}^2 = \frac{\omega^2}{c_0^2} \cdot \frac{1 - i\omega\tau'}{1 - i\omega\tau'(c_\infty^2/c_0^2)} \tag{6.5.8a}$$

其中, $\tau' \equiv \tau c_{Ve}/c_V$, 得到上式, 利用了关系

$$\frac{c_{Ve}}{c_V}\frac{c_\infty^2}{c_0^2} = \frac{c_{Ve} + R}{c_V + R} \tag{6.5.8b}$$

根据变换规律 $\nabla^2 \to -\tilde{k}^2$, 从方程 (6.5.8a), 形式上声波方程可以写成

$$\nabla^2 p + \frac{\omega^2}{c_0^2} \cdot \frac{1 - i\omega\tau'}{1 - i\omega\tau' c_\infty^2/c_0^2} p = 0 \tag{6.5.8c}$$

根据时间变换规律 $-i\omega \to \partial/\partial t$, 上式如果直接变换, 则时间偏导出现在分母上, 得到的是无限多阶方程, 这不符合我们的要求, 故先把上式乘以 $(1 - i\omega\tau' c_\infty^2/c_0^2)$, 然后变换得到时域波动方程

$$\left(1 + \tau'\frac{c_\infty^2}{c_0^2}\frac{\partial}{\partial t}\right)\nabla^2 p - \frac{1}{c_0^2}\frac{\partial^2}{\partial t^2}\left(1 + \tau'\frac{\partial}{\partial t}\right)p = 0 \tag{6.5.8d}$$

或者写成

$$\nabla^2 p - \frac{1}{c_0^2}\frac{\partial^2 p}{\partial t^2} - \frac{\tau'}{c_0^2}\frac{\partial}{\partial t}\left(\frac{\partial^2 p}{\partial t^2} - c_\infty^2 \nabla^2 p\right) = 0 \tag{6.5.8e}$$

这就是弛豫介质中的波动方程. 上式也可以从基本方程推出: 对弛豫介质, 线性化质量守恒方程和运动方程仍然不变, 在无源情况为

$$\frac{\partial\rho'}{\partial t} + \rho_0 \nabla \cdot \boldsymbol{v}' = 0; \quad \rho_0\frac{\partial\boldsymbol{v}'}{\partial t} + \nabla p' = 0 \tag{6.5.9a}$$

关键在于物态方程的变化, 对理想流体的等熵过程, 平衡态状态方程为 $P = P(\rho)$, 即压力仅与密度有关. 但对弛豫介质, 流体处于非平衡态, 压力还必须与时间有关. 状态方程合理的修改为 (证明见本节末尾)

$$p' - c_0^2\rho' + \tau'\frac{\partial}{\partial t}(p' - c_\infty^2\rho') = 0 \tag{6.5.9b}$$

从方程 (6.5.9a) 和 (6.5.9b) 不难得到方程 (6.5.8d). 流体的状态方程修改成方程 (6.5.9b) 的形式后, 就可以得到方程 (6.5.6d) 表达的色散和衰减关系. 因此, 尽管我们从气体声速与比热的关系推导出了方程 (6.5.6d), 然而, 得到的结果对一般的流体也适用.

把方程 (6.5.1a) 和 (6.5.8e) 结合在一起, 我们得到考虑黏滞、热传导和弛豫效应后的声波方程近似 (在弱衰减条件下) 为

$$\nabla^2 p - \frac{1}{c_0^2}\frac{\partial^2 p}{\partial t^2} = \frac{1}{c_0}[(\gamma-1)l_\kappa + l_\mu]\frac{\partial^3 p}{\partial t^3} + \frac{\tau'}{c_0^2}\frac{\partial}{\partial t}\left(\frac{\partial^2 p}{\partial t^2} - c_\infty^2\nabla^2 p\right) \quad (6.5.10a)$$

因此, 由方程 (6.5.2a) 和 (6.5.7c), 流体的声衰减系数为

$$\alpha \approx \left[(\gamma-1)\frac{\kappa}{c_{P0}} + \frac{4}{3}\mu + \frac{\eta_0}{1+\omega^2\tau'^2}\right]\frac{\omega^2}{2\rho_0 c_0^3} \quad (6.5.10b)$$

弛豫部分衰减也称为**反常衰减**. 如果流体中存在 N 个弛豫过程, 上式推广为

$$\alpha \approx \left[(\gamma-1)\frac{\kappa}{c_{P0}} + \frac{4}{3}\mu + \sum_{i=1}^{N}\frac{\eta_{0i}}{1+\omega^2\tau_i'^2}\right]\frac{\omega^2}{2\rho_0 c_0^3} \quad (6.5.10c)$$

其中, τ_i' 为第 i 个弛豫过程的弛豫时间.

空气的声衰减必须考虑分子的弛豫衰减. 在比较纯净的水中, 主要是经典声衰减, 而在海水中, 由于复杂的盐分子结构, 声衰减也必须考虑分子的弛豫效应.

状态方程的证明   假定介质内部只存在一个弛豫过程, 我们用参量 ξ 表示, 例如, 参量 ξ 可以表示化学反应中某种分子的浓度. 当不存在声波时, 参量 ξ 达到的平衡值 $\xi = \xi_{00}$ 称为静平衡值. 当有声波存在时, 参量 ξ 通过一定的弛豫时间 τ' 达到新的平衡值 ξ_0, 故参量 ξ 随时间变化满足

$$\frac{\mathrm{d}\xi}{\mathrm{d}t} = -\frac{1}{\tau'}(\xi - \xi_0) \quad (6.5.11a)$$

另一方面, 引入新的参量 ξ 后, 状态方程可表示为 $P = P(\rho, s, \xi)$, 在等熵假定下

$$p' \approx c_0^2\rho' + \left[\frac{\partial p(\rho, \xi)}{\partial \xi}\right]_{\rho_0}(\xi - \xi_0) \quad (6.5.11b)$$

上式两边对 t 求导得到

$$\frac{\mathrm{d}p'}{\mathrm{d}t} \approx c_0^2\frac{\mathrm{d}\rho'}{\mathrm{d}t} + \left[\frac{\partial p(\rho, \xi)}{\partial \xi}\right]_{\rho_0}\left(\frac{\mathrm{d}\xi}{\mathrm{d}t} - \frac{\mathrm{d}\xi_0}{\mathrm{d}t}\right) \quad (6.5.11c)$$

注意, 当介质中存在声波时, 新的平衡值 ξ_0 跟随声波变化, 故 $\xi_0 = \xi_0(\rho, s)$, 于是有关系

$$\frac{\mathrm{d}\xi_0}{\mathrm{d}t} = \frac{\partial\xi_0(\rho, s)}{\partial\rho}\frac{\mathrm{d}\rho'}{\mathrm{d}t} \quad (6.5.12a)$$

上式代入方程 (6.5.11c), 并利用方程 (6.5.11a) 和 (6.5.11b) 得到

$$\frac{\mathrm{d}p'}{\mathrm{d}t} \approx c_\infty^2 \frac{\mathrm{d}\rho'}{\mathrm{d}t} - \frac{1}{\tau'}(p' - c_0^2\rho') \tag{6.5.12b}$$

其中, c_∞^2 由下式定义

$$c_\infty^2 \equiv c_0^2 - \left[\frac{\partial P(\rho, \xi)}{\partial \xi}\right]_{\rho_0} \frac{\partial \xi_0(\rho, s)}{\partial \rho} \tag{6.5.12c}$$

当 $\omega\tau' \to \infty$ 时, 方程 (6.5.12b) 简化成 $p' \approx c_\infty^2\rho'$, 故上式右边项确实是高频声速. 在小振幅近似下, $\mathrm{d}p'/\mathrm{d}t \approx \partial p'/\partial t$ 和 $\mathrm{d}\rho'/\mathrm{d}t \approx \partial\rho'/\partial t$, 方程 (6.5.12b) 简化成方程 (6.5.9b), 于是状态方程 (6.5.9b) 得证.

6.5.3 生物介质中的声衰减和时间分数导数

生物介质(如人体) 与前面介绍的流体具有不同的特点, 它是由水、脂肪和蛋白质组成的物质, 因而也可称之为**似流体介质**. 此外, 生物介质还具有结构上的不均匀性, 因此当超声波在生物组织中传播时引起的衰减机理是复杂的. 大量的实验表明, 生物组织中的声衰减系数远大于一般的均匀流体. 特别是, 声衰减系数与频率的关系不满足方程 (6.5.10c), 既不与频率的平方成正比, 也没有弛豫衰减峰, 而是简单的幂次关系

$$\alpha(\omega) = \alpha_0\omega^\gamma \tag{6.5.13a}$$

其中, $\gamma \approx 1 \sim 2$. 例如, 动物肝组织的 $\gamma \approx 1.13$, 而心组织的 $\gamma \approx 1.07$, 近似为线性关系. 由此说明, 用本构方程 (6.1.5d) 描述应力张量与应变率张量的关系是不确当的, 即使利用其他黏性模型, 如 Maxwell 模型和 Kelvin-Voigt 模型, 也不可能得到 γ 是分数的结果. 近年来, 利用分数导数概念, 较好解释了声衰减系数与频率的关系. 下面作一简单介绍.

根据方程 (6.5.13a), 我们把复波数写成

$$\tilde{k} = \frac{\omega}{c_0} + \mathrm{i}\alpha(\omega) = \frac{\omega}{c_0} + \mathrm{i}\alpha_0\omega^\gamma \tag{6.5.13b}$$

或者在低频条件下

$$\tilde{k}^2 \approx \frac{\omega^2}{c_0^2} + 2\mathrm{i}\frac{\omega}{c_0}\alpha_0\omega^\gamma = \frac{\omega^2}{c_0^2} - 2\frac{\alpha_0}{c_0}\frac{(-\mathrm{i}\omega)^{\gamma+1}}{(-\mathrm{i})^\gamma} \tag{6.5.13c}$$

注意到关系

$$(-\mathrm{i})^\gamma = \mathrm{e}^{-\mathrm{i}\gamma\pi/2} = \cos\left(\frac{\gamma\pi}{2}\right) - \mathrm{i}\sin\left(\frac{\gamma\pi}{2}\right) \tag{6.5.13d}$$

为了保证得到的波动方程是实的, 我们取 $\mathrm{Re}(-\mathrm{i})^\gamma = \cos(\gamma\pi/2)$ 代替方程 (6.5.13c) 中的 $(-\mathrm{i})^\gamma$, 于是根据变换规律 $\nabla^2 \to -\tilde{k}^2$ 和 $-\mathrm{i}\omega \to \partial/\partial t$, 声压满足的微分方程为

$$\nabla^2 p = \frac{1}{c_0^2}\frac{\partial^2 p}{\partial t^2} + 2\frac{\alpha_0}{c_0}\frac{1}{\cos(\gamma\pi/2)}\frac{\partial^{\gamma+1} p}{\partial t^{\gamma+1}} \tag{6.5.14}$$

对非生物介质, $\gamma = 2$(低频情况, 即 $\omega\tau_i' \ll 1$), 上式即为方程 (6.5.1b). 然而当 $1 < \gamma < 2$, 即 γ 为分数时, $\partial^{\gamma+1}p/\partial t^{\gamma+1}$ 为声压 p 的 $(\gamma + 1)$ 阶分数阶导数.

分数阶导数　我们从函数 $g(t)$ $(-\infty < t < \infty)$ 的 Fourier 变换来定义分数导数. 函数 $g(t)$ 的 Fourier 变换和逆变换为

$$G(\omega) = \int_{-\infty}^{\infty} g(t)\exp(\mathrm{i}\omega t)\mathrm{d}t \equiv \mathrm{FT}^+[g(t)]$$
$$g(t) = \frac{1}{2\pi}\int_{-\infty}^{\infty} G(\omega)\exp(-\mathrm{i}\omega t)\mathrm{d}\omega = \mathrm{FT}^-[G(\omega)] \tag{6.5.15a}$$

由 Fourier 变换的微分性质, 函数 $g(t)$ 的正整数阶导数的 Fourier 变换为

$$\mathrm{FT}^+\left[\frac{\partial^n g(t)}{\partial t^n}\right] = (-\mathrm{i}\omega)^n G(\omega) = (-\mathrm{i}\omega)^n \mathrm{FT}^+[g(t)] \tag{6.5.15b}$$

其中, n 为正整数. 或者把方程 (6.5.15b) 写成

$$\frac{\partial^n g(t)}{\partial t^n} = \mathrm{FT}^- \left\{(-\mathrm{i}\omega)^n \mathrm{FT}^+[g(t)]\right\} \tag{6.5.15c}$$

上式的意义是: 我们可以通过 Fourier 变换来定义一个函数的 n 阶导数. 如果把 $D^n \equiv \partial^n/\partial t^n$ 看成是一个微分算子, 上式可看作微分算子 D^n 对函数 $g(t)$ 的作用. 把方程 (6.5.15c) 中的正整数 n 推广到分数 s, 定义函数 $g(t)$ 的 s 阶导数, 即微分算子 $D^s \equiv \partial^s/\partial t^s$ 为

$$D^s g(t) = \frac{\partial^s g(t)}{\partial t^s} = \mathrm{FT}^- \left\{(-\mathrm{i}\omega)^s \mathrm{FT}^+[g(t)]\right\} \tag{6.5.15d}$$

显然, 由上式定义的分数导数的 Fourier 积分为

$$\mathrm{FT}^+\left[\frac{\partial^s g(t)}{\partial t^s}\right] = (-\mathrm{i}\omega)^s G(\omega) \tag{6.5.15e}$$

函数 $g(t)$ 的 s 阶分数导数可以化成卷积积分, 其物理意义更明显. 由方程 (6.5.15d)

$$\frac{\partial^s g(t)}{\partial t^s} = \frac{1}{2\pi}\int_{-\infty}^{\infty} g(\tau)\int_{-\infty}^{\infty} (-\mathrm{i}\omega)^s\exp[\mathrm{i}\omega(\tau-t)]\mathrm{d}\omega\mathrm{d}\tau$$
$$= \frac{1}{2\pi}(-\mathrm{i})^{s-1}\int_{-\infty}^{\infty} g(\tau)\frac{\partial}{\partial t}\left[\int_{-\infty}^{\infty} \omega^{s-1}\exp[\mathrm{i}\omega(\tau-t)]\mathrm{d}\omega\right]\mathrm{d}\tau \tag{6.5.16a}$$

上式中求导是为了保证 ω^{s-1} 的幂次小于零, 如果 $s = \mathrm{int}(s) + y \equiv n + y$(其中, n 是正整数, y 是真分数, 即 $y < 1$), 就须求 n 阶导数. 为了方便, 设 $0 < s < 1$, 则求一次导数就可以了. 方程 (6.5.16a) 的中括号内的积分可由复变函数方法完成

$$I \equiv \int_{-\infty}^{\infty} \omega^{s-1}\exp[\mathrm{i}\omega(\tau-t)]\mathrm{d}\omega \tag{6.5.16b}$$

在复平面上, 取积分围道如图 6.5.1, 由于 $\omega = 0$ 是分枝点, 故取割线为正实轴 $(0, \infty)$. 当 $\tau > t$ 时, 积分围道取实轴 + 上半平面半径为 R 的大圆, 围道内无奇点, 故积分为零 $I = 0$; 当 $t > \tau$ 时, 积分围道必须取实轴 + 下半平面半径为 R 的大圆 + 割线上沿 l_u+ 割线下沿 l_d, 在割线下沿 l_d(如图 6.5.1), 函数值为 $\omega \mathrm{e}^{\mathrm{i}2\pi}$. 在割线上、下沿 l_u 和 l_d 的积分分别为

$$
\begin{aligned}
I_\mathrm{u} &\equiv \int_\infty^0 \omega^{s-1} \exp[\mathrm{i}\omega(\tau - t)]\mathrm{d}\omega \\
I_\mathrm{d} &\equiv \int_0^\infty (\omega \mathrm{e}^{\mathrm{i}2\pi})^{s-1} \exp[\mathrm{i}\omega(\tau - t)]\mathrm{d}\omega
\end{aligned}
\tag{6.5.16c}
$$

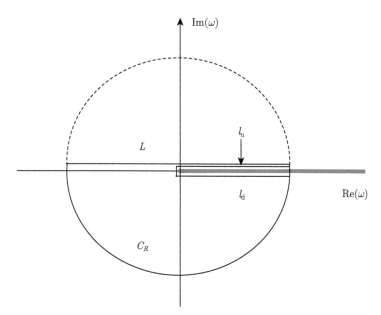

图 6.5.1 积分围道: 正实轴为割线

由于围道内无奇点且大圆上积分为零, 因此 $I + I_\mathrm{u} + I_\mathrm{d} = 0$, 即

$$
I = -I_\mathrm{u} - I_\mathrm{d} = (1 - \mathrm{e}^{\mathrm{i}2\pi s}) \int_0^\infty \omega^{s-1} \exp[-\mathrm{i}\omega(t - \tau)]\mathrm{d}\omega
\tag{6.5.17a}
$$

注意到主要参考书目 31 中的积分公式

$$
\begin{aligned}
\int_0^\infty x^{\mu-1} \sin(ax)\mathrm{d}x &= \frac{\Gamma(\mu)}{a^\mu} \sin\left(\frac{\mu\pi}{2}\right) \quad (\mu < 1) \\
\int_0^\infty x^{\mu-1} \cos(ax)\mathrm{d}x &= \frac{\Gamma(\mu)}{a^\mu} \cos\left(\frac{\mu\pi}{2}\right) \quad (\mu < 1)
\end{aligned}
\tag{6.5.17b}
$$

代入方程 (6.5.17a) 得到

$$I = -I_\mathrm{u} - I_\mathrm{d} = (1 - \mathrm{e}^{2\pi\mathrm{i}s})\frac{\Gamma(s)}{(t-\tau)^s}\exp\left(-\mathrm{i}\frac{s\pi}{2}\right) \tag{6.5.17c}$$

上式代入方程 (6.5.16a) 得到 (注意: 当 $\tau > t$ 时, $I = 0$)

$$\frac{\partial^s g(t)}{\partial t^s} = \Gamma(s)(-s)\frac{\sin(s\pi)}{\pi}\int_{-\infty}^t \frac{g(\tau)}{(t-\tau)^{s+1}}\mathrm{d}\tau \tag{6.5.17d}$$

利用 Γ 函数的关系: $\Gamma(z)\Gamma(1-z) = \pi/\sin(\pi z)$, $\Gamma(1+z) = z\Gamma(z)$ 及 $\Gamma(1-z) = -z\Gamma(-z)$, 上式简化成

$$\frac{\partial^s g(t)}{\partial t^s} = \frac{1}{\Gamma(-s)}\int_{-\infty}^t \frac{g(\tau)}{(t-\tau)^{s+1}}\mathrm{d}\tau \quad (0 < s < 1) \tag{6.5.17e}$$

可见: 分数导数由卷积定义, 故具有 "记忆" 功能, 分数导数的值与 $(-\infty, t)$ 内的 $g(t)$ 都有关, 而正整数阶导数仅反映了 t 时刻附近函数的性态. 注意: 我们假定 $0 < s < 1$, 但方程 (6.5.14) 中 $1 < \gamma < 2$, $\gamma+1$ 总可以表示成整数部分 $n \equiv \mathrm{int}(\gamma+1) > 0$ 和真分数 $s(0 < s < 1)$ 部分之和: $\gamma+1 = n+s$, 故 $\partial^{\gamma+1}/\partial t^{\gamma+1} = \partial^n(\partial^s/\partial t^s)/\partial t^n$, 而 n 阶导数是通常的正整数阶导数.

分数阶积分　根据 Fourier 变换的积分性质, 定义分数阶积分为

$$I^\alpha g(t) \equiv \mathrm{FT}^-\left\{\frac{1}{(-\mathrm{i}\omega)^\alpha}\mathrm{FT}^+[g(t)]\right\} \quad (0 < \alpha < 1) \tag{6.5.18a}$$

显然, 我们也可以导出分数阶积分的积分形式

$$\begin{aligned}I^\alpha g(t) &= \frac{1}{2\pi}\int_{-\infty}^\infty g(\tau)\int_{-\infty}^\infty (-\mathrm{i}\omega)^{-\alpha}\exp[\mathrm{i}\omega(\tau-t)]\mathrm{d}\omega\mathrm{d}\tau\\ &= \frac{1}{2\pi}(-\mathrm{i})^{-\alpha}\int_{-\infty}^\infty g(\tau)\int_{-\infty}^\infty \omega^{-\alpha}\exp[\mathrm{i}\omega(\tau-t)]\mathrm{d}\omega\mathrm{d}\tau\\ &= \frac{1}{\Gamma(\alpha)}\int_{-\infty}^t \frac{g(\tau)}{(t-\tau)^{1-\alpha}}\mathrm{d}\tau\end{aligned} \tag{6.5.18b}$$

注意: 积分中 ω 的幂次函数可以写成 $\omega^{-\alpha} = \omega^{(-\alpha+1)-1} = \omega^{\mu-1}$, 而 $0 < \mu = 1-\alpha < 1$ 已经满足方程 (6.5.17b) 的要求, 故可以利用方程 (6.5.17c). 事实上, 只要把分数阶导数定义中的 s 改成 $-s$ 即可. 因此, 函数 $g(t)$ 的 α 阶分数积分就是 $-\alpha$ 阶分数导数, 即

$$I^\alpha g(t) = D^{-\alpha}g(t) = \frac{\partial^{-\alpha}g(t)}{\partial t^{-\alpha}} \tag{6.5.18c}$$

分数阶导数与分数阶积分互为逆运算: $D^s D^{-s}g(t) = g(t)$, 或者存在关系

$$D^\alpha D^{-\beta}g(t) = D^{\alpha-\beta}g(t) \quad (\alpha > 0, \beta > 0) \tag{6.5.18d}$$

但是, 取复波数为方程 (6.5.13b) 形式存在一个基本问题, 即假定声速与频率无关, 或者声速近似为常数. 对非生物介质, 由黏滞和热传导引起的色散可忽略, 但分子弛豫引起的色散不能忽略. 另一方面, 由相速度与衰减系数的 Kramers-Kronig 色散关系 (见 6.5.5 小节讨论), 当衰减系数满足方程 (6.5.13a) 时, 相速度一定与频率有关. 为了保证声衰减系数与频率的幂次关系, 取下列复波数

$$\tilde{k} = \frac{\omega}{c_0} + \mathrm{i}\alpha_0 \frac{(-\mathrm{i}\omega)^\gamma}{\cos(\pi\gamma/2)} \tag{6.5.19a}$$

不难验证 $\alpha(\omega) = \mathrm{Im}(\tilde{k}) = \alpha_0\omega^\gamma$, 即满足方程 (6.5.13a). 而上式给出的相速度 $c(\omega)$ 满足

$$\frac{1}{c(\omega)} = \frac{\mathrm{Re}(\tilde{k})}{\omega} = \frac{1}{c_0} + \alpha_0 \tan\left(\frac{\pi\gamma}{2}\right)|\omega|^{\gamma-1} \tag{6.5.19b}$$

取 c_1 为 $\omega = \omega_0$ 时的相速度, 上式可以写成

$$\frac{1}{c(\omega)} = \frac{1}{c_1} + \alpha_0 \tan\left(\frac{\pi\gamma}{2}\right)\left(|\omega|^{\gamma-1} - |\omega_0|^{\gamma-1}\right) \tag{6.5.19c}$$

上式与由 Kramers-Kronig 关系求得的相速度是一致的 (见 6.5.5 小节讨论), 而且方程 (6.5.19b) 符合实验测量结果, 间接说明复波数取方程 (6.5.19a) 的形式是合理的, 对方程 (6.5.19a) 二边平方得到

$$\tilde{k}^2 = \frac{\omega^2}{c_0^2} - 2\frac{\alpha_0}{c_0}\frac{(-\mathrm{i}\omega)^{\gamma+1}}{\cos(\pi\gamma/2)} - \alpha_0^2\frac{(-\mathrm{i}\omega)^{2\gamma}}{\cos^2(\pi\gamma/2)} \tag{6.5.20a}$$

根据变换规律 $\nabla^2 \to -\tilde{k}^2$ 和 $-\mathrm{i}\omega \to \partial/\partial t$, 我们得到分数微分方程

$$\nabla^2 p = \frac{1}{c_0^2}\frac{\partial^2 p}{\partial t^2} + 2\frac{\alpha_0}{c_0}\frac{1}{\cos(\pi\gamma/2)}\frac{\partial^{\gamma+1}p}{\partial t^{\gamma+1}} + \frac{\alpha_0^2}{\cos^2(\pi\gamma/2)}\frac{\partial^{2\gamma}p}{\partial t^{2\gamma}} \tag{6.5.20b}$$

上式不仅包含了色散关系, 而且对频率没有限制, 注意: 如果忽略衰减系数 α_0 的二阶量 α_0^2, 则上式与方程 (6.5.14) 完全一样. 尽管方程 (6.5.20b) 是从平面波色散关系导出的, 但可以推广到描述非平面波情况.

Green 函数 设位于 $\boldsymbol{r}'$ 的点源产生的声场满足

$$\left(\nabla^2 - \frac{1}{c_0^2}\frac{\partial^2}{\partial t^2} - \Im\right)g(\boldsymbol{r}, t) = -\delta(\boldsymbol{r}, \boldsymbol{r}')\delta(t) \tag{6.5.21a}$$

其中, 为了方便定义

$$\Im \equiv 2\frac{\alpha_0}{c_0}\frac{1}{\cos(\pi\gamma/2)}\frac{\partial^{\gamma+1}}{\partial t^{\gamma+1}} + \frac{\alpha_0^2}{\cos^2(\pi\gamma/2)}\frac{\partial^{2\gamma}}{\partial t^{2\gamma}}$$

方程 (6.5.21a) 二边求时域 Fourier 变换得到

$$\nabla^2 g(\boldsymbol{r}, \omega) + \tilde{k}^2 g(\boldsymbol{r}, \omega) = -\delta(\boldsymbol{r}, \boldsymbol{r}') \tag{6.5.21b}$$

其中, $\tilde{k}^2$ 由方程 (6.5.20a) 决定. 于是

$$g(\boldsymbol{r},\omega) = \frac{1}{4\pi|\boldsymbol{r}-\boldsymbol{r}'|}\exp\left(\mathrm{i}\tilde{k}|\boldsymbol{r}-\boldsymbol{r}'|\right) \tag{6.5.21c}$$

把方程 (6.5.19a) 代入方程 (6.5.21c) 得到

$$g(\boldsymbol{r},\omega) = \exp\left\{-\alpha_0\omega^\gamma\left[1-\mathrm{i}\tan\left(\frac{\pi\gamma}{2}\right)\right]|\boldsymbol{r}-\boldsymbol{r}'|\right\}\frac{\exp\left[\mathrm{i}\omega|\boldsymbol{r}-\boldsymbol{r}'|/c_0\right]}{4\pi|\boldsymbol{r}-\boldsymbol{r}'|} \tag{6.5.21d}$$

时间分数微分方程的其他形式　　假定介质的本构方程由分数导数表示, 从基本的流体力学方程, 我们也可以得到分数微分方程. 由方程 (6.1.5d), 非生物黏滞流体的本构方程为

$$P_{ij} = -P\delta_{ij} + \sigma_{ij} = -P\delta_{ij} - \frac{2}{3}\mu\nabla\cdot\boldsymbol{v}\delta_{ij} + 2\mu S_{ij}(\boldsymbol{v}) \tag{6.5.22a}$$

得到上式, 已取 $\eta = 0$. 对生物介质, 本构方程修改成

$$P_{ij} = -P\delta_{ij} - \frac{2}{3}\mu\frac{\partial^{\beta-1}}{\partial t^{\beta-1}}\nabla\cdot\boldsymbol{v}\delta_{ij} + 2\mu\frac{\partial^{\beta-1}}{\partial t^{\beta-1}}S_{ij}(\boldsymbol{v}) \tag{6.5.22b}$$

其中, $0 < \beta < 1$. 运动方程修改为

$$\rho\left(\frac{\partial\boldsymbol{v}}{\partial t} + \boldsymbol{v}\cdot\nabla\boldsymbol{v}\right) = -\nabla P + \frac{\partial^{\beta-1}}{\partial t^{\beta-1}}\left[\frac{4}{3}\mu\nabla(\nabla\cdot\boldsymbol{v}) - \mu\nabla\times\nabla\times\boldsymbol{v}\right] \tag{6.5.22c}$$

如果忽略横波 $\nabla\times\boldsymbol{v}\approx 0$(在生物软组织介质中, 横波可以不考虑), 故线性近似的运动方程为

$$\rho_0\frac{\partial\boldsymbol{v}}{\partial t} \approx -\nabla p + \frac{4}{3}\mu\frac{\partial^{\beta-1}}{\partial t^{\beta-1}}\left[\nabla(\nabla\cdot\boldsymbol{v})\right] \tag{6.5.23a}$$

利用 $p'\approx c_0^2\rho'$ 和质量守恒方程 $\partial\rho'/\partial t + \rho_0\nabla\cdot\boldsymbol{v}\approx 0$, 不难得到在忽略横波条件下, 声压满足的方程

$$\nabla^2 p - \frac{1}{c_0^2}\frac{\partial^2 p}{\partial t^2} + \tau^{y-1}\frac{\partial^{y-1}}{\partial t^{y-1}}\nabla^2 p = 0 \tag{6.5.23b}$$

其中, $y = \beta + 1$, τ 为弛豫时间

$$\tau \equiv \left(\frac{4\mu}{3c_0^2\rho_0}\right)^{1/\beta} \tag{6.5.23c}$$

对方程 (6.5.23b) 两边作时域 Fourier 变换并且利用方程 (6.5.15e) 得到

$$\nabla^2 p(\boldsymbol{r},\omega) + \frac{\omega^2}{c_0^2}p(\boldsymbol{r},\omega) + \tau^{y-1}(-\mathrm{i}\omega)^{y-1}\nabla^2 p(\boldsymbol{r},\omega) = 0 \tag{6.5.24a}$$

即

$$\nabla^2 p(\boldsymbol{r},\omega) + \frac{\omega^2}{c_0^2}\cdot\frac{1}{1+\tau^{y-1}(-\mathrm{i}\omega)^{y-1}}p(\boldsymbol{r},\omega) = 0 \tag{6.5.24b}$$

因此, 复波数平方为

$$\tilde{k}^2 \equiv \frac{\omega^2}{c_0^2} \cdot \frac{1}{1 + (-\mathrm{i}\omega\tau)^{y-1}} \tag{6.5.24c}$$

在低频条件下

$$\begin{aligned} \tilde{k} &\equiv \frac{\omega}{c_0} \cdot \frac{1}{\sqrt{1 + (-\mathrm{i}\omega\tau)^{y-1}}} \approx \frac{\omega}{c_0} \cdot \left[1 - \frac{1}{2}(-\mathrm{i}\omega\tau)^{y-1} \right] \\ &= \frac{\omega}{c_0} \left\{ 1 - \frac{1}{2}(\omega\tau)^{y-1} \left[\cos\frac{\pi(y-1)}{2} - \mathrm{i}\sin\frac{\pi(y-1)}{2} \right] \right\} \end{aligned} \tag{6.5.25a}$$

故衰减系数和声速分别为

$$\alpha(\omega) = \mathrm{Im}(\tilde{k}) = \frac{\tau^{y-1}}{2c_0} \left| \cos\left(\frac{\pi y}{2}\right) \right| \omega^y \tag{6.5.25b}$$

$$\frac{1}{c(\omega)} = \frac{\mathrm{Re}(\tilde{k})}{\omega} = \frac{1}{c_0} - \frac{\tau^{y-1}}{2c_0} \sin\left(\frac{\pi y}{2}\right) \omega^{y-1} \tag{6.5.25c}$$

如果取

$$\alpha_0 \equiv \frac{\tau^{y-1}}{2c_0} \left| \cos\left(\frac{\pi y}{2}\right) \right| \tag{6.5.25d}$$

就得到方程 (6.5.19b) 和 (6.5.13a).

关于分数导数的说明 时间分数导数的引入不仅仅解决了幂次衰减问题, 即方程 (6.5.13a), 还解决了一个根本性问题, 即方程 (6.5.10a) 中关于时间的三次导数问题. 由 1.2.2 小节的讨论, 在时域上, 只能给出声压的初值和一阶导数的初值 (通过速度场的初始分布得到), 而方程 (6.5.10a) 的初值还必须要声压二阶导数的初值, 这在物理上是不可接受的. 引进初值后 (注意: 方程 (6.5.17e) 中 t 扩展到 $-\infty$, 不存在初值问题), 函数 $g(t)$ 的时间分数导数讨论见主要参考书目 8, 这里不进一步展开讨论.

6.5.4 含有分数 Laplace 算子的声波方程

需要指出的是, 方程 (6.5.20b) 和 (6.5.23b) 均对时间变量应用了分数导数, 即考虑了时间的 "记忆" 功能, 或者说声场的时间关联, 如果对空间变量应用分数导数, 则波动方程就反映了空间的相关特性. 对一维无限空间问题 $x \in (-\infty, \infty)$, 可分别仿照方程 (6.5.17e) 定义空间分数导数. 对三维问题, 如何定义分数阶 Laplace 算子?

三维无限空间 首先考虑三维无限大空间情况. 注意到: 函数 $\psi(\boldsymbol{r}, t)$ 的三维空间 Fourier 正变换和逆变换分别为

$$\begin{aligned} \psi(\boldsymbol{k}, t) &= \int \psi(\boldsymbol{r}, t) \exp(-\mathrm{i}\boldsymbol{k} \cdot \boldsymbol{r}) \mathrm{d}^3 \boldsymbol{r} \equiv \mathrm{FT}^+[\psi(\boldsymbol{r}, t)] \\ \psi(\boldsymbol{r}, t) &= \frac{1}{(2\pi)^3} \int \psi(\boldsymbol{k}, t) \exp(\mathrm{i}\boldsymbol{k} \cdot \boldsymbol{r}) \mathrm{d}^3 \boldsymbol{k} \equiv \mathrm{FT}^-[\psi(\boldsymbol{k}, t)] \end{aligned} \tag{6.5.26a}$$

显然, 存在关系

$$
\begin{aligned}
-\nabla^2 \psi(\boldsymbol{r}, t) &= \frac{1}{(2\pi)^3} \int |\boldsymbol{k}|^2 \psi(\boldsymbol{k}, t) \exp(\mathrm{i}\boldsymbol{k} \cdot \boldsymbol{r}) \mathrm{d}^3 \boldsymbol{k} \\
&= \mathrm{FT}^- [|\boldsymbol{k}|^2 \psi(\boldsymbol{k}, t)] = \mathrm{FT}^- \left[|\boldsymbol{k}|^2 \mathrm{FT}^+ [\psi(\boldsymbol{r}, t)] \right]
\end{aligned}
\tag{6.5.26b}
$$

该关系可作为 Laplace 算子 $-\nabla^2$ 作用于函数 $\psi(\boldsymbol{r}, t)$ 的定义. 仿照方程 (6.5.15d), 定义分数阶 Laplace 算子 $(-\nabla^2)^{s/2}$ 为

$$
(-\nabla^2)^{s/2} \psi(\boldsymbol{r}, t) = \mathrm{FT}^- \left[|\boldsymbol{k}|^s \mathrm{FT}^+ [\psi(\boldsymbol{r}, t)] \right]
\tag{6.5.27a}
$$

当 $s = 2$ 时, 上式回到方程 (6.5.26b). 由上式定义得到分数阶 Laplace 算子 $(-\nabla^2)^{s/2}$ 的空间 Fourier 变换为

$$
\mathrm{FT}^+ \left[(-\nabla^2)^{s/2} \psi(\boldsymbol{r}, t) \right] = \mathrm{FT}^+ \mathrm{FT}^- [|\boldsymbol{k}|^s \psi(\boldsymbol{k}, t)] = |\boldsymbol{k}|^s \psi(\boldsymbol{k}, t)
\tag{6.5.27b}
$$

其中, $|\boldsymbol{k}| = \sqrt{k_x^2 + k_y^2 + k_z^2}$. 方程 (6.5.27a) 也写成空间函数的卷积积分的形式. 由方程 (6.5.27a)

$$
\begin{aligned}
(-\nabla^2)^{s/2} \psi(\boldsymbol{r}, t) &= \mathrm{FT}^- \left[|\boldsymbol{k}|^s \int \psi(\boldsymbol{r}', t) \exp(-\mathrm{i}\boldsymbol{k} \cdot \boldsymbol{r}') \mathrm{d}^3 \boldsymbol{r}' \right] \\
&= \frac{1}{(2\pi)^3} \int |\boldsymbol{k}|^s \int \psi(\boldsymbol{r}', t) \exp(-\mathrm{i}\boldsymbol{k} \cdot \boldsymbol{r}') \mathrm{d}^3 \boldsymbol{r}' \exp(\mathrm{i}\boldsymbol{k} \cdot \boldsymbol{r}) \mathrm{d}^3 \boldsymbol{k} \\
&= \frac{1}{(2\pi)^3} \int \left[\int |\boldsymbol{k}|^s \exp[\mathrm{i}\boldsymbol{k} \cdot (\boldsymbol{r} - \boldsymbol{r}')] \mathrm{d}^3 \boldsymbol{k} \right] \psi(\boldsymbol{r}', t) \mathrm{d}^3 \boldsymbol{r}'
\end{aligned}
\tag{6.5.28a}
$$

在球坐标下, 上式中关于 $\boldsymbol{k}$ 的积分首先完成角度部分积分得到

$$
\begin{aligned}
\int |\boldsymbol{k}|^s \exp[\mathrm{i}\boldsymbol{k} \cdot (\boldsymbol{r} - \boldsymbol{r}')] \mathrm{d}^3 \boldsymbol{k} &= 2\pi \int_0^\infty k^{s+2} \int_0^\pi \mathrm{e}^{\mathrm{i}k|\boldsymbol{r}-\boldsymbol{r}'|\cos\vartheta} \sin\vartheta \mathrm{d}\vartheta \mathrm{d}k \\
&= \frac{4\pi}{|\boldsymbol{r} - \boldsymbol{r}'|} \int_0^\infty k^{s+1} \sin(k|\boldsymbol{r} - \boldsymbol{r}'|) \mathrm{d}k
\end{aligned}
\tag{6.5.28b}
$$

为了利用方程 (6.5.17b) 的第一式积分, 对 $R = |\boldsymbol{r} - \boldsymbol{r}'|$ 求二次导数后得到

$$
\begin{aligned}
\int |\boldsymbol{k}|^s \exp[\mathrm{i}\boldsymbol{k} \cdot (\boldsymbol{r} - \boldsymbol{r}')] \mathrm{d}^3 \boldsymbol{k} &= -\frac{4\pi}{|\boldsymbol{r} - \boldsymbol{r}'|} \frac{\partial^2}{\partial R^2} \int_0^\infty k^{s-1} \sin(kR) \mathrm{d}k \\
&= -s(s+1) \Gamma(s) \sin\left(\frac{s\pi}{2}\right) \frac{4\pi}{|\boldsymbol{r} - \boldsymbol{r}'|^{3+s}}
\end{aligned}
\tag{6.5.28c}
$$

上式代入方程 (6.2.28a) 得到三维分数阶 Laplace 算子 $(-\nabla^2)^{s/2}$ 的积分形式

$$
\begin{aligned}
(-\nabla^2)^{s/2}\psi(\boldsymbol{r},t) &= \mathrm{FT}^-\left[|\boldsymbol{k}|^s\int\psi(\boldsymbol{r}',t)\exp(-\mathrm{i}\boldsymbol{k}\cdot\boldsymbol{r}')\mathrm{d}^3\boldsymbol{r}'\right]\\
&= \frac{1}{(2\pi)^3}\int|\boldsymbol{k}|^s\int\psi(\boldsymbol{r}',t)\exp(-\mathrm{i}\boldsymbol{k}\cdot\boldsymbol{r}')\mathrm{d}^3\boldsymbol{r}'\exp(\mathrm{i}\boldsymbol{k}\cdot\boldsymbol{r})\mathrm{d}^3\boldsymbol{k}\\
&= -\frac{s(s+1)\Gamma(s)}{2\pi^2}\sin\left(\frac{s\pi}{2}\right)\int\frac{\psi(\boldsymbol{r}',t)}{|\boldsymbol{r}-\boldsymbol{r}'|^{3+s}}\mathrm{d}^3\boldsymbol{r}'
\end{aligned}
\tag{6.5.29}
$$

定义了分数阶 Laplace 算子后, 波动方程可根据主要参考书目 8 写成

$$
\nabla^2 p - \frac{1}{c_0^2}\frac{\partial^2 p}{\partial t^2} = \beta_0\frac{\partial}{\partial t}(-\nabla^2)^{\gamma/2}p
\tag{6.5.30a}
$$

其中, β_0 为常数, $0 < \gamma < 2$. 对无限大空间的平面波解

$$
p(\boldsymbol{r},t) = p_0\exp[\mathrm{i}(\boldsymbol{k}\cdot\boldsymbol{r}-\omega t)]
\tag{6.5.30b}
$$

代入方程 (6.5.30a) 得到

$$
k^2 = \frac{\omega^2}{c_0^2} + \mathrm{i}\omega\beta_0 k^\gamma
\tag{6.5.30c}
$$

从上式得到近似解

$$
k = \frac{\omega}{c_0}\sqrt{1 + \mathrm{i}\beta_0 c_0^2\frac{k^\gamma}{\omega}} \approx \frac{\omega}{c_0} + \frac{\mathrm{i}\beta_0 c_0}{2}\left(\frac{\omega}{c_0}\right)^\gamma
\tag{6.5.30d}
$$

故衰减系数为

$$
\alpha(\omega) = \frac{\beta_0 c_0}{2}\left(\frac{\omega}{c_0}\right)^\gamma
\tag{6.5.30e}
$$

上式比较方程 (6.5.13a) 得 $\beta_0 = 2c_0^{\gamma-1}\alpha_0$. 可见, 方程 (6.5.30a) 也给出了幂次衰减关系, 但不能给出声速的色散关系, 即方程 (6.5.19c).

三维有限空间 我们可用 V 上的正交函数系 $\{\psi_\lambda(\boldsymbol{r},k_\lambda)\}$ 来定义三维分数阶 Laplace 算子 $(-\nabla^2)^{s/2}$, 其中 $\{\psi_\lambda(\boldsymbol{r},k_\lambda)\}$ 是 Laplace 算子 $(-\nabla^2)$ 的本征函数系

$$
(-\nabla^2)\psi_\lambda(\boldsymbol{r},k_\lambda) = k_\lambda^2\psi_\lambda(\boldsymbol{r},k_\lambda) \quad (\boldsymbol{r}\in V)
\tag{6.5.31a}
$$

且 $\{\psi_\lambda(\boldsymbol{r},k_\lambda)\}$ 满足相应的边界条件. V 上平方可积的任意函数 $\psi(\boldsymbol{r},t)$ 可用正交函数系 $\{\psi_\lambda(\boldsymbol{r},k_\lambda)\}$ 展开

$$
\psi(\boldsymbol{r},t) = \sum_{\lambda=0}^\infty a_\lambda\psi_\lambda(\boldsymbol{r},k_\lambda); \ a_\lambda = \int_V\psi(\boldsymbol{r},t)\psi_\lambda^*(\boldsymbol{r},k_\lambda)\mathrm{d}^3\boldsymbol{r}
\tag{6.5.31b}
$$

注意到

$$(-\nabla^2)\psi(\boldsymbol{r},t) = \sum_{\lambda=0}^{\infty} a_\lambda(-\nabla^2)\psi_\lambda(\boldsymbol{r},k_\lambda) = \sum_{\lambda=0}^{\infty} a_\lambda k_\lambda^2 \psi_\lambda(\boldsymbol{r},k_\lambda) \qquad (6.5.31\text{c})$$

仿照方程 (6.5.27a), 定义有限空间 V 上的分数阶 Laplace 算子 $(-\nabla^2)^{s/2}$ 为

$$(-\nabla^2)^{s/2}\psi(\boldsymbol{r},t) = \sum_{\lambda=0}^{\infty} a_\lambda k_\lambda^s \psi_\lambda(\boldsymbol{r},k_\lambda) \qquad (6.5.31\text{d})$$

把方程 (6.5.31b) 中第二式代入上式得到

$$(-\nabla^2)^{s/2}\psi(\boldsymbol{r},t) = \int_V \Phi(\boldsymbol{r},\boldsymbol{r}')\psi(\boldsymbol{r}',t)\mathrm{d}^3\boldsymbol{r}' \qquad (6.5.31\text{e})$$

其中, 积分算子的核函数为

$$\Phi(\boldsymbol{r},\boldsymbol{r}') \equiv \sum_{\lambda=0}^{\infty} k_\lambda^s \psi_\lambda^*(\boldsymbol{r}',k_\lambda)\psi_\lambda(\boldsymbol{r},k_\lambda) \qquad (6.5.31\text{f})$$

上式相当于用积分算子来定义微分算子.

6.5.5　Kramers-Kronig 色散关系

对给定的复波数 $\tilde{k}(\omega)$, 则声速和衰减系数满足

$$\frac{1}{c(\omega)} = \mathrm{Re}\left[\frac{\tilde{k}(\omega)}{\omega}\right]; \ \alpha(\omega) = \mathrm{Im}[\tilde{k}(\omega)] \qquad (6.5.32\text{a})$$

我们的问题是: 给定衰减系数随频率变化的函数关系 $\alpha = \alpha(\omega)$, 能否求色散关系 $c = c(\omega)$, 或者反之. 考虑辅助函数

$$F(\omega) = \exp\left[\mathrm{i}\left(\tilde{k} - \frac{\omega}{c_\infty}\right)x\right] \qquad (6.5.32\text{b})$$

把 ω 解析延拓到整个复平面, 可以证明: $F(\omega)$ 和 $\ln F(\omega)$ 作为 ω 的复变函数, 在复平面 ω 的上半平面 $(\mathrm{Im}(\omega) > 0)$ 解析. 由方程 (6.5.32b)

$$\begin{aligned}
\ln F(\omega) &= \ln \exp\left\{-\alpha(\omega)x + \mathrm{i}\left[\frac{\omega}{c(\omega)} - \frac{\omega}{c_\infty}\right]x\right\} \\
&= -\alpha(\omega)x + \mathrm{i}\left[\frac{\omega}{c(\omega)} - \frac{\omega}{c_\infty}\right]x
\end{aligned} \qquad (6.5.33\text{a})$$

显然, 函数

$$f(\omega) \equiv \frac{\ln F(\omega)}{\omega - \omega'} \qquad (6.5.33\text{b})$$

在实轴上存在一个一阶极点 $\omega_1 = \omega'$. 如图 6.5.2, 取上半平面的围道 C, C 由半径为 $R \to \infty$ 的半圆与实轴组成, 其中实轴在 $\omega_1 = \omega'$ 挖去半径为 ε 的半圆. 由复变函数的 Cauchy 定理

$$\oint_C f(\omega)\mathrm{d}\omega = \oint_C \frac{\ln F(\omega)}{\omega - \omega'}\mathrm{d}\omega = \int_{-\infty}^{\omega'-\varepsilon} \frac{\ln F(\omega)}{\omega - \omega'}\mathrm{d}\omega + \int_{\omega'+\varepsilon}^{+\infty} \frac{\ln F(\omega)}{\omega - \omega'}\mathrm{d}\omega$$
$$+ \oint_\varepsilon \frac{\ln F(\omega)}{\omega - \omega'}\mathrm{d}\omega + \oint_R \frac{\ln F(\omega)}{\omega - \omega'}\mathrm{d}\omega = 0 \tag{6.5.33c}$$

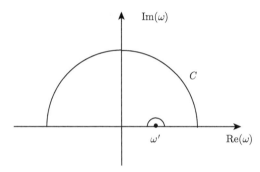

图 6.5.2 推导 Kramers-Kronig 色散关系的积分围道

下面分几种情况讨论.

(1) 如果 $\lim\limits_{|\omega|\to\infty} \alpha(\omega) \to 1/|\omega|^\delta$ $(\delta > 0)$, 即 $\alpha(\omega)$ 随 $|\omega| \to \infty$ 衰减足够快, 那么, 当 $R \to \infty$ 时, 大半圆的积分为零; 当 $\varepsilon \to 0$ 时, 令主值积分

$$\lim_{\varepsilon\to 0}\left[\int_{-\infty}^{\omega'-\varepsilon} \frac{\ln F(\omega)}{\omega - \omega'}\mathrm{d}\omega + \int_{\omega'+\varepsilon}^{\infty} \frac{\ln F(\omega)}{\omega - \omega'}\mathrm{d}\omega\right] = P\int_{-\infty}^{\infty} \frac{\ln F(\omega)}{\omega - \omega'}\mathrm{d}\omega \tag{6.5.34a}$$

而半圆 ε 上的积分

$$\oint_\varepsilon \frac{\ln F(\omega)}{\omega - \omega'}\mathrm{d}\omega = -\mathrm{i}\pi \ln F(\omega') \tag{6.5.34b}$$

把方程 (6.5.34a) 和 (6.5.34b) 代入方程 (6.5.33c) 得到

$$\ln F(\omega') = \frac{1}{\mathrm{i}\pi} P\int_{-\infty}^{\infty} \frac{\ln F(\omega)}{\omega - \omega'}\mathrm{d}\omega \tag{6.5.34c}$$

上式结合方程 (6.5.33a) 并且把实部和虚部分开得到 (作变量交换 $\omega \leftrightarrow \omega'$)

$$\frac{\omega}{c(\omega)} = \frac{\omega}{c_\infty} + \frac{1}{\pi} P\int_{-\infty}^{\infty} \frac{\alpha(\omega')}{\omega' - \omega}\mathrm{d}\omega' \tag{6.5.35a}$$

$$\alpha(\omega) = -\frac{1}{\pi} P\int_{-\infty}^{\infty} \frac{1}{\omega' - \omega} \cdot \left[\frac{\omega'}{c(\omega')} - \frac{\omega'}{c_\infty}\right]\mathrm{d}\omega' \tag{6.5.35b}$$

方程 (6.5.35a) 和 (6.5.35b) 就是我们要求的表达式, 称为 **Kramers–Kronig 色散关系**, 由衰减系数 $\alpha(\omega)$ 可以求出速度 $c(\omega)$, 或者反之.

(2) 如果 $\lim\limits_{|\omega|\to\infty} \alpha(\omega) \to |\omega|^\delta$ $(0 < \delta < 1)$, 取函数

$$g(\omega) \equiv \frac{\ln F(\omega)}{\omega(\omega - \omega')} \tag{6.5.36a}$$

其中, $g(\omega)$ 在实轴上存在两个一阶极点: $\omega_1 = \omega'$ 和 $\omega_2 = 0$. 取积分围道 C 与图 6.5.2 类似, 但在实轴的原点挖去半径为 δ 的半圆, 于是

$$\oint_C g(\omega)\mathrm{d}\omega = \oint_C \frac{\ln F(\omega)}{\omega(\omega - \omega')}\mathrm{d}\omega = 0 \tag{6.5.36b}$$

可以得到与方程 (6.5.34c) 类似的方程

$$-\frac{\ln F(0)}{\omega'} + \frac{\ln F(\omega')}{\omega'} = \frac{1}{\mathrm{i}\pi} P \int_{-\infty}^{\infty} \frac{\ln F(\omega)}{\omega(\omega - \omega')}\mathrm{d}\omega \tag{6.5.36c}$$

上式结合方程 (6.5.33a) 得到

$$\frac{1}{c(\omega)} - \frac{1}{c_\infty} = \frac{1}{\pi} P \int_{-\infty}^{\infty} \frac{\alpha(\omega')}{\omega'(\omega' - \omega)}\mathrm{d}\omega' \tag{6.5.37a}$$

$$\frac{\alpha(\omega) - \alpha(0)}{\omega} = -\frac{1}{\pi} P \int_{-\infty}^{\infty} \frac{1}{(\omega' - \omega)}\left[\frac{1}{c(\omega')} - \frac{1}{c_\infty}\right]\mathrm{d}\omega' \tag{6.5.37b}$$

对由方程 (6.5.13a) 表示的幂次衰减系数, 方程 (6.5.37a) 仅适合于 $0 < \gamma < 1$ 的情况, 此时声速为

$$\begin{aligned}
\frac{1}{c(\omega)} &= \frac{1}{c_\infty} + \frac{\alpha_0}{\pi} P \int_{-\infty}^{\infty} \frac{|\omega'|^\gamma}{\omega'(\omega' - \omega)}\mathrm{d}\omega' \\
&= \frac{1}{c_\infty} + \frac{2\omega\alpha_0}{\pi} P \int_0^{\infty} \frac{\xi^{\gamma-1}}{\xi^2 - \omega^2}\mathrm{d}\xi \\
&= \frac{1}{c_\infty} + \frac{2\alpha_0|\omega|^{\gamma-1}}{\pi} P \int_0^{\infty} \frac{\zeta^{\gamma-1}}{\zeta^2 - 1}\mathrm{d}\zeta = \frac{1}{c_\infty} + \alpha_0 \tan\left(\frac{\pi\gamma}{2}\right)|\omega|^{\gamma-1}
\end{aligned} \tag{6.5.37c}$$

注意, 上式涉及负频率的积分, 衰减系数总是正的, 故用 $|\omega|^\gamma$ 代替 ω^γ. 如果令 c_1 为 $\omega = \omega_0$ 时的相速度, 所得色散方程与方程 (6.5.19c) 完全相同.

(3) 如果 $\lim\limits_{|\omega|\to\infty} \alpha(\omega) \to |\omega|^\gamma$ $(1 < \gamma < 2)$, 取函数

$$h(\omega) \equiv \frac{\ln F(\omega)}{\omega^2(\omega - \omega')} = \frac{[\ln F(\omega)]/\omega}{\omega(\omega - \omega')} \tag{6.5.38a}$$

而

$$\lim_{|\omega|\to\infty} \frac{\ln F(\omega)}{|\omega|} = -\lim_{|\omega|\to\infty} \frac{\alpha(\omega)}{|\omega|} x = -\alpha_0 |\omega|^{\gamma-1}(1 < \gamma < 2) \tag{6.5.38b}$$

上式幂次小于 1, 故 $h(\omega)$ 是上半平面的解析函数, 实轴上存在两个一阶极点: $\omega_1 = \omega'$ 和 $\omega_2 = 0$. 仍然取图 6.5.2 类似的积分围道 (原点挖去半径为 δ 的半圆), 于是

$$\oint_C h(\omega)\mathrm{d}\omega = \oint_C \frac{\ln F(\omega)/\omega}{\omega(\omega-\omega')}\mathrm{d}\omega = 0 \tag{6.5.38c}$$

大半圆的积分

$$\lim_{R\to\infty} \oint_R \frac{[\ln F(\omega)]/\omega}{\omega(\omega-\omega')}\mathrm{d}\omega \sim \int_0^{2\pi} \frac{\alpha_0 |R|^{\gamma-1}}{R^2} R\mathrm{e}^{\mathrm{i}\varphi} \sim \frac{1}{|R|^{2-\gamma}} \to 0 \tag{6.5.38d}$$

因此可以得到与方程 (6.5.36c) 类似的结果

$$-\frac{\{[\ln F(\omega)]/\omega\}|_{\omega=0}}{\omega'} + \frac{[\ln F(\omega)]/\omega'}{\omega'} = \frac{1}{\mathrm{i}\pi} P \int_{-\infty}^{\infty} \frac{[\ln F(\omega)]/\omega}{\omega(\omega-\omega')}\mathrm{d}\omega \tag{6.5.39a}$$

注意到

$$\left.\frac{\ln F(\omega)}{\omega}\right|_{\omega=0} = \mathrm{i}\left[\frac{1}{c(0)} - \frac{1}{c_\infty}\right]x \tag{6.5.39b}$$

方程 (6.5.39a) 和上式结合方程 (6.5.33a) 得到

$$\frac{1}{c(\omega)} = \frac{1}{c(0)} + \frac{\omega}{\pi} P \int_{-\infty}^{\infty} \frac{\alpha(\omega')}{\omega'} \cdot \frac{1}{\omega'(\omega'-\omega)}\mathrm{d}\omega' \tag{6.5.39c}$$

$$\alpha(\omega) = -\frac{\omega^2}{\pi} P \int_{-\infty}^{\infty} \frac{1}{\omega'(\omega'-\omega)}\left[\frac{1}{c(\omega')} - \frac{1}{c_\infty}\right]\mathrm{d}\omega' \tag{6.5.39d}$$

(4) 如果 $\lim\limits_{|\omega|\to\infty} \alpha(\omega) \to |\omega|$, 仍然取方程 (6.5.38a), 方程 (6.5.38d) 也成立, 但方程 (6.5.39b) 必须修改成

$$\left.\frac{\ln F(\omega)}{\omega}\right|_{\omega=0} = \alpha_0 x + \mathrm{i}\left[\frac{1}{c(0)} - \frac{1}{c_\infty}\right]x \tag{6.5.40a}$$

因此

$$\frac{1}{c(\omega)} = \frac{1}{c(0)} + \frac{\omega}{2\pi} P \int_{-\infty}^{\infty} \frac{\alpha(\omega')}{\omega'} \cdot \frac{1}{\omega'(\omega'-\omega)}\mathrm{d}\omega' \tag{6.5.40b}$$

$$\alpha(\omega) = -\frac{\omega^2}{2\pi} P \int_{-\infty}^{\infty} \frac{1}{\omega'(\omega'-\omega)}\left[\frac{1}{c(\omega')} - \frac{1}{c_\infty}\right]\mathrm{d}\omega' \tag{6.5.40c}$$

方程 (6.5.40b) 取 $\omega = \omega_0$, 则

$$\frac{1}{c(\omega_0)} = \frac{1}{c(0)} + \frac{\omega_0}{2\pi} P \int_{-\infty}^{\infty} \frac{\alpha(\omega')}{\omega'} \cdot \frac{1}{\omega'(\omega'-\omega_0)}\mathrm{d}\omega' \tag{6.5.41a}$$

上式代入方程 (6.5.40b) 得到用非零点速度表示的速度 – 频率关系 (零点速度可能为零)

$$\frac{1}{c(\omega)} = \frac{1}{c(\omega_0)} + \frac{\omega - \omega_0}{2\pi} P \int_{-\infty}^{\infty} \frac{\alpha(\omega')}{\omega'} \cdot \frac{1}{(\omega' - \omega)(\omega' - \omega_0)} \mathrm{d}\omega' \qquad (6.5.41\mathrm{b})$$

不难求得当 $\alpha(\omega) = \alpha_0|\omega|$ 时, 速度–频率关系

$$\frac{1}{c(\omega)} = \frac{1}{c(\omega_0)} - \frac{2\alpha_0}{\pi} \ln \frac{\omega}{\omega_0} \qquad (6.5.41\mathrm{c})$$

第 7 章　层状介质中的声波和几何声学

层状介质是指其声学特性 (密度和声速, 或者压缩系数) 仅随正交坐标的一个方向变化, 最简单的是平面层状介质: 密度和声速在 xOy 平面内是常数, 而随 z 变化. 自然界中的多种声传播介质可以用平面层状介质来近似, 例如, 声波在大气或者海洋中的传播: 在一定的尺度范围内, 声速随横向坐标 (x 和 y) 的变化可以忽略, 仅须考虑其随高度 (或者海洋中随深度) 的变化, 故大气或者海洋就可以近似成平面层状声学介质. 此外, 对扁平房间, 如果测量点远离扁平方向的墙面, 则声源激发的场也可以用平面层状波导来近似计算. 最后在 7.5 节中, 我们讨论声速径向分布的人工结构中声传播的有趣特性.

7.1　平面层状波导

在第 4 章中, 我们分析了管道中声传播的性质, 由于管壁的约束, 声能量只能沿 z 方向 (即管道方向) 传播. 在平面层状波导中, 约束面是平行于 xOy 面的二个平面, 声波只能在二个约束面之间传播. 例如, 我们可以用二块无限大的刚性板形成平面波导; 在浅海声传播中, 海底与海面形成二个近似平行的约束面. 需要指出的是, 约束面不一定必须是两种物质的交界面, 事实上, 由 7.3 节的讨论, 在大气 (或海洋) 中, 声速随高度 (或者深度) 的变化存在极小区, 极小区上、下二个面也形成约束面, 声波只能在这二个约束面之间传播.

7.1.1　单一均匀层波导中的简正模式和截止频率

如图 7.1.1, 考虑单一均匀层 ($0 < z < h$) 构成的波导, 波导上平面 ($z = 0$) 满足软性边界条件 (如浅海形成的波导: $z < 0$ 区为空气, 海水与空气的界面可近似为软边界), 而下平面 ($z = h$) 满足刚性边界条件. 简正模式满足方程和边界条件

$$\left[\frac{1}{\rho}\frac{\partial}{\partial\rho}\left(\rho\frac{\partial}{\partial\rho}\right) + \frac{1}{\rho^2}\frac{\partial^2}{\partial\varphi^2} + \frac{\partial^2}{\partial z^2}\right]p + \frac{\omega^2}{c_0^2}p = 0 \tag{7.1.1a}$$

$$p|_{z=0} = 0; \quad \left.\frac{\partial p}{\partial z}\right|_{z=h} = 0$$

其中, ω 为声源激发圆频率, $p = p(\rho, \varphi, z, \omega)$ 是待求的简正模式. 在柱坐标下, 我们把方程 (7.1.1a) 的非零解, 即简正模式写成

$$p(\rho, \varphi, z, \omega) = Z(k_\rho, z, \omega)\mathrm{H}_m^{(1)}(k_\rho\rho)\exp(im\varphi) \tag{7.1.1b}$$

必须注意：与第 5 章中考虑的封闭腔体情况不同, 由于 xOy 平面不存在边界条件, 齐次方程 (7.1.1a) 对任意的声源激发频率 ω 仍然存在非零解, 即方程 (7.1.1b), 而且当 $\rho \to \infty$ 时, 这个解满足辐射条件. 而在封闭腔体情况, 只有当 ω 为简正频率 ω_λ 时, 齐次方程 (见方程 (5.1.1b)) 才有非零的简正模式. 方程 (7.1.1b) 代入方程 (7.1.1a) 得到

$$\frac{\mathrm{d}^2 Z(k_\rho, z, \omega)}{\mathrm{d}z^2} + \left(\frac{\omega^2}{c_0^2} - k_\rho^2 \right) Z(k_\rho, z, \omega) = 0$$

$$Z(k_\rho, z, \omega)|_{z=0} = 0; \qquad \left. \frac{\mathrm{d}Z(k_\rho, z, \omega)}{\mathrm{d}z} \right|_{z=h} = 0 \tag{7.1.2a}$$

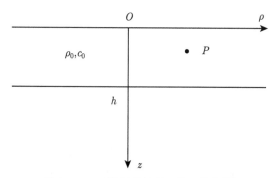

图 7.1.1　二维层状波导: 单一均匀层

显然, 满足上式的非零解为

$$Z(k_\rho, z, \omega) = A \sin k_z z \tag{7.1.2b}$$

其中, $k_z \equiv \sqrt{\omega^2/c_0^2 - k_\rho^2}$ 为 z 方向的波数. 上式代入方程 (7.1.2a) 的第二个边界条件得到 $A k_z \cos(k_z h) = 0$, 故

$$k_z h = \left(n - \frac{1}{2} \right) \pi \quad (n = 1, 2, \cdots) \tag{7.1.2c}$$

注意: 也可取 $k_z h = (n + 1/2)\pi$, 此时 n 从零开始. 因此 z 方向的简正模式为

$$Z_n(z) = \sqrt{\frac{2}{h}} \sin \left[\left(n - \frac{1}{2} \right) \frac{\pi z}{h} \right] \quad (n = 1, 2, \cdots) \tag{7.1.2d}$$

因为 $Z(k_\rho, z, \omega)$ 与 k_ρ 和 ω 无关, 写成 $Z_n(z)$. 图 7.1.2 画出了前四个 $Z_n(z)$ 的曲线.

　　截止频率　对给定的声源频率 ω, 径向本征值和简正模式分别为

$$k_\rho^n = \sqrt{\frac{\omega^2}{c_0^2} - \left(n - \frac{1}{2} \right)^2 \frac{\pi^2}{h^2}} \quad (n = 1, 2, \cdots) \tag{7.1.3a}$$

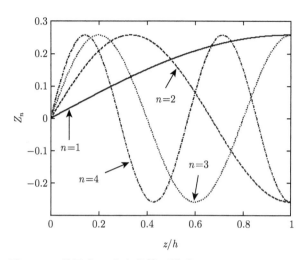

图 7.1.2 前四个 z 方向的简正模式 $Z_n(z)(n = 1, 2, 3, 4)$

以及

$$p_{nm}(\rho, \varphi, z, \omega) = Z_n(z)\mathrm{H}_m^{(1)}(k_\rho^n \rho) \exp(\mathrm{i}m\varphi) \tag{7.1.3b}$$

显然, 随着 n 增加, 方程 (7.1.3a) 根号内小于零, k_ρ^n 变成复数, 简正模式为倏逝波, 随 ρ 指数衰减; 当 n 满足

$$n > \frac{h\omega}{\pi c_0} + \frac{1}{2} \tag{7.1.3c}$$

时, n 以上的所有模式都是倏逝波; 当声源激发频率 $\omega < \omega_{\mathrm{c}} \equiv \pi c_0/(2h)$ 时, 所有的简正模式都是倏逝波, 声波主要局域在声源附近, 不可能向远处辐射, 故 ω_{c} (或者 $f_{\mathrm{c}} \equiv c_0/(4h)$) 称为**截止频率**. 简正模式的远场近似为

$$p_{nm}(\rho, \varphi, z, \omega) \approx Z_n(z)\sqrt{\frac{2}{\pi k_\rho^n \rho}} \exp\left[\mathrm{i}\left(k_\rho^n \rho - \frac{m\pi}{2} - \frac{\pi}{4}\right)\right] \exp(\mathrm{i}m\varphi) \tag{7.1.4a}$$

远场速度的三个分量分别为

$$v_{nm\rho} = \frac{1}{\mathrm{i}\rho_0\omega}\frac{\partial p_{nm}}{\partial \rho} \approx \frac{k_\rho^n}{\rho_0\omega}\sqrt{\frac{2}{\pi k_\rho^n \rho}}\mathrm{e}^{\mathrm{i}\left(k_\rho^n \rho - \frac{m\pi}{2} - \frac{\pi}{4}\right)}Z_n(z)\exp(\mathrm{i}m\varphi) \tag{7.1.4b}$$

$$v_{nm\varphi} = \frac{1}{\mathrm{i}\rho_0\omega}\cdot\frac{1}{\rho}\frac{\partial p_{nm}}{\partial \varphi} \approx \frac{m}{\rho_0\omega}\frac{1}{\rho}\sqrt{\frac{2}{\pi k_\rho^n \rho}}\mathrm{e}^{\mathrm{i}\left(k_\rho^n \rho - \frac{m\pi}{2} - \frac{\pi}{4}\right)}Z_n(z)\exp(\mathrm{i}m\varphi) \tag{7.1.4c}$$

$$v_{nmz} = \frac{1}{\mathrm{i}\rho_0\omega}\frac{\partial p_{nm}}{\partial z} \approx \frac{1}{\mathrm{i}\rho_0\omega}\sqrt{\frac{2}{\pi k_\rho^n \rho}}\mathrm{e}^{\mathrm{i}\left(k_\rho^n \rho - \frac{m\pi}{2} - \frac{\pi}{4}\right)}\frac{\mathrm{d}Z_n(z)}{\mathrm{d}z}\exp(\mathrm{i}m\varphi) \tag{7.1.4d}$$

故远场声能量密度为 (忽略了 $v_{nm\varphi}^2 \sim 1/\rho^3$)

$$
\begin{aligned}
\overline{E}_{nm} &= \frac{1}{2}\left(\rho_0|v_{nm}|^2 + \frac{|p_{nm}|^2}{\rho_0 c_0^2}\right) \\
&= \left\{\frac{(k_\rho^n)^2}{\rho_0\omega^2} + \frac{1}{\rho_0\omega^2 Z_n^2(z)}\left[\frac{\mathrm{d}Z_n(z)}{\mathrm{d}z}\right]^2 + \frac{1}{\rho_0 c_0^2}\right\}\frac{Z_n^2(z)}{\pi k_\rho^n \rho}
\end{aligned}
\tag{7.1.5a}
$$

对 z 方向平均后得到

$$
\begin{aligned}
\langle\overline{E}_{nm}\rangle_z &= \frac{1}{h}\int_0^h \overline{E}_{nm}\mathrm{d}z = \left\{\left[(k_\rho^n)^2 + \left(n-\frac{1}{2}\right)^2\frac{\pi^2}{h^2}\right]\frac{1}{\rho_0\omega^2} + \frac{1}{\rho_0 c_0^2}\right\}\frac{1}{\pi k_\rho^n \rho} \\
&= \frac{1}{\rho_0 c_0^2}\frac{2}{\pi k_\rho^n \rho}
\end{aligned}
\tag{7.1.5b}
$$

注意, 存在二个平均, 即时间平均和 z 方向平均. 得到上式, 利用了方程 (7.1.3a).
另一方面, 径向声能流及其 z 方向平均分别为

$$
\begin{aligned}
\bar{I}_{nm\rho} &= \frac{1}{2}\mathrm{Re}(p_{nm}v_{nm\rho}^*) = \frac{2}{\pi k_\rho^n \rho}\frac{k_\rho^n}{\rho_0\omega}Z_n^2(z) \\
\langle\bar{I}_{nm\rho}\rangle_z &= \frac{1}{h}\int_0^h \bar{I}_{nm\rho}\mathrm{d}z = \frac{2}{\pi k_\rho^n \rho}\cdot\frac{k_\rho^n}{\rho_0\omega}
\end{aligned}
\tag{7.1.5c}
$$

而 φ 和 z 方向分别为

$$
\bar{I}_{nm\varphi} = \frac{1}{2}\mathrm{Re}(p_{nm}v_{nm\varphi}^*) \sim \frac{1}{\rho^{3/2}}; \quad \bar{I}_{nmz} = \frac{1}{2}\mathrm{Re}(p_{nm}v_{nmz}^*) = 0
\tag{7.1.5d}
$$

即 φ 方向声能流可以忽略 (在远场), 而 z 方向声能流为零 (z 方向为驻波, 能流当然为零). 于是, 我们得到能量传播的速度 (即群速度) 为

$$
\boldsymbol{c}_{\mathrm{group}} = \frac{\langle\bar{I}_{nm\rho}\rangle_z}{\langle\overline{E}_{nm}\rangle_z}\boldsymbol{e}_\rho = \frac{k_\rho^n}{\omega}c_0^2\boldsymbol{e}_\rho = \boldsymbol{e}_\rho c_0\sqrt{1-4\left(n-\frac{1}{2}\right)^2\frac{\omega_c^2}{\omega^2}}
\tag{7.1.6a}
$$

而简正模式的相速度为

$$
c_{\mathrm{phase}} = \frac{\omega}{k_\rho^n} = \frac{c_0}{\sqrt{1-4(n-1/2)^2\omega_c^2/\omega^2}}
\tag{7.1.6b}
$$

对倏逝波, $k_\rho^n \equiv \mathrm{i}\kappa_\rho^n$, 显然有 $\mathrm{Re}(p_{nm}v_{nm\rho}^*) = 0$, 故声能量不向远场传播.
图 7.1.3 画出了第一阶 ($n = 1$) 模式的相速度和群速度随频率的变化曲线, 图中取 $c_0 = 1500\mathrm{m/s}$, 从图可见, 在截止频率点, 尽管相速度趋近无限大, 但群速度为零, 即没有能量传播; 高频时, 相速度和群速度都趋近声速, 即 $c_{\mathrm{group}}, c_{\mathrm{phase}} \to c_0$.

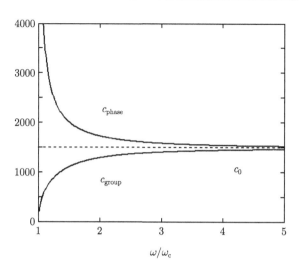

图 7.1.3　第一阶 $(n=1)$ 模式的相速度和群速度随频率的变化曲线

7.1.2　点源单频激发和镜像反射形式的解

考虑位于点 $P(\rho_0, \varphi_0, z_0)$、强度为 $q_0(\omega)$ 的点源激发问题, 单一均匀层中的声场满足 $(0 < z < h)$ (注意: 为了避免与坐标 ρ_0 相混, 我们把密度 ρ_0 合并到 $q_0(\omega)$ 中了)

$$\left[\frac{1}{\rho}\frac{\partial}{\partial\rho}\left(\rho\frac{\partial}{\partial\rho}\right) + \frac{1}{\rho^2}\frac{\partial^2}{\partial\varphi^2} + \frac{\partial^2}{\partial z^2}\right]p + \frac{\omega^2}{c_0^2}p = -\mathrm{i}\omega q_0(\omega)\delta(\boldsymbol{r},\boldsymbol{r}_0) \tag{7.1.7a}$$

其中, 柱坐标中 Dirac Delta 函数表示为

$$\delta(\boldsymbol{r},\boldsymbol{r}_0) = \frac{1}{\rho}\delta(\rho,\rho_0)\delta(\varphi,\varphi_0)\delta(z,z_0) \tag{7.1.7b}$$

利用 $Z_n(z)$ 和 $\exp(\mathrm{i}m\varphi)$ 的完备性, 作展开

$$p(\rho,\varphi,z,\omega) = \sum_{n,m=0}^{\infty} R_{nm}(\rho)Z_n(z)\exp(\mathrm{i}m\varphi) \tag{7.1.7c}$$

代入方程 (7.1.7a) 得到

$$\frac{1}{\rho}\frac{\mathrm{d}}{\mathrm{d}\rho}\left[\rho\frac{\mathrm{d}R_{nm}(\rho)}{\mathrm{d}\rho}\right] + \left[(k_\rho^n)^2 - \frac{m^2}{\rho^2}\right]R_{nm}(\rho) = -\frac{\mathrm{i}\omega q_0(\omega)}{2\pi\rho}\delta(\rho,\rho_0)\mathrm{e}^{-\mathrm{i}m\varphi_0}Z_n(z_0) \tag{7.1.8a}$$

令方程 (7.1.8a) 的解为

$$R_{nm}(\rho) = \begin{cases} A\mathrm{H}_m^{(1)}(k_\rho^n\rho) & (\rho > \rho_0) \\ B\mathrm{J}_m(k_\rho^n\rho) & (\rho < \rho_0) \end{cases} \tag{7.1.8b}$$

其中, 决定系数 A 和 B 的方程为

$$R_{nm}(\rho)|_{\rho=\rho_0+} = R_{nm}(\rho)|_{\rho=\rho_0-}$$

$$\left.\frac{\mathrm{d}R_{nm}(\rho)}{\mathrm{d}\rho}\right|_{\rho=\rho_0+} - \left.\frac{\mathrm{d}R_{nm}(\rho)}{\mathrm{d}\rho}\right|_{\rho=\rho_0-} = -\frac{\mathrm{i}\omega q_0(\omega)}{2\pi\rho_0}\mathrm{e}^{-\mathrm{i}m\varphi_0}Z_n(z_0) \tag{7.1.9a}$$

即

$$A\mathrm{H}_m^{(1)}(k_\rho^n\rho_0) = B\mathrm{J}_m(k_\rho^n\rho_0)$$

$$A\mathrm{H}_m'^{(1)}(k_\rho^n\rho_0) - B\mathrm{J}_m'(k_\rho^n\rho_0) = -\frac{\mathrm{i}\omega q_0(\omega)}{2\pi\rho_0 k_\rho^n}\mathrm{e}^{-\mathrm{i}m\varphi_0}Z_n(z_0) \tag{7.1.9b}$$

注意: $\mathrm{J}_m'(k_\rho^n\rho) = \mathrm{d}\mathrm{J}_m(k_\rho^n\rho)/\mathrm{d}(k_\rho^n\rho)$ 和 $\mathrm{H}_m'^{(1)}(k_\rho^n\rho) = \mathrm{d}\mathrm{H}_m^{(1)}(k_\rho^n\rho)/\mathrm{d}(k_\rho^n\rho)$. 不难求得

$$A = \frac{\mathrm{i}\omega q_0(\omega)\mathrm{J}_m(k_\rho^n\rho_0)}{2\pi W(k_\rho^n\rho_0)}\exp(-\mathrm{i}m\varphi_0)Z_n(z_0)$$

$$B = \frac{\mathrm{i}\omega q_0(\omega)\mathrm{H}_m^{(1)}(k_\rho^n\rho_0)}{2\pi W(k_\rho^n\rho_0)}\exp(-\mathrm{i}m\varphi_0)Z_n(z_0) \tag{7.1.9c}$$

其中, $W(k_\rho^n\rho_0)$ 为 Wronskian 行列式

$$W(k_\rho^n\rho_0) \equiv k_\rho^n\rho_0[\mathrm{J}_m'(k_\rho^n\rho_0)\mathrm{H}_m^{(1)}(k_\rho^n\rho_0) - \mathrm{J}_m(k_\rho^n\rho_0)\mathrm{H}_m'^{(1)}(k_\rho^n\rho_0)] \tag{7.1.9d}$$

容易得到 $W(k_\rho^n\rho_0) = 2/(\mathrm{i}\pi)$, 代入方程 (7.1.9c), 然后由方程 (7.1.8b) 得到

$$R_{nm}(\rho) = \frac{1}{4}\omega q_0(\omega)\mathrm{e}^{-\mathrm{i}m\varphi_0}Z_n(z_0)\begin{cases}\mathrm{J}_m(k_\rho^n\rho_0)\mathrm{H}_m^{(1)}(k_\rho^n\rho) & (\rho > \rho_0)\\ \mathrm{H}_m^{(1)}(k_\rho^n\rho_0)\mathrm{J}_m(k_\rho^n\rho) & (\rho < \rho_0)\end{cases} \tag{7.1.10a}$$

因此, 波导中声场分布为

$$p(\rho,\varphi,z,\omega) = \frac{1}{4}\omega q_0(\omega)\sum_{n,m}^{\infty}Z_n(z_0)Z_n(z)\exp[\mathrm{i}m(\varphi-\varphi_0)]$$

$$\times\begin{cases}\mathrm{J}_m(k_\rho^n\rho_0)\mathrm{H}_m^{(1)}(k_\rho^n\rho) & (\rho > \rho_0)\\ \mathrm{H}_m^{(1)}(k_\rho^n\rho_0)\mathrm{J}_m(k_\rho^n\rho) & (\rho < \rho_0)\end{cases} \tag{7.1.10b}$$

考虑简单情况, 即声源位于 z 轴上, $\rho_0 = 0$, 因为 $\mathrm{J}_m(0) = 0(m \neq 0)$ 和 $\mathrm{J}_0(0) = 1$, 上式简化为

$$p(\rho,\varphi,z,\omega) = \frac{1}{4}\omega q_0(\omega)\sum_{n=0}^{\infty}Z_n(z_0)Z_n(z)\mathrm{H}_0^{(1)}(k_\rho^n\rho) \tag{7.1.11a}$$

可见, 声场是每个简正模式的叠加. 远场声场为

$$p(\rho,z,\omega) \approx \frac{\omega q_0(\omega)}{\sqrt{8\pi}}\sum_{n=0}^{N_{\max}}\frac{Z_n(z_0)Z_n(z)}{\sqrt{k_\rho^n\rho}}\exp\left[\mathrm{i}\left(k_\rho^n\rho-\frac{\pi}{4}\right)\right] \tag{7.1.11b}$$

式中, 最大值 $N_{\max}$ 由下列方程决定

$$N_{\max} = \mathrm{int}\left(\frac{h\omega}{\pi c_0} + \frac{1}{2}\right) + 1 \tag{7.1.11c}$$

其中, "int" 为取整数. 由方程 (7.1.11b) 可见, 在远场, 点源激发的声波是柱面波. 而在自由空间, 点源激发的是球面声波.

Hankel 函数展开法　　取解的形式为

$$p(\rho, \varphi, z, \omega) = \sum_{m=-\infty}^{\infty} \exp(\mathrm{i}m\varphi) \int_0^{\infty} p_m(k_\rho, z) \mathrm{J}_m(k_\rho \rho) k_\rho \mathrm{d}k_\rho \tag{7.1.12a}$$

代入方程 (7.1.7a) 得到

$$\sum_{m=-\infty}^{\infty} \mathrm{e}^{\mathrm{i}m\varphi} \int_0^{\infty} \left(\frac{\mathrm{d}^2}{\mathrm{d}z^2} + k_z^2\right) p_m(k_\rho, z) \mathrm{J}_m(k_\rho \rho) k_\rho \mathrm{d}k_\rho = -\mathrm{i}\omega q_0(\omega) \delta(\boldsymbol{r}, \boldsymbol{r}_0) \tag{7.1.12b}$$

其中, $k_z \equiv \sqrt{\omega^2/c_0^2 - k_\rho^2}$ 为 z 方向的波数. 利用三角函数的正交性得到

$$\int_0^{\infty} \left(\frac{\mathrm{d}^2}{\mathrm{d}z^2} + k_z^2\right) p_m(k_\rho, z) \mathrm{J}_m(k_\rho \rho) k_\rho \mathrm{d}k_\rho = -\frac{\mathrm{i}\omega q_0(\omega)}{2\pi\rho} \delta(\rho, \rho_0) \delta(z, z_0) \mathrm{e}^{-\mathrm{i}m\varphi_0} \tag{7.1.12c}$$

利用 Hankel 变换的逆变换, 即方程 (2.3.19b) 的第二式, 得到

$$\frac{\mathrm{d}^2 p_m(k_\rho, z)}{\mathrm{d}z^2} + k_z^2 p_m(k_\rho, z) = -\frac{\mathrm{i}\omega q_0(\omega)}{2\pi} \mathrm{J}_m(k_\rho \rho_0) \delta(z, z_0) \mathrm{e}^{-\mathrm{i}m\varphi_0} \tag{7.1.12d}$$

用构造法写出上式的解: 为了满足 $z=0$ 和 h 的边界条件, 即方程 (7.1.1a) 的第二式, 取

$$p_m(k_\rho, z) = \begin{cases} A\sin(k_z z) & (0 < z < z_0) \\ B\cos[k_z(h-z)] & (z_0 < z < h) \end{cases} \tag{7.1.13a}$$

其中, 系数由 $z = z_0$ 处的连接条件决定

$$A\sin(k_z z_0) = B\cos[k_z(h-z_0)]$$

$$B\sin[k_z(h-z_0)] - A\cos(k_z z_0) = -\frac{\mathrm{i}\omega q_0(\omega)}{2\pi k_z} \mathrm{J}_m(k_\rho \rho_0) \mathrm{e}^{-\mathrm{i}m\varphi_0} \tag{7.1.13b}$$

不难求得

$$A = \frac{\mathrm{i}\omega q_0(\omega)}{2\pi} \cdot \frac{\cos[k_z(h-z_0)]}{k_z \cos(k_z h)} \mathrm{J}_m(k_\rho \rho_0) \exp(-\mathrm{i}m\varphi_0)$$

$$B = \frac{\mathrm{i}\omega q_0(\omega)}{2\pi} \cdot \frac{\sin(k_z z_0)}{k_z \cos(k_z h)} \mathrm{J}_m(k_\rho \rho_0) \exp(-\mathrm{i}m\varphi_0) \tag{7.1.13c}$$

上式代入方程 (7.1.13a) 和 (7.1.12a) 得到

$$p(\rho,\varphi,z,\omega) = \frac{\mathrm{i}\omega q_0(\omega)}{2\pi} \sum_{m=-\infty}^{\infty} \int_0^\infty \frac{\mathrm{J}_m(k_\rho\rho_0)\mathrm{J}_m(k_\rho\rho)}{k_z} \mathrm{e}^{\mathrm{i}m(\varphi-\varphi_0)} Z(k_\rho,z,z_0)k_\rho\mathrm{d}k_\rho$$

$$(7.1.14\mathrm{a})$$

其中, 为了方便定义

$$Z(k_\rho,z,z_0) \equiv \frac{1}{\cos(k_z h)} \begin{cases} \cos[k_z(h-z_0)]\sin(k_z z) & (0<z<z_0) \\ \sin(k_z z_0)\cos[k_z(h-z)] & (z_0<z<h) \end{cases} \quad (7.1.14\mathrm{b})$$

当声源位于 z 轴上时, $\rho_0=0$ 和 $m=0$, 方程 (7.1.14a) 简化成

$$p(\rho,z,\omega) = \frac{\mathrm{i}\omega q_0(\omega)}{2\pi} \int_0^\infty \frac{\mathrm{J}_0(k_\rho\rho)}{k_z} Z(k_\rho,z)k_\rho\mathrm{d}k_\rho \qquad (7.1.14\mathrm{c})$$

利用关系 $2\mathrm{J}_0(k_\rho\rho) = \mathrm{H}_0^{(1)}(k_\rho\rho) - \mathrm{H}_0^{(1)}(k_\rho\rho\mathrm{e}^{\mathrm{i}\pi})$, 上式可以写成行波叠加的形式

$$p(\rho,z,\omega) = \frac{\mathrm{i}\omega q_0(\omega)}{4\pi} \int_{-\infty}^\infty \frac{\mathrm{H}_0^{(1)}(k_\rho\rho)}{k_z} Z(k_\rho,z,z_0)k_\rho\mathrm{d}k_\rho \qquad (7.1.14\mathrm{d})$$

不难从上式得到方程 (7.1.11a), 具体过程见 7.2.1 小节讨论.

镜像反射形式的解 从方程 (7.1.14d) 容易推导出镜像反射形式的解, 为了简单, 假定观察点位于点声源的上方, 即 $0<z<z_0$, 则由方程 (7.1.14b) 和 (7.1.14d)

$$p(\rho,z,\omega) = \frac{\mathrm{i}\omega q_0(\omega)}{4\pi} \int_{-\infty}^\infty \frac{\mathrm{H}_0^{(1)}(k_\rho\rho)}{k_z} \cdot \frac{\cos[k_z(h-z_0)]}{\cos(k_z h)}\sin(k_z z)k_\rho\mathrm{d}k_\rho \qquad (7.1.15\mathrm{a})$$

注意到关系

$$\frac{1}{\cos(k_z h)} = \frac{2\exp(\mathrm{i}k_z h)}{1+\exp(2\mathrm{i}k_z h)} = 2\sum_{m=0}^\infty (-1)^m \exp[\mathrm{i}k_z(2m+1)h] \qquad (7.1.15\mathrm{b})$$

方程 (7.1.15a) 可以写成

$$p(\rho,z,\omega) = \frac{\mathrm{i}\omega q_0(\omega)}{2\pi} \sum_{m=0}^\infty (-1)^m \int_{-\infty}^\infty \frac{\mathrm{H}_0^{(1)}(k_\rho\rho)}{k_z} \exp[\mathrm{i}k_z(2m+1)h]$$
$$\times \cos[k_z(h-z_0)]\sin(k_z z)k_\rho\mathrm{d}k_\rho \qquad (7.1.15\mathrm{c})$$

把上式中的三角函数化成指数形式

$$4\mathrm{i}\exp[\mathrm{i}k_z(2m+1)h]\cos[k_z(h-z_0)]\sin(k_z z)$$
$$= \exp\{\mathrm{i}k_z[z+2(m+1)h-z_0]\} - \exp\{\mathrm{i}k_z[(z_0+2mh)-z]\} \qquad (7.1.15\mathrm{d})$$
$$+ \exp\{\mathrm{i}k_z[z+2mh+z_0]\} - \exp\{\mathrm{i}k_z[2(m+1)h-z_0-z]\}$$

注意到方程 (2.3.47f), 方程 (7.1.15c) 可表示成

$$p(\rho, z, \omega) = i\omega q_0(\omega) \sum_{m=0}^{\infty} (-1)^m \{g[\rho, z + 2(m+1)h - z_0]$$
$$-g[\rho, (z_0 + 2mh) - z] + g(\rho, z + z_0 + 2mh)$$
$$-g[\rho, 2(m+1)h - z_0 - z]\}$$
(7.1.15e)

其中, $g(\rho, z - z')$ 是不存在界面时, 位于 z' 的点声源在点 $P(\rho, z)$ 产生的场

$$g(\rho, z - z') \equiv \frac{\exp\left[ik_0\sqrt{\rho^2 + (z - z')^2}\right]}{4\pi\sqrt{\rho^2 + (z - z')^2}}$$
(7.1.15f)

显然, 方程 (7.1.15e) 表示: 空间声场由位于 $(0, 0, z_0)$ 的点声源以及一系列镜像点源产生的球面波叠加而成. 当 $m = 0$ 时, 四项分别是: $g(\rho, z_0 - z)$ 为位于 $(0, 0, z_0)$ 的实点源在 $P(\rho, z)$ 产生的场; $g(\rho, z + z_0)$ 为位于 $(0, 0, -z_0)$ 的虚点源在 $P(\rho, z)$ 产生的场, 该虚点源由实点源在 $z = 0$ 镜像面反射产生; $g(\rho, 2h - z_0 - z)$ 为位于 $(0, 0, 2h - z_0)$ 的虚点源在 $P(\rho, z)$ 产生的场, 该虚点源由实点源在 $z = h$ 镜像面反射产生; $g(\rho, z + 2h - z_0) = g[\rho, z - (-(2h - z_0))]$ 为位于 $[0, 0, -(2h - z_0)]$ 的虚点源在 $P(\rho, z)$ 产生的场, 该虚点源由位于 $(0, 0, 2h - z_0)$ 的虚点源在 $z = 0$ 镜像面反射产生, 等等, 如图 7.1.4. 注意: ①试图从简正模式展开解方程 (7.1.11a) 导出方程 (7.1.15e) 是困难的; ②当边界条件是阻抗型边界时, 镜像法也适用, 见 7.1.5 小节讨论.

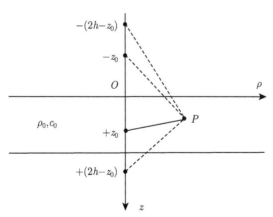

图 7.1.4 一个实点声源和三个镜像点源

7.1.3 Pekeris 波导中的简正模式和 Airy 波

考虑如图 7.1.5 的模型, 波导由双层流体介质构成 (模拟浅海声波导时称为 **Pekeris 模型**): 在 $z \in (0, h)$ (模拟海水介质) 和 $z \in (h, \infty)$ (模拟海底介质) 区

域, 密度和声速分别为 (ρ_1, c_1) 和 (ρ_2, c_2), 且满足 $\rho_1 < \rho_2$ 和 $c_1 < c_2$. 波导上平面 $(z = 0)$ 满足软性边界条件, 而下部趋向 $z \to \infty$. 简正模式满足方程

$$\left[\frac{1}{\rho}\frac{\partial}{\partial \rho}\left(\rho\frac{\partial}{\partial \rho}\right) + \frac{1}{\rho^2}\frac{\partial^2}{\partial \varphi^2} + \frac{\partial^2}{\partial z^2}\right]p_j + \frac{\omega^2}{c_j^2}p_j = 0 \tag{7.1.16a}$$

上式中, 当 $j = 1$ 时, $z \in (0, h)$; 而当 $j = 2$ 时, $z \in (h, \infty)$. 边界条件为

$$p_1|_{z=0} = 0; \quad p_1|_{z=h} = p_2|_{z=h}$$
$$\frac{1}{\rho_1\omega}\left.\frac{\partial p_1}{\partial z}\right|_{z=h} = \frac{1}{\rho_2\omega}\left.\frac{\partial p_2}{\partial z}\right|_{z=h} \tag{7.1.16b}$$

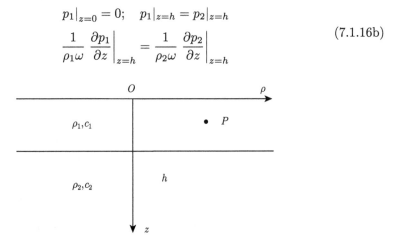

图 7.1.5 平面层状波导: 双层流体, 下层为半无限空间

设简正模式的形式为

$$p_j(\rho, \varphi, z, \omega) = Z_j(z)\mathrm{H}_m^{(1)}(k_\rho\rho)\exp(\mathrm{i}m\varphi) \quad (j = 1, 2) \tag{7.1.16c}$$

其中, 径向波数范围为 $0 < k_\rho < \infty$. 上式代入方程 (7.1.16a) 得到 $Z_j(z)$ 满足的本征方程

$$\frac{\mathrm{d}^2 Z_j(z)}{\mathrm{d}z^2} + \left(\frac{\omega^2}{c_j^2} - k_\rho^2\right)Z_j(z) = 0$$
$$Z_1(z)|_{z=0} = 0; \quad Z_1(z)|_{z=h} = Z_2(z)|_{z=h}$$
$$\frac{1}{\rho_1\omega}\left.\frac{\mathrm{d}Z_1(z)}{\mathrm{d}z}\right|_{z=h} = \frac{1}{\rho_2\omega}\left.\frac{\mathrm{d}Z_2(z)}{\mathrm{d}z}\right|_{z=h} \tag{7.1.17a}$$

下面根据 k_ρ 的三种情况讨论上述本征值问题.

(1) 区域 I: $k_\rho \in (0, \omega/c_2)$, 由于 $c_1 < c_2$, $k_\rho < \omega/c_1$ 也成立, 如图 7.1.6. 在 $k_\rho \in (0, \omega/c_2)$ 区域, $\omega^2/c_j^2 - k_\rho^2 > 0$ $(j = 1, 2)$, 于是方程 (7.1.17a) 的解应该取为

$$Z_1(z) = B\sin(k_{1z}z); \quad Z_2(z) = C\exp(\mathrm{i}k_{2z}z) + D\exp(-\mathrm{i}k_{2z}z) \tag{7.1.17b}$$

其中，$k_{jz} = \sqrt{\omega^2/c_j^2 - k_\rho^2}$ $(j = 1, 2)$. 注意：①边界条件 $Z_1(z)|_{z=0} = 0$ 自动满足；②在求解本征值问题时，方程 (7.1.17b) 中的项 $D\exp(-\mathrm{i}k_{2z}z)$ 不能忽略，即 D 不能取为零. 把方程 (7.1.17b) 代入方程 (7.1.17a) 的边界条件得到

$$B\sin(k_{1z}h) = C\exp(\mathrm{i}k_{2z}h) + D\exp(-\mathrm{i}k_{2z}h)$$

$$\frac{k_{z1}}{\rho_1\omega}B\cos(k_{1z}h) = \frac{\mathrm{i}k_{2z}}{\rho_2\omega}C\exp(\mathrm{i}k_{2z}h) - \frac{\mathrm{i}k_{2z}}{\rho_2\omega}D\exp(-\mathrm{i}k_{2z}h) \qquad (7.1.17c)$$

显然，方程 (7.1.17c) 中有 3 个待定系数 B, C 和 D，而只有 2 个方程，不足以对 k_ρ 形成约束，唯一的约束是 $k_\rho \in (0, \omega/c_2)$. 因此在区域 $k_\rho \in (0, \omega/c_2)$，$k_\rho$ 形成连续谱.

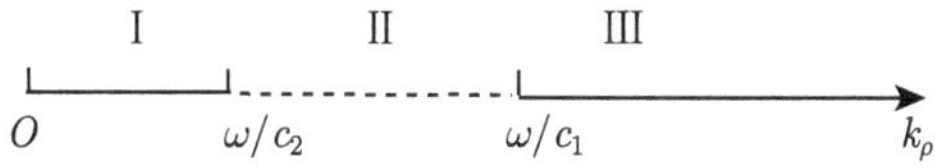

图 7.1.6　k_ρ 的三个区域

(2) 区域 III: $k_\rho \in (\omega/c_1, \infty)$，$\omega^2/c_j^2 - k_\rho^2 < 0$ $(j = 1, 2)$，方程 (7.1.17a) 的解应该取为

$$Z_1(z) = B\sinh(\kappa_{1z}z); \quad Z_2(z) = C\exp(-\kappa_{2z}z) + D\exp(\kappa_{2z}z) \qquad (7.1.18a)$$

其中，$\kappa_{jz} \equiv \sqrt{k_\rho^2 - \omega^2/c_j^2}$ $(j = 1, 2)$. 显然，上式中 $D\exp(\kappa_{2z}z)$ 随 $z \to \infty$ 而发散，故必须取 $D \equiv 0$. 把上式代入方程 (7.1.17a) 的边界条件得到

$$B\sinh(\kappa_{1z}h) = C\exp(-\kappa_{2z}h)$$

$$\frac{\kappa_{z1}}{\rho_1\omega}B\cosh(\kappa_{1z}h) = -\frac{\kappa_{2z}}{\rho_2\omega}C\exp(-\kappa_{2z}h) \qquad (7.1.18b)$$

存在非零解条件为

$$\tanh(\kappa_{1z}h) = -\frac{\rho_2\kappa_{z1}}{\rho_1\kappa_{2z}} \qquad (7.1.18c)$$

利用图解法，不难证明上式的根不存在. 事实上，令

$$b \equiv \frac{\rho_2}{\rho_1}; \quad a \equiv \frac{\omega}{c_1}h\sqrt{1 - \frac{c_1^2}{c_2^2}}$$

$$y \equiv h\kappa_{1z} \equiv h\sqrt{k_\rho^2 - \frac{\omega^2}{c_1^2}}; \quad \kappa_{2z} \equiv \sqrt{k_\rho^2 - \frac{\omega^2}{c_2^2}} = \frac{1}{h}\sqrt{y^2 + a^2} \qquad (7.1.18d)$$

方程 (7.1.18c) 变化成

$$\tanh(y) = -\frac{by}{\sqrt{a^2 + y^2}} \qquad (7.1.18e)$$

显然, 函数 $y_1 = \tanh(y)$ 与 $y_2 = -by/\sqrt{a^2+y^2}$ 在 $y > 0$ 区域没有交点 ($y_1 = \tanh(y)$ 在第一象限, 而 $y_2 = -by/\sqrt{a^2+y^2}$ 在第四象限). 因此在区域 $k_\rho \in (\omega/c_1, \infty)$ 不存在声波模式.

(3) 区域 II: $k_\rho \in (\omega/c_2, \omega/c_1)$, $\omega^2/c_1^2 - k_\rho^2 > 0$ 和 $\omega^2/c_2^2 - k_\rho^2 < 0$, 故取方程 (7.1.17a) 的解为

$$Z_1(z) = B\sin(k_{1z}z); \quad Z_2(z) = C\exp(-\kappa_{2z}z) \tag{7.1.19a}$$

其中, $\kappa_{2z} \equiv \sqrt{k_\rho^2 - \omega^2/c_2^2}$. 把上式代入方程 (7.1.17a) 的边界条件得到

$$B\sin(k_{1z}h) = C\exp(-\kappa_{2z}h)$$

$$\frac{k_{z1}}{\rho_1\omega}B\cos(k_{1z}h) = -\frac{\kappa_{2z}}{\rho_2\omega}C\exp(-\kappa_{2z}h) \tag{7.1.19b}$$

存在非零解条件为

$$\tan(k_{1z}h) = -\frac{\rho_2 k_{1z}}{\rho_1\kappa_{2z}} \tag{7.1.19c}$$

即

$$\tan\left(h\sqrt{\frac{\omega^2}{c_1^2} - k_\rho^2}\right) = -\frac{\rho_2}{\rho_1}\frac{\sqrt{\omega^2/c_1^2 - k_\rho^2}}{\sqrt{k_\rho^2 - \omega^2/c_2^2}} \tag{7.1.19d}$$

上式就是决定简正波数 k_ρ 的方程. 假定方程 (7.1.19d) 的第 n 个解为 k_ρ^n, 简正波数 k_ρ^n 必须满足

$$\frac{\omega}{c_2} < k_\rho^n < \frac{\omega}{c_1} \tag{7.1.19e}$$

或者简正模式的相速度 $c_p = \omega/k_\rho^n$ 满足: $c_1 < c_p < c_2$. 与简正波数 k_ρ^n 相应的 z 方向的简正模式为

$$Z_n(z) = \begin{cases} Z_{1n}(z) \\ Z_{2n}(z) \end{cases} = \begin{cases} B_n\sin(k_{1z}^n z) & (0 < z < h) \\ B_n\sin(k_{1z}^n h)\exp[-\kappa_{2z}^n(z-h)] & (h < z < \infty) \end{cases} \tag{7.1.20a}$$

系数 B_n 由归一化条件决定

$$\int_0^\infty w(z)Z_n^2(z)\mathrm{d}z = 1 \tag{7.1.20b}$$

其中, 权函数为

$$w(z) = \begin{cases} 1 & (0 < z < h) \\ \rho_1/\rho_2 & (h < z < \infty) \end{cases} \tag{7.1.20c}$$

不难证明 (见下面讨论) z 方向的简正模式构成带权函数 $w(z)$ 的正交基

$$\int_0^\infty w(z)Z_n(z)Z_l(z)\mathrm{d}z = \delta_{nl} \tag{7.1.21a}$$

由方程 (7.1.20a) 和 (7.1.20b) 得到

$$(B_n)^2 \left[\int_0^h \sin^2(k_{1z}^n z)\mathrm{d}z + \sin^2(k_{1z}^n h) \int_h^\infty \exp[-2\kappa_{2z}^n(z-h)]\mathrm{d}z \right] = 1 \qquad (7.1.21\mathrm{b})$$

注意到

$$\int_h^\infty \exp[-2\kappa_{2z}^n(z-h)]\mathrm{d}z = \frac{1}{2\kappa_{2z}^n}$$

$$\int_0^h \sin^2(k_{1z}^n z)\mathrm{d}z = \frac{1}{2}\int_0^h [1 - \cos(2k_{1z}^n z)]\mathrm{d}z = \frac{h}{2}\left[1 - \frac{\sin(2k_{1z}^n h)}{2k_{1z}^n h} \right] \qquad (7.1.21\mathrm{c})$$

因此, 由方程 (7.1.21b) 得到

$$B_n = \sqrt{\frac{2}{h}} \frac{1}{\sqrt{1 - \sin(2k_{1z}^n h)/2k_{1z}^n h + \sin^2(k_{1z}^n h)/\kappa_{2z}^n h}} \qquad (7.1.21\mathrm{d})$$

最后, 我们得到第 nm 个简正模式为

$$p_{nm}(\rho, \varphi, z, \omega) = Z_n(z)\mathrm{H}_m^{(1)}(k_\rho^n \rho)\exp(\mathrm{i}m\varphi) \qquad (7.1.22)$$

由以上讨论, 我们可以得出结论: ①在区域 I, 谱是连续的, 也就是在 $z \in (0, h)$(海水介质) 和 $z \in (h, \infty)$(海底介质) 都存在传播的声模式; ②在区域 II, 声波局域在 $z \in (0, h)$(海水介质) 中, 而在 $z \in (h, \infty)$ (海底介质) 中是倏逝波模式, 随深度指数衰减; ③而在区域 III, 不存在声波模式.

正交性证明 由方程 (7.1.17a) 的第一式, 在 $(0, h)$ 区域, $Z_{1l}(z)$ 和 $Z_{1n}(z)$ 分别满足

$$\frac{\mathrm{d}^2 Z_{1n}(z)}{\mathrm{d}z^2} + \left[\frac{\omega^2}{c_1^2} - (k_\rho^n)^2 \right] Z_{1n}(z) = 0 \qquad (7.1.23\mathrm{a})$$

$$\frac{\mathrm{d}^2 Z_{1l}(z)}{\mathrm{d}z^2} + \left[\frac{\omega^2}{c_1^2} - (k_\rho^l)^2 \right] Z_{1l}(z) = 0 \qquad (7.1.23\mathrm{b})$$

分别以 $Z_{1l}(z)$ 和 $Z_{1n}(z)$ 乘方程 (7.1.23a) 和 (7.1.23b) 并从 0 到 h 积分, 然后把所得方程相减得到

$$(k_{\rho l}^2 - k_{\rho n}^2)\int_0^h Z_{1l}(z)Z_{1n}(z)\mathrm{d}z = -Z_{1l}(h)\frac{\mathrm{d}Z_{1n}(h)}{\mathrm{d}z} + Z_{1n}(h)\frac{\mathrm{d}Z_{1l}(h)}{\mathrm{d}z} \qquad (7.1.23\mathrm{c})$$

通过同样的方法, 在区域 (h, ∞) 有关系

$$(k_{\rho l}^2 - k_{\rho n}^2)\int_h^\infty Z_{2l}(z)Z_{2n}(z)\mathrm{d}z = Z_{2l}(h)\frac{\mathrm{d}Z_{2n}(h)}{\mathrm{d}z} - Z_{2n}(h)\frac{\mathrm{d}Z_{2l}(h)}{\mathrm{d}z} \qquad (7.1.23\mathrm{d})$$

得到上式, 我们假定 $Z_{2l}(\infty) = Z_{2n}(\infty) \to 0$. 另一方面, 显然有关系

$$\int_0^\infty w(z)Z_n(z)Z_l(z)\mathrm{d}z = \int_0^h Z_{1n}(z)Z_{1l}(z)\mathrm{d}z + \int_h^\infty \frac{\rho_1}{\rho_2}Z_{2n}(z)Z_{2l}(z)\mathrm{d}z \quad (7.1.24\mathrm{a})$$

把方程 (7.1.23c) 和 (7.1.23d) 代入上式得到

$$\begin{aligned}
[(k_\rho^l)^2 - (k_\rho^n)^2]\int_0^\infty w(z)Z_n(z)Z_l(z)\mathrm{d}z &= -Z_{1l}(h)\frac{\mathrm{d}Z_{1n}(h)}{\mathrm{d}z} \\
+Z_{1n}(h)\frac{\mathrm{d}Z_{1l}(h)}{\mathrm{d}z} + \frac{\rho_1}{\rho_2}\bigg[Z_{2l}(h)&\frac{\mathrm{d}Z_{2n}(h)}{\mathrm{d}z} - Z_{2n}(h)\frac{\mathrm{d}Z_{2l}(h)}{\mathrm{d}z}\bigg]
\end{aligned} \quad (7.1.24\mathrm{b})$$

注意到方程 (7.1.17a) 中的边界条件, 不难得到

$$[(k_\rho^l)^2 - (k_\rho^n)^2]\int_0^\infty w(z)Z_n(z)Z_l(z)\mathrm{d}z = 0 \quad (7.1.24\mathrm{c})$$

即正交性关系得证. 注意: 取方程 (7.1.20c) 形式的权函数是为了利用方程 (7.1.17a) 中的边界条件 (即第三个式子).

简正波数　由于简正波数 k_ρ^n 满足方程 (7.1.19d), 不可能像方程 (7.1.3a) 那样得到 $k_\rho^n = k_\rho^n(\omega)$ 的显式, 只能通过数值求解. 令

$$b \equiv \frac{\rho_2}{\rho_1}; \quad y \equiv h\sqrt{\frac{\omega^2}{c_1^2} - k_\rho^2}$$

$$a \equiv \frac{\omega}{c_1}h\sqrt{1 - \frac{c_1^2}{c_2^2}} \equiv \frac{\omega}{c_1}h\sin\vartheta_\mathrm{c}; \quad \sin\vartheta_\mathrm{c} \equiv \sqrt{1 - \frac{c_1^2}{c_2^2}} \quad (7.1.25\mathrm{a})$$

方程 (7.1.19d) 变成

$$\tan(y) = -\frac{by}{\sqrt{a^2 - y^2}} \quad (7.1.25\mathrm{b})$$

函数 $y_1 = \tan(y)$ 与 $y_2 = -by/\sqrt{a^2 - y^2}$ 的交点 ($y > 0$ 区域) 就是上式的根. 显然, $y = 0$, 即 $\omega^2/c_1^2 - k_\rho^2 = 0$ 是方程 (7.1.25b) 的一个根, 此时 $k_{1z} = 0$, 故此根属于平凡根. 图 7.1.7 给出了声源频率 $f = \omega/2\pi = 60\mathrm{Hz}$ 和 90Hz 的曲线: 当 $f = 60\mathrm{Hz}$ 时, 仅存在一个交点, 如图 7.1.7(a); 而当 $f = 90\mathrm{Hz}$ 时, 存在 2 个交点, 如图 7.1.7(b). 图中取参数: $\rho_1 = 1000\mathrm{kg/m^3}$, $c_1 = 1500\mathrm{m/s}$; $\rho_2 = 2070\mathrm{kg/m^3}$, $c_2 = 1730\mathrm{m/s}$ (分别模拟海水和海底泥沙), $h = 30\mathrm{m}$ (模拟浅海深度). 当 ω 较小时, 函数 y_1 和 y_2 之间没有交点 (除零点外), 至少存在一个交点的条件是 $a = \pi/2$, 这一点可以从图 7.1.7(a) 看出, 只有当 $y_2 = -by/\sqrt{a^2 - y^2}$ 的渐近线 $y = a$ 位于 $y_1 = \tan(y)$ 的渐近线 $y = \pi/2$ 右边时才可能有交点, 即 $\omega_\mathrm{min} = \pi c_1/(2h\sin\vartheta_\mathrm{c})$. 声源频率越高, 交点越多, 图 7.1.8 给出频率为 150Hz 的曲线, 存在 3 个交点, 也就是 3 个本征模式 (除频率外, 其他

参数与图 7.1.7 中一样). 注意: 诸图中与 y 轴平行的直线是 $y_1 = \tan(y)$ 的渐近线 $y = (n - 1/2)\pi$, 它与 y_2 的交点不是方程 (7.1.25b) 的解. 显然, 第 n 个模式存在的条件为 $a \geqslant (n - 1/2)\pi$, 即第 n 个模式的截止频率为

$$f_{nc} \equiv \frac{\omega_c}{2\pi} = \frac{(n - 1/2)c_1}{2h\sin\vartheta_c} \tag{7.1.25c}$$

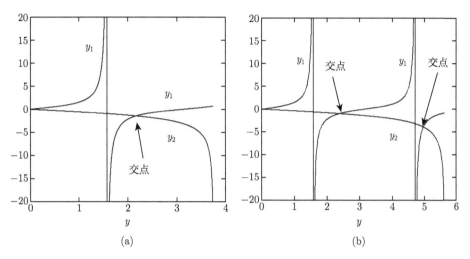

(a)   (b)

图 7.1.7   (a) 频率 60Hz, 只有 1 个交点; (b) 频率 90Hz, 存在 2 个交点

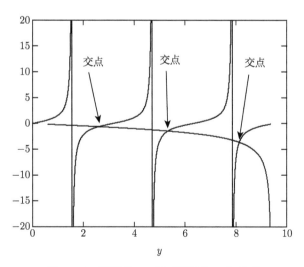

图 7.1.8   频率为 150Hz 时存在 3 个交点

相速度和群速度   由方程 (7.1.19d) 可以得到

$$\tan\left(h\frac{\omega}{c_1}\sqrt{1-\frac{c_1^2}{c_{\mathrm{p}n}^2}}\right)=-\frac{\rho_2 c_2}{\rho_1 c_1}\frac{\sqrt{1-c_1^2/c_{\mathrm{p}n}^2}}{\sqrt{c_2^2/c_{\mathrm{p}n}^2-1}} \tag{7.1.26a}$$

其中, 用 $c_{\mathrm{p}n}=k_\rho^n/\omega$ 表示第 n 个简正模式的相速度. 上式就是决定相速度 $c_{\mathrm{p}n}$ 随频率变化的方程. 为求群速度, 注意到 $k_\rho^n c_{\mathrm{p}n}=\omega$, 两边对 ω 求导得到

$$c_{\mathrm{p}n}\frac{\mathrm{d}k_\rho^n}{\mathrm{d}\omega}+k_\rho^n\frac{\mathrm{d}c_{\mathrm{p}n}}{\mathrm{d}\omega}=1 \tag{7.1.26b}$$

故第 n 个简正模式的群速度 $c_{\mathrm{g}n}=\mathrm{d}\omega/\mathrm{d}k_\rho^n$ 或者 $c_{\mathrm{g}n}^{-1}=\mathrm{d}k_\rho^n/\mathrm{d}\omega$ 满足关系

$$\frac{c_{\mathrm{p}n}}{c_{\mathrm{g}n}}+\frac{\omega}{c_{\mathrm{p}n}}\frac{\mathrm{d}c_{\mathrm{p}n}}{\mathrm{d}\omega}=1 \quad 或者 \quad c_{\mathrm{g}n}=\frac{c_{\mathrm{p}n}}{1-(\omega/c_{\mathrm{p}n})\mathrm{d}c_{\mathrm{p}n}/\mathrm{d}\omega} \tag{7.1.26c}$$

其中, $\mathrm{d}c_{\mathrm{p}n}/\mathrm{d}\omega$ 可由对方程 (7.1.26a) 两边求导得到, 或者由色散曲线 $c_{\mathrm{p}n}=c_{\mathrm{p}n}(\omega)$ 直接求导数得到. 图 7.1.9 给出第一个 ($n=1$) 模式的相速度和群速度 (所取参数与图 7.1.7 一样), 图中 $\omega_{\mathrm{c}}=\pi c_1/(2h\sin\vartheta_{\mathrm{c}})$ 为第一个 ($n=1$) 模式的截止频率. 由图可见, ①在截止频率点 ω_{c}, $c_{\mathrm{g}}=c_{\mathrm{p}}=c_2$; ②当 $\omega\to\infty$ 时, 相速度和群速度都趋近第一层介质的声速, 即 $c_{\mathrm{p}}\to c_1$ 和 $c_{\mathrm{g}}\to c_1$; ③群速度存在极小且极小值小于第一层介质的声速. 因此, 当在这样的双层流体波导中用 $\delta(t)$ 脉冲激发声波时, 由于不同频率成分的波传播速度不同, 远离声源的接收点 (激发点和接收点均在第一层) 将依次接收到: ①在截止频率附近, 以声速 c_2 (大于 c_1) 传播的能量, 其物理图像为, 声波在第二层高速介质中沿界面传播, 然后折射到低速的第一层中到达接收点, 即

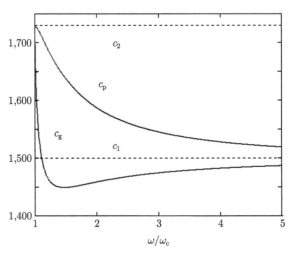

图 7.1.9　第一个模式的相速度 c_{p} 和群速度 c_{g}

侧向波 (见 2.5.3 小节讨论), 在浅海波导中, 这部分波称为**地波**(ground wave); ②然后是以声速 c_1 在水中传播的高频部分, 称为**水波**(water wave); ③最后达到接受点的是以速度低于 c_1 传播的中频部分, 这部分波称为**Airy 波**.

注意: 比较图 7.1.3 与图 7.1.9, 第一模式的相速度和群速度的形式完全不同, 截止频率也不同. 特别需要注意的是: 对单层情况, 由方程 (7.1.2d) 表示的 z 方向简正模式与声源频率无关; 而对双层情况, k_ρ^n 与声源频率有关, 故由方程 (7.1.20a) 表示的 z 方向简正模式也与声源频率有关.

7.1.4 Pekeris 波导中声波的单频激发

考虑在区域 $z \in (0, h)$ 存在点声源的情况

$$\left[\frac{1}{\rho}\frac{\partial}{\partial\rho}\left(\rho\frac{\partial}{\partial\rho}\right) + \frac{1}{\rho^2}\frac{\partial^2}{\partial\varphi^2} + \frac{\partial^2}{\partial z^2}\right]p + \frac{\omega^2}{c_1^2}p = -\mathrm{i}\omega q_0(\omega)\delta(\boldsymbol{r}, \boldsymbol{r}_0) \tag{7.1.27a}$$

其中, 在柱坐标中 Dirac Delta 函数表示为

$$\delta(\boldsymbol{r}, \boldsymbol{r}_0) = \frac{1}{\rho}\delta(\rho, \rho_0)\delta(\varphi, \varphi_0)\delta(z, z_0) \tag{7.1.27b}$$

而在区域 $z \in (h, \infty)$, 声压满足齐次方程

$$\left[\frac{1}{\rho}\frac{\partial}{\partial\rho}\left(\rho\frac{\partial}{\partial\rho}\right) + \frac{1}{\rho^2}\frac{\partial^2}{\partial\varphi^2} + \frac{\partial^2}{\partial z^2}\right]p + \frac{\omega^2}{c_2^2}p = 0 \tag{7.1.27c}$$

与 7.1.2 小节不同, 我们不能简单令声场具有方程 (7.1.7c) 的形式, 即直接用简正模式展开声场, 因为离散的简正模式并不完备, 还必须加上连续谱. 我们用另一种方法来求解, 即 Hankel 函数展开法, 取解的形式与方程 (7.1.12a) 一样为

$$p(\rho, \varphi, z, \omega) = \sum_{m=-\infty}^{\infty}\exp(\mathrm{i}m\varphi)\int_0^\infty p_m(k_\rho, z)\mathrm{J}_m(k_\rho\rho)k_\rho\mathrm{d}k_\rho \tag{7.1.28a}$$

得到 $p_m(k_\rho, z)$ 满足的方程

$$\frac{\mathrm{d}^2 p_m(k_\rho, z)}{\mathrm{d}z^2} + k_{1z}^2 p_m(k_\rho, z) = -\frac{\mathrm{i}\omega q_0(\omega)}{2\pi}\mathrm{J}_m(k_\rho\rho_0)\delta(z, z_0)\mathrm{e}^{-\mathrm{i}m\varphi_0} \tag{7.1.28b}$$

其中, $z \in (0, h)$, 以及

$$\frac{\mathrm{d}^2 p_m(k_\rho, z)}{\mathrm{d}z^2} + k_{2z}^2 p_m(k_\rho, z) = 0 \quad (h < z < \infty) \tag{7.1.28c}$$

其中, $k_{1z}^2 = \omega^2/c_1^2 - k_\rho^2$ 和 $k_{2z}^2 = \omega^2/c_2^2 - k_\rho^2$. 在用构造法写方程 (7.1.28b) 和 (7.1.28c) 的解时, 只能要求 $p_m(k_\rho, z)$ 满足 $z = 0$ 边界条件, 即取

$$p_m(k_\rho, z) = \begin{cases} A\sin(k_{1z}z) & (0 < z < z_0) \\ B\sin(k_{1z}z) + C\cos(k_{1z}z) & (z_0 < z < h) \\ D\exp(\mathrm{i}k_{2z}z) & (h < z < \infty) \end{cases} \tag{7.1.29a}$$

上式中诸系数由 $z = h$ 的边界条件和 $z = z_0$ 的连接条件决定

$$B \sin(k_{1z}h) + C \cos(k_{1z}h) = D \exp(\mathrm{i}k_{2z}h)$$

$$\frac{k_{1z}}{\rho_1\omega}[B\cos(k_{1z}h) - C\sin(k_{1z}h)] = \frac{\mathrm{i}k_{2z}}{\rho_2\omega}D\exp(\mathrm{i}k_{2z}h) \tag{7.1.29b}$$

以及

$$A\sin(k_{1z}z_0) = B\sin(k_{1z}z_0) + C\cos(k_{1z}z_0)$$

$$k_{1z}[B\cos(k_{1z}z_0) - C\sin(k_{1z}z_0)] - Ak_{1z}\cos(k_{1z}z_0) = -\frac{\mathrm{i}\omega q_0(\omega)}{2\pi}\mathrm{J}_m(k_\rho\rho_0)\mathrm{e}^{-\mathrm{i}m\varphi_0} \tag{7.1.29c}$$

容易求得

$$A = -\frac{\mathrm{i}\omega q_0(\omega)}{2\pi k_{1z}}\mathrm{J}_m(k_\rho\rho_0)\exp(-\mathrm{i}m\varphi_0)\left[\frac{\Gamma_+}{\Gamma_-}\sin(k_{1z}z_0) + \cos(k_{1z}z_0)\right]$$

$$B = -\frac{\Gamma_+}{\Gamma_-}\frac{\mathrm{i}\omega q_0(\omega)}{2\pi k_{1z}}\sin(k_{1z}z_0)\mathrm{J}_m(k_\rho\rho_0)\exp(-\mathrm{i}m\varphi_0) \tag{7.1.30a}$$

$$C = -\frac{\mathrm{i}\omega q_0(\omega)}{2\pi k_{1z}}\sin(k_{1z}z_0)\mathrm{J}_m(k_\rho\rho_0)\exp(-\mathrm{i}m\varphi_0)$$

其中, 为了方便定义

$$\Gamma_+(k_\rho) \equiv 1 + \frac{k_{1z}\rho_2}{\mathrm{i}k_{2z}\rho_1}\tan(k_{1z}h); \quad \Gamma_-(k_\rho) \equiv \frac{k_{1z}\rho_2}{\mathrm{i}k_{2z}\rho_1} - \tan(k_{1z}h) \tag{7.1.30b}$$

把方程 (7.1.30a) 和 (7.1.30b) 代入方程 (7.1.29a) 得到区域 $(0 < z < h)$ 的系数

$$p_m(k_\rho, z) = -\frac{\mathrm{i}\omega q_0(\omega)}{2\pi k_{1z}}Z(k_\rho, z, z_0)\mathrm{J}_m(k_\rho\rho_0)\exp(-\mathrm{i}m\varphi_0) \tag{7.1.31a}$$

其中, 为了简单定义

$$Z(k_\rho, z, z_0) \equiv \begin{cases} \left[\dfrac{\Gamma_+}{\Gamma_-}\sin(k_{1z}z_0) + \cos(k_{1z}z_0)\right]\sin(k_{1z}z) & (0 < z < z_0) \\[3mm] \left[\dfrac{\Gamma_+}{\Gamma_-}\sin(k_{1z}z) + \cos(k_{1z}z)\right]\sin(k_{1z}z_0) & (z_0 < z < h) \end{cases} \tag{7.1.31b}$$

考虑简单情况, 即声源位于 z 轴上, 即 $\rho_0 = 0$, 由方程 (7.1.28a) 和 (7.1.31b) 得到区域 $(0 < z < h)$ 的声场为

$$p(\rho, z, \omega) = -\frac{\mathrm{i}\omega q_0(\omega)}{2\pi}\int_0^\infty \frac{1}{k_{1z}}\mathrm{J}_0(k_\rho\rho)Z(k_\rho, z, z_0)k_\rho\mathrm{d}k_\rho \tag{7.1.32a}$$

或者用 Hankel 函数表示

$$p(\rho, z, \omega) = -\frac{\mathrm{i}\omega q_0(\omega)}{4\pi}\int_{-\infty}^\infty \frac{1}{k_{1z}}\mathrm{H}_0^{(1)}(k_\rho\rho)Z(k_\rho, z, z_0)k_\rho\mathrm{d}k_\rho \tag{7.1.32b}$$

在复平面上, 上式中的积分贡献由二部分组成: ①$Z(k_\rho, z, z_0)$ 的极点, 满足方程

$$\Gamma_- \equiv \frac{k_{1z}\rho_2}{\mathrm{i}k_{2z}\rho_1} - \tan(k_{1z}h) = 0 \tag{7.1.33a}$$

即

$$\tan\left(h\sqrt{\frac{\omega^2}{c_1^2} - k_\rho^2}\right) = -\frac{\rho_1}{\rho_2}\frac{\sqrt{\omega^2/c_1^2 - k_\rho^2}}{\sqrt{k_\rho^2 - \omega^2/c_2^2}} \tag{7.1.33b}$$

上式与简正波数满足的方程 (7.1.19d) 完全一致, 实际上是各个简正模式 (或者说是离散谱) 的贡献; ②分枝点 $k_\rho = \pm k_1$ 和 $k_\rho = \pm k_2$ 的贡献 (实际上是连续谱的贡献), 注意: 由 Hankel 函数的渐近展开可知 $k_\rho = 0$ 是多值函数 $\sqrt{k_\rho}$ 的一个枝点, 但对积分贡献为零 (见下面分析). 仅考虑各个极点 $k_\rho^n (n = 1, 2, \cdots, N)$ (由于 $k_2 < k_\rho^n < k_1$, 故极点在二个分枝点之间) 的贡献, 因为方程 (7.1.31b) 中第一或二式中括号内的第二项 $\cos(k_{1z}z_0)$ 或 $\cos(k_{1z}z)$ 无奇点, 积分贡献为零, 于是区域 $(0 < z < z_0)$ 和 $(z_0 < z < h)$ 有相同的表达式

$$\begin{aligned}p_\mathrm{d}(\rho, z, \omega) &= -\frac{\mathrm{i}\omega q_0(\omega)}{4\pi}\int_{-\infty}^{\infty} \frac{1}{k_{1z}} \cdot \frac{\Gamma_+}{\Gamma_-} \cdot \mathrm{H}_0^{(1)}(k_\rho\rho)\sin(k_{1z}z_0)\sin(k_{1z}z)\,k_\rho\mathrm{d}k_\rho \\ &= \frac{\omega q_0(\omega)}{2}\sum_{n=1}^{N} \frac{k_\rho^n}{k_{1z}^n}\frac{\Gamma_+(k_\rho^n)}{[\mathrm{d}\Gamma_-(k_\rho)/\mathrm{d}k_\rho]_{k_\rho=k_\rho^n}}\mathrm{H}_0^{(1)}(k_\rho^n\rho)\sin(k_{1z}^nz_0)\sin(k_{1z}^nz)\end{aligned}$$

$$\tag{7.1.33c}$$

显然, 上式也相当于 N 个简正模式的叠加.

分枝点贡献: ①分枝点 $k_\rho = 0$, 用半径为 ε 的半圆把原点包围起来, 在半圆上 $k_\rho = \varepsilon\mathrm{e}^{\mathrm{i}\vartheta}$, 由方程 (7.1.32b), 半圆上的积分正比于 $\mathrm{H}_0^{(1)}(k_\rho\rho)k_\rho\mathrm{d}k_\rho \sim \varepsilon^2\mathrm{H}_0^{(1)}(\varepsilon\mathrm{e}^{\mathrm{i}\vartheta}) \sim \varepsilon^2\ln\varepsilon$, 当 $\varepsilon \to 0$ 时, 极限为零, 故分枝点 $k_\rho = 0$ 对积分的贡献为零; ②分枝点 $k_\rho = \pm k_1$, 取 $k_\rho = \pm k_1 + \varepsilon\mathrm{e}^{\mathrm{i}2\pi}$ (因子 $\mathrm{e}^{\mathrm{i}2\pi}$ 表示绕分枝点 $\pm k_1$ 一周), 则 $k_{1z} \approx \mathrm{e}^{\mathrm{i}\pi}\sqrt{\mp 2\varepsilon k_1} = -\sqrt{\mp 2\varepsilon k_1}$, 即 k_{1z} 改变符号, 而由方程 (7.1.31b) 和 (7.1.32b), 被积函数是 k_{1z} 的偶函数 (余弦本身就是偶函数), 并不改变负号, 故 $k_\rho = \pm k_1$ 并不是真正的分枝点, 对积分的贡献也为零; ③分枝点 $k_\rho = \pm k_2$, 当 k_ρ 绕分枝点 $\pm k_2$ 一周时, k_{2z} 从 $k_{2z} \approx \sqrt{\mp 2\varepsilon k_2}$ 变化到 $k_{2z} \approx -\sqrt{\mp 2\varepsilon k_2}$, 而 Γ_+/Γ_- 变成 $(\Gamma_+/\Gamma_-)^*$, 被积函数值改变, 故 $k_\rho = \pm k_2$ 是分枝点. 分枝点的积分贡献较复杂, 故不进一步展开讨论.

值得一提的, 在求解方程 (7.1.7a) 时, 我们把解用 z 方向的简正模式展开 (即把解写成方程 (7.1.7c) 的形式), 而求径向的分布 $R_{nm}(\rho)$; 而在求解方程 (7.1.27a) 和 (7.1.27b) 时, 我们用 Hankel 变换, 把解首先在径向作积分变换. 在保证只有离散谱情况 (离散谱本身构成完备系), 两种方法原则上是等价的, 而且第一种方法较简

单; 但当离散谱只有有限个时 (本节情况), 离散谱本身不构成完备, 必须包括连续谱, 而第二种方法直接给出了连续谱的贡献.

7.1.5　阻抗型边界的层状波导

大型的工厂车间一般为偏平房间, 地面与天花板之间的高度 H 远小于横向线度, 当声源和测量点远离侧面的墙面时, 可用平面波导来近似. 如图 7.1.10, 设点声源位于 $(0, 0, z_0)$, 空间声场与方位角无关且满足

$$\left[\frac{1}{\rho}\frac{\partial}{\partial\rho}\left(\rho\frac{\partial}{\partial\rho}\right)+\frac{\partial^2}{\partial z^2}\right]p+\frac{\omega^2}{c_0^2}p=-\mathrm{i}\omega q_0(\omega)\frac{\delta(\rho)\delta(z,z_0)}{2\pi\rho}$$

$$\left(\frac{\partial p}{\partial z}+\mathrm{i}k_0\beta_0 p\right)\bigg|_{z=0}=0;\quad\left(\frac{\partial p}{\partial z}-\mathrm{i}k_0\beta_{\mathrm{H}}p\right)\bigg|_{z=H}=0 \tag{7.1.34a}$$

其中, β_0 和 β_{H} 分别是地面和天花板的比阻抗率. 与 7.1.2 小节类似, 以上边值问题也可以用二个方法求解.

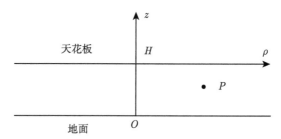

图 7.1.10　用平面层状波导模拟偏平房间中的声场分布

本征函数展开法　方程 (7.1.34a) 的解用 z 方向的本征函数展开为

$$p(\rho,z,\omega)=\sum_{n=1}^{\infty}p_n(\rho,\omega)Z_n(\kappa_n,z,\omega) \tag{7.1.34b}$$

其中, z 方向的本征函数满足

$$\frac{\mathrm{d}^2 Z_n(z,\omega)}{\mathrm{d}z^2}+\kappa_n^2 Z_n(z,\omega)=0$$

$$\left(\frac{\partial Z_n}{\partial z}+\mathrm{i}k_0\beta_0 Z_n\right)\bigg|_{z=0}=0;\quad\left(\frac{\partial Z_n}{\partial z}-\mathrm{i}k_0\beta_{\mathrm{H}}Z_n\right)\bigg|_{z=H}=0 \tag{7.1.34c}$$

由 4.1.3 小节, 上式的解为

$$Z_n(\kappa_n,z,\omega)=A_n\cos(\kappa_n z+\delta_n) \tag{7.1.35a}$$

其中, 由边界条件得到 κ_n 和 δ_n 满足的方程

$$\kappa_n\tan(\delta_n)=\mathrm{i}k_0\beta_0;\quad-\kappa_n\tan(\kappa_n H+\delta_n)=\mathrm{i}k_0\beta_{\mathrm{H}} \tag{7.1.35b}$$

利用三角函数关系得到 κ_n 满足的方程

$$\left(1 + \frac{k_0^2\beta_0\beta_{\mathrm{H}}}{\kappa_n^2}\right)\tan(\kappa_n H) = -\frac{\mathrm{i}k_0}{\kappa_n}(\beta_0 + \beta_{\mathrm{H}}) \tag{7.1.35c}$$

上式就是决定 z 方向的本征值 κ_n 的超越方程. 一个特殊情况是地面刚性, 即 $\beta_0 = 0$, 则 $\tan(\delta_n) = 0$, 取 $\delta_n = 0$, 于是本征值 κ_n 满足超越方程

$$\kappa_n\tan(\kappa_n H) = -\mathrm{i}k_0\beta_{\mathrm{H}} \tag{7.1.35d}$$

在准刚性条件下

$$Z_n(\kappa_n, z, \omega) \approx \begin{cases} A_n\cos\left(\dfrac{n\pi}{H}z + \mathrm{i}\dfrac{k_0 H\beta_0}{n\pi}\right) & (n \neq 0) \\ A_{00} & (n = 0) \end{cases} \tag{7.1.36a}$$

$$\kappa_n^2 \approx \left(\frac{n\pi}{H}\right)^2 - \mathrm{i}\varepsilon_n\frac{k_0}{H}(\beta_0 + \beta_{\mathrm{H}}) \quad (n = 0, 1, 2, \cdots)$$

其中, $\varepsilon_0 = 1$ 和 $\varepsilon_n = 2$ $(n > 0)$. 特别是, 当 $\beta_0 = 0$ 时, 在准刚性条件下

$$Z_n(\kappa_n, z, \omega) \approx \sqrt{\frac{\varepsilon_n}{H}}\cos\left(\frac{n\pi}{H}z\right)$$

$$\kappa_n^2 \approx \left(\frac{n\pi}{H}\right)^2 - \mathrm{i}\varepsilon_n\frac{k_0\beta_{\mathrm{H}}}{H} \quad (n = 0, 1, 2, \cdots) \tag{7.1.36b}$$

注意: ① 可见, 在准刚性条件下, 本征函数与刚性情况类似; ② 准刚性条件要求 $k_0\beta_{\mathrm{H}} \to 0$, 故一般在低频容易满足.

在一般情况下, 本征函数 $Z_n(\kappa_n, z, \omega)$ 和本征值 κ_n 都是复数, 在一维情况下, 方程 (4.1.16a) 简化成

$$\int_0^H Z_m(\kappa_m, z, \omega)Z_n(\kappa_n, z, \omega)\mathrm{d}z = 0 \quad (m \neq n) \tag{7.1.36c}$$

把方程 (7.1.34b) 代入方程 (7.1.34a) 的第一式得到

$$\sum_{n=1}^{\infty}\left[\frac{1}{\rho}\frac{\partial}{\partial\rho}\left(\rho\frac{\partial}{\partial\rho}\right) + \kappa_\rho^2\right]p_n(\rho, \omega)Z_n(\kappa_n, z, \omega) = -\mathrm{i}\omega q_0(\omega)\frac{\delta(\rho)\delta(z, z_0)}{2\pi\rho} \tag{7.1.37a}$$

其中, $\kappa_{\rho n}^2 \equiv \omega^2/c_0^2 - \kappa_n^2$ 是径向复波数. 上式二边乘 $Z_m(\kappa_m, z, \omega)$ 并积分, 且利用方程 (7.1.36c) 得到

$$\left[\frac{1}{\rho}\frac{\partial}{\partial\rho}\left(\rho\frac{\partial}{\partial\rho}\right) + \kappa_\rho^2\right]p_n(\rho, \omega) = -\mathrm{i}\omega q_0(\omega)\frac{\delta(\rho)}{2\pi N_n^2\rho}Z_m(\kappa_m, z_0, \omega) \tag{7.1.37b}$$

其中, $N_n^2 \equiv \displaystyle\int_0^H Z_n^2(\kappa_n, z, \omega)\mathrm{d}z$ (注意: 该积分不是 $Z_n(\kappa_n, z, \omega)$ 的模, 一般是复数).

当 $\rho > 0$ 时, 方程 (7.1.37b) 是齐次方程, 取行波解为

$$p_n(\rho, \omega) = A_n \mathrm{H}_0^{(1)}(\kappa_{\rho n}\rho) \tag{7.1.38a}$$

为了决定系数 A_n, 对方程 (7.1.37b) 乘 $\rho\mathrm{d}\rho$ 并且从 $0 \to \varepsilon$ 积分得到

$$\int_0^\varepsilon \frac{1}{\rho}\frac{\mathrm{d}}{\mathrm{d}\rho}\left[\rho\frac{\mathrm{d}p_n(\rho,\omega)}{\mathrm{d}\rho}\right]\rho\mathrm{d}\rho = -\mathrm{i}\omega q_0(\omega)Z_n(\kappa_n, z_0, \omega)\int_0^\varepsilon \frac{\delta(\rho)}{2\pi N_n^2}\mathrm{d}\rho \tag{7.1.38b}$$

即

$$\rho\frac{\mathrm{d}p_n(\rho,\omega)}{\mathrm{d}\rho}\bigg|_{\rho=\varepsilon} = -\frac{\mathrm{i}\omega q_0(\omega)}{2\pi N_n^2}Z_n(\kappa_n, z_0, \omega) \tag{7.1.38c}$$

由方程 (7.1.38a), 当取 $\varepsilon \to 0$ 时得到

$$A_n = -\frac{\omega q_0(\omega)}{4N_n^2}Z_n(\kappa_n, z_0, \omega) \tag{7.1.38d}$$

由上式和方程 (7.1.38a) 得到空间一点 $P(\rho, z)$ 的声压

$$p(\rho, z, \omega) = -\omega q_0(\omega)\sum_{n=1}^\infty \frac{Z_n(\kappa_n, z_0, \omega)}{4N_n^2}\mathrm{H}_0^{(1)}(\kappa_{\rho n}\rho)Z_n(\kappa_n, z, \omega) \tag{7.1.39a}$$

对偏平房间, 我们主要关心的是声压强度随径向的变化, 故空间一点 $P(\rho, z)$ 声压强度对 z 的平均为

$$\begin{aligned}\langle|p(\rho, z, \omega)|^2\rangle_z &= \frac{[\omega q_0(\omega)]^2}{16H}\sum_{n,m=1}^\infty \frac{Z_n(\kappa_n, z_0, \omega)Z_m^*(\kappa_m, z_0, \omega)}{N_n^2(N_m^2)^*}\\ &\quad \times \mathrm{H}_0^{(1)}(\kappa_{\rho n}\rho)\mathrm{H}_0^{(1)*}(\kappa_{\rho m}\rho)\int_0^H Z_n(\kappa_n, z, \omega)Z_m^*(\kappa_m, z, \omega)\mathrm{d}z\end{aligned} \tag{7.1.39b}$$

由于 $Z_n(\kappa_n, z, \omega)$ 与 $Z_m(\kappa_m, z, \omega)$ 没有正交性, 故空间一点的声压强度并不是各个模式的强度之和, 各个模式是相互耦合的. 只有在准刚性近似下

$$\int_0^H Z_n(\kappa_n, z, \omega)Z_m^*(\kappa_m, z, \omega)\mathrm{d}z \approx \delta_{nm} \tag{7.1.39c}$$

以及 $N_n^2 \approx 1$, 方程 (7.1.39b) 简化为

$$\langle|p(\rho, z, \omega)|^2\rangle_z = \frac{[\omega q_0(\omega)]^2}{16H}\sum_{n,m=1}^\infty |Z_n(\kappa_n, z_0, \omega)|^2 \cdot |\mathrm{H}_0^{(1)}(\kappa_{\rho n}\rho)|^2 \tag{7.1.39d}$$

数值计算表明, 对准刚性天花板, $\langle|p(\rho, z, \omega)|^2\rangle_z$ 随 ρ 的衰减比刚性天花板更快, 这是可以理解的, 声波在地面与天花板间不断反射, 每次反射必定引起声能量的吸收 (对准刚性天花板).

Hankel 函数展开法 取方程 (7.1.34a) 解的形式为

$$p(\rho, z, \omega) = \int_0^\infty Z(k_\rho, z) \mathrm{J}_0(k_\rho \rho) k_\rho \mathrm{d}k_\rho \tag{7.1.40a}$$

代入方程 (7.1.34a) 且利用 Hankel 变换的逆变换, 即方程 (2.3.19b) 的第二式, 得到

$$\left[\frac{\mathrm{d}^2}{\mathrm{d}z^2} + \left(\frac{\omega^2}{c_0^2} - k_\rho^2 \right) \right] Z(k_\rho, z) = -\frac{\mathrm{i}\omega q_0(\omega)}{2\pi} \delta(z, z_0)$$

$$\left(\frac{\mathrm{d}Z}{\mathrm{d}z} + \mathrm{i}k_0 \beta_0 Z \right) \bigg|_{z=0} = 0; \quad \left(\frac{\mathrm{d}Z}{\mathrm{d}z} - \mathrm{i}k_0 \beta_\mathrm{H} Z \right) \bigg|_{z=H} = 0 \tag{7.1.40b}$$

用构造法写出上式的解: 为了满足 $z = 0$ 和 H 的边界条件, 取

$$Z(k_\rho, z) = \begin{cases} A\mathrm{e}^{\mathrm{i}k_z z} + B\mathrm{e}^{-\mathrm{i}k_z z} & (0 < z < z_0) \\ C\mathrm{e}^{\mathrm{i}k_z z} + D\mathrm{e}^{-\mathrm{i}k_z z} & (z_0 < z < H) \end{cases} \tag{7.1.40c}$$

其中, $k_z^2 \equiv \omega^2/c_0^2 - k_\rho^2$ 为 z 方向的波数. 上式在 $z = z_0$ 处的连接条件为

$$Z(k_\rho, z)|_{z=z_{0+}} = Z(k_\rho, z)|_{z=z_{0-}}$$

$$\frac{\mathrm{d}Z(k_\rho, z)}{\mathrm{d}z} \bigg|_{z=z_{0+}} - \frac{\mathrm{d}Z(k_\rho, z)}{\mathrm{d}z} \bigg|_{z=z_{0-}} = -\frac{\mathrm{i}\omega q_0(\omega)}{2\pi} \tag{7.1.40d}$$

把方程 (7.1.40c) 代入 $z = 0$ 和 H 的边界条件以及上式得到

$$(k_z + k_0\beta_0)A = (k_z - k_0\beta_0)B$$

$$(k_z - k_0\beta_\mathrm{H})C\mathrm{e}^{\mathrm{i}k_z H} = (k_z + k_0\beta_\mathrm{H})D\mathrm{e}^{-\mathrm{i}k_z H} \tag{7.1.41a}$$

和

$$A\mathrm{e}^{\mathrm{i}k_z z_0} + B\mathrm{e}^{-\mathrm{i}k_z z_0} = C\mathrm{e}^{\mathrm{i}k_z z_0} + D\mathrm{e}^{-\mathrm{i}k_z z_0}$$

$$C\mathrm{e}^{\mathrm{i}k_z z_0} - D\mathrm{e}^{-\mathrm{i}k_z z_0} - A\mathrm{e}^{\mathrm{i}k_z z_0} + B\mathrm{e}^{-\mathrm{i}k_z z_0} = -\frac{\omega q_0(\omega)}{2\pi k_z} \tag{7.1.41b}$$

由以上二式不难得到

$$A = -\frac{\omega q_0(\omega)}{4\pi k_z} \cdot \frac{R_0[\mathrm{e}^{\mathrm{i}k_z z_0} + R_H\mathrm{e}^{\mathrm{i}k_z(2H-z_0)}]}{1 - R_H R_0 \mathrm{e}^{2\mathrm{i}k_z H}}$$

$$B = -\frac{\omega q_0(\omega)}{4\pi k_z} \cdot \frac{\mathrm{e}^{\mathrm{i}k_z z_0} + R_H\mathrm{e}^{\mathrm{i}k_z(2H-z_0)}}{1 - R_H R_0 \mathrm{e}^{2\mathrm{i}k_z H}}$$

$$C = -\frac{\omega q_0(\omega)}{4\pi k_z} \cdot \frac{R_0\mathrm{e}^{\mathrm{i}k_z z_0} + \mathrm{e}^{-\mathrm{i}k_z z_0}}{1 - R_H R_0 \mathrm{e}^{2\mathrm{i}k_z H}}$$

$$D = -\frac{\omega q_0(\omega)}{4\pi k_z} \cdot \frac{R_0\mathrm{e}^{\mathrm{i}k_z z_0} + \mathrm{e}^{-\mathrm{i}k_z z_0}}{1 - R_H R_0 \mathrm{e}^{2\mathrm{i}k_z H}} R_H \mathrm{e}^{2\mathrm{i}k_z H} \tag{7.1.41c}$$

其中，R_0 和 R_H 分别为地面和天花板的反射系数

$$R_0 \equiv \frac{k_z - k_0\beta_0}{k_z + k_0\beta_0}; \quad R_H \equiv \frac{k_z - k_0\beta_H}{k_z + k_0\beta_H} \tag{7.1.41d}$$

考虑区域 $(0 < z < z_0)$ 的解，由方程 (7.1.40c) 和 (7.1.40a)（并用 Hankel 函数表示）得到

$$Z(k_\rho, z) = -\frac{\omega q_0(\omega)}{4\pi} \frac{[\mathrm{e}^{\mathrm{i}k_z z_0} + R_H \mathrm{e}^{\mathrm{i}k_z(2H-z_0)}](\mathrm{e}^{-\mathrm{i}k_z z} + R_0 \mathrm{e}^{\mathrm{i}k_z z})}{k_z(1 - R_H R_0 \mathrm{e}^{2\mathrm{i}k_z H})} \tag{7.1.42a}$$

以及

$$p(\rho, z, \omega) = -\frac{\omega q_0(\omega)}{8\pi} \int_{-\infty}^{\infty} \frac{[\mathrm{e}^{\mathrm{i}k_z z_0} + R_H \mathrm{e}^{\mathrm{i}k_z(2H-z_0)}](\mathrm{e}^{-\mathrm{i}k_z z} + R_0 \mathrm{e}^{\mathrm{i}k_z z})}{k_z(1 - R_H R_0 \mathrm{e}^{2\mathrm{i}k_z H})} \mathrm{H}_0^{(1)}(k_\rho \rho) k_\rho \mathrm{d}k_\rho \tag{7.1.42b}$$

显然，上式的极点方程为

$$1 - R_H R_0 \mathrm{e}^{2\mathrm{i}k_z H} = 0 \tag{7.1.42c}$$

利用方程 (7.1.41d) 得到

$$\left(1 + \frac{k_0^2}{k_z^2}\beta_0\beta_H\right)\frac{\sin(k_z H)}{\cos(k_z H)} = -\frac{\mathrm{i}k_0}{k_z}(\beta_0 + \beta_H) \tag{7.1.42d}$$

上式与方程 (7.1.35c) 类似. 利用复变函数积分，不难证明方程 (7.1.42b) 与 (7.1.39a) 是一致的.

镜像反射形式的解　利用关系

$$\frac{1}{1 - R_H R_0 \mathrm{e}^{2\mathrm{i}k_z H}} = \sum_{m=0}^{\infty} R_H^m R_0^m \mathrm{e}^{2\mathrm{i}m k_z H} \tag{7.1.43a}$$

把方程 (7.1.42b) 写成 5 项之和

$$p(\rho, z, \omega) = \mathrm{i}\omega q_0(\omega)g(\rho, z_0 - z) + \sum_{j=1}^{4} p_j(\rho, z, \omega) \tag{7.1.43b}$$

其中，第一项

$$g(\rho, z_0 - z) \equiv \frac{\exp\left[\mathrm{i}k_0\sqrt{\rho^2 + (z_0 - z)^2}\right]}{4\pi\sqrt{\rho^2 + (z_0 - z)^2}} \tag{7.1.43c}$$

显然是位于 $\boldsymbol{r}_0 = (0, 0, z_0)$ 处点源产生的场，其余 4 项分别表示地面 $(z = 0)$ 和天花板 $(z = H)$ 阻抗边界反射引起的镜像点产生的场

$$p_1(\rho, z, \omega) = -\frac{\omega q_0(\omega)}{8\pi} \sum_{m=1}^{\infty} \int_{-\infty}^{\infty} \frac{1}{k_z} R_H^m R_0^m \mathrm{e}^{\mathrm{i}k_z[2mH+(z_0-z)]} \mathrm{H}_0^{(1)}(k_\rho \rho) k_\rho \mathrm{d}k_\rho$$

$$p_2(\rho, z, \omega) = -\frac{\omega q_0(\omega)}{8\pi} \sum_{m=0}^{\infty} \int_{-\infty}^{\infty} \frac{1}{k_z} R_H^m R_0^{m+1} \mathrm{e}^{\mathrm{i}k_z[2mH+(z_0+z)]} \mathrm{H}_0^{(1)}(k_\rho \rho) k_\rho \mathrm{d}k_\rho$$

$$\tag{7.1.43d}$$

和

$$p_3(\rho, z, \omega) = -\frac{\omega q_0(\omega)}{8\pi} \sum_{m=0}^{\infty} \int_{-\infty}^{\infty} \frac{1}{k_z} R_H^{m+1} R_0^m e^{ik_z[2(m+1)H - (z_0+z)]} \mathrm{H}_0^{(1)}(k_\rho \rho) k_\rho \mathrm{d}k_\rho$$

$$p_4(\rho, z, \omega) = -\frac{\omega q_0(\omega)}{8\pi} \sum_{m=0}^{\infty} \int_{-\infty}^{\infty} \frac{1}{k_z} R_H^{m+1} R_0^{m+1} e^{ik_z[(2m+1)H - (z_0-z)]} \mathrm{H}_0^{(1)}(k_\rho \rho) k_\rho \mathrm{d}k_\rho$$

$$(7.1.43e)$$

以上诸式讨论如下.

(1) $p_1(\rho, z, \omega)$ 中求和从 $m = 1$ 开始, $m = 0$ 的项就是方程 (7.1.43b) 的第一项, 而 $p_2(\rho, z, \omega)$ 和 $p_3(\rho, z, \omega)$ 的第一项 ($m = 0$) 仅仅出现 R_0 或者 R_H 的一次幂, 因此, 它们分别表示经过地面或者天花板一次反射后的镜像点;

(2) $p_4(\rho, z, \omega)$ 的第一项 ($m = 0$) 出现 R_0 和 R_H 的乘积 $R_0 \cdot R_H$ 表示经过地面和天花板各一次反射后的镜像点, 余类推;

(3) 只有当地面和天花板都是刚性时 ($\beta_0 = \beta_H = 0$ 和 $R_0 = R_H = 1$), 镜像点产生的声场才能用无限大空间的 Green 函数来表示, 写成方程 (7.1.43c) 的形式, 否则镜像点产生的声场非常复杂.

7.2   连续变化平面层状介质

连续变化层状介质是声学中常用的模型, 例如, 在大气声学中, 10km 以下的声速随高度增加而下降 (密度变化可忽略) (见图 7.2.3); 在浅海中, 声速的深度分布与季节有密切关系, 例如, 夏季海面声速最大, 随深度增加而下降 (密度变化可忽略), 冬季的声速主要是等温变化, 随深度增加而增加, 而浅海声速与大洋声速分布 (见图 7.3.5) 又有很大的区别. 我们特别关注的是随高度或深度线性变化的层状介质, 当考虑大气 (或海洋) 中在某一高度 (或深度) 附近的声传播特性时, 我们可以在该点附近取线性近似 (见 7.2.2 小节和 7.2.3 小节的讨论); 更重要的是, 声波在线性层状介质中的传播可以严格求解析解 (用 Airy 函数表示), 对分析声场特性非常方便.

7.2.1   连续变化介质平面波导

与浅海中的声学环境结合, 考虑由连续变化介质构成的波导, 如图 7.2.1. 假定平面波导的上平面 ($z = 0$) 满足软性边界条件, 而下平面 ($z = h$) 满足刚性边界条件. 设圆频率为 ω, 强度为 $q_0(\omega)$ 的单极子点声源位于 z 轴上 $(0, 0, z_s)$, 由于轴对称性, 空间声场与方位角无关, 满足波动方程和边界条件

$$\left[\frac{1}{\rho} \frac{\partial}{\partial \rho} \left(\rho \frac{\partial}{\partial \rho} \right) + \frac{\partial^2}{\partial z^2} \right] p(\rho, z) + \frac{\omega^2}{c^2(z)} p(\rho, z) = \mathrm{i} \rho_0 \omega q_0(\omega) \frac{\delta(\rho) \delta(z, z_s)}{2\pi \rho},$$

$$(7.2.1a)$$

$$p|_{z=0} = 0; \quad \left. \frac{\partial p}{\partial z} \right|_{z=h} = 0$$

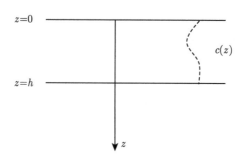

$$\text{图 7.2.1　声速连续变化介质构成的平面波导}$$

其中, $0 < (z, z_s) < h$. 注意: ρ 是柱坐标的径向变量, 而不是密度. 假定介质的密度缓慢变化, 声压理解为 $p(\rho, z)/\sqrt{\rho(z)}$, (其中 $\rho(z)$ 为密度的分布) 就可以了. 设方程 (7.2.1a) 的解为

$$p(\rho, z) = \int_0^\infty Z(z, k_\rho) \mathrm{J}_0(k_\rho \rho) k_\rho \mathrm{d}k_\rho \tag{7.2.1b}$$

代入方程 (7.2.1a)

$$\int_0^\infty \left\{ \frac{\mathrm{d}^2 Z(z, k_\rho)}{\mathrm{d}z^2} + [k^2(z) - k_\rho^2] Z(z, k_\rho) \right\} \mathrm{J}_0(k_\rho \rho) k_\rho \mathrm{d}k_\rho = \mathrm{i}\rho_0 \omega q_0(\omega) \frac{\delta(\rho)}{2\pi\rho} \delta(z, z_s) \tag{7.2.1c}$$

其中, $k(z) = \omega/c(z)$. 利用逆 Hankel 变换得到

$$\frac{\mathrm{d}^2 Z(z, k_\rho)}{\mathrm{d}z^2} + [k^2(z) - k_\rho^2] Z(z, k_\rho) = \frac{\mathrm{i}\rho_0 \omega q_0(\omega)}{2\pi} \delta(z, z_s) \tag{7.2.2a}$$

以及边界条件

$$Z(z, k_\rho)|_{z=0} = \frac{\mathrm{d}Z(z, k_\rho)}{\mathrm{d}z}\bigg|_{z=h} = 0 \tag{7.2.2b}$$

设齐次方程

$$\frac{\mathrm{d}^2 Z(z, k_\rho)}{\mathrm{d}z^2} + [k^2(z) - k_\rho^2] Z(z, k_\rho) = 0 \tag{7.2.2c}$$

的二个线性独立解分别为 $\Phi_1(z, k_\rho)$ 和 $\Phi_2(z, k_\rho)$, 并且分别满足上、下边界条件, 即 $\Phi_1(0, k_\rho) = 0$ 和 $\Phi_2'(h, k_\rho) = 0$, 那么非齐次方程 (7.2.2a) 的解可表示为

$$Z(z, k_\rho) = \begin{cases} A\Phi_1(z, k_\rho) & (0 < z < z_s) \\ B\Phi_2(z, k_\rho) & (z_s < z < h) \end{cases} \tag{7.2.3a}$$

上式中系数由 $z = z_s$ 处的连接条件决定, 即

$$Z(z, k_\rho)|_{z=z_s+0} = Z(z, k_\rho)|_{z=z_s-0}$$

$$\frac{\mathrm{d}Z(z, k_\rho)}{\mathrm{d}z}\bigg|_{z=z_s+0} - \frac{\mathrm{d}Z(z, k_\rho)}{\mathrm{d}z}\bigg|_{z=z_s-0} = \frac{\mathrm{i}\rho_0 \omega q_0(\omega)}{2\pi} \tag{7.2.3b}$$

把方程 (7.2.3a) 代入方程 (7.2.3b) 得到

$$A\Phi_1(z_s, k_\rho) = B\Phi_2(z_s, k_\rho)$$

$$A\Phi_1'(z_s, k_\rho) - B\Phi_2'(z_s, k_\rho) = \frac{\mathrm{i}\rho_0\omega q_0(\omega)}{2\pi}$$

$$(7.2.4\mathrm{a})$$

容易从上式解得

$$A = \frac{\mathrm{i}\rho_0\omega q_0(\omega)}{2\pi}\frac{\Phi_2(z_s, k_\rho)}{W(\Phi_1, \Phi_2)}; \quad B = \frac{\mathrm{i}\rho_0\omega q_0(\omega)}{2\pi}\frac{\Phi_1(z_s, k_\rho)}{W(\Phi_1, \Phi_2)} \qquad (7.2.4\mathrm{b})$$

其中, $W(\Phi_1, \Phi_2)$ 为 Wronskian 行列式

$$W(\Phi_1, \Phi_2) \equiv \Phi_1(z_s, k_\rho)\Phi_2'(z_s, k_\rho) - \Phi_2(z_s, k_\rho)\Phi_1'(z_s, k_\rho) \qquad (7.2.4\mathrm{c})$$

方程 (7.2.4b) 代入方程 (7.2.3a) 得到

$$Z(z, k_\rho) = \frac{\mathrm{i}\rho_0\omega q_0(\omega)}{2\pi W(\Phi_1, \Phi_2)} \begin{cases} \Phi_2(z_s, k_\rho)\Phi_1(z, k_\rho) & (0 < z < z_s) \\ \Phi_1(z_s, k_\rho)\Phi_2(z, k_\rho) & (z_s < z < h) \end{cases} \qquad (7.2.5)$$

利用关系 $2\mathrm{J}_0(k_\rho\rho) = \mathrm{H}_0^{(1)}(k_\rho\rho) - \mathrm{H}_0^{(1)}(\mathrm{e}^{\mathrm{i}\pi}k_\rho\rho)$ 以及 $Z(z, k_\rho)$ 的偶函数特性, 方程 (7.2.1b) 变成

$$p(\rho, z) = \frac{1}{2}\int_0^\infty Z(z, k_\rho)[\mathrm{H}_0^{(1)}(k_\rho\rho) - \mathrm{H}_0^{(1)}(\mathrm{e}^{\mathrm{i}\pi}k_\rho\rho)]k_\rho\mathrm{d}k_\rho$$

$$= \frac{1}{2}\int_{-\infty}^\infty Z(z, k_\rho)\mathrm{H}_0^{(1)}(k_\rho\rho)k_\rho\mathrm{d}k_\rho \qquad (7.2.6\mathrm{a})$$

上式中积分一般用围道积分方法完成. 由于 $\mathrm{H}_0^{(1)}(k_\rho\rho)$ 的渐近特性, 取上半平面围道积分, 积分的贡献来自二个部分, 讨论如下.

(1) 上半平面的极点, 它们是 Wronskian 行列式 $W(\Phi_1, \Phi_2)$ 的零点, 即 $W(\Phi_1, \Phi_2) = 0$, 设它位于上半平面的根为 ξ_n $(n = 1, 2, \cdots)$, 并且这些根都是单根, 在第 n 个根 ξ_n 附近作展开

$$W(\Phi_1, \Phi_2) \approx \left(\frac{\partial W}{\partial k_\rho}\right)_{\xi_n}(k_\rho - \xi_n) + \frac{1}{2}\left(\frac{\partial^2 W}{\partial k_\rho^2}\right)_{\xi_n}(k_\rho - \xi_n)^2 + \cdots \qquad (7.2.6\mathrm{b})$$

故这些极点对积分的贡献为 (用下标 "d" 表示)

$$p_{\mathrm{d}}(\rho, z) = \frac{1}{2}\sum_{n=1}^\infty 2\pi\mathrm{i}\,\mathrm{Ress}[k_\rho Z(z, k_\rho)\mathrm{H}_0^{(1)}(k_\rho\rho)]\Big|_{k_\rho=\xi_n}$$

$$= -\frac{\rho_0\omega q_0(\omega)}{2}\sum_{n=1}^\infty \xi_n\left(\frac{\partial W}{\partial k_\rho}\right)_{\xi_n}^{-1}\mathrm{H}_0^{(1)}(\xi_n\rho) \qquad (7.2.6\mathrm{c})$$

$$\times \begin{cases} \Phi_2(z_s, \xi_n)\Phi_1(z, \xi_n) & (0 < z < z_s) \\ \Phi_1(z_s, \xi_n)\Phi_2(z, \xi_n) & (z_s < z < h) \end{cases}$$

极点 ξ_n $(n = 1, 2, \cdots)$ 构成离散谱, 上式求和的每一项为一个简正模式, ξ_n 为相应的简正波数.

(2) 分枝点 ς_j $(j = 1, 2, \cdots, m)$, 这些分枝点必须用割线包围起来, 割线上积分的贡献就是连续谱的贡献. 一般来说, 分枝点的分布比较复杂, 故不进一步展开讨论.

说明: 如果独立解 $\Phi_1(z, k_\rho)$ 和 $\Phi_2(z, k_\rho)$ 不满足上、下边界条件, 那么可以取它们的线性组合

$$\Psi_1(z, k_\rho) = \Phi_2(0, k_\rho)\Phi_1(z, k_\rho) - \Phi_1(0, k_\rho)\Phi_2(z, k_\rho)$$
$$\Psi_2(z, k_\rho) = \Phi_2'(h, k_\rho)\Phi_1(z, k_\rho) - \Phi_1'(h, k_\rho)\Phi_2(z, k_\rho)$$
$$\tag{7.2.6d}$$

显然, 解 $\Psi_1(z, k_\rho)$ 和 $\Psi_2(z, k_\rho)$ 满足上、下边界条件了.

考虑最简单的情况, 即 $c(z) = c_0$, 可取

$$\Phi_1(z, k_\rho) = \sin(k_z z); \quad \Phi_2(z, k_\rho) = \cos[k_z(h - z)] \tag{7.2.7a}$$

其中, $k_z \equiv \sqrt{k_0^2 - k_\rho^2}$ 是 z 方向的波数. 不难求得 $W(\Phi_1, \Phi_2) = -k_z \cos(k_z h)$ 以及

$$Z(z, k_\rho) = \frac{i\rho_0 \omega q_0(\omega)}{2\pi k_z \cos(k_z h)} \begin{cases} \cos[k_z(h - z_s)]\sin(k_z z) & (0 < z < z_s) \\ \sin(k_z z_s)\cos[k_z(h - z)] & (z_s < z < h) \end{cases} \tag{7.2.7b}$$

离散谱满足 $\cos(k_z h) = 0$, 故极点为

$$\xi_n = \pm\sqrt{k_0^2 - \left(n - \frac{1}{2}\right)^2 \frac{\pi^2}{h^2}} \quad (n = 0, 1, 2, \cdots) \tag{7.2.7c}$$

当 n 较小时, ξ_n 在实轴上; 而当 n 较大时, ξ_n 在虚轴上. 分枝点为: $\zeta_\pm = k_\rho = \pm k_0$ 和 $k_\rho = 0$(来自于多值函数 $\mathrm{H}_0^{(1)}(k_\rho \rho)$). 为了使极点和分枝点不在坐标轴上, 引进小的吸收 $k_0 + i\varepsilon$ 和 $\pm(\xi_n + i\varepsilon)$(最后取 $\varepsilon \to 0$), 则所有极点和分枝点都不在实轴上. 首先考虑极点的贡献, 把方程 (7.2.7a), (7.2.7b) 和 (7.2.7c) 代入方程 (7.2.6c), 且注意到运算关系

$$\left(\frac{\partial W}{\partial k_\rho}\right)_{\xi_n} = [-\cos(k_z h) + k_z \sin(k_z h)]_{\xi_n} \left(\frac{\partial k_z}{\partial k_\rho}\right)_{\xi_n} = \xi_n \tag{7.2.7d}$$

得到

$$p(\rho, z) = \frac{\rho_0 \omega q_0(\omega)}{2h} \sum_{n=0}^{\infty} \mathrm{H}_0^{(1)}(\xi_n \rho)\sin\left[\left(n - \frac{1}{2}\right)\frac{\pi z_s}{h}\right]\sin\left[\left(n - \frac{1}{2}\right)\frac{\pi z}{h}\right] \tag{7.2.8a}$$

其中, ξ_n 取方程 (7.2.7c) 中的 "+" 号. 当观察点远离声源时 ($\rho \to \infty$), 上式的近似式为

$$p(\rho, z) \approx \frac{\rho_0 \omega q_0(\omega) \mathrm{e}^{-\mathrm{i}\pi/4}}{2h} \sqrt{\frac{2}{\pi\rho}} \sum_{n=0}^{\infty} \frac{\exp(\mathrm{i}\xi_n \rho)}{\sqrt{\xi_n}} \sin\left[\left(n - \frac{1}{2}\right) \frac{\pi z_\mathrm{s}}{h}\right] \sin\left[\left(n - \frac{1}{2}\right) \frac{\pi z}{h}\right] \tag{7.2.8b}$$

分枝点的贡献: 分析方法与 7.1.4 小节相同, 分枝点 $k_\rho = 0$ 对积分的贡献为零; 因为 $Z(z, k_\rho) \sim \sin(k_z z)/k_z$ 是偶函数, 故 $k_\rho = \pm k_0$ 并不是真正的分枝点, 对积分的贡献也为零. 因此, 声场分布由方程 (7.2.8b) 决定. 注意到方程 (7.1.3a) 和 (7.2.7c), $\xi_n = k_\rho^n$, 方程 (7.2.8b) 与方程 (7.1.11b) 完全一致。

如果还必须考虑海底介质的影响, 如 7.1.3 小节, 则决定 $Z(z, k_\rho)$ 的边界条件为

$$Z_1(z, k_\rho)|_{z=0} = 0; \quad Z_1(z, k_\rho)|_{z=h} = Z_2(z, k_\rho)|_{z=h}$$

$$\frac{1}{\rho_\mathrm{h}\omega} \left.\frac{\partial Z_1(z, k_\rho)}{\partial z}\right|_{z=h} = \frac{1}{\rho_\mathrm{d}\omega} \left.\frac{\partial Z_2(z, k_\rho)}{\partial z}\right|_{z=h} \tag{7.2.9a}$$

其中, ρ_h 和 ρ_d 分别是海底海水和海底介质的密度. 为了方便, 设海底介质是均匀介质, 那么

$$Z(z, k_\rho) = \begin{cases} A\Phi_1(z, k_\rho) & (0 < z < z_\mathrm{s}) \\ B\Phi_1(z, k_\rho) + C\Phi_2(z, k_\rho) & (z_\mathrm{s} < z < h) \\ D\exp(\mathrm{i}k_{2z}z) & (h < z < \infty) \end{cases} \tag{7.2.9b}$$

其中, $k_{2z} = \sqrt{\omega^2/c_\mathrm{d}^2 - k_\rho^2}$, c_d 为海底介质的声速. 其中假定 $\Phi_1(z, k_\rho)$ 已经满足上边界条件 $\Phi_1(0, k_\rho) = 0$; 但 $\Phi_2(z, k_\rho)$ 不可能满足 $z = h$ 处的边界条件. 方程 (7.2.9b) 中的系数由 $z = z_\mathrm{s}$ 处的连接条件 (即方程 (7.2.3b)) 和 $z = h$ 的边界条件 (即方程 (7.2.9a) 的后二式) 决定. 当取声源项为零时, 不难得到简正波数满足方程 (作为习题)

$$\frac{\Phi_1(h, k_\rho)}{\Phi_1'(h, k_\rho)} = \frac{\rho_\mathrm{d}}{\mathrm{i}\rho_\mathrm{h}k_{2z}} \tag{7.2.9c}$$

显然, 当 $c(z) = c_0$ 时, 取 $\Phi_1(h, k_\rho) = \sin(k_{1z}z)$, 上式给出与方程 (7.1.19c) 同样的结果. 一般取 $\Phi_1(h, k_\rho)$ 为实函数, 则 k_{2z} 必须是虚数: $k_{2z} \equiv \mathrm{i}\kappa_{2z} = \mathrm{i}\sqrt{k_\rho^2 - \omega^2/c_\mathrm{d}^2}$. 故海底介质中的声波是衰减波.

7.2.2 线性变化波导和 Airy 函数

一般求方程 (7.2.2c) 的二个线性独立解为 $\Phi_1(z, k_\rho)$ 和 $\Phi_2(z, k_\rho)$ 是困难的, 只有几种特殊的 $k^2(z) - k_\rho^2$ 分布, 才能给出严格解. 下面介绍能够严格求解的特殊情

况 (也是最为重要的情况), 即线性变化情况. 设 $k^2(z)$ 可表示为 z 的线性形式

$$k^2(z) = \frac{\omega^2}{c_0^2} \cdot \frac{c_0^2}{c^2(z)} \equiv \frac{\omega^2}{c_0^2} n^2(z) = k_0^2(1 \pm az) \quad (a > 0) \tag{7.2.10a}$$

其中, $n(z) = c_0/c(z)$ 为**声折射率** (c_0 为某参考面的声速) 以及 $k_0 \equiv \omega/c_0$. 上式代入方程 (7.2.2c) 得到

$$\frac{\mathrm{d}^2 Z(\eta, k_\rho)}{\mathrm{d}\eta^2} + \eta Z(\eta, k_\rho) = 0 \tag{7.2.10b}$$

其中, 为了方便定义

$$\eta \equiv \eta_0 \pm \frac{z}{H}, \quad \eta_0 \equiv (k_0^2 - k_\rho^2)H^2, \quad H \equiv \frac{1}{(ak_0^2)^{1/3}} > 0 \tag{7.2.10c}$$

方程 (7.2.10b) 称为 **Airy 方程** (注意: Airy 方程的标准形式为 $Z''(x) = xZ(x)$, 显然, 只要令 $x = -\eta$, 就可以回到方程 (7.2.10b)). 通过适当的变换, Airy 方程可以变成 Bessel 方程, 下面分二种情况讨论.

(1) $\eta < 0$, 取函数变换: $Z(\eta) = \sqrt{-\eta}\tilde{Z}(\eta)$, 代入方程 (7.2.10b)

$$\frac{\mathrm{d}^2\tilde{Z}(\eta)}{\mathrm{d}\eta^2} + \frac{1}{\eta}\frac{\mathrm{d}\tilde{Z}(\eta)}{\mathrm{d}\eta} - \left(\eta + \frac{1}{4\eta^2}\right)\tilde{Z}(\eta) = 0 \tag{7.2.11a}$$

进一步, 令变量变换 $\xi = (2/3)(-\eta)^{3/2}$, 上式变成 1/3 阶虚宗量 Bessel 方程

$$\frac{\mathrm{d}^2\tilde{Z}}{\mathrm{d}\xi^2} + \frac{1}{\xi}\frac{\mathrm{d}\tilde{Z}}{\mathrm{d}\xi} - \left[1 + \frac{(1/3)^2}{\xi^2}\right]\tilde{Z} = 0 \tag{7.2.11b}$$

通解为

$$\tilde{Z}(\xi) = A\mathrm{I}_{1/3}(\xi) + B\mathrm{I}_{-1/3}(\xi) \tag{7.2.11c}$$

回到原来的函数和变量, Airy 方程 (7.2.10b) 的解为

$$Z(\eta) = A\sqrt{-\eta}\mathrm{I}_{1/3}\left[\frac{2}{3}(-\eta)^{3/2}\right] + B\sqrt{-\eta}\mathrm{I}_{-1/3}\left[\frac{2}{3}(-\eta)^{3/2}\right] \quad (\eta < 0) \tag{7.2.11d}$$

(2) $\eta > 0$, 取函数变换: $Z(\eta) = \sqrt{\eta}\tilde{Z}(\eta)$, 代入方程 (7.2.10b)

$$\frac{\mathrm{d}^2\tilde{Z}(\eta)}{\mathrm{d}\eta^2} + \frac{1}{\eta}\frac{\mathrm{d}\tilde{Z}(\eta)}{\mathrm{d}\eta} + \left(\eta - \frac{1}{4\eta^2}\right)\tilde{Z}(\eta) = 0 \tag{7.2.12a}$$

进一步, 令变量变换 $\xi = (2/3)\eta^{3/2}$, 上式变成 1/3 阶 Bessel 方程

$$\frac{\mathrm{d}^2\tilde{Z}}{\mathrm{d}\xi^2} + \frac{1}{\xi}\frac{\mathrm{d}\tilde{Z}}{\mathrm{d}\xi} + \left[1 - \frac{(1/3)^2}{\xi^2}\right]\tilde{Z} = 0 \tag{7.2.12b}$$

上式的通解为

$$\tilde{Z}(\xi) = AJ_{1/3}(\xi) + BJ_{-1/3}(\xi) \tag{7.2.12c}$$

回到原来的函数和变量, Airy 方程 (7.2.10b) 的解为

$$Z(\eta) = A\sqrt{\eta}J_{1/3}\left(\frac{2}{3}\eta^{3/2}\right) + B\sqrt{\eta}J_{-1/3}\left(\frac{2}{3}\eta^{3/2}\right) \quad (\eta > 0) \tag{7.2.12d}$$

显然, $I_{1/3}$ 与 $I_{-1/3}$ 或者 $J_{1/3}$ 与 $J_{-1/3}$, 的任意线性组合也是方程 (7.2.11b) 或 (7.2.12b) 的解, 故定义新的函数

$$\text{Ai}(\eta) = \begin{cases} \dfrac{\sqrt{\eta}}{3}\left[J_{-1/3}\left(\dfrac{2}{3}\eta^{3/2}\right) + J_{1/3}\left(\dfrac{2}{3}\eta^{3/2}\right)\right] & (\eta > 0) \\[3mm] \dfrac{\sqrt{|\eta|}}{3}\left[I_{-1/3}\left(\dfrac{2}{3}|\eta|^{3/2}\right) - I_{1/3}\left(\dfrac{2}{3}|\eta|^{3/2}\right)\right] & (\eta < 0) \end{cases} \tag{7.2.13a}$$

以及

$$\text{Bi}(\eta) = \begin{cases} \sqrt{\dfrac{\eta}{3}}\left[J_{-1/3}\left(\dfrac{2}{3}\eta^{3/2}\right) - J_{1/3}\left(\dfrac{2}{3}\eta^{3/2}\right)\right] & (\eta > 0) \\[3mm] \sqrt{\dfrac{|\eta|}{3}}\left[I_{-1/3}\left(\dfrac{2}{3}|\eta|^{3/2}\right) + I_{1/3}\left(\dfrac{2}{3}|\eta|^{3/2}\right)\right] & (\eta < 0) \end{cases} \tag{7.2.13b}$$

其中,$\text{Ai}(\eta)$ 和 $\text{Bi}(\eta)$ 分别称为**第一和第二类 Airy 函数**. 定义 Airy 函数后, Airy 方程 (7.2.10b) 的解可统一表示为

$$\Phi(\eta) = C_1\text{Ai}(\eta) + C_2\text{Bi}(\eta) \tag{7.2.13c}$$

利用 Bessel 函数的渐近表达式 $(\xi \to \infty)$

$$J_\nu(\xi) \approx \sqrt{\frac{2}{\pi\xi}}\cos\left(\xi - \frac{\nu\pi}{2} - \frac{\pi}{4}\right); \quad I_\nu(\xi) \approx \frac{1}{\sqrt{2\pi\xi}}\exp(\xi) \tag{7.2.14a}$$

得到 Airy 函数的渐近表达式 $(|\eta| \to \infty)$

$$\text{Ai}(\eta) \approx \begin{cases} \dfrac{1}{\sqrt{\pi}\eta^{1/4}}\sin\left(\dfrac{2}{3}\eta^{3/2} + \dfrac{\pi}{4}\right) & (\eta \to \infty) \\[3mm] \dfrac{1}{2\sqrt{\pi}|\eta|^{1/4}}\exp\left(-\dfrac{2}{3}|\eta|^{3/2}\right) & (\eta \to -\infty) \end{cases} \tag{7.2.14b}$$

以及

$$\text{Bi}(\eta) \approx \begin{cases} \dfrac{1}{\sqrt{\pi}\eta^{1/4}}\cos\left(\dfrac{2}{3}\eta^{3/2} + \dfrac{\pi}{4}\right) & (\eta \to \infty) \\[3mm] \dfrac{1}{\sqrt{\pi}|\eta|^{1/4}}\exp\left(\dfrac{2}{3}|\eta|^{3/2}\right) & (\eta \to -\infty) \end{cases} \tag{7.2.14c}$$

可见: 当 $\eta \to -\infty$ 时, $\mathrm{Bi}(\eta) \to \infty$, 因此常用的函数是 $\mathrm{Ai}(\eta)$. 图 7.2.2 给出了 $\mathrm{Ai}(\eta)$ 和 $\mathrm{Bi}(\eta)$ 的曲线, 从图可见: 当 $\eta > 0$ 时, $\mathrm{Ai}(\eta)$ 和 $\mathrm{Bi}(\eta)$ 振荡, 而当 $\eta < 0$ 时, $\mathrm{Ai}(\eta)$ 指数衰减, 而 $\mathrm{Bi}(\eta)$ 指数发散.

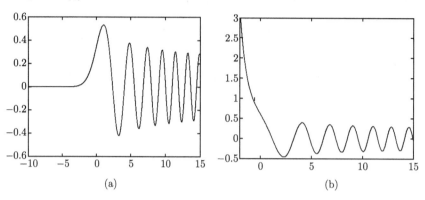

图 7.2.2　Airy 函数曲线: (a) $\mathrm{Ai}(\eta)$; (b) $\mathrm{Bi}(\eta)$

值得指出的是, Airy 函数是方程 (7.2.10b) 的 "驻波" 解, 当问题涉及 z 方向的 "行波" 时, 必须取 1/3 阶 Hankel 函数, 见 7.2.4 小节讨论.

在实际问题中, 也经常使用 Airy 函数 $\mathrm{Ai}(\eta)$ 的积分形式

$$\mathrm{Ai}(\eta) = \frac{1}{2\pi} \int_{-\infty}^{\infty} \exp\left[\mathrm{i}\left(k\eta - \frac{k^3}{3}\right)\right]\mathrm{d}k = \frac{1}{\pi}\int_0^{\infty}\cos\left(k\eta - \frac{k^3}{3}\right)\mathrm{d}k \tag{7.2.15a}$$

下面给出一个粗略的证明. 由上式的提示, 设方程 (7.2.10b)(忽略参量 k_ρ) 的 Fourier 积分解为

$$Z(\eta) = \int_{-\infty}^{\infty} A(k)\exp(\mathrm{i}k\eta)\mathrm{d}k \tag{7.2.15b}$$

代入方程 (7.2.10b)

$$\int_{-\infty}^{\infty}(\mathrm{i}k)^2 A(k)\exp(\mathrm{i}k\eta)\mathrm{d}k - \mathrm{i}\int_{-\infty}^{\infty}A(k)\frac{\mathrm{d}}{\mathrm{d}k}\exp(\mathrm{i}k\eta)\mathrm{d}k = 0 \tag{7.2.15c}$$

为了方便, 引进参数 $M \to \infty$, 上式第二项变成

$$\int_{-\infty}^{\infty}A(k)\frac{\mathrm{d}}{\mathrm{d}k}\exp(\mathrm{i}k\eta)\mathrm{d}k = A(k)\exp(\mathrm{i}k\eta)|_{-M}^{M} - \int_{-\infty}^{\infty}\frac{\mathrm{d}A(k)}{\mathrm{d}k}\exp(\mathrm{i}k\eta)\mathrm{d}k \tag{7.2.15d}$$

于是

$$\int_{-\infty}^{\infty}\left[\mathrm{i}\frac{\mathrm{d}A(k)}{\mathrm{d}k} - k^2 A(k)\right]\exp(\mathrm{i}k\eta)\mathrm{d}k = \mathrm{i}A(k)\exp(\mathrm{i}k\eta)|_{-M}^{M} \tag{7.2.15e}$$

上式二边作逆 Fourier 变换得到

$$\frac{\mathrm{d}A(k)}{\mathrm{d}k} + \mathrm{i}k^2 A(k) = A(M)\delta(k-M) - A(-M)\delta(k+M) \tag{7.2.16a}$$

显然, 在三个区域: $k \in (-\infty, -M)$, $k \in (-M, M)$ 和 $k \in (M, \infty)$, 齐次方程的通解都为

$$A(k) = A_0 \exp\left(-\frac{\mathrm{i}}{3}k^2\right) \tag{7.2.16b}$$

为了保证出现 Dirac Delta 函数, 函数 $A(k)$ 在二个端点 ($k = -M$ 和 $k = M$) 应该不连续, 故在 $k \in (-\infty, -M)$ 和 $k \in (M, \infty)$, 只能取 $A_0 = 0$. 当 $M \to \infty$ 时, 把方程 (7.2.16b) 代入方程 (7.2.15b) 得到

$$Z(\eta) = A_0 \int_{-\infty}^{\infty} \exp\left[\mathrm{i}\left(k\eta - \frac{1}{3}k^2\right)\right]\mathrm{d}k \tag{7.2.16c}$$

由方程 (7.2.10b) 的齐次性, 取 $A_0 = 1/2\pi$, 就得到方程 (7.2.15a).

7.2.3 浅海平面波导

一般而言, 浅海的声速分布较复杂, 与季节、经度和风速等都有关系, 下面仅考虑二种线性变化情况.

(1) 首先讨论声速分布随深度下降而增加的情况, 即 $c(z) = c_0(1 + az/2)$(其中 c_0 为海面声速, 常数 $a/2$ 表征声速下降的快慢), 声折射率可近似为

$$n^2(z) = \frac{c_0^2}{c^2(z)} \approx \frac{1}{(1 + az/2)^2} \approx (1 - az) \quad (0 < z < h) \tag{7.2.17a}$$

为了保证 $1/c^2(z)$ 展开后能仅取线性项, 浅海深度 $h \ll 1/a$. 上式相当于方程 (7.2.10a) 或者 (7.2.10c) 中取 "$-$" 号情况. 由变换关系: $z = 0 \to \eta \equiv \eta_0$, $z = h \to \eta \equiv \eta_h$ 以及 $z = z_\mathrm{s} \to \eta \equiv \eta_\mathrm{s}$, 其中, 定义

$$\eta_h \equiv \eta_0 - \frac{h}{H}; \quad \eta_\mathrm{s} \equiv \eta_0 - \frac{z_\mathrm{s}}{H} \tag{7.2.17b}$$

取齐次方程 (7.2.10b) 的二个线性独立解为

$$\begin{aligned} \Phi_1(\eta, k_\rho) &= \mathrm{Bi}(\eta_0)\mathrm{Ai}(\eta) - \mathrm{Ai}(\eta_0)\mathrm{Bi}(\eta) \\ \Phi_2(\eta, k_\rho) &= \mathrm{Bi}'(\eta_h)\mathrm{Ai}(\eta) - \mathrm{Ai}'(\eta_h)\mathrm{Bi}(\eta) \end{aligned} \tag{7.2.17c}$$

显然, $\Phi_1(\eta, k_\rho)$ 和 $\Phi_2(\eta, k_\rho)$ 分别满足 $\eta = \eta_0$ (即 $z = 0$) 和 $\eta = \eta_h$ (即 $z = h$) 处边界条件. 方程 (7.2.5) 变成 (用下标 "1" 区别于存在转折点情况, 见下面讨论)

$$Z_1(\eta, k_\rho) = \frac{\mathrm{i}\rho_0 q_0 \omega H}{2\pi W(\Phi_1, \Phi_2)} \cdot \begin{cases} \Phi_2(\eta_\mathrm{s}, k_\rho)\Phi_1(\eta, k_\rho), & \eta \in (\eta_0, \eta_\mathrm{s}) \\ \Phi_1(\eta_\mathrm{s}, k_\rho)\Phi_2(\eta, k_\rho), & \eta \in (\eta_\mathrm{s}, \eta_h) \end{cases} \tag{7.2.18a}$$

注意: 式中 "H" 来自方程 (7.2.3b) 中出现的导数变换

$$\frac{\mathrm{d}Z_1(z, k_\rho)}{\mathrm{d}z} = \frac{\mathrm{d}Z_1(z, k_\rho)}{\mathrm{d}\eta} \cdot \frac{\mathrm{d}\eta}{\mathrm{d}z} = -\frac{1}{H} \cdot \frac{\mathrm{d}Z_1(z, k_\rho)}{\mathrm{d}\eta} \tag{7.2.18b}$$

因为 Wronskian 行列式与 η_s 无关, 利用 Airy 函数的渐近表达式, 可以得到

$$W(\varPhi_1, \varPhi_2) = \frac{1}{\pi}[\mathrm{Ai}'(\eta_h)\mathrm{Bi}(\eta_0) - \mathrm{Bi}'(\eta_h)\mathrm{Ai}(\eta_0)] \qquad (7.2.19\mathrm{a})$$

极点为 Wronskian 行列式的零点, 即满足

$$\mathrm{Ai}'(\eta_h)\mathrm{Bi}(\eta_0) - \mathrm{Bi}'(\eta_h)\mathrm{Ai}(\eta_0) = 0 \qquad (7.2.19\mathrm{b})$$

存在转折点情况　　如果 $k_\rho \sim k_0(k_\rho^2 < k_0^2)$, $\eta_0 \equiv (1 - k_\rho^2/k_0^2)(k_0/a)^{2/3}$ 很小, 在区域 $0 < z < h$ 存在转折点 $z_\mathrm{t} \equiv \eta_0 H(0 < z_\mathrm{t} < h)$, 那么 $z = 0$ 和 $z = z_\mathrm{t}$ 平面间就形成波导. 由于在转折点以下, $\eta < 0$, 当 $\eta \to -\infty$ 时, $\mathrm{Bi}(\eta) \to \infty$, 故我们取

$$\begin{aligned}
\varPhi_1(\eta, k_\rho) &= \mathrm{Bi}(\eta_0)\mathrm{Ai}(\eta) - \mathrm{Ai}(\eta_0)\mathrm{Bi}(\eta) \\
\varPhi_2(\eta, k_\rho) &= \mathrm{Ai}(\eta)
\end{aligned} \qquad (7.2.20\mathrm{a})$$

取方程 (7.2.2a) 的解 $Z(\eta, k_\rho)$ 形式为

$$Z_2(\eta, k_\rho) = \begin{cases} A\varPhi_1(\eta, k_\rho), & \eta \in (\eta_0, \eta_\mathrm{s}) \\ B\varPhi_2(\eta, k_\rho), & \eta \in (\eta_\mathrm{s}, \eta_h) \end{cases} \qquad (7.2.20\mathrm{b})$$

注意: 在 $\eta < 0$ 区域, $\mathrm{Ai}(\eta)$ 指数衰减. 由连接条件得到

$$\begin{aligned}
A\varPhi_1(\eta_\mathrm{s}, k_\rho) &= B\varPhi_2(\eta_\mathrm{s}, k_\rho) \\
A\varPhi_1'(\eta_\mathrm{s}, k_\rho) - B\varPhi_2'(\eta_\mathrm{s}, k_\rho) &= -\frac{\mathrm{i}\rho_0 q_0 \omega}{2\pi}H
\end{aligned} \qquad (7.2.20\mathrm{c})$$

容易得到

$$A = \frac{\mathrm{i}\rho_0 q_0 \omega H}{2\pi}\frac{\varPhi_2(z_\mathrm{s}, k_\rho)}{W(\varPhi_1, \varPhi_2)}; \quad B = \frac{\mathrm{i}\rho_0 q_0 \omega H}{2\pi}\frac{\varPhi_1(z_\mathrm{s}, k_\rho)}{W(\varPhi_1, \varPhi_2)} \qquad (7.2.21\mathrm{a})$$

而这里的 Wronskian 行列式为

$$W(\varPhi_1, \varPhi_2) = -\frac{1}{\pi}\mathrm{Ai}(\eta_0) \qquad (7.2.21\mathrm{b})$$

极点为 Wronskian 行列式的零点, 设 $\mathrm{Ai}(\eta_0)$ 的第 n 个零点为 η_{0n}, 由方程 (7.2.10c) 的第二式得到简正波数

$$\xi_n = k_\rho = \sqrt{k_0^2 - \frac{\eta_{0n}}{H^2}} \qquad (7.2.21\mathrm{c})$$

由于 $\eta_0 \equiv (1 - k_\rho^2/k_0^2)(k_0/a)^{2/3}$, 当 $k_0^2 < k_\rho^2$ 时, $\eta_0 < 0$, $\mathrm{Ai}(\eta_0)$ 没有零点, 此时也不存在转折点.

因此, 方程 (7.2.6a) 中函数 $Z(z, k_\rho)$ 为分段函数, 即

$$Z(z, k_\rho) = \begin{cases} Z_1(z, k_\rho), & k_\rho^2 > k_0^2 \\ Z_2(z, k_\rho), & k_\rho^2 < k_0^2 \end{cases} \qquad (7.2.22)$$

(2) 如果声速随深度下降而下降, 即 $c(z) = c_0(1 - az/2)$ 声折射率近似为

$$n^2(z) = \frac{c_0^2}{c^2(z)} \approx \frac{1}{(1 - az/2)^2} \approx (1 + az) \quad (0 < z < h) \tag{7.2.23a}$$

上式相当于方程 (7.2.10a) 或者 (7.2.10c) 中取 "+" 号情况. 变换关系仍然为: $z = 0 \rightarrow \eta = \eta_0$, $z = h \rightarrow \eta = \eta_h$ 以及 $z = z_s \rightarrow \eta = \eta_s$, 但其中

$$\eta_h \equiv \eta_0 + \frac{h}{H}; \quad \eta_s \equiv \eta_0 + \frac{z_s}{H} \tag{7.2.23b}$$

推导过程类似, 我们也能得到方程 (7.2.18a) 和 (7.2.20b) (注意: 此时方程 (7.2.18b) 中 $\mathrm{d}\eta/\mathrm{d}z = 1/H$). 需注意的是, 转折点为 $z_t = -\eta_0 H$, 由 $\eta_0 \equiv (1 - k_\rho^2/k_0^2)(k_0/a)^{2/3}$, 只有当 $k_0^2 < k_\rho^2$ 时才存在转折点. 故方程 (7.2.22) 修改为

$$Z(z, k_\rho) = \begin{cases} Z_1(z, k_\rho), & k_\rho^2 < k_0^2 \\ Z_2(z, k_\rho), & k_\rho^2 > k_0^2 \end{cases} \tag{7.2.24}$$

关于转折点的讨论见 7.3.2 小节.

7.2.4 大气中点源激发的声场

大气中声速随高度的变化如图 7.2.3, 在高度小于 10km 以下, 随着高度上升, 声速线性下降 (由于地面散热, 接近地面的空气有较高的温度, 因而有较大的声速). 设在离地面不是很高的位置 $(0, 0, z_0)$ 有一个强度为 q_0 的单极子点声源, 向空间辐射频率为 ω 的声波, 如图 7.2.4. 为了简单, 假定: ① 地面 $z = 0$ 为刚性平面; ② 在

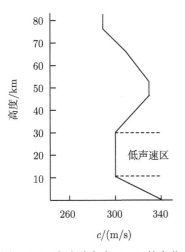

图 7.2.3 声速随高度 (km) 的变化

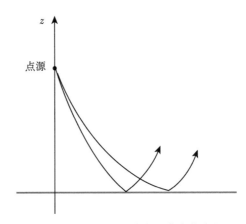

图 7.2.4 刚性平面前点源产生的声场

离地面比较近的高度, 随着高度上升, 声速下降, 近似表达式为 (当主要关心近地面的声场时, 也可用线性近似, 尽管在下面的分析中考虑的是整个上半平面)

$$\frac{1}{c^2(z)} \approx \frac{1}{c^2(0) + [\partial c^2(z) \,/\, \partial z]_0 z} \approx \frac{1}{c_0^2}(1 + az) \ (z > 0) \tag{7.2.25a}$$

其中, $c_0 = c(0)$ 是地面的声速, $a = 2c^{-1}(0)\,|\partial c(z)/\partial z|_{z=0}$, $k(z)$ 可近似表达为

$$k^2(z) \approx k_0^2(1 + az) \tag{7.2.25b}$$

其中, $k_0 = \omega/c_0$, 上式相当于方程 (7.2.10a) 或者 (7.2.10c) 中取 "+" 号. 空间声场满足方程和地面刚性边界条件

$$\left[\frac{1}{\rho}\frac{\partial}{\partial \rho}\left(\rho\frac{\partial}{\partial \rho}\right) + \frac{\partial^2}{\partial z^2}\right] p(\rho, z) + k^2(z)p(\rho, z) = \mathrm{i}\rho_0 q_0 \omega \frac{\delta(\rho)\delta(z, z_{\mathrm{s}})}{2\pi\rho}$$

$$\left.\frac{\partial p(\rho, z)}{\partial z}\right|_{z=0} = 0 \tag{7.2.26}$$

其中, $(z, z_{\mathrm{s}}) > 0$. 设解的形式为方程 (7.2.1b), 即

$$p(\rho, z) = \int_0^\infty Z(z, k_\rho)\mathrm{J}_0(k_\rho\rho)k_\rho \mathrm{d}k_\rho \tag{7.2.27a}$$

函数 $Z(z, k_\rho)$ 满足方程 (7.2.2a), 即

$$\frac{\mathrm{d}^2 Z(z, k_\rho)}{\mathrm{d}z^2} + [k^2(z) - k_\rho^2]Z(z, k_\rho) = \frac{\mathrm{i}\rho_0 \omega q_0(\omega)}{2\pi}\delta(z, z_{\mathrm{s}}) \tag{7.2.27b}$$

而边界条件为

$$\left.\frac{\mathrm{d}Z(z, k_\rho)}{\mathrm{d}z}\right|_{z=0} = 0 \tag{7.2.27c}$$

问题是二个线性独立解如何取? 注意: 与 7.2.3 小节讨论波导情况不同, 本问题仅存在一个界面 (地面) 边界条件, 另一个边界条件实际上就是无限远处的 Sommerfeld 辐射条件. 显然, 在声源到地面间 $0 < z < z_{\mathrm{s}}$ 或者 $\eta_0 < \eta < \eta_{\mathrm{s}}$ (其中 $\eta \equiv \eta_0 + z/H$), 我们可以取驻波形式的 Airy 函数作为一个独立解. 事实上, 因为声源发出的波与地面反射的波叠加后形成驻波, 故用驻波形式的 Airy 函数是合适的. 但在 $z > z_{\mathrm{s}}$ 或者 $\eta > \eta_{\mathrm{s}}$ 的区域, 声源向上空的无限大空间辐射声波 (地面的反射波也向无限大空间传播), 应该是向 $+z$ 方向传播的行波. 因此, 我们必须取 Airy 方程的行波解

$$\Phi(\eta) = A\sqrt{\eta}\,\mathrm{H}_{1/3}^{(1)}\left(\frac{2}{3}\eta^{3/2}\right) + B\sqrt{\eta}\,\mathrm{H}_{1/3}^{(2)}\left(\frac{2}{3}\eta^{3/2}\right) \quad (\eta > 0) \tag{7.2.28a}$$

由 Hankel 函数的渐近式可知, $\mathrm{H}_{1/3}^{(1)}(2\eta^{3/2}/3)$ 表示向 $+z$ 传播的波, 故取 $B \equiv 0$. 事实上, 包括时间项后

$$A\sqrt{\eta}\,\mathrm{H}_{1/3}^{(1)}\left(\frac{2}{3}\eta^{3/2}\right)\exp(-\mathrm{i}\omega t) \sim \exp\left[\mathrm{i}\left(\frac{2}{3}\eta^{3/2} - \omega t\right)\right] \tag{7.2.28b}$$

等相位方程为 $2(\eta)^{3/2}/3 - \omega t = $ 常数, 两边对时间求导得到 z 方向的传播速度

$$\frac{\mathrm{d}z}{\mathrm{d}t} = \omega H \sqrt{\eta_0 + \frac{z}{H}} > 0 \tag{7.2.28c}$$

故 $H_{1/3}^{(1)}(2\eta^{3/2}/3)$ 表示向 $+z$ 传播的波, 而 $H_{1/3}^{(2)}(2\eta^{3/2}/3)$ 表示向 $-z$ 传播的波. 于是, 我们取线性独立解为

$$\Phi_1(\eta, k_\rho) \equiv \mathrm{Ai}(\eta) - \frac{\mathrm{Ai}'(\eta_0)}{\Phi_2'(\eta_0, k_\rho)} \Phi_2(\eta, k_\rho)$$

$$\Phi_2(\eta, k_\rho) \equiv \sqrt{\eta} H_{1/3}^{(1)}\left(\frac{2}{3}\eta^{3/2}\right) \tag{7.2.29a}$$

这样既保证了 $\Phi_1(\eta, k_\rho)$ 满足刚性边界条件, 又体现了行波特征. 方程 (7.2.27b) 的解取形式

$$Z(\eta, k_\rho) = \begin{cases} A\Phi_1(\eta, k_\rho) & (\eta_0 < \eta < \eta_\mathrm{s}) \\ B\Phi_2(\eta, k_\rho) & (\eta > \eta_\mathrm{s}) \end{cases} \tag{7.2.29b}$$

由声源处的连接条件得到

$$A\Phi_1(\eta_\mathrm{s}, k_\rho) = B\Phi_2(\eta_\mathrm{s}, k_\rho)$$

$$A\Phi_1'(\eta_\mathrm{s}, k_\rho) - B\Phi_2'(\eta_\mathrm{s}, k_\rho) = -\frac{\mathrm{i}\rho_0 q_0 \omega}{2\pi} H \tag{7.2.30a}$$

其中, $\eta_\mathrm{s} = \eta_0 + z_\mathrm{s}/H$. 于是

$$A = \frac{\mathrm{i}\rho_0 q_0 \omega}{2\pi} \cdot \frac{H\Phi_2(\eta_\mathrm{s}, k_\rho)}{W(\Phi_1, \Phi_2)}; \quad B = \frac{\mathrm{i}\rho_0 q_0 \omega}{2\pi} \cdot \frac{H\Phi_1(\eta_\mathrm{s}, k_\rho)}{W(\Phi_1, \Phi_2)} \tag{7.2.30b}$$

其中, Wronskian 行列式为 $W(\Phi_1, \Phi_2) = \mathrm{i}(\sqrt{3}/\pi)\exp(-\mathrm{i}\pi/6)$. 由方程 (7.2.29b)

$$Z(\eta, k_\rho) = \frac{\mathrm{i}\rho_0 q_0 \omega}{2\pi} \cdot \frac{H}{W(\Phi_1, \Phi_2)} \begin{cases} \Phi_2(\eta_\mathrm{s}, k_\rho)\Phi_1(\eta, k_\rho) & (\eta_0 < \eta < \eta_\mathrm{s}) \\ \Phi_1(\eta_\mathrm{s}, k_\rho)\Phi_2(\eta, k_\rho) & (\eta > \eta_\mathrm{s}) \end{cases} \tag{7.2.31a}$$

把上式代入方程 (7.2.27a), 我们可以得到声场的积分表达式

$$p(\rho, \eta) = \frac{\mathrm{i}\rho_0 q_0 \omega}{4\pi} \cdot \frac{H}{W(\Phi_1, \Phi_2)} \int_{-\infty}^{\infty} H_0^{(1)}(k_\rho\rho)k_\rho \mathrm{d}k_\rho$$

$$\times \begin{cases} \Phi_2(\eta_\mathrm{s}, k_\rho)\Phi_1(\eta, k_\rho) & (\eta < \eta_\mathrm{s}) \\ \Phi_1(\eta_\mathrm{s}, k_\rho)\Phi_2(\eta, k_\rho) & (\eta > \eta_\mathrm{s}) \end{cases} \tag{7.2.31b}$$

得到上式, 利用了关系 $2\mathrm{J}_0(k_\rho\rho) = H_0^{(1)}(k_\rho\rho) - H_0^{(1)}(\mathrm{e}^{\mathrm{i}\pi}k_\rho\rho)$ 以及 $Z(z, k_\rho)$ 的偶函数性质. 注意: 上式中的 Wronskian 行列式 $W(\Phi_1, \Phi_2)$ 为常数, 故移出了积分号. 事实

上, Wronskian 行列式为常数, 说明声源在半无限空间中激发声场时, 不存在驻波, 也没有简正模式.

必须小心的是: 由于 $\eta_0 \equiv (k_0^2 - k_\rho^2)H^2$, 而 k_ρ^2 的变化范围是 $(0, \infty)$, 当 k_ρ^2 足够大时, $\eta = 0$, 因此也存在转折点为 $z_t = -\eta_0 H = (k_\rho^2 - k_0^2)H^2 (k_\rho^2 > k_0^2)$. 从方程 (7.2.28c) 来看, 声波相速度在转折点为零, 即 $\mathrm{d}z/\mathrm{d}t = 0$. 此时, 刚性地面与转折点 (面) z_t 形成波导, 线性独立解应该取为

$$\Phi_1(\eta, k_\rho) = \mathrm{Bi}'(\eta_0)\mathrm{Ai}(\eta) - \mathrm{Ai}'(\eta_0)\mathrm{Bi}(\eta)$$
$$\Phi_2(\eta, k_\rho) = \mathrm{Ai}(\eta) \tag{7.2.32}$$

其中, $\Phi_1(\eta, k_\rho)$ 满足 $\eta = \eta_0$ 处的刚性边界条件. 余下的推导与 7.2.3 小节类似, 这里不再重复.

如果考虑远离声源的场, 方程 (7.2.31b) 的渐近形式为

$$p(\rho, z) \approx \frac{1}{\sqrt{2\pi\rho}} \mathrm{e}^{-\mathrm{i}\pi/4} \int_{-\infty}^{\infty} \sqrt{k_\rho} Z(z, k_\rho) \exp(\mathrm{i}k_\rho\rho)\mathrm{d}k_\rho \tag{7.2.33a}$$

式中, 当 $k_\rho < 0$ 时, $\sqrt{k_\rho} = \mathrm{e}^{\mathrm{i}\pi/2}\sqrt{|k_\rho|}$. 由于积分主要是 k_0 附近的贡献, 故取 $\sqrt{k_\rho} \approx \sqrt{k_0}$ 以及

$$\eta_0 = (k_0^2 - k_\rho^2)H^2 \approx (k_0 + k_\rho)(k_0 - k_\rho)H^2 \approx 2k_0(k_0 - k_\rho)H^2 \equiv \sigma \tag{7.2.33b}$$

方程 (7.2.33a) 的积分变量可变换成 σ. 对远离声源并且离地面较近的点 $(\eta < \eta_s)$, 我们得到

$$p(\rho, z) \approx -\frac{\mathrm{i}\rho_0 q_0 \omega}{2(2\pi)^{3/2} H} \frac{\mathrm{e}^{\mathrm{i}(k_0\rho - \pi/4)}}{W\sqrt{k_0\rho}} \int_{-\infty}^{\infty} \widetilde{\Phi}_2(\sigma, z)\widetilde{\Phi}_1(\sigma, z)\mathrm{e}^{-\mathrm{i}\tau\sigma}\mathrm{d}\sigma \tag{7.2.34a}$$

其中, 为了方便定义

$$\widetilde{\Phi}_1(\sigma, z) \equiv \mathrm{Ai}\left(\sigma + \frac{z}{H}\right) - \frac{\mathrm{Ai}'(\sigma)}{\widetilde{\Phi}_2'(\sigma, 0)}\widetilde{\Phi}_2(\sigma, z)$$
$$\widetilde{\Phi}_2(\sigma, z) \equiv \sqrt{\left(\sigma + \frac{z}{H}\right)}\mathrm{H}_{1/3}^{(1)}\left[\frac{2}{3}\left(\sigma + \frac{z}{H}\right)^{3/2}\right] \tag{7.2.34b}$$

以及 $\tau \equiv \rho/(2k_0 H^2)$. 注意: 上式中 $\widetilde{\Phi}_2'(\sigma, 0)$ 是对变量 σ 求导.

阻抗型地面　　如果考虑地面是阻抗型的, 则函数 $\Phi_1(\eta, k_\rho)$ 应该满足方程

$$\left[\frac{\mathrm{d}\Phi_1(\eta, k_\rho)}{\mathrm{d}\eta} + \mathrm{i}k_0\beta H \Phi_1(\eta, k_\rho)\right]\Bigg|_{\eta=\eta_0} = 0 \tag{7.2.35a}$$

设 $\Phi_1(\eta, k_\rho) \equiv \mathrm{Ai}(\eta) + \alpha\Phi_2(\eta, k_\rho)$ 代入上式得到

$$\alpha = -\frac{\mathrm{Ai}'(\eta_0) + \mathrm{i}k_0\beta\mathrm{Ai}(\eta_0)}{\Phi_2'(\eta_0, k_\rho) + \mathrm{i}k_0\beta\Phi_2(\eta_0, k_\rho)} \tag{7.2.35b}$$

故应该取

$$\Phi_1(\eta, k_\rho) \equiv \mathrm{Ai}(\eta) - \frac{\mathrm{Ai}'(\eta_0) + \mathrm{i}k_0\beta H \mathrm{Ai}(\eta_0)}{\Phi_2'(\eta_0, k_\rho) + \mathrm{i}k_0\beta H \Phi_2(\eta_0, k_\rho)}\Phi_2(\eta, k_\rho) \tag{7.2.35c}$$

此时, 方程 (7.2.34a) 中的函数 $\widetilde{\Phi}_1(\sigma, z)$ 改为

$$\widetilde{\Phi}_1(\sigma, z) = \mathrm{Ai}\left(\sigma + \frac{z}{H}\right) - \frac{\mathrm{Ai}'(\sigma) + \mathrm{i}k_0\beta H \mathrm{Ai}(\sigma)}{\widetilde{\Phi}_2'(\sigma, 0) + \mathrm{i}k_0\beta H \widetilde{\Phi}_2(\sigma, 0)}\widetilde{\Phi}_2(\sigma, z) \tag{7.2.35d}$$

而 $\widetilde{\Phi}_2(\sigma, z)$ 仍然由方程 (7.2.34b) 的第二式决定.

值得指出的是: 无论是大气中还是海洋 (包括浅海) 中的声速, 其随高度 (或深度) 的变化都可以用一系列折线 (即线性函数变化) 来表示. 于是, 可以把整个区域分成若干个声速线性变化的子区域讨论, 在每个子区域, 声波方程的解都可用 Airy 函数表示 (如果某个子区域声速为常数, 则仅需要用三角或者指数函数), 然后通过边界条件 (声压和法向速度连续) 连接得到整个区域的声场分布.

7.2.5 平面波的反射和透射

考虑如图 7.2.5 情况, 求入射平面波经过非均匀介质层后的反射系数和透射系数. 设入射波和反射波分别为

$$\begin{aligned}
p_i(x, z) &= p_0 \exp[\mathrm{i}k_0(x\sin\vartheta_i + z\cos\vartheta_i)] && (z < 0)\\
p_r(x, z) &= r_p p_0 \exp[\mathrm{i}k_0(x\sin\vartheta_r - z\cos\vartheta_r)] && (z < 0)
\end{aligned} \tag{7.2.36a}$$

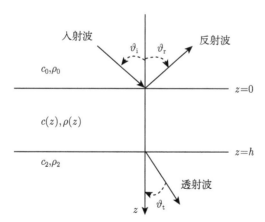

图 7.2.5 入射平面波经层状非均匀介质后的反射和透射

其中, $k_0 = \omega/c_0$, ϑ_i 和 ϑ_r 分别为入射角和反射角, r_p 为反射系数. 为了简单, 上式假定声波传播与 y 方向无关. $z = h$ 处的透射波为

$$p_t(x, z) = t_p p_0 \exp[\mathrm{i}k_2(x\sin\vartheta_t + (z - h)\cos\vartheta_t)] \quad (z > h) \tag{7.2.36b}$$

其中, $k_2 = \omega/c_2, \vartheta_t$ 为透射角, t_p 为透射系数. 在非均匀层 $0 < z < h$, 声场方程为

$$\left(\frac{\partial^2}{\partial x^2} + \frac{\partial^2}{\partial z^2}\right)\tilde{p}(x,z) + k^2\tilde{p}(x,z) = 0 \tag{7.2.37a}$$

其中, $k = \omega/c(z)$ 和 $\tilde{p}(x,z) \equiv p(x,z)/\sqrt{\rho(z)}$, 这里假定密度是缓慢变化的. 设非均匀层的声波为

$$\tilde{p}(x,z) = \frac{\Phi(z)}{\sqrt{\rho(0)}}\exp(\mathrm{i}k_x x) \tag{7.2.37b}$$

代入方程 (7.2.37a)

$$\frac{\mathrm{d}^2\Phi(z)}{\mathrm{d}z^2} + [k^2(z) - k_x^2]\Phi(z) = 0 \tag{7.2.38a}$$

其中, $k(z) = \omega/c(z)$ 是 z 的函数, 设方程 (7.2.38a) 的二个线性独立解为 $\Phi_1(z)$ 和 $\Phi_2(z)$, 方程 (7.2.38a) 的通解可表示为

$$\Phi(z) = A\Phi_1(z) + B\Phi_2(z) \tag{7.2.38b}$$

诸系数由 $z = 0$ 和 h 处的边界条件决定.

(1) 由 $z = 0$ 和 h 处声压连续得到

$$p_0\exp(\mathrm{i}k_0 x\sin\vartheta_i) + r_p p_0\exp(\mathrm{i}k_0 x\sin\vartheta_r) = \Phi(0)\exp(\mathrm{i}k_x x)$$

$$\sqrt{\frac{\rho(h)}{\rho(0)}}\Phi(h)\exp(\mathrm{i}k_x x) = t_p p_0\exp(\mathrm{i}k_2 x\sin\vartheta_t) \tag{7.2.39a}$$

上式恒成立的条件为

$$k_0\sin\vartheta_i = k_0\sin\vartheta_r = k_x; \quad k_x = k_2\sin\vartheta_t \tag{7.2.39b}$$

故 Snell 定律仍然成立: $\vartheta_i = \vartheta_r \equiv \vartheta$ (入射角等于反射角) 以及 $\sin\vartheta = (c_0/c_2)\sin\vartheta_t$. 同时, 方程 (7.2.39a) 简化成

$$p_0 + r_p p_0 = \Phi(0) = A\Phi_1(0) + B\Phi_2(0) \tag{7.2.40a}$$

和

$$\sqrt{\frac{\rho(h)}{\rho(0)}}[A\Phi_1(h) + B\Phi_2(h)] = t_p p_0 \tag{7.2.40b}$$

(2) 由 $z = 0$ 和 h 处法向速度连续并且结合方程 (7.2.39b) 得到

$$\frac{p_0}{\rho_0 c_0}(\cos\vartheta - r_p\cos\vartheta) = \frac{1}{\mathrm{i}\rho(0)\omega}[A\Phi_1'(0) + B\Phi_2'(0)]$$

$$\frac{1}{\mathrm{i}\rho(h)\omega}\sqrt{\frac{\rho(h)}{\rho(0)}}[A\Phi_1'(h) + B\Phi_2'(h)] = \frac{t_p p_0}{\rho_2 c_2}\cos\vartheta_t \tag{7.2.40c}$$

注意: 得到上式, 忽略了 $\rho(z)$ 的导数. 假定密度变化可忽略且 $\rho(h) = \rho(0) = \rho_1$, 我们得到

$$p_0(1 + r_p) = A\Phi_1(0) + B\Phi_2(0)$$
$$A\Phi_1(h) + B\Phi_2(h) = t_p p_0 \tag{7.2.41a}$$

以及

$$\frac{p_0 \cos\vartheta}{\rho_0 c_0}(1 - r_p) = \frac{1}{\mathrm{i}\rho_1\omega}[A\Phi_1'(0) + B\Phi_2'(0)]$$
$$\frac{1}{\mathrm{i}\rho_1\omega}[A\Phi_1'(h) + B\Phi_2'(h)] = \frac{t_p p_0}{\rho_2 c_2}\cos\vartheta_{\mathrm{t}} \tag{7.2.41b}$$

从上二式, 令 $z_0(\vartheta) \equiv \rho_0 c_0 / \cos\vartheta$ 和 $z_2(\vartheta) \equiv \rho_2 c_2 / \cos\vartheta_{\mathrm{t}}$, 求得反射系数和透射系数

$$r_p = \frac{1 - \xi_1(\vartheta)}{1 + \xi_1(\vartheta)}; \quad t_p = \frac{2\xi_2(\vartheta)}{1 + \xi_1(\vartheta)} \tag{7.2.41c}$$

其中, 为了方便定义

$$\xi_1(\vartheta) \equiv \frac{z_0(\vartheta)}{\mathrm{i}\rho_1\omega} \cdot \frac{z_2(\vartheta)\Im_1 + \mathrm{i}\rho_1\omega\Im_2}{z_2(\vartheta)\Im_3 + \mathrm{i}\rho_1\omega\Im_4}; \quad \xi_2(\vartheta) \equiv \frac{z_2(\vartheta)\Re_1 + \mathrm{i}\rho_1\omega\Re_2}{z_2(\vartheta)\Re_3 + \mathrm{i}\rho_1\omega\Re_4} \tag{7.2.42a}$$

和

$$\Im_1 \equiv \Phi_1'(0)\Phi_2'(h) - \Phi_2'(0)\Phi_1'(h)$$
$$\Im_2 \equiv \Phi_1(h)\Phi_2'(0) - \Phi_2(h)\Phi_1'(0)$$
$$\Im_3 \equiv \Phi_2(0)\Phi_1'(h) - \Phi_1(0)\Phi_2'(h)$$
$$\Im_4 \equiv \Phi_1(0)\Phi_2(h) - \Phi_2(0)\Phi_1(h) \tag{7.2.42b}$$

以及

$$\Re_1 \equiv \Phi_2(h)\Phi_1'(h) - \Phi_1(h)\Phi_2'(h)$$
$$\Re_2 \equiv \Phi_1(h)\Phi_2(h) - \Phi_2(h)\Phi_1(h)$$
$$\Re_3 \equiv \Im_3; \Re_4 \equiv \Im_4 \tag{7.2.42c}$$

WKB 近似 一般情况下, 求方程 (7.2.38a) 的两个线性独立解是困难的, 只有少数几种特殊形式的 $k^2(z)$ 才能解析求解, 如线性变化, 即方程 (7.2.10a). 但在高频近似下, 方程 (7.2.38a) 可用 WKB 方法求近似解, 该近似方法将在 7.3 节中详细讨论, 建议首先阅读 7.3 节的内容. 由方程 (7.3.8c), 在 $0 < z < h$ 区域可取驻波形式的 WKB 近似解

$$\Phi_1(z) \approx \frac{1}{\sqrt[4]{q(z)}}\cos\left[k_0 \int_0^z \sqrt{q(\xi)}\mathrm{d}\xi\right]$$
$$\Phi_2(z) \approx \frac{1}{\sqrt[4]{q(z)}}\sin\left[k_0 \int_0^z \sqrt{q(\xi)}\mathrm{d}\xi\right] \tag{7.2.43a}$$

其中, $q(z) = n^2(z) - \sin^2\vartheta_i$ 和 $n(z) = c_0/c(z)$. 于是, 由方程 (7.3.41c) 可得到反射和透射系数.

　　存在转折点情况　由于 $\sin^2\vartheta_i \leqslant 1$, 当 $c(z) > c_0$ 时, 可能在 $(0, h)$ 间存在转折点 z_t, 使 $q(z_t) = 0$, 声波遇到转折点 z_t 后返回, 到不了 $z > z_t$ 区域, 故透射系数为零; 反射系数的模为 1, 只有相位的改变. 如果不考虑转折点 z_t 邻域内的声波, 则由方程 (7.3.26c), 在 $0 < z < z_t$ 区域取方程 (7.2.38a) 的解为

$$\Phi(z) \approx \frac{1}{\sqrt[4]{q(z)}} \left\{ \exp\left[\mathrm{i}k_0 \int_z^{z_t} \sqrt{q(\xi)}\mathrm{d}\xi \right] - \mathrm{i}\exp\left[-\mathrm{i}k_0 \int_z^{z_t} \sqrt{q(\xi)}\mathrm{d}\xi \right] \right\} \quad (7.2.43b)$$

由 $z = 0$ 处的声压和速度连续得到

$$p_0 + r_p p_0 = A\Phi(0)$$

$$\frac{p_0}{\rho_0 c_0}(\cos\vartheta - r_p\cos\vartheta) = \frac{1}{\mathrm{i}\rho(0)\omega}A\Phi'(0) \qquad (7.2.43c)$$

注意: 由于声波遇到转折点 z_t 后返回, 边界 $z = h$ 的条件没有用了. 此外, 转折点 z_t 处的边界条件已由方程 (7.2.43b) 自动包含. 从方程 (7.2.43c) 不难得到

$$r_p = -\frac{Z\cos\vartheta - \rho_0 c_0}{Z\cos\vartheta + \rho_0 c_0}; \quad Z \equiv \mathrm{i}\rho(0)\omega\frac{\Phi(0)}{\Phi'(0)} \qquad (7.2.43d)$$

容易证明 $|r_p| = 1$, 该结果与定性分析是一致的.

　　半无限层　如图 7.2.6, 考虑简单的情况, 即 $z = h$ 处不连续层不存在, 或者假定 $h \to \infty$, 并且当 z 足够大时 $c(z)$ 和 $\rho(z)$ 趋近常数

$$\lim_{z \to \infty} c(z) \equiv c_1; \quad \rho(z) \equiv \rho_1 \qquad (7.2.44a)$$

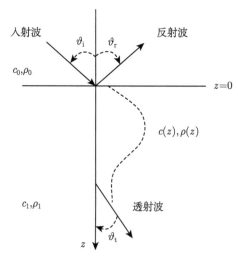

图 7.2.6　入射波经层状非均匀介质后的反射和透射

入射波和反射波仍由方程 (7.2.36a) 表示. 当 $z \to \infty$ 时, 只存在透射波, 即

$$\lim_{z \to \infty} p_{\mathrm{t}}(x, z) = t_p p_0 \exp[\mathrm{i}k_1(x \sin \vartheta_{\mathrm{t}} + z \cos \vartheta_{\mathrm{t}})] \qquad (7.2.44\mathrm{b})$$

其中,$k_1 = \omega/c_1$. 此时方程 (7.2.38a) 的解只能取一个行波解, 这个解必须满足方程 (7.2.44b) 的极限形式, 或者在 $z \to \infty$ 必须有限. 比如, 当 $c(z) \equiv c_1$ 时, 在整个下半平面 $0 < z < \infty$, 方程 (7.2.38a) 只能取透射波形式的解, 即方程 (7.2.44b).

设方程 (7.2.38a) 的行波解为 $\Phi_1(z)$, 令 $\Phi(z) = A\Phi_1(z)$, 由 $z = 0$ 处声压和速度连续得到 (注意: 仍然可得到方程 $k_0 \sin \vartheta_{\mathrm{i}} = k_0 \sin \vartheta_{\mathrm{r}} = k_x$, 但透射角与入射角的关系仍待求)

$$
\begin{aligned}
p_0(1 + r_p) &= A\Phi_1(0) \\
\frac{p_0 \cos \vartheta}{\rho_0 c_0}(1 - r_p) &= \frac{1}{\mathrm{i}\rho_1 \omega} A\Phi_1'(0)
\end{aligned}
\qquad (7.2.45\mathrm{a})
$$

容易求得反射系数为

$$r_p = \frac{Z \cos \vartheta - \rho_0 c_0}{Z \cos \vartheta + \rho_0 c_0}; \quad Z \equiv \mathrm{i}\rho_1 \omega \frac{\Phi_1(0)}{\Phi_1'(0)} \qquad (7.2.45\mathrm{b})$$

以及

$$A = \frac{p_0}{\Phi_1(0)} \cdot \frac{2Z \cos \vartheta}{Z \cos \vartheta + \rho_0 c_0} \qquad (7.2.45\mathrm{c})$$

故区域 $0 < z < \infty$ 中的声场为

$$p(x, z) \approx p_0 \frac{2Z \cos \vartheta}{Z \cos \vartheta + \rho_0 c_0} \cdot \frac{\Phi_1(z)}{\Phi_1(0)} \exp(\mathrm{i}k_x x) \qquad (7.2.46\mathrm{a})$$

当 $z \to \infty$ 时

$$\lim_{z \to \infty} p(x, z) \approx p_0 \frac{2Z \cos \vartheta}{Z \cos \vartheta + \rho_0 c_0} \lim_{z \to \infty} \frac{\Phi_1(z)}{\Phi_1(0)} \exp(\mathrm{i}k_0 x \sin \vartheta) \qquad (7.2.46\mathrm{b})$$

其中, 利用了 Snell 定律: $k_0 \sin \vartheta = k_x$ (x 方向的波数守恒). 因此, 由方程 (7.2.44b) 得到透射系数满足的表达式

$$t_p \exp[\mathrm{i}(k_1 \sin \vartheta_{\mathrm{t}} - k_0 \sin \vartheta)x] = \frac{2Z \cos \vartheta}{Z \cos \vartheta + \rho_0 c_0} \lim_{z \to \infty} \frac{\Phi_1(z)}{\Phi_1(0)} \exp(-\mathrm{i}k_1 z \cos \vartheta_{\mathrm{t}}) \qquad (7.2.46\mathrm{c})$$

透射系数应该与 x 无关, 上式恒成立的条件是 $k_1 \sin \vartheta_{\mathrm{t}} - k_0 \sin \vartheta = 0$, 即透射角与入射角仍然满足方程 $k_1 \sin \vartheta_{\mathrm{t}} = k_0 \sin \vartheta$. 于是得到透射系数的表达式

$$t_p = \frac{2Z \cos \vartheta}{Z \cos \vartheta + \rho_0 c_0} \lim_{z \to \infty} \left[\frac{\Phi_1(z)}{\Phi_1(0)} \exp(-\mathrm{i}k_1 z \cos \vartheta_{\mathrm{t}}) \right] \qquad (7.2.46\mathrm{d})$$

对均匀介质, $c(z) = c_1$ 和 $\rho(z) = \rho_1$, 则可取 $\Phi_1(z) = \exp(\mathrm{i}k_1 z \cos\vartheta_\mathrm{t})$, 故 $Z \equiv \mathrm{i}\rho_1\omega\Phi_1(0)/\Phi_1'(0) = \rho_1 c_1/\cos\vartheta_\mathrm{t}$, 不难得到

$$r_p = \frac{\rho_1 c_1 \cos\vartheta - \rho_0 c_0 \cos\vartheta_\mathrm{t}}{\rho_1 c_1 \cos\vartheta + \rho_0 c_0 \cos\vartheta_\mathrm{t}}; \quad t_p = \frac{2\rho_1 c_1 \cos\vartheta}{\rho_1 c_1 \cos\vartheta + \rho_0 c_0 \cos\vartheta_\mathrm{t}} \tag{7.2.46e}$$

上式与方程 (1.4.4b) 和 (1.4.4c) 的结果完全一致.

WKB 近似 (半无限层情况)　　在半无限层情况, 由方程 (7.3.8a), 我们取方程 (7.2.38a) 的行波解 (向 $z \to \infty$ 方向传播)

$$\Phi_1(z) \approx \frac{1}{\sqrt[4]{q(z)}} \exp\left[\mathrm{i}k_0 \int_0^z \sqrt{q(\xi)}\mathrm{d}\xi\right] \tag{7.2.47a}$$

其中, $q(z) = c_0^2/c^2(z) - \sin^2\vartheta_\mathrm{i}$ 以及 $k_0 = \omega/c_0$ (注意: 仍取参考点速度为 c_0). 为了由方程 (7.2.46d) 求透射系数, 假定当 $z = L$ 足够大时, 已经满足方程 (7.2.44a), 即 $c(L) = c_1$ 和 $\rho(L) = \rho_1$, 于是

$$\lim_{z\to\infty}\left[\frac{\Phi_1(z)}{\Phi_1(0)}e^{-\mathrm{i}k_1 z \cos\vartheta_\mathrm{t}}\right] = \sqrt[4]{q(0)}\exp\left[\mathrm{i}k_0\int_0^L\sqrt{q(\xi)}\mathrm{d}\xi\right] \\ \times \lim_{z\to\infty}\left\{\exp\left[\mathrm{i}k_0\sqrt{q(L)}(z-L)\right]e^{-\mathrm{i}k_1 z \cos\vartheta_\mathrm{t}}\right\} \tag{7.2.47b}$$

为了极限存在, 只有要求: $k_0\sqrt{q(L)} = k_1\cos\vartheta_\mathrm{t}$, 于是

$$\lim_{z\to\infty}\left[\frac{\Phi_1(z)}{\Phi_1(0)}e^{-\mathrm{i}k_1 z \cos\vartheta_\mathrm{t}}\right] = \sqrt[4]{q(0)}\exp\left[\mathrm{i}k_0\left(\int_0^L\sqrt{q(\xi)}\mathrm{d}\xi - \sqrt{q(L)}L\right)\right] \tag{7.2.47c}$$

利用关系 $k_1\sin\vartheta_\mathrm{t} = k_0\sin\vartheta_\mathrm{i}$, 不难验证 $k_0\sqrt{q(L)} = k_0\sqrt{c_0^2/c^2(L) - \sin^2\vartheta_\mathrm{i}} = k_1\cos\vartheta_\mathrm{t}$. 因此, 把方程 (7.2.47c) 代入方程 (7.2.46d) 得到反射系数

$$t_p = \frac{2Z\cos\vartheta}{Z\cos\vartheta + \rho_0 c_0}\sqrt[4]{q(0)}\exp\left[\mathrm{i}k_0\left(\int_0^L\sqrt{q(\xi)}\mathrm{d}\xi - \sqrt{q(L)}L\right)\right] \tag{7.2.47d}$$

另一方面, 从方程 (7.2.47a) 容易得到

$$Z \equiv \mathrm{i}\rho_1\omega\frac{\Phi_1(0)}{\Phi_1'(0)} = \frac{\rho_1 c_0}{\sqrt{q(0)}} = \frac{\rho_1 c_0}{\sqrt{c_0^2/c^2(0) - \sin^2\vartheta_\mathrm{i}}} \tag{7.2.48a}$$

代入方程 (7.2.45b) 得到

$$r_p = \frac{\rho_1 c_1 \cos\vartheta - \rho_0 c_0\sqrt{c_1^2/c^2(0^+) - \sin^2\vartheta_\mathrm{t}}}{\rho_1 c_1 \cos\vartheta + \rho_0 c_0\sqrt{c_1^2/c^2(0^+) - \sin^2\vartheta_\mathrm{t}}} \tag{7.2.48b}$$

其中, $c(0^+)$ 是零点的声速. 如果 $c(0^+) = c_1$, 则上式与方程 (7.2.46e) 的 r_p 完全相同, 说明在 WKB 近似下, 对反射系数而言, 声速的分布影响不大, 等价于均匀介质; 如果 $c(0^+) = c_0$, 则与均匀介质的反射系数有大的区别; 如果存在转折点 z_t, 讨论与有限厚的情况完全相同, 此时声波遇到转折点 z_t 后返回, 透射系数为零.

7.3 WKB 近似方法

对一般连续变化的层状介质, 解析求解是困难的, 然而在高频条件下, 我们可以用 WKB (Wentzel-Kramers-Brillouin) 近似方法分析层状介质中高频声波传播的基本特征. 本节中我们特别感兴趣的是 WKB 近似不成立的点, 即**转折点**(turning point) 附近解的特性, 尤其是存在二个转折点的介质, 在转折点区域形成波导, 声波只能在该区域传播.

7.3.1 WKB 近似理论和近似条件

对密度缓慢变化的分层介质, 波动方程可写成

$$\frac{\partial^2 p}{\partial x^2} + \frac{\partial^2 p}{\partial y^2} + \frac{\partial^2 p}{\partial z^2} + k_0^2 n^2(z)p = 0 \tag{7.3.1}$$

其中, p 理解为 $p/\sqrt{\rho}$. 由于 $n(z) = c_0/c(z)$ 只是 z 的函数, 与 x 和 y 无关, 设方程 (7.3.1) 的解为

$$p(x,y,z,\omega) = \iint \tilde{p}(k_x, k_y, z) \exp[\mathrm{i}(k_x x + k_y y)]\mathrm{d}k_x \mathrm{d}k_y \tag{7.3.2a}$$

代入方程 (7.3.1)

$$\frac{\mathrm{d}^2 \tilde{p}}{\mathrm{d}z^2} + [k_0^2 n^2(z) - (k_x^2 + k_y^2)]\tilde{p} = 0 \tag{7.3.2b}$$

如果 $n(z) = 1$ 与 z 无关, 那么上式的解为

$$\tilde{p}(k_x, k_y, z) = \begin{cases} A_\pm \exp\left[\pm \mathrm{i}k_0\sqrt{1-(k_x^2+k_y^2)/k_0^2}z\right], & k_0^2 > (k_x^2 + k_y^2) \\ A_\pm \exp\left[\pm k_0\sqrt{(k_x^2+k_y^2)/k_0^2 - 1}z\right], & k_0^2 < (k_x^2 + k_y^2) \end{cases} \tag{7.3.2c}$$

当 n 是 z 的函数, 当然得不到上式那么简单的解, 但我们寻求下列形式的解

$$\tilde{p}(k_x, k_y, z) = A \exp[\mathrm{i}k_0 G(z, k_0)] \tag{7.3.3a}$$

其中, A 为常数, 以及

$$G(z, k_0) = \int_{z_0}^{z} Q(\xi)\mathrm{d}\xi \tag{7.3.3b}$$

其中, z_0 是空间的某个参考点, 方程 (7.3.3a) 代入方程 (7.3.2b) 得到

$$\frac{\mathrm{i}}{k_0}Q'(z) - Q^2(z) + N^2(z) = 0 \tag{7.3.3c}$$

其中, $N^2(z) \equiv n^2(z) - (k_x^2 + k_y^2)/k_0^2$. 注意: 上式是严格的. 假定声波波长比不均匀区的特征长度短得多, 即高频情况下 (近似条件在下面讨论), 作微扰展开

$$Q(z) = Q_0(z) + \frac{1}{k_0}Q_1(z) + \left(\frac{1}{k_0}\right)^2 Q_2(z) + \left(\frac{1}{k_0}\right)^3 Q_3(z) + \cdots \tag{7.3.4a}$$

代入方程 (7.3.3c)

$$\left(\frac{1}{k_0}\right)^0 \left\{-[Q_0(z)]^2 + N^2(z)\right\} + \left(\frac{1}{k_0}\right)^1 [\mathrm{i}Q_0'(z) - 2Q_0(z)Q_1(z)]$$

$$+ \left(\frac{1}{k_0}\right)^2 \left\{\mathrm{i}Q_1'(z) - 2Q_0(z)Q_2(z) - [Q_1(z)]^2\right\} \tag{7.3.4b}$$

$$+ \left(\frac{1}{k_0}\right)^3 [\mathrm{i}Q_2'(z) - 2Q_0(z)Q_3(z) - Q_1(z)Q_2(z)] + \cdots = 0$$

比较 $1/k_0$ 的同次幂得到

$$\begin{aligned}
&[Q_0(z)]^2 = N^2(z)\\
&\mathrm{i}Q_0'(z) - 2Q_0(z)Q_1(z) = 0\\
&\mathrm{i}Q_1'(z) - 2Q_0(z)Q_2(z) - [Q_1(z)]^2 = 0\\
&\mathrm{i}Q_2'(z) - 2Q_0(z)Q_3(z) - 2Q_1(z)Q_2(z) = 0\\
&\cdots
\end{aligned} \tag{7.3.4c}$$

因此, 我们得到

$$\begin{aligned}
Q_0(z) &= \pm N(z)\\
Q_1(z) &= \mathrm{i}\frac{Q_0'(z)}{2Q_0(z)} = -\mathrm{i}\frac{\mathrm{d}}{\mathrm{d}z}\ln\frac{1}{\sqrt{N(z)}}\\
Q_2(z) &= \frac{1}{2Q_0(z)}\left\{-[Q_1(z)]^2 + \mathrm{i}Q_1'(z)\right\} = \frac{Q_0(z)}{2N^{3/2}}\frac{\mathrm{d}^2}{\mathrm{d}z^2}\frac{1}{\sqrt{N(z)}}\\
Q_3(z) &= \frac{1}{2Q_0(z)}[\mathrm{i}Q_2'(z) - 2Q_1(z)Q_2(z)] = \frac{\mathrm{i}}{2}\frac{\mathrm{d}}{\mathrm{d}z}\left[\frac{Q_2(z)}{Q_0(z)}\right]\\
&\cdots
\end{aligned} \tag{7.3.4d}$$

代入方程 (7.3.3b) 和 (7.3.3a) 得到保留至 $(1/k_0)^2$ 项的近似解

$$\tilde{p}(k_x, k_y, z) = \frac{A}{\sqrt{N(z)}}\exp\left[-\frac{\varepsilon}{2} \pm \mathrm{i}k_0\int^z (1+\varepsilon)N(z)\mathrm{d}z\right] \tag{7.3.5a}$$

其中, 为了方便定义

$$\varepsilon \equiv \frac{1}{2k_0^2 N^{3/2}} \frac{\mathrm{d}^2}{\mathrm{d}z^2} \frac{1}{\sqrt{N(z)}} \tag{7.3.5b}$$

讨论如下.

(1) 如果 $n(z) = 1$, $N^2 = 1 - (k_x^2 + k_y^2)/k_0^2$ 与 z 无关, 那么

$$\tilde{p}(k_x, k_y, z) = \frac{A}{\sqrt{N}} \exp[\pm \mathrm{i}k_0 N(z - z_0)] \tag{7.3.6a}$$

为均匀介质中的波.

(2) 如果 $\varepsilon \ll 1$, 那么

$$\tilde{p}(k_x, k_y, z) = \frac{A}{\sqrt{N(z)}} \exp\left[\pm \mathrm{i}k_0 \int_{z_0}^{z} N(z)\mathrm{d}z\right] \tag{7.3.6b}$$

称为 **WKB 近似**. 事实上, 方程 (7.3.6b) 成立的另一个条件是方程 (7.3.5a) 的指数部分还必须满足

$$k_0 \int_{z_1}^{z_2} \varepsilon N(z)\mathrm{d}z \ll 1 \tag{7.3.6c}$$

其中, z_1 和 z_2 是介质中的任意二点.

WKB 近似条件 设不均匀区的特征长度为 L, 那么

$$\varepsilon = \frac{1}{2k_0^2 N^{3/2}} \frac{\mathrm{d}^2}{\mathrm{d}z^2} \frac{1}{\sqrt{N(z)}} \sim \frac{1}{2k_0^2 L^2 N^2} \sim \frac{1}{k_0^2 L^2} \ll 1 \tag{7.3.7a}$$

其中, 取 $N \sim 1$, 因此近似条件 $\varepsilon \ll 1$ 可写成

$$k_0^2 L^2 \gg 1 \tag{7.3.7b}$$

或者 $\lambda \ll L$, 或者 $f \gg c_0/L$, 即声波频率必须足够高时, WKB 近似才成立. 第二个近似可表示成

$$k_0 \int_{z_1}^{z_2} \varepsilon N(z)\mathrm{d}z \sim k_0 \cdot \frac{1}{k_0^2 L^2} \int_{z_1}^{z_2} N(z)\mathrm{d}z \sim \frac{1}{k_0 L^2}(z_2 - z_1) \ll 1 \tag{7.3.7c}$$

或者

$$(z_2 - z_1) \ll L^2 k_0 \sim \frac{L^2}{\lambda} \tag{7.3.7d}$$

只有在满足上式条件的区域内, WKB 近似才成立. 可见: WKB 近似成立条件 (7.3.7d) 比条件 (7.3.7b) 更苛刻. 只有当 $\lambda \to 0$, WKB 近似在整个区域成立.

令 $N^2(z) = n^2(z) - (k_x^2 + k_y^2)/k_0^2 \equiv q(z)$, 那么 WKB 近似解可写成

当 $q(z) > 0$ 时

$$\tilde{p}(k_x, k_y, z) \approx \frac{1}{\sqrt[4]{q(z)}} \{A_+ \exp\left[\mathrm{i}k_0 g_+(z)\right] + A_- \exp\left[-\mathrm{i}k_0 g_+(z)\right]\} \tag{7.3.8a}$$

其中, 为了方便定义 $g_+(z) \equiv \int_{z_0}^{z} \sqrt{q(\xi)}\mathrm{d}\xi$.

当 $q(z) < 0$ 时

$$\tilde{p}(k_x, k_y, z) \approx \frac{1}{\sqrt[4]{-q(z)}} \{B_+ \exp\left[-k_0 g_-(z)\right] + B_- \exp\left[+k_0 g_-(z)\right]\} \tag{7.3.8b}$$

其中, 为了方便定义 $g_-(z) \equiv \int_{z_0}^{z} \sqrt{-q(\xi)}\mathrm{d}\xi$.

显然, 当时间项取 $\exp(-\mathrm{i}\omega t)$ 时, 方程 (7.3.8a) 的第一、二项分别表示沿 $+z$ 和 $-z$ 方向传播的行波, 而方程 (7.3.8b) 的第一、二项分别表示沿 $+z$ 和 $-z$ 方向衰减的波, 即倏逝波. 方程 (7.3.8a) 和 (7.3.8b) 也可以写成驻波形式的解

$$\tilde{p}(k_x, k_y, z) \approx \frac{1}{\sqrt[4]{q(z)}} \{C_1 \cos\left[k_0 g_+(z)\right] + C_2 \sin\left[k_0 g_+(z)\right]\} \tag{7.3.8c}$$

$$\tilde{p}(k_x, k_y, z) \approx \frac{1}{\sqrt[4]{-q(z)}} \{D_+ \cosh\left[-k_0 g_-(z)\right] + D_- \sinh\left[+k_0 g_-(z)\right]\} \tag{7.3.8d}$$

7.3.2　转折点附近的解和高阶转折点

当 z 满足 $q(z) = 0$ 时, WKB 近似解不成立, 这样的点称为**转折点**(turning point). 由 $q(z)$ 的定义, 转折点是可能存在的, 除非声波沿 z 方向传播: $k_x = k_y = 0$, $q(z) = n^2(z) = c_0^2/c^2(z)$ 不可能为零. 转折点 z_t 满足方程

$$k_0^2 q(z_\mathrm{t}) = k_0^2 n^2(z_\mathrm{t}) - (k_x^2 + k_y^2) = 0 \tag{7.3.9a}$$

在转折点 z_t 邻近区域 $|z - z_\mathrm{t}| < \delta$ 以外, WKB 近似解方程 (7.3.8a) 和方程 (7.3.8b) 成立, 而在 $|z - z_\mathrm{t}| < \delta$ 以内, 必须用其他方法求方程 (7.3.2b) 的解. 分析方程 (7.3.2b): 在转折点 z_t, 方程 (7.3.2b) 中的系数 $q(z_\mathrm{t}) = n^2(z_\mathrm{t}) - (k_x^2 + k_y^2)/k_0^2$ 为零, 因此把它的解写成方程 (7.3.3a) 的形式显然是不适合的. 在 z_t 附近可展开成

$$q(z) \approx a(z - z_\mathrm{t}) + b(z - z_\mathrm{t})^2 + \cdots \tag{7.3.9b}$$

其中, $|a| \sim L^{-1}$, 如果 $a \neq 0$, 只要保留第一项, z_t 称为**一阶转折点**; 如果 $a = 0$, 但 $b \neq 0$, 必须保留第二项, z_t 称为**二阶转折点**, 余类推.

首先考虑 z_t 是 $q(z)$ 的单重零点, 在 z_t 附近, 方程 (7.3.2b) 变成

$$\frac{\mathrm{d}^2 \tilde{p}}{\mathrm{d}z^2} + a k_0^2 (z - z_\mathrm{t})\tilde{p} = 0 \tag{7.3.10a}$$

令 $z' = \sqrt[3]{a}(z - z_t)k_0^{2/3}$, 则上式变化成 Airy 方程

$$\frac{\mathrm{d}^2\tilde{p}}{\mathrm{d}z'^2} + z'\tilde{p} = 0 \tag{7.3.10b}$$

下面分段讨论解的情况.

(1) 设 $a > 0$, 在转折点 z_t 的下部, $z_t + \delta > z > z_t$ (见图 7.3.1), $z' > 0$, 根据方程 (7.2.13a)

$$\tilde{p}(z') = C_D\mathrm{Ai}(z') = C_D\frac{\sqrt{z'}}{3}\left[\mathrm{J}_{-1/3}\left(\frac{2}{3}z'^{3/2}\right) + \mathrm{J}_{1/3}\left(\frac{2}{3}z'^{3/2}\right)\right] \tag{7.3.11a}$$

其中, $z' = \sqrt[3]{a}(z - z_t)k_0^{2/3} > 0$.

(2) 在转折点 z_t 的上部, $z_t - \delta < z < z_t$, $z' < 0$, 根据方程 (7.2.13a)

$$\tilde{p}(z') = C_U\mathrm{Ai}(z') = C_U\frac{\sqrt{z'}}{3}\left[\mathrm{I}_{-1/3}\left(\frac{2}{3}z'^{3/2}\right) - \mathrm{I}_{1/3}\left(\frac{2}{3}z'^{3/2}\right)\right] \tag{7.3.11b}$$

其中, $z' = \sqrt[3]{a}(z - z_t)k_0^{2/3} < 0$. 可见: 在转折点 z_t 的下部, 声场随 z' 变化振荡; 而在转折点 z_t 的上部, 声场随 z' 指数衰减. 必须指出的是: 在转折点 z_t 邻域以外, 声场仍由方程 (7.3.8a) 和 (7.3.8b) 决定, 而在转折点 z_t 的邻域, 声场由方程 (7.3.11a) 和 (7.3.11b) 决定. 问题是: 如何决定诸方程中的待定系数? 如果不同区域的解存在交叠, 则要求在交叠区有相同形式的解, 就可能决定待定系数. 在 7.3.3 小节中将要介绍的**渐近匹配方法**就是基于这个思想.

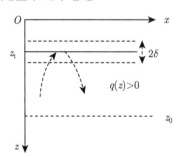

图 7.3.1 转折点 z_t 在上部

m 阶转折点 设 z_t 为 m 阶转折点, 在 z_t 附近 $q(z)$ 可以近似为

$$q(z) \approx f(z_t)(z - z_t)^m \tag{7.3.12a}$$

代入方程 (7.3.2b) 得到

$$\frac{\mathrm{d}^2\tilde{p}}{\mathrm{d}z^2} + k_0^2 f(z_t)(z - z_t)^m \tilde{p} = 0 \tag{7.3.12b}$$

令 $z' = k_0^{2/(m+2)}(z - z_t)$, 上式简化成

$$\frac{\mathrm{d}^2\tilde{p}}{\mathrm{d}z'^2} + f(z_t)z'^m\tilde{p} = 0 \tag{7.3.12c}$$

上式可以化成标准形式的 Bessel 方程, 作函数和自变量变化

$$\tilde{p} = \sqrt{z'}y(\eta); \quad \eta = az'^b \tag{7.3.13a}$$

其中, a 和 b 待定. 为了方便令 $A = \sqrt{z'}$ 和 $B = y(\eta)$, 则 $\tilde{p} = AB$ 以及

$$\tilde{p}'' = BA'' + AB'' + 2A'B' \tag{7.3.13b}$$

其中, 求导对变量 z' 进行. 不难得到微分关系

$$A' = \frac{1}{2}z'^{-1/2}; \quad A'' = -\frac{1}{4}z'^{-3/2}$$

$$B' = \frac{\mathrm{d}y(\eta)}{\mathrm{d}\eta}\frac{\mathrm{d}\eta}{\mathrm{d}z'}; \quad B'' = \left(\frac{\mathrm{d}\eta}{\mathrm{d}z'}\right)^2\frac{\mathrm{d}^2y(\eta)}{\mathrm{d}\eta^2} + \frac{\mathrm{d}y(\eta)}{\mathrm{d}\eta}\frac{\mathrm{d}^2\eta}{\mathrm{d}z'^2} \tag{7.3.13c}$$

利用上式和方程 (7.3.13b), 方程 (7.3.12c) 简化成

$$\eta^2 y''(\eta) + \eta y'(\eta) + \left[\frac{f(z_t)}{b^2}z'^{m+2} - \frac{1}{(2b)^2}\right]y(\eta) = 0 \tag{7.3.14a}$$

注意到: $\eta = az'^b$, 即 $z'^{2b} = (a^{-1}\eta)^2$, 上式中取 $m + 2 = 2b$, 则方程 (7.3.14a) 与 Bessel 方程相似, 于是

$$\eta^2 y''(\eta) + \eta y'(\eta) + \left[\frac{f(z_t)}{a^2b^2}\eta^2 - \frac{1}{(m+2)^2}\right]y(\eta) = 0 \tag{7.3.14b}$$

如果 $f(z_t) > 0$, 可取 $f(z_t)/(a^2b^2) = 1$, 即 $a = 2\sqrt{f(z_t)}/(m+2)$, 于是由方程 (7.3.13a) 得到变换

$$\tilde{p} = \sqrt{z'}y(\eta); \quad \eta = \frac{2\sqrt{f(z_t)}}{m+2}z'^{(m+2)/2} \tag{7.3.15}$$

方程 (7.3.14b) 简化成 $1/(m+2)$ 阶 Bessel 方程; 如果 $f(z_t) < 0$, 取 $|f(z_t)|/(a^2b^2) = 1$ 即 $a = 2\sqrt{|f(z_t)|}/(m+2)$, 方程 (7.3.14b) 简化成 $1/(m+2)$ 阶虚宗量 Bessel 方程. 因此, 方程 (7.3.12c) 的解为 $1/(m+2)$ 阶 Bessel 函数: ①如果 $f(z_t) > 0$, 则

$$\tilde{p}(z') = \sqrt{z'}\left\{C_1 \mathrm{J}_{-1/(m+2)}[\eta_+(z')] + C_2 \mathrm{J}_{1/(m+2)}[\eta_+(z')]\right\} \tag{7.3.16a}$$

其中, 为了方便定义 $\eta_+(z') \equiv 2\sqrt{f(z_t)}z'^{(m+2)/2}/(m+2)$. ②如果 $f(z_t) < 0$, 则用虚宗量 Bessel 函数

$$\tilde{p}(z') = \sqrt{z'}\left\{C_1 \mathrm{I}_{-1/(m+2)}[\eta_-(z')] + C_2 \mathrm{I}_{1/(m+2)}[\eta_-(z')]\right\} \tag{7.3.16b}$$

其中, 为了方便定义 $\eta_-(z') \equiv 2\sqrt{|f(z_t)|}z'^{(m+2)/2}/(m+2)$.

　　注意: 根据以上的讨论, 对 m 没有具体要求, 就方程 (7.3.12c) 本身而言, 只要 $m \neq -2$, 当 $m = -2$ 时, 方程 (7.3.12c) 为 Euler 型方程, 具有幂次形式的解.

7.3.3 渐近匹配方法

在转折点 z_t 的附近, 声场随变量 z 的变化而剧烈变化, 而随新变量 (下面仅考虑一阶零点情况) $z' = \sqrt[3]{a}(z - z_t)k_0^{2/3}$ 的变化比较平稳. 事实上, 由于 WKB 近似要求 $k_0 \gg 1/L$, 即 k_0 较大, 因此 $k_0^{2/3}$ 起到坐标放大作用. 新变量 $z' = \sqrt[3]{a}(z - z_t)k_0^{2/3}$ 称为**内部变量**, 而在转折点 z_t 邻域的外部区域 $|z - z_t| > \delta$, 变量 z 称为**外部变量**. 转折点 z_t 邻域的内部区域 $|z - z_t| < \delta$, 称为**边界层区域**.

在外部区域, WKB 近似成立, 声波方程的解由方程 (7.3.8a)~(7.3.8d) 表示, 而在内部区域, 声波方程的解由方程 (7.3.11a) 和 (7.3.11b) 表示. 问题是: 这些解成立的区域是否重叠? 如何连接? 下面根据具体的例子介绍**渐近匹配近似方法**.

为了方便, 设: ①声波由位于转折点 z_t 下部的 $z = z_0$ 处入射, 在 $z = z_t$ 处遇到转折点, 如图 7.3.2; ②假定 $q(z) = a(z - z_t)f(z)$, $f(z_t) > 0$ 以及 $a = 1$.

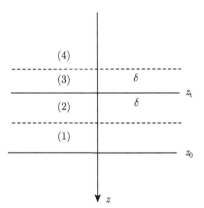

图 7.3.2 转折点 z_t 附近的 4 个区域: (1) 和 (4) 属于外部区域; (2) 和 (3) 属于内部区域

(1) 第一步: 区域 (1) 的解 (见图 7.3.2), 在转折点 z_t 邻域的下部, 即 $z > z_t + \delta(z < z_0)$ 区域, 取解为方程 (7.3.8a), 然后用内部变量 $z' = (z - z_t)f^{1/3}(z_t)k_0^{2/3}$ 表示这个外部解, 把 $z = z_t + f^{-1/3}(z_t)k_0^{-2/3}z'$ 代入方程 (7.3.8a) 得到

$$
\tilde{p} \approx \frac{k_0^{1/6}}{\sqrt[4]{f^{-1/3}(z_t)z'f[z_t + f^{-1/3}(z_t)k_0^{-2/3}z']}}
$$
$$
\times \left\{ A_+ \exp\left[\mathrm{i}k_0 \int_{z_0}^{z_t + f^{-1/3}(z_t)k_0^{-2/3}z'} \sqrt{(\xi - z_t)f(\xi)}\mathrm{d}\xi \right] \right.
$$
$$
\left. + A_- \exp\left[-\mathrm{i}k_0 \int_{z_0}^{z_t + f^{-1/3}(z_t)k_0^{-2/3}z'} \sqrt{(\xi - z_t)f(\xi)}\mathrm{d}\xi \right] \right\} \tag{7.3.17a}
$$

取近似展开: $k_0 \to \infty$ (同时保持 z' 不变), 并且把所得展开式表示为 $[\tilde{p}_1^0]^i$, 注意到

$$\int_{z_0}^{z_t+f^{-1/3}(z_t)k_0^{-2/3}z'} \sqrt{(\xi-z_t)f(\xi)}\mathrm{d}\xi$$

$$= \beta(z_t) + \int_{z_t}^{z_t+f^{-1/3}(z_t)k_0^{-2/3}z'} \sqrt{(\xi-z_t)f(\xi)}\mathrm{d}\xi \tag{7.3.17b}$$

$$\approx \beta(z_t) + \sqrt{f(z_t)} \int_{z_t}^{f^{-1/3}(z_t)k_0^{-2/3}z'+z_t} \sqrt{(\xi-z_t)}\mathrm{d}\xi$$

$$= \beta(z_t) + \frac{2}{3}k_0^{-1}z'^{3/2}$$

其中, 为了方便定义

$$\beta(z_t) \equiv \int_{z_0}^{z_t} \sqrt{(\xi-z_t)f(\xi)}\mathrm{d}\xi = \int_{z_0}^{z_t} \sqrt{q(\xi)}\mathrm{d}\xi \tag{7.3.17c}$$

方程 (7.3.17b) 代入方程 (7.3.17a) 得到

$$[\tilde{p}_1^0]^{\mathrm{i}} \approx \frac{k_0^{1/6}}{f^{1/6}(z_t)\sqrt[4]{z'}} \left\{ A_+ \exp\left[\mathrm{i}k_0\beta(z_t)+\mathrm{i}\frac{2}{3}z'^{3/2}\right] \right.$$

$$\left. + A_- \exp\left[-\mathrm{i}k_0\beta(z_t)-\mathrm{i}\frac{2}{3}z'^{3/2}\right]\right\} \tag{7.3.17d}$$

(2) 第二步: 区域 (2) 和 (3) 的解, 在转折点 z_t 的邻域, 即区域 $|z-z_t|<\delta$, 取方程 (7.3.10b) 的二个独立解 $\mathrm{Ai}(z')$ 和 $\mathrm{Bi}(z')$, 然后用外部变量 z 表示内部解, 即把 $z'=(z-z_t)f^{1/3}(z_t)k_0^{2/3}$ 代入 $\mathrm{Ai}(z')$ 和 $\mathrm{Bi}(z')$ 得到

$$\tilde{p} = C_1\mathrm{Ai}[(z-z_t)f^{1/3}(z_t)k_0^{2/3}] + C_2\mathrm{Bi}[(z-z_t)f^{1/3}(z_t)k_0^{2/3}] \tag{7.3.18a}$$

取近似展开 $k_0 \to \infty$ (同时保持 z 不变), 且注意到当 $k_0 \to \infty$ 时

$$\mathrm{Bi}[(z-z_t)f^{1/3}(z_t)k_0^{2/3}] \to \infty \tag{7.3.18b}$$

故取 $C_2 \equiv 0$. 在区域 (2) 内, $z_t < z < z_t+\delta$, 用 $\tilde{p}_\mathrm{D}$ 表示

$$\tilde{p}_\mathrm{D} = C_\mathrm{D}\mathrm{Ai}[(z-z_t)f^{1/3}(z_t)k_0^{2/3}]$$

$$= C_\mathrm{D}\frac{\sqrt{(z-z_t)f^{1/3}(z_t)k_0^{2/3}}}{3}\left\{ \mathrm{J}_{-1/3}\left[\frac{2}{3}\sqrt{f(z_t)}k_0(z-z_t)^{3/2}\right] \right.$$

$$\left. + \mathrm{J}_{1/3}\left[\frac{2}{3}\sqrt{f(z_t)}k_0(z-z_t)^{3/2}\right]\right\}$$

$$\approx C_\mathrm{D}\frac{1}{\sqrt{3\pi}}f^{-1/12}(z_t)k_0^{-1/6}(z-z_t)^{-1/4}\left\{ \cos\left[\frac{2}{3}\sqrt{f(z_t)}k_0(z-z_t)^{3/2}-\frac{\pi}{12}\right] \right.$$

$$\left. + \cos\left[\frac{2}{3}\sqrt{f(z_t)}k_0(z-z_t)^{3/2}-\frac{5\pi}{12}\right]\right\}$$

$$\tag{7.3.18c}$$

回到用内部变量表示, 并且用 $[\tilde{p}_D^i]^o$ 表示得到

$$[\tilde{p}_D^i]^o \approx C_D \frac{1}{\sqrt{3\pi}} z'^{-1/4} \left[\cos\left(\frac{2}{3} z'^{3/2} - \frac{\pi}{12}\right) + \cos\left(\frac{2}{3} z'^{3/2} - \frac{5\pi}{12}\right) \right] \tag{7.3.18d}$$

在区域 (3) 内, $z_t - \delta < z < z_t$, 用 $\tilde{p}_U$ 表示

$$\begin{aligned}
\tilde{p}_U &= C_U \mathrm{Ai}\left[(z - z_t) f^{1/3}(z_t) k_0^{2/3} \right] \\
&= C_U \frac{\sqrt{|z'|}}{3} \left[\mathrm{I}_{-1/3}\left(\frac{2}{3}|z'|^{3/2}\right) - \mathrm{I}_{1/3}\left(\frac{2}{3}|z'|^{3/2}\right) \right]
\end{aligned} \tag{7.3.19a}$$

其中, $|z'| = (z_t - z) f^{1/3}(z_t) k_0^{2/3}$, 取近似展开 $k_0 \to \infty$ (同时保持 $z_t - z$ 不变), 得到

$$[\tilde{p}_U^i]^o \approx \frac{1}{2\sqrt{\pi}} C_U |z'|^{-1/4} \exp\left(-\frac{2}{3}|z'|^{3/2}\right) \tag{7.3.19b}$$

(3) 第三步: 区域 (4) 的解, 在转折点 z_t 邻域的上部, 即 $z < z_t - \delta$ 区域, 取解为方程 (7.3.8b). 因当 $z \to -\infty$, 方程 (7.3.8b) 的第一项发散, 故取 $B_+ \equiv 0$. 然后用内部变量 z' 表示外部解, 即把 $z = z_t - f^{-1/3}(z_t) k_0^{-2/3} |z'|$ 代入方程 (7.3.8b), 并且作近似展开 $k_0 \to \infty$ 得到

$$\begin{aligned}
[\tilde{p}_2^o]^i &\approx \exp\left[k_0 \sqrt{f(z_t)} \int_{z_t}^{z_t - f^{-1/3}(z_t) k_0^{-2/3} |z'|} \sqrt{(z_t - \xi)}\, \mathrm{d}\xi \right] \\
&\quad \times \frac{B_-}{\sqrt[4]{f^{2/3}(z_t) k_0^{-2/3} |z'|}} \approx \frac{k_0^{1/6}}{f^{1/6}(z_t)} \frac{B_-}{\sqrt[4]{|z'|}} \exp\left(-\frac{2}{3} z'^{3/2}\right)
\end{aligned} \tag{7.3.20}$$

(4) 第四步: 要求满足**渐近匹配**和**连接条件**, 即不同区域的解在交叠区, 渐近展式相等

$$\begin{aligned}
&[\tilde{p}_1^o]^i = [\tilde{p}_D^i]^o; \quad [\tilde{p}_U^i]^o = [\tilde{p}_2^o]^i \\
&\lim_{z' \to 0} [\tilde{p}_D^i]^o = \lim_{z' \to 0} [\tilde{p}_U^i]^o
\end{aligned} \tag{7.3.21}$$

由方程 (7.3.17d), (7.3.18d), (7.3.19b) 和 (7.3.20) 得到

$$\frac{k_0^{1/6}}{f^{1/6}(z_t)} \left\{ A_+ \exp\left[\mathrm{i} k_0 \beta(z_t) + \mathrm{i}\frac{2}{3} z'^{3/2} \right] + A_- \exp\left[-\mathrm{i} k_0 \beta(z_t) - \mathrm{i}\frac{2}{3} z'^{3/2} \right] \right\}$$

$$= C_D \frac{1}{\sqrt{3\pi}} \left[\cos\left(\frac{2}{3} z'^{3/2} - \frac{\pi}{12}\right) + \cos\left(\frac{2}{3} z'^{3/2} - \frac{5\pi}{12}\right) \right] \tag{7.3.22a}$$

$$\frac{1}{2\sqrt{\pi}} C_U \exp\left(-\frac{2}{3} z'^{3/2}\right) = \frac{k_0^{1/6}}{f^{1/6}(z_t)} B_- \exp\left(-\frac{2}{3} z'^{3/2}\right) \tag{7.3.22b}$$

$$\frac{1}{2} C_U = C_D \frac{1}{\sqrt{3}} \left[\cos\left(\frac{\pi}{12}\right) + \cos\left(\frac{5\pi}{12}\right) \right] \tag{7.3.22c}$$

方程 (7.3.22a) 和 (7.3.22b) 对任意的 z' 都成立, 因此

$$\frac{k_0^{1/6}A_+}{f^{1/6}(z_t)}\exp\left[\mathrm{i}k_0\beta(z_t)\right]=\frac{C_\mathrm{D}}{2\sqrt{3\pi}}\left[\exp\left(-\mathrm{i}\frac{\pi}{12}\right)+\exp\left(-\mathrm{i}\frac{5\pi}{12}\right)\right] \tag{7.3.23a}$$

$$\frac{k_0^{1/6}A_-}{f^{1/6}(z_t)}\exp\left[-\mathrm{i}k_0\beta(z_t)\right]=\frac{C_\mathrm{D}}{2\sqrt{3\pi}}\left[\exp\left(\mathrm{i}\frac{\pi}{12}\right)+\exp\left(\mathrm{i}\frac{5\pi}{12}\right)\right] \tag{7.3.23b}$$

$$\frac{1}{2\sqrt{\pi}}C_\mathrm{U}=-\frac{2}{3}\frac{k_0^{1/6}}{f^{1/6}(z_t)}B_- \tag{7.3.23c}$$

从以上三式和方程 (7.3.22c), 不难求出反射波和透射波的振幅 (用入射波振幅 A_- 表示. 注意: 当时间项取 $\exp(-\mathrm{i}\omega t)$ 时, 方程 (7.3.8a) 中第二项是向 $-z$ 方向传播的波, 为入射波)

$$A_+=-\mathrm{i}\exp[-2\mathrm{i}k_0\beta(z_t)]A_- \tag{7.3.24a}$$

$$B_-=\mathrm{i}\frac{\sqrt{2}\mathrm{e}^{\mathrm{i}\pi/4}\exp[-\mathrm{i}k_0\beta(z_t)]}{f^{1/6}(z_t)}A_- \tag{7.3.24b}$$

$$C_\mathrm{U}=-\mathrm{i}\frac{2\sqrt{2\pi}k_0^{1/6}\mathrm{e}^{\mathrm{i}\pi/4}\exp[-\mathrm{i}k_0\beta(z_t)]}{f^{1/6}(z_t)}A_- \tag{7.3.24c}$$

$$C_\mathrm{D}\approx-\mathrm{i}\frac{\sqrt{\pi}k_0^{1/6}\mathrm{e}^{\mathrm{i}\pi/4}\exp[-\mathrm{i}k_0\beta(z_t)]}{f^{1/6}(z_t)}A_- \tag{7.3.24d}$$

说明: 得到方程 (7.3.24d), 作了不影响下面讨论的数值近似. 值得注意的是: 透射波振幅是指数衰减的, 也就是说, 当声波遇到转折点, 基本上被反射回去. 而透射波系数 $|B_-|$ 与波数 k_0 无关, 当 $k_0\to\infty$ 时, 透射波为零, 或者透射波随 $z\to-\infty$ 指数衰减, 即当 $z<z_t$ 时

$$\tilde{p}(k_x,k_y,z)\approx\frac{B_-}{\sqrt[4]{-q(z)}}\left\{\exp\left[+k_0\int_{z_t}^z\sqrt{-q(\xi)}\mathrm{d}\xi\right]\right\} \tag{7.3.25}$$

至于方程 (7.3.24c) 和 (7.3.24d) 中出现的 $k_0^{1/6}$, 由方程 (7.3.18d) 和 (7.3.19b) 以及 $|z'|\sim(z_t-z)k_0^{2/3}$ 可知 $|z'|^{-1/4}\sim(z_t-z)^{-1/4}k_0^{-1/6}$, 二个 $k_0^{1/6}$ 刚好能抵消. 因此, 在转折点 z_t 的邻域, 即区域 $|z-z_t|<\delta$ 声场振幅与 k_0 无关, k_0 仅出现在相位因子里. 由方程 (7.3.24a) 可知, 反射波和入射波振幅的幅值相同 $|A_-|=|A_+|$, 代入方程 (7.3.8a) 得到

$$\tilde{p}(k_x,k_y,z)\approx\frac{A_-\mathrm{e}^{-\mathrm{i}k_0\beta(z_t)}}{\sqrt[4]{q(z)}}\left\{\exp\left[-\mathrm{i}k_0\int_{z_t}^z\sqrt{q(\xi)}\mathrm{d}\xi\right]-\mathrm{i}\exp\left[\mathrm{i}k_0\int_{z_t}^z\sqrt{q(\xi)}\mathrm{d}\xi\right]\right\}$$
$$\tag{7.3.26a}$$

注意: 方程 (7.3.26a) 与 (7.3.8a) 中积分下限的不同. 相位因子 $\exp[-\mathrm{i}k_0\beta(z_\mathrm{t})]$ 可归入 A_-, 于是在 $z > z_\mathrm{t} + \delta$ 区域声场可表示为

$$\tilde{p}(k_x, k_y, z) \approx \frac{A_-}{\sqrt[4]{q(z)}}\left\{\exp\left[-\mathrm{i}k_0\int_{z_\mathrm{t}}^z\sqrt{q(\xi)}\mathrm{d}\xi\right] - \mathrm{i}\exp\left[\mathrm{i}k_0\int_{z_\mathrm{t}}^z\sqrt{q(\xi)}\mathrm{d}\xi\right]\right\}$$
(7.3.26b)

当不要讨论转折点 z_t 邻域的声场时, 也可以用上式近似 $z \geqslant z_\mathrm{t}$ 区域的声场.

当转折点 z_t 位于下部, 如图 7.3.3, 即 $z < z_\mathrm{t}$, 通过类似的过程可以得到

$$\tilde{p}(k_x, k_y, z) \approx \frac{A_+}{\sqrt[4]{q(z)}}\left\{\exp\left[-\mathrm{i}k_0\int_z^{z_\mathrm{t}}\sqrt{q(\xi)}\mathrm{d}\xi\right] - \mathrm{i}\exp\left[\mathrm{i}k_0\int_z^{z_\mathrm{t}}\sqrt{q(\xi)}\mathrm{d}\xi\right]\right\}$$
(7.3.26c)

注意: 此时, 入射波方向为 $+z$ 方向, 故方程 (7.3.8a) 中第一项为入射波.

存在二个转折点的情况　设 $c(z)$ 随 z 的变化存在一个极小值, 显然函数

$$q(z) = n^2(z) - \frac{k_x^2 + k_y^2}{k_0^2} = \frac{c_0^2}{c^2(z)} - \frac{k_x^2 + k_y^2}{k_0^2}$$
(7.3.27)

存在一个极大, 如图 7.3.4. 在点 $z = z_\mathrm{U}$ 和 $z = z_\mathrm{D}$, $q(z_\mathrm{U}) = q(z_\mathrm{D}) = 0$, 因此 $z = z_\mathrm{U}$ 和 z_D 是二个转折点.

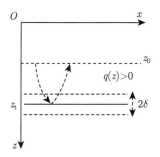 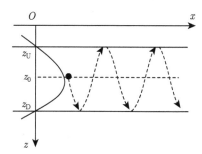

图 7.3.3　转折点 z_t 在下部　　　　图 7.3.4　存在二个转折点的情况

根据上面的讨论, 在区域 $z_\mathrm{U} < z < z_\mathrm{D}$, $q(z) > 0$, 波动方程的解由方程 (7.3.8a) 或者 (7.3.8c) 表示; 而在区域 $z < z_\mathrm{U}$ 或者 $z > z_\mathrm{D}$, 声压由方程 (7.3.8b) 表示, 随 z 远离转折点而指数衰减. 声传播图像为: 当声波从 z_0 点出发向下传播, 遇到转折点 (实际为面) $z = z_\mathrm{D}$, 它被反射回来向上传播; 当反射波遇到转折点 (实际为面) $z = z_\mathrm{U}$ 时, 又被反射回来向下传播. 因此, 相当于在 $z = z_\mathrm{U}$ 和 $z = z_\mathrm{D}$ 存在强反射, 在区域 $z_\mathrm{U} < z < z_\mathrm{D}$ 形成声波导. 一个典型的例子是海洋中的声速随深度的分布, 如图 7.3.5, 声速变化可分成三个不同的深度区域: ①表面混合层或者等温层 (数米范围), 海洋表面由于阳光照射水温较高, 但又受到风雨搅拌作用而形成数米深的均匀层; ②温跃层, 随着深度增加, 海水温度下降, 而声速主要由温度决定, 故声速也

随深度增加而下降, 在 1km 左右声速达到极小; ③等温层, 随后, 海水压力起主要作用, 声速随深度增加而增加. 注意: 海洋中的声速随深度的分布与地理位置及季节有极大关系. 在温跃层与等温层之间, 存在一个低声速区, 如果声源在这个低声速区, 在区域 $z_{\mathrm{U}} < z < z_{\mathrm{D}}$ 形成声波导, 声波只能在 $z_{\mathrm{U}} < z < z_{\mathrm{D}}$ 内传播, 称为**深海声道**. 在表面混合层与洋面间也形成声道, 称为**表面声道**.

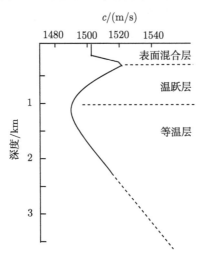

图 7.3.5　海洋中声速随深度 (km) 的变化, 在 1km 左右深度存在低声速区

7.3.4　连续变化层状波导的 WKB 近似解

考虑图 7.2.1 情况, 假定平面波导的上平面满足软性边界条件, 下平面满足刚性边界条件. 设频率为 ω, 强度为 q_0 的单极子点声源位于 z 轴上 $(0,0,z_{\mathrm{s}})$. 空间声场满足波动方程满足方程 (7.2.1a). 方程 (7.2.1b) 或者 (7.2.6a) 给出了一般形式的解. 当声速分布 $c(z)$ 较复杂时, 方程 (7.2.2c) 的二个线性独立解为 $\varPhi_1(z,k_\rho)$ 和 $\varPhi_2(z,k_\rho)$ 一般难以给出, 我们用 WKB 近似来讨论.

首先考虑简单情况, 假定 $0 < z < h$ 间不存在转折点 (k_ρ^2 较小时), 二个线性独立解 $\varPhi_1(z,k_\rho)$ 和 $\varPhi_2(z,k_\rho)$ 可取为

$$\varPhi_1(z,k_\rho) \approx \frac{1}{\sqrt[4]{q(z)}} \sin\left[k_0 \int_0^z \sqrt{q(\xi)}\mathrm{d}\xi \right]$$
$$\varPhi_2(z,k_\rho) \approx \frac{1}{\sqrt[4]{q(z)}} \cos\left[k_0 \int_z^h \sqrt{q(\xi)}\mathrm{d}\xi \right]$$

(7.3.28a)

其中, 在柱对称情况下 $q(z) = n^2(z) - k_\rho^2/k_0^2$. 显然 $\varPhi_1(0,k_\rho) = 0$, 即满足上边界条件, 而

$$\frac{\mathrm{d}\Phi_2(z,k_\rho)}{\mathrm{d}z} \approx \cos\left[k_0\int_z^h\sqrt{q(\xi)}\mathrm{d}\xi\right]\frac{\mathrm{d}}{\mathrm{d}z}\left(\frac{1}{\sqrt[4]{q(z)}}\right)$$
$$+k_0\sqrt[4]{q(z)}\sin\left[k_0\int_z^h\sqrt{q(\xi)}\mathrm{d}\xi\right]$$
(7.3.28b)

当 $k_0\to\infty$ 时, 上式第一项与第二项的比为

$$\frac{1}{\sqrt[4]{q(z)}}\frac{\mathrm{d}}{\mathrm{d}z}\left(\frac{1}{\sqrt[4]{q(z)}}\right) : k_0 \sim \frac{1}{k_0 L} \ll 1$$
(7.3.28c)

因此, 在 WKB 近似条件成立下, 方程 (7.3.28b) 的第一项可忽略不计, 于是

$$\frac{\mathrm{d}\Phi_2(z,k_\rho)}{\mathrm{d}z} \approx k_0\sqrt[4]{q(z)}\sin\left[k_0\int_z^h\sqrt{q(\xi)}\mathrm{d}\xi\right]$$
(7.3.28d)

故 $\Phi_2'(h,k_\rho) \approx 0$, 即满足下边界条件. 因此, 在 WKB 近似条件成立下, 二个线性独立解为 $\Phi_1(z,k_\rho)$ 和 $\Phi_2(z,k_\rho)$ 由方程 (7.3.28a) 决定, 且它们分别满足上、下边界条件. Wronski 行列式为

$$W(\Phi_1,\Phi_2) = \Phi_1(z_{\mathrm{s}},k_\rho)\Phi_2'(z_{\mathrm{s}},k_\rho) - \Phi_2(z_{\mathrm{s}},k_\rho)\Phi_1'(z_{\mathrm{s}},k_\rho)$$
$$\approx -k_0\cos\left[k_0\int_0^h\sqrt{q(\xi)}\mathrm{d}\xi\right]$$
(7.3.29a)

因此, 简正波数满足方程

$$\cos\left[\int_0^h\sqrt{k_0^2n^2(z)-k_\rho^2}\mathrm{d}\xi\right] = 0$$
(7.3.29b)

即

$$\int_0^h\sqrt{k_0^2n^2(\xi)-k_\rho^2}\mathrm{d}\xi = \left(l+\frac{1}{2}\right)\pi \quad (l=0,1,2,\cdots)$$
(7.3.29c)

设上式的第 l 个根 (关于 k_ρ) 为 ξ_l, 由方程 (7.2.6c) 可以得到这部分极点对声场贡献的表达式.

存在转折点的情况 当 k_ρ 足够大时, $q(z)=n^2(z)-k_\rho^2/k_0^2 < 0$, 故转折点总是存在的. 如图 7.3.6, 在水面 $z=0$ 和转折点 $z=z_{\mathrm{t}}$ 区域形成声波导. 在区域 $0 < z < z_{\mathrm{t}}-\delta$, 取满足上界面边界条件的一个线性独立解为

$$\Phi_1(z,k_\rho) \approx \frac{1}{\sqrt[4]{q(z)}}\sin\left[k_0\int_0^z\sqrt{q(\xi)}\mathrm{d}\xi\right]$$
(7.3.30a)

而在转折点邻域 $z_{\mathrm{t}}-\delta < z < z_{\mathrm{t}}$, 即转折点上部, 解的形式为

$$\Phi_{\mathrm{U}}(z,k_\rho) = C\mathrm{Ai}[(z_{\mathrm{t}}-z)f^{1/3}(z_{\mathrm{t}})k_0^{2/3}]$$
(7.3.30b)

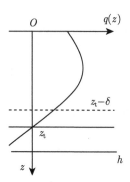

图 7.3.6　存在转折点的情况

注意: ①此时取 $z' = f^{1/3}(z_{\mathrm{t}})(z_{\mathrm{t}} - z)k_0^{2/3}$ 或者 $z = z_{\mathrm{t}} - f^{-1/3}(z_{\mathrm{t}})k_0^{-2/3}z'$; ②与 7.2 节的线性变化介质情况不同, 方程 (7.3.30b) 仅在转折点的附近才成立, 因此 $\Phi_{\mathrm{U}}(z, k_\rho)$ 不能作为另外一个线性独立解. 根据 7.3.3 小节的讨论, 由方程 (7.3.26c), 另外一个线性独立解 $\Phi_2(z, k_\rho)$ 应该取为

$$\Phi_2(z, k_\rho) \approx \frac{1}{\sqrt[4]{q(z)}} \left\{ \exp\left[-\mathrm{i}k_0 \int_z^{z_{\mathrm{t}}} \sqrt{q(\xi)}\mathrm{d}\xi \right] - \mathrm{i} \exp\left[\mathrm{i}k_0 \int_z^{z_{\mathrm{t}}} \sqrt{q(\xi)}\mathrm{d}\xi \right] \right\} \quad (7.3.31\mathrm{a})$$

注意: ①不考虑或无须详细分析转折点邻域的声场分布, 故用不到邻域的解, 即方程 (7.3.30b); ②方程 (7.3.31a) 的 $\Phi_2(z, k_\rho)$ 实际上已包含了转折点的反射特性.

Wronski 行列式为

$$\begin{aligned} W(\Phi_1, \Phi_2) &= \Phi_1(z_{\mathrm{s}}, k_\rho)\Phi_2'(z_{\mathrm{s}}, k_\rho) - \Phi_2(z_{\mathrm{s}}, k_\rho)\Phi_1'(z_{\mathrm{s}}, k_\rho) \\ &= 2(\mathrm{i} - 1)k_0 \cos\left(\frac{\pi}{4}\right) \cos\left[k_0 \int_0^{z_{\mathrm{t}}} \sqrt{q(\xi)}\mathrm{d}\xi - \frac{\pi}{4} \right] \end{aligned} \quad (7.3.31\mathrm{b})$$

因此, 简正波数满足方程

$$\cos\left[k_0 \int_0^{z_{\mathrm{t}}} \sqrt{q(\xi)}\mathrm{d}\xi - \frac{\pi}{4} \right] = 0 \quad (7.3.31\mathrm{c})$$

即

$$\int_0^{z_{\mathrm{t}}} \sqrt{k_0^2 n^2(\xi) - k_\rho^2}\,\mathrm{d}\xi = \left(l + \frac{1}{4} \right)\pi \quad (l = 0, 1, 2, \cdots) \quad (7.3.31\mathrm{d})$$

注意: 上式的积分上限 z_{t} 仍然是 k_ρ 的函数且满足方程 $k_0^2 n^2(z_{\mathrm{t}}) = k_\rho^2$, 这是与方程 (7.3.29c) 的最大区别. 值得指出的是, z_{t} 与 k_ρ 有关, 当 k_ρ^2 较小时, $q(z) > 0$, 不存在转折点, 故方程 (7.2.6a) 中函数 $Z(z, k_\rho)$ 是分段函数 (就像方程 (7.2.22) 那样), 即: ①当 k_ρ^2 较小时, 方程 $k_0^2 n^2(z_{\mathrm{t}}) = k_\rho^2$ 在区域 $(0, h)$ 内无解, 不存在转折点, 二个线性独立解 $\Phi_1(z, k_\rho)$ 和 $\Phi_2(z, k_\rho)$ 由方程 (7.3.28a) 决定; ②反之, 当 k_ρ^2 较大时, 方程 $k_0^2 n^2(z_{\mathrm{t}}) = k_\rho^2$ 在区域 $(0, h)$ 内有解, 存在转折点, 二个线性独立解 $\Phi_1(z, k_\rho)$ 和 $\Phi_2(z, k_\rho)$ 由方程 (7.3.30a) 和 (7.3.31a) 决定. 然后由方程 (7.2.5) 得到不同积分区域的函数 $Z(z, k_\rho)$.

7.3.5 转折点波导中声波的激发

设点声源位于二个转折点 $z = z_U$ 和 $z = z_D$ 之间的 z 轴上, 在直角坐标系中

$$\left[\frac{\partial^2}{\partial x^2} + \frac{\partial^2}{\partial y^2} + \frac{\partial^2}{\partial z^2}\right] p + k_0^2 n^2(z)p = -\delta(x-0)\delta(y-0)\delta(z-z_0) \qquad (7.3.32a)$$

对声压 p 的 x 和 y 变量作 Fourier 变换

$$p(x,y,z) = \iint \tilde{p}(k_x, k_y, z)\exp[\mathrm{i}(k_x x + k_y y)]\mathrm{d}k_x\mathrm{d}k_y \qquad (7.3.32b)$$

代入方程 (7.3.32a) 得到

$$\frac{\mathrm{d}^2\tilde{p}}{\mathrm{d}z^2} + [k_0^2 n^2(z) - (k_x^2 + k_y^2)]\tilde{p} = -\frac{1}{(2\pi)^2}\delta(z-z_0) \qquad (7.3.32c)$$

下面分二个区域讨论.

(1) $z_U < z < z_0$, 在 WKB 近似下, 取解为

$$\tilde{p}_1(k_x, k_y, z) \approx A_1\psi_1(k_x, k_y, z) \qquad (7.3.33a)$$

其中, $\psi_1(k_x, k_y, z)$ 由方程 (7.3.26b) 得到, 即

$$\psi_1(k_x, k_y, z) \equiv \frac{1}{\sqrt[4]{q(z)}}\left\{\exp\left[-\mathrm{i}k_0 g_U(z)\right] - \mathrm{i}\exp\left[\mathrm{i}k_0 g_U(z)\right]\right\} \qquad (7.3.33b)$$

式中, $g_U(z) \equiv \int_{z_U}^{z}\sqrt{q(\xi)}\mathrm{d}\xi$, $q(z) \equiv n^2(z) - (k_x^2 + k_y^2)/k_0^2 = n^2(z) - k_\rho^2/k_0^2$, $k_\rho^2 \equiv k_x^2 + k_y^2$. 必须注意的是: 转折点 z_U 和 z_D 满足的方程 $q(z) = 0$, 即 $n^2(z_{U,D}) = k_\rho^2/k_0^2$ 与 k_ρ 有关, 不同的 k_ρ, 具有不同的转折点.

(2) $z_D > z > z_0$, 在 WKB 近似下, 取解为

$$\tilde{p}_2(k_x, k_y, z) \approx A_2\psi_2(k_x, k_y, z) \qquad (7.3.34a)$$

其中, $\psi_2(k_x, k_y, z)$ 由方程 (7.3.26c) 得到, 即

$$\psi_2(k_x, k_y, z) \equiv \frac{1}{\sqrt[4]{q(z)}}\left\{\exp\left[-\mathrm{i}k_0 g_D(z)\right] - \mathrm{i}\exp\left[\mathrm{i}k_0 g_D(z)\right]\right\} \qquad (7.3.34b)$$

其中, $g_D(z) \equiv \int_{z}^{z_D}\sqrt{q(\xi)}\mathrm{d}\xi$. 注意: 方程 (7.3.33a) 和 (7.3.34a) 已经考虑了转折点 z_U 和 z_D 的反射影响.

系数 $A_{1,2}$ 由点 z_0 处的连接条件决定

$$\tilde{p}_1(k_x, k_y, z)|_{z=z_0} = \tilde{p}_2(k_x, k_y, z)|_{z=z_0} \qquad (7.3.35a)$$

$$\frac{\mathrm{d}\tilde{p}_1}{\mathrm{d}z}\bigg|_{z=z_0} - \frac{\mathrm{d}\tilde{p}_2}{\mathrm{d}z}\bigg|_{z=z_0} = -\frac{1}{(2\pi)^2} \tag{7.3.35b}$$

把方程 (7.3.33a) 和 (7.3.34a) 代入上二式得到

$$A_1\psi_1(k_x, k_y, z_0) - A_2\psi_2(k_x, k_y, z_0) = 0$$
$$A_1\psi_1'(k_x, k_y, z_0) - A_2\psi_2'(k_x, k_y, z_0) = \frac{1}{(2\pi)^2} \tag{7.3.36a}$$

容易求得

$$A_1 = -\frac{1}{(2\pi)^2}\frac{\psi_2(k_x, k_y, z_0)}{W(\psi_1, \psi_2)}; \quad A_2 = -\frac{1}{(2\pi)^2}\frac{\psi_1(k_x, k_y, z_0)}{W(\psi_1, \psi_2)} \tag{7.3.36b}$$

其中, $W(\psi_1, \psi_2)$ 是 ψ_1 和 ψ_2 的 Wronski 行列式

$$W(\psi_1, \psi_2) \equiv \psi_1(k_x, k_y, z_0)\psi_2'(k_x, k_y, z_0) - \psi_2(k_x, k_y, z_0)\psi_1'(k_x, k_y, z_0) \tag{7.3.36c}$$

因此, 我们得到

$$\tilde{p}_1(k_x, k_y, z) \approx -\frac{1}{(2\pi)^2}\frac{\psi_2(k_x, k_y, z_0)\psi_1(k_x, k_y, z)}{W(\psi_1, \psi_2)}$$
$$\tilde{p}_2(k_x, k_y, z) \approx -\frac{1}{(2\pi)^2}\frac{\psi_1(k_x, k_y, z_0)\psi_2(k_x, k_y, z)}{W(\psi_1, \psi_2)} \tag{7.3.37a}$$

上式可以统一写成

$$\tilde{p}(k_x, k_y, z) \approx -\frac{1}{(2\pi)^2}\frac{\psi_1(k_x, k_y, z_<)\psi_2(k_x, k_y, z_>)}{W(\psi_1, \psi_2)} \tag{7.3.37b}$$

其中, $z_< \equiv \min(z, z_0)$ 和 $z_> \equiv \max(z, z_0)$. 上式代入方程 (7.3.32a) 得到

$$p(x, y, z) = -\frac{1}{(2\pi)^2}\int_{-\infty}^{\infty}\int_{-\infty}^{\infty}\frac{\psi_1(k_x, k_y, z_<)\psi_2(k_x, k_y, z_>)}{W(\psi_1, \psi_2)}\mathrm{e}^{\mathrm{i}(k_xx+k_yy)}\mathrm{d}k_x\mathrm{d}k_y \tag{7.3.38a}$$

上式为声场的积分表示. 由于声场在 xOy 平面内是各向同性的, 方程 (7.3.38a) 中的函数只与波数有关, 即

$$\frac{\psi_1(k_x, k_y, z_<)\psi_2(k_x, k_y, z_>)}{W(\psi_1, \psi_2)} = \frac{\psi_1(k_\rho, z_<)\psi_2(k_\rho, z_>)}{W(k_\rho, z_0)} \tag{7.3.38b}$$

在极坐标下, 方程 (7.3.38a) 简化成

$$p(\rho, z) = -\frac{1}{(2\pi)^2}\int_0^{\infty}\frac{\psi_1(k_\rho, z_<)\psi_2(k_\rho, z_>)}{W(k_\rho, z_0)}k_\rho\mathrm{d}k_\rho \cdot \int_0^{2\pi}\mathrm{e}^{\mathrm{i}(k_\rho\rho\cos(\phi-\varphi)}\mathrm{d}\phi$$
$$= -\frac{1}{2\pi}\int_0^{\infty}\frac{\psi_1(k_\rho, z_<)\psi_2(k_\rho, z_>)}{W(k_\rho, z_0)}k_\rho\mathrm{J}_0(k_\rho\rho)\mathrm{d}k_\rho \tag{7.3.39a}$$

其中, 利用了 Bessel 函数的积分关系, 即方程 (2.5.31b), 或者用 Hankel 函数表示

$$p(\rho, z) = \frac{1}{4\pi} \int_{-\infty}^{\infty} \frac{\psi_1(k_\rho, z_<)\psi_2(k_\rho, z_>)}{W(k_\rho, z_0)} k_\rho \mathrm{H}_0^{(1)}(k_\rho\rho)\mathrm{d}k_\rho \tag{7.3.39b}$$

不难由方程 (7.3.33b) 和 (7.3.34b) 得到 (作为习题)

$$W(\psi_1, \psi_2) \approx 4\mathrm{i}k_0 \cos[k_0 g(z_{\mathrm{D}})] \tag{7.3.40a}$$

以及

$$\psi_1(k_\rho, z_<)\psi_2(k_\rho, z_>) = \frac{1}{\sqrt[4]{q(z_<)q(z_>)}} \sum_{l=1}^{4} W_l \exp(\mathrm{i}k_0\sigma_l) \tag{7.3.40b}$$

其中, 为了方便定义

$$W_{1,3} \equiv \pm 1; \quad W_{2,4} \equiv -\mathrm{i}$$
$$\sigma_{1,2} \equiv g(z_>) \mp g(z_<) - g(z_{\mathrm{D}}); \quad \sigma_{3,4} \equiv g(z_{\mathrm{D}}) - g(z_>) \pm g(z_<) \tag{7.3.40c}$$

以及

$$g(z) \equiv \int_{z_{\mathrm{U}}}^{z} \sqrt{q(\xi)}\mathrm{d}\xi \tag{7.3.40d}$$

由方程 (2.3.12b) 的渐近展开, 最后得到远场声压

$$p(\rho, z) \approx \sqrt{\frac{2}{\pi\rho}} \frac{\mathrm{i}e^{-\mathrm{i}\pi/4}}{16k_0\pi} \sum_{l=1}^{4} \int_{-\infty}^{\infty} \frac{W_l e^{\mathrm{i}(k_\rho\rho + k_0\sigma_l)}}{\sqrt[4]{q(z_<)q(z_>)} \cos[k_0 g(z_{\mathrm{D}})]} \sqrt{k_\rho}\mathrm{d}k_\rho \tag{7.3.41a}$$

上式中积分可用驻相法完成, 作变换 $k = k_0\eta$, 并且利用关系

$$\frac{1}{2\cos[k_0 g(z_{\mathrm{D}})]} = \frac{\exp[\mathrm{i}k_0 g(z_{\mathrm{D}})]}{1 + \exp[2\mathrm{i}k_0 g(z_{\mathrm{D}})]}$$
$$= \sum_{m=0}^{\infty} (-1)^m \exp[\mathrm{i}k_0(2m+1)g(z_{\mathrm{D}})] \tag{7.3.41b}$$

得到

$$p(\rho, z) \approx \sqrt{\frac{2k_0}{\pi\rho}} \frac{\mathrm{i}e^{-\mathrm{i}\pi/4}}{8\pi} \sum_{m=0}^{\infty} (-1)^m \sum_{l=1}^{4} \int_{-\infty}^{\infty} \frac{W_l}{\sqrt[4]{q(z_<)q(z_>)}}$$
$$\times \exp\left\{\mathrm{i}k_0[(\eta\rho + \sigma_l) + (2m+1)g(z_{\mathrm{D}})]\right\} \sqrt{\eta}\mathrm{d}\eta \tag{7.3.41c}$$

注意: ①用新的变量表示后 $q(z) = n^2(z) - \eta^2$; ② z_{D} 和 z_{U} 也是 η 的函数: $n^2(z_{\mathrm{D,U}}) = \eta^2$. 由于 k_0 很大, 上式积分可用驻相法求出: 令

$$F_{lm}(\eta) \equiv \frac{\sqrt{\eta}W_l}{\sqrt[4]{q(z_<)q(z_>)}}, \quad R_{lm}(\eta) \equiv (\eta\rho + \sigma_l) + (2m+1)g(z_{\mathrm{D}}) \tag{7.3.42a}$$

驻相点满足方程

$$\frac{\partial R_{lm}(\eta)}{\partial \eta} = \rho + \frac{\partial \sigma_l}{\partial \eta} + (2m+1)\frac{\partial g(z_{\mathrm{D}})}{\partial \eta} = 0 \tag{7.3.42b}$$

或者写成

$$\rho = -\frac{\partial \sigma_l}{\partial \eta} - (2m+1)\frac{\partial g(z_{\mathrm{D}})}{\partial \eta} \tag{7.3.42c}$$

为了简单, 设上式只有一个解, 即只有一个驻相点 η_0, 由方程 (2.3.38a) (仅取 "+")
得到

$$p(\rho, z) \approx \frac{\mathrm{i}}{2\pi\sqrt{\rho}} \sum_{m=0}^{\infty} (-1)^m \sum_{l=1}^{4} F_{lm}(\eta_0) \frac{\exp[\mathrm{i}k_0 R_{lm}(\eta_0)]}{\sqrt{|R''_{lm}(\eta_0)|}} \tag{7.3.42d}$$

随便指出, 由 Wronski 行列式, 即方程 (7.3.40a), 也可以得到二个转折点 $z = z_{\mathrm{U}}$
和 $z = z_{\mathrm{D}}$ 形成波导的简正波数满足的方程

$$k_0 \int_{z_{\mathrm{U}}}^{z_{\mathrm{D}}} \sqrt{q(\xi)}\mathrm{d}\xi = \left(n + \frac{1}{2}\right)\pi \quad (n = 0, 1, 2, \cdots) \tag{7.3.43}$$

但必须注意, 转折点 z_{U} 和 z_{D} 仍然是 k_ρ 的函数且满足方程 $k_0^2 n^2(z) = k_\rho^2$.

7.4　几何声学近似

当介质的密度或声速与横向坐标 (x, y) 也有关, 即 $\rho(\boldsymbol{r}) = \rho(x, y, z)$ 和 $c(\boldsymbol{r}) = c(x, y, z)$, 针对一维情况的 WKB 近似已不适用. 但其基本思路仍然是正确的, 即当声波频率足够高, 或者声波波长 λ 远小于不均匀区的特征长度 L 时, 空间声场的变化主要归结于相位的变化, 而振幅随空间是缓变的, 故可以作大波数展开后取相应的近似, 称为**几何声学近似**.

7.4.1　程函方程和输运方程

为了方便, 写出非均匀介质中的波动方程 (本章假定介质静止, 流动介质中的几何声学见 8.3 节讨论)

$$\nabla^2 p(\boldsymbol{r}, \omega) - \nabla \ln \rho(\boldsymbol{r}) \cdot \nabla p(\boldsymbol{r}, \omega) + k^2 p(\boldsymbol{r}, \omega) = 0 \tag{7.4.1a}$$

其中, $k = \omega/c(\boldsymbol{r})$. 设解的形式为

$$p(\boldsymbol{r}, \omega) = A(\boldsymbol{r}, \omega)\exp[\mathrm{i}k_0 S(\boldsymbol{r}, \omega)] \tag{7.4.1b}$$

其中, $k_0 = \omega/c_0$ (c_0 为某一参考点的声速), $A(\boldsymbol{r}, \omega)$ 是空间 $\boldsymbol{r}$ 的缓变函数. 方程 (7.4.1b) 代入方程 (7.4.1a), 并且注意到运算关系

$$\nabla p = \exp[\mathrm{i}k_0 S(\boldsymbol{r}, \omega)]\nabla A + \mathrm{i}k_0 A\nabla S \exp[\mathrm{i}k_0 S(\boldsymbol{r}, \omega)]$$
$$\nabla^2 p(\boldsymbol{r}, \omega) = \exp[\mathrm{i}k_0 S(\boldsymbol{r}, \omega)]\nabla^2 A + 2\mathrm{i}k_0 \exp[\mathrm{i}k_0 S(\boldsymbol{r}, \omega)]\nabla S \cdot \nabla A \tag{7.4.1c}$$
$$+ \mathrm{i}k_0 A\nabla^2 S \exp[\mathrm{i}k_0 S(\boldsymbol{r}, \omega)] + (\mathrm{i}k_0)^2 A(\nabla S)^2 \exp[\mathrm{i}k_0 S(\boldsymbol{r}, \omega)]$$

得到

$$\nabla^2 A + 2ik_0 \nabla S \cdot \nabla A + ik_0 A \nabla^2 S + (ik_0)^2 A (\nabla S)^2$$
$$- \nabla A \cdot \nabla \ln \rho(\boldsymbol{r}) - ik_0 A \nabla S \cdot \nabla \ln \rho(\boldsymbol{r}) + k^2 A = 0 \qquad (7.4.2a)$$

注意: 上式仍然是严格的. 下面作高频近似: $k_0 \to \infty$, 或者 $1/k_0 \to 0$, 于是作展开

$$A(\boldsymbol{r}, \omega) = A_0(\boldsymbol{r}, \omega) + \frac{1}{ik_0} A_1(\boldsymbol{r}, \omega) + \left(\frac{1}{ik_0}\right)^2 A_2(\boldsymbol{r}, \omega) + \cdots \qquad (7.4.2b)$$

代入方程 (7.4.2a), 并令 k_0 的同次幂系数为零, 得到 (作为习题)

$$(\nabla S)^2 = n^2(\boldsymbol{r}) \qquad (7.4.3a)$$

$$2\nabla S \cdot \nabla A_0(\boldsymbol{r}, \omega) - A_0(\boldsymbol{r}, \omega) \nabla S \cdot \nabla \ln \rho(\boldsymbol{r}) + A_0(\boldsymbol{r}, \omega) \nabla^2 S = 0 \qquad (7.4.3b)$$

$$2\nabla S \cdot \nabla A_1(\boldsymbol{r}, \omega) - A_1(\boldsymbol{r}, \omega) \nabla S \cdot \nabla \ln \rho(\boldsymbol{r}) + A_1(\boldsymbol{r}, \omega) \nabla^2 S$$
$$= -\nabla^2 A_0(\boldsymbol{r}, \omega) + \nabla A_0(\boldsymbol{r}, \omega) \cdot \nabla \ln \rho(\boldsymbol{r}) \qquad (7.4.3c)$$
$$\cdots$$

其中,$n(\boldsymbol{r}) \equiv c_0/c(\boldsymbol{r})$. 注意: 方程 (7.4.3a), (7.4.3b) 和 (7.4.3c) 分别由 $(1/k_0)^0$、$(1/k_0)^1$ 和 $(1/k_0)^2$ 的系数为零得到. 因此, 方程 (7.4.1b) 中声压 $p(\boldsymbol{r}, \omega)$ 的相位 $S(\boldsymbol{r}, \omega)$ 变化是主要的, 而振幅 $A(\boldsymbol{r}, \omega)$ 的变化是次要的. 方程 (7.4.3a) 称为**程函方程**(eikonal equation), 而方程 (7.4.3b) 和 (7.4.3c) 分别称为 0 级和 1 级**输运方程**(transfer equation). 值得注意的是: 程函方程 (7.4.3a) 与密度的非均匀性 $\nabla \ln \rho(\boldsymbol{r})$ 无关, $\nabla \ln \rho(\boldsymbol{r})$ 仅出现在输运方程 (7.4.3b) 和 (7.4.3c) 中. 因此, 在几何声学近似下, 密度的非均匀性仅影响振幅, 这一点也可以从方程 (3.3.5c) 看出.

在讨论方程 (7.4.3a) 前, 首先分析简单情况: 均匀介质 $n(\boldsymbol{r}) = 1$ 中的平面波、球面波和柱面波.

(1) 平面波, 设平面波的波矢量为 $\boldsymbol{k} = (k_x, k_y, k_z)$, 另一方面, 显然

$$k_0 S(\boldsymbol{r}, \omega) = k_x x + k_y y + k_z z \qquad (7.4.4a)$$

是方程 $(\nabla S)^2 = 1$ 的一个简单解, 其中 $k_0^2 (\nabla S)^2 = k_x^2 + k_y^2 + k_z^2 = k_0^2$, 而

$$k_0 \nabla S(\boldsymbol{r}, \omega) = (k_x, k_y, k_z) \qquad (7.4.4b)$$

可见 $k_0 S(\boldsymbol{r}, \omega) = $ 常数是等相位平面, 而矢量 $k_0 \nabla S(\boldsymbol{r}, \omega)$ 就是等相位平面的法向矢量, 即声波传播的方向;

(2) 球面波, 设球面波的波矢量为 $\boldsymbol{k} = k_0 \boldsymbol{e}_r$, 另一方面, 方程 $(\nabla S)^2 = 1$ 的一个简单解是

$$k_0 S(\boldsymbol{r}, \omega) = k_0 \sqrt{x^2 + y^2 + z^2} = k_0 r \qquad (7.4.5a)$$

显然 $k_0 S(\boldsymbol{r}, \omega) = $ 常数是等相位球面, 而

$$k_0 \nabla S(\boldsymbol{r}, \omega) = k_0 \left(\frac{\partial S}{\partial x}, \frac{\partial S}{\partial y}, \frac{\partial S}{\partial z} \right) = \frac{k_0}{r}(x, y, z) = k_0 \boldsymbol{e}_r \qquad (7.4.5\text{b})$$

是球心在原点的球面的法向矢量, 即球面波传播的方向;

(3) 柱面波, 设柱面波传播的波矢量为 $\boldsymbol{k} = k_0 \boldsymbol{e}_\rho$, 而方程 $(\nabla S)^2 = 1$ 另一个简单解是

$$k_0 S(\boldsymbol{r}, \omega) = k_0 \sqrt{x^2 + y^2} = k_0 \rho \qquad (7.4.5\text{c})$$

$k_0 S(\boldsymbol{r}, \omega) = $ 常数是等相位柱面, 与球面波类似, 显然

$$k_0 \nabla S(\boldsymbol{r}, \omega) = k_0 \left(\frac{\partial S}{\partial x}, \frac{\partial S}{\partial y}, \frac{\partial S}{\partial z} \right) = \frac{k_0}{\rho}(x, y, 0) = k_0 \boldsymbol{e}_\rho \qquad (7.4.5\text{d})$$

是柱心在原点的柱面的法向矢量, 即柱面波传播的方向.

从以上的讨论可见, $k_0 S(\boldsymbol{r}, \omega) = $ 常数的曲面就是等相位面, 而 $\nabla S(\boldsymbol{r}, \omega)$ 是等相位面的法向矢量, 如图 7.4.1(a). 一般等相位面法向矢量是空间坐标的函数, 当空间坐标变化时, 法向矢量是某一条空间曲线各点的切线, 这条空间曲线就是**声线**, 可以用参数方程 $\boldsymbol{r} = \boldsymbol{r}(s)$ 来表示, 其中 s 为从某点起曲线的长度. 设曲线切线的单位矢量 (即声线的方向, 也就是等相位面的法向) 为 $\boldsymbol{s}$, 如图 7.4.1(b), 那么由方程 (7.4.3a) 得到

$$\nabla S = n(\boldsymbol{r}) \boldsymbol{s} = n(\boldsymbol{r}) \frac{\mathrm{d}\boldsymbol{r}}{\mathrm{d}s} \qquad (7.4.6\text{a})$$

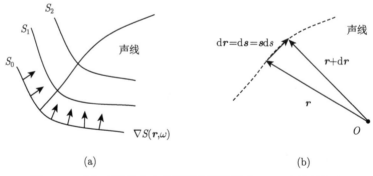

(a)   (b)

图 7.4.1　(a) 声线的方向是等相位面的法向; (b) 声线的切向

程函方程 (7.4.3a) 是一阶偏微分方程, 我们把它用射线方程来表示. 对方程 (7.4.6a) 求导得到

$$\frac{\mathrm{d}}{\mathrm{d}s}[\nabla S(\boldsymbol{r}, \omega)] = \frac{\mathrm{d}}{\mathrm{d}s} \left[n(\boldsymbol{r}) \frac{\mathrm{d}\boldsymbol{r}}{\mathrm{d}s} \right] \qquad (7.4.6\text{b})$$

注意到微分关系

$$\mathrm{d}[\nabla S(\boldsymbol{r}, \omega)] = (\mathrm{d}\boldsymbol{r} \cdot \nabla)[\nabla S(\boldsymbol{r}, \omega)] \qquad (7.4.6\text{c})$$

方程 (7.4.6b) 变成

$$\left(\frac{\mathrm{d}\boldsymbol{r}}{\mathrm{d}s}\cdot\nabla\right)[\nabla S(\boldsymbol{r},\omega)]=\frac{\mathrm{d}}{\mathrm{d}s}\left[n(\boldsymbol{r})\frac{\mathrm{d}\boldsymbol{r}}{\mathrm{d}s}\right] \tag{7.4.7a}$$

再利用方程 (7.4.6a) 得到

$$\left[\frac{1}{n(\boldsymbol{r})}\nabla S(\boldsymbol{r},\omega)\cdot\nabla\right][\nabla S(\boldsymbol{r},\omega)]=\frac{\mathrm{d}}{\mathrm{d}s}\left[n(\boldsymbol{r})\frac{\mathrm{d}\boldsymbol{r}}{\mathrm{d}s}\right] \tag{7.4.7b}$$

上式左边

$$\begin{aligned}
\text{左边} &=\frac{1}{2n(\boldsymbol{r})}\nabla[\nabla S(\boldsymbol{r},\omega)\cdot\nabla S(\boldsymbol{r},\omega)]\\
&=\frac{1}{2n(\boldsymbol{r})}\nabla[n^2(\boldsymbol{r})]=\nabla n(\boldsymbol{r})
\end{aligned} \tag{7.4.7c}$$

因此得到

$$\frac{\mathrm{d}}{\mathrm{d}s}\left[n(\boldsymbol{r})\frac{\mathrm{d}\boldsymbol{r}}{\mathrm{d}s}\right]=\nabla n(\boldsymbol{r}) \tag{7.4.7d}$$

上式就是我们需要的 **射线方程**. 一旦给出声折射率的分布, 就可以求出声线的方程. 例如对均匀介质 $n(\boldsymbol{r})=1$, $\boldsymbol{r}=C_1 s+C_2$, 故在均匀介质中声线为直线, 其中常数 C_1 和 C_2 由发出声线的初始位置 (即声源位置) 和方向决定. 与方程 (7.4.3a) 为一阶偏微分方程相比, 射线方程 (7.4.7d) 是常微分方程, 更容易求解. 注意: 方程 (7.4.7d) 与频率无关, 只要声波波长比介质非均匀的特征长度小得多 (即缓变介质), 它们的声线方程都是一样的, 除非声速与频率有关 (即色散介质).

  声强矢量 由方程 (7.4.1b), 速度场为

$$\begin{aligned}
\boldsymbol{v}(\boldsymbol{r},\omega) &=\frac{1}{\mathrm{i}\omega}\nabla\left\{A(\boldsymbol{r},\omega)\exp[\mathrm{i}k_0 S(\boldsymbol{r},\omega)]\right\}\\
&\approx c_0 A(\boldsymbol{r},\omega)\exp[\mathrm{i}k_0 S(\boldsymbol{r},\omega)]\nabla S(\boldsymbol{r},\omega)
\end{aligned} \tag{7.4.8a}$$

式中忽略了空间缓变项 $\nabla A(\boldsymbol{r},\omega)$. 故声强矢量为

$$\boldsymbol{I}=\frac{1}{2}\mathrm{Re}(p^*\boldsymbol{v})\approx\frac{1}{2}c_0|A(\boldsymbol{r},\omega)|^2\nabla S(\boldsymbol{r},\omega) \tag{7.4.8b}$$

由方程 (7.4.6a), 单位矢量 $\boldsymbol{s}\equiv\nabla S(\boldsymbol{r},\omega)/|\nabla S(\boldsymbol{r},\omega)|$, 则上式可以写成

$$\boldsymbol{I}=\frac{1}{2}Re(p^*\boldsymbol{v})\approx\frac{1}{2}n(\boldsymbol{r})c_0|A(\boldsymbol{r},\omega)|^2\boldsymbol{s} \tag{7.4.8c}$$

故声线方向就是能量传播的方向.

  时域情况 注意到对非色散介质 $S(\boldsymbol{r},\omega)=S(\boldsymbol{r})$, 二边对方程 (7.4.1b) 求 Fourier 变换得

$$\begin{aligned}
p(\boldsymbol{r},t) &=\int_{-\infty}^{\infty}A(\boldsymbol{r},\omega)\exp\left\{-\mathrm{i}\omega\left[t-\frac{S(\boldsymbol{r})}{c_0}\right]\right\}\mathrm{d}\omega\\
&=A\left[\boldsymbol{r},t-\frac{S(\boldsymbol{r})}{c_0}\right]=A[\boldsymbol{r},t-\tau(\boldsymbol{r})]
\end{aligned} \tag{7.4.9a}$$

其中, 为了方便, 令 $\tau(\boldsymbol{r}) \equiv S(\boldsymbol{r})/c_0$. 把上式代入时域波动方程

$$\nabla^2 p(\boldsymbol{r},t) - \nabla \ln \rho(\boldsymbol{r}) \cdot \nabla p(\boldsymbol{r},t) - \frac{1}{c^2(\boldsymbol{r})}\frac{\partial^2 p(\boldsymbol{r},t)}{\partial t^2} = 0 \tag{7.4.9b}$$

并且考虑到微分关系

$$\nabla p(\boldsymbol{r},t) = \nabla_{\boldsymbol{r}} A(\boldsymbol{r},\xi) - \frac{\partial A(\boldsymbol{r},\xi)}{\partial \xi}\nabla \tau(\boldsymbol{r})$$

$$\begin{aligned}
\nabla^2 p(\boldsymbol{r},t) = {} & \nabla_{\boldsymbol{r}}^2 A(\boldsymbol{r},\xi) - 2\nabla_{\boldsymbol{r}}\left[\frac{\partial A(\boldsymbol{r},\xi)}{\partial \xi}\right]\cdot \nabla \tau(\boldsymbol{r}) \\
& + \frac{\partial^2 A(\boldsymbol{r},\xi)}{\partial \xi^2}\nabla \tau(\boldsymbol{r})\cdot\nabla \tau(\boldsymbol{r}) - \frac{\partial A(\boldsymbol{r},\xi)}{\partial \xi}\nabla^2 \tau(\boldsymbol{r})
\end{aligned} \tag{7.4.9c}$$

其中, $\xi \equiv t - \tau(\boldsymbol{r})$, $\nabla_{\boldsymbol{r}}$ 表示仅对 $A(\boldsymbol{r},\xi)$ 的第一个变量 $\boldsymbol{r}$ 作用, 得到

$$\begin{aligned}
& \nabla_{\boldsymbol{r}}^2 A(\boldsymbol{r},\xi) - 2\nabla_{\boldsymbol{r}}\left[\frac{\partial A(\boldsymbol{r},\xi)}{\partial \xi}\right]\cdot \nabla \tau(\boldsymbol{r}) - \frac{\partial A(\boldsymbol{r},\xi)}{\partial \xi}\nabla^2 \tau(\boldsymbol{r}) \\
& - \nabla \ln \rho(\boldsymbol{r}) \cdot \left[\nabla_{\boldsymbol{r}} A(\boldsymbol{r},\xi) - \nabla \tau(\boldsymbol{r})\frac{\partial A(\boldsymbol{r},\xi)}{\partial \xi}\right] \\
& + \frac{\partial^2 A(\boldsymbol{r},\xi)}{\partial \xi^2}\left[\nabla \tau(\boldsymbol{r})\cdot\nabla \tau(\boldsymbol{r}) - \frac{1}{c^2(\boldsymbol{r})}\right] = 0
\end{aligned} \tag{7.4.9d}$$

对缓变介质, $A(\boldsymbol{r},\xi)$ 随第一个变量 $\boldsymbol{r}$ 的变化缓慢, 而随第二个变量 ξ 快速变化. 因此上式中第三行 (是快变量的二阶导数) 远大于一、二行, 是零级量, 令其为零得到

$$\nabla \tau(\boldsymbol{r}) \cdot \nabla \tau(\boldsymbol{r}) = \frac{1}{c^2(\boldsymbol{r})} \tag{7.4.10a}$$

上式与方程 (7.4.3a) 一致; 第一项显然是二级小量, 在几何声学中忽略不计; 第二、三和四项为快变量的一阶导数 (空间梯度项可忽略), 于是

$$2\frac{\partial \nabla_{\boldsymbol{r}} A(\boldsymbol{r},\xi)}{\partial \xi}\cdot \nabla \tau(\boldsymbol{r}) + \frac{\partial A(\boldsymbol{r},\xi)}{\partial \xi}\nabla^2 \tau(\boldsymbol{r}) - \nabla \ln \rho(\boldsymbol{r})\cdot\left[\nabla \tau(\boldsymbol{r})\frac{\partial A(\boldsymbol{r},\xi)}{\partial \xi}\right] = 0 \tag{7.4.10b}$$

上式对 ξ 积分一次得到

$$2\nabla \tau(\boldsymbol{r})\cdot\nabla_{\boldsymbol{r}} A(\boldsymbol{r},\xi) - A(\boldsymbol{r},\xi)\nabla \tau(\boldsymbol{r})\cdot\nabla \ln \rho(\boldsymbol{r}) + A(\boldsymbol{r},\xi)\nabla^2 \tau(\boldsymbol{r}) = 0 \tag{7.4.10c}$$

上式与方程 (7.4.3b) 一致. 可见, 只要介质不色散, 即声速与频率无关, 那么频域或时域讨论都能得到相同的程函方程和输运方程.

7.4.2 Fermat 原理和 Hamilton 形式

射线方程 (7.4.7d) 也可以从 Fermat 原理直接导出. 设声线从 A 点传播到 B 点 (如图 7.4.2), 显然声线传播时间为泛函

$$T_{AB} = \int_A^B \frac{\mathrm{d}s}{c(\boldsymbol{r})} \tag{7.4.11a}$$

Fermat 原理告诉我们: 在声线所有的路径中, 真实的路径使 T_{AB} 取极小: $\delta T_{AB} = 0$. 设路径曲线以参数 t (不一定是时间变量) 为变量, 即 $x = x(t)$, $y = y(t)$, $z = z(t)$, 以参数 t 为积分变量, 则

$$\mathrm{d}s = \sqrt{(\mathrm{d}x)^2 + (\mathrm{d}y)^2 + (\mathrm{d}z)^2} = \sqrt{x'^2 + y'^2 + z'^2}\,\mathrm{d}t \tag{7.4.11b}$$

那么 Fermat 原理可以写成 Lagrange 形式

$$\int_A^B L(x, y, z, x', y', z')\mathrm{d}t = \min \tag{7.4.11c}$$

其中, Lagrange 函数为相对声程

$$L(x, y, z, x', y', z') \equiv n(x, y, z)\sqrt{x'^2 + y'^2 + z'^2} \tag{7.4.11d}$$

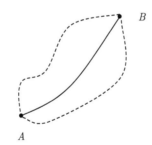

图 7.4.2 声线从 A 点传播到 B 点

泛函取极值的必要条件为 Euler 方程

$$\frac{\mathrm{d}}{\mathrm{d}t}\frac{\partial L}{\partial x'} - \frac{\partial L}{\partial x} = 0; \quad \frac{\mathrm{d}}{\mathrm{d}t}\frac{\partial L}{\partial y'} - \frac{\partial L}{\partial y} = 0; \quad \frac{\mathrm{d}}{\mathrm{d}t}\frac{\partial L}{\partial z'} - \frac{\partial L}{\partial z} = 0 \tag{7.4.12a}$$

把方程 (7.4.11d) 代入上式得到

$$\frac{\mathrm{d}}{\mathrm{d}t}\frac{nx'}{\sqrt{x'^2 + y'^2 + z'^2}} - \sqrt{x'^2 + y'^2 + z'^2}\frac{\partial n}{\partial x} = 0$$

$$\frac{\mathrm{d}}{\mathrm{d}t}\frac{ny'}{\sqrt{x'^2 + y'^2 + z'^2}} - \sqrt{x'^2 + y'^2 + z'^2}\frac{\partial n}{\partial y} = 0 \tag{7.4.12b}$$

$$\frac{\mathrm{d}}{\mathrm{d}t}\frac{nz'}{\sqrt{x'^2 + y'^2 + z'^2}} - \sqrt{x'^2 + y'^2 + z'^2}\frac{\partial n}{\partial z} = 0$$

再利用方程 (7.4.11b) 得到

$$\frac{\mathrm{d}}{\mathrm{d}s}\left(n\frac{\mathrm{d}x}{\mathrm{d}s}\right) = \frac{\partial n}{\partial x}; \quad \frac{\mathrm{d}}{\mathrm{d}s}\left(n\frac{\mathrm{d}y}{\mathrm{d}s}\right) = \frac{\partial n}{\partial y}$$
$$\frac{\mathrm{d}}{\mathrm{d}s}\left(n\frac{\mathrm{d}z}{\mathrm{d}s}\right) = \frac{\partial n}{\partial z} \tag{7.4.12c}$$

把声线矢量表示为分量形式: $\boldsymbol{r} = x(t)\boldsymbol{e}_x + y(t)\boldsymbol{e}_y + z(t)\boldsymbol{e}_z$, 则上式恰好是矢量方程 (7.4.7d) 的三个分量方程.

Hamilton 形式　把程函方程 (7.4.3a) 写成

$$\left(\frac{\partial S}{\partial x}\right)^2 + \left(\frac{\partial S}{\partial y}\right)^2 + \left(\frac{\partial S}{\partial z}\right)^2 = n^2(\boldsymbol{r}) \tag{7.4.13a}$$

上式是一阶非线性偏微分方程. 令

$$p_x = \frac{\partial S}{\partial x}, \quad p_y = \frac{\partial S}{\partial y}, \quad p_z = \frac{\partial S}{\partial z} \tag{7.4.13b}$$

或者写成矢量形式 $\boldsymbol{p} = \nabla S$, 则方程 (7.4.13a) 可以写成

$$H \equiv p_x^2 + p_y^2 + p_z^2 - n^2(\boldsymbol{r}) = 0 \tag{7.4.13c}$$

由一阶非线性偏微分方程理论, 方程 (7.4.13c) 的特征方程为

$$\frac{\mathrm{d}x}{\mathrm{d}t} = \frac{\partial H}{\partial p_x}; \quad \frac{\mathrm{d}y}{\mathrm{d}t} = \frac{\partial H}{\partial p_y}; \quad \frac{\mathrm{d}z}{\mathrm{d}t} = \frac{\partial H}{\partial p_z} \tag{7.4.14a}$$

$$\frac{\mathrm{d}p_x}{\mathrm{d}t} = -\frac{\partial H}{\partial x}; \quad \frac{\mathrm{d}p_y}{\mathrm{d}t} = \frac{\partial H}{\partial y}; \quad \frac{\mathrm{d}p_z}{\mathrm{d}t} = \frac{\partial H}{\partial z} \tag{7.4.14b}$$

其中, t 为任意辅助 (auxiliary) 变量 (不一定是时间). 把以上诸方程与质点运动的 Hamilton 正则方程比较, 显然 H 类似于质点的 Hamilton 函数. 不难计算

$$\frac{\mathrm{d}S}{\mathrm{d}t} = \frac{\partial S}{\partial x}\frac{\mathrm{d}x}{\mathrm{d}t} + \frac{\partial S}{\partial y}\frac{\mathrm{d}y}{\mathrm{d}t} + \frac{\partial S}{\partial z}\frac{\mathrm{d}z}{\mathrm{d}t} = \frac{\partial S}{\partial x}\frac{\partial H}{\partial p_x} + \frac{\partial S}{\partial y}\frac{\partial H}{\partial p_y} + \frac{\partial S}{\partial z}\frac{\partial H}{\partial p_z}$$
$$= p_x\frac{\partial H}{\partial p_x} + p_y\frac{\partial H}{\partial p_y} + p_z\frac{\partial H}{\partial p_z} = \boldsymbol{p}\cdot\frac{\partial H}{\partial \boldsymbol{p}} \tag{7.4.15a}$$

因此, 我们得到

$$S(t) = S(t_0) + \int_{t_0}^t \boldsymbol{p}\cdot\frac{\partial H}{\partial \boldsymbol{p}}\mathrm{d}t \tag{7.4.15b}$$

注意到: 由方程 (7.4.14a), $\mathrm{d}x = 2p_x\mathrm{d}t$; $\mathrm{d}y = 2p_y\mathrm{d}t$; $\mathrm{d}z = 2p_z\mathrm{d}t$, 辅助变量与特征曲线的微分长度存在关系: $\mathrm{d}s = |\mathrm{d}\boldsymbol{r}| = \sqrt{(\mathrm{d}x)^2 + (\mathrm{d}y)^2 + (\mathrm{d}z)^2} = 2n(\boldsymbol{r})\mathrm{d}t$ (注意: 特

征曲线就是声线), 方程 (7.4.15b) 可以写成

$$S(t) = S(t_0) + 2\int_{t_0}^{t}(p_x^2 + p_y^2 + p_z^2)\mathrm{d}t$$

$$= S(t_0) + 2\int_{t_0}^{t}n^2\mathrm{d}t = S(t_0) + \int_{s_0}^{s}n[\boldsymbol{r}(s)]\mathrm{d}s \qquad (7.4.15c)$$

上式就是相位函数 S 的解, 其物理意义是: 相位变化为沿声线从 s_0 到 s 的积分.

比较方程 (7.4.1b) 和 (7.4.15c), 方程 (7.4.11a) 也可以写成相位变化的形式

$$\Phi_{AB} \equiv k_0\int_{A}^{B}n[\boldsymbol{r}(s)]\mathrm{d}s \qquad (7.4.15d)$$

因此, Fermat 原理也可以表述为: 声线从 A 点传播到 B 点的真实路径使相位变化取极小, 即 $\delta\Phi_{AB} = 0$.

注意: 真实路径使声程或相位变化取极小值, 而不是最小值, 这样的路径可能存在多条, 例如, 图 2.5.5 中, 声线的真实路径有三条: 直达波、反射波和侧面波.

7.4.3 平面层状介质中的声线

设 $n(\boldsymbol{r}) = n(z)$, 声速梯度 ∇n 的方向只有 z 方向. 由方程 (7.4.12c)

$$\frac{\mathrm{d}}{\mathrm{d}s}\left[n(z)\frac{\mathrm{d}x}{\mathrm{d}s}\right] = 0; \quad \frac{\mathrm{d}}{\mathrm{d}s}\left[n(z)\frac{\mathrm{d}y}{\mathrm{d}s}\right] = 0$$

$$\frac{\mathrm{d}}{\mathrm{d}s}\left[n(z)\frac{\mathrm{d}z}{\mathrm{d}s}\right] = \frac{\mathrm{d}n(z)}{\mathrm{d}z} \qquad (7.4.16a)$$

为了简单, 设声线位于 xOz 平面, 没有 y 方向分量, 即假定波阵面是轴垂直于 xOz 平面的柱面波. 注意: 声线的方向是波阵面的法向. 上式中第二个方程是平凡恒等式. 因为 $\mathrm{d}s = \sqrt{(\mathrm{d}x)^2 + (\mathrm{d}z)^2} = \sqrt{1 + (z')^2}\mathrm{d}x$, 由方程 (7.4.16a) 的第一式得

$$n(z) = \frac{c_0}{\alpha_0}\sqrt{1 + \left(\frac{\mathrm{d}z}{\mathrm{d}x}\right)^2} \qquad (7.4.16b)$$

其中, α_0 为引进的积分常数, 写成上式这样是为了下面讨论的方便. 注意到 $n(z) = c_0/c(z)$, 从上式容易得到

$$x - x_0 = \pm\int_{z_0}^{z}\frac{c(\eta)\mathrm{d}\eta}{\sqrt{\alpha_0^2 - c^2(\eta)}} \qquad (7.4.16c)$$

另一方面, 如果取 $\mathrm{d}s = \sqrt{(\mathrm{d}x)^2 + (\mathrm{d}z)^2} = \sqrt{1 + (x')^2}\mathrm{d}z$, 代入方程 (7.4.16a) 的第三式得

$$\frac{\mathrm{d}}{\mathrm{d}z}\left[\frac{n(z)}{\sqrt{1 + (x')^2}}\right] = \sqrt{1 + (x')^2}\frac{\mathrm{d}n}{\mathrm{d}z} \qquad (7.4.17a)$$

化简并二边积分得到

$$-\int \frac{\mathrm{d}\delta}{\delta(1+\delta^2)} = \ln n(z) + \ln \frac{\alpha_0}{c_0} \tag{7.4.17b}$$

其中, $\delta = x' = \mathrm{d}x/\mathrm{d}z$, $\ln(\alpha_0/c_0)$ 是引进的积分常数, 最后我们得到

$$x - x_0 = \pm \int_{z_0}^{z} \frac{c(\eta)}{\sqrt{\alpha_0^2 - c^2(\eta)}} \mathrm{d}\eta \tag{7.4.17c}$$

可见上式与方程 (7.4.16c) 是完全一样的. 因此, 方程 (7.4.16a) 中第一或者第三个方程只要取一个就可以了.

显然, 根据方程 (7.4.17c), 当 $z = z_0$ 时, $x = x_0$. 因此方程 (7.4.17c) 表示从 (x_0, z_0) 点发出的一条声线. 那么另外一个积分常数 α_0 的物理意义是什么呢? 从物理上讲, 一条射线的轨迹不仅与初始出发点的位置 (x_0, z_0) 有关, 而且与初始的方向有关, 就好像决定一个质点的轨迹需要质点的初始位置和初始动量一样. 假定一个点声源位于 (x_0, z_0) 处向四周发出声线, 那么每条声线的轨迹与初始的方向有关. 注意: 在稳态情况, 假定声线已经存在于介质中; 在脉冲情况, 声线轨迹曲线可表示成时间 t 的参数方程. 因此积分常数 α_0 表征了声线的初始方向, 设位于 (x_0, z_0) 的声源向 ϑ_0 方向 (如图 7.4.3, ϑ_0 为声线在 (x_0, z_0) 点的切线与 z 轴的夹角) 发出一条声线 (当然是无数条声线中的一条), 那么

$$\tan\left(\frac{\pi}{2} + \vartheta_0\right) = \frac{\mathrm{d}z}{\mathrm{d}x}\bigg|_{(x_0, z_0)} \tag{7.4.18a}$$

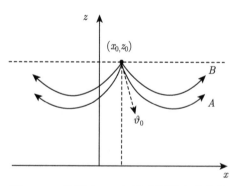

图 7.4.3 位于 (x_0, z_0) 的声源发出的声线

由方程 (7.4.17c)

$$\frac{\mathrm{d}x}{\mathrm{d}z}\bigg|_{(x_0, z_0)} = \pm \frac{c(z_0)}{\sqrt{\alpha_0^2 - c^2(z_0)}} \tag{7.4.18b}$$

因此

$$\alpha_0 = \frac{c(z_0)}{\sin \vartheta_0} \tag{7.4.18c}$$

可见, 积分常数 α_0 确实可由声线的初始方向角 ϑ_0 表示.

另外, 注意到 $\mathrm{d}x = \mathrm{d}s\cos\alpha$ 和 $\mathrm{d}y = \mathrm{d}s\cos\beta$ (其中 α 和 β 分别是声线与 x 和 y 轴的夹角), 由方程 (7.4.16a) 的第一、二式得到

$$\frac{\cos\alpha}{c(z)} = \text{常数}; \quad \frac{\cos\beta}{c(z)} = \text{常数} \tag{7.4.19}$$

声速分布线性变化的介质　大气中的声速分布如图 7.2.3, 在离地面高度 10km 左右以内, 声速随高度线性减小, 即 $c(z) = c_0 - (z/H)\Delta c$ $(0 < z < 10\text{km})$, 其中 $c_0 = 340\text{m/s}$, $H = 10\text{km}$ 和 $\Delta c = 40\text{m/s}$. 设声源位于离地 10km 高度以内, 如果仅考虑 $z < 10\text{km}$ 的声线轨迹, 那么

$$\begin{aligned}
x - x_0 &= \int_{z_0}^{z} \frac{c_0 - (\eta/H)\Delta c}{\sqrt{\alpha_0^2 - [c_0 - (\eta/H)\Delta c]^2}}\mathrm{d}\eta \\
&= \frac{L}{\Delta c}\left[\sqrt{\alpha_0^2 - \left(c_0 - \frac{z\Delta c}{H}\right)^2} - \sqrt{\alpha_0^2 - \left(c_0 - \frac{z_0\Delta c}{H}\right)^2}\right]
\end{aligned} \tag{7.4.20a}$$

即

$$(x - x_{\mathrm{c}})^2 + (z - z_{\mathrm{c}})^2 = R^2 \tag{7.4.20b}$$

其中, 圆心坐标 $(x_{\mathrm{c}}, z_{\mathrm{c}})$ 和半径 R 分别为

$$x_{\mathrm{c}} \equiv x_0 - \frac{H}{\Delta c}\sqrt{\alpha_0^2 - \left(c_0 - \frac{z_0}{H}\Delta c\right)^2}; \quad z_{\mathrm{c}} \equiv \frac{H}{\Delta c}c_0; \quad R \equiv \frac{H}{\Delta c}\alpha_0 \tag{7.4.20c}$$

方程 (7.4.20b) 表示圆心在 $(x_{\mathrm{c}}, z_{\mathrm{c}})$, 半径为 R 的圆. 因此, 声线是圆弧的一段, 注意: 圆心的 x 方向位置 x_{c} 以及半径 R 与初始方向角 ϑ_0 有关, 由方程 (7.4.18c) 得

$$x_{\mathrm{c}} \equiv x_0 - \frac{H}{\Delta c}\cdot\frac{c(z_0)}{\tan\vartheta_0}; \quad R \equiv \frac{H}{\Delta c}\cdot\frac{c(z_0)}{\sin\vartheta_0} \tag{7.4.20d}$$

对 $\vartheta_0 = 0$ 这条声线, $\alpha_0 \to \infty$, 方程 (7.4.20a) 近似成直线 $x = x_0$, 表示声线由源点发出向下传播; 当 $\vartheta_0 = \pi/2$, $\alpha_0 = c(z_0)$, 方程 (7.4.20a) 近似成直线 $z = z_0$, 表示声线由源点发出向右传播. 在区域 $10\text{km} < z < 30\text{km}$, 声速基本是常数 $c(z) = 300\text{m/s}$, 当声线进入这一区域时变成直线.

当声源离地面较近时, 可能发生这种情况: 如图 7.4.4, 声源发出的声线 A 和 B 经地面的反射, 向 $z > 0$ 空间传播; 而声线 C 恰好是与地面相切的圆弧, 声线就到不了 C 与 x 轴围成的区域 D (切点右方), 这样的区域称为 "影阴区". 从几何声学的观点看, 影阴区 D 没有声线穿过, 故声场为零. 事实上, 由于声波的衍射, 从 "亮区"(有声线穿过的区域) 到 "影阴区"(没有声线穿过的区域), 声场不可能突变为零, 必须用波动声学严格求解 (见 7.4.5 小节讨论).

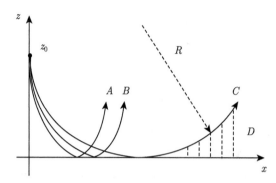

图 7.4.4　声线 C 与地面相切, 在 D 区形成影阴

声速分布存在极小点的介质　设声速在 $z=0$ 处存在极小, 在极小点附近, 声速可表示成 $c(z) = c_0[1 + (z/D)^2]$. 把 $c(z)$ 代入方程 (7.4.16c), 原则上可以求射线的方程, 但求解析解较困难, 为了揭示声线在这样的介质中的基本特性, 考虑到几何声学适合于缓变介质, 我们取近似

$$\frac{1}{c^2(z)} = \frac{1}{c_0^2[1 + (z/D)^2]^2} \approx \frac{1}{c_0^2}\left[1 - 2\left(\frac{z}{D}\right)^2\right] \tag{7.4.21a}$$

代入方程 (7.4.16c)

$$
\begin{aligned}
x - x_0 &= \int_{z_0}^{z} \frac{c_0}{\sqrt{\alpha_0^2[1 - 2(\eta/D)^2] - c_0^2}}\mathrm{d}\eta \\
&= \int_{z_0}^{z} \frac{c_0}{\sqrt{(\alpha_0^2 - c_0^2) - (2\alpha_0^2/D^2)\eta^2}}\mathrm{d}\eta \\
&= \frac{Dc_0}{\sqrt{2}\alpha_0}\arcsin\left(\frac{\sqrt{2}\alpha_0 z/D}{\sqrt{\alpha_0^2 - c_0^2}}\right) - \arcsin\left(\frac{\sqrt{2}\alpha_0 z_0/D}{\sqrt{\alpha_0^2 - c_0^2}}\right)
\end{aligned}
\tag{7.4.21b}
$$

为了简单, 假定声源位于 $z_0 = 0$, 那么

$$z = \frac{\sqrt{\alpha_0^2 - c_0^2}D}{\sqrt{2}\alpha_0}\sin\left[\frac{\sqrt{2}\alpha_0}{c_0 D}(x - x_0)\right] \tag{7.4.21c}$$

注意到 $c(z_0) = c(0) = c_0$, 由方程 (7.4.18c): $\alpha_0 \sin\vartheta_0 = c_0$, 代入上式得

$$z = \frac{1}{\sqrt{2}}D\cos\vartheta_0 \sin\left[\frac{\sqrt{2}}{D\sin\vartheta_0}(x - x_0)\right] \tag{7.4.21d}$$

上式表明: 声线在极小点 $(z = 0)$ 附近震荡, 震荡振幅和周期与初始方向角 ϑ_0 有关. 于是, 声波被局域在声速极小附近, 向 x 或者 $-x$ 传播. 这个结论与 7.3 节讨论是一致的.

深海声线 在夏季阳光照射下, 深海中的声速深度分布如图 7.4.5(a) 所示 (注意与图 7.3.5 的区别, 因为在夏季阳光照射下, 表面附近声速主要由温度决定, 没有表面混合层). 声速极小深度为 $z_0 = 1.3\text{km}$, 声速深度分布可由下列函数来近似模拟

$$c(z) = c_1[1 + \varepsilon(\xi + e^{-\xi} - 1)]; \quad \xi = 2(z - z_0)/z_0 \tag{7.4.22}$$

其中, $c_1 = 1.492\text{km/s}$ 和 $\varepsilon = 0.0074$. 设点声源位于声速极小深度, 即声源坐标为 $(0, z_0)$, 把上式代入方程 (7.4.16c) 可以得到声线图. 图 7.4.5(b) 中水平黑线 (声源的深度) 下的声线为声源发出的、与深度方向夹角分别为 $\vartheta_0 = 76°$, $78°$, $80°$, $82°$, $84°$, $86°$, $88°$ 的七条声线 (对应于图中数字 1~7); 水平黑线上的声线为声源发出的、与深度方向夹角分别为 $\vartheta_0 = 102°$, $100°$, $98°$, $96°$, $94°$, $92°$ 的六条声线 (自上而下). 可以看出, 每条声线的转折点 (极大和极小点) 各不相同, 当 $\vartheta_0 = 90°$ 时, 声线沿 $\pm x$ 轴方向前进; 当 $\vartheta_0 = 0°$ 时, 声线沿深度方向 (向下) 前进, 或者向上直至海面反射回来.

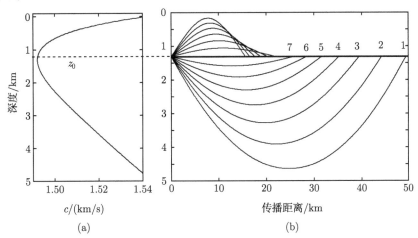

图 7.4.5 (a) 声速随深度 (km) 的变化; (b) 声源位于声速极小深度处时发出的声线

值得注意的是, 由方程 (7.4.16c), 通过数值积分, 我们只能得到 z_0 至转折点 (每条声线不同) 的声线. 事实上, 在转折点 $dz/dx = 0$ 或者 $dx/dz \to \infty$, 由方程 (7.4.16c), 在转折点处 $\alpha_0^2 = c^2(z)$ (转折点满足的方程), 故转折点右边的声线无法由方程 (7.4.16c) 数值积分得到. 但由于声线在声源深度下 (上) 部分关于转折点对称, 故利用对称性不难得到转折点右边的声线, 而在转折点附近, 几何声学已不成立, 必须利用严格的波动声学理论.

7.4.4 射线管的能量守恒

对输运方程 (7.4.3b), 令 $\tilde{A}_0(\boldsymbol{r}, \omega) = A_0(\boldsymbol{r}, \omega)/\sqrt{\rho(\boldsymbol{r})}$, 那么

$$\nabla A_0(\boldsymbol{r},\omega) = \sqrt{\rho(\boldsymbol{r})}\tilde{A}_0(\boldsymbol{r},\omega) = \sqrt{\rho(\boldsymbol{r})}\nabla\tilde{A}_0(\boldsymbol{r},\omega) + \frac{1}{2\sqrt{\rho(\boldsymbol{r})}}\tilde{A}_0(\boldsymbol{r},\omega)\nabla\rho(\boldsymbol{r}) \quad (7.4.23\mathrm{a})$$

代入方程 (7.4.3b)

$$2\nabla S \cdot \nabla\tilde{A}_0(\boldsymbol{r},\omega) + \tilde{A}_0(\boldsymbol{r},\omega)\nabla^2 S = 0 \quad (7.4.23\mathrm{b})$$

上式二边乘以 $\tilde{A}_0(\boldsymbol{r},\omega)$ 得到

$$\nabla \cdot [\tilde{A}_0^2(\boldsymbol{r},\omega)\nabla S] = 0 \quad (7.4.23\mathrm{c})$$

上式在声场中从 $\boldsymbol{r}_0$ 到 $\boldsymbol{r}$ 的 "射线管" 段作体积分, 并利用 Gauss 定理

$$\int_V \nabla \cdot [\tilde{A}_0^2(\boldsymbol{r},\omega)\nabla S]\mathrm{d}^3\boldsymbol{r} = \iint_\Gamma \tilde{A}_0^2(\boldsymbol{r},\omega)\nabla S \cdot \boldsymbol{N}\mathrm{d}\Gamma = 0 \quad (7.4.23\mathrm{d})$$

这里为了区别 $n(\boldsymbol{r})$, 用 $\boldsymbol{N}$ 表示法向. 所谓射线管, 就是以 $\boldsymbol{r}_0$ 为中心, 取垂直于射线路径的小面积 $B(\boldsymbol{r}_0)$, 所有穿过 $B(\boldsymbol{r}_0)$ 的射线组成 "射线管", 当这些射线到达 $\boldsymbol{r}$ 点时, 截面为 $B(\boldsymbol{r})$. 因此, "射线管" 段的二个底面垂直于声线, 而侧面平行于声线, 如图 7.4.6. 在射线管段的侧面, 因为 $\nabla S \cdot \boldsymbol{N} = n(\boldsymbol{r})\boldsymbol{s} \cdot \boldsymbol{N} \equiv 0$, 故面积分恒为零; 而在底面 (用 Γ 表示), $\nabla S \cdot \boldsymbol{N} = n(\boldsymbol{r})\boldsymbol{s} \cdot \boldsymbol{N} = n(\boldsymbol{r})$. 当射线管的底面 $B(\boldsymbol{r}_0)$ 和 $B(\boldsymbol{r})$ 很小时 $B(\boldsymbol{r}_0)\tilde{A}_0^2(\boldsymbol{r}_0,\omega)n(\boldsymbol{r}_0) = B(\boldsymbol{r})\tilde{A}_0^2(\boldsymbol{r},\omega)n(\boldsymbol{r})$. 因此, 我们得到

$$\frac{\tilde{A}_0(\boldsymbol{r},\omega)}{\tilde{A}_0(\boldsymbol{r}_0,\omega)} = \sqrt{\frac{B(\boldsymbol{r}_0)n(\boldsymbol{r}_0)}{B(\boldsymbol{r})n(\boldsymbol{r})}} \quad (7.4.24\mathrm{a})$$

或者

$$\frac{A_0(\boldsymbol{r},\omega)}{A_0(\boldsymbol{r}_0,\omega)} = \sqrt{\frac{B(\boldsymbol{r}_0)n(\boldsymbol{r}_0)/\rho(\boldsymbol{r}_0)}{B(\boldsymbol{r})n(\boldsymbol{r})/\rho(\boldsymbol{r})}} \quad (7.4.24\mathrm{b})$$

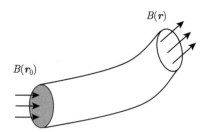

图 7.4.6　声场中的射线管段

对空间均匀的介质, 显然有

$$\frac{A_0(\boldsymbol{r},\omega)}{A_0(\boldsymbol{r}_0,\omega)} = \sqrt{\frac{B(\boldsymbol{r}_0)}{B(\boldsymbol{r})}} \quad (7.4.24\mathrm{c})$$

可见：波振幅沿射线的变化反比于射线管截面积的平方根, 如果射线管面积收缩 (聚焦), 则振幅增加. 方程 (7.4.24b) 可以写成能量守恒的形式

$$B(\boldsymbol{r})\frac{A_0^2(\boldsymbol{r},\omega)}{c(\boldsymbol{r})\rho(\boldsymbol{r})} = B(\boldsymbol{r}_0)\frac{A_0^2(\boldsymbol{r}_0,\omega)}{c(\boldsymbol{r}_0)\rho(\boldsymbol{r}_0)} \tag{7.4.24d}$$

注意到 $A_0^2(\boldsymbol{r},\omega)$ 是声压振幅的平方, 而 $A_0^2(\boldsymbol{r},\omega)/\rho(\boldsymbol{r})c(\boldsymbol{r})$ 是声强, 因此方程 (7.4.24d) 意味着通过射线管的能量守恒, 当然这是必需的.

一个问题是: 如果射线管面积收缩 (聚焦) 到很小的区域, 甚至零 (射线相交), 即 $B(\boldsymbol{r}) \to 0$, 那么因为 $A_0(\boldsymbol{r}_0,\omega)$ 和 $B(\boldsymbol{r}_0)$ 有限, 而导致 $A_0(\boldsymbol{r},\omega) \to \infty$, 显然这是不可能的. 为了进一步分析这种情形发生的可能性, 设介质是均匀静止的流体, 声线是直线. 根据定义, 声线是波阵面的法线, 如图 7.4.7, 设波阵面是二维曲线 $\varGamma$ (即柱面波, 与 y 无关), 由图可见, 在波阵面向上凸起的部位, 声线是发散的, 相邻二条声线 (图中 A 和 B) 组成一个射线管 (二维为面), 那么它的面积越来越大; 但在波阵面向下凸起的部位, 声线是聚焦的, 如果相邻二条声线 (图中 C 和 D) 组成一个射线管 (二维为面), 那么它的面积越来越小, 在相交点 F 变为零. 显然在相交点 F 附近, 输运方程不成立. 注意到波阵面上的每一点都发出一条声线, 无数条声线的交点位于一个区域之内: 区域左 (右) 边界是最左 (右) 的交点组成. 左右的边界线称为**焦散线** (**面**), 两条焦散线中间的区域称为**焦散区域**. 由图 7.4.7 可见, 这样的焦散线 (面) 形成一个尖角区 (cusp), 在尖角区声波振幅特别大.

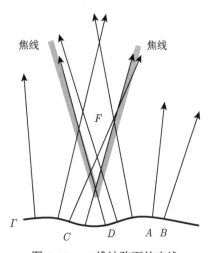

图 7.4.7　二维波阵面的声线

7.4.5　圆弧焦散线附近的声场

事实上, 在焦散区内 (转折点也是焦散区), 几何声学也不成立, 必须严格用波动声学来计算声场的分布. 但像图 7.4.7 那样的 "尖角" 形焦散区的声场计算非常

困难, 只有用数值计算才能完成. 我们考虑简单的一类焦散区, 这类焦散区的焦散线 (面) 是一簇声线的包络线 (面) (例如由转折点组成的包络线为直线, 或者在二维情况下为平面), 如图 7.4.8. 进一步, 考虑更简单的情况, 假定: ①焦散线是半径为 R, 圆心位于原点的一段圆弧 (实际上是圆柱面); ②均匀介质, 因而声线是直线. 圆弧与每条声线相切, 切线就是声线, 如图 7.4.9. 我们从波动方程出发, 求焦散线附近 (上、下) 的声场分布.

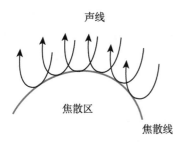

图 7.4.8　焦散线是声线的包络线 (面)

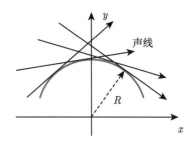

图 7.4.9　焦散线是半径为 R 的圆弧线 (面)

注意到声线就是圆弧的切线, 故在焦散线 (面) 上: $k_0 \nabla S(\boldsymbol{r}, \omega) = k_0 \boldsymbol{e}_\varphi$. 由梯度算子在柱坐标下的表达式得到

$$\frac{k_0}{R} \frac{\partial S(R, \varphi, \omega)}{\partial \varphi} \boldsymbol{e}_\varphi = k_0 \boldsymbol{e}_\varphi \tag{7.4.25a}$$

于是, 等相位面为 $S(R, \varphi, \omega) = R\varphi$, 代入方程 (7.4.1b) 可得到圆弧焦散线上的声压

$$p(R, \varphi, \omega) = A(R, \omega) \exp(\mathrm{i} k_0 R \varphi) \tag{7.4.25b}$$

因此可以设想, 在圆弧焦散线的附近 (上、下), 声压随方位角 φ 的变化也应该具有上式的形式, 否则不可能满足声压连续的基本条件

$$p(\rho, \varphi, \omega) = p(\rho, \omega) \exp(\mathrm{i} k_0 R \varphi) \tag{7.4.26a}$$

另一方面, 空间声场满足波动方程

$$\left[\frac{1}{\rho} \frac{\partial}{\partial \rho} \left(\rho \frac{\partial}{\partial \rho}\right) + \frac{1}{\rho^2} \frac{\partial^2}{\partial \varphi^2}\right] p(\rho, \varphi, \omega) + k_0^2 p(\rho, \varphi, \omega) = 0 \tag{7.4.26b}$$

把方程 (7.4.26a) 代入上式得到

$$\frac{\mathrm{d}^2 p(\rho, \omega)}{\mathrm{d}\rho^2} + \frac{1}{\rho} \frac{\mathrm{d} p(\rho, \omega)}{\mathrm{d}\rho} + \left[k_0^2 - \frac{(k_0 R)^2}{\rho^2}\right] p(\rho, \omega) = 0 \tag{7.4.27a}$$

可见, 焦散线附近的声压满足 Bessel 方程, 不同的是 Bessel 函数的阶数不是整数 m, 而是任意实数 $k_0 R$

$$p(\rho, \omega) = p_0(\omega) \mathrm{J}_{k_0 R}(k_0 \rho) \tag{7.4.27b}$$

其中, $p_0(\omega)$ 是常数. 这是因为对圆弧焦散线, 没有了周期性边界条件, 故 Bessel 函数的阶数不为整数. 注意到: 在焦散线附近 $\rho \sim R$, 而在高频条件下 $k_0 R \gg 1$, 故上式中 Bessel 函数的变量 $(k_0\rho)$ 和阶数 $(k_0 R)$ 都很大, 而且接近. 故必须求大变数、高阶数且非整数阶 Bessel 函数的展开表达式. 为此, 令 $k_0\rho = k_0 R + z$, 其中 $|z| \ll 1$, 注意到

$$k_0^2 - \frac{(k_0 R)^2}{\rho^2} = k_0^2 \left[1 - \frac{1}{(1 + z/k_0 R)^2} \right] \approx \frac{2zk_0}{R} \tag{7.4.28a}$$

以及 $p''(\rho, \omega) \sim k_0^2 p(\rho, \omega)$, 而 $p'(\rho, \omega)/\rho \sim k_0 p(\rho, \omega)/R$, 前者远大于后者. 最后, 由方程 (7.4.28a) 近似得到

$$\frac{\mathrm{d}^2 p(z, \omega)}{\mathrm{d}\eta^2} + \eta p(z, \omega) = 0; \quad \eta = \left(\frac{2}{k_0 R} \right)^{1/3} z \tag{7.4.28b}$$

方程 (7.4.28b) 为 Airy 方程. 二个线性独立解取为 Airy 函数 $\mathrm{Ai}(\eta)$ 和 $\mathrm{Bi}(\eta)$, 它们与 Bessel 函数的关系以及详细讨论见 7.2.2 小节. 由于 $\mathrm{Bi}(\eta) \to \infty$ $(\eta \to -\infty)$, 故只取 $\mathrm{Ai}(\eta)$. 因此, 在圆弧焦散线附近, 声压变化由 Airy 函数描述

$$p(\rho, \varphi, \omega) \approx p_0(\omega) \mathrm{Ai} \left[\left(\frac{2}{k_0 R} \right)^{1/3} k_0 (\rho - R) \right] \exp(\mathrm{i} k_0 R \varphi) \tag{7.4.28c}$$

当 $\rho > R$ (圆弧外, 声线中) 时, $\eta > 0$, $\mathrm{Ai}(\eta)$ 为振荡函数, 即声场振荡; 而当 $\rho < R$ (圆弧内, 焦散区) 时, $\eta < 0$, $\mathrm{Ai}(\eta)$ 指数衰减, 即声场指数衰减.

7.5 径向分布介质中的声传播

当介质的声速仅仅与柱坐标或者球坐标的径向坐标有关时, 其他二个正交方向可以严格求解. 在天然材料中, 一般少有这样性质的介质, 但是为了控制声波的传播, 可以制成这样的人工结构, 特别是当声速幂次分布时, 声传播呈现有趣的性质. 本节从几何声学和波动声学两个方面分析声波在声速径向幂次分布的人工结构中的传播特性.

7.5.1 径向连续分布介质中的声线方程

首先考虑二维情况, 如图 7.5.1, 在平面极坐标 (ρ, φ) 中 $n(\boldsymbol{r}) = c_0/c(\boldsymbol{r}) = n(\rho)$, 声线方程表示为 $\rho = \rho(\varphi)$, 故声线上的线元为 $\mathrm{d}s = \sqrt{(\mathrm{d}\rho)^2 + \rho^2 (\mathrm{d}\varphi)^2} = \sqrt{(\rho')^2 + \rho^2}\,\mathrm{d}\varphi$ (其中 $\rho' = \mathrm{d}\rho/\mathrm{d}\varphi$). 于是, 声线传播的时间泛函为

$$T_{AB} = \int_{\varphi_A}^{\varphi_B} L(\rho, \rho')\mathrm{d}\varphi \tag{7.5.1a}$$

其中，$L(\rho, \rho') \equiv n(\rho)\sqrt{(\rho')^2 + \rho^2}$，故声线方程为

$$\frac{\mathrm{d}}{\mathrm{d}\varphi}\frac{\partial L(\rho, \rho')}{\partial \rho'} - \frac{\partial L(\rho, \rho')}{\partial \rho} = 0 \tag{7.5.1b}$$

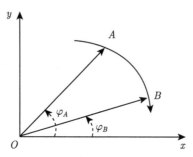

图 7.5.1　二维平面内声线从 A 点传播到 B 点

从上式可以得到声线方程 $\rho = \rho(\varphi)$ 满足的二阶常微分方程. 然而，直接从方程 (7.5.1b) 出发求声线方程比较麻烦，注意到 $L(\rho, \rho')$ 不显含角度 φ，可以从方程 (7.5.1b) 得到简单的一阶方程 (类似于粒子在中心力场运动的守恒量)，注意到

$$\frac{\mathrm{d}}{\mathrm{d}\varphi}\left(\rho'\frac{\partial L}{\partial \rho'} - L\right) = \rho''\frac{\partial L}{\partial \rho'} + \rho'\frac{\mathrm{d}}{\mathrm{d}\varphi}\frac{\partial L}{\partial \rho'} - \rho'\frac{\partial L}{\partial \rho} - \rho''\frac{\partial L}{\partial \rho'}$$

$$= \rho'\left(\frac{\mathrm{d}}{\mathrm{d}\varphi}\frac{\partial L}{\partial \rho'} - \frac{\partial L}{\partial \rho}\right) = 0 \tag{7.5.1c}$$

因此，代替方程 (7.5.1b)，我们得到

$$\rho'\frac{\partial L(\rho, \rho')}{\partial \rho'} - L(\rho, \rho') = q \tag{7.5.1d}$$

其中，q 为常数. 把 $L(\rho, \rho') = n(\rho)\sqrt{(\rho')^2 + \rho^2}$ 代入上式得到声线满足的一阶方程

$$\frac{\mathrm{d}\rho}{\mathrm{d}\varphi} = \pm\frac{\rho}{q}\sqrt{n^2(\rho)\rho^2 - q^2} \tag{7.5.2a}$$

其解为

$$\varphi = \pm q \int \frac{\mathrm{d}\rho}{\rho\sqrt{n^2(\rho)\rho^2 - q^2}} + \varphi_0 \tag{7.5.2b}$$

其中，φ_0 是积分常数. 为了弄清楚积分常数 q 和 φ_0 的意义，考虑均匀介质 $(n(\rho)=1)$ 中的声线，方程 (7.5.2b) 给出

$$\varphi - \varphi_0 = \mp \arcsin\frac{q}{\rho} \tag{7.5.2c}$$

即均匀介质中声线为直线

$$\rho = \frac{q}{\sin[\pm(\varphi - \varphi_0)]} \tag{7.5.2d}$$

由于 $\rho \geqslant 0$, 如果 $q > 0$, 则要求 $0 \leqslant \pm(\varphi - \varphi_0) \leqslant \pi/2$; 如果 $q < 0$, 则要求 $-\pi/2 \leqslant \pm(\varphi - \varphi_0) \leqslant 0$. 因此, 上式中的 "±" 表示 $(\varphi - \varphi_0)$ 的取值, 如果取 "+" 正号, 显然, q 表示直线到原点的距离, 而 φ_0 表征直线的方向. 当取 $\varphi_0 = 0$ 时, $\rho = q/\sin\varphi$ 表示平行于 x 轴的且位于上半平面的直线; $\rho = -q/\sin\varphi$ 表示平行于 x 轴的且位于下半平面的直线.

由以上讨论可知, 如果声波由均匀的介质入射到非均匀介质, 那么方程 (7.5.2c) 中的 q 和 φ_0 分别表征入射声线到原点的距离和方向.

三维柱坐标 在三维柱坐标中, 如果声波仅在 xOy 平面内传播, xOy 平面内的声线实际是平行于 z 轴的曲面, 方程 (7.5.2a) 成立. 但是如果入射声波的波矢量有 z 方向的分量, 则射线方程要复杂得多. 设声线方程为 $\rho = \rho(\varphi)$ 和 $z = z(\varphi)$, 则声线上的线元为 $\mathrm{d}s = \sqrt{(\mathrm{d}\rho)^2 + \rho^2(\mathrm{d}\varphi)^2 + (\mathrm{d}z)} = \sqrt{(\rho')^2 + \rho^2 + (z')^2}\mathrm{d}\varphi$ (其中 $z' = \mathrm{d}z/\mathrm{d}\varphi$). 于是, 声线传播的时间泛函为

$$T_{AB} = \int_{\varphi_A}^{\varphi_B} L(\rho, \rho', z')\mathrm{d}\varphi \tag{7.5.3a}$$

其中, $L(\rho, \rho', z') \equiv n(\rho)\sqrt{(\rho')^2 + \rho^2 + (z')^2}$. 声线方程 (7.5.1d) 修改二个耦合的非线性方程

$$\begin{aligned} \rho'\frac{\partial L(\rho, \rho', z')}{\partial \rho'} - L(\rho, \rho', z') &= q_1 \\ z'\frac{\partial L(\rho, \rho', z')}{\partial z'} - L(\rho, \rho', z') &= q_2 \end{aligned} \tag{7.5.3b}$$

即

$$\begin{aligned} -n(\rho)[\rho^2 + (z')^2] &= q_1\sqrt{(\rho')^2 + \rho^2 + (z')^2} \\ -n(\rho)[(\rho')^2 + \rho^2] &= q_2\sqrt{(\rho')^2 + \rho^2 + (z')^2} \end{aligned} \tag{7.5.3c}$$

从上式求声线方程 $\rho = \rho(\varphi)$ 和 $z = z(\varphi)$ 较为困难. 此时, 我们直接从波动方程出发, 把 z 方向的传播因子分离出来, 可以得到一个类似于方程 (7.5.2a) 的声线方程. 由方程 (3.3.5c), 在直角坐标中声波方程为

$$\frac{\partial^2 \tilde{p}}{\partial x^2} + \frac{\partial^2 \tilde{p}}{\partial y^2} + \frac{\partial^2 \tilde{p}}{\partial z^2} + k_0^2 n^2(x, y)\tilde{p} = 0 \tag{7.5.4a}$$

其中, $n(x, y) = n(\rho)$ 仅是径向坐标的函数. 由于折射率与 z 无关, 可以令

$$\tilde{p}(x, y, z) = \int_{-\infty}^{\infty} \tilde{p}(x, y, k_z)\exp(\mathrm{i}k_z z)\mathrm{d}k_z \tag{7.5.4b}$$

上式代入方程 (7.5.4a)

$$\left(\frac{\partial^2}{\partial x^2} + \frac{\partial^2}{\partial y^2}\right)\tilde{p}(x, y, k_z) + k_0^2\left[n^2(x, y) - \frac{k_z^2}{k_0^2}\right]\tilde{p}(x, y, k_z) = 0 \tag{7.5.4c}$$

因此, 对 k_z 方向传播的波, 在 xOy 平面内等效的折射率为 $\tilde{n}(x,y) \equiv \sqrt{n^2(x,y) - k_z^2/k_0^2}$, 或者 $\tilde{n}(\rho) \equiv \sqrt{n^2(\rho) - k_z^2/k_0^2}$. 于是, xOy 平面内的声线方程 (7.5.2a) 修改为

$$\frac{\mathrm{d}\rho}{\mathrm{d}\varphi} = \pm \frac{\rho}{q} \sqrt{\tilde{n}^2(\rho)\rho^2 - q^2} \tag{7.5.4d}$$

注意: 如果 z 方向为平面波传播因子, 即 $k_z = k_0 \cos\vartheta_0$ (其中 ϑ_0 为传播方向与 z 轴的夹角), 则 $\tilde{p}(x,y,z) = \tilde{p}(x,y,\vartheta_0)\exp(\mathrm{i}k_0 z \cos\vartheta_0)$, $\tilde{n}(\rho) \equiv \sqrt{n^2(\rho) - \cos^2\vartheta_0}$.

三维球坐标　　如果在球坐标 (r,ϑ,φ) 中, 折射率径向对称分布, 即 $n(r,\vartheta,\varphi) = n(r)$, 并且假定声波传播与方位角 φ 无关 (即关于 z 轴对称), 设声线方程为 $r = r(\vartheta)$, 则声线上的线元为 $\mathrm{d}s = \sqrt{(\mathrm{d}r)^2 + r^2(\mathrm{d}\vartheta)^2} = \sqrt{(r')^2 + r^2}\mathrm{d}\vartheta$, 可见, 只要把声线方程 (7.5.2a) 修改成

$$\frac{\mathrm{d}r}{\mathrm{d}\vartheta} = \pm \frac{r}{q} \sqrt{n^2(r)r^2 - q^2} \tag{7.5.5}$$

注意: 上式成立的条件是关于 z 轴对称, 即声波传播与方位角 φ 无关, 否则声线上的线元为 $\mathrm{d}s = \sqrt{(\mathrm{d}r)^2 + r^2(\mathrm{d}\vartheta)^2 + r^2\sin^2\vartheta(\mathrm{d}\varphi)^2} = \sqrt{(r')^2 + r^2 + r^2\sin^2\vartheta(\varphi')^2}\mathrm{d}\vartheta$, 声线 $r = r(\vartheta)$ 和 $\varphi = \varphi(\vartheta)$ 满足的耦合非线性声线方程更为复杂.

7.5.2　幂次分布结构中的声线和声黑洞

如图 7.5.2, 设想二维人工结构的声速的分布为

$$c(\rho) = \begin{cases} c_0 \left(\dfrac{\rho}{R}\right)^{\alpha/2}, & \rho < R \\ c_0, & \rho \geqslant R \end{cases} \tag{7.5.6a}$$

其中, α 是常数, c_0 是背景介质的声速, R 是人工结构的半径. 当 $\rho = 0$ 时, $c(0) = 0$, 可以用半径 $\rho_c \ll R$ 的声波全吸收体来实现, 当全吸收体半径 $\rho_c \ll R$ 时, 上式可以拓展到 $\rho = 0$.

相应的折射率分布为

$$n(\rho) = \frac{c_0}{c(\rho)} = \begin{cases} \left(\dfrac{R}{\rho}\right)^{\alpha/2}, & \rho < R \\ 1, & \rho \geqslant R \end{cases} \tag{7.5.6b}$$

把上式代入方程 (7.5.2b) 就可以得到声线的方程. 下面分三种情况讨论.

(1) 在人工结构外 ($\rho \geqslant R$), $n(\rho) = 1$, 由方程 (7.5.2d)

$$\rho = \frac{q}{\sin(\varphi - \varphi_0)} \tag{7.5.6c}$$

上式假定声线是位于上半平面的直线 (见图 7.5.2), 必须注意的是, 对入射、出射声线 (二者都是直线, 如图 7.5.2), q 和 φ_0 是不同的. 设入射声线平行于 x 轴, 故

$\varphi_0 = 0$, 由于入射声线到原点的距离 $q \leqslant R$ (如果 $q > R$ 则入射声线不能进入人工结构区域), 可表示为 $q = R \sin \varphi_s$ (其中, 角度 φ_s 如图 7.5.2 所示) 故入射声线为

$$\rho = \frac{R \sin \varphi_s}{\sin \varphi} \tag{7.5.6d}$$

注意: 选择不同的角度 φ_s, 可以调节 A 点的位置, 当 $\varphi_s = \pi/2$ 时, 入射声线刚好与人工结构相切.

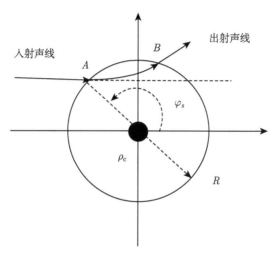

图 7.5.2 二维人工结构, 核心是半径为 ρ_c 的声波全吸收体

至于出射声线的表达式, 必须考虑二种情况: ①不存在出射声线, 即入射声波全部被人工结构俘获, 人工结构类似于黑洞; ②如图 7.5.2 的出射声线, 一般表达式仍然为方程 (7.5.6c), 但积分常数 q 和 φ_0 由人工结构内 ($\rho < R$) 声线与出射声线在交点 (即 B 点) 的连接条件决定. 见下面讨论.

(2) 在人工结构内 ($\rho < R$) 且 $\alpha = 2$, 由方程 (7.5.2b) 和 (7.5.6b)

$$\varphi = -q \int \frac{\mathrm{d}\rho}{\rho \sqrt{R^\alpha \rho^{2-\alpha} - q^2}} + \varphi_0 \tag{7.5.7a}$$

当 $\alpha = 2$ 时, 上式简化为

$$\varphi = -\frac{q}{\sqrt{R^2 - q^2}} \int \frac{\mathrm{d}\rho}{\rho} + \varphi_0 = -\frac{q}{\sqrt{R^2 - q^2}} \ln \rho + \varphi_0 \tag{7.5.7b}$$

即

$$\rho = \exp \left\{ - \left[\frac{\sqrt{R^2 - q^2}}{q} (\varphi - \varphi_0) \right] \right\} \tag{7.5.7c}$$

其中, 积分常数 q 和 φ_0 由入射声线与人工结构内声线在交点 A (见图 7.5.2) 的连接条件决定: 在交点 A(坐标为 $\rho = R$ 和 $\varphi = \varphi_s$), 函数值和一阶导数连续, 由方程 (7.5.6d) 和 (7.5.7c) 得到

$$\exp\left\{-\left[\frac{\sqrt{R^2-q^2}}{q}(\varphi_s-\varphi_0)\right]\right\} = R$$
$$-R\frac{\cos\varphi_s}{\sin\varphi_s} = -\frac{\sqrt{R^2-q^2}}{q}\exp\left\{-\left[\frac{\sqrt{R^2-q^2}}{q}(\varphi_s-\varphi_0)\right]\right\} \tag{7.5.8a}$$

因此得到

$$\frac{\sqrt{R^2-q^2}}{q} = \frac{\cos\varphi_s}{\sin\varphi_s}$$
$$\exp\left(\frac{\sqrt{R^2-q^2}}{q}\varphi_0\right) = R\exp\left(\frac{\cos\varphi_s}{\sin\varphi_s}\varphi_s\right) \tag{7.5.8b}$$

上式代入方程 (7.5.7c) 得到

$$\rho = R\exp\left[-\frac{\cos\varphi_s}{\sin\varphi_s}(\varphi-\varphi_s)\right] \tag{7.5.8c}$$

注意: 由于在 A 点处声速连续, 而不考虑密度变化, 故声线的一阶导数也连续; 如果 A 点处声阻抗率有突变, 则声线的一阶导数不连续, 例如声阻抗率不同的平面, 声波的入射方向和透射方向不同, 见图 1.4.1.

(3) 在人工结构内 ($\rho < R$) 且 $\alpha \neq 2$, 由方程 (7.5.7a) 得到

$$\varphi = \frac{2}{(2-\alpha)}\arcsin\frac{q}{R^{\alpha/2}\rho^{(2-\alpha)/2}} + \varphi_0 \tag{7.5.9a}$$

即

$$\rho = \left\{\frac{q}{R^{\alpha/2}\sin[\gamma^{-1}(\varphi-\varphi_0)]}\right\}^{\gamma} \tag{7.5.9b}$$

其中, $\gamma \equiv 2/(2-\alpha)$. 积分常数 q 和 φ_0 由入射声线与人工结构内声线在交点 A (见图 7.5.2) 的连接条件决定, 由方程 (7.5.6d) 和 (7.5.9b) 得到

$$\frac{q^{\gamma}}{R^{\alpha\gamma/2}\sin^{\gamma}[\gamma^{-1}(\varphi_s-\varphi_0)]} = R$$
$$\frac{q^{\gamma}\cos[\gamma^{-1}(\varphi_s-\varphi_0)]}{R^{\alpha\gamma/2}\sin^{\gamma+1}[\gamma^{-1}(\varphi_s-\varphi_0)]} = R\frac{\cos\varphi_s}{\sin\varphi_s} \tag{7.5.10a}$$

容易得到

$$\gamma^{-1}\varphi_0 = -\frac{\alpha}{2}\varphi_s; \quad q^{\gamma} = R^{\alpha\gamma/2+1}\sin^{\gamma}\varphi_s \tag{7.5.10b}$$

上式代入方程 (7.5.9b) 得到声线方程

$$\rho = R\left[\frac{\sin\varphi_s}{\sin(\varphi - \alpha\varphi/2 + \alpha\varphi_s/2)}\right]^{\gamma} \tag{7.5.10c}$$

因此, 在人工结构内 $(\rho < R)$, 声线方程可以表示成

$$\rho = \begin{cases} R\left[\dfrac{\sin\varphi_s}{\sin(\varphi - \alpha\varphi/2 + \alpha\varphi_s/2)}\right]^{2/(2-\alpha)}, & \alpha \neq 2 \\[4mm] R\exp\left[-\dfrac{\cos\varphi_s}{\sin\varphi_s}(\varphi - \varphi_s)\right], & \alpha = 2 \end{cases} \tag{7.5.11}$$

图 7.5.3 画出了不同 α 值的声线轨迹, 从图中看出, 当 $\alpha = 2$ 和 3 时, 人工结构对入射声波具有俘获作用; 而当 $\alpha = -1$ 和 1 时, 入射声波在人工结构中传播后仍然逸出结构. 事实上, 可以证明只要当 $\alpha \geqslant 2$ 时, 人工结构就像黑洞一样能够俘获声波.

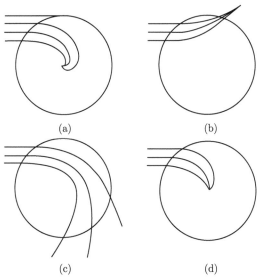

图 7.5.3　不同 α 时声线的轨迹: (a) $\alpha = 2$; (b) $\alpha = -1$; (c) $\alpha = 1$; (d) $\alpha = 3$

7.5.3　基于波动方程的严格解

人工结构内　在人工结构内 $(\rho < R)$, 声场 $p(\rho, \varphi)$ 满足方程为

$$\left[\frac{1}{\rho}\frac{\partial}{\partial\rho}\left(\rho\frac{\partial}{\partial\rho}\right) + \frac{1}{\rho^2}\frac{\partial^2}{\partial\varphi^2}\right]p(\rho, \varphi) + k_0^2 n^2(\rho)p(\rho, \varphi) = 0 \tag{7.5.12a}$$

由于 $n(\rho)$ 与方位角无关, 令

$$p(\rho,\varphi) = \sum_{m=-\infty}^{\infty} R_m(\rho)\exp(\mathrm{i}m\varphi) \tag{7.5.12b}$$

上式代入方程 (7.5.12a) 得到

$$\frac{\mathrm{d}^2 R_m(\rho)}{\mathrm{d}\rho^2} + \frac{1}{\rho}\frac{\mathrm{d}R_m(\rho)}{\mathrm{d}\rho} + \left[k_0^2\left(\frac{R}{\rho}\right)^\alpha - \frac{m^2}{\rho^2}\right]R_m(\rho) = 0 \tag{7.5.12c}$$

得到上式, 利用了 $n^2(\rho) = (R/\rho)^\alpha$.

显然, 当 $\alpha = 2$ 时, 上式为 Euler 方程, 解为

$$R_m(\rho) = \begin{cases} a_m\rho^\beta + b_m\rho^{-\beta}, & \beta \neq 0 \\ d_0 + d_1\ln\rho, & \beta = 0 \end{cases} \tag{7.5.13a}$$

其中, 定义

$$\beta \equiv \begin{cases} \sqrt{m^2 - k_0^2 R^2}, & |m| > k_0 R \\ -\mathrm{i}\sqrt{k_0^2 R^2 - m^2}, & |m| < k_0 R \\ 0, & |m| = k_0 R \end{cases} \tag{7.5.13b}$$

为 Euler 方程的特征指标. 由于当 $\rho \to 0$ 时, $\ln\rho \to \infty$, 故声场的有限性要求 $d_1 \equiv 0$, 而常数 d_0 可并入 $\beta \neq 0$ 的情况.

当 $\alpha \neq 2$ 时, 方程 (7.5.12c) 可以化为标准的 Bessel 方程. 令变量代换 $\xi = \varepsilon\rho^\gamma$ (其中 ε 和 γ 待定), 方程 (7.5.12c) 变成

$$\frac{\mathrm{d}^2 R_m}{\mathrm{d}\xi^2} + \frac{1}{\xi}\frac{\mathrm{d}R_m}{\mathrm{d}\xi} + \left[\frac{1}{\gamma^2}k_0^2 R^\alpha\varepsilon^{-2/\gamma+\alpha/\gamma}\xi^{-2+2/\gamma-\alpha/\gamma} - \frac{(m/\gamma)^2}{\xi^2}\right]R_m = 0 \tag{7.5.14a}$$

取 ε 和 γ 满足

$$-2 + \frac{2}{\gamma} - \frac{\alpha}{\gamma} = 0; \quad \frac{1}{\gamma^2}k_0^2 R^\alpha\varepsilon^{-2/\gamma+\alpha/\gamma} = 1 \tag{7.5.14b}$$

即

$$\gamma = \frac{2-\alpha}{2}; \quad \varepsilon = \frac{2}{2-\alpha}k_0 R^{\alpha/2} \tag{7.5.14c}$$

于是, 方程 (7.5.14a) 变成 $2m/(2-\alpha)$ 阶 Bessel 方程

$$\frac{\mathrm{d}^2 R_m}{\mathrm{d}\xi^2} + \frac{1}{\xi}\frac{\mathrm{d}R_m}{\mathrm{d}\xi} + \left\{1 - \frac{[2m/(2-\alpha)]^2}{\xi^2}\right\}R_m = 0 \tag{7.5.15a}$$

注意: 当 $\alpha > 2$ 时, $\varepsilon < 0$, 故 $\xi = \varepsilon\rho^\gamma < 0$, 上式作变换 $\eta = -\xi$ 并不改变形式. 因此, 当 $\alpha \neq 2$ 时, 方程 (7.5.12c) 的解为

$$R_m(\rho) = Z_{\pm\nu}(k_0\tilde{\rho}) \tag{7.5.15b}$$

其中, $\nu \equiv m/|1 - \alpha/2|$, $Z_{\pm\nu}(\xi)$ 是 $\pm\nu$ 阶柱函数, 为了方便定义

$$\tilde{\rho} \equiv \frac{2}{|2-\alpha|} R^{\alpha/2} \rho^{1-\alpha/2} = \frac{2}{|2-\alpha|} \rho \left(\frac{R}{\rho}\right)^{\alpha/2} \tag{7.5.15c}$$

选择什么样的柱函数与 α 密切相关, 下面分三种情况分别讨论.

(1) 当 $\alpha < 2$ 时, 声场 $p(\rho, \varphi)$ 表示为

$$p(\rho, \varphi) = \sum_{m=-\infty}^{\infty} [a_m J_\nu(k_0 \tilde{\rho}) + b_m N_\nu(k_0 \tilde{\rho})]\exp(im\varphi), \quad \alpha < 2 \tag{7.5.16a}$$

由于 $\alpha < 2$, 当 $\rho \to 0$ 时, $k_0 \tilde{\rho} \to 0$, 而 $\lim\limits_{k_0 \tilde{\rho} \to 0} N_\nu(k_0 \tilde{\rho}) \to \infty$, 故取 $b_m \equiv 0$, 而 $a_m J_\nu(k_0 \tilde{\rho})$ 部分表示人工结构内的驻波场.

(2) 当 $\alpha = 2$ 时, 声场 $p(\rho, \varphi)$ 表示为

$$p(\rho, \varphi) = \sum_{m=-\infty}^{\infty} (a_m \rho^\beta + b_m \rho^{-\beta})\exp(im\varphi), \quad \alpha = 2 \tag{7.5.16b}$$

由方程 (7.5.13b), 上式求和可以分成二部分: ① $|m| > k_0 R$, $\beta = \sqrt{m^2 - k_0^2 R^2}$ 是正实数, 当 $\rho \to 0$ 时, $\lim\limits_{\rho \to 0} \rho^{-\beta} \to \infty$, 故取 $b_m \equiv 0$; ② $|m| < k_0 R$, $\beta = -i\sigma$ (为了方便, 令 $\sigma \equiv \sqrt{k_0^2 R^2 - m^2}$) 是虚数, 由于 $\rho^\beta = \rho^{-i\sigma} = e^{-i\sigma\ln\rho}$ 和 $\rho^{-\beta} = \rho^{i\sigma} = e^{i\sigma\ln\rho}$, 恒有 $|\rho^{\pm\beta}| = 1$, 不存在自然边界条件. 然而, 根据 7.5.2 小节的讨论, 当 $\alpha = 2$ 时, 人工结构内的声场总是向原点汇聚的, 因此, 我们只要取向原点汇聚的部分就可以了. 当时间因子为 $e^{-i\omega t}$ 时, $\rho^\beta e^{-i\omega t} = e^{-i(\sigma\ln\rho + \omega t)}$, 等相位线为 $\sigma\ln\rho + \omega t = $ 常数, 相速度为 $d\rho/dt = -\omega\rho/\sigma < 0$, 故 $a_m \rho^\beta$ 部分表示向原点汇聚的波, 而 $b_m \rho^{-\beta}$ 部分表示向外传播的波, 故取 $b_m \equiv 0$.

(3) 对 $\alpha > 2$ 情况, 由于 $\tilde{\rho} \sim \rho^{1-\alpha/2} = 1/\rho^{\alpha/2-1}$, 当 $\rho \to 0$ 时, $k_0 \tilde{\rho} \to \infty$, 根据 Bessel 函数和 Neumann 函数的大参数渐进表达式, $J_\nu(k_0 \tilde{\rho}) \to 0$ 和 $N_\nu(k_0 \tilde{\rho}) \to 0$. 如果把声压表示为 $a_m J_\nu(k_0 \tilde{\rho})$ 和 $b_m N_\nu(k_0 \tilde{\rho})$ 的叠加, 则 a_m 和 b_m 都不为零. 与 $\alpha = 2$ 类似, 根据 7.5.2 小节的讨论, 当 $\alpha > 2$ 时, 人工结构内的声场总是向原点汇聚的, 因此我们把声压表示成行波的形式

$$p(\rho, \varphi) = \sum_{m=-\infty}^{\infty} [a_m H_\nu^{(1)}(k_0 \tilde{\rho}) + b_m H_\nu^{(2)}(k_0 \tilde{\rho})]\exp(im\varphi), \quad \alpha > 2 \tag{7.5.16c}$$

其中, 第一类 Hankel 函数 $H_\nu^{(1)}(k_0 \tilde{\rho})$ 的大参数渐进表达式为

$$H_\nu^{(1)}(k_0 \tilde{\rho}) \approx \sqrt{\frac{|2-\alpha|\rho^{\alpha/2-1}}{\pi k_0 R^{\alpha/2}}} \exp\left[i\left(\frac{2k_0}{|2-\alpha|}\frac{R^{\alpha/2}}{\rho^{\alpha/2-1}} - \frac{\nu\pi}{2} - \frac{\pi}{4}\right)\right] \tag{7.5.17a}$$

加上时间因子后，等相位线方程为

$$\frac{2k_0}{|2-\alpha|}\frac{R^{\alpha/2}}{\rho^{\alpha/2-1}} - \omega t = 常数 \tag{7.5.17b}$$

故原点附近的相速度为

$$\frac{\mathrm{d}\rho}{\mathrm{d}t} = -\frac{c_0|2-\alpha|/2}{R^{\alpha/2}(\alpha/2-1)}\left(\frac{\rho}{R}\right)^{\alpha/2} < 0 \tag{7.5.17c}$$

可见，$\mathrm{H}_\nu^{(1)}(k_0\tilde{\rho})$ 部分表示向原点汇聚的波，而 $\mathrm{H}_\nu^{(2)}(k_0\tilde{\rho})$ 部分表示向外传播的波 (注意：与 $\mathrm{H}_\nu^{(1)}(k_0\rho)$、$\mathrm{H}_\nu^{(2)}(k_0\rho)$ 刚好向反). 因此，我们取 $b_m \equiv 0$.

综上所述，我们把人工结构内 $(\rho < R)$ 的声场 $p(\rho,\varphi)$ 表示为

$$p(\rho,\varphi) = \begin{cases} \displaystyle\sum_{m=-\infty}^{\infty} a_m \mathrm{J}_\nu(k_0\tilde{\rho})\exp(\mathrm{i}m\varphi), & \alpha < 2 \\[2mm] \displaystyle\sum_{m=-\infty}^{\infty} a_m \rho^\beta \exp(\mathrm{i}m\varphi), & \alpha = 2 \\[2mm] \displaystyle\sum_{m=-\infty}^{\infty} a_m \mathrm{H}_\nu^{(1)}(k_0\tilde{\rho})\exp(\mathrm{i}m\varphi), & \alpha > 2 \end{cases} \tag{7.5.18}$$

人工结构外　　在人工结构外 $(\rho > R)$，总声场由入射波 $p_\mathrm{i}(\rho,\varphi)$ 和散射波 $p_\mathrm{s}(\rho,\varphi)$ 组成，满足方程

$$\left[\frac{1}{\rho}\frac{\partial}{\partial\rho}\left(\rho\frac{\partial}{\partial\rho}\right) + \frac{1}{\rho^2}\frac{\partial^2}{\partial\varphi^2}\right]p(\rho,\varphi) + k_0^2 p(\rho,\varphi) = 0 \tag{7.5.19a}$$

显然，满足 Sommerfeld 辐射条件的散射波解为

$$p_\mathrm{s}(\rho,\varphi) = \sum_{m=-\infty}^{\infty} c_m \mathrm{H}_m^{(1)}(k_0\rho)\exp(\mathrm{i}m\varphi) \tag{7.5.19b}$$

其中，c_m 为待定系数. 而任意入射波 $p_\mathrm{i}(\rho,\varphi)$ 可表示为偏波 $\mathrm{J}_m(k_0\rho)\exp(\mathrm{i}m\varphi)$ 的展开

$$p_\mathrm{i}(\rho,\varphi) = \sum_{m=-\infty}^{\infty} p_m \mathrm{J}_m(k_0\rho)\exp(\mathrm{i}m\varphi) \tag{7.5.19c}$$

其中，p_m 为已知的系数，称为**偏波系数**.

边界条件　　在边界 $\rho = R$，内外声场满足连续性条件

$$p(R,\varphi) = p_\mathrm{i}(R,\varphi) + p_\mathrm{s}(R,\varphi)$$

$$\left.\frac{\partial p(\rho,\varphi)}{\partial\rho}\right|_{\rho=R} = \left.\frac{\partial[p_\mathrm{i}(\rho,\varphi) + p_\mathrm{s}(\rho,\varphi)]}{\partial\rho}\right|_{\rho=R} \tag{7.5.20a}$$

注意: 得到上式的第二个方程, 仍然假定了在边界上声阻抗率连续. 把方程 (7.5.18), (7.5.19b) 和 (7.5.19c) 代入方程 (7.5.20a) 得到

(1) 当 $\alpha < 2$ 时,

$$
\begin{aligned}
a_m \mathrm{J}_\nu(k_0\tilde\rho_R) - c_m \mathrm{H}_m^{(1)}(k_0R) &= p_m \mathrm{J}_m(k_0R) \\
a_m \mathrm{J}_\nu'(k_0\tilde\rho_R) - c_m \mathrm{H}_m'^{(1)}(k_0R) &= p_m \mathrm{J}_m'(k_0R)
\end{aligned}
\tag{7.5.20b}
$$

其中, 柱函数的导数: $\mathrm{J}_\nu'(k_0\tilde\rho_R) \equiv d\mathrm{J}_\nu(k_0\tilde\rho)/d(k_0\tilde\rho)|_{\tilde\rho=\tilde\rho_R}$、$\mathrm{H}_m'^{(1)}(k_0R) \equiv d\mathrm{H}_m^{(1)}(k_0\rho)/d(k_0\rho)|_{\rho=R}$ 和 $\mathrm{J}_m'(k_0R) \equiv d\mathrm{J}_m(k_0\rho)/d(k_0\rho)|_{\rho=R}$, 以及 $\tilde\rho_R = 2R/|2-\alpha|$. 于是得到

$$
\begin{aligned}
\frac{a_m}{p_m} &= \frac{\mathrm{J}_m(k_0R)\mathrm{H}_m'^{(1)}(k_0R) - \mathrm{J}_m'(k_0R)\mathrm{H}_m^{(1)}(k_0R)}{\mathrm{J}_\nu(k_0\tilde\rho_R)\mathrm{H}_m'^{(1)}(k_0R) - \mathrm{J}_\nu'(k_0\tilde\rho_R)\mathrm{H}_m^{(1)}(k_0R)} \\
\frac{c_m}{p_m} &= -\frac{\mathrm{J}_\nu(k_0\tilde\rho_R)\mathrm{J}_m'(k_0R) - \mathrm{J}_\nu'(k_0\tilde\rho_R)\mathrm{J}_m(k_0R)}{\mathrm{J}_\nu(k_0\tilde\rho_R)\mathrm{H}_m'^{(1)}(k_0R) - \mathrm{J}_\nu'(k_0\tilde\rho_R)\mathrm{H}_m^{(1)}(k_0R)}
\end{aligned}
\tag{7.5.20c}
$$

(2) 当 $\alpha = 2$ 时,

$$
\begin{aligned}
a_m R^\beta - c_m \mathrm{H}_m^{(1)}(k_0R) &= p_m \mathrm{J}_m(k_0R) \\
a_m \beta R^{\beta-1} - k_0 c_m \mathrm{H}_m'^{(1)}(k_0R) &= k_0 p_m \mathrm{J}_m'(k_0R)
\end{aligned}
\tag{7.5.21a}
$$

于是得到

$$
\begin{aligned}
\frac{a_m}{p_m} &= \frac{1}{R^\beta} \cdot \frac{\mathrm{J}_m(k_0R)\mathrm{H}_m'^{(1)}(k_0R) - \mathrm{H}_m^{(1)}(k_0R)\mathrm{J}_m'(k_0R)}{\mathrm{H}_m'^{(1)}(k_0R) - (\beta/k_0)\mathrm{H}_m^{(1)}(k_0R)} \\
\frac{c_m}{p_m} &= -\frac{\mathrm{J}_m'(k_0R) - (\beta/k_0)\mathrm{J}_m(k_0R)}{\mathrm{H}_m'^{(1)}(k_0R) - (\beta/k_0)\mathrm{H}_m^{(1)}(k_0R)}
\end{aligned}
\tag{7.5.21b}
$$

(3) 当 $\alpha > 2$ 时, 与 $\alpha < 2$ 情况类似, 只要把方程 (7.5.20c) 中的 $\mathrm{J}_\nu(k_0\tilde\rho_R)$ 和 $\mathrm{J}_\nu'(k_0\tilde\rho_R)$ 分别换成 $\mathrm{H}_\nu^{(1)}(k_0\tilde\rho_R)$ 和 $\mathrm{H}_\nu'^{(1)}(k_0\tilde\rho_R)$.

因此, 一旦给出入射场的偏波系数 p_m, 方程 (7.5.18) 和 (7.5.19b) 中诸系数为

$$
a_m = \begin{cases}
\dfrac{2\mathrm{i}/(\pi k_0R)}{\mathrm{J}_\nu(k_0\tilde\rho_R)\mathrm{H}_m'^{(1)}(k_0R) - \mathrm{J}_\nu'(k_0\tilde\rho_R)\mathrm{H}_m^{(1)}(k_0R)} p_m, & \alpha < 2 \\[3mm]
\dfrac{1}{R^\beta} \cdot \dfrac{2\mathrm{i}/(\pi k_0R)}{\mathrm{H}_m'^{(1)}(k_0R) - (\beta/k_0)\mathrm{H}_m^{(1)}(k_0R)} p_m, & \alpha = 2 \\[3mm]
\dfrac{2\mathrm{i}/(\pi k_0R)}{\mathrm{H}_\nu^{(1)}(k_0\tilde\rho_R)\mathrm{H}_m'^{(1)}(k_0R) - \mathrm{H}_\nu'^{(1)}(k_0\tilde\rho_R)\mathrm{H}_m^{(1)}(k_0R)} p_m, & \alpha > 2
\end{cases}
\tag{7.5.22a}
$$

以及

$$
c_m = \begin{cases}
-\dfrac{\mathrm{J}_\nu(k_0\tilde{\rho}_R)\mathrm{J}'_m(k_0R) - \mathrm{J}'_\nu(k_0\tilde{\rho}_R)\mathrm{J}_m(k_0R)}{\mathrm{J}_\nu(k_0\tilde{\rho}_R)\mathrm{H}_m^{\prime(1)}(k_0R) - \mathrm{J}'_\nu(k_0\tilde{\rho}_R)\mathrm{H}_m^{(1)}(k_0R)}p_m, & \alpha < 2 \\[4mm]
-\dfrac{\mathrm{J}'_m(k_0R) - (\beta/k_0R)\mathrm{J}_m(k_0R)}{\mathrm{H}_m^{\prime(1)}(k_0R) - (\beta/k_0R)\mathrm{H}_m^{(1)}(k_0R)}p_m, & \alpha = 2 \\[4mm]
-\dfrac{\mathrm{H}_\nu^{(1)}(k_0\tilde{\rho}_R)\mathrm{J}'_m(k_0R) - \mathrm{H}_\nu^{\prime(1)}(k_0\tilde{\rho}_R)\mathrm{J}_m(k_0R)}{\mathrm{H}_\nu^{(1)}(k_0\tilde{\rho}_R)\mathrm{H}_m^{\prime(1)}(k_0R) - \mathrm{H}_\nu^{\prime(1)}(k_0\tilde{\rho}_R)\mathrm{H}_m^{(1)}(k_0R)}p_m, & \alpha > 2
\end{cases}
\tag{7.5.22b}
$$

注意: 得到方程 (7.5.22a), 利用了关系

$$
(k_0R)[\mathrm{J}_m(k_0R)\mathrm{H}_m^{\prime(1)}(k_0R) - \mathrm{J}'_m(k_0R)\mathrm{H}_m^{(1)}(k_0R)] = \frac{2\mathrm{i}}{\pi}
\tag{7.5.22c}
$$

7.5.4　Gauss 声束入射时空间声场的分布

对平面波入射, 偏波系数 p_m 较为简单, 设入射波沿 x 方向传播, 把方程 (3.1.1a) 修改成

$$
p_\mathrm{i}(\rho, \varphi) = p_{0\mathrm{i}}(\omega)\exp(\mathrm{i}k_0\rho\cos\varphi) = p_{0\mathrm{i}}(\omega)\sum_{m=-\infty}^{\infty}\mathrm{i}^m\mathrm{J}_m(k_0\rho)\mathrm{e}^{\mathrm{i}m\varphi}
\tag{7.5.23}
$$

故相应的偏波系数为 $p_m = \mathrm{i}^m p_{0\mathrm{i}}(\omega)$. 在实际情况中, 入射波一般是有限宽度的声束, 特别是 Gauss 型声束. 如图 7.5.4, 在平面直角坐标中, 设入射声束是平行于 x 轴的 Gauss 型声束, 在 $x = x_0$ 直线上, Gauss 束的中心点在 $y = y_0$ 处, 即在 $x = x_0$ 直线上, 声压的分布为

$$
p_\mathrm{i}(x_0, y) = p_{0\mathrm{i}}\exp\left[-\frac{(y - y_0)^2}{w^2}\right]
\tag{7.5.24a}
$$

其中, w 表示 Gauss 束的宽度. 注意: 根据 2.6.2 小节的讨论, 在声波传播过程中, Gauss 束的宽度在不断地加宽 (由于衍射效应). 一旦假定了 $x = x_0$ 直线上的声压分布后, 可以由角谱方法求整个平面的声场分布. 事实上, 根据角谱理论 (见 1.3.2 小节), 空间声场可以表示为

$$
p_\mathrm{i}(x, y) = \int_{-\infty}^{\infty} A(k_y)\exp\left[\mathrm{i}\left(k_y y \pm \sqrt{k_0^2 - k_y^2}\,x\right)\right]\mathrm{d}k_y
\tag{7.5.24b}
$$

其中, "±" 的选择保证在 $|k_y| > k_0$ 区域积分时, 对声压的贡献随 $x \to \infty$ 而指数衰减. 由方程 (7.5.24a), 上式取 $x = x_0$

$$
p_\mathrm{i}(x_0, y) = \int_{-\infty}^{\infty} A(k_y)\exp\left[\mathrm{i}\left(k_y y \pm \sqrt{k_0^2 - k_y^2}\,x_0\right)\right]\mathrm{d}k_y = p_{0\mathrm{i}}\exp\left[-\frac{(y - y_0)^2}{w^2}\right]
\tag{7.5.24c}
$$

因此

$$A(k_y)\exp\left(\pm i\sqrt{k_0^2-k_y^2}\,x_0\right)=\frac{p_{0i}}{2\pi}\int_{-\infty}^{\infty}\exp\left[-\frac{(y-y_0)^2}{w^2}\right]\exp(-ik_yy)\mathrm{d}y \quad (7.5.24\mathrm{d})$$

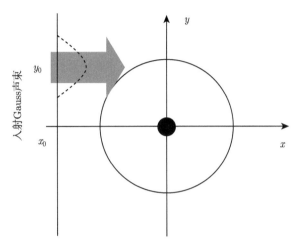

图 7.5.4　入射 Gauss 声束, 在 $x=x_0$ 直线上, Gauss 声束的中心点位于 $y=y_0$

注意到积分关系

$$\int_{-\infty}^{\infty}\exp\left(-\frac{y^2}{w^2}\right)\exp(-ik_yy)\mathrm{d}y=\sqrt{\pi}w\exp\left(-\frac{w^2k_y^2}{4}\right) \quad (7.5.25\mathrm{a})$$

由方程 (7.5.24d) 得到

$$A(k_y)=\frac{p_{0i}w}{2\sqrt{\pi}}\exp\left(-\frac{w^2k_y^2}{4}\right)\exp(-ik_yy_0)\exp\left(\mp i\sqrt{k_0^2-k_y^2}\,x_0\right) \quad (7.5.25\mathrm{b})$$

上式代入方程 (7.5.24b)

$$p_i(x,y)=\frac{p_{0i}w}{2\sqrt{\pi}}\int_{-\infty}^{\infty}\exp\left(-\frac{w^2k_y^2}{4}\right)\exp\left\{i\left[k_y(y-y_0)\pm\sqrt{k_0^2-k_y^2}(x-x_0)\right]\right\}\mathrm{d}k_y$$

$$(7.5.26\mathrm{a})$$

注意到: 当 $x-x_0>0$ 时, 上式中必须取 "+"; 而当 $x-x_0<0$ 时, 取 "–", 才能保证在 $|k_y|>k_0$ 区域积分时对声压的贡献随 $x\to\infty$ 指数衰减. 于是, 我们得到入射 Gauss 声束的角谱展开式

$$p_i(x,y)=\frac{p_{0i}w}{2\sqrt{\pi}}\int_{-\infty}^{\infty}\exp\left(-\frac{w^2k_y^2}{4}\right)\exp\left\{i\left[k_y(y-y_0)+\sqrt{k_0^2-k_y^2}|x-x_0|\right]\right\}\mathrm{d}k_y$$

$$(7.5.26\mathrm{b})$$

令 $q = k_y/k_0$，上式积分无量纲化得到

$$p_{\mathrm{i}}(x,y) = \frac{p_{0\mathrm{i}}wk_0}{2\sqrt{\pi}} \int_{-\infty}^{\infty} \exp\left(-\frac{w^2 k_0^2 q^2}{4}\right) \exp\left\{\mathrm{i}k_0\left[q(y-y_0) + \sqrt{1-q^2}|x-x_0|\right]\right\} \mathrm{d}q$$

$$(7.5.26\mathrm{c})$$

注意到对图 7.5.4 所示的情况，$x - x_0 > 0$，上式的积分可以写成

$$p_{\mathrm{i}}(x,y) = \frac{p_{0\mathrm{i}}wk_0}{2\sqrt{\pi}} \int_{-1}^{1} \exp\left(-\frac{w^2 k_0^2 q^2}{4}\right) \exp\left\{\mathrm{i}k_0\left[q(y-y_0) + \sqrt{1-q^2}(x-x_0)\right]\right\} \mathrm{d}q$$

$$+ \frac{p_{0\mathrm{i}}wk_0}{2\sqrt{\pi}} \int_{|q|>1} \exp\left(-\frac{w^2 k_0^2 q^2}{4}\right) \mathrm{e}^{-k_0\sqrt{q^2-1}(x-x_0)} \exp[\mathrm{i}k_0 q(y-y_0)]\mathrm{d}q$$

$$(7.5.26\mathrm{d})$$

当观测点 x 远离 x_0 时，上式的第二个积分贡献可以忽略不计，但是，观测点 x 距离 x_0 又不能太大，因为 Gauss 束的宽度在声波传播过程中不断地加宽.

在平面极坐标中，把 $x = \rho\cos\varphi$ 和 $y = \rho\sin\varphi$ 代入方程 (7.2.26d) 得到 (忽略第二个积分)

$$p_{\mathrm{i}}(\rho,\varphi) = \frac{p_{0\mathrm{i}}wk_0}{2\sqrt{\pi}} \int_{-1}^{1} \mathrm{e}^{-\mathrm{i}k_0\left(qy_0 + \sqrt{1-q^2}x_0\right) - \frac{w^2 k_0^2 q^2}{4}}$$

$$\times \exp\left[\mathrm{i}k_0\rho\left(q\sin\varphi + \sqrt{1-q^2}\cos\varphi\right)\right] \mathrm{d}q \qquad (7.5.27\mathrm{a})$$

令 $q = \sin\phi$，上式中指数因子改写成

$$\exp\left[\mathrm{i}k_0\rho\left(q\sin\varphi + \sqrt{1-q^2}\cos\varphi\right)\right]$$

$$= \exp[\mathrm{i}k_0\rho\cos(\varphi-\phi)] = \sum_{m=-\infty}^{\infty} \mathrm{i}^m \mathrm{J}_m(k_0\rho)\mathrm{e}^{\mathrm{i}m(\varphi-\phi)} \qquad (7.5.27\mathrm{b})$$

代入方程 (7.5.27a) 得到

$$p_{\mathrm{i}}(\rho,\varphi) = \sum_{m=-\infty}^{\infty} p_m \mathrm{J}_m(k_0\rho)\mathrm{e}^{\mathrm{i}m\varphi} \qquad (7.5.27\mathrm{c})$$

其中，p_m 就是我们所要求的偏波系数

$$p_m \equiv \frac{p_{0\mathrm{i}}wk_0}{2\sqrt{\pi}}\mathrm{i}^m \int_{-1}^{1} \mathrm{e}^{-\mathrm{i}k_0\left(qy_0 + \sqrt{1-q^2}x_0\right) - \frac{w^2 k_0^2 q^2}{4}} \exp(-\mathrm{i}m\arcsin q)\mathrm{d}q \qquad (7.5.27\mathrm{d})$$

由方程 (7.5.18), (7.5.19b), (7.5.22a), (7.5.22b) 和 (7.5.27d)，就可以计算 Gauss 声束入射时，人工结构内、外的声场分布，如图 7.5.5，计算中取背景参数为 $\rho_0 = 998\mathrm{kg/m}^3$，$c_0 = 1483\mathrm{m/s}$，人工结构半径 $R = 12\mathrm{cm}$，声波波长 $\lambda = 3\mathrm{mm}$，以及 $w = 4.5\mathrm{mm}$. 比较图 7.5.3 与图 7.5.5 可知，几何声学方法与波动声学的方法得到类

似的结果, 即当 $\alpha \geqslant 2$ 时, 人工结构像黑洞一样能够俘获声波, 而当 $\alpha < 2$ 时, 入射声波在人工结构中传播后仍然逸出结构.

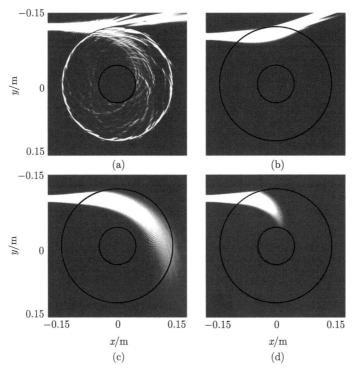

图 7.5.5　不同 α 时人工结构内、外的声场强度分布: (a) $\alpha = 2$; (b) $\alpha = -1$; (c) $\alpha = 1$; (d) $\alpha = 3$

7.5.5　球坐标中径向分布的折射率

在球坐标中, 波动方程为

$$\nabla^2 p(r,\vartheta,\varphi) + k_0^2 n^2(r) p(r,\vartheta,\varphi) = 0 \qquad (7.5.28\mathrm{a})$$

折射率的径向分布为

$$n(r) = \frac{c_0}{c(r)} = \begin{cases} \left(\dfrac{R}{r}\right)^{\alpha/2}, & r < R \\ 1, & r \geqslant R \end{cases} \qquad (7.5.28\mathrm{b})$$

其中, R 为人工结构球半径. 由于折射率与极角和方位角无关, 声压场可以写成

$$p(r,\vartheta,\varphi) = \sum_{l=0}^{\infty} \sum_{m=-l}^{l} R_l(r) \mathrm{Y}_{lm}(\vartheta,\varphi) \qquad (7.5.29\mathrm{a})$$

代入方程 (7.5.28a) 得到人工结构内部 $(r < R)$ 径向部分满足的方程

$$\frac{\mathrm{d}^2 R_l(r)}{\mathrm{d}r^2} + \frac{2}{r}\frac{\mathrm{d}R_l(r)}{\mathrm{d}r} + \left[k_0^2 \left(\frac{R}{r}\right)^\alpha - \frac{l(l+1)}{r^2} \right] R_l(r) = 0 \tag{7.5.29b}$$

作函数变换 $R_l(r) = y_l(r)/\sqrt{r}$, 方程 (7.5.29b) 变成

$$\frac{\mathrm{d}^2 y_l(r)}{\mathrm{d}r^2} + \frac{1}{r}\frac{\mathrm{d}y_l(r)}{\mathrm{d}r} + \left[k_0^2 \left(\frac{R}{r}\right)^\alpha - \frac{(l+1/2)^2}{r^2} \right] y_l(r) = 0 \tag{7.5.29c}$$

上式与方程 (7.5.12c) 相比较, 形式是一样的. 详细讨论如下.

(1) 当 $\alpha = 2$ 时, 方程 (7.5.29c) 是 Euler 方程, 故方程 (7.5.29b) 解为

$$R_l(r) = \begin{cases} \dfrac{1}{\sqrt{r}} \left(a_l r^\beta + b_l r^{-\beta} \right), & \beta \neq 0 \\[3mm] \dfrac{1}{\sqrt{r}} (d_0 + d_1 \ln r), & \beta = 0 \end{cases} \tag{7.5.30a}$$

其中, Euler 方程的特征指标为

$$\beta = \begin{cases} \sqrt{(l+1/2)^2 - k_0^2 R^2}, & l + \dfrac{1}{2} > k_0 R \\[3mm] -\mathrm{i}\sqrt{k_0^2 R^2 - (l+1/2)^2}, & l + \dfrac{1}{2} < k_0 R \\[3mm] 0, & l + \dfrac{1}{2} = k_0 R \end{cases} \tag{7.5.30b}$$

讨论: ①显然, 当 $r \to 0$ 时, $1/\sqrt{r} \to \infty$ 和 $\ln r/\sqrt{r} \to \infty$, 故取 $d_0 = d_1 \equiv 0$; ②当 $l + 1/2 > k_0 R$ 时, $\lim\limits_{r\to 0} r^{-\beta}/\sqrt{r} \to \infty$, 故取 $b_l \equiv 0$, 而另外一项 $r^\beta/\sqrt{r}$ $= r^{\beta-1/2}$ 的渐近行为取决于 $\beta - 1/2$ 大于零或者小于零. 事实上, 如果当 $l = l_{\min} = k_0 R - 1/2$ 时, $\beta = 0$, 则当 $l = l_{\min}+1$ 时, $\beta - 1/2 = \sqrt{(l_{\min} + 1 + 1/2)^2 - k_0^2 R^2} - 1/2 = \sqrt{2k_0 R + 1} - 1/2 > 0$, 因此 $a_l \neq 0$; ③当 $l + 1/2 < k_0 R$ 时, 由于 $r^\beta/\sqrt{r} = \mathrm{e}^{-\mathrm{i}\sigma\ln r}/\sqrt{r}$ (其中 $\sigma \equiv \sqrt{k_0^2 R^2 - (l+1/2)^2}$) 代表向原点汇聚的波 (与 7.5.4 小节分析类似), 而 $r^{-\beta}/\sqrt{r} = \mathrm{e}^{\mathrm{i}\sigma\ln r}/\sqrt{r}$ 部分表示向外传播的波, 故取 $b_l \equiv 0$. 注意: $\lim\limits_{r\to 0} |r^\beta|/\sqrt{r} = \lim\limits_{r\to 0} |\mathrm{e}^{-\mathrm{i}\sigma\ln r}|/\sqrt{r} \to \infty$, 但我们假定中心吸收核半径 r_c 有限, 则可以消除这个发散 (注意: 在二维情况, 这个问题不存在).

(2) 当 $\alpha \neq 2$ 时, 作变量变换

$$\xi = \frac{2}{2-\alpha} k_0 R^{\alpha/2} r^{1-\alpha/2} \tag{7.5.31a}$$

方程 (7.5.29c) 变成 $(2l+1)/(2-\alpha)$ 阶 Bessel 方程

$$\frac{\mathrm{d}^2 y_l(r)}{\mathrm{d}\xi^2} + \frac{1}{\xi}\frac{\mathrm{d}y_l(r)}{\mathrm{d}\xi} + \left\{ 1 - \frac{[(2l+1)/(2-\alpha)]^2}{\xi^2} \right\} y_l(r) = 0 \tag{7.5.31b}$$

方程 (7.5.29b) 的解为

$$R_l(\rho) = \frac{1}{\sqrt{r}} Z_{\pm\nu}(k_0\tilde{r}) \qquad (7.5.31c)$$

其中，$\nu \equiv (2l+1)/|2-\alpha|$，以及

$$\tilde{r} \equiv \frac{2}{|2-\alpha|} R^{\alpha/2} r^{1-\alpha/2} = \frac{2}{|2-\alpha|} r \left(\frac{R}{r}\right)^{\alpha/2} \qquad (7.5.31d)$$

如果 $\alpha < 2$，取声场表达式为

$$p(r,\vartheta,\varphi) = \sum_{l=0}^{\infty} \sum_{m=-l}^{l} \frac{1}{\sqrt{r}} [a_{lm} J_\nu(k_0\tilde{r}) + b_{lm} N_\nu(k_0\tilde{r})] Y_{lm}(\vartheta,\varphi) \qquad (7.5.32a)$$

由于 $\alpha < 2$，当 $r \to 0$ 时，$k_0\tilde{r} \to 0$，而 $\lim\limits_{k_0\tilde{r}\to 0} N_\nu(k_0\tilde{r}) \to \infty$，故取 $b_{lm} \equiv 0$，而 $a_l J_\nu(k_0\tilde{r})$ 部分表示人工结构内的驻波场. 注意：当 $r \to 0$ 时，$J_\nu(k_0\tilde{r}) \to (k_0\tilde{r})^\nu \sim r^{l+1/2}$，$J_\nu(k_0\tilde{r})/\sqrt{r} \sim r^l \to 0$. 如果 $\alpha > 2$，取声场表达式为行波形式

$$p(r,\vartheta,\varphi) = \sum_{l=0}^{\infty} \sum_{m=-l}^{l} \frac{1}{\sqrt{r}} [a_{lm} H_\nu^{(1)}(k_0\tilde{r}) + b_{lm} H_\nu^{(2)}(k_0\tilde{r})] Y_{lm}(\vartheta,\varphi) \qquad (7.5.32b)$$

类似对方程 (7.5.16c) 的讨论，必须取 $b_{lm} \equiv 0$. 注意：根据方程 (7.5.17a)

$$\frac{1}{\sqrt{r}} H_\nu^{(1)}(k_0\tilde{r}) \approx \sqrt{\frac{|2-\alpha|r^{\alpha/2-2}}{\pi k_0 R^{\alpha/2}}} \exp\left[i\left(\frac{2k_0}{|2-\alpha|} \frac{R^{\alpha/2}}{r^{\alpha/2-1}} - \frac{\nu\pi}{2} - \frac{\pi}{4}\right)\right] \qquad (7.5.32c)$$

如果 $\alpha/2 - 2 < 0$，则当 $r \to 0$ 时，$H_\nu^{(1)}(k_0\tilde{r})/\sqrt{r} \to \infty$，但我们假定中心吸收核半径 r_c 有限，则可以消除这个发散 (注意：在二维情况，这个问题不存在).

因此，人工结构内部 $(r < R)$ 的声场可以表示为

$$p(r,\vartheta,\varphi) = \begin{cases} \displaystyle\sum_{l=0}^{\infty} \sum_{m=-l}^{l} a_{lm} \tilde{j}_{\nu-1/2}(k_0\tilde{r}) Y_{lm}(\vartheta,\varphi), & \alpha < 2 \\[2ex] \displaystyle\sum_{l=0}^{\infty} \sum_{m=-l}^{l} a_{lm} r^{\beta-1/2} Y_{lm}(\vartheta,\varphi), & \alpha = 2 \\[2ex] \displaystyle\sum_{l=0}^{\infty} \sum_{m=-l}^{l} a_{ml} \tilde{h}_{\nu-1/2}^{(1)}(k_0\tilde{r}) Y_{lm}(\vartheta,\varphi), & \alpha > 2 \end{cases} \qquad (7.5.33a)$$

其中，为了方便定义

$$\tilde{j}_{\nu-1/2}(k_0\tilde{r}) \equiv \sqrt{\frac{\pi}{2k_0 r}} J_\nu(k_0\tilde{r}); \quad \tilde{h}_{\nu-1/2}^{(1)}(k_0\tilde{r}) \equiv \sqrt{\frac{\pi}{2k_0 r}} J_\nu(k_0\tilde{r}) \qquad (7.5.33b)$$

注意：只有当 $\alpha = 0$ 时，$\tilde{r} = r$ 和 $\nu - 1/2 = l$，上式定义的二个函数才与球 Bessel 函数和球 Neumann 函数相等，即 $\tilde{j}_{\nu-1/2}(k_0\tilde{r}) = j_l(k_0 r)$ 和 $\tilde{h}_{\nu-1/2}^{(1)}(k_0\tilde{r}) = h_l^{(1)}(k_0 r)$.

在人工结构外 ($\rho > R$), 总声场由入射波 $p_\mathrm{i}(r,\vartheta,\varphi)$ 和散射波 $p_\mathrm{s}(r,\vartheta,\varphi)$ 组成, 满足 Sommerfeld 辐射条件的散射波解为

$$p_\mathrm{s}(r,\vartheta,\varphi) = \sum_{l=0}^\infty \sum_{m=-l}^l c_{lm}\mathrm{h}_l^{(1)}(k_0 r)\mathrm{Y}_{lm}(\vartheta,\varphi) \tag{7.5.34a}$$

其中, c_{lm} 为待定系数. 而任意入射波 $p_\mathrm{i}(r,\vartheta,\varphi)$ 可表示为偏波 $\mathrm{j}_l(k_0 r)\mathrm{Y}_{lm}(\vartheta,\varphi)$ 的展开

$$p_\mathrm{i}(r,\vartheta,\varphi) = \sum_{l=0}^\infty \sum_{m=-l}^l p_{lm}\mathrm{j}_l(k_0 r)\mathrm{Y}_{lm}(\vartheta,\varphi) \tag{7.5.34b}$$

其中, p_{lm} 为**偏波系数**.

由球面 ($r = R$) 的边界条件, 即声压和法向导数连续, 容易得到散射波系数 c_{lm} 和人工结构内部场系数 a_{lm}, 过程类似于得到方程 (7.5.22a) 和 (7.5.22b), 不再重复 (作为习题).

平面波入射　设入射波沿 z 方向传播, 由方程 (3.1.11a)

$$p_\mathrm{i}(r,\vartheta) = p_{0\mathrm{i}}\exp(\mathrm{i}k_0 r\cos\vartheta) = p_{0\mathrm{i}}\sum_{l=0}^\infty (2l+1)\mathrm{i}^l\mathrm{j}_l(k_0 r)\mathrm{P}_l(\cos\vartheta) \tag{7.5.35a}$$

比较方程 (7.5.34b) 得到偏波系数 (注意方程 (2.4.10d))

$$p_{l0} = (2l+1)\mathrm{i}^l\sqrt{\frac{4\pi}{2l+1}}p_{0\mathrm{i}} \quad (m=0); \quad p_{lm} = 0 \quad (m\neq 0) \tag{7.5.35b}$$

Gauss 束入射　如图 7.5.6, 在平面直角坐标中, 设入射声束是平行于 z 轴的 Gauss 型声束, 在 $z = z_0$ 平面上, Gauss 束的中心点在 (x_0, y_0) 处, 即在 $z = z_0$ 平面上, 声压的分布为

$$p_\mathrm{i}(x,y,z_0) = p_{0\mathrm{i}}\exp\left[-\frac{(x-x_0)^2}{a^2} - \frac{(y-y_0)^2}{b^2}\right] \tag{7.5.36a}$$

其中, a 和 b 分别表征 Gauss 束在 x 方向和 y 方向的宽度. 方程 (7.5.26c) 修改为

$$p_\mathrm{i}(x,y,z) = \frac{p_{0\mathrm{i}}abk_0^2}{4\pi}\int_{-\infty}^\infty\int_{-\infty}^\infty \mathrm{e}^{-\frac{k_0^2}{4}(a^2 q_x^2 + b^2 q_y^2)}\exp(\mathrm{i}k_0 F)\mathrm{d}q_x\mathrm{d}q_y \tag{7.5.36b}$$

其中, $F \equiv q_x(x-x_0) + q_y(y-y_0) + \sqrt{1-q_x^2-q_y^2}|z-z_0|$. 上式积分可以分二个区域: 单位圆内 $q_x^2 + q_y^2 \leqslant 1$ 和单位圆外 $q_x^2 + q_y^2 > 1$, 当 $z = z_0$ 平面距离人工结构球一个波长以上时, 可以忽略单位圆外的积分贡献. 假定 $z > z_0$ (即 Gauss 束从左边入射), 在球坐标中, $x = r\sin\vartheta\cos\varphi$、$y = r\sin\vartheta\sin\varphi$ 和 $z = r\cos\vartheta$, 并且令 $q_x = q\cos\phi$、$q_y = q\sin\phi$, 以及 $q = \sin\vartheta'$, 则

$$F_1 \equiv q_x x + q_y y + \sqrt{1-q_x^2-q_y^2}z = r\cos\gamma \tag{7.5.36c}$$

其中，$\cos\gamma \equiv \cos\vartheta'\cos\vartheta + \sin\vartheta\sin\vartheta'\cos(\varphi-\phi)$. 于是

$$\exp(\mathrm{i}k_0 F_1) \equiv \exp(\mathrm{i}k_0 r\cos\gamma) = \sum_{l=0}^{\infty}(2l+1)\mathrm{i}^l\mathrm{j}_l(k_0 r)\mathrm{P}_l(\cos\gamma) \qquad (7.5.36\mathrm{d})$$

利用 Legendre 函数的加法公式

$$\mathrm{P}_l(\cos\gamma) = \frac{4\pi}{2l+1}\sum_{m=-l}^{l}\mathrm{Y}_{ml}^*(\vartheta',\phi)\mathrm{Y}_{ml}(\vartheta,\varphi) \qquad (7.5.37\mathrm{a})$$

方程 (7.5.36d) 可以改写成

$$\exp(\mathrm{i}k_0 F_1) = \exp(\mathrm{i}k_0 r\cos\gamma) = 4\pi\sum_{l=0}^{\infty}\sum_{m=-l}^{l}\mathrm{i}^l\mathrm{Y}_{ml}^*(\vartheta',\phi)\mathrm{j}_l(k_0 r)\mathrm{Y}_{ml}(\vartheta,\varphi) \qquad (7.5.37\mathrm{b})$$

代入方程 (7.5.36b) 得到

$$p_{\mathrm{i}}(r,\vartheta,\varphi) = \sum_{l=0}^{\infty}\sum_{m=-l}^{l}p_{lm}\mathrm{j}_l(k_0 r)\mathrm{Y}_{ml}(\vartheta,\varphi) \qquad (7.5.38\mathrm{a})$$

其中，偏波系数为 (假定 $a=b$)

$$p_{lm} \equiv a^2 k_0^2\mathrm{i}^l p_{0\mathrm{i}}\iint_{q\leqslant 1}\mathrm{e}^{-\frac{a^2 k_0^2 q^2}{4}}\exp(\mathrm{i}k_0 F_2)\mathrm{Y}_{ml}^*(\vartheta',\phi)q\mathrm{d}q\mathrm{d}\phi \qquad (7.5.38\mathrm{b})$$

其中，$\vartheta' = \arcsin q$ 以及

$$\exp(\mathrm{i}k_0 F_2) = \exp\left\{-\mathrm{i}k_0\left[qx_0\cos\phi + qy_0\sin\phi + \sqrt{1-q^2}z_0\right]\right\} \qquad (7.5.38\mathrm{c})$$

一旦求出偏波系数 p_{lm} 就可以求散射波系数 c_{lm} 和人工结构内部场系数 a_{lm}.

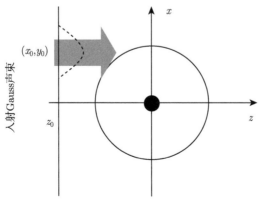

图 7.5.6 入射 Gauss 声束，在 $z = z_0$ 平面上，Gauss 声束的中心点位于 (x_0, y_0)

第8章 运动介质中的声传播和激发

在前面各章中, 我们讨论了均匀或非均匀静止介质中声波的传播和激发问题. 然而自然界中大部分介质是流动的, 如大气由于风的流动, 海洋中海水的流动, 管道中液体的流动, 等. 当介质的流动速度远小于声传播速度时, 静止介质近似是合理可行的, 反之则不然. 本章讨论介质的流动对声波传播、激发和接收的影响.

8.1 匀速运动介质中的声波

对均匀流动的无限大介质中的声传播问题, 只要通过坐标变换, 在相对于介质静止的运动坐标系中讨论就可以了. 然而当讨论声波的激发和接收时, 问题变得较为复杂, 因为如果坐标变换使介质相对静止, 必然使声源或者接收器相对运动. 尤其是当存在相对实验室坐标系静止的边界时, 在相对介质静止的参考系内, 边界是运动的. 此外, 介质的运动必然破坏系统的各向同性性质.

8.1.1 匀速流动介质中的波动方程和速度势

考虑具有均匀速度流 $\boldsymbol{U}_0$ 的流体介质, 在线性化过程中取 $\boldsymbol{v} = \boldsymbol{U}_0 + \boldsymbol{v}'$, 由方程 (1.1.13a) 和 (1.1.16b) 得到

$$\frac{\partial \rho'}{\partial t} + \rho_0 \nabla \cdot \boldsymbol{v}' + \boldsymbol{U}_0 \cdot \nabla \rho' = \rho_0 q \tag{8.1.1a}$$

$$\rho_0 \frac{\partial \boldsymbol{v}'}{\partial t} + \rho_0 (\boldsymbol{U}_0 \cdot \nabla) \boldsymbol{v}' = \rho_0 \boldsymbol{f} - \nabla p' \tag{8.1.1b}$$

引进以 $\boldsymbol{U}_0$ 为速度的物质导数

$$\frac{\mathrm{d}}{\mathrm{d}t} \equiv \frac{\partial}{\partial t} + \boldsymbol{U}_0 \cdot \nabla \tag{8.1.1c}$$

方程 (8.1.1a) 和 (8.1.1b) 可以写成

$$\frac{\mathrm{d}\rho'}{\mathrm{d}t} + \rho_0 \nabla \cdot \boldsymbol{v}' = \rho_0 q, \quad \rho_0 \frac{\mathrm{d}\boldsymbol{v}'}{\mathrm{d}t} = \rho_0 \boldsymbol{f} - \nabla p' \tag{8.1.1d}$$

对上式的第一、二个方程分别作用 $\mathrm{d}/\mathrm{d}t$ 和 $\nabla\cdot$ 可以得到

$$\frac{\mathrm{d}^2 \rho'}{\mathrm{d}t^2} + \rho_0 \nabla \cdot \frac{\mathrm{d}\boldsymbol{v}'}{\mathrm{d}t} = \rho_0 \frac{\mathrm{d}q}{\mathrm{d}t}$$

$$\rho_0 \nabla \cdot \frac{\mathrm{d}\boldsymbol{v}'}{\mathrm{d}t} = \rho_0 \nabla \cdot \boldsymbol{f} - \nabla^2 p' \tag{8.1.2a}$$

注意: 得到上式的第一个方程, 利用了下列运算关系 (当 $\boldsymbol{U}_0$ 是常矢量时)

$$\frac{\mathrm{d}}{\mathrm{d}t}\nabla\cdot\boldsymbol{v}' = \nabla\cdot\frac{\partial\boldsymbol{v}'}{\partial t} + \boldsymbol{U}_0\cdot\nabla(\nabla\cdot\boldsymbol{v}') = \nabla\cdot\frac{\partial\boldsymbol{v}'}{\partial t} + U_{0j}\frac{\partial}{\partial x_j}\frac{\partial v_i'}{\partial x_i}$$

$$= \nabla\cdot\frac{\partial\boldsymbol{v}'}{\partial t} + \frac{\partial}{\partial x_i}U_{0j}\frac{\partial v_i'}{\partial x_j} = \nabla\cdot\frac{\partial\boldsymbol{v}'}{\partial t} + \nabla\cdot[(\boldsymbol{U}_0\cdot\nabla)\boldsymbol{v}'] = \nabla\cdot\frac{\mathrm{d}\boldsymbol{v}'}{\mathrm{d}t} \tag{8.1.2b}$$

由方程 (8.1.2a) 不难得到

$$\frac{\mathrm{d}^2\rho'}{\mathrm{d}t^2} - \nabla^2 p' = \rho_0\frac{\mathrm{d}q}{\mathrm{d}t} - \rho_0\nabla\cdot\boldsymbol{f} \tag{8.1.2c}$$

另一方面, 令 $P = P_0 + p'$, $\boldsymbol{v} = \boldsymbol{U}_0 + \boldsymbol{v}'$ 和 $\rho = \rho_0 + \rho'$ 代入方程 (3.3.3b)

$$c_0^2\left[\frac{\partial\rho'}{\partial t} + (\boldsymbol{U}_0 + \boldsymbol{v}')\cdot\nabla(\rho_0 + \rho')\right] = \frac{\partial p'}{\partial t} + (\boldsymbol{U}_0 + \boldsymbol{v}')\cdot\nabla(P_0 + p') \tag{8.1.3a}$$

对均匀介质, 上式线性化得到

$$c_0^2\left(\frac{\partial}{\partial t} + \boldsymbol{U}_0\cdot\nabla\right)\rho' = \left(\frac{\partial}{\partial t} + \boldsymbol{U}_0\cdot\nabla\right)p' \tag{8.1.3b}$$

即

$$c_0^2\frac{\mathrm{d}\rho'}{\mathrm{d}t} = \frac{\mathrm{d}p'}{\mathrm{d}t} \tag{8.1.3c}$$

上式代入方程 (8.1.2c) 得到具有均匀流介质的波动方程

$$\nabla^2 p - \frac{1}{c_0^2}\frac{\mathrm{d}^2 p}{\mathrm{d}t^2} = -\rho_0\frac{\mathrm{d}q}{\mathrm{d}t} + \rho_0\nabla\cdot\boldsymbol{f} \tag{8.1.3d}$$

在无源情况下

$$\nabla^2 p - \frac{1}{c_0^2}\frac{\mathrm{d}^2 p}{\mathrm{d}t^2} = 0 \tag{8.1.3e}$$

方程 (8.1.3d) 中质量源的时间导数变成以 $\boldsymbol{U}_0$ 为速度的物质导数, 其物理意义是明显的: $\partial q/\partial t$ 是实验室坐标系中测量的时间变化率, 而 $\mathrm{d}q/\mathrm{d}t = (\partial/\partial t + \boldsymbol{U}_0\cdot\nabla)q$ 是相当于流体静止的坐标系内测量的时间变化率.

注意: ① 由 1.1.2 小节, 在局部平衡近似下, 理想流体的运动, 包括具有流动背景的声过程, 是等熵运动 (即 $\mathrm{d}s/\mathrm{d}t = 0$); ② 方程 (8.1.3c) 意味着, 在相对流体静止的参考系内, 方程 $p' = c_0^2\rho'$ 仍然成立, 而 p' 和 ρ' 为标量, 是坐标变换的不变量, 于是在实验室坐标系内, 方程 $p' = c_0^2\rho'$ 也成立, 因此, 对均匀介质中的匀速运动, $p' = c_0^2\rho'$ 仍然成立, 但 c_0 是相对流体静止的参考系内的声速.

速度势 在静止介质中, 给出了声压分布函数, 则由运动方程 (1.1.23b), 对时间积分一次就可以求速度场分布, 对运动介质则不然, 由运动方程 (8.1.1b), 由于

交叉项 $(\boldsymbol{U}_0 \cdot \nabla)\boldsymbol{v}'$ 的存在, $\boldsymbol{v}'$ 满足的仍然是一个微分方程. 解决办法是用速度势作为方程的场量. 令速度势 $\phi'(\boldsymbol{r}, t)$ 满足 $\boldsymbol{v}' = \nabla\phi'$, 则方程 (8.1.1a) 和 (8.1.1b) 变成

$$\frac{1}{c_0^2}\frac{\mathrm{d}p'}{\mathrm{d}t} + \rho_0\nabla^2\phi' = \rho_0 q$$
$$\rho_0\frac{\partial\nabla\phi'}{\partial t} + \rho_0(\boldsymbol{U}_0 \cdot \nabla)(\nabla\phi') = \rho_0\nabla f_a - \nabla p' \tag{8.1.4a}$$

其中, 利用了 $p' = c_0^2\rho'$, 并且假定力源 $\boldsymbol{f}$ 也是无旋的, 即 $\boldsymbol{f} \equiv \nabla f_a$. 注意到 $\boldsymbol{U}_0$ 是常矢量, $(\boldsymbol{U}_0 \cdot \nabla)(\nabla\phi') = \nabla[\nabla \cdot (\boldsymbol{U}_0\phi)]$, 方程 (8.1.4a) 的第二式给出

$$\nabla\left(\frac{\mathrm{d}\phi'}{\mathrm{d}t} + \frac{p'}{\rho_0} - f_a\right) = 0 \tag{8.1.4b}$$

即

$$p' = -\rho_0\frac{\mathrm{d}\phi'}{\mathrm{d}t} + \rho_0 f_a \tag{8.1.4c}$$

代入方程 (8.1.4a) 的第一式得到速度势满足的方程

$$\nabla^2\phi' - \frac{1}{c_0^2}\frac{\mathrm{d}^2\phi'}{\mathrm{d}t^2} = q - \frac{1}{c_0^2}\frac{\mathrm{d}f_a}{\mathrm{d}t} \tag{8.1.4d}$$

一旦求得了速度势函数, 就可以由 $\boldsymbol{v}' = \nabla\phi'$ 和 $p' = -\rho_0\mathrm{d}\phi'/\mathrm{d}t$ 求无源区的速度场和声压分布. 因此, 在分析运动介质中的声场时, 速度势特别有用, 进一步讨论见 8.3.1 小节和 8.3.4 小节讨论.

频率域方程　对频率为 ω (在实验室坐标系内测量的频率) 的时谐变化, 方程 (8.1.3d) 化成

$$\nabla^2 p + \frac{\omega^2}{c_0^2}\left(1 + \frac{\mathrm{i}\boldsymbol{U}_0}{\omega} \cdot \nabla\right)^2 p = \rho_0\nabla \cdot \boldsymbol{f}(\boldsymbol{r}, \omega) + \mathrm{i}\omega\rho_0\left(1 + \frac{\mathrm{i}\boldsymbol{U}_0}{\omega} \cdot \nabla\right)q(\boldsymbol{r}, \omega) \tag{8.1.5}$$

注意: c_0 为固定在流体上的运动参考系内的声速, 而 ω 是在实验室坐标系内测量到的频率, 故此时比值 ω/c_0 没有波数意义.

Galileo 变换　方程 (8.1.3d) 也可通过 Galileo 变换得到. 设相对于流体静止的参考系为 $S'(x', y', z', t')$, 在参考系 S' 内, 波动方程为

$$\nabla'^2 p - \frac{1}{c_0^2}\frac{\partial^2 p}{\partial t'^2} = -\rho_0\frac{\partial q}{\partial t'} + \rho_0\nabla' \cdot \boldsymbol{f} \tag{8.1.6a}$$

在相对于实验室静止的参考系 S 内, 显然有 Galileo 变换

$$x_i = x_i' + U_{0i}t' \quad (i = 1, 2, 3); \ t = t' \tag{8.1.6b}$$

注意到空间导数的变换不变, 即

$$\frac{\partial}{\partial x_i'} = \sum_{j=1}^{3} \frac{\partial}{\partial x_j} \frac{\partial x_j}{\partial x_i'} + \frac{\partial}{\partial t} \frac{\partial t}{\partial x_i'} = \sum_{j=1}^{3} \delta_{ji} \frac{\partial}{\partial x_j} = \frac{\partial}{\partial x_i} \tag{8.1.7a}$$

因此 $\nabla = \nabla'$ 和 $\nabla^2 = \nabla'^2$; 而时间导数变换有关系

$$\frac{\partial}{\partial t'} = \frac{\partial}{\partial t} \frac{\partial t}{\partial t'} + \sum_{j=1}^{3} \frac{\partial}{\partial x_j} \frac{\partial x_j}{\partial t'} = \frac{\partial}{\partial t} + \sum_{j=1}^{3} U_{0j} \frac{\partial}{\partial x_j} = \frac{\partial}{\partial t} + \boldsymbol{U}_0 \cdot \nabla \tag{8.1.7b}$$

把方程 (8.1.7a) 和 (8.1.7b) 代入方程 (8.1.6a) 就可以得到在参考系 S 内的波动方程, 即方程 (8.1.3d). 因此, 在 Galileo 变换下, 波动方程改变了形式, 只有在 Lorentz 变换下, 波动方程的形式不变, 见 8.2.1 小节讨论.

平面波传播 设平面波波矢量为 $\boldsymbol{k}$ (在相对于实验室静止的参考系 S 内观察)

$$p(\boldsymbol{r}, t) = p_0(\omega) \exp[\mathrm{i}(\boldsymbol{k} \cdot \boldsymbol{r} - \omega t)] \tag{8.1.8a}$$

代入方程 (8.1.3d)

$$-k^2 + \frac{\omega^2}{c_0^2} \left(1 - \frac{1}{\omega} \boldsymbol{U}_0 \cdot \boldsymbol{k}\right)^2 = 0 \tag{8.1.8b}$$

即色散关系为

$$k = \frac{\omega}{c_0} \left(1 - \frac{1}{\omega} \boldsymbol{U}_0 \cdot \boldsymbol{k}\right) \tag{8.1.9a}$$

注意: 波数与流体速度 $\boldsymbol{U}_0$ 有关. 设 $\boldsymbol{k} = k\boldsymbol{e}$ ($\boldsymbol{e}$ 为传播方向的单位矢量), 由上式得到波数

$$k = \frac{\omega}{c_0} \cdot \frac{1}{1 + M \cos \vartheta} \tag{8.1.9b}$$

其中, $\boldsymbol{U}_0 \cdot \boldsymbol{e} = U_0 \cos \vartheta$, ϑ 为平面波传播方向与流方向的夹角, $M = U_0/c_0$ 称为 **Mach 数** (流体流动的 Mach 数, 区别于声 Mach 数). 假定在运动的参考系 (固定在流体上) 内测量到的频率为 ω', 则波数为 $k' = \omega'/c_0$. 由波数的不变性 (在参考系 S 内, 波数为 $k = 2\pi/\lambda$, 在参考系 S' 内, 波数为 $k' = 2\pi/\lambda'$, 而在 Galileo 变换下, 距离是不变量, 即 $\lambda = \lambda'$, 故 $k = k'$, 注意: 波数是标量, 是坐标变换的不变量, 而波矢量 $\boldsymbol{k}$ 则不然, 它满足矢量变换法则), 从方程 (8.1.9b) 得到

$$\omega = \omega'(1 + M \cos \vartheta) \tag{8.1.10a}$$

因此, 由于流体的流动, 实验室测量的频率 ω 有一个漂移, 称为 **Doppler 效应**. 设在实验室坐标系 S 内测量的声波速度为 c, 则 $k = \omega/c$, 由方程 (8.1.9b)

$$c = c_0(1 + M \cos \vartheta) \tag{8.1.10b}$$

注意: c_0 是相对流体静止的参考系内的声速.

运动学分析　　从运动学角度看, 在相对于介质静止的参考系 S' 内, 平面声波正比于 $\exp[\mathrm{i}(\boldsymbol{k}' \cdot \boldsymbol{r}' - \omega't')]$, 而在实验室静止的参考系 S 内, 仍然应该是平面波, 声波正比于 $\exp[\mathrm{i}(\boldsymbol{k} \cdot \boldsymbol{r} - \omega t)]$, 由 Galileo 变换方程 (8.1.6b) 得到

$$\exp[\mathrm{i}(\boldsymbol{k}' \cdot \boldsymbol{r}' - \omega't')] = \exp\left\{\mathrm{i}[\boldsymbol{k}' \cdot \boldsymbol{r} - (\boldsymbol{U}_0 \cdot \boldsymbol{k}' + \omega')t]\right\} = \exp[\mathrm{i}(\boldsymbol{k} \cdot \boldsymbol{r} - \omega t)] \quad (8.1.10c)$$

由 $\boldsymbol{r}$ 和 t 的任意性, 显然要求满足关系

$$\boldsymbol{k} = \boldsymbol{k}'; \quad \omega = \omega' + \boldsymbol{U}_0 \cdot \boldsymbol{k}' \quad\quad\quad (8.1.10d)$$

因此, 在任何一个惯性系内, 平面波的波矢量相等, 即平面波传播方向和波长都相同. 注意到 $k' = \omega'/c_0$, 由方程 (8.1.10d) 的第二式得到 $\omega = \omega'(1 + M\cos\vartheta)$, 即方程 (8.1.10a).

8.1.2　平面声波的反射和透射以及边界条件

设流体由两部分流动介质 I 和介质 II 组成, 匀速运动速度分别为 U_1 和 U_2, 分界面为 xOy 平面 (即 $z = 0$), 如图 8.1.1. 入射、反射和透射平面波分别为

$$\begin{aligned}
p_\mathrm{i}(x, z, \omega) &= p_{0\mathrm{i}} \exp[\mathrm{i}k_\mathrm{i}(x\cos\varphi_\mathrm{i} + z\sin\varphi_\mathrm{i})] \\
p_\mathrm{r}(x, z, \omega) &= p_{0\mathrm{r}} \exp[\mathrm{i}k_\mathrm{r}(x\cos\varphi_\mathrm{r} - z\sin\varphi_\mathrm{r})] \\
p_\mathrm{t}(x, z, \omega) &= p_{0\mathrm{t}} \exp[\mathrm{i}k_\mathrm{t}(x\cos\varphi_\mathrm{t} + z\sin\varphi_\mathrm{t})]
\end{aligned} \quad (8.1.11a)$$

注意: 入射波、反射波和透射波具有相同的振动频率 ω (在参考系 S 中测量).

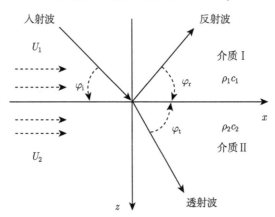

图 8.1.1　两种不同的介质具有不同流速, 分界面为 $z = 0$ 平面

界面声压连续　　由界面 $z = 0$ 边界条件, 即界面上声压连续得到

$$p_{0\mathrm{i}} \exp(\mathrm{i}k_\mathrm{i}x\cos\varphi_\mathrm{i}x) + p_{0\mathrm{r}} \exp(\mathrm{i}k_\mathrm{r}x\cos\varphi_\mathrm{r}) = p_{0\mathrm{t}} \exp(\mathrm{i}k_\mathrm{t}x\cos\varphi_\mathrm{t}) \quad (8.1.11b)$$

上式恒成立的条件是

$$k_i \cos \varphi_i = k_r \cos \varphi_r = k_t \cos \varphi_t \tag{8.1.11c}$$

由方程 (8.1.9b)

$$k_i = \frac{\omega}{c_1} \cdot \frac{1}{1 + M_1 \cos \varphi_i}; \quad k_r = \frac{\omega}{c_1} \cdot \frac{1}{1 + M_1 \cos \varphi_r}; \quad k_t = \frac{\omega}{c_2} \cdot \frac{1}{1 + M_2 \cos \varphi_t} \tag{8.1.12a}$$

上式代入方程 (8.1.11c) 第一个等式, 得到 $\varphi_i = \varphi_r$, 即入射角等于反射角; 由方程 (8.1.11c) 第二个等式得到

$$\frac{c_1}{\cos \varphi_i} = \frac{c_2}{\cos \varphi_t} + \Delta U \tag{8.1.12b}$$

其中, $\Delta U \equiv U_2 - U_1$. 上式相当于 Snell 定律. 为了突出分析流速的效应, 假定 $c_1 = c_2 = c_0$, 故

$$\frac{1}{\cos \varphi_i} = \frac{1}{\cos \varphi_t} + \frac{\Delta U}{c_0} \tag{8.1.12c}$$

下面分二种情况讨论.

(1) $\Delta U > 0$ (即介质 II 的流速大于介质 I), 由上式, 显然, $\varphi_i \geqslant \varphi_t$, 即入射角大于透射角. 当全反射 (即 $\varphi_t = 0$) 时, 临界角为

$$\cos \varphi_{ic} = \frac{1}{1 + \Delta U/c_0} \tag{8.1.13a}$$

另一方面, 由图 8.1.1, 入射角的最大值为 $\varphi_{i\,max} = \pi$, 此时透射角的最大值满足

$$\cos \varphi_{t\,max} = -\frac{1}{1 + \Delta U/c_0} \tag{8.1.13b}$$

可见, 在大于 $\varphi_{t\,max}$ 的区域, 不管入射波方向如何变化, 没有透射波进入该区域, 形成阴影区, 如图 8.1.2.

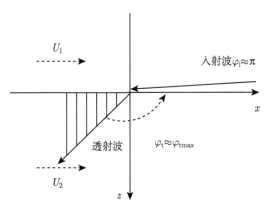

图 8.1.2 大于 $\varphi_{t\,max}$ 的区域为阴影区域

(2) $\Delta U < 0$ (即介质 II 的流速小于介质 I), 由方程 (8.1.12c), 显然, $\varphi_i \leqslant \varphi_t$, 即入射角小于透射角. 当 $\varphi_i = 0$ 时, 透射角的极小值满足

$$\cos \varphi_{t\,min} = \frac{1}{1 + |\Delta U/c_0|} \tag{8.1.13c}$$

因此在 $(0, \varphi_{t\,min})$ 区域没有透射波进入, 为阴影区域, 如图 8.1.3.

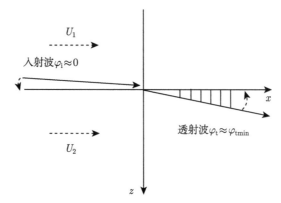

图 8.1.3 小于 $\varphi_{t\,min}$ 的区域为阴影区域

界面法向位移连续   为了求声压反射系数 $r_p \equiv p_{0r}/p_{0i}$ 和透射系数 $t_p \equiv p_{0t}/p_{0i}$, 还必须有另一个边界条件. 当两侧流体静止不动时, 界面上声压与流体的法向速度连续. 而当两侧流体存在相对速度 $\boldsymbol{U}_1 - \boldsymbol{U}_2$ 时, 速度和频率都与相对运动有关, 而长度和法向与相对运动无关, 故当两侧流体存在相对运动时, 我们要求界面边界条件为: 界面上声压与流体质点的法向位移连续. 注意: 流体质点的法向速度 v_z 与法向位移 ξ_z 满足关系

$$v_z = \frac{\mathrm{d}\xi_z}{\mathrm{d}t} = \left(\frac{\partial}{\partial t} + \boldsymbol{U}_0 \cdot \nabla \right) \xi_z \tag{8.1.14a}$$

当 $\boldsymbol{U}_0 = 0$ 时, 法向位移连续与法向速度连续是等价的, 而当 $\boldsymbol{U}_0 \neq 0$ 时, 由上式, 法向位移连续与法向速度连续完全不同, 而法向位移连续更本质. 上式代入方程 (8.1.1b) (取外力 $\boldsymbol{f} = 0$), 注意到流动速度只有 x 方向分量时, z 方向 (界面法向) 位移满足

$$\rho_0 \left(-\mathrm{i}\omega + U_0 \frac{\partial}{\partial x} \right)^2 \xi_z = -\frac{\partial p}{\partial z} \tag{8.1.14b}$$

因而由方程 (8.1.11a) 表示的入射波、反射波和透射波引起的 z 方向位移为

$$\begin{aligned} \xi_{z1} = \frac{\mathrm{i}\sin\varphi_i}{\rho_1 c_1^2 k_i} & \{ p_{0i} \exp[\mathrm{i}k_i(x\cos\varphi_i + z\sin\varphi_i)] \\ & - p_{0r} \exp[\mathrm{i}k_r(x\cos\varphi_r - z\sin\varphi_r)] \} \end{aligned}$$

$$\xi_{z\mathrm{II}} = \frac{\mathrm{i}\sin\varphi_{\mathrm{t}}}{\rho_2 c_2^2 k_{\mathrm{t}}} p_{0\mathrm{t}} \exp[\mathrm{i}k_{\mathrm{t}}(x\cos\varphi_{\mathrm{t}} + z\sin\varphi_{\mathrm{t}})] \tag{8.1.14c}$$

其中, $\xi_{z\mathrm{I}}$ 和 $\xi_{z\mathrm{II}}$ 分别表示入射区 I 和透射区 II 的质点位移场, 得到上式, 利用了方程 (8.1.12a). 由法向位移连续边界条件 $\xi_{z\mathrm{I}}|_{z=0} = \xi_{z\mathrm{II}}|_{z=0}$, 并且注意到方程 (8.1.11c), 得到

$$\frac{\mathrm{i}\sin\varphi_{\mathrm{i}}}{\rho_1 c_1^2 k_{\mathrm{i}}}(p_{0\mathrm{i}} - p_{0\mathrm{r}}) = \frac{\mathrm{i}\sin\varphi_{\mathrm{t}}}{\rho_2 c_2^2 k_{\mathrm{t}}} p_{0\mathrm{t}} \tag{8.1.15a}$$

上式结合界面上声压连续方程 (8.1.11b) 得到

$$1 + r_p = t_p$$
$$\frac{\mathrm{i}\sin\varphi_{\mathrm{i}}}{\rho_1 c_1^2 k_{\mathrm{i}}}(1 - r_p) = \frac{\mathrm{i}\sin\varphi_{\mathrm{t}}}{\rho_2 c_2^2 k_{\mathrm{t}}} t_p \tag{8.1.15b}$$

故声压反射系数和透射系数分别为

$$r_p = \frac{\rho_2 c_2^2 \sin 2\varphi_{\mathrm{i}} - \rho_1 c_1^2 \sin 2\varphi_{\mathrm{t}}}{\rho_2 c_2^2 \sin 2\varphi_{\mathrm{i}} + \rho_1 c_1^2 \sin 2\varphi_{\mathrm{t}}}$$
$$t_p = \frac{2\rho_1 c_1^2 \sin 2\varphi_{\mathrm{t}}}{\rho_2 c_2^2 \sin 2\varphi_{\mathrm{i}} + \rho_1 c_1^2 \sin 2\varphi_{\mathrm{t}}} \tag{8.1.15c}$$

注意: 在 1.4.1 小节的讨论中, 我们用入射角 ϑ_{i} 和透射角 ϑ_{t}, 而本节用 $\varphi_{\mathrm{i}} = \pi/2 - \vartheta_{\mathrm{i}}$ 和 $\varphi_{\mathrm{t}} = \pi/2 - \vartheta_{\mathrm{t}}$, 本质上是一样的, 但在图 8.1.2 和图 8.1.3 讨论中, 用 φ_{i} 和 φ_{t} 在这里更方便.

当垂直入射时, $\varphi_{\mathrm{i}} = \varphi_{\mathrm{t}} = \pi/2$, 为了得到方程 (8.1.15c) 的极限表达式, 我们把方程 (8.1.12b) 改成形式

$$\frac{\sin 2\varphi_{\mathrm{i}}}{\sin 2\varphi_{\mathrm{t}}} = \frac{c_1}{c_2 + \cos\varphi_{\mathrm{t}}\Delta U} \cdot \frac{\sin\varphi_{\mathrm{i}}}{\sin\varphi_{\mathrm{t}}} \tag{8.1.16a}$$

当 $\varphi_{\mathrm{i}} = \varphi_{\mathrm{t}} \to \pi/2$ 时, $\sin 2\varphi_{\mathrm{i}}/\sin 2\varphi_{\mathrm{t}} \to c_1/c_2$, 代入方程 (8.1.15c) 得到

$$r_p \to \frac{\rho_2 c_2 - \rho_1 c_1}{\rho_2 c_2 + \rho_1 c_1}; \quad t_p \to \frac{2\rho_1 c_1}{\rho_2 c_2 + \rho_1 c_1} \tag{8.1.16b}$$

上式与方程 (1.4.5a) 完全一致. 当 $\Delta U = 0$ 时, 把方程 (8.1.16a) 代入方程 (8.1.15c) 得到

$$r_p = \frac{\rho_2 c_2 \sin\varphi_{\mathrm{i}} - \rho_1 c_1 \sin\varphi_{\mathrm{t}}}{\rho_2 c_2 \sin\varphi_{\mathrm{i}} + \rho_1 c_1 \sin\varphi_{\mathrm{t}}}$$
$$t_p = \frac{2\rho_1 c_1 \sin\varphi_{\mathrm{t}}}{\rho_2 c_2 \sin\varphi_{\mathrm{i}} + \rho_1 c_1 \sin\varphi_{\mathrm{t}}} \tag{8.1.16c}$$

注意到 $\varphi_{\mathrm{i}} = \pi/2 - \vartheta_{\mathrm{i}}$, 上式与方程 (1.4.4b) 和 (1.4.4c) 的结果也是完全一致.

8.1.3　无限大空间中频域 Green 函数

在无限空间中, 频域 Green 函数满足波动方程

$$\nabla^2 g(\boldsymbol{r}, \boldsymbol{r}') + \frac{\omega^2}{c_0^2}\left(1 + \frac{\mathrm{i}U_0}{\omega}\frac{\partial}{\partial z}\right)^2 g(\boldsymbol{r}, \boldsymbol{r}') = -\delta(\boldsymbol{r}, \boldsymbol{r}') \tag{8.1.17a}$$

为了简单 (但不失一般性), 上式中已假定 $\boldsymbol{U}_0$ 只有沿 z 方向分量, 即 $\boldsymbol{U}_0 = U_0 \boldsymbol{e}_z$. 在柱坐标内, 上式的解可表示为 (如果 $\boldsymbol{U}_0$ 还含 x 和 y 方向分量, 这样的柱对称性就没有了, 见下面讨论)

$$g(\boldsymbol{r}, \boldsymbol{r}') = \sum_{m=-\infty}^{\infty}\int_0^{\infty} Z_m(z, k_\rho)\mathrm{J}_m(k_\rho\rho)k_\rho\mathrm{d}k_\rho\exp(\mathrm{i}m\varphi) \tag{8.1.17b}$$

代入方程 (8.1.17a) 得到

$$\int_0^{\infty}\left[\frac{\mathrm{d}^2}{\mathrm{d}z^2} + \frac{\omega^2}{c_0^2}\left(1 + \frac{\mathrm{i}U_0}{\omega}\frac{\mathrm{d}}{\mathrm{d}z}\right)^2 - k_\rho^2\right]Z_m(z, k_\rho)\mathrm{J}_m(k_\rho\rho)k_\rho\mathrm{d}k_\rho$$
$$= -\frac{1}{2\pi\rho}\delta(\rho, \rho')\delta(z, z')\exp(-\mathrm{i}m\varphi') \tag{8.1.17c}$$

由逆 Hankel 变换得到

$$\left[\frac{\mathrm{d}^2}{\mathrm{d}z^2} + \frac{\omega^2}{c_0^2}\left(1 + \frac{\mathrm{i}U_0}{\omega}\frac{\mathrm{d}}{\mathrm{d}z}\right)^2 - k_\rho^2\right]Z_m(z, k_\rho) = -\frac{1}{2\pi}\mathrm{J}_m(k_\rho\rho')\delta(z, z')\mathrm{e}^{-\mathrm{i}m\varphi'} \tag{8.1.17d}$$

首先分析方程 (8.1.17d) 相应的齐次方程, 即

$$\left[(1 - M^2)\frac{\mathrm{d}^2}{\mathrm{d}z^2} + 2\mathrm{i}k_0 M\frac{\mathrm{d}}{\mathrm{d}z} + k_z^2\right]Z_m(z, k_\rho) = 0 \tag{8.1.18a}$$

其中, $k_z^2 = \omega^2/c_0^2 - k_\rho^2$ 以及比值 $k_0 = \omega/c_0$. 显然, 上式的解与 M 的大小有关, 我们分三种情况讨论.

(1) 亚音速 ($M < 1$), 上式的二个基本解为 $\exp(\mathrm{i}\gamma_+ z)$ 和 $\exp(\mathrm{i}\gamma_- z)$, 其中

$$\gamma_{\pm} = \frac{1}{1 - M^2}\left[-k_0 M \pm \sqrt{k_0^2 - (1 - M^2)k_\rho^2}\right] \equiv -\gamma_0 \pm \gamma_\rho \tag{8.1.18b}$$

其中, 为了方便定义

$$\gamma_0 \equiv \frac{k_0 M}{1 - M^2}; \ \gamma_\rho \equiv \frac{1}{1 - M^2}\sqrt{k_0^2 - (1 - M^2)k_\rho^2} \tag{8.1.18c}$$

因此, 我们来构造方程 (8.1.17d) 的解

$$Z_m(z, k_\rho) = \begin{cases} A\exp[\mathrm{i}\gamma_+(z - z')], & z > z' \\ B\exp[\mathrm{i}\gamma_-(z - z')], & z < z' \end{cases} \tag{8.1.19a}$$

上式中我们假定 $\gamma_+ > 0$ (例如 $k_\rho^2 \to 0$), 因而 $A\exp[\mathrm{i}\gamma_+(z-z')]$ 代表 $+z$ 方向传播的波, 而 $\gamma_- < 0$, 因而 $B\exp[\mathrm{i}\gamma_-(z-z')]$ 代表 $-z$ 方向传播的波; 如果反之, 则 γ_+ 与 γ_- 交换位置. 或者把方程 (8.1.19a) 写成

$$Z_m(z, k_\rho) = \mathrm{e}^{-\mathrm{i}\gamma_0(z-z')} \begin{cases} A\exp[\mathrm{i}\gamma_\rho(z-z')], & z > z' \\ B\exp[\mathrm{i}\gamma_\rho(z'-z)], & z < z' \end{cases} \tag{8.1.19b}$$

其物理意义就更加明确: $\gamma_0(z-z')$ 表示声波传播过程中产生的相位变化. 取源点 $z'=0$, 则观测点 z 分别在点源的上游 $(z=z_0 > 0$, 假定流的方向为正 z 轴方向$)$ 和下游 $(z=-z_0 < 0)$ 时, 声波传播产生的相位差为 $2\gamma_0 z_0$, 而在静止介质中, 不存在这个传播差.

方程 (8.1.19a) 中的系数由 $z=z'$ 的连接条件决定: $A=B$, 以及

$$(1-M^2)(\gamma_- B - \gamma_+ A) = \frac{1}{2\pi\mathrm{i}} \mathrm{J}_m(k_\rho \rho') \exp(-\mathrm{i}m\varphi') \tag{8.1.19c}$$

不难求得

$$\begin{aligned} A &= \frac{1}{2\pi\mathrm{i}} \cdot \frac{\mathrm{J}_m(k_\rho \rho')}{(\gamma_- - \gamma_+)(1-M^2)} \exp(-\mathrm{i}m\varphi') \\ B &= \frac{1}{2\pi\mathrm{i}} \cdot \frac{\mathrm{J}_m(k_\rho \rho')}{(\gamma_- - \gamma_+)(1-M^2)} \exp(-\mathrm{i}m\varphi') \end{aligned} \tag{8.1.19d}$$

注意到方程 (8.1.18b), 上式代入方程 (8.1.19a) 和 (8.1.17b) 得到

$$\begin{aligned} g(\boldsymbol{r}, \boldsymbol{r}') &= \frac{\mathrm{i}\mathrm{e}^{-\mathrm{i}\gamma_0(z-z')}}{4\pi\sqrt{1-M^2}} \sum_{m=-\infty}^{\infty} \int_0^\infty \frac{\mathrm{J}_m(k_\rho \rho')\mathrm{J}_m(k_\rho \rho)k_\rho \mathrm{d}k_\rho}{\sqrt{\tilde{k}_0^2 - k_\rho^2}} \\ &\times \exp[\mathrm{i}m(\varphi-\varphi')] \exp\left(\mathrm{i}\sqrt{\tilde{k}_0^2 - k_\rho^2}\,|\tilde{z}-\tilde{z}'|\right) \end{aligned} \tag{8.1.20a}$$

其中,$\tilde{z} = z/\sqrt{1-M^2}$ 和 $\tilde{z}' = z'/\sqrt{1-M^2}$, 以及 $\gamma_0 \equiv k_0 M/(1-M^2)$ 和 $\tilde{k}_0^2 = k_0^2/(1-M^2)$. 由方程 (2.3.47d)

$$g(\boldsymbol{r}, \boldsymbol{r}') = \frac{\mathrm{e}^{-\mathrm{i}\gamma_0(z-z')}}{\sqrt{1-M^2}} \frac{1}{4\pi|\tilde{\boldsymbol{r}}-\tilde{\boldsymbol{r}}'|} \exp\left(\frac{\mathrm{i}k_0|\tilde{\boldsymbol{r}}-\tilde{\boldsymbol{r}}'|}{\sqrt{1-M^2}}\right) \tag{8.1.20b}$$

其中, 为了方便定义

$$|\tilde{\boldsymbol{r}}-\tilde{\boldsymbol{r}}'| \equiv \sqrt{(x-x')^2 + (y-y')^2 + \frac{(z-z')^2}{1-M^2}} \tag{8.1.20c}$$

或者把方程 (8.1.20b) 写成

$$g(\boldsymbol{r}, \boldsymbol{r}') = \frac{1}{4\pi\tilde{R}_1} \exp\left\{\mathrm{i}k_0\left[\frac{\tilde{R}_1 - M(z-z')}{1-M^2}\right]\right\} \tag{8.1.20d}$$

其中, $\tilde{R}_1 \equiv \sqrt{(1-M^2)[(x-x')^2+(y-y')^2]+(z-z')^2}$. 注意: 当 $\boldsymbol{r} \leftrightarrow \boldsymbol{r}'$ 时, 由于因子 $\mathrm{e}^{-\mathrm{i}\gamma_0(z-z')}$ 的存在, $g(\boldsymbol{r},\boldsymbol{r}') \neq g(\boldsymbol{r}',\boldsymbol{r})$, 即互易原理不成立, 必须作相应的修正, 见 8.1.6 小节讨论.

(2) 超音速 ($M > 1$), 问题较为复杂. 与方程 (8.1.18b) 相应的根为

$$\delta_{\pm} = \frac{1}{M^2-1}\left[k_0 M \pm \sqrt{k_0^2+(M^2-1)k_\rho^2}\right] \equiv \delta_0 \pm \delta_\rho \tag{8.1.21a}$$

其中, 为了方便定义

$$\delta_0 \equiv \frac{k_0 M}{M^2-1}; \ \delta_\rho \equiv \frac{1}{M^2-1}\sqrt{k_0^2+(M^2-1)k_\rho^2} \tag{8.1.21b}$$

分析 $k_\rho = 0$ 情况: 显然 $\delta_{\pm} = k_0(M\pm1)/(M^2-1)$ 恒大于零, 故基本解 $\exp[\mathrm{i}\delta_+(z-z')]$ 和 $\exp[\mathrm{i}\delta_-(z-z')]$ 都表示向 $z > z'$ 方向传播的平面波, 因而不存在向 $z < z'$ 方向传播波的基本解; 当 $k_\rho \neq 0$ 时, 通过求群速度的 z 方向分量 $(c_\mathrm{g})_z = \partial\omega/\partial\delta_{\pm}$, 同样可以证明 $(c_\mathrm{g})_z > 0$(作为习题), 即只有 $+z$ 方向传播的平面波解. 事实上, 当 $M > 1$ 时, 由于流速大于声速, 声源发出的声波被流体携带而只能向流体流动方向 ($z > z'$) 传播. 为了满足这一因果关系, 必须取 $Z_m(z,k_\rho) \equiv 0$ ($z < z'$), 即取

$$Z_m(z,k_\rho) = \begin{cases} A\exp[\mathrm{i}\delta_+(z-z')] + B\exp[\mathrm{i}\delta_-(z-z')], & z > z' \\ 0, & z < z' \end{cases} \tag{8.1.22a}$$

决定上式系数的连接方程修改为

$$Z_m(z,k_\rho)\big|_{z=z'-0} = 0$$

$$\left.\frac{\mathrm{d}Z_m(z,k_\rho)}{\mathrm{d}z}\right|_{z=z'+0} = -\frac{1}{2\pi(M^2-1)}\mathrm{J}_m(k_\rho\rho')\exp(-\mathrm{i}m\varphi') \tag{8.1.22b}$$

于是, 容易得到

$$A = -\frac{1}{2\pi\mathrm{i}(\delta_+-\delta_-)(M^2-1)}\mathrm{J}_m(k_\rho\rho')\exp(-\mathrm{i}m\varphi')$$

$$B = \frac{1}{2\pi\mathrm{i}(\delta_+-\delta_-)(M^2-1)}\mathrm{J}_m(k_\rho,\rho')\exp(-\mathrm{i}m\varphi') \tag{8.1.22c}$$

上式代入方程 (8.1.22a) 和 (8.1.17b) 得到

$$g(\boldsymbol{r},\boldsymbol{r}') = \frac{\mathrm{e}^{\mathrm{i}\delta_0(z-z')}}{2\pi\sqrt{M^2-1}}\sum_{m=-\infty}^{\infty}\int_0^{\infty}\frac{\mathrm{J}_m(k_\rho\rho')\mathrm{J}_m(k_\rho\rho)}{\sqrt{\tilde{k}_0^2+k_\rho^2}}k_\rho\mathrm{d}k_\rho$$

$$\times \exp[\mathrm{i}m(\varphi-\varphi')]\sin\left[\sqrt{\tilde{k}_0^2+k_\rho^2}(\tilde{z}-\tilde{z}')\right] \tag{8.1.23a}$$

其中, $\tilde{k}_0^2 = k_0^2/(M^2-1)$ 和 $\delta_0 = k_0 M/(M^2-1)$, 以及 $\tilde{z} = z/\sqrt{M^2-1}$ 和 $\tilde{z}' = z'/\sqrt{M^2-1}$. 为了求上式积分, 首先考虑 $\boldsymbol{r}' = 0$ 情况, 即 $\rho' = 0$ 和 $z' = 0$, 于是方程 (8.1.23a) 简化成

$$g(\boldsymbol{r},0) = \frac{\mathrm{e}^{\mathrm{i}\delta_0 z}}{2\pi\sqrt{M^2-1}} \int_0^\infty \frac{\mathrm{J}_0(k_\rho\rho)k_\rho\mathrm{d}k_\rho}{\sqrt{k_0^2/(M^2-1)+k_\rho^2}} \sin\left[\sqrt{k_\rho^2 + \frac{k_0^2}{M^2-1}} \cdot \frac{z}{\sqrt{M^2-1}}\right]$$

(8.1.23b)

令积分变换 $\sigma = \rho\sqrt{k_0^2/(M^2-1)+k_\rho^2}$, 逆变换取 $k_\rho\rho = \sqrt{\sigma^2 - k_0^2\rho^2/(M^2-1)}$, 上式化成

$$g(\boldsymbol{r},0) = \frac{\mathrm{e}^{\mathrm{i}\delta_0 z}}{2\pi\rho\sqrt{M^2-1}} \int_a^\infty \mathrm{J}_0\left(\sqrt{\sigma^2-a^2}\right)\sin(c\sigma)\mathrm{d}\sigma$$

(8.1.23c)

其中, $a \equiv k_0\rho/\sqrt{M^2-1}$ 和 $c \equiv z\rho^{-1}/\sqrt{M^2-1}$. 利用积分关系

$$\int_a^\infty \mathrm{J}_0\left(\sqrt{x^2-a^2}\right)\sin(cx)\mathrm{d}x = \begin{cases} 0, & c < 1 \\ \dfrac{\cos\left(a\sqrt{c^2-1}\right)}{\sqrt{c^2-1}}, & c > 1 \end{cases}$$

(8.1.24a)

方程 (8.1.23c) 给出

$$g(\boldsymbol{r},0) = \frac{\mathrm{e}^{\mathrm{i}\delta_0 z}}{2\pi\tilde{R}_2} \cdot \begin{cases} 0, & z < \rho\sqrt{M^2-1} \\ \cos\left(\dfrac{k_0\tilde{R}_2}{M^2-1}\right), & z > \rho\sqrt{M^2-1} \end{cases}$$

(8.1.24b)

其中, $\tilde{R}_2 \equiv \sqrt{z^2-(M^2-1)\rho^2}$. 可见, 在锥形区域外, 声压为零; 只有在圆锥区域内, 才存在声场, 圆锥面方程为 $z = \rho\sqrt{M^2-1}$, 故圆锥的半顶角为 $\vartheta_\mathrm{M} = \arcsin(1/M)$, 如图 8.1.4.

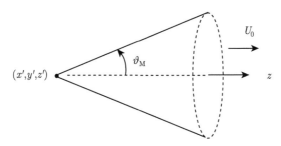

图 8.1.4 流体超音速运动时, 只有锥面内存在声场, 锥面外声场为零

当 $\boldsymbol{r}' \neq 0$ 时, 显然只要把方程 (8.1.24b) 修改成

$$g(\boldsymbol{r},\boldsymbol{r}') = \frac{\mathrm{e}^{\mathrm{i}\delta_0(z-z')}}{2\pi\tilde{R}_3} \cdot \begin{cases} 0, & \text{圆锥外} \\ \cos\left(\dfrac{k_0\tilde{R}_3}{M^2-1}\right), & \text{圆锥内} \end{cases}$$

(8.1.24c)

其中, $\tilde{R}_3 \equiv \sqrt{(z-z')^2 - (M^2-1)[(x-x')^2 + (y-y')^2]}$. 圆锥面方程为

$$(M^2-1)[(x-x')^2 + (y-y')^2] = (z-z')^2 \tag{8.1.24d}$$

圆锥顶点在声源处. 必须注意的是, 在圆锥面上, $\tilde{R}_3 = 0$, 故声压无限大, 这是不可能的, 必须引进阻尼或者非线性效应.

(3) 等音速 ($M = 1$), 可以由方程 (8.1.24b) 取极限 $M \to 1^+$ 求得声场. 方程 (8.1.24b)(圆锥内部) 改写成

$$g(\boldsymbol{r}, 0) = \frac{1}{4\pi \tilde{R}_2} \exp\left[\mathrm{i}\frac{k_0(Mz + \tilde{R}_2)}{M^2-1}\right] + \frac{1}{4\pi \tilde{R}_2} \exp\left[\mathrm{i}\frac{k_0(Mz - \tilde{R}_2)}{M^2-1}\right] \tag{8.1.25a}$$

引进小的阻尼: $\mathrm{Im}(k_0) > 0$, 当 $M \to 1^+$ 时, 上式第一项中涉及 k_0 实部部分不大于 1, 而虚部部分由于 $\mathrm{Im}(k_0) > 0$ 而趋向零; 而上式第二项的极限容易求得

$$\frac{Mz - \tilde{R}_2}{M^2-1} = \frac{Mz - \sqrt{z^2 - (M^2-1)\rho^2}}{M^2-1} \to \frac{0}{0} \to \frac{z^2+\rho^2}{2z} \tag{8.1.25b}$$

代入方程 (8.1.25a) 得到

$$g(\boldsymbol{r}, 0) = \frac{1}{4\pi z} \exp\left[\frac{\mathrm{i}k_0(z^2+x^2+y^2)}{2z}\right] \tag{8.1.25c}$$

此时圆锥半顶角 $\vartheta_{\mathrm{M}} \to \pi/2$ (即 $\sin \vartheta_{\mathrm{M}} = 1$), 故 $z < z'$ 区域声场为零. 当 $\boldsymbol{r}' \neq 0$ 时, 方程 (8.1.25c) 修改成

$$g(\boldsymbol{r}, \boldsymbol{r}') = \frac{1}{4\pi(z-z')} \exp\left[\frac{\mathrm{i}k_0|\boldsymbol{r}-\boldsymbol{r}'|}{2(z-z')}\right] \tag{8.1.25d}$$

其中, $z > z'$. 上式也可以由亚音速方程 (8.1.20d) 取极限而得到. 事实上, 由极限关系

$$\lim_{M \to 1^-} \frac{\tilde{R}_1 - M|z-z'|}{1-M^2} = \frac{|\boldsymbol{r}-\boldsymbol{r}'|^2}{2(z-z')} \tag{8.1.25e}$$

代入方程 (8.1.20d) 就得到方程 (8.1.25d).

如果不取极限过程, 直接由方程 (8.1.18a) 得到一阶方程

$$2\mathrm{i}k_0 \frac{\mathrm{d}Z_m(z, k_\rho)}{\mathrm{d}z} + k_z^2 Z_m(z, k_\rho) = 0 \tag{8.1.26a}$$

该方程只有一个特征根 $\delta = k_z^2/(2k_0)$, 相应的特征解为 $Z_m(z, k_\rho) = A \exp[\mathrm{i}\delta(z-z')]$. 为了满足方程 (8.1.17d), 即函数 $Z_m(z, k_\rho)$ 的一阶导数出现 δ 函数, 显然要求函数 $Z_m(z, k_\rho)$ 在 $z = z'$ 处有跳跃: 在 $z < z' - 0$ 区域, $Z_m(z, k_\rho) = 0$ (其物理意义与超

音速情况类似), 而在 $z > z' + 0$ 区域, $Z_m(z, k_\rho) = A \exp[\mathrm{i}\delta(z - z')]$. 连接条件可以由对方程 (8.1.17d) 在区域 $(z' - 0, z' + 0)$ 积分得到

$$Z_m(z, k_\rho)|_{z=z'+0} = -\frac{1}{4\pi\mathrm{i}k_0}\mathrm{J}_m(k_\rho\rho')\exp(-\mathrm{i}m\varphi') \tag{8.1.26b}$$

不难得到

$$Z_m(z, k_\rho) = -\frac{1}{4\pi\mathrm{i}k_0}\mathrm{J}_m(k_\rho\rho')\exp(-\mathrm{i}m\varphi')\exp\left[\mathrm{i}\frac{k_0^2 - k_\rho^2}{2k_0}(z - z')\right] \tag{8.1.26c}$$

上式代入方程 (8.1.17b) 得到

$$g(\boldsymbol{r}, \boldsymbol{r}') = -\frac{1}{4\pi\mathrm{i}k_0}\sum_{m=-\infty}^{\infty}\int_0^\infty \exp\left[\mathrm{i}\frac{k_0^2 - k_\rho^2}{2k_0}(z - z')\right]\mathrm{J}_m(k_\rho\rho')\mathrm{J}_m(k_\rho\rho)k_\rho\mathrm{d}k_\rho\mathrm{e}^{\mathrm{i}m(\varphi-\varphi')} \tag{8.1.27a}$$

当 $\boldsymbol{r}' = 0$ 时, 上式简化为

$$g(\boldsymbol{r}, 0) = -\frac{1}{4\pi\mathrm{i}k_0}\exp\left(\mathrm{i}\frac{k_0 z}{2}\right)\int_0^\infty \exp\left(-\mathrm{i}\frac{z}{2k_0}k_\rho^2\right)\mathrm{J}_0(k_\rho\rho)k_\rho\mathrm{d}k_\rho \tag{8.1.27b}$$

利用积分关系 (2.6.10c), 不难得到方程 (8.1.25c).

等值面和等相位面 设 $(x', y', z') = (0, 0, 0)$, 即点源位于原点, 等值面和等相位面讨论如下.

(1) 当 $M < 1$ 时, 等值面 (等振幅面) 方程为 $\tilde{R}_1 = C_1$(其中 C_1 为任意常数), 即

$$(1 - M^2)(x^2 + y^2) + z^2 = C_1 \tag{8.1.28a}$$

为绕 z 轴旋转的椭圆面, 如图 8.1.5(a)(仅画出 xOz 平面, 下同); 而等相位面方程为 $\tilde{R}_1 - M|z| = C_2$(其中 C_2 为任意常数), 即

$$(1 - M^2)(x^2 + y^2 + z^2) - 2C_2 M|z| = C_2 \tag{8.1.28b}$$

为一系列球面, 如图 8.1.5(b).

(2) 当 $M > 1$ 时, 只要考虑圆锥体内, 等值面方程为 $\tilde{R}_2 = C_3$ (其中 C_3 为任意常数), 即

$$z^2 = C_3^2 + (M^2 - 1)(x^2 + y^2) \tag{8.1.29a}$$

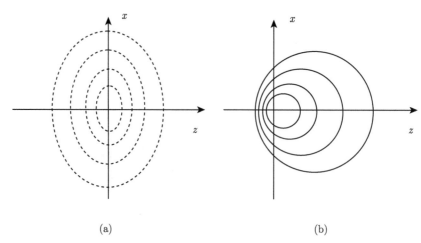

(a) 　　　　　　　　　　　　　　　(b)

图 8.1.5　流体作亚声速流动 (z 方向) 时，位于原点的点声源发出声波的等振幅面为绕 z 轴
　　　　旋转的椭圆面 (a)；等相位面为一系列球面 (b)

为一系列绕 z 轴旋转的双曲面 (作为习题，画出等值面曲线)；而等相位面方程为
$Mz - \tilde{R}_2 = C_4$(其中 C_4 为任意常数)，即

$$(M^2 - 1)(x^2 + y^2 + z^2) - 2MC_4 z + C_4^2 = 0 \qquad (8.1.29\text{b})$$

同样为一系列球面，如图 8.1.6(a).

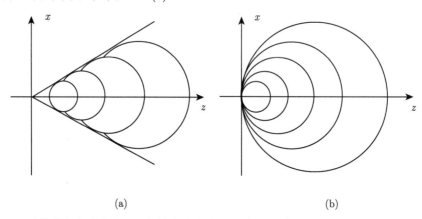

(a) 　　　　　　　　　　　　　　　(b)

图 8.1.6　流体作超音速流动 (a) 和等声速流动 (b) 时 (z 方向)，位于原点的点声源发出声波
　　　　的等相位面

　　(3) 当 $M = 1$ 时，$z < 0$ 区域声场为零，等值面方程为 $z = C_5$，即 xOy 平面
(作为习题，画出等值面曲线)；而等相位面方程为

$$x^2 + y^2 + z^2 - 2C_6 z = 0 \qquad (8.1.29\text{c})$$

同样为一系列球面, 但球面始终通过原点, 即球面与平面 $z = 0$ 相切, 如图 8.1.6(b).

点质量源 $q(\boldsymbol{r}, \omega) = q_0(\omega)\delta(x)\delta(y)\delta(z)$, 由 Green 函数, 空间声场为

$$
\begin{aligned}
p(\boldsymbol{r}, \omega) &= \mathrm{i}\omega\rho_0 \int_V g(\boldsymbol{r}, \boldsymbol{r}') \left(1 + \frac{\mathrm{i}\boldsymbol{U}_0}{\omega} \cdot \nabla'\right) q(\boldsymbol{r}', \omega) \mathrm{d}^3\boldsymbol{r}' \\
&= \mathrm{i}\omega\rho_0 q_0(\omega) g(\boldsymbol{r}, 0) - U_0 \rho_0 q_0(\omega) \int_V g(\boldsymbol{r}, 0, 0, z') \frac{\mathrm{d}\delta(z')}{\mathrm{d}z'} \mathrm{d}z'
\end{aligned}
\tag{8.1.30a}
$$

利用 δ 函数导数的定义

$$
\frac{\mathrm{d}\delta(z')}{\mathrm{d}z'} = -\delta(z')\frac{\mathrm{d}}{\mathrm{d}z'}
\tag{8.1.30b}
$$

方程 (8.1.30a) 变成

$$
p(\boldsymbol{r}, \omega) = \mathrm{i}\omega\rho_0 q_0(\omega) \left[g(\boldsymbol{r}, 0) + \frac{U_0}{\mathrm{i}\omega} \left.\frac{\mathrm{d}g(\boldsymbol{r}, 0, 0, z')}{\mathrm{d}z'}\right|_{z'=0} \right]
\tag{8.1.30c}
$$

可见, 由于流体的流动, 质量源辐射的声场增加了一项.

任意方向流动情况 假定 $\boldsymbol{U}_0 = (U_{0x}, U_{0y}, U_{0z})$, 频域 Green 函数满足的方程 (8.1.17a) 修改为

$$
\nabla^2 g(\boldsymbol{r}, \boldsymbol{r}') + \frac{\omega^2}{c_0^2} \left[1 + \frac{\mathrm{i}}{\omega} \left(U_{0x}\frac{\partial}{\partial x} + U_{0y}\frac{\partial}{\partial y} + U_{0z}\frac{\partial}{\partial z} \right) \right]^2 g(\boldsymbol{r}, \boldsymbol{r}') = -\delta(\boldsymbol{r}, \boldsymbol{r}')
\tag{8.1.31a}
$$

即使取 $\boldsymbol{r}' = 0$, 声场关于 z 轴的对称性已没有了. 如果取解为

$$
g(\boldsymbol{r}, \boldsymbol{r}') = \iint Z(k_x, k_y, z) \exp[\mathrm{i}(k_x x + k_y y)] \mathrm{d}k_x \mathrm{d}k_y
\tag{8.1.31b}
$$

代入方程 (8.1.31a) 得到

$$
\begin{aligned}
&\frac{\mathrm{d}^2 Z(k_x, k_y, z)}{\mathrm{d}z^2} + \frac{\omega^2}{c_0^2} \left[1 + \frac{1}{\omega} \left(\mathrm{i}k_x U_{0x} + \mathrm{i}k_y U_{0y} + U_{0z}\frac{\mathrm{d}}{\mathrm{d}z} \right) \right]^2 Z(k_x, k_y, z) \\
&- (k_x^2 + k_y^2) Z(k_x, k_y, z) = -\frac{\delta(z, z')}{(2\pi)^2} \exp[-\mathrm{i}(k_x x' + k_y y')]
\end{aligned}
\tag{8.1.31c}
$$

可见, 此时讨论比较麻烦. 简单的方法是通过坐标旋转, 使 $\boldsymbol{U}_0$ 只有 z 方向分量而具有 z 轴对称性.

8.1.4 管道中声波的传播以及主波的衰减

设均匀流速度 $U_0\boldsymbol{e}_z$ 平行于 z 轴, 半径 a 的管道无限长, 在柱坐标下, 管道中声波 (频率为 ω) 满足方程

$$
\nabla^2 p - \frac{1}{c_0^2} \left(-\mathrm{i}\omega + U_0\frac{\partial}{\partial z} \right)^2 p = 0
\tag{8.1.32a}
$$

设声波沿 z 方向传播

$$p(\rho, \varphi, z, \omega) = R(\rho) \exp(\mathrm{i}k_z z) \exp(\mathrm{i}m\varphi) \tag{8.1.32b}$$

上式代入方程 (8.1.32a)

$$\frac{1}{\rho}\frac{\mathrm{d}}{\mathrm{d}\rho}\left[\rho\frac{\mathrm{d}R(\rho)}{\mathrm{d}\rho}\right] + \left(k_\rho^2 - \frac{m^2}{\rho^2}\right)R(\rho) = 0 \tag{8.1.33a}$$

其中, 径向波数满足

$$k_\rho^2 \equiv \left(\frac{\omega}{c_0} - k_z M\right)^2 - k_z^2 \tag{8.1.33b}$$

因此, 由方程 (8.1.33a), 径向函数为 $R(\rho) = A_m \mathrm{J}_m(k_\rho \rho)$.

径向位移　设流体质点元的位移场为矢量 $\boldsymbol{\xi}$, 则速度场与位移场关系为

$$\boldsymbol{v}' = \frac{\mathrm{d}\boldsymbol{\xi}}{\mathrm{d}t} = \frac{\partial\boldsymbol{\xi}}{\partial t} + (\boldsymbol{U}_0 + \boldsymbol{v}') \cdot \nabla\boldsymbol{\xi} \approx \frac{\partial\boldsymbol{\xi}}{\partial t} + (\boldsymbol{U}_0 \cdot \nabla)\boldsymbol{\xi} \tag{8.1.34a}$$

上式代入方程 (8.1.1b), 径向位移场 $\boldsymbol{\xi}$ 满足

$$\rho_0 \left[\frac{\partial}{\partial t} + \rho_0(\boldsymbol{U}_0 \cdot \nabla)\right]^2 \boldsymbol{\xi} = \rho_0 \boldsymbol{f} - \nabla p \tag{8.1.34b}$$

因此, 在无源情况下, 径向位移 ξ_ρ 满足

$$\rho_0 \left(-\mathrm{i}\omega + U_0\frac{\partial}{\partial z}\right)^2 \xi_\rho = -\frac{\partial p}{\partial \rho} \tag{8.1.34c}$$

即

$$\xi_\rho = \frac{1}{\rho_0(\omega - k_z U_0)^2} \cdot \frac{\partial p}{\partial \rho} = \frac{k_\rho A_m}{\rho_0(\omega - k_z U_0)^2}\frac{\mathrm{d}\mathrm{J}_m(k_\rho \rho)}{\mathrm{d}(k_\rho \rho)}\mathrm{e}^{\mathrm{i}(k_z z - m\varphi)} \tag{8.1.34d}$$

刚性管壁　对刚性管壁 $\xi_\rho|_{\rho=a} = 0$, 径向波数满足方程 $\mathrm{J}'_m(k_\rho a) = 0$. 设第 n 个根为 $k_{\rho nm}$, 代入方程 (8.1.33b) 得到 z 方向的波数满足方程

$$(1 - M^2)k_z^2 + 2\frac{\omega}{c_0}Mk_z - \left(\frac{\omega^2}{c_0^2} - k_{\rho nm}^2\right) = 0 \tag{8.1.35a}$$

容易求得

$$k_z = \frac{1}{1 - M^2}\left[-\frac{\omega}{c_0}M \pm \sqrt{\frac{\omega^2}{c_0^2} - (1 - M^2)k_{\rho nm}^2}\right] \tag{8.1.35b}$$

显然, k_z 大于零或者小于零分别表示 $+z$ 或者 $-z$ 方向传播的声波. 当 $m = 0$ 时, $\mathrm{J}'_0(k_\rho a) = -\mathrm{J}_1(k_\rho a) = 0$ 的第一个根 $k_{\rho 00} = 0$, 上式取 "+" 时

$$k_z = \frac{\omega}{c_0} \cdot \frac{1}{1 + M} \tag{8.1.36a}$$

该式与方程 (8.1.9b) 一致 (取 $\vartheta = 0$), 为管道中沿 $+z$ 方向传播的平面波波数; 方程 (8.1.35b) 取 "−" 时

$$k_z = -\frac{\omega}{c_0} \cdot \frac{1}{1 - M} \qquad (8.1.36\text{b})$$

表示沿 $-z$ 方向传播的平面波.

由方程 (8.1.35a) 或者 (8.1.35b) 可知, z 方向传播的波数与 M 有关, 分别讨论如下.

(1) 亚音速传播 ($M < 1$), 由方程 (8.1.35b), 第 nm 个模式的截止频率为

$$\frac{\omega_{nmc}}{c_0} = \sqrt{1 - M^2} k_{\rho nm} \qquad (8.1.37\text{a})$$

另一方面, 方程 (8.1.35a) 二边对 k_z 求导得到群速度

$$c_{\mathrm{g}} = \frac{\partial \omega}{\partial k_z} = U_0 + \frac{c_0 k_z}{\omega/c_0 - k_z M} \qquad (8.1.37\text{b})$$

上式中 U_0 的意义是明显的: 不管哪个模式, 流体以流速携带声能量.

(2) 等音速传播 ($M = 1$), 直接由方程 (8.1.35a)

$$k_z = \frac{1}{2}\left(\frac{\omega}{c_0} - \frac{k_{\rho nm}^2}{\omega/c_0} \right) \qquad (8.1.38\text{a})$$

而群速度恒大于零

$$c_{\mathrm{g}} = \frac{2c_0}{1 + k_{\rho nm}^2/(\omega^2/c_0^2)} > 0 \qquad (8.1.38\text{b})$$

(3) 超音速传播 ($M > 1$), 由方程 (8.1.35b), z 方向的波数

$$k_z = \frac{1}{M^2 - 1}\left[-\frac{\omega}{c_0}M + \sqrt{\frac{\omega^2}{c_0^2} + (M^2 - 1)k_{\rho nm}^2} \right] \qquad (8.1.39)$$

上式根号内恒大于零, 故不存在截止频率, 任何频率的声波都能传播.

阻抗管壁　设管壁的法向声阻抗率为 $z_n = p/v_\rho^{\mathrm{b}}$ (其中 v_ρ^{b} 为管壁速度的径向分量), 换成管壁的法向位移 ξ_ρ^{b} 为: $-\mathrm{i}\omega\xi_\rho^{\mathrm{b}} = p/z_n$(注意: 管壁的速度与位移关系为 $v_\rho^{\mathrm{b}} = -\mathrm{i}\omega\xi_\rho^{\mathrm{b}}$, 假定管道本身不运动). 管壁的边界条件为法向位移 (注意: 不是法向速度) 连续, 即 $\xi_\rho^{\mathrm{b}} = \xi_\rho(\rho, z, \varphi, \omega)|_{\rho=a}$, 于是, 管壁的阻抗边界条件为

$$-\mathrm{i}\rho_0 c_0 \omega \xi_\rho(\rho, z, \varphi, \omega)|_{\rho=a} = \beta(\omega) p(\rho, z, \varphi, \omega)|_{\rho=a} \qquad (8.1.40\text{a})$$

其中, $\beta(\omega) = \rho_0 c_0/z_n$. 而由方程 (8.1.34b), 管壁的声压和位移分别为

$$p(\rho, \varphi, z, \omega)|_{\rho=a} = A_m \mathrm{J}_m(k_\rho a) \exp(\mathrm{i}k_z z) \exp(\mathrm{i}m\varphi)$$

$$\xi_\rho(\rho, z, \varphi, \omega)|_{\rho=a} = \frac{A_m k_\rho}{\rho_0(\omega - k_z U_0)^2} \mathrm{J}_m'(k_\rho a) \exp(\mathrm{i}k_z z) \exp(\mathrm{i}m\varphi)$$

$$(8.1.40\text{b})$$

上式代入方程 (8.1.40a) 得到径向波数 k_ρ 满足的方程

$$\frac{k_\rho}{k_0} \frac{\mathrm{J}'_m(k_\rho a)}{\mathrm{J}_m(k_\rho a)} - \mathrm{i}\beta(\omega)\left(1 - \frac{k_z}{k_0}M\right)^2 = 0 \qquad (8.1.40c)$$

其中, $k_0 = \omega/c_0$, k_z 由方程 (8.1.33b) 可以表示为 k_ρ 的函数. 这时 k_ρ 是复数根, 故 k_z 也是复的, 表示 z 方向的衰减.

主波的衰减　我们讨论当 $\beta(\omega) \to 0$ 时, 主波的衰减. 由方程 (8.1.40c), 当 $\beta(\omega) = 0$ 时, 径向波数 k_ρ 满足 $\mathrm{J}'_m(k_\rho a) = 0$, 平面波传播波数是 $\mathrm{J}'_0(k_\rho a) = 0$ 的第一个零根, 即 $k_{\rho 00} = 0$. 设当 $\beta(\omega) \to 0$ 时, $k_{\rho 00} \approx \varepsilon \to 0$, 代入方程 (8.1.40c)(取 $m = 0$) 得到

$$\frac{\varepsilon}{k_0} \frac{\mathrm{J}'_0(\varepsilon a)}{\mathrm{J}_0(\varepsilon a)} - \mathrm{i}\beta(\omega)\left[1 - \frac{k_z(\varepsilon)}{k_0}M\right]^2 = 0 \qquad (8.1.40d)$$

如果仅考虑 $+z$ 方向传播的主波, 那么

$$k_z(\varepsilon) = \frac{1}{1 - M^2}\left[-\frac{\omega}{c_0}M + \sqrt{\frac{\omega^2}{c_0^2} - (1 - M^2)\varepsilon^2}\right] \approx \frac{\omega}{c_0}\frac{1}{1 + M} \equiv k_z^{(0)} \qquad (8.1.40e)$$

其中, $k_z^{(0)}$ 是 $k_z(\varepsilon)$ 的零级近似 (注意: 方程 (8.1.40d) 的第二项中由于 $\beta(\omega)$ 的存在, 当 $\beta(\omega) \to 0$ 时, $k_z(\varepsilon)$ 只要保留零级近似). 利用 $\mathrm{J}'_0(\varepsilon a) \approx -\varepsilon a/2$ 和 $\mathrm{J}_0(\varepsilon a) \approx 1$, 由方程 (8.1.40d) 得到

$$\varepsilon^2 \approx -2\mathrm{i}k_0 a\beta(\omega)\left(1 - \frac{k_0^{(0)}}{k_0}M\right)^2 \qquad (8.1.41a)$$

于是, $+z$ 方向传播的主波波数为

$$k_z \approx \frac{1}{1 - M^2}\left[-\frac{\omega}{c_0}M + \sqrt{\frac{\omega^2}{c_0^2} + 2(1 - M^2)\mathrm{i}\frac{k_0}{a}\beta(\omega)\left(1 - \frac{k_z^{(0)}}{k_0}M\right)^2}\right]$$

$$\approx \frac{1}{1 - M^2}\left[\frac{\omega}{c_0}(1 - M) + \mathrm{i}\frac{\beta(\omega)}{a}\left(\frac{1 - M}{1 + M}\right)\right] \qquad (8.1.41b)$$

$$\approx \left[\frac{\omega}{c_0}\frac{1}{1 + M} + \frac{1}{(1 + M)^2}\frac{\mathrm{i}}{a}\beta(\omega)\right]$$

因此, 主波的衰减系数为

$$\alpha_{00} \approx \frac{1}{(1 + M)^2} \cdot \frac{L}{2S} \cdot \mathrm{Re}[\beta(\omega)] \qquad (8.1.41c)$$

其中, $S = \pi a^2$ 和 $L = 2\pi a$ 分别是管道的截面面积和截面周长. 上式与 4.1.4 小节的结果比较可见, 均匀流的存在降低了吸声效果, 特别是当流速较大时, 吸声效果有较大的下降.

阻抗边界条件的讨论 对一般的等截面 (用 S 表示) 管道,设截面的法向为 $\boldsymbol{n}$,由方程 (8.1.34b)(无源情况: $\boldsymbol{f} = 0$)

$$\rho_0 \left(-\mathrm{i}\omega + U_0 \frac{\partial}{\partial z} \right)^2 \boldsymbol{\xi} = -\nabla p \tag{8.1.42a}$$

上式的形式解为

$$\boldsymbol{\xi} = \frac{1}{\rho_0 \omega^2} \left(1 + \frac{\mathrm{i}M}{k_0} \frac{\partial}{\partial z} \right)^{-2} \nabla p \tag{8.1.42b}$$

故管壁的法向位移为

$$\xi_n^{\mathrm{b}} = \xi_n|_S = \frac{1}{\rho_0 \omega^2} \left(1 + \frac{\mathrm{i}M}{k_0} \frac{\partial}{\partial z} \right)^{-2} \boldsymbol{n} \cdot \nabla p|_S \tag{8.1.42c}$$

管壁的阻抗边界条件 $-\mathrm{i}\omega \xi_n^{\mathrm{b}}|_S z_n = p|_S$ 变成

$$\boldsymbol{n} \cdot \nabla p|_S - \mathrm{i}k_0 \beta(\omega) \left(1 + \frac{\mathrm{i}M}{k_0} \frac{\partial}{\partial z} \right)^2 p|_S = 0 \tag{8.1.42d}$$

其中,$\beta(\omega) = \rho_0 c_0 / z_n$. 注意: ① 由上式,对刚性管壁 ($\beta(\omega) = 0$),$\boldsymbol{n} \cdot \nabla p|_S = 0$ 仍然成立; ② 考虑流体的边界层后,管道中的流速一般是径向坐标 ρ 的函数,流体质点黏着在管壁上,即在管壁上 $U_0|_{\rho=a} = 0$,因此管壁的阻抗边界条件可以近似为 $\boldsymbol{n} \cdot \nabla p|_S - \mathrm{i}k_0 \beta(\omega) p|_S = 0$; ③ 对低速流体的流动,$M \ll 1$,阻抗边界条件也可以近似为 $\boldsymbol{n} \cdot \nabla p|_S - \mathrm{i}k_0 \beta(\omega) p|_S = 0$; ④ 但当 U_0 是径向坐标 ρ 的函数时,波动方程颇为复杂,见 8.3.3 小节讨论.

8.1.5 均匀流管道中的 Green 函数

考虑存在均匀流的刚性管道,Green 函数满足方程

$$\nabla^2 g - \frac{1}{c_0^2} \left(-\mathrm{i}\omega + U_0 \frac{\partial}{\partial z} \right)^2 g = -\delta(x, x')\delta(y, y')\delta(z, z') \tag{8.1.43a}$$

以及刚性边界条件 $(\partial g/\partial n)|_\Gamma = 0$,其中 Γ 是管道截面的方程. 设二维截面的简正模式 $\psi_\lambda(x, y)$ 与简正波数 $k_{t\lambda}$ 已求得

$$\left(\frac{\partial^2}{\partial x^2} + \frac{\partial^2}{\partial y^2} \right) \psi_\lambda(x, y) + k_{t\lambda}^2 \psi_\lambda(x, y) = 0; \quad \left. \frac{\partial \psi_\lambda(x, y)}{\partial n} \right|_\Gamma = 0 \tag{8.1.43b}$$

我们把方程 (8.1.43a) 的解用 $\psi_\lambda(x, y)$ 展开为

$$g(\boldsymbol{r}, \boldsymbol{r}') = \sum_{\lambda=0}^{\infty} \psi_\lambda(x, y) Z_\lambda(z) \tag{8.1.43c}$$

上式代入方程 (8.1.43a) 得到

$$\left[(1-M^2)\frac{\mathrm{d}^2}{\mathrm{d}z^2}+2\mathrm{i}k_0M\frac{\mathrm{d}}{\mathrm{d}z}+k_z^2\right]Z_\lambda(z)=-\psi_\lambda^*(x',y')\delta(z,z') \tag{8.1.44a}$$

其中, $k_z^2=k_0^2-k_{t\lambda}^2$. 上式与 (8.1.17d) 有类似的形式, 讨论如下.

(1) 亚音速 ($M<1$) 时, 由方程 (8.1.19a) 得到

$$Z_\lambda(z)=-\frac{\mathrm{i}\psi_\lambda^*(x',y')\mathrm{e}^{-\mathrm{i}\gamma_0(z-z')}}{2\sqrt{k_0^2-(1-M^2)k_{\lambda t}^2}}\times\exp\left[\mathrm{i}\frac{\sqrt{k_0^2-(1-M^2)k_{\lambda t}^2}}{1-M^2}|z-z'|\right] \tag{8.1.44b}$$

其中, $\gamma_0\equiv k_0M/(1-M^2)$. 上式代入方程 (8.1.43c) 得到级数形式的 Green 函数

$$\begin{aligned}g(\boldsymbol{r},\boldsymbol{r}')=&-\frac{\mathrm{i}}{2}\mathrm{e}^{-\mathrm{i}\gamma_0(z-z')}\sum_{\lambda=0}^\infty\frac{1}{\sqrt{k_0^2-(1-M^2)k_{\lambda t}^2}}\psi_\lambda(x,y)\psi_\lambda^*(x',y')\\&\times\exp\left[\mathrm{i}\frac{\sqrt{k_0^2-(1-M^2)k_{\lambda t}^2}}{1-M^2}|z-z'|\right]\end{aligned} \tag{8.1.44c}$$

(2) 超音速 ($M>1$) 时, 由方程 (8.1.22a) 和 (8.1.22c) 得到 (当 $z>z'$ 时)

$$Z_\lambda(z)=-\frac{\mathrm{e}^{\mathrm{i}\delta_0(z-z')}\psi_\lambda^*(x',y')}{\sqrt{k_0^2+(M^2-1)k_{t\lambda}^2}}\sin\left[\frac{\sqrt{k_0^2+(M^2-1)k_{t\lambda}^2}}{M^2-1}(z-z')\right] \tag{8.1.45a}$$

当 $z<z'$ 时, $Z_\lambda(z)=0$, 其中, $\delta_0\equiv k_0M/(M^2-1)$ 和 $k_0=\omega/c_0$. 上式代入方程 (8.1.43c) 得到 Green 函数为 (当 $z>z'$ 时)

$$g(\boldsymbol{r},\boldsymbol{r}')=-\mathrm{e}^{\mathrm{i}\delta_0(z-z')}\sum_{\lambda=0}^\infty\frac{\psi_\lambda^*(x',y')\psi_\lambda(x,y)}{\sqrt{k_0^2+(M^2-1)k_{t\lambda}^2}}\sin\left[\frac{\sqrt{k_0^2+(M^2-1)k_{t\lambda}^2}}{M^2-1}(z-z')\right] \tag{8.1.45b}$$

当 $z<z'$ 时, $g(\boldsymbol{r},\boldsymbol{r}')=0$.

(3) 等音速 ($M=1$) 时, 利用极限关系

$$\lim_{M\to1+}\frac{k_0M-\sqrt{k_0^2+(M^2-1)k_{t\lambda}^2}}{M^2-1}\to\frac{0}{0}\to\frac{k_0^2-k_{t\lambda}^2}{2k_0} \tag{8.1.46a}$$

方程 (8.1.45b) 变成

$$g(\boldsymbol{r},\boldsymbol{r}')=-\frac{\mathrm{i}}{2k_0}\sum_{\lambda=0}^\infty\psi_\lambda^*(x',y')\psi_\lambda(x,y)\exp\left[\mathrm{i}\frac{k_0^2-k_{t\lambda}^2}{2k_0}(z-z')\right]\quad(z>z') \tag{8.1.46b}$$

当 $z<z'$ 时, $g(\boldsymbol{r},\boldsymbol{r}')=0$. 上式也可以直接由方程 (8.1.44a) 求得. 与方程 (8.1.26c) 类似的过程, 可以得到

$$Z_\lambda(z)=\frac{1}{2\mathrm{i}k_0}\psi_\lambda^*(x',y')\exp\left[\mathrm{i}\frac{k_0^2-k_{t\lambda}^2}{2k_0}(z-z')\right]\quad(z>z'+0) \tag{8.1.46c}$$

上式代入方程 (8.1.43c), 不难得到方程 (8.1.46b).

8.1.6 能量守恒、流反转定理和修正的互易原理

由 1.2.1 小节和 3.3.1 小节, 对静止介质, 声能量密度和声能流矢量的定义是明确的, 且满足能量守恒关系. 但是对一般的运动介质, 声能量密度 w 和声能流矢量 $\boldsymbol{I}$ 的定义要困难和复杂得多, 特别是对有旋流动、非稳态的情况, 如何定义声能量密度和声能流矢量仍然是一个有待探讨的问题. 事实上, 考虑无源情况的能量守恒方程 (1.1.18b)

$$\frac{\partial}{\partial t}\left(\rho u + \frac{1}{2}\rho v^2\right) + \nabla \cdot \left[\rho \boldsymbol{v}\left(u + \frac{1}{2}v^2 + \frac{P}{\rho}\right)\right] = 0 \qquad (8.1.47\text{a})$$

其中, u 是内能密度. 作展开

$$\begin{aligned}
\rho &= \varepsilon^0 \rho_e + \varepsilon^1 \rho' + \varepsilon^2 \rho'' + \cdots \\
P &= \varepsilon^0 P_0 + \varepsilon^1 p' + \varepsilon^2 p'' + \cdots \\
\boldsymbol{v} &= \varepsilon^0 \boldsymbol{v}_0 + \varepsilon^1 \boldsymbol{v}' + \varepsilon^2 \boldsymbol{v}'' + \cdots \\
\rho u &= \varepsilon^0 (\rho u)_e + \varepsilon^1 (\rho u)' + \varepsilon^2 (\rho u)'' + \cdots
\end{aligned} \qquad (8.1.47\text{b})$$

其中, ε 表示物理量的阶. ρ_e、P_0、$\boldsymbol{v}_0$ 和 u_e 是不存在声波时, 介质的密度分布、压强分布、流速分布和内能分布 (对非均匀的稳定介质, 它们都是空间坐标的函数, 对非稳态介质, 还是时间的函数). 由上式可以得到能量密度展开

$$\begin{aligned}
\rho u + \frac{1}{2}\rho v^2 = &\left[(\rho u)_e + \frac{1}{2}\rho_e v_0^2\right]\varepsilon^0 + \left[(\rho u)' + \frac{1}{2}\rho' v_0^2 + \rho_e \boldsymbol{v}_0 \cdot \boldsymbol{v}'\right]\varepsilon^1 \\
&+ \left[(\rho u)'' + \frac{1}{2}\rho_e v'^2 + \rho' \boldsymbol{v}_0 \cdot \boldsymbol{v}' + \rho_e \boldsymbol{v}_0 \cdot \boldsymbol{v}'' + \frac{1}{2}\rho'' v_0^2\right]\varepsilon^2 + \cdots
\end{aligned}$$

$$(8.1.47\text{c})$$

对静止的介质 ($\boldsymbol{v}_0 = 0$), 上式简化为

$$\rho u + \frac{1}{2}\rho v^2 = (\rho u)_e \varepsilon^0 + (\rho u)' \varepsilon^1 + \left[(\rho u)'' + \frac{1}{2}\rho_e v'^2\right]\varepsilon^2 + \cdots \qquad (8.1.47\text{d})$$

注意到在等熵条件下

$$u(\rho, s) = \varepsilon^0 u_e + \varepsilon^1 \left(\frac{\partial u}{\partial \rho}\right)_s \rho' + \frac{1}{2}\varepsilon^2 \left(\frac{\partial^2 u}{\partial \rho^2}\right)_s \rho'^2 + \cdots \qquad (8.1.47\text{e})$$

因此, 在忽略二阶量 $\rho'' u_e$ 条件下, 近似有关系

$$\begin{aligned}
\rho u &= (\varepsilon^0 \rho_e + \varepsilon \rho' + \varepsilon^2 \rho'')\left[\varepsilon^0 u_e + \varepsilon \left(\frac{\partial u}{\partial \rho}\right)_s \rho' + \varepsilon^2 \frac{1}{2}\left(\frac{\partial^2 u}{\partial \rho^2}\right)_s \rho'^2 + \cdots\right] \\
&\approx \varepsilon^0 \rho_e u_e + \varepsilon \left[\rho_e \left(\frac{\partial u}{\partial \rho}\right)_s + u_e\right]\rho' + \frac{1}{2}\varepsilon^2 \left[\rho_e \left(\frac{\partial^2 u}{\partial \rho^2}\right)_s + 2\left(\frac{\partial u}{\partial \rho}\right)_s\right]\rho'^2
\end{aligned} \qquad (8.1.47\text{f})$$

于是

$$(\rho u)_e = \rho_e u_e; \quad (\rho u)' = \left[\rho_e \left(\frac{\partial u}{\partial \rho}\right)_s + u_e\right]\rho'$$

$$(\rho u)'' = \frac{1}{2}\left[\rho_e \left(\frac{\partial^2 u}{\partial \rho^2}\right)_s + 2\left(\frac{\partial u}{\partial \rho}\right)_s\right]\rho'^2 \tag{8.1.47g}$$

上式代入方程 (8.1.47d) 得到

$$\rho u + \frac{1}{2}\rho v^2 = \rho_e u_e \varepsilon^0 + \left[\rho_e \left(\frac{\partial u}{\partial \rho}\right)_s + u_e\right]\rho'\varepsilon^1$$

$$+ \frac{1}{2}\left\{\left[\rho_e \left(\frac{\partial^2 u}{\partial \rho^2}\right)_s + 2\left(\frac{\partial u}{\partial \rho}\right)_s\right]\rho'^2 + \rho_e v'^2\right\}\varepsilon^2 + \cdots \tag{8.1.47h}$$

利用热力学方程 (1.2.8a) 和 (1.2.8b), 容易得到

$$\rho u + \frac{1}{2}\rho v^2 = \rho_e u_e \varepsilon^0 + \left(u_e + \frac{P_0}{\rho_e}\right)\rho'\varepsilon^1 + \frac{1}{2}\left(\frac{c_0^2}{\rho_e}\rho'^2 + \rho_e v'^2\right)\varepsilon^2 + \cdots \tag{8.1.47i}$$

利用 $\rho' \approx p'/c_0^2$, 上式可以写成

$$\rho u + \frac{1}{2}\rho v^2 \approx \rho_e u_e \varepsilon^0 + \left(u_e + \frac{P_0}{\rho_e}\right)\frac{p'}{c_0^2}\varepsilon^1 + \frac{1}{2}\left(\frac{1}{\rho_e c_0^2}p'^2 + \rho_e v'^2\right)\varepsilon^2 \tag{8.1.47j}$$

上式右边第三项 ε^2 的系数就是静止介质的声能量密度.

　　然而, 当 $v_0 \neq 0$ 时, 方程 (8.1.47c) 中 ε^2 的系数必须包含声场的二阶量 ρ'' 和 v'', 而在线性声学中, 这些二阶量是不考虑的. 也就是说, 当非均匀介质存在一般的流动时, 我们无法仅仅用线性声场量 ρ' 和 v', 由方程 (8.1.47a) 导出简单的类似于方程 (1.2.6a) 的能量守恒方程. 只有在某些特殊情况, 例如当流体流动无旋且声过程是等熵运动时, 我们仍然可以较简单定义声能量密度和声能流矢量. 下面考虑等熵、无旋的匀速运动介质中, 声能量密度和声能流矢量的构成.

　　能量守恒方程　方程 (8.1.1a) 二边乘标量 $\Re = p'/\rho_0 + v' \cdot U_0$, 而方程 (8.1.1b) 二边点乘矢量 $J = v' + (\rho'/\rho_0)U_0$, 且把所得二式相加后整理得到

$$\frac{\partial w}{\partial t} + \nabla \cdot I = \frac{1}{2\rho_0}\left(\rho'\frac{\partial p'}{\partial t} - p'\frac{\partial \rho'}{\partial t}\right) + \rho_0 J \cdot f + \rho_0 \Re q \tag{8.1.48a}$$

其中, 声能密度和能流矢量分别定义为

$$w \equiv \frac{p'\rho'}{2\rho_0} + \frac{1}{2}\rho_0 v'^2 + \rho'(v' \cdot U_0)$$

$$I \equiv \left(\frac{p'}{\rho_0} + v' \cdot U_0\right)(\rho_0 v' + \rho' U_0) \tag{8.1.48b}$$

得到方程 (8.1.48a), 利用了关系微分关系

$$\frac{p'}{\rho_0}\frac{\partial \rho'}{\partial t} = \frac{1}{2\rho_0}\frac{\partial(p'\rho')}{\partial t} - \frac{1}{2\rho_0}\left(\rho'\frac{\partial p'}{\partial t} - p'\frac{\partial \rho'}{\partial t}\right) \tag{8.1.48c}$$

以及矢量恒等式

$$\nabla(\boldsymbol{v}' \cdot \boldsymbol{U}_0) = (\boldsymbol{v}' \cdot \nabla)\boldsymbol{U}_0 + (\boldsymbol{U}_0 \cdot \nabla)\boldsymbol{v}' + \boldsymbol{U}_0 \times \nabla \times \boldsymbol{v}' + \boldsymbol{v}' \times \nabla \times \boldsymbol{U}_0 \quad (8.1.48\text{d})$$

对无旋声场 $\nabla \times \boldsymbol{v}' = 0$ 和常矢量 $\boldsymbol{U}_0$, 则 $\nabla(\boldsymbol{v}' \cdot \boldsymbol{U}_0) = (\boldsymbol{U}_0 \cdot \nabla)\boldsymbol{v}'$.

对均匀介质的匀速运动, $p' = c_0^2 \rho'$ 仍然成立, 方程 (8.1.48a) 右边的第一项为零, 于是, 我们得到相应的声能量守恒方程

$$\frac{\partial w}{\partial t} + \nabla \cdot \boldsymbol{I} = \rho_0 \boldsymbol{J} \cdot \boldsymbol{f} + \rho_0 \Re q \quad (8.1.49\text{a})$$

比较静止介质的声能量密度和声能流矢量的表达式 (即方程 (1.2.6b) 和 (1.2.6c)), 可知, 运动介质的声能流矢量要复杂得多. 由方程 (8.1.48b) 的第一式, 声能量密度 w 的第一项为流体元的势能密度, 而第二、三项为流体元的动能密度. 事实上, 流体元的总动能密度为 (近似到二阶)

$$\begin{aligned}
\frac{1}{2}\rho \boldsymbol{v}^2 &= \frac{1}{2}(\rho_0 + \rho')(\boldsymbol{U}_0 + \boldsymbol{v}')^2 \\
&\approx \frac{1}{2}\rho_0 \boldsymbol{U}_0^2 + \left(\rho_0 \boldsymbol{v}' \cdot \boldsymbol{U}_0 + \frac{1}{2}\rho' \boldsymbol{U}_0^2\right) + \left[\frac{1}{2}\rho_0 \boldsymbol{v}'^2 + \rho'(\boldsymbol{v}' \cdot \boldsymbol{U}_0)\right]
\end{aligned} \quad (8.1.49\text{b})$$

显然, 上式中第一项为流体流动的动能, 与声过程无关; 小括号的项与一阶量 $\boldsymbol{v}'$ 和 ρ' 成正比, 时间平均为零; 只有中括号的项与二阶量成正比, 代表声过程的动能密度.

能量守恒方程 (8.1.49a) 也可以写成另一种形式. 利用 $\Re = p'/\rho_0 + \boldsymbol{v}' \cdot \boldsymbol{U}_0$ 和 $\boldsymbol{J} = \boldsymbol{v}' + (\rho'/\rho_0)\boldsymbol{U}_0$, 方程 (8.1.49a) 可以写成

$$\frac{\partial w}{\partial t} + \nabla \cdot \boldsymbol{I} = S_\varepsilon + \left[\frac{\rho'}{\rho_0}\boldsymbol{U}_0 \cdot (\rho_0 \boldsymbol{f}) + \boldsymbol{v}' \cdot \boldsymbol{U}_0(\rho_0 q)\right] \quad (8.1.49\text{c})$$

其中, 产生源 $S_\varepsilon \equiv \rho_0 \boldsymbol{v}' \cdot \boldsymbol{f} + p' q$ 与方程 (1.2.6d) 相同. 由方程 (8.1.1a) 和 (8.1.1b) 消去上式中的 $\rho_0 \boldsymbol{f}$ 和 $\rho_0 q$ 得到

$$\frac{\partial \varepsilon}{\partial t} + \nabla \cdot \boldsymbol{I}_\varepsilon = S_\varepsilon \quad (8.1.50\text{a})$$

其中, 能量密度和能流矢量分别为

$$\varepsilon \equiv \frac{p' \rho'}{2\rho_0} + \frac{1}{2}\rho_0 \boldsymbol{v}'^2; \quad \boldsymbol{I}_\varepsilon \equiv p' \boldsymbol{v}' + \varepsilon \boldsymbol{U}_0 \quad (8.1.50\text{b})$$

显然, 能量密度 ε 与静止介质相同, 而能流矢量增加了一项 $\varepsilon \boldsymbol{U}_0$, 表示由于流体流动携带的声能量. 方程 (8.1.50a) 也可以直接由 Galileo 变换得到. 事实上, 相对于流体静止的参考系为 $S'(x', y', z', t')$ 内, 能量守恒方程由方程 (1.2.6a) 为

$$\frac{\partial \varepsilon}{\partial t'} + \nabla' \cdot (p' \boldsymbol{v}') = S_\varepsilon \quad (8.1.51\text{a})$$

其中, $\nabla'\cdot$ 表示对坐标系 (x',y',z') 求散度. 由方程 (8.1.7a) 和 (8.1.7b), 在实验室坐标系内, 上式可以变化成

$$\left(\frac{\partial}{\partial t} + \boldsymbol{U}_0 \cdot \nabla\right)\varepsilon + \nabla\cdot(p'\boldsymbol{v}') = S_\varepsilon \tag{8.1.51b}$$

当 $\boldsymbol{U}_0$ 为常矢量时, $\boldsymbol{U}_0\cdot\nabla\varepsilon = \nabla\cdot(\varepsilon\boldsymbol{U}_0) - \varepsilon\nabla\cdot\boldsymbol{U}_0 = \nabla\cdot(\varepsilon\boldsymbol{U}_0)$, 因此上式变化为方程 (8.1.50a).

由以上讨论可知, 当 $\boldsymbol{U}_0$ 为常矢量时, 我们可以利用方程 (8.1.50a) 和 (8.1.50b) 来定义声能量密度和声能流矢量, 其物理意义比较明显和直观. 但对等熵、无旋的流体运动 ($\boldsymbol{U}_0$ 不为常矢量), 必须由方程 (8.1.48a) 和 (8.1.48b) 定义声能量密度和声能流矢量, 见 8.3.1 小节讨论.

流反转定理　设力源和质量源 $(\boldsymbol{f}_1, q_1)$ 在均匀流动介质 (流速为 $\boldsymbol{U}_0$) 中产生的声压场 p_1 满足

$$\nabla^2 p_1 + \frac{\omega^2}{c_0^2}\left(1 + \frac{\mathrm{i}\boldsymbol{U}_0}{\omega}\cdot\nabla\right)^2 p_1 = \rho_0\nabla\cdot\boldsymbol{f}_1 + \mathrm{i}\omega\rho_0 Q_1 \tag{8.1.52a}$$

其中, 质量源为

$$Q_1 \equiv \left(1 + \frac{\mathrm{i}\boldsymbol{U}_0}{\omega}\cdot\nabla\right)q_1(\boldsymbol{r},\omega) \tag{8.1.52b}$$

所谓流反转就是取流体的流速为 $\tilde{\boldsymbol{U}}_0 = -\boldsymbol{U}_0$, 设在流反转情况下, 力源和质量源 $(\tilde{\boldsymbol{f}}_2, \tilde{q}_2)$ 产生的声压场为 $\tilde{p}_2$ 满足

$$\nabla^2\tilde{p}_2 + \frac{\omega^2}{c_0^2}\left(1 - \frac{\mathrm{i}\boldsymbol{U}_0}{\omega}\cdot\nabla\right)^2\tilde{p}_2 = \rho_0\nabla\cdot\tilde{\boldsymbol{f}}_2 + \mathrm{i}\omega\rho_0\tilde{Q}_2 \tag{8.1.52c}$$

其中, 流反转后的质量源为

$$\tilde{Q}_2 \equiv \left(1 - \frac{\mathrm{i}\boldsymbol{U}_0}{\omega}\cdot\nabla\right)\tilde{q}_2(\boldsymbol{r},\omega) \tag{8.1.52d}$$

以 $\tilde{p}_2$ 和 p_1 分别乘方程 (8.1.52a) 和 (8.1.52c), 并且把所得方程相减得到

$$\tilde{p}_2\nabla^2 p_1 - p_1\nabla^2\tilde{p}_2 + \left[\frac{\omega^2}{c_0^2}\tilde{p}_2\left(1 + \frac{\mathrm{i}\boldsymbol{U}_0}{\omega}\cdot\nabla\right)^2 p_1 - \frac{\omega^2}{c_0^2}p_1\left(1 - \frac{\mathrm{i}\boldsymbol{U}_0}{\omega}\cdot\nabla\right)^2\tilde{p}_2\right]$$
$$= \rho_0\tilde{p}_2\nabla\cdot\boldsymbol{f}_1 - \rho_0 p_1\nabla\cdot\tilde{\boldsymbol{f}}_2 + \mathrm{i}\omega\rho_0\tilde{p}_2 Q_1 - \mathrm{i}\omega\rho_0 p_1\tilde{Q}_2 \tag{8.1.53a}$$

当 $\boldsymbol{U}_0$ 是常矢量时, 由微分关系

$$\left[\frac{\omega^2}{c_0^2}\tilde{p}_2\left(1 + \frac{\mathrm{i}\boldsymbol{U}_0}{\omega}\cdot\nabla\right)^2 p_1 - \frac{\omega^2}{c_0^2}p_1\left(1 - \frac{\mathrm{i}\boldsymbol{U}_0}{\omega}\cdot\nabla\right)^2\tilde{p}_2\right]$$
$$= \nabla\cdot\{[2\mathrm{i}k_0 p_1\tilde{p}_2 + p_1\nabla\cdot(\tilde{p}_2\boldsymbol{M}) - \tilde{p}_2\nabla\cdot(p_1\boldsymbol{M})]\boldsymbol{M}\} \tag{8.1.53b}$$

其中，$M \equiv U_0/c_0$. 因此，方程 (8.1.53a) 可以改写成

$$\nabla \cdot (\tilde{p}_2 \nabla p_1 - p_1 \nabla \tilde{p}_2) + \nabla \cdot \{[2ik_0 p_1 \tilde{p}_2 + p_1 \nabla \cdot (\tilde{p}_2 \boldsymbol{M}) - \tilde{p}_2 \nabla \cdot (p_1 \boldsymbol{M})] \boldsymbol{M}\}$$
$$= \rho_0 \nabla \cdot (\tilde{p}_2 \boldsymbol{f}_1 - p_1 \tilde{\boldsymbol{f}}_{21}) + \rho_0 (\tilde{\boldsymbol{f}}_2 \cdot \nabla p_1 + i\omega \tilde{p}_2 Q_1) - \rho_0 (\boldsymbol{f}_1 \cdot \nabla \tilde{p}_2 + i\omega p_1 \tilde{Q}_2) \tag{8.1.53c}$$

如图 8.1.7，取平行于流速 U_0 的圆柱体 V，其二个底面和侧面分别为 S_0 和 S_R，高为 $2H$，对方程 (8.1.53c) 在 V 上作体积分，并且利用 Gauss 定理

$$\iint_S (\tilde{p}_2 \nabla p_1 - p_1 \nabla \tilde{p}_2) \cdot \boldsymbol{n} \, dS - \rho_0 \iint_S (\tilde{p}_2 \boldsymbol{f}_1 - p_1 \tilde{\boldsymbol{f}}_2) \cdot \boldsymbol{n} \, dS$$
$$+ \iint_S \{2ik_0 p_1 \tilde{p}_2 + [p_1 \nabla \cdot (\tilde{p}_2 \boldsymbol{M}) - \tilde{p}_2 \nabla \cdot (p_1 \boldsymbol{M})]\} \boldsymbol{M} \cdot \boldsymbol{n} \, dS \tag{8.1.53d}$$
$$= \rho_0 \int_V (\tilde{\boldsymbol{f}}_2 \cdot \nabla p_1 + i\omega \tilde{p}_2 Q_1) d\tau - \rho_0 \int_V (\boldsymbol{f}_1 \cdot \nabla \tilde{p}_2 + i\omega p_1 \tilde{Q}_2) d\tau$$

其中，$S = S_0 + S_R$ 为圆柱体的总面积，$\boldsymbol{n}$ 为圆柱体表面的法向单位矢量. 为了估计上式中的面积分，以 U_0 方向为 z 轴，平行于底面的平面为 $(x, y) = (\rho, \varphi)$，于是可以讨论如下.

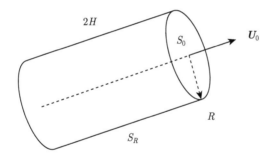

图 8.1.7　平行于流速 U_0 的圆柱体 V: 高和底面半径分别为 $2H$ 和 R

(1) 方程 (8.1.53d) 左边第一项面积分由柱面和上下底面积分二部分构成

$$I_R \equiv \iint_{S_R} \left(\tilde{p}_2 \frac{\partial p_1}{\partial \rho} - p_1 \frac{\partial \tilde{p}_2}{\partial \rho} \right)_{\rho=R} dS$$
$$I_\pm^{(1)} \equiv \pm \iint_{S_0} \left(\tilde{p}_2 \frac{\partial p_1}{\partial z} - p_1 \frac{\partial \tilde{p}_2}{\partial z} \right)_{z=\pm H} dS \tag{8.1.54a}$$

注意: 在柱面上，$dS = R \, d\varphi \, dz$；而在底面上，$dS = \rho \, d\rho \, d\varphi$. 在柱坐标 (ρ, φ, z) 中，当 $\rho \to \infty$ 时，声压场 $\sim 1/\sqrt{\rho}$，因此，柱面 S_R 上的积分为

$$I_R = \lim_{R \to \infty} \iint_{S_R} \left(\tilde{p}_2 \frac{\partial p_1}{\partial \rho} - p_1 \frac{\partial \tilde{p}_2}{\partial \rho} \right)_{\rho=R} dS \sim \frac{1}{R} \tag{8.1.54b}$$

故当 $R \to \infty$ 时, $I_R \to 0$. 至于在上下底面的积分 $I_{\pm}^{(1)}$, 当声源局域在空间有限区域 (原点附近), 由于声吸收的存在, 当 $H \to \infty$ 时, 声场指数衰减, 总能够保证 $\lim\limits_{H \to \infty} I_{\pm}^{(1)} \to 0$.

(2) 方程 (8.1.53d) 的左边第三项面积分在圆柱面 S_R 上, $\boldsymbol{M} \cdot \boldsymbol{n} = 0$, 故在 S_R 上面积分为零, 而在二个底面是 $\boldsymbol{M} \cdot \boldsymbol{n} = \pm M$, 故二个底面上的面积分为

$$I_{\pm}^{(2)} \equiv \pm M \iint_{S_0} \left[2\mathrm{i}k_0 p_1 \tilde{p}_2 + M \left(p_1 \frac{\partial \tilde{p}_2}{\partial z} - \tilde{p}_2 \frac{\partial p_1}{\partial z} \right) \right] \mathrm{d}S \tag{8.1.54c}$$

其中, "$\pm$" 分别对应于二个 $\pm \boldsymbol{U}_0$ 方向的底面. 同样, 当声源局域在空间有限区域 (原点附近), 由于声吸收的存在, 当 $H \to \infty$ 时, 声场指数衰减, 总能够保证 $\lim\limits_{H \to \infty} I_{\pm}^{(2)} \to 0$.

(3) 由于声源局域在空间有限区域, 当 $H \to \infty$ 和 $R \to \infty$ 时, $\boldsymbol{f}_1 = 0$ 和 $\boldsymbol{f}_2 = 0$, 方程 (8.1.53d) 的左边第二项积分为零.

于是, 当 $H \to \infty$ 和 $R \to \infty$ 时, 方程 (8.1.53d) 简化为

$$\int_V (\tilde{\boldsymbol{f}}_2 \cdot \nabla p_1 + \mathrm{i}\omega \tilde{p}_2 Q_1) \mathrm{d}\tau = \int_V (\boldsymbol{f}_1 \cdot \nabla \tilde{p}_2 + \mathrm{i}\omega p_1 \tilde{Q}_2) \mathrm{d}\tau \tag{8.1.55}$$

上式与方程 (1.2.30c) 形式上类似, 但 $\tilde{p}_2$ 是在流反转的情况下, 源 $(\tilde{\boldsymbol{f}}_2, \tilde{q}_2)$ 产生的声场, 因此与互易原理有本质的区别, 故称为**流反转定理**.

对等截面的管道系统, 取图 8.1.7 中的侧面 S_R 为管道的壁面. 对刚性管壁, $\boldsymbol{n} \cdot \nabla p_1|_{S_R} = 0$ 和 $\boldsymbol{n} \cdot \nabla \tilde{p}_2|_{S_R} = 0$; 而对 $\boldsymbol{n} \cdot \nabla p|_S - \mathrm{i}k_0 \beta(\omega)p|_S = 0$ 成立的阻抗管壁, 由于

$$\boldsymbol{n} \cdot \nabla p_1|_S - \mathrm{i}k_0 \beta(\omega)p_1|_S = 0$$
$$\boldsymbol{n} \cdot \nabla \tilde{p}_2|_S - \mathrm{i}k_0 \beta(\omega)\tilde{p}_2|_S = 0 \tag{8.1.56a}$$

故

$$\iint_{S_R} (\tilde{p}_2 \nabla p_1 - p_1 \nabla \tilde{p}_2) \cdot \boldsymbol{n} \mathrm{d}S = 0 \tag{8.1.56b}$$

进一步假定管壁上 $\boldsymbol{f}_1|_{S_R} = \tilde{\boldsymbol{f}}_2|_{S_R} = 0$, 于是, 由方程 (8.1.55) 表示的流反转定理仍然成立.

修正的互易原理　设力源和质量源 $(\boldsymbol{f}_1, q_1)$ 在均匀流动介质 (流速为 $\boldsymbol{U}_0$) 中产生的声压场 p_1, 满足方程 (8.1.52a) 和 (8.1.52b); 而力源和质量源 $(\boldsymbol{f}_2, q_2)$ 产生的声压场为 p_2 满足

$$\nabla^2 p_2 + \frac{\omega^2}{c_0^2} \left(1 + \frac{\mathrm{i}\boldsymbol{U}_0}{\omega} \cdot \nabla \right)^2 p_2 = \rho_0 \nabla \cdot \boldsymbol{f}_2 + \mathrm{i}\omega \rho_0 Q_2 \tag{8.1.57a}$$

其中, 质量源为

$$Q_2 \equiv \left(1 + \frac{\mathrm{i}\boldsymbol{U}_0}{\omega} \cdot \nabla \right) q_2(\boldsymbol{r}, \omega) \tag{8.1.57b}$$

注意: 此时流不反转. 为了方便, 我们取图 8.1.7 中流速 $\boldsymbol{U}_0$ 为正 z 方向, 以 $E(z)p_2$ 和 $E(z)p_1$ 分别乘方程 (8.1.52a) 和 (8.1.57a), 其中 $E(z)$ 是一个待定的函数, 把所得方程相减得到

$$E[p_2\nabla^2 p_1 - p_1\nabla^2 p_2] + \frac{\omega^2}{c_0^2}E\left[p_2\left(1 + \frac{\mathrm{i}U_0}{\omega}\frac{\partial}{\partial z}\right)^2 p_1 - p_1\left(1 + \frac{\mathrm{i}U_0}{\omega}\frac{\partial}{\partial z}\right)^2 p_2\right]$$
$$= \rho_0 p_2\nabla\cdot\boldsymbol{f}_1 - \rho_0 p_1\nabla\cdot\boldsymbol{f}_2 + \mathrm{i}\omega\rho_0 p_2 Q_1 - \mathrm{i}\omega\rho_0 p_1 Q_2$$

$$\text{(8.1.58a)}$$

由微分关系

$$E(z)(p_2\nabla^2 p_1 - p_1\nabla^2 p_2) = E(z)\nabla\cdot(p_2\nabla p_1 - p_1\nabla p_2)$$
$$= \nabla\cdot[E(z)(p_2\nabla p_1 - p_1\nabla p_2)] - \left(p_2\frac{\partial p_1}{\partial z} - p_1\frac{\partial p_2}{\partial z}\right)\cdot\frac{\partial E(z)}{\partial z}$$

$$\text{(8.1.58b)}$$

以及

$$E(z)\left(p_2\frac{\partial^2 p_1}{\partial z^2} - p_1\frac{\partial^2 p_2}{\partial z^2}\right) = \frac{\partial}{\partial z}\left[E(z)\left(p_2\frac{\partial p_1}{\partial z} - p_1\frac{\partial p_2}{\partial z}\right)\right]$$
$$- \frac{\partial E(z)}{\partial z}\left(p_2\frac{\partial p_1}{\partial z^2} - p_1\frac{\partial p_2}{\partial z^2}\right)$$

$$\text{(8.1.58c)}$$

方程 (8.1.58a) 可以改写成

$$\nabla\cdot[E(p_2\nabla p_1 - p_1\nabla p_2)] - M^2\frac{\partial}{\partial z}\left[E\left(p_2\frac{\partial p_1}{\partial z} - p_1\frac{\partial p_2}{\partial z}\right)\right]$$
$$+ \left(p_2\frac{\partial p_1}{\partial z} - p_1\frac{\partial p_2}{\partial z}\right)P - \rho_0\nabla\cdot[E(p_2\boldsymbol{f}_1 - p_1\boldsymbol{f}_2)] = \rho_0 D_1 - \rho_0 D_2$$

$$\text{(8.1.58d)}$$

其中, 为了方便定义

$$P \equiv -2\mathrm{i}k_0 ME + (1 - M^2)\frac{\partial E}{\partial z}$$
$$D_1 \equiv E(\boldsymbol{f}_2\cdot\nabla p_1 + \mathrm{i}\omega p_2 Q_1) + p_1 f_{2z}\frac{\partial E}{\partial z}$$
$$D_2 \equiv E(\boldsymbol{f}_1\cdot\nabla p_2 + \mathrm{i}\omega p_1 Q_2) + p_2 f_{1z}\frac{\partial E}{\partial z}$$

$$\text{(8.1.59a)}$$

为了把方程 (8.1.58d) 各项写成散度的形式, 取 $E(z)$ 满足 $P = 0$, 即取

$$E(z) = \exp\left(\frac{2\mathrm{i}k_0 M}{1 - M^2}z\right)$$

$$\text{(8.1.59b)}$$

于是, 方程 (8.1.58d) 简化成

$$\nabla\cdot[E(p_2\nabla p_1 - p_1\nabla p_2)] - M^2\frac{\partial}{\partial z}\left[E\left(p_2\frac{\partial p_1}{\partial z} - p_1\frac{\partial p_2}{\partial z}\right)\right]$$
$$- \rho_0\nabla\cdot[E(p_2\boldsymbol{f}_1 - p_1\boldsymbol{f}_2)] = \rho_0 D_1 - \rho_0 D_2$$

$$\text{(8.1.60a)}$$

对上式在图 8.1.7 的 V 上作体积分, 并且利用 Gauss 定理

$$
\iint_S E(p_2\nabla p_1 - p_1\nabla p_2)\cdot \boldsymbol{n}\mathrm{d}S - M^2\iint_{S_0} F\mathrm{d}S
$$
$$
-\rho_0\iint_S E(p_2\boldsymbol{f}_1 - p_1\boldsymbol{f}_2)\cdot \boldsymbol{n}\mathrm{d}S = \rho_0\int_V (D_1 - D_2)\mathrm{d}\tau \tag{8.1.60b}
$$

其中, 为了方便定义

$$
F \equiv \left[E\left(p_2\frac{\partial p_1}{\partial z} - p_1\frac{\partial p_2}{\partial z}\right)\right]_{z=-H} - \left[E\left(p_2\frac{\partial p_1}{\partial z} - p_1\frac{\partial p_2}{\partial z}\right)\right]_{z=-H} \tag{8.1.60c}
$$

通过与方程 (8.1.53d) 类似的讨论, 我们得到关系

$$
\int_V D_1\mathrm{d}\tau = \int_V D_2\mathrm{d}\tau \tag{8.1.61a}
$$

上式就是介质中存在均匀流时的互易关系, 显然该关系对等截面的管道系统也成立. 最简单的情况是当不存在体力源时

$$
\int_V E(z)p_2(\boldsymbol{r})Q_1(\boldsymbol{r})\mathrm{d}\tau = \int_V E(z)p_1(\boldsymbol{r})Q_2(\boldsymbol{r})\mathrm{d}\tau \tag{8.1.61b}
$$

例如取 $Q_j(\boldsymbol{r}) = Q_{0j}\delta(\boldsymbol{r} - \boldsymbol{r}_j)$ $(j=1,2)$, 则上式简化为

$$
Q_{01}E(z_1)p_2(\boldsymbol{r}_1) = Q_{02}E(z_2)p_1(\boldsymbol{r}_2) \tag{8.1.61c}
$$

与 1.2.5 小节不同的是, 由于流的存在, 互易关系必须作相位修正.

以方程 (8.1.20d) 为例, $\boldsymbol{r}_1$ 处的点源在 $\boldsymbol{r}_2$ 点产生的场以及 $\boldsymbol{r}_2$ 处的点源在 $\boldsymbol{r}_1$ 点产生的场分别为

$$
p_1(\boldsymbol{r}_2) = g(\boldsymbol{r}_2,\boldsymbol{r}_1) = \frac{1}{4\pi R_{12}}\exp\left[\mathrm{i}k_0\frac{R_{12} - M(z_2 - z_1)}{1 - M^2}\right]
$$
$$
p_2(\boldsymbol{r}_1) = g(\boldsymbol{r}_1,\boldsymbol{r}_2) = \frac{1}{4\pi R_{21}}\exp\left[\mathrm{i}k_0\frac{R_{21} - M(z_1 - z_2)}{1 - M^2}\right] \tag{8.1.61d}
$$

其中, $R_{12} \equiv \sqrt{(1 - M^2)[(x_2 - x_1)^2 + (y_2 - y_1)^2] + (z_2 - z_1)^2} = R_{21}$. 当 $Q_{01} = Q_{02}$ 时, 不难验证方程 (8.1.61c) 成立.

8.2　运动声源激发的声波

在实际情况中, 我们经常遇到运动声源问题, 如火车的鸣笛声, 飞机发出的声音等. 这时介质本身是静止的 (相对实验室坐标系), 而声源运动. 当声源作匀速运动时, 可以建立相对于声源静止的参考系 (也是惯性参考系), 而介质相对运动, 尽管 8.1 节的大部分结论可以应用于这种情况, 但本节在时域讨论问题, 方法有所区别; 但当声源作加速运动时, 相对声源静止的参考系不是惯性参考系.

8.2.1 亚音速匀速运动和 Lorentz 变换

设强度为 $q(t)$ 点质量声源作匀速运动, 为了方便, 假定声源在 z 方向运动: $\boldsymbol{U}_0 = U_0\boldsymbol{e}_z$. 且当 $t = 0$ 时, 声源恰好通过 $z = 0$ 处 (不失一般性, 只要通过坐标平移就可以做到), 空间声场满足方程

$$\nabla^2 p - \frac{1}{c_0^2}\frac{\partial^2 p}{\partial t^2} = -\rho_0\frac{\partial}{\partial t}[q(t)\delta(z - U_0 t)\delta(x)\delta(y)] \tag{8.2.1a}$$

令速度势 ψ 为 $p = \partial\psi/\partial t$, 方程 (8.2.1a) 简化成

$$\nabla^2\psi - \frac{1}{c_0^2}\frac{\partial^2\psi}{\partial t^2} = -\rho_0 q(t)\delta(z - U_0 t)\delta(x)\delta(y) \tag{8.2.1b}$$

我们用坐标变换法求解上式. 注意到: 如果用 Galileo 变换, 即方程 (8.1.6b), 波动方程改变了形式, 即方程 (8.1.3d), 而且算子 $\boldsymbol{U}_0\cdot\nabla$ 也出现在源项上. 在声源作亚声速匀速运动情况, 我们可以作如下 Lorentz 变换, 这样并不改变波动方程的形式

$$\begin{aligned} x' = x;\ y' = y;\ z' = \frac{z - U_0 t}{\sqrt{1 - M^2}};\ t' = \frac{t - U_0 z/c_0^2}{\sqrt{1 - M^2}} \\ x = x';\ y = y';\ z = \frac{z' + U_0 t'}{\sqrt{1 - M^2}};\ t = \frac{t' + U_0 z'/c_0^2}{\sqrt{1 - M^2}} \end{aligned} \tag{8.2.2a}$$

微分关系为

$$\frac{\partial^2}{\partial x^2} = \frac{\partial^2}{\partial x'^2};\ \frac{\partial^2}{\partial y^2} = \frac{\partial^2}{\partial y'^2} \tag{8.2.2b}$$

$$\frac{\partial^2}{\partial z^2} = \frac{1}{1 - M^2}\left(\frac{\partial^2}{\partial z'^2} - \frac{2U_0}{c_0^2}\frac{\partial^2}{\partial z'\partial t'} + \frac{M^2}{c_0^2}\frac{\partial^2}{\partial t'^2}\right) \tag{8.2.2c}$$

$$\frac{\partial^2}{\partial t^2} = \frac{1}{1 - M^2}\left(U_0^2\frac{\partial^2}{\partial z'^2} - 2U_0\frac{\partial^2}{\partial z'\partial t'} + \frac{\partial^2}{\partial t'^2}\right) \tag{8.2.2d}$$

因此, 不难表明

$$\frac{\partial^2}{\partial x^2} + \frac{\partial^2}{\partial y^2} + \frac{\partial^2}{\partial z^2} - \frac{1}{c_0^2}\frac{\partial^2}{\partial t^2} = \frac{\partial^2}{\partial x'^2} + \frac{\partial^2}{\partial y'^2} + \frac{\partial^2}{\partial z'^2} - \frac{1}{c_0^2}\frac{\partial^2}{\partial t'^2} \tag{8.2.2e}$$

故方程 (8.2.1b) 在坐标系 $S'(x', y', z', t')$ 内变换成

$$\begin{aligned} \nabla'^2\psi - \frac{1}{c_0^2}\frac{\partial^2\psi}{\partial t'^2} &= -\rho_0 q\left[\gamma\left(t' + \frac{U_0 z'}{c_0^2}\right)\right]\delta\left(\frac{z'}{\gamma}\right)\delta(x')\delta(y') \\ &= -\rho_0\gamma q(\gamma t')\delta(z')\delta(x')\delta(y') \end{aligned} \tag{8.2.3a}$$

其中, $\gamma \equiv 1/\sqrt{1 - M^2}$. 得到上式, 已利用了关系 $\delta(z'/\gamma) = \gamma\delta(z')$, 而且注意到, 只有当 $z' = 0$ 时, δ 函数才非零, 故上式中 $q[\gamma(t' + U_0 z'/c_0^2)]$ 可用 $q(\gamma t')$ 代替. 进一

步, 令 $t'' = \gamma t'$; $x'' = \gamma x'$; $y'' = \gamma y'$; $z'' = \gamma z'$, 上式变成

$$\frac{1}{c_0^2}\frac{\partial^2 \psi}{\partial t''^2} - \nabla''^2 \psi = \rho_0 \gamma^2 q(t'')\delta(z'')\delta(x'')\delta(y'') \tag{8.2.3b}$$

在新的坐标系 $S''(x'', y'', z'', t'')$, 上式表示原点存在强度为 $\gamma^2 q(t'')$ 的简单点源产生的速度势 ψ. 由方程 (1.3.23a)

$$\begin{aligned}\psi(\boldsymbol{r}'', t'') &= \frac{\rho_0 \gamma^2}{4\pi}\int \frac{1}{|\boldsymbol{r}'' - \boldsymbol{r}_0|}q\left(t'' - \frac{|\boldsymbol{r}'' - \boldsymbol{r}_0|}{c_0}\right)\delta(z_0)\delta(x_0)\delta(y_0)\mathrm{d}^3\boldsymbol{r}_0 \\ &= \frac{\rho_0 \gamma^2}{4\pi|\boldsymbol{r}''|}q\left(t'' - \frac{|\boldsymbol{r}''|}{c_0}\right)\end{aligned} \tag{8.2.4a}$$

其中, $|\boldsymbol{r}''| = \sqrt{x''^2 + y''^2 + z''^2}$. 回到实验室坐标系 $S(x, y, z, t)$, 我们有关系

$$t'' - \frac{|\boldsymbol{r}''|}{c_0} = \gamma\left(t' - \frac{\sqrt{x'^2 + y'^2 + z'^2}}{c_0}\right) = t - \frac{R}{c_0};\ |\boldsymbol{r}''| = \gamma^2 R_1 \tag{8.2.4b}$$

其中, 为了方便定义

$$R \equiv \frac{M(z - U_0 t) + R_1}{1 - M^2};\ R_1 \equiv \sqrt{(1 - M^2)\rho^2 + (z - U_0 t)^2} \tag{8.2.4c}$$

以及 $\rho^2 \equiv x^2 + y^2$. 把方程 (8.2.4b) 代入方程 (8.2.4a) 得到

$$\psi(\boldsymbol{r}, t) = \frac{\rho_0}{4\pi R_1}q\left(t - \frac{R}{c_0}\right) \tag{8.2.5a}$$

为了看清楚 R 和 R_1 的意义, 我们来分析观测点 $Q(x, y, z)$ 的声场, 如图 8.2.1. 显然, 在观测点 $Q(x, y, z)$、时刻 t 接收到的声波是声源在位置 $(x_e, y_e, z_e) = (0, 0, z_e)$ 处、t_e 时刻发出的; 当时刻 t、观测点 $Q(x, y, z)$ 接收到声波时, 声源已运动到位置 $(0, 0, U_0 t)$. R 就是 $(0, 0, z_e)$ 到 $Q(x, y, z)$ 的距离

$$R^2 = (x - x_e)^2 + (y - y_e)^2 + (z - z_e)^2 \tag{8.2.5b}$$

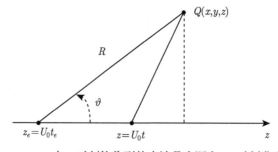

图 8.2.1　Q 点 t 时刻接收到的声波是声源在 t_e 时刻发出的

注意到: $R = c_0(t - t_e)$, $x_e = y_e = 0$ 以及 $z_e = U_0 t_e = U_0(t - R/c_0)$, 代入上式得到

$$(1 - M^2)R^2 - 2(z - U_0 t)MR - [\rho^2 + (z - U_0 t)^2] = 0 \tag{8.2.5c}$$

不难求得

$$R = \frac{1}{1 - M^2}[M(z - U_0 t) \pm R_1] \tag{8.2.6a}$$

当 $M < 1$ 时, 上式中应取 "+" 号, 否则 $R < 0$. 令 ϑ 为声源运动方向 (z 轴) 与 R 的夹角, 那么 $z - z_e = z - U_0 t_e = R\cos\vartheta$, 故存在恒等式

$$M(z - U_0 t) = M[(z - U_0 t_e) - U_0(t - t_e)] = MR(\cos\vartheta - M) \tag{8.2.6b}$$

代入方程 (8.2.6a) 得到 (取 "+" 号)

$$R_1 = R(1 - M\cos\vartheta) \tag{8.2.6c}$$

由 $p = \partial\psi/\partial t$ 和方程 (8.2.5a) 得到空间声压为

$$p(x, y, z, t) = \frac{\rho_0}{4\pi R_1}\left[\dot{q}\left(t - \frac{R}{c_0}\right)\left(1 - \frac{1}{c_0}\frac{\partial R}{\partial t}\right) - \frac{1}{R_1}q\left(t - \frac{R}{c_0}\right)\frac{\partial R_1}{\partial t}\right] \tag{8.2.7a}$$

其中, $\dot{q}(\tau) = \mathrm{d}q(\tau)/\mathrm{d}\tau$. 由方程 (8.2.6a)

$$\begin{aligned}
\frac{1}{c_0}\frac{\partial R}{\partial t} &= -\frac{1}{1 - M^2}\left[M^2 + \frac{M(z - U_0 t)}{R_1}\right] \\
&= -\frac{M}{1 - M^2}\left(M + \frac{\cos\vartheta - M}{1 - M\cos\vartheta}\right) = -\frac{M\cos\vartheta}{1 - M\cos\vartheta} \\
\frac{\partial R_1}{\partial t} &= -\frac{R(\cos\vartheta - M)U_0}{R_1}
\end{aligned} \tag{8.2.7b}$$

代入方程 (8.2.7a) 得到声压分布

$$p(x, y, z, t) = \frac{\rho_0}{4\pi R}\frac{1}{(1 - M\cos\vartheta)^2}\left[\dot{q}\left(t - \frac{R}{c_0}\right) + \frac{q(t - R/c_0)(\cos\vartheta - M)U_0}{R(1 - M\cos\vartheta)}\right] \tag{8.2.8a}$$

可见, 运动方向 ($\vartheta = 0$) 与背向 ($\vartheta = \pi$) 声压之比为

$$\frac{p(x, y, z, t)|_{\vartheta = 0}}{p(x, y, z, t)|_{\vartheta = \pi}} \sim \frac{(1 + M)^2}{(1 - M)^2} \tag{8.2.8b}$$

即运动方向 ($\vartheta = 0$) 的声压大于背向 ($\vartheta = \pi$) 声压. 而在垂直运动方向 ($\vartheta = \pi/2$), 远场声压为

$$p(x, y, z, t)|_{\vartheta = \pi/2} = \frac{\rho_0}{4\pi R}\left[\dot{q}\left(t - \frac{R}{c_0}\right) - \frac{q(t - R/c_0)MU_0}{R}\right] \approx \frac{\rho_0}{4\pi R}\dot{q}\left(t - \frac{R}{c_0}\right) \tag{8.2.8c}$$

上式与声源静止有相同的表达式. 注意: 如果 q 与时间无关, 远场声压为零, 而近场声压 (方程 (8.2.8a) 右边中括号内的第二项) 则由于源的运动而存在.

考虑特殊情况: 声源作简谐振动 $q(t) = q_0 \sin(\omega_0 t)$(其中 ω_0 是相对于声源不动的参考系中测量的频率), 代入方程 (8.2.8a), 空间声压为

$$
p(x,y,z,t) = \frac{\rho_0 q_0}{4\pi R} \frac{1}{(1 - M\cos\vartheta)^2}
$$
$$
\times \left\{ \omega_0 \cos\left[\omega_0\left(t - \frac{R}{c_0}\right)\right] + \sin\left[\omega_0\left(t - \frac{R}{c_0}\right)\right] \frac{(\cos\vartheta - M)U_0}{R(1 - M\cos\vartheta)} \right\} \tag{8.2.9a}
$$

相位振荡为

$$
\phi \equiv \omega_0\left(t - \frac{R}{c_0}\right) \tag{8.2.9b}
$$

如果观测点在 z 轴上并且在源的正前方: $Q(0,0,z)$ 和 $z - U_0 t > 0$, 那么

$$
R = \frac{M(z - U_0 t) + (z - U_0 t)}{1 - M^2} = \frac{z - U_0 t}{1 - M} \tag{8.2.10a}
$$

相位振荡为

$$
\phi \equiv \omega_0\left(t - \frac{1}{c_0} \cdot \frac{z - U_0 t}{1 - M}\right) = \frac{\omega_0}{1 - M} t - \frac{\omega_0}{1 - M} \cdot \frac{z}{c_0} \tag{8.2.10b}
$$

故观测频率为

$$
\omega_1 = \frac{\mathrm{d}\phi}{\mathrm{d}t} = \frac{\omega_0}{1 - M} \tag{8.2.10c}
$$

注意: R 也是 t 的函数, 严格地讲, 声压随时间变化不是单频振荡, 但当声源位置变化较慢时, 声压的时间变化主要由相位振荡引起. 具体讨论见 8.2.4 小节.

类似地, 如果观测点在 z 轴上并且在源的背向: $Q(0,0,z)$ 和 $z - U_0 t < 0$, 那么

$$
R \equiv \frac{M(z - U_0 t) - (z - U_0 t)}{1 - M^2} = -\frac{z - U_0 t}{1 + M} \tag{8.2.11a}
$$

相位振荡为

$$
\phi \equiv \omega_0\left(t + \frac{1}{c_0} \cdot \frac{z - U_0 t}{1 + M}\right) = \frac{\omega_0}{1 + M} t + \frac{\omega_0}{1 + M} \cdot \frac{z}{c_0} \tag{8.2.11b}
$$

故观测频率为

$$
\omega_2 = \frac{\mathrm{d}\phi}{\mathrm{d}t} = \frac{\omega_0}{1 + M} \tag{8.2.11c}
$$

当观测点不在 z 轴上时, 相位振荡 ϕ 与时间 t 关系复杂, 频率的概念推广成广义频率

$$
\omega = \frac{\mathrm{d}\phi}{\mathrm{d}t} = \omega_0 \frac{\mathrm{d}}{\mathrm{d}t}\left(t - \frac{R}{c_0}\right) = \omega_0\left(1 - \frac{1}{c_0}\frac{\partial R}{\partial t}\right)
$$
$$
= \omega_0\left(1 + \frac{M\cos\vartheta}{1 - M\cos\vartheta}\right) = \frac{\omega_0}{1 - M\cos\vartheta} \tag{8.2.12a}
$$

必须注意的是: 形式上, ω 与时间无关, 事实不然. 考虑 $z = 0$ 平面 (即 xOy 平面), 由方程 (8.2.6c) 和 (8.2.4c)

$$\frac{1}{1 - M\cos\vartheta} = \frac{R}{R_1} = \frac{1}{1 - M^2} \cdot \left[1 - \frac{M\tau}{\sqrt{(1 - M^2) + \tau^2}}\right] \tag{8.2.12b}$$

其中, $\tau \equiv U_0 t / \rho$. 上式代入方程 (8.2.12a)

$$\frac{\omega}{\omega_0} = \frac{1}{1 - M^2} \cdot \left[1 - \frac{M\tau}{\sqrt{(1 - M^2) + \tau^2}}\right] \tag{8.2.12c}$$

故广义频率是 τ 的函数. 事实上, 只有在 xOy 平面内, 广义频率仅仅是 τ 的函数, 一般, 广义频率不仅是时间的函数, 也是距离的函数.

注意: 从方程 (8.2.8a) 可见, 由于介质静止, 尽管声源以速度 U_0 运动, 但一旦发出声波, 声波传播速度就是 c_0, 这是由静止介质的基本性质决定的, 与声源的运动无关, 这是与 8.1 节的重要区别.

8.2.2 超音速匀速运动

当 $M > 1$ 时, 用 Lorentz 变换求解方程 (8.2.1b) 是不合适的. 我们直接用 Green 函数方法来求解. 由方程 (1.3.23a), 方程 (8.2.1b) 的解可以表示成

$$\psi(\boldsymbol{r}, t) = \frac{\rho_0}{4\pi} \int \frac{1}{|\boldsymbol{r} - \boldsymbol{r}'|} q\left(t - \frac{|\boldsymbol{r} - \boldsymbol{r}'|}{c_0}\right)$$
$$\times \delta\left[z' - U_0\left(t - \frac{|\boldsymbol{r} - \boldsymbol{r}'|}{c_0}\right)\right] \delta(x')\delta(y')\mathrm{d}x'\mathrm{d}y'\mathrm{d}z' \tag{8.2.13a}$$

其中, $|\boldsymbol{r} - \boldsymbol{r}'| = \sqrt{(x - x')^2 + (y - y')^2 + (z - z')^2}$, 代入上式得到

$$\psi(\boldsymbol{r}, t) = \frac{\rho_0}{4\pi} \int \frac{1}{\sqrt{\rho^2 + (z - z')^2}} q\left[t - \frac{\sqrt{\rho^2 + (z - z')^2}}{c_0}\right]$$
$$\times \delta\left[z' - U_0 t + M\sqrt{\rho^2 + (z - z')^2}\right] \mathrm{d}z' \tag{8.2.13b}$$

上式对 Dirac Delta 函数的积分决定于 δ 函数的零点, 即方程

$$f(z') \equiv z' - U_0 t + M\sqrt{\rho^2 + (z - z')^2} = 0 \tag{8.2.13c}$$

的根, 或者

$$(M^2 - 1)(z' - z)^2 - 2(z' - z)(z - U_0 t) + M^2\rho^2 - (z - U_0 t)^2 = 0 \tag{8.2.13d}$$

的根, 容易得到二个根为

$$z'_{\pm} = z - \frac{1}{(1 - M^2)}\left[(z - U_0 t) \pm M\sqrt{(z - U_0 t)^2 + (1 - M^2)\rho^2}\right] \tag{8.2.13e}$$

显然, 根 $z'_\pm$ 依赖于 M, 具体讨论如下.

(1) 声源位于原点不运动 ($M = 0$), 故 $z'_\pm = 0$

$$
\begin{aligned}
\psi(\boldsymbol{r}, t) &= \frac{\rho_0}{4\pi} \int \frac{1}{\sqrt{\rho^2 + (z - z')^2}} q\left[t - \frac{\sqrt{\rho^2 + (z - z')^2}}{c_0}\right] \delta(z') \mathrm{d}z' \\
&= \frac{\rho_0}{4\pi} \frac{1}{\sqrt{\rho^2 + z^2}} q\left(t - \frac{\sqrt{\rho^2 + z^2}}{c_0}\right)
\end{aligned}
\tag{8.2.14}
$$

(2) 声源作亚音速运动 ($M < 1$), 由 $M = 0$ 情况我们知道, 方程 (8.2.13b) 的积分实际上是对声源位置 $z'_\pm$ 积分, 当 $M < 1$ 时, 为了保证声源对任意的 x 和 y 都在正 z 轴上, 必须取方程 (8.2.13e) 中 "+" 号. 故 δ 函数只有一个零点 z'_+ 满足要求, 由 δ 函数的性质

$$
\delta[f(z')] = \frac{1}{|f'(z'_+)|} \delta(z' - z'_+)
\tag{8.2.15a}
$$

代入方程 (8.2.13b)

$$
\begin{aligned}
\psi(\boldsymbol{r}, t) &= \frac{\rho_0}{4\pi} \frac{1}{|f'(z'_+)| \sqrt{\rho^2 + (z - z'_+)^2}} q\left[t - \frac{\sqrt{\rho^2 + (z - z'_+)^2}}{c_0}\right] \\
&= \frac{\rho_0}{4\pi} \frac{1}{\left|\sqrt{\rho^2 + (z - z'_+)^2} - M(z - z'_+)\right|} q\left[t - \frac{\sqrt{\rho^2 + (z - z'_+)^2}}{c_0}\right]
\end{aligned}
\tag{8.2.15b}
$$

得到上式已利用了关系

$$
\left.\frac{\mathrm{d}f(z')}{\mathrm{d}z'}\right|_{z' = z'_+} = \frac{\sqrt{\rho^2 + (z - z'_+)^2} - M(z - z'_+)}{\sqrt{\rho^2 + (z - z'_+)^2}}
\tag{8.2.15c}
$$

注意到关系

$$
\begin{aligned}
\sqrt{\rho^2 + (z - z'_+)^2} &= \frac{M(z - U_0 t) + R_1}{(1 - M^2)} = R \\
\left|\sqrt{\rho^2 + (z - z'_+)^2} - M(z - z'_+)\right| &= R_1
\end{aligned}
\tag{8.2.15d}
$$

其中, R 和 R_1 由方程 (8.2.4c) 决定. 把上式代入方程 (8.2.15b) 得到与方程 (8.2.5a) 相同的表达式

$$
\psi(\boldsymbol{r}, t) = \frac{\rho_0}{4\pi} \frac{1}{R_1} q\left(t - \frac{R}{c_0}\right)
\tag{8.2.15e}
$$

(3) 声源等音速运动 ($M = 1$), 直接由方程 (8.2.13d) 知道, δ 函数仅存在一个零点

$$
z'_0 - z = -\frac{1}{2(U_0 t - z)}[\rho^2 - (z - U_0 t)^2]
\tag{8.2.16a}
$$

注意: 为了保证声源对任意的 x 和 y 都在正 z 轴上, 要求 $U_0 t > z$ (即观测点在声源后面). 根据 δ 函数的性质

$$\delta[f(z')] = \frac{1}{|f'(z_0')|}\delta(z' - z_0') \tag{8.2.16b}$$

代入方程 (8.2.13b) 得到

$$\psi(\boldsymbol{r}, t) = \frac{1}{4\pi}\frac{1}{\left|\sqrt{\rho^2 + (z - z_0')^2} - (z - z_0')\right|}q\left[t - \frac{\sqrt{\rho^2 + (z - z_0')^2}}{c_0}\right] \tag{8.2.17a}$$

注意到

$$\sqrt{\rho^2 + (z - z_0')^2} = \frac{\rho^2 + (U_0 t - z)^2}{2(U_0 t - z)}$$

$$\left|\sqrt{\rho^2 + (z - z_0')^2} - (z - z_0')\right| = |z - U_0 t| \tag{8.2.17b}$$

得到上式, 利用了关系 $U_0 t > z$. 把上式代入方程 (8.2.17a) 得到

$$\psi(\boldsymbol{r}, t) = \frac{1}{4\pi|z - U_0 t|}\cdot q\left[t - \frac{\rho^2 + (U_0 t - z)^2}{2c_0(U_0 t - z)}\right] \tag{8.2.17c}$$

如果观测点在声源前面, 即 $z > U_0 t$, 由方程 (8.2.16a), 不可能保证声源对任意的 x 和 y 都在正 z 轴上, 于是 δ 函数不存在符合要求的零点 $z_\pm'$, 故方程 (8.2.13b) 中积分为零, $\psi(\boldsymbol{r}, t) = 0$.

(4) 声源作超音速运动 $(M > 1)$, 由方程 (8.2.13e), 当 $(M^2 - 1)\rho^2 > (z - U_0 t)^2$, 即如果观察点 (x, y, z) 在圆锥面 $(M^2 - 1)\rho^2 = (z - U_0 t)^2$ 外, δ 函数没有实的零点, 故方程 (8.2.13b) 的积分为零, 即 $\psi(\boldsymbol{r}, t) = 0$; 在圆锥面内 (圆锥半顶角为 $\vartheta_{\mathrm{M}} = \arcsin(1/M)$): $(M^2 - 1)\rho^2 < (z - U_0 t)^2$, 只要 $U_0 t - z > 0$(注意: $U_0 t$ 是声源移动的距离, z 是观测点的 z 轴坐标, 条件 $U_0 t - z > 0$ 意味观测点在声源后面), 那么

$$z_\pm' = z - \frac{1}{M^2 - 1}\left[(U_0 t - z) \mp M\sqrt{(U_0 t - z)^2 - (M^2 - 1)\rho^2}\right] \tag{8.2.18a}$$

都能保证声源在 $+z$ 轴上, 故 $z_\pm'$ 是 δ 函数的二个零点. 于是根据 δ 函数的性质

$$\delta[f(z')] = \frac{1}{|f'(z_+')|}\delta(z' - z_+') + \frac{1}{|f'(z_-')|}\delta(z' - z_-') \tag{8.2.18b}$$

代入方程 (8.2.13b) 得到

$$\begin{aligned}\psi(\boldsymbol{r}, t) = {}& \frac{\rho_0}{4\pi}\frac{1}{\left|\sqrt{\rho^2 + (z - z_+')^2} - M(z - z_+')\right|}q\left[t - \frac{\sqrt{\rho^2 + (z - z_+')^2}}{c_0}\right] \\ &+ \frac{\rho_0}{4\pi}\frac{1}{\left|\sqrt{\rho^2 + (z - z_-')^2} - M(z - z_-')\right|}q\left[t - \frac{\sqrt{\rho^2 + (z - z_-')^2}}{c_0}\right]\end{aligned} \tag{8.2.18c}$$

计算表明

$$\sqrt{\rho^2 + (z - z'_+)^2} = \frac{M(U_0 t - z) - R_1}{(M^2 - 1)} \equiv R^-$$

$$\sqrt{\rho^2 + (z - z'_-)^2} = \frac{M(U_0 t - z) + R_1}{(M^2 - 1)} \equiv R^+$$

$$\left| \sqrt{\rho^2 + (z - z'_+)^2} - M(z - z'_+) \right| = R_1$$

$$\left| \sqrt{\rho^2 + (z - z'_-)^2} - M(z - z'_-) \right| = R_1$$

(8.2.18d)

其中, $R_1 \equiv \sqrt{(U_0 t - z)^2 - (M^2 - 1)\rho^2}$. 上式代入方程 (8.2.18c) 得到

$$\psi(\boldsymbol{r}, t) = \frac{\rho_0}{4\pi} \frac{1}{R_1} q\left(t - \frac{R^+}{c_0}\right) + \frac{\rho_0}{4\pi} \frac{1}{R_1} q\left(t - \frac{R^-}{c_0}\right)$$

(8.2.19a)

上式表明: 与亚音速情况不同, 超音速情况在圆锥面内的观察点 $Q(x, y, z)$, 在 t 时刻接收到的声波是声源在前二个时刻发出的, 距观察点 $Q(x, y, z)$ 分别为 R^+ 和 R^-, 如图 8.2.2. 设 ϑ^+ 和 ϑ^- 分别是 R^+ 和 R^- 与 $+z$ 轴的夹角 (图 8.2.2 未画出), 那么

$$z - U_0 t_{e+} = R^+ \cos\vartheta^+$$
$$z - U_0 t_{e-} = R^- \cos\vartheta^-$$

(8.2.19b)

其中, t_{e+} 和 t_{e-} 分别是声源发出声的时间 (t 时刻到达 Q 点). 因此我们有

$$M(U_0 t - z) = M[U_0(t - t_{e-}) - (z - U_0 t_{e-})]$$
$$= M(MR^- - R^- \cos\vartheta^-)$$

(8.2.19c)

或者

$$M(U_0 t - z) = M[U_0(t - t_{e+}) - (z - U_0 t_{e+})]$$
$$= M(MR^+ - R^+ \cos\vartheta^-)$$

(8.2.19d)

把上二式代入方程 (8.2.18d)

$$R_1 = -R^-(M\cos\vartheta^- - 1) = R^+(M\cos\vartheta^+ - 1)$$

(8.2.19e)

另一方面, 由方程 (8.2.19a)

$$p = \frac{\partial\psi}{\partial t} = \frac{\rho_0}{4\pi R_1}\left[\dot{q}\left(t - \frac{R^+}{c_0}\right)\left(1 - \frac{1}{c_0}\frac{\partial R^+}{\partial t}\right) - \frac{q(t - R^+/c_0)}{R_1}\frac{\partial R_1}{\partial t}\right]$$
$$+ \frac{\rho_0}{4\pi}\frac{1}{R_1}\left[\dot{q}\left(t - \frac{R^-}{c_0}\right)\left(1 - \frac{1}{c_0}\frac{\partial R^-}{\partial t}\right) - \frac{q(t - R^-/c_0)}{R_1}\frac{\partial R_1}{\partial t}\right]$$

(8.2.20a)

注意到

$$\frac{1}{c_0}\frac{\partial R_1}{\partial t} \equiv \frac{M(U_0 t - z)}{R_1} = \frac{MR^\pm(M - \cos\vartheta^\pm)}{R_1}$$
$$\frac{1}{c_0}\frac{\partial R^\pm}{\partial t} \equiv \frac{M^2 R_1 - (U_0 t - z)M}{(M^2 - 1)R_1} = \frac{M\cos\vartheta^\pm}{(M\cos\vartheta^\pm - 1)}$$

(8.2.20b)

上式代入方程 (8.2.20a) 得到 (注意: 如果观察点 $Q(x,y,z)$ 在锥外, $p=0$)

$$p = -\frac{\rho_0}{4\pi R^+(M\cos\vartheta^+ - 1)^2}\dot{q}\left(t - \frac{R^+}{c_0}\right) - \frac{\rho_0 q(t - R^+/c_0)(M - \cos\vartheta^+)U_0}{4\pi (R^+)^2(M\cos\vartheta^+ - 1)^3}$$
$$+ \frac{\rho_0}{4\pi R^-(M\cos\vartheta^- - 1)^2}\dot{q}\left(t - \frac{R^-}{c_0}\right) + \frac{\rho_0 q(t - R^-/c_0)(M - \cos\vartheta^-)U_0}{4\pi (R^-)^2(M\cos\vartheta^- - 1)^3}$$
$$(8.2.20c)$$

注意: 与方程 (8.2.8a) 的讨论类似, 如果 q 与时间无关 (即 $\dot{q}=0$), 远场声压为零, 而近场声压 (上式的第 2、4 项) 则由于源的运动而存在.

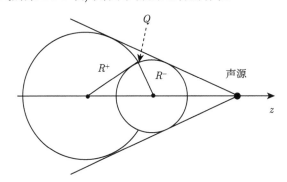

图 8.2.2 Q 点 t 时刻接收到的声波是声源在二个时刻发出的声波

如果观测点在 z 轴上: $Q(0,0,z)$; 并且假定声源作简谐振动 $q(t) = q_0\sin(\omega_0 t)$ (其中 ω_0 是相对于声源不动的参考系中测量的频率)

$$R_1 = U_0 t - z; R^+ = \frac{U_0 t - z}{M - 1}; R^- = \frac{U_0 t - z}{M + 1} \qquad (8.2.21a)$$

对 R^+ 部分, 相位振荡为

$$\phi^+ \equiv \omega_0\left(t - \frac{R^+}{c_0}\right) = -\frac{\omega_0}{M-1}t + \frac{\omega_0}{c_0(M-1)}z \qquad (8.2.21b)$$

故观测频率为 $\omega_0/(M-1)$, 而对 R^- 部分

$$\phi^- \equiv \omega_0\left(t - \frac{R^-}{c_0}\right) = \frac{\omega_0}{M+1}t + \frac{\omega_0}{c_0(M+1)}z \qquad (8.2.21c)$$

故观测频率为 $\omega_0/(M+1)$.

值得注意的是: 在圆锥面上 $R_1 \equiv \sqrt{(U_0 t - z)^2 - (M^2 - 1)\rho^2} = 0$, 声压无限大. 但事实上这是不可能的, 这时线性声学已经不成立了, 必须考虑非线性效应.

偶极声源 设运动声源为力源 $\boldsymbol{f} = (f_1, f_2, f_3)$, 其中

$$f_j = f_j(t)\delta(x)\delta(y)\delta(z - U_0 t) \qquad (8.2.22a)$$

空间声场满足

$$\nabla^2 p - \frac{1}{c_0^2}\frac{\partial^2 p}{\partial t^2} = \rho_0 \nabla \cdot \boldsymbol{f} \qquad (8.2.22b)$$

引进矢量 $\boldsymbol{A} = (A_1, A_2, A_3)$, $p = \nabla \cdot \boldsymbol{A}$ 且 $\boldsymbol{A}$ 满足

$$\nabla^2 A_j - \frac{1}{c_0^2}\frac{\partial^2 A_j}{\partial t^2} = \rho_0 f_j(t)\delta(x)\delta(y)\delta(z - U_0 t) \qquad (8.2.22c)$$

上式与方程 (8.2.1b) 类似, 故当 $M < 1$ 时, 由方程 (8.2.5a), 上式的解为

$$A_j(\boldsymbol{r}, t) = -\frac{\rho_0}{4\pi R_1} f_j\left(t - \frac{R}{c_0}\right) \qquad (8.2.22d)$$

其中, R 和 R_1 由方程 (8.2.4c) 决定. 对横向偶极子 $\boldsymbol{f} = (0, f_2, 0)$(所谓 "横向" 指力的方向与运动方向垂直), 即外力仅有 y 方向分量

$$
\begin{aligned}
p_2 &= \frac{\partial A_2}{\partial y} = \frac{\rho_0}{4\pi R_1}\left[\frac{1}{c_0(1 - M^2)}\dot{f}_2\left(t - \frac{R}{c_0}\right) + \frac{1}{R_1}f_2\left(t - \frac{R}{c_0}\right)\right]\frac{\partial R_1}{\partial y} \\
&= \frac{\rho_0}{4\pi R_1} \cdot \frac{y}{R_1}\left[\frac{1}{c_0}\dot{f}_2\left(t - \frac{R}{c_0}\right) + \frac{1 - M^2}{R_1}f_2\left(t - \frac{R}{c_0}\right)\right]
\end{aligned} \qquad (8.2.23a)
$$

其中, $\dot{f}_2(\tau) = \mathrm{d}f_2(\tau)/\mathrm{d}\tau$. 对纵向偶极子 $\boldsymbol{f} = (0, 0, f_3)$ (所谓 "纵向" 指力的方向与运动方向平行)

$$
\begin{aligned}
p_3 &= \frac{\partial A_3}{\partial z} = \frac{\rho_0}{4\pi R_1}\left[\frac{1}{c_0}\dot{f}_3\left(t - \frac{R}{c_0}\right)\frac{\partial R}{\partial z} + \frac{1}{R_1}f_3\left(t - \frac{R}{c_0}\right)\frac{\partial R_1}{\partial z}\right] \\
&= \frac{\rho_0}{4\pi c_0(1 - M^2)R_1}\left[\dot{f}_3\left(t - \frac{R}{c_0}\right)\left(M + \frac{z - U_0 t}{R_1}\right)\right] \\
&\quad + \frac{\rho_0}{4\pi R_1^2}f_3\left(t - \frac{R}{c_0}\right)\frac{(z - U_0 t)}{R_1}
\end{aligned} \qquad (8.2.23b)
$$

其中, $\dot{f}_3(\tau) = \mathrm{d}f_3(\tau)/\mathrm{d}\tau$.

8.2.3　针状物超音速运动产生的场

如图 8.2.3, 设截面积为 $A(\xi)$ 的针状物 (旋转圆柱体) 以速度 U_0 沿 z 方向超音速运动, 其中 ξ 是针状物针头到截面的距离, 圆柱体截面半径 $(A/\pi)^{1/2}$ 远小于激发的声波波长. 此时, 运动物体表面的 $z - z + \mathrm{d}z$ 段相当于不断流出体积速度 $\dot{A}$. 因此, 声波方程近似为

$$\nabla^2 p - \frac{1}{c_0^2}\frac{\partial^2 p}{\partial t^2} = -\rho_0 \ddot{A}(U_0 t - z)\delta(x)\delta(y) \qquad (8.2.24a)$$

其中, 时间原点的选择为: 当 $t = 0$ 时, 针状物针头刚好经过 $z = 0$. 注意: 对针状物, x 和 y 方向的线度很小, 故可用 δ 函数表示, 否则声源就不能这样简单地表达.

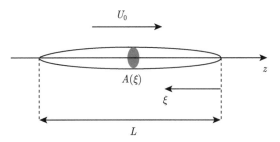

图 8.2.3 长度为 L 的针状物以超音速沿 z 轴运动

利用方程 (1.3.23a), 方程 (8.2.24a) 的积分解为

$$p(\boldsymbol{r},t) = \frac{\rho_0}{4\pi} \int \frac{1}{|\boldsymbol{r}-\boldsymbol{r}'|} \ddot{A}\left[U_0\left(t - \frac{|\boldsymbol{r}-\boldsymbol{r}'|}{c_0} \right) - z' \right] \delta(x')\delta(y') \mathrm{d}x'\mathrm{d}y'\mathrm{d}z' \qquad (8.2.24b)$$

注意到: 当 $x' = y' = 0$ 时, $|\boldsymbol{r}-\boldsymbol{r}'| = \sqrt{\rho^2 + (z-z')^2}$, 其中 $\rho^2 = x^2 + y^2$, 上式简化为

$$\begin{aligned}
p(\boldsymbol{r},t) &= \frac{\rho_0}{4\pi} \int_{-\infty}^{\infty} \frac{1}{\sqrt{\rho^2 + (z-z')^2}} \ddot{A}\left[U_0\left(t - \frac{\sqrt{\rho^2 + (z-z')^2}}{c_0} \right) - z' \right] \mathrm{d}z' \\
&= \frac{\rho_0}{4\pi} \int_{-\infty}^{\infty} \frac{1}{\sqrt{\rho^2 + z''^2}} \ddot{A}\left[(U_0 t - z) - M\sqrt{\rho^2 + z''^2} + z'' \right] \mathrm{d}z''
\end{aligned}$$

$$(8.2.24c)$$

得到上式第二个等号, 取了积分变换 $z'' = z - z'$.

由上式可见, 声压 $p(\boldsymbol{r},t)$ 与时间 t 和 z 的依赖关系为 $(U_0 t - z)$, 或者写成 $t_1 = t - z/U_0$. 故方程 (8.2.24a) 中直接令 $p(\boldsymbol{r},t) = p(x,y,t_1)$, 其中 $t_1 = t - z/U_0$. 于是

$$\frac{\partial p}{\partial t} = \frac{\partial p}{\partial t_1}; \quad \frac{\partial p}{\partial z} = -\frac{1}{U_0}\frac{\partial p}{\partial t_1} \qquad (8.2.25a)$$

方程 (8.2.24a) 简化成

$$\left(\frac{\partial^2}{\partial x^2} + \frac{\partial^2}{\partial y^2} \right)p - \left(\frac{1}{c_0^2} - \frac{1}{U_0^2} \right)\frac{\partial^2 p}{\partial t_1^2} = -\rho_0 U_0^2 A''(U_0 t_1)\delta(x)\delta(y) \qquad (8.2.25b)$$

其中, $A''(\xi) = \mathrm{d}^2 A(\xi)/\mathrm{d}\xi^2$. 显然, 方程 (8.2.25b) 的类型决定于 U_0 的大小: ① 当 $U_0 < c_0$, 方程 (8.2.25b) 是椭圆形的 (关于三个变量: x, y 和 t_1), 其解有良好的性质; ② 当 $U_0 = c_0$, 方程 (8.2.25b) 也是椭圆形的 (关于二个变量: x 和 y); ③ 当 $U_0 > c_0$, 方程 (8.2.25b) 是双曲形的 (关于三个变量: x, y 和 t_1), 其解表现出丰富的波动性质. 因此我们假定 $U_0 > c_0$, 方程 (8.2.25b) 是一个二维非齐次的波动方程, 为了求解 (8.2.25b), 定义二维含时 Green 函数 $G(x,y;x',y';t_1,\tau)$ 满足

$$\left(\frac{\partial^2}{\partial x^2} + \frac{\partial^2}{\partial y^2} \right)G - \left(\frac{1}{c_0^2} - \frac{1}{U_0^2} \right)\frac{\partial^2 G}{\partial t_1^2} = -\delta(x,x')\delta(y,y')\delta(t_1,\tau_1) \qquad (8.2.25c)$$

注意到：三维含时 Green 函数, 即方程 (1.3.22c) 是三维空间中 $\boldsymbol{r}'$ 点存在脉冲点源 $\delta(\boldsymbol{r}, \boldsymbol{r}')\delta(t_1, \tau_1)$ 时的解, 而二维问题相当于在 (x', y') 点存在平行于 z 轴的线源 $\delta(x, x')\delta(y, y')\delta(t_1, \tau_1)$, 故由叠加原理, 只要对三维 Green 函数的变量 z' 作积分就得到二维 Green 函数, 由方程 (1.3.22c)(t 和 τ 分别修改成 t_1 和 τ_1, c_0 修改成 c^*, 见方程 (8.2.26b))

$$
\begin{aligned}
G(x, y; x', y'; t_1, \tau_1) &= \int_{-\infty}^{\infty} G(\boldsymbol{r} - \boldsymbol{r}', t_1 - \tau_1) \mathrm{d}z' \\
&= \frac{1}{4\pi} \int_{-\infty}^{\infty} \frac{1}{R} \delta\left[\tau_1 - \left(t_1 - \frac{R}{c^*}\right)\right] \mathrm{d}z^*
\end{aligned}
\tag{8.2.26a}
$$

其中, 取积分变换 $z^* = z - z'$(积分与变量 z 无关), $R = \sqrt{(x - x')^2 + (y - y') + z^{*2}}$, 以及

$$
c^* = \frac{1}{\sqrt{c_0^{-2} - U_0^{-2}}} = \frac{U_0}{\sqrt{M^2 - 1}}
\tag{8.2.26b}
$$

于是, 方程 (8.2.25b) 的解为

$$
\begin{aligned}
p(x, y, t_1) &= \rho_0 U_0^2 \int G(x, y; x', y'; t_1, \tau_1) A''(U_0 \tau_1) \delta(x') \delta(y') \mathrm{d}x' \mathrm{d}y' \mathrm{d}\tau_1 \\
&= \frac{\rho_0 U_0^2}{4\pi} \int_{-\infty}^{\infty} \mathrm{d}z^* \int \frac{1}{R} \delta\left[\tau_1 - \left(t_1 - \frac{R}{c^*}\right)\right] A''(U_0 \tau_1) \delta(x') \delta(y') \mathrm{d}x' \mathrm{d}y' \mathrm{d}\tau_1 \\
&= \frac{\rho_0 U_0^2}{2\pi} \int_0^{\infty} \frac{1}{\sqrt{\rho^2 + z^{*2}}} A''\left[U_0\left(t_1 - \frac{\sqrt{\rho^2 + z^{*2}}}{c^*}\right)\right] \mathrm{d}z^*
\end{aligned}
\tag{8.2.27a}
$$

得到最后一个等式, 利用了被积函数的偶函数性质. 作积分变换

$$
\xi = U_0\left(t_1 - \frac{\sqrt{\rho^2 + z^{*2}}}{c^*}\right)
\tag{8.2.27b}
$$

上、下限的对应关系为: $z^* \in (0, \infty) \Rightarrow \xi \in (\xi_m, -\infty)$, 其中

$$
\xi_m = U_0\left(t_1 - \frac{\rho}{c^*}\right) = U_0 t - z - \sqrt{M^2 - 1}\rho
\tag{8.2.27c}
$$

注意到

$$
\begin{aligned}
\mathrm{d}\xi &= -\sqrt{M^2 - 1}\frac{z^* \mathrm{d}z^*}{\sqrt{\rho^2 + z^{*2}}} \\
z^* &= \frac{1}{\sqrt{M^2 - 1}}\sqrt{(\xi - U_0 t_1)^2 - (M^2 - 1)\rho^2}
\end{aligned}
\tag{8.2.27d}
$$

方程 (8.2.27a) 简化成

$$
p(\rho, z, t) = \frac{\rho_0 U_0^2}{2\pi} \int_{-\infty}^{\xi_m} \frac{A''(\xi)}{\sqrt{(U_0 t - z - \xi)^2 - (M^2 - 1)\rho^2}} \mathrm{d}\xi
\tag{8.2.28a}
$$

得到上式, 利用了 $t_1 = t - z/U_0$. 注意到: 上式中被积函数分母为零时, ξ 恰好为 ξ_m, 即 ξ_m 是分母的零点. 存在关系

$$\sqrt{(U_0 t - z - \xi)^2 - (M^2 - 1)\rho^2} = (\xi_m - \xi)^{1/2} \left[2\sqrt{M^2 - 1}\rho + (\xi_m - \xi) \right]^{1/2}$$
$$\approx \sqrt{2}(\xi_m - \xi)^{1/2}(M^2 - 1)^{1/4}\rho^{1/2} \tag{8.2.28b}$$

上式第二个近似是: 当观察点距离满足 $2\sqrt{M^2 - 1}\rho \gg L$ (即远离物体表面, 但声学上仍然可以是近场) 以及 $(\xi_m - \xi) \sim 0$ (积分的主要贡献在 $\xi \sim \xi_m$ 附近). 上式代入方程 (8.2.28a) 得到

$$p(\rho, z, t) = \frac{\rho_0 U_0^2}{\sqrt{2}(M^2 - 1)^{1/4}\rho^{1/2}} F(\xi_m) \tag{8.2.29a}$$

其中, 函数 $F(\xi_{\max})$ 称为 Whitham F 函数

$$F(\eta) \equiv \frac{1}{2\pi} \int_{-\infty}^{\eta} \frac{A''(\xi)}{(\eta - \xi)^{1/2}} \mathrm{d}\xi = \frac{1}{2\pi} \frac{\mathrm{d}^2}{\mathrm{d}\eta^2} \int_{-\infty}^{\eta} \frac{A(\eta - \xi)}{\xi^{1/2}} \mathrm{d}\xi \tag{8.2.29b}$$

需要注意的是: 声压以 $1/\sqrt{\rho}$ 衰减, 具有柱面波的特征 (远场条件下).

Mach 锥角 方程 (8.2.27c) 可以改写成

$$\xi_m = U_0 t - z - \sqrt{M^2 - 1}\rho = U_0 \left(t - \frac{\boldsymbol{n} \cdot \boldsymbol{r}}{c_0} \right) \tag{8.2.30a}$$

其中, $\boldsymbol{r} = (\boldsymbol{\rho}, z)$ 以及

$$\boldsymbol{n} = \frac{1}{M} \boldsymbol{e}_z + \frac{\sqrt{M^2 - 1}}{M} \boldsymbol{e}_\rho \tag{8.2.30b}$$

因为 $A''(\xi)$ 只有在 $[0, L]$ 区间内非零, 故方程 (8.2.28a) 中积分上限 $\xi_{\max}$ 必须大于零, 否则积分为零, 也就是在圆锥面 $t - \boldsymbol{n} \cdot \boldsymbol{r}/c_0 = 0$ 内 $(t - \boldsymbol{n} \cdot \boldsymbol{r}/c_0 > 0)$, 声压不为零, 而在圆锥 $t - \boldsymbol{n} \cdot \boldsymbol{r}/c_0 = 0$ 外 $(t - \boldsymbol{n} \cdot \boldsymbol{r}/c_0 < 0)$, 声压为零. 显然 $\boldsymbol{n}$ 为圆锥面 $t - \boldsymbol{n} \cdot \boldsymbol{r}/c_0 = 0$ 的法向, 容易求得圆锥的半顶角为 $\vartheta_{\mathrm{M}} = \arcsin(1/M)$, ϑ_{M} 称为 **Mach 角** (注意: 原则上, Mach 角为立体角, 但圆锥面是关于 z 轴旋转对称的, 故用平面角表示). 图 8.2.4 画出了声波在 Δt 时间内波前传播的图像.

以上模型可以模拟飞机超音速飞行 (Mach 数不太大) 时发出的冲击波. 需要注意的是, 在飞机附近, 线性声学的讨论仍然是合适的, 但在冲击波向地面传播过程中, 必须考虑非线性效应, 因为非线性效应是在传播中积累的 (见第 8 章讨论), 当冲击波到达地面, 形成 N 型波 (见第 8 章讨论), 即所谓**声爆** (sonic booms).

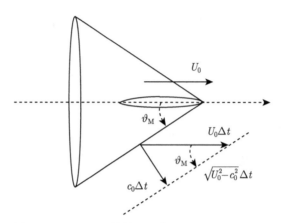

图 8.2.4 Mach 圆锥的半顶角 $\vartheta_M = \arcsin(1/M)$

8.2.4 运动声源的辐射功率

对所得到的声压表达式作 Fourier 变换, 可以得到声压信号的功率谱. 但这样计算颇复杂, 我们直接从波动方程 (8.2.1a) 求谱的积分形式. 仍然考虑质量源, 且 $M < 1$, 令 $p(\boldsymbol{r}, t)$ 的 Fourier 变换为

$$p(\boldsymbol{r}, t) = \int_{-\infty}^{\infty} p(\boldsymbol{r}, \omega) \exp(-\mathrm{i}\omega t)\mathrm{d}\omega \tag{8.2.31a}$$

代入方程 (8.2.1a)

$$\left(\nabla^2 + \frac{\omega^2}{c_0^2}\right) p(\boldsymbol{r}, \omega) = -\frac{\rho_0}{2\pi}\delta(x)\delta(y)\int_{-\infty}^{\infty} \frac{\partial[q(t)\delta(z - U_0 t)]}{\partial t}\mathrm{e}^{\mathrm{i}\omega t}\mathrm{d}t \tag{8.2.31b}$$

注意到

$$\delta(z - U_0 t) = \frac{1}{U_0}\delta\left(t - \frac{z}{U_0}\right) \tag{8.2.31c}$$

方程 (8.2.31b) 简化成

$$\left(\nabla^2 + \frac{\omega^2}{c_0^2}\right) p(\boldsymbol{r}, \omega) = -\frac{\rho_0}{2\pi U_0}\delta(x)\delta(y)\int_{-\infty}^{\infty} \frac{\partial[q(t)\delta(t - z/U_0)]}{\partial t}\mathrm{e}^{\mathrm{i}\omega t}\mathrm{d}t \tag{8.2.31d}$$

利用 Fourier 变换的微分性质, 上式为

$$\left(\nabla^2 + \frac{\omega^2}{c_0^2}\right) p(\boldsymbol{r}, \omega) = \frac{\mathrm{i}\rho_0\omega}{2\pi U_0}\delta(x)\delta(y)q\left(\frac{z}{U_0}\right) \exp\left(\mathrm{i}\omega\frac{z}{U_0}\right) \tag{8.2.31e}$$

考虑简谐振动的源 (注意：分析的是瞬态问题, 故必须取实数)

$$q(t) = q_0 \cos(\omega_0 t) = \frac{q_0}{2}\left[\exp(-\mathrm{i}\omega_0 t) + \exp(\mathrm{i}\omega_0 t)\right] \tag{8.2.32}$$

其中, ω_0 为相对于声源静止参考系测量的频率. 设对应于 $\exp(-\mathrm{i}\omega_0 t)$ 和 $\exp(\mathrm{i}\omega_0 t)$ 的 $p(\boldsymbol{r},\omega)$ 分别为 $p^+(\boldsymbol{r},\omega)$ 和 $p^-(\boldsymbol{r},\omega)$. 首先分析 $p^+(\boldsymbol{r},\omega)$ 满足的方程

$$\left(\nabla^2 + \frac{\omega^2}{c_0^2}\right)p^+(\boldsymbol{r},\omega) = \frac{\mathrm{i}\rho_0\omega q_0}{4\pi U_0}\delta(x)\delta(y)\exp\left[\mathrm{i}(\omega-\omega_0)\frac{z}{U_0}\right] \tag{8.2.33a}$$

显然 $p^+(\boldsymbol{r},\omega)$ 关于 z 轴对称, 故令

$$p^+(\boldsymbol{r},\omega) = \Phi^+(\rho)\exp\left[\mathrm{i}(\omega-\omega_0)\frac{z}{U_0}\right] \tag{8.2.33b}$$

代入方程 (8.2.33a)

$$\frac{1}{\rho}\frac{\mathrm{d}}{\mathrm{d}\rho}\left[\rho\frac{\mathrm{d}\Phi^+(\rho)}{\mathrm{d}\rho}\right] + \left[\frac{\omega^2}{c_0^2} - \frac{(\omega-\omega_0)^2}{U_0^2}\right]\Phi^+(\rho) = \frac{\mathrm{i}\rho_0\omega q_0}{4\pi U_0}\delta(x)\delta(y) \tag{8.2.34a}$$

由方程 (2.3.51b), 上式的解为

$$\Phi^+(\rho) = -\frac{\rho_0\omega q_0}{16\pi U_0}\mathrm{H}_0^{(1)}(k^+\rho) \tag{8.2.34b}$$

其中, 径向波数定义为

$$(k^+)^2 = \frac{\omega^2}{c_0^2} - \frac{(\omega-\omega_0)^2}{U_0^2} \equiv [k^+(\omega)]^2 \tag{8.2.34c}$$

把方程 (8.2.34b) 代入 (8.2.33b) 得到

$$p^+(\rho,z,\omega) = -\frac{\rho_0\omega q_0}{16\pi U_0}\mathrm{H}_0^{(1)}(k^+\rho)\exp\left[\mathrm{i}(\omega-\omega_0)\frac{z}{U_0}\right] \tag{8.2.34d}$$

把上式代入方程 (8.2.31a) 得到时域声压信号

$$p^+(\rho,z,t) = -\frac{\rho_0 q_0}{16\pi U_0}\int_{-\infty}^{\infty}\omega\mathrm{H}_0^{(1)}(k^+\rho)\exp\left[\mathrm{i}(\omega-\omega_0)\frac{z}{U_0}\right]\exp(-\mathrm{i}\omega t)\mathrm{d}\omega \tag{8.2.35a}$$

以及径向速度分量

$$\begin{aligned}v_\rho^+(\rho,z,t) &= -\frac{1}{\rho_0}\int\frac{\partial p(\rho,z,t)}{\partial\rho}\mathrm{d}t \\ &= \frac{q_0}{16\mathrm{i}\pi U_0}\int_{-\infty}^{\infty}k^+\mathrm{H}_1^{(1)}(k^+\rho)\exp\left[\mathrm{i}(\omega-\omega_0)\frac{z}{U_0}\right]\exp(-\mathrm{i}\omega t)\mathrm{d}\omega\end{aligned} \tag{8.2.35b}$$

对方程 (8.2.32) 的 $\exp(\mathrm{i}\omega_0 t)$ 部分, 不难得到

$$p^-(\rho,z,\omega) = -\frac{\rho_0 q_0}{16\pi U_0}\mathrm{H}_1^{(1)}(k^-\rho)\exp\left[\mathrm{i}(\omega+\omega_0)\frac{z}{U_0}\right] \tag{8.2.36a}$$

其中, 径向波数定义为

$$(k^-)^2 = \frac{\omega^2}{c_0^2} - \frac{(\omega + \omega_0)^2}{U_0^2} = [k^-(\omega)]^2 \tag{8.2.36b}$$

以及径向速度分量

$$
\begin{aligned}
v_\rho^-(\rho, z, t) &= -\frac{1}{\rho_0} \int \frac{\partial p^-(\rho, z, t)}{\partial \rho} \mathrm{d}t \\
&= \frac{q_0}{16\mathrm{i}\pi U_0} \int_{-\infty}^{\infty} k^- \mathrm{H}_1^{(1)}(k^-\rho) \exp\left[\mathrm{i}(\omega + \omega_0)\frac{z}{U_0}\right] \exp(-\mathrm{i}\omega t)\mathrm{d}\omega
\end{aligned} \tag{8.2.36c}
$$

由以上诸式可知, 时域信号涉及对频率的积分, 故首先讨论频率的积分区域如下.

(1) 由方程 (8.2.34c)

$$(k^+)^2 = \frac{M^2 - 1}{U_0^2}\left(\omega - \frac{\omega_0}{1-M}\right)\left(\omega - \frac{\omega_0}{1+M}\right) \tag{8.2.37a}$$

为了保证 k^+ 是实的: 当 $M < 1$ 时, 必须满足

$$\frac{\omega_0}{1+M} < \omega < \frac{\omega_0}{1-M} \tag{8.2.37b}$$

当 $M > 1$ 时, 必须满足

$$-\infty < \omega < -\frac{\omega_0}{M-1} \quad \text{或者} \quad \frac{\omega_0}{M+1} < \omega < \infty \tag{8.2.37c}$$

(2) 对 k^- 的讨论可以得到类似的表达式: 当 $M < 1$ 时, 必须满足

$$-\frac{\omega_0}{1-M} < \omega < -\frac{\omega_0}{1+M} \tag{8.2.37d}$$

当 $M > 1$ 时, 必须满足

$$-\infty < \omega < \frac{\omega_0}{M-1} \quad \text{或者} \quad -\frac{\omega_0}{1+M} < \omega < \infty \tag{8.2.37e}$$

显然, 只要把方程 (8.2.37b) 和 (8.2.37c) 的 ω_0 改成 $-\omega_0$ 即可得到方程 (8.2.37d) 和 (8.2.37e).

辐射声功率　　取半径为 ρ (足够大, 远场) 的无限长圆柱体, 平行且包含 z 轴 (如图 8.2.5), 辐射声功率为径向声能流在无限长圆柱面上的积分

$$P = 2\pi\rho \int_{-\infty}^{\infty} \overline{(p^+ + p^-)(v_\rho^+ + v_\rho^-)}\mathrm{d}z \tag{8.2.38a}$$

其中, 上横线表示时间平均, 这里我们取平均时间为周期 $2\pi/\omega_0$. 显然

$$
\begin{aligned}
\int_{-\infty}^{\infty} p^+ v_\rho^+ \mathrm{d}z \sim &\int_{-\infty}^{\infty} \int_{-\infty}^{\infty} k^+(\omega)\omega' \mathrm{H}_0^{(1)}[k^+(\omega')\rho]\mathrm{H}_1^{(1)}[k^+(\omega)\rho] \\
&\times \exp[-\mathrm{i}(\omega'+\omega)t]\mathrm{d}\omega'\mathrm{d}\omega\delta\left(\frac{\omega+\omega'-2\omega_0}{U_0}\right) \\
\sim &\exp(-2\mathrm{i}\omega_0 t)
\end{aligned}
\tag{8.2.38b}
$$

得到上式, 利用了关系

$$
\int_{-\infty}^{\infty} \exp\left[\mathrm{i}(\omega+\omega'-2\omega_0)\frac{z}{U_0}\right]\mathrm{d}z = 2\pi\delta\left(\frac{\omega+\omega'-2\omega_0}{U_0}\right)
\tag{8.2.38c}
$$

故在 $2\pi/\omega_0$ 时间内平均

$$
\overline{\int_{-\infty}^{\infty} p^+ v_\rho^+ \mathrm{d}z} = 0
\tag{8.2.38d}
$$

同理可以得到

$$
\overline{\int_{-\infty}^{\infty} p^- v_\rho^- \mathrm{d}z} = 0
\tag{8.2.38e}
$$

而交叉项为

$$
\begin{aligned}
\int_{-\infty}^{\infty} p^+ v_\rho^- \mathrm{d}z =& \frac{2\mathrm{i}\pi\rho_0 q_0^2}{(16\pi U_0)^2}U_0 \int_{-\infty}^{\infty} \int_{-\infty}^{\infty} k^-(\omega')\omega \mathrm{H}_1^{(1)}[k^-(\omega')\rho] \\
&\times \mathrm{H}_0^{(1)}[k^+(\omega)\rho]\delta(\omega'+\omega)\exp[-\mathrm{i}(\omega+\omega')t]\mathrm{d}\omega\mathrm{d}\omega' \\
=& \frac{2\mathrm{i}\pi\rho_0 q_0^2}{(16\pi U_0)^2}U_0 \int_{-\infty}^{\infty} k^-(-\omega)\omega \mathrm{H}_1^{(1)}[k^-(-\omega)\rho]\mathrm{H}_0^{(1)}[k^+(\omega)\rho]\mathrm{d}\omega
\end{aligned}
\tag{8.2.39a}
$$

得到上式利用了关系

$$
\delta\left(\frac{\omega'+\omega}{U_0}\right) = U_0\delta(\omega'+\omega)
\tag{8.2.39b}
$$

当 ρ 足够大, 利用近似方程 (2.3.12b), 方程 (8.2.39a) 简化成

$$
\int_{-\infty}^{\infty} p^+ v_\rho^- \mathrm{d}z \approx -\frac{4\mathrm{i}\rho_0 q_0^2}{(16\pi U_0)^2\rho}U_0 \int_{-\infty}^{\infty} \omega\sqrt{\frac{k^-(-\omega)}{k^+(\omega)}} \exp\left\{\mathrm{i}[k^-(-\omega)+k^+(\omega)]\rho\right\}\mathrm{d}\omega
\tag{8.2.40a}
$$

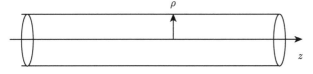

图 8.2.5 运动声源辐射声功率的计算

亚音速情况　当 $M < 1$ 时, 为了保证 k^+ 是实的, ω 必须满足方程 (8.2.37b), 故上式积分在有限区间 $[a, b]$ 进行

$$a \equiv \frac{\omega_0}{1+M} < \omega < \frac{\omega_0}{1-M} \equiv b \tag{8.2.40b}$$

而 $k^-(-\omega) = \pm k^+(\omega)$, 取 $k^-(-\omega) = -k^+(\omega)$, 那么方程 (8.2.40a) 简化成

$$\overline{\int_{-\infty}^{\infty} p^+ v_\rho^- \mathrm{d}z} = \frac{\rho_0 q_0^2}{64\pi^2 U_0 \rho} \int_a^b \omega \mathrm{d}\omega = \frac{\rho_0 c_0 q_0^2}{32\pi^2 \rho} \frac{\omega_0^2}{(1-M^2)^2} \tag{8.2.40c}$$

同样可以得到

$$\overline{\int_{-\infty}^{\infty} p^- v_\rho^+ \mathrm{d}z} = \frac{\rho_0 q_0^2}{32\pi^2 c_0 \rho} \frac{\omega_0^2}{(1-M^2)^2} \tag{8.2.41}$$

把以上二式代入方程 (8.2.38a)

$$P = \frac{P_0}{(1-M^2)^2}; \ P_0 \equiv \frac{\rho_0 q_0^2 \omega_0^2}{8\pi c_0} \tag{8.2.42}$$

其中, P_0 是声源静止时辐射声功率, 可见源运动使辐射声功率增加. 注意: 声源辐射的能量是一定的, 实际是增加了 "有用" 的辐射声功率, 而减少了贮存在声源附近介质中 "无用" 能量.

超音速情况　当 $M > 1$ 时, 由方程 (8.2.37c), 方程 (8.2.40c) 修改成

$$\begin{aligned}
\overline{\int_{-\infty}^{\infty} p^+ v_\rho^- \mathrm{d}z} &= \frac{\rho_0 q_0^2}{64\pi^2 U_0 \rho} \left[\int_{-\infty}^{-\alpha} \omega \mathrm{d}\omega + \int_\beta^{\infty} \omega \mathrm{d}\omega \right] \\
&= \frac{\rho_0 q_0^2}{64\pi^2 U_0 \rho} \int_\beta^\alpha \omega \mathrm{d}\omega = \frac{\rho_0 q_0^2 \omega_0^2}{32\pi^2 c_0 \rho} \frac{1}{(M^2-1)^2}
\end{aligned} \tag{8.2.43a}$$

其中,$\alpha \equiv \omega_0/(M-1)$; $\beta = \omega_0/(M+1)$. 因此, 超音速情况声辐射功率也为

$$P = \frac{P_0}{(M^2-1)^2}; \ P_0 \equiv \frac{\rho_0 q_0^2 \omega_0^2}{8\pi c_0} \tag{8.2.43b}$$

尽管超音速与亚音速声源的辐射功率一样, 但频谱不同: 当 $M < 1$ 时, 能量谱在 $a < \omega < b$ 间; 而对 $M > 1$ 情况, 能量谱在 $\beta = \omega_0/(M+1)$ 以上 (到正无限, 因为负的频率没有物理意义).

等音速情况　当 $M = 1$ 时, 由方程 (8.2.42) 或者方程 (8.2.43b), $P \to \infty$. 可见, 声源速度越过音速时声辐射功率无限大, 这也是超音速飞机越过音速时出现音障的原因.

8.2.5 非匀速运动的声源

考虑强度为 $q(t)$ 的质量源作非匀速运动,运动轨迹为 $\boldsymbol{r}_0(t)$,运动速度为 $\boldsymbol{U}_0(t)$,如图 8.2.6,空间声场满足方程

$$\frac{1}{c_0^2}\frac{\partial^2 p}{\partial t^2} - \nabla^2 p = \rho_0 \frac{\partial}{\partial t}\left\{q(t)\delta[\boldsymbol{r} - \boldsymbol{r}_0(t)]\right\} \tag{8.2.44a}$$

由方程 (1.3.23a)

$$p(\boldsymbol{r},t) = \frac{\rho_0}{4\pi}\frac{\partial}{\partial t}\int \frac{q(\tau)\delta[\boldsymbol{r}' - \boldsymbol{r}_0(\tau)]}{|\boldsymbol{r} - \boldsymbol{r}'|}\delta\left(t - \tau - \frac{|\boldsymbol{r} - \boldsymbol{r}'|}{c_0}\right)\mathrm{d}^3\boldsymbol{r}'\mathrm{d}\tau \tag{8.2.44b}$$

我们首先完成上式中对空间的积分

$$p(\boldsymbol{r},t) = \frac{\rho_0}{4\pi}\frac{\partial}{\partial t}\int \frac{q(\tau)}{|\boldsymbol{r} - \boldsymbol{r}_0(\tau)|}\delta\left[t - \tau - \frac{|\boldsymbol{r} - \boldsymbol{r}_0(\tau)|}{c_0}\right]\mathrm{d}\tau \tag{8.2.44c}$$

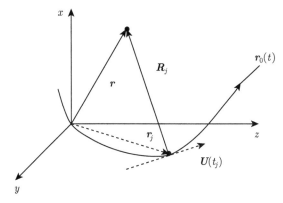

图 8.2.6 声源作变速运动

令函数 $f(\tau)$ 为

$$f(\tau) \equiv t - \tau - \frac{|\boldsymbol{r} - \boldsymbol{r}_0(\tau)|}{c_0} \tag{8.2.45a}$$

显然方程 (8.2.44c) 的积分决定于 $f(\tau)$ 的零点,设存在 N 个零点 $t_j\ (j = 1, 2, \cdots, N)$,其中零点 t_j 是下列方程的解

$$(t - t_j)c_0 = |\boldsymbol{r} - \boldsymbol{r}_0(t_j)| = \left|\boldsymbol{r} - \int_0^{t_j}\boldsymbol{U}(t')\mathrm{d}t'\right| \tag{8.2.45b}$$

故方程 (8.2.44c) 中的 δ 函数可表示为

$$\delta\left[t - \tau - \frac{|\boldsymbol{r} - \boldsymbol{r}_0(\tau)|}{c_0}\right] = \sum_{j=1}^{N}\frac{1}{|f'(t_j)|}\delta(\tau - t_j) \tag{8.2.45c}$$

其中, 不难得到

$$f'(t_j) = \left.\frac{\partial f}{\partial \tau}\right|_{\tau=t_j} = \frac{[\boldsymbol{r} - \boldsymbol{r}_0(t_j)] \cdot \boldsymbol{U}(t_j)/c_0 - |\boldsymbol{r} - \boldsymbol{r}_0(t_j)|}{|\boldsymbol{r} - \boldsymbol{r}_0(t_j)|} \tag{8.2.45d}$$

把以上二式代入方程 (8.2.44c) 得到

$$\begin{aligned}
p(\boldsymbol{r},t) &= \frac{\rho_0}{4\pi} \frac{\partial}{\partial t} \sum_{j=1}^{N} \frac{q(t_j)}{|\boldsymbol{r} - \boldsymbol{r}_0(t_j)|} \cdot \frac{1}{|f'(t_j)|} \\
&= \frac{\rho_0}{4\pi} \frac{\partial}{\partial t} \sum_{j=1}^{N} \frac{q(t_j)}{||\boldsymbol{r} - \boldsymbol{r}_0(t_j)| - [\boldsymbol{r} - \boldsymbol{r}_0(t_j)] \cdot \boldsymbol{U}(t_j)/c_0|}
\end{aligned} \tag{8.2.46a}$$

时刻 t_j 的意义是明显的: t 时刻到达 $\boldsymbol{r}$ 点的声波是 t_j 时刻位于 $\boldsymbol{r}_0(t_j)$ 点的声源发出的. 由图 8.2.6, 取 $\boldsymbol{r}_0(t_j)$ 到 $\boldsymbol{r}$ 点的矢量为 $\boldsymbol{R}_j = \boldsymbol{r} - \boldsymbol{r}_0(t_j)$, 则方程 (8.2.46a) 可简单写成

$$p(\boldsymbol{r},t) = \frac{\rho_0}{4\pi} \frac{\partial}{\partial t} \sum_{j=1}^{N} \frac{q(t - R_j/c_0)}{|R_j - \boldsymbol{R}_j \cdot \boldsymbol{M}_j|} \tag{8.2.46b}$$

其中, $\boldsymbol{M}_j \equiv \boldsymbol{U}(t_j)/c_0$ 称为瞬态 Mach 数. 得到上式利用了方程 (8.2.45b), 即 $t_j = t - R_j/c_0$. 方程 (8.2.45b) 根的个数依赖于 $\boldsymbol{M}(t) = \boldsymbol{U}(t)/c_0$, 即声源运动速度. 不难证明, 当 $|\boldsymbol{M}(t)| < 1$ 时, 方程 (8.2.45b) 至多只有一个解. 事实上, 由方程 (8.2.45a)

$$\frac{\partial f(\tau)}{\partial \tau} = -\left\{ 1 - \frac{[\boldsymbol{r} - \boldsymbol{r}_0(\tau)] \cdot \boldsymbol{U}(\tau)/c_0}{|\boldsymbol{r} - \boldsymbol{r}_0(\tau)|} \right\} < 0 \tag{8.2.46c}$$

故 $|\boldsymbol{M}(t)| < 1$ 时, $f(\tau)$ 是 τ 的单调减函数, $f(\tau)$ 至多只有一个零点. 当 $|\boldsymbol{M}(t)| > 1$ 时, 可能有多个零点. 这一点可从上面讨论的匀速运动情况得到佐证: 当 $M > 1$ 时, 有二个解.

由方程 (8.2.46b), 完成对时间求导得到声场分布为

$$\begin{aligned}
p(\boldsymbol{r},t) &= \frac{\rho_0}{4\pi} \sum_{j=1}^{N} \frac{1}{|R_j - \boldsymbol{R}_j \cdot \boldsymbol{M}_j|} \dot{q}\left(t - \frac{R_j}{c_0}\right)\left(1 - \frac{1}{c_0}\frac{\partial R_j}{\partial t}\right) \\
&\quad - \frac{\rho_0}{4\pi} \sum_{j=1}^{N} \frac{1}{|R_j - \boldsymbol{R}_j \cdot \boldsymbol{M}_j|^2} q\left(t - \frac{R_j}{c_0}\right) \frac{\partial}{\partial t}|R_j - \boldsymbol{R}_j \cdot \boldsymbol{M}_j|
\end{aligned} \tag{8.2.47a}$$

注意到微分关系

$$\frac{\partial R_j}{\partial t} = \frac{\partial R_j}{\partial t_j}\frac{\partial t_j}{\partial t} = \frac{\partial R_j}{\partial t_j}\left(1 - \frac{1}{c_0}\frac{\partial R_j}{\partial t}\right) \tag{8.2.47b}$$

即

$$\frac{\partial R_j}{\partial t} = \frac{\partial R_j}{\partial t_j}\left(1 + \frac{1}{c_0}\frac{\partial R_j}{\partial t_j}\right)^{-1} \tag{8.2.47c}$$

容易得到 $\partial R_j/\partial t_j = -\boldsymbol{s}_j \cdot \boldsymbol{U}_0(t_j)$(其中 $\boldsymbol{s}_j \equiv \boldsymbol{R}_j/R_j$ 是 $\boldsymbol{R}_j$ 方向的单位矢量), 代入上式

$$\frac{\partial R_j}{\partial t} = -\frac{c_0 \boldsymbol{M}_j \cdot \boldsymbol{s}_j}{1 - \boldsymbol{M}_j \cdot \boldsymbol{s}_j} \tag{8.2.47d}$$

于是

$$\frac{\partial \boldsymbol{R}_j}{\partial t} = -\frac{\partial \boldsymbol{r}_0(t_j)}{\partial t_j}\left(1 - \frac{1}{c_0}\frac{\partial R_j}{\partial t}\right) = -\frac{c_0 \boldsymbol{M}_j}{1 - \boldsymbol{M}_j \cdot \boldsymbol{s}_j}$$

$$\frac{\partial \boldsymbol{M}_j}{\partial t} = \frac{\partial \boldsymbol{M}_j}{\partial t_j}\left(1 - \frac{1}{c_0}\frac{\partial R_j}{\partial t}\right) = \frac{\dot{\boldsymbol{M}}_j}{1 - \boldsymbol{M}_j \cdot \boldsymbol{s}_j} \tag{8.2.48a}$$

以上诸式代入方程 (8.2.47a) 得到 (假定: $R_j > \boldsymbol{R}_j \cdot \boldsymbol{M}_j$)

$$p(\boldsymbol{r}, t) = \frac{\rho_0}{4\pi}\sum_{j=1}^{N}\frac{1}{R_j(1 - \boldsymbol{M}_j \cdot \boldsymbol{s}_j)^2}\dot{q}\left(t - \frac{R_j}{c_0}\right)$$

$$+ \frac{\rho_0}{4\pi}\sum_{j=1}^{N}\frac{1}{R_j(1 - \boldsymbol{M}_j \cdot \boldsymbol{s}_j)^2}q\left(t - \frac{R_j}{c_0}\right)\frac{\dot{\boldsymbol{M}}_j \cdot \boldsymbol{s}_j}{1 - \boldsymbol{M}_j \cdot \boldsymbol{s}_j} \tag{8.2.48b}$$

$$- \frac{\rho_0 c_0}{4\pi}\sum_{j=1}^{N}\frac{1}{R_j^2(1 - \boldsymbol{M}_j \cdot \boldsymbol{s}_j)^3}q\left(t - \frac{R_j}{c_0}\right)(c_0 M_j^2 - \boldsymbol{M}_j \cdot \boldsymbol{s}_j)$$

分析上式, 显然: ① 第一、二项表示远场辐射解 (正比与 $1/R_j$), 而第三项为近场解 (正比与 $1/R_j^2$); ② 即使当 q 等于常数, 由于加速度 $\dot{\boldsymbol{M}}_j$ 的存在, 远场辐射也不为零, 这一点是与方程 (8.2.8a) 和 (8.2.20c) 的主要区别. 简单的例子是围绕原点作转动的刚性物体, 设转动的圆频率为 ω, 则存在同样频率的远场声辐射 (例如螺旋桨的声辐射).

8.3 非均匀流动介质中的声波

在 8.1 节中, 我们分析了均匀介质中存在匀速流动时对声波传播、激发和接收的影响. 本节考虑更一般的情况, 即声波在非匀速流动的非均匀介质中的传播、激发和接收. 例如, 由于风和重力的作用, 大气介质是非匀速流动的非均匀介质; 由于海洋中水流的作用, 海水介质是非匀速流动的非均匀介质; 在管道中, 由于管壁的黏滞作用, 流体流速的分布也不是均匀的. 本节主要考虑流速随空间和时间缓慢变化时对声波传播和激发的影响, 对流速剧烈变化 (随空间和时间) 的流体, 流体流动本身就产生声波, 将在 8.4 节中讨论.

8.3.1 无旋流介质中的等熵声波和能量守恒

设稳定的非均匀介质中存在稳定 (即与时间无关) 的速度流 $\boldsymbol{U} = \boldsymbol{U}(\boldsymbol{r})$, 令 $\rho(\boldsymbol{r}, t) = \rho_{\mathrm{e}}(\boldsymbol{r}) + \rho'(\boldsymbol{r}, t)$、$\boldsymbol{v}(\boldsymbol{r}, t) = \boldsymbol{U}(\boldsymbol{r}) + \boldsymbol{v}'(\boldsymbol{r}, t)$ 和 $P(\boldsymbol{r}, t) = P_0(\boldsymbol{r}) + p'(\boldsymbol{r}, t)$, 由质

量守恒方程 (1.1.13a)、Euler 运动方程 (1.1.16b) 以及熵守恒方程 (3.3.3b) 得到

$$\frac{\partial(\rho_e + \rho')}{\partial t} + \nabla \cdot [(\rho_e + \rho')(\boldsymbol{U} + \boldsymbol{v}')] = (\rho_e + \rho')q \tag{8.3.1a}$$

$$(\rho_e + \rho')\frac{\partial(\boldsymbol{U} + \boldsymbol{v}')}{\partial t} + (\rho_e + \rho')[(\boldsymbol{U} + \boldsymbol{v}') \cdot \nabla](\boldsymbol{U} + \boldsymbol{v}')$$

$$= (\rho_e + \rho')(\boldsymbol{f} + \boldsymbol{g}) - \nabla(P_0 + p') \tag{8.3.1b}$$

$$c_e^2 \left[\frac{\partial(\rho_e + \rho')}{\partial t} + (\boldsymbol{U} + \boldsymbol{v}') \cdot \nabla(\rho_e + \rho') \right] = \left[\frac{\partial}{\partial t} + (\boldsymbol{U} + \boldsymbol{v}') \cdot \nabla \right] (P_0 + p') \tag{8.3.1c}$$

其中, $\boldsymbol{g}$ 和 ∇P_0 是恒定的产生速度流 $\boldsymbol{U} = \boldsymbol{U}(\boldsymbol{r})$ 的外力和压强梯度, q 和 $\boldsymbol{f}$ 分别是激发声波的质量源和外力源. 当不存在声波时 ($\boldsymbol{f} = 0$ 和 $q = 0$), 上述三个方程变成

$$\nabla \cdot (\rho_e \boldsymbol{U}) = 0 \tag{8.3.2a}$$

$$\rho_e(\boldsymbol{U} \cdot \nabla)\boldsymbol{U} = \rho_e \boldsymbol{g} - \nabla P_0 \tag{8.3.2b}$$

$$c_e^2(\boldsymbol{U} \cdot \nabla)\rho_e = (\boldsymbol{U} \cdot \nabla)P_0 \tag{8.3.2c}$$

线性化近似且利用以上三个方程后, 方程 (8.3.1a), (8.3.1b) 和 (8.3.1c) 变成

$$\frac{\partial \rho'}{\partial t} + \nabla \cdot (\rho_e \boldsymbol{v}' + \rho' \boldsymbol{U}) \approx \rho_e q \tag{8.3.3a}$$

$$\rho_e \frac{\partial \boldsymbol{v}'}{\partial t} + \rho'(\boldsymbol{U} \cdot \nabla)\boldsymbol{U} + \rho_e(\boldsymbol{U} \cdot \nabla)\boldsymbol{v}' + \rho_e(\boldsymbol{v}' \cdot \nabla)\boldsymbol{U} = -\nabla p' + \rho_e \boldsymbol{f} \tag{8.3.3b}$$

$$c_e^2 \left[\frac{\partial \rho'}{\partial t} + \boldsymbol{U} \cdot \nabla \rho' + \boldsymbol{v}' \cdot \nabla \rho_e \right] = (\boldsymbol{v}' \cdot \nabla)P_0 + \frac{\partial p'}{\partial t} + \boldsymbol{U} \cdot \nabla p' \tag{8.3.3c}$$

注意: 以上 5 个方程对任意的稳定非均匀、流动介质中的线性声波都成立.

能量守恒方程　我们在 8.1.6 小节中已经指出, 当非均匀介质存在一般的流动时, 我们无法仅用线性声场量 ρ' 和 $\boldsymbol{v}'$ 导出简单的能量守恒方程. 然而, 在无旋 (即 $\nabla \times \boldsymbol{U} = 0$) 和等熵 (即 $s = $ 常数) 条件下, 根据方程 (8.3.3a) 和 (8.3.3b) 也可以导出方程 (8.1.49a) 的能量守恒关系. 事实上, 方程 (8.3.3a) 二边乘标量 $\Re = p'/\rho_e + \boldsymbol{v}' \cdot \boldsymbol{U}$, 而方程 (8.3.3b) 二边点乘矢量 $\boldsymbol{J} = \boldsymbol{v}' + (\rho'/\rho_e)\boldsymbol{U}$, 并把所得方程相加可以得到

$$\frac{\partial w}{\partial t} + \nabla \cdot \boldsymbol{I} = \frac{\boldsymbol{J}}{\rho_e} \cdot (\rho' \nabla P_0 - p' \nabla \rho_e) + \frac{1}{2\rho_e} \left(\rho' \frac{\partial p'}{\partial t} - p' \frac{\partial \rho'}{\partial t} \right)$$

$$+ \boldsymbol{v}' \cdot [\boldsymbol{U} \times (\rho_e \boldsymbol{\omega}' - \rho' \boldsymbol{\omega}_0)] + \rho_e \boldsymbol{J} \cdot \boldsymbol{f} + \rho_e \Re q \tag{8.3.4a}$$

其中, 声能量密度 w 和能流矢量 $\boldsymbol{I}$ 分别为

$$w \equiv \frac{p' \rho'}{2\rho_e} + \frac{1}{2}\rho_e v'^2 + \rho'(\boldsymbol{v}' \cdot \boldsymbol{U})$$

$$\boldsymbol{I} \equiv \left(\frac{p'}{\rho_e} + \boldsymbol{v}' \cdot \boldsymbol{U} \right)(\rho_e \boldsymbol{v}' + \rho' \boldsymbol{U}) \tag{8.3.4b}$$

且 $\boldsymbol{\omega}' \equiv \nabla \times \boldsymbol{v}'$ 和 $\boldsymbol{\omega}_0 \equiv \nabla \times \boldsymbol{U}$ 分别是声场和流场的旋度. 得到方程 (8.3.4a), 利用了方程 (8.3.2b) (取 $\boldsymbol{g} = 0$) 和矢量运算关系 $\nabla(\boldsymbol{v}' \cdot \boldsymbol{U}) = (\boldsymbol{v}' \cdot \nabla)\boldsymbol{U} + (\boldsymbol{U} \cdot \nabla)\boldsymbol{v}' + \boldsymbol{U} \times \nabla \times \boldsymbol{v}' + \boldsymbol{v}' \times \nabla \times \boldsymbol{U}$. 在等熵、无旋的条件下, 方程 (8.3.4a) 可以写成能量守恒的形式, 讨论如下.

(1) 无旋性质: 利用方程 (8.3.2b), Euler 运动方程 (8.3.1b) 可以线性化成

$$\frac{\partial \boldsymbol{v}'}{\partial t} + (\boldsymbol{U} \cdot \nabla)\boldsymbol{v}' + (\boldsymbol{v}' \cdot \nabla)\boldsymbol{U} = \boldsymbol{f} - \left(\frac{1}{\rho}\nabla P - \frac{1}{\rho_{\mathrm{e}}}\nabla P_0\right) \tag{8.3.5a}$$

利用矢量恒等式 $(\boldsymbol{U} \cdot \nabla)\boldsymbol{v}' + (\boldsymbol{v}' \cdot \nabla)\boldsymbol{U} = \nabla(\boldsymbol{v}' \cdot \boldsymbol{U}) - \boldsymbol{U} \times \nabla \times \boldsymbol{v}' - \boldsymbol{v}' \times \nabla \times \boldsymbol{U}$, 上式即为

$$\frac{\partial \boldsymbol{v}'}{\partial t} + \nabla(\boldsymbol{v}' \cdot \boldsymbol{U}) - \boldsymbol{U} \times \nabla \times \boldsymbol{v}' - \boldsymbol{v}' \times \nabla \times \boldsymbol{U} = \boldsymbol{f} - \left(\frac{1}{\rho}\nabla P - \frac{1}{\rho_{\mathrm{e}}}\nabla P_0\right) \tag{8.3.5b}$$

上式二边求旋度得到

$$\frac{\partial \boldsymbol{\omega}'}{\partial t} - \nabla \times (\boldsymbol{U} \times \boldsymbol{\omega}') + \nabla \times (\boldsymbol{v}' \times \boldsymbol{\omega}_0) = \nabla \times \boldsymbol{f} - \nabla \times \left(\frac{1}{\rho}\nabla P - \frac{1}{\rho_{\mathrm{e}}}\nabla P_0\right) \tag{8.3.5c}$$

由 1.1.4 小节讨论, 在等熵过程中, 上式右边第二项为零, 如果 $\nabla \times \boldsymbol{f} = 0$, 则 $\boldsymbol{\omega}'$ 满足

$$\frac{\partial \boldsymbol{\omega}'}{\partial t} - \nabla \times (\boldsymbol{U} \times \boldsymbol{\omega}') = \nabla \times (\boldsymbol{v}' \times \boldsymbol{\omega}_0) \tag{8.3.5d}$$

可见, 流动 $\boldsymbol{U}$ 的旋量 $\boldsymbol{\omega}_0$ 将产生场 $\boldsymbol{v}'$ 的旋量 $\boldsymbol{\omega}'$. 如果 $\boldsymbol{\omega}_0 \equiv \nabla \times \boldsymbol{U} = 0$, 即无旋流情况, $\boldsymbol{\omega}'$ 满足齐次方程, 只要初始时刻旋量 $\boldsymbol{\omega}'$ 为零, 则恒为零. 于是可以假定当 $\boldsymbol{\omega}_0 \equiv \nabla \times \boldsymbol{U} = 0$ 时, 旋量 $\boldsymbol{\omega}' \equiv \nabla \times \boldsymbol{v}'$ 为零. 故方程 (8.3.4a) 右边第三项为零;

(2) 等熵条件 $s =$ 常数: 事实上, 由 3.3.1 小节的讨论, 在理想介质中等熵条件应该为 $\mathrm{d}s/\mathrm{d}t = 0$, 对非均匀介质, 不能简单取 $s =$ 常数. 对均匀介质, 由方程 (8.3.3c)

$$c_{\mathrm{e}}^2\left(\frac{\partial}{\partial t} + \boldsymbol{U} \cdot \nabla\right)\rho' = \left(\frac{\partial}{\partial t} + \boldsymbol{U} \cdot \nabla\right)p' \tag{8.3.6a}$$

故有 $p' = c_{\mathrm{e}}^2\rho'$. 在此假定下, $\nabla P_0 = c_{\mathrm{e}}^2\nabla\rho_{\mathrm{e}}$, 故方程 (8.3.4a) 右边第一、二项为零. 因此, 等熵条件是一个假设.

于是, 在等熵、无旋流条件下, 我们得到能量守恒方程

$$\frac{\partial w}{\partial t} + \nabla \cdot \boldsymbol{I} = \rho_{\mathrm{e}}\boldsymbol{J} \cdot \boldsymbol{f} + \rho_{\mathrm{e}}\Re q \tag{8.3.6b}$$

无旋流中的等熵声波方程 即使在等熵、无旋流条件下, 由方程 (8.3.3a), (8.3.3b) 和 (8.3.3c) 推出单一变量的声波方程也比较麻烦. 我们直接从质量守恒方

程 (1.1.13a) 和 Euler 运动方程 (1.1.16b) 开始

$$\frac{\partial \rho}{\partial t} + \boldsymbol{v} \cdot \nabla \rho + \rho \nabla \cdot \boldsymbol{v} = \rho q$$

$$\frac{\partial \boldsymbol{v}}{\partial t} + \frac{1}{\rho} \nabla P + \nabla \left(\frac{1}{2} v^2 \right) - \boldsymbol{v} \times (\nabla \times \boldsymbol{v}) = \boldsymbol{f} \tag{8.3.7a}$$

由对方程 (8.3.5d) 的讨论可知, 当 $\boldsymbol{\omega}_0 \equiv \nabla \times \boldsymbol{U} = 0$ 时, 只要 $\nabla \times \boldsymbol{f} = 0$, 那么声波引起的速度场 $\boldsymbol{v}'$ 也是无旋的, 即 $\boldsymbol{\omega}' \equiv \nabla \times \boldsymbol{v}' = 0$. 于是总速度场 $\boldsymbol{v} = \boldsymbol{U} + \boldsymbol{v}'$ 也无旋, 因此可以定义势函数 $\phi = \phi(\boldsymbol{r}, t)$ 满足 $\boldsymbol{v} = \nabla \phi$(注意: ϕ 是总速度场的势函数), 方程 (8.3.7a) 简化为

$$\frac{1}{\rho} \frac{\mathrm{d}\rho}{\mathrm{d}t} + \nabla^2 \phi = q$$

$$\nabla \frac{\partial \phi}{\partial t} + \frac{1}{\rho} \nabla P + \frac{1}{2} \nabla (\nabla \phi)^2 = \nabla f_a \tag{8.3.7b}$$

其中, 力源也假定是无旋的, 即 $\boldsymbol{f} \equiv \nabla f_a$, 物质导数为

$$\frac{\mathrm{d}}{\mathrm{d}t} \equiv \frac{\partial}{\partial t} + \nabla \phi \cdot \nabla = \frac{\partial}{\partial t} + \frac{\partial \phi}{\partial x_j} \frac{\partial}{\partial x_j} \tag{8.3.7c}$$

在等熵条件下, P 仅仅是密度 ρ 的函数, 因此有运算关系

$$\frac{\partial}{\partial x_i} \int \frac{\mathrm{d}P}{\rho} = \frac{\partial}{\partial P} \int \frac{\mathrm{d}P}{\rho} \frac{\partial P}{\partial x_i} = \frac{1}{\rho} \frac{\partial P}{\partial x_i} \tag{8.3.7d}$$

即 $\nabla \int \frac{\mathrm{d}P}{\rho} = \frac{\nabla P}{\rho}$, 代入方程 (8.3.7b) 的第二式得到

$$\frac{\partial \phi}{\partial t} + \int \frac{\mathrm{d}P}{\rho} + \frac{1}{2} (\nabla \phi)^2 = f_a \tag{8.3.7e}$$

上式两边对时间求导得到

$$\frac{\mathrm{d}}{\mathrm{d}t} \left[\frac{\partial \phi(\boldsymbol{r}, t)}{\partial t} + \frac{1}{2} (\nabla \phi)^2 \right] + \frac{1}{\rho} \frac{\partial P}{\partial \rho} \frac{\mathrm{d}\rho}{\mathrm{d}t} = \frac{\mathrm{d}f_a}{\mathrm{d}t} \tag{8.3.8a}$$

得到上式, 已利用了微分关系 $\mathrm{d}P = \frac{\partial P}{\partial \rho} \mathrm{d}\rho$ 以及

$$\frac{\mathrm{d}}{\mathrm{d}t} \int \frac{\mathrm{d}P}{\rho} = \frac{\partial}{\partial t} \int \frac{\mathrm{d}P}{\rho} + \frac{\partial \phi}{\partial x_j} \frac{\partial}{\partial x_j} \int \frac{\mathrm{d}P}{\rho} = \frac{\partial}{\partial P} \int \frac{\mathrm{d}P}{\rho} \frac{\partial P}{\partial t} + \frac{\partial \phi}{\partial x_j} \frac{\partial}{\partial P} \int \frac{\mathrm{d}P}{\rho} \frac{\partial P}{\partial x_j}$$

$$= \frac{1}{\rho} \left(\frac{\partial P}{\partial t} + \frac{\partial \phi}{\partial x_j} \frac{\partial P}{\partial x_j} \right) = \frac{1}{\rho} \frac{\mathrm{d}P}{\mathrm{d}t} = \frac{1}{\rho} \frac{\partial P}{\partial \rho} \frac{\mathrm{d}\rho}{\mathrm{d}t} \tag{8.3.8b}$$

方程 (8.3.7b) 的第一式与方程 (8.3.8a) 联立消去 $\dfrac{1}{\rho}\dfrac{\mathrm{d}\rho}{\mathrm{d}t}$ 得到

$$\left(\frac{\partial}{\partial t}+\frac{\partial\phi}{\partial x_j}\frac{\partial}{\partial x_j}\right)\left(\frac{\partial}{\partial t}+\frac{1}{2}\frac{\partial\phi}{\partial x_i}\frac{\partial}{\partial x_i}\right)\phi-c^2\nabla^2\phi=\frac{\mathrm{d}f_a}{\mathrm{d}t}-c^2q \tag{8.3.8c}$$

其中, $c^2=\partial P/\partial\rho$. 注意到上式中 ϕ 是总的速度势, 可以写成无旋流 $\boldsymbol{U}$ 的速度势 $\phi_0=\phi_0(\boldsymbol{r})$ 与声波引起的速度势 $\phi'=\phi'(\boldsymbol{r},t)$ 之和, 即 $\phi(\boldsymbol{r},t)=\phi_0(\boldsymbol{r})+\phi'(\boldsymbol{r},t)$ 和 $\boldsymbol{v}=\nabla\phi_0(\boldsymbol{r})+\nabla\phi'(\boldsymbol{r},t)$, 而 $\phi_0(\boldsymbol{r})$ 与时间无关, 故方程 (8.3.8c) 对时间求偏导数, 左边第一项变为

$$\frac{\partial}{\partial t}\left[\left(\frac{\partial}{\partial t}+\frac{\partial\phi}{\partial x_j}\frac{\partial}{\partial x_j}\right)\left(\frac{\partial\phi}{\partial t}+\frac{1}{2}\frac{\partial\phi}{\partial x_i}\frac{\partial\phi}{\partial x_i}\right)\right]$$

$$=\frac{\partial}{\partial t}\left[\frac{\partial}{\partial t}\left(\frac{\partial\phi}{\partial t}+\frac{1}{2}\frac{\partial\phi}{\partial x_i}\frac{\partial\phi}{\partial x_i}\right)+\frac{\partial\phi}{\partial x_j}\frac{\partial}{\partial x_j}\left(\frac{\partial\phi}{\partial t}+\frac{1}{2}\frac{\partial\phi}{\partial x_i}\frac{\partial\phi}{\partial x_i}\right)\right] \tag{8.3.9a}$$

$$=\frac{\mathrm{d}^2\dot\phi}{\mathrm{d}t^2}+\left(\frac{\mathrm{d}\boldsymbol{v}}{\mathrm{d}t}\right)_j\frac{\partial\dot\phi}{\partial x_j}=\left(\frac{\mathrm{d}^2}{\mathrm{d}t^2}+\frac{\mathrm{d}\boldsymbol{v}}{\mathrm{d}t}\cdot\nabla\right)\dot\phi$$

其中, 物质导数和微分运算定义为

$$\dot\phi\equiv\frac{\partial\phi}{\partial t};\ \frac{\mathrm{d}}{\mathrm{d}t}\equiv\frac{\partial}{\partial t}+\frac{\partial\phi}{\partial x_i}\frac{\partial}{\partial x_i};\ \frac{\mathrm{d}\boldsymbol{v}}{\mathrm{d}t}\cdot\nabla=\left(\frac{\mathrm{d}\boldsymbol{v}}{\mathrm{d}t}\right)_j\frac{\partial}{\partial x_j}$$

$$\left(\frac{\mathrm{d}\boldsymbol{v}}{\mathrm{d}t}\right)_j\equiv\left(\frac{\partial\boldsymbol{v}}{\partial t}\right)_j+\left(\frac{\partial\phi}{\partial x_i}\frac{\partial\boldsymbol{v}}{\partial x_i}\right)_j=\frac{\partial}{\partial t}\left(\frac{\partial\phi}{\partial x_j}\right)+\frac{\partial\phi}{\partial x_i}\frac{\partial^2\phi}{\partial x_i x_j} \tag{8.3.9b}$$

因此, 波动方程 (8.3.8c) 变成

$$\left(\frac{\mathrm{d}^2}{\mathrm{d}t^2}+\frac{\mathrm{d}\boldsymbol{v}}{\mathrm{d}t}\cdot\nabla\right)\dot\phi-c^2\nabla^2\dot\phi=\frac{\mathrm{d}}{\mathrm{d}t}\frac{\partial f_a}{\partial t}+\nabla\dot\phi\cdot\nabla f_a-c^2\frac{\partial q}{\partial t} \tag{8.3.9c}$$

在线性近似下, 存在关系

$$\frac{\mathrm{d}}{\mathrm{d}t}=\frac{\partial}{\partial t}+(\boldsymbol{U}+\boldsymbol{v}')\cdot\nabla\approx\frac{\partial}{\partial t}+\boldsymbol{U}\cdot\nabla$$

$$\frac{\mathrm{d}\boldsymbol{v}}{\mathrm{d}t}\cdot\nabla=\left[\frac{\partial\boldsymbol{v}'}{\partial t}+(\boldsymbol{U}+\boldsymbol{v}')\cdot\nabla(\boldsymbol{U}+\boldsymbol{v}')\right]\cdot\nabla \tag{8.3.10a}$$

$$\approx[(\boldsymbol{U}\cdot\nabla)\boldsymbol{U}]\cdot\nabla=\frac{1}{2}\nabla(U^2)\cdot\nabla$$

方程 (8.3.9c) 简化为

$$\left(\frac{\partial}{\partial t}+\boldsymbol{U}\cdot\nabla\right)^2\dot\phi+\frac{1}{2}\nabla(U^2)\cdot\nabla\dot\phi-c^2\nabla^2\dot\phi=\frac{\mathrm{d}}{\mathrm{d}t}\frac{\partial f_a}{\partial t}+\nabla\dot\phi\cdot\nabla f_a-c^2\frac{\partial q}{\partial t} \tag{8.3.10b}$$

在低 Mach 数条件下, 上式近似为

$$\left(\frac{\partial}{\partial t}+\boldsymbol{U}\cdot\nabla\right)^2\dot\phi-c^2\nabla^2\dot\phi=\frac{\mathrm{d}}{\mathrm{d}t}\frac{\partial f_a}{\partial t}+\nabla\dot\phi\cdot\nabla f_a-c^2\frac{\partial q}{\partial t} \tag{8.3.10c}$$

注意: 求得了 $\dot{\phi} = \dot{\phi}'$, 对时间积分一次, 容易得到速度场

$$\boldsymbol{v}'(\boldsymbol{r}, \boldsymbol{t}) = \nabla \phi'(\boldsymbol{r}, t) = \int \nabla \dot{\phi}'(\boldsymbol{r}, t)\mathrm{d}t \tag{8.3.10d}$$

然而, 求声压场 $p(\boldsymbol{r}, t) = P(\boldsymbol{r}, t) - P_0(\boldsymbol{r})$ 仍然是比较困难的. 事实上, 由方程 (8.3.7b) 的第二式, 在线性近似条件下, 无源区域的声压场满足 (注意利用 $\rho_\mathrm{e}(\boldsymbol{U} \cdot \nabla)\boldsymbol{U} = -\nabla P_0$)

$$\nabla\left(\frac{\partial \phi'}{\partial t} + \frac{p}{\rho_\mathrm{e}} + \boldsymbol{U} \cdot \nabla \phi'\right) + \left(\frac{p}{\rho_\mathrm{e}^2}\nabla \rho_\mathrm{e} - \frac{\rho'}{\rho_\mathrm{e}}\nabla P_0\right) = 0 \tag{8.3.10e}$$

其中, $\rho = \rho_\mathrm{e} + \rho'$. 可见只有当 $\rho_\mathrm{e}(\boldsymbol{r})$ 和 $P_0(\boldsymbol{r})$ 随空间缓变 (见 8.3.4 小节讨论) 时, 忽略上式左边第二个括号内的项才能得到简单的关系

$$p(\boldsymbol{r}, t) \approx -\rho_\mathrm{e}\left(\frac{\partial \phi'}{\partial t} + \boldsymbol{U} \cdot \nabla \phi'\right) \tag{8.3.10f}$$

注意: ① 比较方程 (8.1.4d) 与 (8.3.10c) 可知, 在低 Mach 数条件下, 方程都是对流波动方程, 不同的是声场量取法; ② 在方程 (8.1.3d) 中, 当取声压为场量时, 反映流与质量源相互作用 (意指存在项 $\mathrm{d}q/\mathrm{d}t$), 而在方程 (8.3.10c) 中, 当取速度势为场量时, 反映流与力源存在相互作用 (意指存在项 $\mathrm{d}(\partial f_a/\partial t)/\mathrm{d}t$).

8.3.2　分层流介质中的声波和点质量源激发

设运动介质的速度只有水平方向分量 (xOy 平面), 且仅是高度 z 的函数, 即 $\boldsymbol{U}(\boldsymbol{r}) = [U_x(z), U_y(z), 0]$(注意: 对分层流动流体, 旋度 $\nabla \times \boldsymbol{U} \neq 0$, 除非是均匀流). 为了得到一般的波动方程, 假定声速与密度也是稳定且分层分布的, 即 $c_\mathrm{e}(z)$ 和 $\rho_\mathrm{e}(z)$. 对分层流动流体 $\boldsymbol{U}(\boldsymbol{r}) = [U_x(z), U_y(z), 0]$, 显然 $\nabla \cdot \boldsymbol{U} = 0$, 故由方程 (8.3.2a), $\boldsymbol{U} \cdot \nabla \rho_\mathrm{e} = -\rho_\mathrm{e}\nabla \cdot \boldsymbol{U} = 0$; 不难计算验证 $\rho_\mathrm{e}(\boldsymbol{U} \cdot \nabla)\boldsymbol{U} = 0$, 故 $\nabla P_0 = \rho_\mathrm{e}\boldsymbol{g}$; 当 $\boldsymbol{g}$ 只有 z 方向分量时, P_0 也仅是 z 的函数, 故方程 (8.3.2c) 是恒等式. 利用关系: $\nabla \cdot \boldsymbol{U} = 0$、$\boldsymbol{U} \cdot \nabla \rho_\mathrm{e} = 0$ 以及 $\nabla P_0 = \rho_\mathrm{e}\boldsymbol{g}$, 从方程 (8.3.3a)、(8.3.3b) 和 (8.3.3c) 消去 ρ' 得到线性化流体力学方程

$$\frac{1}{\rho_\mathrm{e}c_\mathrm{e}^2}\frac{\mathrm{d}p'}{\mathrm{d}t} + \nabla \cdot \boldsymbol{v}' \approx q \tag{8.3.11a}$$

$$\frac{\mathrm{d}\boldsymbol{v}'}{\mathrm{d}t} + (\boldsymbol{v}' \cdot \nabla)\boldsymbol{U} \approx \boldsymbol{f} - \frac{1}{\rho_\mathrm{e}}\nabla p' \tag{8.3.11b}$$

其中, 物质导数定义为 $\mathrm{d}/\mathrm{d}t = \partial/\partial t + \boldsymbol{U} \cdot \nabla$. 方程 (8.3.11a) 和 (8.3.11b) 两边分别作用算子 $\mathrm{d}/\mathrm{d}t$ 和 $\nabla\cdot$, 并把所得的二个方程相减得到

$$\nabla \cdot \frac{\mathrm{d}\boldsymbol{v}'}{\mathrm{d}t} - \frac{\mathrm{d}}{\mathrm{d}t}\nabla \cdot \boldsymbol{v}' + \nabla \cdot [(\boldsymbol{v}' \cdot \nabla)\boldsymbol{U}]$$

$$\approx \nabla \cdot \boldsymbol{f} - \frac{\mathrm{d}q}{\mathrm{d}t} + \frac{\mathrm{d}}{\mathrm{d}t}\left(\frac{1}{\rho_\mathrm{e}c_\mathrm{e}^2}\frac{\mathrm{d}p'}{\mathrm{d}t}\right) - \nabla \cdot \left(\frac{1}{\rho_\mathrm{e}}\nabla p'\right) \tag{8.3.12a}$$

注意到关系

$$(\boldsymbol{U} \cdot \nabla)\chi(z) = 0; \quad (\boldsymbol{v}' \cdot \nabla)\boldsymbol{U} = v_z'\frac{\mathrm{d}\boldsymbol{U}(z)}{\mathrm{d}z}$$

$$\nabla \cdot \frac{\mathrm{d}\boldsymbol{v}'}{\mathrm{d}t} - \frac{\mathrm{d}}{\mathrm{d}t}\nabla \cdot \boldsymbol{v}' = \left[\frac{\mathrm{d}\boldsymbol{U}(z)}{\mathrm{d}z} \cdot \nabla\right]v_z' \tag{8.3.12b}$$

其中, $\chi(z)$ 是 z 的任意函数. 方程 (8.3.12a) 简化为

$$2\left[\frac{\mathrm{d}\boldsymbol{U}(z)}{\mathrm{d}z} \cdot \nabla\right]v_z' = \nabla \cdot \boldsymbol{f} - \frac{\mathrm{d}q}{\mathrm{d}t} + \frac{\mathrm{d}}{\mathrm{d}t}\left(\frac{1}{\rho_{\mathrm{e}}c_{\mathrm{e}}^2}\frac{\mathrm{d}p'}{\mathrm{d}t}\right) - \nabla \cdot \left(\frac{1}{\rho_{\mathrm{e}}}\nabla p'\right) \tag{8.3.13a}$$

为了消取 v_z', 上式两边作用算子 $\mathrm{d}/\mathrm{d}t$

$$2\left[\frac{\mathrm{d}\boldsymbol{U}(z)}{\mathrm{d}z} \cdot \nabla\right]\frac{\mathrm{d}v_z'}{\mathrm{d}t} = \frac{\mathrm{d}}{\mathrm{d}t}\left(\nabla \cdot \boldsymbol{f} - \frac{\mathrm{d}q}{\mathrm{d}t}\right) + \frac{\mathrm{d}}{\mathrm{d}t}\left[\frac{\mathrm{d}}{\mathrm{d}t}\left(\frac{1}{\rho_{\mathrm{e}}c_{\mathrm{e}}^2}\frac{\mathrm{d}p'}{\mathrm{d}t}\right) - \nabla \cdot \left(\frac{1}{\rho_{\mathrm{e}}}\nabla p'\right)\right]$$
$$\tag{8.3.13b}$$

而由方程 (8.3.11b)

$$\frac{\mathrm{d}v_z'}{\mathrm{d}t} = f_z - \frac{1}{\rho_{\mathrm{e}}}\frac{\partial p'}{\partial z} \tag{8.3.13c}$$

上式代入方程 (8.3.13b), 我们得到声压满足的微分方程

$$\frac{\mathrm{d}}{\mathrm{d}t}\left\{\frac{\mathrm{d}}{\mathrm{d}t}\left(\frac{1}{\rho_{\mathrm{e}}c_{\mathrm{e}}^2}\frac{\mathrm{d}p'}{\mathrm{d}t}\right) - \nabla \cdot \left(\frac{1}{\rho_{\mathrm{e}}}\nabla p'\right) - \frac{\mathrm{d}q}{\mathrm{d}t} + \nabla \cdot \boldsymbol{f}\right\}$$
$$= 2\left[\frac{\mathrm{d}\boldsymbol{U}(z)}{\mathrm{d}z} \cdot \nabla\right]\left(f_z - \frac{1}{\rho_{\mathrm{e}}}\frac{\partial p'}{\partial z}\right) \tag{8.3.14a}$$

在无源情况下, 方程 (8.3.14a) 简化成

$$\frac{\mathrm{d}}{\mathrm{d}t}\left\{\frac{\mathrm{d}}{\mathrm{d}t}\left(\frac{1}{\rho_{\mathrm{e}}c_{\mathrm{e}}^2}\frac{\mathrm{d}p'}{\mathrm{d}t}\right) - \nabla \cdot \left(\frac{1}{\rho_{\mathrm{e}}}\nabla p'\right)\right\} + 2\left[\frac{\mathrm{d}\boldsymbol{U}(z)}{\mathrm{d}z} \cdot \nabla\right]\left(\frac{1}{\rho_{\mathrm{e}}}\frac{\partial p'}{\partial z}\right) = 0 \tag{8.3.14b}$$

这就是层状介质中具有层状流速时, 声波传播的基本方程.

点质量源激发 设位于 (x_0, y_0, z_0) 的点质量源强度为 $q_0(\omega)$(其中 ω 是实验室坐标系内测量到的频率), 空间声场满足

$$\frac{\mathrm{d}}{\mathrm{d}t}\left[\frac{\mathrm{d}}{\mathrm{d}t}\left(\frac{1}{\rho_{\mathrm{e}}c_{\mathrm{e}}^2}\frac{\mathrm{d}p}{\mathrm{d}t}\right) - \nabla \cdot \left(\frac{1}{\rho_{\mathrm{e}}}\nabla p\right)\right] + 2\left[\frac{\mathrm{d}\boldsymbol{U}(z)}{\mathrm{d}z} \cdot \nabla\right]\left(\frac{1}{\rho_{\mathrm{e}}}\frac{\partial p}{\partial z}\right)$$
$$= q_0(\omega)\delta(z, z_0)\exp(-\mathrm{i}\omega t)(-\mathrm{i}\omega + \boldsymbol{U} \cdot \nabla)^2\delta(x, x_0)\delta(y, y_0) \tag{8.3.15a}$$

由于介质参数与流速仅与 z 有关, 故变量 x 和 y 可分离, 于是令

$$p(\boldsymbol{r}, t) = \iint p(\boldsymbol{k}_\rho, z, \omega)\exp[\mathrm{i}(\boldsymbol{k}_\rho \cdot \boldsymbol{\rho} - \omega t)]\mathrm{d}^2\boldsymbol{k}_\rho \tag{8.3.15b}$$

其中, $\boldsymbol{k}_\rho = (k_x, k_y)$ 是 xOy 平面内的波矢量, $\boldsymbol{\rho} = (x, y)$. 注意到运算关系

$$\frac{\mathrm{d}p}{\mathrm{d}t} = \frac{\partial p}{\partial t} + \boldsymbol{U} \cdot \nabla p = -\mathrm{i}\iint(\omega - \boldsymbol{U} \cdot \boldsymbol{k}_\rho)p(\boldsymbol{k}_\rho, z, \omega)\exp[\mathrm{i}(\boldsymbol{k}_\rho \cdot \boldsymbol{\rho} - \omega t)]\mathrm{d}^2\boldsymbol{k}_\rho \tag{8.3.15c}$$

以及

$$
\begin{aligned}
\frac{\mathrm{d}}{\mathrm{d}t}\left(\frac{1}{\rho_{\mathrm{e}}c_{\mathrm{e}}^2}\frac{\mathrm{d}p}{\mathrm{d}t}\right) &= -\left(\frac{\partial}{\partial t}+\boldsymbol{U}\cdot\nabla\right)\iint\frac{\mathrm{i}(\omega-\boldsymbol{U}\cdot\boldsymbol{k}_\rho)}{\rho_{\mathrm{e}}c_{\mathrm{e}}^2}p(\boldsymbol{k}_\rho,z,\omega)\mathrm{e}^{\mathrm{i}(\boldsymbol{k}_\rho\cdot\boldsymbol{\rho}-\omega t)}\mathrm{d}^2\boldsymbol{k}_\rho \\
&= -\iint\frac{(\omega-\boldsymbol{U}\cdot\boldsymbol{k}_\rho)^2}{\rho_{\mathrm{e}}c_{\mathrm{e}}^2}p(\boldsymbol{k}_\rho,z,\omega)\exp[\mathrm{i}(\boldsymbol{k}_\rho\cdot\boldsymbol{\rho}-\omega t)]\mathrm{d}^2\boldsymbol{k}_\rho
\end{aligned}
\tag{8.3.15d}
$$

代入方程 (8.3.15a) 得到

$$
\begin{aligned}
&\frac{\mathrm{d}^2p(\boldsymbol{k}_\rho,z,\omega)}{\mathrm{d}z^2}-\frac{\mathrm{d}\ln(\rho_{\mathrm{e}}\beta^2)}{\mathrm{d}z}\cdot\frac{\mathrm{d}p(\boldsymbol{k}_\rho,z,\omega)}{\mathrm{d}z}+(k^2\beta^2-k_\rho^2)p(\boldsymbol{k}_\rho,z,\omega) \\
&\qquad = -\frac{q_0(\omega)[\rho_{\mathrm{e}}c_{\mathrm{e}}k\beta]_{z_0}}{\mathrm{i}(2\pi)^2}\delta(z,z_0)\exp(-\mathrm{i}\boldsymbol{k}_\rho\cdot\boldsymbol{\rho}_0)
\end{aligned}
\tag{8.3.16a}
$$

其中, $\beta\equiv 1-\boldsymbol{U}\cdot\boldsymbol{k}_\rho/\omega$ 以及 $k=\omega/c_{\mathrm{e}}$, $[\rho_{\mathrm{e}}c_{\mathrm{e}}k\beta]_{z_0}$ 表示在 $z=z_0$ 点取值. 显然, 当 $\beta=0$ 时, 上式一阶导数变成无限大, 表明声波与流产生共振相互作用. 我们用构造法求解非齐次方程 (8.3.16a), 首先分析相应的齐次方程

$$
\frac{\mathrm{d}^2p(\boldsymbol{k}_\rho,z,\omega)}{\mathrm{d}z^2}-\frac{\mathrm{d}\ln(\rho_{\mathrm{e}}\beta^2)}{\mathrm{d}z}\cdot\frac{\mathrm{d}p(\boldsymbol{k}_\rho,z,\omega)}{\mathrm{d}z}+(k^2\beta^2-k_\rho^2)p(\boldsymbol{k}_\rho,z,\omega)=0
\tag{8.3.16b}
$$

为了消去上式的一阶导数, 令

$$
\Psi(\boldsymbol{k}_\rho,z,\omega)=\frac{p(\boldsymbol{k}_\rho,z,\omega)}{\beta(\boldsymbol{k}_\rho,z,\omega)\sqrt{\rho_{\mathrm{e}}(z)}}
\tag{8.3.16c}
$$

方程 (8.3.16b) 简化成

$$
\frac{\mathrm{d}^2\Psi(\boldsymbol{k}_\rho,z,\omega)}{\mathrm{d}z^2}+k_{\mathrm{e}}^2(\boldsymbol{k}_\rho,z,\omega)\Psi(\boldsymbol{k}_\rho,z,\omega)=0
\tag{8.3.16d}
$$

其中, 等效波数为

$$
k_{\mathrm{e}}^2(\boldsymbol{k}_\rho,z,\omega)\equiv k^2\beta^2-k_\rho^2+\frac{1}{2\rho_{\mathrm{e}}\beta^2}\frac{\mathrm{d}^2(\rho_{\mathrm{e}}\beta^2)}{\mathrm{d}z^2}-\frac{3}{4}\left[\frac{1}{\rho_{\mathrm{e}}\beta^2}\frac{\mathrm{d}(\rho_{\mathrm{e}}\beta^2)}{\mathrm{d}z}\right]^2
\tag{8.3.16e}
$$

对连续变化且比较光滑的 ρ_{e} 和 β, 有效波数有限, 故方程 (8.3.16d) 在求解分层稳定流动介质中的声传播问题是行之有效的. 然而, 如果 ρ_{e} 和 β 存在不连续界面, 上式中由于求导而出现很大项 (物理上, 表现为声波在界面上的反射), 这给数值计算带来较大的困难. 我们对方程 (8.3.16b) 作新的变量变换来消除这一困难.

注意到: 当 $\beta=1$ 和 $\rho_{\mathrm{e}}(z)=\rho_0$(常数) 以及 $k=0$ 和 $k_\rho=0$ 时, 方程 (8.3.16b) 的解为 $p=Az+B$; 而当 $k=0$ 和 $k_\rho=0$, 但 $\beta\neq 1$, $\rho_{\mathrm{e}}(z)\neq$ 常数时, 方程 (8.3.16b) 简化为

$$
\frac{\mathrm{d}^2p}{\mathrm{d}z^2}-\frac{\mathrm{d}\ln(\rho_{\mathrm{e}}\beta^2)}{\mathrm{d}z}\frac{\mathrm{d}p}{\mathrm{d}z}=0
\tag{8.3.17a}
$$

上式的解 $p = A\zeta(z) + B$, 其中

$$\zeta(z) = \rho_0^{-1} \int_{z_0}^{z} \rho_e(z') \beta^2(z') \mathrm{d}z' \tag{8.3.17b}$$

其中, $\rho_0 > 0$ 是任意常数 (密度量纲). 比较二种情况, 我们以 $\zeta(z)$ 作为变量, 对方程 (8.3.16b) 作变量变换得到 (作为习题)

$$\frac{\mathrm{d}^2 p(\boldsymbol{k}_\rho, \zeta, \omega)}{\mathrm{d}\zeta^2} + (k^2 \beta^2 - k_\rho^2) \left(\frac{\rho_0}{\rho_e \beta^2} \right)^2 p(\boldsymbol{k}_\rho, \zeta, \omega) = 0 \tag{8.3.17c}$$

显然, 上式无需求 ρ_e 和 β 的导数, 因而对 ρ_e 和 β 不连续的情况也适用, 除非 $\beta = 0$, 即 $\boldsymbol{U} \cdot \boldsymbol{k}_\rho / \omega = 1$.

设方程 (8.3.16b) 或者 (8.3.17c) 的二个线性独立解为 $p_>(\boldsymbol{k}_\rho, z, \omega)$ 和 $p_<(\boldsymbol{k}_\rho, z, \omega)$, 其中 $p_>(\boldsymbol{k}_\rho, z, \omega)$ 和 $p_<(\boldsymbol{k}_\rho, z, \omega)$ 分别满足 $z \to \pm\infty$ 的边界条件, 则方程 (8.3.16a) 的解可表示为

$$p(\boldsymbol{k}_\rho, z, \omega) = \begin{cases} A p_>(\boldsymbol{k}_\rho, z, \omega) & (z > z_0) \\ B p_<(\boldsymbol{k}_\rho, z, \omega) & (z < z_0) \end{cases} \tag{8.3.18a}$$

其中, 系数 A 和 B 由 $z = z_0$ 点处连接条件决定

$$p(\boldsymbol{k}_\rho, z, \omega)|_{z=z_0^+} = p(\boldsymbol{k}_\rho, z, \omega)|_{z=z_0^-}$$
$$\left. \frac{\mathrm{d}p(\boldsymbol{k}_\rho, z, \omega)}{\mathrm{d}z} \right|_{z=z_0^+} - \left. \frac{\mathrm{d}p(\boldsymbol{k}_\rho, z, \omega)}{\mathrm{d}z} \right|_{z=z_0^-} = -\frac{q_0(\omega)[\rho_e c_e k \beta]_{z_0}}{\mathrm{i}(2\pi)^2} \mathrm{e}^{-\mathrm{i}\boldsymbol{k}_\rho \cdot \boldsymbol{\rho}_0} \tag{8.3.18b}$$

把方程 (8.3.18a) 代入上式得到

$$B p_<(\boldsymbol{k}_\rho, z_0, \omega) = A p_>(\boldsymbol{k}_\rho, z_0, \omega)$$
$$A p_>'(\boldsymbol{k}_\rho, z_0, \omega) - B p_<'(\boldsymbol{k}_\rho, z_0, \omega) = -\frac{q_0(\omega)[\rho_e c_e k \beta]_{z_0}}{\mathrm{i}(2\pi)^2} \mathrm{e}^{-\mathrm{i}\boldsymbol{k}_\rho \cdot \boldsymbol{\rho}_0} \tag{8.3.18c}$$

从上式不难得到

$$A = \frac{q_0(\omega)[\rho_e c_e k \beta]_{z_0}}{\mathrm{i}(2\pi)^2} \frac{p_<(\boldsymbol{k}_\rho, z_0, \omega)}{W(\boldsymbol{k}_\rho, \omega)} \exp(-\mathrm{i}\boldsymbol{k}_\rho \cdot \boldsymbol{\rho}_0)$$
$$B = \frac{q_0(\omega)[\rho_e c_e k \beta]_{z_0}}{\mathrm{i}(2\pi)^2} \frac{p_>(\boldsymbol{k}_\rho, z_0, \omega)}{W(\boldsymbol{k}_\rho, \omega)} \exp(-\mathrm{i}\boldsymbol{k}_\rho \cdot \boldsymbol{\rho}_0) \tag{8.3.19a}$$

其中, Wronski 行列式为

$$W(\boldsymbol{k}_\rho, \omega) \equiv p_>(\boldsymbol{k}_\rho, z_0, \omega) p_<'(\boldsymbol{k}_\rho, z_0, \omega) - p_<(\boldsymbol{k}_\rho, z_0, \omega) p_>'(\boldsymbol{k}_\rho, z_0, \omega) \tag{8.3.19b}$$

因此, 方程 (8.3.16a) 的解为

$$p(\boldsymbol{k}_\rho, z, \omega) = \frac{q_0(\omega)[\rho_e c_e k\beta]_{z_0}}{i(2\pi)^2} \frac{\exp(-i\boldsymbol{k}_\rho \cdot \boldsymbol{\rho}_0)}{W(\boldsymbol{k}_\rho, \omega)}$$
$$\times \begin{cases} p_<(\boldsymbol{k}_\rho, z_0, \omega)p_>(\boldsymbol{k}_\rho, z, \omega) & (z > z_0) \\ p_>(\boldsymbol{k}_\rho, z_0, \omega)p_<(\boldsymbol{k}_\rho, z, \omega) & (z < z_0) \end{cases} \tag{8.3.19c}$$

一般, 求得解析形式的 $p_>(\boldsymbol{k}_\rho, z, \omega)$ 和 $p_<(\boldsymbol{k}_\rho, z, \omega)$ 是困难的, 当 $k \to \infty$ 时, WKB 近似成立, 因此, 7.3 节的讨论结果对分层流动情况完全适用 (需要注意的是, 此时的转折点与介质的流速有关), 我们不进一步展开讨论.

8.3.3　径向分布的轴向流介质中的波动方程

在柱坐标中, 设介质的运动速度只有 z 轴方向分量 (例如管道中的流), 且仅是径向 $\rho = \sqrt{x^2 + y^2}$ 的函数, 即 $\boldsymbol{U}(\boldsymbol{r}) = U_z(\rho)\boldsymbol{e}_z$. 对 $\boldsymbol{U}(\boldsymbol{r}) = U_z(\rho)\boldsymbol{e}_z$, 显然 $\nabla \cdot \boldsymbol{U} = 0$(注意: 旋度 $\nabla \times \boldsymbol{U} \neq 0$, 除非是均匀流), 故由方程 (8.3.2a), $\boldsymbol{U} \cdot \nabla \rho_e = -\rho_e \nabla \cdot \boldsymbol{U} = 0$. 对管道系统, 一般可以忽略 ∇P_0, 于是, 从方程 (8.3.3a), (8.3.3b) 和 (8.3.3c) 消去 ρ' 得到的线性化流体力学方程

$$\frac{1}{\rho_e c_e^2}\frac{dp'}{dt} + \nabla \cdot \boldsymbol{v}' \approx q$$
$$\frac{d\boldsymbol{v}'}{dt} + (\boldsymbol{v}' \cdot \nabla)\boldsymbol{U} + \frac{1}{\rho_e}\nabla p' = \boldsymbol{f} \tag{8.3.20a}$$

注意: 上式与方程 (8.3.11a) 和 (8.3.11b) 类似, 但须注意的是物质导数不同

$$\frac{d}{dt} = \frac{\partial}{\partial t} + \boldsymbol{U} \cdot \nabla = \frac{\partial}{\partial t} + U_z(\rho)\frac{\partial}{\partial z} \tag{8.3.20b}$$

方程 (8.3.20a) 的第一、二式两边分别作用算子 d/dt 和 $\nabla\cdot$, 并把所得的二个方程相减得到

$$\nabla \cdot \frac{d\boldsymbol{v}'}{dt} - \frac{d}{dt}\nabla \cdot \boldsymbol{v}' + \nabla \cdot [(\boldsymbol{v}' \cdot \nabla)\boldsymbol{U}] \approx \nabla \cdot \boldsymbol{f} - \frac{dq}{dt} + \frac{d}{dt}\left(\frac{1}{\rho_e c_e^2}\frac{dp'}{dt}\right) - \nabla \cdot \left(\frac{1}{\rho_e}\nabla p'\right) \tag{8.3.20c}$$

注意到关系

$$\nabla \cdot \frac{d\boldsymbol{v}'}{dt} - \frac{d}{dt}\nabla \cdot \boldsymbol{v}' = \frac{dU_z}{d\rho}\frac{\partial v'_\rho}{\partial z}$$
$$(\boldsymbol{v}' \cdot \nabla)\boldsymbol{U} = v'_\rho \frac{dU_z}{d\rho}\boldsymbol{e}_z; \ \nabla \cdot [(\boldsymbol{v}' \cdot \nabla)\boldsymbol{U}] = \frac{dU_z}{d\rho}\frac{\partial v'_\rho}{\partial z} \tag{8.3.21a}$$

方程 (8.3.20c) 简化为

$$2\frac{dU_z}{d\rho} \cdot \frac{\partial v'_\rho}{\partial z} = \nabla \cdot \boldsymbol{f} - \frac{dq}{dt} + \frac{d}{dt}\left(\frac{1}{\rho_e c_e^2}\frac{dp'}{dt}\right) - \nabla \cdot \left(\frac{1}{\rho_e}\nabla p'\right) \tag{8.3.21b}$$

为了消取 v'_ρ，上式两边作用算子 $\mathrm{d}/\mathrm{d}t$

$$2\frac{\mathrm{d}U_z}{\mathrm{d}\rho}\cdot\frac{\partial}{\partial z}\frac{\mathrm{d}v'_\rho}{\mathrm{d}t}=\frac{\mathrm{d}}{\mathrm{d}t}\left(\nabla\cdot\boldsymbol{f}-\frac{\mathrm{d}q}{\mathrm{d}t}\right)+\frac{\mathrm{d}}{\mathrm{d}t}\left[\frac{\mathrm{d}}{\mathrm{d}t}\left(\frac{1}{\rho_\mathrm{e}c_\mathrm{e}^2}\frac{\mathrm{d}p'}{\mathrm{d}t}\right)-\nabla\cdot\left(\frac{1}{\rho_\mathrm{e}}\nabla p'\right)\right] \quad (8.3.21\mathrm{c})$$

而由方程 (8.3.20a) 的第二式 (注意: $\boldsymbol{U}(\boldsymbol{r})=U_z(\rho)\boldsymbol{e}_z$，只有 $\boldsymbol{e}_z$ 方向分量)

$$\frac{\mathrm{d}v'_\rho}{\mathrm{d}t}=f_\rho-\frac{1}{\rho_\mathrm{e}}\frac{\partial p'}{\partial\rho} \quad (8.3.22\mathrm{a})$$

上式代入方程 (8.3.21c)，我们得到声压满足的微分方程

$$\begin{aligned}\frac{\mathrm{d}}{\mathrm{d}t}&\left\{\frac{\mathrm{d}}{\mathrm{d}t}\left(\frac{1}{\rho_\mathrm{e}c_\mathrm{e}^2}\frac{\mathrm{d}p'}{\mathrm{d}t}\right)-\nabla\cdot\left(\frac{1}{\rho_\mathrm{e}}\nabla p'\right)-\frac{\mathrm{d}q}{\mathrm{d}t}+\nabla\cdot\boldsymbol{f}\right\}\\&=2\frac{\mathrm{d}U_z}{\mathrm{d}\rho}\cdot\frac{\partial}{\partial z}\left(f_\rho-\frac{1}{\rho_\mathrm{e}}\frac{\partial p'}{\partial\rho}\right)\end{aligned} \quad (8.3.22\mathrm{b})$$

在无源情况下，方程 (8.3.22b) 简化成

$$\frac{\mathrm{d}}{\mathrm{d}t}\left\{\frac{\mathrm{d}}{\mathrm{d}t}\left(\frac{1}{\rho_\mathrm{e}c_\mathrm{e}^2}\frac{\mathrm{d}p'}{\mathrm{d}t}\right)-\nabla\cdot\left(\frac{1}{\rho_\mathrm{e}}\nabla p'\right)\right\}+2\frac{\partial U_z(\rho)}{\partial\rho}\cdot\frac{\partial}{\partial z}\left(\frac{1}{\rho_\mathrm{e}}\frac{\partial p'}{\partial\rho}\right)=0 \quad (8.3.22\mathrm{c})$$

这就是柱对称、轴向流介质中，声波传播的基本方程. 值得指出的是，对一般的非均匀、非稳定的有旋流动介质，很难得到一个单一场量的声波方程，只有在一定的近似下，才能得到一个单一场量的声波方程 (见 8.3.4 小节讨论).

8.3.4 非稳定流动介质中的近似波动方程

考虑一般时空变化的非均匀介质，当不存在声波时，流体的密度 $\rho_\mathrm{e}=\rho_\mathrm{e}(\boldsymbol{r},t)$、非稳定流速 $\boldsymbol{U}=\boldsymbol{U}(\boldsymbol{r},t)$、压强 $P_0=P_0(\boldsymbol{r},t)$ 和熵 $s_\mathrm{e}=s_\mathrm{e}(\boldsymbol{r},t)$ 必须满足流体力学方程

$$\frac{\partial\rho_\mathrm{e}}{\partial t}+\nabla\cdot(\rho_\mathrm{e}\boldsymbol{U})=0 \quad (8.3.23\mathrm{a})$$

$$\frac{\partial\boldsymbol{U}}{\partial t}+(\boldsymbol{U}\cdot\nabla)\boldsymbol{U}=\boldsymbol{g}-\frac{1}{\rho_\mathrm{e}}\nabla P_0 \quad (8.3.23\mathrm{b})$$

$$\frac{\partial s_\mathrm{e}}{\partial t}+\boldsymbol{U}\cdot\nabla s_\mathrm{e}=0 \quad (8.3.23\mathrm{c})$$

当存在声波时，密度 $\rho(\boldsymbol{r},t)=\rho_\mathrm{e}(\boldsymbol{r},t)+\rho'(\boldsymbol{r},t)$、流速 $\boldsymbol{v}(\boldsymbol{r},t)=\boldsymbol{U}(\boldsymbol{r},t)+\boldsymbol{v}'(\boldsymbol{r},t)$、压强 $P(\boldsymbol{r},t)=P_0(\boldsymbol{r},t)+p'(\boldsymbol{r},t)$ 和熵 $s(\boldsymbol{r},t)=s_\mathrm{e}(\boldsymbol{r},t)+s'(\boldsymbol{r},t)$ 也满足流体力学方程 (在无源情况下)

$$\frac{\partial\rho}{\partial t}+\nabla\cdot(\rho\boldsymbol{v})=0 \quad (8.3.24\mathrm{a})$$

$$\frac{\partial\boldsymbol{v}}{\partial t}+(\boldsymbol{v}\cdot\nabla)\boldsymbol{v}=\boldsymbol{g}-\frac{1}{\rho}\nabla P \quad (8.3.24\mathrm{b})$$

$$\frac{\partial s}{\partial t} + \boldsymbol{v} \cdot \nabla s = 0 \tag{8.3.24c}$$

于是, 声场变量 $(p', \boldsymbol{v}', s')$ 满足一阶近似方程

$$\frac{\mathrm{d}\rho'}{\mathrm{d}t} + \rho_\mathrm{e}\nabla \cdot \boldsymbol{v}' + \boldsymbol{v}' \cdot \nabla\rho_\mathrm{e} + \rho'\nabla \cdot \boldsymbol{U} = 0 \tag{8.3.25a}$$

$$\frac{\mathrm{d}\boldsymbol{v}'}{\mathrm{d}t} + \frac{1}{\rho_\mathrm{e}}\nabla p' + (\boldsymbol{v}' \cdot \nabla)\boldsymbol{U} - \frac{\rho'}{\rho_\mathrm{e}^2}\nabla P_0 = 0 \tag{8.3.25b}$$

$$\frac{\mathrm{d}s'}{\mathrm{d}t} + \boldsymbol{v}' \cdot \nabla s_\mathrm{e} = 0; \; p' \approx c_\mathrm{e}^2\rho' + \pi_\mathrm{e}s' \tag{8.3.25c}$$

其中, 系数 $\pi_\mathrm{e} \equiv (\partial P/\partial s)_\rho$ 和物质导数为 $\mathrm{d}/\mathrm{d}t = \partial/\partial t + \boldsymbol{U} \cdot \nabla$. 注意到, 当不存在声波时, $P_0 = P_0(\rho_\mathrm{e}, s_\mathrm{e})$, 故 $\nabla P_0 = c_\mathrm{e}^2\nabla\rho_\mathrm{e} + \pi_\mathrm{e}\nabla s_\mathrm{e}$. 利用方程 (8.3.25c), 方程 (8.3.25a) 和 (8.3.25b) 简化成

$$\frac{\mathrm{d}}{\mathrm{d}t}\left(\frac{p'}{\rho_\mathrm{e}c_\mathrm{e}^2}\right) + \frac{1}{\rho_\mathrm{e}c_\mathrm{e}^2}\boldsymbol{v}' \cdot \nabla P_0 + \nabla \cdot \boldsymbol{v}' - s'\frac{\mathrm{d}}{\mathrm{d}t}\left(\frac{\pi_\mathrm{e}}{\rho_\mathrm{e}c_\mathrm{e}^2}\right) = 0 \tag{8.3.26a}$$

$$\frac{\mathrm{d}\boldsymbol{v}'}{\mathrm{d}t} + \frac{1}{\rho_\mathrm{e}}\nabla p' + (\boldsymbol{v}' \cdot \nabla)\boldsymbol{U} - \frac{p'}{c_\mathrm{e}^2\rho_\mathrm{e}^2}\nabla P_0 + \frac{\pi_\mathrm{e}s'}{c_\mathrm{e}^2\rho_\mathrm{e}^2}\nabla P_0 = 0 \tag{8.3.26b}$$

注意到, 对均匀的介质, $s = $ 常数, 即 $s' = 0$, 故 $s' \neq 0$ 源于介质的非均匀性, 是一阶小量. 另一方面, 考虑介质的非均匀变化的空间尺度 L 和时间尺度 T 远大于声波波长和周期, 则介质的一阶导数也是一阶小量, 相乘后变成二阶小量. 因此, 上二式左边的最后一项可以忽略. 于是, 我们得到缓变非均匀运动介质的波动方程为

$$\frac{\mathrm{d}}{\mathrm{d}t}\left(\frac{p'}{\rho_\mathrm{e}c_\mathrm{e}^2}\right) + \frac{1}{\rho_\mathrm{e}c_\mathrm{e}^2}\boldsymbol{v}' \cdot \nabla P_0 + \nabla \cdot \boldsymbol{v}' = 0 \tag{8.3.27a}$$

$$\frac{\mathrm{d}\boldsymbol{v}'}{\mathrm{d}t} + \frac{1}{\rho_\mathrm{e}}\nabla p' + (\boldsymbol{v}' \cdot \nabla)\boldsymbol{U} - \frac{p'}{c_\mathrm{e}^2\rho_\mathrm{e}^2}\nabla P_0 = 0 \tag{8.3.27b}$$

分别对方程 (8.3.27a) 求时间全导数和方程 (8.3.27b) 的散度, 并且把所得方程相减

$$\nabla \cdot \left[\frac{\mathrm{d}\boldsymbol{v}'}{\mathrm{d}t} + \frac{1}{\rho_\mathrm{e}}\nabla p' + (\boldsymbol{v}' \cdot \nabla)\boldsymbol{U} - \frac{p'}{c_\mathrm{e}^2\rho_\mathrm{e}^2}\nabla P_0\right]$$
$$-\frac{\mathrm{d}}{\mathrm{d}t}\left[\nabla \cdot \boldsymbol{v}' + \frac{1}{\rho_\mathrm{e}c_\mathrm{e}^2}\boldsymbol{v}' \cdot \nabla P_0 + \frac{\mathrm{d}}{\mathrm{d}t}\left(\frac{p'}{\rho_\mathrm{e}c_\mathrm{e}^2}\right)\right] = 0 \tag{8.3.28}$$

注意到关系

$$\nabla \cdot \frac{\mathrm{d}\boldsymbol{v}'}{\mathrm{d}t} - \frac{\mathrm{d}}{\mathrm{d}t}\nabla \cdot \boldsymbol{v}' = \nabla \cdot [(\boldsymbol{U} \cdot \nabla)\boldsymbol{v}'] - \boldsymbol{U} \cdot \nabla(\nabla \cdot \boldsymbol{v}')$$
$$= \frac{\partial}{\partial x_i}\left(U_j\frac{\partial v_i'}{\partial x_j}\right) - U_j\frac{\partial}{\partial x_j}\left(\frac{\partial v_i'}{\partial x_i}\right) = \sum_{i,j=1}^{3}\frac{\partial U_j}{\partial x_i}\frac{\partial v_i'}{\partial x_j} \tag{8.3.29a}$$

方程 (8.3.28) 简化为

$$\nabla \cdot \left(\frac{1}{\rho_e}\nabla p'\right) - \frac{\mathrm{d}^2}{\mathrm{d}t^2}\left(\frac{p'}{\rho_e c_e^2}\right) + \sum_{i,j=1}^{3}\frac{\partial U_j}{\partial x_i}\frac{\partial v_i'}{\partial x_j} + \nabla \cdot [(\boldsymbol{v}' \cdot \nabla)\boldsymbol{U}]$$
$$= \nabla \cdot \left(\frac{p'}{c_e^2 \rho_e^2}\nabla P_0\right) + \frac{\mathrm{d}}{\mathrm{d}t}\left(\frac{1}{\rho_e c_e^2}\boldsymbol{v}' \cdot \nabla P_0\right) \tag{8.3.29b}$$

对缓变非均匀介质, 在一阶近似下, 只要保留一阶导数, 于是

$$\nabla \cdot [(\boldsymbol{v}' \cdot \nabla)\boldsymbol{U}] = \frac{\partial}{\partial x_j}\left(v_i'\frac{\partial U_j}{\partial x_i}\right) = \frac{\partial U_j}{\partial x_i}\frac{\partial v_i'}{\partial x_j} + v_i'\frac{\partial^2 U_j}{\partial x_j \partial x_i} \approx \frac{\partial U_j}{\partial x_i}\frac{\partial v_i'}{\partial x_j}$$
$$\nabla \cdot \left(\frac{p'}{c_e^2 \rho_e^2}\nabla P_0\right) = \frac{1}{c_e^2 \rho_e^2}\nabla p' \cdot \nabla P_0 + \frac{p'}{c_e^2 \rho_e^2}\nabla^2 P_0 \approx \frac{1}{c_e^2 \rho_e^2}\nabla p' \cdot \nabla P_0 \tag{8.3.29c}$$
$$\frac{\mathrm{d}}{\mathrm{d}t}\left(\frac{1}{\rho_e c_e^2}\boldsymbol{v}' \cdot \nabla P_0\right) \approx \frac{1}{\rho_e c_e^2}\left[\frac{\partial \boldsymbol{v}'}{\partial t} + (\boldsymbol{U} \cdot \nabla)\boldsymbol{v}'\right] \cdot \nabla P_0 = \frac{1}{\rho_e c_e^2}\frac{\mathrm{d}\boldsymbol{v}'}{\mathrm{d}t} \cdot \nabla P_0$$

于是

$$\nabla \cdot \left(\frac{p'}{c_e^2 \rho_e^2}\nabla P_0\right) + \frac{\mathrm{d}}{\mathrm{d}t}\left(\frac{1}{\rho_e c_e^2}\boldsymbol{v}' \cdot \nabla P_0\right) \approx \frac{1}{c_e^2 \rho_e^2}\left(\frac{\mathrm{d}\boldsymbol{v}'}{\mathrm{d}t} + \frac{\nabla p'}{\rho_e}\right) \cdot \nabla P_0 \tag{8.3.29d}$$

上式右边括号内是一阶量, 与 ∇P_0 点乘后为二阶量, 故可以忽略. 于是, 在一阶近似下, 方程 (8.3.29b) 简化为

$$\nabla \cdot \left(\frac{1}{\rho_e}\nabla p'\right) - \frac{\mathrm{d}^2}{\mathrm{d}t^2}\left(\frac{p'}{\rho_e c_e^2}\right) + 2\sum_{i,j=1}^{3}\frac{\partial U_j}{\partial x_i}\frac{\partial v_i'}{\partial x_j} \approx 0 \tag{8.3.30a}$$

为了得到单一变量的方程, 由声压场引进 "势函数" $\psi = \psi(\boldsymbol{r}, t)$ 满足

$$p'(\boldsymbol{r}, t) = -\rho_e \frac{\mathrm{d}\psi(\boldsymbol{r}, t)}{\mathrm{d}t} = -\rho_e \left(\frac{\partial}{\partial t} + \boldsymbol{U} \cdot \nabla\right)\psi(\boldsymbol{r}, t) \tag{8.3.30b}$$

注意: 在 8.1.1 小节或者 8.3.1 小节中, 势函数是由速度场 $\boldsymbol{U}$ 和 $\boldsymbol{v}'$ 的无旋性质直接引进的, 而现在 $\boldsymbol{U}$ 可能有旋, 而由方程 (8.3.5d), $\boldsymbol{v}'$ 也可能有旋, 因此, 不能由速度场直接引进势函数. 为了从方程 (8.3.30a) 中消取速度场 $\boldsymbol{v}'$, 必须导出 $\boldsymbol{v}'$ 与 ψ 的关系, 但是严格由方程 (8.3.27b) 导出 $\boldsymbol{v}'$ 与 ψ 的关系是困难的, 但注意到方程 (8.3.30a) 的左边前二项为声场的一阶小量, 第三项中 $\boldsymbol{U}$ 的空间导数为一阶小量, 因此在一阶近似中, 只要取 $\boldsymbol{v}'$ 的零阶近似 (注意: $\boldsymbol{v}'$ 本身是一阶小量, 所谓零阶近似是指空间的变化, 即近似到 $O(1/L)$) 就可以了. 由方程 (8.3.27b)

$$\frac{\partial}{\partial t}(\boldsymbol{v}' - \nabla\psi) + (\boldsymbol{U} \cdot \nabla)(\boldsymbol{v}' - \nabla\psi)$$
$$- \left[(\nabla\psi \cdot \nabla)\boldsymbol{U} + \nabla\psi \times \nabla \times \boldsymbol{U} - (\boldsymbol{v}' \cdot \nabla)\boldsymbol{U} + \frac{p'}{c_e^2 \rho_e^2}\nabla P_0\right] = 0 \tag{8.3.30c}$$

忽略上式中流速 U 和压强 P_0 的空间导数项, 得到

$$\frac{\partial}{\partial t}(\boldsymbol{v}' - \nabla\psi) + (\boldsymbol{U} \cdot \nabla)(\boldsymbol{v}' - \nabla\psi) \approx 0 \tag{8.3.30d}$$

因此, 我们得到零阶近似的关系

$$\boldsymbol{v}'(\boldsymbol{r}, \boldsymbol{t}) \approx \nabla\psi(\boldsymbol{r}, \boldsymbol{t}) + O\left(\frac{1}{L}\right) + O\left(\frac{1}{T}\right) \tag{8.3.31a}$$

把上式和方程 (8.3.30b) 代入方程 (8.3.30a) 得到

$$-\nabla \cdot \left[\frac{1}{\rho_e}\nabla\left(\rho_e\frac{\mathrm{d}\psi}{\mathrm{d}t}\right)\right] + \frac{\mathrm{d}^2}{\mathrm{d}t^2}\left(\frac{1}{c_e^2}\frac{\mathrm{d}\psi}{\mathrm{d}t}\right) + 2\sum_{i,j=1}^{3}\frac{\partial U_j}{\partial x_i}\frac{\partial^2\psi}{\partial x_i\partial x_j} \approx 0 \tag{8.3.31b}$$

上式可以进一步化简, 不难证明 (忽略所有非均匀参量和流速 U 的二阶导数)

$$\nabla \cdot \left[\frac{1}{\rho_e}\nabla\left(\rho_e\frac{\mathrm{d}\psi}{\mathrm{d}t}\right)\right] \approx \frac{\mathrm{d}}{\mathrm{d}t}\left[\frac{1}{\rho_e}\nabla \cdot (\rho_e\nabla\psi)\right] + 2\sum_{i,j=1}^{3}\frac{\partial U_j}{\partial x_i}\frac{\partial^2\psi}{\partial x_i\partial x_j} \tag{8.3.31c}$$

于是, 得到单一变量的波动方程

$$\frac{1}{\rho_e}\nabla \cdot (\rho_e\nabla\psi) - \left(\frac{\partial}{\partial t} + \boldsymbol{U} \cdot \nabla\right)\left[\frac{1}{c_e^2}\left(\frac{\partial}{\partial t} + \boldsymbol{U} \cdot \nabla\right)\psi\right] \approx 0 \tag{8.3.31d}$$

8.3.5　缓变稳定流动介质中的几何声学

对具有稳定流动的稳定非均匀介质, 即 $c_e = c_e(\boldsymbol{r})$、$\rho_e = \rho_e(\boldsymbol{r})$ 以及流速 $\boldsymbol{U}(\boldsymbol{r}) = [U_x(\boldsymbol{r}), U_y(\boldsymbol{r}), U_z(\boldsymbol{r})]$, 由方程 (8.3.3a), (8.3.3b) 和 (8.3.3c) 得到声场满足的三个方程

$$\frac{\mathrm{d}\rho'}{\mathrm{d}t} + \rho_e\nabla \cdot \boldsymbol{v}' = \rho_e q - (\boldsymbol{v}' \cdot \nabla\rho_e + \rho'\nabla \cdot \boldsymbol{U}) \tag{8.3.32a}$$

$$\frac{\mathrm{d}\boldsymbol{v}'}{\mathrm{d}t} + \frac{1}{\rho_e}\nabla p' = \boldsymbol{f} - \left[(\boldsymbol{v}' \cdot \nabla)\boldsymbol{U} - \frac{\rho'}{\rho_e^2}\nabla P_0\right] \tag{8.3.32b}$$

$$\frac{\mathrm{d}p'}{\mathrm{d}t} + \rho_e c_e^2\nabla \cdot \boldsymbol{v}' = \rho_e c_e^2 q - (\rho' c_e^2\nabla \cdot \boldsymbol{U} + \boldsymbol{v}' \cdot \nabla P_0) \tag{8.3.32c}$$

得到以上三式, 利用了声波不存在时的流体力学方程 (8.3.2a), (8.3.2b) 和 (8.3.2c) 且假定重力可忽略 $\boldsymbol{g} \approx 0$. 注意: 我们把场量 $(\rho', p', \boldsymbol{v}')$ 的时间和空间导数放在方程的左边, 而右边正比于介质非均匀参数及稳定流速的空间导数. 此时, 我们选择场量 $(p', \boldsymbol{v}', s')$ 进行讨论较为方便. 由状态方程 $P = P(\rho, s)$ 得到一阶近似

$$p' \approx c_e^2\rho' + \pi_e s' \tag{8.3.32d}$$

其中，$\pi_{\mathrm{e}} \equiv (\partial P/\partial s)_\rho$. 把方程 (8.3.32d) 代入方程 (8.3.32a) 和 (8.3.32b) 消去场量 ρ' 得到

$$\frac{\mathrm{d}p'}{\mathrm{d}t} + \rho_{\mathrm{e}}c_{\mathrm{e}}^2\nabla \cdot \boldsymbol{v}' = q_1; \quad \frac{\mathrm{d}\boldsymbol{v}'}{\mathrm{d}t} + \frac{1}{\rho_{\mathrm{e}}}\nabla p' = \boldsymbol{f}_1 \tag{8.3.33a}$$

其中，为方便定义

$$\begin{aligned} q_1 &\equiv -(p' - \pi_{\mathrm{e}}s')(c_{\mathrm{e}}^2\boldsymbol{U}\cdot\nabla c_{\mathrm{e}}^{-2} + \nabla\cdot\boldsymbol{U}) \\ &\quad -\boldsymbol{v}'\cdot(\pi_{\mathrm{e}}\nabla s_{\mathrm{e}} + c_{\mathrm{e}}^2\nabla\rho_{\mathrm{e}}) + s'\boldsymbol{U}\cdot\nabla\pi_{\mathrm{e}} + c_{\mathrm{e}}^2\rho_{\mathrm{e}}q \\ \boldsymbol{f}_1 &\equiv \boldsymbol{f} - \left[(\boldsymbol{v}'\cdot\nabla)\boldsymbol{U} - (p' - \pi_{\mathrm{e}}s')\frac{\nabla P_0}{c_{\mathrm{e}}^2\rho_{\mathrm{e}}^2}\right] \end{aligned} \tag{8.3.33b}$$

利用方程 (1.1.20b) 得到熵变化的一阶近似 (注意：与方程 (1.1.20b) 不同，下式中的物质导数为 $\mathrm{d}/\mathrm{d}t \equiv \partial/\partial t + \boldsymbol{U}\cdot\nabla$)

$$\frac{\mathrm{d}s'}{\mathrm{d}t} + \boldsymbol{v}'\cdot\nabla s_{\mathrm{e}} = 0 \tag{8.3.33c}$$

而零阶近似为 $\boldsymbol{U}\cdot\nabla s_{\mathrm{e}} = 0$. 方程 (8.3.33a), (8.3.33b) 和 (8.3.33c) 构成以 $(p', \boldsymbol{v}', s')$ 为场量的波动方程. 在频率域，方程 (8.3.33a), (8.3.33b) 和 (8.3.33c) 变成

$$(-\mathrm{i}\omega + \boldsymbol{U}\cdot\nabla)p'(\boldsymbol{r},\omega) + \rho_{\mathrm{e}}c_{\mathrm{e}}^2\nabla\cdot\boldsymbol{v}'(\boldsymbol{r},\omega) = q_1(\boldsymbol{r},\omega) \tag{8.3.34a}$$

$$(-\mathrm{i}\omega + \boldsymbol{U}\cdot\nabla)\boldsymbol{v}'(\boldsymbol{r},\omega) + \frac{1}{\rho_{\mathrm{e}}}\nabla p'(\boldsymbol{r},\omega) = \boldsymbol{f}_1(\boldsymbol{r},\omega) \tag{8.3.34b}$$

$$(-\mathrm{i}\omega + \boldsymbol{U}\cdot\nabla)s'(\boldsymbol{r},\omega) + \boldsymbol{v}'(\boldsymbol{r},\omega)\cdot\nabla s_{\mathrm{e}} = 0 \tag{8.3.34c}$$

其中，$q_1(\boldsymbol{r},\omega)$ 和 $\boldsymbol{f}_1(\boldsymbol{r},\omega)$ 为 $q_1(\boldsymbol{r},t)$ 和 $\boldsymbol{f}_1(\boldsymbol{r},t)$ 在频率域相应的量.

设介质的非均匀性及稳定流随空间缓慢变化，即变化尺度 L 远大于声波波长 λ. 对均匀且无流动的介质，$L \to \infty$，故平面波传播方向和振幅在整个空间为常数；对参数随空间缓慢变化情况，我们把随时间和空间快变化的相位部分分离开，设解的形式为

$$\begin{bmatrix} p'(\boldsymbol{r},\omega) \\ \boldsymbol{v}'(\boldsymbol{r},\omega) \\ s'(\boldsymbol{r},\omega) \end{bmatrix} = \begin{bmatrix} A(\boldsymbol{r},\omega) \\ \boldsymbol{B}(\boldsymbol{r},\omega) \\ C(\boldsymbol{r},\omega) \end{bmatrix} \exp[\mathrm{i}k_0 S(\boldsymbol{r},\omega)] \tag{8.3.35a}$$

其中，$k_0 = \omega/c_0$(c_0 为某一参考点的声速度)，$A(\boldsymbol{r},\omega)$、$\boldsymbol{B}(\boldsymbol{r},\omega)$ 和 $C(\boldsymbol{r},\omega)$ 为随空间缓慢变化的振幅函数 (取为实函数). 注意到

$$\begin{aligned} \nabla p'(\boldsymbol{r},\omega) &\approx [\mathrm{i}k_0\nabla S(\boldsymbol{r},\omega)]A(\boldsymbol{r},\omega)\exp[\mathrm{i}k_0 S(\boldsymbol{r},\omega)] \\ \nabla\cdot\boldsymbol{v}'(\boldsymbol{r},\omega) &\approx \mathrm{i}k_0\nabla S(\boldsymbol{r},\omega)\cdot\boldsymbol{B}(\boldsymbol{r},\omega)\exp[\mathrm{i}k_0 S(\boldsymbol{r},\omega)] \end{aligned} \tag{8.3.35b}$$

代入方程 (8.3.34a) 得到

$$-\mathrm{i}(\omega - k_0 \boldsymbol{U} \cdot \nabla S)A(\boldsymbol{r},\omega) + \mathrm{i}\rho_\mathrm{e}c_\mathrm{e}^2 k_0 \nabla S(\boldsymbol{r},\omega) \cdot \boldsymbol{B}(\boldsymbol{r},\omega) = Q(\boldsymbol{r},\omega) \qquad (8.3.36\mathrm{a})$$

其中, 为了方便定义

$$\begin{aligned}
Q(\boldsymbol{r},\omega) \equiv &-[A(\boldsymbol{r},\omega) - \pi_\mathrm{e}C(\boldsymbol{r},\omega)] \cdot [c_\mathrm{e}^2 \boldsymbol{U} \cdot \nabla c_\mathrm{e}^{-2} + \nabla \cdot \boldsymbol{U}] \\
&-\boldsymbol{B}(\boldsymbol{r},\omega) \cdot [\pi_\mathrm{e}\nabla s_\mathrm{e} + c_\mathrm{e}^2 \nabla \rho_\mathrm{e}] + C(\boldsymbol{r},\omega)\boldsymbol{U} \cdot \nabla \pi_\mathrm{e}
\end{aligned} \qquad (8.3.36\mathrm{b})$$

利用关系 $\boldsymbol{U} \cdot \nabla \boldsymbol{v}'(\boldsymbol{r},\omega) \approx \mathrm{i}k_0 \boldsymbol{v}'(\boldsymbol{r},\omega)[\boldsymbol{U} \cdot \nabla S(\boldsymbol{r},\omega)]$, 由方程 (8.3.34b) 得到

$$-\mathrm{i}(\omega - k_0 \boldsymbol{U} \cdot \nabla S)\boldsymbol{B}(\boldsymbol{r},\omega) + \frac{\mathrm{i}k_0 \nabla S}{\rho_\mathrm{e}}A(\boldsymbol{r},\omega) = \boldsymbol{F}(\boldsymbol{r},\omega) \qquad (8.3.37\mathrm{a})$$

其中, 为了方便定义

$$\boldsymbol{F}(\boldsymbol{r},\omega) \equiv -[\boldsymbol{B}(\boldsymbol{r},\omega) \cdot \nabla]\boldsymbol{U} + [A(\boldsymbol{r},\omega) - \pi_\mathrm{e}C(\boldsymbol{r},\omega)] \cdot \frac{\nabla P_0}{c_\mathrm{e}^2 \rho_\mathrm{e}^2} \qquad (8.3.37\mathrm{b})$$

同理, 方程 (8.3.34c) 给出

$$-\mathrm{i}(\omega - k_0 \boldsymbol{U} \cdot \nabla S)C(\boldsymbol{r},\omega) = E(\boldsymbol{r},\omega) \qquad (8.3.38)$$

其中, 为了方便定义 $E(\boldsymbol{r},\omega) \equiv -\boldsymbol{B}(\boldsymbol{r},\omega) \cdot \nabla s_\mathrm{e}$. 注意, 在 $Q(\boldsymbol{r},\omega)$ 和 $\boldsymbol{F}(\boldsymbol{r},\omega)$ 中, 我们已忽略了声源 q 和 $\boldsymbol{f}$, 仅考虑声波的传播. 方程 (8.3.36a), (8.3.37a) 和 (8.3.38) 可写成矩阵的形式

$$\boldsymbol{H} \begin{bmatrix} A(\boldsymbol{r},\omega) \\ \boldsymbol{B}(\boldsymbol{r},\omega) \\ C(\boldsymbol{r},\omega) \end{bmatrix} = \begin{bmatrix} Q(\boldsymbol{r},\omega) \\ \boldsymbol{F}(\boldsymbol{r},\omega) \\ E(\boldsymbol{r},\omega) \end{bmatrix} \qquad (8.3.39\mathrm{a})$$

其中, 矩阵定义为

$$\boldsymbol{H} \equiv \begin{bmatrix} -\mathrm{i}(\omega - k_0 \boldsymbol{U} \cdot \nabla S) & \mathrm{i}\rho_\mathrm{e}c_\mathrm{e}^2 k_0 \nabla S(\boldsymbol{r},\omega) & 0 \\ \dfrac{\mathrm{i}k_0 \nabla S}{\rho_\mathrm{e}} & -\mathrm{i}(\omega - k_0 \boldsymbol{U} \cdot \nabla S) & 0 \\ 0 & 0 & -\mathrm{i}(\omega - k_0 \boldsymbol{U} \cdot \nabla S) \end{bmatrix} \qquad (8.3.39\mathrm{b})$$

注意到矩阵方程 (8.3.39a) 右边的项 $Q(\boldsymbol{r},\omega)$、$\boldsymbol{F}(\boldsymbol{r},\omega)$ 和 $E(\boldsymbol{r},\omega)$ 正比于非均匀介质参数的空间导数, 而由假定, 介质参数是随空间缓变的, 故矩阵方程 (8.3.39a) 的右边是更高级小量, 可用迭代法求解方程: 零级近似为

$$\boldsymbol{H} \begin{bmatrix} A^0(\boldsymbol{r},\omega) \\ \boldsymbol{B}^0(\boldsymbol{r},\omega) \\ C^0(\boldsymbol{r},\omega) \end{bmatrix} = 0 \qquad (8.3.40\mathrm{a})$$

一级近似为

$$\boldsymbol{H} \begin{bmatrix} A^1(\boldsymbol{r},\omega) \\ \boldsymbol{B}^1(\boldsymbol{r},\omega) \\ C^1(\boldsymbol{r},\omega) \end{bmatrix} = \begin{bmatrix} Q^0(\boldsymbol{r},\omega) \\ \boldsymbol{F}^0(\boldsymbol{r},\omega) \\ E^0(\boldsymbol{r},\omega) \end{bmatrix} \tag{8.3.40b}$$

显然, 零级近似存在非零解的条件为 $\det(\boldsymbol{H}) = 0$, 即

$$[(\omega - k_0 \boldsymbol{U} \cdot \nabla S)^2 - k_0^2 c_{\mathrm{e}}^2 (\nabla S)^2](\omega - k_0 \boldsymbol{U} \cdot \nabla S) = 0 \tag{8.3.41a}$$

上式的解分二类, 讨论如下.

(1) ∇S 满足 $k_0 \boldsymbol{U} \cdot \nabla S = \omega$, 代入方程 (8.3.40a) 得到

$$k_0 \boldsymbol{B}^0(\boldsymbol{r},\omega) \cdot \nabla S(\boldsymbol{r},\omega) = 0; \quad A^0(\boldsymbol{r},\omega) = 0; \quad C^0(\boldsymbol{r},\omega) = \text{任意} \tag{8.3.41b}$$

即在该类模式中声压的零级近似为零; 而由 7.4.1 小节讨论, $\nabla S(\boldsymbol{r},\omega)$ 是等相位面的法向矢量, 表示波的传播方向, 方程 (8.3.41b) 的第一式表明, 波的传播方向与速度方向垂直, 故为旋波或熵波;

(2) ∇S 满足 $(\omega - k_0 \boldsymbol{U} \cdot \nabla S)^2 = c_{\mathrm{e}}^2 (\nabla S)^2$, 或者

$$(k_0 \nabla S)^2 = \left(\frac{\omega}{c_{\mathrm{e}}} - k_0 \boldsymbol{M} \cdot \nabla S \right)^2 \tag{8.3.42a}$$

其中, $\boldsymbol{M}(\boldsymbol{r}) = \boldsymbol{U}(\boldsymbol{r})/c_{\mathrm{e}}$ 称为**局部 Mach 数矢量**. 上式代入方程 (8.3.40a) 得到

$$\boldsymbol{k} A^0(\boldsymbol{r},\omega) = \rho_{\mathrm{e}}(\omega - \boldsymbol{U} \cdot \boldsymbol{k}) \boldsymbol{B}^0(\boldsymbol{r},\omega); \quad C^0(\boldsymbol{r},\omega) = 0 \tag{8.3.42b}$$

其中, $\boldsymbol{k} \equiv \boldsymbol{k}(\boldsymbol{r}) = k_0 \nabla S$ 称为**局部波矢量**. 可见, 该模式传播中熵变化为零, 即等熵模式, 而局部声波传播方向 $\boldsymbol{k}(\boldsymbol{r})$ 与速度场方向一致, 为纵向声波模式. 令局部波矢量 $\boldsymbol{k}(\boldsymbol{r}) = k_0 \nabla S = k(\boldsymbol{r})\boldsymbol{s}$(其中 $\boldsymbol{s} = \boldsymbol{k}(\boldsymbol{r})/k(\boldsymbol{r}) = (k_0/k)\nabla S$ 为局部波矢量方向的单位矢量), 从方程 (8.3.42a) 可得到

$$k(\boldsymbol{r}) = \pm \frac{\omega/c_{\mathrm{e}}(\boldsymbol{r})}{1 \pm \boldsymbol{M} \cdot \boldsymbol{s}} \tag{8.3.42c}$$

式中分母上的 "±" 表示局部波矢量方向与流速的关系, 可以由 $\boldsymbol{M}$ 与 $\boldsymbol{s}$ 的点乘表示, 而等号后的 "±" 仅表示波的传播方向相反. 故不失一般性, 可取 "+"

$$k(\boldsymbol{r}) = \frac{\omega/c_{\mathrm{e}}(\boldsymbol{r})}{1 + \boldsymbol{M} \cdot \boldsymbol{s}} \tag{8.3.42d}$$

得到指出的是, 上式与方程 (8.1.9b) 类似, 这是因为在介质参数随空间缓变的情况下, 介质的局部参数和流速都可以看成常数或者常矢量. 方程 (8.3.42d) 代入方程 (8.3.42a)

$$(\nabla S)^2 = \left[\frac{n(\boldsymbol{r})}{1 + \boldsymbol{M} \cdot \boldsymbol{s}} \right]^2 \tag{8.3.43a}$$

其中, $n(r) = c_0/c_e(r)$. 上式就是与方程 (7.4.3a) 相对应的程函方程. 由于上式中存在项 $M \cdot s$, 仍然是 ∇S 的函数, 得到类似于方程 (7.4.7d) 的线性射线方程是困难的, 在 8.3.6 小节中我们将给出一般的声线方程. 值得指出的是, 程函方程也与频率无关, 这是因为我们考虑的非均匀性和介质流动是稳态的, 如果非均匀性和介质流动与时间有关 (非稳态), 频率随时间变化 (广义的频率), 问题要复杂得多, 见 8.3.6 小节讨论.

方程 (8.3.42a) 或者 (8.3.43a) 给出了声波在缓变非均匀流动介质中传播的主要变化, 即相位 $S(r, \omega)$ 的变化. 振幅的零级近似由方程 (8.3.42b) 给出, 显然有关系: ① 等熵, 即 $s^0(r, \omega) \approx 0$(为了方便, 用 s^0 表示 s' 的零级近似, 其他类推); ② 声压场与速度场有简单关系, 即

$$v^0(r, \omega) \approx \frac{\nabla S}{\rho_e[\omega - U \cdot k(r)]} p^0(r, \omega) \approx \frac{1}{i\rho_e[\omega - U \cdot k(r)]} \nabla p^0(r, \omega) \tag{8.3.43b}$$

所以对缓变非均匀流动介质, 在几何声学近似下, 我们仍然可以采用等熵条件.

8.3.6　缓变非稳定流动介质的几何声学

我们进一步讨论非均匀介质的局部声速和局部密度与时间有关的情况, 即 $c_e = c_e(r, t)$、$\rho_e = \rho_e(r, t)$ 以及流速也非稳定 $U(r, t) = [U_x(r, t), U_y(r, t), U_z(r, t)]$. 由方程 (8.3.1a), (8.3.1b) 和 (1.1.20b) 得到不存在声源时 ($q = 0$ 和 $f + g = 0$) 满足的流体力学的方程 (零级近似)

$$\frac{\partial \rho_e}{\partial t} + \nabla \cdot (\rho_e U) = 0 \tag{8.3.44a}$$

$$\rho_e \left[\frac{\partial U}{\partial t} + (U \cdot \nabla)U \right] = -\nabla P_0 \tag{8.3.44b}$$

$$\frac{\partial s_e}{\partial t} + U \cdot \nabla s_e = 0 \tag{8.3.44c}$$

一级近似的声波方程具有形式

$$\frac{dp'}{dt} + \rho_e c_e^2 \nabla \cdot v' = q_1(r, t) \tag{8.3.45a}$$

$$\frac{dv'}{dt} - \frac{\nabla p'}{\rho_e} = f_1(r, t); \quad \frac{ds'}{dt} = g_1(r, t) \tag{8.3.45b}$$

其中, 为了方便定义

$$\begin{aligned} q_1(r, t) &\equiv -v' \cdot \left[c_e^2 \nabla \rho_e + \pi_e \nabla s_e \right] - (p' - \pi_e s') \nabla \cdot U \\ &\quad - p' c_e^2 \frac{dc_e^{-2}}{dt} + s' c_e^2 \frac{d(\pi_e c_e^{-2})}{dt} \end{aligned} \tag{8.3.45c}$$

$$f_1(r, t) \equiv \frac{p' - \pi_e s'}{\rho_e^2 c_e^2} \nabla P_0 - v' \cdot \nabla U; \quad g_1(r, t) \equiv -v' \cdot \nabla s_e$$

与稳态情况不同, 这里我们不能用 Fourier 变换在频率域上讨论, 令时域解

$$
\begin{bmatrix}
p'(\boldsymbol{r},t) \\
\boldsymbol{v}'(\boldsymbol{r},t) \\
s'(\boldsymbol{r},t)
\end{bmatrix}
=
\begin{bmatrix}
A(\boldsymbol{r},t) \\
\boldsymbol{B}(\boldsymbol{r},t) \\
C(\boldsymbol{r},t)
\end{bmatrix}
\exp[\mathrm{i}S(\boldsymbol{r},t)]
\tag{8.3.46a}
$$

注意: 上式中 $S(\boldsymbol{r},t)$ 与方程 (8.3.35a) 中 $S(\boldsymbol{r},\omega)$ 的区别, 这里的 $S(\boldsymbol{r},t)$ 是没有量纲的, 而 $S(\boldsymbol{r},\omega)$ 的量纲是长度. 设介质的非均匀性及流随时间和空间都是缓变的, 即空间变化的尺度 L 远大于声波波长 λ, 而时间变化的尺度 T 远大于声信号的最大周期 (时间信号中包含的最低频率成分). 则 $A(\boldsymbol{r},t)$、$\boldsymbol{B}(\boldsymbol{r},t)$ 和 $C(\boldsymbol{r},t)$ 为随时间和空间缓慢变化的振幅函数 (取为实函数). 注意到

$$
\begin{aligned}
\frac{\mathrm{d}p'(\boldsymbol{r},t)}{\mathrm{d}t} &\approx \mathrm{i}\left[\frac{\partial S(\boldsymbol{r},t)}{\partial t} + \boldsymbol{U}\cdot\nabla S(\boldsymbol{r},t)\right] A(\boldsymbol{r},t)\exp\left[\mathrm{i}S(\boldsymbol{r},t)\right] \\
\nabla\cdot\boldsymbol{v}'(\boldsymbol{r},t) &\approx \mathrm{i}\nabla S(\boldsymbol{r},t)\cdot\boldsymbol{B}(\boldsymbol{r},t)\exp\left[\mathrm{i}S(\boldsymbol{r},t)\right]
\end{aligned}
\tag{8.3.46b}
$$

上式代入方程 (8.3.45a) 和 (8.3.45b) 得到

$$
\begin{aligned}
&\mathrm{i}\left[\frac{\partial S(\boldsymbol{r},t)}{\partial t} + \boldsymbol{U}\cdot\nabla S(\boldsymbol{r},t)\right] A(\boldsymbol{r},t) + \mathrm{i}\rho_\mathrm{e}c_\mathrm{e}^2\nabla S(\boldsymbol{r},t)\cdot\boldsymbol{B}(\boldsymbol{r},t) = Q(\boldsymbol{r},t) \\
&\mathrm{i}\left[\frac{\partial S(\boldsymbol{r},t)}{\partial t} + \boldsymbol{U}\cdot\nabla S(\boldsymbol{r},t)\right] \boldsymbol{B}(\boldsymbol{r},t) + \frac{\mathrm{i}\nabla S}{\rho_\mathrm{e}}A(\boldsymbol{r},t) = \boldsymbol{F}(\boldsymbol{r},t) \\
&\mathrm{i}\left[\frac{\partial S(\boldsymbol{r},t)}{\partial t} + \boldsymbol{U}\cdot\nabla S(\boldsymbol{r},t)\right] C(\boldsymbol{r},t) = E(\boldsymbol{r},t)
\end{aligned}
\tag{8.3.46c}
$$

其中, $Q(\boldsymbol{r},t)$、$\boldsymbol{F}(\boldsymbol{r},t)$ 和 $E(\boldsymbol{r},t)$ 分别是去掉相位因子 $\exp[\mathrm{i}S(\boldsymbol{r},t)]$ 后的 $q_1(\boldsymbol{r},t)$、$\boldsymbol{f}_1(\boldsymbol{r},t)$ 和 $g_1(\boldsymbol{r},t)$. 令广义频率 (局部时间) 和广义波矢量 (局部空间) 为

$$
\omega(\boldsymbol{r},t) \equiv -\frac{\partial S(\boldsymbol{r},t)}{\partial t}; \quad \boldsymbol{k}(\boldsymbol{r},t) \equiv \nabla S(\boldsymbol{r},t)
\tag{8.3.47a}
$$

注意: $\omega(\boldsymbol{r},t)$ 和 $\boldsymbol{k}(\boldsymbol{r},t)$ 也是时间、空间缓变的, 只有这样才能引进局部 "频率" 和局部 "波矢量". 那么我们可以得到类似方程 (8.3.41a) 的关系

$$
[(\omega - \boldsymbol{U}\cdot\boldsymbol{k})^2 - c_\mathrm{e}^2|\boldsymbol{k}|^2](\omega - \boldsymbol{U}\cdot\boldsymbol{k}) = 0
\tag{8.3.47b}
$$

上式二类解的讨论也是类似的. 故非稳态情况下的程函方程为

$$
\left[\frac{\partial S(\boldsymbol{r},t)}{\partial t} + \boldsymbol{U}\cdot\nabla S(\boldsymbol{r},t)\right]^2 = [c_\mathrm{e}\nabla S(\boldsymbol{r},t)]^2
\tag{8.3.47c}
$$

声线方程 与得到方程 (8.3.42d) 同样理由, 我们仅考虑方程 (8.3.47b) 如下形式的解 (称为**广义色散关系**)

$$
\omega(\boldsymbol{r},t) = c_\mathrm{e}(\boldsymbol{r},t)k(\boldsymbol{r},t) + \boldsymbol{U}(\boldsymbol{r},t)\cdot\boldsymbol{k}(\boldsymbol{r},t)
\tag{8.3.48a}
$$

为了便于讨论, 考虑广义色散关系为一般的情况, 即

$$\omega(\boldsymbol{r}, t) = \Omega(\boldsymbol{k}, \boldsymbol{r}, t) \tag{8.3.48b}$$

由方程 (8.3.47a), 分别对二个方程两边求梯度和旋度, 我们得到

$$\nabla\omega(\boldsymbol{r}, t) + \frac{\partial \boldsymbol{k}(\boldsymbol{r}, t)}{\partial t} = 0; \ \nabla \times \boldsymbol{k}(\boldsymbol{r}, t) = 0 \tag{8.3.49a}$$

而由方程 (8.3.48b)

$$\frac{\partial\omega(\boldsymbol{r}, t)}{\partial x_j} = \frac{\partial\Omega(\boldsymbol{k}, \boldsymbol{r}, t)}{\partial x_j} + \sum_{i=1}^{3} \frac{\partial\Omega(\boldsymbol{k}, \boldsymbol{r}, t)}{\partial k_i}\frac{\partial k_i(\boldsymbol{r}, t)}{\partial x_j} \quad (j = 1, 2, 3) \tag{8.3.49b}$$

注意到由 $\nabla \times \boldsymbol{k}(\boldsymbol{r}, t) = 0$, 有关系

$$\frac{\partial k_i(\boldsymbol{r}, t)}{\partial x_j} = \frac{\partial k_j(\boldsymbol{r}, t)}{\partial x_i} \tag{8.3.49c}$$

把方程 (8.3.49b) 和 (8.3.49c) 代入方程 (8.3.49a) 得到分量形式的方程

$$\frac{\partial k_j(\boldsymbol{r}, t)}{\partial t} + \frac{\partial\Omega(\boldsymbol{k}, \boldsymbol{r}, t)}{\partial x_j} + \sum_{i=1}^{3}\frac{\partial\Omega(\boldsymbol{k}, \boldsymbol{r}, t)}{\partial k_i}\frac{\partial k_j(\boldsymbol{r}, t)}{\partial x_i} = 0 \tag{8.3.50a}$$

或者写成矢量形式

$$\frac{\partial\boldsymbol{k}(\boldsymbol{r}, t)}{\partial t} + \boldsymbol{c}_{\mathrm{g}} \cdot \nabla\boldsymbol{k}(\boldsymbol{r}, t) = -\nabla\Omega(\boldsymbol{k}, \boldsymbol{r}, t) \tag{8.3.50b}$$

其中, $\boldsymbol{c}_{\mathrm{g}} = \nabla_{\boldsymbol{k}}\Omega(\boldsymbol{k}, \boldsymbol{r}, t)$ 称为**广义群速度** ($\nabla_{\boldsymbol{k}}$ 表示对 $\boldsymbol{k}$ 变量求梯度). 定义 "物质" 导数 (即沿群速度方向的导数, 或者沿声线方向的导数)

$$\frac{\mathrm{d}^{\mathrm{g}}}{\mathrm{d}t} \equiv \frac{\partial}{\partial t} + \boldsymbol{c}_{\mathrm{g}} \cdot \nabla \tag{8.3.50c}$$

则方程 (8.3.50b) 可写成

$$\frac{\mathrm{d}^{\mathrm{g}}\boldsymbol{k}(\boldsymbol{r}, t)}{\mathrm{d}t} = -\nabla\Omega(\boldsymbol{k}, \boldsymbol{r}, t) \tag{8.3.51a}$$

注意: $\Omega(\boldsymbol{k}, \boldsymbol{r}, t)$ 的独立变量为 $\boldsymbol{k}$、$\boldsymbol{r}$ 和 t, 上式中 $\nabla\Omega(\boldsymbol{k}, \boldsymbol{r}, t)$ 仅对变量 $\boldsymbol{r}$ 求梯度. 由方程 (8.3.48a), 写成分量形式

$$\Omega(\boldsymbol{k}, \boldsymbol{r}, t) = c_{\mathrm{e}}(\boldsymbol{r}, t)k + \sum_{j=1}^{3} k_j U_j(\boldsymbol{r}, t) \tag{8.3.51b}$$

代入方程 (8.3.51a) 得到

$$\begin{aligned}
\frac{\mathrm{d}^{\mathrm{g}}\boldsymbol{k}(\boldsymbol{r}, t)}{\mathrm{d}t} &= -k\nabla c_{\mathrm{e}}(\boldsymbol{r}, t) - \sum_{j=1}^{3} k_j \nabla U_j(\boldsymbol{r}, t) \\
&= -k\nabla c_{\mathrm{e}} - (\boldsymbol{k} \cdot \nabla)\boldsymbol{U} - \boldsymbol{k} \times (\nabla \times \boldsymbol{U})
\end{aligned} \tag{8.3.51c}$$

其中，应用了关系

$$\sum_{j=1}^{3} k_j \nabla U_j(\boldsymbol{r}, t) = (\boldsymbol{k} \cdot \nabla)\boldsymbol{U} + \boldsymbol{k} \times (\nabla \times \boldsymbol{U}) \tag{8.3.51d}$$

方程 (8.3.51c) 就是我们要求的**射线方程**.

　　广义频率　由方程 (8.3.48b)

$$\begin{aligned} \frac{\mathrm{d}^g \omega(\boldsymbol{r}, t)}{\mathrm{d}t} &= \frac{\partial \Omega(\boldsymbol{k}, \boldsymbol{r}, t)}{\partial t} + \nabla_{\boldsymbol{k}} \Omega(\boldsymbol{k}, \boldsymbol{r}, t) \cdot \frac{\partial \boldsymbol{k}}{\partial t} \\ &\quad + \boldsymbol{c}_g \cdot \nabla \Omega(\boldsymbol{k}, \boldsymbol{r}, t) + (\boldsymbol{c}_g \cdot \nabla \boldsymbol{k}) \cdot \nabla_{\boldsymbol{k}} \Omega(\boldsymbol{k}, \boldsymbol{r}, t) \end{aligned} \tag{8.3.52a}$$

$$= \frac{\partial \Omega(\boldsymbol{k}, \boldsymbol{r}, t)}{\partial t} + \boldsymbol{c}_g \cdot \left[\nabla \Omega(\boldsymbol{k}, \boldsymbol{r}, t) + \frac{\mathrm{d}^g \boldsymbol{k}}{\mathrm{d}t} \right]$$

注意: 求 $\omega(\boldsymbol{r}, t)$ 的时间和空间导数时, $\Omega(\boldsymbol{k}, \boldsymbol{r}, t)$ 中的 $\boldsymbol{k} = \boldsymbol{k}(\boldsymbol{r}, t)$ 是 $\boldsymbol{r}$ 和 t 的函数. 由方程 (8.3.51a), 上式中括号内为零, 故

$$\frac{\mathrm{d}^g \omega(\boldsymbol{r}, t)}{\mathrm{d}t} = \frac{\partial \Omega(\boldsymbol{k}, \boldsymbol{r}, t)}{\partial t} \tag{8.3.52b}$$

对由方程 (8.3.51b) 表示的广义色散关系, 显然

$$\frac{\mathrm{d}^g \omega(\boldsymbol{r}, t)}{\mathrm{d}t} = k \frac{\partial c_e(\boldsymbol{r}, t)}{\partial t} + \sum_{j=1}^{3} k_j \frac{\partial U_j(\boldsymbol{r}, t)}{\partial t} \tag{8.3.52c}$$

在稳态情况下, $c_e(\boldsymbol{r}, t)$ 和 $\boldsymbol{U}(\boldsymbol{r}, t)$ 与时间无关, 那么

$$\frac{\mathrm{d}^g \omega(\boldsymbol{r}, t)}{\mathrm{d}t} = 0 \tag{8.3.53a}$$

故沿着声线方向, 声波频率不变; 如果 $c_e(\boldsymbol{r}, t)$ 和 $\boldsymbol{U}(\boldsymbol{r}, t)$ 与空间无关, 由方程 (8.3.51c), 那么

$$\frac{\mathrm{d}^g \boldsymbol{k}(\boldsymbol{r}, t)}{\mathrm{d}t} = 0 \tag{8.3.53b}$$

故沿着声线方向, 声波波数不变. 声线方程 (8.3.51c) 和频率方程 (8.3.52c) 就是代替程函方程 (8.3.47c) 的二个基本方程. 显然, 它们可以简化为 8.3.5 小节的稳态问题.

　　下面, 我们就二种简单情况, 即静止非均匀介质和均匀介质中稳定流的声线传播方程, 说明声线方程 (8.3.51c) 和广义频率方程 (8.3.52c) 的应用.

　　静止非均匀介质　显然方程 (8.3.53a) 成立, 即沿着声线方向, 声波频率不变. 又由方程 (8.3.51b), 群速度为

$$\boldsymbol{c}_g = \nabla_{\boldsymbol{k}} \Omega(\boldsymbol{k}, \boldsymbol{r}, t) = c_e(\boldsymbol{r}) \nabla_{\boldsymbol{k}} k = c_e(\boldsymbol{r}) \frac{\boldsymbol{k}}{k} \equiv c_e(\boldsymbol{r}) \boldsymbol{s} \tag{8.3.54a}$$

其中, $s = k/k$ 为局部波矢量方向的单位矢量. 由方程 (8.3.48a) (注意 $U(r, t) = 0$), $k = \omega s/c_e(r)$, 代入方程 (8.3.51c) 得到

$$\frac{\mathrm{d}^g}{\mathrm{d}t}\left[\frac{\omega}{c_e(r)}s\right] = -k\nabla c_e(r) \tag{8.3.54b}$$

即

$$\frac{s}{c_e(r)}\frac{\mathrm{d}^g\omega}{\mathrm{d}t} + s\omega\frac{\mathrm{d}^g}{\mathrm{d}t}\left[\frac{1}{c_e(r)}\right] + \frac{\omega}{c_e(r)}\frac{\mathrm{d}^g s}{\mathrm{d}t} = -k\nabla c_e(r) \tag{8.3.54c}$$

由方程 (8.3.50c), (8.3.53a) 和 (8.3.54a), 上式简化为

$$s\left[c_g \cdot \nabla\frac{1}{c_e(r)}\right] + \frac{1}{c_e(r)}c_g \cdot \nabla s = -\frac{1}{c_e(r)}\nabla c_e(r) \tag{8.3.54d}$$

由方程 (8.3.54a) 并且注意到 $(c_g/c_e) \cdot \nabla = s \cdot \nabla$ 是梯度在 s 方向 (即声线方向) 的投影, 即 $(c_g/c_e) \cdot \nabla = s \cdot \nabla = \mathrm{d}/\mathrm{d}s$(其中 s 为从某点起声线的长度), 方程 (8.3.54d) 变成

$$\frac{\mathrm{d}s}{\mathrm{d}s} = -\frac{1}{c_e(r)}\nabla c_e(r) + \left[s \cdot \frac{\nabla c_e(r)}{c_e(r)}\right]s \tag{8.3.54e}$$

注意到 $n(r) \equiv c_0/c_e(r)$ 以及 $s = \mathrm{d}r/\mathrm{d}s$, 不难证明方程 (7.4.7d) 与上式是一致的.

均匀介质中稳定流 (低 Mach 数)　由于 $c_e(r, t) = c_e$ 和 $\rho_e(r, t) = \rho_e$(与空间坐标和时间无关) 和 $U(r, t) = U(r)$, 方程 (8.3.53a) 成立. 由方程 (8.3.51b), 群速度为

$$c_g = c_e\frac{k}{k} + U(r) \equiv c_e s + U(r) \tag{8.3.55a}$$

在低 Mach 数条件下

$$\frac{c_g}{c_e} = s + \frac{U(r)}{c_e} \approx s \tag{8.3.55b}$$

由方程 (8.3.51c) 和 (8.3.48a), 并且注意到 $\nabla c_e = 0$ 和 $k = \omega/[c_e + U(r) \cdot s]$

$$\frac{\mathrm{d}^g}{\mathrm{d}t}\left(\frac{\omega s}{c_e + U \cdot s}\right) = -(k \cdot \nabla)U - k \times (\nabla \times U) \tag{8.3.55c}$$

利用方程 (8.3.53a), 上式简化为

$$c_g \cdot \nabla\left[\frac{s}{c_e + U \cdot s}\right] = -\frac{1}{c_e + U \cdot s}(s \cdot \nabla)U - \frac{1}{c_e + U \cdot s}s \times (\nabla \times U) \tag{8.3.55d}$$

在低 Mach 数条件下注意到 $(c_g/c_e) \cdot \nabla \approx s \cdot \nabla = \mathrm{d}/\mathrm{d}s$, 上式近似为

$$\frac{\mathrm{d}s}{\mathrm{d}s} \approx -\frac{1}{c_e}(s \cdot \nabla)U - \frac{1}{c_e}s \times (\nabla \times U) \tag{8.3.56a}$$

两边点乘 s 并且注意到 $s^2 = 1$ 以及 $2s \cdot \mathrm{d}s = \mathrm{d}s^2/\mathrm{d}s = 0$ 得到 $s \cdot [(s \cdot \nabla)U] \approx 0$, 该式意味着: s 的方向与 $(s \cdot \nabla)U$ 近似垂直, 在方程 (8.3.56a) 中可忽略 $(s \cdot \nabla)U$, 故最终得到声线方程

$$\frac{\mathrm{d}s}{\mathrm{d}s} = \frac{1}{c_e}(\nabla \times U) \times s \tag{8.3.56b}$$

上式的物理意义是明显的: 声线方向的变化主要是由流速的旋度 $\nabla \times U$ 引起的. 注意: 在非低 Mach 数条件下, 方程 (8.3.55d) 关于 s 是非线性的.

如图 8.3.1, 设 $U(r) = U(z)e_x$, 即流体流动是分层的, 只有沿 x 方向的分量 (水平方向, 如风对声传播的影响), 则方程 (8.3.56b) 的分量形式为

$$\frac{\mathrm{d}s_x}{\mathrm{d}s} = \frac{1}{c_e}s_z\frac{\partial U(z)}{\partial z}; \quad \frac{\mathrm{d}s_y}{\mathrm{d}s} = 0; \quad \frac{\mathrm{d}s_z}{\mathrm{d}s} = -\frac{1}{c_e}s_x\frac{\partial U(z)}{\partial z} \tag{8.3.57a}$$

其中, $s = s_x e_x + s_y e_y + s_z e_z$. 显然, y 方向的波矢量分量不变, 设声波在 xOz 平面内传播, 则 $s_y \equiv 0$. 利用 $\mathrm{d}z = s_z \mathrm{d}s$ 代入方程 (8.3.57a) 的第一式

$$\frac{\mathrm{d}s_x}{\mathrm{d}z} = \frac{1}{c_e}\frac{\mathrm{d}U(z)}{\mathrm{d}z} \tag{8.3.57b}$$

不难求得 $s_x = s_{x0} + U(z)/c_e$, 其中 s_{x0} 是声线的初始方向. 而由 $s_z = \sqrt{1 - s_x^2}$ 得到

$$s_z = \pm\sqrt{1 - \left[s_{x0} + \frac{U(z)}{c_e}\right]^2} \tag{8.3.57c}$$

上式也可由方程 (8.3.57a) 的第三个方程得到. 设 $U(0) = 0$(地面上风速为零) 并且声线由位于 x 轴上 ($z = 0$) 的源发出, 当某条声线的初始方向为 s_{x0} 时, 该声线到达的最大高度 $z_{\max}$ 由 $s_z = 0$ 或者 $s_x = 1$ 决定 (即声线与 x 轴平行)

$$U(z_{\max}) = c_e(1 - s_{x0}) \tag{8.3.57d}$$

当 $U(z)$ 由 $z = 0$ 单调增加时 (但 $U(z)/c_e \ll 1$), s_x 增加, 故声线总是向流方向弯曲 (如图 8.3.1 的虚线所示).

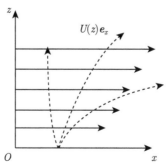

图 8.3.1 设流体流动是分层的, 只有沿 x 方向的分量 (水平方向, 如风对声传播的影响); 虚线表示不同初始方向的声线

8.4　湍流产生的声波

在 8.3.6 小节中, 我们假定流体流动速度在时间和空间上的变化都是缓慢的 (即空间变化尺度远大于声波波长, 而时间变化尺度远大于声信号的最大周期), 仅考虑声波在这样的流体中的传播, 即流体的流动对声传播的影响. 事实上, 当流动速度的时空变化十分剧烈时, 流动着的流体 —— 气流本身就成为声源辐射噪声, 称为**气流噪声** (aerodynamic noise) 或者**湍流噪声** (turbulent noise). 熟悉的例子是喷气飞机、农用拖拉机以及摩托车等的喷口发出的气流噪声. 研究气流声辐射的内容称为**气动声学**(aeroacoustics), 本节仅对气动声学作一简单介绍.

8.4.1　Lighthill 理论和八次方定律

当流体的流速较缓慢时, 速度在空间的分布是有规的层流 (如图 8.4.1(a)); 但当流速超过一定的值, 时空分布呈现不规则性, 其主要特征是流速场由一个个小的漩涡组成, 我们称此时流体处于湍流状态 (如图 8.4.1(b)). 流体的这种运动状态由 Reynolds 数 (注意: 与 9.2 节中声 Reynolds 数的区别) 的大小决定 $R_e = \rho_0 U D / \mu$, 其中 μ 是流体切变黏滞系数, D 是限制流体运动的横向线度 (如气体喷口的直径或管道的直径). Reynolds 数越大, 流动越容易处于湍流状态. Reynolds 数作为层流到湍流的决定参数, 其物理本质是: 当 Reynolds 数较小时, 黏滞力大于惯性力 (μ 较大而 U 较小), 此时流动是稳定的, 如果流体中有一个小的扰动, 则扰动很快衰减; 当 Reynolds 数较大时, 惯性力大于黏滞力 (U 较大而 μ 较小), 此时流动是不稳定的, 如果流体中有一个小的扰动, 则扰动容易发展增强, 形成湍流. 当 Reynolds 数增加时, 惯性力大于黏滞力, 流体从层流过渡到湍流.

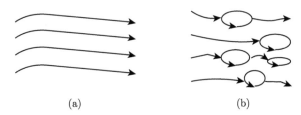

(a)　　　　　　　　　　　　(b)

图 8.4.1　有规则的层流 (a); 无规则的湍流 (b)

对高 Reynolds 数情况, 流体内部可近似为理想流体, 基本运动方程为质量守恒方程和动量守恒方程

$$\frac{\partial \rho}{\partial t} + \nabla \cdot (\rho \boldsymbol{v}) = 0 \tag{8.4.1a}$$

$$\frac{\partial (\rho \boldsymbol{v})}{\partial t} + \nabla \cdot \boldsymbol{P} = 0 \tag{8.4.1b}$$

其中, $\boldsymbol{P}$ 为张量, 分量为 $P_{ij} = \rho v_i v_j + P\delta_{ij}$ $(i, j = 1, 2, 3)$. 另外, 假定流动过程是等熵的, 压力仅是密度的函数 $P = P(\rho)$. 方程 (8.4.1a) 和 (8.4.1b) 分别作用 $\partial/\partial t$ 和 $\nabla\cdot$ 算子并把所得方程相减

$$\frac{\partial^2 \rho}{\partial t^2} = \sum_{i,j=1}^{3} \frac{\partial^2 P_{ij}}{\partial x_i \partial x_j} \tag{8.4.2a}$$

令 $\rho' = \rho - \rho_0$ (其中 ρ_0 为流体平衡时的均匀密度), 且上式两边减去 $c_0^2\nabla^2\rho'$ 得到

$$\frac{\partial^2 \rho'}{\partial t^2} - c_0^2\nabla^2\rho' = \sum_{i,j=1}^{3} \frac{\partial^2 T_{ij}}{\partial x_i \partial x_j} \tag{8.4.2b}$$

其中, $T_{ij} \equiv P_{ij} - c_0^2\rho'\delta_{ij}$ 或者 $T_{ij} = \rho v_i v_j + (p' - c_0^2\rho')\delta_{ij}$ (因为 $P = P_0 + p'$, 而 P_0 为常数), T_{ij} 称为 **Lighthill 张量**. 对等熵流动 $P = P_0 + p' \approx P_0 + c_0^2\rho'$ (P_0 与空间坐标无关), 方程 (8.4.2b) 线性化成

$$\frac{1}{c_0^2}\frac{\partial^2 p'}{\partial t^2} - \nabla^2 p' = \sum_{i,j=1}^{3} \frac{\partial^2 t_{ij}}{\partial x_i \partial x_j} \tag{8.4.2c}$$

其中, $t_{ij} \approx \rho_0 v_i v_j$. 流体的速度由三部分构成: ① 平均流动速度 $\overline{\boldsymbol{U}}$, 为了简单, 假定它是与时间和空间无关的常数. 与方程 (8.1.3d) 相比, 显然, 方程 (8.4.2c) 只有在以平均速度 $\overline{\boldsymbol{U}}$ 运动的坐标系内才成立, 否则, 方程 (8.4.2c) 右边的项不能简单地作为声源来处理. 在以 $\overline{\boldsymbol{U}}$ 运动的坐标系, 应该取 $\overline{\boldsymbol{U}} = 0$; ② 湍流涨落速度 $\boldsymbol{U}$, 它的时间、空间平均为零; ③ 声波引起的速度 $\boldsymbol{v}'$. 因此, 流体的总速度为 $\boldsymbol{v} = \overline{\boldsymbol{U}} + \boldsymbol{U} + \boldsymbol{v}' = \boldsymbol{U} + \boldsymbol{v}'$, 而 $t_{ij} \approx \rho_0(U_i U_j + U_i v_j' + U_j v_i')$, 代入方程 (8.4.2c)

$$\frac{1}{c_0^2}\frac{\partial^2 p'}{\partial t^2} - \nabla^2 p' = \rho_0 \sum_{i,j=1}^{3} \left[\frac{\partial^2 (U_i U_j)}{\partial x_i \partial x_j} + 2\frac{\partial^2 (U_i v_j')}{\partial x_i \partial x_j} \right] \tag{8.4.3a}$$

上式的物理意义是非常明显的: 右边第一项作为声源, 产生湍流声波; 而第二项表示湍流与声波的相互作用, 该项在研究湍流对声波的散射时有重要意义, 我们已在 3.3.4 小节进行了讨论. 故湍流产生声波的方程为

$$\frac{1}{c_0^2}\frac{\partial^2 p'}{\partial t^2} - \nabla^2 p' = \rho_0 \sum_{i,j=1}^{3} \frac{\partial^2 (U_i U_j)}{\partial x_i \partial x_j} \tag{8.4.3b}$$

可见, 流体的湍流产生声辐射源, 而且是一个四极子声源 (见 2.1.4 小节讨论). 一般, 湍流发生在局部区域, 故假定均匀介质中存在一个小的湍流区域 V_0(周围为静止介质). 设方程 (8.4.3b) 的解具有形式

$$p'(\boldsymbol{r}, t) = \rho_0 \sum_{i,j=1}^{3} \frac{\partial^2 p_{ij}(\boldsymbol{r}, t)}{\partial x_i \partial x_j} \tag{8.4.4a}$$

代入方程 (8.4.3b) 得到

$$\sum_{i,j=1}^{3} \frac{\partial^2}{\partial x_i \partial x_j} \left[\frac{1}{c_0^2} \frac{\partial^2 p_{ij}(\boldsymbol{r},t)}{\partial t^2} - \nabla^2 p_{ij}(\boldsymbol{r},t) \right] = \sum_{i,j=1}^{3} \frac{\partial^2 (U_i U_j)}{\partial x_i \partial x_j} \qquad (8.4.4b)$$

即

$$\frac{1}{c_0^2} \frac{\partial^2 p_{ij}(\boldsymbol{r},t)}{\partial t^2} - \nabla^2 p_{ij}(\boldsymbol{r},t) = U_i U_j \qquad (8.4.4c)$$

由方程 (1.3.23a) 得到

$$p_{ij}(\boldsymbol{r},t) = \frac{1}{4\pi} \int_{V_0} \frac{1}{|\boldsymbol{r}-\boldsymbol{r}'|} t_{ij}^0 \left(\boldsymbol{r}', t - \frac{|\boldsymbol{r}-\boldsymbol{r}'|}{c_0} \right) \mathrm{d}^3 \boldsymbol{r}' \qquad (8.4.4d)$$

其中, $t_{ij}^0(\boldsymbol{r},t) \equiv U_i(\boldsymbol{r},t) U_j(\boldsymbol{r},t)$. 由方程 (8.4.4a), 测量点 $\boldsymbol{r}$ 处的声压为 (忽略 "′")

$$p(\boldsymbol{r},t) = \frac{\rho_0}{4\pi} \sum_{i,j=1}^{3} \frac{\partial^2}{\partial x_i \partial x_j} \int_{V_0} \frac{1}{|\boldsymbol{r}-\boldsymbol{r}'|} t_{ij}^0 \left(\boldsymbol{r}', t - \frac{|\boldsymbol{r}-\boldsymbol{r}'|}{c_0} \right) \mathrm{d}^3 \boldsymbol{r}' \qquad (8.4.5a)$$

上式说明: 声源上出现的导数 (时间或者空间) 可以放到积分号外. 在远场近似下

$$p(\boldsymbol{r},t) \approx \frac{\rho_0}{4\pi|\boldsymbol{r}|} \sum_{i,j=1}^{3} \frac{\partial^2}{\partial x_i \partial x_j} \int_{V_0} t_{ij}^0 \left(\boldsymbol{r}', t - \frac{|\boldsymbol{r}|}{c_0} \right) \mathrm{d}^3 \boldsymbol{r}' \qquad (8.4.5b)$$

注意到微分关系

$$\frac{\partial^2}{\partial x_i \partial x_j} t_{ij}^0 \left(\boldsymbol{r}', t - \frac{|\boldsymbol{r}|}{c_0} \right) = e_i e_j \frac{1}{c_0^2} \frac{\partial^2}{\partial t^2} t_{ij}^0 \left(\boldsymbol{r}', t - \frac{|\boldsymbol{r}|}{c_0} \right) \qquad (8.4.5c)$$

其中, $e_i \equiv x_i/|\boldsymbol{r}|$ 为测量点矢量 $\boldsymbol{r}$ 的 x_i 方向余弦, 上式代入方程 (8.4.5b) 得到

$$\begin{aligned}
p(\boldsymbol{r},t) &\approx \frac{\rho_0}{4\pi c_0^2 |\boldsymbol{r}|} \frac{\partial^2}{\partial t^2} \int_{V_0} \sum_{i,j=1}^{3} e_i e_j U_i(\boldsymbol{r}',t_{\mathrm{R}}) U_j(\boldsymbol{r}',t_{\mathrm{R}}) \mathrm{d}^3 \boldsymbol{r}' \\
&= \frac{\rho_0}{4\pi c_0^2 |\boldsymbol{r}|} \frac{\partial^2}{\partial t^2} \int_{V_0} [\boldsymbol{e} \cdot \boldsymbol{U}(\boldsymbol{r}',t_{\mathrm{R}})]^2 \mathrm{d}^3 \boldsymbol{r}'
\end{aligned} \qquad (8.4.5d)$$

其中, $t_{\mathrm{R}} = t - |\boldsymbol{r}|/c_0$. 上式表明: 远场声压仅与速度 $\boldsymbol{U}(\boldsymbol{r},t_{\mathrm{R}})$ 在测量方向的投影有关.

一旦给出湍流场的速度分布 $\boldsymbol{U}(\boldsymbol{r},t)$, 通过方程 (8.4.5d) 就能计算远场的噪声分布. 但是一般来说, 速度场 $\boldsymbol{U}(\boldsymbol{r},t)$ 也是未知的, 只能给出某些关于湍流的统计描述. 故方程 (8.4.5d) 很难给出声压的定量计算. 下面给出一个定性的估计. 在模拟喷气口的气流噪声时, 设湍流区域 V_0 大致为 L^3(其中 L 为喷气口的直径), 则

$$\int_{V_0} [\boldsymbol{e} \cdot \boldsymbol{U}(\boldsymbol{r}',t_{\mathrm{R}})]^2 \mathrm{d}^3 \boldsymbol{r}' \sim U^2 L^3 \qquad (8.4.6a)$$

时间变化尺度 $\partial^2/\partial t^2 \sim (U/L)^2$, 故远场声压近似为

$$p \sim \frac{\rho_0}{4\pi c_0^2 |\boldsymbol{r}|} \left(\frac{U}{L}\right)^2 U^2 L^3 \tag{8.4.6b}$$

因此, 气流噪声的功率为

$$\overline{W} \sim 4\pi r^2 \frac{p^2}{\rho_0 c_0} \sim \frac{\rho_0}{4\pi c_0^5} U^8 L^2 \sim U^8 \tag{8.4.6c}$$

可见, 四极子气流声源辐射的声功率与气流速度的八次方成正比. 方程 (8.4.6c) 的结果称为 **Lighthill 八次方定律**, 该定律为大量实验证实. 但八次方定律也只适合于速度不太高的情况 (冷空气喷注), 当气流速度进一步提高时 (热气流喷注, 如火箭), 噪声功率仅正比于速度的三次方, 这时必须考虑由于存在温度梯度和速度梯度而引起的对流现象以及对声波的散射.

定性讨论 我们知道, 由于质量迁移 (区域 V_0 内外存在净的质量流) 而产生的声源为单极子声源 (声波方程中出现项 $\partial q/\partial t$, 见 2.1.1 小节讨论). 由流体力学方程 (1.1.16c) 可知, 区域 V_0 内流体速度的局部涨落将引起局部压力的涨落, 声压正比于 $\langle \rho_0 U^2 \rangle$, 其中 $\langle \cdot \rangle$ 表示系综平均. 故远场声压为 $p \sim (d/R)\langle \rho_0 U^2 \rangle$, 其中 d 为涨落区域 V_0 的长度, R 为测量点到涨落点的距离. 因此, 单极子流声源辐射的声功率为

$$\overline{W}_s \sim 4\pi R^2 \frac{p^2}{\rho_0 c_0} \sim \frac{\rho_0}{c_0} d^2 U^4 = \frac{\rho_0 U^2 d^3}{d/U} \cdot \frac{U}{c_0} \tag{8.4.7a}$$

与速度 U 成四次方关系. 由于 $(\rho_0 U^2 d^3)$ 表示区域 V_0 内流体的动能, $d/U = T$ 是涨落的特征时间, 故上式表示单位时间内, 有 (U/c_0) 部分的流体动能转化为声能量.

如果区域 V_0 内外存在净的动量迁移, 那么产生的声源一般为偶极子声源 (声波方程出现项 $\nabla \cdot \boldsymbol{f}$, 见 2.1.1 小节讨论). 比较方程 (2.1.6b) 与 (2.1.20c) 可知, 偶极子声源辐射功率是单极子声源辐射功率的 $(d/\lambda)^2$, 而 $\lambda \sim c_0/T \sim (c_0/U)d$, 故偶极子流声源辐射的声功率为

$$\overline{W}_d \sim \overline{W}_s \left(\frac{d}{\lambda}\right)^2 \sim \frac{\rho_0 U^2 d^3}{d/U} \cdot \left(\frac{U}{c_0}\right)^3 \sim U^6 \tag{8.4.7b}$$

如果区域 V_0 周围由静止的流体 (同一种流体) 包围, 那么区域内外既没有质量交换也没有动量交换, 净的质量流和动量流都为零, 单极子流声源和偶极子流声源对区域 V_0 内部的压力涨落总的贡献为零, 必须考虑四极子或更高阶极子的对压力涨落的贡献. 由 2.1.3 小节讨论, 四极子声源辐射功率又是偶极子声源辐射功率的 $(d/\lambda)^2$, 故四极子流声源辐射的声功率为

$$\overline{W}_q \sim \overline{W}_d \left(\frac{d}{\lambda}\right)^2 \sim \frac{\rho_0 U^2 d^3}{d/U} \cdot \left(\frac{U}{c_0}\right)^5 \sim U^8 \tag{8.4.7c}$$

这正是方程 (8.4.6c) 的结果.

8.4.2　固定界面的声散射和 Curle 方程

如果湍流区域 V_0 附近存在界面 S_0(假定界面 S_0 是静止的, 如果 S_0 在空间运动, 讨论见 8.4.3 小节), 如图 8.4.2, 那么界面 S_0 将对声波产生反射, 方程 (8.4.5a) 必须包括界面的作用. 特别是在界面附近, 我们往往不得不考虑流体的黏滞. 因此, 代替动量守恒方程 (8.4.1b), 我们利用包含黏滞效应的动量守恒方程 (6.1.10a)

$$\frac{\partial(\rho\boldsymbol{v})}{\partial t} + \nabla\cdot\boldsymbol{P} = 0 \qquad (8.4.8a)$$

其中, 张量 $\boldsymbol{P}$ 的分量应该代之以下式

$$P_{ij} = \rho v_i v_j + P\delta_{ij} - \sigma_{ij}; \quad \sigma_{ij} = \lambda(\nabla\cdot\boldsymbol{v})\delta_{ij} + 2\mu S_{ij}(\boldsymbol{v}) \quad (i,j=1,2,3) \qquad (8.4.8b)$$

而方程 (8.4.2c) 修改为

$$\frac{1}{c_0^2}\frac{\partial^2 p'}{\partial t^2} - \nabla^2 p' = \sum_{i,j=1}^{3}\frac{\partial^2 T_{ij}}{\partial x_i\partial x_j} \qquad (8.4.8c)$$

其中, $T_{ij} \equiv P_{ij} - c_0^2\rho'\delta_{ij}$ 或者 $T_{ij} = \rho v_i v_j + (p' - c_0^2\rho')\delta_{ij} - \sigma_{ij}$. 由频域方程 (3.2.29b)(注意: 改用区域的法向表示)

$$p(\boldsymbol{r},\omega) = \int_{V_0} G(\boldsymbol{r},\boldsymbol{r}',\omega)\Im(\boldsymbol{r}',\omega)\mathrm{d}^3\boldsymbol{r}'$$
$$+ \iint_{S_0}\left[G(\boldsymbol{r},\boldsymbol{r}',\omega)\frac{\partial p(\boldsymbol{r}',\omega)}{\partial n'} - p(\boldsymbol{r}',\omega)\frac{\partial G(\boldsymbol{r},\boldsymbol{r}',\omega)}{\partial n'}\right]\mathrm{d}S_0' \qquad (8.4.9a)$$

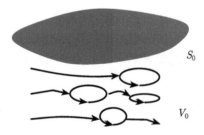

图 8.4.2　无规则的湍流 V_0 附近存在界面 S_0

两边作 Fourier 变换得到时域积分形式解 (注意利用 Fourier 变换的卷积定理)

$$p(\boldsymbol{r},t) = \int_{V_0}\int_{-\infty}^{\infty} G(\boldsymbol{r},\boldsymbol{r}',t-\tau)\frac{\partial^2 T_{ij}(\boldsymbol{r}',\tau)}{\partial x_i'\partial x_j'}\mathrm{d}\tau\mathrm{d}^3\boldsymbol{r}'$$
$$+ \iint_{S_0}\int_{-\infty}^{\infty}\left[G(\boldsymbol{r},\boldsymbol{r}',t-\tau)\frac{\partial p(\boldsymbol{r}',\tau)}{\partial n'} - p(\boldsymbol{r}',\tau)\frac{\partial G(\boldsymbol{r},\boldsymbol{r}',t-\tau)}{\partial n'}\right]\mathrm{d}\tau\mathrm{d}S_0' \qquad (8.4.9b)$$

其中, 含时 Green 函数为

$$G(\boldsymbol{r} - \boldsymbol{r}'; t - \tau) = \frac{1}{4\pi|\boldsymbol{r} - \boldsymbol{r}'|}\delta\left(t - \tau - \frac{|\boldsymbol{r} - \boldsymbol{r}'|}{c_0}\right) \tag{8.4.9c}$$

注意到微分关系

$$G\frac{\partial^2 T_{ij}}{\partial x_i'\partial x_j'} = T_{ij}\frac{\partial^2 G}{\partial x_i'\partial x_j'} + \frac{\partial}{\partial x_i'}\left(G\frac{\partial T_{ij}}{\partial x_j'}\right) - \frac{\partial}{\partial x_i'}\left(T_{ij}\frac{\partial G}{\partial x_i'}\right)$$

$$\frac{\partial G}{\partial x_j'} = -\frac{\partial G}{\partial x_j}; \quad \frac{\partial^2 G}{\partial x_i'\partial x_j'} = \frac{\partial^2 G}{\partial x_i\partial x_j} \tag{8.4.10a}$$

代入方程 (8.4.9b) 并把体积分转化成面积分得到

$$p(\boldsymbol{r}, t) = \frac{1}{4\pi}\frac{\partial^2}{\partial x_i\partial x_j}\int_{V_0}\frac{T_{ij}(\boldsymbol{r}', t_R)}{|\boldsymbol{r} - \boldsymbol{r}'|}\mathrm{d}^3\boldsymbol{r}'$$

$$+ \iint_{S_0}\int_{-\infty}^{\infty}\left\{G(\boldsymbol{r}, \boldsymbol{r}', t - \tau)n_i'\frac{\partial}{\partial x_j'}[T_{ij}(\boldsymbol{r}', \tau) + \delta_{ij}p(\boldsymbol{r}', \tau)]\right. \tag{8.4.10b}$$

$$\left. - n_j'[T_{ij}(\boldsymbol{r}', \tau) + \delta_{ij}p(\boldsymbol{r}', \tau)]\frac{\partial G(\boldsymbol{r}, \boldsymbol{r}', t - \tau)}{\partial x_i'}\right\}\mathrm{d}\tau\mathrm{d}S_0'$$

其中, $t_R \equiv t - |\boldsymbol{r} - \boldsymbol{r}'|/c_0$. 得到上式, 利用了关系

$$\frac{\partial f}{\partial n'}\mathrm{d}S_0' = \nabla'f \cdot \mathrm{d}\boldsymbol{S}'_0 = n_j'\frac{\partial f}{\partial x_j'}\mathrm{d}S_0' \tag{8.4.10c}$$

其中, n_j' 是界面 S_0 法向的 x_j' 方向分量. 注意到 $p(\boldsymbol{r}', \tau) \approx c_0^2\rho'(\boldsymbol{r}', \tau)$, 故

$$T_{ij}(\boldsymbol{r}', \tau) + p(\boldsymbol{r}', \tau)\delta_{ij} \approx T_{ij}(\boldsymbol{r}', \tau) + c_0^2\rho'(\boldsymbol{r}', \tau) = P_{ij}(\boldsymbol{r}', \tau)$$

$$= \rho v_i v_j + p(\boldsymbol{r}', \tau)\delta_{ij} - \sigma_{ij}(\boldsymbol{r}', \tau) \tag{8.4.10d}$$

方程 (8.4.10b) 简化成

$$p(\boldsymbol{r}, t)$$

$$\approx \frac{1}{4\pi}\frac{\partial^2}{\partial x_i\partial x_j}\int_{V_0}\frac{T_{ij}(\boldsymbol{r}', t_R)}{|\boldsymbol{r} - \boldsymbol{r}'|}\mathrm{d}^3\boldsymbol{r}'$$

$$+ \iint_{S_0}\int_{-\infty}^{\infty}\left\{G(\boldsymbol{r}, \boldsymbol{r}', t - \tau)n_i'\frac{\partial P_{ij}(\boldsymbol{r}', \tau)}{\partial x_j'} - n_j'P_{ij}(\boldsymbol{r}', \tau)\frac{\partial G(\boldsymbol{r}, \boldsymbol{r}', t - \tau)}{\partial x_i'}\right\}\mathrm{d}\tau\mathrm{d}S_0'$$

$$\tag{8.4.11a}$$

另一方面, 利用动量守恒方程 (8.4.8a) 的分量形式

$$\frac{\partial(\rho v_i)}{\partial t} + \frac{\partial P_{ij}}{\partial x_j'} = 0 \tag{8.4.11b}$$

方程 (8.4.11a) 的第一个面积分化为

$$\iint_{S_0} \int_{-\infty}^{\infty} G(\boldsymbol{r}, \boldsymbol{r}', t-\tau) n_i' \frac{\partial P_{ij}(\boldsymbol{r}', \tau)}{\partial x_j'} \mathrm{d}\tau \mathrm{d}S_0' = -\frac{1}{4\pi} \frac{\partial}{\partial t} \iint_{S_0} \frac{\rho(\boldsymbol{r}', t_{\mathrm{R}}) v_n(\boldsymbol{r}', t_{\mathrm{R}})}{|\boldsymbol{r} - \boldsymbol{r}'|} \mathrm{d}S_0'$$

$$(8.4.11c)$$

其中, $v_n(\boldsymbol{r}', t_{\mathrm{R}}) \equiv n_i' v_i(\boldsymbol{r}', t_{\mathrm{R}})$ 为界面 S_0 的法向速度. 利用 Green 函数方程 (8.4.9c) 和方程 (8.4.10a) 的第二式微分关系, 方程 (8.4.11a) 的第二个面积分化为

$$\iint_{S_0} \int_{-\infty}^{\infty} n_j' P_{ij}(\boldsymbol{r}', \tau) \frac{\partial G(\boldsymbol{r}, \boldsymbol{r}', t-\tau)}{\partial x_i'} \mathrm{d}\tau \mathrm{d}S_0' = \frac{1}{4\pi} \frac{\partial}{\partial x_i} \iint_{S_0} \frac{1}{|\boldsymbol{r} - \boldsymbol{r}'|} f_i(\boldsymbol{r}', t_{\mathrm{R}}) \mathrm{d}S_0'$$

$$(8.4.11d)$$

其中, $f_i(\boldsymbol{r}', t_{\mathrm{R}}) \equiv -n_j' P_{ij}(\boldsymbol{r}', t_{\mathrm{R}}) = -\boldsymbol{n}' \cdot \boldsymbol{P}(\boldsymbol{r}', t_{\mathrm{R}}) \approx -p\delta_i + n_j' \sigma_{ij} (i = 1, 2, 3)$ 为界面 S_0 法向面上的作用力 (注意: 作用力的方向不一定在界面 S_0 的法向 $\boldsymbol{n}'$) 对流体的反作用力. 把方程 (8.4.11c) 和 (8.4.11d) 代入方程 (8.4.11a) 得到

$$p(\boldsymbol{r}, t) \approx \frac{1}{4\pi} \frac{\partial^2}{\partial x_i \partial x_j} \int_{V_0} \frac{T_{ij}(\boldsymbol{r}', t_{\mathrm{R}})}{|\boldsymbol{r} - \boldsymbol{r}'|} \mathrm{d}^3 \boldsymbol{r}'$$

$$-\frac{1}{4\pi} \frac{\partial}{\partial t} \iint_{S_0} \frac{\rho(\boldsymbol{r}', t_{\mathrm{R}}) v_n(\boldsymbol{r}', t_{\mathrm{R}})}{|\boldsymbol{r} - \boldsymbol{r}'|} \mathrm{d}S_0' - \frac{1}{4\pi} \frac{\partial}{\partial x_i} \iint_{S_0} \frac{f_i(\boldsymbol{r}', t_{\mathrm{R}})}{|\boldsymbol{r} - \boldsymbol{r}'|} \mathrm{d}S_0'$$

$$(8.4.12a)$$

显然, 上式与方程 (8.4.5a) 相比较, 增加了界面 S_0 的散射作用. 如果界面 S_0 刚性, 则法向速度为零, 方程 (8.4.12a) 简化成

$$p(\boldsymbol{r}, t) \approx \frac{1}{4\pi} \frac{\partial^2}{\partial x_i \partial x_j} \int_{V_0} \frac{T_{ij}(\boldsymbol{r}', t_{\mathrm{R}})}{|\boldsymbol{r} - \boldsymbol{r}'|} \mathrm{d}^3 \boldsymbol{r}' - \frac{1}{4\pi} \frac{\partial}{\partial x_i} \iint_{S_0} \frac{f_i(\boldsymbol{r}', t_{\mathrm{R}})}{|\boldsymbol{r} - \boldsymbol{r}'|} \mathrm{d}S_0' \qquad (8.4.12b)$$

该方程称为 Curle 方程.

在远场条件下, 方程 (8.4.12b) 的第一项近似由方程 (8.4.5d) 给出, 而第二项近似为

$$\frac{\partial}{\partial t} \iint_{S_0} \frac{x_i}{|\boldsymbol{r}|} f_i(\boldsymbol{r}', t_{\mathrm{R}}) \mathrm{d}S_0' = \frac{\partial}{\partial t} \iint_{S_0} e_i f_i(\boldsymbol{r}', t_{\mathrm{R}}) \mathrm{d}S_0' \qquad (8.4.12c)$$

显然, 上式面积分为刚性界面上的合作用力在测量方向的投影. 由上式和方程 (8.4.5d), 方程 (8.4.12b) 的远场近似为

$$p(\boldsymbol{r}, t) \approx \frac{\rho_0}{4\pi c_0^2 |\boldsymbol{r}|} \frac{\partial^2}{\partial t^2} \int_{V_0} [\boldsymbol{e} \cdot \boldsymbol{U}(\boldsymbol{r}', t_{\mathrm{R}})]^2 \mathrm{d}^3 \boldsymbol{r}' + \frac{1}{4\pi c_0 |\boldsymbol{r}|} \frac{\partial}{\partial t} \iint_{S_0} e_i f_i(\boldsymbol{r}', t_{\mathrm{R}}) \mathrm{d}S_0'$$

$$(8.4.12d)$$

8.4.3   运动界面的声散射和 FW-H 方程

与图 8.4.2 类似, 但是设湍流区域 V_0 附近存在的散射体是运动的物体 (例如飞机在飞行过程中), 此时其表面 S_0 可看作是时间的函数, 即 $S_0 = S_0(t)$, 故 8.4.2

小节中,由频域积分解作 Fourier 变换得到时域积分解 (即方程 (8.4.9b)) 的方法已经不适合了. 必须直接由时域得到相应的积分解.

广义 Green 公式解 考虑流体中存在均匀流 $\boldsymbol{U}_0$ 的时域波动方程, 把方程 (8.1.3d) 改写成

$$\frac{1}{c_0^2}\frac{\mathrm{d}^2 p}{\mathrm{d}\tau^2} - \nabla'^2 p = Q(\boldsymbol{r}',\tau) \qquad (8.4.13\mathrm{a})$$

其中, 声压表示成 $p = p(\boldsymbol{r}',\tau)$, 物质导数为

$$\frac{\mathrm{d}}{\mathrm{d}\tau} \equiv \frac{\partial}{\partial\tau} + \boldsymbol{U}_0 \cdot \nabla' \qquad (8.4.13\mathrm{b})$$

定义 Green 函数 $G = G(\boldsymbol{r},\boldsymbol{r}';t,\tau)$ 满足 (注意: ① 为了方便, 方程的时间变量用 τ 表示, 而用 t 表示方程的参量; ② 当 $\boldsymbol{U}_0 \neq 0$ 时, Green 函数不能写成 $G = G(\boldsymbol{r}-\boldsymbol{r}';t,\tau)$ 的形式)

$$\frac{1}{c_0^2}\frac{\mathrm{d}^2 G}{\mathrm{d}\tau^2} - \nabla'^2 G = \delta(t,\tau)\delta(\boldsymbol{r},\boldsymbol{r}') \qquad (8.4.13\mathrm{c})$$

其中, Green 函数还必须满足因果关系

$$G = 0; \quad \frac{\mathrm{d}G}{\mathrm{d}\tau} = 0 \quad (t < \tau) \qquad (8.4.13\mathrm{d})$$

如图 8.4.3, 在任意时刻 τ, 由半径为 R 的大球面 $S_R(\tau)$ 与运动物体的表面 $S_0(\tau)$ 围成的体积 $V(\tau)$ 内, Green 公式仍然成立, 即

$$\int_{V(\tau)}(G\nabla'^2 p - p\nabla'^2 G)\mathrm{d}^3\boldsymbol{r}' = \iint_{S_0(\tau)+S_R(\tau)}\left(G\frac{\partial p}{\partial n'} - p\frac{\partial G}{\partial n'}\right)\mathrm{d}S' \qquad (8.4.13\mathrm{e})$$

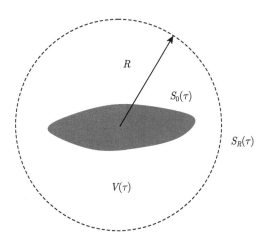

图 8.4.3 体积 $V(\tau)$ 是由半径为 R 的大球面 $S_R(\tau)$ 与运动物体的表面 $S_0(\tau)$ 围成

注意: 上式中所有的微分、积分对 $G(\boldsymbol{r},\boldsymbol{r}';t,\tau)$ 的变量 $\boldsymbol{r}'$ 作用. 把方程 (8.4.13a) 和 (8.4.13c) 代入上式, 且取 $R\to\infty$(在 $S_R(\tau)$ 上的面积分为零), 得到

$$
p(\boldsymbol{r},\tau)\delta(t,\tau)+\frac{1}{c_0^2}\int_{V(\tau)}\left(G\frac{\mathrm{d}^2 p}{\mathrm{d}\tau^2}-p\frac{\mathrm{d}^2 G}{\mathrm{d}\tau^2}\right)\mathrm{d}^3\boldsymbol{r}'
$$
$$
=\int_{V(\tau)}G(\boldsymbol{r},\boldsymbol{r}';t,\tau)Q(\boldsymbol{r}',\tau)\mathrm{d}^3\boldsymbol{r}'+\iint_{S_0(\tau)}\left(G\frac{\partial p}{\partial n'}-p\frac{\partial G}{\partial n'}\right)\mathrm{d}S_0'
\tag{8.4.13f}
$$

不难验证

$$
\frac{\mathrm{d}}{\mathrm{d}\tau}\left(G\frac{\mathrm{d}p}{\mathrm{d}\tau}\right)=\frac{\partial}{\partial\tau}\left(G\frac{\mathrm{d}p}{\mathrm{d}\tau}\right)+\boldsymbol{U}_0\cdot\nabla'\left(G\frac{\mathrm{d}p}{\mathrm{d}\tau}\right)=G\frac{\mathrm{d}^2 p}{\mathrm{d}\tau^2}+\frac{\mathrm{d}p}{\mathrm{d}\tau}\frac{\mathrm{d}G}{\mathrm{d}\tau}
$$
$$
\frac{\mathrm{d}}{\mathrm{d}\tau}\left(p\frac{\mathrm{d}G}{\mathrm{d}\tau}\right)=\frac{\partial}{\partial\tau}\left(p\frac{\mathrm{d}G}{\mathrm{d}\tau}\right)+\boldsymbol{U}_0\cdot\nabla'\left(p\frac{\mathrm{d}G}{\mathrm{d}\tau}\right)=p\frac{\mathrm{d}^2 G}{\mathrm{d}\tau^2}+\frac{\mathrm{d}p}{\mathrm{d}\tau}\frac{\mathrm{d}G}{\mathrm{d}\tau}
\tag{8.4.14a}
$$

于是

$$
G\frac{\mathrm{d}^2 p}{\mathrm{d}\tau^2}-p\frac{\mathrm{d}^2 G}{\mathrm{d}\tau^2}=\frac{\partial}{\partial\tau}\left(G\frac{\mathrm{d}p}{\mathrm{d}\tau}-p\frac{\mathrm{d}G}{\mathrm{d}\tau}\right)+\boldsymbol{U}_0\cdot\nabla'\left(G\frac{\mathrm{d}p}{\mathrm{d}\tau}-p\frac{\mathrm{d}G}{\mathrm{d}\tau}\right)
\tag{8.4.14b}
$$

因此, 方程 (8.4.13f) 左边第二项为

$$
\int_{V(\tau)}\left(G\frac{\mathrm{d}^2 p}{\mathrm{d}\tau^2}-p\frac{\mathrm{d}^2 G}{\mathrm{d}\tau^2}\right)\mathrm{d}^3\boldsymbol{r}'=\frac{\mathrm{d}}{\mathrm{d}\tau}\int_{V(\tau)}\left(G\frac{\mathrm{d}p}{\mathrm{d}\tau}-p\frac{\mathrm{d}G}{\mathrm{d}\tau}\right)\mathrm{d}^3\boldsymbol{r}'
$$
$$
-\iint_{S_0(\tau)}\left(G\frac{\mathrm{d}p}{\mathrm{d}\tau}-p\frac{\mathrm{d}G}{\mathrm{d}\tau}\right)v_n\mathrm{d}S_0'
\tag{8.4.14c}
$$

其中, $v_n\equiv(\boldsymbol{v}_\mathrm{s}-\boldsymbol{U}_0)\cdot\boldsymbol{n}'$ 是散射体表面相对速度在法向的投影, $\boldsymbol{v}_\mathrm{s}$ 是散射体表面的运动速度. 得到上式, 利用了方程 (6.1.44d) 以及 $\boldsymbol{U}_0$ 是常矢量的性质.

另一方面, 对方程(8.4.13f)的 τ 变量在无限大区域积分得(且利用方程(8.4.14c))

$$
p(\boldsymbol{r},t)=\int_{-\infty}^{\infty}\int_{V(\tau)}G(\boldsymbol{r},\boldsymbol{r}';t,\tau)Q(\boldsymbol{r}',\tau)\mathrm{d}^3\boldsymbol{r}'\mathrm{d}\tau
$$
$$
-\frac{1}{c_0^2}\int_{V(\tau)}\left(G\frac{\mathrm{d}p}{\mathrm{d}\tau}-p\frac{\mathrm{d}G}{\mathrm{d}\tau}\right)\mathrm{d}^3\boldsymbol{r}'\bigg|_{\tau=-\infty}^{\tau=\infty}
$$
$$
+\int_{-\infty}^{\infty}\iint_{S_0(\tau)}\left[G\left(\frac{\partial}{\partial n'}+\frac{v_n}{c_0^2}\frac{\mathrm{d}}{\mathrm{d}\tau}\right)p-p\left(\frac{\partial}{\partial n'}+\frac{v_n}{c_0^2}\frac{\mathrm{d}}{\mathrm{d}\tau}\right)G\right]\mathrm{d}S_0'\mathrm{d}\tau
\tag{8.4.15a}
$$

如果不考虑初始条件对声场的影响, 又由于因果关系, 上式右边的第二项可取为零, 于是, 我们得到方程 (8.4.13a) 的积分解

$$
p(\boldsymbol{r},t)=\int_{-\infty}^{\infty}\int_{V(\tau)}G(\boldsymbol{r},\boldsymbol{r}';t,\tau)Q(\boldsymbol{r}',\tau)\mathrm{d}^3\boldsymbol{r}'\mathrm{d}\tau
$$
$$
+\int_{-\infty}^{\infty}\iint_{S_0(\tau)}\left[G\left(\frac{\partial}{\partial n'}+\frac{v_n}{c_0^2}\frac{\mathrm{d}}{\mathrm{d}\tau}\right)p-p\left(\frac{\partial}{\partial n'}+\frac{v_n}{c_0^2}\frac{\mathrm{d}}{\mathrm{d}\tau}\right)G\right]\mathrm{d}S_0'\mathrm{d}\tau
\tag{8.4.15b}
$$

上式就是我们要求的广义 Green 公式解, 在气动声学中十分重要.

静止介质 对介质静止 ($\boldsymbol{U}_0 = 0$), 但物体运动的情况, 方程 (8.4.15b) 简化成

$$
\begin{aligned}
p(\boldsymbol{r}, t) = {} & \int_{-\infty}^{\infty} \int_{V(\tau)} G(\boldsymbol{r}, \boldsymbol{r}'; t, \tau) \frac{\partial^2 T_{ij}(\boldsymbol{r}', \tau)}{\partial x_i' \partial x_j'} \mathrm{d}\tau \mathrm{d}^3 \boldsymbol{r}' \\
& + \int_{-\infty}^{\infty} \iint_{S_0(\tau)} \left[G(\boldsymbol{r}, \boldsymbol{r}'; t, \tau) \frac{\partial p(\boldsymbol{r}', \tau)}{\partial n'} - p(\boldsymbol{r}', \tau) \frac{\partial G(\boldsymbol{r}, \boldsymbol{r}'; t, \tau)}{\partial n'} \right] \mathrm{d}S_0' \mathrm{d}\tau \\
& + \int_{-\infty}^{\infty} \iint_{S_0(\tau)} \frac{\boldsymbol{v}_{\mathrm{s}} \cdot \boldsymbol{n}'}{c_0^2} \left[G(\boldsymbol{r}, \boldsymbol{r}'; t, \tau) \frac{\partial p(\boldsymbol{r}', \tau)}{\partial \tau} - p(\boldsymbol{r}', \tau) \frac{\partial G(\boldsymbol{r}, \boldsymbol{r}'; t, \tau)}{\partial \tau} \right] \mathrm{d}S_0' \mathrm{d}\tau
\end{aligned}
\tag{8.4.16a}
$$

其中, 已取源项为 $Q(\boldsymbol{r}', \tau) = \partial^2 T_{ij}(\boldsymbol{r}', \tau)/\partial x_i' \partial x_j'$. 上式与方程 (8.4.9b) 比较: ① 由于物体的运动, 体积分和面积分是时间 τ 的函数; ② 增加了一项由于物体运动产生的声波, 即方程 (8.4.16a) 右边的第三项积分.

对介质静止 ($\boldsymbol{U}_0 = 0$), 取无限大自由空间的含时 Green 函数

$$
G(\boldsymbol{r}, \boldsymbol{r}'; t, \tau) = \frac{1}{4\pi |\boldsymbol{r} - \boldsymbol{r}'|} \delta \left(t - \tau - \frac{|\boldsymbol{r} - \boldsymbol{r}'|}{c_0} \right)
\tag{8.4.16b}
$$

注意: 上式中只有 $t = \tau + |\boldsymbol{r} - \boldsymbol{r}'|/c_0$ 时, Dirac Delta 函数才不为零, 故 $t > \tau$. 于是, 利用微分关系, 即方程 (8.4.10a), 方程 (8.4.16a) 变成

$$
\begin{aligned}
p(\boldsymbol{r}, t) = {} & \frac{\partial^2}{\partial x_i \partial x_j} \int_{-\infty}^{\infty} \int_{V(\tau)} G(\boldsymbol{r}, \boldsymbol{r}'; t, \tau) T_{ij}(\boldsymbol{r}', \tau) \mathrm{d}\tau \mathrm{d}^3 \boldsymbol{r}' \\
& + \int_{-\infty}^{\infty} \iint_{S_0(\tau)} \left[G(\boldsymbol{r}, \boldsymbol{r}'; t, \tau) \left[n_i' \frac{\partial \tilde{T}_{ij}}{\partial x_j'} + \frac{\boldsymbol{v}_{\mathrm{s}} \cdot \boldsymbol{n}'}{c_0^2} \frac{\partial p(\boldsymbol{r}', \tau)}{\partial \tau} \right] \right] \mathrm{d}S_0' \mathrm{d}\tau \\
& - \int_{-\infty}^{\infty} \iint_{S_0(\tau)} \left[n_j' \tilde{T}_{ij} \frac{\partial G(\boldsymbol{r}, \boldsymbol{r}'; t, \tau)}{\partial x_i'} + \frac{\boldsymbol{v}_{\mathrm{s}} \cdot \boldsymbol{n}'}{c_0^2} p(\boldsymbol{r}', \tau) \frac{\partial G(\boldsymbol{r}, \boldsymbol{r}'; t, \tau)}{\partial \tau} \right] \mathrm{d}S_0' \mathrm{d}\tau
\end{aligned}
\tag{8.4.16c}
$$

其中, $\tilde{T}_{ij} = T_{ij}(\boldsymbol{r}', \tau) + \delta_{ij} p(\boldsymbol{r}', \tau)$. 由方程 (8.4.10d) 和 (8.4.11b)

$$
\begin{aligned}
p(\boldsymbol{r}, t) = {} & \frac{\partial^2}{\partial x_i \partial x_j} \int_{-\infty}^{\infty} \int_{V(\tau)} G(\boldsymbol{r}, \boldsymbol{r}'; t, \tau) T_{ij}(\boldsymbol{r}', \tau) \mathrm{d}\tau \mathrm{d}^3 \boldsymbol{r}' \\
& - \frac{\partial}{\partial x_i} \int_{-\infty}^{\infty} \iint_{S_0(\tau)} f_i(\boldsymbol{r}', \tau) G(\boldsymbol{r}, \boldsymbol{r}'; t, \tau) \mathrm{d}S_0' \mathrm{d}\tau \\
& - \int_{-\infty}^{\infty} \iint_{S_0(\tau)} n_i' \Im_i(\boldsymbol{r}, \boldsymbol{r}'; t, \tau) \mathrm{d}S_0' \mathrm{d}\tau
\end{aligned}
\tag{8.4.16d}
$$

其中, $f_i(\boldsymbol{r}', \tau) \equiv -p(\boldsymbol{r}', \tau) n_i' + n_j' \sigma_{ij}(\boldsymbol{r}', \tau)$ 以及

$$
\begin{aligned}
\Im_i(\boldsymbol{r}, \boldsymbol{r}'; t, \tau) \equiv {} & G(\boldsymbol{r}, \boldsymbol{r}'; t, \tau) \left[\frac{\partial(\rho v_i)}{\partial \tau} - \frac{v_{si}}{c_0^2} \frac{\partial p(\boldsymbol{r}', \tau)}{\partial \tau} \right] \\
& + \left[\rho v_i v_j \frac{\partial G(\boldsymbol{r}, \boldsymbol{r}'; t, \tau)}{\partial x_j'} + \frac{v_{si}}{c_0^2} p(\boldsymbol{r}', \tau) \frac{\partial G(\boldsymbol{r}, \boldsymbol{r}'; t, \tau)}{\partial \tau} \right]
\end{aligned}
\tag{8.4.16e}
$$

注意: 与静止物体情况不同, 面积分中有关 $\tilde{T}_{ij}$ 部分由速度产生的张量 $\rho v_i v_j$ 不能忽略, 在静止物体情况, $\rho v_i v_j$ 是二级小量, 可以忽略不计; 当物体运动时, 在物体表面 $\rho v_i v_j = v_{si} v_{sj}$, 故不是二级小量. 假定物体是不可穿透的, 则在物体表面上 $n_i' v_i = n_i' v_{si} = v_{sn}$, 于是, 由方程 (8.4.16e) 得到 (注意: 利用 $p \approx c_0^2 \rho' = c_0^2 (\rho - \rho_0)$ 和连续性方程 $\frac{\partial \rho}{\partial \tau} + \frac{\partial(\rho v_j)}{\partial x_j} = 0$, 且忽略变量书写)

$$
\begin{aligned}
n_i' \Im_i \equiv n_i' & \left[G \frac{\partial(\rho v_i)}{\partial \tau} + v_i \rho \frac{\partial G}{\partial \tau} + \rho v_i v_j \frac{\partial G}{\partial x_j'} - v_i G \frac{\partial \rho}{\partial \tau} \right] - \rho_0 n_i' v_i \frac{\partial G}{\partial \tau} \\
= & n_i' \left[\frac{\partial(G \rho v_i)}{\partial \tau} + v_i \frac{\partial(G \rho v_j)}{\partial x_j'} \right] - \rho_0 v_{sn} \frac{\partial G}{\partial \tau}
\end{aligned}
\tag{8.4.17a}
$$

另一方面, 由方程 (6.1.44d), 存在微积分关系

$$
\begin{aligned}
\frac{\mathrm{d}}{\mathrm{d}\tau} \int_{V(\tau)} \frac{\partial(G\rho v_i)}{\partial x_i'} \mathrm{d}^3 \boldsymbol{r}' &= \int_{V(\tau)} \frac{\partial^2(G\rho v_i)}{\partial \tau \partial x_i'} \mathrm{d}^3 \boldsymbol{r}' + \iint_{S_0(\tau)} \frac{\partial(G\rho v_i)}{\partial x_i'} n_j' v_j \mathrm{d}S_0' \\
&= \iint_{S_0(\tau)} \frac{\partial(G\rho v_i)}{\partial \tau} n_i' \mathrm{d}S_0' + \iint_{S_0(\tau)} n_i' v_i \frac{\partial(G\rho v_j)}{\partial x_j'} \mathrm{d}S_0' \\
&= \iint_{S_0(\tau)} n_i' \left[\frac{\partial(G\rho v_i)}{\partial \tau} + v_i \frac{\partial(G\rho v_j)}{\partial x_j'} \right] \mathrm{d}S_0'
\end{aligned}
\tag{8.4.17b}
$$

把上式和方程 (8.4.17a) 代入方程 (8.4.16d), 并且忽略时间积分后上下限, 即取

$$
\int_{V(\tau)} \frac{\partial(G\rho v_i)}{\partial x_i'} \mathrm{d}^3 \boldsymbol{r}' \Big|_{\tau=-\infty}^{\tau=\infty} = 0
\tag{8.4.17c}
$$

得到

$$
\begin{aligned}
p(\boldsymbol{r}, t) = & \frac{\partial^2}{\partial x_i \partial x_j} \int_{-\infty}^{\infty} \int_{V(\tau)} G(\boldsymbol{r}, \boldsymbol{r}'; t, \tau) T_{ij}(\boldsymbol{r}', \tau) \mathrm{d}\tau \mathrm{d}^3 \boldsymbol{r}' \\
& - \frac{\partial}{\partial x_i} \int_{-\infty}^{\infty} \iint_{S_0(\tau)} f_i(\boldsymbol{r}', \tau) G(\boldsymbol{r}, \boldsymbol{r}'; t, \tau) \mathrm{d}S_0' \mathrm{d}\tau \\
& + \int_{-\infty}^{\infty} \iint_{S_0(\tau)} \rho_0 v_{sn} \frac{\partial G(\boldsymbol{r}, \boldsymbol{r}'; t, \tau)}{\partial \tau} \mathrm{d}S_0' \mathrm{d}\tau
\end{aligned}
\tag{8.4.17d}
$$

其中, $v_{sn} = n_i' v_{si}$ 是物体的表面法向速度. 显然, 上式第一项表示湍流体源产生的声, 第二项表示物体表面对流体的作用力产生的声, 而第三项表示物体运动引起体积脉动产生的声.

FW-H 方程 把方程 (8.4.16b) 代入方程 (8.4.17d) 得到

$$
\begin{aligned}
p(\boldsymbol{r},t) = {} & \frac{1}{4\pi}\frac{\partial^2}{\partial x_i \partial x_j}\int_{-\infty}^{\infty}\int_{V(\tau)}\frac{1}{|\boldsymbol{r}-\boldsymbol{r}'|}\delta\left(t-\tau-\frac{|\boldsymbol{r}-\boldsymbol{r}'|}{c_0}\right)T_{ij}(\boldsymbol{r}',\tau)\mathrm{d}\tau\mathrm{d}^3\boldsymbol{r}' \\
& -\frac{1}{4\pi}\frac{\partial}{\partial x_i}\int_{-\infty}^{\infty}\iint_{S_0(\tau)}\frac{1}{|\boldsymbol{r}-\boldsymbol{r}'|}\delta\left(t-\tau-\frac{|\boldsymbol{r}-\boldsymbol{r}'|}{c_0}\right)f_i(\boldsymbol{r}',\tau)\mathrm{d}S_0'\mathrm{d}\tau \\
& +\frac{\rho_0}{4\pi}\int_{-\infty}^{\infty}\iint_{S_0(\tau)}v_{\mathrm{sn}}\frac{\partial}{\partial\tau}\left[\frac{1}{|\boldsymbol{r}-\boldsymbol{r}'|}\delta\left(t-\tau-\frac{|\boldsymbol{r}-\boldsymbol{r}'|}{c_0}\right)\right]\mathrm{d}S_0'\mathrm{d}\tau
\end{aligned}
$$
$$(8.4.18a)$$

上式中对时间的积分要特别小心, 与物体静止情况不同, 由于物体的运动, 变量 $\boldsymbol{r}'$ 也是时间的函数, 即 $\boldsymbol{r}' = \boldsymbol{r}'(\tau)$. 设物体的运动是亚音速的, 下面分别讨论以上三个积分.

(1) 第一项积分, 与 8.2.5 小节相似, 不难得到

$$
p_1(\boldsymbol{r},t) \equiv \frac{1}{4\pi}\frac{\partial^2}{\partial x_i \partial x_j}\int_{V(\tau_{\mathrm{R}})}\frac{T_{ij}(\boldsymbol{r}',\tau_{\mathrm{R}})}{|\boldsymbol{r}-\boldsymbol{r}'|(1-\boldsymbol{M}\cdot\boldsymbol{s})}\mathrm{d}^3\boldsymbol{r}' \tag{8.4.18b}
$$

其中, 推迟时间 τ_{R} 满足方程: $\tau_{\mathrm{R}} = t-|\boldsymbol{r}-\boldsymbol{r}'(\tau_{\mathrm{R}})|/c_0$, $\boldsymbol{M} = \boldsymbol{v}/c_0$ 是局部 Mach 数, $\boldsymbol{s} = (\boldsymbol{r}-\boldsymbol{r}')/|\boldsymbol{r}-\boldsymbol{r}'|$ 是观察点方向的单位矢量, 速度矢量 $\boldsymbol{v}$ 为

$$
\boldsymbol{v} \equiv \left(\frac{\mathrm{d}x_1'}{\mathrm{d}\tau}, \frac{\mathrm{d}x_2'}{\mathrm{d}\tau}, \frac{\mathrm{d}x_3'}{\mathrm{d}\tau}\right) \tag{8.4.18c}
$$

因为湍流一般由物体运动产生, 体积区域 $V(\tau)$ 的运动速度与物体运动是一致的, 因此, $\boldsymbol{M} = \boldsymbol{v}/c_0$ 也就是物体运动的 Mach 数.

(2) 第二项积分, 与第一项积分类似, 即

$$
p_2(\boldsymbol{r},t) = -\frac{1}{4\pi}\frac{\partial}{\partial x_i}\iint_{S_0(\tau_{\mathrm{R}})}\frac{f_i(\boldsymbol{r}',\tau_{\mathrm{R}})}{|\boldsymbol{r}-\boldsymbol{r}'|(1-\boldsymbol{M}\cdot\boldsymbol{s})}\mathrm{d}S_0' \tag{8.4.18d}
$$

注意: 由于在运动物体表面上积分, 故 $\boldsymbol{M} = \boldsymbol{v}/c_0$ 也就是物体运动的 Mach 数.

(3) 第三项积分, 为了求第三项积分, 令

$$
g(\tau,R) \equiv \frac{1}{4\pi R}\delta\left(t-\tau-\frac{R}{c_0}\right) \tag{8.4.19a}
$$

其中, $R \equiv |\boldsymbol{r}-\boldsymbol{r}'|$. 在运动物体的内部 $V_{\mathrm{c}}(\tau)$ 作体积分 (注意: 在内部 $V_{\mathrm{c}}(\tau)$, 速度 v_i 不为零, 应该为物体的运动速度)

$$
\int_{-\infty}^{\infty}\frac{\mathrm{d}}{\mathrm{d}\tau}\int_{V_{\mathrm{c}}(\tau)}v_i\frac{\partial g(\tau,R)}{\partial x_i}\mathrm{d}^3\boldsymbol{r}'\mathrm{d}\tau = \int_{V_{\mathrm{c}}(\tau)}v_i\frac{\partial g(\tau,R)}{\partial x_i}\mathrm{d}^3\boldsymbol{r}'\bigg|_{\tau=-\infty}^{\tau=\infty} = 0 \tag{8.4.19b}
$$

故由方程 (6.1.44d)

$$\int_{-\infty}^{\infty}\int_{V_c(\tau)} \frac{\partial}{\partial \tau}\left[v_i \frac{\partial g(\tau,R)}{\partial x_i}\right]\mathrm{d}^3 r' \mathrm{d}\tau + \int_{-\infty}^{\infty}\iint_{S(\tau)} v_j n_j^0 v_i \frac{\partial g(\tau,R)}{\partial x_i}\mathrm{d}^2 S_0' \mathrm{d}\tau = 0$$

$$(8.4.19\mathrm{c})$$

或者

$$\int_{-\infty}^{\infty}\int_{V_c(\tau)} \frac{\partial}{\partial \tau}\left[v_i \frac{\partial g(\tau,R)}{\partial x_i}\right]\mathrm{d}^3 r' \mathrm{d}\tau + \int_{-\infty}^{\infty}\int_{V_c(\tau)} \frac{\partial}{\partial x_j'}\left[v_j v_i \frac{\partial g(\tau,R)}{\partial x_i}\right]\mathrm{d}^3 r' \mathrm{d}\tau = 0$$

$$(8.4.19\mathrm{d})$$

注意, 上式中 n_j^0 是区域 $V_c(\tau)$ 的法向, 与区域 $V(\tau)$ 的法向 n_j' 相反.

利用 Gauss 定理

$$\int_{-\infty}^{\infty}\iint_{S(\tau)} n_j^0 v_j \frac{\partial g}{\partial \tau}\mathrm{d}S_0' \mathrm{d}\tau = \int_{-\infty}^{\infty}\int_{V_c(\tau)} \frac{\partial}{\partial x_j'}\left(v_j \frac{\partial g}{\partial \tau}\right)\mathrm{d}^3 r\mathrm{d}\tau$$

$$(8.4.20\mathrm{a})$$

上式右边加方程 (8.4.19d) 得到

$$\int_{-\infty}^{\infty}\iint_{S(\tau)} n_j' v_j \frac{\partial g}{\partial \tau}\mathrm{d}S_0' \mathrm{d}\tau$$

$$= -\int_{-\infty}^{\infty}\int_{V_c(\tau)}\left\{\frac{\partial}{\partial x_j'}\left[v_j\left(\frac{\partial g}{\partial \tau}+v_i\frac{\partial g}{\partial x_i}\right)\right]+\frac{\partial}{\partial \tau}\left(v_i\frac{\partial g}{\partial x_i}\right)\right\}\mathrm{d}^3 r' \mathrm{d}\tau$$

$$(8.4.20\mathrm{b})$$

注意到在区域 $V_c(\tau)$, v_j 与空间无关, 即 $\partial v_i/\partial x_i'=0$, 且 $\partial g/\partial x_i'=-\partial g/\partial x_i$, 故

$$\frac{\partial}{\partial x_j'}\left[v_j\left(\frac{\partial g}{\partial \tau}+v_i\frac{\partial g}{\partial x_i}\right)\right]+\frac{\partial}{\partial \tau}\left(v_i\frac{\partial g}{\partial x_i}\right)=\frac{\partial(a_j g)}{\partial x_j}-\frac{\partial^2(v_i v_j g)}{\partial x_i x_j}$$

$$(8.4.20\mathrm{c})$$

于是, 上式代入方程 (8.4.20b) 得到

$$\int_{-\infty}^{\infty}\iint_{S(\tau)} n_j' v_j \frac{\partial g}{\partial \tau}\mathrm{d}S_0' \mathrm{d}\tau$$

$$= -\frac{\partial}{\partial x_j}\int_{-\infty}^{\infty}\int_{V_c(\tau)} a_j g\mathrm{d}^3 r' \mathrm{d}\tau+\frac{\partial^2}{\partial x_i x_j}\int_{-\infty}^{\infty}\int_{V_c(\tau)} v_i v_j g\mathrm{d}^3 r' \mathrm{d}\tau$$

$$(8.4.20\mathrm{d})$$

其中, a_j 是物体运动的加速度

$$a_j \equiv \frac{\partial v_j}{\partial \tau}+v_i\frac{\partial v_j}{\partial x_i}$$

$$(8.4.20\mathrm{e})$$

注意到 $v_{sn}=v_{sj}n_j'=v_j n_j'$, 方程 (8.4.20d) 代入方程 (8.4.18a) 的第三项积分得到

$$p_3(\boldsymbol{r},t)=-\frac{\rho_0}{4\pi}\frac{\partial}{\partial x_j}\int_{-\infty}^{\infty}\int_{V_c(\tau)}\frac{a_j}{|\boldsymbol{r}-\boldsymbol{r}'|}\delta\left(t-\tau-\frac{|\boldsymbol{r}-\boldsymbol{r}'|}{c_0}\right)\mathrm{d}^3 r' \mathrm{d}\tau$$

$$+\frac{\rho_0}{4\pi}\frac{\partial^2}{\partial x_i x_j}\int_{-\infty}^{\infty}\int_{V_c(\tau)}\frac{v_i v_j}{|\boldsymbol{r}-\boldsymbol{r}'|}\delta\left(t-\tau-\frac{|\boldsymbol{r}-\boldsymbol{r}'|}{c_0}\right)\mathrm{d}^3 r' \mathrm{d}\tau$$

$$(8.4.21\mathrm{a})$$

于是, 不难得到

$$
\begin{aligned}
p_3(\boldsymbol{r},t) = &-\frac{1}{4\pi}\frac{\partial}{\partial x_j}\int_{V_c(\tau_R)}\frac{\rho_0 a_j}{|\boldsymbol{r}-\boldsymbol{r}'|(1-\boldsymbol{M}\cdot\boldsymbol{s})}\mathrm{d}^3\boldsymbol{r}'\\
&+\frac{1}{4\pi}\frac{\partial^2}{\partial x_i x_j}\int_{V_c(\tau_R)}\frac{\rho_0 v_i v_j}{|\boldsymbol{r}-\boldsymbol{r}'|(1-\boldsymbol{M}\cdot\boldsymbol{s})}\mathrm{d}^3\boldsymbol{r}'
\end{aligned}
\tag{8.4.21b}
$$

因此, 由方程 (8.4.18b), (8.4.18d) 和 (8.4.21b), 最后得到

$$
\begin{aligned}
p(\boldsymbol{r},t) = &\frac{1}{4\pi}\frac{\partial^2}{\partial x_i\partial x_j}\int_{V(\tau_R)}\frac{T_{ij}(\boldsymbol{r}',\tau_R)}{|\boldsymbol{r}-\boldsymbol{r}'|(1-\boldsymbol{M}\cdot\boldsymbol{s})}\mathrm{d}^3\boldsymbol{r}'\\
&-\frac{1}{4\pi}\frac{\partial}{\partial x_i}\iint_{S_0(\tau_R)}\frac{f_i(\boldsymbol{r}',\tau_R)}{|\boldsymbol{r}-\boldsymbol{r}'|(1-\boldsymbol{M}\cdot\boldsymbol{s})}\mathrm{d}S_0'\\
&-\frac{1}{4\pi}\frac{\partial}{\partial x_j}\int_{V_c(\tau_R)}\frac{\rho_0 a_j}{|\boldsymbol{r}-\boldsymbol{r}'|(1-\boldsymbol{M}\cdot\boldsymbol{s})}\mathrm{d}^3\boldsymbol{r}'\\
&+\frac{1}{4\pi}\frac{\partial^2}{\partial x_i x_j}\int_{V_c(\tau_R)}\frac{\rho_0 v_i v_j}{|\boldsymbol{r}-\boldsymbol{r}'|(1-\boldsymbol{M}\cdot\boldsymbol{s})}\mathrm{d}^3\boldsymbol{r}'
\end{aligned}
\tag{8.4.21c}
$$

上式称为 F. Willams-Hawkings 方程, 或者 **FW-H 方程**. 显然, 第一项为湍流引起的四极子辐射, 第二项为表面力源引起的偶极子辐射; 第三、四项是物体运动引起体积变化所形成的偶极子和四极子辐射.

注意: ① 如果推迟时间满足的方程 $\tau_R = t-|\boldsymbol{r}-\boldsymbol{r}'(\tau_R)|/c_0$ 有 N 个解 (超音速情况), 即 $\tau_{Rj}\ (j=1,2,\cdots,N)$, 则方程 (8.4.21c) 每一项对 τ_{Rj} 求和; ② 由于 $f_i(\boldsymbol{r}',\tau)$ 中含有 $p(\boldsymbol{r}',\tau)$ 和 $\sigma_{ij}(\boldsymbol{r}',\tau)$(速度的函数), 所以, 方程 (8.4.21c) 实际上是积分方程, 如果由其他方法 (例如实验测量) 得到物体表面上的力 $f_i(\boldsymbol{r}',\tau)$, 则湍流的声场辐射场可直接由 FW-H 方程积分给出.

8.4.4 广义 Lighthill 理论及其积分解

显然, Lighthill 方程仅在介质静止时才成立 (或者说相当于观察者静止的介质), 而某些情况必须考虑介质本身也是运动的情形. 假定介质以平均速度 $\overline{U}$(常速度) 运动, 那么相当于介质静止的参考系 $S'(x',y',z',t')$ 也是惯性参考系, 于是连续性方程和动量守恒方程依然成立 (证明见后面)

$$
\frac{\partial\rho}{\partial t'}+\nabla'\cdot(\rho\boldsymbol{v}')=0
\tag{8.4.22a}
$$

$$
\frac{\partial(\rho\boldsymbol{v}')}{\partial t'}+\nabla'\cdot\boldsymbol{P}'=0
\tag{8.4.22b}
$$

其中, 张量 $\boldsymbol{P}'$ 的分量为 $P'_{ij}=\rho v'_i v'_j+P\delta_{ij}-\sigma'_{ij}$. 注意: ① 这里的一撇 "′" 指参考系 $S'(x',y',z',t')$ 的观察量 (如 $\boldsymbol{v}'$ 表示坐标系 $S'(x',y',z',t')$ 中的速度场); ② 标

量 ρ 和 P 是 Galileo 变换的不变量. 于是在参考系 $S'(x', y', z', t')$ 内, Lighthill 方程依然成立

$$\frac{\partial^2 \rho}{\partial t'^2} - c_0^2 \nabla'^2 \rho = \frac{\partial^2 T'_{ij}}{\partial x'_i \partial x'_j} \tag{8.4.22c}$$

其中, $T'_{ij} = \rho v'_i v'_j + (P - c_0^2 \rho)\delta_{ij}$. 把上式变换到实验室参考系 $S(x, y, z, t)$, 由方程 (8.1.6b), (8.1.7a) 和 (8.1.7b) 得到

$$\left(\frac{\partial}{\partial t} + \overline{\boldsymbol{U}} \cdot \nabla\right)^2 \rho - c_0^2 \nabla^2 \rho = \frac{\partial^2 T'_{ij}}{\partial x_i \partial x_j} \tag{8.4.22d}$$

利用速度变换关系 $v_i = \overline{U}_i + v'_i$, 张量 T'_{ij} 的变换为

$$T'_{ij} = \rho(v_i - \overline{U}_i)(v_j - \overline{U}_j) + (P - c_0^2 \rho)\delta_{ij} \equiv T_{ij} \tag{8.4.22e}$$

因此, 存在平均速度 $\overline{U}$ 后, Lighthill 方程修改为 (这里的 ρ' 表示 $\rho' = \rho - \rho_0$)

$$\frac{\mathrm{d}^2 \rho'}{\mathrm{d}t^2} - c_0^2 \nabla^2 \rho' = \frac{\partial^2 T_{ij}}{\partial x_i \partial x_j} \tag{8.4.23a}$$

称为**广义 Lighthill 方程**, 对均匀介质, 上式中的 Lighthill 张量可以写作

$$T_{ij} = \rho(v_i - \overline{U}_i)(v_j - \overline{U}_j) + (p - c_0^2 \rho')\delta_{ij} \tag{8.4.23b}$$

而随体导数为

$$\frac{\mathrm{d}}{\mathrm{d}t} = \frac{\partial}{\partial t} + \overline{\boldsymbol{U}} \cdot \nabla \tag{8.4.23c}$$

注意: 如 8.4.1 小节讨论, 在实验室参考系 $S(x, y, z, t)$ 内, 流体元的速度由三部分组成: 平均速度 $\overline{U}$, 湍流涨落速度 $\boldsymbol{U}$ 和声波引起的速度 $\boldsymbol{v}'$(这里的 $\boldsymbol{v}'$ 表示声波引起的速度场), 即 $\boldsymbol{v} = \overline{\boldsymbol{U}} + \boldsymbol{U} + \boldsymbol{v}'$, 于是 Lighthill 张量为 $T_{ij} = \rho(U_i + v'_i)(U_j + v'_j) + (p - c_0^2 \rho')\delta_{ij}$. 如果取 $p \approx c_0^2 \rho'$ 和忽略二阶项 $v'_i v'_j$, 广义 Lighthill 方程变成

$$\frac{1}{c_0^2} \frac{\mathrm{d}^2 p}{\mathrm{d}t^2} - \nabla^2 p = \rho_0 \frac{\partial^2 (U_i U_j)}{\partial x_i \partial x_j} + 2\rho_0 \frac{\partial^2 (U_i v'_j)}{\partial x_i \partial x_j} \tag{8.4.23d}$$

上式的讨论与方程 (8.4.3a) 是类似的, 主要区别是这里考虑了平均流的作用.

Galileo 变换不变性　连续性方程和动量守恒方程的 Galileo 变换不变性证明是容易的, 事实上, 由方程 (8.1.6b)、(8.1.7a) 和 (8.1.7b), 方程 (8.4.22a) 变成

$$\frac{\partial \rho}{\partial t} + \overline{\boldsymbol{U}} \cdot \nabla \rho + \nabla \cdot [\rho(\boldsymbol{v} - \overline{\boldsymbol{U}})] = 0 \tag{8.4.24a}$$

因 $\overline{U}$ 是常矢量, $\overline{\boldsymbol{U}} \cdot \nabla \rho = \nabla \cdot (\rho \overline{\boldsymbol{U}})$, 上式简化为

$$\frac{\partial \rho}{\partial t} + \nabla \cdot (\rho \boldsymbol{v}) = 0 \tag{8.4.24b}$$

故连续性方程的不变性得证. 同样地, 对动量守恒方程 (8.4.22b) 变换为

$$\frac{\partial(\rho \boldsymbol{v})}{\partial t} + \nabla \cdot \boldsymbol{P} + \overline{\boldsymbol{U}}\nabla \cdot (\rho \boldsymbol{v}) + (\overline{\boldsymbol{U}} \cdot \nabla)(\rho \boldsymbol{v}) - (\overline{\boldsymbol{U}} \cdot \nabla)(\rho \overline{\boldsymbol{U}}) - \nabla \cdot \overline{\boldsymbol{P}} = 0 \quad (8.4.25a)$$

其中, $\overline{\boldsymbol{P}} \equiv \rho(v_i \overline{U}_j + \overline{U}_i v_j - \overline{U}_i \overline{U}_j)$, 而 $\boldsymbol{P}$ 为实验室参考系 $S(x, y, z, t)$ 内的应力张量, 其分量形式为 $P_{ij} = \rho v_i v_j + P\delta_{ij} - \sigma_{ij}$. 注意: ① 黏滞张量 σ'_{ij} 与速度的空间导数成正比, 在 $\overline{\boldsymbol{U}}$ 是常矢量情况, $\sigma'_{ij} = \sigma_{ij}$; ② 得到上式, 已经利用了方程 (8.4.24b). 用分量形式, 不难证明, 当 $\overline{\boldsymbol{U}}$ 是常矢量时

$$\overline{\boldsymbol{U}}\nabla \cdot (\rho \boldsymbol{v}) + (\overline{\boldsymbol{U}} \cdot \nabla)(\rho \boldsymbol{v}) - (\overline{\boldsymbol{U}} \cdot \nabla)(\rho \overline{\boldsymbol{U}}) - \nabla \cdot \overline{\boldsymbol{P}} = 0 \quad (8.4.25b)$$

因此, 方程 (8.4.25a) 简化成

$$\frac{\partial(\rho \boldsymbol{v})}{\partial t} + \nabla \cdot \boldsymbol{P} = 0 \quad (8.4.25c)$$

于是动量守恒方程的不变性得证.

积分解 考虑散射物体在平均流 $\overline{\boldsymbol{U}}$ 中以速度 $\boldsymbol{v}_{\mathrm{s}}$ 运动, 由方程 (8.4.15b), 产生的空间声场为

$$p(\boldsymbol{r}, t) = \int_{-\infty}^{\infty} \int_{V(\tau)} G(\boldsymbol{r}, \boldsymbol{r}'; t, \tau) \frac{\partial^2 T_{ij}}{\partial x'_i \partial x'_j} \mathrm{d}^3 \boldsymbol{r}' \mathrm{d}\tau$$
$$+ \int_{-\infty}^{\infty} \iint_{S_0(\tau)} \left[G\left(\frac{\partial}{\partial n'} + \frac{v'_n}{c_0^2}\frac{\mathrm{d}}{\mathrm{d}\tau} \right) p - p \left(\frac{\partial}{\partial n'} + \frac{v_n}{c_0^2}\frac{\mathrm{d}}{\mathrm{d}\tau} \right) G \right] \mathrm{d}S'_0 \mathrm{d}\tau$$
$$(8.4.26a)$$

其中, $v_n \equiv (\boldsymbol{v}_{\mathrm{s}} - \overline{\boldsymbol{U}}) \cdot \boldsymbol{n}'$, 而 Green 函数 $G(\boldsymbol{r}, \boldsymbol{r}'; t, \tau)$ 满足方程 (8.4.13c). 取平均流为正 z 方向 ($\overline{\boldsymbol{U}} = \overline{U}\boldsymbol{e}_z$), 在亚音速条件下, 由频域解 (即方程 (8.1.20d)) 得到时域 Green 函数为

$$G(\boldsymbol{r}, \boldsymbol{r}'; t, \tau) = \frac{1}{2\pi} \int_{-\infty}^{\infty} g(\boldsymbol{r}, \boldsymbol{r}') \exp[-i\omega(t-\tau)] \mathrm{d}\omega$$
$$= \frac{1}{2\pi} \frac{1}{4\pi\tilde{R}} \int_{-\infty}^{\infty} \exp\left\{ -\mathrm{i}\omega \left[t - \tau - \frac{\tilde{R} - \overline{M}(z-z')}{c_0(1-\overline{M}^2)} - (t-\tau) \right] \right\} \mathrm{d}\omega$$
$$= \frac{1}{4\pi\tilde{R}} \delta \left[t - \tau - \frac{\tilde{R} - \overline{M}(z-z')}{c_0(1-\overline{M}^2)} \right]$$
$$(8.4.26b)$$

其中, $\overline{M} = \overline{U}/c_0$ 和 $\tilde{R} \equiv \sqrt{(1-\overline{M}^2)[(x-x')^2 + (y-y')^2] + (z-z')^2}$. 可见, 由于 $\overline{\boldsymbol{U}} = \overline{U}\boldsymbol{e}_z$ 的存在, 破坏了 z 方向的对称性, 方程 (8.4.10a) 的第二式微分关系对 z 方向已不成立. 通过与得到方程 (8.4.17d) 类似的过程, 我们得到广义 Lighthill 方

程的积分解为

$$
\begin{aligned}
p(\boldsymbol{r},t) = & \int_{-\infty}^{\infty} \int_{V(\tau)} \frac{\partial^2 G(\boldsymbol{r},\boldsymbol{r}';t,\tau)}{\partial x_i' \partial x_j'} T_{ij}(\boldsymbol{r}',\tau) \mathrm{d}\tau \mathrm{d}^3 \boldsymbol{r}' \\
& + \int_{-\infty}^{\infty} \iint_{S_0(\tau)} f_i(\boldsymbol{r}',\tau) \frac{\partial G(\boldsymbol{r},\boldsymbol{r}';t,\tau)}{\partial x_i'} \mathrm{d}S_0' \mathrm{d}\tau \\
& + \int_{-\infty}^{\infty} \iint_{S_0(\tau)} \rho_0 v_{sn} \frac{\mathrm{d}G(\boldsymbol{r},\boldsymbol{r}';t,\tau)}{\mathrm{d}\tau} \mathrm{d}S_0' \mathrm{d}\tau
\end{aligned}
\tag{8.4.26c}
$$

其中, $v_n \equiv (\boldsymbol{v}_s - \overline{\boldsymbol{U}}) \cdot \boldsymbol{n}'$ 是相对速度在物体表面的投影. 与方程 (8.4.17d) 最大的不同是空间微分不能移出积分号.

8.4.5　气流噪声的谱分布以及平均流的作用

为了方便, 令 $\gamma(\boldsymbol{r}',t_{\mathrm{R}}) \equiv [\boldsymbol{e} \cdot \boldsymbol{U}(\boldsymbol{r}',t_{\mathrm{R}})]^2$, 由方程 (8.4.5d), 远场声压的噪声谱为

$$
\begin{aligned}
p(\boldsymbol{r},\omega) & \approx \frac{1}{2\pi} \cdot \frac{\rho_0}{4\pi c_0^2 |\boldsymbol{r}|} \int_{-\infty}^{\infty} \left[\frac{\partial^2}{\partial t^2} \int_{V_0} \gamma(\boldsymbol{r}',t_{\mathrm{R}}) \mathrm{d}^3 \boldsymbol{r}' \right] \exp(\mathrm{i}\omega t) \mathrm{d}t \\
& \approx -\frac{1}{2\pi} \cdot \frac{\rho_0 \omega^2}{4\pi c_0^2 |\boldsymbol{r}|} \int_{-\infty}^{\infty} \int_{V_0} \gamma(\boldsymbol{r}',t_{\mathrm{R}}) \mathrm{d}^3 \boldsymbol{r}' \exp(\mathrm{i}\omega t) \mathrm{d}t
\end{aligned}
\tag{8.4.27a}
$$

其中, $t_{\mathrm{R}} = t - |\boldsymbol{r}|/c_0$. 对 $\gamma(\boldsymbol{r}',t')$ 作四维 Fourier 变换

$$
\begin{aligned}
\Gamma_U(\boldsymbol{K},\omega) & = \frac{1}{(2\pi)^4} \int_{-\infty}^{\infty} \int_{V_0} \gamma(\boldsymbol{r}',t') \exp(-\mathrm{i}\boldsymbol{K} \cdot \boldsymbol{r}' + \mathrm{i}\omega t') \mathrm{d}^3 \boldsymbol{r}' \mathrm{d}t' \\
\gamma(\boldsymbol{r}',t_{\mathrm{R}}) & = \int_{-\infty}^{\infty} \int \Gamma_U(\boldsymbol{K},\omega') \exp(\mathrm{i}\boldsymbol{K} \cdot \boldsymbol{r}' - \mathrm{i}\omega' t_{\mathrm{R}}) \mathrm{d}^3 \boldsymbol{K} \mathrm{d}\omega'
\end{aligned}
\tag{8.4.27b}
$$

代入方程 (8.4.27a) 得到

$$
\begin{aligned}
p(\boldsymbol{r},\omega) = & -\frac{1}{2\pi} \cdot \frac{\rho_0 \omega^2}{4\pi c_0^2 |\boldsymbol{r}|} \int_{-\infty}^{\infty} \int_{-\infty}^{\infty} \int \Gamma_U(\boldsymbol{K},\omega') \mathrm{e}^{-\mathrm{i}(\omega' t_{\mathrm{R}} - \omega t)} \mathrm{d}^3 \boldsymbol{K} \mathrm{d}\omega' \mathrm{d}t \\
& \times \int_{V_0} \exp(\mathrm{i}\boldsymbol{K} \cdot \boldsymbol{r}') \mathrm{d}^3 \boldsymbol{r}' = -\frac{(2\pi)^3 \rho_0 \omega^2}{4\pi c_0^2 |\boldsymbol{r}|} \exp\left(-\mathrm{i}\omega \frac{|\boldsymbol{r}|}{c_0} \right) \Gamma_U(0,\omega)
\end{aligned}
\tag{8.4.27c}
$$

得到上式, 利用了关系

$$
\begin{aligned}
& \int_{V_0} \exp(\mathrm{i}\boldsymbol{K} \cdot \boldsymbol{r}') \mathrm{d}^3 \boldsymbol{r}' \approx (2\pi)^3 \delta(\boldsymbol{K}) \\
& \int_{-\infty}^{\infty} \exp[\mathrm{i}(\omega - \omega')t] \mathrm{d}t = 2\pi \delta(\omega - \omega')
\end{aligned}
\tag{8.4.27d}
$$

注意: 方程 (8.4.27d) 的第一式是近似的, 只有当 V_0 远大于声波波长时, 近似成立. 由方程 (8.4.27c), 远场功率谱为 (注意: 与测量点的方向无关, 故直接可用功率谱,

否则要用远场声强, 见方程 (8.4.33a))

$$\overline{P}(\omega) = 4\pi|\boldsymbol{r}|^2 \frac{|p(\boldsymbol{r}, \omega)|^2}{\rho_0 c_0} = \frac{\rho_0}{4\pi c_0} \frac{(2\pi)^6 \omega^4}{c_0^4} |\Gamma_U(0, \omega)|^2 \tag{8.4.28a}$$

其中, $|\Gamma_U(0, \omega)|^2$ 为谱密度. 由方程 (8.4.27b) 的第一式

$$
\begin{aligned}
|\Gamma_U(\boldsymbol{K}, \omega)|^2 &= \frac{1}{(2\pi)^8} \int_{-\infty}^{\infty} \int_V \gamma^*(\boldsymbol{r}'', t'') \mathrm{d}^3 \boldsymbol{r}'' \mathrm{d} t'' \\
&\quad \times \left[\iint_{-\infty}^{\infty} \int_V \gamma(\boldsymbol{r}', t') \exp[-\mathrm{i}\boldsymbol{K} \cdot (\boldsymbol{r}' - \boldsymbol{r}'') + \mathrm{i}\omega(t' - t'')] \mathrm{d}^3 \boldsymbol{r}' \mathrm{d} t' \right] \\
&= \frac{1}{(2\pi)^8} \int_{-\infty}^{\infty} \int_V \Upsilon(\boldsymbol{L}, \tau) \exp(-\mathrm{i}\boldsymbol{K} \cdot \boldsymbol{L} + \mathrm{i}\omega\tau) \mathrm{d}^3 \boldsymbol{L} \mathrm{d}\tau
\end{aligned}
\tag{8.4.28b}
$$

其中, $\boldsymbol{L} \equiv \boldsymbol{r}' - \boldsymbol{r}''$ 和 $\tau \equiv t' - t''$, $\Upsilon(\boldsymbol{L}, \tau)$ 为 $\gamma(\boldsymbol{r}, t)$ 的时空相关函数

$$\Upsilon(\boldsymbol{L}, \tau) \equiv \int_{-\infty}^{\infty} \int_V \gamma(\boldsymbol{L} + \boldsymbol{r}'', \tau + t'') \gamma^*(\boldsymbol{r}'', t'') \mathrm{d}^3 \boldsymbol{r}'' \mathrm{d} t'' \tag{8.4.28c}$$

当 $\boldsymbol{L} = 0$ 和 $\tau = 0$ 时

$$\Upsilon(0, 0) \equiv \int_{-\infty}^{\infty} \int_V |\gamma(\boldsymbol{r}'', t'')|^2 \mathrm{d}^3 \boldsymbol{r}'' \mathrm{d} t'' \tag{8.4.28d}$$

令 (其中 T 是涨落的特征时间)

$$\langle \gamma^2 \rangle \equiv \frac{1}{V_0 T} \int_{-T}^{T} \int_V |\gamma(\boldsymbol{r}'', t'')|^2 \mathrm{d}^3 \boldsymbol{r}'' \mathrm{d} t'' \tag{8.4.28e}$$

那么 $\Upsilon(0, 0) \approx V_0 T \langle \gamma^2 \rangle$. 设: ① $\gamma(\boldsymbol{r}, t)$ 的空间、时间相关长度分别为 L_c 和 τ_c; ② $\gamma(\boldsymbol{r}, t)$ 是空间各向同性的, 则相关函数取 Gauss 函数形式

$$\Upsilon(\boldsymbol{L}, \tau) = V_0 T \langle \gamma^2 \rangle \exp\left[-\frac{1}{2}\left(\frac{L}{L_\mathrm{c}}\right)^2 - \frac{1}{2}\left(\frac{\tau}{\tau_\mathrm{c}}\right)^2 \right] \tag{8.4.29a}$$

上式代入方程 (8.4.28b)(与方程 (3.3.32b) 类似) 得到

$$|\Gamma_U(0, \omega)|^2 = \frac{V_0 T \langle \gamma^2 \rangle \tau_\mathrm{c} L_\mathrm{c}^3}{(2\pi)^6} \exp\left(-\frac{\omega^2 \tau_\mathrm{c}^2}{2} \right) \tag{8.4.29b}$$

上式代入方程 (8.4.28a) 得到

$$\overline{P}(\omega) = \frac{\rho_0}{4\pi c_0} V_0 T \langle \gamma^2 \rangle \tau_\mathrm{c} L_\mathrm{c}^3 \frac{\omega^4}{c_0^4} \exp\left(-\frac{\omega^2 \tau_\mathrm{c}^2}{2} \right) \tag{8.4.29c}$$

注意到在时间 T 内的平均关系为

$$\frac{1}{T} \int_0^T |p(\boldsymbol{r}, t)|^2 \mathrm{d}t = \frac{2\pi}{T} \int_{-\infty}^{\infty} |p(\boldsymbol{r}, \omega)|^2 \mathrm{d}\omega \tag{8.4.30}$$

故总的声功率为

$$\overline{W} = \frac{1}{T} \int_0^\infty \overline{P}(\omega)\mathrm{d}\omega \sim V_0 \langle \gamma^2 \rangle L_{\mathrm{c}}^3 \frac{\rho_0}{\tau_{\mathrm{c}}^4 c_0^5} \tag{8.4.31a}$$

如果取 $V_0 \sim L_{\mathrm{c}}^3$, $L_{\mathrm{c}}/\tau_{\mathrm{c}} \sim U$ 以及 $\langle \gamma^2 \rangle \sim U^4$, 则

$$\overline{W} \sim \frac{\rho_0}{c_0^5} L_{\mathrm{c}}^2 U^8 \tag{8.4.31b}$$

上式与方程 (8.4.6c) 的结果类似.

平均流的作用　由 8.4.4 小节可知, Lighthill 理论只有在以平均速度 $\overline{U}$ 运动的坐标系内才成立, 或者假定平均流动速度 $\overline{U} = 0$, 这样的湍流称为**稳态湍流**. 当平均流动速度 $\overline{U} \neq 0$, 在实验室坐标系内, 湍流噪声的辐射特性又如何?

设平均流动速度 $\overline{U}$ 在 z 方向, 湍流小区域 V_0 以平均流动速度 $\overline{U}$ 向 z 方向运动 (运动声源, 例如飞行中的飞机). 平均流动速度 $\overline{U}$ 改变了时空相关函数 $\varUpsilon(\boldsymbol{L}, \tau)$ 和声源的谱密度 $|\varGamma_U(0,\omega)|^2$. 利用 Galileo 坐标变换方程 (8.1.6b), 在实验室坐标系内 $\gamma(\boldsymbol{r}, t)$ ($\boldsymbol{r}$ 和 t 为实验室坐标系内测量的位置和时间) 的时空相关函数应该为

$$\varUpsilon(\boldsymbol{L}, \tau) = V_0 T \langle \gamma^2 \rangle \exp\left[-\frac{1}{2}\frac{(L - \overline{U}\tau)^2}{L_{\mathrm{c}}^2} - \frac{1}{2}\left(\frac{\tau}{\tau_{\mathrm{c}}}\right)^2 \right] \tag{8.4.32a}$$

而谱密度应该为

$$|\varGamma_U(0,\omega)|^2 = \frac{V_0 T \langle \gamma^2 \rangle \tau_{\mathrm{c}} L_{\mathrm{c}}^3}{(2\pi)^6} \exp\left[-\frac{\omega^2(1 - \overline{M}\cos\vartheta)^2 \tau_{\mathrm{c}}^2}{2} \right] \tag{8.4.32b}$$

其中, ϑ 是测量点矢量与平均流方向的夹角, $\overline{M} = \overline{U}/c_0$. 故远场声强

$$\overline{I}_{\mathrm{r}}(\omega) = \frac{|p(\boldsymbol{r}, \omega)|^2}{\rho_0 c_0} = \frac{\rho_0}{4\pi c_0} V_0 T \langle \gamma^2 \rangle \tau_{\mathrm{c}} L_{\mathrm{c}}^3 \frac{\omega^4}{c_0^4} \exp\left[-\frac{\omega^2(1 - \overline{M}\cos\vartheta)^2 \tau_{\mathrm{c}}^2}{2} \right] \tag{8.4.33a}$$

声强极大的频率点为

$$\omega_{\mathrm{max}} = \frac{2}{(1 - \overline{M}\cos\vartheta)\tau_{\mathrm{c}}} \tag{8.4.33b}$$

可见, 噪声辐射与 ϑ 有较复杂的关系. 注意: 原则上, 可以从广义 Lighthill 方程的积分解 (即方程 (8.4.26c) 的第一项) 导出上述结果, 但较复杂, 故不进一步展开讨论.

8.4.6　漩涡产生的声波

我们首先来导出漩涡速度场产生的声场满足的波动方程, 即在线性化近似 (低 Mach 数) 下, 波动方程为

$$\frac{1}{c_0^2}\frac{\partial^2 H}{\partial t^2} - \nabla^2 H = \nabla \cdot (\boldsymbol{\omega} \times \boldsymbol{U}) \tag{8.4.34a}$$

其中, U 是漩涡的速度场, H 是焓函数 (见下面讨论). 设黏滞介质中存在漩涡, 即 $\boldsymbol{\omega} = \nabla \times \boldsymbol{v} \neq 0$, 流体的运动方程 (6.1.11c) 可写成

$$\frac{\partial \boldsymbol{v}}{\partial t} - \boldsymbol{v} \times \boldsymbol{\omega} = -\frac{\nabla P}{\rho} - \nabla\left(\frac{v^2}{2}\right) - \frac{1}{\rho}\left[\mu \nabla \times \boldsymbol{\omega} - (\lambda + 2\mu)\nabla(\nabla \cdot \boldsymbol{v})\right] \quad (8.4.34\mathrm{b})$$

其中, 利用了矢量运算恒等式 $\nabla^2 \boldsymbol{v} = \nabla(\nabla \cdot \boldsymbol{v}) - \nabla \times \omega$ 和 $(\boldsymbol{v} \cdot \nabla)\boldsymbol{v} = \nabla(v^2/2) - \boldsymbol{v} \times \boldsymbol{\omega}$. 进一步假定流体运动是等熵的 (这是一个合理的假定, 由 6.1.2 小节, 在得到线性化声波方程时, 黏滞引起的熵变化是二阶量), $P = P(\rho)$, 则存在关系

$$\frac{\nabla P}{\rho} = \frac{1}{\rho}\frac{\mathrm{d}P}{\mathrm{d}\rho}\nabla\rho = \frac{\mathrm{d}}{\mathrm{d}P}\left(\int \frac{\mathrm{d}P}{\rho}\right) \cdot \frac{\mathrm{d}P}{\mathrm{d}\rho}\nabla\rho = \frac{\mathrm{d}}{\mathrm{d}\rho}\left(\int \frac{\mathrm{d}P}{\rho}\right)\nabla\rho = \nabla\int \frac{\mathrm{d}P}{\rho} \quad (8.4.34\mathrm{c})$$

故定义**焓函数** (enthalpy)H 为

$$H \equiv \int \frac{\mathrm{d}P}{\rho} + \frac{v^2}{2} \quad (8.4.35\mathrm{a})$$

方程 (8.4.34b) 改写成

$$\frac{\partial \boldsymbol{v}}{\partial t} + \nabla H = \boldsymbol{v} \times \boldsymbol{\omega} - \frac{\mu}{\rho}\nabla \times \boldsymbol{\omega} \quad (8.4.35\mathrm{b})$$

得到上式我们忽略了相对体积膨胀率 $\nabla \cdot \boldsymbol{v}$ 对黏滞的贡献. 方程 (8.4.35b) 两边乘 ρ 并求散度, 并且注意到 $\nabla \cdot (\nabla \times \boldsymbol{\omega}) \equiv 0$

$$\nabla \cdot \left(\rho \frac{\partial \boldsymbol{v}}{\partial t}\right) + \nabla \cdot (\rho \nabla H) = \nabla \cdot [\rho(\boldsymbol{v} \times \boldsymbol{\omega})] \quad (8.4.35\mathrm{c})$$

注意: 上式与黏滞系数无关, 是因为忽略了相对体积膨胀率 $\nabla \cdot \boldsymbol{v}$ 对黏滞的贡献. 由质量连续性方程

$$\nabla \cdot \boldsymbol{v} = -\frac{1}{\rho}\frac{\mathrm{d}\rho}{\mathrm{d}t} \quad (8.4.36\mathrm{a})$$

方程 (8.4.35c) 左边的第一项为

$$\begin{aligned}
\nabla \cdot \left(\rho \frac{\partial \boldsymbol{v}}{\partial t}\right) &= \nabla\rho \cdot \frac{\partial \boldsymbol{v}}{\partial t} + \rho\frac{\partial}{\partial t}(\nabla \cdot \boldsymbol{v}) = \nabla\rho \cdot \frac{\partial \boldsymbol{v}}{\partial t} - \rho\frac{\partial}{\partial t}\left(\frac{1}{\rho}\frac{\mathrm{d}\rho}{\mathrm{d}t}\right) \\
&= -\rho\left[\frac{\partial}{\partial t}\left(\frac{1}{\rho}\frac{\mathrm{d}\rho}{\mathrm{d}t}\right) + \boldsymbol{v} \cdot \nabla\frac{1}{\rho}\frac{\partial\rho}{\partial t}\right] = -\rho\frac{\mathrm{d}}{\mathrm{d}t}\left(\frac{1}{\rho}\frac{\partial\rho}{\partial t}\right) \\
&= -\rho\frac{\mathrm{d}}{\mathrm{d}t}\left(\frac{1}{\rho c^2}\frac{\partial P}{\partial t}\right) = -\rho\frac{\mathrm{d}}{\mathrm{d}t}\left(\frac{1}{\rho c^2}\frac{\partial p}{\partial t}\right)
\end{aligned} \quad (8.4.36\mathrm{b})$$

其中, $c^2 = \partial P/\partial\rho$, 区别于 $c_0^2 = (\partial P/\partial\rho)_0$. 得到上式利用了微分关系

$$\begin{aligned}
\rho\frac{\partial}{\partial t}\left(\frac{1}{\rho}\frac{\mathrm{d}\rho}{\mathrm{d}t}\right) &= \rho\frac{\partial}{\partial t}\left(\frac{1}{\rho}\frac{\partial\rho}{\partial t}\right) + \rho\frac{\partial}{\partial t}\left(\frac{1}{\rho}\boldsymbol{v} \cdot \nabla\rho\right) \\
&= \rho\frac{\partial}{\partial t}\left(\frac{1}{\rho}\frac{\partial\rho}{\partial t}\right) + \frac{\partial\boldsymbol{v}}{\partial t} \cdot \nabla\rho + \rho\boldsymbol{v} \cdot \frac{\partial}{\partial t}(\nabla\ln\rho) \\
&= \rho\frac{\partial}{\partial t}\left(\frac{1}{\rho}\frac{\partial\rho}{\partial t}\right) + \frac{\partial\boldsymbol{v}}{\partial t} \cdot \nabla\rho + \rho\boldsymbol{v} \cdot \nabla\frac{1}{\rho}\frac{\partial\rho}{\partial t}
\end{aligned} \quad (8.4.36\mathrm{c})$$

另一方面, 对方程 (8.4.35a) 两边求时间偏导数得到

$$
\begin{aligned}
\frac{1}{\rho}\frac{\partial p}{\partial t} &= \frac{\partial H}{\partial t} - \boldsymbol{v}\cdot\frac{\partial \boldsymbol{v}}{\partial t} = \frac{\partial H}{\partial t} - \boldsymbol{v}\cdot\left(-\nabla H + \boldsymbol{v}\times\boldsymbol{\omega} - \frac{\mu}{\rho}\nabla\times\boldsymbol{\omega}\right) \\
&= \frac{\mathrm{d}H}{\mathrm{d}t} + \frac{\mu}{\rho}\boldsymbol{v}\cdot(\nabla\times\boldsymbol{\omega}) \approx \frac{\mathrm{d}H}{\mathrm{d}t}
\end{aligned}
\tag{8.4.37a}
$$

得到上式, 利用了方程 (8.4.35b), 并且注意到微分关系

$$
\frac{\partial}{\partial t}\int\frac{\mathrm{d}P}{\rho(P)} = \frac{\partial}{\partial P}\left[\int\frac{\mathrm{d}P}{\rho(P)}\right]\cdot\frac{\partial P}{\partial t} = \frac{1}{\rho}\frac{\partial P}{\partial t} = \frac{1}{\rho}\frac{\partial p}{\partial t}
\tag{8.4.37b}
$$

把方程 (8.4.36b) 和 (8.4.37a) 代入方程 (8.4.35c) 得到焓函数 H 满足的方程

$$
\frac{\mathrm{d}}{\mathrm{d}t}\left(\frac{1}{\rho c^2}\frac{\mathrm{d}H}{\mathrm{d}t}\right) - \frac{1}{\rho}\nabla\cdot(\rho\nabla H) = \frac{1}{\rho}\nabla\cdot(\rho\boldsymbol{\omega}\times\boldsymbol{v})
\tag{8.4.38a}
$$

这就是漩涡激发的声波方程, 声压 $p = P - P_0$ 与焓函数 H 的关系由方程 (8.4.37a) 决定. 在线性化近似 (低 Mach 数) 下

$$
\frac{\rho}{\rho_0} \sim 1 + O(M^2); \quad \frac{c}{c_0} \sim 1 + O(M^2)
\tag{8.4.38b}
$$

方程 (8.4.38a) 简化为

$$
\frac{1}{c_0^2}\frac{\partial^2 H}{\partial t^2} - \nabla^2 H = \nabla\cdot(\boldsymbol{\omega}\times\boldsymbol{v}) \approx \nabla\cdot(\boldsymbol{\omega}\times\boldsymbol{U})
\tag{8.4.38c}
$$

其中, 第二个等式忽略了声波引起的速度场 (因为 $\boldsymbol{\omega} = \nabla\times\boldsymbol{v}$, 故 $\boldsymbol{\omega}\times\boldsymbol{v}'$ 是二阶小量). 上式就是方程 (8.4.34a). 远场声压 p 与焓函数 H 的关系简化为

$$
p(\boldsymbol{r}, t) \approx \rho_0 H(\boldsymbol{r}, t)
\tag{8.4.38d}
$$

　　作为简单的例子, 考虑 xOy 平面上旋转的一对二维漩涡辐射的声场. 如图 8.4.4, 设每个漩涡强度为 Γ, 二个漩涡相距 $2l$, 以角速度 Ω 绕 z 轴旋转. 漩涡强度 Γ 定义为线积分

$$
\Gamma = \oint_C \boldsymbol{v}\cdot\mathrm{d}\boldsymbol{l} = \oint_S (\nabla\times\boldsymbol{v})\cdot\mathrm{d}\boldsymbol{S} = \oint_S \boldsymbol{\omega}\cdot\mathrm{d}\boldsymbol{S}
\tag{8.4.39a}
$$

其中, $\boldsymbol{v}$ 为漩涡速度场, S 为以曲线 C 为边界的任意闭合曲面. 漩涡矢量 ($\boldsymbol{e}_z$ 方向) 可表示为

$$
\boldsymbol{\omega} = \Gamma\boldsymbol{e}_z[\delta(\boldsymbol{\rho} - \boldsymbol{s}) + \delta(\boldsymbol{\rho} + \boldsymbol{s})]
\tag{8.4.39b}
$$

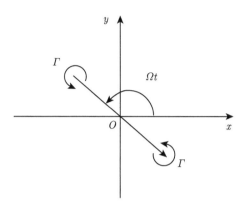

图 8.4.4 xOy 平面上旋转的一对漩涡

其中，$\boldsymbol{\rho} = (x, y)$ 为 xOy 平面径向矢量，$\pm \boldsymbol{s}$ 为二个漩涡的位置矢径，假定 $t = 0$ 时它们在 x 轴上，则

$$\boldsymbol{s}(t) = \pm(s_1, s_2) = \pm l[\cos(\Omega t), \sin(\Omega t)] \tag{8.4.39c}$$

因此，漩涡对引起的对流速度场为 $\boldsymbol{U} = \pm \Omega \boldsymbol{e}_z \times \boldsymbol{s}$，注意到关系 $\boldsymbol{e}_z \times (\boldsymbol{e}_z \times \boldsymbol{s}) = -\boldsymbol{s}$，故

$$\boldsymbol{\omega} \times \boldsymbol{U} = -\Omega \Gamma \boldsymbol{s}(t)[\delta(\boldsymbol{\rho} - \boldsymbol{s}) - \delta(\boldsymbol{\rho} + \boldsymbol{s})] \tag{8.4.39d}$$

当 l 较小时 (或者 Mach 数 $M \equiv U/c_0 = \Omega l/c_0$ 较小)，二个 Dirac Delta 函数可展开为

$$(\boldsymbol{\omega} \times \boldsymbol{U})_i = 2\Omega \Gamma \sum_{j=1}^{2} \frac{\partial}{\partial x_j}[s_i(t)s_j(t)\delta(\boldsymbol{\rho})] \tag{8.4.40a}$$

因此

$$\nabla \cdot (\boldsymbol{\omega} \times \boldsymbol{U}) = 2\Omega \Gamma \sum_{i,j=1}^{2} \frac{\partial^2}{\partial x_i \partial x_j}[s_i(t)s_j(t)\delta(\boldsymbol{\rho})] \tag{8.4.40b}$$

可见，漩涡对引起的声源是四极子声源. 由方程 (8.4.5a)，产生的声场为

$$H(\boldsymbol{r}, t) = \frac{\Omega \Gamma}{2\pi} \sum_{i,j=1}^{2} \frac{\partial^2}{\partial x_i \partial x_j} \int \frac{s_i(t_{\mathrm{R}})s_j(t_{\mathrm{R}})}{|\boldsymbol{r} - \boldsymbol{r}'|} \delta(\boldsymbol{\rho}') \mathrm{d}^3 \boldsymbol{r}' \tag{8.4.41a}$$

其中，$\boldsymbol{\rho}' = (x', y')$ 以及 $t_{\mathrm{R}} = t - |\boldsymbol{r} - \boldsymbol{r}'|/c_0$. 上式对 $\boldsymbol{\rho}' = (x', y')$ 可以直接积分得到

$$H(\boldsymbol{r}, t) = \frac{\Omega \Gamma}{2\pi} \sum_{i,j=1}^{2} \frac{\partial^2}{\partial x_i \partial x_j} \int_{-\infty}^{\infty} \frac{s_i(t - R/c_0)s_j(t - R/c_0)}{R} \mathrm{d}z' \tag{8.4.41b}$$

其中, $R = \sqrt{x^2 + y^2 + (z - z')^2}$. 在远场条件下, 上式简化为

$$p(\rho, t) \approx \frac{\partial^2}{\partial t^2} \frac{\rho_0 \Omega \Gamma}{2\pi c_0^2} \sum_{i,j=1}^{2} x_i x_j I_{ij}(\rho, t) \tag{8.4.41c}$$

其中, $\rho = \sqrt{x^2 + y^2}$, 积分 $I_{ij}(\rho, t)$ 定义为

$$I_{ij}(\rho, t) \equiv \int_{-\infty}^{\infty} \frac{s_i(t_\xi) s_j(t_\xi)}{(\rho^2 + \xi^2)^{3/2}} \mathrm{d}\xi \tag{8.4.41d}$$

其中, $t_\xi \equiv t - (\rho^2 + \xi^2)^{1/2}/c_0$. 上式中积分变量为 $\xi = z - z'$. 注意: 作远场近似时, 不能取 $R = \sqrt{x^2 + y^2 + z^2}$ 而提出积分号, 因这是二维问题, $z' \to \infty$. 由方程 (8.4.39c), 利用张量表示

$$s_i s_j(t) = \frac{l^2}{2} \begin{bmatrix} 1 + \cos(2\Omega t) & \sin(2\Omega t) \\ \sin(2\Omega t) & 1 - \cos(2\Omega t) \end{bmatrix} \tag{8.4.42a}$$

注意到方程 (8.4.41c) 中对时间的二阶导数, 故上式中的常数项可不考虑, 于是, 在远场近似 $\Omega\rho/c_0 \to \infty$, 我们得到积分 (该积分的计算见后证明)

$$I_{ij}(\rho, t) \approx \frac{l^2}{2\rho^2} \left(\frac{\pi c_0}{\Omega\rho}\right)^{1/2} \begin{bmatrix} \cos\left(2\Omega t_{\mathrm{R}} - \dfrac{\pi}{4}\right) & \sin\left(2\Omega t_{\mathrm{R}} - \dfrac{\pi}{4}\right) \\ \sin\left(2\Omega t_{\mathrm{R}} - \dfrac{\pi}{4}\right) & -\cos\left(2\Omega t_{\mathrm{R}} - \dfrac{\pi}{4}\right) \end{bmatrix} \tag{8.4.42b}$$

其中, $t_{\mathrm{R}} = t - \rho/c_0$ 为推迟时间. 注意到 $(x_1, x_2) = \rho(\cos\vartheta, \sin\vartheta)$, 方程 (8.4.41c) 的求和可表示为矩阵相乘

$$\rho^2(\cos\vartheta, \sin\vartheta) \begin{bmatrix} \cos\left(2\Omega t_{\mathrm{R}} - \dfrac{\pi}{4}\right) & \sin\left(2\Omega t_{\mathrm{R}} - \dfrac{\pi}{4}\right) \\ \sin\left(2\Omega t_{\mathrm{R}} - \dfrac{\pi}{4}\right) & -\cos\left(2\Omega t_{\mathrm{R}} - \dfrac{\pi}{4}\right) \end{bmatrix} \begin{pmatrix} \cos\vartheta \\ \sin\vartheta \end{pmatrix} \tag{8.4.42c}$$
$$= \rho^2 \cos\left(2\vartheta - 2\Omega t_{\mathrm{R}} + \frac{\pi}{4}\right)$$

于是, 我们得到远场声压为

$$p(\rho, t) \approx -\frac{l^2 \rho_0 \Omega^3 \Gamma}{\pi c_0^2} \left(\frac{\pi c_0}{\Omega\rho}\right)^{1/2} \cos\left(2\vartheta - 2\Omega t_{\mathrm{R}} + \frac{\pi}{4}\right) \tag{8.4.42d}$$

可见, 声压正比于 $1/\sqrt{\rho}$, 这是二维柱面波的一般性质.

与 Lighthill 理论的比较 由方程 (8.4.3b), Lighthill 方程的源函数为

$$\Im(\boldsymbol{r}, t) \equiv \rho_0 \frac{\partial^2 (U_i U_j)}{\partial x_i \partial x_j} \tag{8.4.43a}$$

对湍流场 $\boldsymbol{U}$ 而言, 可以假定流体是不可压缩的, 即 $\nabla \cdot \boldsymbol{U} = 0$, 则存在矢量运算关系:

$$\frac{\partial^2 (U_i U_j)}{\partial x_i \partial x_j} = \nabla \cdot (\boldsymbol{\omega} \times \boldsymbol{U}) + \nabla^2 \left(\frac{1}{2} U^2 \right) \tag{8.4.43b}$$

其中, $\boldsymbol{\omega} \equiv \nabla \times \boldsymbol{U}$, 故 Lighthill 方程的源函数可分成二项, 设对应项产生的声压为 $p_1(\boldsymbol{r}, t)$ 和 $p_2(\boldsymbol{r}, t)$: $p(\boldsymbol{r}, t) = p_1(\boldsymbol{r}, t) + p_2(\boldsymbol{r}, t)$. 方程 (8.4.5a) 改写成

$$\begin{aligned} p_1(\boldsymbol{r}, t) &= \frac{\rho_0}{4\pi} \int_{V_0} \frac{1}{|\boldsymbol{r} - \boldsymbol{r}'|} \left[\nabla \cdot (\boldsymbol{\omega} \times \boldsymbol{U}) \right] \left(\boldsymbol{r}', t - \frac{|\boldsymbol{r} - \boldsymbol{r}'|}{c_0} \right) \mathrm{d}^3 \boldsymbol{r}' \\ p_2(\boldsymbol{r}, t) &\frac{\rho_0}{4\pi} \int_{V_0} \frac{1}{|\boldsymbol{r} - \boldsymbol{r}'|} \left[\nabla^2 \left(\frac{1}{2} U^2 \right) \right] \left(\boldsymbol{r}', t - \frac{|\boldsymbol{r} - \boldsymbol{r}'|}{c_0} \right) \mathrm{d}^3 \boldsymbol{r}' \end{aligned} \tag{8.4.44a}$$

注意: 中括号后的部分表示中括号内的函数取的变量. 在远场近似下, 上式简化为

$$\begin{aligned} p_1(\boldsymbol{r}, t) &\approx -\frac{\rho_0 e_i}{4\pi c_0 |\boldsymbol{r}|} \frac{\partial}{\partial t} \int_{V_0} \left[(\boldsymbol{\omega} \times \boldsymbol{U}) \right]_i \left(\boldsymbol{r}', t - \frac{|\boldsymbol{r}|}{c_0} + \frac{\boldsymbol{e} \cdot \boldsymbol{r}'}{c_0} \right) \mathrm{d}^3 \boldsymbol{r}' \\ p_2(\boldsymbol{r}, t) &\approx \frac{\rho_0}{4\pi c_0^2 |\boldsymbol{r}|} \frac{\partial^2}{\partial t^2} \int_{V_0} \left[\left(\frac{1}{2} U^2 \right) \right] \left(\boldsymbol{r}', t - \frac{|\boldsymbol{r}|}{c_0} \right) \mathrm{d}^3 \boldsymbol{r}' \end{aligned} \tag{8.4.44b}$$

注意: 求 $p_1(\boldsymbol{r}, t)$ 的远场近似时, 变量必须展开到一次, 因为零次仅出现对 $[(\boldsymbol{\omega} \times \boldsymbol{U})]$ 的体积分, 由于 $[(\boldsymbol{\omega} \times \boldsymbol{U})]$ 无规变化, 体积分为零. 利用展开关系

$$\begin{aligned} \left[(\boldsymbol{\omega} \times \boldsymbol{U}) \right] \left(\boldsymbol{r}', t - \frac{|\boldsymbol{r}|}{c_0} + \frac{\boldsymbol{e} \cdot \boldsymbol{r}'}{c_0} \right) &\approx \left[(\boldsymbol{\omega} \times \boldsymbol{U}) \right] \left(\boldsymbol{r}', t - \frac{|\boldsymbol{r}|}{c_0} \right) \\ &+ \frac{\boldsymbol{e} \cdot \boldsymbol{r}'}{c_0} \frac{\partial}{\partial t} \left\{ \left[(\boldsymbol{\omega} \times \boldsymbol{U}) \right] \left(\boldsymbol{r}', t - \frac{|\boldsymbol{r}|}{c_0} \right) \right\} \end{aligned} \tag{8.4.44c}$$

代入方程 (8.4.44b) 的第一式得到

$$p_1(\boldsymbol{r}, t) \approx -\frac{\rho_0 e_i e_j}{4\pi c_0^2 |\boldsymbol{r}|} \frac{\partial^2}{\partial t^2} \int_{V_0} x_j' \left[(\boldsymbol{\omega} \times \boldsymbol{U}) \right]_i \left(\boldsymbol{r}', t - \frac{|\boldsymbol{r}|}{c_0} \right) \mathrm{d}^3 \boldsymbol{r}' \tag{8.4.45a}$$

注意: 展开的第一项积分为零. 因为时间变化尺度 $\partial^2 / \partial t^2 \sim (U/L)^2$, 上式的估计为

$$p_1(\boldsymbol{r}, t) \sim \frac{\rho_0}{|\boldsymbol{r}|} \cdot \left(\frac{U}{L} \right)^2 M^2 L^3 \sim \frac{L}{|\boldsymbol{r}|} \cdot \rho_0 U^2 M^2 \sim U^4 \tag{8.4.45b}$$

即远场声压为 U 的四次方 (功率则为八次方); 为了估计 $p_2(\boldsymbol{r}, t)$, 利用方程 (8.4.34c) 和 (8.4.35a)(为了方便, 仅讨论理想流体, 取 $\mu = 0$) 且令 $\boldsymbol{v} = \boldsymbol{U} + \nabla \psi$, 方程 (8.4.34b) 变化成

$$\frac{\partial \boldsymbol{U}}{\partial t} + \nabla \left(\int \frac{\mathrm{d} P}{\rho} + \frac{v^2}{2} + \frac{\partial \psi}{\partial t} \right) = \boldsymbol{U} \times \boldsymbol{\omega} + \nabla \psi \times \boldsymbol{\omega} \tag{8.4.46a}$$

注意: 方程 (8.4.35a) 中的 $\boldsymbol{v}$ 是流体的总速度, 它应该等于湍流速度 $\boldsymbol{U}$ 与声速度 (有势, 假定势函数为 ψ) 之和, 即 $\boldsymbol{v} = \boldsymbol{U} + \nabla\psi$. 方程 (8.4.46a) 二边点乘 $\boldsymbol{U}$ 得到

$$\frac{\partial}{\partial t}\left(\frac{1}{2}U^2\right) + \boldsymbol{U}\cdot\nabla\left(\int\frac{\mathrm{d}P}{\rho} + \frac{v^2}{2} + \frac{\partial\psi}{\partial t}\right) = \boldsymbol{U}\cdot(\nabla\psi\times\boldsymbol{\omega}) \qquad (8.4.46\mathrm{b})$$

对湍流速度 $\boldsymbol{U}$ 而言, 假定流体是不可压缩的, 即 $\nabla\cdot\boldsymbol{U}\approx 0$, 于是, 有近似关系

$$\boldsymbol{U}\cdot\nabla\left(\int\frac{\mathrm{d}P}{\rho} + \frac{v^2}{2} + \frac{\partial\psi}{\partial t}\right) \approx \nabla\cdot\left\{\boldsymbol{U}\left(\int\frac{\mathrm{d}P}{\rho} + \frac{v^2}{2} + \frac{\partial\psi}{\partial t}\right)\right\} \qquad (8.4.46\mathrm{c})$$

上式代入方程 (8.4.46b) 得到

$$\frac{\partial}{\partial t}\left(\frac{1}{2}U^2\right) + \nabla\cdot\left\{\boldsymbol{U}\left(\int\frac{\mathrm{d}p}{\rho} + \frac{v^2}{2} + \frac{\partial\psi}{\partial t}\right)\right\} = \boldsymbol{U}\cdot(\nabla\psi\times\boldsymbol{\omega}) \qquad (8.4.46\mathrm{d})$$

该式两边在 V_0 体积分得到

$$\frac{\partial}{\partial t}\int_{V_0}\left(\frac{1}{2}U^2\right)\mathrm{d}^3\boldsymbol{r}' \approx \int_{V_0}\boldsymbol{U}\cdot(\nabla\psi\times\boldsymbol{\omega})\mathrm{d}^3\boldsymbol{r}' \qquad (8.4.47\mathrm{a})$$

其中, 散度项体积分变成面积分, 当面取足够大时, 面积分为零. 另一方面, 因 $p'\sim\rho_0U^2$, 由质量守恒方程得到 (注意 $\nabla\cdot\boldsymbol{U}\approx 0$)

$$\nabla^2\psi \approx -\frac{1}{\rho_0c_0^2}\frac{\partial p'}{\partial t} \sim \frac{1}{\rho_0c_0^2}\cdot\frac{U}{L}\cdot\rho_0U^2 \sim \frac{1}{L}UM^2 \qquad (8.4.47\mathrm{b})$$

故有估计 $\nabla\psi\sim UM^2$, 代入方程 (8.4.47a) 得到

$$\frac{\partial}{\partial t}\int_{V_0}\left(\frac{1}{2}U^2\right)\mathrm{d}^3\boldsymbol{r}' \sim L^2U^3M^2 \qquad (8.4.48\mathrm{a})$$

上式代入方程 (8.4.44b) 的第二式得到 $p_2(\boldsymbol{r},t)$ 的估计

$$p_2(\boldsymbol{r},t) \approx \frac{\rho_0}{|\boldsymbol{r}|}LU^2M^4 \sim U^6 \qquad (8.4.48\mathrm{b})$$

比较方程 (8.4.45b) 与 (8.4.48b), 当 $M\ll 1$ 时, $p_1(\boldsymbol{r},t)\gg p_2(\boldsymbol{r},t)$. 因此, 在 $M\ll 1$ 条件下, Lighthill 理论的四极子源中主要是漩涡部分的贡献.

　　注意: 如果直接对方程 (8.4.44b) 的第二式进行数量级估计就会得到错误的结论, $U^2/2$ 的时间变化尺度不能简单地用 $\partial^2/\partial t^2\sim(U/L)^2$ 代替, 因为 $U^2/2$ 不是随机变量, 而在方程 (8.4.5d) 的数量级估计中, $[\boldsymbol{e}\cdot\boldsymbol{U}(\boldsymbol{r}',t_{\mathrm{R}})]^2$ 的时间变化尺度能用 $\partial^2/\partial t^2\sim(U/L)^2$ 代替, 因 $\boldsymbol{U}$ 的方向是随机变量, 故 $[\boldsymbol{e}\cdot\boldsymbol{U}(\boldsymbol{r}',t_{\mathrm{R}})]^2$ 是随机变量.

方程 (8.4.42b) 的证明　对任意连续函数 $f(x)$，用驻相法 (见 2.3.3 小节) 不难得到

$$I \equiv \int_{-\infty}^{\infty} f\left(\frac{\xi}{\rho}\right) \exp\left(i\kappa_0 \sqrt{\rho^2 + \xi^2}\right) d\xi$$

$$\approx \rho f(0) \left(\frac{2\pi}{\kappa_0 \rho}\right)^{1/2} \exp\left[i\left(\kappa_0\rho + \frac{\pi}{4}\right)\right] \quad (\kappa_0\rho \to \infty) \tag{8.4.49a}$$

事实上，令 $\xi = \mu\rho$，则上式变成

$$I = \rho \int_{-\infty}^{\infty} f(\mu) \exp\left(i\kappa_0\rho\sqrt{1+\mu^2}\right) d\mu \tag{8.4.49b}$$

显然驻相点为 $\mu = 0$，当 $\kappa_0\rho \to \infty$ 时，积分主要由驻相点附近贡献，于是在 $\mu = 0$ 作展开得到

$$I \approx \rho f(0) \int_{-\infty}^{\infty} \exp\left[i\kappa_0\rho\left(1+\frac{\mu^2}{2}\right)\right] d\mu = \rho f(0) e^{i\kappa_0\rho} \int_{-\infty}^{\infty} \exp\left(i\frac{\kappa_0\rho}{2}\mu^2\right) d\mu$$

$$= \rho f(0) \left(\frac{2\pi}{\kappa_0\rho}\right)^{1/2} \exp\left[i\left(\kappa_0\rho + \frac{\pi}{4}\right)\right] \tag{8.4.49c}$$

注意到 (取 $f(x) = 1/(1+x^2)^{3/2}$)

$$\int_{-\infty}^{\infty} \left\{\cos 2\Omega\left[t - \frac{(\rho^2+\xi^2)^{1/2}}{c_0}\right] - i\sin 2\Omega\left[t - \frac{(\rho^2+\xi^2)^{1/2}}{c_0}\right]\right\} \frac{d\xi}{(\rho^2+\xi^2)^{3/2}}$$

$$= e^{-2i\Omega t} \int_{-\infty}^{\infty} \frac{1}{(\rho^2+\xi^2)^{3/2}} \exp\left(i\frac{2\Omega}{c_0}\sqrt{\rho^2+\xi^2}\right) d\xi \tag{8.4.50a}$$

$$\approx \frac{1}{\rho^2} \left(\frac{\pi c_0}{\Omega\rho}\right)^{1/2} \exp\left[-i\left(2\Omega t_{\mathrm{R}} - \frac{\pi}{4}\right)\right] \quad \left(\frac{\Omega}{c_0}\rho \to \infty\right)$$

于是

$$I_{\mathrm{c}} \equiv \int_{-\infty}^{\infty} \cos 2\Omega\left(t - \frac{\sqrt{\rho^2+\xi^2}}{c_0}\right) \frac{d\xi}{(\rho^2+\xi^2)^{3/2}} \approx \frac{1}{\rho^2}\sqrt{\frac{\pi c_0}{\Omega\rho}} \cos\left(2\Omega t_{\mathrm{R}} - \frac{\pi}{4}\right)$$

$$I_{\mathrm{s}} \equiv \int_{-\infty}^{\infty} \sin 2\Omega\left(t - \frac{\sqrt{\rho^2+\xi^2}}{c_0}\right) \frac{d\xi}{(\rho^2+\xi^2)^{3/2}} \approx \frac{1}{\rho^2}\sqrt{\frac{\pi c_0}{\Omega\rho}} \sin\left(2\Omega t_{\mathrm{R}} - \frac{\pi}{4}\right) \tag{8.4.50b}$$

把方程 (8.4.42a)(忽略常数项后) 代入方程 (8.4.41d) 得到

$$I_{ij}(\rho, t) = \frac{l^2}{2}\begin{bmatrix} I_{\mathrm{c}} & I_{\mathrm{s}} \\ I_{\mathrm{s}} & -I_{\mathrm{c}} \end{bmatrix} = \frac{l^2}{2\rho^2}\sqrt{\frac{\pi c_0}{\Omega\rho}}\begin{bmatrix} \cos\left(2\Omega t_{\mathrm{R}} - \frac{\pi}{4}\right) & \sin\left(2\Omega t_{\mathrm{R}} - \frac{\pi}{4}\right) \\ \sin\left(2\Omega t_{\mathrm{R}} - \frac{\pi}{4}\right) & -\cos\left(2\Omega t_{\mathrm{R}} - \frac{\pi}{4}\right) \end{bmatrix} \tag{8.4.50c}$$

上式就是方程 (8.4.42b).

第9章 有限振幅声波的传播

在前面各章中, 我们假定当声波通过时, ① 引起流体质点在平衡位置的振动速度远小于声传播速度; ② 流体质点在平衡位置的振动位移远小于声波波长; ③ 流体的密度变化远小于平衡态密度. 于是, 对非线性的流体力学方程进行线性化得到声波满足的线性波动方程. 在线性范围内讨论声波的传播、激发和接收的理论称为**线性声学**. 然而, 流体力学方程本质上是非线性的, 当这些线性化条件不满足时, 必须保留流体力学方程的非线性项得到声波满足的非线性波动方程. 在非线性范围内讨论声波的传播、激发和接收的理论称为**非线性声学**. 与线性声学最大的区别是叠加原理在非线性声学中已不成立. 运用叠加原理, 复杂的声场可以分解为较为简单的声场进行处理, 如频谱分析方法、Green 函数方法等. 但是非线性声学却难以建立类似的比较一般的研究方法, 只能根据具体情况, 提出具体的讨论方法. 本章讨论二阶近似下, 有限振幅声波传播的基本性质, 内容以讨论行波为主, 基本上没有涉及非线性驻波声场, 尽管后者在现代工业中经常遇到 (如喷气发动机实验室和高声强混响室等), 但理论上仍然没有大的突破.

9.1 理想介质中的有限振幅平面波

在计及流体力学方程的非线性项后, 声波 (称为**有限振幅声波**) 的传播又会有什么特征呢? 必须指出的是, 这里所谓的有限振幅声波是介于小振幅声波 (线性声学成立的声波振幅) 与弱冲击波之间的波动现象. 为了理解非线性声波的基本性质, 本节讨论一维、理想介质中有限振幅平面声波的传播, 特别强调的是有限振幅声波在传播过程中的非线性积累效应以及弱冲击波的形成过程.

9.1.1 等熵流中的简单波以及非等熵过程

早在 19 世纪, Riemann 与 Earnshaw 就对一维非线性声波进行了研究, 给出了严格解, 该解对于有限振幅声波发展成为弱冲击波的过程给出了清晰的物理图像. 由方程 (1.1.13a) 和 (1.1.16a), 在一维情况, 无源的质量守恒方程和 Euler 方程为

$$\frac{\partial \rho}{\partial t} + v\frac{\partial \rho}{\partial x} + \rho\frac{\partial v}{\partial x} = 0$$
$$\frac{\partial v}{\partial t} + v\frac{\partial v}{\partial x} + \frac{1}{\rho}\frac{\partial P}{\partial x} = 0 \tag{9.1.1a}$$

由方程 (1.3.1d)，注意到在线性情况下，一维行波的通解为：压力 $p' = f(x \pm c_0 t)$、密度变化 $\rho' = p'/c_0^2$ 以及速度 $v' = \mp p'/(\rho_0 c_0)$，它们之间可以互相表示而不必显含 x 和 t，即在等熵过程中 $p' = p'(\rho')$ 和 $v' = v'(\rho')$. 根据这一特点，我们假定非线性 "行波" 也具有这样的性质，即 $P = P(\rho)$ 和 $v = v(\rho)$，或者取速度为自变量 $P = P(v)$ 和 $\rho = \rho(v)$. 这样的非线性 "行波" 称为**简单波**. 如果知道了点 x、在 t 时刻的速度，那么就知道了该点的压力和密度. 根据 "简单波" 假定，$\rho = \rho(v)$ 和 $P = P(v)$，于是

$$\frac{\partial \rho}{\partial t} = \frac{\mathrm{d}\rho(v)}{\mathrm{d}v}\frac{\partial v}{\partial t}; \quad \frac{\partial \rho}{\partial x} = \frac{\mathrm{d}\rho(v)}{\mathrm{d}v}\frac{\partial v}{\partial x}; \quad \frac{\partial P}{\partial x} = \frac{\mathrm{d}P(v)}{\mathrm{d}v}\frac{\partial v}{\partial x} \qquad (9.1.1b)$$

代入方程 (9.1.1a) 得到

$$\frac{\mathrm{d}\rho}{\mathrm{d}v} \cdot \frac{\partial v}{\partial t} + \frac{\mathrm{d}(\rho v)}{\mathrm{d}v} \cdot \frac{\partial v}{\partial x} = 0$$
$$\frac{\partial v}{\partial t} + \left(v + \frac{1}{\rho}\frac{\mathrm{d}P}{\mathrm{d}v}\right) \cdot \frac{\partial v}{\partial x} = 0 \qquad (9.1.1c)$$

显然，以上二个方程存在非零解的条件是系数行列式为零，即

$$\frac{\mathrm{d}\rho}{\mathrm{d}v}\left(v + \frac{1}{\rho}\frac{\mathrm{d}P}{\mathrm{d}v}\right) - \frac{\mathrm{d}(\rho v)}{\mathrm{d}v} = 0 \quad \text{或者} \quad \frac{\mathrm{d}\rho}{\mathrm{d}v}\frac{\mathrm{d}P}{\mathrm{d}v} = \rho^2 \qquad (9.1.1d)$$

因为

$$\frac{\mathrm{d}P}{\mathrm{d}v} = \frac{\mathrm{d}P}{\mathrm{d}\rho}\frac{\mathrm{d}\rho}{\mathrm{d}v} = c^2 \frac{\mathrm{d}\rho}{\mathrm{d}v}; \quad \frac{\mathrm{d}\rho}{\mathrm{d}v} = \frac{\mathrm{d}\rho}{\mathrm{d}P}\frac{\mathrm{d}P}{\mathrm{d}v} = \frac{1}{c^2}\frac{\mathrm{d}P}{\mathrm{d}v} \qquad (9.1.1e)$$

其中，$c^2 = \mathrm{d}P/\mathrm{d}\rho$ (注意：仍然是 ρ 的函数). 上式代入方程 (9.1.1d) 得到 $\mathrm{d}v/\mathrm{d}\rho = \pm c/\rho$ 或者 $\mathrm{d}v/\mathrm{d}P = \pm 1/(c\rho)$，即

$$v = \pm \int \frac{c}{\rho}\mathrm{d}\rho = \pm \int \frac{1}{\rho c}\mathrm{d}P \qquad (9.1.2a)$$

代入方程 (9.1.1c) 的任意一式得到

$$\frac{\partial v}{\partial t} + (v \pm c)\frac{\partial v}{\partial x} = 0 \qquad (9.1.2b)$$

因为 $v = v(x, t)$ 可以写成隐函数的形式：$F(v, x, t) = v - v(x, t) = 0$，故存在导数关系

$$\left(\frac{\partial v}{\partial x}\right)_t \left(\frac{\partial x}{\partial t}\right)_v \left(\frac{\partial t}{\partial v}\right)_x = -1 \qquad (9.1.2c)$$

由方程 (9.1.2b) 和 (9.1.2c) 得到

$$\left(\frac{\partial x}{\partial t}\right)_v = v \pm c \qquad (9.1.2d)$$

上式的意义很明显: 左边的导数是等振幅点 ($v =$ 常数) 传播的速度. 当 $v \ll c$ 时, $(\partial x/\partial t)_v \approx \pm c$ 为声波的传播速度, "$\pm$" 号分别表示正、负 x 方向传播的平面波. 方程 (9.1.2d) 的解为

$$x = (v \pm c)t + f(v) \tag{9.1.2e}$$

或者写成形式

$$v = F_1[x - (v \pm c)t]; \quad v = F_2\left(t - \frac{x}{v \pm c}\right) \tag{9.1.2f}$$

其中, f、F_1 和 F_2 是任意一次可微的函数. 注意: c 也是速度 v 的函数, 讨论如下.

理想气体　对理想气体的绝热过程 $P = P_0(\rho/\rho_0)^\gamma$, 故

$$c = \sqrt{\frac{\mathrm{d}P}{\mathrm{d}\rho}} = c_0\left(\frac{\rho}{\rho_0}\right)^{(\gamma-1)/2} \tag{9.1.3a}$$

其中, $c_0 = \sqrt{\gamma P_0/\rho_0}$ 为线性声速. 上式代入方程 (9.1.2a) 得到

$$\begin{aligned}
v &= \pm c_0 \rho_0^{-(\gamma-1)/2} \int_{\rho_0}^{\rho} \rho^{(\gamma-1)/2-1}\mathrm{d}\rho \\
&= \pm \frac{c_0}{(\gamma-1)/2}\left[\left(\frac{\rho}{\rho_0}\right)^{(\gamma-1)/2} - 1\right] = \pm \frac{2(c-c_0)}{\gamma-1}
\end{aligned} \tag{9.1.3b}$$

即

$$c = c_0 \pm \frac{\gamma-1}{2}v \tag{9.1.3c}$$

非理想气体　把绝热状态方程 $P = P(\rho)$ 在平衡点 ρ_0 展开到二次, 由方程 (1.1.9a) 得到

$$P = P_0 + A\left(\frac{\rho-\rho_0}{\rho_0}\right) + \frac{B}{2}\left(\frac{\rho-\rho_0}{\rho_0}\right)^2 + \cdots \tag{9.1.4a}$$

其中, $A \equiv \rho_0 c_0^2$ 和 $B \equiv \rho_0^2(\partial^2 P/\partial \rho^2)_{s_0}$, 无量纲参数

$$\frac{B}{A} = \frac{\rho_0}{c_0^2}\left(\frac{\partial^2 P}{\partial \rho^2}\right)_{s_0} \tag{9.1.4b}$$

表征介质非线性的强弱, 称为**非线性参数**. 空气的 $B/A \approx 0.4$, 水的 $B/A \approx 5.2$, 而生物组织达到 $B/A \approx 6 \sim 11$, 故生物组织极容易发生非线性现象. 非线性参数也可表示为 $\beta \equiv 1 + B/(2A)$. 由方程 (9.1.4a) 得到

$$c = \sqrt{\frac{\mathrm{d}P}{\mathrm{d}\rho}} = \sqrt{\frac{A}{\rho_0} + \frac{B}{\rho_0^2}(\rho-\rho_0)} \approx c_0\left[1 + \frac{B}{2A}\left(\frac{\rho-\rho_0}{\rho_0}\right)\right] \tag{9.1.4c}$$

上式代入方程 (9.1.2a)

$$
\begin{aligned}
v &\approx \pm c_0 \left[\frac{B}{2A} \frac{\rho - \rho}{\rho_0} + \left(1 - \frac{B}{2A} \right) \ln \left(1 + \frac{\rho - \rho_0}{\rho_0} \right) \right] \\
&\approx \pm c_0 \left[\frac{B}{2A} \frac{\rho - \rho}{\rho_0} + \left(1 - \frac{B}{2A} \right) \frac{\rho - \rho_0}{\rho_0} \right] \\
&= \pm c_0 \cdot \frac{\rho - \rho_0}{\rho_0} = \pm \frac{2A}{B}(c - c_0)
\end{aligned}
\tag{9.1.4d}
$$

得到上式的最后一个等式, 利用了方程 (9.1.4c). 因此我们有

$$
c = c_0 \pm \frac{B}{2A} v
\tag{9.1.4e}
$$

对理想气体, 由 $P = P_0(\rho/\rho_0)^\gamma$, 不难求得 $B/(2A) = (\gamma - 1)/2$, 这一结果与方程 (9.1.3c) 是一致的. 对正 x 方向传播的平面波的速度为

$$
c + v = c_0 + \left(1 + \frac{B}{2A} \right) v = c_0 + \beta v
\tag{9.1.4f}
$$

压力场与速度场的关系 由方程 (9.1.2a) 得到

$$
P - P_0 = \pm \int \rho c \, \mathrm{d}v; \quad \rho - \rho_0 = \pm \int \frac{\rho}{v} \mathrm{d}v
\tag{9.1.5a}
$$

对理想气体, 由绝热方程 $\rho = \rho_0(P/P_0)^{1/\gamma}$ 以及方程 (9.1.3c), 代入 $\mathrm{d}v/\mathrm{d}P = \pm 1/(c\rho)$ 得到

$$
\left(c_0 \pm \frac{\gamma - 1}{2} v \right) \rho_0 \left(\frac{P}{P_0} \right)^{1/\gamma} \mathrm{d}v = \pm \mathrm{d}P
\tag{9.1.5b}
$$

两边积分得到

$$
P = P_0 \left[1 \pm \frac{1}{2}(\gamma - 1) \frac{v}{c_0} \right]^{\frac{2\gamma}{\gamma - 1}}
\tag{9.1.5c}
$$

在二次近似下, 上式展开得到

$$
P - P_0 = \rho_0 c_0^2 \left[\pm \frac{v}{c_0} + \frac{\beta}{2} \left(\frac{v}{c_0} \right)^2 + \cdots \right]
\tag{9.1.5d}
$$

其中, $\beta = 1 + B/(2A) = (\gamma + 1)/2$. 对非理想流体, 由方程 (9.1.5a) 的第一式、方程 (9.1.4d) 和 (9.1.4e), 容易得到在二次近似下

$$
P - P_0 \approx \pm \rho_0 \int \left(1 \pm \frac{v}{c_0} \right) \left(c_0 \pm \frac{B}{2A} v \right) \mathrm{d}v = \rho_0 c_0^2 \left[\pm \frac{v}{c_0} + \frac{\beta}{2} \left(\frac{v}{c_0} \right)^2 + \cdots \right]
\tag{9.1.5e}
$$

其中, $\beta \equiv 1 + B/(2A)$.

以上, 我们以速度场 $v(x,t)$ 为基础进行讨论, 也可以直接讨论声压场. 由方程 (9.1.1a)

$$\frac{\mathrm{d}\rho}{\mathrm{d}P}\frac{\partial p}{\partial t} + \frac{\mathrm{d}(\rho v)}{\mathrm{d}P}\frac{\partial p}{\partial x} = 0 \tag{9.1.6a}$$

$$\frac{\mathrm{d}v}{\mathrm{d}P}\frac{\partial p}{\partial t} + \left(v\frac{\mathrm{d}v}{\mathrm{d}P} + \frac{1}{\rho}\right)\frac{\partial p}{\partial x} = 0 \tag{9.1.6b}$$

其中, $p = P - P_0$ (假定 P_0 与时间和空间变量无关). 以上二个方程存在解的条件是系数行列式为零, 即得到

$$\left(\frac{\mathrm{d}v}{\mathrm{d}P}\right)^2 = \frac{1}{\rho^2 c^2} \quad \text{或者} \quad \frac{\mathrm{d}v}{\mathrm{d}P} = \pm\frac{1}{\rho c} \tag{9.1.6c}$$

上式代入方程 (9.1.6a) 和 (9.1.5b) 的任意一式得到

$$\frac{\partial p}{\partial t} + (v \pm c)\frac{\partial p}{\partial x} = 0 \tag{9.1.6d}$$

上式与方程 (9.1.2b) 类似, 因此, 等声压点传播的速度为 $v \pm c$, 即

$$\left(\frac{\partial x}{\partial t}\right)_p = v \pm c \tag{9.1.6e}$$

声压场也可以写成方程 (9.1.2f) 的形式

$$p = F_1[x - (v \pm c)t]; \quad p = F_2\left(t - \frac{x}{v \pm c}\right) \tag{9.1.6f}$$

问题是: 上式右边仍然包含速度场, 而方程 (9.1.2f) 仅仅是速度场的隐函数方程, 因此, 以速度场来讨论比较方便.

非等熵过程   对理想流体组成的均匀介质, 在线性声学范围内, 方程 (1.1.20b) 的线性化意味着 $(s = s_e + s')$

$$\frac{\partial s}{\partial t} + \boldsymbol{v}' \cdot \nabla s_e + \boldsymbol{v}' \cdot \nabla s' \approx \frac{\partial s}{\partial t} \approx 0 \tag{9.1.7a}$$

即 $s =$ 常数. 而在非线性声学中, $\boldsymbol{v}' \cdot \nabla s'$ 不能忽略, 代替 $s =$ 常数的方程应该是熵守恒方程. 因此, 一维流体的动力学过程满足质量守恒方程和 Euler 方程 (9.1.1a), 以及熵守恒方程 (3.3.2a). 利用状态方程 $P = P(\rho, s)$

$$\frac{\partial P}{\partial x} = \left(\frac{\partial P}{\partial \rho}\right)_s \frac{\partial \rho}{\partial x} + \left(\frac{\partial P}{\partial s}\right)_\rho \frac{\partial s}{\partial x} = c^2\frac{\partial \rho}{\partial x} + \pi_e\frac{\partial s}{\partial x} \tag{9.1.7b}$$

其中, $\pi_e = (\partial P/\partial s)_\rho$. 于是, 我们得到一维非等熵过程的三个基本方程

$$\frac{\partial \rho}{\partial t} + v\frac{\partial \rho}{\partial x} + \rho\frac{\partial v}{\partial x} = 0$$

$$\frac{\partial v}{\partial t} + v\frac{\partial v}{\partial x} + \frac{c^2}{\rho}\frac{\partial \rho}{\partial x} + \frac{\pi_e}{\rho}\frac{\partial s}{\partial x} = 0 \qquad (9.1.7c)$$

$$\frac{\partial s}{\partial t} + v\frac{\partial s}{\partial x} = 0$$

方程 (9.1.7c) 是准线性一价偏微分方程组, 可以写成矩阵形式

$$\frac{\partial U}{\partial t} + A(U)\frac{\partial U}{\partial x} = 0 \qquad (9.1.7d)$$

其中, 列矢量 U 和矩阵 $A(U)$ 分别为

$$U \equiv \begin{pmatrix} \rho \\ v \\ s \end{pmatrix}; \ A(U) \equiv \begin{bmatrix} v & \rho & 0 \\ c^2/\rho & v & \pi_e/\rho \\ 0 & 0 & v \end{bmatrix} \qquad (9.1.7e)$$

方程 (9.1.7c) 可以用一价偏微分方程组理论来讨论. 矩阵 $A(U)$ 的特征值满足

$$\begin{bmatrix} v-\lambda & \rho & 0 \\ c^2/\rho & v-\lambda & \pi_e/\rho \\ 0 & 0 & v-\lambda \end{bmatrix} = 0 \qquad (9.1.8a)$$

不难得到三个特征值为

$$\lambda_1 = v+c; \ \lambda_2 = v-c; \ \lambda_3 = v \qquad (9.1.8b)$$

故 (x,t) 平面上的特征线满足

$$\frac{\mathrm{d}x}{\mathrm{d}t} = v+c; \ \frac{\mathrm{d}x}{\mathrm{d}t} = v-c; \ \frac{\mathrm{d}x}{\mathrm{d}t} = v \qquad (9.1.8c)$$

显然, 前二个特征值表示声波, 而后一个表示熵波. 注意: 上式中 c 也是 s 的函数, 由于 $s \neq$ 常数, 方程 (9.1.8c) 不可能通过简单的积分得到方程 (9.1.2e) 那样的简洁通解. 方程 (9.1.7d) 的讨论比较复杂, 故不进一步展开.

  说明: 方程组 (9.1.7c) 的优点是可以直接回到等熵流情况, 只要取 $s = $ 常数即可; 缺点是第二个方程显含了 $\partial s/\partial x$, 如果以 p、v 和 s 为待求函数, 则可以推出简洁的方程组. 事实上, 由状态方程 $P = P(\rho, s)$ 或者写成 $\rho = \rho(P, s)$, 容易得到 (注意: $\partial P/\partial x = \partial p/\partial x$ 和 $\partial P/\partial t = \partial p/\partial t$)

$$\frac{\partial \rho}{\partial x} = \left(\frac{\partial \rho}{\partial P}\right)_s \frac{\partial P}{\partial x} + \left(\frac{\partial \rho}{\partial s}\right)_P \frac{\partial s}{\partial x} = \frac{1}{c^2}\frac{\partial p}{\partial x} + \left(\frac{\partial \rho}{\partial s}\right)_P \frac{\partial s}{\partial x} \qquad (9.1.9a)$$

$$\frac{\partial \rho}{\partial t} = \left(\frac{\partial \rho}{\partial P}\right)_s \frac{\partial P}{\partial t} + \left(\frac{\partial \rho}{\partial s}\right)_P \frac{\partial s}{\partial t} = \frac{1}{c^2}\frac{\partial p}{\partial t} + \left(\frac{\partial \rho}{\partial s}\right)_P \frac{\partial s}{\partial t} \tag{9.1.9b}$$

上两式代入方程 (9.1.1a) 且利用方程 (9.1.7c) 的第三式, 我们得到以 p、v 和 s 为待求函数的方程组

$$\frac{\partial v}{\partial t} + v\frac{\partial v}{\partial x} + \frac{1}{\rho}\frac{\partial p}{\partial x} = 0; \quad \frac{\partial p}{\partial t} + \rho c^2 \frac{\partial v}{\partial x} + v\frac{\partial p}{\partial x} = 0 \tag{9.1.9c}$$

以上两式与熵守恒方程, 可以写成矩阵形式

$$\frac{\partial U'}{\partial t} + A'(U')\frac{\partial U'}{\partial x} = 0 \tag{9.1.10a}$$

其中, 列矢量 U' 和矩阵 $A'(U)$ 分别为

$$U' \equiv \begin{pmatrix} v \\ p \\ s \end{pmatrix}; \quad A'(U) \equiv \begin{bmatrix} v & 1/\rho & 0 \\ \rho c^2 & v & 0 \\ 0 & 0 & v \end{bmatrix} \tag{9.1.10b}$$

注意: ① ρ 和 c^2 必须用 p 以及 s 表示; ② 矩阵 $A'(U')$ 与 $A(U)$ 有相同的特征值, 即场 U' 与 U 有相同的特征线.

9.1.2　冲击波的形成以及间断面的不连续性

设坐标原点 $x = 0$ 的声源发出扰动为正弦变化的波 $v(0, t) = v_0 \sin(\omega t)$, 由方程 (9.1.2f), 在距离声源 $x > 0$、时刻 t 的声波为

$$v(x, t) = v_0 \sin\left[\omega\left(t - \frac{x}{c + v}\right)\right] = v_0 \sin\left[\omega\left(t - \frac{x}{c_0 + \beta v}\right)\right] \tag{9.1.11a}$$

由方程 (9.1.2d)(取 " + ") 可见: v 越大的点, 传播速度越大. 图 9.1.1 画出了某一时刻波形的空间分布 (注意: 图中仅画了三个波形, 实际上是一系列波形). 在声源附近, 波形近似为正弦波, 在正半周 $v > 0$, 传播速度 $c_0 + \beta v > c_0$; 负半周 $v < 0$, 传播速度 $c_0 + \beta v < c_0$; 而在 x 轴上, $v = 0$, 传播速度为线性声速. 这样, 在传播过程中, 正半周的波形必将追赶上负半周的波形 (如图 9.1.1, 第二和第三个波形情况), 而在第三个波形情况, 速度 v 变成 x 的多值函数, 这在实际情况中是不可能发生的, 此时的实际波形应该是图 9.1.1 中虚线表示部分, 即在 $x = x_0$ 发生波的间断, 压力和密度在 x_0 的左、右侧不连续. 这样的波称为**冲击波** (shock wave), 平面 (在三维空间中) $x = x_0$ 称为**间断面**.

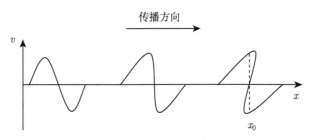

图 9.1.1 波形畸变过程

间断距离 由图 9.1.1,冲击波是由于声波在传播过程中波形畸变的不断积累而形成的,在间断点 x_0,显然有

$$\left.\frac{\partial v}{\partial x}\right|_{x=x_0} = \infty \quad 或者 \quad \left.\frac{\partial x}{\partial v}\right|_{x=x_0} = 0 \tag{9.1.11b}$$

由方程 (9.1.11a),求复合函数的导数得到

$$\frac{\partial v(x,t)}{\partial x} = \frac{\partial F(x,v,t)}{\partial x} + \frac{\partial F(x,v,t)}{\partial v}\frac{\partial v(x,t)}{\partial x} \tag{9.1.11c}$$

其中,为了方便令

$$F(x,v,t) \equiv v_0 \sin\left[\omega\left(t - \frac{x}{c_0 + \beta v}\right)\right] \tag{9.1.11d}$$

由方程 (9.1.11c)

$$\frac{\partial v(x,t)}{\partial x}\left[1 - \frac{\partial F(x,v,t)}{\partial v}\right] = \frac{\partial F(x,v,t)}{\partial x} \tag{9.1.11e}$$

因此

$$\frac{\partial v}{\partial x}\left\{1 - v_0\omega\cos\left[\omega\left(t - \frac{x}{c_0 + \beta v}\right)\right]\frac{x\beta}{(c_0 + \beta v)^2}\right\}$$
$$= -\frac{1}{c_0 + \beta v}v_0\omega\cos\left[\omega\left(t - \frac{x}{c_0 + \beta v}\right)\right] \tag{9.1.11f}$$

由方程 (9.1.11b),在间断点 x_0 满足

$$v_0\omega\cos\left[\omega\left(t - \frac{x_0}{c_0 + \beta v}\right)\right]\frac{x_0\beta}{(c_0 + \beta v)^2} = 1 \tag{9.1.11g}$$

为了得到最小的间断距离,上式中取余弦为 1,另外假定上式分母中 $c_0 \gg \beta v$,于是

$$x_0 \approx \frac{c_0^2}{\beta\omega v_0} = \frac{c_0}{\omega\beta\mathrm{Ma}} \tag{9.1.11h}$$

其中,$\mathrm{Ma} \equiv v_0/c_0$ 为**声 Mach 数**. 可见:间断距离与非线性参数 β 和 Ma 成反比,这是可以想象的. 特别要指出的是,间断距离与频率也成反比,故声波频率越高,

间断距离越短, 越容易产生冲击波. 作为例子, 考虑空气中频率为 10^3Hz 的声波, 当初始声压级为 140dB, $p_0 = 2.8 \times 10^2 \text{N/m}^2$, 此时 Ma = 0.02, 计算得到 $x_0 \approx 23$m; 当初始声压级为 180dB, $p_0 = 2.8 \times 10^4 \text{N/m}^2$, 此时 Ma = 0.2, 而 $x_0 \approx 0.23$m. 本例说明, 即使初始声压的幅值不大, 但当声波传播相当大的距离后, 仍然可以形成冲击波. 当然, 我们还没有考虑声波衰减的作用, 如果在冲击波形成前, 声波就很快衰减了, 就不可能形成冲击波.

值得指出的是: 得到方程 (9.1.11a), 我们假定已经知道 $x = 0$ 的扰动. 但如果假定声波是由有限振幅的活塞振动激发的 (即给出的条件是活塞的有限振幅振动), 问题就复杂得多. 设活塞振动的速度为

$$v = \dot{X}(t), \quad \text{当} x = X(t) \tag{9.1.12a}$$

在具体运算前, 首先作物理图像上的讨论: 显然, 在 x 点、t 时刻的振动是由 $\tau(\tau < t)$ 时刻、位于 $X(\tau)$ 且具有速度 $\dot{X}(\tau)$ 的活塞激发的扰动, 该扰动的传播速度为 $c_0 + \beta\dot{X}(\tau)$, 故关键是求出 τ 的表达式. 设时刻 τ 活塞位于 $X(\tau)$ 且速度为 $\dot{X}(\tau)$, 该速度施加到流体介质引起扰动, 故该点的流体质点的速度 $v = \dot{X}(\tau)$; 在时间间隔 $\Delta t = t - \tau$ 内, 扰动传播的距离为 $x - X(\tau)$, 而传播速度为 $c_0 + \beta\dot{X}(\tau)$, 即 τ 应该满足隐函数方程

$$\frac{x - X(\tau)}{t - \tau} = c_0 + \beta\dot{X}(\tau) \tag{9.1.12b}$$

因此速度场为

$$v = \dot{X}(\tau); \quad \tau = t - \frac{x - X(\tau)}{c_0 + \beta\dot{X}(\tau)} \tag{9.1.12c}$$

例如, 如果活塞振动速度为

$$v = v_0 \sin\omega t, \quad \text{当} x = \frac{v_0}{\omega}[1 - \cos(\omega t)] \tag{9.1.12d}$$

故速度场为

$$v = v_0 \sin\omega\tau; \quad \tau = t - \frac{x - v_0[1 - \cos(\omega\tau)]/\omega}{c_0 + \beta v_0 \sin\omega\tau} \tag{9.1.12e}$$

可见, 考虑声源振动的有限振幅后, 问题要复杂得多. 当活塞振动的位移可以忽略, 则上式回到方程 (9.1.11a). 对距离声源较远的点, 总有 $x \gg X(\tau)$, 故一般可以忽略 $X(\tau)$.

间断面的不连续性　设间断面左、右边的速度、压力以及密度分别为 v_1 和 v_2、P_1 和 P_2, 以及 ρ_1 和 ρ_2, 而间断面相对于固定坐标系向前移动的速度为 U_{sh}, 由质量守恒方程 (6.1.36a) 得到 (一维情况)

$$\rho_2(v_2 - U_{\text{sh}}) = \rho_1(v_1 - U_{\text{sh}}) \tag{9.1.13a}$$

由动量守恒方程 (6.1.36b)，或者直接由方程 (6.1.41c) 得到

$$\rho_2(v_2 - U_{\mathrm{sh}})^2 + P_2 = \rho_1(v_1 - U_{\mathrm{sh}})^2 + P_1 \tag{9.1.13b}$$

而由能量守恒方程 (6.1.36c) 得到 (对理想流体，$\boldsymbol{P} = -P\boldsymbol{I}$，$\boldsymbol{P} \cdot \boldsymbol{n} = -P\boldsymbol{n}$，忽略热传导效应)

$$\rho_2\left(u_2 + \frac{v_2^2}{2}\right)(v_2 - U_{\mathrm{sh}}) + P_2 v_2 = \rho_1\left(u_1 + \frac{v_1^2}{2}\right)(v_1 - U_{\mathrm{sh}}) + P_1 v_1 \tag{9.1.13c}$$

其中，u_2 和 u_1 分别是间断面左、右边流体的内能密度. 利用方程 (9.1.13a) 和 (9.1.13b)，方程 (9.1.13c) 可以进一步化简，作运算：方程 (9.1.13b) 两边乘 U_{sh} 得到

$$\rho_2 U_{\mathrm{sh}}(v_2 - U_{\mathrm{sh}})^2 + P_2 U_{\mathrm{sh}} = \rho_1 U_{\mathrm{sh}}(v_1 - U_{\mathrm{sh}})^2 + P_1 U_{\mathrm{sh}} \tag{9.1.13d}$$

方程 (9.1.13c) 减去 (9.1.13d)，然后两边除以方程 (9.1.13a)，整理得到

$$h_2 + \frac{1}{2}(v_2 - U_{\mathrm{sh}})^2 = h_1 + \frac{1}{2}(v_1 - U_{\mathrm{sh}})^2 \tag{9.1.13e}$$

其中，$h_1 \equiv u_1 + P_1/\rho_1$ 和 $h_2 \equiv u_2 + P_2/\rho_2$ 分别是间断面左、右边流体的焓. 上式是能量守恒方程 (9.1.13c) 的另一种形式. 方程 (9.1.13a)、(9.1.13b) 和 (9.1.13e) 是间断面左右诸不连续量满足的基本方程.

9.1.3 Bessel-Fubini 解和 Blackstock 桥函数

尽管 Riemann-Earnshaw 解，或者方程 (9.1.2f) 是非线性平面波的一个严格解，但速度 v 仍然是速度 v 的函数，故方程 (9.1.2f) 是速度 v 的隐函数方程，使用起来较为不便，为此必须寻求级数形式的显式解. 首先考虑间断面形成前畸变波形的谐波分析.

Bessel-Fubini 解 由方程 (9.1.11a)，在声 Mach 数 $\mathrm{Ma} = v_0/c_0$ 和非线性参数 β 较小时，分母作展开且保留一次项得到

$$v(x,t) = v_0 \sin\left[\omega t - \frac{k_0 x}{1 + \beta \mathrm{Ma}(v/v_0)}\right] \approx v_0 \sin\left(\omega\tau + \sigma\frac{v}{v_0}\right) \equiv v(\omega\tau, \sigma) \tag{9.1.14a}$$

其中，$k_0 = \omega/c_0$，$\sigma \equiv x/x_0$ 以及 $\tau \equiv t - x/c_0$. 不难验证：如果 $v(-\omega\tau, \sigma) = -v(\omega\tau, \sigma)$，则方程 (9.1.14a) 是自洽的，故 $v(\tau, \sigma)$ 是 τ 的奇函数，可展开成正弦级数 (奇函数的直流项为零，故 n 从 1 开始)

$$v(\omega\tau, \sigma) = v_0 \sum_{n=1}^{\infty} B_n \sin(n\omega\tau) \tag{9.1.14b}$$

其中, Fourier 展开系数为

$$B_n = \frac{2}{\pi} \int_0^\pi \sin\left(\omega\tau + \sigma\frac{v}{v_0}\right) \sin(n\omega\tau) \mathrm{d}(\omega\tau) \tag{9.1.14c}$$

注意: 上式中 v 仍然是 $\omega\tau$ 的函数. 对上式积分进行变量变换, 令 $\Phi \equiv \omega\tau + \sigma v/v_0$, 则 $\omega\tau = \Phi - \sigma\sin\Phi$, 而且当 $\Phi = 0$ 时, $\omega\tau = 0$; 当 $\Phi = \pi$ 时, $\omega\tau = \pi$. 故只要在 $\omega\tau \in [0,\pi]$, $\omega\tau$ 与 Φ 一一对应, 那么 $\omega\tau \in [0,\pi]$ 映射到 $\Phi \in [0,\pi]$. $\omega\tau$ 作为 Φ 的函数, 显然 $\mathrm{d}(\omega\tau)/\mathrm{d}\Phi = 1 - \sigma\cos\Phi$, 故当 $\sigma < 1$ 时 (即间断发生前), 恒有 $\mathrm{d}(\omega\tau)/\mathrm{d}\Phi > 0$, 即 $\omega\tau$ 是 Φ 的增函数, 在闭区间 $[0,\pi]$ 内 $\omega\tau$ 与 Φ 一一对应; 而当 $\sigma > 1$ 时则不然 (见下讨论). 因此, 变量变换 $\omega\tau = \Phi - \sigma\sin\Phi$ 在 $\sigma < 1$ 时, $\omega\tau \in [0,\pi]$ 映射到 $\Phi \in [0,\pi]$. 方程 (9.1.14c) 变成

$$\begin{aligned} B_n &= \frac{2}{\pi} \int_0^\pi \sin\Phi \sin[n(\Phi - \sigma\sin\Phi)] \mathrm{d}(\Phi - \sigma\sin\Phi) \\ &= -\frac{2}{n\pi} \int_0^\pi \sin\Phi \mathrm{d}[\cos n(\Phi - \sigma\sin\Phi)] \end{aligned} \tag{9.1.14d}$$

注意到: 当 $\omega\tau = 0$ 时, $\Phi = 0$; 而当 $\omega\tau = \pi$ 时, $\Phi = \pi$, 上式分步积分得到

$$\begin{aligned} B_n &= \frac{2}{n\pi} \int_0^\pi \cos[n(\Phi - \sigma\sin\Phi)] \mathrm{d}\sin\Phi = \frac{2}{n\sigma\pi} \int_0^\pi \cos(n\omega\tau) \mathrm{d}(\Phi - \omega\tau) \\ &= \frac{2}{n\sigma\pi} \int_0^\pi \cos[n(\Phi - \sigma\sin\Phi)] \mathrm{d}\Phi - \frac{2}{n\sigma\pi} \int_0^\pi \cos(n\omega\tau) \mathrm{d}(\omega\tau) \end{aligned} \tag{9.1.15a}$$

显然第二个积分为零, 而第一个积分为 Bessel 函数的定义, 因此

$$B_n = \frac{2\mathrm{J}_n(n\sigma)}{n\sigma} \tag{9.1.15b}$$

把上式代入方程 (9.1.14b) 就得到级数形式的显式解

$$v(\omega\tau, \sigma) = v_0 \sum_{n=1}^\infty \frac{2\mathrm{J}_n(n\sigma)}{n\sigma} \sin(n\omega\tau) \tag{9.1.15c}$$

或者

$$v(x,t) = v_0 \sum_{n=1}^\infty \frac{2\mathrm{J}_n[n(x/x_0)]}{n(x/x_0)} \sin[n(\omega t - k_0 x)] \tag{9.1.15d}$$

可见, 对固定的 x 点, 速度场 $v(x,t)$ 含有丰富的谐波, 谐波的幅度 B_n^2 与 x 点有关.

Blackstock 桥函数　根据 Fourier 定理, 不管是否 $\sigma < 1$, Fourier 展开方程 (9.1.14c) 总是成立的. 不过, 当 $\sigma > 1$ 时, 变量变换方程 $\omega\tau = \Phi - \sigma\sin\Phi$ 中, $\omega\tau$

与 Φ 不一一对应. 首先看 $\omega\tau = \pi$ 时 Φ 的值: $\pi = \Phi - \sigma\sin\Phi$, 或者 $\sigma\sin\Phi = \Phi - \pi$.
用图解法求 $\sigma\sin\Phi = \Phi - \pi$ 的解时, 令二条曲线 $y(\Phi) = \sigma\sin\Phi$ 和 $y(\Phi) = \Phi - \pi$,
则方程 $\sigma\sin\Phi = \Phi - \pi$ 的解为这二条曲线的交点, 如图 9.1.2(a). 不难看出, 不管
σ 为何 (大于 1 或者小于 1), 交点只有一个 $\Phi = \pi$; 其次, 分析 $\omega\tau = 0$ 时 Φ 的
值: $0 = \Phi - \sigma\sin\Phi$, 或者 $\sin\Phi = \Phi/\sigma$. 令二条曲线 $y(\Phi) = \sin\Phi$ 和 $y(\Phi) = \Phi/\sigma$, 如
图 9.1.2(b). 可见: 当 $\sigma < 1$ 时, 直线 $y(\Phi) = \Phi/\sigma$ 有较大的斜率, 与 $y(\Phi) = \sin\Phi$
只有一个交点, 即 $\Phi = 0$; 而当 $\sigma > 1$ 时, 直线 $y(\Phi) = \Phi/\sigma$ 有较小的斜率, 与
$y(\Phi) = \sin\Phi$ 有二个交点, 即 $\Phi_1 = 0$ 和 $\Phi_2 = \Phi_{\rm sh}$. 因此, 当 $\sigma > 1$ 时, $\omega\tau \in [0,\pi]$ 映
射到 $\Phi \in [\Phi_{\rm sh}, \pi]$.

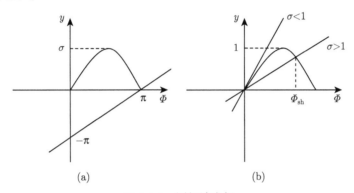

图 9.1.2　图解法求根

(a) 当 $\omega\tau = \pi$ 时, $\Phi = \pi$; (b) 当 $\omega\tau = 0$ 时, 有一个根 ($\sigma < 1$) 或者二个根 ($\sigma > 1$)

于是, 当 $\sigma > 1$ 时, 方程 (9.1.14d) 的变为

$$
\begin{aligned}
B_n &= -\frac{2}{n\pi}\int_{\omega\tau=0}^{\omega\tau=\pi} \sin\Phi\,{\rm d}[\cos n(\Phi - \sigma\sin\Phi)] \\
&= -\frac{2}{n\pi}\cos(n\omega\tau)\sin\Phi\Big|_{\omega\tau=0,\Phi=\Phi_{\rm sh}}^{\omega\tau=\Phi=\pi} + \frac{2}{n\sigma\pi}\int_{\Phi_{\rm sh}}^{\pi}\cos[n(\Phi - \sigma\sin\Phi)]{\rm d}\Phi
\end{aligned}
\tag{9.1.16a}
$$

即 Fourier 展开系数为

$$
B_n = \frac{2}{n\pi}\sin\Phi_{\rm sh} + \frac{2}{n\sigma\pi}\int_{\Phi_{\rm sh}}^{\pi}\cos[n(\Phi - \sigma\sin\Phi)]{\rm d}\Phi
\tag{9.1.16b}
$$

当 $\sigma \gg 1$ 时, 直线 $y(\Phi) = \Phi/\sigma$ 趋向 Φ 轴, 故 $\Phi_{\rm sh} \to \pi$, 令 $\Phi_{\rm sh} = \pi - \delta$ 代入方
程 $\sin\Phi_{\rm sh} = \Phi_{\rm sh}/\sigma$ 得到 $\sin(\pi-\delta) = (\pi-\delta)/\sigma$, 即 $\sin(\delta) = (\pi-\delta)/\sigma$. 取近似得到
$\delta \approx (\pi-\delta)/\sigma$, 因此 $\delta \approx \pi/(1+\sigma)$. 代入方程 (9.1.16b) 得到 (注意: 由于 $\Phi_{\rm sh} \to \pi$,
第二项积分近似为零)

$$
B_n \approx \frac{2}{n\pi}\sin(\pi-\delta) = \frac{2}{n\pi}\sin(\delta) \approx \frac{2}{n(1+\sigma)}
\tag{9.1.16c}
$$

因此, 当 $\sigma \gg 1$ 时, 方程 (9.1.14a) 的级数形式显式解为

$$v(x,t) \approx v_0 \sum_{n=1}^{\infty} \frac{2}{n(1+\sigma)} \sin[n(\omega t - k_0 x)] \qquad (9.1.16\text{d})$$

而当 $\sigma < 1$ 时, 方程 (9.1.16b) 的第一项为零, 第二项积分为 Bessel-Fubini 解, 即方程 (9.1.15b). 故称方程 (9.1.16b) 为 **Blackstock 桥函数**, 它连接了 $\sigma < 1$(间断前) 与 $\sigma > 1$ (间断后) 两种不同情况的级数显式解. 分别用 B_n^{S} 和 B_n^{F} 表示方程 (9.1.16b) 的第一、二项展开系数

$$B_n^{\text{S}} \equiv \frac{2}{n\pi} \sin \Phi_{\text{sh}}; \quad B_n^{\text{F}} \equiv \frac{2}{n\sigma\pi} \int_{\Phi_{\text{sh}}}^{\pi} \cos[n(\Phi - \sigma \sin \Phi)]\mathrm{d}\Phi \qquad (9.1.17\text{a})$$

其中, Φ_{sh} 满足方程 $\sin \Phi_{\text{sh}} = \Phi_{\text{sh}}/\sigma$, 于是 $B_n(\sigma) \equiv B_n^{\text{S}} + B_n^{\text{F}}$. 根据以上讨论, 系数具有性质: 当 $\sigma < 1$ 时, $\Phi_{\text{sh}} \equiv 0$, 恒有 $B_n^{\text{S}} = 0$ 和 $B_n(\sigma) = B_n^{\text{F}} = 2\mathrm{J}_n(n\sigma)/(n\sigma)$; 当 $\sigma \gg 1$ 时, $\Phi_{\text{sh}} \approx \pi$, 故 $B_n^{\text{F}} \approx 0$, $B_n(\sigma) \approx B_n^{\text{S}} \approx 2/[n(1+\sigma)]$; 而当 $\sigma > 1$(但不远大于 1) 时, B_n^{S} 和 B_n^{F} 只能通过数值积分得到. 一般解可表示为

$$v(\sigma, \tau) = v_0 \sum_{n=1}^{\infty} B_n(\sigma) \sin(n\omega\tau) \qquad (9.1.17\text{b})$$

基波 ω 的系数 $B_1(\sigma)$ 随 σ 的变化如图 9.1.3. 图 9.1.4 给出了基波 ω, 二次谐波 2ω 和三次谐波 3ω 振幅随 σ 的变化. 由图可见: ① 即使是理想介质, 基频振幅也随传播距离而衰减, 其衰减的能量向高次谐波转移; ② 高次谐波振幅随传播距离增加到达极大, 然后衰减.

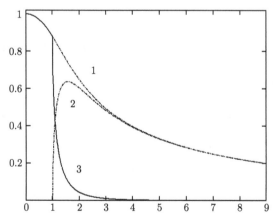

图 9.1.3　系数 $B_1(\sigma)$ 随 σ 的变化: 曲线 1, 2 和 3 分别为 B_1^{F}、B_1^{S} 和 $B_1^{\text{F}} + B_1^{\text{S}}$

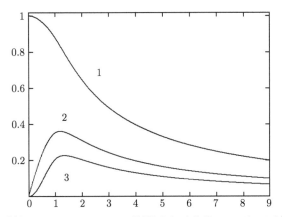

图 9.1.4 系数 $B_n(\sigma)(n=1,2,3)$ (分别对应于曲线 1, 2 和 3) 随 σ 的变化

9.1.4 Fenlon 解以及声波对声波的抑制

设坐标原点 $x=0$ 的声源发出扰动为周期变化的波 $v(0,t) = v_0 F(\omega t)$ (其中 F 为满足可微条件的任意周期函数), 由方程 (9.1.2f), 在距离声源 $x>0$、时刻 t 的声波为

$$v(x,t) = v_0 F\left[\omega t - \frac{k_0 x}{1+\beta \mathrm{Ma}(v/v_0)}\right]$$
$$\approx v_0 F\left(\omega \tau + \sigma \frac{v}{v_0}\right) = v_0 F(\varPhi) \equiv v(\omega \tau, \sigma) \tag{9.1.18a}$$

其中, $\sigma \equiv k_0 x \beta \mathrm{Ma}$, $k_0 = \omega/c_0$(注意: 只有在 $v(0,t) = v_0 \sin(\omega t)$ 情况, 方程 (9.1.11h) 中的 x_0 才是冲击波距离, 对任意的 $F(\varPhi)$, 见方程 (9.1.20b), 以及 $\varPhi = \omega \tau + \sigma v/v_0 = \omega \tau + \sigma F(\varPhi)$. 一般任意周期函数 F 没有奇偶性, 故必须展开为下列 Fourier 级数

$$v(\omega \tau, \sigma) = v_0 \sum_{n=-\infty}^{\infty} C_n(\sigma) \exp(\mathrm{i}n\omega \tau) \tag{9.1.18b}$$

其中, 展开系数为

$$C_n(\sigma) = \frac{1}{2\pi} \int_{-\pi}^{\pi} F(\varPhi) \exp(-\mathrm{i}n\omega \tau) \mathrm{d}(\omega \tau) \tag{9.1.18c}$$

对上式分步积分得到

$$C_n(\sigma) = \frac{\mathrm{i}}{2\pi n} \int_{\omega \tau = -\pi}^{\omega \tau = \pi} F(\varPhi) \mathrm{d}[\exp(-\mathrm{i}n\omega \tau)]$$
$$= \frac{\mathrm{i}}{2\pi n}\left[F(\varPhi)\exp(-\mathrm{i}n\omega \tau)\Big|_{\omega \tau = -\pi}^{\omega \tau = \pi} - \int_{\omega \tau = -\pi}^{\omega \tau = \pi} \exp(-\mathrm{i}n\omega \tau) \mathrm{d}F(\varPhi)\right] \tag{9.1.18d}$$

根据 9.1.3 小节的讨论, 如果函数 $\omega\tau = \Phi - \sigma F(\Phi)$ 在 $-\pi < \omega\tau < \pi$ 与 $-\pi < \Phi < \pi$ 区间内一一对应, 则方程 (9.1.18d) 的第一项为零 (由于假定 F 是周期函数), 于是

$$C_n(\sigma) = -\frac{\mathrm{i}}{2\pi n}\int_{\omega\tau=-\pi}^{\omega\tau=\pi}\exp(-\mathrm{i}n\omega\tau)\mathrm{d}F(\Phi) \tag{9.1.19a}$$

进一步利用 $\omega\tau = \Phi - \sigma F(\Phi)$, 上式变成

$$C_n(\sigma) = -\frac{\mathrm{i}}{2\pi n\sigma}\int_{\omega\tau=-\pi}^{\omega\tau=\pi}\exp(-\mathrm{i}n\omega\tau)\mathrm{d}\Phi + \frac{\mathrm{i}}{2\pi n\sigma}\int_{\omega\tau=-\pi}^{\omega\tau=\pi}\exp(-\mathrm{i}n\omega\tau)\mathrm{d}(\omega\tau)$$

$$= -\frac{\mathrm{i}}{2\pi n\sigma}\int_{-\pi}^{\pi}\exp\{\mathrm{i}n[\sigma F(\Phi)-\Phi]\}\mathrm{d}\Phi \tag{9.1.19b}$$

冲击波距离可由函数 $\omega\tau = \Phi - \sigma F(\Phi)$ 的单值性要求得到, 因为

$$\frac{\mathrm{d}(\omega\tau)}{\mathrm{d}\Phi} = 1 - \sigma\frac{\mathrm{d}F(\Phi)}{\mathrm{d}\Phi} \tag{9.1.20a}$$

当在 $[-\pi,\pi]$ 内 $\omega\tau$ 是 Φ 的增函数时, $\mathrm{d}(\omega\tau)/\mathrm{d}\Phi > 0$ 必须恒成立. 于是求得冲击波距离

$$\sigma_{\mathrm{sh}} = \left[\frac{\mathrm{d}F(\Phi)}{\mathrm{d}\Phi}\right]_{\max}^{-1} \tag{9.1.20b}$$

故方程 (9.1.19b) 只有在 $\sigma < \sigma_{\mathrm{sh}}$ 才成立. 当 $F(\Phi) = \sin\Phi$ 时, $\sigma_{\mathrm{sh}} = 1$ 就是 9.1.3 小节情况. 当 $\sigma > \sigma_{\mathrm{sh}}$ 时, 必须讨论 $\omega\tau$ 与 Φ 的一一对应区间.

　　注意: 由 Fourier 变换性质, 方程 (9.1.18b) 也可写成

$$v(\omega\tau,\sigma) = v_0\sum_{n=1}^{\infty}[A_n(\sigma)\cos(n\omega\tau)+B_n(\sigma)\sin(n\omega\tau)] \tag{9.1.21a}$$

其中, 系数关系为

$$A_n(\sigma) = C_n(\sigma)+C_n^*(\sigma) \text{ 和 } B_n(\sigma) = \mathrm{i}[C_n(\sigma)-C_n^*(\sigma)] \tag{9.1.21b}$$

Fenlon 解　设坐标原点 $x=0$ 的声源发出扰动为二个频率的周期变化的波

$$v(0,t) = v_{0a}\sin\omega_a t + v_{0b}\sin\omega_b t \tag{9.1.22a}$$

为了保证 $v(0,t)$ 的周期性, 设二个频率之比为二个正整数之比, 即 $\omega_a = n_a\omega$ 和 $\omega_b = n_b\omega$(其中 ω 是信号的基频). 于是由方程 (9.1.18a)

$$v(\omega\tau,\sigma) = v_0F(\Phi) = v_0(V_{0a}\sin n_a\Phi + V_{0b}\sin n_b\Phi) \tag{9.1.22b}$$

其中, $\Phi = \omega\tau + \sigma F(\Phi)$、$\tau = t - x/c_0$、$V_{0a} = v_{0a}/v_0$ 和 $V_{0b} = v_{0b}/v_0(v_0$ 是归一化速度, 例如, 可取 $v_0 = (v_{0a} + v_{0b})/2)$. 而由方程 (9.1.19b)

$$C_n(\sigma) = -\frac{i}{2\pi n\sigma} \int_{-\pi}^{\pi} \exp\{in[\sigma(V_{0a}\sin n_a\Phi + V_{0b}\sin n_b\Phi) - \Phi]\}d\Phi \quad (9.1.22c)$$

利用恒等式

$$\exp(iz\sin\vartheta) = \sum_{n=-\infty}^{\infty} J_n(z)\exp(in\vartheta) \quad (9.1.22d)$$

方程 (9.1.22c) 变成

$$C_n(\sigma) = -\frac{i}{2\pi n\sigma} \sum_{l=-\infty}^{\infty} \sum_{m=-\infty}^{\infty} J_l(nV_{0a}\sigma)J_m(nV_{0b}\sigma) \\ \times \int_{-\pi}^{\pi} \exp[i(ln_a + mn_b - n)\Phi]d\Phi \quad (9.1.23a)$$

注意到: 当 $ln_a + mn_b - n \neq 0$ 时, 上式中积分为零; 而当 $ln_a + mn_b - n = 0$ 时, 积分为 2π, 故方程 (9.1.23a) 简化为

$$C_n(\sigma) = -\frac{i}{n\sigma} \sum_{ln_a + mn_b = n}^{\infty} J_l(nV_{0a}\sigma)J_m(nV_{0b}\sigma) \quad (9.1.23b)$$

显然, 因 $F(\Phi)$ 是奇函数. $A_n(\sigma) = C_n(\sigma) + C_n^*(\sigma) = 0$, 而

$$B_n(\sigma) = \frac{2}{n\sigma} \sum_{ln_a + mn_b = n}^{\infty} J_l(nV_{0a}\sigma)J_m(nV_{0b}\sigma) \quad (9.1.23c)$$

即

$$v(\omega\tau, \sigma) = v_0 \sum_{n=1}^{\infty} \frac{2}{n\sigma} \sum_{ln_a + mn_b = n}^{\infty} J_l(nV_{0a}\sigma)J_m(nV_{0b}\sigma)\sin(n\omega\tau) \quad (9.1.23d)$$

利用上式, 我们讨论两个有趣的现象.

差频波 取 $\omega_a - \omega_b = \omega \equiv \omega_-$, 则 $n_a = n_b + 1$, 显然差频波部分由 $B_1(\sigma)(n = 1)$ 给出, 于是方程 (9.1.23c) 中的求和指标 $l(n_b + 1) + mn_b = 1$. 取 $l = 1 + qn_b$ 和 $m = -[1 + q(n_b + 1)]$(其中 q 为整数: $-\infty < q < \infty$), 差频成分的振幅为

$$B_-(\sigma) \equiv B_1(\sigma) = \frac{2}{\sigma} \sum_{q=-\infty}^{\infty} J_{1+qn_b}(V_{0a}\sigma)J_{-(1+qn_a)}(V_{0b}\sigma) \quad (9.1.24a)$$

其中, $n_a = n_b + 1$. 如果 $\omega_- \ll \omega_a, \omega_b$, 则 $n_a, n_b \gg 1$ (二个频率接近的高频声波), 上式中除 $q = 0$ 项外, 其他项为高阶 Bessel 函数, 可近似为零, 方程 (9.1.24a) 近似为

$$B_-(\sigma) \approx -\frac{2}{\sigma} J_1(V_{0a}\sigma)J_1(V_{0b}\sigma) \quad (9.1.24b)$$

在声源附近, 上式中的 Bessel 函数可取近似 $J_1(x) \approx x/2$, 故 $B_-(\sigma) \approx V_{0a}V_{0b}\sigma/2$ 代入方程 (9.1.23d), 得到差频波部分为

$$v_-(x,t) \approx -\frac{v_{0a}v_{0b}\beta\omega_-}{2c_0^2}x\sin\left[\omega_-\left(t-\frac{x}{c_0}\right)\right] \tag{9.1.24c}$$

可见, 在声源附近差频波振幅随距离增长.

声放大　取 $(n_b, n_a) = (1,2)$, 即 $\omega_a = 2\omega_b$, 此时 $\omega_a - \omega_b = \omega_b = \omega = \omega_-$, 故 ω_b 为基频波, 也是差频波, 而 ω_a 为二次谐波. 基频波或者差频波的振幅也由方程 (9.1.24a) 给出 (注意: $n_b = 1$, $n_a = 2$)

$$B_b(\sigma) \equiv B_1(\sigma) = \frac{2}{\sigma}\sum_{q=-\infty}^{\infty} J_{1+q}(V_{0a}\sigma)J_{-(1+2q)}(V_{0b}\sigma) \tag{9.1.25a}$$

考虑情况: 在声源处, 基频波 ω_b 振幅远小于二次谐波 ω_a, 即 $|V_{0b}| \ll |V_{0a}|$. 冲击波距离近似为 $\sigma_{\text{sh}} \approx 1/|2V_{0a}|$, 故上式中第二个 Bessel 函数的自变量 $|V_{0b}\sigma| < |V_{0b}/2V_{0a}| \ll 1$. 另外, 上式中除 $q = -1, 0$ 项外, 其他项为高阶 Bessel 函数, 可近似为零, 于是方程 (9.1.25a) 近似为

$$\begin{aligned} B_b(\sigma) &\approx \frac{2}{\sigma}\left[J_1(V_{0a}\sigma)J_{-1}(V_{0b}\sigma) + J_0(V_{0a}\sigma)J_1(V_{0b}\sigma)\right] \\ &\approx V_{0b}\left[J_0(V_{0a}\sigma) - J_1(V_{0a}\sigma)\right] \end{aligned} \tag{9.1.25b}$$

故在传播中, 基频波振幅 $B_b(\sigma)$ 与声源处的二次谐波振幅 V_{0a} 有关. 当 $V_{0a} > 0$ 时, $B_b(\sigma)$ 随 σ 增加而减小, 即二次谐波 ω_a 抽取基频波 ω_b 的能量分配给其他频率分量; 当 $V_{0a} < 0$ 时 (基频波 ω_b 与二次谐波 ω_a 相位相反), 由于一阶 Bessel 函数的反对称性, $B_b(\sigma)$ 随 σ 增加而增加, 故基频波 ω_b 从二次谐波 ω_a 抽取能量, 起到声波的放大作用.

声波对声波的抑制　为了方便, 设低频波的频率 $\omega_b = \omega$, 即 $n_b = 1$; 高频波频率为 $\omega_a = n_a\omega$. 第 $n = n_a$ 个谐波的频率恰好是高频波频率 $\omega_a = n_a\omega$, 故由方程 (9.1.23c) 得到高频波 ω_a 的振幅为

$$B_a(\sigma) \equiv B_{n_a}(\sigma) = \frac{2}{n_a\sigma}\sum_{l=-\infty}^{\infty} J_l(n_aV_{0a}\sigma)J_{(1-l)n_a}(n_aV_{0b}\sigma) \tag{9.1.26a}$$

如果: ① $n_a \gg 1$, 即 $\omega_a \gg \omega_b$; ② $|V_{0b}| \gg |V_{0a}|$, 即低频波的振幅远远大于高频波, 那么, 当 $l \neq 1$ 时, 上式中第二个 Bessel 函数的阶数很大, 故只要取 $l = 1$ 这项就可以了, 于是

$$B_a(\sigma) \approx \frac{2}{n_a\sigma}J_1(n_aV_{0a}\sigma)J_0(n_aV_{0b}\sigma) \tag{9.1.26b}$$

由于 $\sigma_{\mathrm{sh}} \approx 1/|2V_{0b}|$, $|V_{0a}\sigma| < |V_{0a}\sigma_{\mathrm{sh}}| \approx |V_{0a}|/|2V_{0b}| \ll 1$, 故 $J_1(n_a V_{0a}\sigma) \approx n_a V_{0a}\sigma/2$, 代入上式

$$B_a(\sigma) \approx V_{0a} J_0(n_a V_{0b}\sigma) \tag{9.1.26c}$$

上式代入方程 (9.1.23d) 得到高频波的振幅

$$v_a(x,t) = v_0 B_a(\sigma)\sin(n_a\omega\tau) \approx v_{0a} J_0\left(\frac{\omega v_{0b}\beta x}{c_0^2}\right)\sin\left[\omega_a\left(t - \frac{x}{c_0}\right)\right] \tag{9.1.26d}$$

显然, 在零阶 Bessel 函数的零点 (与低频波 ω_b 的初始幅度 v_{0b} 有关), 高频波 ω_a 的振幅为零, 受到低频波 ω_b 的抑制. 设第 q 个零点为 x_{0q}: $J_0(x_{0q}) = 0$, 则在下列各点, 高频波 ω_a 的振幅为零

$$x_q = \frac{c_0^2}{\omega_a v_{0b}\beta}x_{0q} \quad (q = 1, 2, \cdots) \tag{9.1.26e}$$

注意: x_q 必须小于冲击波形成的距离.

9.1.5 复合波声场和 Riemann 不变量

以上诸小节中, 我们仅考虑了非线性 "行波", 即 "简单波". 如果存在边界的反射, 这时非线性声波在 $+x$ 和 $-x$ 两个方向传播, 这样的非线性声场称为**复合波声场**. 在等熵条件下, 仍然有 $P = P(\rho)$ 和 $c^2 = \partial P/\partial\rho$, 但声压 $p = P - P_0$ 与速度 v 没有简单波关系, 即 p 一般不是 v 的函数. 引进热力学量

$$\lambda \equiv \int \frac{c}{\rho}\mathrm{d}\rho = \int \frac{1}{\rho c}\mathrm{d}P \tag{9.1.27a}$$

显然, λ 是密度的函数, 不难得到

$$\begin{aligned}\frac{\partial\lambda}{\partial t} &= \frac{\partial\rho}{\partial t}\frac{\partial\lambda}{\partial\rho} = \frac{\partial\rho}{\partial t}\frac{\partial}{\partial\rho}\left(\int\frac{c}{\rho}\mathrm{d}\rho\right) = \frac{c}{\rho}\frac{\partial\rho}{\partial t} = \frac{1}{\rho c}\frac{\partial P}{\partial t}\\[6pt]\frac{\partial\lambda}{\partial x} &= \frac{\partial\rho}{\partial x}\frac{\partial\lambda}{\partial\rho} = \frac{\partial\rho}{\partial x}\frac{\partial}{\partial\rho}\left(\int\frac{c}{\rho}\mathrm{d}\rho\right) = \frac{c}{\rho}\frac{\partial\rho}{\partial x} = \frac{1}{\rho c}\frac{\partial P}{\partial x}\end{aligned} \tag{9.1.27b}$$

代入方程 (9.1.1a) 和 (9.1.1b) 得到

$$\frac{\partial\lambda}{\partial t} + v\frac{\partial\lambda}{\partial x} + c\frac{\partial v}{\partial x} = 0 \tag{9.1.27c}$$

$$\frac{\partial v}{\partial t} + v\frac{\partial v}{\partial x} + c\frac{\partial\lambda}{\partial x} = 0 \tag{9.1.27d}$$

上二式相加或相减得到

$$\frac{\partial J_+}{\partial t} + (v+c)\frac{\partial J_+}{\partial x} = 0 \tag{9.1.28a}$$

$$\frac{\partial J_-}{\partial t} + (v - c)\frac{\partial J_-}{\partial x} = 0 \qquad (9.1.28b)$$

其中, $J_+ \equiv v + \lambda$ 和 $J_- \equiv v - \lambda$. 与得到方程 (9.1.2d) 类似, 我们得到

$$\left(\frac{\partial x}{\partial t}\right)_{J_\pm} = v \pm c \qquad (9.1.28c)$$

上式与方程 (9.1.2d) 相比, 可见: $J_\pm$ 相等的点 (x,t) 具有传播速度 $v \pm c$; 反过来, 具有相同传播速度 $v \pm c$ 的点 (x,t), $J_\pm$ 为常数, 故 $J_\pm$ 称为 **Riemann 不变量**.

对简单波, 由方程 (9.1.2a), $v = \pm\lambda$. 当 $v = +\lambda$ 时, $J_+ \equiv 2v$ 和 $J_- = 0$, 代入方程 (9.1.28a) 和 (9.1.28b), 后者为恒等式, 而前者与方程 (9.1.2b)(取 "+" 号) 相同; 当 $v = -\lambda$ 时, $J_+ \equiv 0$ 和 $J_- = 2v$, 代入方程 (9.1.28a) 和 (9.1.28b), 前者为恒等式, 而后者与方程 (9.1.2b)(取 "−" 号) 相同. 可见, 简单波是方程 (9.1.28c) 的特例.

理想气体　与方程 (9.1.3b) 类似, 我们有

$$\lambda = \frac{2(c - c_0)}{(\gamma - 1)} \quad \text{或者} \quad c = c_0 + \frac{\gamma - 1}{2}\lambda \qquad (9.1.29a)$$

上式代入方程 (9.1.28c)

$$\begin{aligned}\left(\frac{\partial x}{\partial t}\right)_{J_+} &= v + \left(c_0 + \frac{\gamma-1}{2}\lambda\right) = c_0 + \frac{\gamma+1}{4}J_+ + \frac{3-\gamma}{4}J_- \\ \left(\frac{\partial x}{\partial t}\right)_{J_-} &= v - \left(c_0 + \frac{\gamma-1}{2}\lambda\right) = -c_0 + \frac{\gamma+1}{4}J_- + \frac{3-\gamma}{4}J_+\end{aligned} \qquad (9.1.29b)$$

得到上式, 利用了关系

$$v = \frac{1}{2}(J_+ + J_-); \quad \lambda = \frac{1}{2}(J_+ - J_-) \qquad (9.1.29c)$$

方程 (9.1.29b) 积分得到

$$\begin{aligned}x &= \left(c_0 + \frac{\gamma+1}{4}J_+\right)t + f(J_+) + X_+ \\ x &= -\left(c_0 - \frac{\gamma+1}{4}J_-\right)t + g(J_-) - X_-\end{aligned} \qquad (9.1.30a)$$

其中, f 和 g 是满足可微条件的任意函数, 以及

$$X_+ = \int_{J_+=C_1} \frac{3-\gamma}{4}J_-(x,t)\mathrm{d}t; \quad X_- = -\int_{J_-=C_2} \frac{3-\gamma}{4}J_+(x,t)\mathrm{d}t \qquad (9.1.30b)$$

其中, C_1 和 C_2 表示常数. 方程 (9.1.30a) 也写成

$$J_+ = F\left(t - \frac{x - X_+}{c_0 + \beta J_+/2}\right); \quad J_- = G\left(t + \frac{x + X_-}{c_0 - \beta J_-/2}\right) \qquad (9.1.30c)$$

其中, $\beta = (\gamma + 1)/2$(注意: 对非理想气体, 在二阶近似下, 只要令 $\beta \equiv 1 + B/(2A)$ 即可), F 和 G 是满足可微条件的任意函数. 上式就是复合波声场的广义 Riemann 解. 方程 (9.1.30c) 二式相加得到

$$v = \frac{1}{2}(J_+ + J_-) = \frac{1}{2}\left[F\left(t - \frac{x - X_+}{c_0 + \beta J_+/2}\right) + G\left(t + \frac{x + X_-}{c_0 - \beta J_-/2}\right)\right] \quad (9.1.31a)$$

如果我们忽略非线性效应, 取 $\beta \approx 0$, 则上式简化为

$$v \approx \frac{1}{2}\left[F\left(t - \frac{x - X_+}{c_0}\right) + G\left(t + \frac{x + X_-}{c_0}\right)\right] \quad (9.1.31b)$$

上式与线性波动方程的 d'Alembert 解类似 (见 1.3.1 小节讨论).

值得指出的是, ① 尽管可由方程 (9.1.31a) 得到 $v(x, t)$ 的一般表达式, 但要结合声源边界条件求出 F 和 G 的具体表达式却是十分困难的, 而且要求出 $v(x, t)$ 的显式更为困难; ② 在非等熵条件下, 尽管 "简单波" 条件成立, 但已不存在 Riemann 不变量.

9.2 黏滞和热传导介质中的有限振幅波

本节讨论有限振幅声波在黏滞和热传导介质中传播的特性. 首先介绍非线性方程的微扰展开方法, 讨论非线性与耗散的相互竞争对有限振幅声波传播的影响; 其次介绍一维耗散介质中的行波及其处理方法, 导出并求解著名的 Burgers 方程; 然后简单介绍有限振幅球面波和柱面波; 导出二阶近似下的非线性声波方程, 即著名的 Westervelt 方程; 最后, 介绍微扰展开中消除久期项的重整化方法和多尺度微扰展开方法.

9.2.1 非线性方程的微扰展开

对黏滞和热传导介质, 质量守恒方程、Navier-Stokes 方程、能量守恒方程和状态方程分别为 (仅考虑声的传播问题, 假定声源项为零)

$$\frac{\partial \rho}{\partial t} + \rho \nabla \cdot \boldsymbol{v} + \boldsymbol{v} \cdot \nabla \rho = 0 \quad (9.2.1a)$$

$$\rho\left(\frac{\partial \boldsymbol{v}}{\partial t} + \boldsymbol{v} \cdot \nabla \boldsymbol{v}\right) = -\nabla P + \mu \nabla^2 \boldsymbol{v} + \left(\eta + \frac{\mu}{3}\right)\nabla(\nabla \cdot \boldsymbol{v}) \quad (9.2.1b)$$

$$\rho T\left(\frac{\partial s}{\partial t} + \boldsymbol{v} \cdot \nabla s\right) = \nabla \cdot (\kappa \nabla T) + 2\mu \sum_{i,j=1}^{3} S_{ij}^2 + \lambda(\nabla \cdot \boldsymbol{v})^2 \quad (9.2.1c)$$

以及状态方程 $P = P(\rho, s)$. 取 $\rho = \rho_0 + \rho'$, $p = P_0 + p'$, $T = T_0 + T'$, $\boldsymbol{v} = \boldsymbol{v}$ 以及 $s = s_0 + s'$, 假定不存在边界 (如果存在边界, 在边界附近的流体运动一定是有旋运动), 声传播过程引起的流体运动是无旋的, 即 $\nabla \times \boldsymbol{v} = 0$(即仅考虑压缩波), 则

$$\nabla^2 \boldsymbol{v} = \nabla(\nabla \cdot \boldsymbol{v}) - \nabla \times \nabla \times \boldsymbol{v} \approx \nabla(\nabla \cdot \boldsymbol{v})$$
$$(\boldsymbol{v} \cdot \nabla)\boldsymbol{v} = \nabla(v^2/2) - \boldsymbol{v} \times (\nabla \times \boldsymbol{v}) \approx \nabla(v^2/2) \tag{9.2.2}$$

于是, 方程 (9.2.1a), (9.2.1b) 和 (9.2.1c) 简化成

$$\frac{\partial \rho'}{\partial t} + (\rho_0 + \rho')\nabla \cdot \boldsymbol{v} + \boldsymbol{v} \cdot \nabla \rho' = 0 \tag{9.2.3a}$$

$$(\rho_0 + \rho')\left(\frac{\partial \boldsymbol{v}}{\partial t} + \frac{1}{2}\nabla v^2\right) = -\nabla p' + \left(\eta + \frac{4\mu}{3}\right)\nabla(\nabla \cdot \boldsymbol{v}) \tag{9.2.3b}$$

$$(\rho_0 + \rho')(T_0 + T')\left(\frac{\partial s'}{\partial t} + \boldsymbol{v} \cdot \nabla s'\right) = \kappa\nabla^2 T' + 2\mu\sum_{i,j=1}^{3} S_{ij}^2 + \lambda(\nabla \cdot \boldsymbol{v})^2 \tag{9.2.3c}$$

在二阶近似下, 状态方程 $P_0 + p' = P(\rho_0 + \rho', s_0 + s')$ 展开为

$$p' \approx c_0^2\rho' + \left(\frac{\partial P}{\partial s}\right)_\rho s' + \frac{1}{2}\left(\frac{\partial^2 P}{\partial \rho^2}\right)_s \rho'^2 + \frac{1}{2}\left(\frac{\partial^2 P}{\partial s^2}\right)_\rho s'^2 + \left(\frac{\partial^2 P}{\partial s\partial \rho}\right)_\rho \rho's' \tag{9.2.3d}$$

首先讨论近似关系, ① 在理想流体中, 流体的运动 (线性或非线性) 是一个等熵过程, 即运动过程中流体元的熵保持不变, $\mathrm{d}s/\mathrm{d}t = 0$; 对均匀的介质, 可以取 $s = s_0$. 故介质存在弱黏滞和弱热传导效应后, 熵的变化保留一阶小量就可以了, 在方程 (9.2.3c) 和 (9.2.3d) 中可以忽略熵变化的二阶小量. ② 由此, 对熵守恒方程 (9.2.3c) 的运算只要用线性声学方程就可以了

$$\rho_0 T_0 \frac{\partial s'}{\partial t} \approx \kappa\nabla^2 T' \tag{9.2.3e}$$

由方程 (6.2.8b) 和 (6.2.8c), 温度变化和速度场近似为

$$T' \approx \frac{\gamma - 1}{c_0^2\rho_0\beta_{P0}}p'; \;\; \frac{\partial v}{\partial t} \approx -\frac{1}{\rho_0}\nabla p'; \;\; \nabla \times \boldsymbol{v} = 0 \tag{9.2.4a}$$

上式代入方程 (9.2.3e) 得

$$s' \approx -\frac{(\gamma - 1)\kappa}{c_0^2\rho_0 T_0\beta_{P0}}\nabla \cdot \boldsymbol{v} \tag{9.2.4b}$$

故由方程 (9.2.3d)

$$p' \approx c_0^2\rho' + \frac{1}{2}\left(\frac{\partial^2 p}{\partial \rho^2}\right)_s \rho'^2 - \kappa\left(\frac{1}{c_V} - \frac{1}{c_P}\right)\nabla \cdot \boldsymbol{v} \tag{9.2.4c}$$

得到上式利用了热力学关系

$$\left(\frac{\partial P}{\partial s}\right)_\rho = c_0^2 \frac{\rho \beta_P T}{c_P} \tag{9.2.4d}$$

上式的证明: 由热力学关系

$$\left(\frac{\partial P}{\partial s}\right)_\rho \left(\frac{\partial s}{\partial \rho}\right)_P \left(\frac{\partial \rho}{\partial P}\right)_s = -1 \tag{9.2.4e}$$

并利用方程 (6.1.16b) 和 (6.1.16c) 得到

$$\left(\frac{\partial P}{\partial s}\right)_\rho = -c_0^2 \left(\frac{\partial \rho}{\partial s}\right)_P = -c_0^2 \left(\frac{\partial \rho}{\partial T}\right)_P \left(\frac{\partial T}{\partial s}\right)_P = c_0^2 \frac{\rho \beta_P T}{c_P} \tag{9.2.4f}$$

把方程 (9.2.4c) 代入方程 (9.2.3b) 得到

$$(\rho_0 + \rho') \left(\frac{\partial \boldsymbol{v}}{\partial t} + \frac{1}{2}\nabla v^2\right) + c_0^2 \nabla \rho' + \frac{1}{2}\left(\frac{\partial^2 P}{\partial \rho^2}\right)_s \nabla \rho'^2 = b\nabla^2 \boldsymbol{v} \tag{9.2.5a}$$

其中, 为了方便定义

$$b \equiv \left(\eta + \frac{4}{3}\mu\right) + \kappa\left(\frac{1}{c_V} - \frac{1}{c_P}\right) \tag{9.2.5b}$$

方程 (9.2.3a) 和 (9.2.5a) 就是在二次近似下, 考虑黏滞和热传导效应后的质量守恒方程和动力学基本方程. 注意: 以 ρ' 和 $\boldsymbol{v}$ 为变量, 而 p' 由方程 (9.2.4c) 给出.

我们来分析方程 (9.2.3a) 和 (9.2.5a) 各项的数量级. 设流体元的速度为

$$v = v_0 \cos\left[\omega\left(\frac{x}{c_0} - t\right)\right] \tag{9.2.6a}$$

在线性声学中

$$\rho' = \frac{\rho_0}{c_0}v = \rho_0 \frac{v_0}{c_0} \cos\left[\omega\left(\frac{x}{c_0} - t\right)\right] \tag{9.2.6b}$$

于是, 方程 (9.2.3a) 和 (9.2.5a) 中非线性项与线性项之比分别为

$$\left|\frac{\rho'}{\rho_0}\right| \sim \left|\frac{\rho'\nabla \cdot \boldsymbol{v}}{\partial \rho'/\partial t}\right| \sim \left|\frac{\boldsymbol{v} \cdot \nabla \rho'}{\partial \rho'/\partial t}\right| \sim \left|\frac{\nabla v^2}{\partial \boldsymbol{v}/\partial t}\right| \sim \frac{v_0}{c_0} \equiv \mathrm{Ma} \tag{9.2.7a}$$

其中, 常数 Ma 称为**声 Mach 数**, 故非线性性质由 Ma 决定, 如果 Ma 不是远小于 1, 就必须考虑非线性; 再分析方程 (9.2.5a) 各项的数量级: ① 惯性项与黏滞项之比为

$$\left|\frac{\rho_0 \partial \boldsymbol{v}/\partial t}{\mu \nabla(\nabla \cdot \boldsymbol{v})}\right| \sim \frac{2\pi}{\omega} \cdot \frac{\rho_0 c_0^2}{\mu} \equiv \mathrm{Re} \tag{9.2.7b}$$

其中, 常数 Re 称为**声 Reynolds 数**, 当 Re 远小于 1 时, 必须考虑流体的黏滞效应, 需要注意的是, Re 与声波频率有关, 频率越高, 声 Reynolds 数越小, 故高频情况更需考虑黏滞效应; ② 运动非线性和本构非线性项大小为

$$\left| \rho' \frac{\partial \boldsymbol{v}}{\partial t} + \frac{\rho_0}{2} \nabla v^2 + \frac{1}{2} \left(\frac{\partial^2 P}{\partial \rho^2} \right)_s \nabla \rho'^2 \right| \sim \left(1 + \frac{B}{2A} \right) \frac{2\rho_0}{c_0} \omega v_0^2 = 2\beta \mathrm{Ma} \rho_0 \omega v_0 \quad (9.2.7c)$$

③ 黏滞和热传导项大小为

$$\left| b\nabla^2 \boldsymbol{v} \right| \sim b \frac{v_0 \omega^2}{c_0^2} \sim 2\pi v_0 \rho_0 \left[\left(\frac{\eta}{\mu} + \frac{4}{3} \right) + \frac{\kappa}{\mu} \left(\frac{1}{c_V} - \frac{1}{c_P} \right) \right] \frac{\omega}{\mathrm{Re}} \quad (9.2.7d)$$

定义 **Goldberg 数**为非线性项数量级与耗散项数量级之比

$$G \equiv \frac{\beta \mathrm{Ma} \cdot \mathrm{Re}}{\pi} \cdot \frac{\mu}{b} \quad (9.2.7e)$$

当 $G \sim 1$ 时, 非线性项与耗散项在同一个数量级, 即

$$\beta \mathrm{Ma} \cdot \mathrm{Re} \approx \pi \left[\frac{\eta}{\mu} + \frac{4}{3} + \frac{\kappa}{\mu} \left(\frac{1}{c_V} - \frac{1}{c_P} \right) \right] \quad (9.2.8a)$$

对空气, $\beta \approx 1.2$ 以及

$$\frac{\eta}{\mu} + \frac{4}{3} \sim \frac{\kappa}{\mu} \left(\frac{1}{c_V} - \frac{1}{c_P} \right) \quad (9.2.8b)$$

故方程 (9.2.8a) 给出

$$v_0 \approx \frac{\omega}{\rho_0 c_0} \left(\eta + \frac{4}{3} \mu \right) \quad (9.2.8c)$$

这相当于 90dB 的声压 ($f = 1\mathrm{kHz}$, 空气中). 我们分三种情况讨论.

耗散效应远大于非线性效应　　($G \ll 1$) 假定: ① 小振幅振动, 可以作微扰展开; ② 弱非线性; ③ 较大耗散, 如高频声波的传播 (吸收系数正比于 ω^2). 为了方便微扰展开, 我们在方程 (9.2.3a) 和 (9.2.5a) 中增加微扰参数 ε 表明耗散效应和非线性效应的大小

$$\frac{\partial \rho'}{\partial t} + \rho_0 \nabla \cdot \boldsymbol{v} + \varepsilon^1 \nabla \cdot (\rho' \boldsymbol{v}) = 0 \quad (9.2.9a)$$

$$\rho_0 \frac{\partial \boldsymbol{v}}{\partial t} + c_0^2 \nabla \rho' - \varepsilon^0 b \nabla^2 \boldsymbol{v} + \varepsilon^1 \rho' \frac{\partial \boldsymbol{v}}{\partial t} + \rho_0 \varepsilon^1 \frac{1}{2} \nabla v^2 + \frac{1}{2} \varepsilon^1 \left(\frac{\partial^2 P}{\partial \rho^2} \right)_s \nabla \rho'^2 = 0 \quad (9.2.9b)$$

上式中耗散项为零阶 (ε^0), 而非线性项为一阶 (ε^1), 表示 $G \ll 1$. 作微扰展开

$$\begin{aligned} \rho' &= \rho_1 + \varepsilon \rho_2 + \varepsilon^2 \rho_3 + \cdots \\ \boldsymbol{v} &= \boldsymbol{v}_1 + \varepsilon \boldsymbol{v}_2 + \varepsilon^2 \boldsymbol{v}_3 + \cdots \end{aligned} \quad (9.2.9c)$$

代入方程 (9.2.9a) 和 (9.2.9b) 且比较 ε 的同次幂, 得到 ε^0 阶量满足的方程

$$\frac{\partial \rho_1}{\partial t} + \rho_0 \nabla \cdot \boldsymbol{v}_1 = 0; \quad \rho_0 \frac{\partial \boldsymbol{v}_1}{\partial t} + c_0^2 \nabla \rho_1 = b \nabla^2 \boldsymbol{v}_1 \tag{9.2.10a}$$

以及 ε^1 阶量满足的方程

$$\frac{\partial \rho_2}{\partial t} + \rho_0 \nabla \cdot \boldsymbol{v}_2 = -\rho_1 \nabla \cdot \boldsymbol{v}_1 - \boldsymbol{v}_1 \cdot \nabla \rho_1$$

$$\rho_0 \frac{\partial \boldsymbol{v}_2}{\partial t} + c_0^2 \nabla \rho_2 - b \nabla^2 \boldsymbol{v}_2 = -\rho_1 \frac{\partial \boldsymbol{v}_1}{\partial t} - \frac{1}{2} \rho_0 \nabla v_1^2 - \frac{1}{2} \left(\frac{\partial^2 P}{\partial \rho^2} \right)_s \nabla \rho_1^2 \tag{9.2.10b}$$

方程 (9.2.10a) 消去 ρ_1 得到

$$\frac{\partial^2 \boldsymbol{v}_1}{\partial t^2} - c_0^2 \left(1 + \frac{b}{\rho_0 c_0^2} \frac{\partial}{\partial t} \right) \nabla^2 \boldsymbol{v}_1 = 0 \tag{9.2.10c}$$

得到上式, 已利用了无旋条件 $\nabla \times \boldsymbol{v}_1 = 0$. 考虑一维问题 $(x > 0)$, 声源振动速度为 $v_0 \sin(\omega t)$, 一阶量的方程为

$$\frac{\partial^2 v_1}{\partial t^2} - c_0^2 \left(1 + \frac{b}{\rho_0 c_0^2} \frac{\partial}{\partial t} \right) \frac{\partial^2 v_1}{\partial x^2} = 0$$

$$v_1(x, t)|_{x=0} = v_0 \sin(\omega t) \tag{9.2.11a}$$

不难得到

$$v_1(x, t) = v_0 \exp(-\alpha x) \sin(\omega t - k_0 x) \tag{9.2.11b}$$

其中, 线性吸收系数为 $\alpha \equiv b\omega^2 / (2\rho_0 c_0^3)$. 相应的密度变化为

$$\rho_1(x, t) = \frac{\rho_0}{c_0} v_1(x, t) = \frac{\rho_0}{c_0} v_0 \exp(-\alpha x) \sin(\omega t - k_0 x) \tag{9.2.11c}$$

由方程 (9.2.10b) 得到二阶量满足的方程

$$\frac{1}{c_0^2} \frac{\partial^2 \boldsymbol{v}_2}{\partial t^2} - \left(1 + \frac{b}{\rho_0 c_0^2} \frac{\partial}{\partial t} \right) \nabla^2 \boldsymbol{v}_2 = \nabla \left(\frac{\rho_1}{\rho_0} \nabla \cdot \boldsymbol{v}_1 + \frac{\boldsymbol{v}_1}{\rho_0} \cdot \nabla \rho_1 \right)$$

$$- \frac{1}{\rho_0 c_0^2} \frac{\partial}{\partial t} \left[\rho_1 \frac{\partial \boldsymbol{v}_1}{\partial t} + \frac{1}{2} \rho_0 \nabla v_1^2 + \frac{1}{2} \left(\frac{\partial^2 P}{\partial \rho^2} \right)_s \nabla \rho_1^2 \right] \tag{9.2.12a}$$

一维方程为

$$\frac{1}{c_0^2} \frac{\partial^2 v_2}{\partial t^2} - \left(1 + \frac{b}{\rho_0 c_0^2} \frac{\partial}{\partial t} \right) \frac{\partial^2 v_2}{\partial x^2}$$

$$= \frac{1}{\rho_0} \frac{\partial^2}{\partial x^2} (\rho_1 v_1) - \frac{1}{\rho_0 c_0^2} \frac{\partial}{\partial t} \left[\rho_1 \frac{\partial v_1}{\partial t} + \frac{1}{2} \rho_0 \frac{\partial v_1^2}{\partial x} + \frac{1}{2} \left(\frac{\partial^2 P}{\partial \rho^2} \right)_s \frac{\partial \rho_1^2}{\partial x} \right] \tag{9.2.12b}$$

把方程 (9.2.11b) 和 (9.2.11c) 代入上式得到

$$\frac{1}{c_0^2}\frac{\partial^2 v_2}{\partial t^2} - \left(1 + \frac{b}{\rho_0 c_0^2}\frac{\partial}{\partial t}\right)\frac{\partial^2 v_2}{\partial x^2} \approx 2\beta\omega^2\frac{v_0^2}{c_0^3}\exp(-2\alpha x)\cos 2(\omega t - k_0 x) \qquad (9.2.12c)$$

得到上式, 利用了近似: 对 x 求导时仅对快变量 $k_0 x$ 求导. 容易求得上式满足条件 $v_2(0,t) = 0$ 的解为 $(x > 0)$

$$v_2(x,t) = \frac{\beta\omega}{4c_0^2\alpha}v_0^2(1 - \mathrm{e}^{-2\alpha x})\exp(-2\alpha x)\sin[2(\omega t - k_0 x)] \qquad (9.2.12d)$$

注意: 得到方程 (9.2.11b) 和 (9.2.12d), 我们假定 $\omega b/\rho_0 c_0^2 \ll 1$. 可见, 在声源附近很短的距离内 $\alpha x \ll 1$, $|v_2(x,t)| \approx (\beta\omega v_0^2/2c_0^2)x$, 在 $x = x_{\max} = \ln 2/(2\alpha)$ 二次谐波达到极大, 然后随 x 增加而下降.

耗散与非线性效应在同一数量级　　$(G \sim 1)$ 假定非线性和耗散效应都足够弱 (如果非线性效应足够强, 微扰展开就不成立了), 即 $\mathrm{Ma}\beta \approx 1/\mathrm{Re} \ll 1$, 但耗散与非线性效应在同一数量级 (ε^1), 故方程 (9.2.3a) 和 (9.2.5a) 表示为

$$\frac{\partial \rho'}{\partial t} + \rho_0\nabla \cdot \boldsymbol{v} + \varepsilon^1\nabla \cdot (\rho'\boldsymbol{v}) = 0 \qquad (9.2.13a)$$

$$\rho_0\frac{\partial \boldsymbol{v}}{\partial t} + c_0^2\nabla\rho' - \varepsilon^1\left[b\nabla^2\boldsymbol{v} + \rho'\frac{\partial \boldsymbol{v}}{\partial t} + \rho_0\frac{1}{2}\nabla v^2 + \frac{1}{2}\left(\frac{\partial^2 P}{\partial\rho^2}\right)_s\nabla\rho'^2\right] = 0 \qquad (9.2.13b)$$

作由方程 (9.2.9c) 表示的微扰展开: 把方程 (9.2.9c) 代入方程 (9.2.13a) 和 (9.2.13b) 并且比较 ε 的同次幂, 得到 ε^0 阶量满足的方程

$$\frac{\partial \rho_1}{\partial t} + \rho_0\nabla \cdot \boldsymbol{v}_1 = 0; \quad \rho_0\frac{\partial \boldsymbol{v}_1}{\partial t} + c_0^2\nabla\rho_1 = 0 \qquad (9.2.13c)$$

上式表明, 由于假定耗散足够弱, 对基波的传播没有影响; ε^1 阶量满足的方程为

$$\frac{\partial \rho_2}{\partial t} + \rho_0\nabla \cdot \boldsymbol{v}_2 = -\nabla \cdot (\rho_1\boldsymbol{v}_1)$$

$$\rho_0\frac{\partial \boldsymbol{v}_2}{\partial t} + c_0^2\nabla\rho_2 = -\rho_1\frac{\partial \boldsymbol{v}_1}{\partial t} - \frac{1}{2}\rho_0\nabla v_1^2 - \frac{1}{2}\left(\frac{\partial^2 P}{\partial\rho^2}\right)_s\nabla\rho_1^2 + b\nabla^2\boldsymbol{v}_1 \qquad (9.2.13d)$$

上式表明耗散与非线性效应仅产生二次谐波, 而对基波没有影响. 方程 (9.2.13d) 消去 ρ_2 得到

$$\frac{1}{c_0^2}\frac{\partial^2 \boldsymbol{v}_2}{\partial t^2} - \nabla^2\boldsymbol{v}_2 = \frac{1}{\rho_0}\nabla[\nabla \cdot (\rho_1\boldsymbol{v}_1)] + \frac{b}{\rho_0 c_0^2}\frac{\partial}{\partial t}\nabla^2\boldsymbol{v}_1$$

$$- \frac{1}{\rho_0 c_0^2}\frac{\partial}{\partial t}\left[\rho_1\frac{\partial \boldsymbol{v}_1}{\partial t} + \frac{1}{2}\rho_0\nabla v_1^2 + \frac{1}{2}\left(\frac{\partial^2 P}{\partial\rho^2}\right)_s\nabla\rho_1^2\right] \qquad (9.2.13e)$$

一维方程为

$$\frac{1}{c_0^2}\frac{\partial^2 v_2}{\partial t^2} - \frac{\partial^2 v_2}{\partial x^2} = \frac{1}{\rho_0}\frac{\partial^2(\rho_1 v_1)}{\partial x^2} + \frac{b}{\rho_0 c_0^2}\frac{\partial}{\partial t}\frac{\partial^2 v_1}{\partial x^2}$$

$$- \frac{1}{\rho_0 c_0^2}\frac{\partial}{\partial t}\left[\rho_1\frac{\partial v_1}{\partial t} + \frac{1}{2}\rho_0\frac{\partial v_1^2}{\partial x} + \frac{1}{2}\left(\frac{\partial^2 P}{\partial \rho^2}\right)_s\frac{\partial \rho_1^2}{\partial x}\right] \tag{9.2.14a}$$

由方程 (9.2.13c), 基波满足线性波动方程以及边界条件 $v(0,t) = v_0\sin(\omega t)$ 的一维传播解为

$$v_1(x,t) = v_0\sin(\omega t - k_0 x); \quad \rho_1(x,t) = \frac{\rho_0}{c_0}v_0\sin(\omega t - k_0 x) \tag{9.2.14b}$$

代入方程 (9.2.13e) 得到

$$\frac{1}{c_0^2}\frac{\partial^2 v_2}{\partial t^2} - \frac{\partial^2 v_2}{\partial x^2} = -2\beta\omega k_0\frac{v_0^2}{c_0^2}\cos 2(\omega t - k_0 x) + \frac{b}{\rho_0 c_0^2}\omega v_0 k_0^2\cos(\omega t - k_0 x) \tag{9.2.14c}$$

上式满足条件 $v_2(0,t) = 0$ 的解为 $(x > 0)$

$$v_2 \approx \frac{\beta\omega}{2}\frac{v_0^2}{c_0^2}x[\sin 2(k_0 x - \omega t) - 2\sin(k_0 x - \omega t)] \tag{9.2.14d}$$

得到上式, 利用了 $G \approx 1$, 即 $b \approx 2\beta v_0\rho_0 c_0/\omega$. 可见, 二阶量 v_2 随距离线性增加, 具有积累效应. 注意: 传播距离必须满足 $|v_2/v_1| \ll 1$, 即 $x_{\max} < 2c_0^2/(\beta\omega v_0)$, 否则微扰展开就不成立了, 必须用多尺度展开, 见 9.2.6 小节讨论.

非线性效应远大于耗散效应　$(G \gg 1)$ 但仍然假定非线性足够弱, 微扰展开成立. 耗散比非线性效应小一数量级, 故方程 (9.2.3a) 和 (9.2.5a) 表示为

$$\frac{\partial\rho'}{\partial t} + \rho_0\nabla\cdot\boldsymbol{v} + \varepsilon^1\nabla\cdot(\rho'\boldsymbol{v}) = 0 \tag{9.2.15a}$$

$$\rho_0\frac{\partial\boldsymbol{v}}{\partial t} + c_0^2\nabla\rho' - \varepsilon^1\left[\rho'\frac{\partial\boldsymbol{v}}{\partial t} + \rho_0\frac{1}{2}\nabla v^2 + \frac{1}{2}\left(\frac{\partial^2 P}{\partial\rho^2}\right)_s\nabla\rho'^2\right] + \varepsilon^2 b\nabla^2\boldsymbol{v} = 0 \tag{9.2.15b}$$

把方程 (9.2.9c) 的展开代入上二式得到与方程 (9.2.13c) 和 (9.2.13d)(取 $b = 0$) 类似的方程. 基频仍然由方程 (9.2.14b) 表示, 而二次谐波由方程 (9.2.14c) 表示 (取 $b = 0$), 因此

$$v_2 \approx \frac{\beta\omega}{2}\frac{v_0^2}{c_0^2}x\sin 2(k_0 x - \omega t) \tag{9.2.15c}$$

值得指出的是, 声波传播的物理图像是以上三种情况的结合: 在声源附近, 非线性远大于耗散 $(G \gg 1)$, 二次谐波具有积累效应; 远离声源处, 耗散远大于非线性 $(G \ll 1)$; 而在中间区域, 耗散与非线性在同一数量级 $(G \sim 1)$, 形成冲击波, 见下小节讨论.

9.2.2　一维有限振幅行波及 Burgers 方程

由方程 (9.2.3a) 和 (9.2.5a)，一维黏滞和热传导介质中的质量守恒和运动方程为

$$\frac{\partial \rho'}{\partial t} + v\frac{\partial \rho'}{\partial x} + (\rho_0 + \rho')\frac{\partial v}{\partial x} = 0 \tag{9.2.16a}$$

$$(\rho_0 + \rho')\left(\frac{\partial v}{\partial t} + v\frac{\partial v}{\partial x}\right) + \frac{A}{\rho_0}\frac{\partial \rho'}{\partial x} + \frac{B}{2\rho_0^2}\frac{\partial \rho'^2}{\partial x} = b\frac{\partial^2 v}{\partial x^2} \tag{9.2.16b}$$

Burgers 方程　考虑向 $+x$ 或者 $-x$ 方向传播的行波解. 对理想介质中的非线性声波，由方程 (9.1.14a)，行波解为 $v(x,\tau) \approx v_0 F(\omega\tau + x\omega\beta v/c_0^2)$（其中 $\tau = t - x/c_0$），而对黏滞和热传导介质中的线性声波，行波解显然为 $v(x,\tau) \approx v_0 \exp(-\alpha x + \mathrm{i}\omega\tau)$（其中声吸收系数 α 由方程 (6.5.1d) 给出）. 从这两个式子可看出，变量 $\tau = t - x/c_0$ 是快速变化的 (称为**快尺度**)，而 $x\omega\beta v/c_0^2$ 和 α 分别表示非线性畸变和声的吸收，如果假定波形在一个波长内失真或者吸收很小，那么 $v(x,\tau)$ 随 x 的变化远慢于随 τ 的变化，引进尺度参数 $\varepsilon \ll 1$(最后取 $\varepsilon = 1$) 表示，速度场可表示为 $v = v(\varepsilon x, \tau) = v(X, \tau)(X \equiv \varepsilon x)$，那么

$$\frac{\partial v(X,\tau)}{\partial X} \ll \frac{1}{c_0}\frac{\partial v(X,\tau)}{\partial \tau} \tag{9.2.17a}$$

由此讨论，对耗散介质中的非线性行波，取新的独立变量 (称为**第一类伴随坐标变换**)

$$X \equiv \varepsilon x;\ \tau \equiv t - \frac{x}{c_0} \tag{9.2.17b}$$

则存在微分关系

$$\frac{\partial}{\partial t} = \frac{\partial}{\partial X}\frac{\partial X}{\partial t} + \frac{\partial}{\partial \tau}\frac{\partial \tau}{\partial t} = \frac{\partial}{\partial \tau}$$
$$\frac{\partial}{\partial x} = \frac{\partial}{\partial X}\frac{\partial X}{\partial x} + \frac{\partial}{\partial \tau}\frac{\partial \tau}{\partial x} = \varepsilon\frac{\partial}{\partial X} - \frac{1}{c_0}\frac{\partial}{\partial \tau} \tag{9.2.17c}$$

以及

$$\frac{\partial^2}{\partial x^2} = \frac{\partial}{\partial X}\left(\varepsilon\frac{\partial}{\partial X} - \frac{1}{c_0}\frac{\partial}{\partial \tau}\right)\frac{\partial X}{\partial x} + \frac{\partial}{\partial \tau}\left(\varepsilon\frac{\partial}{\partial X} - \frac{1}{c_0}\frac{\partial}{\partial \tau}\right)\frac{\partial \tau}{\partial x}$$
$$= \varepsilon^2\frac{\partial^2}{\partial X^2} - \frac{2\varepsilon}{c_0}\frac{\partial^2}{\partial X\partial \tau} + \frac{1}{c_0^2}\frac{\partial^2}{\partial \tau^2} \tag{9.2.17d}$$

同时把密度和速度也表示成：$\rho = \rho_0 + \varepsilon\rho'(x,\tau)$ 和 $v = \varepsilon v(x,\tau)$. 方程 (9.2.17c) 和 (9.2.17d) 代入方程 (9.2.16a)

$$\frac{1}{\rho_0}\left(1 - \frac{v}{c_0}\varepsilon\right)\varepsilon\frac{\partial \rho'}{\partial \tau} - \frac{1}{c_0}\left(1 + \varepsilon\frac{\rho'}{\rho_0}\right)\varepsilon\frac{\partial v}{\partial \tau} + \varepsilon^3\frac{v}{\rho_0}\frac{\partial \rho'}{\partial X} + \varepsilon^2\frac{\partial v}{\partial X} + \varepsilon^3\frac{\rho'}{\rho_0}\frac{\partial v}{\partial X} = 0 \tag{9.2.18a}$$

上式中第三、五项为三阶小量, 可忽略, 于是, 近似到二阶的方程为 (取 $\varepsilon = 1$)

$$\frac{1}{\rho_0}\left(1 - \frac{v}{c_0}\right)\frac{\partial \rho'}{\partial \tau} - \frac{1}{c_0}\left(1 + \frac{\rho'}{\rho_0}\right)\frac{\partial v}{\partial \tau} + \frac{\partial v}{\partial X} = 0 \tag{9.2.18b}$$

同样, 把方程 (9.2.17c) 和 (9.2.17d) 代入方程 (9.2.16b) 得到

$$\left(1 + \frac{\rho'}{\rho_0} - \frac{v}{c_0}\right)\frac{\partial v}{\partial \tau} = \frac{c_0}{\rho_0}\left[1 + 2(\beta - 1)\frac{\rho'}{\rho_0}\right]\frac{\partial \rho'}{\partial \tau} + \frac{b}{\rho_0 c_0^2}\frac{\partial^2 v}{\partial \tau^2} - \frac{c_0^2}{\rho_0}\frac{\partial \rho'}{\partial X} \tag{9.2.18c}$$

注意到在方程 (9.2.18b) 和 (9.2.18c) 的非线性项中可以取线性近似 $\rho'/\rho_0 \approx v/c_0$ (相乘后仍然是二阶量, 但线性项中必须保留 ρ'; 注意 $\partial \rho'/\partial X$ 也是二阶量), 于是

$$\frac{\partial \rho'}{\partial \tau} = \frac{\rho_0}{c_0}\frac{\partial v}{\partial \tau} + \frac{2\rho_0}{c_0^2}v\frac{\partial v}{\partial \tau} - \rho_0\frac{\partial v}{\partial X} \tag{9.2.19a}$$

$$\frac{\partial v}{\partial \tau} = \frac{c_0}{\rho_0}\left[\frac{\partial \rho'}{\partial \tau} + 2(\beta - 1)\rho_0\frac{v}{c_0^2}\frac{\partial v}{\partial \tau}\right] + \frac{b}{\rho_0 c_0^2}\frac{\partial^2 v}{\partial \tau^2} - c_0\frac{\partial v}{\partial X} \tag{9.2.19b}$$

上二式消去 $\partial \rho'/\partial \tau$ 得到

$$\frac{\partial v}{\partial x} - \frac{\beta}{c_0^2}v\frac{\partial v}{\partial \tau} = \frac{b}{2\rho_0 c_0^3}\frac{\partial^2 v}{\partial \tau^2} \tag{9.2.19c}$$

其中, 为了方便, 把 X 改写成了 x (最后取 $\varepsilon = 1$). 上式就是在第一类伴随坐标变换下的 **Burgers 方程**, 它描写耗散介质中的非线性行波 ($+x$ 方向传播).

第二类伴随坐标变换 独立变量也可以取为

$$X \equiv x - c_0 t; \ \tau \equiv t \tag{9.2.19d}$$

称为**第二类伴随坐标变换**, 可以得到相应 Burgers 方程

$$\frac{\partial v}{\partial \tau} + \beta v\frac{\partial v}{\partial X} = b\frac{\partial^2 v}{\partial X^2} \tag{9.2.19e}$$

说明: 如何选择伴随坐标变换, 依赖于问题的形式, 如果给定边界条件 $v(x,t)|_{x=0} = v_0(t)$, 求 $x > 0$ 区域的非线性行波场, 适合的变换是第一类伴随坐标变换, 而如果给定的是初始条件 $v(x,t)|_{t=0} = v_0(x)$, 求当 $t > 0$ 时, 区域 $(-\infty, \infty)$ 的非线性行波场, 适合的变换是第二类伴随坐标变换. 在实际问题中, 第一类伴随坐标变换更有意义.

对方程 (9.2.19c), 首先考虑三个特殊情况.

(1) 介质的耗散和非线性都能忽略, 于是 Burgers 方程简化为 $\partial v/\partial x = 0$, 故 $v(x,\tau) = F(\tau)$ (其中 F 满足可微条件的任意函数), 即线性声学中的行波解;

(2) 介质的耗散可以忽略, 即声 Reynolds 数 Re $\gg 1$, 方程 (9.2.19c) 简化成

$$\frac{\partial v}{\partial x} - \frac{\beta}{c_0^2} v \frac{\partial v}{\partial \tau} = 0 \quad \text{或者} \quad \left(\frac{\partial \tau}{\partial x}\right)_v = -\frac{\beta}{c_0^2} v \tag{9.2.20a}$$

由方程 (9.2.17b)

$$\left(\frac{\partial \tau}{\partial x}\right)_v = \left(\frac{\partial t}{\partial x}\right)_v \left(\frac{\partial \tau}{\partial t}\right)_v = \left(\frac{\partial t}{\partial x}\right)_v \left[1 - \frac{1}{c_0}\left(\frac{\partial x}{\partial t}\right)_v\right] = -\frac{\beta}{c_0^2} v \tag{9.2.20b}$$

即

$$\left(\frac{\partial t}{\partial x}\right)_v = \frac{1}{c_0}\left(1 - \beta \frac{v}{c_0}\right) \approx \frac{1}{c_0 + \beta v} \quad \text{或者} \quad \left(\frac{\partial x}{\partial t}\right)_v \approx c_0 + \beta v \tag{9.2.20c}$$

由方程 (9.1.2d) 和 (9.1.4f) 可知, 上式即为我们熟悉的简单波解 ($+x$ 方向传播);

(3) 声 Reynolds 数 Re $\ll 1$, 即耗散效应远大于非线性效应, 我们可以把非线性项作为微扰来处理, 令微扰参数为 ε, 把方程 (9.2.19c) 改写成

$$\frac{\partial v}{\partial x} - \frac{b}{2\rho_0 c_0^3}\frac{\partial^2 v}{\partial \tau^2} = \varepsilon \frac{\beta}{c_0^2} v \frac{\partial v}{\partial \tau} \tag{9.2.21a}$$

取微扰解为 (注意: 速度场本身为一阶量)

$$v(x,\tau) = \varepsilon v_1(x,\tau) + \varepsilon^2 v_2(x,\tau) + \cdots \tag{9.2.21b}$$

代入方程 (9.2.21a), 并且令 ε^1 和 ε^2 的系数为零得到

$$\frac{\partial v_1(x,\tau)}{\partial x} - \frac{b}{2\rho_0 c_0^3}\frac{\partial^2 v_1(x,\tau)}{\partial \tau^2} \approx 0$$
$$\frac{\partial v_2(x,\tau)}{\partial x} - \frac{b}{2\rho_0 c_0^3}\frac{\partial^2 v_2(x,\tau)}{\partial \tau^2} \approx \frac{\beta}{c_0^2} v_1(x,\tau)\frac{\partial v_1(x,\tau)}{\partial \tau} \tag{9.2.21c}$$

设位于原点的声源发出的扰动为 $v(0,t) = v_0 \sin(\omega t)$, 取方程 (9.2.21c) 的第一式的解为 $v_1(x,\tau) = B_1(x)\sin(\omega \tau)$ 代入方程得到

$$\frac{\mathrm{d}B_1(x)}{\mathrm{d}x} + \alpha B_1(x) = 0 \tag{9.2.21d}$$

其中, $\alpha = b\omega^2/(2\rho_0 c_0^3)$ 为线性声吸收系数. 因此满足边界条件 $v(0,t) = v_0 \sin(\omega t)$ 的解为

$$B_1(x) = v_0 \exp(-\alpha x) \tag{9.2.22a}$$

上式代入方程 (9.2.21c) 的第二式

$$\frac{\partial v_2(x,\tau)}{\partial x} - \frac{b}{2\rho_0 c_0^3}\frac{\partial^2 v_2(x,\tau)}{\partial \tau^2} \approx \frac{\beta\omega}{2c_0^2} v_0^2 \exp(-2\alpha x)\sin(2\omega\tau) \tag{9.2.22b}$$

令 $v_2(x,\tau) = B_2(x)\sin(2\omega\tau)$ 代入上式

$$\frac{\mathrm{d}B_2(x)}{\mathrm{d}x} + 4\alpha B_2(x) \approx \frac{\beta\omega}{2c_0^2}v_0^2\exp(-2\alpha x) \tag{9.2.22c}$$

显然上式的解 (满足边界条件 $B_2(0) = 0$)

$$B_2(x) = \frac{\beta\omega}{4c_0^2\alpha}v_0^2[1 - \exp(-2\alpha x)]\exp(-2\alpha x) \tag{9.2.22d}$$

上式与方程 (9.2.12d) 的结果一致.

9.2.3 Burgers 方程的 Fay 解和 N 型激波解

事实上, Burgers 方程可以严格求解. 仍然设位于原点的声源发出的扰动为单频正弦波 $v(0,t) = v_0\sin(\omega t)$, 由方程 (9.2.19c), 无量纲化的 Burgers 方程为

$$\frac{\partial\Phi}{\partial\sigma} - \Phi\frac{\partial\Phi}{\partial y} = \Gamma^{-1}\frac{\partial^2\Phi}{\partial y^2} \tag{9.2.23a}$$

其中, 函数变化为 $\Phi \equiv v/v_0$, 自变量变换为 $\sigma \equiv x\omega\beta v_0/c_0^2$ 和 $y \equiv \omega\tau$, 以及参数 $\Gamma \equiv 2\rho_0\beta v_0 c_0/b\omega$. 作 **Hopf-Cole 变换**

$$\Phi \equiv \frac{2}{\Gamma}\frac{\partial}{\partial y}\ln\psi \tag{9.2.23b}$$

方程 (9.2.23a) 化成标准的热传导线性方程

$$\frac{\partial\psi}{\partial\sigma} = \Gamma^{-1}\frac{\partial^2\psi}{\partial y^2} \tag{9.2.23c}$$

设 $\psi(\sigma,y)$ 的初值为 $\psi(\sigma,y)|_{\sigma=0} = \psi_0(y)$, 则上式的解为

$$\psi(\sigma,y) = \sqrt{\frac{\Gamma}{4\pi\sigma}}\int_{-\infty}^{\infty}\psi_0(s)\exp\left[-\frac{\Gamma(y-s)^2}{4\sigma}\right]\mathrm{d}s \tag{9.2.23d}$$

余下的问题是: 如何由边界条件 $v(0,\tau) = v_0\sin\omega\tau$ 求初值条件 $\psi(\sigma,y)|_{\sigma=0} = \psi_0(y)$, 过程如下. 由方程 (9.2.23b)

$$\psi(\sigma,y) = \exp\left[\frac{\Gamma}{2}\int_{-\infty}^{y}\Phi(\sigma,\eta)\mathrm{d}\eta\right] \tag{9.2.24a}$$

假定 $t < 0$ 时, $v(x,t) = 0$, 上式给出

$$\psi_0(y) = \psi(0,y) = \exp\left[\frac{\Gamma}{2}\int_{-\infty}^{y}\Phi(0,\eta)\mathrm{d}\eta\right] = \begin{cases} \exp\left[\dfrac{\Gamma}{2}(1-\cos y)\right], & y > 0 \\ 1, & y < 0 \end{cases} \tag{9.2.24b}$$

上式代入方程 (9.2.23d) 得到

$$\psi(\sigma, y) = \psi_1(\sigma, y) + \psi_2(\sigma, y) \tag{9.2.24c}$$

第一个积分为

$$\psi_1(\sigma, y) \equiv \sqrt{\frac{\Gamma}{4\pi\sigma}} \int_{-\infty}^{0} \exp\left[-\frac{\Gamma(y-s)^2}{4\sigma}\right] \mathrm{d}s = \frac{1}{\sqrt{\pi}} \int_{y/\delta}^{\infty} \exp(-s^2) \mathrm{d}s \tag{9.2.25a}$$

式中, $\delta \equiv \sqrt{4\alpha x}$; 第二个积分为

$$\begin{aligned}
\psi_2(\sigma, y) &\equiv \sqrt{\frac{\Gamma}{4\pi\sigma}} \int_{0}^{\infty} \exp\left[\frac{\Gamma}{2}(1 - \cos s) - \frac{\Gamma(y-s)^2}{4\sigma}\right] \mathrm{d}s \\
&= \exp\left(\frac{\Gamma}{2}\right) \frac{1}{\sqrt{\pi}} \int_{-\infty}^{y/\delta} \exp\left[-\frac{\Gamma}{2}\cos(\delta q - y) - q^2\right] \mathrm{d}q
\end{aligned} \tag{9.2.25b}$$

或者改写成

$$\begin{aligned}
\psi_2(\sigma, y) &= \exp\left(\frac{\Gamma}{2}\right) \frac{1}{\sqrt{\pi}} \int_{-\infty}^{\infty} \exp\left[-\frac{\Gamma}{2}\cos(\delta q - y) - q^2\right] \mathrm{d}q \\
&\quad - \exp\left(\frac{\Gamma}{2}\right) \frac{1}{\sqrt{\pi}} \int_{y/\delta}^{\infty} \exp\left[-\frac{\Gamma}{2}\cos(\delta q - y) - q^2\right] \mathrm{d}q
\end{aligned} \tag{9.2.25c}$$

当 t 很大时, 由于 $y/\delta = \omega(t - x/c_0)/\sqrt{4\alpha x} \approx \omega t/\sqrt{4\alpha x}$, 故 y/δ 也很大. 因此, 积分 $\psi_1(\sigma, y)$ 和 $\psi_2(\sigma, y)$ 中的第二个积分趋向零 (称为瞬态项). 最后, $\psi(\sigma, y)$ 仅留下稳态项

$$\psi(\sigma, y) \approx \exp\left(\frac{\Gamma}{2}\right) \frac{1}{\sqrt{\pi}} \int_{-\infty}^{\infty} \exp\left[-\frac{\Gamma}{2}\cos(\delta q - y) - q^2\right] \mathrm{d}q \tag{9.2.26a}$$

利用展开关系

$$\exp\left[-\frac{\Gamma}{2}\cos(\delta q - y)\right] = \sum_{n=0}^{\infty} \varepsilon_n \mathrm{I}_n\left(\frac{\Gamma}{2}\right)(-1)^n \cos[n(\delta q - y)] \tag{9.2.26b}$$

其中, $\varepsilon_0 = 1$ 以及 $\varepsilon_n = 2$ $(n \geqslant 1)$, I_n 是 n 阶虚宗量 Bessel 函数. 上式代入方程 (9.2.26a) 得

$$\psi(\sigma, y) \approx \exp\left(\frac{\Gamma}{2}\right) \sum_{n=0}^{\infty} \varepsilon_n (-1)^n \mathrm{I}_n\left(\frac{\Gamma}{2}\right) \exp\left(-n^2 \frac{\sigma}{\Gamma}\right) \cos(ny) \tag{9.2.27a}$$

得到上式, 利用了积分关系

$$\frac{1}{\sqrt{\pi}} \int_{-\infty}^{\infty} \cos(n\delta q) \exp(-q^2) \mathrm{d}q = \exp\left(-\frac{1}{4} n^2 \delta^2\right)$$

$$\frac{1}{\sqrt{\pi}} \int_{-\infty}^{\infty} \sin(n\delta q) \exp(-q^2) \mathrm{d}q = 0 \tag{9.2.27b}$$

把方程 (9.2.27a) 代入方程 (9.2.23b) 得到 Burgers 方程的严格解

$$v(x,\tau) \approx \frac{4v_0}{\Gamma} \cdot \frac{\displaystyle\sum_{n=1}^{\infty} n(-1)^{n+1} \mathrm{I}_n(\Gamma/2) \exp(-n^2\alpha x) \sin(n\omega\tau)}{\mathrm{I}_0(\Gamma/2) + 2\displaystyle\sum_{n=1}^{\infty} (-1)^n \mathrm{I}_n(\Gamma/2) \exp(-n^2\alpha x) \cos(n\omega\tau)} \tag{9.2.28a}$$

显然, 上式是 $\omega\tau$ 的奇函数, 故可展成

$$v(x,\tau) = v_0 \sum_{n=1}^{\infty} B_n(x) \sin(n\omega\tau) \tag{9.2.28b}$$

由于方程 (9.2.28a) 过于复杂, 求 $B_n(x)$ 的一般形式是困难的, 讨论下列二个特殊情况.

(1) $\Gamma = 2\rho_0\beta v_0 c_0/b\omega \ll 1$(注意: 与频率有关, 频率较高时, 容易满足), 即耗散大于非线性 (称为**弱波**), 利用近似关系

$$\mathrm{I}_n\left(\frac{\Gamma}{2}\right) \approx \frac{\Gamma^n}{2^{2n}n!}\left[1 + \frac{\Gamma^2}{8(2n+1)} + \frac{\Gamma^4}{64(5n+1)} + \cdots\right] \tag{9.2.29a}$$

代入方程 (9.2.28a) 可以得到 Fourier 级数的前三项 (作为习题)

$$B_1(x) \approx \mathrm{e}^{-\alpha x} - \frac{1}{32}\Gamma^2 \mathrm{e}^{-\alpha x}(1 - \mathrm{e}^{-2\alpha x})^2 + O(\Gamma^4)$$
$$B_2(x) \approx \frac{1}{4}\Gamma(\mathrm{e}^{-2\alpha x} - \mathrm{e}^{-4\alpha x}) + O(\Gamma^3) \tag{9.2.29b}$$
$$B_3(x) \approx \frac{1}{32}\Gamma^2(2\mathrm{e}^{-3\alpha x} - 3\mathrm{e}^{-5\alpha x} + \mathrm{e}^{-9\alpha x}) + O(\Gamma^4)$$

显然, 上式中 $B_1(x)$ 的第一项与方程 (9.2.22a) 相同; 而 $B_2(x)$ 与方程 (9.2.22d) 相同;

(2) $\Gamma = 2\rho_0\beta v_0 c_0/b\omega \gg 1$ (注意: 与频率有关, 频率较低时, 容易满足), 即非线性远大于耗散 (称为**强波**), 利用近似关系

$$\mathrm{I}_n\left(\frac{\Gamma}{2}\right) \approx \exp\left(-\frac{n^2}{\Gamma}\right) \tag{9.2.29c}$$

代入方程 (9.2.27a)

$$\psi(\sigma, y) \approx \exp\left(\frac{\Gamma}{2}\right) \vartheta_4\left[\frac{1}{2}\omega\tau, \mathrm{e}^{-(1+\sigma)/\Gamma}\right] \tag{9.2.30a}$$

其中, $\vartheta_4(z, q)$ 称为**第四类 ϑ 函数**

$$\vartheta_4(z, q) \equiv 1 + 2\sum_{n=1}^{\infty} (-1)^n q^{n^2} \cos(2nz) \tag{9.2.30b}$$

存在关系

$$\frac{1}{\vartheta_4(z,q)} \cdot \frac{\mathrm{d}\vartheta_4(z,q)}{\mathrm{d}z} = 4 \sum_{n=1}^{\infty} \frac{\sin(2nz)}{q^{-n} - q^n} \tag{9.2.30c}$$

把方程 (9.2.30a) 代入方程 (9.2.23b) 并结合方程 (9.2.30c) 得到

$$v(x,\tau) \approx \frac{2v_0}{\varGamma} \sum_{n=1}^{\infty} \frac{\sin(n\omega\tau)}{\sinh[n(1+\sigma)/\varGamma]} \tag{9.2.31a}$$

上式称为 **Fay 近似解**. 值得指出的是: 方程 (9.2.30a) 涉及 n 的无穷级数求和, 无穷级数的第 n 项正比于 $\exp[-(1+\sigma)n^2/\varGamma]$, 为了保证级数收敛足够快, σ 不能太小. 一般 Fay 近似解要求 $\sigma > 3$, 即 $x > 3c_0^2/(\omega\beta v_0)$ 或者 $x > 3x_0$ (其中 x_0 是由方程 (9.1.11h) 决定的冲击波距离). 当 $\varGamma \to \infty$ 时, 方程 (9.2.31a) 近似为

$$v(x,\tau) \approx 2v_0 \sum_{n=1}^{\infty} \frac{\sin(n\omega\tau)}{n(1+\sigma)} \tag{9.2.31b}$$

该解与方程 (9.1.16d) 相同. 注意: Fay 近似解不趋近 Bessel-Fubini 解, 因为后者是 $\sigma < 1$ 的解, 而 Fay 近似解的条件是 $\sigma > 3$.

我们考虑远离声源情况, 要求 $\sigma \gg \varGamma \gg 1$, 于是

$$\sinh[n(1+\sigma)/\varGamma] \approx \frac{1}{2}\left(\mathrm{e}^{n\sigma/\varGamma} - \mathrm{e}^{-n\sigma/\varGamma}\right) \approx \frac{1}{2}\mathrm{e}^{n\sigma/\varGamma} \tag{9.2.32a}$$

代入方程 (9.2.31a) 得到

$$v(x,\tau) \approx \frac{4\alpha c_0^2}{\beta\omega} \sum_{n=1}^{\infty} \mathrm{e}^{-n\alpha x}\sin(n\omega\tau) \tag{9.2.32b}$$

有趣的是, 上式与 v_0 无关, 即由于非线性和耗散效应的共同作用, 远场声场与源的振动速度无关, 这一特性称为**声饱和现象**.

因此, 在耗散的非线性介质中, 声波的传播大致可分以下几个区域: ① 近场区 ($\sigma \ll 1$, 振荡近似为正弦变化, 如图 9.2.1(a); ② 随着 σ 增加, 波形开始畸变, 直至冲击波的形成, 然后波形完全变成锯齿波, 如图 9.2.1(b) 和 (c); ③ 随着 σ 进一步增加, 冲击波开始衰减, 并逐步弥散, 最后达到声饱和状态 (此时的冲击波也称为**老龄期冲击波**), 如图 9.2.1(d) 和 (e). 注意: ① 由于耗散, 图 9.2.1(c) 中冲击波波形不会是严格的锯齿形; ② 图 9.2.1 仅画出一系列波形的一个, 区别于图 9.2.2 的 N 型波, 它只有一个形状像英文字母 N 的脉冲.

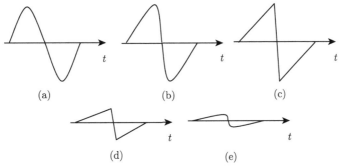

图 9.2.1 冲击波随距离增加的演化过程

(a) 声源处; (b) 波形畸变; (c) 冲击波形成锯齿波; (d) 冲击波衰减; (e) 声饱和, 老龄冲击波

N 型激波 考虑一个常见的非线性现象, 即 N 型激波, 飞行器在空中以超音速 (Mach 数 $Ma = U/c_0 > 1$) 飞行时就产生 N 型的激波, 其简单的机理是: 机首压缩空气形成 N 型的激波的正相部分, 而机尾撕裂空气形成 N 型的激波的负相部分. N 型激波传播到地面就形成声爆. 问题是, 单个的 N 型脉冲是否确是 Burgers 方程的解? 事实上, 直接对 Burgers 方程 (9.2.19c) 作 Hopf-Cole 变换 $v(x,\tau) = Q\partial \ln \psi/\partial \tau$, 其中 $Q = b/(\beta \rho_0 c_0)$, 代入方程 (9.2.19c) 得到

$$Q\psi^{-2}\frac{\partial \psi}{\partial \tau}\left(\frac{b}{2\rho_0 c_0^3}\frac{\partial^2 \psi}{\partial \tau^2} - \frac{\partial \psi}{\partial x}\right) = Q\psi^{-1}\frac{\partial}{\partial \tau}\left(\frac{b}{2\rho_0 c_0^3}\frac{\partial^2 \psi}{\partial \tau^2} - \frac{\partial \psi}{\partial x}\right) \qquad (9.2.33\text{a})$$

上式恒成立的条件是 ψ 满足标准的热传导线性方程

$$\frac{\partial \psi}{\partial x} - B^{-1}\frac{\partial^2 \psi}{\partial \tau^2} = 0 \qquad (9.2.33\text{b})$$

其中, 系数 $B = 2\rho_0 c_0^3/b$. 取上式的解为

$$\psi(x,\tau) = 1 + \sqrt{\frac{B}{x}}\exp\left(-\frac{B\tau^2}{4x}\right) \qquad (9.2.33\text{c})$$

故 Burgers 方程 (9.2.19c) 存在一个解

$$v(x,\tau) = Q\frac{\partial \ln \psi}{\partial \tau} = -\frac{bc_0^2}{\beta}\cdot\frac{\tau}{x}\cdot\frac{\sqrt{B/x}\exp[-B\tau^2/(4x)]}{1 + \sqrt{B/x}\exp[-B\tau^2/(4x)]} \qquad (9.2.33\text{d})$$

对固定的 x, $v(x,\tau) \sim \tau$ 的曲线如图 9.2.2, 图中横轴单位为 10^{-5}s, 纵轴为任意单位, 计算中取 $b = 4.86 \times 10^{-5}$Pa·s, 空气密度 $\rho_0 \approx 1.19$kg / m^3, 声速 $c_0 \approx 343$m / s. 由图可见, 非线性 Burgers 方程确实存在 N 形状的单脉冲解, 即激波解.

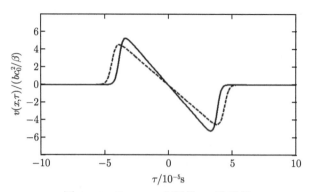

图 9.2.2　Burgers 方程的 N 波形解

实、虚线分别表示 $x = 60\mathrm{m}$ 和 $x = 80\mathrm{m}$ 时的 N 波形解且 x 越大振幅越小

9.2.4　有限振幅球面波和柱面波

由于球面或柱面波在传播过程中波阵面不断扩展,强度随传播距离衰减,故延缓了冲击波的形成,可以想象冲击波形成距离要比平面波大. 设速度只有径向分量 v_r(球面波) 或者 v_ρ(柱面波),我们统一用 v 表示,径向坐标也统一用 r 表示: $v = v(r)$,则质量守恒方程可以写出

$$\frac{\partial \rho'}{\partial t} + (\rho_0 + \rho')\left(\frac{n}{r}v + \frac{\partial v}{\partial r}\right) + v\frac{\partial \rho'}{\partial r} = 0 \tag{9.2.34a}$$

其中,对球面波 $n = 2$;对柱面波 $n = 1$. 由方程 (9.2.3b),运动方程为

$$(\rho_0 + \rho')\left(\frac{\partial v}{\partial t} + v\frac{\partial v}{\partial r}\right) + c_0^2\frac{\partial \rho'}{\partial r} + \frac{B\rho'}{\rho_0^2}\frac{\partial \rho'}{\partial r} = b\left(\frac{\partial^2 v}{\partial r^2} + \frac{n}{r}\frac{\partial v}{\partial r} - \frac{n}{r^2}v\right) \tag{9.2.34b}$$

其中, $B \equiv \rho_0^2(\partial^2 P/\partial \rho^2)_{s_0} = 2\rho_0(\beta - 1)c_0^2$. 引进第一类伴随坐标变换

$$R = \varepsilon r; \ \tau = t \mp \frac{r - r_0}{c_0} \tag{9.2.34c}$$

其中,负号对应于向外传播的发散波,而正号对应于向内传播的收敛波,r_0 为某个参考半径 (通常可取为声源半径). 与得到 Burgers 方程 (9.2.19c) 的过程相似,我们得到球面行波或者柱面行波满足的非线性方程 (作为习题)

$$\frac{\partial v}{\partial r} + \frac{n}{2r}v - \frac{\beta}{c_0^2}v\frac{\partial v}{\partial \tau} = \frac{b}{2\rho_0 c_0^3}\frac{\partial^2 v}{\partial \tau^2} \tag{9.2.34d}$$

其中, 为了方便,把 R 改写成了 r. 上式称为**广义 Burgers 方程**. 为了把方程 (9.2.34d) 化成 Burgers 方程相似的形式,作变换

$$U \equiv v\sqrt{\frac{A(r)}{A(r_0)}}; \ \xi = \int_{r_0}^r \sqrt{\frac{A(r_0)}{A(r')}}\mathrm{d}r' \tag{9.2.35a}$$

其中, $A(r)$ 是波阵面的面积, $A(r_0)$ 是参考点 r_0 的波阵面面积: ① 对球面波 $A(r) = 4\pi r^2$ 和 $A(r_0) = 4\pi r_0^2$, 于是

$$U = \frac{r}{r_0}v; \quad \xi = \int_{r_0}^{r} \frac{r_0}{r'}\mathrm{d}r' = r_0 \ln\frac{r}{r_0} \tag{9.2.35b}$$

② 对柱面波 $A(r) = 2\pi r$ 和 $A(r_0) = 2\pi r_0$, 于是

$$U \equiv v\sqrt{\frac{r}{r_0}}; \quad \xi = \int_{r_0}^{r} \sqrt{\frac{r_0}{r'}}\mathrm{d}r' = 2\left(\sqrt{rr_0} - r_0\right) \tag{9.2.35c}$$

把方程 (9.2.35a) 代入方程 (9.2.34d) 得到发散波 ($+r$ 方向传播) 满足的 Burgers 方程

$$\frac{\partial U}{\partial \xi} - \frac{\beta}{c_0^2}U\frac{\partial U}{\partial \tau} = \frac{b}{2\rho_0 c_0^3}\sqrt{\frac{A(\xi)}{A(r_0)}}\frac{\partial^2 U}{\partial \tau^2} \tag{9.2.35d}$$

注意: 上式中的面积比必须用新的变量 ξ 表示: ① 对球面波, 由方程 (9.2.35b), $r = r_0\exp(\xi/r_0)$, $A(\xi) = 4\pi r_0^2\exp(2\xi/r_0)$; ② 对柱面波, 由方程 (9.2.35c), $r = (\xi/2 + r_0)^2/r_0$, $A(\xi) = 2\pi(\xi/2 + r_0)^2/r_0$. 显然方程 (9.2.35d) 也适用于平面波, 只要取 $A(\xi)/A(r_0) = 1$, 这时可以用 Hope-Cole 变换求出严格解. 而对球面波或者柱面波, 已不能用 Hope-Cole 变换. 下面讨论几种特殊情况.

(1) 强非线性、弱衰减: 方程 (9.2.35d) 右边项可忽略, 于是

$$\frac{\partial U}{\partial \xi} - \frac{\beta}{c_0^2}U\frac{\partial U}{\partial \tau} \approx 0 \tag{9.2.36a}$$

利用方程 (9.1.2c) 得到

$$\left(\frac{\partial \tau}{\partial \xi}\right)_U \approx -\frac{\beta}{c_0^2}U \tag{9.2.36b}$$

上式积分得到

$$\tau \approx -\frac{\beta}{c_0^2}U\xi + f(U) \quad \text{或者} \quad U = F\left(\tau + \frac{\beta}{c_0^2}U\xi\right) \tag{9.2.36c}$$

其中, f 和 F 是满足微分条件的任意函数. 设 $r = r_0(\xi = 0)$ 的扰动为正弦单频振动 $v(r_0, t) = v_0\sin(\omega t)$, 则

$$U = \sin\left(\omega\tau + \frac{\beta\omega}{c_0^2}U\xi\right) \tag{9.2.36d}$$

上式与方程 (9.1.14a) 完全类似. 可见, 这种情况可以形成冲击波, 冲击波距离由方程 $\sigma \equiv \beta\omega\xi/c_0^2 \approx 1$ 决定

$$r_{\text{sh}} \approx \begin{cases} \exp\left(\dfrac{c_0^2}{\beta\omega r_0}\right), & \text{球面波} \\[4mm] \dfrac{(c_0^2/2\beta\omega + r_0)^2}{r_0}, & \text{柱面波} \end{cases} \tag{9.2.36e}$$

(2) 弱非线性、强衰减：这种情况不容易形成冲击波. 方程 (9.2.35d) 中的非线性项可作为微扰来处理. 令微扰级数解为

$$U = U^{(1)} + U^{(2)} + \cdots \tag{9.2.37a}$$

代入方程 (9.2.35d) 得到

$$\frac{\partial U^{(1)}}{\partial \xi} - \frac{b}{2\rho_0 c_0^3}\sqrt{\frac{A(\xi)}{A(r_0)}}\frac{\partial^2 U^{(1)}}{\partial \tau^2} = 0 \tag{9.2.37b}$$

$$\frac{\partial U^{(2)}}{\partial \xi} - \frac{b}{2\rho_0 c_0^3}\sqrt{\frac{A(\xi)}{A(r_0)}}\frac{\partial^2 U^{(2)}}{\partial \tau^2} = \frac{\beta}{c_0^2}U^{(1)}\frac{\partial U^{(1)}}{\partial \tau} \tag{9.2.37c}$$

设 $r = r_0$ 处的单频扰动为 $v(r_0, \tau) = v_0 \sin(\omega\tau)$，故取一阶近似解

$$U^{(1)}(\tau, \xi) = F(\xi)\sin(\omega\tau) \tag{9.2.38a}$$

代入方程 (9.2.37b) 得到

$$F(\xi) = U_0 \exp\left[-\alpha\int_0^\xi \sqrt{\frac{A(\xi)}{A(r_0)}}\mathrm{d}\xi\right] \tag{9.2.38b}$$

其中, $\alpha \equiv b\omega^2/(2\rho_0 c_0^3)$ 为线性吸收系数. 不难得到一阶近似解为

$$v^{(1)}(r, \tau) = v_0\frac{r_0}{r}\exp[-\alpha(r - r_0)]\sin(\omega\tau), \qquad \text{球面波}$$
$$v^{(1)}(r, \tau) = v_0\sqrt{\frac{r_0}{r}}\exp[-\alpha(r - r_0)]\sin(\omega\tau), \quad \text{柱面波} \tag{9.2.38c}$$

方程 (9.2.38a) 代入方程 (9.2.37c) 得到

$$\frac{\partial U^{(2)}}{\partial \xi} - \frac{b}{2\rho_0 c_0^3}\sqrt{\frac{A(\xi)}{A(r_0)}}\frac{\partial^2 U^{(2)}}{\partial \tau^2} = \frac{\beta\omega}{2c_0^2}F^2(\xi)\sin(2\omega\tau) \tag{9.2.39a}$$

取二次谐波解

$$U^{(2)} = G(\xi)\exp\left[-2\alpha\int_0^\xi \sqrt{\frac{A(\xi)}{A(r_0)}}\mathrm{d}\xi\right]\sin(2\omega\tau) \tag{9.2.39b}$$

代入方程 (9.2.39a) 得到

$$\frac{\mathrm{d}G(\xi)}{\mathrm{d}\xi} + 2\alpha\sqrt{\frac{A(\xi)}{A(r_0)}}G(\xi) = \frac{\beta\omega}{2c_0^2}U_0^2 \tag{9.2.39c}$$

可以求得上式的满足 $G(\xi)|_{\xi=0} = 0$ 的解

$$G(\xi) = \frac{\beta\omega}{2c_0^2}U_0^2 \exp[-2\alpha(r-r_0)]\int_0^{\xi}\exp\left[2\alpha\int_0^{\xi''}\sqrt{\frac{A(\xi')}{A(r_0)}}d\xi'\right]d\xi'' \quad (9.2.39d)$$

对球面波和柱面波分别得到

$$G(\xi) = \frac{\beta\omega}{2c_0^2}U_0^2 \begin{cases} \int_{r_0}^{r}\exp[2\alpha(r'-r)]\frac{r_0}{r'}dr', & \text{球面波} \\[2mm] \int_{r_0}^{r}\exp[2\alpha(r'-r)]\sqrt{\frac{r_0}{r'}}dr', & \text{柱面波} \end{cases} \quad (9.2.39e)$$

因此, 对球面波和柱面波, 二次谐波分别为

$$v^{(2)}(r,\tau) = \frac{\beta\omega}{2c_0^2}U_0^2\frac{r_0}{r}\cdot\exp[-2\alpha(r-r_0)]\sin(2\omega\tau)$$
$$\times\int_{r_0}^{r}\exp[2\alpha(r'-r)]\frac{r_0}{r'}dr', \quad \text{球面波} \quad (9.2.40a)$$

和

$$v^{(2)}(r,\tau) = \frac{\beta\omega}{2c_0^2}U_0^2\sqrt{\frac{r_0}{r}}\cdot\exp[-2\alpha(r-r_0)]\sin(2\omega\tau)$$
$$\times\int_{r_0}^{r}\exp[2\alpha(r'-r)]\sqrt{\frac{r_0}{r'}}dr', \quad \text{柱面波} \quad (9.2.40b)$$

9.2.5 Westervelt 方程和声压场的 Burgers 方程

在 9.2.2 小节中, 我们讨论了在二阶非线性近似条件下, 一维有限振幅行波满足的 Burgers 方程. 本小节给出同样近似条件下, 有限振幅声波 (行波或者驻波) 满足的单变量非线性方程, 即 Westervelt 方程. 基本方程为方程 (9.2.3a), (9.2.3b) 以及 (9.2.4c). 首先讨论方程 (9.2.3a), 写成

$$\frac{\partial\rho'}{\partial t} + \rho_0\nabla\cdot\boldsymbol{v} + \rho'\nabla\cdot\boldsymbol{v} + \boldsymbol{v}\cdot\nabla\rho' = 0 \quad (9.2.41a)$$

对二阶量, 应用线性关系 $\rho' \approx p'/c_0^2$、$\dfrac{\partial p'}{\partial t} = -\rho_0 c_0^2\nabla\cdot\boldsymbol{v}$ 及 $\rho_0\dfrac{\partial\boldsymbol{v}}{\partial t} = -\nabla p'$

$$\rho'\nabla\cdot\boldsymbol{v} = -\frac{p'}{\rho_0 c_0^4}\frac{\partial p'}{\partial t}; \quad \boldsymbol{v}\cdot\nabla\rho' = \frac{1}{c_0^2}\boldsymbol{v}\cdot\nabla p' = -\frac{\rho_0}{c_0^2}\boldsymbol{v}\cdot\frac{\partial\boldsymbol{v}}{\partial t} \quad (9.2.41b)$$

上二式代入方程 (9.2.41a) 得到

$$\frac{\partial\rho'}{\partial t} + \rho_0\nabla\cdot\boldsymbol{v} = \frac{1}{\rho_0 c_0^4}\frac{\partial p'^2}{\partial t} + \frac{1}{c_0^2}\frac{\partial\Im}{\partial t} \quad (9.2.41c)$$

其中, $\Im$ 为二阶 Lagrange 密度

$$\Im \equiv \frac{\rho_0}{2}v^2 - \frac{1}{2\rho_0 c_0^2}p'^2 \tag{9.2.41d}$$

其次, 讨论方程 (9.2.3b): 利用线性关系, 方程 (9.2.3b) 改写成

$$\rho_0 \frac{\partial \boldsymbol{v}}{\partial t} + \nabla p' = -\frac{1}{\rho_0 c_0^2}\left(\eta + \frac{4\mu}{3}\right)\nabla \frac{\partial p'}{\partial t} - \nabla \Im \tag{9.2.42a}$$

最后讨论方程 (9.2.4c), 利用 $\rho' \approx p'/c_0^2$, 方程 (9.2.4c) 改写成

$$\rho' \approx \frac{p'}{c_0^2} - \frac{1}{\rho_0 c_0^4}\frac{B}{2A}p'^2 - \frac{\kappa}{\rho_0 c_0^4}\left(\frac{1}{c_V} - \frac{1}{c_P}\right)\frac{\partial p'}{\partial t} \tag{9.2.42b}$$

对方程 (9.2.41c) 和 (9.2.42a) 二边分别求时间偏导数和散度, 把所得方程相减消去速度得到

$$\frac{\partial^2 \rho'}{\partial t^2} - \nabla^2 p' = \frac{1}{\rho_0 c_0^4}\frac{\partial^2 p'^2}{\partial t^2} + \frac{1}{\rho_0 c_0^2}\left(\eta + \frac{4\mu}{3}\right)\nabla^2\frac{\partial p'}{\partial t} + \left(\frac{1}{c_0^2}\frac{\partial^2}{\partial t^2} + \nabla^2\right)\Im \tag{9.2.42c}$$

利用方程 (9.2.42b)

$$\begin{aligned}
&\nabla^2 p' - \frac{1}{c_0^2}\frac{\partial^2 p'}{\partial t^2} + \frac{\kappa}{\rho_0 c_0^4}\left(\frac{1}{c_V} - \frac{1}{c_P}\right)\frac{\partial^3 p'}{\partial t^3} + \frac{1}{\rho_0 c_0^2}\left(\eta + \frac{4\mu}{3}\right)\nabla^2\frac{\partial p'}{\partial t}\\
&\qquad = -\frac{\beta}{\rho_0 c_0^4}\frac{\partial^2 p'^2}{\partial t^2} - \left(\frac{1}{c_0^2}\frac{\partial^2}{\partial t^2} + \nabla^2\right)\Im
\end{aligned} \tag{9.2.42d}$$

其中, $\beta = 1 + B/2A$. 对上式中的黏滞项应用线性关系 $\nabla^2 p' \approx \dfrac{1}{c_0^2}\dfrac{\partial^2 p'}{\partial t^2}$, 得到

$$\left(\nabla^2 - \frac{1}{c_0^2}\frac{\partial^2}{\partial t^2}\right)p' + \frac{\delta}{c_0^4}\frac{\partial^3 p'}{\partial t^3} = -\frac{\beta}{\rho_0 c_0^4}\frac{\partial^2 p'^2}{\partial t^2} - \left(\frac{1}{c_0^2}\frac{\partial^2}{\partial t^2} + \nabla^2\right)\Im \tag{9.2.43a}$$

其中, 表征介质耗散的参数为

$$\delta \equiv \frac{1}{\rho_0}\left[\kappa\left(\frac{1}{c_V} - \frac{1}{c_P}\right) + \left(\eta + \frac{4\mu}{3}\right)\right] \tag{9.2.43b}$$

Westervelt 方程　在二阶近似下, 用线性关系 $p' \approx -\rho_0 \dfrac{\partial \Phi}{\partial t}$ 代入方程 (9.2.41d) 得到

$$\Im \approx \frac{\rho_0}{2}(\nabla \Phi)^2 - \frac{\rho_0}{2c_0^2}\left(\frac{\partial \Phi}{\partial t}\right)^2 \tag{9.2.44a}$$

另一方面, 作运算

$$\left(\nabla^2 - \frac{1}{c_0^2}\frac{\partial^2}{\partial t^2}\right)\Phi^2 = \frac{4}{\rho_0}\Im + 2\Phi\left(\nabla^2\Phi - \frac{1}{c_0^2}\frac{\partial^2 \Phi}{\partial t^2}\right) \approx \frac{4}{\rho_0}\Im \tag{9.2.44b}$$

因此, 存在近似关系

$$\Im \approx \frac{\rho_0}{4} \left(\nabla^2 - \frac{1}{c_0^2} \frac{\partial^2}{\partial t^2} \right) \Phi^2 \tag{9.2.44c}$$

于是, 方程 (9.2.43a) 可以改写成

$$\left(\nabla^2 - \frac{1}{c_0^2} \frac{\partial^2}{\partial t^2} \right) \tilde{p} + \frac{\delta}{c_0^4} \frac{\partial^3 p'}{\partial t^3} = -\frac{\beta}{\rho_0 c_0^4} \frac{\partial^2 p'^2}{\partial t^2} \tag{9.2.45a}$$

其中, 新的变量定义

$$\tilde{p} \equiv p' + \frac{\rho_0}{4} \left(\frac{1}{c_0^2} \frac{\partial^2}{\partial t^2} + \nabla^2 \right) \Phi^2 \tag{9.2.45b}$$

如果取近似关系 $\tilde{p} \approx p'$, 我们得到所谓的 **Westervelt 方程**

$$\left(\nabla^2 - \frac{1}{c_0^2} \frac{\partial^2}{\partial t^2} \right) p' + \frac{\delta}{c_0^4} \frac{\partial^3 p'}{\partial t^3} = -\frac{\beta}{\rho_0 c_0^4} \frac{\partial^2 p'^2}{\partial t^2} \tag{9.2.45c}$$

声压场的 Burgers 方程　考虑一维行波, Westervelt 方程 (9.2.45c) 简化成一维形式

$$\left(\frac{\partial^2}{\partial x^2} - \frac{1}{c_0^2} \frac{\partial^2}{\partial t^2} \right) p' + \frac{\delta}{c_0^4} \frac{\partial^3 p'}{\partial t^3} = -\frac{\beta}{\rho_0 c_0^4} \frac{\partial^2 p'^2}{\partial t^2} \tag{9.2.46a}$$

把方程 (9.2.17b), (9.2.17c) 和 (9.2.17d) 代入上式得到

$$\varepsilon^2 \frac{\partial^2 p'}{\partial X^2} - \varepsilon \frac{2}{c_0} \frac{\partial^2 p'}{\partial X \partial \tau} + \frac{\delta}{c_0^4} \frac{\partial^3 p'}{\partial \tau^3} = -\frac{\beta}{\rho_0 c_0^4} \frac{\partial^2 p'^2}{\partial \tau^2} \tag{9.2.46b}$$

因为 p' 本身是一阶小量, 上式左边第一项为三阶小量, 可忽略; 再对所得方程的变量 τ 积分, 最后得到 (取 $\varepsilon = 1$, 并用 x 代替 X)

$$\frac{\partial p'}{\partial x} - \frac{\beta}{\rho_0 c_0^3} p' \frac{\partial p'}{\partial \tau} = \frac{\delta}{2 c_0^3} \frac{\partial^2 p'}{\partial \tau^2} \tag{9.2.46c}$$

该式与速度场方程 (9.2.19c) 的形式完全一致.

9.2.6　微扰的重整化解和多尺度微扰展开

为了简单, 考虑波动方程 (1.1.36e) 的一维情况

$$\frac{\partial^2 \Phi}{\partial t^2} - c_0^2 \frac{\partial^2 \Phi}{\partial x^2} + \frac{\partial}{\partial t} \left[\frac{(\beta-1)}{c_0^2} \left(\frac{\partial \Phi}{\partial t} \right)^2 + \left(\frac{\partial \Phi}{\partial x} \right)^2 \right] = 0 \tag{9.2.47a}$$

设 $x = 0$ 处的速度为

$$v(x,t)|_{x=0} = \frac{\partial \Phi}{\partial x} \bigg|_{x=0} = \varepsilon f(t) \tag{9.2.47b}$$

其中, 为了方便, 引进微扰参数 ε. 当 $\varepsilon \ll 1$ 时, 求 $x > 0$ 的声场分布. 设微扰解为

$$\Phi(x,t) = \varepsilon \Phi_1(x,t) + \varepsilon^2 \Phi_2(x,t) + \cdots \tag{9.2.47c}$$

代入方程 (9.2.47a) 和 (9.2.47b) 得到一、二阶量满足的方程

$$\frac{\partial^2 \Phi_1}{\partial t^2} - c_0^2 \frac{\partial^2 \Phi_1}{\partial x^2} = 0$$

$$\frac{\partial^2 \Phi_2}{\partial t^2} - c_0^2 \frac{\partial^2 \Phi_2}{\partial x^2} = -\frac{\partial}{\partial t}\left[\frac{(\beta-1)}{c_0^2}\left(\frac{\partial \Phi_1}{\partial t}\right)^2 + \left(\frac{\partial \Phi_1}{\partial x}\right)^2\right] \tag{9.2.48a}$$

以及边界条件

$$\left.\frac{\partial \Phi_1}{\partial x}\right|_{x=0} = f(t); \quad \left.\frac{\partial \Phi_2}{\partial x}\right|_{x=0} = 0 \tag{9.2.48b}$$

因此, 满足边界条件的一阶量为

$$\Phi_1(x,t) = -c_0 g(\tau), \ \tau \equiv t - \frac{x}{c_0} \ (x > 0) \tag{9.2.49a}$$

其中, $g'(t) = f(t)$. 代入方程 (9.2.47a) 的第二式, 得到二阶量满足的方程

$$\frac{\partial^2 \Phi_2}{\partial t^2} - c_0^2 \frac{\partial^2 \Phi_2}{\partial x^2} = -\beta \frac{\partial}{\partial t} f^2(\tau) \tag{9.2.49b}$$

于是, 满足方程 (9.2.48b) 第二式的二阶量为

$$\Phi_2(x,\tau) = Q(\tau) - \frac{\beta}{2c_0} x f^2(\tau) \ (x > 0) \tag{9.2.49c}$$

其中, $Q'(t) = -\beta f^2(t)/2$. 因此, 近似到 ε^2, 速度势和速度场分别为

$$\Phi(x,\tau) = -\varepsilon c_0 g(\tau) + \varepsilon^2\left[Q(\tau) - \frac{\beta}{2c_0}x f^2(\tau)\right] + O(\varepsilon^3)$$

$$v(x,\tau) = \varepsilon f(\tau) + \varepsilon^2 \frac{\beta}{2c_0^2} x \frac{\mathrm{d}f^2(\tau)}{\mathrm{d}\tau} + O(\varepsilon^3) \tag{9.2.49d}$$

与方程 (9.2.15c) 的结果类似, 二阶量 Φ_2(或者速度的二阶量) 随距离线性增加. 由上式表示的项称为**久期项** (secular term).

　　重整化解　出现久期项的原因是, 我们对声场作了不恰当的微扰展开, 即方程 (9.2.47c), 导致二阶量满足的方程为非齐次方程, 即方程 (9.2.49b), 由非齐次项产生的特解导致了随距离线性增加的不合理项. 由方程 (9.2.49d), 在微扰展开中, 声场的时空变化依赖于变量 (x,τ). 数学上, 可以通过选择新的变量, 大大拓展微扰展开的有效范围, 该方法称为**重整化方法**. 设新的变量为 (x,ξ), 其中

$$\tau = \xi + \varepsilon F(x,\xi) \tag{9.2.50a}$$

式中，可以选择适当的函数 $F(x,\xi)$，使久期项消失. 上式代入方程 (9.2.49d) 的第二式得到

$$v(x,\xi) = \varepsilon f[\xi + \varepsilon F(x,\xi)] + \varepsilon^2 \frac{\beta}{2c_0^2} x \left. \frac{\mathrm{d}f^2(\tau)}{\mathrm{d}\tau} \right|_{\tau=\xi+\varepsilon F(x,\xi)} + O(\varepsilon^3) \tag{9.2.50b}$$

上式展开到 ε^2，显然

$$v(x,\xi) = \varepsilon f(\xi) + \varepsilon^2 \left[f'(\xi)F(x,\xi) + \frac{\beta}{2c_0^2} x \frac{\mathrm{d}f^2(\xi)}{\mathrm{d}\xi} \right] + O(\varepsilon^3) \tag{9.2.50c}$$

为了消去久期项，选择函数 $F(x,\xi)$ 满足

$$f'(\xi)F(x,\xi) + \frac{\beta}{2c_0^2} x \frac{\mathrm{d}f^2(\xi)}{\mathrm{d}\xi} = 0 \tag{9.2.51a}$$

即

$$F(x,\xi) = -\frac{\beta}{c_0^2} x f(\xi) \tag{9.2.51b}$$

代入方程 (9.2.50a)，新变量 ξ 满足

$$\tau = \xi - \frac{\varepsilon\beta}{c_0^2} x f(\xi) = t - \frac{x}{c_0} \tag{9.2.51c}$$

于是，速度场为

$$v(x,t) = \varepsilon f(\xi) + O(\varepsilon^3) \tag{9.2.51d}$$

由上式，$f(\xi) = v/\varepsilon$，代入方程 (9.2.51c) 容易得到

$$\xi = t - \frac{1}{c_0} \left(1 - \frac{\beta}{c_0} v \right) \tag{9.2.52a}$$

因此，速度场满足隐函数方程

$$v = \varepsilon f \left[t - \frac{x}{c_0} \left(1 - \frac{\beta}{c_0} v \right) \right] + O(\varepsilon^2) \tag{9.2.52b}$$

注意到，在弱非线性条件下，由方程 (9.1.4f)，方程 (9.1.2f) 的第二式近似为

$$v = F_2 \left(t - \frac{x}{c_0 + \beta v} \right) \approx F \left[t - \frac{x}{c_0} \left(1 - \frac{\beta}{c_0} v \right) \right] \tag{9.2.52c}$$

显然，上式与方程 (9.2.52b) 的结果是类似的. 可见，通过重整化方法，可以有效地消去就期项，得到较满意的微扰解.

取新变量 ξ 后，速度势，即方程 (9.2.49d) 的第一式，变化成

$$\begin{aligned} \Phi(x,\xi) &= -\varepsilon c_0 g(\xi) + \varepsilon^2 \frac{\beta}{c_0} x f^2(\xi) + \varepsilon^2 \left[Q(\xi) - \frac{\beta}{2c_0} x f^2(\xi) \right] + O(\varepsilon^3) \\ &= -\varepsilon c_0 g(\xi) + \varepsilon^2 \frac{\beta}{2c_0} x f^2(\xi) + \varepsilon^2 Q(\xi) + O(\varepsilon^3) \end{aligned} \tag{9.2.53a}$$

如果令 $x_1 = \varepsilon x$, 则上式在形式上可以写成

$$\Phi(x,\xi) = \varepsilon\left[-c_0 g(\xi) + \frac{\beta}{2c_0} x_1 f^2(\xi)\right] + \varepsilon^2 Q(\xi) + O(\varepsilon^3) \tag{9.2.53b}$$

注意: 写成这种形式后, 一阶量为

$$\Phi_1(x,\xi) = -c_0 g(\xi) + \frac{\beta}{2c_0} x_1 f^2(\xi) \tag{9.2.53c}$$

下面讨论多尺度展开时用到上式.

多尺度微扰展开 由 9.1 节的讨论, 由于非线性的存在, 空间声场变化的最大一个特点是声波传播速度 c 与流体元的运动速度 v 有关, 即方程 (9.1.4e), 而微扰展开方程 (9.2.47c) 恰恰没有考虑到这点. 物理上, 声场随空间变量 x 的变化应该包含二个方面: ① 声波在空间中的传播, 这一变化是快尺度变化, 由声波的波数决定; ② 波传播速度随空间的变化, 这一变化是慢尺度变化 (即随空间变化较缓慢), 由非线性项决定. 因此, 在微扰展开中必须包含这一性质. 多尺度微扰方法的基本原理就是基于这一思想, 通过适当的选择, 使二阶量满足的方程为齐次方程, 从而消去久期项.

假定声场随空间的变化存在二个空间尺度

$$x_0 = x, \ x_1 = \varepsilon x \tag{9.2.54a}$$

即 $\Phi(x,t) = \Phi(x_0, x_1, t)$, 于是, 空间偏导数关系为

$$\begin{aligned}
\frac{\partial}{\partial x} &= \frac{\partial}{\partial x_0} + \varepsilon \frac{\partial}{\partial x_1} \\
\frac{\partial^2}{\partial x^2} &= \frac{\partial^2}{\partial x_0^2} + 2\varepsilon \frac{\partial^2}{\partial x_0 \partial x_1} + \varepsilon^2 \frac{\partial^2}{\partial x_1^2}
\end{aligned} \tag{9.2.54b}$$

作多尺度微扰展开

$$\Phi(x_0, x_1, t) = \varepsilon \Phi_1(x_0, x_1, t) + \varepsilon^2 \Phi_2(x_0, x_1, t) + \cdots \tag{9.2.54c}$$

上式和方程 (9.2.54b) 代入方程 (9.2.47a) 和 (9.2.47b), 且令 ε 和 ε^2 前系数为零, 得到一阶量满足的方程和边界条件为

$$\frac{\partial^2 \Phi_1}{\partial t^2} - c_0^2 \frac{\partial^2 \Phi_1}{\partial x_0^2} = 0, \ \left.\frac{\partial \Phi_1}{\partial x_0}\right|_{x_0 = x_1 = 0} = f(t) \tag{9.2.55a}$$

以及二阶量满足的方程

$$\frac{\partial^2 \Phi_2}{\partial t^2} - c_0^2 \frac{\partial^2 \Phi_2}{\partial x_0^2} = 2c_0^2 \frac{\partial^2 \Phi_1}{\partial x_0 \partial x_1} - \frac{\partial}{\partial t}\left[\frac{(\beta-1)}{c_0^2}\left(\frac{\partial \Phi_1}{\partial t}\right)^2 + \left(\frac{\partial \Phi_1}{\partial x_0}\right)^2\right] \tag{9.2.55b}$$

为了消去久期项, 令二阶方程的非齐次项为零

$$2c_0^2 \frac{\partial^2 \Phi_1}{\partial x_0 \partial x_1} - \frac{\partial}{\partial t} \left[\frac{(\beta - 1)}{c_0^2} \left(\frac{\partial \Phi_1}{\partial t} \right)^2 + \left(\frac{\partial \Phi_1}{\partial x_0} \right)^2 \right] = 0 \qquad (9.2.55c)$$

显然, 一阶量 $\Phi_1(x_0, x_1, t)$ 为 x 方向的行波, 具有形式 $\Phi_1(x_0, x_1, t) = \Phi_1(x_1, \tau)$, 其中 $\tau = t - x_0/c_0$, 即一阶量仅是变量 (x_1, τ) 的函数. 于是, 方程 (9.2.55c) 和 (9.2.55a) 中边界条件简化为

$$\frac{\partial^2 \Phi_1}{\partial \tau \partial x_1} + \frac{\beta}{2c_0^3} \frac{\partial}{\partial \tau} \left(\frac{\partial \Phi_1}{\partial \tau} \right)^2 = 0$$
$$\left. \frac{\partial \Phi_1}{\partial \tau} \right|_{x_0 = x_1 = 0} = -c_0 f(t) \qquad (9.2.56a)$$

以上边值问题的求解比较复杂, 但方程 (9.2.53c) 提示我们, 上式的解应该为

$$\Phi_1(x_1, \tau) = -c_0 g(\xi) + \frac{\beta}{2c_0} x_1 f^2(\xi); \quad g'(\xi) = f(\xi) \qquad (9.2.56b)$$

其中, 参数 ξ 是下列方程的根

$$\tau = \xi - \frac{\beta x_1}{c_0^2} f(\xi) \qquad (9.2.56c)$$

不难证明, 方程 (9.2.56b) 确实满足方程 (9.2.56a). 因此, 近似到 ε 的一阶, 速度场和声压场为

$$v(x, t) = \frac{\partial \Phi}{\partial x} = \varepsilon \frac{\partial \Phi_1}{\partial x} + O(\varepsilon^2) = \varepsilon \frac{\partial \Phi_1}{\partial \xi} \frac{\partial \xi}{\partial x} + \varepsilon \frac{\partial \Phi_1}{\partial x_1} \frac{\partial x_1}{\partial x} + O(\varepsilon^2)$$
$$= \varepsilon \frac{\partial \Phi_1}{\partial \xi} \frac{\partial \xi}{\partial x} + O(\varepsilon^2) = -c_0 \varepsilon f(\xi) \left[1 - \varepsilon \frac{\beta x}{c_0^2} f'(\xi) \right] \frac{\partial \xi}{\partial x} + O(\varepsilon^2) \qquad (9.2.57a)$$

由方程 (9.2.56c), 并且注意到 $\tau = t - x_0/c_0$, 微分关系为

$$\left[1 - \varepsilon \frac{\beta x}{c_0^2} f'(\xi) \right] \frac{\partial \xi}{\partial x} = -\frac{1}{c_0} \left[1 - \varepsilon \frac{\beta}{c_0^2} f(\xi) \right] \qquad (9.2.57b)$$

代入方程 (9.2.57a) 得到

$$v(x, t) = \varepsilon f(\xi) + O(\varepsilon^2) \qquad (9.2.57c)$$

注意: 在多尺度微扰展开中, 近似到 ε 的一阶已经包含高次谐波, 无须讨论 ε 的二阶, 而在 9.2.1 小节中, 二次谐波仅出现在 ε 的二阶. 上式结果与方程 (9.2.51d) 类似.

顺便给出声压场的表达式

$$
\begin{aligned}
p(x,t) &= -\rho_0\frac{\partial\Phi}{\partial t} - \rho_0\frac{1}{2}\left(\frac{\partial\Phi}{\partial x}\right)^2 + \frac{\rho_0}{2c_0^2}\left(\frac{\partial\Phi}{\partial t}\right)^2 = -\rho_0\varepsilon\frac{\partial\Phi_1}{\partial t} + O(\varepsilon^2) \\
&= \varepsilon\frac{\partial\Phi_1}{\partial\xi}\frac{\partial\xi}{\partial t} + O(\varepsilon^2) = -c_0\varepsilon f(\xi)\left[1 - \varepsilon\frac{\beta x}{c_0^2}f'(\xi)\right]\frac{\partial\xi}{\partial t} + O(\varepsilon^2)
\end{aligned}
\tag{9.2.58a}
$$

由方程 (9.2.56c)，微分关系为

$$
\left[1 - \varepsilon\frac{\beta x}{c_0^2}f'(\xi)\right]\frac{\partial\xi}{\partial t} = 1
\tag{9.2.58b}
$$

因此，声压场为

$$
p(x,t) = \rho_0 c_0\varepsilon f(\xi) + O(\varepsilon^2)
\tag{9.2.58c}
$$

9.3　色散介质中的有限振幅波

本节讨论有限振幅声波在色散介质中的传播. 引起声波色散的原因有二类：① 介质本身的色散，如弛豫介质 (称为**弱色散系统**) 和生物介质是典型的色散介质；② 系统结构或边界存在引起的声色散，如管道中的高次波传播. 事实上，即使对平面波，考虑黏滞和热传导效应引起的边界层后，等效声阻抗率也与声波频率密切相关，从而引起声波的色散 (见 6.3.1 小节和 9.3.2 小节讨论). 另一个有典型应用意义的色散系统是含气泡液体系统，该系统不仅有强色散，而且具有强非线性.

9.3.1　弛豫介质中的有限振幅平面波

忽略介质的黏滞和热传导耗散，仅考虑介质中存在一个弛豫过程.　由方程 (9.2.1a) 和 (9.2.1b)，一维流体力学基本方程为

$$
\frac{\partial\rho'}{\partial t} + v\frac{\partial\rho'}{\partial x} + (\rho_0 + \rho')\frac{\partial v}{\partial x} = 0
\tag{9.3.1a}
$$

$$
(\rho_0 + \rho')\left(\frac{\partial v}{\partial t} + v\frac{\partial v}{\partial x}\right) + \frac{\partial p'}{\partial x} = 0
\tag{9.3.1b}
$$

而由方程 (9.2.1c)：$\mathrm{d}s/\mathrm{d}t = 0$，即弛豫介质中的声过程可以看作是等熵的 (在忽略黏滞和热传导耗散条件下). 本构方程由方程 (6.5.9b) 或者 (6.5.12b) 修改而来，方程 (6.5.12b)(为了方便，把弛豫时间 τ' 改成 τ_r) 包含了二次项后修改为

$$
\left(\frac{\mathrm{d}}{\mathrm{d}t} + \frac{1}{\tau_r}\right)\left[p' - c_0^2\rho' - \frac{1}{2}\left(\frac{\partial^2 P}{\partial\rho^2}\right)_{\xi_0}\rho'^2\right] = \chi c_0^2\frac{\mathrm{d}\rho'}{\mathrm{d}t}
\tag{9.3.1c}
$$

其中, $\chi \equiv (c_\infty^2 - c_0^2)/c_0^2$, 上式的积分解为

$$p' = c_0^2 \rho' + \frac{1}{2}\left(\frac{\partial^2 P}{\partial \rho^2}\right)_{\xi_0} \rho'^2 + \chi c_0^2 \int_{-\infty}^{t} \frac{d\rho'}{dt'} \cdot e^{-(t-t')/\tau_r} dt' \qquad (9.3.2a)$$

分步积分后得到包含弛豫过程的非线性本构方程 (展开到二次)

$$p' = c_0^2 \rho' + \frac{1}{2}\left(\frac{\partial^2 P}{\partial \rho^2}\right)_{\xi_0} \rho'^2 - \frac{\chi c_0^2}{\tau_r} \int_{-\infty}^{t} \rho' e^{-(t-t')/\tau_r} dt' \qquad (9.3.2b)$$

由方程 (9.2.17b), 对方程 (9.3.1a) 和 (9.3.1b) 作第一类伴随坐标变换后, 质量守恒方程 (9.2.19a) 不变, 即

$$\frac{\partial \rho'}{\partial \tau} = \frac{\rho_0}{c_0}\frac{\partial v}{\partial \tau} + \frac{2\rho_0 v}{c_0^2}\frac{\partial v}{\partial \tau} - \rho_0 \frac{\partial v}{\partial X} \qquad (9.3.3a)$$

运动方程 (9.2.19b) 修改为 (利用方程 (9.3.2b) 消去 p')

$$\frac{\partial v}{\partial \tau} = \frac{c_0}{\rho_0}\left[\frac{\partial \rho'}{\partial \tau} + 2(\beta-1)\rho_0 \frac{v}{c_0^2}\frac{\partial v}{\partial \tau}\right] - c_0 \frac{\partial v}{\partial X}$$
$$+ \chi \frac{\partial}{\partial \tau}\int_{-\infty}^{\tau} \frac{\partial v}{\partial \tau'} e^{-(\tau-\tau')/\tau_r} d\tau' \qquad (9.3.3b)$$

得到上式, 积分中取了近似 $\rho'/\rho_0 \approx v/c_0$ 和 $d\rho'/dt \approx \partial\rho'/\partial t$(即仅考虑弛豫过程的一阶展开), 以及积分变换 $\tau' \equiv t' - x/c_0$. 把方程 (9.3.3a) 代入方程 (9.3.3b) 得到弛豫介质中一维行波 ($+x$ 传播) 满足的波动方程

$$\frac{\partial v}{\partial x} - \frac{\beta}{c_0^2} v \frac{\partial v}{\partial \tau} = \frac{\chi}{2c_0} \cdot \frac{\partial}{\partial \tau}\int_{-\infty}^{\tau} \frac{\partial v}{\partial \tau'} e^{-(\tau-\tau')/\tau_r} d\tau' \qquad (9.3.3c)$$

得到上式已把 X 改写成了 x. 如果介质中存在 q 个弛豫过程, 则上式修改为

$$\frac{\partial v}{\partial x} - \frac{\beta}{c_0^2} v \frac{\partial v}{\partial \tau} = \frac{1}{2c_0} \cdot \frac{\partial}{\partial \tau}\sum_q \chi_q \int_{-\infty}^{\tau} \frac{\partial v}{\partial \tau'} e^{-(\tau-\tau')/\tau_q} d\tau' \qquad (9.3.3d)$$

其中, $\chi_q \equiv (c_{q\infty}^2 - c_0^2)/c_0^2$, $c_{q\infty}^2$ 是每个弛豫过程对应的高频声速.

对单个弛豫过程, 微分–积分方程 (9.3.3c) 可以简化为偏微分方程. 事实上, 方程 (9.3.3c) 对 τ 求偏微分后乘 τ_r, 并将所得方程再与方程 (9.3.3c) 相加得到

$$\left(1 + \tau_r \frac{\partial}{\partial \tau}\right)\left(\frac{\partial v}{\partial x} - \frac{\beta}{c_0^2} v \frac{\partial v}{\partial \tau}\right) = \frac{\chi \tau_r}{2c_0}\frac{\partial^2 v}{\partial \tau^2} \qquad (9.3.3e)$$

注意: 对存在 q 个弛豫过程的情况, 把微分–积分方程 (9.3.3d) 可以简化为单个偏微分方程是困难的.

稳态解　　如果波形只与 $\tau = t - x/c_0$ 有关，而与 x 无关，上式中 $\partial v/\partial x = 0$，因此积分一次得到

$$\left(v + \frac{\chi c_0}{2\beta}\right)\frac{\partial v}{\partial \tau} + \frac{1}{2\tau_r}v^2 = C_1 \tag{9.3.4a}$$

其中，C_1 是积分常数. 设 $\tau \to \infty$ 时，$v = v_0$ 和 $\partial v/\partial \tau = 0$，则 $C_1 = v_0^2/(2\tau_r)$，于是对上式再次积分得到

$$\ln\frac{(1 + v/v_0)^{D-1}}{(1 - v/v_0)^{D+1}} = \frac{\tau + \tau_0}{\tau_r} \tag{9.3.4b}$$

其中，τ_0 为积分常数 (不影响波形，可取为零)，参数 $D \equiv \chi c_0/(2\beta v_0)$ 表征了介质的弛豫效应 (χ) 与非线性效应 (β) 之比. 三种典型的情况讨论如下.

(1) 如果介质的弛豫效应远大于非线性效应，即 $D \gg 1$，故 $D \pm 1 \approx D$，代入方程 (9.3.4b) 得到

$$v(\tau) = v_0 \tanh\frac{\tau}{2D\tau_r} \tag{9.3.5}$$

图 9.3.1 给出了 $D = 10$ 和 20 的 $v(\tau) \sim \tau$ 曲线，可见，当 $D \gg 1$ 时，不存在冲击波，而且 D 越大，波形越平坦.

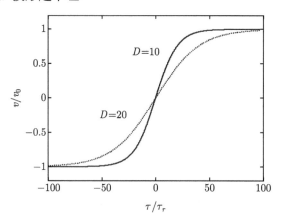

图 9.3.1　$D \gg 1$ 时 $v(\tau) \sim \tau$ 曲线

(2) 当 $D = 1$ 时，由方程 (9.3.4b) 得到

$$v(\tau) = v_0\left[1 - \exp\left(-\frac{\tau}{2\tau_r}\right)\right] \tag{9.3.6a}$$

注意：上式不适合于 $\tau \to -\infty$. 显然，如果当 $\tau \to -\infty$ 时，$v = -v_0$，则 $C_1 = v_0^2/(2\tau_r)$ 也成立，故 $v = \pm v_0$ 都是方程 (9.3.4a) 的解，根据方程 (9.3.5)，当 $\tau \to -\infty$ 时，$v = -v_0$，为了保持从 $D \gg 1$ 到 $D = 1$ 时解的连续性，我们取

$$v(\tau) = \begin{cases} v_0\left[1 - \exp\left(-\dfrac{\tau}{2\tau_r}\right)\right] & (\tau > 0) \\ -v_0 & (\tau < 0) \end{cases} \tag{9.3.6b}$$

显然, 当 $\tau = 0$ 时, $v(\tau)$ 不连续, 故上式是方程 (9.3.4a) 的一个冲击波解, 如图 9.3.2.

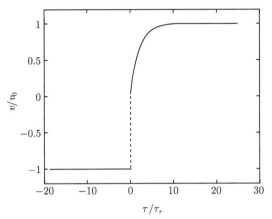

图 9.3.2　$D = 1$ 时 $v(\tau) \sim \tau$ 曲线

(3) 当 $D \ll 1$ 时, 由方程 (9.3.4b)

$$v(\tau) = \pm v_0 \sqrt{1 - \exp\left(-\frac{\tau}{\tau_r}\right)} \tag{9.3.7a}$$

与方程 (9.3.6b) 类似, 取解的形式为

$$v(\tau) = \begin{cases} \pm v_0 \sqrt{1 - \exp\left(-\dfrac{\tau}{\tau_r}\right)} & (\tau > 0) \\ -v_0 & (\tau < 0) \end{cases} \tag{9.3.7b}$$

上式与方程 (9.3.6b) 最大的不同是, 当 $\tau = 0$ 时, $v(\tau)$ 有二个值, 故是多值函数, 当 $\tau = 0$ 时, $v(\tau)$ 也不连续, 因而是方程 (9.3.4a) 的一个冲击波解, 如图 9.3.3.

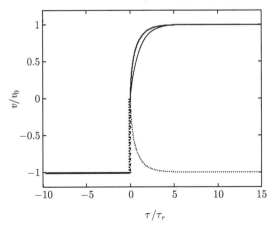

图 9.3.3　$D \ll 1$ 时 $v(\tau) \sim \tau$ 曲线, 图中实线取 "+"; 虚线取 "−"

由以上讨论可知，$D = 1$ 是形成冲击波的阈值条件. 注意：三个图中横坐标的尺度不同，如果在同一尺度下，图 9.3.1 中的曲线较平坦，而图 9.3.3 中的冲击波非常陡峭.

正弦波的畸变　设位于原点的声源发出的扰动为单频正弦波 $v = v_0 \sin(\omega\tau)$. 为了方便，仍作函数变化为 $\varPhi = v/v_0$，自变量变换 $\sigma \equiv x\omega\beta v_0/c_0^2$ 和 $y = \omega\tau$，则方程 (9.3.3c) 简化成

$$\frac{\partial\varPhi}{\partial\sigma} - \varPhi\frac{\partial\varPhi}{\partial y} = D\frac{\partial}{\partial y}\int_{-\infty}^{y}\frac{\partial\varPhi}{\partial y'}\exp\left(-\frac{y-y'}{\omega\tau_r}\right)\mathrm{d}y' \tag{9.3.8}$$

其中，$D \equiv \chi c_0/(2\beta v_0)$. 上式是一个非线性微分–积分方程，求解非常困难. 我们仅讨论二种特殊情况.

(1) 低频 $\omega\tau_r \ll 1$，积分号下指数函数的极大甚尖锐，积分的贡献主要来自 $y' = y$ 周围，故把 $\partial\varPhi/\partial y'$ 在 y 点展开成

$$\frac{\partial\varPhi}{\partial y'} = \frac{\partial\varPhi}{\partial y} + \frac{\partial^2\varPhi}{\partial y^2}(y' - y) + \cdots \tag{9.3.9a}$$

上式代入方程 (9.3.8)，容易得到

$$\frac{\partial\varPhi}{\partial\sigma} - \varPhi\frac{\partial\varPhi}{\partial y} = D\left[\omega\tau_r\frac{\partial^2\varPhi}{\partial y^2} - \omega^2\tau_r^2\frac{\partial^3\varPhi}{\partial y^3}\right] \tag{9.3.9b}$$

如果我们忽略 $\omega\tau_r$ 的平方项，则上式近似为

$$\frac{\partial\varPhi}{\partial\sigma} - \varPhi\frac{\partial\varPhi}{\partial y} \approx D\omega\tau_r\frac{\partial^2\varPhi}{\partial y^2} \tag{9.3.9c}$$

即为 Burgers 方程，其讨论完全与方程 (9.2.23a) 相同.

如果我们同时考虑弛豫、黏滞和热传导效应，只要把方程 (9.3.3b) 修改为

$$\begin{aligned}\frac{\partial v}{\partial\tau} &= \frac{c_0}{\rho_0}\left[\frac{\partial\rho'}{\partial\tau} + 2(\beta - 1)\rho_0\frac{v}{c_0^2}\frac{\partial v}{\partial\tau}\right] - c_0\frac{\partial v}{\partial X}\\ &\quad + \frac{b}{\rho_0 c_0^2}\frac{\partial^2 v}{\partial\tau^2} + \chi\frac{\partial}{\partial\tau}\int_{-\infty}^{\tau}\frac{\partial v}{\partial\tau'}\mathrm{e}^{-(\tau-\tau')/\tau_r}\mathrm{d}\tau'\end{aligned} \tag{9.3.10a}$$

把方程 (9.3.3a) 代入上式得到运动方程

$$\frac{\partial v}{\partial x} - \frac{\beta}{c_0^2}v\frac{\partial v}{\partial\tau} = \frac{b}{2\rho_0 c_0^3}\frac{\partial^2 v}{\partial\tau^2} + \frac{\chi}{2c_0}\cdot\frac{\partial}{\partial\tau}\int_{-\infty}^{\tau}\frac{\partial v}{\partial\tau'}\mathrm{e}^{-(\tau-\tau')/\tau_r}\mathrm{d}\tau' \tag{9.3.10b}$$

在低频 $\omega\tau_r \ll 1$ 条件下, 利用方程 (9.3.9a), 可以得到包含弛豫、黏滞和热传导效应的运动方程为 (作为习题)

$$\frac{\partial \Phi}{\partial \sigma} - \Phi\frac{\partial \Phi}{\partial y} = \left(D\omega\tau_r + \frac{1}{\Gamma}\right)\frac{\partial^2 \Phi}{\partial y^2} - D\omega^2\tau_r^2\frac{\partial^3 \Phi}{\partial y^3} = 0 \tag{9.3.10c}$$

其中, $\Gamma = 2\rho_0\beta v_0 c_0/b\omega$. 方程 (9.3.9b) 或 (9.3.10c) 称为 **KdV-Burgers 方程** (Korteweg-de Vries-Burgers), 当右边第一项不存在时, 称为 **KdV 方程**, 它是 19 世纪末 Korteweg 和 de Vries 研究浅水表面波时导出的, 20 世纪 60 年代又在等离子物理问题中出现; 当右边第二项不存在时, 上式显然为 Burgers 方程. 尽管 KdV-Burgers 可以通过广义 Hope-Cole 变换求严格解 (见主要参考书目 6), 但求满足声源处边界条件的解是非常困难的, 我们不进一步展开讨论.

(2) 高频 $\omega\tau_r \gg 1$, 方程 (9.3.8) 积分号下指数函数可作近似

$$\exp\left(-\frac{y-y'}{\omega\tau_r}\right) \approx 1 - \frac{y-y'}{\omega\tau_r} + \cdots \tag{9.3.11a}$$

代入方程 (9.3.8) 得到

$$\frac{\partial \Phi}{\partial \sigma} - \Phi\frac{\partial \Phi}{\partial y} = D\left(\frac{\partial \Phi}{\partial y} - \frac{\Phi}{\omega\tau_r}\right) \tag{9.3.11b}$$

为了消去上式右边最后一项中的 $\Phi/(\omega\tau_r)$, 作变量变换: $\sigma' = \sigma$ 和 $y' = y + D\sigma$ 和函数变换 $U = \Phi - y'D/(\omega\tau_r)$, 则

$$\frac{\partial}{\partial \sigma} = \frac{\partial}{\partial \sigma'} + D\frac{\partial}{\partial y'}; \ \frac{\partial}{\partial y} = \frac{\partial}{\partial y'} \tag{9.3.11c}$$

代入方程 (9.3.11b)

$$\frac{\partial U}{\partial \sigma'} - \left(U + y'\frac{D}{\omega\tau_r}\right)\frac{\partial U}{\partial y'} = 0 \tag{9.3.12a}$$

故利用方程 (9.1.2c) 得到

$$\left(\frac{\partial y'}{\partial \sigma'}\right)_U = -\left(U + y'\frac{D}{\omega\tau_r}\right) \tag{9.3.12b}$$

于是

$$\sigma' = -\int\frac{\mathrm{d}y'}{U + y'D/(\omega\tau_r)} + f(U) = -\frac{\omega\tau_r}{D}\ln\left[\frac{U + y'D/(\omega\tau_r)}{F(U)}\right] \tag{9.3.12c}$$

其中, $f(U)$ 和 $F(U)$ 是满足可微条件的任意函数. 上式可写成

$$F(U) = \left(U + y'\frac{D}{\omega\tau_r}\right)\exp\left(\frac{D}{\omega\tau_r}\sigma'\right) \qquad (9.3.12\text{d})$$

回到原来的函数

$$\Phi\exp\left(\frac{D}{\omega\tau_r}\sigma'\right) = F\left(\Phi - y'\frac{D}{\omega\tau_r}\right) \qquad (9.3.13\text{a})$$

或者写成

$$\Phi\exp\left(\frac{D}{\omega\tau_r}\sigma'\right) = F_1\left(y' - \frac{\omega\tau_r}{D}\Phi\right) \qquad (9.3.13\text{b})$$

其中, F_1 是满足可微条件的任意函数. 因此, 我们得到了 $\Phi = v/v_0$ 的隐函数方程, 利用声源边界条件, 可以决定函数 F_1 的具体形式: 声源边界条件 $x = 0$ 相当于 $\sigma = \sigma' = 0$, 而在 $\sigma = \sigma' = 0$ 时, $y' = y = \omega\tau$, 故声源边界条件可表示为 $\Phi(\sigma', y')|_{\sigma'=0} = \sin y'$. 代入方程 (9.3.13b) 得到

$$\Phi(0, y') = F_1\left[y' - \frac{\omega\tau_r}{D}\Phi(0, y')\right] = \sin y' \qquad (9.3.13\text{c})$$

令

$$y'' \equiv y' - \frac{\omega\tau_r}{D}\Phi(0, y') = y' - \frac{\omega\tau_r}{D}\sin y' \qquad (9.3.13\text{d})$$

原则上, 我们可以从上式得到反函数 $y' = G(y'')$, 然后代入方程 (9.3.13c) 得到 F_1 的函数形式 $F_1(y'') = \sin[G(y'')]$, 但从方程 (9.3.13d) 得到反函数 $G(y'')$ 的解析式是非常困难的. 我们来构造满足声源边界条件的解: 形式上, 方程 (9.3.13c) 可以写成

$$F_1(y'') = \sin\left(y'' + \frac{\omega\tau_r}{D}\sin y'\right) = \sin\left[y'' + \frac{\omega\tau_r}{D}\sin G(y'')\right] \qquad (9.3.14\text{a})$$

故形式解可以写成

$$\Phi(\sigma', y')\exp\left(\frac{D}{\omega\tau_r}\sigma'\right) = \sin\left[y' - \frac{\omega\tau_r}{D}\Phi(\sigma', y') + \frac{\omega\tau_r}{D}\sin G(y'')\right] \qquad (9.3.14\text{b})$$

但上式中 $G(y'')$ 仍然是未知的. 注意到当 $D \to 0$ (弛豫效应远小于非线性效应) 时, 所得解应趋向于 Riemann-Earnshaw 解 (即方程 (9.1.11a)), 即 $\Phi(\sigma', y') \approx \sin(y' + \sigma'\Phi)$, 但方程 (9.1.14a) 中 D 出现在分母上, 故 $D \to 0$ 必定是一个极限过程, 要求满足

$$\lim_{D\to}\frac{\omega\tau_r}{D}[\sin G(y'') - \Phi(\sigma', y')] = \sigma'\Phi(\sigma', y') \qquad (9.3.14\text{c})$$

注意到极限关系

$$\lim_{D\to 0} \frac{\omega\tau_r}{D}\left(\mathrm{e}^{\sigma' D/\omega\tau_r} - 1\right)\Phi = \sigma'\Phi \tag{9.3.14d}$$

可以取 $\sin G(y'')$ 的简单形式: $\sin G(y'') = \Phi\mathrm{e}^{\sigma' D/\omega\tau_r}$ 就可以满足方程 (9.3.14c). 于是, 我们得到了一个既满足声源边界条件又能趋近 $(D\to 0)$ 极限情况的近似解为

$$\Phi(\sigma', y')\exp\left(\frac{D}{\omega\tau_r}\sigma'\right) = \sin\left[y' - \frac{\omega\tau_r}{D}\Phi(\sigma', y')\left(1 - \mathrm{e}^{\sigma' D/\omega\tau_r}\right)\right] \tag{9.3.14e}$$

上式是一个复杂的隐函数方程, 我们不进一步展开讨论. 仅指出: ① 尽管方程 (9.3.14e) 不完全具有泛函方程 (9.3.13b) 的变量关系, 增加了一个因子 $(1-\mathrm{e}^{\sigma' D/\omega\tau_r})$, 但这个解既满足声源边界条件又能趋近 $(D\to 0)$ 极限情况, 在甚高频近似下 $(\omega\tau_r \gg \sigma' D)$, $(1-\mathrm{e}^{\sigma' D/\omega\tau_r}) \approx -\sigma' D/\omega\tau_r$, 方程 (9.3.14e) 也趋近 Riemann-Earnshaw 解 $\Phi(\sigma', y') \approx \sin(y' + \sigma'\Phi)$; ② 特别是方程 (9.3.14e) 也存在临界速度 (用 Mach 数表示)

$$\mathrm{Ma_c} = \frac{\chi}{2\beta\omega\tau_r} \tag{9.3.15}$$

当声源的 Mach 数 $\mathrm{Ma} = v_0/c_0$ 小于 $\mathrm{Ma_c}$ 时, 不可能形成冲击波, 即在色散较强的介质中, 只有当声源 Mach 数超过临界值时才可能形成冲击波. 事实上, 强色散使波包很快散开, 来不及形成冲击波. 因此, 我们构造的近似解是合理的.

9.3.2 球或柱坐标下的广义 Burgers 方程

设非线性声波由位于原点的源 (柱坐标下为线源) 发出, 则由方程 (9.2.34d), 方程 (9.3.10b) 修改为 (考虑存在多个弛豫过程)

$$\frac{\partial v}{\partial r} + \frac{n}{2r}v - \frac{\beta}{c_0^2}v\frac{\partial v}{\partial \tau} = \frac{b}{2\rho_0 c_0^3}\frac{\partial^2 v}{\partial \tau^2} + \frac{1}{2c_0}\cdot\frac{\partial}{\partial \tau}\sum_q \chi_q \int_{-\infty}^{\tau}\frac{\partial v}{\partial \tau'}\mathrm{e}^{-(\tau-\tau')/\tau_q}\mathrm{d}\tau' \tag{9.3.16a}$$

其中, $\tau = t - (r-r_0)/c_0$ (r_0 为设定的边界, 例如, 如果声源是半径为 a 的球, 则可以取 $r_0 = a$). 上式换成声压 p 为变量, 只要直接用 $v \approx p/(\rho_0 c_0)$ 代替

$$\frac{\partial p}{\partial r} + \frac{n}{2r}p = \frac{\beta}{\rho_0 c_0^3}p\frac{\partial p}{\partial \tau} + \frac{b}{2\rho_0 c_0^3}\frac{\partial^2 p}{\partial \tau^2} + \frac{\chi}{2c_0}\cdot\frac{\partial}{\partial \tau}\sum_q \chi_q \int_{-\infty}^{\tau}\frac{\partial p}{\partial \tau'}\mathrm{e}^{-(\tau-\tau')/\tau_q}\mathrm{d}\tau' \tag{9.3.16b}$$

一般, 只能通过数值方法来求解方程 (9.3.16b). 下面给出一个数值计算的具体例子来说明方程 (9.3.16b) 中耗散、色散和非线性项的作用. 考虑 N 波在大气中的传播: ① 三维问题, 故 $n = 2$; ② 空气中主要存在二个弛豫过程, 由 O_2 分子和 N_2 分子的振动引起; ③ 空气的非线性常数 $\beta \approx 1.2$, 耗散系数 $b = 4.86 \times 10^{-5}\mathrm{Pa\cdot s}$, 其他常数为: 空气密度 $\rho_0 \approx 1.19\mathrm{kg/m^3}$, 声速 $c_0 \approx 343.77\mathrm{m/s}$; ④ 设在 $r_0 = 15\mathrm{cm}$

处，初始 N 波的最大值为 $p_{0\,\mathrm{max}} = 1000\mathrm{Pa}$，半宽度为 $T_0 = 15\mu\mathrm{s}$. 数值计算得到 $r = 6\mathrm{m}$ 的 N 波波形, 如图 9.3.4，图中横坐标为 $\tau/\mu\mathrm{s}$，纵坐标为 $p \cdot (r/r_0)/\mathrm{Pa}$. 值得指出的是色散效应引起 N 波波形的正半周与负半周不对称.

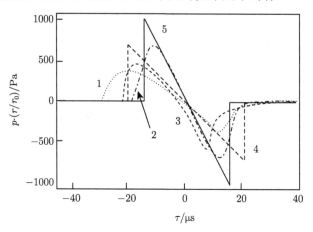

图 9.3.4　距离声源 $r = 6\mathrm{m}$ 处的 N 波波形

曲线 1: 包括非线性、色散和耗散所有效应；曲线 2: 仅包括耗散；曲线 3: 仅包括色散；曲线 4: 仅包括非线性；曲线 5: 理想介质中的线性 N 波

9.3.3　管道中的有限振幅平面波

等截面细管　当考虑波导中流体介质的黏滞和热传导性质时，在管壁附近存在边界层，即管壁附近流体的运动是有旋的，严格意义上的平面波不存在. 但是当流体速度的轴向分量 (设为 x 轴方向) 远大于波导平面方向分量时，可近似为平面波，而把边界层作以下等效处理.

我们从频域出发导出波导中有限振幅平面波满足的时域方程. 考虑半径为 R 的圆形波导，由方程 (6.3.11b)，忽略径向传播波数 $(k_{a\rho} \approx 0)$

$$\frac{\rho_0 c_0}{z_b} \approx \sqrt{\frac{-\mathrm{i}\omega l_{\mu\kappa}}{c_0}} \tag{9.3.17a}$$

其中，$\sqrt{l_{\mu\kappa}} \equiv \sqrt{l_\mu} + \sqrt{l_\kappa}(\gamma - 1)$. 边界层的存在相当于引起管壁的径向振动，其时域径向振动速度为

$$\mathrm{FT}^-[\boldsymbol{v} \cdot \boldsymbol{e}_\rho|_{\rho=R}] = \mathrm{FT}^-\left[\frac{p(x,\omega)}{\rho_0 c_0}\sqrt{\frac{-\mathrm{i}\omega l_{\mu\kappa}}{c_0}}\right] \tag{9.3.17b}$$

其中，FT^- 为逆 Fourier 变换. 径向振动等效于向管内注入质量，即相当于存在质量源 q(单位时间内向单位体积流体注入的声质量，径向速度为 $\boldsymbol{e}_\rho$ 方向，故加 "–" 号)

$$q = \frac{\mathrm{FT}^-[-\boldsymbol{v} \cdot \boldsymbol{e}_\rho|_{\rho=R}]2\pi R\Delta z}{\pi R^2 \Delta z} = -\frac{2}{R} \cdot \frac{\sqrt{l_{\mu\kappa}}}{\rho_0 c_0^{3/2}}\mathrm{FT}^-\left[\sqrt{-\mathrm{i}\omega}\,p(x,\omega)\right] \quad (9.3.17\mathrm{c})$$

其中, $2\pi R\Delta z$ 和 $\pi R^2 \Delta z$ 分别是管长 Δz 的管段面积和体积. 因此 q 作为边界层的影响, 本身是小量, 方程 (9.3.17c) 中的声压 $p(x,\omega)$ 可用线性声学中的 $v(x,\omega)$ 代替: $(-\mathrm{i}\omega)p(x,\omega) \approx -\rho_0 c_0^2 \dfrac{\partial v(x,\omega)}{\partial x}$, 代入方程 (9.3.17c)

$$q = \frac{2}{R} \cdot \sqrt{c_0 l_{\mu\kappa}}\,\mathrm{FT}^-\left[\frac{1}{\sqrt{-\mathrm{i}\omega}}\frac{\partial v(x,\omega)}{\partial x}\right] \quad (9.3.17\mathrm{d})$$

利用分数阶积分, 即方程 (6.5.18b), 方程 (9.3.17d) 可以简单写为

$$q = \frac{2}{R} \cdot \sqrt{c_0 l_{\mu\kappa}}\,\frac{\partial^{-1/2}}{\partial t^{-1/2}}\left[\frac{\partial v(x,t)}{\partial x}\right] \quad (9.3.18\mathrm{a})$$

其中, 1/2 阶分数积分为

$$D^{-1/2}g(t) = \frac{\partial^{-1/2}g(t)}{\partial t^{-1/2}} = \frac{1}{\sqrt{\pi}}\int_{-\infty}^{t}\frac{g(t')}{(t-t')^{1/2}}\mathrm{d}t' \quad (9.3.18\mathrm{b})$$

最后, 质量守恒方程 (9.2.16a) 修改为

$$\frac{\partial \rho'}{\partial t} + v\frac{\partial \rho'}{\partial x} + (\rho_0 + \rho')\frac{\partial v}{\partial x} = \frac{2\rho}{R} \cdot \sqrt{c_0 l_{\mu\kappa}}\,\frac{\partial^{-1/2}}{\partial t^{-1/2}}\left[\frac{\partial v(x,t)}{\partial x}\right] \quad (9.3.19\mathrm{a})$$

而运动方程 (9.2.16b) 不变. 仍然考虑 $+x$ 方向的行波, 把方程 (9.2.17b) 和 (9.2.17c) 代入方程 (9.3.19a) 得到 (注意: ① 与得到方程 (9.2.18b) 的过程相同; ② 耗散作为一阶小量)

$$\frac{1}{\rho_0}\left(1 - \frac{v}{c_0}\right)\frac{\partial \rho'}{\partial \tau} - \frac{1}{c_0}\left(1 + \frac{\rho'}{\rho_0}\right)\frac{\partial v}{\partial \tau} + \frac{\partial v}{\partial X} = -\frac{2}{R} \cdot \sqrt{\frac{l_{\mu\kappa}}{c_0}}\frac{\partial^{1/2}v}{\partial \tau^{1/2}} \quad (9.3.19\mathrm{b})$$

其中, 1/2 阶分数导数由方程 (6.5.17e) 给出 (取 $s = 1/2$). 得到上式, 注意利用方程 (6.5.18d), 取 $\alpha = 1$ 和 $\beta = -1/2$, 则 $D^1 D^{-1/2}g(t) = D^{1/2}g(t)$. 故方程 (9.2.19a) 修改成

$$\frac{\partial \rho'}{\partial \tau} = \frac{\rho_0}{c_0}\frac{\partial v}{\partial \tau} + \frac{2\rho_0}{c_0^2}v\frac{\partial v}{\partial \tau} - \rho_0\frac{\partial v}{\partial X} - \frac{2\rho_0}{R} \cdot \sqrt{\frac{l_{\mu\kappa}}{c_0}}\frac{\partial^{1/2}v}{\partial \tau^{1/2}} \quad (9.3.19\mathrm{c})$$

上式代入方程 (9.2.19b) 得到圆形管道中非线性平面波 ($+x$ 方向传播) 满足的方程

$$\frac{\partial v}{\partial x} - \frac{\beta}{c_0^2}v\frac{\partial v}{\partial \tau} = \frac{b}{2\rho_0 c_0^3}\frac{\partial^2 v}{\partial \tau^2} - \frac{1}{R} \cdot \sqrt{\frac{l_{\mu\kappa}}{c_0}}\frac{\partial^{1/2}v}{\partial \tau^{1/2}} \quad (9.3.20\mathrm{a})$$

当管道半径 $R \to \infty$ 时，上式简化成 Burgers 方程，即方程 (9.2.19c). 求方程 (9.3.20a) 的解析解是困难的，一般通过数值方法求解. 图 9.3.5 给出了一个具体计算例子，由图可见，边界层的色散引起了波形的不对称性. 对任意截面的管道，方程 (9.3.20a) 作推广为

$$\frac{\partial v}{\partial x} - \frac{\beta}{c_0^2} v \frac{\partial v}{\partial \tau} = \frac{b}{2\rho_0 c_0^3} \frac{\partial^2 v}{\partial \tau^2} - \frac{L}{4S} \cdot \sqrt{\frac{l_{\mu\kappa}}{c_0}} \frac{\partial^{1/2} v}{\partial \tau^{1/2}} \tag{9.3.20b}$$

其中, S 和 L 分别是管道的截面积和周长.

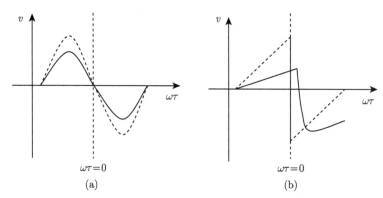

图 9.3.5　管道中的波

(a) 声源处的正弦波；(b) 冲击波形成，实线：考虑边界层；虚线：不考虑边界层

缓变截面粗管　对缓变截面的管道，由方程 (4.5.1c)，质量守恒方程修改为 (设管道半径足够大，不考虑边界层)

$$\frac{\partial \rho'}{\partial t} + v \frac{\partial \rho'}{\partial x} + (\rho_0 + \rho') \frac{\partial v}{\partial x} + \frac{S'(x)}{S(x)} (\rho_0 + \rho') v = 0 \tag{9.3.21a}$$

对无限长扩张型缓变截面管道 (如 4.5 节讨论的 Salmon 号筒)，没有反射波，故考虑 $+x$ 方向传播的波，利用方程 (9.2.17b) 和 (9.2.17c)，方程 (9.2.19a) 修改为

$$\frac{\partial \rho'}{\partial \tau} = \frac{2\rho_0 v}{c_0^2} \frac{\partial v}{\partial \tau} + \frac{\rho_0}{c_0} \frac{\partial v}{\partial \tau} - \rho_0 \frac{\partial v}{\partial X} - \rho_0 \frac{S'(x)}{S(x)} \left(1 + \frac{v}{c_0}\right) v \tag{9.3.21b}$$

注意：对缓变截面，上式中最后一项括号中的 v/c_0 可忽略. 运动方程 (9.2.19b) 不变，把上式代入得到

$$\frac{\partial v}{\partial x} - \frac{\beta}{c_0^2} v \frac{\partial v}{\partial \tau} + \frac{1}{2} \frac{S'(x)}{S(x)} v = \frac{b}{2\rho_0 c_0^3} \frac{\partial^2 v}{\partial \tau^2} \tag{9.3.21c}$$

为了消去上式第三项，作函数和自变量变换

$$q = \sqrt{\frac{S}{S_0}} v; \quad z = \int_0^x \sqrt{\frac{S_0}{S(x)}} \mathrm{d}x \tag{9.3.22a}$$

其中, S_0 是 $x = 0$ 处的管道面积. 上式代入方程 (9.3.21c) 得到

$$\frac{\partial q}{\partial z} - \frac{\beta}{c_0^2} q \frac{\partial q}{\partial \tau} = \frac{b}{2\rho_0 c_0^3} \sqrt{\frac{S}{S_0}} \frac{\partial^2 q}{\partial \tau^2} \qquad (9.3.22b)$$

注意: 面积比必须用 z 表示. 上式与方程 (9.2.35d) 完全类似. 对截面由方程 (4.5.7a) 表示的指数型管道

$$z = -\frac{1}{\alpha}[\exp(-\alpha x) - 1], \ z \in (0, 1/\alpha); \quad x = -\frac{1}{\alpha}\ln(1 - \alpha z), \ x \in (0, \infty) \qquad (9.3.22c)$$

考虑理想流体 (即 $b = 0$), 方程 (9.3.22b) 简化为

$$\frac{\partial q}{\partial z} - \frac{\beta}{c_0^2} q \frac{\partial q}{\partial \tau} = 0 \qquad (9.3.22d)$$

另一方面, 方程 (9.1.2c) 改写成

$$\left(\frac{\partial q}{\partial \tau}\right)_z \left(\frac{\partial z}{\partial q}\right)_\tau \left(\frac{\partial \tau}{\partial z}\right)_q = -1 \qquad (9.3.22e)$$

故

$$\left(\frac{\partial \tau}{\partial z}\right)_q = -\left[\left(\frac{\partial q}{\partial \tau}\right)_z \left(\frac{\partial z}{\partial q}\right)_\tau\right]^{-1} = -\left(\frac{\partial q}{\partial z}\right)_\tau \left(\frac{\partial q}{\partial \tau}\right)_z^{-1} \qquad (9.3.22f)$$

由方程 (9.3.22d)

$$\left(\frac{\partial \tau}{\partial z}\right)_q = -\frac{\beta}{c_0^2} q \qquad (9.3.23a)$$

解为

$$\tau = -\frac{\beta}{c_0^2} qz + f(q) \quad \text{或者} \quad q = F\left(\tau + \frac{\beta z}{c_0^2} q\right) \qquad (9.3.23b)$$

对管口的正弦波激发 $v(0, t) = v_0 \sin \omega t$, 即 $q(z = 0, \tau) = q_0 \sin \omega \tau$(其中 $q_0 \equiv v_0$), 因此 q 满足的隐函数方程为

$$q = q_0 \sin\left(\omega \tau + \sigma \frac{q}{q_0}\right) \qquad (9.3.23c)$$

其中, $\sigma \equiv \omega \beta q_0 z / c_0^2$. 由 9.1.1 小节讨论, 冲击波形成距离满足

$$\sigma \approx 1 \quad \text{或者} \quad x_0 \approx \frac{1}{\alpha} \ln\left[\frac{1}{1 - c_0^2 \alpha / (\omega \beta v_0)}\right] \qquad (9.3.23d)$$

显然, 上式要求 $1 - c_0^2 \alpha / (\omega \beta v_0) > 0$, 或者说, 当 $\alpha > \beta k_0 \text{Ma}$ 时不存在冲击波, 此时由于管道扩张太快, 声波能量积累速度小于扩散的速度, 形成不了冲击波. 注意: 由 4.5.2 小节讨论, 指数型号筒中的平面波是强色散的波.

对耗散流体, 方程 (9.3.22b) 只能通过数值方法求解.

9.3.4 生物介质中含有分数导数的 Burgers 方程

由方程 (6.5.22c)，生物介质中的动力学方程为

$$\rho \left(\frac{\partial \boldsymbol{v}}{\partial t} + \boldsymbol{v} \cdot \nabla \boldsymbol{v} \right) = -\nabla p + \frac{4}{3} \mu \frac{\partial^{y-1}}{\partial t^{y-1}} \nabla (\nabla \cdot \boldsymbol{v}) \tag{9.3.24a}$$

其中，$0 < y < 1$. 得到上式，假定 $\nabla \times \boldsymbol{v} \approx 0$，即忽略横波. 在二阶近似下，方程 (9.2.42a) 修改为

$$\rho_0 \frac{\partial \boldsymbol{v}}{\partial t} + \nabla p' = -\frac{4\mu}{3\rho_0 c_0^2} \nabla \frac{\partial^y p'}{\partial t^y} - \nabla \Im \tag{9.3.24b}$$

而方程 (9.2.41c) 和 (9.2.42b) 仍然成立，即

$$\frac{\partial \rho'}{\partial t} + \rho_0 \nabla \cdot \boldsymbol{v} = \frac{1}{\rho_0 c_0^4} \frac{\partial p'^2}{\partial t} + \frac{1}{c_0^2} \frac{\partial \Im}{\partial t} \tag{9.3.24c}$$

$$\rho' \approx \frac{p'}{c_0^2} - \frac{1}{\rho_0 c_0^4} \frac{B}{2A} p'^2 - \frac{\kappa}{\rho_0 c_0^4} \left(\frac{1}{c_V} - \frac{1}{c_P} \right) \frac{\partial p'}{\partial t} \tag{9.3.24d}$$

对方程 (9.3.24b) 和 (9.3.24c) 二边分别求散度和时间偏导数，并把所得方程相减消去速度，且利用方程 (9.3.24d)，我们得到

$$\left(\nabla^2 - \frac{1}{c_0^2} \frac{\partial^2}{\partial t^2} \right) p' + \frac{1}{\rho_0 c_0^4} \beta \frac{\partial^2 p'^2}{\partial t^2} + \frac{\kappa}{\rho_0 c_0^4} \left(\frac{1}{c_V} - \frac{1}{c_P} \right) \frac{\partial^3 p'}{\partial t^3}$$
$$= -\frac{4\mu}{3\rho_0 c_0^2} \nabla^2 \frac{\partial^y p'}{\partial t^y} - \left(\frac{1}{c_0^2} \frac{\partial^2}{\partial t^2} + \nabla^2 \right) \Im \tag{9.3.25a}$$

如果忽略热传导效应，上式简化为

$$\left(\nabla^2 - \frac{1}{c_0^2} \frac{\partial^2}{\partial t^2} \right) p' + \frac{4\mu}{3\rho_0 c_0^2} \nabla^2 \frac{\partial^y p'}{\partial t^y} + \frac{\beta}{\rho_0 c_0^4} \frac{\partial^2 p'^2}{\partial t^2} = - \left(\frac{1}{c_0^2} \frac{\partial^2}{\partial t^2} + \nabla^2 \right) \Im \tag{9.3.25b}$$

与得到 Westervelt 方程 (9.2.45c) 的过程类似，我们得到生物介质中的非线性分数阶声波方程

$$\left(\nabla^2 - \frac{1}{c_0^2} \frac{\partial^2}{\partial t^2} \right) p' + \frac{4\mu}{3\rho_0 c_0^2} \nabla^2 \frac{\partial^y p'}{\partial t^y} + \frac{\beta}{\rho_0 c_0^4} \frac{\partial^2 p'^2}{\partial t^2} = 0 \tag{9.3.25c}$$

该方程的优点是，线性色散关系与实验相符合.

分数导数 Burgers 方程 对一维 $+x$ 方向传播的行波，由第一类伴随坐标变换方程 (9.2.17b)，以及方程 (9.2.17c) 和 (9.2.17d) 得到

$$\frac{\partial p'}{\partial x} = \frac{2\mu}{3\rho_0 c_0} \frac{\partial^2}{\partial x^2} \left(\frac{\partial^{y-1} p'}{\partial \tau^{y-1}} \right) + \frac{\beta}{\rho_0 c_0^3} p' \frac{\partial p'}{\partial \tau} \tag{9.3.26a}$$

其中，分数导数为

$$\frac{\partial^{y-1} p'}{\partial \tau^{y-1}} = \frac{1}{\Gamma(-y+1)} \int_{-\infty}^{\tau} \frac{p'(x, \eta + x/c_0)}{(\tau - \eta)^y} \mathrm{d}\eta \tag{9.3.26b}$$

9.3.5 含气泡液体中的有限振幅波及强非线性

当液体中存在气泡时, 对声波传播的影响可以说 "巨大", 即使液体中存在很小量的气泡, 也可以戏剧性地增加液体的压缩率, 从而降低声传播速度; 气泡的共振导致声波强烈的色散; 此外, 气泡大大增加了液体的非线性参量, 甚至比液体本身的非线性参量大几个数量级. 因此, 常常利用气泡来改变液体的声学性能, 如 B 型超声成像中, 通过在人体中注入含气泡的液体 (称为**超声造影剂**) 来增强某些组织的对比度. 在 3.1.3 小节和 3.5.2 小节中, 我们分析了单个气泡或者周期排列气泡对声波的散射作用, 当存在多个随机分布的气泡时, 严格分析气泡对线性声波的散射是困难的, 有效的方法是 3.3.5 小节介绍的等效介质方法. 研究有限振幅声波在含气泡液体中的传播更为复杂, 故本节仅介绍利用等效介质方法研究含气泡液体的强非线性性质.

设不存在声波时 (平衡状态): 泡–液混合物、纯液体和泡内气体的密度分别为 ρ_0、ρ_{l0} 和 ρ_{g0}; 每个气泡的体积为 U_0; 当有声波通过时, 相应的量变成 $\rho = \rho_0 + \rho'$、$\rho_l = \rho_{l0} + \rho_l'$、$\rho_g = \rho_{g0} + \rho_g'$ 以及 $U = U_0 + u$. 如果单位体积的气泡数为 N, 则存在关系 $\rho_0 = NU_0\rho_{g0} + (1 - NU_0)\rho_{l0}$. 当有声波通过时, 泡–液混合物的密度为 $\rho = NU\rho_g + (1 - NU)\rho_l$ (注意: 与方程 (3.3.35b) 的等效密度不同, 这里的密度是泡–液混合物的 "物理" 密度, 即 $\rho = M/V = [NVU\rho_g + (V - NVU)\rho_l]/V$). 该式二边微分并在平衡点取值得到 (令 $\Delta\rho = \rho'$、$\Delta U = u$、$\Delta\rho_g = \rho_g'$ 和 $\Delta\rho_l = \rho_l'$)

$$\begin{aligned} \rho' &= Nu\rho_{g0} + NU_0\rho_g' - Nu\rho_{l0} + (1 - NU_0)\rho_l' \\ &= \rho_l' - Nu(\rho_{l0} - \rho_{g0}) + NU_0(\rho_g' - \rho_l') \end{aligned} \tag{9.3.27a}$$

注意到当 $NU_0 \ll 1$ 时, $\rho_0 \approx \rho_{l0}$ 和 $\rho_{l0} \gg \rho_{g0}$, 故上式近似为

$$\rho' \approx \rho_l' - Nu\rho_0 \tag{9.3.27b}$$

对纯液体, 由方程 (9.3.24d)

$$\rho_l' \approx \frac{p'}{c_0^2} - \frac{1}{\rho_0 c_0^4}\frac{B}{2A}p'^2 - \frac{\kappa}{\rho_0 c_0^4}\left(\frac{1}{c_V} - \frac{1}{c_P}\right)\frac{\partial p'}{\partial t} \tag{9.3.28a}$$

其中, c_0 是纯液体的声速. 上式代入方程 (9.3.27b) 得到

$$\rho' \approx \frac{p'}{c_0^2} - \frac{1}{\rho_0 c_0^4}\frac{B}{2A}p'^2 - \frac{\kappa}{\rho_0 c_0^4}\left(\frac{1}{c_V} - \frac{1}{c_P}\right)\frac{\partial p'}{\partial t} - \rho_0 Nu \tag{9.3.28b}$$

另外, 方程 (9.2.41c) 和 (9.2.42a) 仍然成立. 于是得到

$$\left(\nabla^2 - \frac{1}{c_0^2}\frac{\partial^2}{\partial t^2}\right)p' + \frac{\delta}{c_0^4}\frac{\partial^3 p'}{\partial t^3} = -\frac{\beta}{\rho_0 c_0^4}\frac{\partial^2 p'^2}{\partial t^2} - \rho_0 N\frac{\partial^2 u}{\partial t^2} \tag{9.3.28c}$$

上式中气泡的体积变化 u 仍未知, 由气泡振动方程决定. 假定: ① 气泡是半径为 R 的球且其振动是球对称的, 即仅有半径方向的脉动; ② 由于假定 $NU_0 \ll 1$, 每个气泡的振动是独立的; ③ 气泡振动本身激发的声场可以忽略; ④ 气泡足够小, 即远小于声波波长, 以至于气泡运动仅随时间变化. 则单个气泡的振动由 Rayleigh-Plesset 方程描述 (见 10.3.2 小节讨论, 忽略饱和蒸汽压)

$$R\frac{\mathrm{d}^2 R}{\mathrm{d}t^2} + \frac{3}{2}\left(\frac{\mathrm{d}R}{\mathrm{d}t}\right)^2 + \frac{4\nu}{R}\frac{\mathrm{d}R}{\mathrm{d}t} = \frac{1}{\rho_0}(P_{\mathrm{g}} - P_0 - p') \tag{9.3.29a}$$

其中, R 为气泡半径, $\nu = \mu/\rho_0$ 为运动黏滞系数, P_{g} 是气泡内气体的压力. 利用气体绝热方程 $P_{\mathrm{g}}/P_0 = (U_0/U)^\gamma$ 以及关系 $U = (4\pi/3)R^3$, 方程 (9.3.29a) 近似到 u 的二阶 (但对耗散项, 近似到一阶, 作为习题)

$$\frac{\mathrm{d}^2 u}{\mathrm{d}t^2} + \delta'\omega_0\frac{\mathrm{d}u}{\mathrm{d}t} + \omega_0^2 u + \eta p' = au^2 + d\left[2u\frac{\mathrm{d}^2 u}{\mathrm{d}t^2} + \left(\frac{\mathrm{d}u}{\mathrm{d}t}\right)^2\right] \tag{9.3.29b}$$

其中, $\delta' \equiv 4\nu/\omega_0 R_0^2$ (称为**黏滞阻尼系数**), $\omega_0^2 \equiv 3\gamma P_0/(\rho_0 R_0^2)$, R_0 是气泡平衡半径, $U_0 = (4\pi/3)R_0^3$, $\eta \equiv 4\pi R_0/\rho_0$, $a \equiv (\gamma+1)\omega_0^2/(2U_0)$, 以及 $d \equiv 1/(6U_0)$. 注意: 得到方程 (9.3.29b), 利用了微分关系

$$U = \frac{4\pi}{3}R^3 = U_0 + u; \quad \frac{\mathrm{d}R}{\mathrm{d}t} = \frac{1}{4\pi R^2}\cdot\frac{\mathrm{d}u}{\mathrm{d}t}$$

$$\frac{\mathrm{d}^2 R}{\mathrm{d}t^2} = \frac{1}{4\pi R^2}\cdot\frac{\mathrm{d}^2 u}{\mathrm{d}t^2} - \frac{1}{2\pi R^3}\frac{\mathrm{d}R}{\mathrm{d}t}\cdot\frac{\mathrm{d}u}{\mathrm{d}t} \tag{9.3.29c}$$

以及一、二阶展开关系

$$\frac{1}{(1+u/U_0)^\gamma} \approx 1 - \gamma\frac{u}{U_0} + \frac{\gamma(\gamma+1)}{2}\frac{u^2}{U_0^2}$$

$$\frac{1}{R} = \left(\frac{4\pi}{3}\right)^{1/3}\cdot\frac{1}{U_0^{1/3}(1+u/U_0)^{1/3}} \approx \frac{1}{R_0(1+u/U_0)^{1/3}} \approx \frac{1}{R_0}\left(1 - \frac{1}{3}\cdot\frac{u}{U_0}\right) \tag{9.3.29d}$$

显然, 方程 (9.3.29b) 右边的非线性项分别是由绝热压缩 (系数为 a) 和动力学响应 (系数 d) 引起的. 如果考虑气泡振动本身激发的声场, 方程 (9.3.29b) 左边必须增加 $-R_0\dddot{u}/c_0$ (时间的三阶导数, 辐射阻尼). 方程 (9.3.28c) 与 (9.3.29b) 联立决定含气泡液体中的非线性声场.

　　事实上, 由于液体中含有气泡 (即使是少量的气泡), 声波的衰减非常大, 而且由于气泡的非线性振动, 等效非线性系数也远远大于液体本身的非线性参量, 故方程 (9.3.28c) 中耗散项和非线性项可以忽略, 仅考虑气泡引起的声衰减和非线性就足够了, 于是得到

$$\left(\nabla^2 - \frac{1}{c_0^2}\frac{\partial^2}{\partial t^2}\right)p' = -\rho_0 N\frac{\partial^2 u}{\partial t^2} \tag{9.3.30}$$

注意: 方程 (9.3.29b) 和 (9.3.30) 是耦合的非线性方程.

基波 把声压和气泡体积变化同时作微扰展开

$$p' = \frac{1}{2}[p_1 \exp(-\mathrm{i}\omega t) + p_2 \exp(-2\mathrm{i}\omega t)] + \mathrm{c.c.} + \cdots$$
$$u = \frac{1}{2}[u_1 \exp(-\mathrm{i}\omega t) + u_2 \exp(-2\mathrm{i}\omega t)] + \mathrm{c.c.} + \cdots \tag{9.3.31}$$

注意: 上式中把 p' 和 u 写成复数的形式, 则一定要加上复共轭部分, 使其成为实数, 因为在非线性声学中, 叠加原理已不成立, p' 和 u 一定是实的量. 把方程 (9.3.31) 代入方程 (9.3.29b) 和 (9.3.30) 得到一阶量满足的方程

$$\left(\nabla^2 + \frac{\omega^2}{c_0^2}\right) p_1 = \rho_0 \omega^2 N u_1 \tag{9.3.32a}$$

$$(-\omega^2 - \mathrm{i}\omega \delta' \omega_0 + \omega_0^2) u_1 = -\eta p_1 \tag{9.3.32b}$$

把方程 (9.3.32b) 代入 (9.3.32a) 得到

$$\nabla^2 p_1 + \frac{\omega^2}{\tilde{c}_1^2} p_1 = 0 \tag{9.3.33a}$$

其中, $\tilde{c}_1$ 是基波的**有效复声速**, 可由第 $n(n = 1, 2, \cdots)$ 次谐波的有效复声速 $\tilde{c}_n$ 统一给出

$$\frac{c_0^2}{\tilde{c}_n^2} \equiv 1 + \frac{\mu' C}{1 - n^2 \omega^2/\omega_0^2 - \mathrm{i} n\omega \delta'/\omega_0} \tag{9.3.33b}$$

式中, $\mu' \equiv N U_0$ 为单位体积内气泡占有的体积部分 (在平衡态时), $C \equiv \rho_0 c_0^2/\gamma P_0$ 是气泡内气体的压缩系数 $1/\gamma P_0$ 与液体的压缩系数 $1/\rho_0 c_0^2$ 之比. 对大气压下 (近水面, 可忽略水的压力) 的水中空气泡, $C \approx 1.54 \times 10^4$, 可见, 即使 $\mu' \equiv N U_0 \ll 1$, 对 $\tilde{c}_n^2$ 的影响也很大. 由方程 (9.3.33b), 复波数为 $\tilde{k}_n = n\omega/\tilde{c}_n$, 故方程 (9.3.33a) 的一维平面波解为 (为了一般, 考虑第 n 次谐波)

$$\exp(\mathrm{i}\tilde{k}_n x) = \exp\left(\mathrm{i}n\frac{\omega}{\tilde{c}_n}x\right) = \mathrm{e}^{-n\omega \mathrm{Im}(1/\tilde{c}_n)x} \exp\left[\mathrm{i}xn\omega \mathrm{Re}\left(\frac{1}{\tilde{c}_n}\right)\right] \tag{9.3.33c}$$

故第 n 次谐波 (平面波) 的实声速 (相速度, 因为色散的存在, 相速度与群速度不同) 与衰减系数分别为

$$c_n(\omega) = \frac{n\omega}{n\omega \mathrm{Re}(1/\tilde{c}_n)} \equiv \frac{1}{\mathrm{Re}(1/\tilde{c}_n)}; \quad \alpha_n(\omega) \equiv n\omega \mathrm{Im}\left(\frac{1}{\tilde{c}_n}\right) \tag{9.3.33d}$$

图 9.3.6 给出了 $\mu' C = 1$ 时, 无量纲化的基波有效声速及声吸收系数随频率的变化关系, 图中 (a) 和 (b) 的纵轴分别是 $c_1(\omega)/c_0$ 和 $\alpha_1(\omega)/(\omega_0/c_0)$. 由图 9.3.6(a) 可

见: 在低频极限 ($\omega/\omega_0 \ll 1$) 下, 相速度 $c_1(\omega) \to c_0/\sqrt{1+\mu' C}$ 与频率无关, 相速度下降意味着压缩率增加, 此时气泡与声波同相振动; 在高频极限 ($\omega/\omega_0 \gg 1$) 下, 相速度 $c_1(\omega) \to c_0$ 趋近液体的声速, 此时气泡的振动跟不上声波振动的变化, 气泡运动被快速振动的声波有效 "冻结"; 由图 9.3.6(b) 可见: 吸收主要发生在气泡共振频率 ω_0 附近区域, 即 $1 < \omega/\omega_0 < \sqrt{1+\mu' C}$, 如果介质的黏滞变小 ($\delta' = 0.01$), 吸收系数增加; 如果忽略介质的黏滞 $\delta' = 0$, 吸收系数无限大 (介质的黏滞仅仅提供了气泡振动的阻尼, 对声波的直接吸收则可以忽略), 声波不能通过.

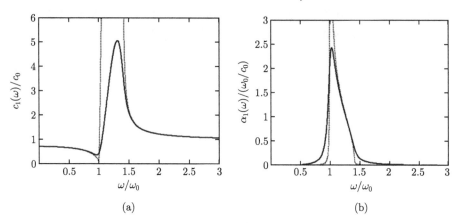

图 9.3.6　基波相速度 (a) 和衰减 (b) 与频率的关系: 实线 $\delta' = 0.1$; 虚线 $\delta' = 0.01$

如果平衡时气泡半径不是单一的, 而有一个分布 $N(R_0)$, 则方程 (9.3.33b) 中 μ' 应该修改为 $(4\pi/3)N(R_0)R_0^3 dR_0$, 于是方程 (9.3.33b) 修改为 (注意: 等效介质方法忽略了气泡之间的相互作用)

$$\frac{c_0^2}{\tilde{c}_n^2} \equiv 1 + \frac{4\pi}{3} C \int_0^\infty \frac{N(R_0)R_0^3 dR_0}{1 - n^2\omega^2\kappa'^2 R_0^2 - in\omega\delta'\kappa' R_0} \tag{9.3.33e}$$

其中, $\kappa' \equiv \sqrt{C/3}/c_0$, $N(R_0)dR_0$ 为单位体积内半径在 R_0 到 $R_0 + dR_0$ 的气泡数.

二次谐波　二次谐波满足的方程为 (仍考虑只有平衡半径为 R_0 的单一气泡)

$$\left(\nabla^2 + \frac{4\omega^2}{c_0^2}\right)p_2 = 4\rho_0\omega^2 N u_2 \tag{9.3.34a}$$

$$(-4\omega^2 - 2i\omega\delta'\omega_0 + \omega_0^2)u_2 = -\eta p_2 + \frac{1}{2}(a - 3d\omega^2)u_1^2 \tag{9.3.34b}$$

结合方程 (9.3.32b) 和 (9.3.34b), 可以得到用 p_1^2 和 p_2 表示的 u_2

$$u_2 = \frac{\eta}{(4\omega^2 + 2i\omega\delta'\omega_0 - \omega_0^2)}p_2 + \frac{1}{2}\frac{(a-3d\omega^2)\eta^2}{(\omega^2 + i\omega\delta'\omega_0 - \omega_0^2)^2}p_1^2 \tag{9.3.34c}$$

然后代入方程 (9.3.34a) 得到二次谐波满足的非齐次方程

$$\left(\nabla^2 + \frac{4\omega^2}{\tilde{c}_2^2}\right) p_2 = \beta_2(\omega) \frac{2\omega^2}{\rho_0 c_0^4} p_1^2 \tag{9.3.34d}$$

其中, $\tilde{c}_2^2$ 由方程 (9.3.33b) 给出 $(n = 2)$, $\beta_2(\omega)$ 定义为二次谐波产生的**非线性系数**

$$\beta_2(\omega) \equiv \frac{\mu' C^2 (\gamma + 1 - \omega^2/\omega_0^2)}{2(1 - 4\omega^2/\omega_0^2 - 2\mathrm{i}\delta'\omega/\omega_0)(1 - \omega^2/\omega_0^2 - \mathrm{i}\delta'\omega/\omega_0)^2} \tag{9.3.35a}$$

当 $\omega \to 0$ 时, $\beta_2(0) = (\gamma + 1)\mu' C^2/2$. 图 9.3.7 给出了无量纲化等效非线性参量幅值随归一化频率的变化关系 (空气泡, $\gamma = 1.4$; 注意: 纵轴是对数坐标). 可见, 存在二个共振频率和一个反共振频率: 当 $\omega/\omega_0 = 0.5$ 时, 气泡振动与二次谐波发生共振; 当 $\omega/\omega_0 = 1$ 时, 气泡振动与基波发生共振; 反共振频率 $\omega/\omega_0 = \sqrt{\gamma + 1}$ 是由于方程 (9.3.29b) 中的绝热压缩非线性 (系数 a) 与动力学响应 (系数 d) 非线性刚好抵消形成的. 值得注意的是: $\beta_2(0) = (\gamma + 1)\mu' C^2/2$ 本身就很大, 例如: 当水中空气泡占有体积为 0.001%(即 $\mu' = 10^{-5}$) 时, $\beta_2(0) \sim 2.8 \times 10^3$, 而水本身的非线性参量为 $\beta \approx 3.5$, 然而在反共振频率点附近 $(\sqrt{\gamma + 1} < \omega/\omega_0 < 3)$, $|\beta_2(\omega)|$ 与 β 在同一数量级.

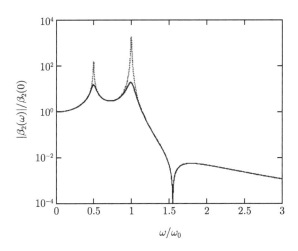

图 9.3.7 等效非线性参量幅值与频率的关系: 实线 $\delta' = 0.1$; 虚线 $\delta' = 0$

当气泡平衡半径有一个分布 $N(R_0)$ 时, 方程 (9.3.35a) 中 μ' 也应该修改为 $(4\pi/3)N(R_0)R_0^3 \mathrm{d}R_0$, 即

$$\beta_2(\omega) \equiv C^2 \int_0^\infty \frac{(\gamma + 1 - \omega^2\kappa'^2 R_0^2)N(R_0)R_0^3 \mathrm{d}R_0}{2(1 - 4\omega^2\kappa'^2 R_0^2 - 2\mathrm{i}\delta'\kappa'R_0\omega)(1 - \omega^2\kappa'^2 R_0^2 - \mathrm{i}\delta'\omega\kappa'R_0)^2} \tag{9.3.35b}$$

说明: 非线性系数 $\beta_2(\omega)$ 由方程 (9.3.35a) 定义的合理性可讨论如下. 由方程

(9.2.45c)，忽略耗散的 Westervelt 方程为

$$\left(\nabla^2 - \frac{1}{c_0^2}\frac{\partial^2}{\partial t^2}\right)p' = -\frac{\beta}{\rho_0 c_0^4}\frac{\partial^2 p'^2}{\partial t^2} \tag{9.3.36a}$$

其中，β 为均匀介质的非线性参数. 设微扰形式的解为方程 (9.3.31) 的第一式，则不难得到二次谐波满足的方程

$$\left(\nabla^2 + \frac{4\omega^2}{c_0^2}\right)p_2 = \beta\frac{2\omega^2}{\rho_0 c_0^4}p_1^2 \tag{9.3.36b}$$

比较上式与方程 (9.3.34d)，显然，$\beta_2(\omega)$ 与 β 有相同的意义，故称 $\beta_2(\omega)$ 为二次谐波产生的非线性系数.

低频非线性方程   方程 (9.3.29b) 可以写成

$$u = -\frac{\eta}{\omega_0^2}p' - \left(\frac{1}{\omega_0^2}\frac{\mathrm{d}^2 u}{\mathrm{d}t^2} + \frac{\delta'}{\omega_0}\frac{\mathrm{d}u}{\mathrm{d}t}\right) + \frac{a}{\omega_0^2}u^2 + \frac{d}{\omega_0^2}\left[2u\frac{\mathrm{d}^2 u}{\mathrm{d}t^2} + \left(\frac{\mathrm{d}u}{\mathrm{d}t}\right)^2\right] \tag{9.3.37a}$$

如果振动信号含有的最高频率 (或者信号的主要频率成分) 满足 $\omega^2 \ll \omega_0^2$，则上式中右边第一项远大于其他项，这一点可从方程 (9.3.32b) 看出，作为一级近似

$$u_1 \approx -\eta\frac{p_1}{\omega_0^2} \tag{9.3.37b}$$

另一方面，方程 (9.3.37a) 右边最后一项非线性项 (系数 d) 正比于 ω^2/ω_0^2(二阶导数和一阶导数的平方正比于 ω^2)，故非线性项 au^2/ω_0^2 远大于最后一项. 于是，把方程 (9.3.37b) 代入方程 (9.3.37a) 右边，可得到

$$u \approx -\frac{\eta}{\omega_0^2}p' + \frac{\eta}{\omega_0^4}\frac{\partial^2 p'}{\partial t^2} + \frac{\delta'\eta}{\omega_0^3}\frac{\partial p'}{\partial t} + \frac{a\eta^2}{\omega_0^6}p'^2 \tag{9.3.37c}$$

上式代入方程 (9.3.30)，我们得到含气泡液体中的非线性声波方程 (低频且气泡含量远小于 1 时)

$$\left(\nabla^2 - \frac{1}{c_{00}^2}\frac{\partial^2}{\partial t^2}\right)p' = -\frac{\mu'\eta\rho_0}{\omega_0^4 U_0}\left(\frac{a\eta}{\omega_0^2}\frac{\partial^2 p'^2}{\partial t^2} + \delta'\omega_0\frac{\partial^3 p'}{\partial t^3} + \frac{\partial^4 p'}{\partial t^4}\right) \tag{9.3.38a}$$

其中，$c_{00}^2 \equiv c_0^2/(1 + \mu'C)$ 显然是方程 (9.3.33b) 的低频极限.

KdV-Burgers 方程   对一维行波，取第一类伴随坐标变换为 $X = \varepsilon x$ 和 $\tau = t - x/c_{00}$，代入方程 (9.3.38a) 并对所得方程的变量 τ 积分，最后得到 (取 $\varepsilon = 1$，并用 x 代替 X)

$$\frac{\partial p'}{\partial x} = \frac{\beta_0}{\rho_0 c_{00}^3}p'\frac{\partial p'}{\partial \tau} + b'\frac{\partial^2 p'}{\partial \tau^2} + a'\frac{\partial^3 p'}{\partial \tau^3} \tag{9.3.38b}$$

其中, $\beta_0 \equiv (\gamma+1)\mu'C^2/2(1+\mu'C)^2$ 为等效非线性参量, $a' \equiv \mu'C^2 R_0^2/6c_{00}^3(1+\mu'C)^2$ 以及 $b' \equiv 4\nu a'/R_0^2$. 为了认识清楚方程 (9.3.38b) 右边第二、三项的意义, 我们忽略非线性项, 考虑单频行波解 $p' = p_0\exp[\mathrm{i}(kx-\omega\tau)]$, 代入方程 (9.3.38b) 得到色散关系

$$k = \mathrm{i}b'\omega^2 + a'\omega^3 \qquad (9.3.38c)$$

故 b' 项表示衰减 (虚部), 而 a' 表示色散 (实部).

低频等效非线性参量   比较方程 (9.2.46c) 与 (9.3.38b), 可以把 β_0 看作低频等效非线性参量 (注意: 方程 (9.3.38a) 和 (9.3.38b) 仅在低频条件下成立). 因为非线性参量 $\beta = 1 + B/2A$ 中的 "1" 来自运动非线性, 而我们已忽略运动非线性, 故把 β_0 写成 $\beta_0 \equiv B/2A$ 形式, 于是定义等效 B/A 为

$$\frac{B}{A} \equiv \frac{(\gamma+1)\mu'C^2}{(1+\mu'C)^2} \qquad (9.3.38d)$$

显然, 当 $\mu'C = 1$ 时, B/A 达到极大 $(\gamma+1)C/4$; 而且在 μ' 很大的范围内, B/A 达到 $10^3 \sim 10^4$, 而纯水的 $B/A \approx 5$. 注意: 方程 (9.3.35a) 是由二次谐波定义的非线性系数, 与频率有关, 故可以称为**动态非线性系数**, 而由方程 (9.3.38b) 定义的非线性系数只有在低频条件下才成立, 是静态的, 所以我们称为**等效 B/A**.

如果考虑液体本身的非线性, 那么把方程 (9.3.37c) 代入方程 (9.3.28c) 得到

$$\begin{aligned}
\left(\nabla^2 - \frac{1}{c_{00}^2}\frac{\partial^2}{\partial t^2}\right)p' = &-\left(\frac{a\mu'\eta^2\rho_0}{\omega_0^6 U_0} + \frac{\beta_l}{\rho_0 c_0^4}\right)\frac{\partial^2 p'^2}{\partial t^2} \\
&-\left(\frac{\delta'\mu'\eta\rho_0}{\omega_0^3 U_0} + \frac{\delta}{c_0^4}\right)\frac{\partial^3 p'}{\partial t^3} - \frac{\mu'\eta\rho_0}{\omega_0^4 U_0}\frac{\partial^4 p'}{\partial t^4}
\end{aligned} \qquad (9.3.39a)$$

其中, β_l 为液体的非线性参数. 相应的 KdV-Burgers 方程 (9.3.38b) 修改为

$$\frac{\partial p'}{\partial x} = \frac{\beta_0'}{\rho_0 c_{00}^3}p'\frac{\partial p'}{\partial \tau} + b''\frac{\partial^2 p'}{\partial \tau^2} + a''\frac{\partial^3 p'}{\partial \tau^3} \qquad (9.3.39b)$$

其中, 诸参数定义为

$$\begin{aligned}
\beta_0' &\equiv \rho_0 c_{00}^4\left(\frac{a\mu'\eta^2\rho_0}{\omega_0^6 U_0} + \frac{\beta_l}{\rho_0 c_0^4}\right) \\
b'' &\equiv \frac{c_{00}}{2}\left(\frac{\delta'\mu'\eta\rho_0}{\omega_0^3 U_0} + \frac{\delta}{c_0^4}\right);\ a'' \equiv \frac{c_{00}}{2}\frac{\mu'\eta\rho_0}{\omega_0^4 U_0}
\end{aligned} \qquad (9.3.39c)$$

因此, 由方程 (9.3.39b) 可以看出等效 $B/A = 2\beta_0'$ 为

$$\frac{B}{A} = 2\beta_0' = \frac{1}{(1+\mu'C)^2}[(\gamma+1)\mu'C^2 + 2\beta_l] \qquad (9.3.39d)$$

当 $\mu' = 0$ 时 (不存在气泡), $\beta'_0 = \beta$ 即纯流体的非线性参量. 注意: 上式不能外推到 $\mu' \to 1$ 情况, 因为我们假定 $\mu' = NU_0 \ll 1$.

当 $\mu' \sim 1$ 时, 可以从热力学关系直接求低频等效非线性参量. 设液体和气泡的质量分别为 m_l 和 m_g, 泡–液混合物的总质量为 $m = m_l + m_g$, 泡–液混合物、液体和气泡的比体积分别为 $v = 1/\rho$、$v_l = 1/\rho_l$ 和 $v_g = 1/\rho_g$, 则

$$v = \frac{m_l}{m}v_l + \frac{m_g}{m}v_g \tag{9.3.40a}$$

由于质量 m_l 和 m_g 与压力无关, 故

$$\left(\frac{\partial v}{\partial P}\right)_s = \frac{m_l}{m}\left(\frac{\partial v_l}{\partial P}\right)_s + \frac{m_g}{m}\left(\frac{\partial v_g}{\partial P}\right)_s \tag{9.3.40b}$$

$$\left(\frac{\partial^2 v}{\partial P^2}\right)_s = \frac{m_l}{m}\left(\frac{\partial^2 v_l}{\partial P^2}\right)_s + \frac{m_g}{m}\left(\frac{\partial^2 v_g}{\partial P^2}\right)_s \tag{9.3.40c}$$

另一方面, 存在热力学关系

$$\left(\frac{\partial v}{\partial P}\right)_s = -\frac{1}{\rho^2 c^2}; \quad \left(\frac{\partial^2 v}{\partial P^2}\right)_s = \frac{2}{\rho^3 c^4}\left[1 + \frac{\rho}{2c^2}\left(\frac{\partial^2 P}{\partial \rho^2}\right)_s\right] = \frac{2}{\rho^3 c^4}\beta \tag{9.3.40d}$$

上式分别应用于泡–液混合物、液体和气泡并且代入方程 (9.3.40b) 和 (9.3.40c) 得到

$$\frac{1}{\rho c^2} = \frac{f_l}{\rho_l c_l^2} + \frac{f_g}{\rho_g c_g^2}; \quad \frac{1}{\rho^2 c^4}\beta = \frac{f_l \beta_l}{\rho_l^2 c_l^4} + \frac{f_g \beta_g}{\rho_g^2 c_g^4} \tag{9.3.41a}$$

即

$$\beta = \left(\frac{f_l \beta_l}{\rho_l^2 c_l^4} + \frac{f_g \beta_g}{\rho_g^2 c_g^4}\right) \cdot \left(\frac{f_l}{\rho_l c_l^2} + \frac{f_g}{\rho_g c_g^2}\right)^{-2} \tag{9.3.41b}$$

其中, β_g 为气体的非线性系数, f_l 和 f_g 分别为液体和气泡的体积比

$$f_l \equiv \frac{m_l}{m} \cdot \frac{\rho}{\rho_l}; \quad f_g \equiv \frac{m_g}{m} \cdot \frac{\rho}{\rho_g} \tag{9.3.41c}$$

注意到关系: $f_g = NU_0 = \mu'$、$f_l = 1 - NU_0 = 1 - \mu'$、$\rho_g c_g^2 = \gamma P_0$、$\beta_g = (\gamma + 1)/2$ 以及 $C = \rho_0 c_0^2 / \gamma P_0$, 从方程 (9.3.41b) 得到等效 B/A 为

$$\frac{B}{A} \equiv 2\beta = \frac{1}{(1 - \mu' + \mu'C)^2}[2(1 - \mu')\beta_l + \mu'C^2(\gamma + 1)] \tag{9.3.41d}$$

显然，① 当 $\mu' \to 1$ 时，$\beta \to (\gamma+1)/2$ 为理想气体的非线性参量；② 当 $\mu' \to 0$ 时，即得到方程 (9.3.39d) 的结果. 图 9.3.8 给出了由方程 (9.3.41d) 计算的含气泡水的 $\beta \sim \mu'$ 变化曲线，计算中取 $\beta_l = 3.5$，$\gamma = 1.4$ 和 $C = 1.54 \times 10^4$. 由图可见，在 μ' 很大的范围内，β 达到 $10^3 \sim 10^4$ 而纯水的 $\beta_l = 3.5$. 注意：当 $\mu' \to 1$ 时，方程 (9.3.39d) 也近似给出

$$\beta_0' = \frac{1}{(1+C)^2} \left[\frac{(\gamma+1)C^2}{2} + \beta_l \right] \approx \frac{\gamma+1}{2} \qquad (9.3.42)$$

故在对数坐标中，由方程 (9.3.39d) 或 (9.3.41d) 给出的 $\beta \sim \mu'$ 曲线看不出大的区别.

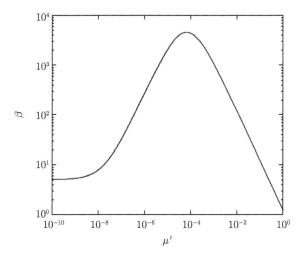

图 9.3.8　含气泡水等效非线性参数与气泡含量的关系

9.4　有限振幅声束的传播

在医学超声、超声无损检测等应用领域，声波频率一般较高 (MHz 数量级)，换能器发射的声波一般是定向传播的 (假定为 $+z$ 方向)，由于换能器的辐射面有限 (即使满足 $k_0 a \gg 1$)，产生的声波不可能是严格意义上的平面波，而是具有一定宽度的声束. 但当 $k_0 a \gg 1$ 时，声波的主要传播分量在 $+z$ 方向，在 (x, y) 平面内，仅仅由于衍射效应而导致波束渐渐扩散. 当然，我们可以用 Westervelt 方程 (9.2.45c)(二阶近似下) 来讨论这样的声束传播特性，但 Westervelt 方程或者其他波动方程是双曲型的方程，其解的性质远没有抛物型方程好，在数值求解方面，抛物型方程仅需求时间变量的一阶导数，而双曲型方程需求二阶导数. 本节介绍如何利用有限声束特性，把双曲型的 Westervelt 方程近似成容易求解的抛物型方程，然后

计算和讨论声束声场.

9.4.1　不同介质中的 KZK 方程

首先考虑存在黏滞和热传导耗散的均匀介质. 由于声波主要向 $+z$ 方向传播, 由方程 (9.2.17b), 我们取慢、快尺度变量分别为 $z_1 = \varepsilon z$ 和 $\tau = t - z/c_0$. 至于 x 和 y, 表示声波传播过程中声束扩散, 故应该是慢尺度变量, 设为 $x_1 = \varepsilon^\nu x$ 和 $y_1 = \varepsilon^\nu y$(由于对称性, 指数一样), 指数 ν 的选择原则是: 通过尺度变换后, 表示衍射、吸收和非线性三个效应的项应该是 ε 的同一阶量. 于是, 声压可表示为

$$p = p(x_1, y_1, z_1, \tau); \quad (x_1, y_1, z_1) = (\varepsilon^\nu x, \varepsilon^\nu y, \varepsilon z); \quad \tau = t - \frac{z}{c_0} \tag{9.4.1a}$$

通过计算, 不难得到

$$\nabla^2 = \varepsilon^{2\nu} \left(\frac{\partial^2}{\partial x_1^2} + \frac{\partial^2}{\partial y_1^2} \right) + \varepsilon^2 \frac{\partial^2}{\partial z_1^2} - \varepsilon \frac{2}{c_0} \frac{\partial^2}{\partial z_1 \partial \tau} + \frac{1}{c_0^2} \frac{\partial^2}{\partial \tau^2} \tag{9.4.1b}$$

利用上式, Westervelt 方程 (9.2.45c) 变成 (注意: $\partial/\partial t = \partial/\partial \tau$, p' 改写成 p)

$$\varepsilon^{2\nu} \left(\frac{\partial^2}{\partial x_1^2} + \frac{\partial^2}{\partial y_1^2} \right) p + \varepsilon^2 \frac{\partial^2 p}{\partial z_1^2} - \varepsilon \frac{2}{c_0} \frac{\partial^2 p}{\partial z_1 \partial \tau} = -\frac{\delta}{c_0^4} \frac{\partial^3 p}{\partial \tau^3} - \frac{\beta}{\rho_0 c_0^4} \frac{\partial^2 p^2}{\partial \tau^2} \tag{9.4.1c}$$

分析上式: 方程右边项表示吸收 (δ) 和非线性 (β), 为一阶量; 左边第三项为一阶量, 表示声波向 $+z$ 方向传播; 左边第二项为二阶量, 可以忽略; 左边第一项表示声束的扩散, 应该也是一阶量. 于是要求 $2\nu = 1$, 即 $\nu = 1/2$, 故声压随 x 和 y 的变化速度比 z 要快 (去掉随快尺度变量 $\tau = t - z/c_0$ 的变化后, 或者说, 在以速度 c_0、$+z$ 方向运动的坐标系内). 于是, 方程 (9.4.1c) 简化为 (注意: 最后取 $\varepsilon = 1$ 以及 $(x_1, y_1, z_1) = (x, y, z)$)

$$\frac{\partial^2 p}{\partial z \partial \tau} - \frac{c_0}{2} \nabla_\perp^2 p - \frac{\delta}{2c_0^3} \frac{\partial^3 p}{\partial \tau^3} = \frac{\beta}{2\rho_0 c_0^3} \frac{\partial^2 p^2}{\partial \tau^2} \tag{9.4.2a}$$

其中, $\nabla_\perp^2 \equiv \partial^2/\partial x^2 + \partial^2/\partial y^2$ 为二维 Laplace 算子. 上式称为 **KZK 方程**(KZK 是 Khokhlov-Zabolotskaya-Kuzntsov 的缩写), 该方程包含了声波的衍射 (左边第二项)、吸收 (左边第三项) 和非线性 (右边项) 效应. 当忽略衍射效应, 方程 (9.4.2a) 简化为 Burgers 方程 (对 τ 积分一次后). 在轴对称情况下

$$\nabla_\perp^2 = \frac{\partial^2}{\partial \rho^2} + \frac{1}{\rho} \frac{\partial}{\partial \rho} \tag{9.4.2b}$$

方程 (9.4.2a) 也可以写成便于数值求解的积分形式

$$\frac{\partial p}{\partial z} = \frac{c_0}{2} \int_{-\infty}^{\tau} \nabla_\perp^2 p \mathrm{d}\tau + \frac{\delta}{2c_0^3} \frac{\partial^2 p}{\partial \tau^2} + \frac{\beta}{2\rho_0 c_0^3} \frac{\partial p^2}{\partial \tau} \tag{9.4.2c}$$

弛豫介质 当介质中还存在多个弛豫过程时, 由方程 (9.3.3d), 方程 (9.4.2a) 修改为

$$
\frac{\partial^2 p}{\partial z \partial \tau} - \frac{c_0}{2} \nabla_\perp^2 p - \frac{\delta}{2c_0^3} \frac{\partial^3 p}{\partial \tau^3}
$$
$$
= \frac{\beta}{2\rho_0 c_0^3} \frac{\partial^2 p^2}{\partial \tau^2} + \frac{1}{2c_0} \cdot \frac{\partial}{\partial \tau} \sum_q \chi_q \int_{-\infty}^{\tau} \frac{\partial p}{\partial \tau'} \mathrm{e}^{-(\tau-\tau')/\tau_q} \mathrm{d}\tau' \tag{9.4.3}
$$

非均匀介质 把非均匀介质的方程 (3.3.4c) 以及包含耗散和非线性的 Westervelt 方程 (9.2.45c), 推广到非均匀介质中可以得到 Westervelt 方程 (注意: 这是推广, 严格的推导是困难的)

$$
\left[\nabla^2 - \frac{1}{c_e^2(\boldsymbol{r})} \frac{\partial^2}{\partial t^2} \right] p + \frac{\delta}{c_0^4} \frac{\partial^3 p}{\partial t^3} + \frac{\beta}{\rho_0 c_0^4} \frac{\partial^2 p^2}{\partial t^2} = \nabla \ln \rho_e(\boldsymbol{r}) \cdot \nabla p(\boldsymbol{r}, t) \tag{9.4.4a}
$$

其中, c_0 是平均声速. 利用方程 (9.4.1a), 注意到

$$
\frac{\partial}{\partial x} = \varepsilon^\nu \frac{\partial}{\partial x_1}; \quad \frac{\partial}{\partial y} = \varepsilon^\nu \frac{\partial}{\partial y_1}
$$
$$
\frac{\partial}{\partial z} = \varepsilon \frac{\partial}{\partial z_1} + \frac{\partial}{\partial \tau} \frac{\partial \tau}{\partial z} = \varepsilon \frac{\partial}{\partial z_1} - \frac{1}{c_0} \frac{\partial}{\partial \tau} \tag{9.4.4b}
$$

以及 $\partial \rho / \partial \tau \equiv 0$, 与得到方程 (9.4.2a) 过程类似, 我们得到非均匀介质中的 KZK 方程 (作为习题)

$$
\frac{c_0}{2} \nabla_\perp^2 p = \frac{\partial^2 p}{\partial z \partial \tau} - \frac{c_0}{2} \left(\frac{1}{c_0^2} - \frac{1}{c_e^2} \right) \frac{\partial^2 p}{\partial \tau^2} - \frac{\delta}{2c_0^3} \frac{\partial^3 p}{\partial \tau^3} - \frac{\beta}{2\rho_0 c_0^3} \frac{\partial^2 p^2}{\partial \tau^2}
$$
$$
+ \frac{c_0}{2\rho_e} \left[\nabla_\perp \rho_e \cdot \nabla_\perp p - \frac{1}{c_0} \frac{\partial \rho_e}{\partial z} \frac{\partial p}{\partial \tau} \right] \tag{9.4.4c}
$$

如果介质的非均匀性随空间变换是缓变的, 则

$$
\frac{c_0}{2} \left(\frac{1}{c_0^2} - \frac{1}{c_e^2} \right) = \frac{c_0}{2} \frac{c_e^2 - c_0^2}{c_0^2 c_e^2} \approx \frac{c_e - c_0}{c_e^2} \equiv \frac{\Delta c}{c_e^2} \tag{9.4.4d}
$$

进一步假定声传播方向的非均匀性远大于横向非均匀性, 则方程 (9.4.4c) 可以简化为

$$
\frac{c_0}{2} \nabla_\perp^2 p = \frac{\partial^2 p}{\partial z \partial \tau} - \frac{\Delta c}{c_0^2} \frac{\partial^2 p}{\partial \tau^2} - \frac{\delta}{2c_0^3} \frac{\partial^3 p}{\partial \tau^3} - \frac{\beta}{2\rho_0 c_0^3} \frac{\partial^2 p^2}{\partial \tau^2} - \frac{1}{2\rho_e} \frac{\partial \rho_e}{\partial z} \frac{\partial p}{\partial \tau} \tag{9.4.4e}
$$

稳定流动介质 如果非均匀介质还存在稳定的流 $\boldsymbol{U}(\boldsymbol{r}) = [U_x, U_y, U_z]$, 可以得到相应的 KZK 方程为 (作为习题)

$$
\frac{c_0}{2} \nabla_\perp^2 p = \frac{\partial}{\partial \tau} \left[\frac{\partial p}{\partial z} - \frac{\Delta c + U_x}{c_0^2} \frac{\partial p}{\partial \tau} - \frac{\delta}{2c_0^3} \frac{\partial^2 p}{\partial \tau^2} \right.
$$
$$
\left. - \frac{\beta}{2\rho_0 c_0^3} \frac{\partial p^2}{\partial \tau} - \frac{p}{2\rho_e} \frac{\partial \rho_e}{\partial z} + \frac{1}{c_0} (\boldsymbol{U}_\perp \cdot \nabla_\perp) p \right] \tag{9.4.5}
$$

9.4.2 准线性理论及 Gauss 束非线性声场

仅考虑对称的声束, 设 KZK 方程 (9.4.2a) 的微扰级数为

$$p(\rho, z, \tau) = p_1(\rho, z, \tau) + p_2(\rho, z, \tau) + \cdots \tag{9.4.6a}$$

代入方程 (9.4.2a) 得到一、二阶近似满足的方程

$$\frac{\partial^2 p_1}{\partial z \partial \tau} - \frac{c_0}{2} \nabla_\perp^2 p_1 - \frac{\delta}{2c_0^3} \frac{\partial^3 p_1}{\partial \tau^3} = 0$$

$$\frac{\partial^2 p_2}{\partial z \partial \tau} - \frac{c_0}{2} \nabla_\perp^2 p_2 - \frac{\delta}{2c_0^3} \frac{\partial^3 p_2}{\partial \tau^3} = \frac{\beta}{2\rho_0 c_0^3} \frac{\partial^2 p_1^2}{\partial \tau^2} \tag{9.4.6b}$$

考虑复振幅为 $q_n(\rho, z, \omega), (n = 1, 2)$ 的时谐解

$$p_n(\rho, z, \tau) = \frac{\mathrm{i}}{2} q_n(\rho, z, \omega) \exp(-\mathrm{i}n\omega\tau) + \text{c.c.} \quad (n = 1, 2) \tag{9.4.6c}$$

把上式代入方程 (9.4.6b) 得到

$$\frac{\partial q_1}{\partial z} - \frac{\mathrm{i}}{2k_0} \nabla_\perp^2 q_1 + \alpha_1 q_1 = 0$$

$$\frac{\partial q_2}{\partial z} - \frac{\mathrm{i}}{4k_0} \nabla_\perp^2 q_2 + \alpha_2 q_2 = \frac{\beta k_0}{2\rho_0 c_0^2} q_1^2 \tag{9.4.7a}$$

其中, $\alpha_n = n^2 \delta \omega^2 / (2c_0^3)(n = 1, 2)$ 为基波和二次谐波的吸收系数, $k_0 = \omega/c_0$. 得到方程 (9.4.7a), 利用了下列关系

$$p_1^2 = -\frac{1}{4}[q_1^2 \exp(-2\mathrm{i}\omega\tau) + \text{c.c.} - 2|q_1|^2] \tag{9.4.7b}$$

另外, 设声源边界条件为

$$p_1(\rho, 0, t) = \frac{\mathrm{i}}{2} q_1(\rho, 0, \omega) \exp(-\mathrm{i}\omega t)$$

$$p_2(\rho, 0, t) = \frac{\mathrm{i}}{2} q_2(\rho, 0, \omega) \exp(-2\mathrm{i}\omega t) = 0 \tag{9.4.8}$$

即声源只辐射基频波, 不辐射二次谐波.

Green 函数 我们用 Green 函数方法求解方程 (9.4.7a). 取微分算子以及共轭微分算子为

$$\Pi_n \equiv \frac{\partial}{\partial z} - \frac{\mathrm{i}}{2nk_0} \nabla_\perp^2 + \alpha_n; \quad \Pi_n^+ \equiv -\frac{\partial}{\partial z} - \frac{\mathrm{i}}{2nk_0} \nabla_\perp^2 + \alpha_n \tag{9.4.9a}$$

定义 Green 函数 $G_n^+(\rho, z; \rho')\ (n = 1, 2)$ 满足

$$\Pi_n^+ G_n^+ = 0\ (0 < z < Z); \quad G_n^+|_{z=Z} = \frac{1}{2\pi\rho} \delta(\rho, \rho') \tag{9.4.9b}$$

其中, Z 为引进的参数 (如图 9.4.1). 注意: 因为方程 (9.4.7a) 是抛物型的, 故必须用共轭微分算子来定义 Green 函数. 作计算

$$G_n^+ \Pi_n q_n - q_n \Pi_n^+ G_n^+ = \frac{\partial (G_n^+ q_n)}{\partial z} + \frac{\mathrm{i}}{2nk_0} \left(q_n \nabla_\perp^2 G_n^+ - G_n^+ \nabla_\perp^2 q_n \right) \tag{9.4.9c}$$

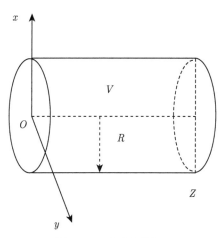

图 9.4.1　积分区域 V

取以原点为圆心，$xOy(z=0)$ 平面为下底面，$z = Z > 0$ 为上底面，半径为 $R \to \infty$ 的圆柱体 V(如图 9.4.1)，在 V 内对上式积分

$$\int_V \left(G_n^+ \Pi_n q_n - q_n \Pi_n^+ G_n^+ \right) \mathrm{d}^3 \boldsymbol{r}$$
$$= \iint_V \frac{\partial (G_n^+ q_n)}{\partial z} \mathrm{d}x\mathrm{d}y\mathrm{d}z + \frac{\mathrm{i}}{2nk_0} \int_V \left(q_n \nabla_\perp^2 G_n^+ - G_n^+ \nabla_\perp^2 q_n \right) \mathrm{d}x\mathrm{d}y\mathrm{d}z \tag{9.4.10a}$$

注意到声束是有限的且满足 Sommerfeld 辐射条件, 故当 $R \to \infty$ 时

$$\iint_S \left(q_n \nabla_\perp^2 G_n^+ - G_n^+ \nabla_\perp^2 q_n \right) \mathrm{d}x\mathrm{d}y = \int_\Gamma \left(q_n \frac{\partial G_n^+}{\partial n} - G_n^+ \frac{\partial q_n}{\partial n} \right) \mathrm{d}\Gamma \to 0 \tag{9.4.10b}$$

另外

$$\int_0^Z \frac{\partial (G_n^+ q_n)}{\partial z} \mathrm{d}z = q_n(\rho, Z, \omega) G_n^+(\rho, Z; \rho') - q_n(\rho, 0, \omega) G_n^+(\rho, 0; \rho') \tag{9.4.10c}$$

其中, S 是圆柱面上平行于 xOy 平面的大圆, Γ 是大圆圆周. 利用上二式, 方程 (9.4.10a) 简化为

$$q_n(\rho', Z, \omega) = 2\pi \int_0^\infty q_n(\rho, 0, \omega) G_n^+(\rho, 0; \rho') \rho \mathrm{d}\rho$$
$$+ 2\pi \int_0^Z \mathrm{d}z \int_0^\infty \rho \mathrm{d}\rho G_n^+(\rho, z; \rho') \Pi_n q_n \tag{9.4.11a}$$

注意到方程 (9.4.7a) 和 (9.4.8), 对一阶声场 $\Pi_1 q_1 = 0$, 而 $q_1(\rho, 0, \omega) \neq 0$; 对二阶声场 $q_2(\rho, 0, \omega) = 0$, 而 $\Pi_2 q_2 \neq 0$, 故由上式得到一、二阶声场

$$q_1(\rho', Z, \omega) = 2\pi \int_0^\infty q_1(\rho, 0, \omega) G_1^+(\rho, 0; \rho') \rho \mathrm{d}\rho \tag{9.4.11b}$$

$$q_2(\rho', Z, \omega) = \frac{\pi \beta k_0}{\rho_0 c_0^2} \int_0^Z \mathrm{d}z \int_0^\infty \rho \mathrm{d}\rho q_1^2(\rho, z, \omega) G_2^+(\rho, z; \rho') \tag{9.4.11c}$$

注意: Green 函数 $G_n^+(\rho, z; \rho')$ $(n = 1, 2)$ 是 Z 的函数. 下面将表明 $G_n^+(\rho, z; \rho')$ 关于 ρ 与 ρ' 交换是对称的 (见方程 (9.4.14c)), 即 $G_n^+(\rho, z; \rho') = G_n^+(\rho', z; \rho)$, 故方程 (9.4.11b) 和 (9.4.11c) 改写成

$$q_1(\rho, Z, \omega) = 2\pi \int_0^\infty q_1(\rho', 0, \omega) G_1^+(\rho, 0; \rho') \rho' \mathrm{d}\rho' \tag{9.4.12a}$$

$$q_2(\rho, Z, \omega) = \frac{\pi \beta k_0}{\rho_0 c_0^2} \int_0^Z \mathrm{d}z' \int_0^\infty \rho' \mathrm{d}\rho' q_1^2(\rho', z', \omega) G_2^+(\rho, z'; \rho') \tag{9.4.12b}$$

由 Z 的任意性, 方程 (9.4.12a) 和 (9.4.12b) 可看作方程 (9.4.7a) 的积分解. 注意: 上式中对 z' 的积分也说明了二阶声场的积累效应. 令 Hankel 变换对

$$\tilde{G}_n^+(k_\rho, z; \rho') = \int_0^\infty G_n^+(\rho, z; \rho') \mathrm{J}_0(k_\rho \rho) \rho \mathrm{d}\rho$$
$$G_n^+(\rho, z; \rho') = \int_0^\infty \tilde{G}_n^+(k_\rho, z; \rho') \mathrm{J}_0(k_\rho \rho) k_\rho \mathrm{d}k_\rho \tag{9.4.13a}$$

代入方程 (9.4.9b) 得到

$$\frac{\mathrm{d}\tilde{G}_n^+}{\mathrm{d}z} - \left(\frac{\mathrm{i}k_\rho^2}{2nk_0} + \alpha_n \right) \tilde{G}_n^+ = 0 \quad (0 < z < Z)$$
$$\left. \tilde{G}_n^+(k_\rho, z; \rho') \right|_{z=Z} = \frac{1}{2\pi} \mathrm{J}_0(k_\rho \rho') \tag{9.4.13b}$$

不难得到上式的解

$$\tilde{G}_n^+(k_\rho, z; \rho') = \frac{1}{2\pi} \mathrm{J}_0(k_\rho \rho') \exp\left[-\left(\frac{\mathrm{i}k_\rho^2}{2nk_0} + \alpha_n \right)(Z - z) \right] \tag{9.4.13c}$$

上式代入方程 (9.4.13a) 的第二式

$$G_n^+(\rho, z; \rho') = \frac{1}{2\pi} \mathrm{e}^{-\alpha_n(Z-z)} \int_0^\infty \exp\left[-\frac{\mathrm{i}k_\rho^2}{2nk_0}(Z - z) \right] \mathrm{J}_0(k_\rho \rho') \mathrm{J}_0(k_\rho \rho) k_\rho \mathrm{d}k_\rho$$
$$\tag{9.4.14a}$$

利用积分关系

$$\int_0^\infty \exp(-p^2 t^2)\mathrm{J}_0(at)\mathrm{J}_0(bt)t\mathrm{d}t = \frac{1}{2p^2}\exp\left(-\frac{a^2+b^2}{4p^2}\right)\mathrm{I}_0\left(\frac{ab}{2p^2}\right) \tag{9.4.14b}$$

方程 (9.4.14a) 简化成

$$G_n^+(\rho,z;\rho') = -\mathrm{i}\frac{nk_0\mathrm{e}^{-\alpha_n(Z-z)}}{2\pi(Z-z)}\exp\left[\mathrm{i}\frac{nk_0\left(\rho'^2+\rho^2\right)}{2(Z-z)}\right]\mathrm{J}_0\left(\frac{nk_0\rho'\rho}{Z-z}\right) \tag{9.4.14c}$$

因此, 一旦知道声源所在面 $(z=0)$ 基波的声压分布 $p_1(\rho,0,t)$ 或者 $q_1(\rho,0,\omega)$, 由方程 (9.4.14c), (9.4.12a) 和 (9.4.12b) 就可以求得基波和二次谐波声束的分布, 如基波分布为

$$q_1(\rho,Z,\omega) = -\mathrm{i}\frac{k_0\mathrm{e}^{-\alpha_1 Z}}{Z}\int_0^\infty q_1(\rho',0,\omega)\exp\left[\mathrm{i}\frac{k_0(\rho^2+\rho'^2)}{2Z}\right]\mathrm{J}_0\left(\frac{k_0\rho\rho'}{Z}\right)\rho'\mathrm{d}\rho' \tag{9.4.14d}$$

Hankel 变换　我们也可以直接利用 Hankel 变换求解方程 (9.4.7a). 令基波和二次谐波的 Hankel 变换对为

$$\tilde{q}_n(k_\rho,z) = \int_0^\infty q_n(\rho,z,\omega)\mathrm{J}_0(k_\rho\rho)\rho\mathrm{d}\rho$$
$$q_n(\rho,z,\omega) = \int_0^\infty \tilde{q}_n(k_\rho,z)\mathrm{J}_0(k_\rho\rho)k_\rho\mathrm{d}k_\rho \tag{9.4.15a}$$

注意到 $\nabla_\perp^2 \mathrm{J}_0(k_\rho\rho) = -k_\rho^2\mathrm{J}_0(k_\rho\rho)$, 把第二式代入方程 (9.4.7a) 得到

$$\frac{\mathrm{d}\tilde{q}_1(k_\rho,z)}{\mathrm{d}z} + \left(\frac{\mathrm{i}k_\rho^2}{2k_0}+\alpha_1\right)\tilde{q}_1(k_\rho,z) = 0$$
$$\frac{\mathrm{d}\tilde{q}_2(k_\rho,z)}{\mathrm{d}z} + \left(\frac{\mathrm{i}k_\rho^2}{4k_0}+\alpha_2\right)\tilde{q}_2(k_\rho,z) = \frac{\beta k_0}{2\rho_0 c_0^2}\Im(k_\rho,z) \tag{9.4.15b}$$

其中, $\Im(k_\rho,z)$ 为 $q_1^2(\rho,z,\omega)$ 的 Hankel 变换

$$\Im(k_\rho,z) \equiv \int_0^\infty q_1^2(\rho,z,\omega)\mathrm{J}_0(k_\rho\rho)\rho\mathrm{d}\rho \tag{9.4.15c}$$

另一方面, 对声源边界方程 (9.4.8) 也作 Hankel 变换得到方程 (9.4.15b) 满足的边界条件为

$$\tilde{q}_1(k_\rho,z)|_{z=0} = \tilde{q}_1(k_\rho,0); \quad \tilde{q}_2(k_\rho,z)|_{z=0} = 0 \tag{9.4.15d}$$

不难从方程 (9.4.15b) 和 (9.4.15d) 得到 $\tilde{q}_n(k_\rho,z)$

$$\tilde{q}_1(k_\rho,z) = \tilde{q}_1(k_\rho,0)\exp\left[-\left(\frac{\mathrm{i}k_\rho^2}{2k_0}+\alpha_1\right)z\right]$$
$$\tilde{q}_2(k_\rho,z) = \frac{\beta k_0}{2\rho_0 c_0^2}\int_0^z \exp\left[-\left(\frac{\mathrm{i}k_\rho^2}{4k_0}+\alpha_2\right)(z-z')\right]\Im(k_\rho,z')\mathrm{d}z' \tag{9.4.15e}$$

代入方程 (9.4.15a) 得到

$$q_1(\rho, z, \omega) = -\mathrm{i}\frac{k_0 \mathrm{e}^{-\alpha_1 z}}{z} \int_0^\infty g_1(\rho, z; 0, \rho') q_1(\rho', 0, \omega) \rho' \mathrm{d}\rho'$$

$$q_2(\rho, z, \omega) = -\frac{\mathrm{i}\beta k_0^2}{\rho_0 c_0^2} \int_0^z \frac{\mathrm{e}^{-\alpha_2(z-z')}}{z-z'} \int_0^\infty g_2(\rho, z; z', \rho') q_1^2(\rho', z', \omega) \rho' \mathrm{d}\rho' \mathrm{d}z'$$

(9.4.15f)

其中, 为了方便定义

$$g_n(\rho, z; z', \rho') \equiv \exp\left[\mathrm{i}\frac{nk_0(\rho^2 + \rho'^2)}{2(z-z')}\right] \mathrm{J}_0\left(\frac{nk_0\rho'\rho}{z-z'}\right)$$

(9.4.15g)

显然, 上述结果与 Green 函数得到的结果是一致的.

下面仅考虑三种简单情况, 即 Gauss 声束、活塞辐射声束和聚焦 Gauss 声束.

Gauss 声束　　假定声源处的声压分布为

$$q_1(\rho, 0) = p_0 \exp\left(-\frac{\rho^2}{a^2}\right)$$

(9.4.16a)

其中, p_0 是声压峰值, a 是声源辐射面的有效半径. 首先考虑基波, 上式代入方程 (9.4.12a) 并结合方程 (9.4.14c) 得到

$$q_1(\rho, Z, \omega) = -\mathrm{i}\frac{k_0 p_0 \mathrm{e}^{-\alpha_1 Z}}{Z} \exp\left(\mathrm{i}\frac{k_0\rho^2}{2Z}\right)$$
$$\times \int_0^\infty \exp\left[-\frac{1}{a^2}\left(1 - \mathrm{i}\frac{z_0}{Z}\right)\rho'^2\right] \mathrm{J}_0\left(\frac{k_0\rho}{Z}\rho'\right)\rho' \mathrm{d}\rho'$$

(9.4.16b)

其中, $z_0 \equiv k_0 a^2/2$. 利用积分关系

$$\int_0^\infty \exp(-p^2 t^2) \mathrm{J}_0(at) t \mathrm{d}t = \frac{1}{2p^2} \exp\left(-\frac{a^2}{4p^2}\right)$$

(9.4.16c)

方程 (9.4.16b) 简化成

$$q_1(\rho, Z, \omega) = p_0 \frac{\mathrm{e}^{-\alpha_1 Z}}{1 + \mathrm{i}Z/z_0} \exp\left(-\frac{\rho^2/a^2}{1 + \mathrm{i}Z/z_0}\right)$$

(9.4.17a)

讨论: ① 近场: $Z/z_0 \ll 1$, 上式近似为

$$q_1(\rho, Z, \omega) \approx p_0 \mathrm{e}^{-\alpha_1 Z} \exp\left(-\frac{\rho^2}{a^2}\right)$$

(9.4.17b)

② 远场: $Z/z_0 \gg 1$, 方程 (9.4.17a) 近似为

$$q_1(\rho, Z, \omega) = p_0 \frac{z_0 \mathrm{e}^{-\alpha_1 Z}}{\mathrm{i}Z} \exp\left[-\frac{z_0\rho^2/a^2}{\mathrm{i}Z(1 - \mathrm{i}z_0/Z)}\right]$$
$$\approx p_0 \frac{z_0 \mathrm{e}^{-\alpha_1 Z}}{\mathrm{i}Z} \exp\left[-\frac{z_0\rho^2/a^2}{\mathrm{i}Z}\left(1 + \mathrm{i}\frac{z_0}{Z}\right)\right]$$
$$\approx -\mathrm{i}\frac{p_0 k_0 a^2}{2Z} \mathrm{e}^{-\alpha_1 Z} \exp\left(\mathrm{i}k_0 Z \tan^2\vartheta\right) \exp\left(-\frac{1}{4}k_0^2 a^2 \tan^2\vartheta\right)$$

(9.4.17c)

其中, ϑ 为远场观察点的方向角 (观察点矢径与 z 轴的夹角), 满足 $\tan\vartheta \equiv \rho/Z$. 上式表明, 在远场 $q_1(\rho, Z, \omega) \sim 1/Z$, 振幅像球面波一样衰减. 定义方向因子

$$D_1(\vartheta) = \left| \frac{q_1(\rho, Z, \omega)}{q_1(\rho, Z, \omega)|_{\vartheta=0}} \right| \approx \exp\left(-\frac{1}{4} k_0^2 a^2 \tan^2\vartheta\right) \tag{9.4.17d}$$

因为假定 $k_0 a \gg 1$, 故声束极窄.

其次, 考虑二次谐波. 把方程 (9.4.17a) 代入方程 (9.4.12b) 得到

$$q_2(\rho, Z, \omega) = -\mathrm{i} \frac{\beta p_0^2 k_0^2}{\rho_0 c_0^2} \mathrm{e}^{-\alpha_2 Z} \int_0^Z \frac{\mathrm{e}^{-(2\alpha_1 - \alpha_2)z'}}{(1 + \mathrm{i}z'/z_0)^2 (Z - z')} \mathrm{d}z'$$

$$\times \int_0^\infty \exp\left[\mathrm{i}\frac{k_0\,(\rho'^2 + \rho^2)}{Z - z'}\right] \exp\left(-\frac{2\rho'^2/a^2}{1 + \mathrm{i}z'/z_0}\right) \mathrm{J}_0\left(\frac{2k_0\rho'\rho}{Z - z'}\right) \rho'\mathrm{d}\rho' \tag{9.4.18a}$$

首先讨论比较简单的情况, 即忽略耗散 ($\alpha_1 = \alpha_2 = 0$). 利用方程 (9.4.16c), 方程 (9.4.18a) 简化为 (注意: 利用 $z_0 = k_0 a^2/2$)

$$q_2(\rho, Z, \omega) = \frac{\beta p_0^2 k_0^2 a^2}{4\rho_0 c_0^2(1 + \mathrm{i}Z/z_0)} \int_0^Z \frac{1}{(1 + \mathrm{i}z'/z_0)} \mathrm{d}z'$$

$$\times \exp\left(\mathrm{i}\frac{k_0\rho^2}{Z - z'}\right) \exp\left[-\frac{\mathrm{i}k_0\rho^2(1 + \mathrm{i}z'/z_0)}{(Z - z')(1 + \mathrm{i}Z/z_0)}\right] \tag{9.4.18b}$$

整理后得到

$$q_2(\rho, Z, \omega) = \frac{\beta p_0^2 k_0^2 a^2}{4\rho_0 c_0^2(1 + \mathrm{i}Z/z_0)} \exp\left(-\frac{2\rho^2/a^2}{1 + \mathrm{i}Z/z_0}\right) I(Z) \tag{9.4.18c}$$

其中, 积分 $I(Z)$ 定义为

$$I(Z) \equiv \int_0^Z \frac{1}{1 + \mathrm{i}z'/z_0} \mathrm{d}z' \tag{9.4.18d}$$

完成积分后得到

$$q_2(\rho, Z, \omega) = -\mathrm{i} \frac{\beta p_0^2 k_0^2 a^2}{4\rho_0 c_0^2} \exp\left(-\frac{2\rho^2/a^2}{1 + \mathrm{i}Z/z_0}\right) \frac{\ln(1 + \mathrm{i}Z/z_0)}{1 + \mathrm{i}Z/z_0} \tag{9.4.18e}$$

在近场条件下, $Z/z_0 \ll 1$, 上式近似为

$$q_2(\rho, Z, \omega) \approx \frac{\beta p_0^2 k_0^2 a^2}{4\rho_0 c_0^2} \cdot \frac{Z}{z_0} \cdot \exp\left(-2\frac{\rho^2}{a^2}\right) \tag{9.4.19a}$$

可见, 二次谐波随 Z 线性增长, 与平面波情况类似. 在远场条件下, $Z/z_0 \gg 1$, 则

$$q_2(\rho, Z, \omega) \approx -\frac{\beta p_0^2 k_0^2 a^2}{4\rho_0 c_0^2} \frac{\ln(\mathrm{i}Z/z_0)}{Z/z_0} \exp\left(\mathrm{i}k_0 Z \tan\vartheta\right) \exp\left(-\frac{1}{2} k_0^2 a^2 \tan^2\vartheta\right) \tag{9.4.19b}$$

因此, 二次谐波的方向性因子是基波的平方, 即

$$D_2(\vartheta) \equiv \left| \frac{q_2(\rho, Z, \omega)}{q_2(\rho, Z, \omega)|_{\vartheta=0}} \right| \approx D_1^2(\vartheta) \tag{9.4.19c}$$

计算表明, 在忽略耗散的情况下, 二次谐波主要在 $Z < z_0$ 区域由基波产生 (线性增长), 而在大于这个区域, 基波振幅随距离 $1/Z$ 衰减, 不足以产生二次谐波了, 图 9.4.2 给出了轴上 ($\rho = 0$) 的归一化基波 (假定吸收系数为零) 以及二次谐波, 即 $|q_1(0, Z, \omega)/p_0|$ 和 $|q_2(0, Z, \omega)/p_{20}|$ 随 Z/z_0 的变化曲线, 其中 $p_{20} = \beta p_0^2 k_0^2 a^2/(4\rho_0 c_0^2)$.

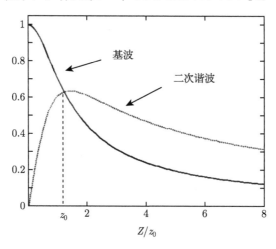

图 9.4.2　Gauss 束轴上基波和二次谐波随传播距离的变化

当声吸收系数不为零时, 方程 (9.4.18a) 中的指数积分与声吸收系数的频率关系密切相关, 对黏滞和热传导吸收, $\alpha \sim \omega^2$, 故一般 $\alpha_2 > 2\alpha_1$; 而对 $\alpha \sim \omega^\delta (\delta < 1)$ 的情况, $\alpha_2 < 2\alpha_1$. 由方程 (9.4.18a), 完成径向积分后得到

$$q_2(\rho, Z, \omega) = \frac{\beta p_0^2 k_0^2 a^2 e^{-\alpha_2 Z}}{4\rho_0 c_0^2(1 + iZ/z_0)} \exp\left(-\frac{2\rho^2/a^2}{1 + iZ/z_0}\right) \int_0^Z \frac{e^{-(2\alpha_1 - \alpha_2)z'}}{1 + iz'/z_0} dz' \tag{9.4.20a}$$

当 $\alpha_2 < 2\alpha_1$ 时, 上式中积分可作如下运算

$$\int_0^Z \frac{e^{-(2\alpha_1 - \alpha_2)z'}}{1 + iz'/z_0} dz' = \int_0^\infty \frac{e^{-(2\alpha_1 - \alpha_2)z'}}{1 + iz'/z_0} dz' - \int_Z^\infty \frac{e^{-(2\alpha_1 - \alpha_2)z'}}{1 + iz'/z_0} dz'$$

$$= \frac{z_0}{i} e^{-i(2\alpha_1 - \alpha_2)z_0} \left[\int_{-i(2\alpha_1 - \alpha_2)z_0}^\infty \frac{e^{-w}}{w} dw - \int_{-i(2\alpha_1 - \alpha_2)(z_0 + iZ)}^\infty \frac{e^{-w}}{w} dw \right] \tag{9.4.20b}$$

当 $\alpha_2 > 2\alpha_1$ 时, 积分作如下运算

$$
\int_0^Z \frac{\mathrm{e}^{(\alpha_2-2\alpha_1)z'}}{1+\mathrm{i}z'/z_0}\mathrm{d}z' = \int_{-Z}^\infty \frac{\mathrm{e}^{-(\alpha_2-2\alpha_1)z''}}{1-\mathrm{i}z''/z_0}\mathrm{d}z'' - \int_0^\infty \frac{\mathrm{e}^{-(\alpha_2-2\alpha_1)z''}}{1-\mathrm{i}z''/z_0}\mathrm{d}z''
$$

$$
= \frac{z_0}{\mathrm{i}}\mathrm{e}^{\mathrm{i}(\alpha_2-2\alpha_1)z_0}\left[\int_{\mathrm{i}(\alpha_2-2\alpha_1)z_0}^\infty \frac{\mathrm{e}^{-w}}{w}\mathrm{d}w - \int_{\mathrm{i}(\alpha_2-2\alpha_1)(z_0+\mathrm{i}Z)}^\infty \frac{\mathrm{e}^{-w}}{w}\mathrm{d}w\right]
$$

(9.4.20c)

故二种情况可以统一起来, 于是方程 (9.4.20a) 写成

$$
q_2(\rho,Z,\omega) = -\frac{\mathrm{i}\beta p_0^2 k_0^2 a^2 \mathrm{e}^{-\alpha_2 Z - \mathrm{i}(2\alpha_1-\alpha_2)z_0}}{4\rho_0 c_0^2(1+\mathrm{i}Z/z_0)}\exp\left(-\frac{2\rho^2/a^2}{1+\mathrm{i}Z/z_0}\right)
$$

$$
\times\{E[-\mathrm{i}(2\alpha_1-\alpha_2)z_0] - E[-\mathrm{i}(2\alpha_1-\alpha_2)(z_0+\mathrm{i}Z)]\}
$$

(9.4.21a)

其中, 指数积分定义为

$$
E(\xi) = \int_\xi^\infty \frac{\mathrm{e}^{-w}}{w}\mathrm{d}w
$$

(9.4.21b)

考虑远场 $(Z \gg z_0)$ 情况: ① $\alpha_2 > 2\alpha_1$, 因为

$$
E[\mathrm{i}(\alpha_2-2\alpha_1)(z_0+\mathrm{i}Z)] \approx E[-(\alpha_2-2\alpha_1)Z] = \int_{-(\alpha_2-2\alpha_1)Z}^\infty \frac{1}{u}\exp(-u)\mathrm{d}u
$$

$$
\approx -\frac{1}{(\alpha_2-2\alpha_1)Z}\int_{-(\alpha_2-2\alpha_1)Z}^\infty \exp(-u)\mathrm{d}u = -\frac{1}{(\alpha_2-2\alpha_1)Z}\mathrm{e}^{(\alpha_2-2\alpha_1)Z}
$$

(9.4.22a)

随 Z 指数增长, 方程 (9.4.21a) 中第一个指数积分可忽略, 于是

$$
q_2(\rho,Z,\omega) \approx \frac{\beta p_0^2 k_0^2 a^2 z_0}{4\rho_0 c_0^2(\alpha_2-2\alpha_1)}\frac{\mathrm{e}^{-\mathrm{i}(2\alpha_1-\alpha_2)z_0-2\alpha_1 Z}}{Z^2}D_1^2(\vartheta)\exp(\mathrm{i}k_0 z\tan^2\vartheta) \quad (9.4.22b)
$$

比较方程 (9.4.17c) 可知, $|q_2(\rho,Z,\omega)| \sim |q_1(\rho,Z,\omega)|^2$, 即空间一点 (ρ,Z) 的二次谐波强度仅决定于点 (ρ,Z) 的基波强度; ② 当 $\alpha_2 < 2\alpha_1$ 时, 由方程 (9.4.22a), 在远场 $Z \gg z_0$, 方程 (9.4.21a) 中第二个指数积分随 Z 指数衰减, 可忽略, 于是

$$
q_2(\rho,Z,\omega) \approx -\mathrm{i}\frac{\beta p_0^2 k_0^2 a^2}{4\rho_0 c_0^2}\frac{\mathrm{e}^{-\alpha_2 Z-\mathrm{i}(2\alpha_1-\alpha_2)z_0}}{1+\mathrm{i}Z/z_0}\exp\left(-\frac{2\rho^2/a^2}{1+\mathrm{i}Z/z_0}\right)
$$

$$
\times E[\mathrm{i}(\alpha_2-2\alpha_1)z_0] \sim \frac{1}{Z}\mathrm{e}^{-\alpha_2 Z}D_1^2(\vartheta)
$$

(9.4.22c)

此时, 二次谐波像球面波一样随距离 $1/Z$ 衰减. 因为基波很快衰减, 仅在源点附近产生二次谐波, 而后二次谐波像球面波一样传播出去.

活塞辐射声束 假定声源处的声压分布为

$$
q_1(\rho,0) = p_0\mathrm{H}(a-\rho)
$$

(9.4.23a)

上式经常用来模拟振动速度为 $v_{0z} = p_0/\rho_0 c_0$ 的活塞在 $z = 0$ 产生的声压. 但由 2.5.4 小节讨论可知, 严格来讲, 给定振动速度 v_{0z} 而求得的声场具有更复杂的表达式 (即使活塞在无限大障板上), 只有在 $k_0 a \gg 1$ 时, 这样的近似才有效. 对活塞辐射的声束, 只有在 z 轴上以及远场情况, 基波方程 (9.4.12a) 才能给出解析形式的解, 而二次谐波方程 (9.4.12b) 只有在远场情况才能给出解析形式的解.

把方程 (9.4.23a) 和 (9.4.14c) 代入方程 (9.4.12a) 得到

$$q_1(\rho, Z, \omega) = -\mathrm{i}\frac{p_0 k_0 \mathrm{e}^{-\alpha_1 Z}}{Z}\exp\left(\mathrm{i}\frac{k_0\rho^2}{2Z}\right)\int_0^a \exp\left(\mathrm{i}\frac{k_0\rho'^2}{2Z}\right)\mathrm{J}_0\left(\frac{k_0\rho'\rho}{Z}\right)\rho'\mathrm{d}\rho' \tag{9.4.23b}$$

显然, 上式的积分是困难的. 当 $\rho \approx 0$ 时, 即在 z 轴上, 上式简化为

$$q_1(0, Z, \omega) \approx -2\mathrm{i}p_0 \mathrm{e}^{-\alpha_1 Z}\sin\left(\frac{z_0}{2Z}\right)\exp\left(\mathrm{i}\frac{z_0}{2Z}\right) \tag{9.4.23c}$$

比较刚性障板上的活塞辐射, 即方程 (2.5.45b), 可见仅当 $Z > a$(但不一定是远场), 方程 (9.4.23b) 才成立, 该式不适合于 $Z \approx 0$ 的附近, 故边界条件方程 (9.4.23a) 不能从方程 (9.4.23b) 反推得到. 在远场条件下, $\exp(\mathrm{i}k_0\rho'^2/2Z) \sim 1$, 故方程 (9.4.23b) 简化成

$$\begin{aligned}
q_1(\rho, Z, \omega) &\approx -\mathrm{i}\frac{p_0 k_0 \mathrm{e}^{-\alpha_1 Z}}{Z}\exp\left(\mathrm{i}\frac{k_0\rho^2}{2Z}\right)\int_0^a \mathrm{J}_0\left(\frac{k_0\rho'\rho}{Z}\right)\rho'\mathrm{d}\rho'\\
&\approx -\mathrm{i}\frac{p_0 \mathrm{e}^{-\alpha_1 Z}}{\rho}\exp\left(\mathrm{i}\frac{k_0\rho^2}{2Z}\right)a\mathrm{J}_1\left(\frac{k_0 a\rho}{Z}\right)\\
&= -\mathrm{i}\frac{p_0 k_0 a^2 \mathrm{e}^{-\alpha_1 Z}}{Z}\exp\left(\frac{\mathrm{i}}{2}k_0 Z\tan^2\vartheta\right)\frac{\mathrm{J}_1(k_0 a\tan\vartheta)}{k_0 a\tan\vartheta}
\end{aligned} \tag{9.4.23d}$$

其中, $\tan\vartheta = \rho/Z$. 故方向性因子为

$$D_1(\vartheta) \equiv \frac{\mathrm{J}_1(k_0 a\tan\vartheta)}{k_0 a\tan\vartheta} \approx \frac{\mathrm{J}_1(k_0 a\sin\vartheta)}{k_0 a\sin\vartheta} \tag{9.4.23e}$$

当角度较小时, 上式第二个等式成立. 把方程 (9.4.23b) 和 (9.4.14c) 代入方程 (9.4.12b) 可以得到二次谐波声场, 我们不进一步展开讨论.

聚焦 Gauss 声束 设聚焦声束由焦距为 d 的弧面产生, 如图 9.4.3, 此时边界条件为弧面 S 上一阶声压已知: $p_1(\rho,z)|_S$, 问题的求解较复杂. 简单的方法是: 能否等效到 $z = 0$ 平面进行近似计算? 注意到弧面上 P 点发出的声波仅比平面 $z = 0$ 上的 P' 点发出声波少 "走" 距离 Δ, 由图 9.4.3 的几何关系 (当声源半径 $a \ll d$, $\rho \ll d$)

$$d - \Delta = \sqrt{d^2 - \rho^2} \approx d\left(1 - \frac{\rho^2}{2d^2}\right) = d - \frac{\rho^2}{2d} \tag{9.4.24a}$$

即在原来的表面声压上乘一个相位因子, 以聚焦 Gauss 束为例

$$q_1(\rho, 0, \omega) = p_0 \exp\left(-\frac{\rho^2}{a^2} - \mathrm{i}k_0 \frac{\rho^2}{2d}\right) = p_0 \exp\left(-\frac{\rho^2}{\tilde{a}^2}\right) \tag{9.4.24b}$$

其中, 为了方便定义

$$\tilde{a}^2 \equiv \frac{a^2}{1 + \mathrm{i}G}; \quad G \equiv \frac{k_0 a^2}{2d} \tag{9.4.24c}$$

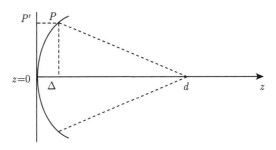

图 9.4.3　聚焦声束由焦距为 d 的弧面产生

由此可见, 对聚焦 Gauss 束, 只要把 a 换成 $\tilde{a}$, Gauss 束的有关结果照样成立. 例如, 一、二阶声场方程 (9.4.17a) 和 (9.4.18e) 变成

$$q_1(\rho, Z, \omega) = \frac{p_0}{1 - (1 - \mathrm{i}G^{-1})Z/d} \exp\left[-\frac{(1 + \mathrm{i}G)\rho^2/a^2}{1 - (1 - \mathrm{i}G^{-1})Z/d}\right] \tag{9.4.25a}$$

$$\begin{aligned}q_2(\rho, Z, \omega) &\approx -\mathrm{i}\frac{\beta p_0^2 k_0^2 a^2}{4\rho_0 c_0^2 (1 + \mathrm{i}G)} \cdot \frac{\ln\left[1 - (1 - \mathrm{i}G^{-1})Z/d\right]}{1 - (1 - \mathrm{i}G^{-1})Z/d} \\ &\quad \times \exp\left[-\frac{2(1 + \mathrm{i}G)\rho^2/a^2}{1 - (1 - \mathrm{i}G^{-1})Z/d}\right]\end{aligned} \tag{9.4.25b}$$

在焦平面 $(Z = d)$ 上, 声场为

$$q_1(\rho, Z, \omega) = -\mathrm{i}p_0 G \exp\left[-\frac{(G\rho)^2}{a^2} + \frac{\mathrm{i}G\rho^2}{a^2}\right] \tag{9.4.25c}$$

$$q_2(\rho, Z, \omega) \approx \frac{\mathrm{i}\beta p_0^2 k_0^2 a^2}{4\rho_0 c_0^2} \cdot \frac{\ln(\mathrm{i}G^{-1})}{1 - \mathrm{i}G^{-1}} \exp\left[-\frac{2(G\rho)^2}{a^2} + 2\mathrm{i}G\frac{\rho^2}{a^2}\right] \tag{9.4.25d}$$

图 9.4.4 给出了轴上 $(\rho = 0)$ 的归一化基波 (假定吸收系数为零) 以及二次谐波振幅, 即 $|q_1(0, Z, \omega)/p_0|$ 和 $|q_2(0, Z, \omega)/p_{20}|$ 随 Z/d 的变化曲线, 计算中取 $G = 10$, 由图可见, 波束是高度聚焦的, 在焦点处 $(Z = d)$, 不仅基波声压振幅达到极大, 而且二次谐波振幅也极大. 计算表明 G 越大, 极大峰宽度越窄.

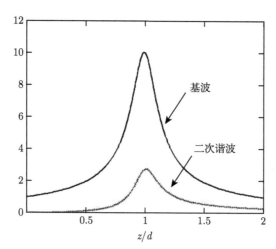

图 9.4.4   聚焦 Gauss 束轴上基波和二次谐波随传播距离的变化

9.4.3   参量阵理论及低频定向声束

设声源发出二个频率为 ω_a 和 ω_b(假定 $\omega_a > \omega_b$) 的声波

$$p_1(\rho, z, \tau) = \frac{i}{2}[q_{1a}(\rho, z)e^{-i\omega_a\tau} + q_{1b}(\rho, z)e^{-i\omega_a\tau}] + \text{c.c.} \tag{9.4.26a}$$

由方程 (9.4.6b), p_1^2 作为二阶量 p_2 的源项, 包含频率成分 $2\omega_a$(二次谐波)、$2\omega_b$(二次谐波)、$\omega_- \equiv \omega_a - \omega_b$(差频) 以及 $\omega_+ \equiv \omega_a + \omega_b$(和频). 因此, 我们把二阶量 p_2 表示成

$$
\begin{aligned}
p_2(\rho, z, \tau) &= \frac{i}{2}[q_{2a}(\rho, z)e^{-2i\omega_a\tau} + q_{2b}(\rho, z)e^{-2i\omega_a\tau}] + \text{c.c.} \\
&+ \frac{i}{2}[q_+(\rho, z)e^{-i\omega_+\tau} + q_-(\rho, z)e^{-i\omega_-\tau}] + \text{c.c}
\end{aligned}
\tag{9.4.26b}
$$

把方程 (9.4.26a) 代入方程 (9.4.6b) 第一式得到 ω_a 和 ω_b 满足的方程

$$\frac{\partial q_{1j}}{\partial z} - \frac{i}{2k_{0j}}\nabla_\perp^2 q_{1j} + \alpha_{1j}q_{1j} = 0 \quad (j = a, b) \tag{9.4.27a}$$

其中, $k_{0j} = \omega_j/c_0 \ (j = a, b)$, $\alpha_{1j} \ (j = a, b)$ 为 ω_a 和 ω_b 的吸收系数. 由方程 (9.4.17a) 和 (9.4.23b), q_{1j} 指数衰减, 一般 α_{1j} 与频率平方正比, 只要频率足够高, 那么 q_{1j} 仅存在于声源附近. 这一条件可定量写成 $\alpha_{1j}z_{0j} > 1(z_{0a} \equiv k_{0a}a^2/2; z_{0b} \equiv k_{0a}b^2/2$, 其中 a, b 表示 ω_a 和 ω_b 声束的有效半径). 取频率 ω_a 和 ω_b 足够高且 $\omega_a \approx \omega_b$, 故 $\omega_- \ll \omega_a, \omega_b$, 和频及倍频 ($\omega_a + \omega_b$、$2\omega_a$ 和 $2\omega_b$) 波在远场已衰减, 我们仅须考虑

差频波. 注意到运算关系

$$p_1^2(\rho, z, \tau) = \mathrm{Re}(q_{1a}q_{1a}^*) - \frac{1}{4}\left[q_{1a}^2 e^{-2\mathrm{i}\omega_a\tau} + q_{1b}^2 e^{-2\mathrm{i}\omega_b\tau} + \mathrm{c.c.}\right]$$
$$-\frac{1}{2}\left[q_{1a}q_{1b}e^{-\mathrm{i}\omega_+\tau} - q_{1a}q_{1b}^* e^{-\mathrm{i}\omega_-\tau} + \mathrm{c.c.}\right] \tag{9.4.27b}$$

代入二阶方程 (9.4.6b) 第二式得到差频波满足的方程

$$\frac{\partial q_-}{\partial z} - \frac{\mathrm{i}}{2k_-}\nabla_\perp^2 q_- + \alpha_- q_- = -\frac{\beta k_-}{2\rho_0 c_0^2}q_{1a}q_{1b}^* \tag{9.4.27c}$$

其中, 差频波的吸收系数 $\alpha_- \equiv \delta\omega_-^2/2c_0^3$ 和差频波的波数 $k_- \equiv \omega_-/c_0$. 由方程 (9.4.12a) 和 (9.4.12b) 得到

$$q_{1j}(\rho, Z) = 2\pi \int_0^\infty q_{1j}(\rho', 0)G_{1j}^+(\rho, 0; \rho')\rho'\mathrm{d}\rho' \quad (j = a, b) \tag{9.4.28a}$$

$$q_-(\rho, Z) = -\frac{\pi\beta k_-}{\rho_0 c_0^2}\int_0^Z \mathrm{d}z' \int_0^\infty q_{1a}(\rho', z')q_{1b}^*(\rho', z')G_-^+(\rho, z'; \rho')\rho'\mathrm{d}\rho' \tag{9.4.28b}$$

由方程 (9.4.14c), Green 函数分别为

$$G_{1j}^+(\rho, z; \rho') = -\mathrm{i}\frac{k_{0j}e^{-\alpha_{1j}(Z-z)}}{2\pi(Z-z)}\exp\left[\mathrm{i}\frac{k_{0j}(\rho'^2+\rho^2)}{2(Z-z)}\right]\mathrm{J}_0\left(\frac{k_{0j}\rho'\rho}{Z-z}\right)$$
$$G_-^+(\rho, z; \rho') = -\mathrm{i}\frac{k_-e^{-\alpha_-(Z-z)}}{2\pi(Z-z)}\exp\left[\mathrm{i}\frac{k_-(\rho'^2+\rho^2)}{2(Z-z)}\right]\mathrm{J}_0\left(\frac{k_-\rho'\rho}{Z-z}\right) \tag{9.4.28c}$$

其中, 差频波的吸收系数 $\alpha_- \ll \alpha_{1j}$ $(j = a, b)$.

Gauss 源   设声源处 ω_a 和 ω_b 的声场为

$$q_{1a}(\rho, 0) = p_{0a}\exp\left(-\frac{\rho^2}{a^2}\right); \quad q_{1b}(\rho, 0) = p_{0b}\exp\left(-\frac{\rho^2}{b^2}\right) \tag{9.4.29a}$$

注意: 如果是聚焦的 Gauss 束, 只要把 a 和 b 分别改成 $\tilde{a}$ 和 $\tilde{b}$. 由于差频波主要在近场产生, 故一阶声场用近场近似方程 (9.4.17b) 即可

$$q_{1a}(\rho, z, \omega_a) \approx p_{0a}e^{-\alpha_{1a}z}\exp\left(-\frac{\rho^2}{a^2}\right)$$
$$q_{1b}(\rho, z, \omega_b) \approx p_{0b}e^{-\alpha_{1b}z}\exp\left(-\frac{\rho^2}{b^2}\right) \tag{9.4.29b}$$

上式代入方程 (9.4.28b)

$$q_-(\rho, Z) = \mathrm{i}\frac{k_-}{2\pi}\frac{\pi\beta p_{0a}p_{0b}^* k_-}{\rho_0 c_0^2}e^{-\alpha_- Z}\int_0^Z \mathrm{d}z' \int_0^\infty e^{-\alpha_T z'}\exp\left(-\frac{\rho'^2}{A^2}\right)$$
$$\times \frac{1}{Z-z'}\exp\left[\mathrm{i}\frac{k_-(\rho'^2+\rho^2)}{2(Z-z')}\right]\mathrm{J}_0\left(\frac{k_-\rho'\rho}{Z-z'}\right)\rho'\mathrm{d}\rho' \tag{9.4.29c}$$

其中，$\alpha_T \equiv \alpha_{1a} + \alpha_{1b} - \alpha_-$ 和 $1/A^2 \equiv 1/a^2 + 1/b^2$. 注意到对 z' 积分的贡献主要来自于 $z' < z_{0a}, z_{0b}$，在远场近似下 $Z \gg z'$，积分上限 Z 可用 ∞ 代替，且上式中可取近似

$$\frac{1}{Z - z'}\mathrm{J}_0\left(\frac{k_-\rho'\rho}{Z - z'}\right) \approx \frac{1}{Z}\mathrm{J}_0\left(\frac{k_-\rho'\rho}{Z}\right) = \frac{1}{Z}\mathrm{J}_0(k_-\rho'\tan\vartheta) \tag{9.4.29d}$$

但是，在积分的相位中不能忽略 z'. 于是方程 (9.4.29c) 近似为

$$\begin{aligned}
q_-(\rho, Z) =\ &\mathrm{i}\frac{k_-}{2\pi}\frac{\pi\beta p_{0a}p_{0b}^* k_-}{\rho_0 c_0^2}\frac{\mathrm{e}^{-\alpha_- Z}}{Z}\int_0^\infty \mathrm{e}^{-\alpha_T z'}\mathrm{d}z' \\
&\times \int_0^\infty \exp\left[-\left(\frac{1}{A^2} - \frac{\mathrm{i}k_-}{2(Z - z')}\right)\rho'^2\right] \\
&\times \exp\left[\mathrm{i}\frac{k_- Z\tan^2\vartheta}{2(1 - z'/Z)}\right]\mathrm{J}_0(k_-\rho'\tan\vartheta)\rho'\mathrm{d}\rho'
\end{aligned} \tag{9.4.30a}$$

注意到在远场条件下 $|1/A^2| \gg |\mathrm{i}k_-/2Z|$，并且

$$\exp\left[\mathrm{i}\frac{k_- Z\tan^2\vartheta}{2(1 - z'/Z)}\right] \approx \exp\left(\mathrm{i}\frac{k_- Z}{2}\tan^2\vartheta\right)\exp\left(\mathrm{i}\frac{k_-\tan^2\vartheta}{2}z'\right) \tag{9.4.30b}$$

代入方程 (9.4.29c)

$$\begin{aligned}
q_-(\rho, Z) =\ &\mathrm{i}\frac{k_-}{2\pi}\frac{\pi\beta p_{0a}p_{0b}^* k_-}{\rho_0 c_0^2}\frac{\mathrm{e}^{-\alpha_- Z}}{Z}\exp\left(\mathrm{i}\frac{k_- Z}{2}\tan^2\vartheta\right) \\
&\times \int_0^\infty \exp\left[-\alpha_T\left(1 - \mathrm{i}\frac{k_-\tan^2\vartheta}{2\alpha_T}\right)z'\right]\mathrm{d}z' \\
&\times \int_0^\infty \exp\left(-\frac{\rho'^2}{A^2}\right)\mathrm{J}_0(k_-\rho'\tan\vartheta)\rho'\mathrm{d}\rho'
\end{aligned} \tag{9.4.31a}$$

即

$$q_-(\rho, Z) = \mathrm{i}\frac{\beta p_{0a}p_{0b}^* k_-^2 A^2}{4\rho_0 c_0^2 \alpha_T}\frac{\mathrm{e}^{-\alpha_- Z}}{Z}\exp\left(\mathrm{i}\frac{k_- Z}{2}\tan^2\vartheta\right)D_{\mathrm{W}}(\vartheta)D_{\mathrm{A}}(\vartheta) \tag{9.4.31b}$$

其中，差频波的方向性因子 $D_{\mathrm{W}}(\vartheta)$ 和辐射面的方向性因子 $D_{\mathrm{A}}(\vartheta)$ 分别为

$$D_{\mathrm{W}}(\vartheta) \equiv \frac{1}{1 - \mathrm{i}(k_-/2\alpha_T)\tan^2\vartheta}; \quad D_{\mathrm{A}}(\vartheta) \equiv \exp\left[-\frac{1}{4}(k_- A)^2\tan^2\vartheta\right] \tag{9.4.31c}$$

圆形活塞源　　为了简单，取一阶声场近似为 (在声源附近)

$$q_{1a}(\rho, z) = p_{0a}\mathrm{H}(a - \rho)\mathrm{e}^{-\alpha_{1a}z}; \quad q_{1b}(\rho, z) = p_{0b}\mathrm{H}(a - \rho)\mathrm{e}^{-\alpha_{1b}z} \tag{9.4.32a}$$

代入方程 (9.4.28b) 并利用方程 (9.4.28c)(与 Gauss 源情况的近似讨论一样)

$$
\begin{aligned}
q_-(\rho, Z) = \mathrm{i}\frac{\beta p_{0a}p_{0b}^* k_-^2}{2\rho_0 c_0^2 Z} \mathrm{e}^{-\alpha_- Z} \int_0^\infty \mathrm{d}z' \mathrm{e}^{-\alpha_T z'} \int_0^a \mathrm{J}_0(k_-\rho'\tan\vartheta) \\
\times \exp\left[\mathrm{i}\frac{k_-\rho'^2}{2(Z-z')} + \mathrm{i}\frac{k_-Z^2\tan^2\vartheta}{2(Z-z')}\right]\rho'\mathrm{d}\rho'
\end{aligned}
\tag{9.4.32b}
$$

在远场近似下, 上式指数中 $k_-\rho'^2$ 项可忽略, 而

$$
\frac{k_-Z^2\tan^2\vartheta}{2(Z-z')} = \frac{k_-Z\tan^2\vartheta}{2(1-z'/Z)} \approx \frac{k_-Z\tan^2\vartheta}{2}\left(1+\frac{z'}{Z}\right)
\tag{9.4.32c}
$$

代入方程 (9.4.32b) 得到

$$
\begin{aligned}
q_-(\rho, Z) = \mathrm{i}\frac{\beta p_{0a}p_{0b}^* k_-^2}{2\rho_0 c_0^2 Z} \exp\left(\frac{\mathrm{i}}{2}k_-Z\tan^2\vartheta\right) \mathrm{e}^{-\alpha_- Z} \int_0^a \mathrm{J}_0(k_-\rho'\tan\vartheta)\rho'\mathrm{d}\rho' \\
\times \int_0^\infty \mathrm{d}z' \exp\left[-\left(\alpha_T - \frac{\mathrm{i}k_-\tan^2\vartheta}{2}\right)z'\right]
\end{aligned}
\tag{9.4.33a}
$$

即

$$
q_-(\rho, Z) \approx \mathrm{i}\frac{\beta p_{0a}p_{0b}^* k_-^2 a^2 \mathrm{e}^{-\alpha_- Z}}{4\rho_0 c_0^2 \alpha_T Z} \exp\left(\frac{\mathrm{i}}{2}k_-Z\tan^2\vartheta\right) D_\mathrm{A}(\vartheta) D_\mathrm{W}(\vartheta)
\tag{9.4.33b}
$$

其中, 二个方向性因子分别为

$$
D_\mathrm{W}(\vartheta) \equiv \frac{1}{1-\mathrm{i}(k_-/2\alpha_T)\tan^2\vartheta}; \quad D_\mathrm{A}(\vartheta) \equiv \frac{2\mathrm{J}_1(k_-a\tan\vartheta)}{k_-a\tan\vartheta}
\tag{9.4.33c}
$$

值得指出的是, 当 $\omega_a \approx \omega_b$ 时, 一般 $k_-a \ll 1$ 或者 $k_-A \ll 1$, 因此参量阵的方向性因子主要决定于 $|D_\mathrm{W}(\vartheta)|$

$$
|D_\mathrm{W}(\vartheta)| = \frac{1}{\sqrt{1+(k_-/2\alpha_T)^2\tan^4\vartheta}}
\tag{9.4.33d}
$$

显然 $|D_\mathrm{W}(\vartheta)|$ 随 ϑ 单调下降, 当 $\vartheta = 0$ 时, $|D_\mathrm{W}(\vartheta)| = 1$, 而且 $|D_\mathrm{W}(\vartheta)|$ 没有旁瓣. 因此, 可利用非线性差频方法, 在工程中实现低频声束的定向辐射. 特别要指出的是, $D_\mathrm{W}(\vartheta)$ 与圆形活塞源的大小无关, 而 $D_\mathrm{A}(\vartheta)$ 取决于 a 的大小.

矩形活塞源 在直角坐标中, 差频波满足的方程为

$$
\frac{\partial q_-}{\partial z} - \frac{\mathrm{i}}{2k_-}\nabla_\perp^2 q_- + \alpha_- q_- = -\frac{\beta k_-}{2\rho_0 c_0^2}q_{1a}q_{1b}^*
\tag{9.4.34a}
$$

其中, $q_{1j} = q_{1j}(x, y, z)$ $(j = a, b)$. 用 Fourier 积分方法求解 (9.4.34a), 令

$$
q_-(x, y, z) = \int_{-\infty}^\infty \int_{-\infty}^\infty \tilde{q}_-(k_x, k_y, z)\exp[\mathrm{i}(k_x x + k_y y)]\mathrm{d}k_x\mathrm{d}k_y
\tag{9.4.34b}
$$

代入方程 (9.4.34a)

$$\frac{\mathrm{d}\tilde{q}_-(k_x,k_y,z)}{\mathrm{d}z} + \left[\frac{\mathrm{i}(k_x^2+k_x^2)}{2k_-} + \alpha_-\right]\tilde{q}_-(k_x,k_y,z) = -\frac{\beta k_-}{2\rho_0 c_0^2}\Im(k_x,k_y,z) \quad (9.4.34c)$$

其中, 为了方便定义

$$\Im(k_x,k_y,z) \equiv \frac{1}{(2\pi)^2}\int_{-\infty}^{\infty}\int_{-\infty}^{\infty} q_{1a}q_{1b}^* \exp[-\mathrm{i}(k_x x+k_y y)]\mathrm{d}x\mathrm{d}y \quad (9.4.34d)$$

注意到差频波满足的边界条件 $q_-(x,y,z)|_{z=0}=0$, 即 $\tilde{q}_-(k_x,k_y,z)=0$, 不难得到方程 (9.4.34c) 的解为

$$\tilde{q}_-(k_x,k_y,z) = -\frac{\beta k_-}{2\rho_0 c_0^2}\int_0^z \exp\left\{-\left[\frac{\mathrm{i}(k_x^2+k_x^2)}{2k_-}+\alpha_-\right](z-z')\right\}\Im(k_x,k_y,z')\mathrm{d}z' \quad (9.4.35a)$$

上式代入方程 (9.4.34b) 且利用方程 (9.4.34d) 得到

$$q_-(x,y,z) = -\frac{\beta k_-}{2(2\pi)^2\rho_0 c_0^2}\int_0^z \mathrm{e}^{-\alpha_-(z-z')}\int_{-\infty}^{\infty}\int_{-\infty}^{\infty} g q_{1a}q_{1b}^*\mathrm{d}x'\mathrm{d}y'\mathrm{d}z' \quad (9.4.35b)$$

其中, $q_{1a}=q_{1a}(x',y',z')$ 和 $q_{1b}^*=q_{1b}^*(x',y',z')$, 以及积分

$$g \equiv \int_{-\infty}^{\infty}\int_{-\infty}^{\infty} \exp\left[-\frac{\mathrm{i}(k_x^2+k_x^2)}{2k_-}(z-z')\right]\mathrm{e}^{\mathrm{i}[k_x(x-x')+k_y(y-y')]}\mathrm{d}k_x\mathrm{d}k_y \quad (9.4.35c)$$

完成积分后得到

$$g = -\frac{2\mathrm{i}k_-\pi}{z-z'}\exp\left[\mathrm{i}k_-\frac{(x-x')^2+(y-y')^2}{2(z-z')}\right] \quad (9.4.35d)$$

代入方程 (9.4.35b)

$$q_-(x,y,z) = q_{0-}\int_0^z\int_{-\infty}^{\infty}\int_{-\infty}^{\infty}\exp\left[\mathrm{i}k_-\frac{(x-x')^2+(y-y')^2}{2(z-z')}\right]$$
$$\times \frac{\mathrm{e}^{-\alpha_-(z-z')}}{z-z'}q_{1a}q_{1b}^*\mathrm{d}x'\mathrm{d}y'\mathrm{d}z' \quad (9.4.36a)$$

其中, $q_{0-}\equiv \mathrm{i}\beta k_-^2/(4\pi\rho_0 c_0^2)$. 对矩形活塞源, 在声源附近取一阶声场近似为

$$q_{1a}(x,y,z)=p_{0a}\Pi(x,y)\mathrm{e}^{-\alpha_{1a}z}; \quad q_{1b}(x,y,z)=p_{0b}\Pi(x,y)\mathrm{e}^{-\alpha_{1b}z} \quad (9.4.36b)$$

其中, 矩形函数为 (矩形长度和宽度分别为 w_x 和 w_y)

$$\Pi(x,y)=\begin{cases} 1, & |x|\leqslant w_x/2,\ |y|\leqslant w_y/2 \\ 0, & |x|> w_x/2,\ |y|> w_y/2 \end{cases} \quad (9.4.36c)$$

方程 (9.4.36b) 代入方程 (9.4.36a)

$$q_-(x,y,z) = q_0 - p_{0a}p_{0b}^* e^{-\alpha_- z} \int_0^z I(x,y,z,z') \frac{e^{-\alpha_T z'}}{z-z'} dz' \tag{9.4.37a}$$

其中, $\alpha_T = \alpha_{1b} + \alpha_{1b} - \alpha_-$, 以及

$$I(x,y,z,z') \equiv \int_{-w_x/2}^{w_x/2} \int_{-w_y/2}^{w_y/2} \exp\left[ik_- \frac{(x-x')^2 + (y-y')^2}{2(z-z')}\right] dx'dy' \tag{9.4.37b}$$

容易得到 (在远场近似下, 忽略 $(x'^2 + y'^2)/2z$)

$$I(x,y,z,z') = \exp\left[ik_- \frac{z\tan^2\vartheta}{2(1-z'/z)}\right] \int_{-w_x/2}^{w_x/2} \int_{-w_y/2}^{w_y/2} \exp\left(-ik_- \frac{xx' + yy'}{z-z'}\right) dx'dy'$$

$$\approx w_x w_y \exp\left(\frac{ik_- z}{2}\tan^2\vartheta\right) \exp\left(\frac{ik_- z'}{2}\tan^2\vartheta\right)$$

$$\times \mathrm{sinc}\left[\frac{k_- w_x x}{2(z-z')}\right] \mathrm{sinc}\left[\frac{k_- w_y y}{2(z-z')}\right]$$

$$\tag{9.4.37c}$$

注意到对差频波, $k_- w_x \ll 1$ 和 $k_- w_y \ll 1$, 在远场近似下, sinc 函数趋近 1, 于是

$$I(x,y,z,z') \approx w_x w_y \exp\left(\frac{ik_- z}{2}\tan^2\vartheta\right) \exp\left(\frac{ik_- z'}{2}\tan^2\vartheta\right) D_A(\vartheta,\varphi) \tag{9.4.37d}$$

其中, 矩形辐射面的方向性因子为

$$D_A(\vartheta,\varphi) \equiv \mathrm{sinc}\left(\frac{k_- w_x}{2}\tan\vartheta\cos\varphi\right) \mathrm{sinc}\left(\frac{k_- w_y}{2}\tan\vartheta\sin\varphi\right) \to 1 \tag{9.4.37e}$$

注意: ϑ 在零附近. 方程 (9.4.37d) 代入方程 (9.4.37a) 得到差频波的远场分布 (注意: 积分上限取近似 $z \to \infty$)

$$q_-(x,y,z) = q_0 - p_{0a}p_{0b}^* w_x w_y z^{-1} e^{\frac{ik_- z}{2}\tan^2\vartheta} e^{-\alpha_- z} \int_0^z \exp\left(\frac{ik_- z'}{2}\tan^2\vartheta\right) e^{-\alpha_T z'} dz'$$

$$= q_0 - p_{0a}p_{0b}^* w_x w_y \frac{e^{-\alpha_- z}}{\alpha_T z} \exp\left(\frac{ik_- z}{2}\tan^2\vartheta\right) D_W(\vartheta) D_A(\vartheta,\varphi)$$

$$\tag{9.4.38a}$$

其中, 差频波的方向性因子为

$$D_W(\vartheta) = \frac{1}{1 - i(k_-/2\alpha_T)\tan^2\vartheta} \tag{9.4.38b}$$

比较上式与 (9.4.31c) 和 (9.4.33c) 可见, 差频波的方向主要由 $|D_W(\vartheta)|$ 决定, 与活塞源的形状无关. 事实上, 对任意形状且面积为 S_0 的活塞源面, 方程 (9.4.37b) 修

改为

$$I(x, y, z, z') \approx \exp\left[\mathrm{i}k_- \frac{x^2 + y^2}{2(z - z')}\right] \int_{S_0} \exp\left[-\mathrm{i}k_- \frac{xx' + yy'}{(z - z')}\right] \mathrm{d}x'\mathrm{d}y'$$

$$\approx S_0 \exp\left(\mathrm{i}\frac{k_- z}{2}\tan^2\vartheta\right)\exp\left(\mathrm{i}\frac{k_- z'}{2}\tan^2\vartheta\right)D_{\mathrm{A}}(x, y) \tag{9.4.38c}$$

其中, $D_{\mathrm{A}}(x, y)$ 是表征辐射面形状的方向性因子, 对差频波

$$D_{\mathrm{A}}(x, y) \equiv \frac{1}{S_0} \int_{S_0} \exp\left[-\mathrm{i}k_- \frac{xx' + yy'}{(z - z')}\right]\mathrm{d}x'\mathrm{d}y' \approx 1 \tag{9.4.38d}$$

于是, 由方程 (9.4.37a), 差频波的远场分布为

$$q_-(x, y, z) \approx S_0 q_0 - p_{0a} p_{0b}^* \exp\left(\mathrm{i}\frac{k_- z}{2}\tan^2\vartheta\right)\frac{\mathrm{e}^{-\alpha_- z}}{\alpha_T z} D_{\mathrm{A}}(x, y)D_{\mathrm{W}}(\vartheta) \tag{9.4.38e}$$

其中, $D_{\mathrm{W}}(\vartheta)$ 的表达式与方程 (9.4.33c) 和 (9.4.38b) 相同.

9.4.4 非线性自解调效应

考虑活塞声源的瞬态辐射

$$p(\rho, z, t)|_{z=0} = p_0 f(t)\mathrm{H}(a - \rho), \ f(t) = E(t)\sin[\omega_0 t + \phi(t)] \tag{9.4.39a}$$

其中, 振幅调制 $E(t)$ 和相位调制 $\phi(t)$ 是时间 t 的缓变函数 (相对于 $\sin(\omega_0 t)$ 而言). 载波的瞬态角频率为 $\Omega(t) = \omega_0 + \mathrm{d}\phi(t)/\mathrm{d}t$. 假定频率为 ω_0 (主频) 的声波衰减足够大, 即 $\alpha_1 z_0 \geqslant 1$(其中 $z_0 \equiv k_0 a^2/2$ 和 $k_0 = \omega_0/c_0$), 故非线性相互作用 (即高次谐波的产生) 限制在近场区域.

一阶近似波　现在必须在时域上严格求解方程 (9.4.6b), 而这是相当麻烦的, 为此仿照 9.4.3 小节的做法, 在声源附近, 我们取一阶声场近似为准直的平面波, 且指数衰减

$$p_1(\rho, z, \tau) \approx p_0 \mathrm{e}^{-\alpha(\tau)z} E(\tau)\sin[\omega_0\tau + \phi(\tau)]\mathrm{H}(a - \rho) \tag{9.4.39b}$$

其中, 衰减系数 $\alpha(\tau)$ 取瞬态角频率时的值, 例如对黏滞流体

$$\alpha(\tau) = \left[\frac{\Omega(\tau)}{\omega_0}\right]^2 \frac{\delta\omega_0^2}{2c_0^3} \equiv \left[\frac{\Omega(\tau)}{\omega_0}\right]^2 \alpha_0; \ \alpha_0 = \frac{\delta\omega_0^2}{2c_0^3} \tag{9.4.39c}$$

其中, α_0 为 ω_0 主频的声波衰减系数.

二阶近似波　由方程 (9.4.6b), 二阶近似波的产生源项为 p_1^2, 即

$$\begin{aligned}
p_1^2(\rho, z, \tau) &\approx p_0^2 \mathrm{e}^{-2\alpha(\tau)z} E^2(\tau)\sin^2[\omega_0\tau + \phi(\tau)]\mathrm{H}(a - \rho) \\
&= \frac{1}{2}p_0^2 \mathrm{e}^{-2\alpha(\tau)z} E^2(\tau)\mathrm{H}(a - \rho) - \frac{1}{2}p_0^2 \mathrm{e}^{-2\alpha(\tau)z} \\
&\quad \times E^2(\tau)\cos[2\omega_0\tau + 2\phi(\tau)]\mathrm{H}(a - \rho)
\end{aligned} \tag{9.4.39d}$$

故二阶波源包含高频分量 (频率为 $2\omega_0$) 和低频分量 $E^2(\tau)$, 而在远场情况下, 高频分量很快衰减, 只需保留低频分量 $E^2(\tau)$, 即

$$p_1^2(\rho, z, \tau) \approx \frac{1}{2} p_0^2 e^{-2\alpha(\tau)z} E^2(\tau) H(a - \rho) \tag{9.4.39e}$$

此外, 假定 $E(t)$ 和 $\phi(t)$ 随时间变化足够缓慢, 则我们可以忽略二阶波的吸收衰减, 方程 (9.4.6b) 的第二式简化成 (取 $\delta = 0$)

$$\frac{\partial^2 p_2}{\partial z \partial \tau} - \frac{c_0}{2} \nabla_\perp^2 p_2 = \frac{\beta}{2\rho_0 c_0^3} \frac{\partial^2 p_1^2}{\partial \tau^2} \tag{9.4.40a}$$

上式的 Green 函数可以由方程 (9.4.14c) 得到: 式中取 $\alpha_n = 0$, 以 ω/c_0 代替 nk_0, 方程 (9.4.14c) 简化成 (取 $\rho = 0$, 仅分析轴上一点的声压)

$$G_\omega(0, z; \rho') = -\frac{i\omega}{2\pi c_0(Z - z)} \exp\left[i\frac{\omega\rho'^2}{2c_0(Z - z)}\right] \tag{9.4.40b}$$

对方程 (9.4.12b) 作 Fourier 变换得到 (注意: 取 $\rho = 0$)

$$q_2(0, Z, \tau) = \frac{i\pi\beta}{\rho_0 c_0^3} \int_{-\infty}^{\infty} \int_0^Z dz' \int_0^\infty \rho' d\rho' q_1^2(\rho', z', \omega) G_\omega(0, z'; \rho')(-i\omega)e^{-i\omega\tau} d\omega \tag{9.4.41a}$$

注意到方程 (9.4.6c), $p_2 \sim iq_2$ 和 $p_1 \sim iq_1$, 上式即为

$$p_2(0, Z, \tau) = \frac{\pi\beta}{\rho_0 c_0^3} \int_{-\infty}^{\infty} \int_0^Z dz' \int_0^\infty \rho' d\rho' p_1^2(\rho', z', \omega) G_2^+(0, z'; \rho')(-i\omega)e^{-i\omega\tau} d\omega \tag{9.4.41b}$$

利用 Fourier 变换的性质, 把方程 (9.4.40b) 代入上式给出

$$\begin{aligned}
p_2(0, Z, \tau) &= \frac{\beta}{2\rho_0 c_0^4} \frac{\partial^2}{\partial \tau^2} \int_0^Z \frac{dz'}{(Z - z')} \int_0^\infty \rho' d\rho' \\
&\quad \times \int_{-\infty}^{\infty} p_1^2(\rho', z', \omega) \exp\left\{-i\omega\left[\tau - \frac{\rho'^2}{2c_0(Z - z')}\right]\right\} d\omega \\
&= \frac{\beta}{2\rho_0 c_0^4} \frac{\partial^2}{\partial \tau^2} \int_0^Z \int_0^\infty \frac{dz'}{(Z - z')} p_1^2\left[\rho', z', \tau - \frac{\rho'^2}{2c_0(Z - z')}\right] \rho' d\rho'
\end{aligned} \tag{9.4.41c}$$

取 Z 足够大, 与 9.4.3 小节的讨论相同, 对 z' 积分的贡献主要来自于 $z' < z_0$, 在远场近似下 $Z \gg z'$, 积分上限 Z 可用 ∞ 代替, 而且时间延迟项 $\rho'^2/2c_0(Z - z')$ 可以忽略, 于是, 方程 (9.4.41c) 简化成

$$p_2(0, Z, \tau) \simeq \frac{\beta}{2\rho_0 c_0^4} \frac{\partial^2}{\partial \tau^2} \int_0^\infty \int_0^\infty \frac{dz'}{Z} p_1^2(\rho', z', \tau) \rho' d\rho' \tag{9.4.41d}$$

把方程 (9.4.39e) 代入上式得到

$$
\begin{aligned}
p_2(0, Z, \tau) &\simeq \frac{\beta p_0^2}{4\rho_0 c_0^4 Z} \frac{\partial^2 E^2(\tau)}{\partial \tau^2} \int_0^\infty \mathrm{e}^{-2\alpha(\tau)z'}\mathrm{d}z' \int_0^\infty H(a - \rho')\rho'\mathrm{d}\rho' \\
&= \frac{\beta a^2 p_0^2}{16\rho_0 c_0^4 Z} \frac{\partial^2}{\partial \tau^2}\left[\frac{E^2(\tau)}{\alpha(\tau)}\right]
\end{aligned}
\tag{9.4.41e}
$$

因此, 轴上一点的总声场为 (远场)

$$
p(0, z, \tau) \approx p_0 \mathrm{e}^{-\alpha(\tau)z}E(\tau)\sin[\omega_0\tau + \phi(\tau)] + \frac{\beta a^2 p_0^2}{16\rho_0 c_0^4}\cdot\frac{1}{Z}\cdot\frac{\partial^2}{\partial \tau^2}\left[\frac{E^2(\tau)}{\alpha(\tau)}\right]
\tag{9.4.41f}
$$

显然, 当距离声源足够远, 高频载波部分很快衰减, 而由于非线性相互作用仅保留低频的振幅调制波, 这一现象称为**非线性自解调**. 实验证明, 由方程 (9.4.41f) 给出的理论结果与实验结果完全一致. 注意: 二次谐波在远场同样很快衰减.

9.4.5　二级近似下的强非线性声束

当声压足够大或者声波传播一定距离后形成了冲击波, 以上的微扰方法已不适用, 必须严格求解 KZK 方程 (9.4.2a). 在一维情况下, KZK 方程简化为 Burgers 方程, 在 9.2.3 小节中, 我们用 Hopf-Cole 变换求出了 Burgers 方程的严格解, 但在三维情况下, 必须用数值方法求解 KZK 方程, 我们作一初步介绍. 为了简单, 作函数和自变量变换

$$
P = \left(1 + \frac{z}{z_0}\right)\frac{p}{p_0}; \quad R = \frac{\rho/a}{1 + z/z_0}; \quad Z = \frac{z}{z_0}; \quad T = \omega_0\tau - \frac{\rho^2/a^2}{1 + z/z_0}
\tag{9.4.42a}
$$

注意: 这里 P 不是压强. 上式中 a 是声源的特征半径, 如活塞边界或者 Gauss 束半径; ω_0 是参考频率, 如声源发出单频波的频率; $z_0 = k_0 a^2/2$ $(k_0 = \omega_0/c_0)$, p_0 是声源的特征振幅, 如声源发出单频波的振幅. 把方程 (9.4.42a) 代入 KZK 方程 (9.4.2a) 得到 $P(R, Z, T)$ 满足的方程

$$
\frac{\partial^2 P}{\partial Z \partial T} = \frac{1}{4(1 + Z)^2}\nabla_R^2 P + A\frac{\partial^3 P}{\partial T^3} + \frac{NP}{1 + Z}\frac{\partial^2 P}{\partial T^2}
\tag{9.4.42b}
$$

其中, $A \equiv \alpha_0 z_0$ 是无量纲衰减系数, α_0 是频率点 ω_0 的衰减系数: $\alpha_0 \equiv \delta\omega_0^3/2c_0^3$; $N \equiv z_0/\bar{z}$ 是无量纲非线性系数, $\bar{z} \equiv \rho_0 c_0^3/(\beta p_0 \omega_0)$ 是平面波形成冲击波的距离 (用声压表示). 方程 (9.4.42b) 对 T 积分得到

$$
\frac{\partial P}{\partial Z} = \frac{1}{4(1 + Z)^2}\int_{-\infty}^T \nabla_R^2 P\mathrm{d}T + A\frac{\partial^2 P}{\partial T^2} + \frac{NP}{1 + Z}\frac{\partial P}{\partial T}
\tag{9.4.42c}
$$

其中, $\nabla_R^2 \equiv \partial^2/\partial R^2 + R^{-1}(\partial/\partial R)$. 在远场 $Z \gg 1$, $R \approx (k_0 a/2)\tan\vartheta$, $p/p_0 \approx P/Z$ 以及 $\omega_0\tau \approx T + k_0\rho^2/2z$, 可见经变换后的场 $P(R, Z, T)$ 具有球面波的特征. 考虑

周期波, $P(R, Z, T)$ 展开成 Fourier 级数

$$P(R, Z, T) \approx \frac{1}{2} \sum_{n=1}^{M} P_n(R, Z) \exp(-\mathrm{i}nT) + \text{c.c.} \tag{9.4.43a}$$

上式中无限求和截断到 M 项, 代入方程 (9.4.42c)

$$\frac{\partial P_n}{\partial Z} = \mathrm{i} \frac{\nabla_R^2 P_n}{4n(1+Z)^2} - n^2 A P_n - \frac{\mathrm{i}nN}{4(1+Z)} \left[\sum_{m=1}^{n-1} P_m P_{n-m} + 2 \sum_{m=n+1}^{M} P_m P_{m-n}^* \right] \tag{9.4.43b}$$

边界条件 对单频声源边界条件为 $p(\rho, 0) = p_0 f(\rho) \sin(\omega_0 t)$, 变换到新的变量

$$P(R, Z, T)|_{Z=0} = f(aR) \sin(T + R^2) \tag{9.4.44a}$$

由方程 (9.4.43a)

$$P_1(R, 0) = 2 \int_0^T P(R, 0, T) \exp(\mathrm{i}T)\mathrm{d}T = 2 \int_0^T f(aR) \sin(T + R^2) \exp(\mathrm{i}T)\mathrm{d}T$$

$$= \mathrm{i}f(aR) \exp(-\mathrm{i}R^2) \tag{9.4.44b}$$

因此, Fourier 分量 $P_n(R, Z)$ 满足的边界条件为

$$\begin{aligned} P_1(R, Z)|_{Z=0} &= \mathrm{i}f(aR) \exp(-\mathrm{i}R^2) \\ P_n(R, Z)|_{Z=0} &= 0 \quad (n > 1) \end{aligned} \tag{9.4.44c}$$

方程 (9.4.43b) 可由差分法求解.

值得指出的是: KZK 方程也是二阶近似下得到的非线性方程, 如果声波振幅进一步加大, 以至于二阶近似的非线性声波方程已不成立, 那么必须严格求解质量守恒方程、动量守恒方程和物态方程.

第 10 章　有限振幅声波的物理效应

有限振幅声波产生的物理效应主要有如下. ①声辐射压力, 当一束声波入射到物体的表面时, 物体受到正比于声压平方的辐射压力, 对一般强度的声波, 其压力远小于重力, 然而当声强足够高时, 产生的辐射压力可克服重力, 使物体处于悬浮状态, 称为**声悬浮**(acoustic levitation). 利用声悬浮, 可以模拟微重力状态. ②声流, 如果说辐射压力是非线性声压的 "直流" 部分, 那么声流就可以看作是非线性质量流的 "直流" 部分. 一般声流远小于流体质点在平衡位置的振动速度, 然而声流在工业生产中有重要的应用, 如加速传质传热和清除表面污垢等. ③声空化效应, 在液体中, 有限振幅声波可产生空化气泡 (称为**声空化**(acoustic cavitation)), 也可以使其破裂. 声空化过程中产生的高温、高压是声化学的基础. ④**热效应**(thermal effect), 由于声波过程一定伴随着温度的变化, 当把超声束在生物体内聚焦使其达到一定的强度, 介质的温度急剧上升, 可以烧死聚焦区域内的细胞组织, 这是目前**高强度聚焦超声**(HIFU) 技术的基础.

10.1　声辐射压力和声悬浮

在线性声学范围内, 当一列声波入射到材料表面时, 表面受到的平均 (时间平均) 压力为零 (由于正负抵消), 而如果考虑声的非线性, 材料表面受到一个不为零的平均压力 (非线性声压的 "直流" 部分), 称为**声辐射压力**(acoustic radiation pressure). 一般情况下, 声辐射压力很小, 例如声压级为 134dB(空气中, 声压为 100Pa) 的声波, 其产生的辐射压力不到 0.1Pa; 但当声压级达到 174dB(空气中, 声压为 10000Pa) 时, 产生的辐射压力可到达 1000Pa, 足以把物体悬浮起来.

10.1.1　声辐射应力张量和声辐射压力

我们知道声压是各向同性的标量, 而事实上, 材料表面受到的非线性作用力必须用应力张量来表示. 把动量守恒方程 (1.1.15b) 写成标量形式 (忽略源项)

$$\frac{\partial(\rho v_i)}{\partial t} + \sum_{j=1}^{3} \frac{\partial(\rho v_i v_j)}{\partial x_j} = -\frac{\partial P}{\partial x_i} \quad (i = 1, 2, 3) \tag{10.1.1a}$$

对上式在一个声振荡周期 (如果是非周期信号, 在最长周期内平均) 内作时间平均

且用 $\langle \cdot \rangle$ 表示, 则得到

$$\sum_{j=1}^{3} \frac{\partial S_{ij}}{\partial x_j} = 0; \ S_{ij} \equiv -\langle P \rangle \delta_{ij} - \langle \rho v_i v_j \rangle \quad (i = 1, 2, 3) \tag{10.1.1b}$$

其中, S_{ij} 称为**声辐射应力张量**. 当环境压力 P_0 与空间无关时, 上式中 P 可以改成 $P - P_0$ (即声压 p) 而不影响微分关系 (注意: $P - P_0$ 的意义在于去除平衡时的静压力). 另外由于速度 v_i 是一阶量, 近似到二阶, 方程 (10.1.1b) 中的 ρ 可以用 ρ_0 代替, 即

$$S_{ij} \approx -\langle P - P_0 \rangle \delta_{ij} - \rho_0 \langle v_i v_j \rangle \tag{10.1.1c}$$

在线性近似下 $\langle P - P_0 \rangle = 0$, 故 $\langle P - P_0 \rangle$ 必定是二阶量. 显然, 声辐射应力张量由二部分组成: ①各向同性部分 $\langle P - P_0 \rangle \delta_{ij}$; ②各向异性部分 $\rho_0 \langle v_i v_j \rangle$.

注意: ①上式中的 $P - P_0 = p$ 是非线性声压, 原则上, 必须通过求解非线性声波方程得到; ②S_{ij} 定义中出现 $-\langle P - P_0 \rangle$, 取负号是因为流体中任意曲面受到的正压力与曲面法向相反. 设想流体中存在法向矢量为 $\boldsymbol{n}_S$(注意: 是曲面的法向) 的曲面, 由于声辐射的存在, 曲面单位面积受到的**声辐射压力**为 $\boldsymbol{F} = \boldsymbol{n}_S \cdot \boldsymbol{S}$, 或者写成分量

$$F_i = \sum_{j=1}^{3} n_{Sj} S_{ij} \ (i = 1, 2, 3). \tag{10.1.1d}$$

下面我们在 Euler 坐标下求声辐射压力的各向同性部分 $\langle P - P_0 \rangle$. 由于不考虑流体的黏滞和热传导效应, 由 1.1.4 小节的讨论, 对理想流体中的等熵过程, 即使在非线性情况, 声速度场也是无旋的, 即 $\boldsymbol{v} = \nabla \psi$, 由方程 (1.1.33) 得到流体的运动方程

$$\nabla \left(\frac{\partial \psi}{\partial t} + \frac{1}{2} |\nabla \psi|^2 \right) = -\frac{1}{\rho} \nabla P \tag{10.1.2a}$$

注意: 上式左边第二项为运动非线性项. 另一方面, 温度为 T, 单位质量的熵为 s 和焓为 h 的流体元, 热力学关系为 $\mathrm{d}h = T\mathrm{d}s + \mathrm{d}P/\rho$, 对等熵的声过程, 显然有 $\mathrm{d}h = \mathrm{d}P/\rho$. 代入方程 (10.1.2a) 并对空间变量积分得到

$$h - h_0 = -\frac{\partial \psi}{\partial t} - \frac{1}{2} |\nabla \psi|^2 + C'(t) \tag{10.1.2b}$$

其中, $C'(t)$ 为与空间坐标无关的积分常数 (但可能与时间有关), h_0 为不存在声场时流体元的焓. 把压力用熵和焓来表示, 在等熵条件下在平衡点展开到二阶 (因此, 所得公式在二阶近似下成立)

$$\begin{aligned} P - P_0 &= \left(\frac{\partial P}{\partial h} \right)_{s,0} (h - h_0) + \frac{1}{2} \left(\frac{\partial^2 P}{\partial h^2} \right)_{s,0} (h - h_0)^2 + \cdots \\ &= \rho (h - h_0) + \frac{\rho}{2c^2} (h - h_0)^2 + \cdots \end{aligned} \tag{10.1.2c}$$

得到上式已利用了热力学关系

$$\left(\frac{\partial P}{\partial h}\right)_{s,0} = \rho; \quad \left(\frac{\partial^2 P}{\partial h^2}\right)_{s,0} = \left(\frac{\partial \rho}{\partial h}\right)_{s,0} = \left(\frac{\partial \rho}{\partial P}\right)_{s,0}\left(\frac{\partial P}{\partial h}\right)_{s,0} = \frac{\rho}{c^2} \quad (10.1.2d)$$

把方程 (10.1.2b) 代入方程 (10.1.2c) 且到二阶得到

$$P - P_0 \approx \rho\left[-\frac{\partial \psi}{\partial t} - \frac{1}{2}|\nabla\psi|^2 + C'(t)\right] + \frac{\rho_0}{2c_0^2}\left[\frac{\partial \psi}{\partial t} + \frac{1}{2}|\nabla\psi|^2 + C'(t)\right]^2 \quad (10.1.3a)$$

上式求时间平均得到声辐射压力为

$$\langle P - P_0 \rangle \approx \frac{\rho_0}{2c_0^2}\left\langle\left(\frac{\partial \psi}{\partial t}\right)^2\right\rangle - \frac{1}{2}\rho_0\langle|\nabla\psi|^2\rangle + C \quad (10.1.3b)$$

其中, $C \equiv \langle \rho C'(t)\rangle \approx \langle \rho_0 C'(t)\rangle$ 为二阶量, 这是因为, 如果不存在声波, 那么 $C' = 0$. 注意: $\langle \rho\partial\psi/\partial t\rangle = 0$ 以及 $\langle \rho|\nabla\psi|^2\rangle = \langle \rho_0|\nabla\psi|^2\rangle$. 值得指出的是, 方程 (10.1.3b) 右边的量都是考虑了非线性后才存在. 第一项是由于本构方程的非线性而存在, 而第二项来自运动非线性, 有趣的是, 非线性参量 β 并不直接出现在方程中. 另外, 尽管声辐射压力是非线性声学效应, 但是在计算声辐射压力时, 只要用到线性声场就可以了, 因为非线性声场的二阶量通过平方运算后是更高阶小量, 可以忽略. 当然, 如果声场本身就不能作微扰展开, 例如冲击波, 就必须考虑声场本身的非线性. 由第 9 章讨论我们知道, 声波的非线性是在传播过程中积累产生的, 如果传播距离不是太远, 仍然可以用线性声场. 利用线性声学关系 $p \approx -\rho_0\partial\psi/\partial t$, 方程 (10.1.3b) 可以改写成

$$\langle P^E - P_0\rangle \equiv \langle P - P_0\rangle \approx \frac{1}{2\rho_0 c_0^2}\langle p^2\rangle - \frac{1}{2}\rho_0\langle v^2\rangle + C \equiv \langle E_V\rangle - \langle E_K\rangle + C \quad (10.1.3c)$$

其中, $\langle E_V\rangle \equiv \langle p^2\rangle/2\rho_0 c_0^2$ 和 $\langle E_K\rangle \equiv \rho_0\langle v^2\rangle/2$ 分别表示声场的势能和动能密度的时间平均, $\langle P - P_0\rangle$ 改写成 $\langle P^E - P_0\rangle$ 表示 Euler 坐标中的声辐射压力, 区别于下面介绍的 Lagrange 坐标中的声辐射压力. 由方程 (10.1.3c) 可见, 在 Euler 坐标系内, 声辐射压力是 Lagrange 函数的时间平均.

由方程 (1.1.39b), 在 Lagrange 坐标中的声辐射压力为

$$\langle P^L - P_0\rangle = \langle P^E - P_0\rangle + \boldsymbol{\xi}\cdot\nabla P^E \quad (10.1.4a)$$

由线性声学关系 $\rho_0\partial\boldsymbol{v}/\partial t = -\nabla P$ 或者 $\rho_0\partial^2\boldsymbol{\xi}/\partial t^2 = -\nabla P^E$(其中 $\boldsymbol{\xi}$ 为流体元质点位移, 在 Euler 描述中没有定义这个量), 代入方程 (10.1.4a)

$$\langle P^L - P_0\rangle = \langle P^E - P_0\rangle - \frac{\rho_0}{T}\int_0^T \boldsymbol{\xi}\cdot\frac{\partial^2\boldsymbol{\xi}}{\partial t^2}dt$$
$$= \langle P^E - P_0\rangle + \frac{\rho_0}{T}\left[\int_0^T\left(\frac{\partial\boldsymbol{\xi}}{\partial t}\right)^2 dt\right] = \langle P^E - P_0\rangle + \rho_0\langle v^2\rangle \quad (10.1.4b)$$

其中,T 为平均时间. 上式结合方程 (10.1.3c) 得到 Lagrange 坐标中的声辐射压力

$$\langle P^{\mathrm{L}} - P_0 \rangle = \langle E_V \rangle + \langle E_K \rangle + C \tag{10.1.4c}$$

可见, Lagrange 声辐射压力是 Hamilton 函数的时间平均, 而 Euler 声辐射压力是 Lagrange 函数的时间平均.

因此, 我们得到了用线性声场量 (声压 p 和速度 v) 表达的声辐射压力计算方程 (10.1.3c) 和 (10.1.4c), 而无须求解非线性声场分布.

作为简单的例子, 考虑刚性平面上受到的声辐射压力问题. 如图 10.1.1, 刚性平面位于 $x = 0$ 处, 入射波为 $p_{\mathrm{i}}(x,t) = p_0 \sin(\omega t + k_0 x)$(其中 $k_0 = \omega/c_0$), 反射波为 $p_{\mathrm{r}}(x,t) = p_0 \sin(\omega t - k_0 x)$. 显然 $x > 0$ 区域的总声压场和速度场为驻波场

$$p(x,t) = 2p_0 \cos k_0 x \sin \omega t$$
$$v(x,t) = -\frac{2p_0}{\rho_0 c_0} \sin k_0 x \sin \omega t \tag{10.1.5a}$$

代入方程 (10.1.3c) 得到 Euler 坐标中的声辐射压力为

$$\langle P^{\mathrm{E}} - P_0 \rangle = \frac{p_0^2}{\rho_0 c_0^2} \cos(2k_0 x) + C = \langle E \rangle \cos(2k_0 x) + C$$
$$= 2\langle E_{\mathrm{i}} \rangle \cos(2k_0 x) + C \tag{10.1.5b}$$

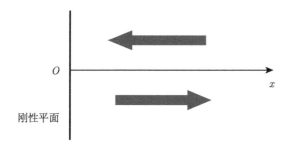

图 10.1.1　刚性平面上的辐射压力

其中,$\langle E \rangle \equiv p_0^2/(\rho_0 c_0^2)$ 为驻波场的能量密度, 而 $\langle E_{\mathrm{i}} \rangle \equiv p_0^2/(2\rho_0 c_0^2)$ 为入射波的能量密度. 常数 C 由质量守恒条件决定: 质量守恒要求单位波长内密度变化的空间平均为零. 在 Euler 坐标系内, 把密度展开到声压的二次

$$\langle \rho^{\mathrm{E}} - \rho_0 \rangle \approx \left(\frac{\partial \rho}{\partial P} \right)_{s,0} \langle P^{\mathrm{E}} - P_0 \rangle + \frac{1}{2} \left(\frac{\partial^2 \rho}{\partial P^2} \right)_{s,0} \langle (P^{\mathrm{E}} - P_0)^2 \rangle$$
$$= \frac{1}{c_0^2} \langle P^{\mathrm{E}} - P_0 \rangle - \frac{\beta - 1}{\rho_0 c_0^4} \langle (P^{\mathrm{E}} - P_0)^2 \rangle \tag{10.1.6a}$$

得到上式利用了热力学关系

$$\left(\frac{\partial^2 P}{\partial \rho^2}\right)_{s,0} = \left(\frac{\partial c^2}{\partial \rho}\right)_{s,0} = 2c_0 \left(\frac{\partial c}{\partial P}\right)_{s,0} \left(\frac{\partial P}{\partial \rho}\right)_{s,0}$$
$$= 2c_0^3 \left(\frac{\partial c}{\partial P}\right)_{s,0} = \frac{2c_0^2(\beta-1)}{\rho_0} \tag{10.1.6b}$$

故

$$\left(\frac{\partial^2 \rho}{\partial P^2}\right)_{s,0} = \left(\frac{\partial}{\partial P}\frac{\partial \rho}{\partial P}\right)_{s,0} = \left(\frac{\partial}{\partial P}\frac{1}{c^2}\right)_{s,0} = -\frac{2}{c_0^3}\left(\frac{\partial c}{\partial P}\right)_{s,0} = -\frac{2(\beta-1)}{\rho_0 c_0^4} \tag{10.1.6c}$$

于是，由方程 (10.1.5b)，单位波长内密度变化的空间平均为

$$\frac{1}{\lambda}\int_0^\lambda \langle \rho^E - \rho_0 \rangle \mathrm{d}x = \frac{C}{c_0^2} - \frac{2(\beta-1)p_0^2}{\rho_0 c_0^4}\frac{1}{\lambda}\int_0^\lambda \cos^2 k_0 x \mathrm{d}x$$
$$= \frac{C}{c_0^2} - \frac{(\beta-1)p_0^2}{\rho_0 c_0^4} = 0 \tag{10.1.6d}$$

其中，$\lambda \equiv 2\pi/k_0$，得到上式利用了关系

$$\langle (P^E - P_0)^2 \rangle = \langle p^2 \rangle \approx 2p_0^2 \cos^2 k_0 x \tag{10.1.6e}$$

注意：方程 (10.1.6a) 右边的第一项 $\langle P^E - P_0 \rangle$ 必须利用方程 (10.1.5b)，而第二项 $\langle (P^E - P_0)^2 \rangle$ 可以直接用线性声压代入近似，因为线性声压为一阶量，平方后为二阶量，而非线性声压的高阶量平方后为更高阶量，可以忽略. 由方程 (10.1.6d) 得到 $C = (\beta-1)\langle E \rangle$，代入方程 (10.1.5b) 得到 Euler 坐标系中的声辐射压力

$$\langle P^E - P_0 \rangle = [\cos(2k_0 x) + (\beta-1)]\langle E \rangle \tag{10.1.7a}$$

刚性平面受到的声辐射力为

$$\langle P^E - P_0 \rangle = 2\beta \langle E_i \rangle \tag{10.1.7b}$$

对空气 $\beta = (\gamma+1)/2$，故 $\langle P^E - P_0 \rangle = (\gamma+1)\langle E_i \rangle$. 由方程 (10.1.5a) 得到

$$\langle E_V \rangle = \frac{1}{2\rho_0 c_0^2}\langle p^2 \rangle = \frac{1}{\rho_0 c_0^2}p_0^2 \cos^2 k_0 x$$
$$\langle E_K \rangle = \frac{1}{2}\rho_0 \langle v^2 \rangle = \frac{1}{\rho_0 c_0^2}p_0^2 \sin^2 k_0 x \tag{10.1.7c}$$

代入方程 (10.1.4c) 得到 Lagrange 坐标中的声辐射力

$$\langle P^L - P_0 \rangle = 2\beta \langle E_i \rangle \tag{10.1.7d}$$

可见, Lagrange 坐标中的声辐射力是常数, 在 $x = 0$, 即刚性平面上, 二者给出相同的值, 这是必然的, 因为刚性平面的位移为零, Euler 坐标系和 Lagrange 坐标应该给出相同的结果. 注意: 方程 (10.1.7b) 和 (10.1.7d) 加上负号 "−" 后, 表示声辐射力的方向为 $-x$ 方向.

说明: ①Euler 坐标中的声辐射压力实际上是声辐射压力的空间场分布, 而在 Lagrange 坐标中, 计算的是特定流体元受到的声辐射压力, 在上例中, 每个流体元受到的声辐射压力应该是相同的, 即 $\langle P^{L} - P_0 \rangle$ 等于常数. ②对刚性曲面 Γ, 由于法向速度为零, 即 $\boldsymbol{v} \cdot \boldsymbol{n}_S|_\Gamma = \sum\limits_{j=1}^{3} v_j n_{Sj} = 0$, 于是声辐射压力方程 (10.1.1d) 的第二项

$$\rho_0 \sum_{j=1}^{3} v_i v_j n_{Sj} = 0 \quad (i = 1, 2, 3). \tag{10.1.7e}$$

故仅须计算各向同性部分 $-\langle P - P_0 \rangle$ 即可.

10.1.2 声喷泉效应

声辐射压力导致的一个有趣现象是所谓的**声喷泉效应**(acoustic fountain). 如图 10.1.2, 介质 1(密度和声速分别为 ρ_1 和 c_1) 与介质 2(密度和声速分别为 ρ_2 和 c_2) 由 $z = 0$ 平面分开, 入射波由介质 1 入射到 $z = 0$ 平面. 在柱坐标中, 声束总可以用 Bessel 函数展开, 为了简单, 仅考虑 Bessel-Fourier 级数中的一项, 即入射波、反射波和透射波分别表示为

$$\begin{aligned}
p_i(\rho, z, \omega) &= p_{0i} J_0(k_\rho \rho) \exp[i(k_{1z} z - \omega t)] \\
p_r(\rho, z, \omega) &= p_{0r} J_0(k_\rho \rho) \exp[-i(k_{1z} z + \omega t)] \\
p_t(\rho, z, \omega) &= p_{0t} J_0(k_\rho \rho) \exp[i(k_{2z} z - \omega t)]
\end{aligned} \tag{10.1.8a}$$

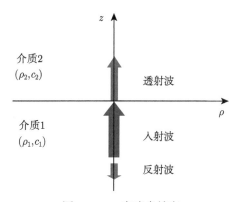

图 10.1.2 声喷泉效应

其中, $k_{1z} = \sqrt{k_1^2 - k_\rho^2}$ 和 $k_{2z} = \sqrt{k_2^2 - k_\rho^2}$ 分别为介质 1 和介质 2 中的 z 方向波数, $k_1 = \omega/c_1$ 和 $k_2 = \omega/c_2$ 分别为介质 1 和介质 2 中平面波波数. 假定声束主要在 z 方向传播, 即 $k_{1z} \gg k_\rho$ 和 $k_{2z} \gg k_\rho$. 相应的速度场 z 方向分量为

$$v_{iz}(\rho, z, \omega) = \frac{p_{0i}k_{1z}}{\rho_1\omega}J_0(k_\rho\rho)\exp[i(k_{1z}z - \omega t)]$$

$$v_{rz}(\rho, z, \omega) = -\frac{p_{0r}k_{1z}}{\rho_1\omega}J_0(k_\rho\rho)\exp[-i(k_{1z}z + \omega t)] \qquad (10.1.8b)$$

$$v_{tz}(\rho, z, \omega) = \frac{p_{0t}k_{2z}}{\rho_2\omega}J_0(k_\rho\rho)\exp[i(k_{2z}z - \omega t)]$$

径向分量为

$$v_{i\rho}(\rho, z, \omega) = \frac{p_{0i}k_\rho}{i\rho_1\omega}J_0'(k_\rho\rho)\exp[i(k_{1z}z - \omega t)] \qquad (10.1.8c)$$

$$v_{r\rho}(\rho, z, \omega) = \frac{p_{0r}k_\rho}{i\rho_1\omega}J_0'(k_\rho\rho)\exp[-i(k_{1z}z + \omega t)] \qquad (10.1.8d)$$

$$v_{t\rho}(\rho, z, \omega) = \frac{p_{0t}k_\rho}{i\rho_2\omega}J_0'(k_\rho\rho)\exp[i(k_{2z}z - \omega t)] \qquad (10.1.8e)$$

界面 $z = 0$ 的边界条件为: 声压和法向速度 (z 方向) 连续, 即

$$p_{0i} + p_{0r} = p_{0t}$$
$$\frac{p_{0i}k_{1z}}{\rho_1\omega} - \frac{p_{0r}k_{1z}}{\rho_1\omega} = \frac{p_{0t}k_{2z}}{\rho_2\omega} \qquad (10.1.9a)$$

容易得到

$$p_{0t} = \frac{2\rho_2 k_{1z}}{\rho_2 k_{1z} + \rho_1 k_{2z}}p_{0i} = \frac{2\rho_2\sqrt{k_1^2 - k_\rho^2}}{\rho_2\sqrt{k_1^2 - k_\rho^2} + \rho_1\sqrt{k_2^2 - k_\rho^2}}p_{0i}$$

$$p_{0r} = \frac{\rho_2 k_{1z} - \rho_1 k_{2z}}{\rho_2 k_{1z} + \rho_1 k_{2z}}p_{0i} = \frac{\rho_2\sqrt{k_1^2 - k_\rho^2} - \rho_1\sqrt{k_2^2 - k_\rho^2}}{\rho_2\sqrt{k_1^2 - k_\rho^2} + \rho_1\sqrt{k_2^2 - k_\rho^2}}p_{0i} \qquad (10.1.9b)$$

注意到 $k_{1z} \gg k_\rho$ 和 $k_{2z} \gg k_\rho$ 意味着 $k_1 \gg k_\rho$ 和 $k_2 \gg k_\rho$, 上式根号忽略 k_ρ, 即近似为平面波的反射和透射

$$p_{0t} \approx \frac{2}{1 + Z}p_{0i}; \quad p_{0r} \approx \frac{1 - Z}{1 + Z}p_{0i} \qquad (10.1.9c)$$

其中, $Z \equiv \rho_1 c_1/(\rho_2 c_2)$ 为介质 1 与介质 2 的特性声阻抗率之比. 介质 1 和介质 2 中总声压分别为 $p_1 = p_i + p_r$ 和 $p_2 = p_t$; 而速度场分别为: $v_{1z} = v_{iz} + v_{rz}$ 和 $v_{1\rho} = v_{i\rho} + v_{r\rho}$(介质 1) 以及 $v_{2z} = v_{tz}$ 和 $v_{2\rho} = v_{t\rho}$(介质 2). 把方程 (10.1.8a)～(10.1.8e) 取

实部 (注意: 辐射压力是平方运算, 必须取声压和速度场的实部) 代入方程 (10.1.3c) 和 (10.1.4c) 就可以得到 Euler 坐标系和 Lagrange 坐标系内的声辐射压力. 在具体计算前, 先说明本例中方程 (10.1.3c) 和 (10.1.4c) 的 C 必须取零, 因为在远离入射声束的界面, 声辐射压力为零, 而在 10.1.1 小节的例子中, 即方程 (10.1.5b) 中 C 不为零, 因为在一维问题中, 即使取 $x \to \infty$ 仍然有声波.

不难得到介质 1 和介质 2 中 Euler 坐标系和 Lagrange 坐标系内的声辐射压力分别为

$$\langle P_1^{\mathrm{E}} - P_0 \rangle = \frac{p_{0\mathrm{i}}p_{0\mathrm{r}}}{\rho_1 c_1^2} \mathrm{J}_0^2(k_\rho\rho) \cos(2k_{1z}z)$$
$$+ \frac{1}{4\rho_1 c_1^2} \frac{k_\rho^2}{k_1^2} \left\{ (p_{0\mathrm{i}}^2 + p_{0\mathrm{r}}^2)[\mathrm{J}_0^2(k_\rho\rho) - \mathrm{J}'2_0(k_\rho\rho)] \right. \tag{10.1.10a}$$
$$\left. - 2p_{0\mathrm{i}}p_{0\mathrm{r}} \cos(2k_{1z}z)[\mathrm{J}_0^2(k_\rho\rho) + \mathrm{J}_0'^2(k_\rho\rho)] \right\}$$

$$\langle P_2^{\mathrm{E}} - P_0 \rangle = \frac{p_{0\mathrm{t}}^2}{4\rho_2 c_2^2} \frac{k_\rho^2}{k_2^2} [\mathrm{J}_0^2(k_\rho\rho) - \mathrm{J}_0'^2(k_\rho\rho)] \tag{10.1.10b}$$

$$\langle P_1^{\mathrm{L}} - P_0 \rangle = \frac{p_{0\mathrm{i}}^2 + p_{0\mathrm{r}}^2}{2\rho_1 c_1^2} \mathrm{J}_0^2(k_\rho\rho)$$
$$+ \frac{1}{4\rho_1 c_1^2} \frac{k_\rho^2}{k_1^2} \left\{ -(p_{0\mathrm{i}}^2 + p_{0\mathrm{r}}^2)[\mathrm{J}_0^2(k_\rho\rho) + \mathrm{J}_0'^2(k_\rho\rho)] \right. \tag{10.1.10c}$$
$$\left. + 2p_{0\mathrm{i}}p_{0\mathrm{r}} \cos(2k_{1z}z)[\mathrm{J}_0^2(k_\rho\rho) - \mathrm{J}_0'^2(k_\rho\rho)] \right\}$$

$$\langle P_2^{\mathrm{L}} - P_0 \rangle = \frac{p_{0\mathrm{t}}^2}{2\rho_2 c_2^2} \left\{ \mathrm{J}_0^2(k_\rho\rho) - \frac{1}{2} \frac{k_\rho^2}{k_1^2} [\mathrm{J}_0^2(k_\rho\rho) + \mathrm{J}_0'^2(k_\rho\rho)] \right\} \tag{10.1.10d}$$

当 $k_1 \gg k_\rho$ 和 $k_2 \gg k_\rho$ 时, 以上 4 个方程近似为

$$\langle P_1^{\mathrm{E}} - P_0 \rangle \approx \frac{p_{0\mathrm{i}}p_{0\mathrm{r}}}{\rho_1 c_1^2} \mathrm{J}_0^2(k_\rho\rho) \cos(2k_{1z}z) \tag{10.1.11a}$$

$$\langle P_1^{\mathrm{L}} - P_0 \rangle \approx \frac{p_{0\mathrm{i}}^2 + p_{0\mathrm{r}}^2}{2\rho_1 c_1^2} \mathrm{J}_0^2(k_\rho\rho) \tag{10.1.11b}$$

$$\langle P_2^{\mathrm{E}} - P_0 \rangle \approx 0; \quad \langle P_2^{\mathrm{L}} - P_0 \rangle \approx \frac{p_{0\mathrm{t}}^2}{2\rho_2 c_2^2} \mathrm{J}_0^2(k_\rho\rho) \tag{10.1.11c}$$

在声束的中心附近 $k_\rho\rho \ll 1$, $\mathrm{J}_0^2(k_\rho\rho) \approx 1$, 利用方程 (10.1.9c), 方程 (10.1.11a), (10.1.11b) 和 (10.1.11c) 简化为

$$\langle P_1^{\mathrm{E}} - P_0 \rangle \approx 2\langle E_{\mathrm{i}} \rangle \cdot \frac{1-Z}{1+Z} \cdot \cos(2k_{1z}z) \tag{10.1.12a}$$

$$\langle P_1^{\mathrm{L}} - P_0 \rangle \approx 2\langle E_{\mathrm{i}} \rangle \cdot \frac{1+Z^2}{(1+Z)^2} \tag{10.1.12b}$$

$$\langle P_2^{\mathrm{L}} - P_0 \rangle \approx 4\langle E_{\mathrm{i}} \rangle \cdot \frac{nZ}{(1+Z)^2}; \ \ \langle P_2^{\mathrm{E}} - P_0 \rangle \approx 0 \tag{10.1.12c}$$

其中, $\langle E_{\mathrm{i}} \rangle \equiv p_{0\mathrm{i}}^2/2\rho_1 c_1^2$ 为入射波的能量密度, $n \equiv c_1/c_2$ 为速度比. 显然, 界面上声束中心点附近的声辐射压力差 $\langle \Delta P^{\mathrm{L}} \rangle = \langle P_1^{\mathrm{L}} - P_2^{\mathrm{L}} \rangle$ 为 (也可以求 Euler 坐标中的压力差)

$$\langle \Delta P^{\mathrm{L}} \rangle \approx 2\langle E_{\mathrm{i}} \rangle \cdot \frac{1 + Z^2 - 2nZ}{(1+Z)^2} \tag{10.1.12d}$$

这一压力差使界面上的介质在声束中心处有一个位移 (位移的方向决定于 Z 和 n 的大小, 如果 $1 + Z^2 > 2nZ$, 介质 1 向介质 2 运动, 反之, 则介质 2 向介质 1 运动), 这一现象称为**声喷泉效应**. 当入射声压足够大时, 声束中心处甚至产生喷射现象.

10.1.3　刚性小球的声悬浮

当小球处于声场中时, 球表面受到声辐射应力的作用, 因而产生一个向上的净声辐射力, 如果声辐射力能够抵消球自身的重力, 则小球可以悬浮在空中, 这一现象称为**声悬浮**. 在实际问题中, 小球半径 R 远大于边界层厚度 $(R \gg \delta \approx \sqrt{\mu/\rho_0\omega})$, 故可以忽略流体的黏滞效应. 根据实际应用, 分三种情况讨论: ①流体介质中的刚性小球; ②液体介质中的可压缩小球; ③液体介质中的气体介质 (气泡).

行波场中的刚性球　首先考虑简单的情况, 即液体中的刚性球或者气体中的固体或液体小球. 由 3.1.2 小节讨论, 由于固体或液体的密度远大于气体, 可认为小球不移动; 又由于固体或液体的声阻抗远大于气体, 在 $k_0 R \ll 1$ 情况下 (设球的半径远小于入射波波长), 难以激发球内的声共振模式, 故可看作刚性小球而忽略球的压缩性. 设入射声波为 z 轴方向的行波 (注意: 在计算声辐射压力时, 时间部分不可忽略)

$$p_{\mathrm{i}}(z, t) = p_{0\mathrm{i}} \exp[\mathrm{i}(k_0 z - \omega t)] \tag{10.1.13a}$$

球位于 z 轴的 Z 处 (如图 10.1.3), 引进球坐标系统: 球心为球坐标原点 (注意: 问题与 φ 无关), 显然 $z = Z + r\cos\vartheta$. 方程 (3.1.11a) 修改为

$$\begin{aligned} p_{\mathrm{i}}(r, \vartheta, t) &= p_{0\mathrm{i}}\mathrm{e}^{\mathrm{i}(k_0 Z - \omega t)} \exp(\mathrm{i}k_0 r\cos\vartheta) \\ &= p_{0\mathrm{i}}\mathrm{e}^{\mathrm{i}(k_0 Z - \omega t)} \sum_{l=0}^{\infty} (2l+1)\mathrm{i}^l \mathrm{P}_l(\cos\vartheta)\mathrm{j}_l(k_0 r) \end{aligned} \tag{10.1.13b}$$

散射场也可由方程 (3.1.13a) 修改而得到

$$p_{\mathrm{s}}(r, \vartheta, t) = -p_{0\mathrm{i}}\mathrm{e}^{\mathrm{i}(k_0 Z - \omega t)} \sum_{l=0}^{\infty} (2l+1)\mathrm{i}^l \frac{\mathrm{j}_l'(k_0 R)}{\mathrm{h}_l'^{(1)}(k_0 R)} \cdot \mathrm{h}_l^{(1)}(k_0 r)\mathrm{P}_l(\cos\vartheta) \tag{10.1.13c}$$

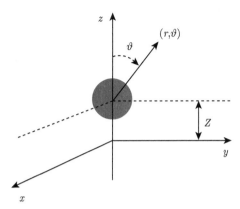

图 10.1.3 球位于 $z = Z$ 处

球面上总的声场为

$$p(R, \vartheta, t) = p_i(R, \vartheta, t) + p_s(R, \vartheta, t) = p_{0i} e^{i(k_0 Z - \omega t)} \sum_{l=0}^{\infty} \Im_l(k_0 R) P_l(\cos \vartheta) \quad (10.1.14a)$$

其中, 为了方便定义

$$\Im_l(k_0 R) \equiv (2l + 1) i^l \left[j_l(k_0 R) - \frac{j'_l(k_0 R) h_l^{(1)}(k_0 R)}{h_l'^{(1)}(k_0 R)} \right] \quad (10.1.14b)$$

球面上总的切向速度为 (对刚性球, 法向速度为零)

$$\begin{aligned}
v_\vartheta(R, \vartheta, t) &= -\frac{1}{\rho_0 R} \int \frac{\partial p(R, \vartheta, t)}{\partial \vartheta} \mathrm{d}t \\
&= \frac{p_{0i}}{i \rho_0 c_0 (k_0 R)} e^{i(k_0 Z - \omega t)} \sum_{l=0}^{\infty} \Im_l(k_0 R) \frac{\mathrm{d} P_l(\cos \vartheta)}{\mathrm{d}\vartheta}
\end{aligned} \quad (10.1.14c)$$

显然, 由于对称性, 球受到合力的 xOy 平面分量为零, 而声辐射力的 z 方向分量为

$$F_z = -\iint_S \sum_{j=x,y,z} [\langle P^E - P_0 \rangle \delta_{zj} + \rho_0 \langle v_z v_j \rangle] n_j \mathrm{d}^2 \boldsymbol{r} \quad (10.1.15a)$$

其中, 积分在球面上进行. 注意到球面的法向矢量为 $\boldsymbol{n} = (n_x, n_y, n_z) = -\boldsymbol{e}_r$(区域的法向, 指向球心), 因此 (注意: 球面刚性条件 $\boldsymbol{v} \cdot \boldsymbol{e}_r = 0$)

$$\begin{aligned}
\sum_{j=x,y,z} \rho_0 \langle v_z v_j \rangle n_j &= \rho_0 \langle v_z (v_x n_x + v_y n_y + v_z n_z) \rangle \\
&= -\rho_0 \langle v_z (\boldsymbol{v} \cdot \boldsymbol{e}_r) \rangle = -\rho_0 \langle v_z v_r \rangle = 0
\end{aligned} \quad (10.1.15b)$$

另外 $\sum_{j=x,y,z} \delta_{zj} n_j = n_z = \cos \vartheta$. 故方程 (10.1.15a) 变成

$$F_z = -\iint_S \langle P^E - P_0 \rangle \cos \vartheta \mathrm{d}S = -2\pi R^2 \int_0^\pi \langle P^E - P_0 \rangle \cos \vartheta \sin \vartheta \mathrm{d}\vartheta \quad (10.1.16a)$$

把方程 (10.1.14b) 和 (10.1.14c) 取实部后代入方程 (10.1.3c), 不难得到声辐射压力 $\langle P^{\mathrm{E}} - P_0 \rangle$(注意: 取其中 $C = 0$, 因为在 $r \to \infty$ 处, 声场为零, 声辐射压力也应该为零), 然后代入方程 (10.1.16a) 积分得到 (作为习题)

$$
\begin{aligned}
F_z &= -2\pi R^2 \int_0^\pi \left[\frac{1}{2\rho_0 c_0^2} \langle p^2 \rangle - \frac{1}{2}\rho_0 \langle v^2 \rangle \right] \cos\vartheta \sin\vartheta \mathrm{d}\vartheta \\
&= -\frac{\pi R^2 p_{0\mathrm{i}}^2}{2\rho_0 c_0^2} \sum_{l,j=0}^{\infty} \left[I_{lj} - \frac{J_{lj}}{(k_0 R)^2} \right] [\mathrm{Re}(\Im_l)\mathrm{Re}(\Im_j) + \mathrm{Im}(\Im_l)\mathrm{Im}(\Im_j)]
\end{aligned}
\tag{10.1.16b}
$$

其中, 为了方便定义

$$
\begin{aligned}
I_{lj} &\equiv \int_0^\pi \mathrm{P}_l(\cos\vartheta)\mathrm{P}_j(\cos\vartheta)\cos\vartheta \sin\vartheta \mathrm{d}\vartheta \\
J_{lj} &\equiv \int_0^\pi \frac{\mathrm{dP}_l(\cos\vartheta)}{\mathrm{d}\vartheta}\frac{\mathrm{dP}_j(\cos\vartheta)}{\mathrm{d}\vartheta}\cos\vartheta \sin\vartheta \mathrm{d}\vartheta
\end{aligned}
\tag{10.1.16c}
$$

当 $k_0 R \ll 1$ 时, 注意到: ①在计算声压场对辐射力贡献时, 只要取 $l,j = 0,1$ 即可, 计算得到 $I_{10} = I_{01} = 2/3$ 和 $I_{11} = I_{00} = 0$, 故仅需要考虑二个模式的交叉项; ② 在计算速度场对辐射力贡献时, 由于 $J_{00} = J_{11} = J_{10} = J_{01} = 0$, 必须计算 $l,j = 1,2$ 项, 而 $J_{22} = 0$, 故也仅需考虑二个模式的交叉项 $J_{12} = J_{21} = 4/5$; ③ 在取 $\Im_0(k_0 R)$ 和 $\Im_1(k_0 R)$ 的近似时, 必须保留 $\Im_0(k_0 R)$ 虚部和 $\Im_1(k_0 R)$ 实部的更高阶项 (注意: 与方程 (3.1.16c) 和 (3.1.16f) 的区别), 但 $\Im_2(k_0 R)$ 的虚部可忽略, 即

$$
\begin{aligned}
\Im_0(x) &= \mathrm{j}_0(x) - \frac{\mathrm{j}'_0(x)\mathrm{h}_0^{(1)}(x)}{\mathrm{h}'^{(1)}_0(x)} \approx \left(1 - \frac{x^2}{2}\right) - \mathrm{i}\frac{x^3}{3} \\
\Im_1(x) &= 3\mathrm{i}\left[\mathrm{j}_1(x) - \frac{\mathrm{j}'_1(x)\mathrm{h}_1^{(1)}(x)}{\mathrm{h}'^{(1)}_1(x)}\right] \approx 3\mathrm{i}\left(\frac{x}{2} + \mathrm{i}\frac{x^4}{12}\right) \\
\Im_2(x) &= 5\mathrm{i}^2\left[\mathrm{j}_2(x) - \frac{\mathrm{j}'_2(x)\mathrm{h}_2^{(1)}(x)}{\mathrm{h}'^{(1)}_2(x)}\right] \approx -\frac{5}{9}x^2 + \mathrm{i}O(x^7)
\end{aligned}
\tag{10.1.16d}
$$

由方程 (10.1.16b), 低频近似下的声辐射力为

$$
F_z = \frac{11\pi}{18} \cdot \frac{p_{0\mathrm{i}}^2 k_0^4 R^6}{\rho_0 c_0^2}
\tag{10.1.16e}
$$

可见, 声辐射力 $F_z \sim (k_0 R)^4$, 由于假定 $k_0 R \ll 1$, 故在行波场中, 声辐射力 F_z 很小. 这是因为行波场中的声辐射力来源于入射波动量的改变 (气体质点受到刚性球的散射, 质点的速度改变方向), 当 $k_0 R \ll 1$ 时, 声波的散射作用很小, 入射波动量的改变也很小.

驻波场中的刚性球 现在考虑驻波场 (可由刚性反射面与换能器辐射面形成, 见图 10.1.4) 中刚性球受到的声辐射力. 设小球不存在时的驻波声场为

$$p_i(z, t) = p_{0i} \sin(k_0 z) \exp(-i\omega t) \tag{10.1.17a}$$

当放入小球后 (足够长时间, 声场达到新的稳态), 声波受到散射. 由方程 (10.1.13b), 上式可以写成

$$p_i(r, \vartheta, t) = p_{0i} e^{-i\omega t} \sum_{l=0}^{\infty} (2l+1) A_l P_l(\cos\vartheta) j_l(k_0 r) \tag{10.1.17b}$$

其中, 展开系数为

$$A_l = \frac{1}{2i} [e^{ik_0 Z} - (-1)^l e^{-ik_0 Z}] i^l \tag{10.1.17c}$$

显然方程 (10.1.17b) 与 (10.1.13b) 有类似的形式, 故刚性球表面的总声场可由方程 (10.1.14a) 和 (10.1.14c) 修改得到

$$p(R, \vartheta, t) = p_{0i} e^{-i\omega t} \sum_{l=0}^{\infty} \Re_l(k_0 R) P_l(\cos\vartheta)$$

$$v_\vartheta(R, \vartheta, t) = \frac{p_{0i}}{i\rho_0 c_0(k_0 R)} e^{-i\omega t} \sum_{l=0}^{\infty} \Re_l(k_0 R) \frac{dP_l(\cos\vartheta)}{d\vartheta} \tag{10.1.18a}$$

其中, 为了方便定义

$$\Re_l(k_0 R) \equiv (2l+1) A_l \left[j_l(k_0 R) - \frac{j'_l(k_0 R) h_l^{(1)}(k_0 R)}{h'^{(1)}_l(k_0 R)} \right] \tag{10.1.18b}$$

因此, 声辐射力表达式可由方程 (10.1.16b) 修改而得到

$$F_z = -\frac{\pi R^2 p_{0i}^2}{2\rho_0 c_0^2} \sum_{l,j=0}^{\infty} \left[I_{lj} - \frac{J_{lj}}{(k_0 R)^2} \right] [\mathrm{Re}(\Re_l)\mathrm{Re}(\Re_j) + \mathrm{Im}(\Re_l)\mathrm{Im}(\Re_j)] \tag{10.1.18c}$$

其中, 积分 I_{lj} 和 J_{lj} 仍然由方程 (10.1.16c) 表示.

当 $k_0 R \ll 1$ 时, 利用近似关系 (注意: 在驻波场情形下, $\Re_l(l = 0, 1, 2)$ 只要展开到实部, 而对行波场, 展开方程 (10.1.16d) 必须保留高阶项, 由此也说明, 驻波场产生的声辐射力要大得多)

$$\Re_0(x) \equiv A_0 \left[j_0(x) - \frac{j'_0(x) h_0^{(1)}(x)}{h'^{(1)}_0(x)} \right] = \left(1 - \frac{x^2}{2} \right) \sin(k_0 Z)$$

$$\Re_1(x) \equiv 3A_1 \left[j_1(x) - \frac{j'_1(x) h_1^{(1)}(x)}{h'^{(1)}_1(x)} \right] = \frac{3x}{2} \cos(k_0 Z) \tag{10.1.18d}$$

$$\Re_2(x) \equiv 5A_2 \left[j_2(x) - \frac{j'_2(x) h_2^{(1)}(x)}{h'^{(1)}_2(x)} \right] = -\frac{5}{9} x^2 \sin(k_0 Z)$$

由方程 (10.1.18c), 不难得到声辐射力的低频近似为

$$F_z = -\frac{5\pi}{6} \cdot \frac{p_{0\mathrm{i}}^2 k_0 R^3}{\rho_0 c_0^2} \sin(2k_0 Z) \tag{10.1.19a}$$

上式与行波声辐射力, 即方程 (10.1.16e) 相比, 显然行波声辐射力是驻波声辐射力的 $(k_0 R)^3$ 倍, 而 $k_0 R \ll 1$, 故后者远远大于前者. 而且驻波声辐射力是振荡力, 在原点附近, $\sin(2k_0 Z) \approx 2k_0 Z$, 驻波声辐射力像弹簧恢复力一样正比于位移. 等效势函数为

$$U = -\frac{5\pi}{12} \cdot \frac{p_{0\mathrm{i}}^2 R^3}{\rho_0 c_0^2} \cos(2k_0 Z) \approx -\frac{5\pi}{12} \cdot \frac{p_{0\mathrm{i}}^2 R^3}{\rho_0 c_0^2}[1 - 2(k_0 Z)^2] \tag{10.1.19b}$$

忽略势函数的常数部分, 等效势函数可以写成

$$U \approx \frac{5\pi}{6} \cdot \frac{p_{0\mathrm{i}}^2 k_0^2 R^3}{\rho_0 c_0^2} Z^2 \tag{10.1.19c}$$

在实际的声悬浮系统中, 往往用二束正交的声束形成约束势井. 设二束声波分别为 x 和 y 方向 (与铅直方向有一个角度, 保证铅直方向存在分量, 如图 10.1.4) 的驻波声场

$$\begin{aligned} p_{\mathrm{i}x}(x,t) &= p_{0x} \sin(k_{0x}x) \exp(-\mathrm{i}\omega_x t + \mathrm{i}\psi) \\ p_{\mathrm{i}y}(y,t) &= p_{0y} \sin(k_{0y}y) \exp(-\mathrm{i}\omega_y t) \end{aligned} \tag{10.1.20a}$$

其中, $k_{0x} = \omega_x/c_0$ 和 $k_{0y} = \omega_y/c_0$, ψ 为二列声波的相位差. 如果 $\omega_x \neq \omega_y$, 交叉项的时间平均为零, 故由方程 (10.1.19b) 第二式, 等效势函数为

$$U \approx \frac{5\pi}{6} \cdot \frac{R^3}{\rho_0 c_0^2} \left(p_{0x}^2 k_{0x}^2 X^2 + p_{0y}^2 k_{0y}^2 Y^2\right) \tag{10.1.20b}$$

其中, X 和 Y 为小球的 x 和 y 方向坐标; 如果 $\omega_x = \omega_y = \omega$ 和 $k_{0x} = k_{0y} = k_0$, 交叉项的时间平均不为零, x 和 y 方向的作用力相互耦合, 不难得到等效势函数 (作为习题)

$$U \approx \frac{5\pi}{6} \cdot \frac{p_{0x}^2 k_0^2 R^3}{\rho_0 c_0^2} \left(X^2 + \alpha^2 Y^2 + \frac{4}{5}\alpha XY \cos\psi\right) \tag{10.1.20c}$$

其中, $\alpha \equiv p_{0x}/p_{0y}$. 随便指出, 利用声束形成的约束势井, 通过调节相位差 ψ, 可以控制小球的位置, 就像镊子夹起小球, 而这里用声场来实现, 故称为**声镊子**(acoustic tweezer).

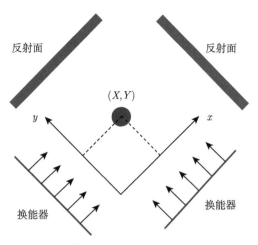

图 10.1.4 二束正交的声束形成约束势井, 由反射面形成驻波场

10.1.4 可压缩球的声悬浮

对液体介质中的液体小球, 如水和乙醛溶液. 由于液体小球 (密度和声速分别为 ρ_e 和 c_e) 和球外液体介质 (密度和声速分别为 ρ_0 和 c_0) 的密度和声速类似, 必须考虑液体小球的可压缩性. 仍然设入射声波为 z 轴方向的行波, 即方程 (10.1.13a); 球坐标系统如图 10.1.3, 球面总声场由方程 (3.1.21a) 给出.

原则上, 只要对球面上单位面积的作用力 $S_{ij}n_j = -\langle P^{\mathrm{E}} - P_0\rangle \delta_{ij}n_j - \rho_0\langle v_i v_j\rangle n_j$ 作面积分, 就能得到声辐射力. 但这样做较为复杂, 为此, 我们首先来导出比较简单的积分关系. 取小球球面 S 与半径为无限大的大球 S_0 组成的体积 V, 在 V 内对方程 (10.1.1b) 作体积分

$$
\begin{aligned}
\int_V \sum_{j=x,y,z} \frac{\partial S_{ij}}{\partial x_j}\mathrm{d}^3\boldsymbol{r} &= \int_V \nabla \cdot \boldsymbol{S}\mathrm{d}^3\boldsymbol{r} = \iint_{S+S_0} \boldsymbol{S} \cdot \boldsymbol{n}\mathrm{d}^2\boldsymbol{r} \\
&= -\iint_S \boldsymbol{S} \cdot \boldsymbol{n}_S\mathrm{d}^2\boldsymbol{r} + \iint_{S_0} \boldsymbol{S} \cdot \boldsymbol{n}\mathrm{d}^2\boldsymbol{r} = 0
\end{aligned}
\tag{10.1.21a}
$$

其中, $\boldsymbol{S}$ 是分量为 S_{ij} 的张量. 注意到 $\boldsymbol{S} \cdot \boldsymbol{n} = \sum\limits_{j=x,y,z} S_{ij}n_j$, 在小球球面 S 上 $\boldsymbol{n} = -\boldsymbol{e}_r$(区域的法向, 而球面法向 $\boldsymbol{n}_S = \boldsymbol{e}_r = -\boldsymbol{n}$), 而在大球上 $\boldsymbol{n} = \boldsymbol{e}_r$, 故由方程 (10.1.21a), 声辐射力的 z 方向分量为

$$
\begin{aligned}
F_z &= \iint_S \sum_{j=x,y,z} \left[-\langle P^{\mathrm{E}} - P_0\rangle \delta_{zj} - \rho_0\langle v_z v_j\rangle \right] n_{Sj}\mathrm{d}^2\boldsymbol{r} \\
&= -\iint_{S_0} \sum_{j=x,y,z} \left[\langle P^{\mathrm{E}} - P_0\rangle \delta_{zj} + \rho_0\langle v_z v_j\rangle \right] n_j\mathrm{d}^2\boldsymbol{r}
\end{aligned}
\tag{10.1.21b}
$$

上式把小球球面 S 的积分变成了大球 S_0 面上的积分. 注意到在大球面上, 存在关系 $\boldsymbol{n} = (n_x, n_y, n_z) = \boldsymbol{e}_r$, 因此 (注意: 已不存在球面刚性条件, 即 $\boldsymbol{v} \cdot \boldsymbol{e}_r \neq 0$)

$$\sum_{j=x,y,z} \rho_0 \langle v_z v_j \rangle n_j = \rho_0 \langle v_z (v_x n_x + v_y n_y + v_z n_z) \rangle$$
$$= \rho_0 \langle v_z (\boldsymbol{v} \cdot \boldsymbol{e}_r) \rangle = \rho_0 \langle v_z v_r \rangle \tag{10.1.21c}$$

另外, 在球坐标中 $\boldsymbol{n} = \boldsymbol{e}_r = \sin\vartheta\cos\varphi\boldsymbol{e}_x + \sin\vartheta\sin\varphi\boldsymbol{e}_y + \cos\vartheta\boldsymbol{e}_z = (n_x, n_y, n_z)$, 因此 $\displaystyle\sum_{j=x,y,z} \delta_{zj} n_j = n_z = \cos\vartheta$. 故方程 (10.1.21b) 变成

$$\begin{aligned}
F_z &= \iint_S \sum_{j=x,y,z} [-\langle P^{\mathrm{E}} - P_0 \rangle \delta_{zj} - \rho_0 \langle v_z v_j \rangle] n_j \mathrm{d}^2\boldsymbol{r} \\
&= -\iint_{S_0} [\langle P^{\mathrm{E}} - P_0 \rangle \cos\vartheta + \rho_0 \langle v_z v_r \rangle] \mathrm{d}^2\boldsymbol{r} \\
&= -2\pi r^2 \int_0^\pi [\langle P^{\mathrm{E}} - P_0 \rangle \cos\vartheta + \rho_0 \langle v_z v_r \rangle] \sin\vartheta\mathrm{d}\vartheta
\end{aligned} \tag{10.1.21d}$$

得到上式利用了关系 $\mathrm{d}^2\boldsymbol{r} = 2\pi r^2 \sin\vartheta\mathrm{d}\vartheta$(其中 $r \to \infty$ 是大球的半径). 上式把声辐射力的计算化成大球面上的积分, 只要知道散射场的远场特性就可以了, 大大简化了声辐射压力的计算. 设远场总声场为 (用速度势 ψ 表示)

$$\psi(r, \vartheta, t) \approx \psi_{\mathrm{i}}(z, t) + \frac{f(\vartheta)}{r} \exp[\mathrm{i}(k_0 r - \omega t)] \tag{10.1.22a}$$

其中, $\psi_{\mathrm{i}}(z, t) = \psi_{0\mathrm{i}}(z) \exp(-\mathrm{i}\omega t)$ 为入射场. 注意到 $p = -\rho_0 \partial\psi/\partial t$ 和 $\boldsymbol{v} = \nabla\psi$, 把上式代入方程 (10.1.21d) 得到

$$F_z = F_{z1}(\omega) + F_{z2}(\omega) + F_{z3}(\omega) + F_{z4}(\omega) + F_{z5}(\omega) \tag{10.1.22b}$$

其中, $F_{zj} \ (j = 1, 2, \cdots, 5)$ 分别为

$$F_{z1}(\omega) \equiv -\pi\rho_0 k_0^2 \int_0^\pi |f(\vartheta)|^2 \cos\vartheta\sin\vartheta\mathrm{d}\vartheta \tag{10.1.23a}$$

$$F_{z2}(\omega) \equiv -\pi\rho_0 r^2 \int_0^\pi \mathrm{Re}\left(\frac{\partial\psi_{0\mathrm{i}}}{\partial r}\frac{\partial\psi_{0\mathrm{i}}^*}{\partial z}\right) \sin\vartheta\mathrm{d}\vartheta \tag{10.1.23b}$$

$$F_{z3}(\omega) \equiv -\frac{1}{2}\pi\rho_0 r^2 \int_0^\pi \left[k_0^2 |\psi_{0\mathrm{i}}|^2 - |\nabla\psi_{0\mathrm{i}}|^2\right] \cos\vartheta\sin\vartheta\mathrm{d}\vartheta \tag{10.1.23c}$$

$$F_{z4}(\omega) \equiv -\pi\rho_0 k_0^2 r^2 \int_0^\pi \mathrm{Re}\left[\psi_{0\mathrm{i}}^* \frac{f(\vartheta)}{r} \exp(\mathrm{i}k_0 r)\right] \cos\vartheta\sin\vartheta\mathrm{d}\vartheta \tag{10.1.23d}$$

$$F_{z5}(\omega) \equiv \pi\rho_0 k_0 r^2 \int_0^\pi \mathrm{Im}\left[\frac{\partial\psi_{0\mathrm{i}}^*}{\partial z} \frac{f(\vartheta)}{r} \exp(\mathrm{i}k_0 r)\right] \cos^2\vartheta\sin\vartheta\mathrm{d}\vartheta \tag{10.1.23e}$$

因此, 只要求得方向性因子 $f(\vartheta)$, 就能得到声辐射力. 得到以上诸式, 已经注意到微分关系

$$
\begin{aligned}
\boldsymbol{v} &\approx \nabla\psi_{\mathrm{i}}(z,t) + \nabla\frac{f(\vartheta)}{r}\exp[\mathrm{i}(k_0 r - \omega t)] \\
&\approx \frac{\partial\psi_{\mathrm{i}}(z,t)}{\partial z}\boldsymbol{e}_z + \mathrm{i}k_0\frac{f(\vartheta)}{r}\boldsymbol{e}_r\exp[\mathrm{i}(k_0 r - \omega t)]
\end{aligned} \tag{10.1.23f}
$$

以及关系 $\boldsymbol{e}_z \cdot \boldsymbol{e}_r = \cos\vartheta$; 在远场条件下, 极角 ϑ 方向的速度分量可忽略.

驻波场 设入射声场为驻波场 $\psi_{0\mathrm{i}}(z) = \psi_0\sin k_0 z$. 由方程 (3.1.21a), 并且注意到作由方程 (10.1.17b) 和 (10.1.17c) 表示的驻波场修正, 球外总声压为

$$
\begin{aligned}
p(r,\vartheta,t) = p_{\mathrm{i}}(z,t) - \sum_{l=0}^{\infty} A_l(2l+1)&\frac{\mathrm{j}_l'(k_0 R) + \mathrm{i}\beta_l \mathrm{j}_l(k_0 R)}{\mathrm{h}_l'^{(1)}(k_0 R) + \mathrm{i}\beta_l \mathrm{h}_l^{(1)}(k_0 R)} \\
&\times \mathrm{h}_l^{(1)}(k_0 r)\mathrm{P}_l(\cos\vartheta)\exp(-\mathrm{i}\omega t)
\end{aligned} \tag{10.1.24a}
$$

其中, A_l 由方程 (10.1.17c) 决定, 常数 β_l 为 ($k_{\mathrm{e}} = \omega/c_{\mathrm{e}}$ 为球内介质的波数)

$$
\beta_l = \mathrm{i}\frac{\rho_0 c_0}{\rho_{\mathrm{e}} c_{\mathrm{e}}}\frac{\mathrm{j}_l'(k_{\mathrm{e}} R)}{\mathrm{j}_l(k_{\mathrm{e}} R)} \tag{10.1.24b}
$$

方程 (10.1.24a) 给出远场速度势近似为 (利用声压与速度势的关系 $p = \mathrm{i}\omega\rho_0\psi$)

$$
\psi \approx \psi_{\mathrm{i}}(z,t) + \frac{f(\vartheta)}{r}\exp[\mathrm{i}(k_0 r - \omega t)] \tag{10.1.24c}
$$

其中, 方向性因子为

$$
f(\vartheta) = \frac{1}{\mathrm{i}\omega\rho_0 k_0}\sum_{l=0}^{\infty}\frac{A_l(2l+1)\mathrm{i}\mathrm{e}^{-\mathrm{i}l\pi/2}[\mathrm{j}_l'(k_0 R) + \mathrm{i}\beta_l \mathrm{j}_l(k_0 R)]}{\mathrm{h}_l'^{(1)}(k_0 R) + \mathrm{i}\beta_l \mathrm{h}_l^{(1)}(k_0 R)}\mathrm{P}_l(\cos\vartheta) \tag{10.1.25a}
$$

当 $k_0 R \ll 1$ 时, 求和仅取 $l = 0$ 和 1 二项, 故近似为

$$
f(\vartheta) \approx \frac{p_{0\mathrm{i}} k_0 R^3}{\rho_0 c_0}\left[\frac{1-\lambda}{1+2\lambda}\cdot\cos(k_0 Z)cos\vartheta + \frac{\mathrm{i}}{3}\left(1 - \frac{1}{\lambda\sigma^2}\right)\sin(k_0 Z)\right] \tag{10.1.25b}
$$

其中, $\lambda \equiv \rho_{\mathrm{e}}/\rho_0$ 和 $\sigma \equiv c_{\mathrm{e}}/c_0$ 分别为球内、外介质的密度和声速之比. 注意: 由于 $c_0 \approx c_{\mathrm{e}}$, 也有 $k_{\mathrm{e}} R \ll 1$. 把方程 (10.1.25b) 代入方程 (10.1.25b) 并且注意到 $p_{0\mathrm{i}} = \mathrm{i}\omega\rho_0\psi_{0\mathrm{i}}$, 给出声辐射力为

$$
F_z \approx -\frac{\pi p_{0\mathrm{i}}^2 k_0 R^3}{\rho_0 c_0^2}\left[\frac{\lambda + 2(\lambda-1)/3}{1+2\lambda} - \frac{1}{3\lambda\sigma^2}\right]\sin(2k_0 Z) \tag{10.1.26a}
$$

对刚性球, 当 $\lambda \to \infty$ 时, 上式简化为方程 (10.1.19a).

行波场 对入射声场为行波场 $\psi_{0\mathrm{i}}(z) = \psi_0\exp(\mathrm{i}k_0 z)$, 只要把方程 (10.1.25a) 中的系数 A_l 换成 $A_l = p_{0\mathrm{i}}\mathrm{i}^l\mathrm{e}^{\mathrm{i}k_0 Z}$ 即可, 最后可以得到

$$
F_z \approx \frac{2\pi p_{0\mathrm{i}}^2 k_0^4 R^6}{\rho_0 c_0^2(1+2\lambda)^2}\left[\left(\lambda - \frac{1+2\lambda}{3\lambda\sigma^2}\right)^2 + \frac{2}{9}(1-\lambda)^2\right] \tag{10.1.26b}
$$

对刚性球, 当 $\lambda \to \infty$ 时, 上式简化为方程 (10.1.16e).

液体中气泡   如果小球是气泡 (即考虑液体介质中的气泡), 方程 (10.1.22b) 和 (10.1.25a) 仍然成立. 但由 3.1.3 小节讨论可知, 气泡的压缩系数 κ_e 远大于周围液体的压缩系数 κ_0, 方程 (10.1.25a) 的前二项近似由方程 (3.1.26a) 给出, 即

$$\frac{j_0'(k_0 R) + i\beta_0 j_0(k_0 R)}{h_0'^{(1)}(k_0 R) + i\beta_0 h_0^{(1)}(k_0 R)} \approx -\frac{1}{3} \cdot \frac{(k_0 R)^3 (\kappa_0 - \kappa_e)/\kappa_0}{[1 - (k_0 R)^2 \kappa_e/3\kappa_0] i + (k_0 R)^3 \kappa_e/3\kappa_0}$$

$$\frac{j_1'(k_0 R) + i\beta_1 j_1(k_0 R)}{h_1'^{(1)}(k_0 R) + i\beta_1 h_1^{(1)}(k_0 R)} \approx \frac{(k_0 R)^3}{3i} \cdot \frac{(\rho_e - \rho_0)}{2\rho_e + \rho_0}$$

$$(10.1.27a)$$

此时, 气泡的共振散射不能忽略. 相应地, 方程 (10.1.25b) 应修改为

$$f(\vartheta) \approx \frac{p_{0i} k_0 R^3}{\rho_0 c_0} \left\{ \cos(k_0 Z)\cos\vartheta + \frac{\sin(k_0 Z)}{(k_0 R)^3 + i[3\lambda\sigma^2 - (k_0 R)^2]} \right\} \qquad (10.1.27b)$$

上式代入方程 (10.1.22b) 得到声辐射力的表达式为

$$F_z \approx \frac{\pi p_{0i}^2 k_0 R^3}{\rho_0 c_0^2} \frac{3\lambda\sigma^2 - (k_0 R)^2}{(k_0 R)^6 + [3\lambda\sigma^2 - (k_0 R)^2]^2} \sin(2k_0 Z) \qquad (10.1.27c)$$

显然, 气泡的共振频率 ω_R 满足 $3\lambda\sigma^2 - (\omega_R R/c_0)^2 = 0$, 上式改写成

$$F_z \approx \frac{\pi p_{0i}^2 k_0 R^5}{\rho_0 c_0^4} \frac{\omega_R^2 - \omega^2}{(k_0 R)^6 + (R/c_0)^4(\omega_R^2 - \omega^2)^2} \sin(2k_0 Z) \qquad (10.1.27d)$$

因此, 如果声波频率 ω 高于共振频率, 气泡向驻波场的节点运动; 反之, 如果声波频率 ω 低于共振频率, 气泡向驻波场的反节点运动. 对固定频率的声波, 半径 R 大于 R_0(其中 $R_0 \equiv c_0\sqrt{3\lambda\sigma^2}/\omega_R$) 的气泡向驻波场的节点运动; 反之, 半径 R 小于 R_0 的气泡向驻波场的反节点运动. 由方程 (3.1.28b), $R_0 = (3\alpha P_0/\rho_w)^{1/2}/\omega_R$(其中对绝热过程 $\alpha = \gamma$; 对等温过程 $\alpha = 1$), 因此, 压力增加导致 R_0 增加, 气泡向驻波场的反节点运动; 反之, 压力减小导致 R_0 减小, 气泡向驻波场的节点运动. 对行波场, 可以得到 (作为习题)

$$F_z \approx \frac{2\pi p_{0i}^2 k_0^4 R^6}{\rho_0 c_0^2} \frac{1}{(k_0 R)^6 + [3\lambda\sigma^2 - (k_0 R)^2]^2} \qquad (10.1.28)$$

声辐射力总是正的.

10.1.5 入射 Gauss 束的声悬浮

为了直接利用 7.5.5 小节的结果, 如图 10.1.5, 设半径为 R 的刚性球位于原点, 沿 z 方向传播的 Gauss 声束关于 z 轴对称, 中心位于 z 轴, 在 $z = z_0 = -L \ (L > 0)$

平面上, 入射 Gauss 声束可表示为

$$p_i(x, y, -L) = p_{0i} \exp\left(-\frac{x^2 + y^2}{a^2}\right) \qquad (10.1.29a)$$

其中, a 为束宽. 注意: ①由于对称性, 整个问题与方位角 φ 无关, 如果入射束关于 z 轴不对称, 整个问题就与 φ 角有关; ②平面 $z = -L$ 可理解为声换能器的辐射面. 由方程 (7.5.38a), 入射**Gauss 声束**在球坐标中的表达式为 (假定 L 大于一个波长, 倏逝波可以忽略)

$$p_i(r, \vartheta, \varphi, t) \approx e^{-i\omega t} \sum_{l=0}^{\infty} \sum_{m=-l}^{l} p_{lm} j_l(k_0 r) Y_{ml}(\vartheta, \varphi) \qquad (10.1.29b)$$

其中, 偏波系数为

$$p_{lm} \equiv a^2 k_0^2 i^l p_{0i} \iint_{q \leqslant 1} e^{-\frac{a^2 k_0^2 q^2}{4}} \exp\left(ik_0\sqrt{1-q^2}\,L\right) Y_{ml}^*(\vartheta', \phi) q \,dq \,d\phi \qquad (10.1.29c)$$

其中, $\vartheta' = \arcsin q$. 注意到问题的对称性, 利用

$$Y_{ml}^*(\vartheta', \phi) = (-1)^m \sqrt{\frac{(2l+1)}{4\pi} \cdot \frac{(l-|m|)!}{(l+|m|)!}} \, P_l^{|m|}(\cos\vartheta') \exp(-im\phi) \qquad (10.1.29d)$$

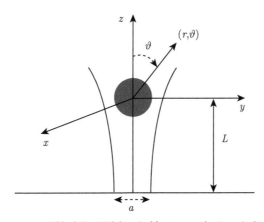

图 10.1.5 刚性球位于原点, 入射 Gauss 束沿 z 方向传播

由方程 (10.1.29c) 得到 $p_{lm} = 0 \ (m \neq 0)$, 以及

$$p_{l0} \equiv 2\pi a^2 k_0^2 i^l p_{0i} \sqrt{\frac{2l+1}{4\pi}} \int_0^1 e^{-\frac{a^2 k_0^2 q^2}{4} + ik_0\sqrt{1-q^2}L} P_l(\cos\vartheta') q \,dq \qquad (10.1.30a)$$

注意: 当 $a \to \infty$ 时, Gauss 声束应该趋向平面波. 事实上, 当 $a \to \infty$ 时, 上式积分的主要贡献来自于 $q = 0$ 点附近, 于是 $\vartheta' = \arcsin q \approx 0$ 和 $P_l(\cos\vartheta') \approx P_l(1) = 1$,

即

$$p_{l0} \approx 2\pi a^2 k_0^2 \mathrm{i}^l p_{0\mathrm{i}} \mathrm{e}^{\mathrm{i}k_0 L} \sqrt{\frac{2l+1}{4\pi}} \int_0^1 \mathrm{e}^{-\frac{a^2 k_0^2 q^2}{4}} q \mathrm{d}q \approx 4\pi \mathrm{i}^l p_{0\mathrm{i}} \mathrm{e}^{\mathrm{i}k_0 L} \sqrt{\frac{2l+1}{4\pi}} \qquad (10.1.30\mathrm{b})$$

代入方程 (10.1.29b)

$$p_{\mathrm{i}}(r,\vartheta,\varphi,t) = p_{0\mathrm{i}} \mathrm{e}^{\mathrm{i}(k_0 L - \omega t)} \sum_{l=0}^{\infty} (2l+1) \mathrm{i}^l \mathrm{j}_l(k_0 r) \mathrm{P}_l(\cos\vartheta) \qquad (10.1.30\mathrm{c})$$

上式与方程 (10.1.13b) 是一致的.

　　因此, 对称的入射 Gauss 声束在球坐标中可以表示为

$$p_{\mathrm{i}}(r,\vartheta,t) \equiv p_{\mathrm{i}}(r,\vartheta,\varphi,t) \approx \mathrm{e}^{-\mathrm{i}\omega t} \sum_{l=0}^{\infty} (2l+1) A_l' \mathrm{j}_l(k_0 r) \mathrm{P}_l(\cos\vartheta) \qquad (10.1.31\mathrm{a})$$

其中, 系数为

$$A_l' \equiv \frac{1}{2} \mathrm{i}^l a^2 k_0^2 p_{0\mathrm{i}} \int_0^1 \mathrm{e}^{-\frac{a^2 k_0^2 q^2}{4} + \mathrm{i}k_0\sqrt{1-q^2}L} \mathrm{P}_l(\cos\vartheta') q \mathrm{d}q \qquad (10.1.31\mathrm{b})$$

注意: 得到上式, 已经假定 $z > z_0$, $|z - z_0| = z - z_0 = z + L$(见 7.5.5 小节讨论), 故在上半平面, 方程 (10.1.31a) 一定成立; 而在下半平面 ($\pi/2 < \vartheta < \pi$ 且 $r \to \infty$), $z < z_0$, 故 $|z - z_0| = z_0 - z = -z - L$, 于是, 系数应该修正为

$$A_l' \equiv \frac{1}{2} \mathrm{i}^l a^2 k_0^2 p_{0\mathrm{i}} \int_0^1 \mathrm{e}^{-\frac{a^2 k_0^2 q^2}{4} - \mathrm{i}k_0\sqrt{1-q^2}L} \mathrm{P}_l(\cos\vartheta') q \mathrm{d}q \qquad (10.1.31\mathrm{c})$$

　　刚性球　由方程 (10.1.14a) 和 (10.1.14c), 球面上的总声场和切向速度分别为

$$p(R,\vartheta,t) = p_{0\mathrm{i}} \mathrm{e}^{-\mathrm{i}\omega t} \sum_{l=0}^{\infty} \Im_l'(k_0 R) \mathrm{P}_l(\cos\vartheta)$$

$$v_\vartheta(R,\vartheta,t) = \frac{p_{0\mathrm{i}}}{\mathrm{i}\rho_0 \omega R} \mathrm{e}^{-\mathrm{i}\omega t} \sum_{l=0}^{\infty} \Im_l'(k_0 R) \frac{\mathrm{d}\mathrm{P}_l(\cos\vartheta)}{\mathrm{d}\vartheta} \qquad (10.1.31\mathrm{d})$$

其中, 为了方便定义

$$\Im_l'(k_0 R) \equiv (2l+1) A_l' \left[\mathrm{j}_l(k_0 R) - \frac{\mathrm{j}_l'(k_0 R) \mathrm{h}_l^{(1)}(k_0 R)}{\mathrm{h}_l'^{(1)}(k_0 R)} \right] \qquad (10.1.31\mathrm{e})$$

不难得到与方程 (10.1.16b) 类似的声辐射压力表达式 (作为习题).

$$F_z = -\frac{\pi R^2 p_{0\mathrm{i}}^2}{2\rho_0 c_0^2} \sum_{l,j=0}^{\infty} \left[I_{lj} - \frac{J_{lj}}{(k_0 R)^2} \right] [\mathrm{Re}(\Im_l')\mathrm{Re}(\Im_j') + \mathrm{Im}(\Im_l')\mathrm{Im}(\Im_j')] \qquad (10.1.31\mathrm{f})$$

其中, 积分 I_{lj} 和 J_{lj} 仍然由方程 (10.1.16c) 表示. 上式中的系数 A'_l 可通过数值计算求得.

可压缩球 由方程 (10.1.24a) 修改得到球外总声压

$$p(r, \vartheta, t) = p_\mathrm{i}(r, \vartheta, t) - \sum_{l=0}^{\infty} A'_l (2l+1) \frac{\mathrm{j}'_l(k_0 R) + \mathrm{i}\beta_l \mathrm{j}_l(k_0 R)}{\mathrm{h}_l^{'(1)}(k_0 R) + \mathrm{i}\beta_l \mathrm{h}_l^{(1)}(k_0 R)} \tag{10.1.32a}$$
$$\times \mathrm{h}_l^{(1)}(k_0 r) \mathrm{P}_l(\cos\vartheta) \exp(-\mathrm{i}\omega t)$$

其中, A'_l 由方程 (10.1.31b) 和 (10.1.31c) 决定, 常数 β_l 方程 (10.1.24b) 决定. 注意: 上式与方程 (10.1.24a) 区别, 在 Gauss 声束入射情况下, 入射波 $p_\mathrm{i}(r, \vartheta, t)$ 不仅仅是 z 的函数. 方程 (10.1.32a) 给出远场速度势近似为 (利用声压与速度势的关系 $p = \mathrm{i}\omega\rho_0\psi$)

$$\psi \approx \psi_\mathrm{i}(r, \vartheta, t) + \frac{f(\vartheta)}{r} \exp[\mathrm{i}(k_0 r - \omega t)] \tag{10.1.32b}$$

其中, 方向性因子由方程 (10.1.25a) 修改为

$$f(\vartheta) = \frac{1}{\mathrm{i}\omega\rho_0 k_0} \sum_{l=0}^{\infty} \frac{A'_l(2l+1)\mathrm{i}e^{-\mathrm{i}l\pi/2}[\mathrm{j}'_l(k_0 R) + \mathrm{i}\beta_l \mathrm{j}_l(k_0 R)]}{\mathrm{h}_l^{'(1)}(k_0 R) + \mathrm{i}\beta_l \mathrm{h}_l^{(1)}(k_0 R)} \mathrm{P}_l(\cos\vartheta) \tag{10.1.32c}$$

把方程 (10.1.32b) 和 (10.1.32c) 代入方程 (10.1.21d) 就可以计算相应的声辐射压力. 注意: 在远场条件下, 极角 ϑ 方向的速度分量仍然可忽略, 因此

$$\boldsymbol{v} \approx \nabla\psi_\mathrm{i}(r, \vartheta, t) + \nabla\frac{f(\vartheta)}{r}\exp[\mathrm{i}(k_0 r - \omega t)]$$
$$\approx \frac{\partial\psi_\mathrm{i}(r, \vartheta, t)}{\partial r}\boldsymbol{e}_r + \mathrm{i}k_0 \frac{f(\vartheta)}{r}\boldsymbol{e}_r \exp[\mathrm{i}(k_0 r - \omega t)] \tag{10.1.32d}$$

注意: 上式与方程 (10.1.23f) 的区别.

10.2 声 流 理 论

在线性声学范围内, 流体质点围绕平衡位置作振动, 压力和速度的时间平均为零. 在非线性声场中, 声压的时间平均为声辐射压力, 相应的速度时间平均称为**声流**(acoustic streaming), 也称为**声风**或者**石英风**. 声流通常比质点的速度 (在平衡位置的振动速度) 小三、四个数量级. 值得指出的是, 声流由流体的黏滞产生, 因而总是有旋的. 本节首先介绍声流的 Eckart 理论和 Nyborg 理论, 在 10.2.3 小节和 10.2.3 小节分别介绍平面界面附近的声流和刚性小球附近的微声流.

10.2.1　Eckart 理论及其修正

我们从质量守恒方程和 Navier-Stokes 方程出发讨论声流的定量表征

$$\frac{\partial \rho}{\partial t} + \nabla \cdot (\rho \boldsymbol{v}) = 0 \tag{10.2.1a}$$

$$\rho \left(\frac{\partial \boldsymbol{v}}{\partial t} + \boldsymbol{v} \cdot \nabla \boldsymbol{v} \right) = -\nabla P + \mu \nabla^2 \boldsymbol{v} + \left(\eta + \frac{1}{3}\mu \right) \nabla (\nabla \cdot \boldsymbol{v}) \tag{10.2.1b}$$

其中, η 和 μ 为体膨胀黏滞系数和切变黏滞系数. 假定: ①黏滞系数与密度无关; ②等熵过程 (或者说熵取一阶近似, 在不考虑热传导的情况下为等熵过程), 故二阶非线性本构方程仍然为

$$P(\rho) = P_0 + c_0^2 \rho' + c_0 \left(\frac{\partial c}{\partial \rho} \right)_s \rho'^2 + \cdots \tag{10.2.1c}$$

采用逐步近似法, 把速度和密度展成各阶量之和

$$\begin{aligned} \boldsymbol{v} &= \varepsilon \boldsymbol{v}_1 + \varepsilon^2 \boldsymbol{v}_2 + \cdots \\ \rho' &= \rho - \rho_0 = \varepsilon \rho_1 + \varepsilon^2 \rho_2 + \cdots \end{aligned} \tag{10.2.2a}$$

代入方程 (10.2.1a) 和 (10.2.1b), 令 ε 同次幂的系数相等得到一阶满足的方程

$$\frac{\partial \rho_1}{\partial t} + \rho_0 \nabla \cdot \boldsymbol{v}_1 = 0 \tag{10.2.2b}$$

$$\rho_0 \frac{\partial \boldsymbol{v}_1}{\partial t} = -c_0^2 \nabla \rho_1 + \left(\eta + \frac{4}{3}\mu \right) \nabla (\nabla \cdot \boldsymbol{v}_1) - \mu \nabla \times \nabla \times \boldsymbol{v}_1 \tag{10.2.2c}$$

以及二阶项满足的方程

$$\frac{\partial \rho_2}{\partial t} + \rho_0 \nabla \cdot \boldsymbol{v}_2 + \nabla \cdot (\rho_1 \boldsymbol{v}_1) = 0 \tag{10.2.2d}$$

$$\begin{aligned} \rho_0 \frac{\partial \boldsymbol{v}_2}{\partial t} + \rho_1 \frac{\partial \boldsymbol{v}_1}{\partial t} + \rho_0 (\boldsymbol{v}_1 \cdot \nabla) \boldsymbol{v}_1 = &-c_0^2 \nabla \rho_2 - c_0 \left(\frac{\partial c}{\partial \rho} \right)_s \nabla \rho_1^2 \\ &+ \left(\eta + \frac{4}{3}\mu \right) \nabla (\nabla \cdot \boldsymbol{v}_2) - \mu \nabla \times \nabla \times \boldsymbol{v}_2 \end{aligned}$$
$$\tag{10.2.2e}$$

假定一阶声场无旋 $\nabla \times \boldsymbol{v}_1 = 0$, 注意到 $(\boldsymbol{v}_1 \cdot \nabla)\boldsymbol{v}_1 = \nabla(v_1^2/2) - \boldsymbol{v}_1 \times (\nabla \times \boldsymbol{v}_1) = \nabla(v_1^2/2)$, 利用一阶场方程 (10.2.2b) 和 (10.2.2c), 二阶方程 (10.2.2d) 和 (10.2.2e) 简化为

$$\frac{\partial \tilde{\rho}_2}{\partial t} + \rho_0 \nabla \cdot \boldsymbol{v}_2 = \frac{1}{\rho_0 c_0^2} \left(\eta + \frac{4}{3}\mu \right) \boldsymbol{v}_1 \cdot \nabla \left(\frac{\partial \rho_1}{\partial t} \right) \tag{10.2.3a}$$

$$\rho_0 \frac{\partial \boldsymbol{v}_2}{\partial t} + c_0^2 \nabla \tilde{\rho}_2 = -c_0 \left(\frac{\partial c}{\partial \rho} \right)_s \nabla \rho_1^2 - \frac{1}{\rho_0} \left(\eta + \frac{4}{3}\mu \right) \rho_1 \nabla (\nabla \cdot \boldsymbol{v}_1)$$
$$+ \left(\eta + \frac{4}{3}\mu \right) \nabla (\nabla \cdot \boldsymbol{v}_2) - \mu \nabla \times \nabla \times \boldsymbol{v}_2 - \nabla (\rho_0 v_1^2) \tag{10.2.3b}$$

其中, 为了方便定义

$$\tilde{\rho}_2 \equiv \rho_2 - \frac{w}{c_0^2}; \ w \equiv \frac{1}{2} \frac{c_0^2}{\rho_0} \rho_1^2 + \frac{1}{2} \rho_0 v_1^2 \tag{10.2.3c}$$

显然, w 是线性声场的能量密度. 注意: 一阶声场无旋 ($\nabla \times \boldsymbol{v}_1 = 0$) 这个条件一般是难以满足的, 特别是在界面附近. 得到方程 (10.2.3a) 和 (10.2.3b), 利用了方程 (10.2.2b) 和 (10.2.2c). 方程 (10.2.3a) 和 (10.2.3b) 消去 $\tilde{\rho}_2$ 得到

$$\frac{\partial^2 \boldsymbol{v}_2}{\partial t^2} - c_0^2 \nabla (\nabla \cdot \boldsymbol{v}_2) - \frac{1}{\rho_0} \left(\eta + \frac{4}{3}\mu \right) \frac{\partial}{\partial t} [\nabla (\nabla \cdot \boldsymbol{v}_2)]$$
$$= -\frac{1}{\rho_0^2} \left(\eta + \frac{4}{3}\mu \right) \nabla \left[\boldsymbol{v}_1 \cdot \nabla \left(\frac{\partial \rho_1}{\partial t} \right) \right] - \frac{\mu}{\rho_0} \frac{\partial}{\partial t} (\nabla \times \nabla \times \boldsymbol{v}_2) \tag{10.2.4a}$$
$$- \frac{1}{\rho_0^2} \left(\eta + \frac{4}{3}\mu \right) \frac{\partial}{\partial t} [\rho_1 \nabla (\nabla \cdot \boldsymbol{v}_1)] - \frac{1}{\rho_0} \frac{\partial}{\partial t} \nabla \left[c_0 \left(\frac{\partial c}{\partial \rho} \right)_s \rho_1^2 + \rho_0 v_1^2 \right]$$

任何矢量场可由它的散度和旋度表征, 故取上式的散度和旋度得到

$$\frac{\partial^2 D_2}{\partial t^2} - c_0^2 \nabla \cdot (\nabla D_2) - \frac{1}{\rho_0} \left(\eta + \frac{4}{3}\mu \right) \nabla^2 \frac{\partial D_2}{\partial t}$$
$$= -\frac{1}{\rho_0^2} \left(\eta + \frac{4}{3}\mu \right) \nabla^2 \left[\boldsymbol{v}_1 \cdot \nabla \left(\frac{\partial \rho_1}{\partial t} \right) \right] \tag{10.2.4b}$$
$$- \frac{1}{\rho_0^2} \left(\eta + \frac{4}{3}\mu \right) \nabla \cdot \frac{\partial (\rho_1 \nabla D_1)}{\partial t} - \frac{1}{\rho_0} \frac{\partial}{\partial t} \nabla^2 \left[c_0 \left(\frac{\partial c}{\partial \rho} \right)_s \rho_1^2 + \rho_0 v_1^2 \right]$$

以及

$$\frac{\partial \boldsymbol{R}_2}{\partial t} - \frac{\mu}{\rho_0} \nabla^2 \boldsymbol{R}_2 = \frac{1}{\rho_0^3} \left(\eta + \frac{4}{3}\mu \right) \left(\nabla \rho_1 \times \nabla \frac{\partial \rho_1}{\partial t} \right) \tag{10.2.4c}$$

其中, $D_2 = \nabla \cdot \boldsymbol{v}$ 和 $\boldsymbol{R}_2 = \nabla \times \boldsymbol{v}_2$ 分别是二阶场的散度和旋度, 注意矢量运算关系 $\nabla \times \nabla \times \boldsymbol{R}_2 = \nabla (\nabla \cdot \boldsymbol{R}_2) - \nabla^2 \boldsymbol{R}_2 = -\nabla^2 \boldsymbol{R}_2$ (旋度的散度为零). 得到上式, 已对时间进行了积分, 并令积分常数为零. 可见, 即使一阶声场无旋, 二阶声场也是有旋的, 一阶声场是二阶声场的源函数. 但是当忽略黏滞效应时, $\partial \boldsymbol{R}_2 / \partial t = 0$, 如果初始时刻流体中无旋, 则 $\boldsymbol{R}_2 \equiv 0$, 即流体中的漩涡是由于黏滞产生的.

考虑频率为 ω 的一阶声波

$$p_1(\boldsymbol{r}, \omega) = c_0^2 \rho_1 = P_1(\boldsymbol{r}) \cos(\omega t) + P_2(\boldsymbol{r}) \sin(\omega t) \tag{10.2.5a}$$

显然

$$\nabla \rho_1 = \frac{1}{c_0^2}[\nabla P_1(\boldsymbol{r}) \cos(\omega t) + \nabla P_2(\boldsymbol{r}) \sin(\omega t)]$$
$$\nabla \frac{\partial \rho_1}{\partial t} = \frac{\omega}{c_0^2}[-\nabla P_1(\boldsymbol{r}) \sin(\omega t) + \nabla P_2(\boldsymbol{r}) \cos(\omega t)] \tag{10.2.5b}$$

即

$$\nabla \rho_1 \times \nabla \frac{\partial \rho_1}{\partial t} = \frac{\omega}{c_0^4} \nabla P_1(\boldsymbol{r}) \times \nabla P_2(\boldsymbol{r}) \tag{10.2.5c}$$

故方程 (10.2.4c) 的源项与时间无关. 当时间足够长后, 旋涡分布到达稳态, 即稳态旋涡方程为

$$\nabla^2 \boldsymbol{R}_2 = -\frac{\omega}{\rho_0^2 c_0^4} \left(\frac{4}{3} + \frac{\eta}{\mu}\right) \nabla P_1(\boldsymbol{r}) \times \nabla P_2(\boldsymbol{r}) \tag{10.2.6a}$$

在无限空间, 上式的解为

$$\boldsymbol{R}_2 = \nabla \times \boldsymbol{v}_2 = -\frac{\omega}{4\pi \rho_0^2 c_0^4} \left(\frac{4}{3} + \frac{\eta}{\mu}\right) \int \frac{\nabla P_1(\boldsymbol{r}') \times \nabla P_2(\boldsymbol{r}')}{|\boldsymbol{r} - \boldsymbol{r}'|} \mathrm{d}^3 \boldsymbol{r}' \tag{10.2.6b}$$

上式意味着, 介质中存在与时间无关的直流速度, 即**声流**(acoustic streaming), 该声流以**旋涡**(vortex) 形式存在.

作为例子, 考虑半径为 $\rho = a$ 的有限长刚性管道中声波产生的声流, 假定管道尾端有一个全吸收面吸收声能量, 使尾端没有声反射, 管口声源产生的声波在管道的 z 轴方向传播. 管道是封闭的, 既没有外部质量流入也没有内部质量流出. 可以设一阶声场为沿 z 轴方向的行波

$$p_1(\boldsymbol{r}, \omega) = c_0^2 \rho_1 = P(\rho) \sin(k_0 z - \omega t) \tag{10.2.7a}$$

其中,$P(\rho)$ 表示声束的分布. 注意到单位矢量关系 $\boldsymbol{e}_\rho = \cos\varphi \boldsymbol{e}_x + \sin\varphi \boldsymbol{e}_y$ 以及 $\boldsymbol{e}_\varphi = -\sin\varphi \boldsymbol{e}_x + \cos\varphi \boldsymbol{e}_y$(其中 φ 为管道截面上的极角, $\boldsymbol{e}_x$ 和 $\boldsymbol{e}_y$ 分别为截面上沿 x 和 y 方向的单位矢量), 计算得到

$$\nabla \rho_1 \times \nabla \frac{\partial \rho_1}{\partial t} = -\frac{\omega}{c_0^4} k_0 P(\rho) \frac{\mathrm{d}P(\rho)}{\mathrm{d}\rho} \boldsymbol{e}_z \times \boldsymbol{e}_\rho = -\frac{k_0^2}{2c_0^3} \frac{\mathrm{d}P^2(\rho)}{\mathrm{d}\rho} \boldsymbol{e}_\varphi \tag{10.2.7b}$$

上式代入方程 (10.2.4c) 得到稳态旋涡满足的方程

$$\nabla^2 \boldsymbol{R}_2 = b \frac{\mathrm{d}P^2(\rho)}{\mathrm{d}\rho} \boldsymbol{e}_\varphi; \ b \equiv \frac{k_0^2}{2\rho_0^2 c_0^3} \left(\frac{4}{3} + \frac{\eta}{\mu}\right) \tag{10.2.7c}$$

显然, 矢量 $\nabla^2 \boldsymbol{R}_2$ 只有 $\boldsymbol{e}_\varphi$ 方向分量, 并且与角度 φ 无关. 由矢量运算关系, 矢量 $\boldsymbol{R}_2$ 也只有 $\boldsymbol{e}_\varphi$ 方向分量, 即 $\boldsymbol{R}_2 = f(\rho) \boldsymbol{e}_\varphi$, 其中 $f(\rho)$ 满足

$$\left[\frac{1}{\rho} \frac{\mathrm{d}}{\mathrm{d}\rho} \left(\rho \frac{\mathrm{d}}{\mathrm{d}\rho}\right) - \frac{1}{\rho^2}\right] f(\rho) = b \frac{\mathrm{d}P^2(\rho)}{\mathrm{d}\rho} \tag{10.2.8a}$$

不难验证上式可以写成

$$\frac{\mathrm{d}}{\mathrm{d}\rho}\left[\frac{1}{\rho}\frac{\mathrm{d}(\rho f)}{\mathrm{d}\rho}\right] = b\frac{\mathrm{d}P^2(\rho)}{\mathrm{d}\rho} \tag{10.2.8b}$$

故上式积分得到

$$f(\rho) = \frac{b}{\rho}\int_0^\rho \rho' P^2(\rho')\mathrm{d}\rho' + 2N\rho + \frac{M}{\rho} \tag{10.2.8c}$$

其中, N 和 M 为积分常数. 为了保证 $f(\rho)$ 在原点有限, 只能取 $M = 0$. 因此二阶速度场满足

$$\nabla \times \boldsymbol{v}_2 = \left[\frac{b}{\rho}\int_0^\rho \rho' P^2(\rho')\mathrm{d}\rho' + 2N\rho\right]\boldsymbol{e}_\varphi \tag{10.2.9a}$$

由柱坐标中旋度的关系

$$\nabla \times \boldsymbol{v}_2 = \left(\frac{1}{\rho}\frac{\partial v_{2z}}{\partial \varphi} - \frac{\partial v_{2\varphi}}{\partial z}\right)\boldsymbol{e}_\rho + \left(\frac{\partial v_{2\rho}}{\partial z} - \frac{\partial v_{2z}}{\partial \rho}\right)\boldsymbol{e}_\varphi + \frac{1}{\rho}\left[\frac{\partial(\rho v_{2\varphi})}{\partial \rho} - \frac{\partial v_{2\rho}}{\partial \varphi}\right]\boldsymbol{e}_z \tag{10.2.9b}$$

显然, 如果取 $v_{2\rho} = v_{2\varphi} = 0$(事实上也只有 z 方向的流动速度) 和 $v_{2z} = v_{2z}(\rho)$ 则能够满足方程 (10.2.9a), 即

$$\frac{\mathrm{d}v_{2z}(\rho)}{\mathrm{d}\rho} = -\left[\frac{b}{\rho}\int_0^\rho \rho' P^2(\rho')\mathrm{d}\rho' + 2N\rho\right] \tag{10.2.9c}$$

积分一次得到二阶速度

$$v_{2z}(\rho) = bw(\rho) + 2N(a^2 - \rho^2) \tag{10.2.10a}$$

其中, 为了方便定义

$$w(\rho) \equiv \int_\rho^a \frac{1}{\rho''}\left[\int_0^{\rho''} \rho' P^2(\rho')\mathrm{d}\rho'\right]\mathrm{d}\rho'' \tag{10.2.10b}$$

得到方程 (10.2.10a) 和 (10.2.10b), 利用了黏滞边界条件, 即在管壁上流体质点的速度为零 $v_{2z}(a) = 0$. 为了决定另外一个常数 N 必须增加其他条件. 一个合理的假定是: 由于管道封闭, 既没有外部质量流入也没有内部质量流出, 故通过任意一个截面的总质量流量为零. 于是, 决定常数 N 的方程为

$$\int_0^a v_{2z}(\rho)\rho\mathrm{d}\rho = 0 \tag{10.2.10c}$$

方程 (10.2.10a), (10.2.10b) 和 (10.2.10c) 就是决定声流的基本方程. 设声束近似为半径 $\rho_0 < a$ 的均匀束 (注意: 这样的声束不满足波动方程)

$$P(\rho) = \begin{cases} P_0, & 0 < \rho < \rho_0 \\ 0, & \rho_0 < \rho < a \end{cases} \tag{10.2.10d}$$

首先计算

$$\int_0^{\rho''} \rho' P^2(\rho') \mathrm{d}\rho' = \frac{1}{2}P_0^2 \begin{cases} \rho''^2, & \rho'' \leqslant \rho_0 \\ \rho_0^2, & \rho'' > \rho_0 \end{cases} \tag{10.2.11a}$$

上式代入方程 (10.2.10b) 得到

当 $\rho > \rho_0$ 时

$$w(\rho) = \frac{1}{2}P_0^2 \int_\rho^a \frac{1}{\rho''}\rho_0^2 \mathrm{d}\rho'' = \frac{1}{2}P_0^2 \rho_0^2 \ln\left(\frac{a}{\rho}\right) \tag{10.2.11b}$$

当 $\rho \leqslant \rho_0$ 时

$$\begin{aligned} w(\rho) &= \frac{1}{2}P_0^2 \left(\int_\rho^{\rho_0} \frac{1}{\rho''}\rho''^2 \mathrm{d}\rho'' + \int_{\rho_0}^a \frac{1}{\rho''}\rho_0^2 \mathrm{d}\rho'' \right) \\ &= \frac{1}{2}P_0^2 \left[\frac{1}{2}(\rho_0^2 - \rho^2) + \rho_0^2 \ln\left(\frac{a}{\rho_0}\right) \right] \end{aligned} \tag{10.2.11c}$$

由方程 (10.2.10a) 和 (10.2.10c) 得到

$$b\int_0^a w(\rho)\rho \mathrm{d}\rho + 2N \int_0^a (a^2 - \rho^2)\rho \mathrm{d}\rho = 0 \tag{10.2.12a}$$

不难得到

$$N = \frac{bP_0^2 \rho_0^2}{4a^2}\left(\frac{1}{2}\frac{\rho_0^2}{a^2} - 1 \right) \tag{10.2.12b}$$

把方程 (10.2.11b)、(10.2.11c) 和上式代入方程 (10.2.10a) 得到 $v_{2z}(\rho)$ 的分布关系

当 $\rho > \rho_0$ 时

$$v_{2z}(\rho) = -\frac{bP_0^2 \rho_0^2}{2}\left[\left(1 - \frac{1}{2}\frac{\rho_0^2}{a^2}\right)\left(1 - \frac{\rho^2}{a^2}\right) - \ln\left(\frac{\rho}{a}\right) \right] \tag{10.2.13a}$$

当 $\rho \leqslant \rho_0$ 时

$$v_{2z}(\rho) = \frac{bP_0^2 \rho_0^2}{2}\left[\frac{1}{2}\left(1 - \frac{\rho^2}{\rho_0^2}\right) - \left(1 - \frac{\rho_0^2}{2a^2}\right)\left(1 - \frac{\rho^2}{a^2}\right) - \ln\left(\frac{\rho_0}{a}\right) \right] \tag{10.2.13b}$$

具体的计算表明: 在声束内 $(0 \leqslant \rho \leqslant \rho_0)$, 声流速度与声传播相同, 沿 z 方向; 而在声束外 $(\rho_0 < \rho < a)$, 声流速度与声传播相反, 沿负 z 方向 (如图 10.2.1); 声束边缘附近的声流速度是正是负, 与比值 ρ_0/a 有关. 值得指出的是: 方程 (10.2.13a) 和 (10.2.13b) 不能外推到 $\rho_0 = a$ 情况. 当 $\rho_0 = a$ 时, 方程 (10.2.10d) 是不适合的. 事实上, 由于黏滞的作用, 管壁的流体速度为零 (流体黏着在固体上), 故管壁 (边界层) 附近的声压不可能用方程 (10.2.10d) 简单近似, 一阶声场和声流较为复杂, 如图 10.2.2. 注意: 声流满足旋度方程 (10.2.6a), 因此流线 (流线的切向是流速方向) 总是闭合的, 图 10.2.1 表示的是理想 (尾端材料全吸收) 情况.

注意: 已知速度场 $\boldsymbol{v} = v_x \boldsymbol{e}_x + v_y \boldsymbol{e}_y + v_z \boldsymbol{e}_z$, 流线的方程满足 $\mathrm{d}\boldsymbol{r} \times \boldsymbol{v} = 0$(因流线的切向为速度的方向, 故 $\mathrm{d}\boldsymbol{r}$ 与 $\boldsymbol{v}$ 平行), 写成分量形式即为

$$\frac{\mathrm{d}x}{v_x(x,y,z)} = \frac{\mathrm{d}y}{v_y(x,y,z)} = \frac{\mathrm{d}z}{v_z(x,y,z)} \tag{10.2.13c}$$

在球坐标下 $\mathrm{d}\boldsymbol{r} = \mathrm{d}r \boldsymbol{e}_r + r\mathrm{d}\vartheta \boldsymbol{e}_\vartheta + r\sin\vartheta \mathrm{d}\varphi \boldsymbol{e}_\varphi$, 故 $\mathrm{d}\boldsymbol{r} \times \boldsymbol{v} = 0$ 的分量形式为

$$\frac{\mathrm{d}r}{r\sin\vartheta v_r(r,\vartheta,\varphi)} = \frac{\mathrm{d}\vartheta}{\sin\vartheta v_\vartheta(r,\vartheta,\varphi)} = \frac{\mathrm{d}\varphi}{v_\varphi(r,\vartheta,\varphi)} \tag{10.2.13d}$$

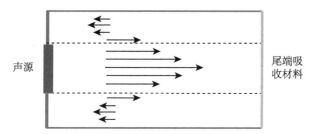

图 10.2.1 有限声束在封闭管道中产生的声流

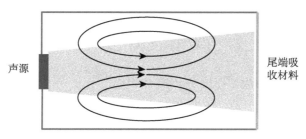

图 10.2.2 封闭管道中的声流

Eckart 理论的修正 以上介绍的 Eckart 旋涡声流理论的一个缺点是假定一阶声场无旋, 即 $\nabla \times \boldsymbol{v}_1 = 0$. 事实上, 在边界层附近, 流体的运动一定有旋, 只有在远离边界区域, 一阶声场才能近似为无旋运动. 因此 Eckart 旋涡声流理论不适合于讨论界面附近的声流. 另外, 得到方程 (10.2.1b), 已假定体膨胀黏滞系数 η 和切变黏滞系数 μ 与密度无关. 一般切变黏滞系数与密度无关, 而体膨胀黏滞系数与流体的密度密切相关. 为了克服这二个缺点, 我们从更一般的流体动力学方程出发来讨论.

注意到矢量和张量运算关系

$$\nabla^2 \boldsymbol{v} = \nabla(\nabla \cdot \boldsymbol{v}) - \nabla \times \nabla \times \boldsymbol{v}; \quad \nabla(\eta \nabla \cdot \boldsymbol{v}) = \nabla\eta(\nabla \cdot \boldsymbol{v}) + \eta \nabla(\nabla \cdot \boldsymbol{v})$$
$$\nabla \cdot \boldsymbol{S} = \frac{1}{2}[\nabla^2 \boldsymbol{v} + \nabla(\nabla \cdot \boldsymbol{v})] \tag{10.2.14a}$$

其中, $\boldsymbol{S}$ 是应变率张量 (见方程 (6.1.5e)). 假定切变黏滞系数与密度无关 $\mu = \mu_0$,

则由方程 (6.1.11a)，流体动力学方程修改为

$$\rho\left(\frac{\partial \boldsymbol{v}}{\partial t} + \boldsymbol{v} \cdot \nabla \boldsymbol{v}\right) = -\nabla P + \left(\eta + \frac{4}{3}\mu_0\right)\nabla(\nabla \cdot \boldsymbol{v}) - \mu_0 \nabla \times \nabla \times \boldsymbol{v} + (\nabla \eta)\nabla \cdot \boldsymbol{v} \quad (10.2.14b)$$

质量守恒方程仍然为方程 (10.2.1a). 把体膨胀黏滞系数作展开，在二阶近似下保留密度变化的一阶量即可

$$\eta(\rho) = \eta_0 + \left(\frac{\mathrm{d}\eta}{\mathrm{d}\rho}\right)_0 \rho' + \cdots \quad (10.2.14c)$$

其中，$\eta_0 \equiv \eta(\rho_0)$. 仍把密度和速度展成各阶量之和，即方程 (10.2.2a)，代入方程 (10.2.1a) 和 (10.2.14b) 得到一阶声场满足的方程

$$\frac{\partial \rho_1}{\partial t} + \rho_0 \nabla \cdot \boldsymbol{v}_1 = 0 \quad (10.2.15a)$$

$$\rho_0 \frac{\partial \boldsymbol{v}_1}{\partial t} = -c_0^2 \nabla \rho_1 + \left(\eta_0 + \frac{4}{3}\mu_0\right)\nabla(\nabla \cdot \boldsymbol{v}_1) - \mu_0 \nabla \times \nabla \times \boldsymbol{v}_1 \quad (10.2.15b)$$

以及二阶声场满足的方程

$$\frac{\partial \rho_2}{\partial t} + \rho_0 \nabla \cdot \boldsymbol{v}_2 + \nabla \cdot (\rho_1 \boldsymbol{v}_1) = 0 \quad (10.2.16a)$$

$$\begin{aligned}
\rho_0 \frac{\partial \boldsymbol{v}_2}{\partial t} + \rho_1 \frac{\partial \boldsymbol{v}_1}{\partial t} + \rho_0 (\boldsymbol{v}_1 \cdot \nabla)\boldsymbol{v}_1 = &-c_0^2 \nabla \rho_2 - c_0 \left(\frac{\partial c}{\partial \rho}\right)_s \nabla \rho_1^2 \\
&+ \left(\eta_0 + \frac{4}{3}\mu_0\right)\nabla(\nabla \cdot \boldsymbol{v}_2) - \mu_0 \nabla \times \nabla \times \boldsymbol{v}_2 \\
&+ \left(\frac{\mathrm{d}\eta}{\mathrm{d}\rho}\right)_0 \rho_1 \nabla(\nabla \cdot \boldsymbol{v}_1) + \left(\frac{\mathrm{d}\eta}{\mathrm{d}\rho}\right)_0 (\nabla \cdot \boldsymbol{v}_1)\nabla \rho_1
\end{aligned}$$
$$(10.2.16b)$$

利用 $(\boldsymbol{v}_1 \cdot \nabla)\boldsymbol{v}_1 = \nabla(v_1^2/2) - \boldsymbol{v}_1 \times \boldsymbol{R}_1$(其中 $\boldsymbol{R}_1 \equiv \nabla \times \boldsymbol{v}_1$) 和一阶声场方程 (10.2.15a) 以及 (10.2.15b)，二阶声场方程 (10.2.16a) 和 (10.2.16b) 变成

$$\frac{\partial \tilde{\rho}_2}{\partial t} + \rho_0 \nabla \cdot \boldsymbol{v}_2 = \frac{1}{\rho_0 c_0^2}\left(\eta_0 + \frac{4}{3}\mu_0\right)\boldsymbol{v}_1 \cdot \nabla\left(\frac{\partial \rho_1}{\partial t}\right) + \frac{\mu_0}{c_0^2}\boldsymbol{v}_1 \cdot (\nabla \times \boldsymbol{R}_1) \quad (10.2.17a)$$

$$\begin{aligned}
\rho_0 \frac{\partial \boldsymbol{v}_2}{\partial t} + c_0^2 \nabla \tilde{\rho}_2 = &-c_0 \left(\frac{\partial c}{\partial \rho}\right)_s \nabla \rho_1^2 - \frac{1}{\rho_0}\left(\eta_0 + \frac{4}{3}\mu_0\right)\rho_1 \nabla D_1 \\
&+ \left(\eta_0 + \frac{4}{3}\mu_0\right)\nabla D_2 - \mu_0 \nabla \times \boldsymbol{R}_2 - \rho_0 \nabla v_1^2 + \rho_0 \boldsymbol{v}_1 \times \boldsymbol{R}_1 \\
&+ \left(\frac{\mathrm{d}\eta}{\mathrm{d}\rho}\right)_0 \rho_1 \nabla D_1 + \left(\frac{\mathrm{d}\eta}{\mathrm{d}\rho}\right)_0 D_1 \nabla \rho_1 + \mu_0 \frac{\rho_1}{\rho_0}\nabla \times \boldsymbol{R}_1
\end{aligned}$$
$$(10.2.17b)$$

其中，$D_1 = \nabla \cdot \boldsymbol{v}_1$ 为一阶场的散度. 上二式消去 $\tilde{\rho}_2$ 得到

$$\rho_0 \frac{\partial^2 \boldsymbol{v}_2}{\partial t^2} - \rho_0 c_0^2 \nabla (\nabla \cdot \boldsymbol{v}_2) - \left(\eta_0 + \frac{4}{3}\mu_0\right) \nabla \frac{\partial D_2}{\partial t} + \mu_0 \nabla \times \frac{\partial \boldsymbol{R}_2}{\partial t}$$

$$= -\frac{\partial}{\partial t} \nabla \left[c_0 \left(\frac{\partial c}{\partial \rho}\right)_s \rho_1^2 + \rho_0 v_1^2 \right] - \mu_0 \nabla [\boldsymbol{v}_1 \cdot (\nabla \times \boldsymbol{R}_1)]$$

$$+ \left(\frac{\mathrm{d}\eta}{\mathrm{d}\rho}\right)_0 \nabla \frac{\partial}{\partial t}(\rho_1 D_1) + \frac{\mu_0}{\rho_0} \frac{\partial}{\partial t}(\rho_1 \nabla \times \boldsymbol{R}_1) + \rho_0 \frac{\partial}{\partial t}(\boldsymbol{v}_1 \times \boldsymbol{R}_1) \tag{10.2.18a}$$

$$- \frac{1}{\rho_0}\left(\eta_0 + \frac{4}{3}\mu_0\right)\left\{\nabla\left[\boldsymbol{v}_1 \cdot \nabla\left(\frac{\partial\rho_1}{\partial t}\right)\right] + \frac{\partial}{\partial t}(\rho_1 \nabla D_1)\right\}$$

上式二边求旋度得到

$$\frac{\partial \boldsymbol{R}_2}{\partial t} - \frac{\mu_0}{\rho_0}\nabla^2 \boldsymbol{R}_2 = \frac{1}{\rho_0^3}\left(\eta_0 + \frac{4}{3}\mu_0\right)\nabla\rho_1 \times \nabla\frac{\partial\rho_1}{\partial t}$$

$$+ \nabla \times (\boldsymbol{v}_1 \times \boldsymbol{R}_1) + \frac{\mu_0}{\rho_0^2}\nabla \times (\rho_1 \nabla \times \boldsymbol{R}_1) \tag{10.2.18b}$$

如果忽略一阶场的旋度, 上式与方程 (10.2.4c) 一致. 对稳态的旋涡场

$$\nabla^2 \boldsymbol{R}_2 = -\frac{1}{\rho_0^2}\left(\frac{4}{3} + \frac{\eta_0}{\mu_0}\right)\nabla\rho_1 \times \nabla\frac{\partial\rho_1}{\partial t} - \frac{\rho_0}{\mu_0}\nabla \times (\boldsymbol{v}_1 \times \boldsymbol{R}_1) - \frac{1}{\rho_0}\nabla \times (\rho_1 \nabla \times \boldsymbol{R}_1)$$

$$\tag{10.2.18c}$$

值得指出的是, 尽管体膨胀黏滞系数与密度有关, 但对二阶涡流场不产生影响.

10.2.2 Nyborg 声流理论

Nyborg 从流体受到的作用力角度出发考虑声流的计算问题. 显然, 在黏滞流体中, 如果存在平均流 (即声流), 则流体一定受到一个相应的作用力 (理想流体中, 作用力为零也可以有稳定的流), 只要求出这个等效的 "作用力", 就可以求出平均流.

首先考虑质量守恒方程的时间平均, 对方程 (10.2.1a) 取时间平均, 注意到 $\langle \partial\rho/\partial t \rangle = 0$, 因此 $\nabla \cdot \langle \rho\boldsymbol{v} \rangle = 0$, 如果取 $\rho \approx \rho_0$ 近似为常数, 则

$$\nabla \cdot \langle \boldsymbol{v} \rangle \approx 0 \tag{10.2.19a}$$

故平均流 (即声流) 可看作不可压缩流体的流动. 注意: 物理量 Q 时间平均定义为

$$\langle Q \rangle \equiv \lim_{T \to \infty} \frac{1}{T} \int_0^T Q\mathrm{d}t \tag{10.2.19b}$$

其次, 由方程 (6.1.10a), 流体的动量守恒方程可写成

$$\frac{\partial(\rho\boldsymbol{v})}{\partial t} + \rho(\boldsymbol{v} \cdot \nabla)\boldsymbol{v} + \boldsymbol{v}\nabla \cdot (\rho\boldsymbol{v})$$

$$= -\nabla P + \left(\eta + \frac{4}{3}\mu\right)\nabla(\nabla \cdot \boldsymbol{v}) - \mu\nabla \times \nabla \times \boldsymbol{v} \tag{10.2.20a}$$

得到上式利用了张量运算关系 $\nabla \cdot (\rho vv) = \rho(v \cdot \nabla)v + v\nabla \cdot (\rho v)$. 上式两边取时间平均并且利用方程 (10.2.19a) 得到

$$-\langle \boldsymbol{F} \rangle = -\nabla \langle P \rangle - \mu \nabla \times \nabla \times \langle \boldsymbol{v} \rangle \tag{10.2.20b}$$

其中, 为了方便定义

$$\langle \boldsymbol{F} \rangle \equiv -\langle \rho(v \cdot \nabla)v + v\nabla \cdot (\rho v) \rangle \tag{10.2.20c}$$

另一方面, 在外力 $\boldsymbol{F}_e$(单位密度流体受到的作用力) 作用下, 黏滞流体的运动方程为

$$\rho \frac{\mathrm{d}v}{\mathrm{d}t} = \boldsymbol{F}_e - \nabla P + \left(\eta + \frac{4}{3}\mu \right) \nabla(\nabla \cdot v) - \mu \nabla \times \nabla \times v \tag{10.2.21a}$$

对不可压缩流体, $\nabla \cdot v = 0$; 如果流动是稳定的, 即外力的作用仅克服黏滞引起的阻力, 而不引起流体质点的动量变化, 即 $\rho \mathrm{d}v/\mathrm{d}t = 0$(注意: 不仅仅是 $\partial v/\partial t = 0$, 在 Euler 坐标系内, 固定质点的动量变化为 $\rho \mathrm{d}v/\mathrm{d}t$), 则由方程 (10.2.21a), 不可压缩黏滞流体的稳定流动方程为

$$-\boldsymbol{F}_e = -\nabla P - \mu \nabla \times \nabla \times v \tag{10.2.21b}$$

比较上式与方程 (10.2.20b) 可见: $\langle \boldsymbol{F} \rangle$ 相当于外力 $\boldsymbol{F}_e$, 引起平均流 $\langle v \rangle$. $\langle \boldsymbol{F} \rangle$ 就是我们所要求的 "作用力". 方程 (10.2.20b) 是决定声辐射压力 $\langle P \rangle$ 与声流 $\langle v \rangle$ 的一个基本方程. 为了消去 $\nabla \langle P \rangle$, 对方程 (10.2.20b) 两边作用旋度算子

$$\mu \nabla^2 \langle \boldsymbol{R} \rangle = -\nabla \times \langle \boldsymbol{F} \rangle \tag{10.2.21c}$$

其中, $\langle \boldsymbol{R} \rangle \equiv \nabla \times \langle v \rangle$ 以及 $\nabla \times \nabla \times \langle \boldsymbol{R} \rangle = \nabla(\nabla \cdot \langle \nabla \times v \rangle) - \nabla^2 \langle \boldsymbol{R} \rangle = -\nabla^2 \langle \boldsymbol{R} \rangle$. 故 $\nabla \times \langle \boldsymbol{F} \rangle$ 也称为 "旋涡源强度". 值得注意的是 $\langle \boldsymbol{F} \rangle$ 仍然是 $\langle v \rangle$ 的函数, 直接求解方程 (10.2.21c) 是困难的. 常用的方法还是逐级近似法: 令

$$\begin{aligned} P - P_0 &= p_1 + p_2 + \cdots \\ \rho - \rho_0 &= \rho_1 + \rho_2 + \cdots \\ v &= v_1 + v_2 + \cdots \\ \langle \boldsymbol{F} \rangle &= \langle \boldsymbol{F} \rangle_1 + \langle \boldsymbol{F} \rangle_2 + \cdots \end{aligned} \tag{10.2.22a}$$

其中, 一阶场 p_1、ρ_1 和 v_1 为线性声场, $\langle \boldsymbol{F} \rangle_1$ 为 "作用力" 的一阶量. 由方程 (10.2.20b) 和 (10.2.20c), 一阶线性声场引起的 "作用力" $\langle \boldsymbol{F} \rangle_1 \equiv 0$(因为 $\langle \boldsymbol{F} \rangle$ 本身是二阶量), 而 $\langle p_1 \rangle = 0$ 和 $\langle v_1 \rangle = 0$, 故对一阶场, 方程 (10.2.20b) 给出的是一个恒等式; 对二阶量, 方程 (10.2.20b) 给出

$$-\langle \boldsymbol{F} \rangle_2 = -\nabla \langle p_2 \rangle - \mu \nabla \times \nabla \times \langle v_2 \rangle \tag{10.2.22b}$$

其中, "作用力" 的二阶近似为

$$\langle \boldsymbol{F} \rangle_2 \equiv -\rho_0 \langle (\boldsymbol{v}_1 \cdot \nabla)\boldsymbol{v}_1 + \boldsymbol{v}_1 \nabla \cdot \boldsymbol{v}_1 \rangle \tag{10.2.22c}$$

另一方面, 由质量守恒方程 (10.2.1a) 的时间平均得到二阶方程为

$$\nabla \cdot \langle \rho_0 \boldsymbol{v}_2 + \rho_1 \boldsymbol{v}_1 \rangle = 0 \tag{10.2.23a}$$

即

$$\nabla \cdot \langle \boldsymbol{v}_2 \rangle = -\frac{1}{\rho_0} \nabla \cdot \langle \rho_1 \boldsymbol{v}_1 \rangle = -\frac{1}{\rho_0} [\langle \boldsymbol{v}_1 \cdot \nabla \rho_1 \rangle + \langle \rho_1 \nabla \cdot \boldsymbol{v}_1 \rangle] \tag{10.2.23b}$$

利用 $\rho_1 \approx p_1/c_0^2$ 和忽略黏滞的线性方程 $\partial \rho_1/\partial t + \rho_0 \nabla \cdot \boldsymbol{v}_1 = 0$ 和 $\rho_0 \partial \boldsymbol{v}_1/\partial t = -\nabla p_1$, 上式变成

$$\nabla \cdot \langle \boldsymbol{v}_2 \rangle = -\frac{1}{\rho_0} \nabla \cdot \langle \rho_1 \boldsymbol{v}_1 \rangle = \frac{1}{c_0^2 \rho_0} \left\langle \frac{\partial w}{\partial t} \right\rangle = 0 \tag{10.2.23c}$$

其中, w 为线性声场的能量密度

$$w = \frac{1}{2}\rho_0 \boldsymbol{v}_1^2 + \frac{1}{2\rho_0 c_0^2} p_1^2 \tag{10.2.23d}$$

最后, 对方程 (10.2.22b) 取旋度得到决定声流的方程 (注意: 矢量场由它的旋度和散度唯一决定)

$$\mu \nabla^2 \langle \boldsymbol{R}_2 \rangle = -\nabla \times \langle \boldsymbol{F} \rangle_2; \ \nabla \cdot \langle \boldsymbol{v}_2 \rangle = 0 \tag{10.2.24}$$

其中, $\langle \boldsymbol{R}_2 \rangle \equiv \nabla \times \langle \boldsymbol{v}_2 \rangle$, 得到上式利用了关系 $\nabla \times \nabla \times \langle \boldsymbol{R}_2 \rangle = \nabla(\nabla \cdot \langle \nabla \times \boldsymbol{v}_2 \rangle) - \nabla^2 \langle \boldsymbol{R} \rangle = -\nabla^2 \langle \boldsymbol{R} \rangle$. 当然, 也可以直接用方程 (10.2.22b) 以及 $\nabla \cdot \langle \boldsymbol{v}_2 \rangle = 0$ 得到方程 (10.2.24).

一阶声场方程 一阶声场显然满足方程 (10.2.2b) 和 (10.2.2c), 或者满足方程 (6.4.31a) 和 (6.4.31b), 即

$$\nabla^2 \boldsymbol{v}_1 + k_\mu^2 \boldsymbol{v}_1 = \left(1 - \frac{k_\mu^2}{k_a^2}\right) \nabla(\nabla \cdot \boldsymbol{v}_1) \tag{10.2.25a}$$
$$\nabla^2 p_1 + k_a^2 p_1 = 0$$

其中, 复波数 k_a 和 k_μ 满足

$$k_a^2 \equiv \frac{\omega^2}{c_0^2 - \mathrm{i}\omega(\eta + 4\mu/3)/\rho_0}; \ k_\mu^2 \equiv \mathrm{i}\frac{\rho_0 \omega}{\mu} \tag{10.2.25b}$$

一旦求得一阶声场, 从方程 (10.2.22c) 计算出等效作用力 $\langle \boldsymbol{F} \rangle_2$, 然后由方程 (10.2.24) 求得声流 $\langle \boldsymbol{v}_2 \rangle$. 由 6.4.4 小节讨论, 令 $\boldsymbol{v}_1 = \boldsymbol{v}_a + \boldsymbol{v}_\mu = \nabla \Phi + \nabla \times \boldsymbol{\Psi}$(其中 $\boldsymbol{v}_a = \nabla \Phi$

和 $\boldsymbol{v}_\mu = \nabla \times \boldsymbol{\Psi}$)，则方程 (10.2.25a) 的第一式等价于

$$\begin{array}{ll} \nabla^2 \boldsymbol{v}_a + k_a^2 \boldsymbol{v}_a = 0; \ \nabla \times \boldsymbol{v}_a = 0 & \text{或者} \quad \nabla^2 \Phi + k_a^2 \Phi = 0 \\ \nabla^2 \boldsymbol{v}_\mu + k_\mu^2 \boldsymbol{v}_\mu = 0; \ \nabla \cdot \boldsymbol{v}_\mu = 0 & \nabla^2 \boldsymbol{\Psi} + k_\mu^2 \boldsymbol{\Psi} = 0 \end{array} \tag{10.2.25c}$$

另一方面，把方程 $\boldsymbol{v}_1 = \boldsymbol{v}_a + \boldsymbol{v}_\mu$ 代入方程 (10.2.22c) 得到

$$\langle \boldsymbol{F} \rangle_2 = -\rho_0 \langle (\boldsymbol{v}_a \cdot \nabla) \boldsymbol{v}_a + \boldsymbol{v}_a \nabla \cdot \boldsymbol{v}_a \rangle$$
$$-\rho_0 \langle (\boldsymbol{v}_a \cdot \nabla) \boldsymbol{v}_\mu + (\boldsymbol{v}_\mu \cdot \nabla) \boldsymbol{v}_a + (\boldsymbol{v}_\mu \cdot \nabla) \boldsymbol{v}_\mu + \boldsymbol{v}_\mu \nabla \cdot \boldsymbol{v}_a \rangle \tag{10.2.26a}$$

其中，利用了关系 $\nabla \cdot \boldsymbol{v}_\mu = 0$. 如果不存在黏滞，则由方程 (10.2.22b) 和 (10.2.22c)

$$\rho_0 \langle (\boldsymbol{v}_a \cdot \nabla) \boldsymbol{v}_a + \boldsymbol{v}_a \nabla \cdot \boldsymbol{v}_a \rangle \approx -\nabla \langle p_2 \rangle \tag{10.2.26b}$$

即上式左边的 "作用力" 恰好与 $\nabla \langle p_2 \rangle$ 平衡. 因此，把上式和方程 (10.2.26a) 代入方程 (10.2.22b) 得到声流的近似方程

$$\mu \nabla \times \nabla \times \langle \boldsymbol{v}_2 \rangle \approx \langle \boldsymbol{F}' \rangle \quad \text{或者} \quad -\mu \nabla^2 \langle \boldsymbol{v}_2 \rangle \approx \langle \boldsymbol{F}' \rangle \tag{10.2.26c}$$

其中，$\nabla \cdot \langle \boldsymbol{v}_2 \rangle = 0$ 以及

$$\langle \boldsymbol{F}' \rangle \equiv -\rho_0 \langle (\boldsymbol{v}_a \cdot \nabla) \boldsymbol{v}_\mu + (\boldsymbol{v}_\mu \cdot \nabla) \boldsymbol{v}_a + (\boldsymbol{v}_\mu \cdot \nabla) \boldsymbol{v}_\mu + \boldsymbol{v}_a \nabla \cdot \boldsymbol{v}_a \rangle \tag{10.2.26d}$$

这样压力梯度 $\nabla \langle p_2 \rangle$ 就不出现在声流的方程中. 方程 (10.2.26c) 和 (10.2.26d) 就是求声流的基本方程.

Lagrange 坐标下的声流　　显然 $\langle \boldsymbol{v}_2 \rangle$ 是 Euler 坐标内的声流速度场，而不是某一固定质点的平均速度 (即声流). 由方程 (1.1.39a)，在 Lagrange 坐标中的声流为

$$\langle \boldsymbol{U}_2 \rangle = \langle \boldsymbol{v}_2 \rangle + \langle (\boldsymbol{\xi} \cdot \nabla) \boldsymbol{v}_1 \rangle = \langle \boldsymbol{v}_2 \rangle + \left\langle \left(\int \boldsymbol{v}_1 \mathrm{d}t \cdot \nabla \right) \boldsymbol{v}_1 \right\rangle \tag{10.2.27}$$

与 Eckart 理论的比较　　方程 (10.2.22c) 中一阶线性声场满足方程 (10.2.2b) 和 (10.2.2c)，代入方程 (10.2.22c)

$$\begin{aligned} \langle \boldsymbol{F} \rangle_2 &= -\rho_0 \left\langle \nabla \left(\frac{v_1^2}{2} \right) - \boldsymbol{v}_1 \times \boldsymbol{R}_1 - \frac{1}{\rho_0} \boldsymbol{v}_1 \frac{\partial \rho_1}{\partial t} \right\rangle \\ &= -\rho_0 \left\langle \nabla \left(\frac{v_1^2}{2} \right) - \boldsymbol{v}_1 \times \boldsymbol{R}_1 + \frac{\rho_1}{\rho_0} \frac{\partial \boldsymbol{v}_1}{\partial t} \right\rangle \\ &= \left\langle -\frac{1}{2} \nabla \left(\rho_0 v_1^2 + \frac{c_0^2}{\rho_0} \rho_1^2 \right) + \rho_0 \boldsymbol{v}_1 \times \boldsymbol{R}_1 \right\rangle \\ &\quad + \left\langle \frac{1}{\rho_0^2} \left(\eta + \frac{4}{3} \mu \right) \rho_1 \nabla \frac{\partial \rho_1}{\partial t} + \frac{\mu}{\rho_0} \rho_1 \nabla \times \boldsymbol{R}_1 \right\rangle \end{aligned} \tag{10.2.28a}$$

因此, 二阶 "作用力" 的旋度为

$$\nabla \times \langle \boldsymbol{F} \rangle_2 = \frac{1}{\rho_0^2} \left(\eta + \frac{4}{3}\mu \right) \left\langle \nabla \rho_1 \times \nabla \frac{\partial \rho_1}{\partial t} \right\rangle + \rho_0 \nabla \times \langle \boldsymbol{v}_1 \times \boldsymbol{R}_1 \rangle + \frac{\mu}{\rho_0} \nabla \times \langle \rho_1 \nabla \times \boldsymbol{R}_1 \rangle$$

(10.2.28b)

上式代入方程 (10.2.24) 即得到修正后的方程 (10.2.18c). 因此，在二阶近似下，Nyborg 声流理论与修正的 Eckart 理论是一致的.

10.2.3 刚性平面界面附近的声流

考虑二个刚性平面界面情况: 如图 10.2.3, 平面位于 $y = \pm H$. 我们首先来讨论一阶声场的传播模式，为了简单，假定声波在 xOy 平面内传播，即问题与 z 无关，故矢量势只有 z 方向分量: $\boldsymbol{\Psi} = \Psi(x,y)\boldsymbol{e}_z$. 于是, 由方程 (10.2.25c), 基本方程和黏滞边界条件为

$$\frac{\partial^2 \Phi(x,y)}{\partial x^2} + \frac{\partial^2 \Phi(x,y)}{\partial y^2} + k_a^2 \Phi(x,y) = 0$$
$$\frac{\partial^2 \Psi(x,y)}{\partial x^2} + \frac{\partial^2 \Psi(x,y)}{\partial y^2} + k_\mu^2 \Psi(x,y) = 0$$

(10.2.29a)

以及

$$\boldsymbol{v}_1(x,y)|_{y=\pm H} = [\boldsymbol{v}_a(x,y) + \boldsymbol{v}_\mu(x,y)]|_{y=\pm H}$$
$$= \{\nabla \Phi(x,y) + \nabla \times [\Psi(x,y)\boldsymbol{e}_z]\}_{y=\pm H} = 0$$

(10.2.29b)

写成分量形式为

$$\left[\frac{\partial \Phi(x,y)}{\partial x} + \frac{\partial \Psi(x,y)}{\partial y} \right]_{y=\pm H} = 0$$
$$\left[\frac{\partial \Phi(x,y)}{\partial y} - \frac{\partial \Psi(x,y)}{\partial x} \right]_{y=\pm H} = 0$$

(10.2.29c)

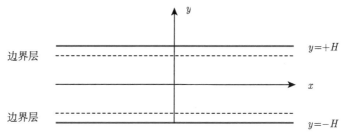

图 10.2.3　二个刚性平面界面

设声波沿 x 传播, 令

$$\Phi(x,y) = \Phi(y)\exp(\mathrm{i}k_x x); \quad \Psi(x,y) = \Psi(y)\exp(\mathrm{i}k_x x)$$

(10.2.30a)

代入方程 (10.2.29a) 得到

$$\frac{\partial^2 \Phi(y)}{\partial y^2} - (k_x^2 - k_a^2)\Phi(y) = 0$$
$$\frac{\partial^2 \Psi(y)}{\partial y^2} - (k_x^2 - k_\mu^2)\Psi(y) = 0$$

(10.2.30b)

由于对称性, $\Phi(y)$ 应取 y 的偶函数, 而 $\Psi(y)$ 应取 y 的奇函数, 另外, 由于 $y = \pm H$ 边界的存在, 上式取驻波形式的解

$$\Phi(y) = \Phi_0 \cosh(\alpha y); \quad \Psi(y) = \Psi_0 \sinh(\beta y)$$

(10.2.30c)

其中, $\alpha \equiv \sqrt{k_x^2 - k_a^2}$ 和 $\beta = \sqrt{k_x^2 - k_\mu^2}$. 由方程 (10.2.30a) 和 (10.2.30c), 速度场为

$$v_{1x} = \frac{\partial \Phi(x,y)}{\partial x} + \frac{\partial \Psi(x,y)}{\partial y} = [\mathrm{i}k_x\Phi_0\cosh(\alpha y) + \Psi_0\beta\cosh(\beta y)]\mathrm{e}^{\mathrm{i}k_x x}$$

(10.2.31a)

以及

$$v_{1y} = \frac{\partial \Phi(x,y)}{\partial y} - \frac{\partial \Psi(x,y)}{\partial x} = [\alpha\Phi_0\sinh(\alpha y) - \mathrm{i}k_x\Psi_0\sinh(\beta y)]\mathrm{e}^{\mathrm{i}k_x x}$$

(10.2.31b)

注意: 由方程 (10.2.30c) 得到的 v_{1x} 是 y 的偶函数, 而 v_{1y} 是 y 的奇函数. 由黏滞边界条件得到

$$\mathrm{i}k_x\Phi_0\cosh(\alpha H) + \Psi_0\beta\cosh(\beta H) = 0$$
$$\alpha\Phi_0\sinh(\alpha H) - \mathrm{i}k_x\Psi_0\sinh(\beta H) = 0$$

(10.2.31c)

上式存在非零解的条件为

$$(k_a^2 + \alpha^2)\tanh(\beta H) = \alpha\beta\tanh(\alpha H)$$

(10.2.31d)

上式是决定 x 方向传播波数 k_x 的本征方程. 取近似: ①对一般的频率 (即使在超声频段)$|k_a^2/k_\mu^2| \sim \omega\mu/\rho_0 c_0^2 \ll 1$(即声波波长远大于边界层厚度), 故 $(k_x^2 - k_\mu^2) \sim -k_\mu^2$, $\beta = \sqrt{k_x^2 - k_\mu^2} \sim \mathrm{i}k_\mu$; ②声波波长远大于二个刚性平面间的距离 $2H$; ③H 远大于边界层厚度. 故 $\alpha H \sim H/\lambda$ 是小量, 而 $\beta H \sim H/d_\mu$ 是大量, 于是有近似关系 $\tanh(\beta H) \approx 1$ 和 $\tanh(\alpha H) \approx \alpha H$, 代入方程 (10.2.31d) 得到

$$k_x^2 \approx H\left(k_x^2 - k_a^2\right)\sqrt{k_x^2 - k_\mu^2} \quad \text{或者} \quad k_x \approx \pm k_a\left(1 - \frac{\mathrm{i}}{2k_\mu H}\right)$$

(10.2.32a)

其中,"+" 和 "−" 分别表示向 $+x$ 轴和 $-x$ 轴传播.

在边界 $y = -H$ 附近 (注意: $y < 0$), 近似有关系: $\cosh\alpha y \approx 1$, $\sinh\alpha y \sim \alpha y$ 以及 $\cosh\beta y \sim \mathrm{e}^{-\beta y}/2$, $\sinh\beta y \sim -\mathrm{e}^{-\beta y}/2$, 方程 (10.2.31a) 和 (10.2.31b) 可以近似

写成

$$v_{1x}(x,y) \approx v_0 \left[-1 + \mathrm{e}^{-\beta(y+H)}\right] \exp(\mathrm{i}k_x x)$$

$$v_{1y}(x,y) \approx \mathrm{i}v_0 \frac{k_x}{\beta} \left[\frac{y}{H} + \mathrm{e}^{-\beta(y+H)}\right] \exp(\mathrm{i}k_x x)$$

$$(10.2.32b)$$

其中,$v_0 \equiv -\mathrm{i}k_x \Phi_0$. 因方程 (10.2.30b) 是齐次方程,可以乘任意常数. 当 k_x 取负值时,我们得到向 $-x$ 轴方向传播的波. 把所得的方程与上式相加得到驻波形式的解

$$v_{1x}(x,y) \approx v_0 \left[-1 + \mathrm{e}^{-\beta(y+H)}\right] \cos(k_x x)$$

$$v_{1y}(x,y) \approx -v_0 \frac{k_x}{\beta} \left[\frac{y}{H} + \mathrm{e}^{-\beta(y+H)}\right] \sin(k_x x)$$

$$(10.2.33a)$$

上式乘时间因子 $\mathrm{e}^{-\mathrm{i}\omega t}$ 后取实部得到

$$v_{1x} \approx v_0 \left[\cos(\omega t) - \cos\left(\frac{y+H}{d_\mu} - \omega t\right) \mathrm{e}^{-(y+H)/d_\mu}\right] \cos(k_0 x)$$

$$v_{1y} \approx v_0 \frac{k_0 d_\mu}{\sqrt{2}} \left[\frac{y}{H}\cos\left(\omega t - \frac{\pi}{4}\right) + \cos\left(\frac{y+H}{d_\mu} - \omega t - \frac{\pi}{4}\right) \mathrm{e}^{-(y+H)/d_\mu}\right] \sin(k_0 x)$$

$$(10.2.33b)$$

其中,$d_\mu = \sqrt{2\mu/\rho_0\omega}$ 为边界层厚度. 注意: ①取 $k_x \approx k_a \approx \omega/c_0 = k_0$; ②声流计算是二阶运算,速度场必须取实部; ③上式仅在 $y = -H$ 附近成立.

显然,如果把上式中 $v_a \equiv v_0\cos(k_0 x)\cos(\omega t)$ 看作几乎平行于 x 轴入射的驻波场,则方程 (10.2.33b) 表示平行板 (在 $y = -H$ 附近) 的一阶声场. 为了方便,作坐标平移 $y + H \to y$,即把 $y = -H$ 处的刚性板平移到 $y = 0$ 处,则上式变成

$$v_{1x} \approx v_0 \left[\cos(\omega t) - \cos\left(\frac{y}{d_\mu} - \omega t\right) \mathrm{e}^{-y/d_\mu}\right] \cos(k_0 x)$$

$$v_{1y} \approx -v_0 \left[\frac{H-y}{H}\cos\left(\omega t - \frac{\pi}{4}\right) - \cos\left(\frac{y}{d_\mu} - \omega t - \frac{\pi}{4}\right) \mathrm{e}^{-y/d_\mu}\right] \frac{k_0 d_\mu}{\sqrt{2}} \sin(k_0 x)$$

$$(10.2.33c)$$

不难表明,上式满足黏滞边界条件 $v_{1x}|_{y=0} \approx v_{1y}|_{y=0} \approx 0$. 由方程 (10.2.31a) 和 (10.2.31b),显然 v_{1x} 和 v_{1y} 的第一项表示无旋部分 $\boldsymbol{v}_a = (v_{ax}, v_{ay})$,而第二项代表无散部分 $\boldsymbol{v}_\mu = (v_{\mu x}, v_{\mu y})$

$$v_{ax} \approx v_0\cos(k_0 x)\cos(\omega t)$$

$$v_{ay} \approx -v_0 \frac{k_0 d_\mu}{\sqrt{2}} \cdot \frac{H-y}{H}\sin(k_0 x)\cos\left(\omega t - \frac{\pi}{4}\right)$$

$$(10.2.34a)$$

以及

$$v_{\mu x} \approx -v_0\cos\left(\frac{y}{d_\mu} - \omega t\right) \mathrm{e}^{-y/d_\mu}\cos(k_0 x)$$

$$v_{\mu y} \approx v_0 \frac{k_0 d_\mu}{\sqrt{2}} \cos\left(\frac{y}{d_\mu} - \omega t - \frac{\pi}{4}\right) \mathrm{e}^{-y/d_\mu}\sin(k_0 x)$$

$$(10.2.34b)$$

注意: 方程 (10.2.34a) 和 (10.2.34b) 仅在刚性界面附近区域 $(0 < y < \delta)$ 成立. 把方程 (10.2.34a) 和 (10.2.34b) 代入方程 (10.2.26d) 可以得到 "作用力" $\langle \boldsymbol{F}' \rangle = [\langle \boldsymbol{F}' \rangle_x, \langle \boldsymbol{F}' \rangle_y]$, 代入方程 (10.2.26c) 得到

$$\mu\left(\frac{\partial^2}{\partial x^2} + \frac{\partial^2}{\partial y^2}\right)\langle v_{2x}\rangle \approx \langle \boldsymbol{F}'\rangle_x \ ; \ \mu\left(\frac{\partial^2}{\partial x^2} + \frac{\partial^2}{\partial y^2}\right)\langle v_{2y}\rangle \approx \langle \boldsymbol{F}'\rangle_y \qquad (10.2.34\text{c})$$

其中, "作用力" 经详细计算后得到关系

$$\langle \boldsymbol{F}'\rangle_x = -\rho_0\left[\frac{\partial(v_{\mu x}v_{ax})}{\partial x} + \frac{1}{2}\left(\frac{\partial v_{\mu x}^2}{\partial x} + \frac{\partial v_{ax}^2}{\partial x}\right)\right] \sim -v_0^2 f(y)\sin(2k_0 x)$$

$$\langle \boldsymbol{F}'\rangle_y = -\rho_0\left[\frac{\partial(v_{\mu y}v_{ay})}{\partial y} + \frac{1}{2}\left(\frac{\partial v_{\mu y}^2}{\partial y} + \frac{\partial v_{ay}^2}{\partial y}\right)\right] \sim -v_0^2 g(y)\cos(2k_0 x)$$

$$(10.2.34\text{d})$$

其中, $f(y)$ 和 $g(y)$ 是 y 的函数. 详细求声流 $\langle v_2 \rangle$ 是麻烦的, 但不困难 (作为习题). 我们仅讨论 $\langle v_2 \rangle$ 的主要特征, 声流 $\langle v_2 \rangle = \langle v_{2x}\rangle e_x + \langle v_{2y}\rangle e_y$ 的近似关系为

$$\langle v_{2x}(x,y)\rangle \sim -\frac{v_0^2}{c_0}\sin(2k_0 x)F(y)$$

$$\langle v_{2y}(x,y)\rangle \sim -(k_0 d_\mu)\frac{v_0^2}{c_0}\cos(2k_0 x)G(y)$$

$$(10.2.34\text{e})$$

其中, 函数 $F(y)$ 和 $G(y)$ 随 y 增加而衰减. 因为入射驻波场 $v_a \sim v_0\cos(k_0 x)\cos(\omega t)$ 的空间周期为 $2\pi/k_0$, 而声流 $\langle v_2 \rangle$ 的空间周期为 π/k_0, 在入射波的一个空间周期内, 声流的速度方向改变二次, 如图 10.2.4 所示.

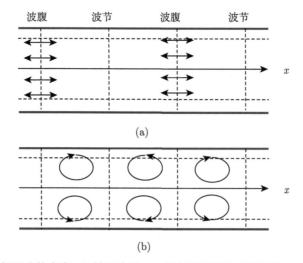

图 10.2.4　驻波场形成的声流: 入射驻波场 (a) 的空间周期是声流旋涡 (b) 空间周期的二倍

10.2.4 刚性小球附近的微声流

设小球处于入射声场中, 总声场由入射场和散射场构成. 但是在球附近, 由于黏滞效应而存在边界层, 球表面的速度 (法向和切向速度) 为零. 为了简单, 忽略热传导效应, 一阶场满足方程 (10.2.25a). 注意: 如果考虑热传导效应, 严格求解是非常困难的, 因为一阶场满足方程 (6.1.17b)、(6.1.20a) 和 (6.1.20b), 声压场、温度场和旋波场是相互耦合的.

行波场   考虑简单的情况, 即平面波入射到刚性小球上产生的声流, 设半径为 R 的球位于坐标原点, 入射声波为 z 轴方向的行波

$$p_i(z,t) = p_{0i} \exp[i(k_a z - \omega t)] \tag{10.2.35a}$$

其中, 复波数 k_a 由方程 (10.2.25b) 的第一式决定. 对入射和散射声场, 一般可取 $k_a \approx \omega/c_0 \equiv k_0$. 由 6.2.5 小节讨论, 当球半径满足 $|k_a R| \ll 1$, 方程 (6.2.32a) 和 (6.2.32b) 中级数展开只要保留二项就可以了, 由方程 (6.2.34b) 和 (6.2.34c), 球外总声场写成

$$
\begin{aligned}
p(r,\vartheta,t) &= p_{0i}e^{-i\omega t}\sum_{l=0}^{\infty}(2l+1)i^l[j_l(k_0 r) + A_l h_l^{(1)}(k_0 r)]P_l(\cos\vartheta)\\
&\approx p_{0i}e^{-i\omega t}[j_0(k_0 r) + 3i j_1(k_0 r)\cos\vartheta]\\
&\quad + p_{0i}e^{-i\omega t}[A_0 h_0^{(1)}(k_0 r) + 3i A_1 h_1^{(1)}(k_0 r)\cos\vartheta]
\end{aligned}
\tag{10.2.35b}
$$

其中, A_l 是待定系数. 相应的速度场的无旋场部分为

$$
\begin{aligned}
v_{ar}(r,\vartheta,t) &= \frac{p_{0i}e^{-i\omega t}}{i\rho_0 c_0}\sum_{l=0}^{\infty}(2l+1)i^l\left[\frac{dj_l(k_0 r)}{d(k_0 r)} + A_l\frac{dh_l^{(1)}(k_0 r)}{d(k_0 r)}\right]P_l(\cos\vartheta)\\
&\approx \frac{p_{0i}e^{-i\omega t}}{i\rho_0 c_0}\left[\frac{dj_0(k_0 r)}{d(k_0 r)} + 3i\frac{dj_1(k_0 r)}{d(k_0 r)}\cos\vartheta\right]\\
&\quad + \frac{p_{0i}e^{-i\omega t}}{i\rho_0 c_0}\left[A_0\frac{dh_0^{(1)}(k_0 r)}{d(k_0 r)} + 3i A_1\frac{dh_1^{(1)}(k_0 r)}{d(k_0 r)}\cos\vartheta\right]
\end{aligned}
\tag{10.2.36a}
$$

$$
\begin{aligned}
v_{a\vartheta}(r,\vartheta,t) &= \frac{p_{0i}e^{-i\omega t}}{i\rho_0\omega r}\sum_{l=0}^{\infty}(2l+1)i^l[j_l(k_0 r) + A_l h_l^{(1)}(k_0 r)]\frac{dP_l(\cos\vartheta)}{d\vartheta}\\
&\approx -\frac{3p_{0i}e^{-i\omega t}}{\rho_0 c_0 k_0 r}[j_1(k_0 r) + A_1 h_1^{(1)}(k_0 r)]\sin\vartheta
\end{aligned}
\tag{10.2.36b}
$$

有旋场部分由方程 (6.4.35b) 决定, 即

$$
\begin{aligned}
v_{\mu r}(r,\vartheta,t) &= -p_{0i}e^{-i\omega t}\frac{1}{r}\sum_{l=0}^{\infty}l(l+1)B_l h_l^{(1)}(k_\mu r)P_l(\cos\vartheta)\\
&\approx -p_{0i}e^{-i\omega t}\frac{2B_1}{r}h_1^{(1)}(k_\mu r)\cos\vartheta
\end{aligned}
\tag{10.2.36c}
$$

$$v_{\mu\vartheta}(r,\vartheta,t) = -p_{0\mathrm{i}}\mathrm{e}^{-\mathrm{i}\omega t}\frac{1}{r}\sum_{l=0}^{\infty}B_l\frac{\mathrm{d}[k_\mu r\mathrm{h}_l^{(1)}(k_\mu r)]}{\mathrm{d}(k_\mu r)}\frac{\mathrm{d}P_l(\cos\vartheta)}{\mathrm{d}\vartheta}$$
$$\approx p_{0\mathrm{i}}\mathrm{e}^{-\mathrm{i}\omega t}\frac{B_1}{r}\frac{\mathrm{d}[(k_\mu r)\mathrm{h}_1^{(1)}(k_\mu r)]}{\mathrm{d}(k_\mu r)}\sin\vartheta \tag{10.2.36d}$$

黏滞边界条件为

$$v_{ar}(R,\vartheta,t) + v_{\mu r}(R,\vartheta,t) = 0$$
$$v_{a\vartheta}(R,\vartheta,t) + v_{\mu\vartheta}(R,\vartheta,t) = 0 \tag{10.2.36e}$$

把方程 (10.2.36a) 和 (2.5.36b) 以及 (10.2.36c) 和 (10.2.36d) 代入上式得到决定系数的方程

$$\frac{\mathrm{d}\mathrm{j}_0(k_0R)}{\mathrm{d}(k_0R)} + A_0\frac{\mathrm{d}\mathrm{h}_0^{(1)}(k_0R)}{\mathrm{d}(k_0R)} = 0$$
$$\frac{3}{\rho_0c_0}\left[\frac{\mathrm{d}\mathrm{j}_1(k_0R)}{\mathrm{d}(k_0R)} + A_1\frac{\mathrm{d}\mathrm{h}_1^{(1)}(k_0R)}{\mathrm{d}(k_0R)}\right] - \frac{2B_1}{R}\mathrm{h}_1^{(1)}(k_\mu R) = 0 \tag{10.2.37a}$$
$$-\frac{3}{\rho_0c_0k_0}[\mathrm{j}_1(k_0R) + A_1\mathrm{h}_1^{(1)}(k_0R)] + B_1\frac{\mathrm{d}[(k_\mu R)\mathrm{h}_1^{(1)}(k_\mu R)]}{\mathrm{d}(k_\mu R)} = 0$$

由于 $k_0R \ll 1$, 利用近似关系 $\mathrm{j}_0'(x) \approx -x/3$ 和 $\mathrm{h}_0'^{(1)}(x) \approx \mathrm{i}/x^2$, 容易从上式第一个方程得

$$A_0 \approx -\mathrm{i}\frac{(k_0R)^3}{3} \tag{10.2.37b}$$

对以 k_0R 为宗量的球函数, 可以利用近似关系: $\mathrm{j}_1(x) \approx x/3$、$\mathrm{j}_1'(x) \approx 1/3$ 以及 $\mathrm{h}_1^{(1)}(x) \approx -\mathrm{i}/x^2$ 和 $\mathrm{h}_1'^{(1)}(x) \approx 2\mathrm{i}/x^3$; 然而对以 $k_\mu R$ 为宗量的球函数, 注意到物理参数: $d_\mu \sim 10^{-4}\mathrm{cm}$, $R \sim 1.0 \times 10^{-3}\mathrm{cm}$, $|k_\mu R| \gg 1$, 故对 $\mathrm{h}_0^{(1)}(k_\mu R)$ 和 $\mathrm{h}_1^{(1)}(k_\mu R)$ 是作大参数展开

$$\mathrm{h}_1^{(1)}(x) \approx -\frac{1}{x}\exp(\mathrm{i}x); \ \mathrm{h}_1'^{(1)}(x) \approx -\frac{\mathrm{i}}{x}\exp(\mathrm{i}x) \tag{10.2.37c}$$

于是方程 (10.2.37a) 的第二、三式近似为

$$\frac{3}{\rho_0c_0}\left[\frac{1}{3} + A_1\frac{2\mathrm{i}}{(k_0R)^3}\right] + \frac{2B_1}{R}\frac{1}{k_\mu R}\exp(\mathrm{i}k_\mu R) \approx 0$$
$$-\frac{3}{\rho_0c_0k_0}\left[\frac{k_0R}{3} - \frac{\mathrm{i}}{(k_0R)^2}A_1\right] - \frac{B_1}{k_\mu R}(1 + \mathrm{i}k_\mu R)\exp(\mathrm{i}k_\mu R) \approx 0 \tag{10.2.37d}$$

从上式不难得到 A_1 和 B_1 的表达式, 令

$$A_1 \approx (k_0R)^3A'; \ B_1 \approx \frac{k_\mu R^2}{\rho_0c_0}\exp(-\mathrm{i}k_\mu R)B' \tag{10.2.38a}$$

方程 (10.2.37d) 化成较简单形式

$$(1 + 6\mathrm{i}A') + 2B' \approx 0$$
$$(1 - 3\mathrm{i}A') + (1 + \mathrm{i}k_\mu R)B' \approx 0 \tag{10.2.38b}$$

因此, 在小球附近 $r \sim R$ 的边界层区域一阶无旋速度场近似为

$$v_{ar}(r, \vartheta, t) \approx -\mathrm{i}\frac{p_{0\mathrm{i}}}{\rho_0 c_0}\left(\mathrm{i} - 6A'\frac{R^3}{r^3}\right)\cos\vartheta \mathrm{e}^{-\mathrm{i}\omega t}$$
$$v_{a\vartheta}(r, \vartheta, t) \approx -\frac{p_{0\mathrm{i}}}{\rho_0 c_0}\left(1 - 3\mathrm{i}A'\frac{R^3}{r^3}\right)\sin\vartheta \mathrm{e}^{-\mathrm{i}\omega t} \tag{10.2.39a}$$

以及一阶无散速度场近似为

$$v_{\mu r}(r, \vartheta, t) \approx \frac{2p_{0\mathrm{i}}B'}{\rho_0 c_0}\frac{R^2}{r^2}\exp[\mathrm{i}k_\mu(r - R)]\cos\vartheta \mathrm{e}^{-\mathrm{i}\omega t}$$
$$v_{\mu\vartheta}(r, \vartheta, t) \approx \frac{p_{0\mathrm{i}}B'}{\rho_0 c_0}\frac{R^2}{r^2}(1 + \mathrm{i}k_\mu r)\exp[\mathrm{i}k_\mu(r - R)]\sin\vartheta \mathrm{e}^{-\mathrm{i}\omega t} \tag{10.2.39b}$$

注意到: 在小球附近 $r \sim R$, 方程 (10.2.39a) 和 (10.2.39b) 可以简化成

$$v_{ar}(r, \vartheta, t) \approx -\mathrm{i}\frac{p_{0\mathrm{i}}}{\rho_0 c_0}(\mathrm{i} - 6A')\cos\vartheta \mathrm{e}^{-\mathrm{i}\omega t}$$
$$v_{a\vartheta}(r, \vartheta, t) \approx -\frac{p_{0\mathrm{i}}}{\rho_0 c_0}(1 - 3\mathrm{i}A')\sin\vartheta \mathrm{e}^{-\mathrm{i}\omega t} \tag{10.2.39c}$$

以及

$$v_{\mu r}(r, \vartheta, t) \approx \frac{2p_{0\mathrm{i}}B'}{\rho_0 c_0}\exp[\mathrm{i}k_\mu(r - R)]\cos\vartheta \mathrm{e}^{-\mathrm{i}\omega t}$$
$$v_{\mu\vartheta}(r, \vartheta, t) \approx \frac{p_{0\mathrm{i}}B'}{\rho_0 c_0}(1 + \mathrm{i}k_\mu r)\exp[\mathrm{i}k_\mu(r - R)]\sin\vartheta \mathrm{e}^{-\mathrm{i}\omega t} \tag{10.2.39d}$$

但在涉及 $k_\mu r$ 的变化上, 必须保留指数上的变化 (因为 k_μ 很大). 把方程 (10.2.39a) 和 (10.2.39b)(注意: 取实部, 声流涉及平方运算) 代入方程 (10.2.26d), 可以得到 "作用力" 的形式为 ($\langle \boldsymbol{v}_2 \rangle$ 没有 $\boldsymbol{e}_\varphi$ 方向分量)$\langle \boldsymbol{F}' \rangle = \langle F'_r \rangle \boldsymbol{e}_r + \langle F'_\vartheta \rangle \boldsymbol{e}_\vartheta$, 在球坐标下为

$$\langle F'_r \rangle = \frac{\partial \langle v_{ar}v_{\mu r} \rangle}{\partial r} + \frac{1}{2}\frac{\partial}{\partial r}\left(\langle v_{ar}^2 \rangle + \langle v_{\mu r}^2 \rangle\right)$$
$$\langle F'_\vartheta \rangle = \frac{1}{r}\frac{\partial \langle v_{\mu\vartheta}v_{a\vartheta} \rangle}{\partial \vartheta} + \frac{1}{2r}\frac{\partial \langle v_{\mu\vartheta}^2 + v_{a\vartheta}^2 \rangle}{\partial \vartheta} \tag{10.2.40a}$$

声流 $\langle \boldsymbol{v}_2 \rangle = \langle v_{2r} \rangle \boldsymbol{e}_r + \langle v_{2\vartheta} \rangle \boldsymbol{e}_\vartheta$ 满足的方程为

$$\nabla^2 \langle v_{2r} \rangle - \frac{2}{r^2}\left[\langle v_{2r} \rangle + \frac{1}{\sin\vartheta}\frac{\partial}{\partial \vartheta}(\sin\vartheta \langle v_{2\vartheta} \rangle)\right] = \langle F'_r \rangle \tag{10.2.40b}$$

$$\nabla^2 \langle v_{2\vartheta} \rangle + \frac{2}{r^2}\left(\frac{\partial \langle v_{2r} \rangle}{\partial \vartheta} - \frac{\langle v_{2\vartheta} \rangle}{2\sin^2\vartheta}\right) = \langle F'_\vartheta \rangle \tag{10.2.40c}$$

详细计算声流 $\langle v_2 \rangle$ 过于繁复, 我们仅讨论 $\langle v_2 \rangle$ 的主要特征: 把声流写成 $\langle v_2 \rangle = \langle v_2 \rangle_{l=0} + \langle v_2 \rangle_{l=1}$, 其中 $\langle v_2 \rangle_{l=0}$ 和 $\langle v_2 \rangle_{l=1}$ 分别是零阶模式 ($l = 0$, 入射声场展开中与 ϑ 无关的部分) 和一阶模式 ($l = 1$, 入射声场展开中与 $\cos\vartheta$ 正比的部分), 近似关系为

$$\begin{aligned}
\langle v_{2r} \rangle_{l=0} &\sim P_1(\cos\vartheta); \ \ \langle v_{2\vartheta} \rangle_{l=0} \sim \sin\vartheta \\
\langle v_{2r} \rangle_{l=1} &\sim P_2(\cos\vartheta); \ \ \langle v_{2\vartheta} \rangle_{l=1} \sim \sin 2\vartheta
\end{aligned} \tag{10.2.40d}$$

驻波场　设刚性小球位于平面驻波场中 $z = Z$ 处, 如图 10.1.3. 由方程 (10.1.17b) 和 (10.1.17c), 小球不存在时的驻波声场为

$$p_{\mathrm{i}}(r, \vartheta, t) = \frac{p_{0\mathrm{i}}}{2\mathrm{i}}\mathrm{e}^{-\mathrm{i}\omega t}\sum_{l=0}^{\infty}(2l+1)[\mathrm{e}^{\mathrm{i}k_0 Z} - (-1)^l\mathrm{e}^{-\mathrm{i}k_0 Z}]\mathrm{i}^l P_l(\cos\vartheta)\mathrm{j}_l(k_0 r) \tag{10.2.41a}$$

球外总声场为驻波声场与散射声场之和

$$\begin{aligned}
p(r, \vartheta, t) = {} & p_{0\mathrm{i}}\mathrm{e}^{-\mathrm{i}\omega t}\sum_{l=0}^{\infty}\frac{2l+1}{2\mathrm{i}}[\mathrm{e}^{\mathrm{i}k_0 Z} - (-1)^l\mathrm{e}^{-\mathrm{i}k_0 Z}]\mathrm{i}^l P_l(\cos\vartheta)\mathrm{j}_l(k_0 r) \\
& + p_{0\mathrm{i}}\mathrm{e}^{-\mathrm{i}\omega t}\sum_{l=0}^{\infty}(2l+1)\mathrm{i}^l A_l \mathrm{h}_l^{(1)}(k_0 r)P_l(\cos\vartheta)
\end{aligned} \tag{10.2.41b}$$

取级数的前二项

$$\begin{aligned}
p(r, \vartheta, t) \approx {} & p_{0\mathrm{i}}\mathrm{e}^{-\mathrm{i}\omega t}[\sin(k_0 Z)\mathrm{j}_0(k_0 r) + 3\cos(k_0 Z)\mathrm{j}_1(k_0 r)\cos\vartheta] \\
& + p_{0\mathrm{i}}\mathrm{e}^{-\mathrm{i}\omega t}[A_0\mathrm{h}_0^{(1)}(k_0 r) + 3\mathrm{i}A_1\mathrm{h}_1^{(1)}(k_0 r)\cos\vartheta]
\end{aligned} \tag{10.2.41c}$$

相应的速度场的无旋部分为

$$\begin{aligned}
v_{ar}(r, \vartheta, t) \approx {} & \frac{p_{0\mathrm{i}}\mathrm{e}^{-\mathrm{i}\omega t}}{\mathrm{i}\rho_0 c_0}\left[\sin(k_0 Z)\frac{\mathrm{d}\mathrm{j}_0(k_0 r)}{\mathrm{d}(k_0 r)} + 3\cos(k_0 Z)\frac{\mathrm{d}\mathrm{j}_1(k_0 r)}{\mathrm{d}(k_0 r)}\cos\vartheta\right] \\
& + \frac{p_{0\mathrm{i}}\mathrm{e}^{-\mathrm{i}\omega t}}{\mathrm{i}\rho_0 c_0}\left[A_0\frac{\mathrm{d}\mathrm{h}_0^{(1)}(k_0 r)}{\mathrm{d}(k_0 r)} + 3\mathrm{i}A_1\frac{\mathrm{d}\mathrm{h}_1^{(1)}(k_0 r)}{\mathrm{d}(k_0 r)}\cos\vartheta\right] \\
v_{a\vartheta}(r, \vartheta, t) \approx {} & -\frac{3p_{0\mathrm{i}}\mathrm{e}^{-\mathrm{i}\omega t}}{\mathrm{i}\rho_0 c_0 k_0 r}[\cos(k_0 Z)\mathrm{j}_1(k_0 r) + \mathrm{i}A_1\mathrm{h}_1^{(1)}(k_0 r)]\sin\vartheta
\end{aligned} \tag{10.2.41d}$$

有旋场部分 (注意: 在 10.1.3 小节中, 可以忽略黏滞, 仍然存在辐射压力, 而在这里, 黏滞不能忽略, 否则就不存在声流了) 以及黏滞边界条件仍然由方程 (10.2.36c), (10.2.36d) 和 (10.2.36e) 决定. 把方程 (10.2.41d), (10.2.36c) 和 (10.2.36d) 代入边界

条件方程 (10.2.36e) 得到

$$\sin(k_0 Z)\frac{\mathrm{d}j_0(k_0 r)}{\mathrm{d}(k_0 r)} + A_0 \frac{\mathrm{d}h_0^{(1)}(k_0 r)}{\mathrm{d}(k_0 r)} = 0$$

$$\frac{3}{\rho_0 c_0}\left[-\mathrm{i}\cos(k_0 Z)\frac{\mathrm{d}j_1(k_0 R)}{\mathrm{d}(k_0 R)} + A_1 \frac{\mathrm{d}h_1^{(1)}(k_0 R)}{\mathrm{d}(k_0 R)}\right] - \frac{2B_1}{R}h_1^{(1)}(k_\mu R) = 0$$

$$-\frac{3}{\rho_0 c_0 k_0}[-\mathrm{i}\cos(k_0 Z)j_1(k_0 R) + A_1 h_1^{(1)}(k_0 R)] + B_1 \frac{\mathrm{d}[(k_\mu R)h_1^{(1)}(k_\mu R)]}{\mathrm{d}(k_\mu R)} = 0$$

$$(10.2.42)$$

上式与方程 (10.2.37a) 类似, 进一步的讨论也类似. 同样, 一旦求得一阶场, 可以由方程 (10.2.26d) 得到 "作用力" $\langle \boldsymbol{F}' \rangle$, 继而由方程得到二阶声流 $\langle \boldsymbol{v}_2 \rangle$. 图 10.2.5(a) 给出了当小球位于 $Z = 0$ 处时, 声流的流线示意图, 从图可见, 声流流线由二对关于水平轴对称的旋涡组成; 当小球偏离驻波的节点, $k_0 Z = \pi/4$, 如图 10.2.5(b), 声流流线关于水平轴的对称性没有了, 但系统仍然关于 z 轴对称.

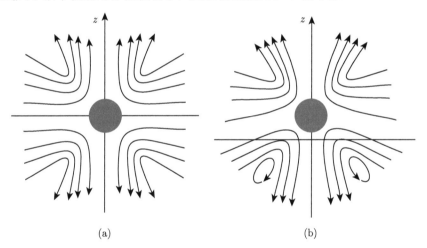

图 10.2.5 刚性小球在平面驻波场中附近的声流流线示意图

(a) 小球位于 $k_0 Z = 0$; (b) 小球位于 $k_0 Z = \pi/4$

10.3 声空化效应

通常液体中已经存在一定量的微气泡 (半径为亚微米量级), 这类微气泡称为**空化核**. 如果没有声波通过, 微气泡与周围液体处于二相平衡状态: 温度平衡 (气泡内气体的温度等于周围液体的温度, 保证没有内能交换)、化学势平衡 (气泡内气体的化学势等于周围液体的化学势, 保证没有质量交换) 以及压力平衡 (气泡内混合物的压力等于周围液体的压力, 保证没有动量交换). 当流体中有声波通过时, 正

半周 ($p > 0$) 使局部压力增加,而负半周 ($p < 0$) 使局部压力减小,当声压振幅达到一定的极限值 (称为**空化阈值**) 时,声压的负半周使微气泡的半径迅速增大,在液体中形成较大的空腔,这种现象称为**声空化效应**(acoustic cavitation). 与 9.3.5 小节略有区别的是,在该节中,我们假定流体中已经存在大量的空气泡,从而考虑对声传播的影响,而本节讨论入射声波如何激励液体中气泡的形成和发展.

10.3.1   液体的空化核理论

对纯净的液体 (如纯净的水),分子间的内聚力 (即分子间相互吸引而形成液态的作用力) 很大,或者说**液体强度**很高. 我们用撕裂液体、形成空腔的最小作用力来定量表征液体强度: 设想液体中存在一个面 S,在外力 f(单位面积的力,即压强) 的作用下形成空腔 (见图 10.3.1),那么最小所需的外力就是液体强度. 对温度为 $20^\circ C$ 的纯水,理论强度为 $3.25 \times 10^8 \text{Pa}$. 如果希望用声波的负压把液体撕裂,则声压振幅至少必须是 $p_0 \sim 3.25 \times 10^8 \text{Pa}$,相应的声强为

$$I = \frac{p_0^2}{2\rho_0 c_0} \sim \frac{(3.25)^2 \times 10^{16}}{2 \times 10^3 \times 1.5 \times 10^3} \sim 3.52 \times 10^{10} \text{W} / \text{m}^2 \tag{10.3.1}$$

这样高的声强在现实中是难以实现的.

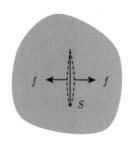

图 10.3.1   液体中 S 面在外力 f 的撕裂下形成空腔

然而,实验表明,超声空化的阈值不超过几百个大气压,远远低于理论的液体强度,而且与声波的频率有关. 这一现象普遍用稳定气泡核理论来解释: 空化首先是从液体中强度薄弱的地方开始,这些地方由于热起伏或其他物理原因 (如脉冲激光照射或高能粒子穿透) 出现一些很小的蒸气气泡,或者那里原来就有溶解在液体中的空气泡 (称为**气泡核**),于是在声波负压部分的作用下,气泡膨胀而产生空化. 在一定的状态 (压力和温度) 下,气泡核只能以一定的大小存在于液体中,气泡太大,很快就浮出水面; 气泡太小,在静压作用下就溶于水. 只有某些半径的气泡才能稳定存在,称为**稳定空化核**.

下面我们来定量分析存在空化核情况下液体的强度. 设静压为 P_0 的液体中存在一个单独的气泡核,其半径为 R_0,核内含有气体和蒸气 (饱和蒸气压为 P_V),那

么气泡内气体压力 P_{g0} 由气泡内外压力平衡方程决定

$$P_0 = P_{g0} + P_V - \frac{2\sigma}{R_0} \tag{10.3.2a}$$

其中,σ 为液体的表面张力系数. 在外压的作用下 (这里仅考虑静态情况, 在声波作用下的动态情况在 10.3.2~10.3.5 小节讨论), 气泡半径变为 R(正压下 R 变小, 负压下 R 变大), 假定气泡内气体的扩散可以忽略, 于是气泡内气体的压强 P_g 由气体状态方程决定

$$\frac{P_g}{P_{g0}} = \left(\frac{R_0}{R}\right)^{3\Gamma} \tag{10.3.2b}$$

其中, Γ 为多方指数, 如果气泡内气体运动是等温过程, 则 $\Gamma = 1$; 如果气泡内气体运动是绝热过程, 则 Γ 为比热比 γ. 由方程 (10.3.2a) 和 (10.3.2b) 得到

$$P_g = \left(P_0 - P_V + \frac{2\sigma}{R_0}\right)\left(\frac{R_0}{R}\right)^{3\Gamma} \tag{10.3.2c}$$

设此时气泡面上液体的静压力为 $P(R)$, 则气泡内外压力平衡方程为

$$P(R) = P_g + P_V - \frac{2\sigma}{R} = \left(P_0 - P_V + \frac{2\sigma}{R_0}\right)\left(\frac{R_0}{R}\right)^{3\Gamma} + P_V - \frac{2\sigma}{R_0} \cdot \frac{R_0}{R} \tag{10.3.2d}$$

可见 $P(R)$ 随 R 变化而变化 (如图 10.3.2): 存在某点 R_c(称为**气泡临界半径**), 在 $R = R_c$ 点, $P(R_c) = P_{\max}$, 当 $P < P_{\max}$ 时, 气泡半径变小; 而当 $P > P_{\max}$ 时, 气泡迅速膨胀变大. 因此, 外压的负压必须超过 $P_{\max}$ 才能把气泡核拉开而形成大的空化泡. 故液体强度 P_t 为 $P_t \equiv -P_{\max}$. 注意: R_c 和 $P_{\max}$ 都与气泡核半径 R_0 有关. 由 $(\mathrm{d}P/\mathrm{d}R)|_{R=R_c} = 0$ 容易得到

$$R_c = \left[\frac{3\Gamma}{2\sigma}\left(P_0 - P_V + \frac{2\sigma}{R_0}\right)R_0^{3\Gamma}\right]^{1/(3\Gamma-1)} \tag{10.3.3a}$$

对等温过程, 上式简化为

$$R_c = R_0\sqrt{\frac{3R_0}{2\sigma}\left(P_0 - P_V + \frac{2\sigma}{R_0}\right)} \tag{10.3.3b}$$

代入方程 (10.3.2d) 得到存在气泡核 R_0 的液体强度 (取 $\gamma = 1$)

$$P_t = -P_{\max} = -P_V + \frac{2}{3\sqrt{3}}\left(\frac{2\sigma}{R_0}\right)^{3/2}\left(P_0 - P_V + \frac{2\sigma}{R_0}\right)^{-1/2} \tag{10.3.3c}$$

可见, 气泡核的半径 R_0 越大, 该处的液体强度越小; 反之, 如果气泡核半径 R_0 很小, 要使液体空化, 必须加更强的负压. 所以含大气泡核的地方就是液体最薄弱的地方.

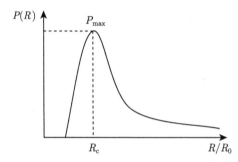

图 10.3.2　气泡面上液体的静压力随气泡半径的变化

超声空化阈值　设液体的静压为 P_0，声波的振幅为 p_0，则液体中压强的幅度为 $|P_0 \pm p_0|$，当 $p_0 > P_0$ 时，$P_0 - p_0$ 形成负压，这时空化核在负压作用下膨胀；当 $|P_0 - p_0| \geqslant P_t$(注意：$P_0 - p_0 < 0$) 时，形成空化，即超声空化阈值为

$$p_c = P_0 + P_t = P_0 - P_V + \frac{2}{3\sqrt{3}} \left(\frac{2\sigma}{R_0} \right)^{3/2} \left(P_0 - P_V + \frac{2\sigma}{R_0} \right)^{-1/2} \tag{10.3.4}$$

由此可见，对不同的液体，超声空化阈值也不同，即使对同一种液体，不同的静压和空化核半径分布，超声空化阈值也不同. 事实上，超声空化阈值还与超声作用时间的长度、超声脉冲宽度，特别是声波频率等诸因素有关. 一般，频率越高，阈值也越高. 在 10.3.2~10.3.5 小节中我们重点介绍气泡在声波作用下的动态运动.

10.3.2　不可压缩液体中气泡的振动

运动方程　假定液体中气泡很少，可以忽略气泡间的相互作用，仅考虑单个气泡在声场作用下的振动，如图 10.3.3. 我们从气泡的振动引起液体运动着手，导出气泡振动的方程. 气泡外液体的质量守恒方程和运动方程分别为

$$\frac{\mathrm{d}\rho}{\mathrm{d}t} + \rho\nabla \cdot \boldsymbol{v} = 0$$
$$\rho\frac{\mathrm{d}\boldsymbol{v}}{\mathrm{d}t} = -\nabla P + \mu\nabla^2\boldsymbol{v} + \left(\eta + \frac{1}{3}\mu \right) \nabla(\nabla \cdot \boldsymbol{v}) \tag{10.3.5a}$$

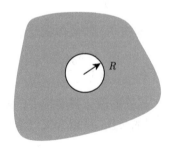

图 10.3.3　液体中的单个气泡

假定：①气泡与周围液体没有内能与质量的交换，且液体的运动是等熵的，$P = P(\rho)$，因而不涉及能量守恒方程；②气泡作径向振动，气泡的中心为坐标原点，用气泡半径来描述 $R = R(t)$，导致的液体运动也只有径向分量，即液体运动速度、密度和压强分别可表示为 $\boldsymbol{v} = v(r,t)\boldsymbol{e}_r$、$\rho = \rho(r,t)$ 和 $P = P(r,t)$，代入方程 (10.3.5a)

$$\frac{\partial \rho}{\partial t} + v\frac{\partial \rho}{\partial r} + \rho\left(\frac{\partial v}{\partial r} + \frac{2v}{r}\right) = 0$$

$$\rho\left(\frac{\partial v}{\partial t} + v\frac{\partial v}{\partial r}\right) = -\frac{\partial P}{\partial r} + \left(\eta + \frac{4}{3}\mu\right)\left(\frac{\partial^2 v}{\partial r^2} + \frac{2}{r}\frac{\partial v}{\partial r} - \frac{2v}{r^2}\right) \tag{10.3.5b}$$

注意到只有径向运动的液体一定是无旋的，即 $\nabla^2\boldsymbol{v} = \nabla(\nabla\cdot\boldsymbol{v}) - \nabla\times\nabla\times\boldsymbol{v} = \nabla(\nabla\cdot\boldsymbol{v})$，故可以引进势函数 $\boldsymbol{v} = \nabla\varPhi = \boldsymbol{e}_r\partial\varPhi/\partial r$ 或者 $v = \partial\varPhi/\partial r$，代入方程 (10.3.5b) 的第一式得到

$$\frac{\partial \rho}{\partial t} + \frac{\partial \varPhi}{\partial r}\frac{\partial \rho}{\partial r} + \rho\nabla_r^2\varPhi = 0 \tag{10.3.5c}$$

其中，Laplace 算子的径向部分为

$$\nabla_r^2 \equiv \frac{\partial^2}{\partial r^2} + \frac{2}{r}\frac{\partial}{\partial r} \tag{10.3.5d}$$

把 $v = \partial\varPhi/\partial r$ 代入方程 (10.3.5b) 的第二式得到

$$\frac{\partial}{\partial r}\left[\frac{\partial \varPhi}{\partial t} + \frac{1}{2}\left(\frac{\partial \varPhi}{\partial r}\right)^2\right] = -\frac{1}{\rho}\frac{\partial P}{\partial r} + \left(\eta + \frac{4}{3}\mu\right)\frac{1}{\rho}\frac{\partial}{\partial r}(\nabla_r^2\varPhi) \tag{10.3.6a}$$

二边对 r 积分且假定 $\varPhi$ 和 $v = \partial\varPhi/\partial r$ 满足无限大处条件：$\lim\limits_{r\to\infty} \varPhi = 0$ 和 $\lim\limits_{r\to\infty} v = 0$

$$\frac{\partial \varPhi}{\partial t} + \frac{1}{2}\left(\frac{\partial \varPhi}{\partial r}\right)^2 = -h(r,t) + \left(\eta + \frac{4}{3}\mu\right)\int_{\infty}^{r}\frac{1}{\rho}\frac{\partial}{\partial r}(\nabla_r^2\varPhi)\mathrm{d}r \tag{10.3.6b}$$

其中，焓函数定义为

$$h(r,t) \equiv \int_{\infty}^{r}\frac{1}{\rho}\mathrm{d}P \tag{10.3.6c}$$

边界条件　为了从液体运动关联到气泡的运动，从而得到气泡半径满足的方程，我们必须使用液体与气泡边界满足的边界条件，即压力与法向速度连续

$$P_\mathrm{b} = P_l; \dot{R}_\mathrm{b}(t) = \dot{R}_l(t) = \dot{R}(t) \tag{10.3.7a}$$

式中下标 "b" 和 "l" 分别表示属于气泡和液体的量. 气泡的压力包括二部分: 气泡内气体压力 P_g 以及气泡内液体饱和蒸气压 P_V(注意: 气泡内是气体和液体饱和蒸气的混合物, P_g 与时间有关, 而 P_V 仅与平衡温度有关), 即: $P_b = P_V + P_g(R, t)$; 而液体中的压力包括三部分: 流体的正压力 $P(R, t)$、黏滞流体所产生的等效压力 P_N(注意: 因为气体不能承受切向应力, 在气–液边界上, 切向应力为零) 和液–气界面液体的表面张力 $2\sigma/R$, 即 $P_l = P(R, t) + P_N + 2\sigma/R$, 其中 σ 是液体的表面张力系数. 黏滞流体所产生的等效压力 P_N 可由方程 (6.1.5c) 表示的黏滞应力张量 σ_{rr}(在球坐标中) 得到

$$
\begin{aligned}
P_N|_{r=R} = -\sigma_{rr}|_{r=R} &= -\left[2\mu\frac{\partial v}{\partial r} + \left(\eta - \frac{2}{3}\mu\right)\left(\frac{\partial v}{\partial r} + \frac{2v}{r}\right)\right]_{r=R} \\
&= -\left[2\mu\frac{\partial^2 \Phi}{\partial r^2} + \left(\eta - \frac{2}{3}\mu\right)\frac{1}{r^2}\frac{\partial}{\partial r}\left(r^2\frac{\partial \Phi}{\partial r}\right)\right]_{r=R}
\end{aligned}
\tag{10.3.7b}
$$

注意: 在球坐标中, 当 $\boldsymbol{v} = v(r, t)\boldsymbol{e}_r$ 时, 应变张力的分量为

$$
S_{rr} = \frac{\partial v}{\partial r}; \; S_{\vartheta\vartheta} = S_{\varphi\varphi} = \frac{v}{r}; \; S_{ij} = 0 \quad (i \neq j)
\tag{10.3.7c}
$$

而黏滞应力张量的对角部分分量为

$$
\begin{aligned}
\sigma_{rr} &= 2\mu S_{rr} + \left(\eta - \frac{2}{3}\mu\right)\nabla\cdot\boldsymbol{v} \approx 2\mu\left(\frac{\partial v}{\partial r} - \frac{1}{3}\nabla\cdot\boldsymbol{v}\right) \\
\sigma_{\vartheta\vartheta} &= \sigma_{\varphi\varphi} \approx 2\mu\left(\frac{v}{r} - \frac{1}{3}\nabla\cdot\boldsymbol{v}\right)
\end{aligned}
\tag{10.3.7d}
$$

原则上, 结合物态方程 $P = P(\rho)$, 我们可以从方程 (10.3.5c) 和 (10.3.6b) 消去 ρ 得到 Φ 满足的单一微分方程. 然后, 把 Φ 代入边界条件方程 (10.3.7a) 和 (10.3.7b) 就可以得到一个关于 R、$\dot{R}$、$\ddot{R}$ 和 t 的微分方程, 从而求解气泡的振动. 但实际上, 方程 (10.3.5c) 和 (10.3.6b) 的求解是非常困难的. 下面根据一定的简化假设来求气泡的运动方程.

Rayleigh-Plesset 方程　最简单的是假定液体是不可压缩的, 也就是液体在运动中密度不变, 即 $\mathrm{d}\rho/\mathrm{d}t = 0$(注意: $\mathrm{d}\rho/\mathrm{d}t$ 表示固定流体元的密度变化), 由方程 (10.3.5a) 第一式, $\nabla\cdot\boldsymbol{v} = 0$, 在球坐标中 (注意 v 仅是 r 的函数)

$$
\nabla\cdot\boldsymbol{v} = \frac{1}{r^2}\frac{\partial}{\partial r}(r^2 v) = \frac{1}{r^2}\frac{\partial}{\partial r}\left(r^2\frac{\partial \Phi}{\partial r}\right) = \nabla_r^2\Phi = 0
\tag{10.3.8a}
$$

即

$$
\Phi(r, t) = -\frac{C_1(t)}{r} + C_2(t) \quad \text{或者} \quad v(r, t) = \frac{C_1(t)}{r^2}
\tag{10.3.8b}
$$

由 $\lim\limits_{r\to\infty}\Phi=0$, $C_2(t)=0$. 当 $r=R$ 时, 法向速度连续, 即 $\dot{R}=v(R,t)=C_1(t)/R^2$, 故 $C_1(t)=\dot{R}R^2$. 于是

$$\Phi(r,t)=-\frac{\dot{R}R^2}{r} \tag{10.3.8c}$$

另一方面, 把方程 (10.3.8a) 代入方程 (10.3.6b)

$$\frac{\partial\Phi}{\partial t}+\frac{1}{2}\left(\frac{\partial\Phi}{\partial r}\right)^2=\frac{1}{\rho}[P_\infty-P(r,t)] \tag{10.3.9a}$$

其中,P_∞ 为无限远处液体的压强. 上式结合方程 (10.3.8c) 并取 $r=R$ 得到气泡半径的振动方程, 即 Rayleigh-Plesset 方程, 简称 **RP 方程**

$$R\frac{\mathrm{d}^2R}{\mathrm{d}t^2}+\frac{3}{2}\left(\frac{\mathrm{d}R}{\mathrm{d}t}\right)^2=\frac{1}{\rho_0}[P(R,t)-P_\infty] \tag{10.3.9b}$$

由于 RP 方程假定流体是不可压缩的, 故只有在条件 $\mathrm{Ma}\equiv|\dot{R}/c_0|\ll1$ 才成立. 由方程 (10.3.7a) 的第一式

$$P_V+P_g(R,t)=P(R,t)+P_N+\frac{2\sigma}{R} \tag{10.3.9c}$$

代入方程 (10.3.9b) 得到

$$R\frac{\mathrm{d}^2R}{\mathrm{d}t^2}+\frac{3}{2}\left(\frac{\mathrm{d}R}{\mathrm{d}t}\right)^2+\frac{1}{\rho_0}P_N=\frac{1}{\rho_0}\left[P_g(R,t)-\frac{2\sigma}{R}+P_V-P_\infty\right] \tag{10.3.10a}$$

其中,P_N 由方程 (10.3.7b) 和 (10.3.8c) 决定 (取 $\eta\approx0$, 不考虑体黏滞)

$$\begin{aligned}P_N|_{r=R}&\approx2\mu\left[-\frac{\partial^2\Phi}{\partial r^2}+\frac{1}{3}\frac{1}{r^2}\frac{\partial}{\partial r}\left(r^2\frac{\partial\Phi}{\partial r}\right)\right]_{r=R}\\&\approx-2\mu\left(\frac{\partial^2\Phi}{\partial r^2}\right)_{r=R}=\frac{4\mu}{R}\frac{\mathrm{d}R}{\mathrm{d}t}\end{aligned} \tag{10.3.10b}$$

代入方程 (10.3.10a), 并取 $P_\infty=P_0+p_i(t)$(其中 p_i 为入射声场, P_0 是环境压强)

$$R\frac{\mathrm{d}^2R}{\mathrm{d}t^2}+\frac{3}{2}\left(\frac{\mathrm{d}R}{\mathrm{d}t}\right)^2+\frac{4\nu}{R}\frac{\mathrm{d}R}{\mathrm{d}t}=\frac{1}{\rho_0}\left[P_g(R,t)-p_i(t)-\frac{2\sigma}{R}+P_V-P_0\right] \tag{10.3.10c}$$

如果取 P_0 为大气压 $P_0\approx1.01\times10^5\mathrm{Pa}$(常温下), 水的饱和蒸气压 $P_V\approx2.33\times10^3\mathrm{Pa}$, 故 P_V 远小于 P_0. 设气泡内的气体压缩和膨胀符合多方过程, 则 $P_g=P_{g0}(R_0/R)^{3\Gamma}$,

其中, R_0 为气泡平衡半径, P_{g0} 是平衡时泡内气体的压强, Γ 为多方次数 $(1 \leqslant \Gamma \leqslant \gamma$, 等温过程 $\Gamma = 1$; 绝热过程 $\Gamma = \gamma)$. 显然平衡方程为

$$P_{g0} + P_V = P_0 + \frac{2\sigma}{R_0} \tag{10.3.10d}$$

因此

$$P_g = \left(P_0 + \frac{2\sigma}{R_0} - P_V\right)\left(\frac{R_0}{R}\right)^{3\Gamma} \approx \left(P_0 + \frac{2\sigma}{R_0}\right)\left(\frac{R_0}{R}\right)^{3\Gamma} \tag{10.3.11a}$$

方程 (10.3.10c) 变为

$$\rho_0\left[R\frac{\mathrm{d}^2R}{\mathrm{d}t^2} + \frac{3}{2}\left(\frac{\mathrm{d}R}{\mathrm{d}t}\right)^2 + \frac{4\nu}{R}\frac{\mathrm{d}R}{\mathrm{d}t}\right] = \left(P_0 + \frac{2\sigma}{R_0}\right)\left(\frac{R_0}{R}\right)^{3\Gamma} - \frac{2\sigma}{R} - p_i(t) - P_0 \tag{10.3.11b}$$

上式称为 Rayleigh-Plesset-Noltingk-Neppiras 方程, 简称为 **RPNN 方程**. 值得指出的是, 尽管 RPNN 方程在实际应用中取得了较大的成功, 但其导出过程的二个基本假设, 即流体径向运动和不可压缩是矛盾的. 事实上, 不可压缩的流体不可能只作流体径向运动, 一定存在角度分量.

    散射声场   振动气泡对入射声场的散射可由方程 (10.3.8c) 和 (10.3.9a) 得到

$$\frac{\partial \Phi}{\partial t} = -\frac{1}{r}(\ddot{R}R^2 + 2R\dot{R}^2); \quad \frac{\partial \Phi}{\partial r} = \frac{\dot{R}R^2}{r^2} \tag{10.3.12a}$$

代入方程 (10.3.9a)

$$P(r,t) - P_\infty = \rho_0\left[\frac{1}{r}(\ddot{R}R^2 + 2R\dot{R}^2) - \frac{1}{2r^4}(\dot{R}R^2)^2\right] \tag{10.3.12b}$$

故远场散射场为

$$p_s(r,t) \equiv \lim_{r\to\infty}[P(r,t) - P_\infty] = \frac{\rho_0}{r}(\ddot{R}R^2 + 2R\dot{R}^2) \tag{10.3.12c}$$

再由方程 (10.3.9b) 消去 $\ddot{R}$ 得到

$$p_s(r,t) \equiv \lim_{r\to\infty}[P(r,t) - P_\infty]$$
$$= \frac{R}{r}\left[\frac{1}{2}\rho_0\dot{R}^2 + \frac{4\mu}{R}\dot{R} + P_g(R,t) - p_i(t) - P_0\right] \tag{10.3.12d}$$

10.3.3 可压缩液体的 Trlling 模型

上小节的不可压缩流体模型实际上排除了气泡振动引起的声辐射耗散. 事实上, 对不可压缩流体, 速度势 Φ 满足的方程为 Laplace 方程 $\nabla^2\Phi = 0$, 而不是波动方程. Trlling 模型假定: ①液体中的声速为常数, 与声压无关; ②声波方程是线性的, 即速度势 Φ 满足线性波动方程. 这二个近似条件称为**声学近似**. 注意: 尽管声压必须在非线性范围内才能引起声空化, 然而, 气泡振动导致的声辐射还是比较小的, 故这样的近似还是比较合理的. 设气泡振动的声辐射为向外辐射的球面波, 即

$$\Phi(r,t) = \frac{1}{r} f\left(\frac{r}{c_0} - t\right) \quad \text{或者} \quad \left(\frac{\partial}{\partial t} + c_0 \frac{\partial}{\partial r}\right)(r\Phi) = 0 \tag{10.3.13a}$$

第二式也可以写成

$$\frac{\partial \Phi}{\partial t} = -c_0 \frac{\Phi}{r} - c_0 v \tag{10.3.13b}$$

代入方程 (10.3.6b) 并且忽略黏滞项 (对一般的液体和典型的声波频率, 在液体内部, 可以忽略黏滞, 见 6.2.1 小节讨论)

$$-c_0 \frac{\Phi}{r} - c_0 v + \frac{1}{2} v^2 = -h(r,t) \tag{10.3.13c}$$

为了消去速度势 Φ, 对上式的时间变量求偏微分并再利用方程 (10.3.6b)(忽略黏滞项) 得到运动方程的新形式

$$r\left(1 - \frac{v}{c_0}\right)\frac{\partial v}{\partial t} - \frac{1}{2} v^2 = \frac{r}{c_0} \frac{\partial h(r,t)}{\partial t} + h(r,t) \tag{10.3.14a}$$

焓函数 在线性声学近似下, 上式中的焓函数及其时间偏导可用声压表示. 事实上, 由状态方程 $P = P(\rho)$, 作线性展开 $P - P_\infty = c_0^2(\rho - \rho_\infty)$(其中 P_∞ 和 $\rho_\infty \approx \rho_0$ 分别是液体远场压强和密度), 即 $\rho = \rho_\infty + (P - P_\infty)/c_0^2$, 代入方程 (10.3.6c)

$$h(r,t) \approx c_0^2 \int_{P_\infty}^{P(r,t)} \frac{1}{c_0^2 \rho_\infty + (P - P_\infty)} dP = c_0^2 \ln\left(1 + \frac{P - P_\infty}{c_0^2 \rho_\infty}\right) \tag{10.3.14b}$$

对液体 $c_0^2 \rho_\infty \approx 10^9 \text{Pa}$ 远大于声压 $(P - P_\infty)$, 故上式近似为

$$h(r,t) \approx \frac{P - P_\infty}{\rho_\infty} \tag{10.3.14c}$$

至于时间导数, 直接由方程 (10.3.6c) 得到

$$\frac{\partial h(r,t)}{\partial t} = \frac{\partial P(r,t)}{\partial t} \frac{\mathrm{d}}{\mathrm{d}P} \int_{P_\infty}^{P(r,t)} \frac{1}{\rho} \mathrm{d}P = \frac{1}{\rho} \frac{\partial P(r,t)}{\partial t} \approx \frac{1}{\rho_0} \frac{\partial P(r,t)}{\partial t} \tag{10.3.14d}$$

把方程 (10.3.14c) 和 (10.3.14d) 代入方程 (10.3.14a) 得到

$$r\left(1-\frac{v}{c_0}\right)\frac{\partial v}{\partial t}-\frac{1}{2}v^2=\frac{r}{\rho_0 c_0}\frac{\partial P(r,t)}{\partial t}+\frac{P-P_\infty}{\rho_\infty} \tag{10.3.15a}$$

上式的优点是仅与空间坐标 r 有关, 而与空间坐标的导数无关, 似乎取 $r=R(t)$ 应该得到气泡半径的运动方程, 但必须小心的是: $(\partial v/\partial t)|_{r=R(t)}$ 和 $[\partial P(r,t)/\partial t]|_{r=R(t)}$ 是 Euler 坐标中的当地导数. 当气泡半径大幅度振荡时, 气泡面的加速度应该为物质导数 $(\mathrm{d}v/\mathrm{d}t)|_{r=R(t)}$, 液气面上的压力时间导数也应该为 $[\mathrm{d}P(r,t)/\mathrm{d}t]|_{r=R(t)}$. 故即使取 $r=R(t)$, 上式中的 $\partial v/\partial t$ 也不是气泡面的加速度, 即 $(\partial v/\partial t)|_{r=R(t)}\neq\ddot{R}(t)$, 故必须导出 $(\partial v/\partial t)|_{r=R(t)}$ 和 $[\partial P(r,t)/\partial t]|_{r=R(t)}$ 与 R(以及 $\dot{R}$ 和 $\ddot{R}$) 的关系, 然后代入方程 (10.3.15a) 得到气泡的运动方程.

显然, 液–气面的速度为 $\dot{R}$, 故当地导数与物质导数的关系为

$$\ddot{R}\equiv\frac{\mathrm{d}v}{\mathrm{d}t}=\frac{\partial v}{\partial t}+\dot{R}\frac{\partial v}{\partial r};\quad \dot{P}(R,t)\equiv\frac{\mathrm{d}P}{\mathrm{d}t}=\frac{\partial P}{\partial t}+\dot{R}\frac{\partial P}{\partial r} \tag{10.3.15b}$$

注意: 上式中偏导数在 $r=R(t)$ 处取值. 因此, 还必须求速度场和压力场的空间导数. 另一方面, 注意到关系

$$\frac{\partial\rho}{\partial t}=\frac{\mathrm{d}\rho}{\mathrm{d}P}\frac{\partial P}{\partial t}=\frac{1}{c_0^2}\frac{\partial P}{\partial t};\quad \frac{\partial\rho}{\partial r}=\frac{\mathrm{d}\rho}{\mathrm{d}P}\frac{\partial P}{\partial r}=\frac{1}{c_0^2}\frac{\partial P}{\partial r} \tag{10.3.16a}$$

质量连续方程和运动方程 (忽略黏滞效应) 可表示为

$$\frac{1}{\rho c_0^2}\frac{\partial P}{\partial t}+\frac{v}{\rho c_0^2}\frac{\partial P}{\partial r}+\frac{\partial v}{\partial r}+\frac{2v}{r}=0$$

$$\frac{\partial v}{\partial t}+v\frac{\partial v}{\partial r}+\frac{1}{\rho}\frac{\partial P}{\partial r}=0 \tag{10.3.16b}$$

方程 (10.3.15b) 和 (10.3.16b) 联立, 并且在 $r=R(t)$ 取值 (注意 $\dot{R}=v$) 得到

$$\left.\frac{\partial v}{\partial t}\right|_{r=R(t)}=\ddot{R}+\frac{2\dot{R}^2}{R}+\frac{\dot{R}}{\rho c_0^2}\dot{P}(R,t)$$

$$\left.\frac{\partial v}{\partial r}\right|_{r=R(t)}=-\frac{2\dot{R}}{R}-\frac{1}{\rho c_0^2}\dot{P}(R,t) \tag{10.3.16c}$$

$$\left.\frac{\partial P}{\partial t}\right|_{r=R(t)}=\dot{P}(R,t)+\rho\dot{R}\ddot{R};\quad \frac{\partial P}{\partial r}=-\rho\ddot{R}$$

上式代入方程 (10.3.15a) 并在 $r=R(t)$ 取值得到气泡运动方程.

$$\left(1-2\frac{\dot{R}}{c_0}\right)R\ddot{R}+\left(1-\frac{4}{3}\frac{\dot{R}}{c_0}\right)\frac{3}{2}\dot{R}^2=\frac{R}{\rho_0 c_0}\left[1-\frac{\dot{R}}{c_0}+\left(\frac{\dot{R}}{c_0}\right)^2\right]\dot{P}(R,t)+\frac{P(R,t)-P_\infty}{\rho_\infty}$$

$$\tag{10.3.17a}$$

注意到上式第一项的系数 $(1 - 2\dot{R}/c_0)$ 正比于气泡振荡的等效惯性, 当 Mach 数 $\mathrm{Ma} \equiv |\dot{R}/c_0|$ 大于 $1/2$ 时, 等效惯性为负, 即负质量, 而这是不可能的. 原因在于 Trlling 模型的二个假定. 因此 Trlling 模型成立的条件是 $\mathrm{Ma} < 1/2$, 故可以忽略上式中的 $1/c_0^2$ 项

$$\left(1 - 2\frac{\dot{R}}{c_0}\right)R\ddot{R} + \left(1 - \frac{4}{3}\frac{\dot{R}}{c_0}\right)\frac{3}{2}\dot{R}^2 - \frac{R}{\rho_0 c_0}\dot{P}(R,t) = \frac{P(R,t) - P_\infty}{\rho_\infty} \qquad (10.3.17\mathrm{b})$$

其中, $P(R,t)$ 由方程 (10.3.9c) 决定: $P(R,t) = P_V + P_g(R,t) - P_N - 2\sigma/R$. 上式称为 **Trlling 方程**. 与 Rayleigh-Plesset 方程 (10.3.9b) 相比, 二个主要区别是: ①变化的惯性质量; ②增加了第三项 $R\dot{P}(R,t)/\rho_0 c_0$, 该项实际上是考虑了可压缩流体后, 气泡振动导致的声辐射对振动的阻尼, 而 RP 方程不可能包括这项, 这也是 RP 方程的主要缺点. 一般当 R_0 较大 (大于 $10\mu\mathrm{m}$) 和频率较高 (大于 $10\mathrm{MHz}$) 时, 必须考虑声辐射阻尼. 当然, 可以把声辐射阻尼项直接加到 RP 方程中去, 得到修正的 RP 方程

$$R\ddot{R} + \frac{3}{2}\dot{R}^2 - \frac{R}{\rho_0 c_0}\dot{P}(R,t) = \frac{P(R,t) - P_\infty}{\rho_\infty} \qquad (10.3.17\mathrm{c})$$

黏滞力 对不可压缩的流体, 黏滞力 P_N 由方程 (10.3.10b) 表示. 当流体可压缩时, 由方程 (10.3.7b)(忽略体黏滞)

$$P_N|_{r=R} = 2\mu\left(-\frac{\partial v}{\partial r} + \frac{1}{3}\nabla \cdot \boldsymbol{v}\right)_{r=R} \qquad (10.3.18\mathrm{a})$$

注意到在径向运动情况下 $\nabla \cdot \boldsymbol{v} = \partial v/\partial r + 2v/r$, 代入上式

$$P_N|_{r=R} = 4\mu\left(\frac{\dot{R}}{R} - \frac{1}{3}\nabla \cdot \boldsymbol{v}\right)_{r=R} \qquad (10.3.18\mathrm{b})$$

利用质量守恒方程和状态方程, 上式可以写成

$$P_N|_{r=R} = 4\mu\left(\frac{\dot{R}}{R} + \frac{1}{3\rho_0 c^2}\frac{\mathrm{d}p}{\mathrm{d}t}\right)_{r=R} \qquad (10.3.18\mathrm{c})$$

当 R 很小时, 第二项可以忽略, 故黏滞力 P_N 仍然可以由方程 (10.3.10b) 表示.

10.3.4 可压缩液体的 Keller-Miksis 模型

在 RP 方程或者 Trlling 模型中, 驱动声压由 $P_\infty = P_0 + p_i(t)$ 引进入气泡非线性振动方程, 其原因是, 在推导 RP 方程中, 假定液体是不可压缩的, 无法引入声波; 而在 Trlling 模型中, 仅考虑气泡振动向外辐射的球面波, 即方程 (10.3.13a), 而驱动声压应该是向原点汇聚的球面波 (见方程 (3.1.21c) 讨论). Keller-Miksis 模

型克服了这个问题. Keller-Miksis 模型也假定：①液体中的声速为常数，与声压无关；②声波是线性的，即速度势 Φ 满足线性波动方程 (但包括入射波和散射波). 因此基本方程是 Bernoulli 方程和波动方程

$$\frac{\partial \Phi}{\partial t} + \frac{1}{2}\left(\frac{\partial \Phi}{\partial r}\right)^2 = -h(r,t) \tag{10.3.19a}$$

$$\frac{\partial^2(r\Phi)}{\partial t^2} - \frac{1}{c_0^2}\frac{\partial^2(r\Phi)}{\partial r^2} = 0 \tag{10.3.19b}$$

其中，焓函数 $h(r,t) \approx (P - P_\infty)/\rho_\infty$，$c_0$ 为与声压无关的声速. 在液–气边界上

$$v(r,t)|_{r=R(t)} = \left.\frac{\partial \Phi}{\partial r}\right|_{r=R(t)} = \dot{R}(t)$$

$$\left.\frac{\partial \Phi}{\partial t}\right|_{r=R(t)} + \frac{1}{2}\dot{R}^2(t) = -h(R,t) \tag{10.3.19c}$$

包含入射波和散射波后，方程 (10.3.19b) 的解为 (注意: 方程 (10.3.13a) 仅包括散射波)

$$\Phi(r,t) = \frac{1}{r}\left[f\left(t - \frac{r}{c_0}\right) + g\left(t + \frac{r}{c_0}\right)\right] \tag{10.3.20a}$$

其中，f 和 g 为任意函数. 容易计算

$$\frac{\partial \Phi(r,t)}{\partial t} = \frac{1}{r}(f' + g')$$

$$\frac{\partial \Phi(r,t)}{\partial r} = \frac{1}{c_0 r}(-f' + g') - \frac{1}{r^2}(f + g) \tag{10.3.20b}$$

其中，f' 表示对 $f(\xi)$ 的变量 ξ 求导数 (g' 的意义相同). 上式代入方程 (10.3.19c) 得到 (注意，下式中所有量都在 $r = R(t)$ 处取值)

$$\frac{1}{R}(f' + g') + \frac{1}{2}\dot{R}^2(t) = -h(R,t)$$

$$\frac{1}{c_0 R}(-f' + g') - \frac{1}{R^2}(f + g) = \dot{R}(t) \tag{10.3.21a}$$

上式消去 f' 得到

$$c_0\left[f\left(t - \frac{R}{c_0}\right) + g\left(t + \frac{R}{c_0}\right)\right] = 2Rg' + R^2\left[\frac{1}{2}\dot{R}^2(t) - c_0\dot{R}(t) + h(R,t)\right] \tag{10.3.21b}$$

上式还包括气泡的散射波 f(而 g 表示入射波)，必须消去，为此对上式时间求导得到

$$c_0\left(1 - \frac{\dot{R}}{c_0}\right)(f' + g') = -2c_0 R\left(1 - \frac{1}{2}\frac{\dot{R}}{c_0}\right)\dot{R}^2 - c_0 R^2\left(1 - \frac{\dot{R}}{c_0}\right)\ddot{R}(t)$$

$$\tag{10.3.22a}$$

$$+ 2R\dot{R}h(R,t) + R^2\dot{h}(R,t) + 2R\left(1 + \frac{\dot{R}}{c_0}\right)g''$$

把方程 (10.3.21a) 的第一式代入上式得到

$$\left(1 - \frac{\dot{R}}{c_0}\right) R\ddot{R}(t) + \frac{3}{2}\left(1 - \frac{1}{3}\frac{\dot{R}}{c_0}\right)\dot{R}^2 - \left(1 + \frac{\dot{R}}{c_0}\right)h - \frac{R}{c_0}\dot{h}$$
$$- \frac{2}{c_0}\left(1 + \frac{\dot{R}}{c_0}\right)g''\left(t + \frac{R}{c_0}\right) = 0 \tag{10.3.22b}$$

注意到 $h(R,t) \approx [P(R,t) - P_\infty]/\rho_\infty$，$\dot{h}(R,t) \approx \dot{P}(R,t)/\rho_\infty$ 以及 $P_\infty = P_0$ 和 $\rho_\infty = \rho_0$，上式简化为

$$\left(1 - \frac{\dot{R}}{c_0}\right) R\ddot{R}(t) + \frac{3}{2}\left(1 - \frac{1}{3}\frac{\dot{R}}{c_0}\right)\dot{R}^2 - \frac{R}{\rho_0 c_0}\dot{P}(R,t)$$
$$- \left(1 + \frac{\dot{R}}{c_0}\right)\left[\frac{P(R,t) - P_0}{\rho_0} + \frac{2}{c_0}g''\left(t + \frac{R}{c_0}\right)\right] = 0 \tag{10.3.22c}$$

其中, 入射场用 g'' 表示颇为不便, 须转化成入射声压表示. 设入射波的势函数为 $\Phi_{\rm i}$, 显然 $\Phi_{\rm i}$ 满足波动方程, 在球坐标下, $\Phi_{\rm i}$ 的球对称部分解为 (因为假定气泡作径向振动, 只要考虑球对称部分, 而与角度有关的部分在 $r = a$ 必须为零)

$$\Phi_{\rm i}(r,t) = \frac{1}{r}\left[g\left(t + \frac{r}{c_0}\right) + h\left(t - \frac{r}{c_0}\right)\right] \tag{10.3.23a}$$

在 $r = 0$ 处, $\Phi_{\rm i}$ 必须有限, 故 $g(t) + h(t) = 0$, 于是

$$\Phi_{\rm i}(r,t) = \frac{1}{r}\left[g\left(t + \frac{r}{c_0}\right) - g\left(t - \frac{r}{c_0}\right)\right] \tag{10.3.23b}$$

在气泡处势函数近似为

$$\Phi_{\rm i}(0,t) = \lim_{R \to 0}\frac{1}{R}\left[g\left(t + \frac{R}{c_0}\right) - g\left(t - \frac{R}{c_0}\right)\right] \approx \frac{2}{c_0}g'(t) \tag{10.3.23c}$$

于是, 气泡处入射声压近似为

$$p_{\rm i}(t) = -\rho_0\frac{\partial \Phi_{\rm i}(R,t)}{\partial t} \approx -\frac{2\rho_0}{c_0}g''(t) \tag{10.3.24a}$$

上式代入方程 (10.3.22c) 得到气泡振动方程

$$\left(1 - \frac{\dot{R}}{c_0}\right) R\ddot{R}(t) + \frac{3}{2}\left(1 - \frac{1}{3}\frac{\dot{R}}{c_0}\right)\dot{R}^2 - \frac{R}{\rho_0 c_0}\dot{P}(R,t)$$
$$- \left(1 + \frac{\dot{R}}{c_0}\right)\left[\frac{P(R,t) - P_0 - p_{\rm i}(t + R/c_0)}{\rho_0}\right] = 0 \tag{10.3.24b}$$

其中, 气泡壁面的压强为

$$P(R,t) = \left(P_0 + \frac{2\sigma}{R_0} \right) \left(\frac{R_0}{R} \right)^{3\Gamma} - \frac{4\mu}{R}\dot{R} - \frac{2\sigma}{R} + P_{\mathrm{V}} \tag{10.3.24c}$$

方程 (10.3.24b) 就是气泡作径向振动的方程. 例如, 考虑入射声波为声压幅值等于 $p_{0\mathrm{i}}$ 的平面波 $p_{\mathrm{i}}(\boldsymbol{r},t) = p_{0\mathrm{i}}\sin(\omega t - \boldsymbol{k} \cdot \boldsymbol{r})$, 方程 (10.3.24b) 成为

$$\left(1 - \frac{\dot{R}}{c_0} \right) R\ddot{R}(t) + \frac{3}{2} \left(1 - \frac{1}{3}\frac{\dot{R}}{c_0} \right) \dot{R}^2 - \frac{R}{\rho_0 c_0}\dot{P}(R,t)$$

$$-\frac{1}{\rho_0}\left(1 + \frac{\dot{R}}{c_0} \right) \left[P(R,t) - P_0 - p_{0\mathrm{i}}\sin\omega\left(t + \frac{R}{c_0} \right) \right] = 0 \tag{10.3.24d}$$

与 Trlling 模型相比, 等效惯性项系数为 $(1 - \dot{R}/c_0)$, 当 $\mathrm{Ma} \equiv |\dot{R}/c_0|$ 大于 1 时, 等效惯性为负, 故 Keller-Miksis 模型比 Trlling 模型略有优势. 当然, Keller-Miksis 模型最大的优点是入射场自然地进入振动方程. 令人惊奇的是, 在声压不是很强的情况下, 气泡振动的各种模型给出的结果几乎相同.

10.3.5   气泡振动分析

气泡在外加声场的激励下的振动非常复杂, 主要依赖于: 声波的频率、声波振幅、气泡的初始半径、黏滞系数以及表面张力系数等. 我们以 RPNN 方程 (10.3.11b) 为例进行讨论.

共振频率   假定入射声压足够小, 气泡在平衡态附件作稳定的微小振动, 令 $R(t) = R_0[1 + x(t)]$, 其中 $|x(t)| \ll 1$, 则

$$\left(\frac{R_0}{R} \right)^{3\Gamma} = \frac{1}{[1 + x(t)]^{3\Gamma}} \approx 1 - 3\Gamma x(t) \tag{10.3.25a}$$

把上式代入方程 RPNN 方程 (10.3.11b), 保留线性项得到

$$\frac{\mathrm{d}^2 x(t)}{\mathrm{d}t^2} + \frac{4\nu}{R_0^2}\frac{\mathrm{d}x(t)}{\mathrm{d}t} + \frac{3\Gamma P_0}{\rho_0 R_0^2}\left(1 + \frac{2\sigma}{P_0 R_0} \right) x(t) \approx -\frac{p_{\mathrm{i}}(t)}{\rho_0 R_0^2} \tag{10.3.25b}$$

上式为阻尼线性振子方程, 故气泡作微振动的共振频率为

$$\omega_{\mathrm{r}} = \frac{1}{R_0}\sqrt{\frac{3\Gamma P_0}{\rho_0}\left(1 + \frac{2\sigma}{P_0 R_0} \right) - \frac{4\nu^2}{R_0^2}} \tag{10.3.25c}$$

当激励声压较大时, 必须保留 RPNN 方程 (10.3.11b) 中的非线性项, 用数值计算方法来求解, 下面给出一些数值计算例子. 设入射声场为正弦波 $p_{\mathrm{i}}(t) = p_{\mathrm{a}}\sin(\omega_{\mathrm{a}}t)$ ($\omega_{\mathrm{a}} = 2\pi f_{\mathrm{a}}$), 常温下水的密度 $\rho_0 = 1.0 \times 10^3 \mathrm{kg} / \mathrm{m}^3$, 表面张力系数

$\sigma = 7.2 \times 10^{-2} \text{N} / \text{m}$，黏滞系数 $\mu = 1.0 \times 10^{-3} \text{Pa} \cdot \text{s}$.

气泡的稳态振动　选择 $f = 200\text{kHz}$，声振幅 $p_\text{a} = 1.9 \times 10^5 \text{Pa}$，微气泡半径 $R_0 = 1.5 \mu\text{m}$，气泡在超声激励下作稳态周期振动，如图 10.3.4，由图 10.3.4(a) 可见: 气泡在一个周期内的运动呈现膨胀、收缩和振荡三个阶段. 整个过程从声场的负压相开始，膨胀过程约占整个周期的 53%，而收缩过程非常迅速，占整个周期的 12%，其余部分为振荡过程. 保持超声激励参数不变，延长激励时间就能使空化泡继续进入下一个周期的运动，产生连续膨胀、收缩和振荡的稳态空化过程，如图 10.3.4(b).

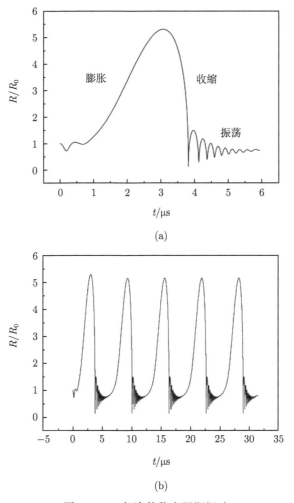

(a)

(b)

图 10.3.4　气泡的稳态周期振动

(a) 一个周期内膨胀、压缩和振荡过程; (b) 长时间稳态波形

气泡的非稳态振动　　选择 $f_a = 1000\text{kHz}$ 和超声振幅 $p_a = 1.9 \times 10^5\text{Pa}$，当取 $R_0 = 9.5\mu\text{m}$ 时气泡产生很短暂的膨胀、收缩、微振荡过程，到最终无法承受外界负压时出现崩溃，如图 10.3.5(a)；如果取 $R_0 = 0.5\mu\text{m}$，气泡表现出瞬时压缩、振荡和小于初始半径的稳定径向脉动，如图 10.3.5(b) 所示的运动过程，此运动既不属于稳态空化也不属于瞬态空化.

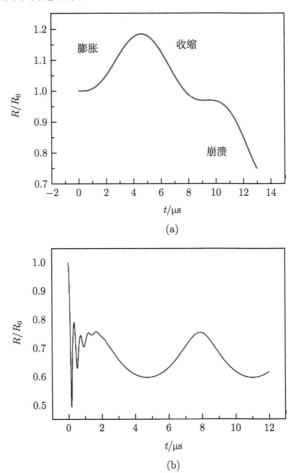

图 10.3.5　不同初始半径空化泡可以产生非稳态空化过程

(a) 气泡瞬态空化波形；(b) 气泡振动既非稳态空化也非瞬态空化

稳定振动区域　　由此可见，气泡的振动非常复杂，与激励声波振幅和频率、气泡的平衡半径以及液体的黏滞等密切相关. 图 10.3.6、图 10.3.7 以及图 10.3.8 给出了存在气泡形成稳定空化的区域，并且在稳定空化区域中还存在着最佳稳态区域 (图中小区域)，在这个区域中气泡不但能产生稳态的振动形式，而且振动产生的泡壁收缩速度和冲击效应都极大.

次谐波和混沌 当激励声波振幅进一步增加, 还可以出现**次谐波**(subharmonic waves), 即频谱中不仅含有 $2f, 3f, 4f, \cdots$ 等倍频信号, 还包含 $f/2, f/4, 3f/2, \cdots$ 等分数频率信号) 及混沌 (chaos) 现象, 我们不进一步讨论.

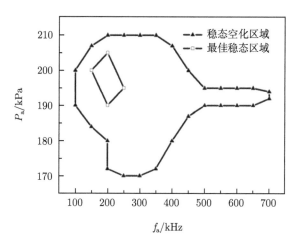

图 10.3.6 稳态空化区域和最佳稳态区域: 声波频率 f_a 与激励声压 P_a 决定的稳态空化区域
$(R_0 = 1.5\mu m, \eta = 1.0 \times 10^{-3} Pa \cdot s)$

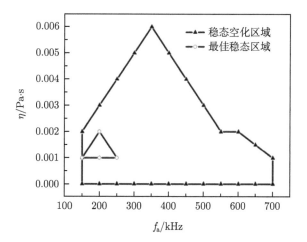

图 10.3.7 稳态空化区域和最佳稳态区域: 声波频率 f_a 与黏滞系数 η 决定的稳态空化区域
$(R_0 = 1.5\mu m, P_a = 1.9 \times 10^5 Pa)$

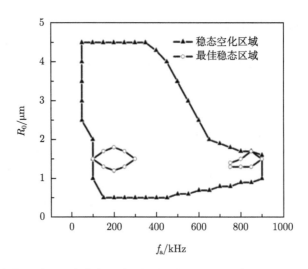

图 10.3.8　稳态空化区域和最佳稳态区域: 声波频率 f_a 与气泡初始半径 R_0 决定的稳态空化区域 ($P_a = 1.9 \times 10^5 \mathrm{Pa}, \eta = 1.0 \times 10^{-3} \mathrm{Pa \cdot s}$)

10.4　热效应和高强度聚焦超声

热效应是高强度聚焦超声(HIFU) 治疗局部肿瘤的物理基础, 其基本原理是通过聚焦超声换能器 (频率为 $0.5 \sim 10\mathrm{MHz}$), 将声能量聚集到一小区域 (称为**焦区**), 该区域组织吸收声能量转换为热, 使组织温度快速上升至 65°C 以上, 蛋白质在高温下变性, 组织发生不可逆转的凝固性坏死. 而在焦区以外的区域 (即声传播的路径上), 声能量足够低, 组织并没有受到损伤. 一般焦区的声强可以达到 $10^3 \mathrm{W} / \mathrm{cm}^2$(相应的峰值声压达到 $5 \sim 20\mathrm{MPa}$), 远远超过线性声学适用的范围. 常用的聚焦方法有几何聚焦和相控阵聚焦二种, 前者把 HIFU 换能器制成球冠形状, 焦区大致位于球心; 后者由换能器单元组成相控阵, 通过相位延迟和振幅补偿, 可以实现单点和多点聚焦 (见 2.2.3 小节讨论). 本节从非理想介质的三个基本方程之一, 即能量守恒方程, 导出温度场满足的基本方程.

10.4.1　非生物介质中的温度场方程

由 1.1.3 小节讨论, 当理想介质中存在声波时, 引起的温度变化是非常小的. 对非理想介质, 声波引起的温度变化由能量守恒方程 (6.1.14a) 决定, 即 (取 $q = 0$ 和 $h = 0$)

$$\rho T \frac{\mathrm{d}s}{\mathrm{d}t} = \nabla \cdot (\kappa \nabla T) + 2\mu \sum_{i,j=1}^{3} S_{ij}^2 + \lambda (\nabla \cdot \boldsymbol{v})^2 \tag{10.4.1a}$$

由状态方程方程 $s = s(P, T)$

$$\frac{\mathrm{d}s}{\mathrm{d}t} = \left(\frac{\partial s}{\partial P}\right)_T \frac{\mathrm{d}P}{\mathrm{d}t} + \left(\frac{\partial s}{\partial T}\right)_s \frac{\mathrm{d}T}{\mathrm{d}t} = -\frac{\beta_P}{\rho}\frac{\mathrm{d}P}{\mathrm{d}t} + \frac{c_P}{T}\frac{\mathrm{d}T}{\mathrm{d}t} \tag{10.4.1b}$$

故温度场满足的方程为

$$\rho c_P \frac{\mathrm{d}T}{\mathrm{d}t} = \nabla \cdot (\kappa \nabla T) + T\beta_P \frac{\mathrm{d}P}{\mathrm{d}t} + 2\mu \sum_{i,j=1}^{3} S_{ij}^2 + \lambda(\nabla \cdot \boldsymbol{v})^2 \tag{10.4.1c}$$

注意: ①上式的诸系数是 T 和 P 的函数, 故严格讲, 上式是一个非线性方程; ②由于介质的黏滞而吸收声能量, 导致的温度变化与速度场分布直接关联, 只有在二阶声场近似下, 方程 (10.4.1c) 右边的第三、四项才能直接表示为声压场的分布.

方程 (10.4.1c) 各项讨论如下.

(1) 左边的项

$$\rho c_P \frac{\mathrm{d}T}{\mathrm{d}t} = \rho c_P \left(\frac{\partial T}{\partial t} + \boldsymbol{v} \cdot \nabla T\right) \approx \rho c_P \frac{\partial T}{\partial t} \tag{10.4.2a}$$

得到上式, 注意到声波频率达到 MHz 量级, 相对温度场的时间变化属于快尺度变化, 故对速度场 $\boldsymbol{v}$ 作时间平均, 而速度场的时间平均近似为零, 即 $\overline{\boldsymbol{v}} \approx 0$.

(2) 右边的第二项表示由于热膨胀效应而由声场导致的温度场变化, 在理想介质及线性声学范围, 这一温度变化正比于声压, 由 1.1.3 小节讨论, 这一项可以忽略, 特别是在液体介质中, $\beta_P \sim 10^{-5}/\mathrm{K}$, 远远小于气体的 $\beta_P \sim 10^{-2}/\mathrm{K}$.

(3) 第三、四项表示由于黏滞效应, 介质吸收声能量而导致的温度升高. 在二阶近似下, 方程 (10.4.1c) 中的速度可用线性声压场代替, 即

$$\frac{1}{\rho_0 c_0^2}\frac{\partial p}{\partial t} \approx \nabla \cdot \boldsymbol{v} \tag{10.4.2b}$$

设 $p(\boldsymbol{r}, t) = \mathrm{Re}\{p(\boldsymbol{r})\mathrm{e}^{-\mathrm{i}\omega_0 t}\} = |p(\boldsymbol{r})|\cos(\omega_0 t - \phi)$(其中, ω_0 是声波频率, ϕ 是 $p(\boldsymbol{r})$ 的相角. 注意: 方程 (10.4.1c) 中出现二次运算, 故必须取实数), 作时间平均后得到

$$\overline{(\nabla \cdot \boldsymbol{v})^2} \approx \left(\frac{1}{\rho_0 c_0^2}\right)^2 \overline{\left(\frac{\partial p}{\partial t}\right)^2} = \omega_0^2 |p(\boldsymbol{r})|^2 \left(\frac{1}{\rho_0 c_0^2}\right)^2 \overline{\sin^2(\omega_0 t - \phi)}$$
$$= \frac{1}{2}|p(\boldsymbol{r})|^2 \left(\frac{\omega_0}{\rho_0 c_0^2}\right)^2 \tag{10.4.2c}$$

对第三项, 如果忽略介质中的横波, 则

$$\overline{\sum_{i,j=1}^{3} S_{ij}^2} \approx \overline{\sum_{i=j=1}^{3} S_{ij}^2} = \overline{(\nabla \cdot \boldsymbol{v})^2} - 2\left(\overline{\frac{\partial v_1}{\partial x_1}\frac{\partial v_2}{\partial x_2}} + \overline{\frac{\partial v_1}{\partial x_1}\frac{\partial v_3}{\partial x_3}} + \overline{\frac{\partial v_2}{\partial x_2}\frac{\partial v_3}{\partial x_3}}\right) \tag{10.4.2d}$$

注意到 $\partial v_j / \partial x_j$ 表示 x_j 方向的相对收缩或膨胀，x_j 方向的收缩一般必引起 x_i ($i \neq j$) 的膨胀，反之亦然，故 $\partial v_j / \partial x_j$ 与 $\partial v_i / \partial x_i$ 一般反号，时间平均可近似为零. 于是 $\sum\limits_{i,j=1}^{3} \overline{S_{ij}^2} \approx \overline{(\nabla \cdot \boldsymbol{v})^2}$，因此，方程 (10.4.1c) 的第三、四项的时间平均近似为

$$2\mu \sum_{i,j=1}^{3} \overline{S_{ij}^2} + \lambda \overline{(\nabla \cdot \boldsymbol{v})^2} \approx (2\mu + \lambda)\overline{(\nabla \cdot \boldsymbol{v})^2} \approx \frac{\alpha_\mu}{\rho_0 c_0} |p(\boldsymbol{r})|^2 \tag{10.4.3a}$$

其中，α_μ 是由于黏滞导致的声吸收系数

$$\alpha_\mu \equiv \frac{4\mu}{3} \cdot \frac{\omega_0^2}{2\rho_0 c_0^3} \tag{10.4.3b}$$

注意：$\lambda + 2\mu = \eta + 4\mu/3 \approx 4\mu/3$. 此外，如果计及热传导对声吸收的贡献，方程 (10.4.2c) 中的 α_μ 应该用 α 代替，其中 α 由方程 (6.5.2a) 决定，即

$$\alpha \equiv \left[(\gamma - 1)\frac{\kappa}{c_{P0}} + \frac{4}{3}\mu \right] \frac{\omega_0^2}{2\rho_0 c_0^3} \tag{10.4.3c}$$

(4) 如果方程 (10.4.1c) 中诸系数在平衡点取值，即 $\rho c_P \approx \rho_0 c_{P0}$ 和 $\kappa(T) \approx \kappa(T_0)$ 近似取为常数，即忽略非线性效应.

于是，温度场满足的线性方程近似为

$$\rho_0 c_{P0} \frac{\partial T}{\partial t} = \kappa \nabla^2 T + \frac{\alpha}{\rho_0 c_0} |p(\boldsymbol{r})|^2 \tag{10.4.3d}$$

一旦由 Westervelt 方程 (9.2.45c) 或者 KZK 方程 (9.4.2a) 得到声场分布，就可以由上式计算介质中的温度场分布.

多频情况　由于 Westervelt 方程 (9.2.45c) 或者 KZK 方程 (9.4.2a) 是非线性方程，即使声源激发的是频率为 ω_0 的单频波，在声波传播过程中，也产生高次谐波，因此，我们把声场表示为

$$p(\boldsymbol{r}, t) = \sum_{n=1}^{\infty} |p_n(\boldsymbol{r})| \cos(n\omega_0 t - \phi_n) \tag{10.4.4a}$$

于是，方程 (10.4.2c) 修改为 (注意：不同谐波交叉项的时间平均为零)

$$\overline{(\nabla \cdot \boldsymbol{v})^2} \approx \left(\frac{1}{\rho_0 c_0^2} \right)^2 \overline{\left(\frac{\partial p}{\partial t} \right)^2} = \frac{1}{2} \sum_{n=1}^{\infty} |p_n(\boldsymbol{r})|^2 \left(\frac{n\omega_0}{\rho_0 c_0^2} \right)^2 \tag{10.4.4b}$$

温度场满足的线性方程 (10.4.3d) 修改为

$$\rho_0 c_{P0} \frac{\partial T}{\partial t} = \kappa \nabla^2 T + \sum_{n=1}^{\infty} \frac{\alpha_n}{\rho_0 c_0} |p_n(\boldsymbol{r})|^2 \tag{10.4.4c}$$

其中, α_n 是 n 次谐波的声吸收系数

$$\alpha_n \equiv \left[(\gamma - 1)\frac{\kappa}{c_{P0}} + \frac{4}{3}\mu\right]\frac{(n\omega_0)^2}{2\rho_0 c_0^3} \tag{10.4.4d}$$

注意: 如果声源激发的是一系列脉冲的时序信号, ω_0 就是基波的频率.

10.4.2 温度场的 Green 函数解

在 HIFU 治疗肿瘤中, 温度的升高主要集中在焦区, 其他位置的温升可以忽略 (理想情况), 因此, 我们可以用无界空间的解作为方程 (10.4.4c) 的近似解, 而忽略 边界的影响 (注意: 对声场的空间分布, 边界的影响是不可忽略的). 假定 $t = 0$ 时 刻温度为平衡温度 T_0(常数), 且在时间段 $0 \leqslant t \leqslant t_0$ 超声作用于介质, 则温度场满 足初值问题

$$\frac{\partial T'}{\partial t} = D\nabla^2 T' + f(t)Q(\boldsymbol{r}) \ (t > 0) \tag{10.4.5a}$$

其中, $T'(\boldsymbol{r}, t) = T(\boldsymbol{r}, t) - T_0$ 为温升高 (满足零初始条件, 即 $T'(\boldsymbol{r}, t)|_{t=0} = 0$), $D \equiv \kappa/(\rho_0 c_{P0})$ 为热扩散系数, 热源项为

$$Q(\boldsymbol{r}) \equiv \frac{1}{\rho_0 c_{P0}}\sum_{n=1}^{\infty}\frac{\alpha_n}{\rho_0 c_0}|p_n(\boldsymbol{r})|^2 \tag{10.4.5b}$$

函数 $f(t)$ 表征超声的辐照时间, 例如, 如果超声辐照时间为 $0 \leqslant t \leqslant t_0$, 则函数 $f(t)$ 可以写成: $f(t) = 1$ $(0 \leqslant t \leqslant t_0)$ 和 $f(t) = 0$ $(t > t_0)$, 下面仅讨论这种情况. 方 程 (10.4.5a) 可以用 Fourier 积分方法求解, 令温度场为 Fourier 积分形式

$$T'(\boldsymbol{r}, t) = \int U(\boldsymbol{k}, t)\exp(\mathrm{i}\boldsymbol{k}\cdot\boldsymbol{r})\mathrm{d}^3\boldsymbol{k} \tag{10.4.5c}$$

上式代入方程 (10.4.5a) 得到

$$\frac{\mathrm{d}U(\boldsymbol{k}, t)}{\mathrm{d}t} + Dk^2 U(\boldsymbol{k}, t) = \tilde{Q}(\boldsymbol{k})f(t) \quad (t > 0) \tag{10.4.5d}$$

其中, $U(\boldsymbol{k}, t)$ 满足零初始条件, 即 $U(\boldsymbol{k}, t)|_{t=0} = 0$, $\tilde{Q}(\boldsymbol{k})$ 为 $Q(\boldsymbol{r})$ 的 Fourier 积分

$$\tilde{Q}(\boldsymbol{k}) \equiv \frac{1}{(2\pi)^3}\int Q(\boldsymbol{r})\exp(-\mathrm{i}\boldsymbol{k}\cdot\boldsymbol{r})\mathrm{d}^3\boldsymbol{r} \tag{10.4.5e}$$

于是, 不难得到

$$U(\boldsymbol{k}, t) = \tilde{Q}(\boldsymbol{k})\int_0^t f(\tau)\exp[-Dk^2(t - \tau)]\mathrm{d}\tau \tag{10.4.6a}$$

把上式和方程 (10.4.5e) 代入方程 (10.4.5c) 得到温度场分布

$$T(\boldsymbol{r}, t) = T_0 + \int_0^t f(\tau)\int Q(\boldsymbol{r}')G(\boldsymbol{r} - \boldsymbol{r}', t - \tau)\mathrm{d}^3\boldsymbol{r}'\mathrm{d}\tau \tag{10.4.6b}$$

其中，$G(\boldsymbol{r}-\boldsymbol{r}',t-\tau)$ 为热传导方程的 **Green 函数**

$$G(\boldsymbol{r}-\boldsymbol{r}',t-\tau) \equiv \frac{1}{(2\pi)^3} \int \exp[-Dk^2(t-\tau)+\mathrm{i}\boldsymbol{k}\cdot(\boldsymbol{r}-\boldsymbol{r}')]\mathrm{d}^3\boldsymbol{k} \tag{10.4.6c}$$

注意到：$k^2 = k_1^2 + k_2^2 + k_3^2$，上式的积分在直角坐标中可表示为

$$G(\boldsymbol{r}-\boldsymbol{r}',t-\tau) \equiv G_1(x_1-x_1',t-\tau)G_2(x_2-x_2',t-\tau)G_3(x_3-x_3',t-\tau) \tag{10.4.6d}$$

其中，每个方向的 Green 函数为

$$\begin{aligned}
G_i(x_i-x_i',t-\tau) &\equiv \frac{1}{2\pi} \int_{-\infty}^{\infty} \mathrm{e}^{-Dk_i^2(t-\tau)+\mathrm{i}k_i(x_i-x_i')}\mathrm{d}k_i \\
&= \frac{1}{\sqrt{4\pi D(t-\tau)}} \exp\left[-\frac{(x_i-x_i')^2}{4D(t-\tau)}\right]
\end{aligned} \tag{10.4.6e}$$

因此，热传导方程的 Green 函数为

$$G(\boldsymbol{r}-\boldsymbol{r}',t-\tau) = \frac{1}{[4\pi D(t-\tau)]^{3/2}} \exp\left[-\frac{|\boldsymbol{r}-\boldsymbol{r}'|^2}{4D(t-\tau)}\right] \tag{10.4.7a}$$

上式代入方程 (10.4.6b) 得到温度场分布

$$T(\boldsymbol{r},t) = T_0 + \int_0^t \frac{f(\tau)}{[4\pi D(t-\tau)]^{3/2}} \int Q(\boldsymbol{r}') \exp\left[-\frac{|\boldsymbol{r}-\boldsymbol{r}'|^2}{4D(t-\tau)}\right]\mathrm{d}^3\boldsymbol{r}'\mathrm{d}\tau \tag{10.4.7b}$$

当 $t < t_0$ 时,$f(t) = 1$,上式对 τ 的积分可以积出

$$T(\boldsymbol{r},t) = T_0 + \int g(\boldsymbol{r}-\boldsymbol{r}',t)Q(\boldsymbol{r}')\mathrm{d}^3\boldsymbol{r}' \tag{10.4.7c}$$

其中，为了方便定义

$$g(\boldsymbol{r}-\boldsymbol{r}',t) \equiv \int_0^t \frac{1}{[4\pi D(t-\tau)]^{3/2}} \exp\left[-\frac{|\boldsymbol{r}-\boldsymbol{r}'|^2}{4D(t-\tau)}\right]\mathrm{d}\tau \tag{10.4.7d}$$

作积分变换

$$\chi = \frac{|\boldsymbol{r}-\boldsymbol{r}'|}{\sqrt{4D(t-\tau)}}, \quad t-\tau = \frac{|\boldsymbol{r}-\boldsymbol{r}'|^2}{4D\chi^2} \tag{10.4.8a}$$

方程 (10.4.7d) 变成

$$g(\boldsymbol{r}-\boldsymbol{r}',t) = \frac{1}{4\pi D|\boldsymbol{r}-\boldsymbol{r}'|}\mathrm{erfc}\left(\frac{|\boldsymbol{r}-\boldsymbol{r}'|}{\sqrt{4Dt}}\right) \tag{10.4.8b}$$

其中，$\mathrm{erfc}(z)$ 为余误差函数

$$\mathrm{erfc}(z) \equiv \frac{2}{\sqrt{\pi}} \int_z^{\infty} \exp(-\chi^2)\mathrm{d}\chi \tag{10.4.8c}$$

由方程 (10.4.7c) 得到温度场的分布

$$T(\boldsymbol{r}, t) = T_0 + \int \frac{1}{4\pi D|\boldsymbol{r} - \boldsymbol{r}'|} \mathrm{erfc}\left(\frac{|\boldsymbol{r} - \boldsymbol{r}'|}{\sqrt{4Dt}}\right) Q(\boldsymbol{r}')\mathrm{d}^3\boldsymbol{r}' \tag{10.4.8d}$$

当 $t > t_0$ 时，$f(t) = 0$，因此

$$\begin{aligned} g(\boldsymbol{r} - \boldsymbol{r}', t) &\equiv \frac{1}{4\pi D|\boldsymbol{r} - \boldsymbol{r}'|} \cdot \frac{2}{\sqrt{\pi}} \int_{z_0}^{z_1} \exp(-\chi^2)\mathrm{d}\chi \\ &= \frac{1}{4\pi D|\boldsymbol{r} - \boldsymbol{r}'|}[\mathrm{erfc}(z_0) - \mathrm{erfc}(z_1)] \end{aligned} \tag{10.4.8e}$$

其中，积分上、下限定义为

$$z_0 \equiv \frac{|\boldsymbol{r} - \boldsymbol{r}'|}{\sqrt{4Dt}}; \quad z_1 \equiv \frac{|\boldsymbol{r} - \boldsymbol{r}'|}{\sqrt{4D(t - t_0)}} \tag{10.4.8f}$$

由方程 (10.4.7c) 得到温度场的分布

$$T(\boldsymbol{r}, t) = T_0 + \int \frac{1}{4\pi D|\boldsymbol{r} - \boldsymbol{r}'|}\left[\mathrm{erfc}\left(\frac{|\boldsymbol{r} - \boldsymbol{r}'|}{\sqrt{4Dt}}\right) - \mathrm{erfc}\left(\frac{|\boldsymbol{r} - \boldsymbol{r}'|}{\sqrt{4D(t - t_0)}}\right)\right] Q(\boldsymbol{r}')\mathrm{d}^3\boldsymbol{r}' \tag{10.4.8g}$$

可见，温度场的分布十分复杂. 考虑下列二个特殊情况.

(1) 超声辐照的初期 $(t \to 0)$, 当 $t \to 0$ 时，积分变量也位于趋向零的范围，即 $t - \tau \to 0$，由关系

$$\lim_{t-\tau \to 0} \frac{1}{[4\pi D(t - \tau)]^{3/2}} \exp\left[-\frac{|\boldsymbol{r} - \boldsymbol{r}'|^2}{4D(t - \tau)}\right] = \delta(x_1 - x_1')\delta(x_2 - x_2')\delta(x_3 - x_3') \tag{10.4.9a}$$

容易得到温度分布为

$$T(\boldsymbol{r}, t) \approx T_0 + Q(\boldsymbol{r}) \int_0^t f(\tau)\mathrm{d}\tau = T_0 + tQ(\boldsymbol{r}) \tag{10.4.9b}$$

即温度线性升高. 注意：上式意味着, 超声辐照的初期, 声场的焦域与温度场的焦域是一致的.

另一方面，由方程 (10.4.5a), 在忽略热扩散的情况下，温度场满足

$$\frac{\partial T'}{\partial t} \approx f(t)Q(\boldsymbol{r}) \quad (t > 0) \tag{10.4.9c}$$

上式的解为

$$T(\boldsymbol{r}, t) \approx T_0 + Q(\boldsymbol{r}) \int_0^t f(\tau)\mathrm{d}\tau = T_0 + Q(\boldsymbol{r}) \begin{cases} t & (t < t_0) \\ t_0 & (t > t_0) \end{cases} \tag{10.4.9d}$$

比较上式与方程 (10.4.9b)，意味着：在超声辐照的初期，热扩散效应可以忽略.

(2) 停止超声辐照后足够长时间 $(t \gg t_0)$，由方程 (10.4.7b)

$$
\begin{aligned}
T(\boldsymbol{r}, t) &= T_0 + \int_0^{t_0} \frac{1}{[4\pi D(t-\tau)]^{3/2}} \int Q(\boldsymbol{r}') \exp\left[-\frac{|\boldsymbol{r}-\boldsymbol{r}'|^2}{4D(t-\tau)}\right] \mathrm{d}^3\boldsymbol{r}' \mathrm{d}\tau \\
&\approx T_0 + \frac{t_0}{(4\pi Dt)^{3/2}} \int Q(\boldsymbol{r}') \mathrm{d}^3\boldsymbol{r}'
\end{aligned}
\tag{10.4.9e}
$$

可见：温度变化以 $t^{-3/2}$ 趋向于零，特别是温度场与空间无关，也就是说，随时间增加，温度场的焦域渐渐变大.

10.4.3　生物介质中的温度场方程

对于生物介质，由 6.5.3 小节的讨论，声吸收系数是频率的分数次幂 $\alpha = \alpha_0 \omega^\gamma (\gamma \approx 1 \sim 2)$，我们利用本构方程 (6.5.22b)，即 (其中 $0 < \beta < 1$)

$$
P_{ij} = -P\delta_{ij} - \frac{2}{3}\mu' \frac{\partial^{\beta-1}}{\partial t^{\beta-1}} \nabla \cdot \boldsymbol{v}\delta_{ij} + 2\mu' \frac{\partial^{\beta-1}}{\partial t^{\beta-1}} S_{ij}(\boldsymbol{v})
\tag{10.4.10a}
$$

注意：上式的 μ' 与方程 (10.4.1a) 中的 μ 具有不同的量纲，μ' 的量纲是 μ 的量纲乘以 $T^{\beta-1}$(其中 T 表示时间量纲)，只有当 $\beta = 1$ 时，二者一致.

由能量守恒方程 (6.1.13b)，即 (假定 $h = 0$)

$$
\rho T \frac{\mathrm{d}s}{\mathrm{d}t} = \nabla \cdot (\boldsymbol{P} \cdot \boldsymbol{v}) - \boldsymbol{v} \cdot (\nabla \cdot \boldsymbol{P}) + P\nabla \cdot \boldsymbol{v} + \nabla \cdot (\kappa \nabla T)
\tag{10.4.10b}
$$

来导出温度场方程. 显然，对方程 (10.4.10b) 左边的项，近似方程 (10.4.2a) 仍然成立, 对方程 (10.4.10b) 右边的项作如下运算. 由方程 (6.1.13c) 结合本构方程 (10.4.10a) 得到

$$
\begin{aligned}
\nabla \cdot (\boldsymbol{P} \cdot \boldsymbol{v}) &= \boldsymbol{v} \cdot (\nabla \cdot \boldsymbol{P}) + \sum_{i,j=1}^3 \left(P_{ij} \frac{\partial v_j}{\partial x_i}\right) = \boldsymbol{v} \cdot (\nabla \cdot \boldsymbol{P}) - P\nabla \cdot \boldsymbol{v} \\
&+ \sum_{i,j=1}^3 \left[-\frac{2}{3}\mu' \frac{\partial v_j}{\partial x_i} \frac{\partial^{\beta-1}}{\partial t^{\beta-1}} \nabla \cdot \boldsymbol{v}\delta_{ij} + 2\mu' \frac{\partial v_j}{\partial x_i} \frac{\partial^{\beta-1}}{\partial t^{\beta-1}} S_{ij}(\boldsymbol{v})\right]
\end{aligned}
\tag{10.4.10c}
$$

因此

$$
\begin{aligned}
&\nabla \cdot (\boldsymbol{P} \cdot \boldsymbol{v}) - \boldsymbol{v} \cdot (\nabla \cdot \boldsymbol{P}) + P\nabla \cdot \boldsymbol{v} \\
&= \sum_{i,j=1}^3 \left[-\frac{2}{3}\mu' \frac{\partial v_j}{\partial x_i} \frac{\partial^{\beta-1}}{\partial t^{\beta-1}} (\nabla \cdot \boldsymbol{v})\delta_{ij} + 2\mu' \frac{\partial v_j}{\partial x_i} \frac{\partial^{\beta-1}}{\partial t^{\beta-1}} S_{ij}(\boldsymbol{v})\right] \\
&= -\frac{2}{3}\mu' (\nabla \cdot \boldsymbol{v}) \frac{\partial^{\beta-1}}{\partial t^{\beta-1}} \nabla \cdot \boldsymbol{v} + \sum_{i,j=1}^3 \left[2\mu' \frac{\partial v_j}{\partial x_i} \frac{\partial^{\beta-1}}{\partial t^{\beta-1}} S_{ij}(\boldsymbol{v})\right]
\end{aligned}
\tag{10.4.10d}
$$

上式忽略横波, 即忽略 $i \neq j$ 的项, 代入方程 (10.4.10b) 得到

$$\rho c_P \frac{\partial T}{\partial t} \approx \nabla \cdot (\kappa \nabla T) - \frac{2}{3}\mu'(\nabla \cdot \boldsymbol{v})\frac{\partial^{\beta-1}}{\partial t^{\beta-1}}\nabla \cdot \boldsymbol{v} + \sum_{i=j=1}^{3}\left[2\mu'\frac{\partial v_j}{\partial x_i}\frac{\partial^{\beta-1}}{\partial t^{\beta-1}}S_{ij}(\boldsymbol{v})\right] \quad (10.4.11a)$$

对上式右边的第三、四项作快尺度时间平均, 与方程 (10.4.10b) 的讨论类似, 可得到

$$\rho c_P \frac{\partial T}{\partial t} \approx \nabla \cdot (\kappa \nabla T) + \frac{4}{3}\mu'\overline{\left[(\nabla \cdot \boldsymbol{v})\frac{\partial^{\beta-1}}{\partial t^{\beta-1}}\nabla \cdot \boldsymbol{v}\right]} \quad (10.4.11b)$$

利用方程 (10.4.2b), 上式转化为温度场与声压场的关系

$$\rho c_P \frac{\partial T}{\partial t} \approx \nabla \cdot (\kappa \nabla T) + \frac{4}{3(\rho_0 c_0^2)^2}\mu'\overline{\left(\frac{\partial p}{\partial t}\frac{\partial^{\beta}p}{\partial t^{\beta}}\right)} \quad (10.4.12a)$$

由分数导数的 Fourier 积分定义, 即方程 (6.5.15d), 我们有

$$\frac{\partial^{\beta}p}{\partial t^{\beta}} = \mathrm{FT}^{-}\left\{(-\mathrm{i}\omega)^{\beta}\mathrm{FT}^{+}[p(\boldsymbol{r},t)]\right\} \quad (10.4.12b)$$

对由方程 (10.4.4a) 表达的声场, 容易求得 Fourier 积分 $\mathrm{FT}^{+}[p(\boldsymbol{r},t)]$ 为

$$\begin{aligned}
\mathrm{FT}^{+}[p(\boldsymbol{r},t)] = p(\boldsymbol{r},\omega) &= \int_{-\infty}^{\infty}\sum_{n=1}^{\infty}|p_n(\boldsymbol{r})|\cos(n\omega_0 t - \phi_n)\exp(\mathrm{i}\omega t)\mathrm{d}t \\
&= \pi\sum_{n=1}^{\infty}|p_n(\boldsymbol{r})|[\mathrm{e}^{-\mathrm{i}\phi_n}\delta(n\omega_0+\omega)+\mathrm{e}^{\mathrm{i}\phi_n}\delta(n\omega_0-\omega)]
\end{aligned} \quad (10.4.13a)$$

于是, 声压场的时间分数导数为

$$\begin{aligned}
\frac{\partial^{\beta}p}{\partial t^{\beta}} &= \frac{1}{2\pi}\int_{-\infty}^{\infty}\left\{(-\mathrm{i}\omega)^{\beta}\mathrm{FT}^{+}[p(\boldsymbol{r},t)]\right\}\exp(-\mathrm{i}\omega t)\mathrm{d}\omega \\
&= \frac{1}{2}\sum_{n=1}^{\infty}|p_n(\boldsymbol{r})|\int_{-\infty}^{\infty}\left\{(-\mathrm{i}\omega)^{\beta}[\mathrm{e}^{-\mathrm{i}\phi_n}\delta(n\omega_0+\omega)+\mathrm{e}^{\mathrm{i}\phi_n}\delta(n\omega_0-\omega)]\right\}\mathrm{e}^{-\mathrm{i}\omega t}\mathrm{d}\omega \\
&= \frac{1}{2}\sum_{n=1}^{\infty}|p_n(\boldsymbol{r})|\left[(\mathrm{i}n\omega_0)^{\beta}\mathrm{e}^{\mathrm{i}(n\omega_0 t-\phi_n)}+(-\mathrm{i}n\omega_0)^{\beta}\mathrm{e}^{-\mathrm{i}(n\omega_0 t-\phi_n)}\right]
\end{aligned}$$

$$(10.4.13b)$$

因此

$$\begin{aligned}
\left(\frac{\partial p}{\partial t}\frac{\partial^{\beta}p}{\partial t^{\beta}}\right) = &-\frac{1}{2}\sum_{n,m=1}^{\infty}n\omega_0|p_n(\boldsymbol{r})|\cdot|p_m(\boldsymbol{r})|\sin(n\omega_0 t-\phi_n) \\
&\times[(\mathrm{i}m\omega_0)^{\beta}\mathrm{e}^{\mathrm{i}(m\omega_0 t-\phi_m)}+(-\mathrm{i}m\omega_0)^{\beta}\mathrm{e}^{-\mathrm{i}(m\omega_0 t-\phi_m)}]
\end{aligned} \quad (10.4.13c)$$

故时间平均为

$$\overline{\left(\frac{\partial p}{\partial t}\frac{\partial^{\beta}p}{\partial t^{\beta}}\right)} = -\frac{1}{2}\sum_{n=1}^{\infty}(n\omega_0)^{\beta+1}|p_n(\boldsymbol{r})|^2\mathrm{Re}(\mathrm{i}^{\beta+1}) \quad (10.4.14a)$$

利用关系 $i^{\beta+1} = \exp[i(\beta+1)\pi/2] = \cos[(\beta+1)\pi/2] + i\sin[(\beta+1)\pi/2]$, 上式简化为

$$\overline{\left(\frac{\partial p}{\partial t}\frac{\partial^\beta p}{\partial t^\beta}\right)} = \frac{1}{2}\sum_{n=1}^{\infty}(n\omega_0)^{\beta+1}\cdot\left|\cos\left[(\beta+1)\frac{\pi}{2}\right]\right|\cdot|p_n(\boldsymbol{r})|^2 \tag{10.4.14b}$$

注意: 当 $\beta=1$ 时, 上式简化为

$$\overline{\left(\frac{\partial p}{\partial t}\right)^2} = \frac{1}{2}\sum_{n=1}^{\infty}(n\omega_0)^2|p_n(\boldsymbol{r})|^2 \tag{10.4.14c}$$

与方程 (10.4.4b) 的结果一致. 把方程 (10.4.14b) 代入方程 (10.4.12a) 得到温度场满足的方程

$$\rho c_P\frac{\partial T}{\partial t} \approx \nabla\cdot(\kappa\nabla T) + \sum_{n=1}^{\infty}\frac{\alpha_n}{\rho_0 c_0}|p_n(\boldsymbol{r})|^2 \tag{10.4.15a}$$

其中, α_n 是对频率 $n\omega_0$ 具有分数次幂的声吸收系数

$$\alpha_n = \frac{4\mu'}{3}\frac{(n\omega_0)^{\beta+1}}{2\rho_0 c_0^3}\left|\cos\left[(\beta+1)\frac{\pi}{2}\right]\right| \tag{10.4.15b}$$

显然, 方程 (10.4.15a) 与方程 (10.4.4c) 有类似的形式, 但声压场满足方程 (9.3.25c). 注意: 声吸收系数与频率的关系一般由实验测量得到, 理论上给出 β 的值是非常困难的.

10.4.4　生物传热的 Pennes 方程及其解析解

生物介质 (如人体组织) 传热与非生物的一个最大的不同是, 必须考虑血流的影响. 动脉血流带走了部分能量, 使温度下降. 血流的这个作用可通过修改方程 (10.4.15a) 得到. 注意到方程 (10.4.15a) 左边是单位体积组织的热能变化率, 而血流使单位体积组织的能量减小, 减小量正比于组织温度 $T(\boldsymbol{r},t)$ 与血液温度 T_b 之差, 即 $c_b[T(\boldsymbol{r},t)-T_b]$(其中 c_b 为血液的定压比热, 单位为 J/kg·K). 设单位体积的血液灌注率为 W_b(即单位体积、单位时间灌注的血液质量, 单位为 kg/m^3·s), 则方程 (10.4.15a) 修改为

$$\rho c_P\frac{\partial T}{\partial t} \approx \nabla\cdot(\kappa\nabla T) - W_b c_b[T(\boldsymbol{r},t)-T_b] + \sum_{n=1}^{\infty}\frac{\alpha_n}{\rho_0 c_0}|p_n(\boldsymbol{r})|^2 \tag{10.4.16a}$$

上式就是生物介质传热的基本方程, 称为 **Pennes 方程**.

设进入超声加热区的血液温度等于组织平衡温度, 即 $T_b = T_0$, 则上式可表示为

$$\frac{\partial T'}{\partial t} = D\nabla^2 T' - \frac{T'}{\tau_b} + f(t)Q(\boldsymbol{r}) \quad (t>0) \tag{10.4.16b}$$

其中, $T'(\boldsymbol{r},t) = T(\boldsymbol{r},t) - T_0$ 为温升高 (满足零初始条件, 即 $T'(\boldsymbol{r},t)|_{t=0} = 0$), $D \equiv \kappa/(\rho c_P)$, $\tau_{\mathrm{b}} \equiv \rho c_P/(W_{\mathrm{b}} c_{\mathrm{b}})$, $f(t)Q(\boldsymbol{r})$ 与方程 (10.4.5a) 中类似. 令温度场为 Fourier 积分形式

$$T'(\boldsymbol{r},t) = \int U(\boldsymbol{k},t) \exp(\mathrm{i}\boldsymbol{k} \cdot \boldsymbol{r}) \mathrm{d}^3\boldsymbol{k} \tag{10.4.17a}$$

上式代入方程 (10.4.16b) 得到

$$\frac{\mathrm{d}U(\boldsymbol{k},t)}{\mathrm{d}t} + \left(Dk^2 + \frac{1}{\tau_{\mathrm{b}}}\right) U(\boldsymbol{k},t) = \tilde{Q}(\boldsymbol{k})f(t) \quad (t > 0) \tag{10.4.17b}$$

不难得到

$$U(\boldsymbol{k},t) = \tilde{Q}(\boldsymbol{k}) \int_0^t f(\tau) \exp\left[-\left(Dk^2 + \frac{1}{\tau_{\mathrm{b}}}\right)(t-\tau)\right]\mathrm{d}\tau \tag{10.4.17c}$$

把上式和方程 (10.4.5e) 代入方程 (10.4.17a) 得到温度场分布

$$T(\boldsymbol{r},t) = T_0 + \int_0^t f(\tau) \exp\left(-\frac{t-\tau}{\tau_{\mathrm{b}}}\right) \int Q(\boldsymbol{r}')G(\boldsymbol{r}-\boldsymbol{r}',t-\tau)\mathrm{d}^3\boldsymbol{r}'\mathrm{d}\tau \tag{10.4.17d}$$

其中, $G(\boldsymbol{r}-\boldsymbol{r}',t-\tau)$ 是无限大空间的 Green 函数, 由方程 (10.4.7a) 决定. 当 $t < t_0$ 时, $f(t) = 1$, 得到类似于方程 (10.4.7c) 的温度场表达式

$$T(\boldsymbol{r},t) = T_0 + \int g(\boldsymbol{r}-\boldsymbol{r}',t)Q(\boldsymbol{r}')\mathrm{d}^3\boldsymbol{r}' \tag{10.4.18a}$$

其中, 为了方便定义

$$g(\boldsymbol{r}-\boldsymbol{r}',t) \equiv \int_0^t \frac{\mathrm{e}^{-(t-\tau)/\tau_{\mathrm{b}}}}{[4\pi D(t-\tau)]^{3/2}} \exp\left[-\frac{|\boldsymbol{r}-\boldsymbol{r}'|^2}{4D(t-\tau)}\right]\mathrm{d}\tau \tag{10.4.18b}$$

在超声辐照初期, 即当 $t \to 0$ 时, 同样可得

$$\begin{aligned} T(\boldsymbol{r},t) &\approx T_0 + Q(\boldsymbol{r}) \int_0^t f(\tau) \exp\left(-\frac{t-\tau}{\tau_{\mathrm{b}}}\right)\mathrm{d}\tau \\ &\approx T_0 + \tau_{\mathrm{b}}Q(\boldsymbol{r})\left[1 - \exp\left(-\frac{t}{\tau_{\mathrm{b}}}\right)\right] \approx T_0 + tQ(\boldsymbol{r}) \end{aligned} \tag{10.4.19a}$$

结果与方程 (10.4.9b) 一样. 停止超声辐照后足够长时间 $(t \gg t_0)$, 方程 (10.4.17d) 给出

$$T(\boldsymbol{r},t) \approx T_0 + \frac{t_0}{(4\pi Dt)^{3/2}} \exp\left(-\frac{t}{\tau_b}\right) \int Q(\boldsymbol{r}')\mathrm{d}^3\boldsymbol{r}' \tag{10.4.19b}$$

比较方程 (10.4.9e) 可见, 血流的作用使温度变化下降更快.

解析解 方程 (10.4.18b) 的积分也可以用余误差函数表示. 推导过程如下. 首先考虑 $t < t_0$ 情况.

(1) 作方程 (10.4.8a) 表示的积分变量变换, 方程 (10.4.18b) 变成

$$g(\boldsymbol{r}-\boldsymbol{r}',t)=\frac{1}{4\pi D|\boldsymbol{r}-\boldsymbol{r}'|}\cdot\frac{2}{\sqrt{\pi}}\int_{z_0}^{\infty}\exp\left[-\left(\chi^2+\frac{|\boldsymbol{r}-\boldsymbol{r}'|^2}{4D\tau_{\mathrm{b}}\chi^2}\right)\right]\mathrm{d}\chi \qquad (10.4.20a)$$

其中, $z_0\equiv|\boldsymbol{r}-\boldsymbol{r}'|/\sqrt{4Dt}$.

(2) 作积分变量变换 $\eta=|\boldsymbol{r}-\boldsymbol{r}'|/\sqrt{4D\tau_{\mathrm{b}}}\chi+\chi$, 注意到微分关系

$$\mathrm{d}\chi=\mathrm{d}\eta+\frac{|\boldsymbol{r}-\boldsymbol{r}'|}{\sqrt{4D\tau_{\mathrm{b}}}\chi^2}\mathrm{d}\chi \qquad (10.4.20b)$$

方程 (10.4.20a) 变化成

$$g(\boldsymbol{r}-\boldsymbol{r}',t)=\frac{E^{-1}}{4\pi D|\boldsymbol{r}-\boldsymbol{r}'|}\mathrm{erfc}\left(z_0+\sqrt{\frac{t}{\tau_{\mathrm{b}}}}\right)+\frac{1}{4\pi D|\boldsymbol{r}-\boldsymbol{r}'|}g_1(\boldsymbol{r}-\boldsymbol{r}',t) \quad (10.4.20c)$$

其中, 为了方便定义

$$g_1(\boldsymbol{r}-\boldsymbol{r}',t)\equiv\frac{2}{\sqrt{\pi}}\int_{z_0}^{\infty}\exp\left[-\left(\chi^2+\frac{|\boldsymbol{r}-\boldsymbol{r}'|^2}{4D\tau_{\mathrm{b}}\chi^2}\right)\right]\left(\frac{|\boldsymbol{r}-\boldsymbol{r}'|}{\sqrt{4D\tau_{\mathrm{b}}}\chi^2}\mathrm{d}\chi\right) \quad (10.4.20d)$$

以及 $E\equiv\exp(-|\boldsymbol{r}-\boldsymbol{r}'|/\sqrt{D\tau_{\mathrm{b}}})$.

(3) 作积分变量变换 $\mu\equiv|\boldsymbol{r}-\boldsymbol{r}'|/\sqrt{4D\tau_{\mathrm{b}}}\chi$, 方程 (10.4.20d) 变化成

$$g_1(\boldsymbol{r}-\boldsymbol{r}',t)\equiv\frac{2}{\sqrt{\pi}}\int_0^{\sqrt{t/\tau_{\mathrm{b}}}}\exp\left[-\left(\mu^2+\frac{|\boldsymbol{r}-\boldsymbol{r}'|^2}{4D\tau_{\mathrm{b}}\mu^2}\right)\right]\mathrm{d}\mu \qquad (10.4.21)$$

(4) 作积分变量变换 $\xi\equiv|\boldsymbol{r}-\boldsymbol{r}'|/\sqrt{4D\tau_{\mathrm{b}}}\mu-\mu$, 注意到微分关系

$$\mathrm{d}\mu=-\frac{|\boldsymbol{r}-\boldsymbol{r}'|}{\sqrt{4D\tau_{\mathrm{b}}}\mu^2}\mathrm{d}\mu-\mathrm{d}\xi \qquad (10.4.22a)$$

方程 (10.4.21) 变成

$$g_1(\boldsymbol{r}-\boldsymbol{r}',t)\equiv E\cdot\mathrm{erfc}\left(z_0-\sqrt{\frac{t}{\tau_{\mathrm{b}}}}\right)$$
$$-\frac{2}{\sqrt{\pi}}\int_0^{\sqrt{t/\tau_{\mathrm{b}}}}\exp\left[-\left(\mu^2+\frac{|\boldsymbol{r}-\boldsymbol{r}'|^2}{4D\tau_{\mathrm{b}}\mu^2}\right)\right]\left(\frac{|\boldsymbol{r}-\boldsymbol{r}'|}{\sqrt{4D\tau_{\mathrm{b}}}\mu^2}\mathrm{d}\mu\right) \qquad (10.4.22b)$$

(5) 作积分变量变换 $\omega\equiv|\boldsymbol{r}-\boldsymbol{r}'|/\sqrt{4D\tau_{\mathrm{b}}}\mu$, 方程 (10.4.22b) 变成

$$g_1(\boldsymbol{r}-\boldsymbol{r}',t)=E\cdot\mathrm{erfc}\left(z_0-\sqrt{\frac{t}{\tau_{\mathrm{b}}}}\right)-\frac{2}{\sqrt{\pi}}\int_{z_0}^{\infty}\exp\left[-\left(\frac{|\boldsymbol{r}-\boldsymbol{r}'|^2}{4D\tau_{\mathrm{b}}\omega^2}+\omega^2\right)\right]\mathrm{d}\omega$$
$$(10.4.22c)$$

注意到方程 (10.4.20a)，上式右边第二项刚好等于 $-4\pi D|\boldsymbol{r} - \boldsymbol{r}'|g(\boldsymbol{r} - \boldsymbol{r}', t)$，即

$$g_1(\boldsymbol{r} - \boldsymbol{r}', t) = E \cdot \mathrm{erfc}\left(z_0 - \sqrt{\frac{t}{\tau_\mathrm{b}}}\right) - 4\pi D|\boldsymbol{r} - \boldsymbol{r}'|g(\boldsymbol{r} - \boldsymbol{r}', t) \qquad (10.4.22\mathrm{d})$$

上式代入方程 (10.4.20c) 得到

$$g(\boldsymbol{r} - \boldsymbol{r}', t) = \frac{1}{8\pi D|\boldsymbol{r} - \boldsymbol{r}'|}\left[E^{-1} \cdot \mathrm{erfc}\left(z_0 + \sqrt{\frac{t}{\tau_\mathrm{b}}}\right) + E \cdot \mathrm{erfc}\left(z_0 - \sqrt{\frac{t}{\tau_\mathrm{b}}}\right)\right]$$
$$(10.4.22\mathrm{e})$$

显然，当 $\tau_\mathrm{b} \to \infty$ 时，$E \to E^{-1} \approx 1$，上式与方程 (10.4.8b) 的结果一致.

对 $t > t_0$ 情况，方程 (10.4.18b) 变成

$$g(\boldsymbol{r} - \boldsymbol{r}', t) = \int_0^{t_0} \frac{\mathrm{e}^{-(t-\tau)/\tau_\mathrm{b}}}{[4\pi D(t-\tau)]^{3/2}} \exp\left[-\frac{|\boldsymbol{r} - \boldsymbol{r}'|^2}{4D(t-\tau)}\right] \mathrm{d}\tau \qquad (10.4.23\mathrm{a})$$

方程 (10.4.20a) 变成

$$\begin{aligned}
g(\boldsymbol{r} - \boldsymbol{r}', t) &= \frac{1}{4\pi D|\boldsymbol{r} - \boldsymbol{r}'|} \cdot \frac{2}{\sqrt{\pi}} \int_{z_0}^{z_1} \exp\left[-\left(\chi^2 + \frac{|\boldsymbol{r} - \boldsymbol{r}'|^2}{4D\tau_\mathrm{b}\chi^2}\right)\right] \mathrm{d}\chi \\
&= \frac{1}{4\pi D|\boldsymbol{r} - \boldsymbol{r}'|} \cdot \frac{2}{\sqrt{\pi}} \int_{z_0}^{\infty} \exp\left[-\left(\chi^2 + \frac{|\boldsymbol{r} - \boldsymbol{r}'|^2}{4D\tau_\mathrm{b}\chi^2}\right)\right] \mathrm{d}\chi \qquad (10.4.23\mathrm{b}) \\
&\quad - \frac{1}{4\pi D|\boldsymbol{r} - \boldsymbol{r}'|} \cdot \frac{2}{\sqrt{\pi}} \int_{z_1}^{\infty} \exp\left[-\left(\chi^2 + \frac{|\boldsymbol{r} - \boldsymbol{r}'|^2}{4D\tau_\mathrm{b}\chi^2}\right)\right] \mathrm{d}\chi
\end{aligned}$$

其中，$z_1 \equiv |\boldsymbol{r} - \boldsymbol{r}'|/\sqrt{4D(t - t_0)}$. 因此，由方程 (10.4.22e) 直接得到

$$\begin{aligned}
g(\boldsymbol{r} - \boldsymbol{r}', t) &= \frac{1}{8\pi D|\boldsymbol{r} - \boldsymbol{r}'|}\left[E^{-1} \cdot \mathrm{erfc}\left(z_0 + \sqrt{\frac{t}{\tau_\mathrm{b}}}\right) + E \cdot \mathrm{erfc}\left(z_0 - \sqrt{\frac{t}{\tau_\mathrm{b}}}\right)\right] \\
&\quad - \frac{1}{8\pi D|\boldsymbol{r} - \boldsymbol{r}'|}\left[E^{-1} \cdot \mathrm{erfc}\left(z_1 + \sqrt{\frac{t - t_0}{\tau_\mathrm{b}}}\right) + E \cdot \mathrm{erfc}\left(z_1 - \sqrt{\frac{t - t_0}{\tau_\mathrm{b}}}\right)\right]
\end{aligned}$$
$$(10.4.23\mathrm{c})$$

当 $\tau_\mathrm{b} \to \infty$ 时，上式与方程 (10.4.8e) 一致.

主要参考书目 (上下卷)

1. 杜功焕，朱哲民，龚秀芬. 声学基础 (第二版). 南京: 南京大学出版社，2001.

2. 马大猷. 现代声学理论基础. 北京: 科学出版社，2004.

3. 张海澜. 理论声学. 北京: 高等教育出版社，2007.

4. 杨训仁，陈宇. 大气声学 (第二版). 北京: 科学出版社，2007.

5. 钱祖文. 非线性声学 (第二版). 北京: 科学出版社，2009.

6. 程建春. 数学物理方程及其近似方法 (第二版). 北京: 科学出版社，2016.

7. 程建春. 理论物理导论. 北京: 科学出版社，2007.

8. 陈文，孙洪广，李西成. 力学与工程问题的分数阶导数建模. 北京: 科学出版社，2010.

9. 鲍亦兴，毛昭宙. 弹性波的衍射与动应力集中. 北京: 科学出版社，1993.

10. Morse P M, Ingard K U. Theoretical Acoustics. New York: McGraw-Hill, 1968.

11. Pierce A D. Acoustics, An Introduction to Its Physical Principle and Applications. New York: McGraw-Hill, 1981.

12. Bruneau M. Fundamentals of Acoustics. London: ISTE Ltd, 2006.

13. Hamiltion M F, Blackstock D T (eds). Nonlinear Acoustics. New York: Academic Press, 1997.

14. Rayleigh J. The Theory of Sound. New York: Dover, 1945.

15. Lighthill J. Waves in Fluids. Cambridge: University Press, 1978.

16. Blackstock D T. Fundamentals of Physical Acoustics. New York: Wiley, 2000.

17. Brekhovskikh L M, Godin O A. Acoustics of Layered Media (Second Edition). Berlin: Springer-Verlag, 1997.

18. Brekhovskikh L M, Godin O A. Acoustics of Layered Media (Second Edition). Berlin: Springer-Verlag, 1999.

19. Ostashev V. Acoustics in Moving Inhomogeneous Media. London: E & FN SPON, 1997.

20. Howe M S. Acoustics of Fluid-Structure Interactions. Cambridge: University Press, 1998.

21. Lamb H. Hydrodynamics. New York: Dover, 1945.

22. Filippi P J T. Vibrations and Acoustic Radiation of Thin Structure. London: ISTE Ltd, 2008.

23. Howe M S. Theory of Vortex Sound. Cambridge: University Press, 2003.

24. Kinsler L E, Frey A R, Coppens A B, Sanders J V. Fundamentals of Acoustics (4th edition). New York: Wiley, 1999.

25. Salomons E M. Computational Atmospheric Acoustics. Netherlands: Kluwer, 2001.

26. Pedlosky J. Waves in the Ocean and Atmosphere, Introduction to Wave Dynamics. Berlin: Springer-Verlag, 2003.

27. Howe M S. Hydrodynamics and Sound. Cambridge: University Press, 2006.

28. Lurton X. An Introduction to Underwater Acoustics, Principle and Applications. Berlin: Springer-Verlag, 2002.

29. Hernandez-Figueroa H E, Zamboni-Rached M, Recami E (eds). Localized Waves. New Nork: Wiley, 2007.

30. Crocker M J (ed.). Handbook of Acoustics. New York: Wiley, 1998.

31. Gradshteyn I S, Ryzhik I M. Table of Integrals, Series, and Products (Seventh Edition). Amsterdam: Elsevier, 2007.

32. Williams E G. Fourier Acoustics. New York: Academic Press, 1999.

33. 吴望一. 流体力学. 北京: 北京大学出版社, 1982.

34. Eringen A C(艾龙根), Suhubi E S(舒胡毕). 弹性动力学. 北京: 石油工业出版社, 1983.

35. Craster R V, Guenneau S (eds). Acoustic Metamaterials. Berlin: Springer-Verlag, 2013.

36. Zhao S P, Qiu X J, Cheng J C. An integral equation method for calculating sound field diffracted by a rigid barrier on an impedance ground. J. Acoust. Soc. Am., 2015, 138(3): 1608-1613.

37. Pierce D. Wave equation for sound in fluids with unsteady inhomogeneous flow. J. Acoust. Soc. Am., 1990, 87: 2292.

38. Zhang Z, Liang B, Li R Q, Zou X Y, Yin L L, Cheng J C. Broadband acoustic manipulation by mimicking an arbitrary potential well. Appl. Phys. Lett., 2014, 104: 243512.

39. Goldstein M E(戈德斯坦). 气动声学. 北京: 国防工业出版社, 2014.

40. 朗道, 栗弗席兹. 流体动力学. 北京: 高等教育出版社, 2013.

41. Wang S P, Tao J C, Qiu, X J, Cheng J C. Effects of periodically corrugated surfaces on sound scattering. J. Sound & Vibration., 2018, 436: 1-14.

42. Wang S P, Tao, J C, Qiu X J, Cheng J C. Spatial filtering of audible sound with acoustic landscapes. Appl. Phys. Lett., 2017, 111: 041904.

43. Zhao S P, Hu Y X, Lu J, Qiu X J, Cheng J C, Burnett I. Delivering Sound Energy along an Arbitrary Convex Trajectory Sci. Rep., 2014, 4:6628.

44. Gao H, Gu, Z M, Liang B, Zou X Y, Yang J, Yang J, Cheng J C. Acoustic focusing by symmetrical self-bending beams with phase modulations. Appl. Phys. Lett., 2016, 108: 073501.

45. Lin Z, Guo X S, Tu J, Ma Q Y, Wu J R, Zhang D. Acoustic non-diffracting Airy beam. J. Appl. Phys., 2015, 117: 104503.

附 录

附录 A 常见物体的声参数

A.1 液 体

附表 A.1

名称	温度/℃	密度/$(10^3\text{kg}/\text{m}^3)$	声速/(m/s)	特性声阻抗率/$(10^6\text{N}\cdot\text{s}/\text{m}^3)$
水	20	0.998	1483	1.480
重水	20	1.105	1388	1.534
甲醇	20	0.791	1121	0.877
丙酮	20	0.791	1190	0.841
水银	20	13.60	1451	19.73

A.2 气 体

附表 A.2

名称	温度/℃	密度/(kg/m^3)	声速/(m/s)	特性声阻抗率/$(\text{N}\cdot\text{s}/\text{m}^3)$
空气	20	1.21	344	416
氧气	0	1.43	317	450
二氧化碳	0	1.98	258	512
氢气	0	0.09	127	114
甲烷	25	0.657	448	294

A.3 固 体

附表 A.3

名称	密度 $/(10^3\text{kg}/\text{m}^3)$	体纵波速度 $/(10^3\text{m}/\text{s})$	体切变波速度 $/(10^3\text{m}/\text{s})$	特性声阻抗率* $/(10^7\text{N}\cdot\text{s}/\text{m}^3)$
铝	2.70	6.26	3.08	1.690
铜	8.9	4.71	2.26	4.192
铸铁	7.70	4.35	3.23	3.350
钢	7.80	6.10	3.30	4.758
铅	11.4	2.16	0.78	2.462
金	19.3	3.24	1.20	6.253

* 体纵波速度 × 密度.

A.4　生物组织

附表　A.4

名称	密度/(10^3kg / m^3)	声速/(m / s)	特性声阻抗率/(10^6N · s / m^3)	衰减系数 (1MHz)/(dB / cm)
生理盐水	0.997	1534	1.53	0.002
血液	1.064	1570	1.67	0.18
软组织 (平均)	1.058	1540	1.63	0.81
肝	1.045	1570	1.64	0.72
肾	1.038	1560	1.62	1.00
脂肪	0.935	1476	1.38	0.68
颅骨	1.658	3360	5.57	20.0
大脑	0.981	1540	1.51	0.61
小脑	1.027	1470	1.51	0.85

附录 B　矢量场的运算

B.1　三个矢量的积

$$\boldsymbol{A} \cdot (\boldsymbol{B} \times \boldsymbol{C}) = \boldsymbol{B} \cdot (\boldsymbol{C} \times \boldsymbol{A}) = \boldsymbol{C} \cdot (\boldsymbol{A} \times \boldsymbol{B}) \tag{B1.1}$$

$$\boldsymbol{A} \times (\boldsymbol{B} \times \boldsymbol{C}) = (\boldsymbol{A} \cdot \boldsymbol{C})\boldsymbol{B} - (\boldsymbol{A} \cdot \boldsymbol{B})\boldsymbol{C} \tag{B1.2}$$

B.2　矢量场的微分公式

$$(\boldsymbol{A} \cdot \nabla)u = \left(\sum_i A_i \frac{\partial}{\partial x_i}\right) u = \boldsymbol{A} \cdot (\nabla u) \tag{B2.1}$$

$$(\boldsymbol{A} \cdot \nabla)\boldsymbol{B} = \left(\sum_i A_i \frac{\partial}{\partial x_i}\right) \boldsymbol{B} \tag{B2.2}$$

$$\nabla(\boldsymbol{A} \cdot \boldsymbol{B}) = (\boldsymbol{B} \cdot \nabla)\boldsymbol{A} + (\boldsymbol{A} \cdot \nabla)\boldsymbol{B} + \boldsymbol{B} \times (\nabla \times \boldsymbol{A}) + \boldsymbol{A} \times (\nabla \times \boldsymbol{B}) \tag{B2.3}$$

$$\nabla \cdot (\boldsymbol{A} \times \boldsymbol{B}) = \boldsymbol{B} \cdot (\nabla \times \boldsymbol{A}) - \boldsymbol{A} \cdot (\nabla \times \boldsymbol{B}) \tag{B2.4}$$

$$\nabla \times (\boldsymbol{A} \times \boldsymbol{B}) = (\boldsymbol{B} \cdot \nabla)\boldsymbol{A} - (\boldsymbol{A} \cdot \nabla)\boldsymbol{B} + (\nabla \cdot \boldsymbol{B})\boldsymbol{A} - (\nabla \cdot \boldsymbol{A})\boldsymbol{B} \tag{B2.5}$$

$$\nabla \cdot (u\boldsymbol{A}) = (\nabla u) \cdot \boldsymbol{A} + u(\nabla \cdot \boldsymbol{A}) \tag{B2.6}$$

$$\nabla \times (u\boldsymbol{A}) = (\nabla u) \times \boldsymbol{A} + u(\nabla \times \boldsymbol{A}) \tag{B2.7}$$

$$\nabla \times (\nabla \times \boldsymbol{A}) = \nabla(\nabla \cdot \boldsymbol{A}) - \nabla^2 \boldsymbol{A} \tag{B2.8}$$

$$\nabla \times (\nabla u) = 0, \ \nabla \cdot (\nabla \times \boldsymbol{A}) = 0 \tag{B2.9}$$

B.3 矢量场的微分表达式

1. 直角坐标

$$\boldsymbol{A} = A_x\boldsymbol{e}_x + A_y\boldsymbol{e}_y + A_z\boldsymbol{e}_z, \boldsymbol{r} = x\boldsymbol{e}_x + y\boldsymbol{e}_y + z\boldsymbol{e}_z$$

$$\nabla u = \frac{\partial u}{\partial x}\boldsymbol{e}_x + \frac{\partial u}{\partial y}\boldsymbol{e}_y + \frac{\partial u}{\partial z}\boldsymbol{e}_z \tag{B3.1}$$

$$\nabla \cdot \boldsymbol{A} = \frac{\partial A_x}{\partial x} + \frac{\partial A_y}{\partial y} + \frac{\partial A_z}{\partial z} \tag{B3.2}$$

$$\nabla \times \boldsymbol{A} = \begin{vmatrix} \boldsymbol{e}_x & \boldsymbol{e}_y & \boldsymbol{e}_z \\ \frac{\partial}{\partial x} & \frac{\partial}{\partial y} & \frac{\partial}{\partial z} \\ A_x & A_y & A_z \end{vmatrix} \tag{B3.3}$$

$$\nabla^2 u = \nabla \cdot \nabla u = \frac{\partial^2 u}{\partial x^2} + \frac{\partial^2 u}{\partial y^2} + \frac{\partial^2 u}{\partial z^2} \tag{B3.4a}$$

$$\nabla^2 \boldsymbol{A} = \left(\frac{\partial^2}{\partial x^2} + \frac{\partial^2}{\partial y^2} + \frac{\partial^2}{\partial z^2}\right) \boldsymbol{A} \tag{B3.4b}$$

2. 柱坐标

$$\boldsymbol{A} = A_\rho\boldsymbol{e}_\rho + A_\varphi\boldsymbol{e}_\varphi + A_z\boldsymbol{e}_z, \boldsymbol{r} = \rho\boldsymbol{e}_\rho + z\boldsymbol{e}_z$$

$$\nabla u = \frac{\partial u}{\partial \rho}\boldsymbol{e}_\rho + \frac{1}{\rho}\frac{\partial u}{\partial \varphi}\boldsymbol{e}_\varphi + \frac{\partial u}{\partial z}\boldsymbol{e}_z \tag{B3.5}$$

$$\nabla \cdot \boldsymbol{A} = \frac{1}{\rho}\frac{\partial}{\partial \rho}(\rho A_\rho) + \frac{1}{\rho}\frac{\partial A_\varphi}{\partial \varphi} + \frac{\partial A_z}{\partial z} \tag{B3.6}$$

$$\nabla \times \boldsymbol{A} = \frac{1}{\rho}\begin{vmatrix} \boldsymbol{e}_\rho & \rho\boldsymbol{e}_\varphi & \boldsymbol{e}_z \\ \frac{\partial}{\partial \rho} & \frac{\partial}{\partial \varphi} & \frac{\partial}{\partial z} \\ A_\rho & \rho A_\varphi & A_z \end{vmatrix} \tag{B3.7}$$

$$\nabla^2 u = \frac{1}{\rho}\frac{\partial}{\partial \rho}\left(\rho\frac{\partial u}{\partial \rho}\right) + \frac{1}{\rho^2}\frac{\partial^2 u}{\partial \varphi^2} + \frac{\partial^2 u}{\partial z^2} \tag{B3.8}$$

$$(\nabla^2 \boldsymbol{A})_\rho = \nabla^2 A_\rho - \frac{1}{\rho^2}A_\rho - \frac{2}{\rho^2}\frac{\partial A_\varphi}{\partial \varphi} \tag{B3.9a}$$

$$(\nabla^2 \boldsymbol{A})_\varphi = \nabla^2 A_\varphi - \frac{1}{\rho^2}A_\varphi + \frac{2}{\rho^2}\frac{\partial A_\rho}{\partial \varphi} \tag{B3.9b}$$

$$(\nabla^2 \boldsymbol{A})_z = \nabla^2 A_z \tag{B3.9c}$$

3. 球坐标

$$\boldsymbol{A} = A_r \boldsymbol{e}_r + A_\vartheta \boldsymbol{e}_\vartheta + A_\varphi \boldsymbol{e}_\varphi, \boldsymbol{r} = r\boldsymbol{e}_r$$

$$\nabla u = \frac{\partial u}{\partial r}\boldsymbol{e}_r + \frac{1}{r}\frac{\partial u}{\partial \vartheta}\boldsymbol{e}_\vartheta + \frac{1}{r\sin\vartheta}\frac{\partial u}{\partial \varphi}\boldsymbol{e}_\varphi \tag{B3.10}$$

$$\nabla \cdot \boldsymbol{A} = \frac{1}{r^2}\frac{\partial}{\partial r}(r^2 A_r) + \frac{1}{r\sin\vartheta}\frac{\partial}{\partial \vartheta}(\sin\vartheta A_\vartheta) + \frac{1}{r\sin\vartheta}\frac{\partial A_\varphi}{\partial \varphi} \tag{B3.11a}$$

$$\nabla \times \boldsymbol{A} = \frac{1}{r^2\sin\vartheta}\begin{vmatrix} \boldsymbol{e}_r & r\boldsymbol{e}_\vartheta & r\sin\vartheta\boldsymbol{e}_\varphi \\ \dfrac{\partial}{\partial r} & \dfrac{\partial}{\partial \vartheta} & \dfrac{\partial}{\partial \varphi} \\ A_r & rA_\vartheta & r\sin\vartheta A_\varphi \end{vmatrix} \tag{B3.11b}$$

$$\nabla^2 u = \frac{1}{r^2}\frac{\partial}{\partial r}\left(r^2\frac{\partial u}{\partial r}\right) + \frac{1}{r^2\sin\vartheta}\frac{\partial}{\partial \vartheta}\left(\sin\vartheta\frac{\partial u}{\partial \vartheta}\right) + \frac{1}{r^2\sin^2\vartheta}\frac{\partial^2 u}{\partial \varphi^2} \tag{B3.12}$$

$$(\nabla^2\boldsymbol{A})_r = \nabla^2 A_r - \frac{2}{r^2}\left[A_r + \frac{1}{\sin\vartheta}\frac{\partial}{\partial \vartheta}(\sin\vartheta A_\vartheta) + \frac{1}{\sin\vartheta}\frac{\partial A_\varphi}{\partial \varphi}\right] \tag{B3.13a}$$

$$(\nabla^2\boldsymbol{A})_\vartheta = \nabla^2 A_\vartheta + \frac{2}{r^2}\left(\frac{\partial A_r}{\partial \vartheta} - \frac{A_\vartheta}{2\sin^2\vartheta} - \frac{\cos\vartheta}{\sin^2\vartheta}\frac{\partial A_\varphi}{\partial \varphi}\right) \tag{B3.13b}$$

$$(\nabla^2\boldsymbol{A})_\varphi = \nabla^2 A_\varphi + \frac{2}{r^2\sin\vartheta}\left(\frac{\partial A_r}{\partial \varphi} + \cot\vartheta\frac{\partial A_\vartheta}{\partial \varphi} - \frac{A_\varphi}{2\sin\vartheta}\right) \tag{B3.13c}$$

B.4 矢量场积分公式

$$\iint_S \mathrm{d}\boldsymbol{S} = \frac{1}{2}\oint_L \boldsymbol{r} \times \mathrm{d}\boldsymbol{l}; \quad \int_V \nabla u\,\mathrm{d}\tau = \iint_S u\,\mathrm{d}\boldsymbol{S} \tag{B4.1}$$

$$\int_V (\nabla \times \boldsymbol{A})\mathrm{d}\tau = \iint_S \mathrm{d}\boldsymbol{S} \times \boldsymbol{A}; \quad \iint_S \mathrm{d}\boldsymbol{S} \times (\nabla u) = \oint_C u\,\mathrm{d}\boldsymbol{l} \tag{B4.2}$$

$$\iint_S \boldsymbol{A} \cdot \mathrm{d}\boldsymbol{S} = \int_V (\nabla \cdot \boldsymbol{A})\mathrm{d}\tau; \quad \oint_L \boldsymbol{A} \cdot \mathrm{d}\boldsymbol{l} = \iint_S (\nabla \times \boldsymbol{A}) \cdot \mathrm{d}\boldsymbol{S} \tag{B4.3}$$

$$\int_V (u\nabla^2 v + \nabla u \cdot \nabla v)\mathrm{d}\tau = \iint_S u(\nabla v) \cdot \mathrm{d}\boldsymbol{S} \tag{B4.4}$$

$$\int_V (u\nabla^2 v - v\nabla^2 u)\mathrm{d}\tau = \iint_S (u\nabla v - v\nabla u) \cdot \mathrm{d}\boldsymbol{S} \tag{B4.5}$$

附录 C　球和柱坐标中的本构关系

C.1　柱　坐　标

1. 应变张量

$$S_{\rho\rho} = \frac{\partial v_\rho}{\partial \rho}; \ S_{\varphi\varphi} = \frac{1}{\rho}\frac{\partial v_\varphi}{\partial \varphi} + \frac{v_\rho}{\rho}; \ S_{zz} = \frac{\partial v_z}{\partial z} \tag{C1.1}$$

$$S_{\rho\varphi} = \frac{1}{2}\left(\frac{1}{\rho}\frac{\partial v_r}{\partial \varphi} + \frac{\partial v_\varphi}{\partial \rho} - \frac{v_\varphi}{\rho}\right) \tag{C1.2}$$

$$S_{\rho z} = \frac{1}{2}\left(\frac{\partial v_r}{\partial z} + \frac{\partial v_z}{\partial \rho}\right); \ S_{\varphi z} = \frac{1}{2}\left(\frac{\partial v_\varphi}{\partial z} + \frac{1}{\rho}\frac{\partial v_z}{\partial \varphi}\right) \tag{C1.3}$$

2. 本构关系

$$\sigma_{\rho\rho} = -P + 2\mu\left(\frac{\partial v_\rho}{\partial \rho} - \frac{1}{3}\nabla \cdot \boldsymbol{v}\right) + \eta\nabla \cdot \boldsymbol{v} \tag{C1.4}$$

$$\sigma_{\varphi\varphi} = -P + 2\mu\left(\frac{1}{\rho}\frac{\partial v_\varphi}{\partial \varphi} + \frac{v_\varphi}{\rho} - \frac{1}{3}\nabla \cdot \boldsymbol{v}\right) + \eta\nabla \cdot \boldsymbol{v} \tag{C1.5}$$

$$\sigma_{zz} = -P + 2\mu\left(\frac{\partial v_z}{\partial z} - \frac{1}{3}\nabla \cdot \boldsymbol{v}\right) + \eta\nabla \cdot \boldsymbol{v} \tag{C1.6}$$

$$\sigma_{\rho\varphi} = \mu\left(\frac{\partial v_\varphi}{\partial \rho} + \frac{1}{\rho}\frac{\partial v_\rho}{\partial \varphi} - \frac{v_\varphi}{\rho}\right) \tag{C1.7}$$

$$\sigma_{\varphi z} = \mu\left(\frac{1}{\rho}\frac{\partial v_z}{\partial \varphi} + \frac{\partial v_\varphi}{\partial z}\right); \ \sigma_{zr} = \mu\left(\frac{\partial v_\rho}{\partial z} + \frac{\partial v_z}{\partial \rho}\right) \tag{C1.8}$$

C.2　球　坐　标

1. 应变张量

$$S_{rr} = \frac{\partial v_r}{\partial r}; \ S_{\vartheta\vartheta} = \frac{1}{r}\frac{\partial v_\vartheta}{\partial \vartheta} + \frac{v_r}{\rho}$$
$$S_{\varphi\varphi} = \frac{1}{r\sin\vartheta}\frac{\partial v_\varphi}{\partial \varphi} + \frac{v_\vartheta}{r}\cot\vartheta + \frac{1}{r}v_r \tag{C2.1}$$

$$S_{r\vartheta} = \frac{1}{2}\left(\frac{\partial v_\vartheta}{\partial r} + \frac{1}{r}\frac{\partial v_r}{\partial \vartheta} - \frac{v_\vartheta}{r}\right) \tag{C2.2}$$

$$S_{\vartheta\varphi} = \frac{1}{2}\left(\frac{1}{r}\frac{\partial v_\varphi}{\partial \vartheta} + \frac{1}{r\sin\vartheta}\frac{\partial v_\vartheta}{\partial \varphi} - \frac{v_\varphi}{r}\cot\vartheta\right) \tag{C2.3}$$

$$S_{\varphi r} = \frac{1}{2}\left(\frac{1}{r\sin\vartheta}\frac{\partial v_r}{\partial \varphi} + \frac{\partial v_\varphi}{\partial r} - \frac{1}{r}v_\varphi\right) \tag{C2.4}$$

2. 本构关系

$$\sigma_{rr} = -P + 2\mu\left(\frac{\partial v_r}{\partial r} - \frac{1}{3}\nabla\cdot\boldsymbol{v}\right) + \eta\nabla\cdot\boldsymbol{v} \tag{C2.5}$$

$$\sigma_{\vartheta\vartheta} = -P + 2\mu\left(\frac{1}{r}\frac{\partial v_\vartheta}{\partial\vartheta} + \frac{v_r}{r} - \frac{1}{3}\nabla\cdot\boldsymbol{v}\right) + \eta\nabla\cdot\boldsymbol{v} \tag{C2.6}$$

$$\sigma_{\varphi\varphi} = -P + 2\mu\left(\frac{1}{r\sin\vartheta}\frac{\partial v_\varphi}{\partial\varphi} + \frac{v_r}{\rho} + \frac{v_\vartheta}{\rho}\cot\vartheta - \frac{1}{3}\nabla\cdot\boldsymbol{v}\right) + \eta\nabla\cdot\boldsymbol{v} \tag{C2.7}$$

$$\sigma_{r\vartheta} = \mu\left(\frac{1}{r}\frac{\partial v_r}{\partial\vartheta} + \frac{\partial v_\vartheta}{\partial r} - \frac{v_\vartheta}{r}\right) \tag{C2.8}$$

$$\sigma_{\vartheta\varphi} = \mu\left(\frac{1}{r\sin\vartheta}\frac{\partial v_\vartheta}{\partial\varphi} + \frac{1}{r}\frac{\partial v_\varphi}{\partial\vartheta} - \frac{v_\varphi}{r}\cot\vartheta\right) \tag{C2.9}$$

$$\sigma_{\varphi r} = \mu\left(\frac{\partial v_\varphi}{\partial r} + \frac{1}{r\sin\vartheta}\frac{\partial v_r}{\partial\varphi} - \frac{v_\varphi}{r}\right) \tag{C2.10}$$

附录 D 张量运算公式

D.1 并矢和张量定义

两个矢量 $\boldsymbol{A} = A_1\boldsymbol{e}_1 + A_2\boldsymbol{e}_2 + A_3\boldsymbol{e}_3$ 和 $\boldsymbol{B} = B_1\boldsymbol{e}_1 + B_2\boldsymbol{e}_2 + B_3\boldsymbol{e}_3$ 的并矢或者张量

$$\boldsymbol{T} = \boldsymbol{AB} = \sum_{k=1}^{3}\sum_{i=1}^{3}A_iB_k\boldsymbol{e}_i\boldsymbol{e}_k \equiv \sum_{k=1}^{3}\sum_{i=1}^{3}T_{ik}\boldsymbol{e}_i\boldsymbol{e}_k \tag{D1.1}$$

张量 $\boldsymbol{T}$ 用矩阵表示为

$$\boldsymbol{T} = \begin{bmatrix} T_{11} & T_{12} & T_{13} \\ T_{21} & T_{22} & T_{23} \\ T_{31} & T_{32} & T_{33} \end{bmatrix} = \begin{bmatrix} A_1B_1 & A_1B_2 & A_1B_3 \\ A_2B_1 & A_2B_2 & A_2B_3 \\ A_3B_1 & A_3B_2 & A_3B_3 \end{bmatrix} \tag{D1.2}$$

单位张量

$$\boldsymbol{I} = \begin{bmatrix} 1 & 0 & 0 \\ 0 & 1 & 0 \\ 0 & 0 & 1 \end{bmatrix} \tag{D1.3}$$

通常称标量为零阶张量, 矢量为一阶张量, 两个矢量的并矢为二阶张量, 三个矢量的并矢为三阶张量, 等.

D.2　张量的运算

(1) 张量 $\boldsymbol{T}$ 与矢量 $\boldsymbol{n}$ 的点乘为矢量

$$\boldsymbol{T} \cdot \boldsymbol{n}^t = \begin{bmatrix} T_{11} & T_{12} & T_{13} \\ T_{21} & T_{22} & T_{23} \\ T_{31} & T_{32} & T_{33} \end{bmatrix} \begin{bmatrix} n_1 \\ n_2 \\ n_3 \end{bmatrix} = \begin{bmatrix} T_{11}n_1 + T_{12}n_2 + T_{13}n_3 \\ T_{21}n_1 + T_{22}n_2 + T_{23}n_3 \\ T_{31}n_1 + T_{32}n_2 + T_{33}n_3 \end{bmatrix} = (\boldsymbol{B} \cdot \boldsymbol{n})\boldsymbol{A}$$

(D2.1)

或者

$$\boldsymbol{n} \cdot \boldsymbol{T} = \begin{bmatrix} T_{11}n_1 + T_{21}n_2 + T_{31}n_3 \\ T_{12}n_1 + T_{22}n_2 + T_{32}n_3 \\ T_{13}n_1 + T_{23}n_2 + T_{33}n_3 \end{bmatrix}^t = (\boldsymbol{A} \cdot \boldsymbol{n})\boldsymbol{B}$$

(D2.2)

如果 $\boldsymbol{T}$ 是一个对称张量, $T_{ik} = T_{ki}$, 则二者一致。本书中涉及的张量基本上都是对称张量.

(2) 张量 $\boldsymbol{T}$ 与张量 $\boldsymbol{D}$ 的二次点乘为标量

$$\boldsymbol{T} : \boldsymbol{D} = \sum_{ij} T_{ij} D_{ji}$$

(D2.3)

张量 $\boldsymbol{T}$ 与单位张量的二次点乘为标量

$$\boldsymbol{T} : \boldsymbol{I} = \sum_{ij} T_{ij} \delta_{ji} = T_{11} + T_{22} + T_{33} \equiv \mathrm{trace}(\boldsymbol{T})$$

(D2.4)

D.3　梯度算子 ∇ 的张量形式

$$\nabla\nabla = \sum_{j=1}^{3}\sum_{i=1}^{3} \frac{\partial^2}{\partial x_i \partial x_j} \boldsymbol{e}_i \boldsymbol{e}_j = \begin{bmatrix} \dfrac{\partial^2}{\partial x_1 \partial x_1} & \dfrac{\partial^2}{\partial x_1 \partial x_2} & \dfrac{\partial^2}{\partial x_1 \partial x_3} \\ \dfrac{\partial^2}{\partial x_2 \partial x_1} & \dfrac{\partial^2}{\partial x_2 \partial x_2} & \dfrac{\partial^2}{\partial x_2 \partial x_3} \\ \dfrac{\partial^2}{\partial x_3 \partial x_1} & \dfrac{\partial^2}{\partial x_3 \partial x_2} & \dfrac{\partial^2}{\partial x_3 \partial x_3} \end{bmatrix}$$

(D3.1)

$$\boldsymbol{I} : \nabla\nabla = \nabla\nabla : \boldsymbol{I} = \nabla \cdot \nabla = \nabla^2.$$

(D3.2)

D.4　张量场的微分公式

$$\nabla \cdot \boldsymbol{T} = \sum_{i=1}^{3}\sum_{j=1}^{3} \frac{\partial T_{ji}}{\partial x_j} \boldsymbol{e}_i$$

(D4.1)

$$\nabla \cdot (\nabla \cdot \boldsymbol{T}) = \nabla\nabla : \boldsymbol{T} = \sum_{i=1}^{3}\sum_{j=1}^{3} \frac{\partial T_{ji}}{\partial x_i \partial x_j} \tag{D4.2}$$

$$\nabla \cdot (\boldsymbol{A}\boldsymbol{r}\boldsymbol{r}) = (\nabla \cdot \boldsymbol{A})\boldsymbol{r}\boldsymbol{r} + \boldsymbol{A}\boldsymbol{r} + \boldsymbol{r}\boldsymbol{A}, (\boldsymbol{r} = x\boldsymbol{e}_x + y\boldsymbol{e}_y + z\boldsymbol{e}_z) \tag{D4.3}$$

$$\nabla\boldsymbol{r} = \boldsymbol{I}; \quad \boldsymbol{A}\cdot\nabla\boldsymbol{r} = \boldsymbol{A}; \quad \nabla\cdot(\boldsymbol{A}\boldsymbol{r}) = (\nabla\cdot\boldsymbol{A})\boldsymbol{r} + \boldsymbol{A} \tag{D4.4}$$

$$\nabla\cdot(\boldsymbol{A}\boldsymbol{B}) = (\boldsymbol{A}\cdot\nabla)\boldsymbol{B} + (\nabla\cdot\boldsymbol{A})\boldsymbol{B}; \quad \nabla\cdot(u\boldsymbol{I}) = \nabla u \tag{D4.5}$$

$$\nabla\times(\boldsymbol{A}\boldsymbol{B}) = (\nabla\times\boldsymbol{A})\boldsymbol{B} - (\boldsymbol{A}\times\nabla)\boldsymbol{B} \tag{D4.6}$$

D.5　张量场的积分公式

$$\int_V \nabla\cdot\boldsymbol{T}\mathrm{d}\tau = \iint_S \mathrm{d}\boldsymbol{S}\cdot\boldsymbol{T} \tag{D5.1}$$

$$\int_V \nabla\times\boldsymbol{T}\mathrm{d}\tau = \iint_S \mathrm{d}\boldsymbol{S}\times\boldsymbol{T} \tag{D5.2}$$

$$\int_V \nabla\boldsymbol{A}\mathrm{d}\tau = \iint_S \boldsymbol{A}\mathrm{d}\boldsymbol{S} \tag{D5.3}$$

附录 E　特殊函数的常用公式

E.1　柱函数的递推公式

$$\frac{\mathrm{d}}{\mathrm{d}x}[x^\nu Z_\nu(x)] = x^\nu Z_{\nu-1}(x) \tag{E1.1}$$

$$\frac{\mathrm{d}}{\mathrm{d}x}[x^{-\nu} Z_\nu(x)] = -x^{-\nu} Z_{\nu+1}(x) \tag{E1.2}$$

$$Z_{\nu-1}(x) - Z_{\nu+1}(x) = 2Z_\nu'(x) \tag{E1.3}$$

$$Z_{\nu-1}(x) + Z_{\nu+1}(x) = \frac{2\nu}{x}Z_\nu(x) \tag{E1.4}$$

其中,$Z_\nu(x)$ 是 Bessel 函数、Neumann 函数或者 Hankel 函数的任意一个. 反过来,也可以用以上递推公式定义柱函数,满足方程 (E1.1) 和 (E1.2),或者 (E1.3) 和 (E1.4) 的函数称为柱函数.

E.2　虚宗量 Bessel 函数的递推公式

$$\mathrm{I}_{\nu-1}(x) + \mathrm{I}_{\nu+1}(x) = 2\mathrm{I}_\nu'(x) \tag{E2.1}$$

$$\mathrm{I}_{\nu-1}(x) - \mathrm{I}_{\nu+1}(x) = \frac{2\nu}{x}\mathrm{I}_\nu(x) \tag{E2.2}$$

$$\mathrm{K}_{\nu-1}(x) + \mathrm{K}_{\nu+1}(x) = -2\mathrm{K}_\nu'(x) \tag{E2.3}$$

$$\mathrm{K}_{\nu-1}(x) - \mathrm{K}_{\nu+1}(x) = -\frac{2\nu}{x}\mathrm{K}_\nu(x) \tag{E2.4}$$

E.3　球 Bessel 函数的递推公式

$$\psi_{\nu-1}(x) + \psi_{\nu+1}(x) = \frac{2\nu+1}{x}\psi_\nu(x) \tag{E3.1}$$

$$\nu\psi_{\nu-1}(x) - (\nu+1)\psi_{\nu+1}(x) = (2\nu+1)\frac{\mathrm{d}\psi_\nu(x)}{\mathrm{d}x} \tag{E3.2}$$

其中, ψ_ν 是球 Bessel 函数、球 Neumann 函数或者球 Hankel 函数的任意一个.

E.4　Legendre 函数的递推公式

$$(\nu+1)\mathrm{P}_{\nu+1}(x) - (2\nu+1)x\mathrm{P}_\nu(x) + \nu\mathrm{P}_{\nu-1}(x) = 0 \tag{E4.1}$$

$$\mathrm{P}'_{\nu+1}(x) = x\mathrm{P}'_\nu(x) + (\nu+1)\mathrm{P}_{\nu-1}(x) \tag{E4.2}$$

$$x\mathrm{P}'_\nu(x) - \mathrm{P}'_{\nu-1}(x) = \nu\mathrm{P}_\nu(x) \tag{E4.3}$$

$$\mathrm{P}'_{\nu+1}(x) - \mathrm{P}'_{\nu-1}(x) = (2\nu+1)\mathrm{P}_\nu(x) \tag{E4.4}$$

$$(x^2-1)\mathrm{P}'_\nu(x) = \nu x\mathrm{P}_\nu(x) - \nu\mathrm{P}_{\nu-1}(x) \tag{E4.5}$$

其中, ν 为任意正数, 并且约定 $\mathrm{P}_{-|\nu|}(x) \equiv 0$.

E.5　Bessel 函数的常用积分

$$\int_0^\infty \exp\left(-Q^2\xi'^2\right) \mathrm{J}_0\left(\beta\xi'\right)\xi'\mathrm{d}\xi' = \frac{1}{2Q^2}\exp\left(-\frac{\beta^2}{4Q^2}\right) \tag{E5.1}$$

$$\int_0^\infty e^{-A\alpha}\mathrm{J}_0(B\alpha)\mathrm{d}\alpha = \frac{1}{\sqrt{A^2+B^2}} \tag{E5.2}$$

$$\int_0^\infty \exp\left(-Q^2x^2\right)\mathrm{J}_0(\alpha x)\mathrm{J}_0(\beta x)x\mathrm{d}x = \frac{1}{2Q^2}\exp\left(-\frac{\alpha^2+\beta^2}{4Q^2}\right)\mathrm{J}_0\left(\mathrm{i}\frac{\alpha\beta}{2Q^2}\right) \tag{E5.3}$$

$$\int_0^\infty e^{-\beta x}\mathrm{J}_0\left(2a\sqrt{x}\right)\mathrm{J}_0(bx)\mathrm{d}x = \exp\left(-\frac{a^2\beta}{\beta^2+b^2}\right)\mathrm{J}_0\left(\frac{a^2b}{\beta^2+b^2}\right)\frac{1}{\sqrt{\beta^2+b^2}} \tag{E5.4}$$
$$(\mathrm{Re}\beta > 0, b > 0)$$

$$\int_a^\infty \mathrm{J}_0\left(\sqrt{x^2-a^2}\right)\sin(cx) = \begin{cases} 0, & c < 1 \\ \dfrac{\cos\left(a\sqrt{c^2-1}\right)}{\sqrt{c^2-1}}, & c > 1 \end{cases} \tag{E5.5}$$

$$\int_0^\infty \frac{J_\nu(xc)}{\sqrt{x^2+b^2}} \cos\left(a\sqrt{x^2+b^2}\right)\mathrm{d}x$$
$$= -\frac{\pi}{2}J_{\nu/2}\left[\frac{b}{2}\left(a-\sqrt{a^2-c^2}\right)\right]N_{-\nu/2}\left[\frac{b}{2}\left(a+\sqrt{a^2-c^2}\right)\right]$$
$$\int_0^\infty \frac{J_\nu(xc)}{\sqrt{x^2+b^2}} \sin\left(a\sqrt{x^2+b^2}\right)\mathrm{d}x$$
$$= \frac{\pi}{2}J_{\nu/2}\left[\frac{b}{2}\left(a-\sqrt{a^2-c^2}\right)\right]J_{-\nu/2}\left[\frac{b}{2}\left(a+\sqrt{a^2-c^2}\right)\right]$$

(E5.6)

附录 F　热力学关系

F.1　隐函数 $F(x,y,z)=0$ 的微分关系

$$\left(\frac{\partial z}{\partial x}\right)_y = \left(\frac{\partial x}{\partial z}\right)_y^{-1}; \quad \left(\frac{\partial y}{\partial x}\right)_z \left(\frac{\partial x}{\partial z}\right)_y \left(\frac{\partial z}{\partial y}\right)_x = -1 \qquad \text{(F1.1)}$$

F.2　Maxwell 关系

$$\left(\frac{\partial T}{\partial V}\right)_S = -\left(\frac{\partial P}{\partial S}\right)_V; \quad \left(\frac{\partial T}{\partial P}\right)_S = \left(\frac{\partial V}{\partial S}\right)_P \qquad \text{(F2.1)}$$

$$\left(\frac{\partial S}{\partial V}\right)_T = -\left(\frac{\partial P}{\partial T}\right)_V; \quad \left(\frac{\partial S}{\partial P}\right)_T = -\left(\frac{\partial V}{\partial T}\right)_P \qquad \text{(F2.2)}$$

附录 G　英汉人名对照

Airy 艾里

Bessel 贝塞尔

Bernoulli 伯努利

Blackstock 布莱克斯托克

Boltzmann 玻尔兹曼

Born 玻恩

Brillouin 布里渊

Burgers 伯格斯

Carnot 卡诺

Cole 科尔

d'Alembert 达朗贝尔

de Vries 德弗里斯

Dirac 狄拉克

Dirichlet 狄利克雷

Earnshaw 厄恩肖

Eckart 埃卡特

Euler 欧拉

Fay 费怡

Fermat 费马

Fenlon 芬伦

Fourier 傅里叶

Fredholm 弗雷德霍姆

Fubini 富比尼

Gabor 伽博

Galileo 伽利略

Gauss 高斯

Goldberg 歌德堡

Green 格林

Hamilton 哈密顿

Hankel 汉克尔

Hopf 霍普夫

Helmholtz 亥姆霍兹

Hermite 厄米

Jacobi 雅可比

Keller 凯勒

Kelvin 开尔文

Kirchhoff 基尔霍夫

Khokhlov 霍赫洛夫

Kramers 克拉默斯

Kronig 克勒尼希

Korteweg 考特维克

Kuzntsov 库兹涅佐夫

Lagrange 拉格朗日

Laplace 拉普拉斯

Legendre 勒让德

Lighthill 莱特希尔

Lorentz 洛伦兹

Mach 马赫

Mathieu 马蒂厄

Maxwell 麦克斯韦

Miksis 米格西斯

Navier 纳维

Neppiras 纳皮耶拉斯

Newton 牛顿

Neumann 诺依曼

Noltingk 诺尔廷科

Nyborg 纽伯格

Plesset 普莱西耶

Poisson 泊松

Riemann 黎曼

Rytov 里托夫

Rayleigh 瑞利

Reynolds 雷诺

Robin 罗宾

Salmon 萨蒙

Snell 斯涅尔

Sommerfeld 索末菲

Stokes 斯托克斯

Struve 斯特鲁韦

Taylor 泰勒

Trlling 特里林

Voigt 沃伊特

Webster 韦伯斯特

Wentzel 温策尔

Westervelt 韦斯特维尔特

Weyl 外尔

Whitham 惠瑟姆

Wronski 朗斯基

Young 杨

Zabolotskaya 扎博洛茨卡娅

索引 (上下卷)

《现代声学科学与技术丛书》已出版书目

(按出版时间排序)